架空输电线路
施工工艺通用技术手册

国家电网公司交流建设分公司　组编

中国电力出版社
CHINA ELECTRIC POWER PRESS

内 容 提 要

为提升输电线路施工工艺水平，提高线路工程施工质量，国家电网公司交流建设分公司在总结近年来输电线路工程施工及管理经验，统一施工工艺标准的基础上组织专家编写了本书。

本书共分四篇，分别为综合、基础、铁塔组立和张力架线。全书共设二十九章，主要内容涵盖输电线路工程基础、组塔和架线工序的施工新工艺和新方法，并对施工准备、施工步骤、劳动组织和施工工器具配备等进行了规范，可作为施工作业指导书使用。书中同时还给出了施工运输、施工测量、施工计算等通用内容，并针对性地提出了环境保护措施和安全文明施工措施等要求。

本书针对输电线路工程施工进行有效指导，可供从事输电线路工程施工的技术人员、管理人员、监理人员和设计人员学习参考。

图书在版编目（CIP）数据

架空输电线路施工工艺通用技术手册/国家电网公司交流建设分公司组编. —北京：中国电力出版社，2012.2（2021.11 重印）

ISBN 978-7-5123-2440-4

Ⅰ.①架… Ⅱ.①国… Ⅲ.①架空线路；输电线路—工程施工—技术手册 Ⅳ.①TM726.3-62

中国版本图书馆 CIP 数据核字（2011）第 258732 号

中国电力出版社出版、发行
（北京市东城区北京站西街 19 号 100005 http://www.cepp.sgcc.com.cn）
三河市万龙印装有限公司印刷
各地新华书店经售
*
2012 年 2 月第一版 2021 年 11 月北京第四次印刷
787 毫米×1092 毫米 16 开本 51.25 印张 1259 千字
印数 4501—4600 册 定价 **120.00** 元

《架空输电线路施工工艺通用技术手册》

编写委员会

编写工作组

序

国家电网公司“十二五”期间将继续推进电网发展方式、公司发展方式的“两个转变”，以安全、优质、经济、清洁、高效为目标，提高电网发展质量，加快建设坚强智能电网，初步建成世界一流电网，以“三集五大”管理体系建设为重点，建立适应现代公司发展要求的管理体系和运营机制，全面提升公司运营效率和效益，初步建成国际一流企业。

为实现“两个转变”的发展目标，电网建设领域将以构建大建设体系为主线，推进建设管理集约化、扁平化和专业化，统一管理流程、技术规范、建设标准，提高建设管理效率与效益。

其中，施工工艺水平是电网建设工程管理水平和施工技术水平的综合体现，也是保障和提升工程质量的核心要素。国家电网公司交流建设分公司作为国家电网公司专业化的交流输变电工程建设管理单位，在多年来从事三峡输变电工程、特高压交流试验示范工程、跨区联网工程建设管理的丰富建设经验的基础上，总结提炼输电线路工程中先进适用的施工工艺，特别是应用于特高压线路工程的创新施工工艺，组织编制了《架空输电线路施工工艺通用技术手册》（简称《手册》），反映了输电线路工程施工的最新技术和工艺水平。

《手册》内容翔实，涵盖输电线路工程基础、组塔、架线工序的施工工艺（施工准备、施工步骤、施工组织和施工工器具配备等），包含施工运输、施工测量、施工计算等通用内容，且有针对性地提出了环境保护措施、安全文明施工措施要求，内容达到施工作业指导书深度。对于输电线路工程施工具有很强的针对性和指导性，并具有较高的学习和参考价值。

相信《手册》的出版对提升输电线路施工工艺水平，提高输电线路工程施工质量将发挥积极作用。

前 言

近年来，随着我国电网建设的发展，架空输电线路施工技术飞速发展，并且在发展中不断完善，施工工艺不断革新和改进。由于我国地域广阔，施工环境复杂，施工条件不一，造成了各送变电施工企业的技术方法各异，形成了各自的一套施工方法及工艺，但很少有单位对已有施工工艺进行梳理。直至2000年，才出现编写较为全面、水平较高的文献著作，有广西送变电公司李庆林主编的《架空输电线路施工手册》和北京送变电公司尚大伟主编的《高压架空输电线路施工操作指南》，其他施工单位也有类似的技术文件及著述发表，但基本内容相近。近年来，虽有新的施工工艺不断产生和应用，但并没有得到系统总结和广泛的推广应用。

为提高我国架空输电线路施工工艺水平，保障施工质量，保证施工安全，提高施工效率，实现架空输电线路的施工工艺规范化，国家电网公司交流建设分公司牵头组织，北京送变电公司等相关单位参与，开展《架空输电线路施工工艺标准化研究》（SGKJJSKF〔2008〕636号）工作，总结近年来输电线路工程施工及管理经验，统一施工工艺标准。在研究工作中，对施工的人员组织和工器具配备进行了优化，以便于施工管理人员进行统筹安排；施工操作步骤进行了梳理细化，以增强操作性；对施工中的质量控制和危险点的识别进行了归纳总结并制订了相应的应对措施，促进施工过程中安全、质量的可控性进一步提高。

根据研究的相关成果，国家电网公司交流建设分公司组织有关专家编写了《架空输电线路施工工艺通用技术手册》，对架空输电线路施工准备、施工步骤、劳动组织和施工工器具配备等进行了规范，以指导施工作业。全书共四篇，分为综合、基础、铁塔组立和张力架线。希望本书的出版能为架空输电线路施工工艺和技术水平的提升发挥积极作用。

鉴于编制时间和经验水平所限，书中不足之处在所难免，恳请工程技术人员和广大读者批评指正。

编 者

2011年11月30日

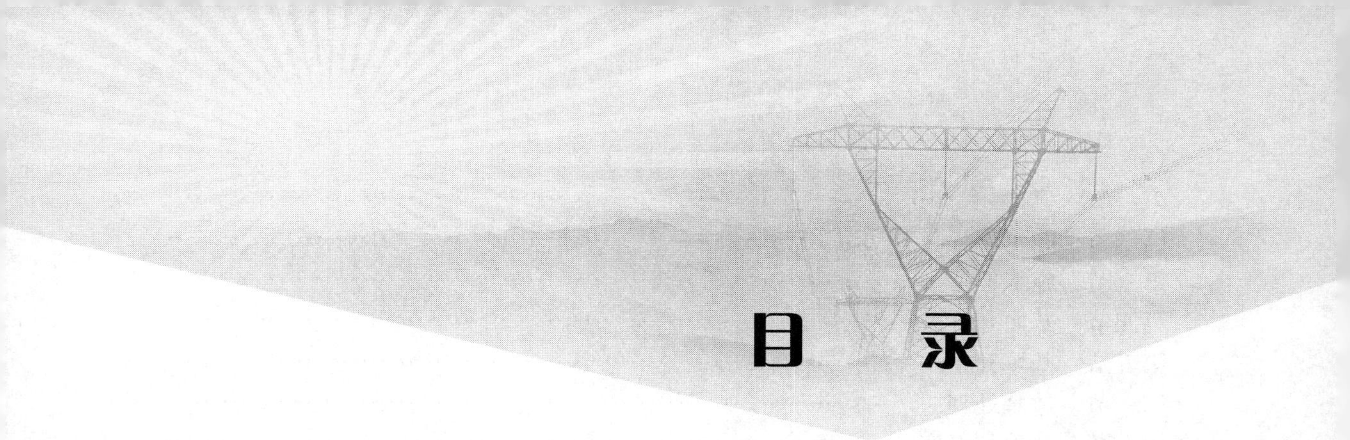

目　录

第三篇　铁　塔　组　立

第四篇　张　力　架　线

第一篇 综 合

第一章　通　则

第一节　范围及编制依据

本通则明确了适用范围、施工依据以及必要的施工前准备工作。

本通则适用于110～1000kV架空输电线路工程施工，是《输电线路工程施工工艺通用技术手册》（简称《手册》）的通则。使用各章节之前，应首先认真学习并严格执行本通则。

编制依据如下：

《中华人民共和国建筑法》《中华人民共和国招标投标法》《中华人民共和国合同法》等国家及政府相关部门颁布的法律、法规及规定

GB 175—2007/XG1—2009　《通用硅酸盐水泥》国家标准第1号修改单

GB 1499.1—2008　钢筋混凝土用钢　第1部分：热轧光圆钢筋

GB 1499.2—2007　钢筋混凝土用钢　第2部分：热轧带肋钢筋

GB 6722—2003　爆破安全规程

GB 8076—2008　混凝土外加剂

GB 8918—2006　重要用途钢丝绳

GB 50010—2002　混凝土结构设计规范

GB 50026—2007　工程测量规范

GB 50169—2006　电气装置安装工程接地装置施工及验收规范

GB 50202—2002　建筑地基基础工程施工质量验收规范

GB 50204—2002　混凝土结构工程施工质量验收规范

GB 50205—2001　钢结构工程施工质量验收规范

GB 50214—2001　组合钢模板技术规范

GB 50233—2005　110～500kV架空电力线路施工及验收规范

GB 50389—2006　750kV架空送电线路施工及验收规范

GB/T 41—2000　六角螺母　C级

GB/T 805—1988　扣紧螺母

GB/T 2314—2008　电力金具通用技术条件

GB/T 2694—2010　输电线路铁塔制造技术条件

GB/T 3098.1—2010　紧固件机械性能　螺栓、螺钉和螺柱

GB/T 3098.2—2000　紧固件机械性能　螺母　粗牙螺纹

GB/T 5267.3—2008　紧固件　热浸镀锌层

GB/T 5780—2000　六角头螺栓　C级

GB/T 14684—2001 建筑用砂
GB/T 14685—2001 建筑用卵石、碎石
GB/T 18314—2009 全球定位系统（GPS）测量规范
GB/T 20118—2006 一般用途钢丝绳
GB/T 50107—2010 混凝土强度检验评定标准
GB/T 50326—2006 建设工程项目管理规范
GB/T 50344—2004 建筑结构检测技术标准
DL 5009.2—2004 电力建设安全工作规程 第2部分：架空电力线路
DL 5106—1999 跨越电力线路架线施工规程
DL/T 646—2006 输电线钢管结构制造技术条件
DL/T 764.4—2002 输电线路铁塔及电力金具紧固用冷镦热浸镀锌螺栓与螺母
DL/T 782—2001 110kV及以上送变电工程启动及竣工验收规程
DL/T 832—2003 光缆复合架空地线
DL/T 875—2004 输电线路施工机具设计、试验基本要求
DL/T 5342—2006 750kV架空送电线路铁塔组立施工工艺导则
JG 163—2004 滚轧直螺纹钢筋连接接头
JGJ 18—2003 钢筋焊接及验收规程
JGJ 52—2006 普通混凝土用砂、石质量及检验方法标准
JGJ 55—2011 普通混凝土配合比设计规程
JGJ 63—2006 混凝土用水标准
JGJ 82—2011 钢结构高强度螺栓连接技术规程
JGJ 94—2008 建筑桩基技术规范
JGJ 106—2003 建筑基桩检测技术规范
JGJ 107—2010 钢筋机械连接技术规程
JGJ/T 104—2011 建筑工程冬期施工规程
SDJ 226—1987 架空送电线路导线及避雷线液压施工工艺规程
SDJJS 2—1987 超高压架空输电线路张力架线施工工艺导则
Q/GDW 112—2004 750kV架空送电线路铁塔组立施工工艺导则
Q/GDW 113—2004 750kV架空送电线路张力架线施工工艺导则
Q/GDW 115—2004 750kV架空送电线路施工及验收规范
Q/GDW 121—2005 750kV架空送电线路工程施工质量检验及评定规范
Q/GDW 153—2006 1000kV架空送电线路施工及验收规范
Q/GDW 154—2006 1000kV架空送电线路张力架线施工工艺导则
Q/GDW 155—2006 1000kV架空送电线路铁塔组立施工工艺导则
Q/GDW 163—2007 1000kV架空送电线路工程施工质量检验及评定规程
Q/GDW 225—2008 ±800kV架空送电线路施工及验收规范
Q/GDW 226—2008 ±800kV架空送电线路施工质量检验及评定规程
Q/GDW 346—2009 架空输电线路钢管塔组立施工工艺导则
Q/GDW 351—2009 架空输电线路钢管塔运输施工工艺导则

第二节 施工前的准备

一、施工技术交底

（1）施工技术交底的目的是使参加施工的相关人员，了解工程建设意义、工程特点，明确施工任务和各工序施工工艺方法及要求，规范施工。

（2）施工交底的内容包括工程内容、施工范围、工程特点及工程设计内容、总平面布置、施工工艺流程及工艺方法、设备及工器具、综合进度及保证措施、施工安全规定及保证措施、施工质量标准及保证措施、成本控制及保证措施，采用新技术、新材料、新工艺、新设备的特殊要求以及其他施工注意事项等。

（3）参加施工技术交底的人员，包括施工负责人（施工队长）、施工骨干（班组长）及参加施工的全体成员（含临时工及劳务人员）。交底时，所有人员都要认真听取并领会交底内容，达到完全理解并能准确掌握执行。必要时，要进行考核，凡未经技术交底或考核不合格者，均不得上岗。

（4）施工技术交底一般由项目部总工或技术负责人组织实施。重大及关键项目由上一级技术负责人进行技术交底，即公司技术部门对项目部进行的一级技术交底，项目部组织全体施工人员进行二级技术交底并配合班组实施三级技术交底。

（5）技术交底之后，要由交底人和接受交底的全体人员在技术交底签证书上签字。签证是强化双方责任心，划清各自责任的行之有效的制度，表明交底人对交底内容做了明确交代，被交底人确已听取并达到领会的目的。

二、施工试点

（1）施工试点是在分部工程全面施工之前，为验证施工技术方案和统一施工工艺而采取的管理方法，以达到施工作业标准化的目的。

（2）施工试点的项目包括新的工程项目、新的施工方案以及建设单位明确要求进行试点的项目等。

（3）一般项目的技术试点，由项目负责人或技术负责人主持，重大工程试点项目，由公司主管领导或技术负责人主持。工程技术试点应邀请建设、设计、运行和监理单位的有关人员参加，各施工负责人和参与本分部工程施工的管理人员及作业人员必须参加。

（4）技术试点之后，应组织有关人员进行讨论、分析、研究和总结，从而达到统一思想、统一工艺方法、统一设备的目的，最终形成标准化作业模式，在工程施工中推广应用。

三、施工人员准备

（1）首先要按照施工组织设计和施工预算，组建和完善劳动组织，配备具有专业技能的岗位人员。

（2）组织岗位施工人员，认真听取施工技术交底，学习施工图纸和有关设计文件，学习施工工艺方法和有关标准。

（3）对涉及新技术、新工艺、新材料和新设备的项目要进行技术培训和演练，同时进行严格的考核或考试，合格者方能上岗。

（4）进行劳动纪律、组织纪律、技术纪律、群众纪律等教育，明确岗位责任制。

（5）参加施工的全体人员均应进行身体检查，如患有心脏病、高血压病、职业病等疾病，不能胜任该岗位工作的人员不得上岗。

四、施工场地准备

（1）对线路所处施工环境、地形地貌、地质水文、气候气象、文物古迹、居民区风景区、自然保护区和交叉跨越物（如铁路、公路、桥涵、电力线、通信线、河流、树木、果园、农作物等）等情况进行调查。

（2）根据现场调查结果，与有关部门办理施工手续，确定施工布置方案，并取得开工许可证明文件后，方可进行施工场地准备和施工。

（3）施工场地准备工作内容包括：道路的修建、施工场地的平整、施工机具和器材摆放地点的修整，必要的防雨和排水设施的修建，障碍物的清理以及修建其他必要的施工设施。

五、施工机具准备

（1）根据确定的施工方案，按本书有关章节中配置的施工机具，进行机具准备和选用。

（2）对选用的机具要编制明细档案，包括名称、规格、性能、数量、维护保养记录等，并按照规定进行检验或试验，确认合格后方可使用。

1. 常用工器具安全使用及试验标准的规定。

主要起重工具试验标准，见表1-2-1。

表1-2-1　　主要起重工具试验标准

名　称	额定载荷的倍率	持荷时间（min）	试验周期
抱杆	1.25	10	
滑车、绞磨、卷扬机	≥1.25	10	
紧线器、卡线器	2.0	10	
双钩紧线器、拉链葫芦、手扳葫芦	1.25	10	每年一次
钢丝绳	2.0	10	
钢丝绳套	2.0	10	
抗弯（旋转）连接器、卸扣、地锚、网套	1.25	10	
其他	≥1.25	10	

注　见DL 5009.2—2004《电力建设安全工作规程　第2部分：架空电力线路》有关规定。

高处作业安全用具试验标准，见表1-2-2。

表1-2-2　　高处作业安全用具试验标准

名　称	试验静拉力（kN）	持续时间（min）	试验周期	备　注
安全带（大带）	2.25	5		包括航空尼龙带
安全带（小带）	1.5	5		包括航空尼龙带
全方位防冲击安全带	2.25	5	半年一次	
安全绳（吊绳）	2.25	5		
三脚板	2.25	5		
脚扣	1	5		脚扣皮带为0.85kN

注　见DL 5009.2—2004《电力建设安全工作规程　第2部分：架空电力线路》有关规定。

常用电气绝缘工具试验一览表见表1-2-3。

表1-2-3　常用电气绝缘工具试验一览表

序号	名　称	电压等级（kV）	周　期	交流电压（kV）	时　间（min）	泄漏电流（mA）	附　注
1	绝缘棒	6～10	一年	44	5		
		35～110		4倍相电压			
		220		3倍相电压			
2	验电笔	6～10	六个月	40	5		
		35		105			
3	绝缘手套	高压		8	1	≤8	
		低压		2.5			
4	绝缘鞋（靴）	高压		10	1	≤8	
5	绝缘绳	高压		105/0.5m	5	≤7.5	

注　见DL 5009.2—2004《电力建设安全工作规程　第2部分：架空电力线路》有关规定。

钢丝绳安全系数，动荷系数及不平衡系数分别见表1-2-4～表1-2-6。

表1-2-4　钢丝绳安全系数 K

序　号	工作性质及条件	K
1	用人推绞磨直接或通过滑车组起吊杆塔或收紧导线、地线用的牵引绳和磨绳	4.0
2	用机动绞磨、电动卷扬机或拖拉机直接或通过滑车组立杆塔或收紧导线、地线用的牵引绳和磨绳	4.5
3	起立杆塔用的吊点固定绳	4.5
4	起立杆塔用的根部制动绳	4.0
5	临时固定用的拉线	3.0
6	做其他起吊及牵引用的牵引绳及吊点固定绳	4.0

表1-2-5　动荷系数 K_1

序号	启动或制动系统的工作方法	K_1
1	通过滑车组用人力绞车或绞磨牵引	1.1
2	直接用人力绞车或绞磨牵引	1.2
3	通过滑车组用机动绞车或绞磨、拖拉机或汽车牵引	1.2
4	直接用机动绞车或绞磨、拖拉机或汽车牵引	1.3
5	通过滑车组用制动器控制时的制动系统	1.2
6	直接用制动器控制时的制动系统	1.2

表 1-2-6　　不均衡系数 K_2

序号	可能承受不均衡荷重的起重工具	K_2
1	用人字抱杆或双抱杆起吊时的各分支抱杆	1.2
2	起吊门型或大型杆塔结构时的各分支绑固吊索	1.2
3	通过平衡滑车组相连的两套牵引装置及独立的两套制动装置平行工作时，各装置的起重工具	1.2

注　见 DL 5009.2—2004《电力建设安全工作规程　第 2 部分：架空电力线路》有关规定。

钢丝绳破断力换算系数见表 1-2-7。

表 1-2-7　　钢丝绳破断力换算系数 K_0

钢丝绳结构	6×7	6×19	6×37	8×19	8×37	18×7
换算系数 K_0	0.88	0.85	0.82	0.85	0.82	0.85

注　见 DL 5009.2—2004《电力建设安全工作规程　第 2 部分：架空电力线路》有关规定。

钢丝绳报废断丝数见表 1-2-8。

表 1-2-8　　钢丝绳报废断丝数

安全系数 \ 断丝数 \ 钢丝绳	钢丝绳结构（GB/T 20118—2006《一般用途钢丝绳》）			
	绳 6×（19）		绳 6×（37）	
	一个节距中的断丝数			
	交互捻	同向捻	交互捻	同向捻
<6	12	6	22	11
6～7	14	7	26	13
>7	16	8	30	15

注　1. 表中断丝数是指细钢丝，粗钢丝每根相当于 1.7 根细钢丝。
　　2. 一个节距是指每股钢丝绳缠绕一周的轴向距离。
　　3. 见 GB/T 5972—2009《起重机钢丝绳保养、维护、安装检验和报废》的有关规定。

钢丝表面损伤折减系数见表 1-2-9。

表 1-2-9　　钢丝表面损伤折减系数　　（%）

钢丝表面磨损量或锈蚀量	10	15	20	25	30～40	>40
折减系数	85	75	70	60	50	0

注　见 GB/T 5972—2009《起重机钢丝绳保养、维护、安装检验和报废》的有关规定。

钢丝绳端部固定用绳卡的数量见表 1-2-10。

表 1-2-10　　钢丝绳端部固定用绳卡的数量

钢丝绳直径（mm）	7～18	19～27	28～37	38～45
绳卡数量（个）	3	4	5	6

注　见 GB/T 5972—2009《起重机钢丝绳保养、维护、安装检验和报废》的有关规定。

2. 常用工器具的规格及允许荷载

（1）各种地锚规格及容许拉力。按地锚组合断面抗弯强度确定的钢板地锚容许拉力见表 1-2-11。

表 1-2-11　　按地锚组合断面抗弯强度确定的钢板地锚容许拉力　　(kN)

示意图

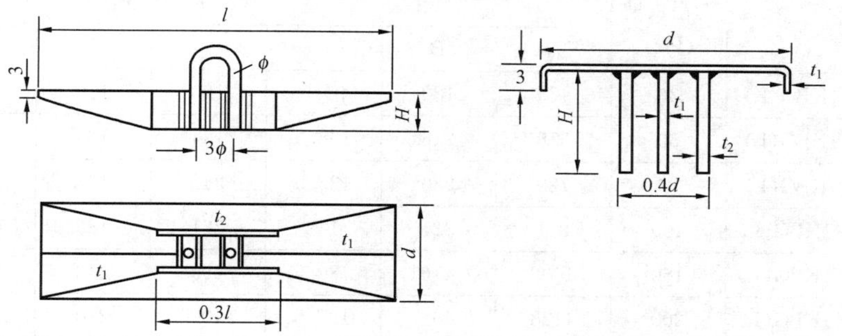

使用型号	普通型				加强型	
d（cm）	15	20	25	30	30	37.5
l（cm）	60	80	100	120	120	150
H（cm）	6	8	10	12	14	16
ϕ（cm）	2	2	2.2	2.2	2.4	2.6
Q（kN）	29.4	34.2	44.1	49.0	78.5	83.4

注　1. 普通型钢板地锚的 t_1＝0.3cm，t_2＝0.5cm；

加强型钢板地锚的 t_1＝0.4cm，t_2＝0.6cm。

2. 本表所列 Q 值，是根据钢板地锚中部组合断面抗弯强度确定的容许拉力。实际使用时，还须根据实地土壤特性与地锚埋深，按地锚带动一斜向倒截锥体土块重量，来确定其容许拉力，然后由两者中取其较小值作为钢板地锚之容许使用拉力。

（2）一般起重抱杆规格及容许吊重量。参见本书第三篇。

（3）常用起重滑车的规格及性能。5～200kN 单轮桃式开口吊钩（链环）型滑车及 10～320kN 双轮吊环型滑车见表 1-2-12、表 1-2-13。

表 1-2-12　　5～200kN 单轮桃式开口吊钩（链环）型滑车

示意图

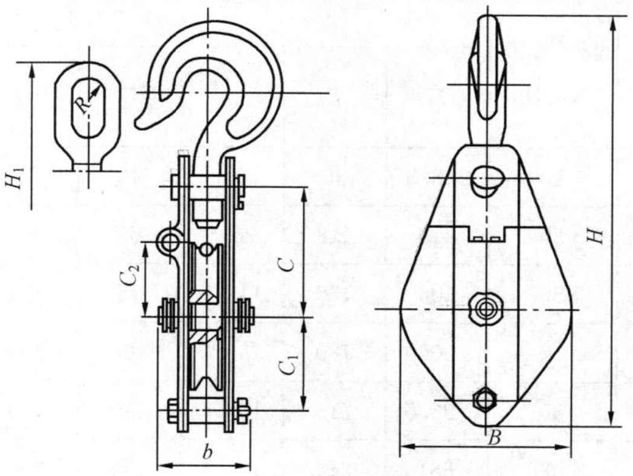

型　　号	起吊重量 (kN)	尺寸（mm）							
		H	B	b	C	C_1	C_2	R	H_1
H0.5×1KBG(L)	5	234.5	95	61.5	76.5	55.5	42.5	11	220.5
H1×1KBG(L)	10	299	118	70.5	103	69	54	14	288
H2×1KBG(L)	20	394	155	87.5	136	90	72	19	377.5

续表

型 号	起吊重量(kN)	尺寸(mm)							
		H	B	b	C	C_1	C_2	R	H_1
H3×1KBG(L)	30	473	180	99.5	160	106	85	21	446
H5×1KBG(L)	50	576	216	108.5	194	129	103	26	545
H8×1KBG(L)	80	720	280	136.5	248	164	132	33	687
H10×1KBG(L)	100	811	321	148	281	186	152.5	38	780
H16×1KBG(L)	160	1008	416	180.5	259	242	186	49	980
H20×1KBG(L)	200	1123	460	197.5	400	270	207	53	1089

表 1-2-13　　10～320kN 双轮吊环型滑车

示意图

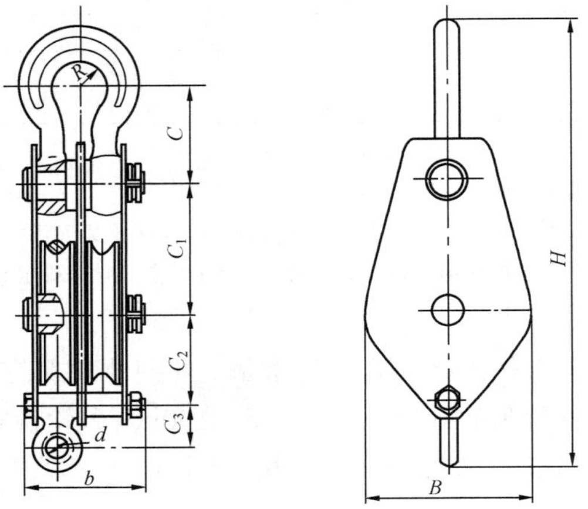

型 号	起吊重量(kN)	尺寸(mm)								
		H	B	b	C	C_1	C_2	C_3	d	R
H1×2D	10	238.5	95	77	45	72	55.5	21	12	15
H2×2D	20	319	118	93.5	65	97	69	28	17	18
H3×2D	30	406	155	113.5	75	124	90	40	23	22
H5×2D	50	506	180	130.5	100	153	106	50	26	28
H8×2D	80	593.5	216	155.5	120	175	129	60	31	32
H10×2D	100	681	244	165.5	146	200	142	64	34	40
H16×2D	160	826.5	321	198.5	156	254	186	82	45	45
H20×2D	200	948	364	212	190	294	211	89	50	48
H32×2D	320	1176.5	460	260	220	377	270	115	63	50

(4) 手扳葫芦。一般用手扳葫芦规格及性能见表 1-2-14。

表 1-2-14　　　　一般用手扳葫芦规格及性能

示意图

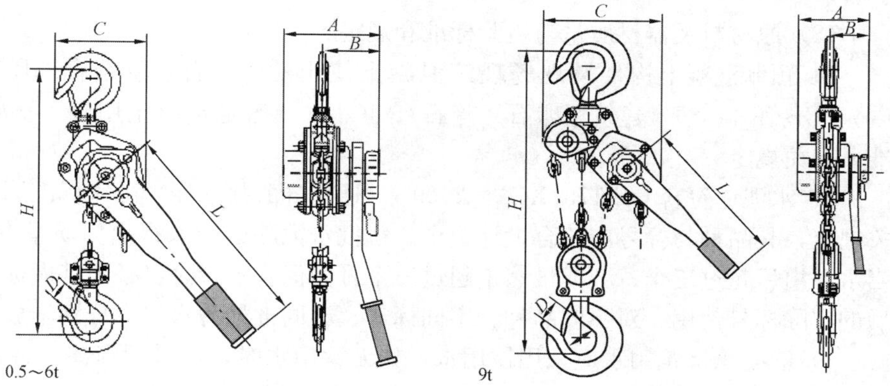

型　　号		①	②	③	④	⑤
额定载重(t)		0.75	1.5	3	6	9
测试荷载(kN)		11	22.5	37.5	75	112.5
最大载重时所用最大拉力(N)		140	220	320	340	360
载重链行数		1	1	1	2	3
载重链直径(mm)		6	8	10	10	10
净重(kg)		7.5	11.5	21	31.5	47
尺寸(mm)	*A*	155	180	215	215	215
	B	95	105	130	130	130
	C	135	155	200	200	330
	D	30	36	40	50	58
	H	320	380	480	600	700
	L	285	370	410	410	410

注　上述数据仅供参考，实际施工时以实物为准。

（5）输电线路常用钢丝绳为 GB/T 20118《一般用途钢丝绳》钢丝绳。适合输电线路用的为GB/T 20118《一般用途钢丝绳》第 3 组 6×19（a）类、6×19（b）类和第 4 组 6×37（a）类、6×37（b）类钢丝绳的结构图与力学性能表详见 GB/T 20118《一般用途钢丝绳》。

六、工程器材准备

为确保输电线路工程建设安全与建设质量，在施工前应对工程所使用器材进行严格检验并重点从验收及相关检验等环节进行管控。

（1）架空输电线路工程的原材料和器材必须符合以下规定：①有产品的出厂质量检验合格证明书，有符合国家现行标准的各项质量检验资料，对无质量检验资料的产品或对产品检验结果有疑问的，均应重新进行抽样，并经有资质的检验单位进行检验。②对采用无正式标准的新型原材料及器材时，必须取得有关部门的技术鉴定；若原材料及器材有如下情况之一时，必须重做检验，即保管期限超过规定者，因保管不良有变质可能者，试样代表性不够者。

（2）原材料及器材质量与检验标准和规定。

1）预制混凝土构件及现场现筑混凝土使用的砂、石，应符合 GB/T 14684《建筑用砂》、GB/T 14685《建筑用卵石、碎石》、JGJ 52《普通混凝土用砂、石质量及检验方法标准》有关规定。

2）水泥应符合 GB 175/XG1—2009《〈通用硅酸盐水泥〉国家标准第 1 号修改单》的有关规定，其品种与标号应符合设计要求。每批水泥除必须取得出厂质量合格证和复检报告。当水泥出厂超过三个月，或虽然未超过三个月但保管不善时，必须补做标号试验，并按试验后的实际标号使用。对不同品种、不同标号、不同批号的水泥应分别堆放和使用。

3）混凝土浇筑用水应采用饮用水，如无饮用水时，可采用河溪水或清洁的池塘水，同时符合 JGJ 63《混凝土用水标准》的相关规定。

4）混凝土掺用的外加剂，应符合 GB 8076《混凝土外加剂》的要求。首次使用时应经试验，符合质量要求者，方可使用。

5）钢材的品种应符设计图纸要求，其质量应符合 GB 1499.1《钢筋混凝土用钢 第 1 部分：热轧光圆钢筋》、GB 1499.2《钢筋混凝土用钢 第 2 部分：热轧带肋钢筋》的相关规定。

6）钢筋焊接时所用焊条质量应符合 JGJ 18《钢筋焊接及验收规程》的有关标准规定。其品种、牌号必须与所使用的钢材化学成分和机械性能相当，并应具有良好的焊接性能。首次使用应按有关规范进行工艺性能试验。使用前应进行外观检查，并应符合：气焊条表面不得有油脂、污秽、腐蚀等；电焊条无药皮脱落。受潮的电焊条，必须按焊条说明书规定的温度经过烘干处理，并应再经工艺性能试验，鉴定合格后方准使用。

7）铁塔质量应符合 GB/T 2694《输电线路铁塔制造技术条件》、DL/T 646《输电线钢管结构制造技术条件》、JGJ 82《钢结构高强度螺栓连接技术规程》、GB 50205《钢结构工程施工质量验收规范》的规定。

8）预应力和普通钢筋混凝土预制构件的加工质量和允许偏差应符合 GB 50204《混凝土结构工程施工质量验收规范》的规定。

9）电力金具的质量应符合 GB/T 2314《电力金具通用技术条件》的规定。

10）组装用螺栓、螺帽、垫片必须热浸镀锌其加工质量应符合国家有关标准规定。

11）导线和地线的质量应符合国家或行业有关标准规定。钢绞线、钢芯铝绞线、铝合金绞线、钢芯铝合金绞线、铝包钢芯铝绞线、碳纤维导线以及尚未列入国家标准的其他品种导线的质量应符合有关标准规定。进口导线的质量应符合各该产品的国家标准，且不应低于 IEC 相关标准。

12）高压架空线路绝缘子的质量应符合国家有关标准之规定，对绝缘子产品质量有怀疑的按国家现行标准和行业标准的规定进行检验与鉴定。

13）气焊用的乙炔气应有出厂检验合格证明，其质量可采用检查焊缝中硫、磷含量的方法来确定。其硫、磷含量不应高于被焊金属中硫、磷的含量。气焊用的氧气纯度不应低于 98.5%。

第二章

施 工 运 输

第一节 概 述

输电线路工程施工运输基本分为大运输和小运输两种形式。大运输主要以铁路交通、等级公路、通航河道等为主要运输通道，将施工材料从供货厂家、材料货站长距离运输到中心材料站或现场指定地点。小运输是继大运输之后，以乡村公路、山间小道、田间机耕道等为主要运输通道，将施工材料从材料站或现场指定地点短距离运输到材料中间集散地、各杆塔位置或施工作业点。

输电线路工程施工运输受道路状况、施工材料特点及材料运输成本等因素限制，运输方式主要包括公路汽车运输方式、人力畜力运输方式、地面牵引运输方式、架空索道运输方式、水田湿地运输方式、水上船舶运输方式等。

第二节 运输流程和劳动组织

一、施工运输工艺流程

输电线路工程施工材料运输工艺流程一般如图 2-2-1 所示。

二、施工运输劳动组织

施工材料运输劳动组织及岗位职责见表 2-2-1。

表 2-2-1 **施工材料运输劳动组织及岗位职责**

序号	岗 位	人 数	岗 位 职 责
1	现场指挥	1	负责施工运输的组织、协调管理
2	技术员	1	负责确定运输方案、编制技术措施等技术管理
3	质检员	1	负责运输材料质量管理工作
4	安全员	1	负责材料运输过程安全监控、指导管理工作
5	材料员	1	负责材料的出入库、台账管理、材料核对、相关试验等工作

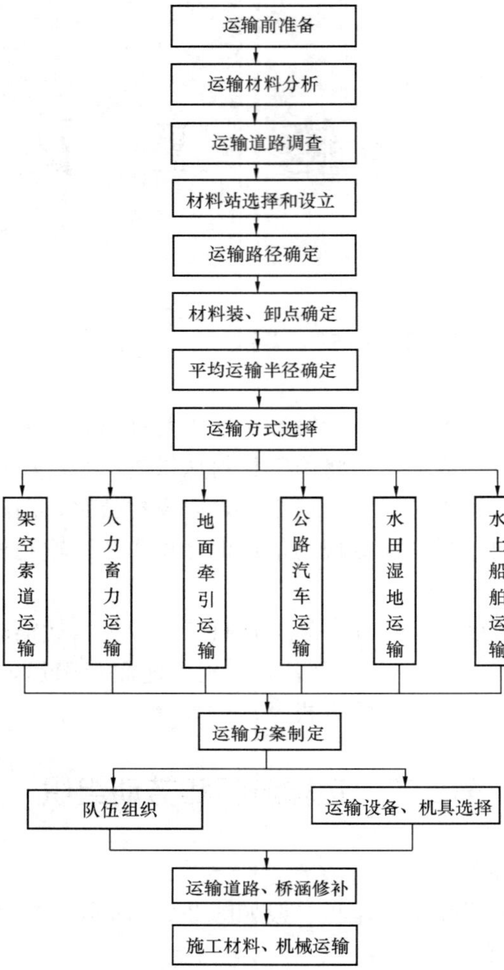

图 2-2-1 施工材料运输工艺流程

第三节 运输前准备

一、运输材料分析

输电线路工程运输材料包括基础施工、铁塔组立施工、导地线施工等各分部工程，常规材料主要有砂石、土方、混凝土、钢筋、塔材及金具等，这些材料便于运输。另外还有像钢管塔材、导线线轴及牵张机等大型施工设备，运输难度相对提高。

二、运输道路调查

运输前应对运输道路进行调查，整理编写调查报告，并绘制运输道路情况示意图，作为确定运输方式和道路补修计划的重要依据。运输道路调查的主要内容如下。

(1) 运输路径状况。对线路经过的主要干道和支道的名称、走向、路况、距离进行调查分析。对经过的杆塔控制桩号以及与输电线路路径的相对位置进行调查。

(2) 运输桥涵状况。对运输道路经过的桥梁及涵洞的位置、结构情况、承载能力以及所要穿过的桥涵和城门的高度及宽度等进行调查。

(3) 运输道路状况。对经过道路的最小拐弯半径、纵向和横向坡度、窄道及险道的最小路面宽度、泥沼地段、山区小道、行人难以到达的崇山峻岭以及居民密集区等处的路况进行调查。

(4) 运输道路建议。调查报告应明确提出各个路段的运输方式和运输方法，确定所要经过道路和桥涵的修补方法，细致标记运输道路的特殊路段，并明确经过特殊路段时要求和方法。

三、材料站选择和设立

材料站选择和设立应充分考虑到线路长度、地形条件、道路状况、运输力量、货物特点等因素，合理确定输电线路工地材料站的位置和规模。一个线路工程一般设立一个材料站，有时也可设置多个材料站。

1. 工地材料站选择的基本原则

(1) 材料站的建设或租赁费用较低，运输半径最小。

(2) 通向杆塔桩位的运输条件便利，不受季节影响。

(3) 具备一些起重或装载机具，具有一定装卸能力。

(4) 材料站位置地形较高，不易受淹。

(5) 附近有运输机构，便于租赁起重、装载机具和运输车辆。

(6) 有足够大的场地、足够多的民房，需修建的临时设施较少。

(7) 具有良好的通信设置及水电供应条件。

(8) 水陆交通方便，便于采用汽车运输。

(9) 尽量靠近工程项目部或和其连在一起。

2. 工地材料站选择的有关规定

(1) 选择在地势较高处，并能防洪。

(2) 仓房结构应牢固可靠，门窗宜向外开，顶盖不得漏雨。

(3) 场地周围应设排水沟。

(4) 不应建造在高压电力线路的下方。

(5) 应配有消防器材，其防火距离规定见表 2-3-1。

表 2-3-1 **防火距离规定** (m)

项目名称	永久性建筑	临时仓库	木料堆，木料加工房	易燃物仓库（油料库）
永久性建筑		15	25	20
临时仓库	15	6	15	15
木料堆，木料加工房	25	15	垛间 2	25
易燃品仓库（油料库）	20	15	25	20

四、运输路径确定

在运输道路和运输方式的选择上，优先选用技术成熟、运输成本相对较低的运输方案，主要考虑到下列因素：

(1) 运输距离和运输半径最小，控制桩号最多。

(2) 运输道路和通过桥涵最佳，补修量最少。

(3) 尽量利用原有通道，占用农田或损坏农作物最少。

(4) 路面较高，不致因雨季积水影响而增加维修费。

(5) 尽量选用能通行载重汽车的道路。

(6) 对于山区或特大山区，在炮车、畜力驮运和人力抬运较困难时可考虑架空索道运输。

(7) 在确定运输方式时，还要依据运输量、运输距离、物件尺寸和质量以及道路的情况等因素，对运输成本进行测算。

五、材料装、卸点确定

施工材料的装卸点除了材料站之外，在运输距离较长或材料运输沿线需要采取不同的运输方式需要倒运时，考虑到运输成本和技术上的难度，需要在线路沿线设置多处临时装卸点。临时装卸点宜在运输道路附近，不影响其他车辆和行人的安全、便于装卸的地点。

六、平均运输半径确定

计算工地运输平均距离的首要条件是根据线路长度、沿线地形和运输条件，合理设置材料站和线路材料车、船运输沿线的临时装卸点。工地运输平均距离的计算主要分为人力运距和车船运距两类。

1. 人力运输平均运输半径的计算

在确定运输地形时，应按照运输路径的实际地形来划分，按照线路路径图计算为

$$Y=\frac{\sum k_i L_i R_i}{\sum l_i} \tag{2-3-1}$$

式中 Y——平均运距，km；

L_i——各段线路材料量（线路长度）；

R_i——各段线路材料的人力运输直线距离；

k_i——弯曲系数；

l_i——各段线路长度。

2. 车船运输平均运输半径的计算

车船运距为

$$Y=\sum L_i R_i / \sum L_i + C \tag{2-3-2}$$

式中 Y——平均运距，km；

L_i——各段线路材料量（线路长度）；

R_i——各段线路材料的车船运输距离（自工地仓库至各段材料的装卸点，其中道路或河流与线路是平行的，则以该段的中心处为计算运距的装卸点）；

C——超过下站距离（指火车站或码头至工地仓库的运距超过装材价格中下站运距部分，可按装材价格中规定计入工地运输距离，无规定者不予计列）。

七、运输方式选择

输电线路工程施工材料的供应方式与运输道路状况、运输方式选择、道路调查深度、材料站设定位置及供应方式对应的运输半径等都有密切关联，要依据现场实际情况因地制宜，

还要综合考虑、合理确定供应方式。

八、运输方案制定

根据对施工现场运输材料的分析、现场运输道路情况的调查以及材料站和临时装卸点的位置选择等诸多因素的合理分析，制订施工运输方案。运输方案选定时主要考虑下列因素：

（1）运输和装卸施工材料的车辆、器具宜普通和常规，易于租赁和使用。

（2）运输和装卸施工材料的车辆、器具应性能稳定、工效高、使用性价比好。

（3）采用的运输方式和装卸方法技术成熟、安全性好。

（4）运输距离和运输半径尽量小，杆塔控制桩号尽量多。

（5）运输道路和通过桥涵俱佳，补修量尽量少。

（6）尽量利用原有通道，占用农田或损坏农作物尽量少。

（7）综合选择路幅较宽、拐弯道少、坡度不陡的道路。

（8）尽量选择路面地势较高、少受雨季积水等季节影响的道路。

（9）尽量选用能通行载重汽车的道路。

（10）对于山区或特大山区，应综合考虑能利用炮车、架空索道运输。

（11）对于水田或沼泽地带，应综合考虑能利用旱船运输。

九、队伍组织、运输设备及机具选择

1. 队伍组织

施工运输队伍组织分为委托分包运输、项目部自备车队运输两种管理模式，委托分包运输时，要和运输分包单位签订运输合同或协议，说明运输和装卸要求，明确双方职责分工。

项目部自备车队负责运输时，要明确运输车队负责人、投入的汽车数量，对应的驾驶员和押车员、运输作业的安全监督员、装卸作业的施工人员、货物核对的技术员和材料员。

2. 运输机具的选择

由于运输工具的不同，其 t·km 每运输量的运价计算式也不相同。为了求得较为经济的运输工具，则须根据每两种不同的计算式，求得每两种不同运输工具间达到运价相等时的临界平均运距 R_A，以进行判别，其选择步骤如下：

（1）确立运价计算式

$$A=\frac{P}{R_A}+Q=\frac{Q_{UD}(R_A+T_{STOP}v_A)}{Tv_A\beta q\alpha R_A} \tag{2-3-3}$$

$$P=\frac{T_{STOP}Q_{UD}}{T\beta q\alpha} \tag{2-3-4}$$

$$Q=\frac{Q_{UD}}{Tv_A\beta q\alpha} \tag{2-3-5}$$

其中

$$v_A=\frac{2\text{（重载速度×空载速度）}}{\text{重载速度＋空载速度}}$$

$$\beta=\frac{\text{车辆载重时的行程}}{\text{载重时的行程＋空载时的行程}}$$

$$\alpha=\frac{\text{车辆实际载重量}}{\text{车辆允许载重量}}$$

式中 P——运价计算式参数；

Q——运价计算式参数；

T——运输车辆每台班的值勤时间[h/(台·班)]；

v_A——运输车辆行驶的平均技术速度(见表 2-3-2、表 2-3-3)，km/h；

β——行程利用系数；

q——运输车辆的额定载重量，t/台；

α——载重量利用系数；

R_A——重车平均运距(即平均运输半径)，km；

T_{STOP}——装车卸车共需停下的时间(见表 2-3-4)，h；

Q_{UD}——运输车辆每台班的运输量，t·km/(台·班)。一般在输电线路施工中，运送实体器材时，对于 5t 载重汽车，$Q_{UD}\approx180\sim220$；对于 4t 载重汽车，$Q_{UD}\approx140\sim180$；对于 3t 载重汽车，$Q_{UD}\approx110\sim140$；对于 2.5t 载重汽车，$Q_{UD}\approx90\sim110$。

表 2-3-2　马车、板车、木船的行驶速度　(km/h)

运输工具类别＼装载情况	空　载	重　载
马车	4.5	3.5
板车	3	2
木船	2.5	2

表 2-3-3　载重汽车行驶速度　(km/h)

路面情况＼装载情况	空　载	重　载	载运钢筋混凝土电杆及电焊铁塔等长大构件
二级	27	22	18
三级	18	12	12
四级	平均 12		—

表 2-3-4　装车卸车（人力操作）共需时间　(min)

器材类别＼运输工具类别	马车(载重 1.5t)	板车(载重 2t)	木船(载重 10～15t)	载重汽车(载重 4t)	
钢筋混凝土电杆：ϕ300mm×9m 等径	35	40	245	90	65*
ϕ300mm×6m 等径	50	30	270	100	70*
ϕ190mm×14m 锥形	45	30	—	90	70*
电焊铁塔	40	35	130	80	60*
钢筋混凝土预制品：每重 300kg 以内	45	30	220	102	72*
每重 500kg 以内	45	30	270	105	70*
线材：每重 400kg 以内	37	30	270	85	60*
每重 1000kg 以内	42	25	378	65	50*
碎石	50	30	390	90	—
木杆	40	30	163	—	—

* 表示以机械装车、人力卸车共需的时间。

代入1、2号两种运输工具的不同条件，得两组不同的运价计算参数 P_1、Q_1 与 P_2、Q_2。

（2）计算临界平均运距 R_{cri} 为

$$R_{cri}=\frac{P_1-P_2}{Q_1-Q_2} \tag{2-3-6}$$

式中 R_{cri}——临界平均运距，km。

（3）计算当平均运距为 R_{cri} 时它们的运价变化率为

$$m_1=-\frac{P_1}{R_{cri}^2} \tag{2-3-7}$$

$$m_2=-\frac{P_2}{R_{cri}^2} \tag{2-3-8}$$

式中 m_1——当平均运距为 R_{cri} 时，1号运输工具的运价变化率；

m_2——当平均运距为 R_{cri} 时，2号运输工具的运价变化率。

（4）以实际的平均运输半径 R_A 与临界平均运距 R_{cri} 比较：

当 $|m_1|>|m_2|$ 时，实际的平均运输半径 R_A 大于临界平均运距 R_{cri} 时，采用1号运输工具较经济；实际的平均运输半径 R_A 小于临界平均运距 R_{cri} 时，采用2号运输工具较经济；当 $|m_1|<|m_2|$ 时，实际的平均运输半径 R_A 大于临界平均运距 R_{cri} 时，采用2号运输工具较经济；实际的平均运输半径 R_A 小于临界平均运距 R_{cri} 时，采用1号运输工具较经济。

3. 运输工具的需要量计算

（1）全线的运输汽车需要量为

$$N=\frac{G_T}{nQ_{UD}} \tag{2-3-9}$$

式中 N——需要汽车的数量，台；

G_T——全线总运输量中需汽车运输的部分，t·km；

Q_{UD}——每台汽车每台班可完成的运输量，t·km/（台·班）；

n——实际的净有效运输天数（雷雨、例假及其他影响不能出车的天数不计在内），日。

（2）全线的运输马车需要量为

$$N=\frac{\left(T_{STOP}+\frac{2R}{v_A}\right)Q_H}{480g} \tag{2-3-10}$$

式中 N——需要马车的数量；

Q_H——全线需马车运输的器材质量，t；

T_{STOP}——装车卸车共需停下的时间，min；

R——运输距离，km；

v_A——马车往返的平均速度，m/min；

g——每台马车的允许载重量，t/台。

4. 施工机具准备

根据运输方式的选定，对自有运输机具应进行调查、检查和准备。如因自有运输能力不够，则应考虑外包方式，以保证工程器材的现场供应。运输机具包括汽车、船舶、马车、驮运工具和装卸机具等。

（1）载重运输机械。有关起重运输机械的性能、规格详见有关资料。载重汽车除应执行保养制度外，在运输前，还要再次检查如下内容：

1）机械系统运转是否正常；

2）刹车是否可靠；

3）操动机构是否灵活；

4）灯光信号及喇叭是否完好；

5）车身结构是否完好，有无变形损坏情况。

（2）其他运输使用的机具，亦应在使用前进行检查，主要内容有：

1）钢丝绳、麻绳等应检查有无断股、断丝、磨损等现象；

2）滑车、绞磨等应重点检查其转动是否灵活，磨损是否严重，配件是否完整等；

3）抱杆、地锚、滑板、扒杆等应检查有无裂纹，腐朽及以影响强度的木节等缺陷；

4）对车架，应检查有无变形，损伤及连接不牢或焊缝开焊的情况；

5）链条葫芦、手扳葫芦、双钩紧线器应检查其转动灵活性，有无机械损伤，其中应重点检查倒闸装置和双钩紧线器的保险顶丝等，以及其规格是否与要求的吨位相符；

6）对吊钩应检查有无机械损伤，对其他起重工器具亦应做认真的检查；

7）所有运输工器具，经过检查，不合格者不准使用。

十、运输道路、桥涵修补

1. 临时运输道路的技术条件

临时运输道路分简易公路、大车路及驮运路，可根据运输量、运输工具并结合当地地形情况来选择。一般由总材料站至沿线各材料站，由材料站至其所控制桩号的临时卸料点。因运输量较大且集中，均要求充分利用载重汽车或大车来进行运输，这些运输道路须按简易公路或大车路标准进行修建或改善。由各卸料点至输电线路各杆塔桩号间，由于运输量小而且分散，因此这些运输道路可按驮运路标准修建或改善。

2. 临时运输道路的路面

路面的型式、尺寸及使用材料，可按运输量、车辆类型、行驶速度、须保证通车的期限、路基土壤、气候水文条件以及当地材料等因素综合考虑确定。运输道路如需常年通车时，应铺筑路面。如行车密度大而且路基土壤为黏质土、粉质土或土壤较湿时，则宜采用较高级的路面或适当增加路面厚度。要求在允许的季节内通车时，可使用当地土壤改善路面或不铺路面而以土路通车。

3. 涵管铺设临时道路

临时运输道路跨越大小河流、沟渠或农田排灌系统时，除考虑地形、水文、地质等条件外，还需结合经济因素综合研究，力求经济适用，并保障沟渠灌溉系统的水流畅通，修路时宜采用在路基下面埋设相应直径的混凝土涵管。当河渠宽度不超过 5m，且河水不深时，也可以用涵管顺河放置，保证足够的过水量，然后在管上铺垫沙袋或直接推土，形成便桥（参见图 2-3-1）。根据河沟的宽度以及水流量的不同，可采用一层数根或双层数根涵管铺设，并采用渣土填充，保证所修道路两侧水路贯通，埋土高度不少于 0.3m，桥宽不小于 4m。在行走设备前将土推平夯实，满足运输道路强度要求。

4. 简易钢板桥

当河面宽度在 5～10m 时，也可采用 ϕ426mm 管钢（或格构式梁），上铺 8～10mm 钢板及防滑筋，做成板桥，板桥直接搭在河两岸。管钢（或格构式梁）与两侧堤岸搭接应充足和牢靠。板桥高出地面部分，用沙袋垫成坡道，或者将岸边下挖，使桥板与地面一样高。

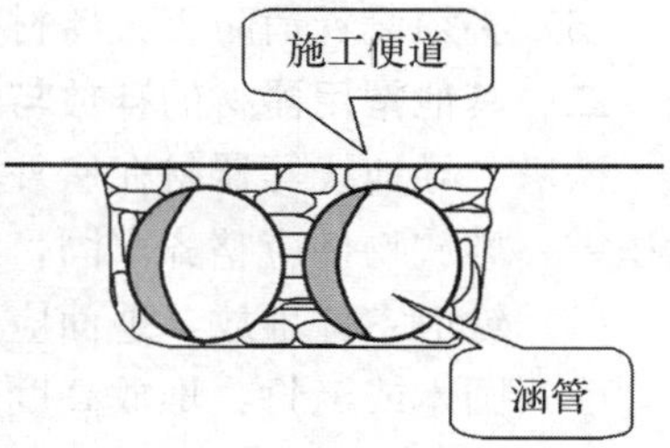

图 2-3-1 简易涵管涵道

十一、施工材料、机械运输

按选定的运输方式和运输方案完成施工材料、机械运输。

第四节 工程器材的存放与保管

各种工程器材除特殊情况外，一般均应放置在材料站内，材料站内应统一规划，按器材的品种、类别特性划分出存放（或堆放）区，有些器材应在临时库房内存放。

一、特殊材料的存放与保存规定

1. 氧气瓶（有气）的存放与保管规定

（1）存放处周围 10m 内严禁烟火，严禁放置易燃易爆物品。

（2）严禁沾污油脂。

（3）严禁与氢气瓶、乙炔气瓶放在一起。

（4）氧气瓶卧放时不宜超过 5 层，立放时应有支架固定。

（5）有瓶帽和两个防振圈。

（6）瓶帽拧紧气阀朝向一侧。

（7）严禁靠近热源或在烈日下曝晒。

（8）存放期内设专人管理，并设置“严禁烟火”标志。

2. 乙炔瓶（有气）的存放与保管规定

（1）班组的存放量一般不超过 5 瓶，超过 5 瓶但不超过 20 瓶时应用非燃烧体墙隔成单独的存放间并有一面靠外墙。

（2）存放间与明火或散发火花地点间的距离不得小于 15m。

（3）存放间不得设在地下室或半地下室内。

（4）存放间应通风良好，不受阳光直射并远离高温热源；其附近设有消火栓和干粉或二氧化碳灭火器，并严禁使用四氯化碳灭火器。

（5）存放间设专人管理并在醒目处设置“乙炔危险，严禁烟火”的标志。

（6）直立放置并有防止倾倒的措施。

（7）严禁与氧气瓶及易燃物品同间存放。

3. 汽油、柴油等挥发性物品的存放与保管规定

（1）存放在专用的库房内，容器必须密封。

（2）附近严禁有易燃易爆物品。

（3）严禁靠近火源或烈日下曝晒。

（4）存放处应设置“严禁烟火”标志。

(5) 必须设置消防灭火器材。

二、其他常用器材的存放与保管规定

铁塔、导地线等器材在室外堆放时，场地应平整，道路应畅通，能排除积水，冬季应消除积雪。堆放物件应整齐牢固，以防倾倒。大长件器材不得竖放，并应满足下列要求。

(1) 铁塔室外堆放：地面应平整坚硬，下面应支垫，按桩号平放。

(2) 圆木或毛竹：堆放高度超过 2m 时，应有防止滚落措施。

(3) 导地线线轴：不宜平放，地面应垫高，并采取相应的线轴固定措施。

(4) 水泥：应存放在库房内，高度不得超过 12 袋，地面应用木板垫平和防潮。

(5) 其他器材：应按有关规定执行。

第五节　公路汽车运输

一、适用范围

公路汽车运输主要用于公路或通过修筑具备汽车运输条件的道路，是目前最为普遍使用的运输方式。施工材料的装卸，宜用起重机械，如吊车、叉车等装卸方式，方法较简单、劳动强度低、装卸效率高、安全风险小、机械费用大。在不具备吊车装卸条件时，也可以用人力装卸。本节仅对几种常用的人力装卸方式工序进行介绍。

二、工艺流程

1. 跳板装车法

跳板装车法是利用环境高度（如站台），搭设跳板，使货物所在位置与车厢直接搭接，便于货物方便滚动或移动到车厢（如装线轴）。

(1) 工艺流程。此种方法的工艺流程如图 2-5-1 所示。

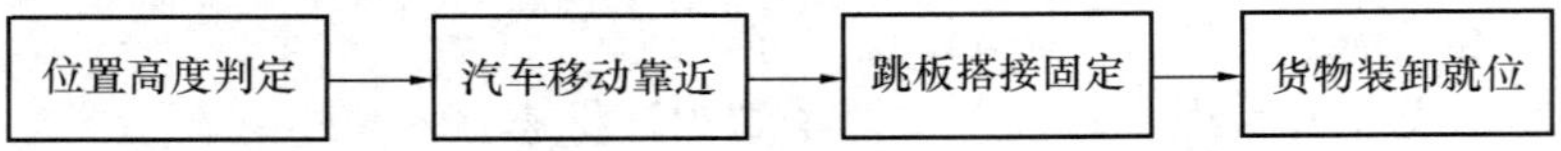

图 2-5-1　跳板装车法工艺流程

(2) 操作方法。

1) 位置高度判定。对材料存放、装车、卸车的场地位置、高度进行观察判定，选定装载车停靠位置。

2) 汽车移动靠近。驾驶装载车尽量靠近材料存放位置，两者距离小于所要搭设跳板的长度。装载车车厢面与材料对放地面高度、基本一致。

3) 跳板搭接固定。用跳板连接材料存放地和装载车车厢，跳板长度在 3m 以内，并排放置 2 块或以上，视搬运货物尺寸、质量而定。跳板在与车厢端搭接、材料堆放处搭接长度应大于 400mm。跳板在两端搭接处应用绳索固定牢靠，保证货物搬运和人员行走时跳板不移动。

4) 货物装卸就位。根据搬运货物的尺寸、质量、外形等采取人工抬运、滚动搬运、绞磨牵引等装车、卸车就位方法。

2. 地槽装车法

在货物堆放处的侧面（有此条件时）人工挖掘地槽，将车行至地槽内，使车厢与货物堆放处地面高度基本一致，采用人力搬运装卸。

(1) 工艺流程。此种方法的工艺流程如图 2-5-2 所示。

（2）操作方法。

1）地槽位置选定。地槽位置选定在与货物堆放地接近距离为 4～6m，方向与器材长度方向一致，进口坡度小于 30°，出口坡度小于 15°，宽度大于车宽 0.6m，地槽底部长度大于车长的 2 倍，地槽停车处深度为车厢面与货物堆放地面等高。

2）汽车驶入地槽。汽车驶入地槽，与地槽两边宽度尽量相等。

3）货物装卸就位。根据搬运货物的尺寸、质量、外形等采取人工抬运、滚动搬运、绞磨牵引等装车、卸车就位方法。

3. 抱杆装车法

（1）工艺流程。此种方法的工艺流程如图 2-5-3 所示。

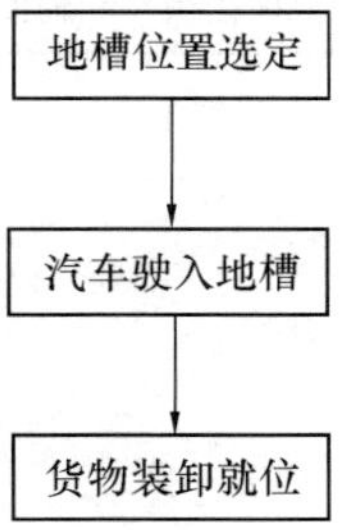

图 2-5-2　地槽装车法工艺流程

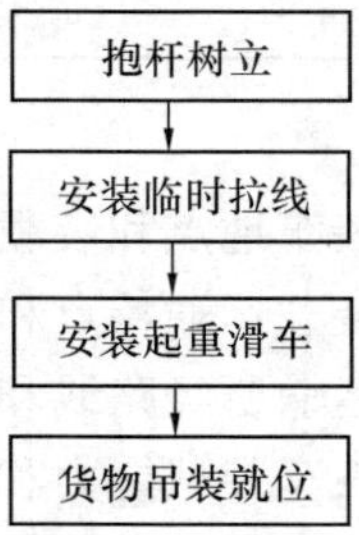

图 2-5-3　抱杆装车法工艺流程

（2）操作方法。

1）抱杆树立。树立两根抱杆，一根直立，一根斜立，并将其上部固定在一起。抱杆规格和长度与货物质量、外形等具体需要相适应，斜杆坡度应小于 1∶3。

2）安装临时拉线。抱杆上部连好四根（或三根）临时拉线，主临时拉线规格应适当加大，保证抱杆稳固牢靠。

3）安装起重滑车。在斜杆上端悬挂一组滑车起重系统，滑车的吨位和规格应与货物质量、外形等具体需要相适应。

4）货物吊装就位。货物吊装就位时，斜杆顶部和吊钩附近应加必要的控制大绳，小构件时可采用人力牵引控制。

三、劳动组织

（1）工地项目部自备车队负责运输时，要明确运输车队负责人、投入的汽车数量，对应的驾驶员和押车员、运输作业的安全监督员、装卸作业的施工人员、货物核对的技术员和材料员。

（2）工地项目部委托分包运输时，要和运输分包单位签订运输合同或协议，说明运输和装卸要求，明确双方职责分工和交接要求。

（3）一个完整运输车队的劳动组织如表 2-5-1 所示。

表 2-5-1　　公路汽车运输劳动组织及岗位职责

序号	岗 位	人 数	岗 位 职 责
1	现场指挥	1（兼）	负责施工运输的组织、协调管理
2	技术员	1（兼）	负责调查运输路径、测定运输半径、绘制运输路线图等工作

续表

序号	岗 位	人 数	岗 位 职 责
3	质量员	1（兼）	负责材料运输过程质量管理工作
4	材料员	1（兼）	负责各种运输方案的经济性对比，材料核对等工作
5	安全员	1	负责材料运输过程安全监控、指导管理工作
6	运输队长	1	负责材料运输过程的具体实施和现场指挥
7	驾驶员	1（每台）	负责材料运输车辆驾驶
8	押运员	1（每台）	负责材料运输过程押运
9	普通作业工	8（每组）	材料装卸、运输过程中现场操作和辅助

四、运输准备

（1）确定货物装车地点和装载方式。

（2）确定货物装载运输特点和要求。

（3）掌握汽车运输所经路线和路况。

（4）确定运输汽车装载能力和要求。

（5）确定运输汽车驾驶员和押运员。

（6）确定货物卸车地点和卸载方式。

（7）确定并配备货物卸车工器具和卸车人员。

（8）进行汽车运输技术措施编审和技术交底。

五、操作规定

1. 汽车运输基本规定

（1）出车前应检查机器各部有无异常，刹车、方向盘等是否完好、灵活，轮胎气压是否充实，油箱燃料是否够用，并应配备灭火器材。

（2）运输时，随车应配有足够的押运人员。押运人员应和司机配合，且应向司机讲清运至地点、运输路线、道路情况以及其他注意事项。

（3）押运人员应随时检查绑扎绳扣有无松脱或其他常异状况，器材摆放位置有无变动，如发现问题应立即处理。

（4）行车至困难的坡路、险路、弯路、泥泞地段以及危险的桥梁涵洞等地方，应减速行驶，必要时押运人员一律下车，司机助手下车指挥汽车通过。

（5）当通过铁路、村庄、城镇等路段时，一律按规定减速行驶（若无规定，则车速不应大于15km/h)；当行驶至城镇、村庄路口时，应减速缓行，并应注意避让行人，不准抢车；当通过高度较低的电力线、通信线和其他障碍物时，亦应缓行，防止剐碰或触电。

（6）当汽车涉水过河时，应事先了解和试探河水的深度以及河床情况，以确定能否过河。如水面超过汽车排气管或能淹没电瓶，或者河床为淤泥时，不得涉水通过。

（7）冬季河水结冰时，不得凭经验过河，应根据当地的具体情况以及气候等情况决定。经调查了解和试探，确信安全可靠后，方可通过。

（8）冰雪及泥泞道路行车，应安装防滑链。上坡时应根据需要在后轮处加装制动掩木；下坡时严禁空挡行车。

(9) 行车途中，如发现异常或出现杂音时，应立即停车，进行检查修理。停车应在平坦的路旁，不得在弯路、上下坡、桥涵等地方停车。停车后应拉下手动闸，并应做好停车标示。

2. 超长、超高或重大物件装运规定

装运超长、超高或重大物件时，应遵守下列规定：

(1) 应采用加长车厢或专用车型。

(2) 物件装运不得超过车厢前端，严禁悬架于车头上方。

(3) 物件重心与车厢重心基本一致。

(4) 对易滚动的物件，则在顺其滚动方向用木楔掩牢并捆绑牢固。

(5) 用超长架装载超长物件时，应在其尾部加设标志；超长架应与车厢固定，物件与超长架及车厢捆绑牢固，并应按有关规定报交通部门批准。

(6) 押运人员应加强运输途中检查，防止捆绑松动；通过山区或弯道时，防止超长部位与山坡或路旁树杈刮碰。

3. 铁塔器材及构件的运输

铁塔器材与构件的运输与装卸，宜分类装载和运输，应与车体牢固捆牢，相互间不应窜动或碰撞。并应遵守下列规定：

(1) 器材装载一般不得超宽，如有超宽、超长构件半装载运输，应取得交管部门的同意，并应挂有警告标志。

(2) 押运人员不得在装有构件的车厢内乘坐。

(3) 散置的塔料，应分类分号捆扎装车，不得零散杂乱装运。

(4) 吊装铁塔构件，一般宜用四点起吊（小件可用 2 点吊），吊点位置应在结点处，并垫草袋或麻袋片。构件应在吊离地面 200mm 后停止吊起，进行检查，如无异常方可继续起吊，以确保安全。

(5) 金具、绝缘子均应带包装装卸与运输，禁止抛掷或碰撞。

4. 砂、石及渣土运输与装卸

(1) 应遵守上述器材运输与装卸的有关规定。

(2) 应使用带有车厢板的车辆。如经过居民区或在公路上行驶，应在车厢上加盖苫布，防止砂、石或渣土散落，保护环境卫生。

(3) 石及渣土装车，优先采用装载机装车，如无装载机械，也可用人力装车，但亦应注意防尘，避免影响环境。装车不得超载，并应有防漏散措施。

(4) 砂、石及渣土应卸至指定地点，不得乱放乱卸，特别是弃置的渣土，不得掩盖农田、农作物和植被。

5. 导线、避雷线运输与装卸

(1) 导线、避雷线的运输与装卸，应遵守上述器材运输与装卸的有关规定。

(2) 导线、避雷线，一般均采用成轴（盘）整体运输与装卸，单件质量比较大，在装卸时应落在车厢内的适当位置，保持车体平衡，不得偏载。并应用大绳或钢绳与车体牢牢紧固，用木楔掩好，防止滚动。

(3) 导线、避雷线线轴（盘）装车，宜用机械吊车。如无条件时，亦可利用跳板滚动法装车，在滚动牵引过程中，应严格控制滚动方向，防止跑偏，且应在车厢底板上预设临时掩木，防止滚过预定位置。

（4）导线、避雷线的装卸宜用机械吊车。如无条件时，也可利用跳板滚动法卸车，滚动牵引过程和要求基本同上，也可利用地槽装卸法或固定抱杆装卸法，并应按有关规定执行。

（5）导线、避雷线线轴（盘）装车后，重心较高，稳定性较差，运输车辆行驶时，应平稳慢行。特别是在转弯时，车辆不得猛转方向、急刹车，以防导线、避雷线线轴（盘）倾倒或甩出。

六、现场布置

公路汽车运输方式下，不同的运输车辆、施工材料、装卸机械及辅助工器具等因素决定了多种不同的现场布置情况，材料在运输、装卸、安置等过程也有各自不同的规定和要求，因此，应按实际情况和规定要求进行现场布置。

七、工器具配备

公路汽车运输方式下，不同的运输车辆、施工材料、装卸条件、地形环境等因素决定了多种不同的工器具配备和组合情况，应按具体情况和规定要求进行工器具配备。公路汽车运输方式主要使用的工器具有六种。

1. 载重汽车

根据施工材料单件最大质量、外形特点、几何尺寸、装卸运输要求、运输数量、道路宽窄、道路转弯半径、道路路面等情况，选定载重汽车和其他机动车的车型和装载性能。应选择多种车型组合使用，因地制宜选择农用运输车辅助运输。

2. 吊车

根据施工材料单件最大质量、外形特点、几何尺寸、装卸要求等选定汽车吊或履带吊。应选择不同吨位吊车型组合使用，因地制宜地选用施工起吊用的抱杆辅助起吊装卸，提高起吊装卸机械的适宜性和工作效率。

3. 抱杆

根据施工材料单件最大质量、外形特点、几何尺寸、装卸要求等选定抱杆断面和起吊能力。注意抱杆拉线的安全可靠性，注意抱杆转移位置时的安全可靠性。

4. 起重滑车

根据施工材料单件最大质量、外形特点、几何尺寸、装卸要求等选定起重滑车。注意抱杆拉线的安全可靠性、操作的灵活适宜性。

5. 汽车装卸货物用的跳板

根据施工材料单件最大质量、外形特点、几何尺寸、装卸要求以及装载车与地面和货台的接驳状况，选定跳板的形式、强度、宽度。注意跳板安置固定的安全可靠性。

6. 起重索具

根据施工材料单件最大质量、外形特点、几何尺寸、装卸要求等选定起重绳索及相应的连接和锁定器具。注意起重索具的安全可靠性、操作的灵活适宜性。

八、安全质量要求

（1）运输车辆应由持照司机驾驶，严禁无证驾驶。

（2）严禁司机酒后驾驶或疲劳驾驶。

（3）车辆行驶途中，司机和押运人员应当思想集中、精神饱满。

（4）载货机动车除押运和装卸人员外，不得搭乘其他人员。

（5）押运和装卸人员应乘坐在安全位置上。

（6）运输车辆状况应良好，刹车与操作系统应正常可靠。

（7）轮胎气压应充实，油箱燃料应够用。

（8）严禁在装有危险品的车辆上或附近吸烟，不得用汽油清洗部件。

（9）爆破器材的运输，应遵守交管部门和公安部门的有关规定，由其指定的公司或单位进行，并应取得同意和批准文件。

九、主要施工计算

公路汽车运输方式下，主要施工计算围绕施工材料最大单件质量、所用运输装卸机械和工器具的运载、装卸、牵引等能力展开。对运输装卸重要且关键的工器具，如载重汽车、吊车、抱杆、起重滑车、跳板、起重索具等，要经过计算确定技术参数、使用事项和安全要求。

第六节 人 力 畜 力 运 输

一、适用范围

人力畜力运输通常有三种类型：人力抬运、畜力驮运和马车运输，对运输道路要求低，主要在汽车运输、炮车运输等综合因素和路况条件受限制的情况下采用。人力畜力运输货物的单件在质量、体积等较轻和小，在不具备吊车装卸条件时，人力畜力运输一般都采用人力装卸。人力抬运、畜力驮运方法简单，本节仅对马车运输和机械倒链三脚架装卸法进行介绍。

二、工艺流程

人力畜力运输通常采用半机械倒链三脚架法，主要工艺流程和操作方法如下：

1. 工艺流程

工艺流程如图 2-6-1 所示。

图 2-6-1 半机械倒链三脚架法装卸工艺流程

2. 操作方法

（1）支立三脚架。在装卸场地上先架设三脚架。三脚架抱杆的直径或断面、三脚架高度根据运输货物单件质量、体积选定，保证有足够强度和安全裕度。三根抱杆之间应互为 120°，抱杆根部支点间距离为马车宽度的两倍。三脚架高度应为马车高度的 2.5 倍左右，抱杆与地面的夹脚不应小于 70°。三脚架的绑扎应牢固可靠，支立应稳固，支立地面应选择在平整干燥处。如抱杆支点位置土质松软，抱杆根部应穿“靴”，以防下沉；如抱杆支点位置光滑，抱杆根部应加“绊脚绳”，即将三根抱杆根部（紧靠地面）用大绳或钢绳闭合固定起来，以防滑脱倾倒。

（2）安装倒链葫芦。在三脚架顶部装好倒链葫芦。倒链葫芦的起吊能力应选定 1～2t。倒链葫芦和吊钩的操作行程应满足起吊高度要求。

（3）货物装卸就位。装车时先将待装载的货物移至三脚架内部中心位置，再绑扎起吊绳套，放下倒链，将起吊物件的绳套挂在倒链钩上，操纵倒链，进行起吊。当起吊高度至大车高度后应即停止，再将马车缓缓倒退至三脚架内，找好装车位置。然后回松落倒链，将货物落于马车上，打好掩木，进行捆绑紧固，具备马车驾驶条件。

三、劳动组织

（1）工地项目部直接组织抬运人力、驮运畜力并负责运输时，要明确所投入的运输队和作业组数量、运输队和各作业组的负责人、运输作业的安全监督员、装卸作业的施工人员、施工材料核对和接受的技术员和材料员。

（2）工地项目部委托分包运输时，要和运输分包单位签订运输合同或协议，说明运输和装卸要求，明确双方职责分工和交接要求。

（3）一个完整驮运作业队的劳动组织见表 2-6-1。

表 2-6-1　人力畜力运输劳动组织

序号	岗 位	人 数	岗 位 职 责
1	现场指挥	1（兼）	负责施工运输的组织、协调管理
2	技术员	1（兼）	负责调查运输路径、测定运输半径、绘制运输路线图等工作
3	质量员	1（兼）	负责材料运输过程质量管理工作
4	材料员	1（兼）	负责各种运输方案的经济性对比，材料核对等工作
5	安全员	1	负责材料运输过程安全监控、指导管理工作
6	运输队长	1（兼）	负责材料运输过程的具体实施和现场指挥
7	车把式	1（每台）	负责材料运输马车驱使
8	赶畜员	1（每台）	负责材料运输过程驱使牲畜
9	普通作业工	8（每组）	材料装卸、运输过程中现场操作和辅助

四、运输准备

（1）确定施工材料抬运、驮运发货点和接收地点。

（2）确定施工材料抬运、驮运特点分析和捆绑固定要求。

（3）掌握抬运、驮运所经路线和路况。

（4）安排抬运人力、驮运蓄力组织。

（5）确定抬运技工和驮运赶畜工。

（6）确定和配齐抬运、驮运和装卸工器具。

（7）抬运、驮运技术措施编审和技术交底。

（8）了解、掌握运输期间天气情况。

五、操作要点

1. 马车运输方式

（1）运输前应会同车把式，对马车进行调查了解，检查项目有：车轴有无裂纹和严重磨损；有无车闸，是否灵活可靠；车辕及车厢等有无变形、腐朽；配件是否齐全。

（2）运输前应组织马车工人进行技术安全学习。

（3）马车装载重量及行进速度。应根据运输道路状况、畜力牵引能力以及车况、载重量综合确定，并充分考虑车把式和马车工人的意见。

（4）马车运输应遵守交通规则。

（5）负责车辆的押运人员应熟悉道路和货物特性，除赶车人员外，其他人不得赶车。押运人员与赶车人需密切配合，在途中随时检查马车的工况。

（6）有较多的车辆结伴同行运输时，应事先组织进行，一般每 6 台马车编为一组，并配

2 名技工、2～4 名普工押运，各组相互配合、集体行动。

（7）在材料卸车时，应先牵住牲畜，打好掩木，以防马车倾覆，然后再进行卸车作业，实际方法与汽车的卸车方法基本相同。

（8）在重型材料、管件材料卸车时，应先支垫好车辆，打好掩木，卸去牲畜，然后再进行卸车作业。

2. 人力抬运及畜力驮运

（1）人力抬运，应先选定运输路线，并进行必要的道路整修工作，铲除绊脚的小树根。

（2）人力抬运人员应是身体健康的壮年人。人力抬运时，一般平地每人不应超过 30kg，山地每人不应超过 20kg。如 16 人及以上群体抬运时，应有一名技工指挥。

（3）砂、石、水泥、水、金具等物件，可单人背扛，但背扛的质量也不宜大于上述规定，并随时注意背运人员的身体状况。禁止超重背扛。

（4）抬运混凝土预制构件及塔材等中型物件时，可采用工人 4、8 人或 12 人编组抬运，但绳套绑扎应可靠。抬起的物件不宜过高，一般以离地 400～600mm 为宜，抬运人员与被抬物件间的距离，视具体情况确定，但一般不应小于 500mm。每次使用工具，都应做细致检查。

（5）抬运混凝土电杆等大型物件时，可采用 16 人抬运法，如图 2-6-2（c）所示。物件绳套绑扎应由技工进行操作，保证结实可靠。抬运时应由专人负责指挥，抬运人员应步调一致，相互照应。抬运过程应同起同落，对于抬运混凝土电杆同落有困难时也可先落一端再落另一端，由指挥人员具体掌握指挥。在抬运上山时，应配有适当的后备人员，随时准备替换或进行扶持工作。

（6）在物件质量为 16 人不能抬运时，也不提倡采用 24 人或 32 人抬运法。在具备 24 人且每排 4 人抬运条件的路幅宽度时，路幅宽度一般会在 2m 以上，此时应平整路面，垫实路基，采用轻型轮式山地炮车方式进行运输，具体方法见本章第七节中的炮车运输方式内容。

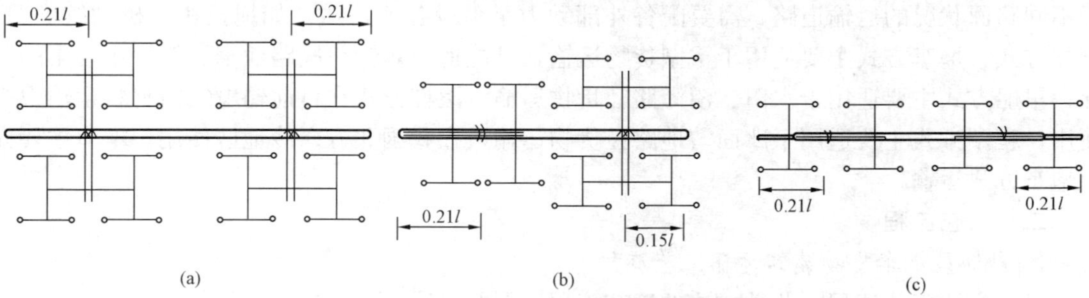

图 2-6-2 管型材或线型材人力抬运示意图

（a）32 人抬运法；（b）24 人抬运法（锥形杆）；（c）16 人抬运法

l—备材杆件长度

（7）畜力驮运砂、石、水、水泥以及金具、小型铁构件，可用畜力（骡、马、驴）驮运，物件应装在筐或篓内，由 2 人抬放于鞍上，卸下时亦应由 2 人抬放于地面。

（8）各种役畜驮运能力，由赶畜工人决定。

（9）爬山时，应由赶畜人牵着牲畜，防止滑倒。

六、现场布置

人力畜力运输方式下，不同的施工材料、行驶道路、道路状况、驮运车架、装卸机械及辅助工器具等因素决定了多种不同的现场布置情况。材料在运输、装卸、安置等过程也有各自不同的规定和要求，因此，应按实际情况和规定要求进行现场布置。

七、工器具配备

(1) 马车或驮运牲口。

(2) 吊车、抱杆、起重滑车、起重索具。

详见本章第五节七。

八、安全质量要求

(1) 马车运输应由赶畜人驱使。

(2) 人力抬运应配备技工领队指挥。

(3) 抬运质量应在限定质量以下，严禁超重和疲劳抬运。

(4) 人力抬运、畜力驮运和马车运输不应安排在雨、雪天气进行。雨、雪天气之后人力抬运、畜力驮运和马车运输也应采取相应的防滑措施，以确保文明施工、安全作业。

(5) 押运和装卸人员应乘坐在安全位置上。

(6) 马车状况应良好，刹车与操作系统应正常可靠。

九、主要施工计算

人力、畜力运输方式下，主要施工计算围绕运输装卸施工材料最大单件质量和马车装载能力展开。对运输装卸关键工器具，如马车、吊车、抱杆、起重滑车、跳板、起重索具等，要经过计算确定技术参数、使用事项和安全要求，并应按具体情况和规定要求进行主要施工计算。

第七节 地面牵引运输

一、适用范围

地面牵引运输通常有四种类型：滚杠方式、炮车方式、旱船方式和爬犁方式，分别适用于不同路面状况的运输道路，需要配备外部动力牵引设备或机械，如拖拉机、机动绞磨等。滚杠方式、炮车方式主要适用于重型货物运输，且能适应运输路段路面窄、转弯半径小的路况；旱船方式主要适用于水田、沼泽路径货物运输；滚杠方式在目前输电线路材料运输很少使用，爬犁方式主要适用于冰面雪地路径货物运输，在我国北方寒冷地区使用。本节主要介绍炮车方式运输。

二、工艺流程

1. 自卸型炮车货物装卸运输工艺流程

(1) 主要工艺流程。此种方法的工艺流程如图 2-7-1 所示。

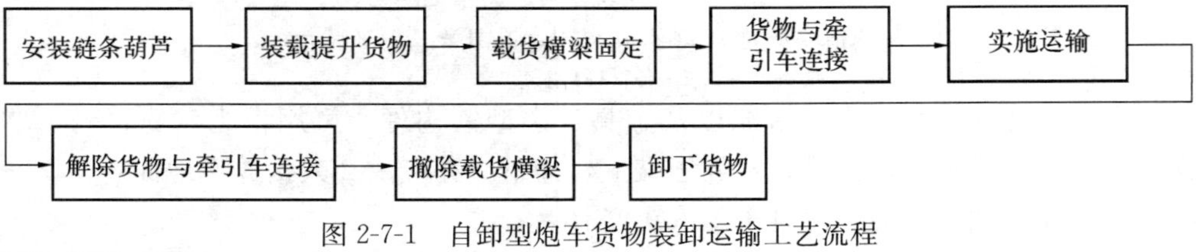

图 2-7-1 自卸型炮车货物装卸运输工艺流程

(2) 操作方法。

1) 安装链条葫芦。先将炮车移动到货物装卸地点，放下炮车支撑腿。根据货物质量配备 2～5t 链条葫芦，并固定安装在炮车顶部横梁上。

2) 装卸提升货物。先将待装载的管型材或成捆线材单独放在运输道路边；明确货物与牵引连接的运输接口端头；将炮车推到装载货物处，使得管型（成捆）材置于炮车两轮中间；炮车装载重心和管型材或成捆线材重心保持一致；用链条葫芦将货物提升到车轮架以上高度。

3）载货横梁固定。用炮车配备的专用载货横梁连接炮车左右车架，并拧好固定销；再用手链葫芦绑扎固定好物件。

4）货物与牵引车连接。用炮车配备的专用器具或卸扣将货物接口端头与牵引车或牵引机械接口牢固连接。

5）实施运输。

6）解除货物与牵引车连接。货物运输到位，卸载前应使牵引机械停止工作，处于保持刹车制动状态；卸载前先放下炮车支撑腿，使炮车和货物稳固状态；再解除与牵引机械接口连接，使货物、炮车与牵引机械完全脱离。

7）撤除载货横梁。将卸载货物与炮车链条葫芦连好，松开和解除绑扎链索；先少许提升货物，便于撤除炮车载货横梁，再将货物落在地面。

8）卸下货物。

2. 山地型炮车货物装卸运输工艺流程

（1）主要工艺流程。此种方法的工艺流程如图 2-7-2 所示。

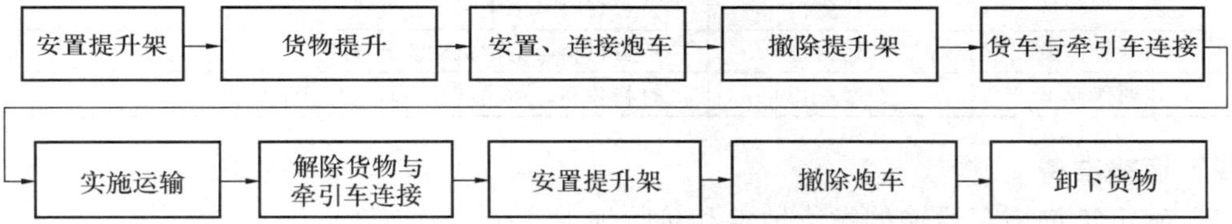

图 2-7-2　山地型炮车货物装卸运输工艺流程

（2）操作方法。

1）安置提升架。将待装载的管型材或成捆线材单独放在运输道路边；装载前明确货物与牵引连接的运输接口端部、端头；在靠近物件两端位置各安置一副装配式门型装卸架。

2）货物提升。操作提升架承载横梁，同步提升货物到炮车方向盘以上高度。

3）安置、连接炮车。当货物到提升到炮车方向盘以上高度时，先以人力将炮车推到装载货物管型材或成捆线材置处下方，再操作提升架将其放下，置于炮车架体中间；双桥装载时，炮车用其专用连接附件先连接固定好，双桥距离 3m。

4）撤除提升架。炮车装载重心和管型材或成捆线材重心保持一致；用手链葫芦绑扎固定好物件；撤除提升架。

5）货物与牵引车连接。用卸扣或专用器具将物件端部接口与牵引车或牵引机械接口牢固连接。

6）实施运输。

7）解除货物与牵引车连接。货物运输到位，卸载前应使牵引机械停止工作，处于保持刹车制动状态；卸载前先用三角木掩实车轮，使炮车和货物稳固状态；再解除与牵引机械接口连接，使货物、炮车与牵引机械完全脱离。

8）安置提升架。卸载时先将门型提升架安置在物件靠端部的下方，再提升物件。

9）撤除炮车。提升物件，使其高度在方向盘以上，推出炮车离开物件。

10）卸下货物。在炮车推离货物后，再操作提升架承载横梁，将货物落在地面，卸载完毕。

三、劳动组织

（1）工地项目部直接组织炮车和牵引设备并负责运输时，要明确所投入的运输队和作业组数量，运输队和各作业组的负责人、运输作业的安全监督员、装卸作业的施工人员、货物核对的技术员和材料员。

（2）工地项目部委托分包运输时，要和运输分包单位签订运输合同或协议，说明运输和装卸要求，明确双方职责分工和交接要求。

（3）一个完整驮运作业队的劳动组织及岗位职责见表 2-7-1。

表 2-7-1　　地面牵引运输劳动组织及岗位职责

序号	岗 位	人 数	岗 位 职 责
1	现场指挥	1（兼）	负责施工运输的组织、协调管理
2	技术员	1（兼）	负责调查运输路径、测定运输半径、绘制运输路线图等工作
3	质量员	1（兼）	负责材料运输过程质量管理工作
4	材料员	1（兼）	负责各种运输方案的经济性对比、材料核对等工作
5	安全员	1	负责材料运输过程安全监控、指导管理工作
6	运输队长	1（兼）	负责材料运输过程的具体实施和现场指挥
7	汽车驾驶员	1（每台）	负责材料运输中牵引车驾驶
8	绞磨操作员	2（每台）	负责材料运输中机动绞磨操作
9	普通作业工	8（每组）	材料装卸、运输过程中现场操作和辅助

四、运输准备

（1）确定货物炮车运输的发货地点和接收地点。

（2）分析确定炮车运输货物装载特点和要求。

（3）掌握确定炮车运输路径和路况。

（4）分析确定炮车装载能力、方式和要求。

（5）确定牵引车或牵引设备驾驶员和牵引机械操作员。

（6）确定货物卸车地点和卸载方式。

（7）确定并配备货物卸车工器具和卸车人员。

（8）进行炮车运输技术措施编审和技术交底。

（9）了解、掌握运输期间天气情况。

五、操作要点

1. 炮车形式和特点

根据炮车功能特点、适用范围、操作要求等，输电线路材料运输的炮车主要有三种形式：平板型、自卸型、山地型。

（1）平板型炮车。

1）单桥独立型设计制造，单桥使用；

2）载重量：单桥 3t；

3）载货尺寸：限宽 1.2m，长度不宜超过 9m；

4）路面宽度：需 2.2m，通行宽度：2.2m；

5）转弯半径：按 8m 长管型材或成捆线材而定，单桥为 8m；

6）结构简洁，操作简单，易于掌握使用；

7）适宜于平地宽路，自身不具备方向和制动功能；

8）平板型炮车示意图如图 2-7-3 所示。

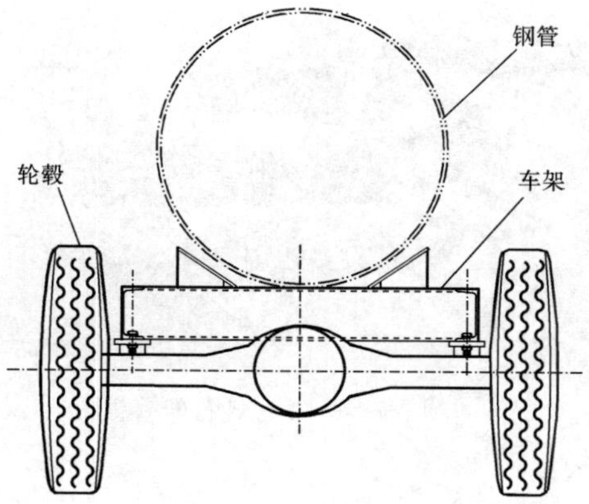

图 2-7-3 平板型炮车示意图

（2）自卸型炮车。

1）单桥独立型设计制造，单桥使用；

2）载重量：单桥 3t；

3）载货尺寸：限宽 1m，长度不宜超过 9m；

4）路面宽度：需 2m，通行宽度：2m；

5）转弯半径：按 8m 长管型材或成捆线型材而定，单桥为 8m；

6）自身具备装载和卸载功能（管型材或成捆线型材）；

7）适宜于平地宽路，可配备制动装置；

8）自卸型炮车如图 2-7-4 所示。

（3）山地型炮车。

1）单桥独立型设计制造，可单桥使用，也可双桥组合使用；

2）载重量：单桥 3t，双桥 6t；

3）载货尺寸：限宽 1m，长度不宜超过 9m；

4）路面宽度：需 2m，通行宽度：1.8m；

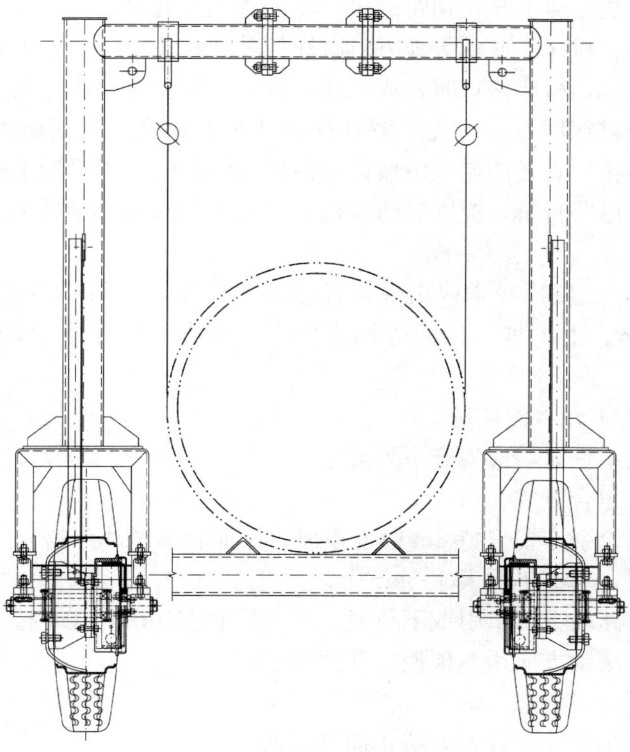

图 2-7-4 自卸型炮车示意图

图 2-7-5　山地型炮车示意图

5）转弯半径：按 8m 长管型材或成捆线材而定，单桥、双桥均小于 5m；

6）有配套的自备装卸器具：装配式门型装卸架；

7）自身具备方向操控和刹车制动功能；

8）爬坡能力：纵向 30°，横向 5°；

9）适宜于平地，还适宜于山地窄路和弯道；

10）山地型炮车示意图如图 2-7-5 所示。

2. 炮车运输基本规定

（1）出车前应检查机器各部有无异常，刹车、方向盘等是否完好、灵活，轮胎气压是否充实，油箱燃料是否够用。

（2）货物装载时，物件重心与炮车装载重心基本一致。

（3）运输时，随车应配有足够的押运人员。押运人员应和司机配合，且应向司机讲清运至地点、运输路线和道路情况以及其他注意事项。

（4）押运人员应随时检查绑扎绳扣有无松脱或其他常异状况，器材摆放位置有无变动，如发现问题应立即处理。

（5）行车至困难的坡路、险路、弯路、泥泞地段以及危险的桥梁、涵洞等地方，应减速行驶，必要时押运人员一律下车，司机助手下车指挥汽车通过。

（6）当通过铁路、村庄、城镇等地方时减速行驶，车速不应大于 10km/h。

（7）当行驶至城镇、村庄路口时，应减速缓行，并应注意避让行人。

（8）当汽车涉水过河时，应事先了解和探查河水的深度以及河床情况，以确定能否过河。如水面超过汽车排气管或能淹没电瓶以及河床为淤泥时，不得涉水通过。

（9）冰雪及泥泞道路行车，应安装防滑链。上坡时应根据需要在后轮处加装制动掩木；下坡时严禁空档行车。

（10）行车途中，如发现异常或出现杂音应立即停车，进行检查修理。停车应在平坦的路旁，不得在弯路、上下坡、桥涵等地方停车。停车后应拉下手动闸，并应做好停车标示。

3. 超长、超高或重大物件装运规定

装运超长或重型物件时，应遵守下列规定：

（1）应采用双桥组合方式。

（2）装运物件与牵引车要保持 3m 以上距离，保证刹车缓冲距离。

（3）双桥组合时，车速不得大于 5km/h。

（4）陡坡或急弯路段上行牵引或下行时，车速控制在 3km/h 以内。

（5）在物件顺其滚动方向用木楔掩牢并捆绑牢固。

（6）物件的尾部应设标志。

（7）押运人员应加强途中检查，防止捆绑松动。

（8）通过弯道时，防止超长部位与道路两旁树或物体刮碰。

4. 自卸型炮车行驶过程操作要点

（1）宜单桥装载并直接和四轮拖拉机等牵引机械连接配合使用。

（2）根据路况按炮车规定的速度行驶。

（3）遇坡陡弯急前，可先选择平坦路段停车调整方向，合适时再启动行驶。

（4）遇坡陡弯急时，应先做好驻车制动的思想准备和器具准备，防止失控前冲或溜车打滑。

（5）行车过程和临时驻车中，驾驶员都要谨慎驾驶，护车人员要认真观察、及时发现和迅速处理问题。

5. 山地型炮车行驶过程操作要点

（1）运载3t以下物件时，宜单桥装载并直接和四轮拖拉机等牵引机械连接配合使用。

（2）运载3～6t物件时，宜双桥装载并根据路况选择牵引车型或牵引机械。

（3）根据路况按炮车规定的速度行驶。

（4）双桥装载时，前、后两桥车架需同时有人操作。

（5）双桥装载时，"急弯转向"时前后两桥车架方向盘操作要"相反方向"；"方向修正"时，前后两桥车架方向盘操作要"相同方向"。

（6）遇坡陡弯急前，可先选择平坦路段停车调整方向，合适时再启动行驶。

（7）遇坡陡弯急时，应先做好驻车制动的思想准备和器具准备，防止失控前冲或溜车打滑。

（8）行车过程和临时驻车中，驾驶员都要谨慎驾驶，护车人员要认真观察，及时发现和迅速处理问题。

6. 装配式门型提升架使用说明

（1）装配式门型装卸架结构和特点。

1）装配式门型装卸架是山地型炮车现场装卸管型材或成捆线型材配套器具，用于现场材料运输过程中的装车、倒运、卸车等作业；

2）结构组成：两个两侧承载架，一根升降承载梁和两根底部联系梁，丝杆操作臂；

3）结构特点：槽钢门型架体，现场装配，丝杆升降，单臂操作；

4）操作性能：单杆0.5m，50kg操作力时，能升降2t载荷；两副同时操作时可提升6t；

5）升降行程：1.2m，提升最低点：0.2m；

6）自身质量：一副70kg，最重件40kg；

7）装配式门型装卸架如图2-7-6所示。

（2）装配式门型装卸架装卸操作要点。

1）选定或整平装卸场地，要求地面高差小、平整、硬实；

2）选定物件质量在提升架额定范围内，严禁超额提升；

3）准备装载物件时，先将提升架等高平稳地放置在需装卸物件两侧靠两端部位置，然后将架体底部联梁从物件下部垂直穿过，并用栓销连接固定两侧承载架；

4）进行装载物件前，先将架体承载横梁从物件下部垂直穿过，放置并固定在物件下部，然后再操作两侧承载架提升操作手柄，使承载横梁水平均衡抬起构件，达到可将炮车安置物件下部的高度；

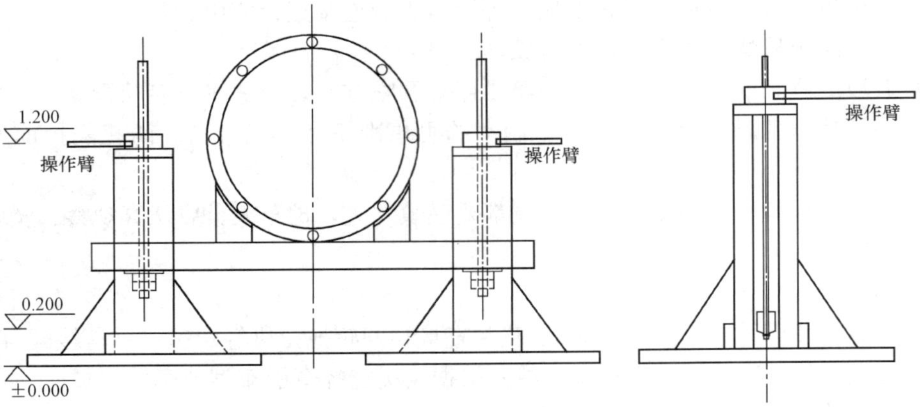

图 2-7-6 装配式门型装卸架结构示意图

5）物件装载固定在炮车上，在与牵引车或机械连接固定后，才能再操作承载架手柄，使承载横梁水平均衡降低构件，解除承载架与承载横梁连接栓销，再撤除门型装卸架，结束物件装载；

6）准备卸载物件时，先将提升架等高平稳地放置在需卸物体物件两侧靠两端部位置，同装载物件方法要求相同，将架体底部联梁和承载横梁布置和固定好；

7）进行卸载物件时，先操作两侧承载架提升操作手柄，使承载横梁水平均衡抬起构件，达到可将炮车脱离卸载物件下部的高度；

8）先解除卸载物件、炮车与牵引车或机械连接，将炮车推离卸载物件，再操作两侧、两端装卸架操作手柄，水平均衡低降下物件；

9）现在卸载物件下放位置道木或其他垫托物，再降下卸载物件放置在道木或其他垫托物件上，以便于后续倒运和装卸。

7. 炮车的日常保养

（1）按照相应的技术要求对炮车进行正确操作和使用。

（2）应使用炮车配套的螺栓、插销、连接件。

（3）要检查并保持轮胎气压正常。

（4）要检查和确认车桥、车架、顶架、地梁等有无变形。

（5）要检查焊缝处有无脱焊，发现脱焊要及时修复。

（6）要检查和保持刹车油管及接头完好、油路畅通。

（7）要检查和保持刹车操作灵活、制动稳定可靠。

（8）要检查和保持方向盘及连杆完好无缺、连接牢靠、操作灵活。

六、现场布置

牵引炮车运输方式下，不同的施工材料、行驶道路、道路状况、装卸机械及辅助工器具等因素决定了多种不同的现场布置情况。材料在运输、装卸、安置等过程也有各自不同的规定和要求。因此，应按实际情况和规定要求进行现场布置。

七、工器具配备

（1）炮车。

（2）吊车、绑扎固定索具。详见本章第五节七、工器具配备。

（3）起重滑车。详见本章第五节七、工器具配备。

八、安全质量要求

（1）自身不具备刹车制动性能的炮车，不得采用机动绞磨方式用于山地坡道运输。

（2）应选用与载重货物相匹配的炮车车型和牵引设备及器具。

（3）严禁炮车超载运输、牵引设备及器具超载拖动。

（4）炮车刹车操作尽可能保持前后双桥同步，以及与牵引车一致。

（5）严禁以方向盘、刹车柄作为把手扳拽车架调整位置。

（6）车辆状况应良好，刹车与操作系统应正常可靠。

（7）牵引车和牵引机械应由持证驾驶、持证上岗，严禁无证驾驶。

（8）运输途中司机和押运人员应当思想集中、精神饱满。

（9）载货机动车除押运和装卸人员外，不得搭乘其他人员。

九、主要施工计算

牵引炮车运输方式下，主要施工计算围绕下列因素展开：施工材料最大单件质量、运输道路路况、牵引和装卸机械及工器具的运载、装卸、牵引等能力。对运输装卸重要且关键的工器具，如炮车、牵引车或绞磨、吊车、抱杆、起重滑车、起重索具等，要经过计算确定选用炮车形式、技术参数、使用事项和安全要求。应按具体情况和规定要求进行主要施工计算。

第八节　水 田 湿 地 运 输

一、适用范围

工程施工涉及的水田湿地主要指水田、湿地、沼泽、塘洼、沟渠及小河流。这些地段长期受水浸泡，地下水位高，土质软，土壤含水率较高，承载能力差。湿地旱船运输方式，主要适用于水田湿地地段的施工材料运输。根据施工材料外形尺寸、单件最重以及道路路面单位承压力，选择爬犁型旱船或舢板型旱船，选定船体组成和连接方式，确定旱船装载和运输能力。爬犁型旱船主要适合于货物质量轻、路面承压力强的路面情况。舢板型旱船主要适合于货物质量重、路面承压力差，如水田、沼泽等路面情况。

二、工艺流程

爬犁型旱船或舢板型旱船的主要工艺流程大同小异，本节主要介绍舢板型旱船运输工艺流程。

舢板型旱船运输工艺流程如图 2-8-1 所示，其操作方法有：

（1）修整装卸场地。在水田湿地与道路硬地结合处修整装卸场地，场地应地势平坦、平

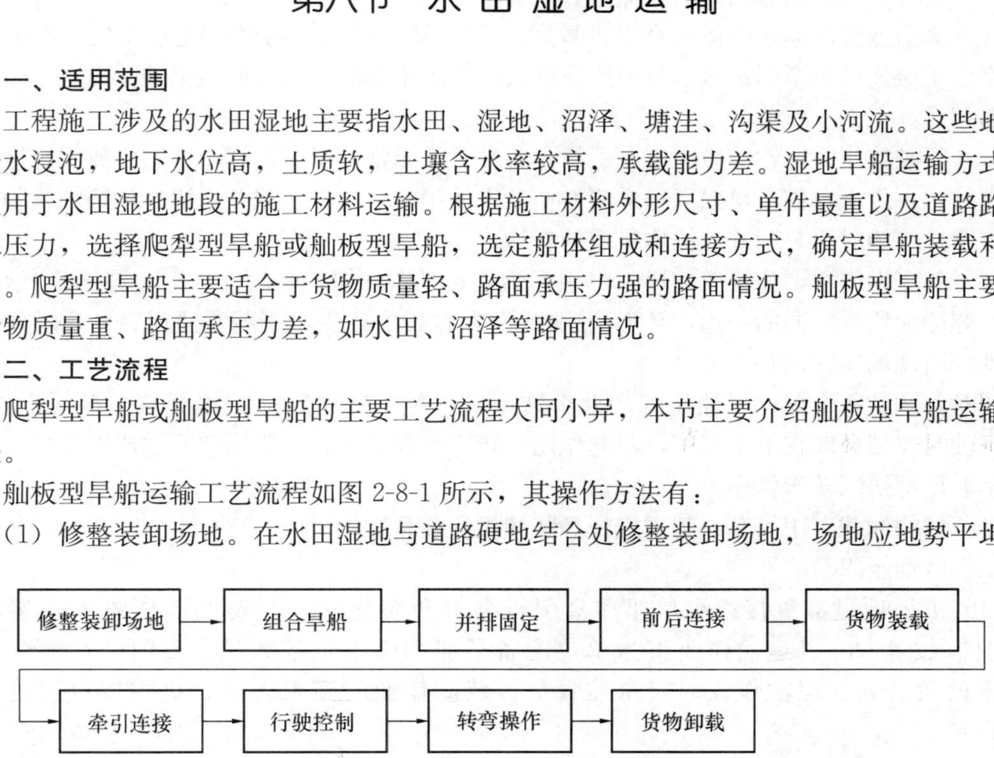

图 2-8-1　舢板型旱船运输工艺流程

整；道路硬地处要能安置下吊车或起重抱杆等装卸机具，水田湿地处要能铺下 $2\times6m^2$ 钢板，钢板厚度为 8～10mm。

（2）组合旱船。在装卸场地铺好的钢板上单个旱船组合成整体，单个舢板型旱船地面积为宽 600mm、长 800mm、重约 40kg。舢板型旱船组合方式基本有两种：

1）小方式。前 2 加后 2 矩形四单元组成，适合货物质量轻、路面承压力强的情况；适应土壤单位承压力为＞10kPa（$1t/m^2$），货物质量小于 4t；

2）大方式。前 3 加后 3 矩形六单元组成，适合货物质量重、路面承压力低的情况；适应土壤单位承压力为＞5kPa（$0.5t/m^2$），货物质量小于 6t。

（3）并排固定。每排单元船体用配套的槽钢以及道木双重连接固定。每排前、后部各布置 1 根槽钢以及道木。配套槽钢的规格一般为 8 号；配套道木的截面为 200mm×240mm。槽钢和道木长度均为 1.8m，是单元旱船宽度的 3 倍，当 2 个旱船并排连接时，中间隔 0.6m。连接槽钢按要求以螺栓固定，连接道木用框形圆钢卡固定。

（4）前后连接。前后排每个单元船体用配套的圆钢拉棒连接固定。圆钢拉棒截面直径为 10～12mm。圆钢拉棒长度定制为 1.5、2.0m 两种，根据货物长度组合选用拉棒，连接前后排每个单元船体。

（5）货物装载。用吊车或起重抱杆等装卸机具装载货物。重大型单件货物应放置在船体纵轴线上；中小型多件货物应放置在船体纵轴线对称两侧，并且是下层数量大于上层数量；尽可能降低货物装载重心，并与旱船整体装载重心基本一致。货物应固定绑扎在前后单元船体上，在物件顺其滚动方向用木楔掩牢并捆绑牢固。

（6）牵引连接。旱船整体与牵引机具用配套的 V 形圆钢棒与牵引绳索连接，牵引绳索再与牵引机械连接。牵引机械本身应用钻桩或地锚固定牢靠，钻桩或地锚的受力与牵引旱船的方向相反。

（7）行驶控制。运输前应检查牵引机具各部有无异常，牵引机刹车、钻桩或固定地锚等是否完好、可靠、牢固。旱船运输道路最初几次使用时，应先装载并运输质量轻的货物，待路面有明显沟槽时再装载并运输质量重的货物。

（8）转弯操作。调整旱船前段与牵引绳索连接的 V 形圆钢棒/索，V 形圆钢棒/索长度长的一侧即为所要转向的一边，V 形圆钢棒/索左右长度比决定于载货质量、土质软硬、转弯角度，由现场实际调整。

同时，调整每个单元旱船尾部的两个转向舵。每个转向舵有左 45°、右 45°两个位置。直线行驶时，转向舵在上部位置，不起作用；转弯行驶时，转向舵调整到左或右位置，起到控制旱船尾部协同转弯作用。

（9）货物卸载。用吊车或起重抱杆等装卸机具装载货物。

三、劳动组织

（1）工地项目部直接组织旱船和牵引设备并负责运输时，要明确所投入的运输队和作业组数量，并以运输作业组为单位配备旱船和牵引机具数量。要明确运输队和各作业组的负责人、运输作业的安全监督员、装卸作业的施工人员、货物核对的技术员和材料员。

（2）工地项目部委托分包运输时，要和运输分包单位签订运输合同或协议，说明运输和装卸要求，明确双方职责分工和交接要求。

（3）一个完整旱船运输队的劳动组织及岗位职责见表 2-8-1。

表 2-8-1 **旱船运输劳动组织及岗位职责**

序号	岗 位	人 数	岗 位 职 责
1	现场指挥	1（兼）	负责施工运输的组织、协调管理
2	技术员	1（兼）	负责调查运输路径、测定运输半径、绘制运输路线图等工作
3	质量员	1（兼）	负责材料运输过程质量管理工作
4	材料员	1（兼）	负责各种运输方案的经济性对比、材料核对等工作
5	安全员	1	负责材料运输过程安全监控、指导管理工作
6	运输队长	1	负责材料运输过程的具体实施和现场指挥
7	起重装卸工	2（每点）	负责材料装卸区、点的起重机装卸指挥和捆绑固定操作
8	牵引操作工	2（每台）	负责材料运输过程牵引机具的具体操作
9	旱船操作工	1（每台）	负责材料运输过程旱船控制的具体操作
10	普通作业工	4（每组）	材料装卸、运输过程中现场操作和辅助

四、运输准备

（1）确定施工材料旱船运输发货地点和接收地点。

（2）确定施工材料旱船运输装载方式和要求。

（3）确定施工材料旱船运输路线、掌握路况。

（4）修筑、加固和维护旱船运输装、卸区（站、点）场地。

（5）修筑、加固和维护旱船运输道路。

（6）确定旱船牵引设备及驾驶员和操作员。

（7）配备施工材料装、卸人员及工器具。

（8）进行旱船运输技术措施编审和技术交底。

（9）了解、掌握运输期间天气情况。

五、操作要点

1. 旱船形式和特点

（1）爬犁型旱船。

1）前后两部分组成，每部分前部为翘头爬犁结构，钢板制作；

2）适应路面单位承压力为＞20kPa（$2t/m^2$）；

3）载货尺寸：限宽 1m，长度不宜超过 9m；

4）路面宽度：需 2m，通行宽度：1.4m；

5）结构简洁，操作简单，易于掌握使用；

6）适宜于地势平坦，地耐力较大的湿地；

7）爬犁型旱船如图 2-8-2 所示。

（2）舢板型旱船。

1）单元结构设计，每单元为一微型简单舢板船体，钢板制作；

2）每单元船体可左右合并连接，以方便调整接地面积；

3）左右单元以槽钢以及道木硬连接，前后单元以圆钢拉棒软连接；

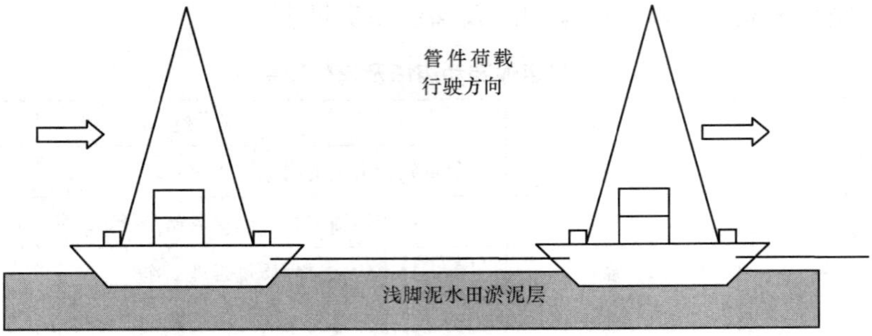

图 2-8-2 爬犁型旱船结构图

4）前后左右 4 单元或 6 单元矩形连接，组成完整连体旱船；

5）还可以左、中、右单元用槽钢以及道木硬连接，以前、中、后单元钢棒圆钢拉棒软连接，组成多单元完整连体旱船；

6）适应土壤单位承压力＞5kPa（0.5t/m^2）；

7）载货尺寸：限宽 1.8m，长度不宜超过 9m；

8）路面宽度：需 1.6m，通行宽度：1.2m；

9）结构简洁，操作简单，易于掌握使用；

10）适宜于地势平坦，地耐力较小的湿地；

11）舢板型旱船如图 2-8-3、图 2-8-4 所示。

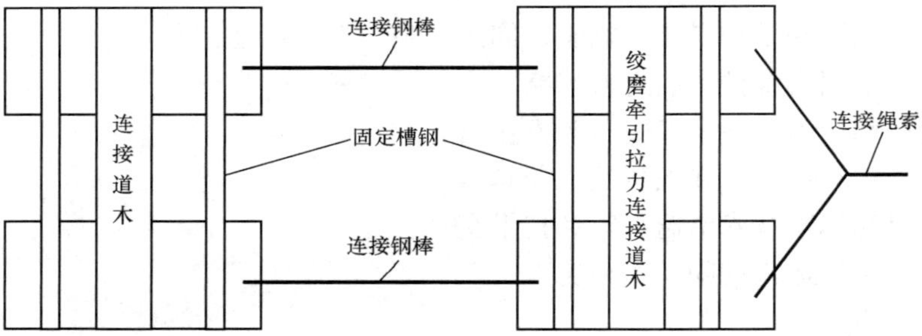

图 2-8-3 舢板型旱船空载连接固定俯视示意图

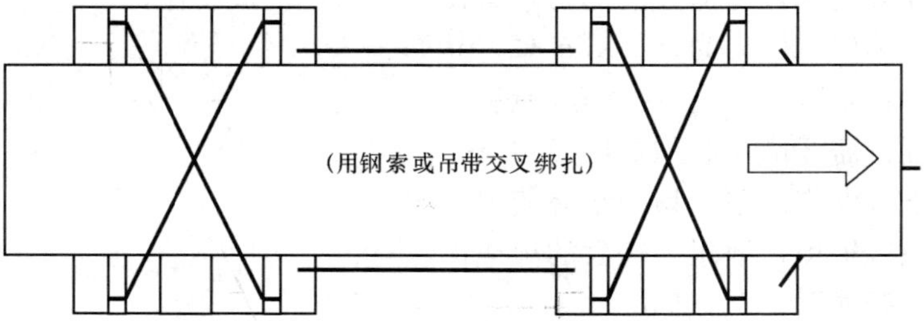

图 2-8-4 舢板型旱船货物连接固定俯视示意图

2. 超长或重大货物装运规定

（1）应采用多单元组合方式。

（2）装运物件与牵引机具要保持 3m 以上距离，保证牵引机械刹车时缓冲距离。

（3）物件时尾部应设标志。

（4）旱船操作员应加强途中检查，防止捆绑松动。

（5）通过弯道时，防止超长部位与道路两旁树或物体刮碰。

（6）通过弯道时，应在转弯内侧用绳索拖拉或在外侧用木杠抵推旱船船体帮助转弯，并控制船体按牵引方向行驶。

六、现场布置

旱船运输方式现场布置，如图 2-8-5 所示。

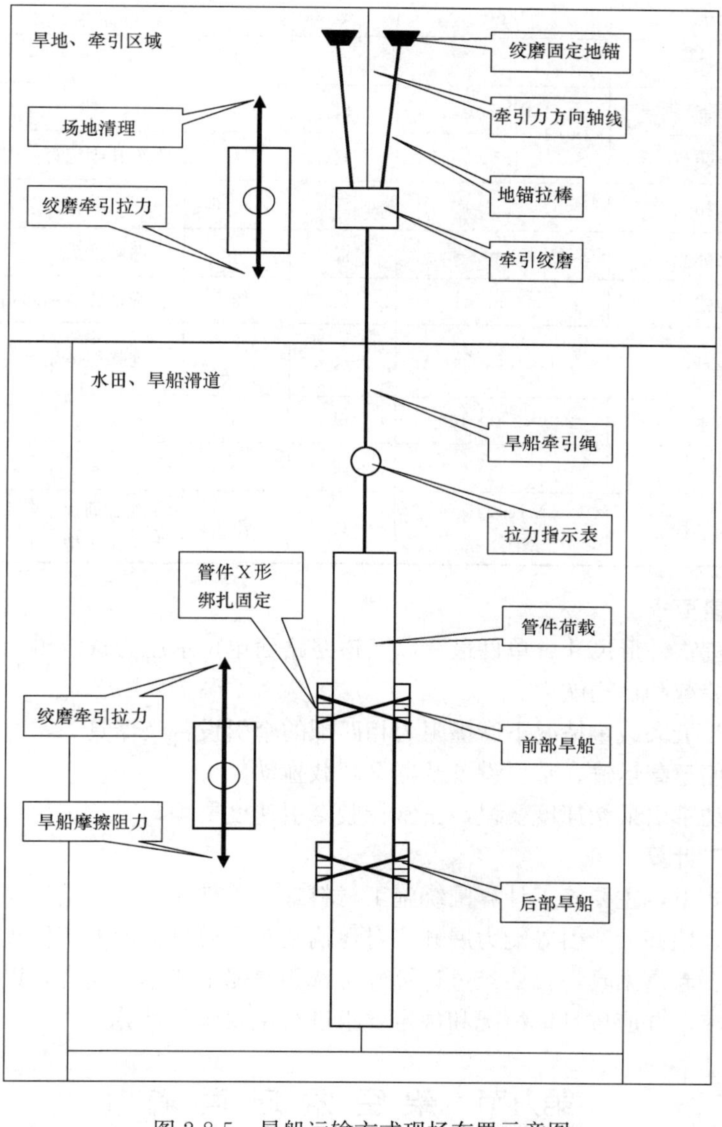

图 2-8-5 旱船运输方式现场布置示意图

七、工器具配备

旱船运输方式主要工器具见表 2-8-2。

表 2-8-2 旱船运输方式工器具及材料表

序号	名 称	规 格	单位	数量	备 注
1	轮胎汽车吊	8t	台		用于管件装卸
2	拖拉机绞磨	3t	台	1	配 1 名操作手
3	机动绞磨	3t	台	1	配 1 名操作手
4	拉力器	5t	只	1	
5	钻桩	ϕ32mm×1.5m	根	4	配 2 根拉杆
6	撬棍	1.8m	根	2	
7	木杠		根	2	
8	吊带	3t×3m	根	2	
9	链条葫芦	1.5t	只	4	绑扎固定管件用
10	卸扣	1、3t	只	16、6	
11	钢丝绳头	ϕ12.5mm×3m	根	1	两端插头
12	地锚	3m	只	2	配地锚鼻和卸扣
13	拉杆	1、1.5、2m	只	2+2+2=6	连接船体用
14	道木	200×200×1000	根	2	
15	麻袋片		只	8	
16	普通螺栓	M16×45、M20×50	只	各 6	配套筒扳手各 1 把，开口扳手 1 把，老虎钳 1 把

八、安全质量要求

（1）应根据货物外形尺寸、单件最重以及道路路面单位承压力选定单元船体组成和连接方式，确定旱船装载和运输能力。

（2）应选用与最大载重情况下摩擦阻力相匹配的牵引设备及器具。

（3）严禁旱船超载运输、牵引设备及器具超载拖动。

（4）每次启动牵引最初速度要慢，正常行驶牵引速度要均匀。

九、重要施工计算

旱船运输方式下，主要施工计算围绕施工材料最大单件质量、运输道路路况、装卸机械和工器具的运载、装卸、牵引等能力展开。对运输装卸重要且关键的工器具，如旱船、牵引车或绞磨、吊车、起重索具等，要经过计算确定选用旱船形式单元组合，以及技术参数、使用事项和安全要求，并应按具体情况和规定要求进行主要施工计算。

第九节 架空索道运输

一、适用范围

架空索道运输方式主要适用于山区峻岭、道窄坡陡的重型物件运输路况。目前线路施工材料索道运输多环状牵引索方式，采用一根或两根承载索、一根返空索和一根环状牵引索来运送货物，可实现多荷载连续运输，运输效率较高单承载索。下面以普遍使用的单承载索多档距环状牵引索方式索道为示例，介绍架空索道运输使用方法和要求。

二、工艺流程

架空索道运输工艺流程如图 2-9-1 所示。

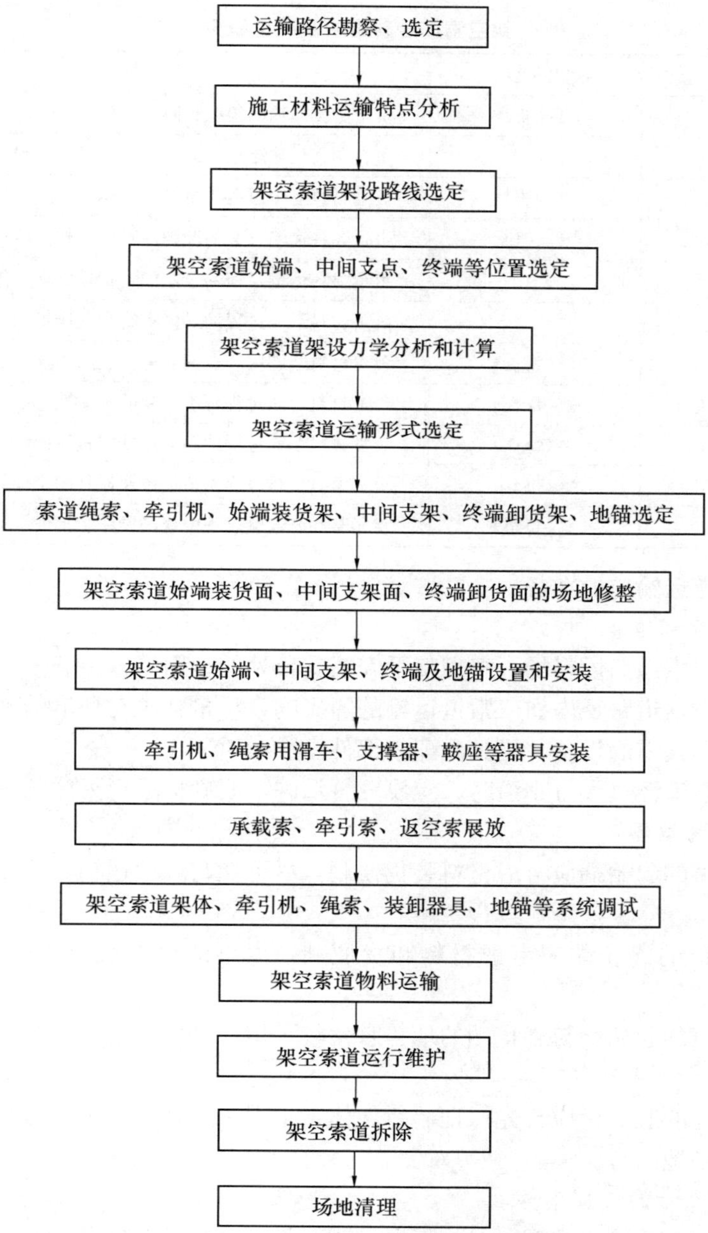

图 2-9-1 架空索道运输工艺流程图

三、劳动组织

（1）工地项目部直接组织架空索道设备并负责运输时，要明确所投入的运输队和作业组数量，并以运输作业组为单位配备架空索道设备数量。要明确运输队和各作业组的负责人、运输作业的安全监督员、装卸作业的施工人员、货物核对的技术员和材料员。

（2）工地项目部委托分包运输时，要和运输分包单位签订运输合同或协议，说明运输和装卸要求，明确双方职责分工和交接要求。

（3）一个完整架空索道运输队的劳动组织及岗位职责见表 2-9-1。

表 2-9-1　　架空索道劳动组织及岗位职责

序号	岗 位	人 数	岗 位 职 责
1	现场指挥	1（兼）	负责施工运输的组织、协调管理
2	技术员	1（兼）	负责调查运输路径、测定运输半径、绘制运输路线图等工作
3	质量员	1（兼）	负责材料运输过程质量管理工作
4	材料员	1（兼）	负责各种运输方案的经济性对比、材料核对等工作
5	安全员	1	负责材料运输过程安全监控、指导管理工作
6	运输队长	1	负责材料运输过程的具体实施和现场指挥
7	起重装卸工	2（每点）	负责材料装卸区、点的起重机装卸指挥和捆绑固定操作
8	牵引操作工	2（每台）	负责材料运输过程牵引机具的具体操作
9	支点监护工	1（每点）	负责材料运输过程中间支点处的具体操作
10	索道维护工	2（每套）	负责索道运行过程索道设备及器具的维护保养工作
11	普通作业工	4（每组）	材料装卸、运输过程中现场操作和辅助

四、架空索道运输前的准备

1. 架空索道现场准备

（1）平整架空索道两段料场，清理整平安装支架处的地面。

（2）清理架空索道路径内妨碍索道运输的障碍物，尽量减少对环境的破坏。

（3）安装架空索道的设备、机具和配套部件。

（4）在架空索道经过人行小道时，应设置警示牌，明确提醒行人注意安全。

2. 架空索道两端场地布置

（1）架空索道的起始端应考虑材料装货便利，尽可能与其他运输方式相连接，减少二次搬运。

（2）架空索道的终止端应考虑材料卸货便利，尽可能设在线路桩号附近，以求直接运达。

（3）架空索道的起始端与终止端的地势宜比较平坦，必要时应予平整，以便于操作和堆放器材。

（4）架空索道的起始段应首先保证装货架体、牵引机、拉线及锚固器具的足够场地，然后在考虑与装货场地结合。

3. 架空索道设计的气象条件

（1）温度：索道运输时间较短时，气温变化对索道设备及部件运行影响较小，可以不考虑气温变化的影响。当索道运输时间较长并跨季节时，气温变化对索道设备及部件运行影响较大，应考虑气温变化的影响。

（2）覆冰：架空索道禁止在覆冰状态下运行，架空索道覆冰消失后应经系统检查、重新试验合格后才能投入运行。

（3）风力：在一般山区，风力对架空索道的承载索、支柱及其他构件的负荷影响较小，可不考虑风力的影响。但在特高的山区或强风口设立架空索道时，可按风速30m/s验算承载索、支柱及其他构件强度。

五、操作要点

1. 架空索道运输基本要求

（1）施工前熟悉线路工程特点（道路、路径、货物形状、单件最大质量），进行详细的现场调查。

（2）根据现场调查结果，结合运输材料的特点和工程量，选取适合的索道运输方式，合理确定材料运输计划。

（3）根据所选择的索道运行方式，确定索道参数，编写索道运输施工作业指导书，并经公司相关部门审核批准。

（4）对索道运输施工人员进行技术交底并签证。

（5）准备索道架设的机具和器材，并检查机具和器材的质量合格证书。

（6）根据安全文明施工要求，配备相应的安全设施。

2. 架空索道工作索展放施工工艺及要求

（1）按平面布置要求，做好现场缆索架设准备。缆索架设的现场布置、弧垂观测与架设操作步骤和方法，基本上与普通架线的紧线方法相同，只是可通过调节器具（双钩紧线器或手板葫芦）直接锚固在地锚上。

（2）按照施工方案和作业指导书要求埋设承载索、返空索、牵引索的地锚，安装索道支架、驱动装置、架设牵引索。

（3）工作索地锚宜选用直埋式地锚，支架拉线也可采用铁桩或地钻锚固，且每处不少于两只。

（4）驱动装置不应布置在承载索下方，应通过高速滑车将驱动装置引至较安全位置。

（5）展放承载索。尽可能由高处向低处展放，并应防止被磨损。在悬崖峭壁处直接展放有困难时，可用浮升法展放一根锦纶丝绳或用遥控横形直升机先展放一根细芳纶绳再牵放锦纶绳的方法，再牵放承载索。

（6）可采用人工或飞行器等方式展放初级引绳，再逐级展放至牵引索，并使牵引索循环闭合。

（7）牵引索闭合前，将一端临时锚固，另一端利用驱动装置将牵引索张紧至设计张力后，编结接头形成闭合。

（8）通过牵引索牵引返空索、承载索，起始端应采用制动方式慢速牵引，牵引过程中应防止绳索间的相互缠绕。

（9）展放绳索通过中间支架时，应有专人监护。绳索接头通过支架时，需降低牵引速度，必要时可人工协助通过。

（10）将展放完成的承载索和返空索牵引至锚固位置与地锚连接，通过手扳葫芦等工具张紧绳索，通过串联的拉力表调整绳索的松弛度至设计值。在每个张紧区段内，承载索应采用一端张紧另一端锚固的方式。

（11）承载索通过挂于支架上的滑轮固定在地锚上，地锚施工应按施工设计要求进行，不得低于设计埋深。地锚坑应挖马道，其坡度不应大于45°且应与拉线角度一致，地锚埋入后应很好地回填夯实。

3. 架空索道支架安装工艺及要求

（1）架空索道支架，包括起始端、终止端的安装与架设，应按施工设计及平面布置图进行，并应用测量仪器确定支柱（架）及地锚设置的位置。

（2）支架起立方法可按一般组立杆塔方法。索道起始端的支柱应向索道的反方向适当予倾斜，支架根部应埋入地下0.3m左右。考虑不均匀下沉的可能，必要时应在支架根部绑扎横木。

（3）支架的拉线应安装在索道的反方向。为支架的稳定可靠，在支架的两侧面也应加装拉线，拉线对地面夹角不应大于45°，拉线可用钢丝绳或钢绞线。拉线的上端可通过抱箍与支柱架顶连接，下端则应通过调节螺栓与地锚钢丝套相连，并调紧拉线，然后用钢绳卡子卡牢。

（4）索道两端支架高度根据地形调节，保证工作索张紧后的合理位置。对于多跨索道，应使用经纬仪确定中间支架的位置，尽量使中间支架在一条直线上。

（5）各支架间跨距以150～500m为宜，一般不超过600m。

（6）一个完整索道档距一般控制在3000m以内，中间支架不超过7个。

4. 架空索道试运行

（1）索道架设完成后，应经公司技术、安全、质量等部门联合验收后，方可进行试运行。验收依据是架空索道的设计资料和设备部件的出厂合格证及技术资料。

（2）磨合架空索道牵引机，检查索道各设备安装情况。

（3）检查索道运输通道沿线货物对地、对周边物体距离，应保证有足够距离。

（4）利用两端的钢索松紧调整装置，调整承载索、牵引索、返空索的松紧度。

（5）在个别凸起的地方，若有牵引索刮地情况，应及时布置坐地滑车，以减少牵引索的磨损。

（6）试运行期间要派人在每个支架旁监控。

（7）架空索道试运行不宜少于60h。

5. 架空索道运行

（1）对牵引机开机前检查和运行过程中监控。

（2）牵引机操作工应熟知牵引机操作要领和架空索道的工作原理和过程。

（3）牵引机启动时，应采用小到中油门预热，不准用高速大油门启动。

（4）运行时发现有卡滞现象时应立即停机检查，搞清原因、排除问题后才能继续运行。

（5）应准备部分常用的零部件和备品备件。

（6）严格执行定人、定机的岗位责任制。

（7）未经培训合格的人员严禁开机作业。

（8）检查和保持支架各连接部位连接牢固，支架无变形、开裂、松动。

（9）检查和保持各地锚或地钻无松动，连接索具安全可靠。

（10）检查和保持牵引索、承载索的连接固定牢靠。

（11）按要求对运行的小车进行润滑。

（12）系统调试正常并通过检查和试运行后方可开始材料运输。

六、货物的运输

（1）操作人员发动牵引机，检查牵引机发动机及仪表工作是否正常，确认无误后，按照指挥人员的指令进行操作。

（2）操作人员在运输前根据货物索道的最大牵引力设置牵引机的最大牵引力，确保货物索道的运输安全。

（3）向上运输时提高发动机转速至1500r/min，将牵引机操作手柄向下扳动，待货物开始起运后在逐渐加速。

（4）根据所运货物的质量适当调整发动机转速和手柄位置，选择适当的运输速度。

（5）货物通过中间支架时牵引速度要放慢，待小车顺利通过后在加速。

（6）运输过程中需要停止时，将牵引机手柄至于中位，牵引卷筒停止并制动。

（7）向下运输时，将牵引机操作手柄向上扳动，待货物开始起运后在逐渐加速。

（8）在运输过程中发生牵引力超过设定的数值时，操作人员应立即停机，待查明原因并处理完毕后在运行。

（9）运行结束后将牵引绳锚固在地锚上，将卷筒上的牵引绳松掉，使其处于不受力状态。将操作手柄至于中位，降低发动机转速至怠速，关闭发动机。

七、架空索道的装卸与运输

1. 运输器材的吊装与卸载

（1）被运器材应先做好准备，零星小型器材应装入吊篮（或筐、箱）内，可采用一点悬挂，对铁塔辅材应进行捆扎，铁塔主材和混凝土电杆应采用两点悬挂。所有被装运的器材，均应在承载索正下方的装卸平台处进行。

（2）在被运输的器材上拴牢钢丝绳套，利用倒链与行走滑车连接并升挂，使其距承载索约为1m左右。

（3）卸载应在卸货平台处进行，刹住牵引机械，利用倒链直接卸下。然后将器材移出卸货平台。

（4）被载器材吊装后，即将牵引索及回牵索连好，准备运输。

2. 器材的运输

（1）运输前应对被运载的器材的绑扎吊挂状况以及承载索的弧垂、支架、地锚等进行细致的检查。无误后，即可驱动牵引机械，开始运输。

（2）在运输过程中，各支架及地锚等重要处所应设专人看守。同时应根据具体情况，对承载索的弧垂进行必要的调整。

（3）运输现场应设有可靠的通信工具，一般应配备报话机。

（4）索道运输应设专人指挥，指挥人应有索道运输经验或经过培训者。

（5）首次索道运输之前，应进行技术试点。

3. 运输监控

（1）安全员监控。架空运输索道的设计、安装、使用、维护以及所到使用过程中的安全监护控制等工作，应严格遵守DL 5009.2《电力建设安全工作规程 第2部分：架空电力线路》及有关技术规定。严格执行安全票制度，施工前对全体施工人员进行专项的培训和现场详细的技术交底。整个索道运输工作需专人指挥，指挥人员应位于架空运输索道两侧通视地点，且配备无线通信设备指挥工作。

（2）保持通信畅通。索道运输工作应设专人指挥，各支架、地锚及交叉跨越处或突起处派专人看守，指挥人员与看守人员配备无线通信设备，通信讯号良好，时刻保持通信联络畅通，现场指挥控制索道的运行速度平稳，确保刹车制动良好。

（3）应急响应措施。索道运行方式受地形地势影响，存在一定的安全风险，需制定相应的、可行的应急预案。

八、架空索道的维护保养

（1）牵引机按照牵引机维护保养要求进行保养。

（2）运行过程中每100个工作小时，要对所有的滑轮进行润滑保养。

（3）每50个工作小时要对所有的拉线进行调整。

（4）每100个工作小时要对牵引绳进行检查。遇有雷雨天气、五级风以上天气时，停止索道运输工作。

（5）架空索道长时间停用保养内容：

1）货运小车从索道上取下，润滑滑轮后存放；

2）对所有运动的部件进行润滑；

3）放掉牵引机油箱内的所有燃油；

4）每月检查拉线、地锚的状况。

（6）架空索道封存后重新启用，应按照索道初次安装时，进行小负荷（不大于10kN）运行试验，然后在进行半负荷运行，运行完毕后对承载索、拉线、牵引索进行调整，最后进行满负荷运行，运行完毕后对承载索、拉线、牵引索再次进行调整后，方可投入使用。

第十节 水上船舶运输

输电线路工程的走径，特别是在我国的南方地区，有可能与通航河流湖泊交叉或平行接近，如有条件时，可选用船舶运输方式。

一、水上运输环境的调查

在水上运输方式选择确定之前，应对水路等情况进行全面细致的调查，调查的内容如下：

（1）检查输电线路工程的路径与河流或湖泊交叉或平行接近的情况，必要时应绘制相对位置图。

（2）检查河流或湖泊是否通航，有无通航的历史记载，河床、水深及水流情况以及洪水时的情况。

（3）检查沿岸有无装卸器材的码头，装卸能力及装卸方式和设备情况。

（4）检查船舶运输能力和船舶的类型、吨位及所属部门，是采取的租赁还是承包方式，运价如何。

（5）检查船工的技术水平如何，是否经过培训和考试，有无驾驶执照及船舶运输驾驶经验。

（6）检查当地的航运规则，船主有无航运操作规程。

二、水上运输方式的选择

采用水上运输方式时，应根据当地河道航运调查结果，确定水上运输方式。

1. 水上运输方式的确定原则

（1）水路应与待建输电线路接近，特别是应在塔位附近处可以装卸（有简易码头）条件时。

（2）施工现场没有条件采用马车或汽车运输，而水上船舶运输又有条件，且运输较方便合算时。

（3）当地有船舶运输经历，又有租赁或承包运输条件时。

（4）输电线路工程工地运输，一般选用木船运输，载质量约为10～15t级。

2. 水上船舶运输的装卸

（1）船只装运货物不得超载。装运的重件器材应放到船舱底中部，否则应用重物压舱，以提高船只的稳定性。

（2）装卸重大物件或大型施工机械，应有上级批准的装卸方案并制订周密的安全保障措施，工作负责人会同船工一道贯彻实施。

（3）装载货物应用跳板并检查和验算其强度，两端应搁置牢靠，且搁置在船上的一端应在船体的重心位置，不得直接由船帮处滚装卸货物，防止船只一侧受力过大，而造成船只倾翻事故。跳板上应用防滑措施，亦不得摇晃和滑动。

（4）装入船内的物品应按顺序放置平稳。易滚、易滑、易倒的物品应绑扎固定牢靠。

（5）装载易燃易爆器材的船舱内不得有电源，与船相邻时，应有隔垫措施，船上应配备防火器材。

（6）在有条件时，宜在码头上装卸，尽量利用码头上的装卸机械设备。

（7）车辆过渡（轮渡）时。应遵守轮渡安全规定，听从渡口工作人员指挥。

3. 船舶运输的行驶

（1）船工应熟悉航运部门《内河避碰规则》及其他的有关规程或规定，并经考试合格持证上岗，严禁无证驾驶船只。

（2）船工及押运人员应熟悉航道运输的知识及规则和载运器材的特性，船只严禁超载。

（3）在深水航道上行船时，船上押运人员应备有救生衣设备，船行途中随船押运人员不得下水，雨、雪天在船上走动时，应注意防滑。

（4）船舶航行转弯应减速，防止因离心力作用将人或货物扔入河中。

（5）遇六级及以上大风时，船只不得行驶，应避风靠岸停泊。

（6）装载线路器材的船只，不准再同船载客行驶。

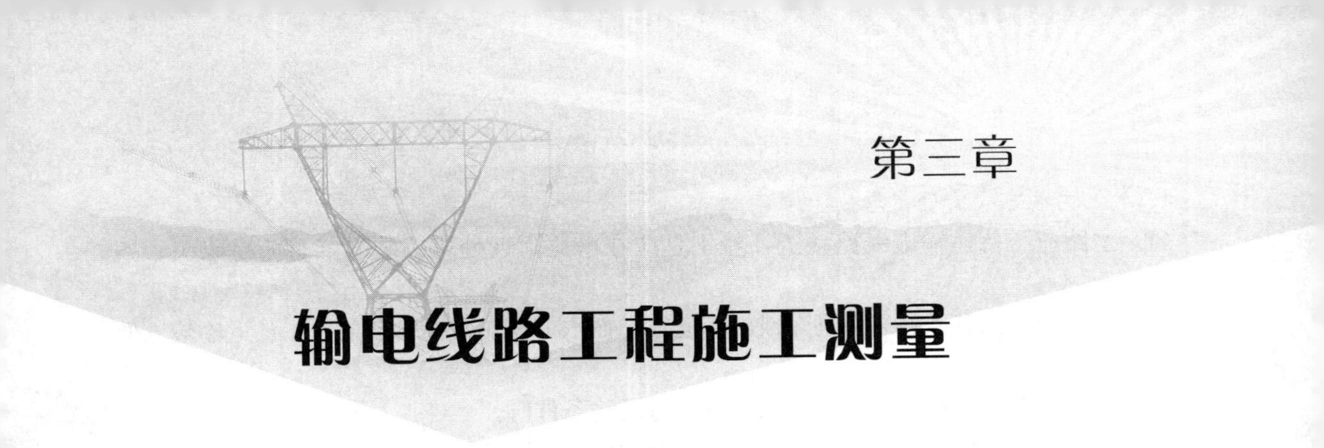

第三章

输电线路工程施工测量

第一节 概　　述

本章介绍了从工程开工的线路复测到架线工程弧垂观测的测量方法，以及全站仪、全球定位系统（GPS）的原理、作业模式等基本知识，适用于架空输电线路工程的施工测量。

第二节 施工工艺流程及劳动组织

一、测量施工工艺流程

测量施工工艺流程如图 3-2-1 所示。

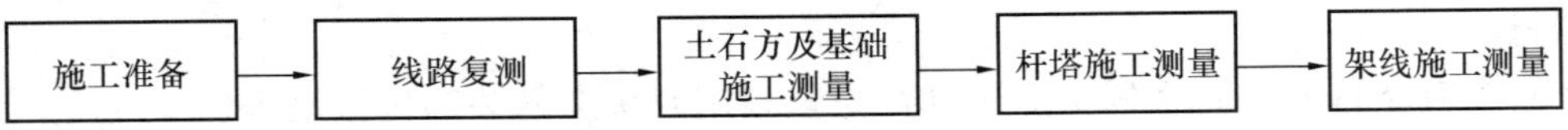

图 3-2-1　测量施工工艺流程

二、劳动组织

劳动组织及岗位职责见表 3-2-1。

表 3-2-1　　**劳动组织及岗位职责**

序号	岗　位	人　数	岗位职责
1	测量负责人	1	测量施工全面指挥
2	主测量员	1	负责测量操作
3	辅助测量员	1	负责记录校核数据
4	司尺人员	3	负责竖立数据尺
5	工作配合人员	4	配合测量施工

第三节 施　工　准　备

一、仪器设备的准备

（1）测量仪器、量具应按国家计量部门或工程建设主管部门的有关规定进行检定，经检定合格后方可使用。

（2）测量仪器和量具除按规定周期检定外，对经常使用的经纬仪的主要轴系关系应在每项工程施工测量前进行检验校正，施工中还应每隔 1～3 个月进行自检校正。

（3）测量仪器和量具的使用应按有关操作规程进行操作，并应细心保管，加强维护保养，使其保持良好状态。

二、测量资料的收集

施工测量前应根据测量任务收集和分析有关测量数据资料：

（1）施工设计图纸与有关变更文件。

（2）施工方案及要求。

三、施工测量人员要求

（1）施工测量人员应经过专业培训考核并取得相应资格证书。

（2）懂得测量任务意图和相应的施测方法，并能理解设计图纸和其他所需测量资料。

（3）能熟练使用测量仪器和工具，并经常对其进行维护、保养。

（4）应懂得施工生产的工艺过程，对工程施工的各分部、分项的施工程序有明确的了解，能在施工过程中与其他工种协调配合，提供所需的测量服务。

（5）了解施工规范中对测量的允许偏差，从而在测量中提高精度，减少误差。

第四节　线　路　复　测

输电线路杆塔中心的位置，是由设计人员经设计测量绘制的线路平断面图，根据架空线的弧垂以及地物、地貌、地质、水文等有关技术参数设计确定的。由于设计定位到施工，需要经过电气、结构的设计周期，往往间隔一段较长的时间。在这段时间里，因农耕或其他原因发生杆塔位偏移或杆塔桩丢失等情况。甚至在线路的路径上又新增了地物，改变了路径断面。所以在施工前，应按有关技术标准、规范，对设计测量钉立的杆塔中心桩位置进行全面复核。对于桩位偏移或丢失情况，应补钉丢失桩。复测的目的是对中心桩、各类辅桩、档距、高差、转角值、跨越点标高、施工基面及危险点等作全面复核。并在测量当中对所测数据进行记录，记录格式见本节后表 3-4-1。

一、直线杆塔桩位的复测

直线杆塔桩位复测，是以两相邻的直线桩为基准，采用重转法即正倒镜分中法来复测杆塔中心桩位置是否在线路中心线上，其偏移值不应大于 50mm，如图 3-4-1 所示。

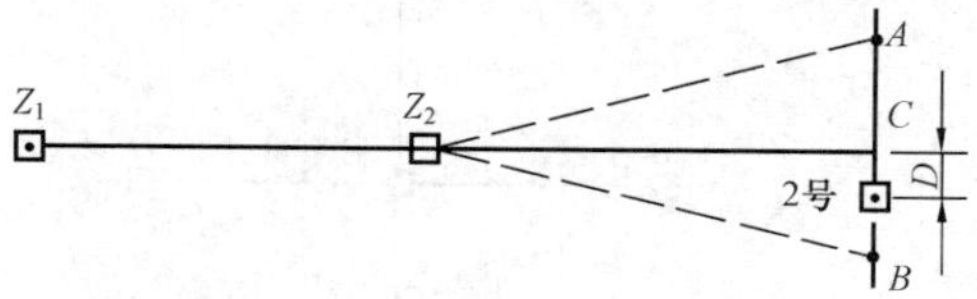

图 3-4-1　直线杆塔桩位复测（重转法）

将仪器置于 Z_2 桩上，对中、整平后，用正镜后视 Z_1 桩，然后竖转望远镜前视 2 号桩（桩的标记为“2 号”；此时为倒镜）并测得一点 A。望远镜沿水平方向旋转，仍瞄准 Z_1 桩，再竖转望远镜前视 2 号桩（此时为正镜），并测得一点 B，量出 AB 之中点 C。如 C 点与 2 号桩重合，说明该直线杆塔桩是正确的，否则应量出偏移值，如偏移值超过允许范围时，应将杆塔桩移至 C 点上。

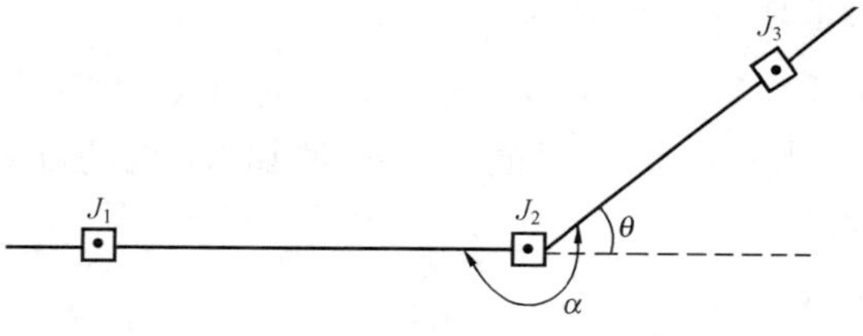

图 3-4-2　转角杆塔桩复测示意图

二、转角杆塔桩复测

转角杆塔位的复测，采用方向法一测回复测线路转角的水平角度值，其复测值是否与原设计的角度值相符合。一般往往存在一定的偏差，但偏差量不应大于 1′30″。

转角杆塔桩复测如图 3-4-2 所示。将仪

器安置在转角桩 J_2 上，对中整平后，望远镜以正镜瞄准 J_3 桩，水平度盘的读数为 a_1（a_1 为 0°或接近 0°的一个整数），松开水平度盘，接顺时针转动望远镜，瞄准 J_1，得读数 b_1，上半测回角度值为 $\alpha_1=b_1-a_1$。望远镜竖转，以倒镜瞄准 J_1 桩，得读数为 b_2，仍按顺时针方向转动望远镜，再瞄准 J_3 桩，得读数 a_2，下半测回的角度值为 $\alpha_2=b_2-a_2$。取前后两半测回角度的平均值，为一测回测得的水平角度，即 $\alpha=\frac{\alpha_1+\alpha_2}{2}$。输电线路中的转角杆塔桩的角度，是指转角桩后面直线的延长线与前面直线之间的夹角（θ）。按上述方法测得的水平角小于 180°时，则 $\theta=180°-\alpha$；如果大于 180°时，则 $\theta=\alpha-180°$。所得的 θ 角与原设计的角度值相比，以判定角度是否正确。

三、施工基面复测

施工基面是计算基础埋深（坑深）和确定杆塔高度的起始基准面。杆塔桩地面至施工基准面间的高差 K 称为施工基面。塔位在大坡度的地方，为了减少挖土量，设计往往采用不等高塔腿，其长短腿基础各有一个施工基面，高于杆塔中心桩的短腿基础施工基面为正，低于杆塔中心桩的长腿基础施工基面为负。

为了便于施工，保证施工安全，对较大的施工基面应事先进行开挖，然后再进行分坑工作。开挖施工基面，在杆塔中心桩的四方钉好辅助桩，并测出辅助桩与杆塔桩的距离和与施工基面的高差，以便在挖好施工基面后恢复杆塔桩的位置和测出新的施工基面，以作为施工的依据。其测量步骤如下：

（1）钉辅助桩如图 3-4-3（a）所示。仪器安置在杆塔桩上，对中整平后，望远镜瞄准前后杆塔桩，在视线前后方向上钉 A、C 辅助桩。然后转 90°角在横线路方向的两侧钉 B、D 辅助桩。各辅助桩距杆塔桩的水平距离，以不受挖坑堆土的影响为原则，并要用钢卷尺丈量到中心桩的距离。

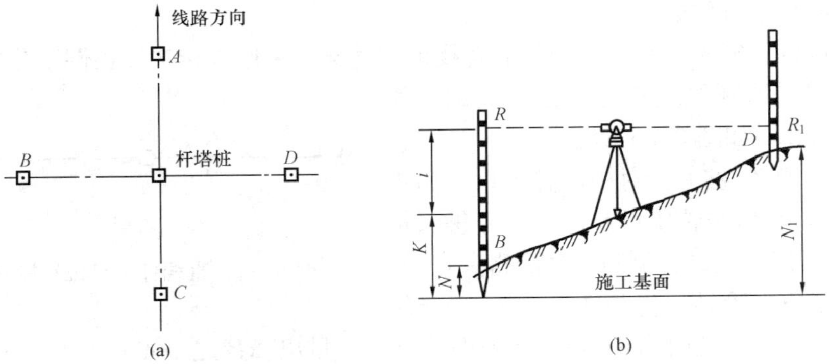

图 3-4-3 钉辅助桩示意图

（a）钉辅助桩；（b）测辅助桩与施工基面高差

（2）测辅助桩与施工基面高差如图 3-4-3（b）所示。仪器安置在杆塔桩上，对中整平后，量出仪高 i，将塔尺分别立在各辅助桩上，水平旋转望远镜，读出 R 和 R_1 点的读数，则 B、D 辅助桩与施工基面的高差 N、N_1 分别为

$$N=i+K-R$$

$$N_1=i+K-R_1$$

(3) 恢复杆塔桩位置的测量：如图 3-4-3 (a) 所示。当施工基面挖完后，即可进行恢复原杆塔位置的测量。仪器安置在 A 桩上，对中整平后，瞄准 C 桩，沿视线方向用钢卷尺量出 A 桩到原杆塔桩的水平距离钉出新杆塔桩，并在桩顶上画一条与 A、C 视线相重合的直线。然后再将仪器安置在 B 桩上，瞄准 D 桩，沿视线方向在新杆塔桩顶面上画一条直线，这两条直线的交点即为杆塔桩的正确位置，并在交点上钉一个小铁钉作为标志。最后将仪器安置在杆塔桩上，校正 A、B、C、D 桩的位置是否正确。

四、档距和标高的复测

输电线路杆塔的高度是依据地形、交叉跨越物的标高和导线的最大弧垂以及杆塔的使用条件来确定的。因此，若相邻杆塔桩位间的档距及杆塔位置、断面标高发生测量错误或误差较大，将会引起导线对地或对被跨物的安全电气距离不够，或者超出杆塔使用条件，若线路竣工后发现这样的问题，势必造成返工，因而造成人力、物力等诸多方面的浪费。所以复测工作非常重要，是可能发现设计测量错误的重要环节。

复测工作可采用经纬仪视距法、全站仪的光电测距或者 GPS 全球定位系统都能满足测量要求。

图 3-4-4 中的 Z_1、Z_2 为直线桩，同时又分别是 2、3 号的直线杆塔中心桩；两塔之间有一个地形凸起点 C（通常称这点为控制点，因为导线离该点最近）。

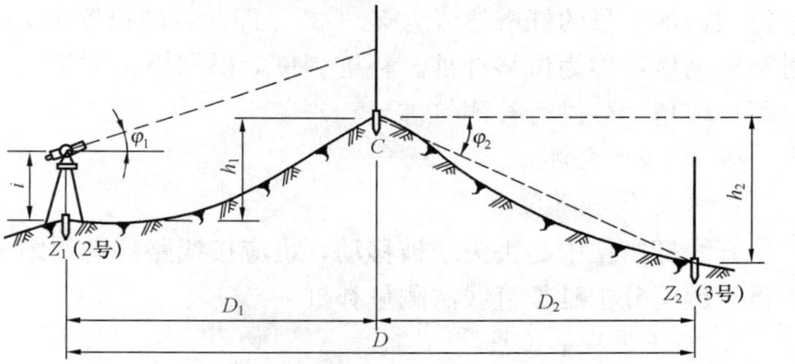

图 3-4-4 复测档距和标高

施测方法如图 3-4-4 所示，将仪器安置于 Z_1 桩位（也可安置在 C 点）上，量出仪高 i，使望远镜前视 Z_2 桩上的标杆，若前方不能通视，则以后视直线桩位标定出线路前视方向。指挥司尺人员沿前视立视距尺 C 点上，转动望远镜使十字丝对准视距尺上的切尺读数 S。用正、倒镜先后测出竖直角 φ_1 及视距间隔的平均值，计算出 $Z_1 \sim C$ 点间的平距 D_1 和两点间的高差 h_1。由已知 Z_1 的标高，则 C 点的标高 $h_C = h_{Z1} + h_1$。

再将仪器移至 C 点上安置，在 Z_2 桩位竖立视距尺，依上述同法观测，测出俯角 φ_2 及视距间隔的平均值，并计算出 $C \sim Z_2$ 间的平距 D_2 及高程 h_2，则 2～3 号杆塔桩位之间的档距 $D = D_1 + D_2$，Z_2 桩位处的地面标高 $h_{Z2} = h_C - h_2$。

最后根据复测后各桩间的档距和标高与设计值进行比较，档距误差一般要求应不大于设计档距的±1%，相邻杆塔位的相对标高。复核值与设计值比，偏差不应超过±0.5m。如误差超过允许范围时，应查明原因，予以纠正。

五、交叉跨越物的复测

线路与电力线、弱电线、铁路、公路等交叉跨越时，为复核线路与被跨越物的安全净空距离，施工前应复测被跨越物的标高，以便从断面图中计算出净空距离。测量方法：如复测铁路时，将仪器安置在线路与铁路中线的交叉点上。望远镜视线瞄准线路中线，读出水平度盘的读数，然后使望远镜再瞄准铁路中线，再读出水平度盘读数，两个读数之差即为线路与

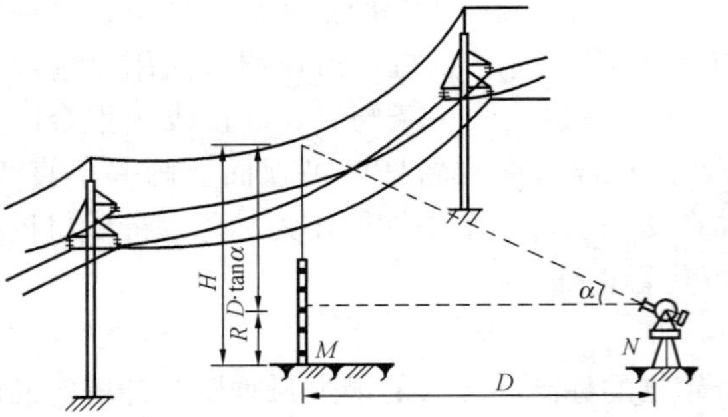

图 3-4-5 交叉跨越物的复测

铁路的交叉角，同时测出铁路轨面的标高。如线路跨越电力线或弱电线时，除按上述方法测出线路与被跨越线路的交叉角外，还要测出电力线或弱电线在交叉点处最上面一根线的标高，如图 3-4-5 所示。

如线路跨越电力线时，需测交叉点处地线的标高。将仪器安置在新建输电线路中线 N 点上，把视距尺立在两条线路的交叉点 M 处，用视距法测出 M、N 间的水平距离 D，调平望远镜对准视距尺，读出中线尺上的读数 R，然后使望远镜瞄准地线，测出垂直角 α。则地线的标高为

$$H = H' + D\tan\alpha + R \tag{3-4-1}$$

式中 H'——交叉点 M 的标高，m。

六、杆塔桩丢失后的补桩和设计规定的移桩

有两种情况需要补桩：一是由于设计测量到施工测量需要经过一段时间，因外界影响，杆塔桩丢失或移位时，需要补桩测量，称为丢桩补测；二是设计时某杆塔位桩由某控制桩位移得到，如 5 号的杆塔位置为 Z_5+30，即 5 号的位置由 Z_5 桩前视 30m 定位，这也需要复测时补桩测量，称为位移补桩。补桩测量应根据塔位明细表、平断面图上原设计的桩间距离、档距、转角度数进行补测钉桩。

（一）丢桩补测

1. 补直线杆塔位桩

直线杆塔位中心丢失或被移动，也应按线路杆塔明细表、平断面图上原设计的档距，采用正、倒镜分中延长直线法测量补桩。

2. 补转角杆塔位桩

当个别转角杆塔位丢桩后，应做补桩测量，施测方法如图 3-4-6 所示。设图中 J_2 为丢失的转角桩，将仪器安置于 Z_5 桩上，以后视 Z_4 为依据标定线路方向，采用正、倒镜分中延长直线的方法，根据设计图纸提供的桩间距离，在望远镜的前视方向上，J_2 的前后分别钉 A、B 两个临时木桩，并钉上小钉。再将仪器移至直线桩 Z_6 上安置，以前视直线桩 Z_7 为依据，依上述同法，分别钉立 C、D 临时木桩。

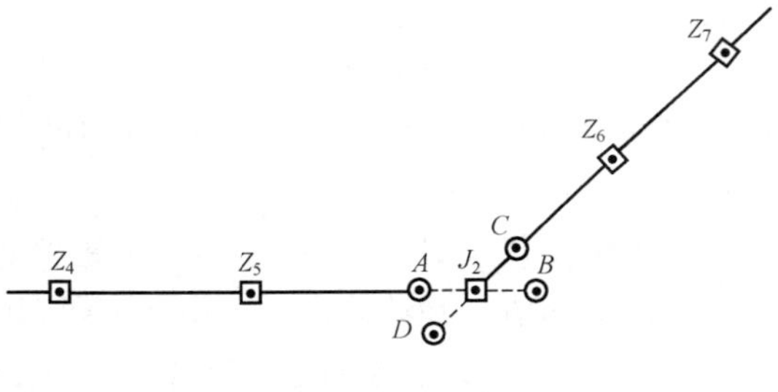

图 3-4-6 补转角杆塔位桩

四个临时木桩应选在丢失的转角桩 J_2 附近，钉桩高度适中。然后用细线分别扎在 A、B 和 C、D 上小铁钉上，并且拉紧扎牢，AB 与 CD 两线相交点即为 J_2 转角桩中心位置，补钉上 J_2 转角桩，再用垂球线沿交点放下，垂球尖对准桩面上的点，钉上小铁钉标记，则完成补转角桩测量。

若补钉的转角桩 J_2 周围地形较平，且仪器安置在 Z_6 直线桩时，通过望远镜能清楚看到 A、B 两钉连接的细线，也可不钉 C、D 临时木桩，用望远镜十字丝与 A、B 细线的交点直

接钉木桩和钉小钉。

（二）位移补桩

位移杆塔中心桩绝大部分都是直线杆塔位桩，但是，线路位于规划区，路径由规划确定情况下，遇到水塘等在设计测量时无法钉立转角杆塔位桩时，设计通过两线段来计算转角交点或规划杆塔位坐标，也需通过位移确定转角杆塔位桩。施测时根据线路杆塔明细表、平断面图上的设计位移值，采用正、倒镜分中延长直线法测量补桩。测量方法与上述补直线杆塔位桩和补转角杆塔位桩相同。

七、定辅助桩

当线路杆塔中心桩复测确定后，应及时在杆塔中心桩的纵向及横向钉立辅助桩。钉立辅助桩的目的是以备施工时标定仪器的方向；当基础土方开挖施工或其他原因使杆塔中心桩覆盖、丢失或被移动时，可利用辅助桩恢复杆塔位中心桩原来的位置；则还可以用来检查基础根开、杆塔组立质量。因此辅助桩被称为施工控制桩。

直线杆塔辅助桩的钉立方法如图 3-4-7 所示。将仪器安置在杆塔位中心桩上，用望远镜瞄准前后杆塔桩或直线桩，指挥在视线方向上，本杆塔桩位不远处的合适位置，钉立 A 辅助桩，倒镜视线上钉立 C 辅助桩，通常 A、C 称为顺线路或纵向辅助桩；然后将望远镜沿水平方向旋转 90°角，再在线路中心线垂直方向上钉立 B、D 两辅助桩，则称为横向辅助桩。

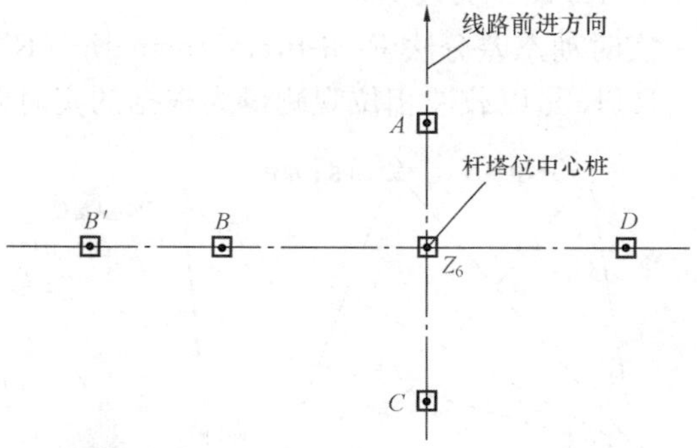

图 3-4-7　直线杆塔辅助桩的钉立方法

辅助桩的位置应根据地形情况和杆塔的高度而定，距杆塔中心桩一般约 20～30m。若地形较为平坦，其距离可选在大于杆塔高度。位置应选在较稳妥又不易受碰动的地方为宜。当遇有特殊地形不便在杆塔桩两侧钉立时，也可以在同一侧钉两个桩（如图 3-4-7 中 B'桩）。

八、全站仪基本使用方法

全站仪又称全站型电子速测仪，在线路复测当中已经得到广泛的应用。它主要由光电测距仪、电子微处理机、数据终端等组成。这种仪器既可测距、又能测角，而且能自动记录测量数据，具有程序控制和数据存储，进行数据的自动转换、计算出测站点之间的高差和坐标增量，通过仪器上的液晶显示器显示出测算结果，如图 3-4-8 所示。

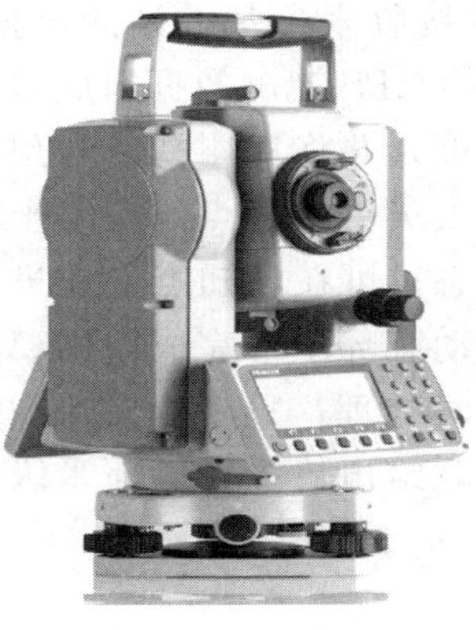

图 3-4-8　全站仪

全站仪具有与光学经纬仪类似的结构特征，测角的方法和步骤与光学经纬仪基本相似。但是，由于生产厂家的不同，外部结构和应用软件也有所差异，其使用操作方法会有较大的差异。下面简要介绍全站仪的基本操作与使用方法，有关仪器的具体操作使用须详细阅读各产品的操作说明。

（1）在观测站安置好三脚架，将仪器安放在机座上，并进行对中、整平，这与光学经纬仪相同，然后开启电源开关。

（2）设置气象改正、大地曲率等参数，其值由说明书中查取。

（3）量取仪器高 i。

（4）在目标点安置棱镜，根据测程选择不同的棱镜组，经对中整平后。将棱镜的反光镜对准全站仪。

（5）用望远镜瞄准反光镜后，按下“测量”按钮，测量结果显示在仪器显示屏上，运用键盘可显示平距、高差等数据。

九、全球定位系统简介

授时与测距导航系统/全球定位系统，简称全球定位系统（GPS）。它是当代高新技术的产物，已经过 30 多年的发展，作为一项非常重要的技术手段和方法，广泛用于实时精密导航、高精度定位，在电力工程施工方面已广泛应用在线路复测。

1. GPS 系统的组成

GPS 系统主要由空间星座、地面监控、用户设备三大部分组成。

2. RTK 定义及原理

实时动态差分法 Real-time kinematic（RTK）。

RTK 是以载波相位观测量为根据的实时差分 GPS 测量，它能够实时地提供测站点在指定坐标系中的厘米级精度的三维定位结果。RTK 测量系统通常由三部分组成，即 GPS 信号接收部分（GPS 接收机及天线）、实时数据传输部分（数据链，俗称电台）和实时数据处理部分（GPS 控制器及其随机实时数据处理软件）。PTK 原理如图 3-4-9 所示。

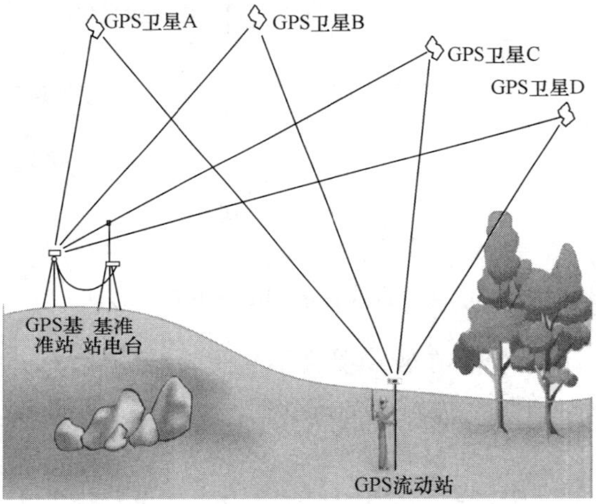

图 3-4-9 RTK 原理

RTK 测量是根据 GPS 的相对定位理论，将一台接收机设置在已知点上（基准站），另一台或几台接收机放在待测点上（移动站），同步采集相同卫星的信号。基准站在接收 GPS 信号并进行载波相位测量的同时，通过数据链将其观测值、卫星跟踪状态和测站坐标信息一起传送给移动站；移动站通过数据链接收来自基准站的数据，然后利用 GPS 控制器内置的随机实时数据处理软件与本机采集的 GPS 观测数据组成差分观测值进行实时处理，实时给出待测点的坐标、高程及实测精度，并将实测精度与预设精度指标进行比较，一旦实测精度符合要求，手簿将提示测量人员记录该点的三维坐标及其精度。作业时，移动站可处于静止状态，也可处于运动状态；可在已知点上先进行初始化后再进入动态作业，也可在动态条件下直接开机，并在动态环境下完成整周模糊值的搜索求解。在整周模糊值固定后，即可进行每个历元的实时处理，只要能保持四颗以上卫星相位观测值的跟踪和必要的几何图形，则移动站可随时给出待测点的厘米级的三维坐标。

施工测量数据记录表见表 3-4-1。

表 3-4-1　　　　　　　　　　　　　施工测量数据记录表

工程名称：________ 仪器型号：________ 仪器编号：________ 测量日期：____年____月____日 天气：________

测站点			测点1（前视）										测点2（后视）									
点号	仪高	竖盘位置	点号	尺上读数			水平盘读数	竖直盘读数	计算结果				点号	尺上读数			水平盘读数	竖直盘读数	计算结果			
				上丝	中丝	下丝								上丝	中丝	下丝						
									距离	高差	水平角	竖直角							距离	高差	水平角	竖直角
									距离	高差	水平角	竖直角							距离	高差	水平角	竖直角
									距离	高差	水平角	竖直角							距离	高差	水平角	竖直角

观测人：　　　　　　　　记录人：　　　　　　　　立测杆（尺）人：

第五节 土石方及基础施工测量

一、杆塔（含拉线）基础分坑测量

基础分坑测量是按图纸的要求，将基础在地面上的方位和坑口轮廓测定出来，以作挖坑的依据。根据杆塔型式不同，可分为混凝土电杆和铁塔两部分，混凝土电杆分坑有单杆（包括V形铁杆）、直线双杆和转角双杆等。铁塔分坑有正方形基础、矩形基础、高低腿基础、转角塔基础等。土石方开方及基础分坑测量记录表见本节表3-5-3。

（一）单杆（包括V形铁杆）基础分坑

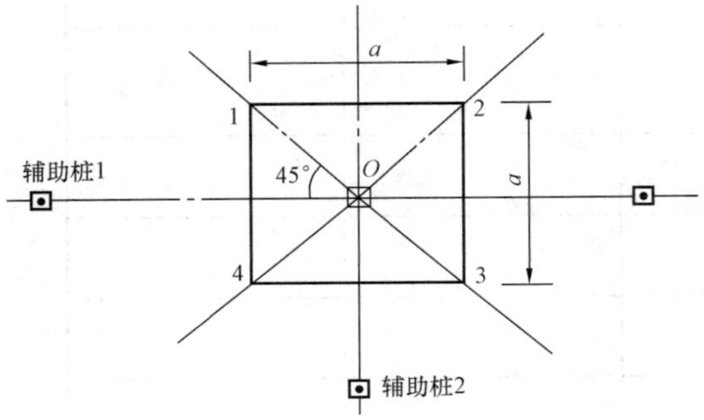

图3-5-1 单杆基础分坑测量

如图3-5-1所示，分坑时仪器安置在杆塔桩O点上，对中整平后，前视或后视相邻的杆塔桩，对准线路方向，在顺线路和横线路方向距杆塔适当距离各钉一个辅助桩1和2，以便进行底盘和杆身找正用。由于杆塔桩位就是基坑中心，所以望远镜先对准线路方向，平转45°，对准45°方向，先钉出1、3坑口桩的位置。令$O1=O3=0.707a$（a为坑口宽度）。利用钢尺再钉出2、4两个坑口桩，其方法是在钢尺上取2倍a长，将a长度的两端置于1、3桩上，钢尺中点（即a长处），向外侧拉紧拉平，构成直角，该直角点即为坑口桩2，同理再钉出坑口桩4。则1、2、3、4即为坑口的四角桩。坑口宽度的计算，对预制混凝土底盘应根据四边的长度；对现浇基础应根据底座宽度，再加上操作空隙和坑壁预留坡度来计算。

坑底宽
$$b=D+2e$$
$$a=b+2fH$$

式中 a——坑口放样尺寸，m；

D——基础底面宽度（设基础底面为正方形），m；

e——坑下操作空隙，m，一般为0.2～0.3m；

H——设计坑深，m；

f——坑壁坡度系数，即预留宽度与坑深之比。

坑壁坡度系数是为了防止坑壁坍塌，保证施工安全所预留的坡度，其取值应根据不同的土壤性质和含水程度，并根据规程和施工经验而定，一般为0.15～0.75。

（二）直线双杆基础分坑

如图3-5-2所示，经纬仪安置在杆塔中心桩O点上，对中整平后，水平度盘对准0°，前视或后视对准相邻杆塔桩，然后望远镜平转90°，在线路两侧各钉一个辅助桩1和2，以供基础找正用。从杆塔中心桩丈量，在90°方向线上量出水平距离$\frac{1}{2}(S+a)$和$\frac{1}{2}(S-a)$，分别得A、B两点。式中a为坑

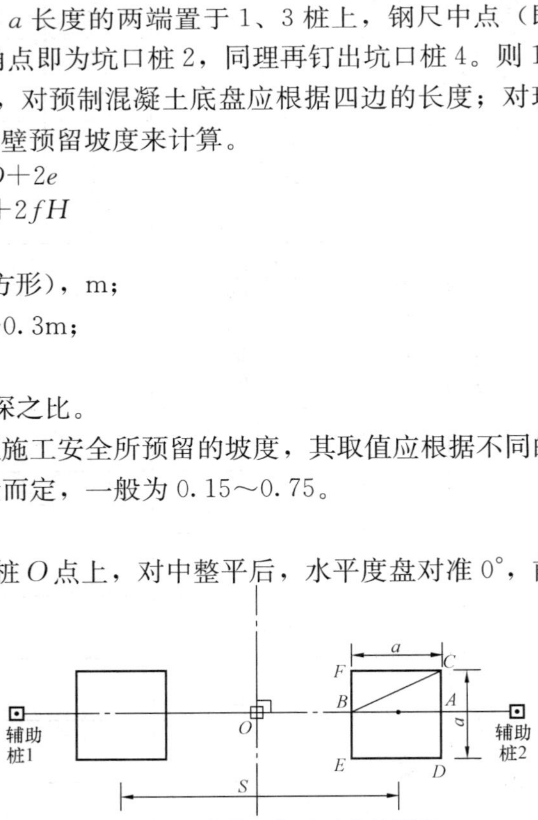

图3-5-2 直线双杆基础分坑测量

口边长，S 为根开，计算方法与单杆分坑相同，取钢尺长度为$\frac{1}{2}$（$1+\sqrt{5}$）a（即 $BC+AC$ 的长度），将该长度的两端分别置于 A、B 两点上，在距 A 点$\frac{1}{2}a$ 的距离处拉紧拉平，得出 C 点，折向另一侧得 D 点。同理在距 B 点$\frac{1}{2}a$ 的距离处拉紧拉平得 F 点和 E 点。C、D、E、F 各点连线即为坑口位置。另一坑口位置亦用同样方法定出。

（三）转角双杆基础分坑

转角杆的杆位桩有两种，一种是转角桩即是杆位桩；另一种是转角桩不是转角杆的中心桩，二者之间有一段距离 ΔS。这两种杆的分坑法也不相同。转角杆分坑必须先测出转角杆的横担方向，即线路转角内角侧的二等分线方向，相当于直线杆的横线路方向。线路转角 θ 的二等分线方向相当于顺线路方向。由于转角杆考虑横担的宽度以及内角和外角侧长短横担的不同，分坑时杆塔中心要向内角二等分线路方向移动一段距离 ΔS，移桩距离（ΔS）的计算方法如下：

（1）由于杆横担宽度而引起的位移：如图 3-5-3（a）所示。由于电杆横担宽度的影响，而产生的新转角杆中心桩与线路转角桩的位移距离 ΔS_1 为

$$\Delta S_1 = \frac{D}{2}\tan\frac{\theta}{2} \tag{3-5-1}$$

（2）由于转角杆内外角横担长度不同而引起的位移：如图 3-5-3（b）所示。转角杆的内角和外角横担长度不同其位移距离 ΔS_2 为

$$\Delta S_2 = \frac{a-b}{2} \tag{3-5-2}$$

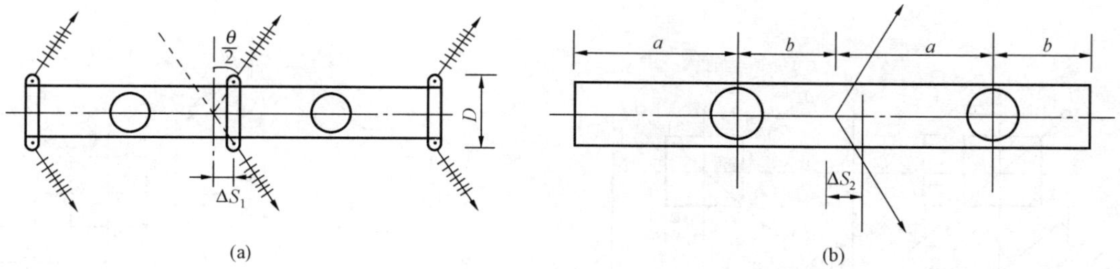

图 3-5-3　位移值计算示意图

（a）由于杆横担宽度引起的位移；（b）由于转角杆内外角横担长度不同引起的位移

当转角杆宽度与长短横担一并考虑时，总的位移距离 ΔS 为

$$\Delta S = \Delta S_1 + \Delta S_2 = \frac{D}{2}\tan\frac{\theta}{2} + \frac{a-b}{2} \tag{3-5-3}$$

（四）直线塔正方形基础分坑

如图 3-5-4 所示，杆塔中心桩 O 点到坑口中心、坑口远角点 1 及近角点 2 的距离分别为 E_0、E_1、E_2，有

$$E_0 = \frac{x/2}{\sin 45^\circ} = \frac{\sqrt{2}}{2}x \tag{3-5-4}$$

$$E_1 = \frac{(x+a)/2}{\sin 45^\circ} = \frac{\sqrt{2}}{2}(x+a) \tag{3-5-5}$$

$$E_2=\frac{(x-a)/2}{\sin 45^\circ}=\frac{\sqrt{2}}{2}(x-a) \quad (3\text{-}5\text{-}6)$$

式中 x——基础根开，mm；

a——坑口边长，mm，同单杆分坑的坑口计算方法。

分坑时，经纬仪安置在杆塔中心桩 O 点上，对中整平后，望远镜前视或后视相邻杆塔中心桩，水平度盘对准 0°，然后望远镜平旋 45°角，在此方向钉出辅助桩 A、C，望远镜继续转至 135°再定出辅助桩 B 及 D。

以塔位中心桩 O 点为零点，在$\overline{OA}$线上量出水平距离 E_1、E_2 得 1、2 两点。在皮尺上取 $2a$ 长度，两端分别对准 1、2 两点，在钢尺上取中点处拉紧拉平，即得直角点 3，再折向另一侧得点 4。点 1、4、2、3 的连线构成的正方形即为坑口位置。同理，以中心桩 O 点为零点在$\overline{OB}$、$\overline{OC}$、$\overline{OD}$方向线上量出 E_1、E_2 距离，定出坑口远角点和近角点，按上述方法划出另外三个坑位。

（五）直线塔矩形基础分坑

如图 3-5-5 所示。从杆塔中心桩 O 点沿顺线路方向，定出 A、B 两点或 A_1、B_1 两点，$\overline{OA}$、$\overline{OB}$或、$\overline{OA_1}$、$\overline{OB_1}$的距离按式（3-5-7）、式（3-5-8）计算，即

$$\overline{OA}=\overline{OB}=\frac{1}{2}(x+y) \quad (3\text{-}5\text{-}7)$$

$$\overline{OA_1}=\overline{OB_1}=\frac{1}{2}(x-y) \quad (3\text{-}5\text{-}8)$$

式中 x——横线路方向塔腿基础根开，mm；

y——顺线路方向塔腿基础根开，mm。

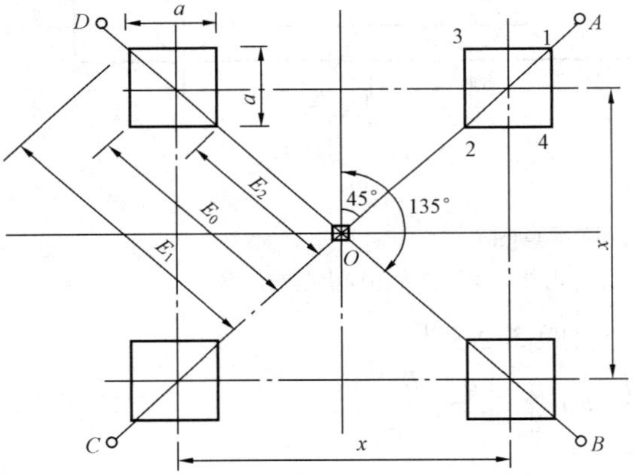

图 3-5-4 直线塔正方形基础分坑示意图

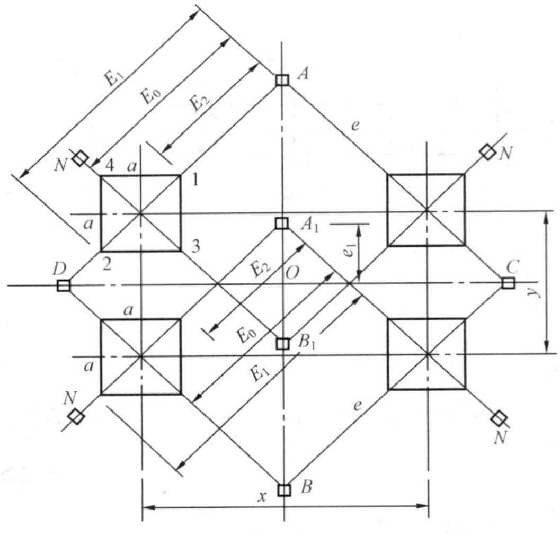

图 3-5-5 直线塔矩形基础分坑示意图

从辅助桩 A、B 两点或者 A_1、B_1 两点到坑口中心点、远角点、近角点的距离分别为 E_0、E_1、E_2，有

$$E_0=\frac{x/2}{\sin 45^\circ}=\frac{\sqrt{2}}{2}x \quad (3\text{-}5\text{-}9)$$

$$E_1=\frac{(x+a)/2}{\sin45^\circ}=\frac{\sqrt{2}}{2}(x+a) \tag{3-5-10}$$

$$E_2=\frac{(x-a)/2}{\sin45^\circ}=\frac{\sqrt{2}}{2}(x-a) \tag{3-5-11}$$

式中　a——坑口边长，mm。

分坑时，经纬仪先安置在杆塔中心桩上，对中整平，前视或后视相邻杆塔中心桩，在此方向用钢卷尺量出$\overline{OA}$、$\overline{OB}$或$\overline{OA_1}$、$\overline{OB_1}$的距离，钉好A、B或A_1、B_1等辅助桩。然后将仪器移到A桩或A_1桩上，对中整平后，水平度盘刻度对准0°，望远镜瞄准线路方向，水平转45°，钉好坑口对角方向桩（N）。按正方形基础分坑口的方法，以钢尺划出坑口位置。同理也可得出它三个坑口的位置。

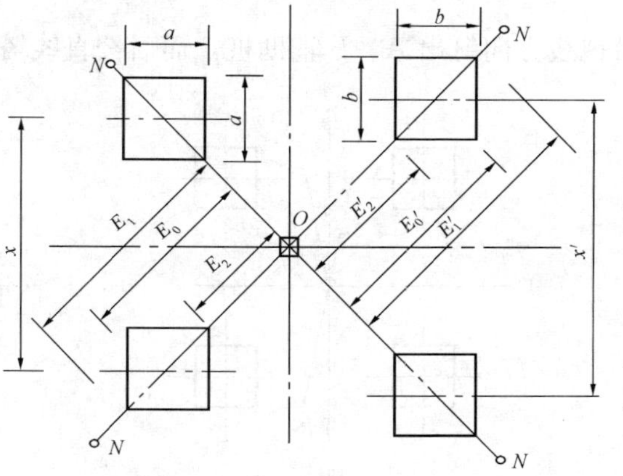

图 3-5-6　直线塔长短腿基础分坑示意图

（六）直线塔长短腿基础分坑

如图3-5-6所示，由于铁塔长短腿的根开不同，长腿根开大，短腿根开小，相当于按正方形基础各分两个坑。根据图示关系，从杆塔中心桩到长短腿基础坑的中心点、远角点、近角点的不同为

$$E_0=\frac{x/2}{\sin45^\circ}=\frac{\sqrt{2}}{2}x \tag{3-5-12}$$

$$E_1=\frac{(x+a)/2}{\sin45^\circ}=\frac{\sqrt{2}}{2}(x+a) \tag{3-5-13}$$

$$E_2=\frac{(x+a)/2}{\sin45^\circ}=\frac{\sqrt{2}}{2}(x-a) \tag{3-5-14}$$

$$E'_0=\frac{x'/2}{\sin45^\circ}=\frac{\sqrt{2}}{2}x' \tag{3-5-15}$$

$$E'_1=\frac{(x'+b)/2}{\sin45^\circ}=\frac{\sqrt{2}}{2}(x'+b) \tag{3-5-16}$$

$$E'_2=\frac{(x'+b)/2}{\sin45^\circ}=\frac{\sqrt{2}}{2}(x'-b) \tag{3-5-17}$$

式中　x——短腿基础根开，mm；

x'——长腿基础根开，mm；

a、b——分别为短腿和长腿基础坑的边长，mm。

分坑时，经纬仪先安置在杆塔中心桩上，对中整平后，按正方形基础的分坑进行分坑。由于低腿侧和高腿侧的根开不同，从杆塔中心桩到长短腿侧的坑口中心点、远角点、近角点的距离亦不同，注意区分。

（七）转角塔基础分坑

转角塔的塔位桩和转角杆的杆位桩一样，也有两种：一种是转角桩即塔位桩；另一种是转角桩不是转角塔中心桩，二者之间有一段距离。这两种塔的分坑方法也不相同。

（1）无位移转角塔，如图3-5-7（a）所示，是右转角无位移塔的分坑图。它的转角为θ，

坑位测定方法是在 θ 角的二等分线上通过塔位桩测出相互垂直的线，以这两条相互垂直的线作为分坑的基准。一般常用的方法是将经纬仪安置在转角桩上，水平度盘对 0°，望远镜对准线路转角方向（如箭头所示）之前端杆塔中心或直线桩，按顺时针方向测出 $\frac{180°-\theta}{2}$ 角，沿视线方向钉 C 辅助桩，倒转望远镜钉 D 辅助桩，再转 90°角 $\left(此时角度为\frac{180°-\theta}{2}+90°\right)$，沿视线方向钉出 A、B 辅助桩，而后按直线塔基础坑的测定方法进行分坑。

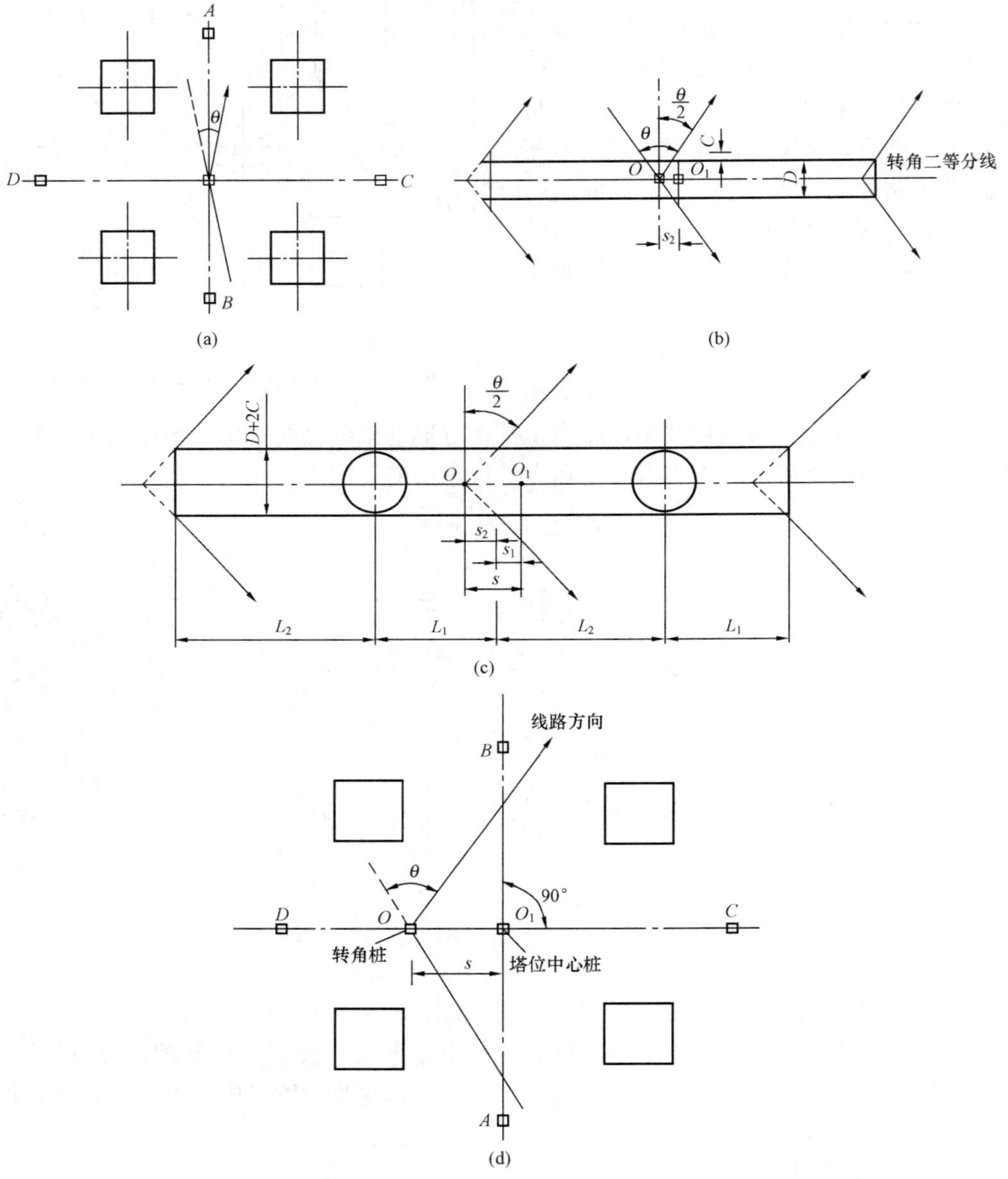

图 3-5-7 右转角无位移塔的分坑

（a）无位移转角塔分坑图；（b）等长横担耐张转角塔位移图；

（c）不等长横担耐张转角塔位移图；（d）有位移的转角塔分坑图

O—线路中心桩；O_1—杆塔中心桩

（2）位移转角塔：转角塔的位移距离与转角双杆基本相同，向内角进行移位的目的，是为减少转角塔前后端直线绝缘子串偏角和保证跳线间隙。

如图 3-5-7（b）所示，转角桩 O 至转角塔位中心 O_1 间产生一段位移距 S_2 为

$$S_2=\left(\frac{D}{2}+C\right)\tan\frac{\theta}{2} \tag{3-5-18}$$

式中 θ——线路转角，（°）；

D——横担宽，mm；

C——耐张绝缘子串悬挂拉板长，mm。

如图 3-5-7（c）所示，是不等长宽横担，外角横担长，内角横担短，而产生位移距离 S。式中 D、C、θ 与式（3-5-18）相同，为

$$S=S_2+S_1=\left(\frac{D}{2}+C\right)\tan\frac{\theta}{2}+\frac{1}{2}(L_2-L_1) \tag{3-5-19}$$

式中 L_1——短横担长度（内角侧），mm；

L_2——长横担长度（外角侧），mm；

S_2——由横担宽度（即两挂点间宽度）引起的位移，mm；

S_1——由转角塔内角和外角横担长度不同引起的位移，mm。

（3）位移转角塔分坑方法，如图 3-5-7（d）所示。是等长宽横担转角塔，位移距离为 S。

1）经纬仪安置在转角桩 O 上，测出 $\frac{180°-\theta}{2}$ 角，在该视线方向侧钉 C 辅助桩，倒转望远镜钉 D 辅助桩；

2）从转角桩沿 CD 方向量出位移距离 S，钉塔位中心桩 O_1；

3）经纬仪移在 O_1 桩上，瞄准 CD 方向，转 90°角，在该视线方向钉 A、B 辅助桩；

4）根据 A、B、C、D 四个辅助桩按直线塔分坑方向分坑，大基坑在转角外侧，小基坑在转角内侧。

（八）直线换位杆塔基础分坑

导线换位一般多采用直线杆塔，如图 3-5-8 所示。为使导线相位调换之后，减少直线杆塔悬垂绝缘子串的偏角和保证导线与杆塔间的空气间隙，并使直线杆塔不兼转角，首先应计算直线换位杆塔（H 型）中心桩向横线路侧水平位移的一段距离（d_1 或 d_2）。

水平位移距离与导线换位方向和采用的直线杆塔结构型式、实际档距有关。

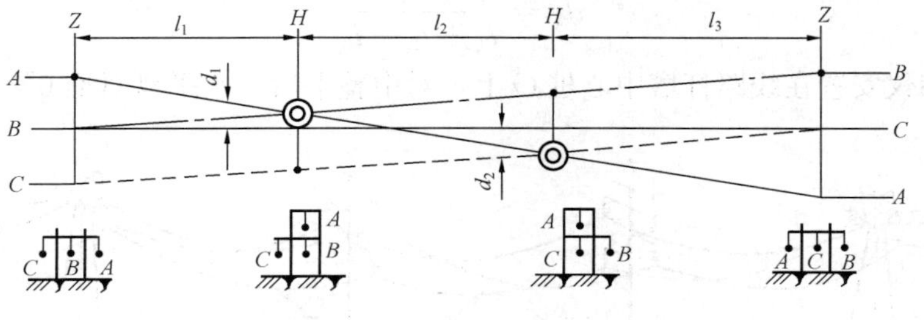

图 3-5-8 直线换位杆塔基础分坑

（1）110kV 直线单杆、导线上字形排列的导线换位方法，如图 3-5-9 所示，则水平位移距离 d_1、d_2 分别为

$$d_1 = \frac{(D_1 + D_2)l_1}{2(l_1 + l_2 + l_3)}$$

$$d_2 = \frac{(D_1 + D_2)l_3}{2(l_1 + l_2 + l_3)}$$

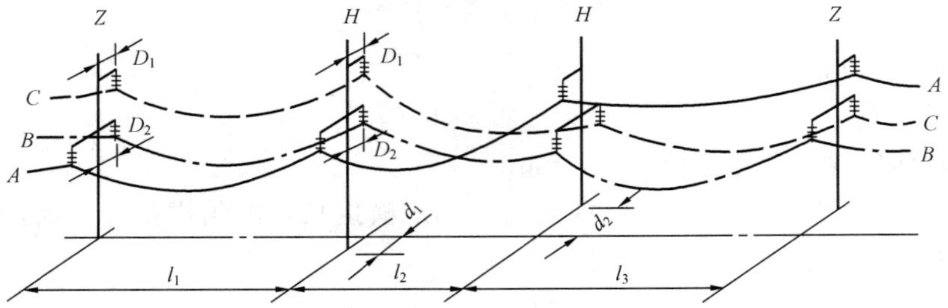

图 3-5-9 110kV 直线换位杆位移距离计算图

(2) 220kV 直线双杆、导线水平排列的换位方法，如图 3-5-10 所示，则水平位移距离 d_1、d_2 分别为

$$d_1 = \frac{(l_1 + l_3)D}{2(l_1 + l_2 + l_3)} \tag{3-5-20}$$

$$d_2 = \frac{(l_1 + l_2)D}{2(l_1 + l_2 + l_3)} \tag{3-5-21}$$

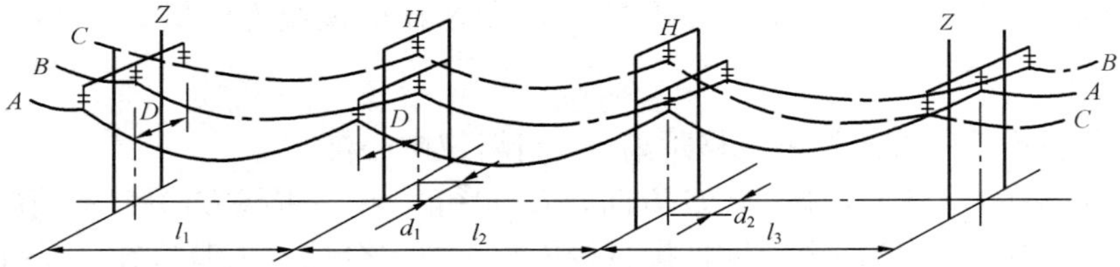

图 3-5-10 220kV 直线换位杆位移距离计算图

(3) 220kV 直线铁塔、导线三角形排列的换位方法，如图 3-5-11 所示，则水平位移距离 d_1、d_2 分别为

$$d_1 = \frac{Dl_1}{l_1 + l_2 + l_3} \tag{3-5-22}$$

$$d_2 = \frac{Dl_3}{l_1 + l_2 + l_3} \tag{3-5-23}$$

1) 将经纬仪安置在线路杆塔中心桩 O 上，对中整平后，水平盘对准 0°，前视或后视对

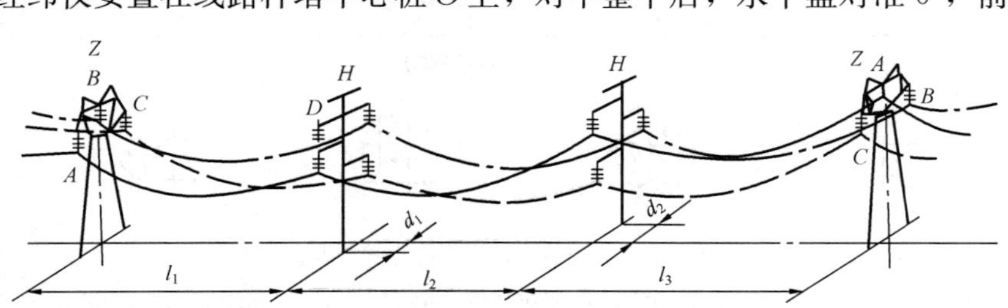

图 3-5-11 220kV 换位塔位移计算图

准相邻杆塔桩。

2）望远镜平转 90°，在横线路相邻两侧各钉一个 A、B 辅助桩，如图 3-5-12 所示，以供基础找正用。

3）在线路杆塔中心桩 O 上，沿 A 或 B 的方向用钢尺丈量 d_1 或 d_2 数值，钉出换位杆塔中心桩 O_1。

4）将经纬仪移置在换位中心桩 O_1 上，按前述直线杆塔基础分坑的方法，定出换位杆塔基础的坑口。

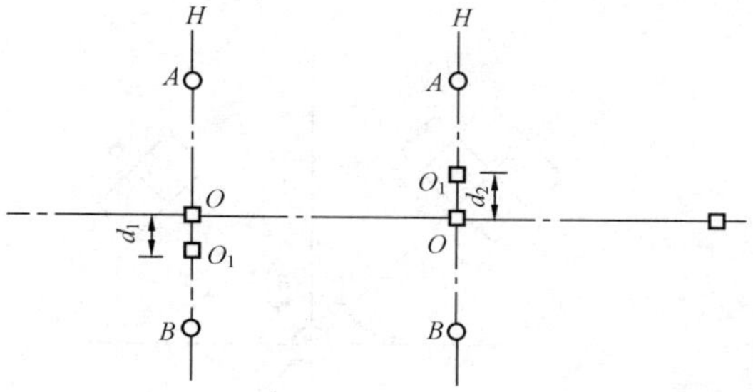

图 3-5-12　换位塔钉辅助桩示意图

（九）双回线路转角分为两条单回线路杆塔基础分坑

双回线路转角设计一般采用鼓形转角塔，其中一回线路左转（或右转）后直线前进，另一回线路在此直线前进或右转后直线前进，如图 3-5-13 所示。但应避免两条单回路同一方向左转（或右转）后直线前进，这样会使鼓形塔的两只外角基础上拔力增大，对此塔的受力也大为不利。

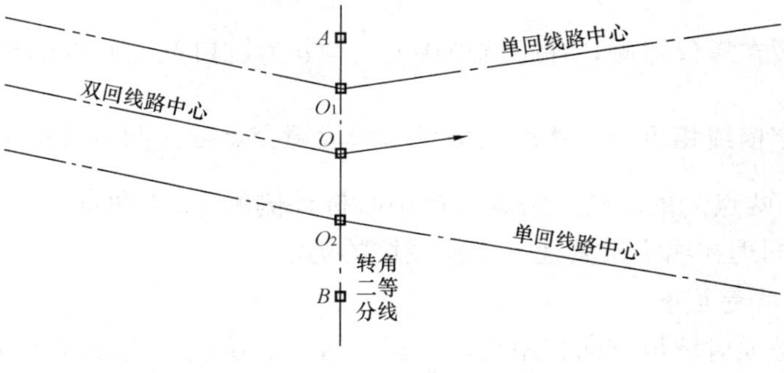

图 3-5-13　双回路塔改单回路分坑

（1）先将仪器置于鼓形塔转角桩 O 上，测出 $\dfrac{180°-\theta}{2}$ 角，在该视线方向测钉 A 辅助桩，倒转望远镜钉出 B 辅助桩。

（2）从转角桩 O 上用钢尺丈量距离 $D=\left(\dfrac{D_1+D_3}{2}\right)$（$D_1$ 为上导线横担线间距离，D_3 为下导线横担线间距离），沿 AB 方向钉出 O_1、O_2 桩，此桩即为两条单回线路中心桩。

（3）将仪器分别置于 O_1、O_2 上，对准前方杆塔中心测出两条单回线路方向，按杆塔型号仿前述方法进行分坑。

（十）平地单杆四方拉线基础坑位测量

如图 3-5-14 所示。根据设计提供的拉线挂点高度 H，基础有效埋深 h 和拉线对杆身的垂直夹角 a，则按下式计算拉线坑位中心 M 和拉棒露出地面点 N 到杆塔中心桩 O 的距离，有：$D=(H+h)\tan\alpha+e, D_0=H\tan\alpha+e$。$e$ 为拉线挂线点到杆塔中心的距离，mm；α 为拉线与杆塔的垂直夹角，一般为 30°或 45°。

测定方法：经纬仪安置在杆塔中心桩上，对中整平后，仪器对准线路方向，向左或向右旋转 θ 角（θ 角为设计规定的拉线方向与线路中心线的水平夹角，一般为 45°），并在坑口外侧钉好拉线桩，以作为安装基础时找正之用。然后按拉线坑口中心和拉棒露出地面点到杆塔中心桩的距离分别定出坑位中心桩 M 和拉棒露出地面桩 N。

坑口大小仍按单杆基础分坑的计算方法计算出坑口的尺寸，如果拉线基础采用预制拉

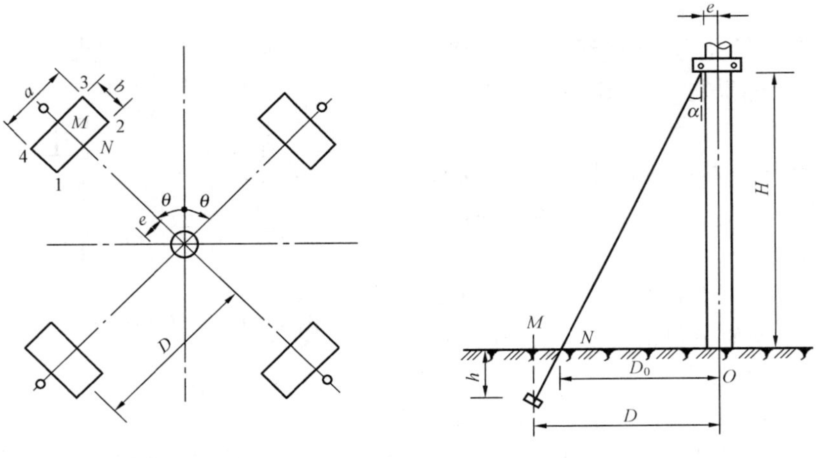

(a) (b)

图 3-5-14 单杆四方拉线基础坑位测量示意图

(a) 俯视图；(b) 侧视图

盘，基坑挖好后马上放置拉盘，则坑壁预留坡度可比杆塔基础预留坡度适当小些。

勾画坑口轮廓线是将塔尺横放在靠仪器侧，并距坑位中心$\frac{b}{2}$（b 为坑口宽度）点的地面上，使塔尺的边缘与望远镜的十字横线相重合，然后从塔尺与望远镜交点处向两侧各量出$\frac{a}{2}$（a 为坑口长度）距离，钉出 1、2 两点。依同样方法定出坑中心桩外侧的 3、4 两点，1、2、3、4 四点的连线为坑位轮廓线。同理在测定出其他三个拉线坑的坑位。

（十一）基础坑和拉线坑施工质量复查

基坑或拉线坑挖掘完之后，必须对坑位方向、距离、坑深、坑口、坑底、边坡以及坑的马道、拉线盘坑底坡度全部项目进行全面检查和校核，以保证各部尺寸符合设计要求，避免由于分坑操作和施工操作错误而造成后续工序发生问题，酿成严重后果。

1. 基础坑复查

首先应认真仔细地检查基坑的方位是否符合设计规定，特别是转角杆塔和换位杆塔的转角方向，位移方向和尺寸，应确保在允许误差之内。

对于坑深、边坡、坑口和坑底等尺寸，亦应认真校核。坑深偏差如超过规范允许标准时，应补挖（深度不够）或填补（深度超值），如为铁塔现浇基础坑偏差大于 100mm，其超深部分采用铺石灌浆处理，如为混凝土电杆基础、铁塔预制基础、铁塔金属基础，其实挖坑深与设计坑深偏差值为 100～300mm 时，超深部分可采用填土或砂、石夯实处理，或按设计要求处理。边坡应保证达到土、石方工程施工中安全边坡的规定。坑口和坑底尺寸的检查，特别是对掏挖式基础和岩石嵌固式基础，应严格进行检查，必须保证设计要求和规范的规定。

基础检查方法，基本与分坑测量方法相同，必要时增设辅助桩，配设弦线，悬挂垂球，用钢尺量测检查。

2. 拉线坑复查

拉线坑复查，除检查坑位、距离、坑深、坑口、坑底等尺寸之外，还需检查坑底及马道坡度，坑底坡度与拉线方向相垂直，马道方向应与拉线方向相一致。

检查方法亦与分坑测量方法基本相同，除应用经纬仪之外，还应配以弦线、垂球和钢尺。

二、杆塔基础操平找正

杆塔基础的操平找正，是基础施工的重要环节，是比较复杂而细致的工序。基础操平找正的质量水平，直接关系着基础的施工质量，影响杆塔组立。所以，在施工前，应对工程设计图纸和施工设计的各种计算数据进行详细审核和理解，对所用的仪器和测量用具进行再次检验和校正。主要测量人员应由专职测工担任，在工作中应认真细致，一丝不苟。操平找正的内容一般包括基础操平找正，基础模板操平找正，地脚螺栓（塔脚）操平找正和全面校核等工作，并作详尽的测量数据记录，记录格式见表3-5-4。

输电线路的基础类型比较多，从结构上分可有地脚螺栓基础、铁塔塔腿插入式基础、桩式基础、金属基础、掏挖式基础、岩石基础、不等高式基础等；从制作方法上又可以分为现场浇制基础和预制基础。本节为突出重点，减少篇幅，仅介绍具有代表性的几种基础类型的操平找正施工方法，如地脚螺栓基础、塔腿主角钢插入式基础、不等高塔基础等。

（一）方形塔地脚螺栓基础操平找正

图3-5-15是方形塔地脚螺栓基础施工图。从图中可以查得设计数据。

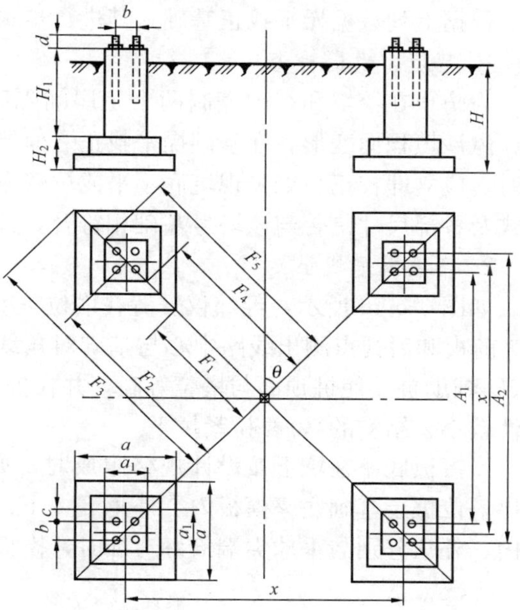

图3-5-15 方形塔地脚螺栓基础施工图

x—基础根开；A_1、A_2—两个基础上地脚螺栓间的距离；a—基础底座宽；a_1—基础立柱宽；b—同一基础地脚螺栓间的距离；c—地脚螺栓与基础立柱边缘的距离；d—地脚螺栓上端与基础面的距离；H_1—基础立柱高；H_2—基础底座高；H—设计坑深

根据图中数据还要计算出下列施工所需要的数据：F_1、F_3分别为基础底座对角与塔位桩的水平距离，m；F_2为基础中心与塔位桩的水平距离，m；F_4、F_5分别为基础立柱对角与塔位桩的水平距离，m；θ为线路中线与基础对角线的夹角，(°)。

因为是方形基础，根开x相等，所以$\theta=45°$。从图3-5-15所示关系中可知

$$F_1=\frac{\frac{1}{2}(x-a)}{\sin 45°}=\frac{\sqrt{2}}{2}(x-a) \tag{3-5-24}$$

$$F_2=\frac{\frac{1}{2}x}{\sin 45°}=\frac{\sqrt{2}}{2}x \tag{3-5-25}$$

$$F_3=\frac{\frac{1}{2}(x+a)}{\sin 45°}=\frac{\sqrt{2}}{2}(x+a) \tag{3-5-26}$$

$$F_4=\frac{\frac{1}{2}(x-a_1)}{\sin 45^\circ}=\frac{\sqrt{2}}{2}(x-a_1) \tag{3-5-27}$$

$$F_5=\frac{\frac{1}{2}(x+a_1)}{\sin 45^\circ}=\frac{\sqrt{2}}{2}(x+a_1) \tag{3-5-28}$$

根据上列数据操平找正基础，其进行步骤如下。

1. 基坑、模板检查

为防止在挖坑和基础浇制两个工序间隔时间里，辅助桩因碰动错位，基础坑因雨水冲刷、风沙填积而变形，在基础操平找正之前要做一次全面检查。当发现坑位桩和辅助桩有偏差时，应立即校正。如发现坑底不平或坑壁塌陷时，应清除积土重新操平坑底，并检查模板型式及各部尺寸是否与该塔号基础相符合。

2. 模板操平找正

如图 3-5-16 所示，经纬仪安置在塔位桩上，准确地对中、整平后，以顺线路辅助桩 A、C 为前视和后视点测出线路中心与基础对角线的夹角 θ。在各基础中心对角线上钉 A'、B'、C'、D'辅助桩。使桩顶面与塔位等高，并在桩顶上钉一小钉与塔位桩的小钉绑一条线绳（伸缩性较小、结实的），要拉紧拉平。

当模板底座在坑下按设计规格组成时，如图 3-5-17 所示，用钢尺精确地在水平拉线上量出塔位桩至基础底座模板内、外角 F_1、F_3 距离处悬挂垂球，待垂球静止时，移动模板使其内、外角分别与垂球尖端恰好对准时，模板就处于正确位置了，而后操平底座。

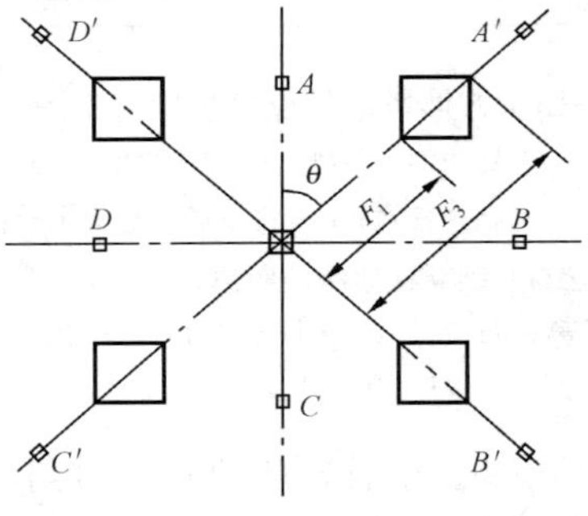

图 3-5-16　模板操平找正（一）

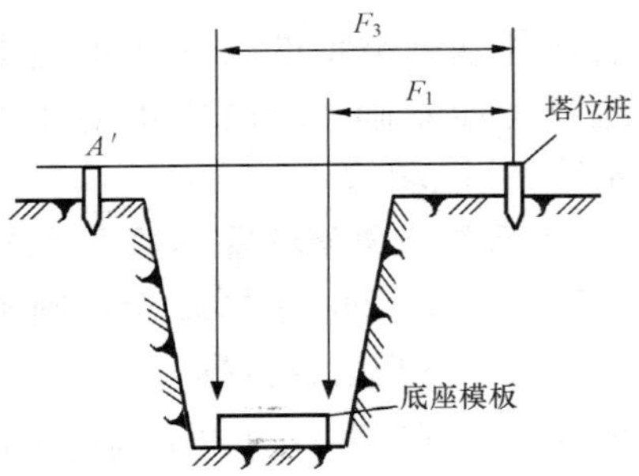

图 3-5-17　模板操平找正（二）

底座模板操平的方法如图 3-5-18 所示，将水准尺先后立在四侧的模板上，旋平望远镜，读出尺上读数 R，四侧模板尺上的读数应相同。尺上的正确读数 $R=i+K+H-H_1$，其中 i 为仪器高；H 为设计坑深；H_1 为底座模板高；K 为施工基面。如读数大于 R，说明模板低了；如读数小于 R，说明模板高了。我们要清楚地记住这一点，随时把调整高差的数字迅速而准确地反馈给支模板人员。一个坑底座模板操平之后，再操平其余各坑，最后在各坑底模板上水准尺的读数应一致。

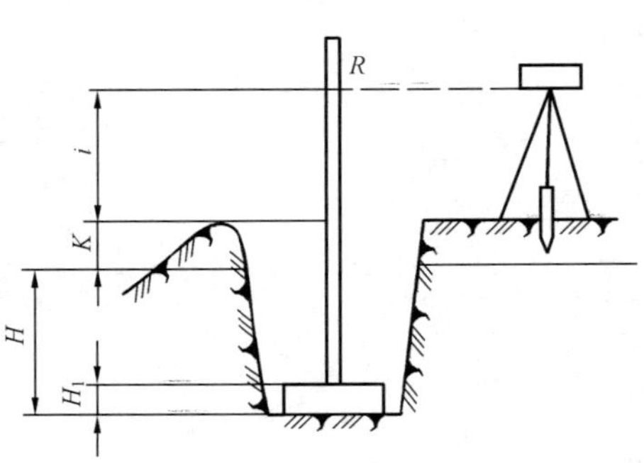

图 3-5-18　模板操平找正（三）

底座模板操平找正固定之后，按基础结构尺寸把立柱模板垂直地组装在底座模板上。依同样的方法，根据 F_4、F_5 距离（见图 3-5-15）操平找正各立柱模板。

3. 地脚螺栓操平找正

按施工习惯通常用小样模板来操平找正地脚螺栓。小样板的样式和规格如图 3-5-19（a）所示，用两块方木，作成十字形，它的长度要比立柱模板上口对角线长些，宽度按地脚螺栓直径决定，一般宽 100mm，厚约 40mm（铁样板厚应为 3～4mm）。在样板上按地脚螺栓直径钻两个孔，孔间距离按地脚螺栓间距离 b 而定。在样板上要明显地画出两螺栓中心的对角线，并在两对角螺栓中点间画一条垂直交叉线延伸到样板边缘。将小样板放在立柱模板上，地脚螺栓垂直插在孔内，使螺栓上端与基础顶面的距离符合 d 值，如图 3-5-19（b）所示，然后旋紧螺栓帽。

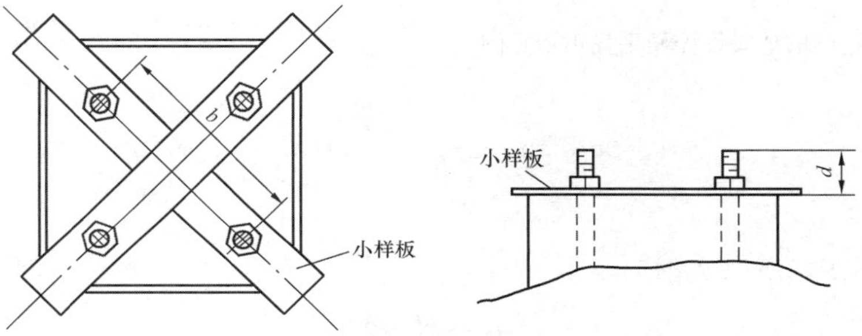

图 3-5-19　地脚螺栓小样板示意图

（a）俯视图；（b）侧视图

拨正时，经纬仪安置在塔位桩上（见图 3-5-20），望远镜瞄准基础对角线辅助桩 A'，轻轻移动样板，以钢尺丈量使塔位桩中心至基础中心距离符合 F_2 值；同时还要使样板上的两个地脚螺栓中心的连线和中点交叉线与望远镜十字线相重合，如此测设好四个模板上的小样板，然后再检查基础根开 x，两个基础上地脚螺栓间距离 A_1、A_2 是否符合设计数据。其中点是否在顺线路或垂直线路方向上，以及地脚螺栓距模板边缘的距离 c 是否符合设计数据。如果不符合，应该复查找出原因，调整样板，直到各部尺寸与设计数据相符合为止，而后固定样板。

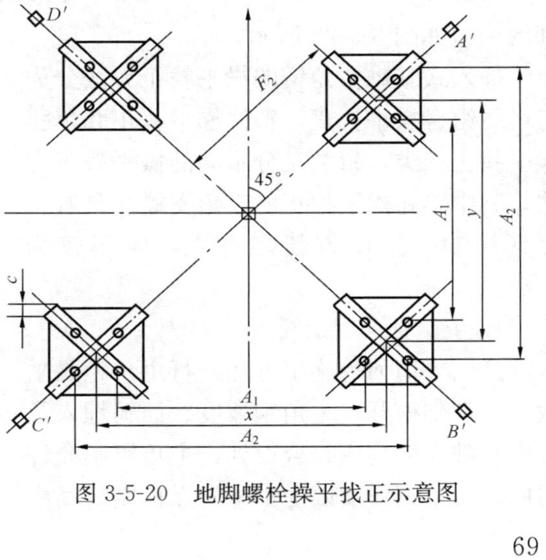

图 3-5-20　地脚螺栓操平找正示意图

最后对各部尺寸还要做一次全面检查，如都符合要求，或偏差不超过允许值时，而后浇灌混凝土。在浇灌混凝土过程中，捣固时应注意不要使模板变形，不要使地脚螺栓错位，要随时检查各部尺寸，若发现偏差应及时校正。必须耐心地、细致地反复检查校

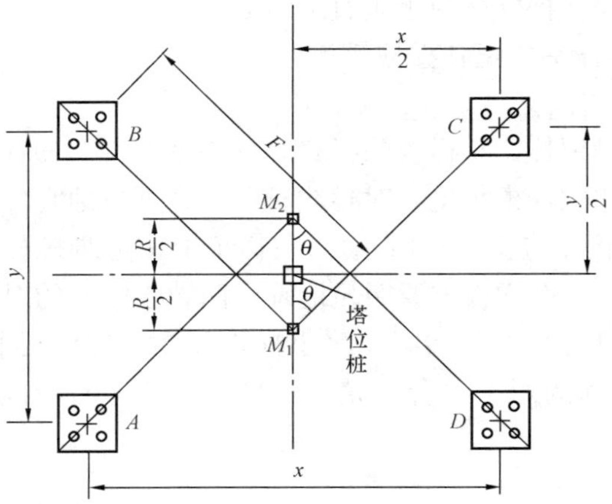

图 3-5-21 矩形塔地脚螺栓操平找正示意图

核，以免出错。这项工作是多工种交叉综合作业，各工种之间必须互相配合，团结一致，才能保证工程质量。

（二）矩形塔地脚螺栓基础操平找正

矩形塔地脚螺栓现浇和预制基础的操平找正，可以用角度法进行。其施工要点如下：矩形基础的根开 x、y 是不相等的（见图 3-5-21），而 x 常大于 y。设 x、y 之差为 R，自塔位桩起沿线路中心线向前后各量出 $\frac{R}{2}$ 距离测钉 M_1 和 M_2 桩，则 $\frac{x}{2}=\frac{y+R}{2}$。

从图 3-5-21 中可以看出

$$\theta=\arctan\frac{\frac{x}{2}}{\frac{y+R}{2}}=\arctan\frac{x}{y+R} \tag{3-5-29}$$

因为 $x=y+R$，所以 $\theta=45°$

$$F=\frac{x}{2}\sqrt{2} \tag{3-5-30}$$

式中 θ——线路中线与 M_1、M_2 至基础中心对角线的夹角，(°)；

F——由 M_1、M_2 至基础中心对角线距离，m。

找正基础时，将经纬仪安置在 M_1 桩上，测出 θ 角，以 θ 角控制方向，以对角线 F 控制距离，拨正 B、C 基础；仪器再移至 M_2 桩上，依同法拨正 A、D 基础；四个基础基本拨正之后，再丈量基础根开 x、y 和地脚螺栓间的距离，使其符合设计数据。这种找正方法和方形基础找正方法相似，它比放线简便，既适用于找正预制矩形基础，也适用于找正浇制矩形基础。

（三）插入式基础主角钢操平找正

塔腿主材延伸于混凝土中的基础，称为主角钢插入式基础，简称插入式基础。插入式基础的构造如图 3-5-22 所示。

插入式基础主角钢的操平找正方法分为与塔腿组合操平找正，整体操平找正和单腿操平找正三类，每类又分不同的操平找正方法，其中单腿操平找正的三角支撑法具有工器具简单、操作方便之优点，应用较为广泛。

1. 主角钢各部测量尺寸

无论采用何种施工方法进行主角钢操平找正，基础根开、主角钢坡度、插腿埋入及外露基础高度均应符合设计，主角钢不允许扭向。主角钢坡度以上中下三点控制，其中

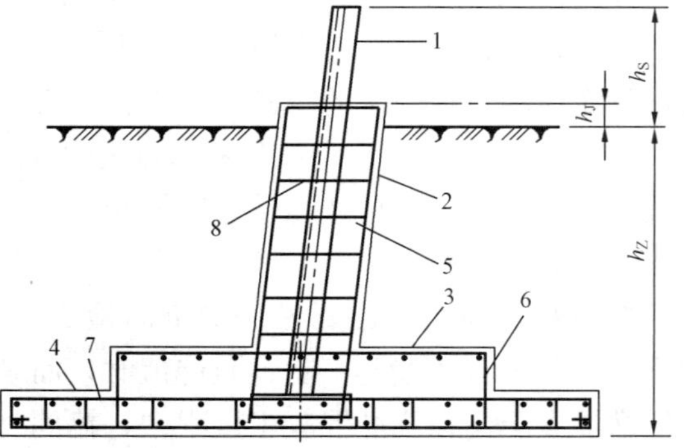

图 3-5-22 主角钢插入式基础

1—主角钢；2—斜柱；3—二层台；4—底板；5—斜柱主筋；6—二层台配筋；7—底板配筋；8—斜柱箍筋

有一点尺寸不对，说明技术数据或操作方法存在问题，必须认真改正。主角钢上顶角操平找正方便，以此作为上控制点，操平时应消除加工长度偏差影响。

（1）矩形插入式基础主角钢各部测量尺寸，如图 3-5-23 所示。

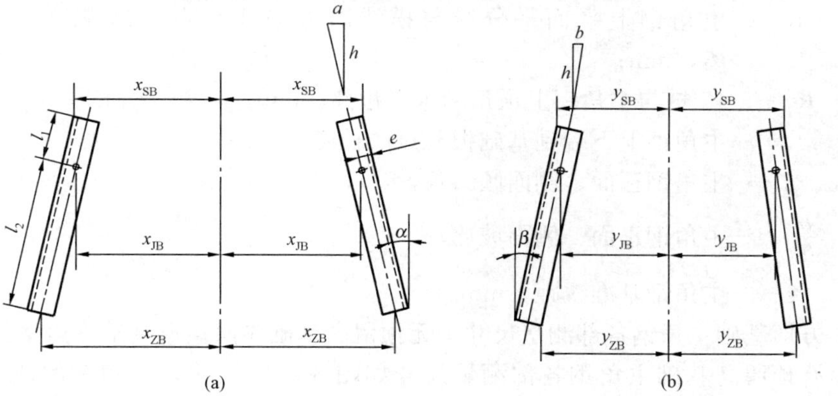

图 3-5-23　矩形插入式基础主角钢测量尺寸

（a）正面；（b）侧面

$$x_{ZB}=x_{JB}+l_2\sin\alpha \tag{3-5-31}$$

$$y_{ZB}=y_{JB}+l_2\sin\beta \tag{3-5-32}$$

$$h_Z=l_2\cos\alpha\cos\beta-h_J \tag{3-5-33}$$

$$\theta_Z=\arctan\frac{y_{ZB}}{x_{ZB}} \tag{3-5-34}$$

$$Z_O=\sqrt{x_{ZB}^2+y_{ZB}^2} \tag{3-5-35}$$

$$x_{SB}=x_{JB}-l_1\sin\alpha+e\cos\alpha \tag{3-5-36}$$

$$y_{SB}=y_{JB}-l_1\sin\beta+e\cos\beta \tag{3-5-37}$$

$$h_S=(l_1\cos\alpha+e\sin\alpha)\cos\beta+h_J \tag{3-5-38}$$

$$R=x_{SB}-y_{SB} \tag{3-5-39}$$

$$R_S=\sqrt{2}y_{SB} \tag{3-5-40}$$

其中

$$\alpha=\arctan\frac{a}{h}$$

$$\beta=\arctan\frac{b}{h}$$

式中　x_{JB}、y_{JB}——基础正面、侧面半根开，mm；

x_{ZB}、y_{ZB}——主角钢下支点正面、侧面半根开，mm；

x_{SB}、y_{SB}——主角钢上顶角，正面、侧面半根开，mm；

h_Z、h_S、h_J——主角钢下支点，上顶角，基础顶面与施工基面之间的高差，mm；

θ_Z——主角钢下支点与中心桩及横线路方向的夹角，(°)；

Z_O——主角钢下支点与中心桩的水平距离，mm；

R——主角钢上平面平分线与横线路方向线交点（45°桩位）至中心桩距离，mm；

R_S——45°桩与主角钢上顶角的水平距离，mm；

l_1、l_2——主角钢上下端到基础根开点的长度，mm；

α、β——主角钢正面、侧面倾斜角，(°)；

$\frac{a}{h}$、$\frac{b}{h}$——主角钢正面、侧面坡比；

e——主角钢基准线距，mm。

（2）正方形基础主角钢各部测量尺寸。无预留高基础参照矩形基础主角钢各部测量尺寸计算公式。有预留高基础主角钢各部测量尺寸如图 3-5-24 所示，主角钢的侧面坡比不变，下支点侧面半根开按式（3-5-32）计算。为便于操作利用中心桩进行主角钢找正，主角钢上

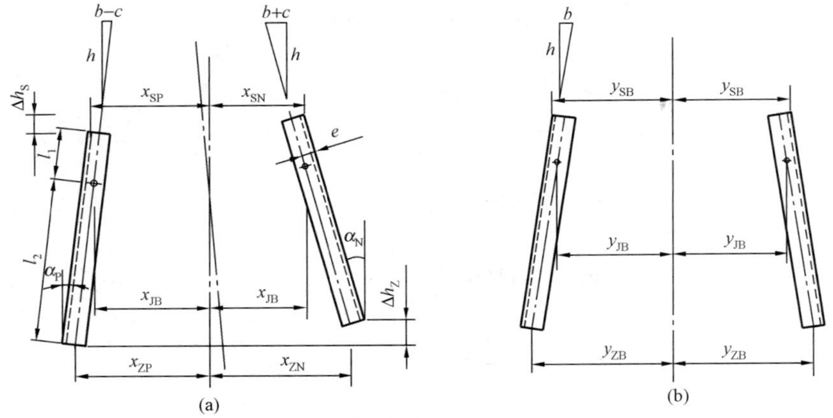

图 3-5-24 正方形预留高基础主角钢测量尺寸

（a）正面；（b）侧面

顶角半根开及对角线按式（3-5-37）～式（3-5-40）计算，其他测量尺寸按下列公式计算

$$x_{ZN} = x_{JB} + l_{2N}\sin\alpha_N \tag{3-5-41}$$

$$x_{ZP} = x_{JB} + l_{2P}\sin\alpha_P \tag{3-5-42}$$

$$h_{ZN} = l_{2N}\cos\alpha_N\cos\beta - h_J - 2x_{ZN}\frac{c}{h} \tag{3-5-43}$$

$$h_{ZP} = l_{2P}\cos\alpha_P\cos\beta - h_J \tag{3-5-44}$$

$$\Delta h_Z = h_{ZP} - h_{ZN} \tag{3-5-45}$$

$$\theta_{ZN} = \arctan\frac{y_{ZB}}{x_{ZN} + \delta_S} \tag{3-5-46}$$

$$\theta_{ZP} = \arctan \frac{y_{ZB}}{x_{ZP} - \delta_S} \tag{3-5-47}$$

$$Z_{ON} = \sqrt{(x_{ZN} + \delta_S)^2 + y_{ZB}^2} \tag{3-5-48}$$

$$Z_{OP} = \sqrt{(x_{ZP} - \delta_S)^2 + y_{ZB}^2} \tag{3-5-49}$$

$$x_{SN} = x_{JB} - l_1 \sin\alpha_N + e\cos\alpha_N \tag{3-5-50}$$

$$x_{SP} = x_{JB} - l_1 \sin\alpha_P + e\cos\alpha_P \tag{3-5-51}$$

$$h_{SN} = (l_1\cos\alpha_N + e\sin\alpha_N)\cos\beta + h_J + 2y_{SB}\frac{c}{h} \tag{3-5-52}$$

$$h_{SP} = (l_1\cos\alpha_P + e\sin\alpha_P)\cos\beta + h_J \tag{3-5-53}$$

$$\Delta h_S = h_{SN} - h_{SP} \tag{3-5-54}$$

$$\delta_S = |x_{SN} - y_{SB}| = x_{SP} - y_{SB} \tag{3-5-55}$$

$$\Delta h_J = 2x_{JB}\frac{c}{h} \tag{3-5-56}$$

其中

$$\alpha_N = \arctan\frac{b+c}{h}$$

$$\alpha_P = \arctan\frac{b-c}{h}$$

式中　x_{ZN}、x_{ZP}——主角钢正面受压腿、受拉腿下支点半根开，mm；

x_{SN}、x_{SP}——主角钢正面受压腿、受拉腿上顶角半根开，mm；

h_{ZN}、h_{ZP}、h_{SN}、h_{SP}——主角钢受压腿、受拉腿的下支点、上顶角与施工基面之间的高差，mm；

Δh_Z、Δh_S——主角钢受压腿、受拉腿的下支点、上顶角之间的高差，mm；

θ_{ZN}、θ_{ZP}——主角钢受压腿、受拉腿下支点与中心桩及内角平分线之间的夹角，(°)；

Z_{ON}、Z_{OP}——主角钢受压腿、受拉腿下支点与中心桩之间的水平距离，mm；

δ_S——主角钢上顶角在内角平方线方向中心桩向外角侧偏移，mm；

l_{2N}、l_{2P}——受压腿、受拉腿主角钢下端到基础根开点长度（计算侧面下支点半根开时，l_2 作相应变动），mm；

$\frac{c}{h}$——基础预留坡比；

α_N、α_P——受压退、受拉腿主角钢正面倾斜角，(°)，

Δh_J——基础预留高，mm。

2. 矩形基础主角钢操平找正

三角支撑法又称伸缩顶管法，即在插入式基础的主角钢上，互成 90°安装两个带丝杠的伸缩顶管，主角钢与伸缩顶管构成稳定三角形，伸缩顶管的构造及三角支撑如图 3-5-25 所示。

使用三角支撑法找正时，首先要检查主角钢各部加工长度，以主角钢下支点高度消除主角钢下部长度加工偏差。三角支撑法对主角钢找正大致分为两个阶段：将内外管固定为粗调阶段；调整内外钢管插接长度，使水平距离基本符合要求，调整丝杠使水平距离达到要求为细调阶段。三角支撑操平找正步骤如下：

（1）逐根检测主角钢与斜材交点（一般为最下孔）到上下两端的长度，并编号记录。

（2）仪器置于中心桩，对准横线路方向辅助桩，以主角钢下支点与中心桩及横线路方向夹角转动仪器，确定测量方向，在此方向坑口两侧钉桩并拉老弦，以下支点到中心桩的水平距离量尺在老弦上画印，印记点悬挂垂球垂吊至坑底，以主角钢下支点与施工基面的高差，混凝土垫块高度，以及主角钢下部长度偏差，对坑底进行操平，然后安置混凝土垫块。以同样方法对混凝土垫块进行操平找正。

混凝土垫块一般为 200mm×200mm×200mm 立方体，预埋 M16 定位螺栓，主角钢下端平面加工有 ϕ21.5mm 定位孔，找正时将定位孔坐入 M16 螺栓，对主角钢铰接固定。混凝土垫块及主角钢下端构造如图 3-5-26 所示。

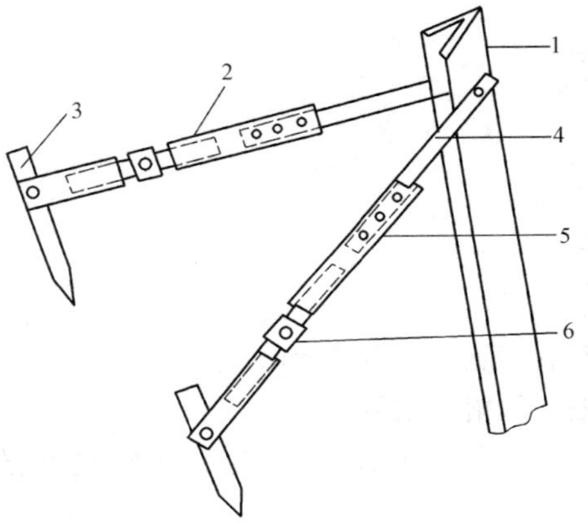

图 3-5-25　主角钢三角支撑示意图

1—插入式基础主角钢；2—伸缩顶管；3—钢钎；4—内钢管；5—外钢管；6—丝杠

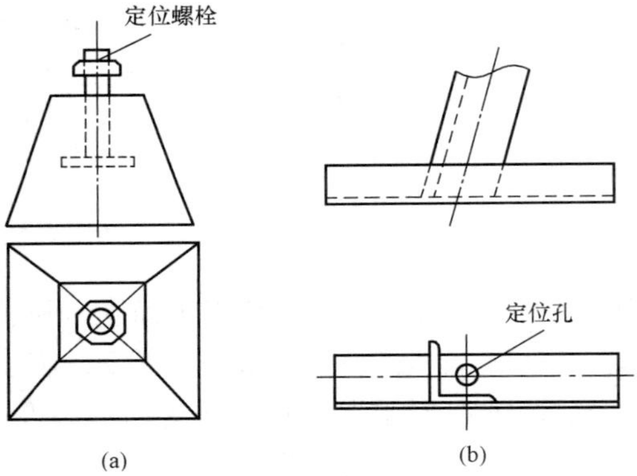

图 3-5-26　混凝土垫块及主角钢下端构造示意图

（a）混凝土垫块；（b）主角钢下端

（3）安置主角钢与混凝土垫块铰接固定，伸缩顶管利用主角钢接头孔用螺栓连接，将主角钢支撑固定。

（4）仪器移至上顶角 45°桩，对准横线路方向辅助桩，转角 45°确定测量方向，移动伸缩顶管位置使其处于上顶角半根开方向，粗调伸缩顶管长度使主角钢上顶角沿仪器视线方向移动，同时测量上顶角到 45°桩的水平距离。当水平距离基本符合要求之后，将内外钢管插接固定，将钢钎打入地内，使伸缩顶管与钢钎固定，用丝杠细调使上顶角到 45°桩的水平距离达到标准。在主角钢上端缠绕老弦或细铁线，斜边取中画印，检查印记是否在仪器中丝线上，如不在中丝线上，另安装伸缩顶管扭正主角钢方向，将伸缩顶管与钢钎固定，之后再次检查水平距离及主角钢方向。

（5）四个腿主角钢找正之后，利用上顶角进行操平，操平时上调混凝土垫块螺栓的螺帽，以高腿为准，对其他腿进行操平，并消除主材与斜材几何线交点到主角钢上端长度偏差因素。

（6）四个腿主角钢操平找正之后，对主角钢根开、对角线等各部尺寸进行全面检测，超出允许范围应分析原因再次操平找正。主角钢全部测量尺寸达到标准之后，土垫块四周填混凝土固定牢，以防垫块移动。在浇筑混凝土时，应首先在混凝土垫块上部浇筑一层混凝土，以防浇筑基础过程中主角钢下支点移动。

3. 正方形基础主角钢操平找正

由于主角钢上顶角中心偏移不大，为方便施工测量利用中心桩对主角钢进行找正，并以上顶角中心偏移值，对主角钢下支点正面半根开进行调整，其主角钢操平找正步骤如下：

（1）主角钢长度检测，并做好记录。

（2）仪器置于中心桩，以主角钢下支点与中心桩及内角平分线夹角确定仪器测量方向，并确定主角钢下支点的水平位置，以主角钢下部长度、混凝土垫块高度，对坑底及混凝土垫块进行操平找正。四腿混凝土垫块操平找正之后，检查下支点预留高。

（3）主角钢下支点与混凝土垫块铰接固定，用伸缩顶管临时支撑。

（4）使仪器对准横线路辅助桩（内角平分线辅助桩），转角45°确定测量方向，在此方向确定主角钢上顶角位置，并扭正主角钢方向。

（5）四个腿主角钢上顶角找正之后，进行塔腿之间主角钢上顶角操平，同时进行主角钢上顶角预留高测量，若超出允许偏差应进行高差调整。

（6）四个腿主角钢操平找正之后，进行根开、对角线等各部尺寸全面检查，偏差应不超出规定，混凝土垫块四周填混凝土固定牢。

（四）不等高塔腿基础主角钢操平找正

1. 水平距离测量

塔腿基础不在同一等高线的基础称为高低腿基础或不等高基础。因塔腿基础不在同一等高线上，需要用基础的半根开、半对角线测量对基础进行控制。高低腿基础水平距离测量有多种方法，其中斜控法比较简单方便。斜控法是在观测站（点）设置仪器，对准测量方向，在此方向设点，对设点测量竖直角，仪器横轴旁心与设点间拉尺量斜距，计算水平距离，不断设点测量计算，使水平距离符合规定，如图3-5-27所示，其计算公式如下

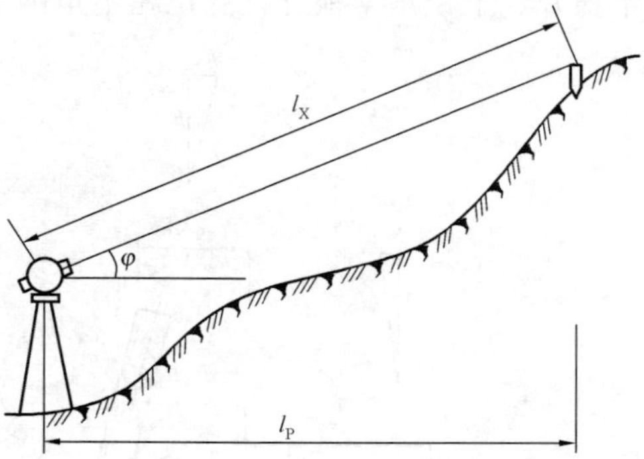

图3-5-27　斜控法水平距离测量示意图

$$l_P = l_X \cos\varphi \tag{3-5-57}$$

式中　l_P——仪器到设点之间的水平距离，mm；

l_X——仪器横轴旁心到设点之间的斜距，mm；

φ——仪器对设点的竖直角，(°)；

2. 主角钢各部测量尺寸

（1）矩形插入式基础主角钢各部测量尺寸，如图3-5-28所示。各部水平距离及与各腿施工基面高度的计算公式，与等高腿插入式基础相同。

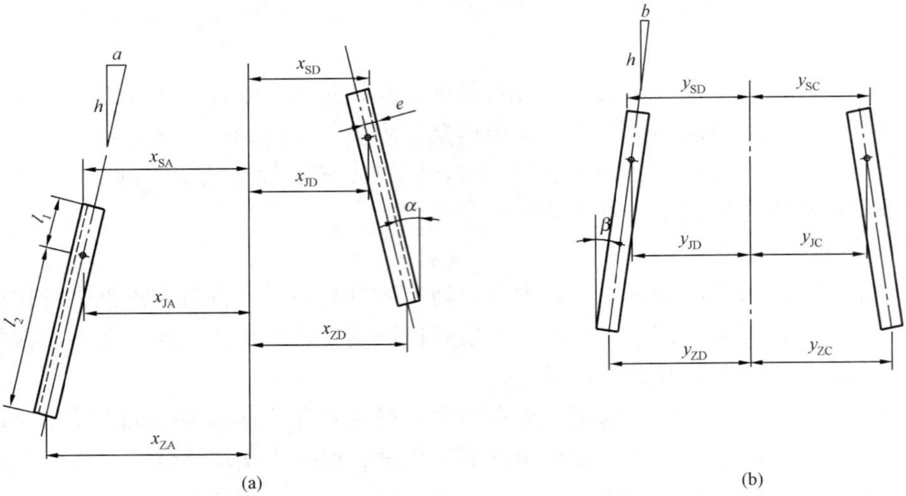

图 3-5-28 矩形插入式基础主角钢各测量尺寸示意图

（a）*AD* 腿正面；（b）*DC* 腿侧面

（2）正方形基础主角钢各部计算尺寸。无预留高的插入式基础主角钢各部水平距离及与各腿施工基面的高差计算公式参照等高腿插入式矩形基础。有预留高基础的主角钢如图 3-5-29 所示，塔腿基础中心随塔腿施工基面之间的高差向外角侧偏移，为简化施工测量，不等高塔腿基础以中心桩对主角钢下支点进行找正。主角钢侧面下支点、上顶角半根开，以及上顶角与 45°桩的水平距离按式（3-5-32）、式（3-5-37）、式（3-5-40）计算，主角钢正面下支点半根开、上顶角半根开，受拉腿主角钢下支点、上顶角与塔腿施工基础的高差，受压腿施

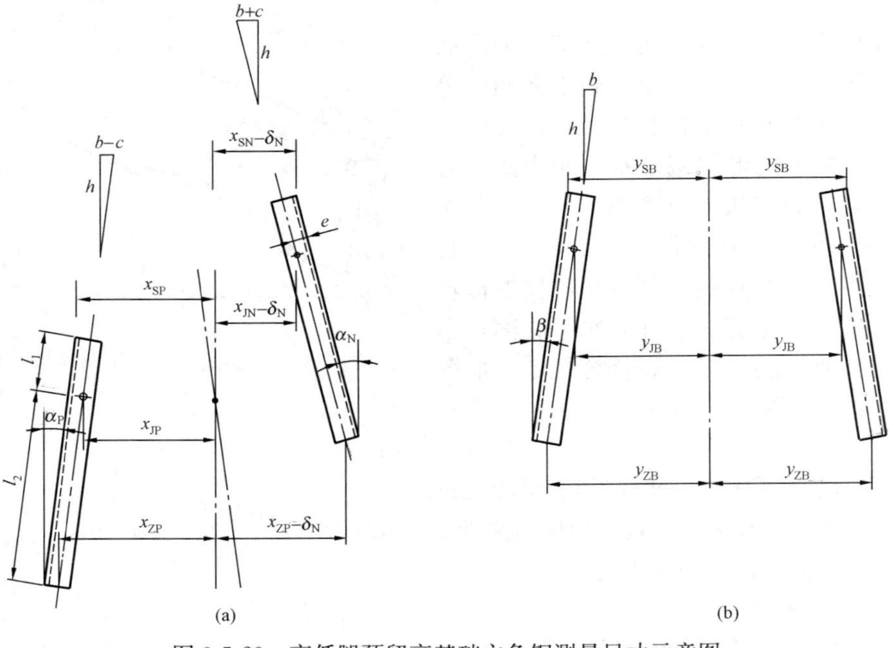

图 3-5-29 高低腿预留高基础主角钢测量尺寸示意图

（a）受拉腿、受压腿正面；（b）受压腿侧面

工基面预留高，分别按式（3-5-41）、式（3-5-42）、式（3-5-44）、式（3-5-50）、式（3-5-51）、式（3-5-53）、式（3-5-56）计算，并以提高受压腿施工基面计算基础预留高，其他计算公式如下

$$h_{ZN}=l_{2N}\cos\alpha_N\cos\beta-h_J \tag{3-5-58}$$

$$\delta_J=\Delta H\frac{c}{h} \tag{3-5-59}$$

$$\delta_{JN}=\Delta H_N\frac{c}{h} \tag{3-5-60}$$

$$\delta_{JP}=\Delta H_P\frac{c}{h} \tag{3-5-61}$$

$$\theta_{ZP}=\arctan\frac{y_{ZB}}{x_{ZP}-\delta_J} \tag{3-5-62}$$

$$\theta_{ZP}=\arctan\frac{y_{ZB}}{x_{ZP}+\delta_J} \tag{3-5-63}$$

$$Z_{ON}=\sqrt{(x_{ZN}-\delta_J)^2+y_{ZB}^2} \tag{3-5-64}$$

$$Z_{OP}=\sqrt{(x_{XP}+\delta_J)^2+y_{ZB}^2} \tag{3-5-65}$$

$$h_{SN}=(l_1\cos\alpha_N+e\sin\alpha_N)\cos\beta-h_J \tag{3-5-66}$$

$$R_N=x_{SN}-y_{SB}-\delta_{JN} \tag{3-5-67}$$

$$R_P=x_{SP}-y_{SB}+\delta_{JP} \tag{3-5-68}$$

式中　h_{ZN}、h_{SN}——受压腿主角钢下支点、上顶角与预留高之后塔腿施工基面的高差，mm；

δ_J、δ_{JN}、δ_{JP}——塔腿基础中心偏移，N 为受压腿，P 为受拉腿，mm；

θ_{ZN}、θ_{ZP}——主角钢下支点与中心桩及内角平分线夹角，(°)；

R_N、R_P——主角钢上平面平分线与线路外角平分线交点到中心桩距离，N 为受压腿，P 为受拉腿（R_N 为负值在外角侧），mm；

ΔH、ΔH_N、ΔH_P——其他腿、受压腿、受拉腿与最低腿施工基面之间的高差，mm。

（3）不等高矩形基础主角钢操平找正。操作方法基本与等高腿矩形插入式基础相同，其主角钢操平找正步骤如下：

1）主角钢长度检测，编号记录。

2）仪器置于中心桩，对准横线路方向辅助桩，钉各腿上顶角半根开桩及45°桩。

3）仪器对准横线路方向辅助桩，以下支点与中心桩及横线路方向夹角确定测量方向，并确定主角纲下支点水平位置，以下支点与塔腿施工基面高差，对混凝土垫块操平找正。四个腿混凝土垫块操平找正之后，进行各腿之间混凝土垫块高差测量，各腿混凝土垫块之间的

高差应符合设计，超差再次操平找正。

4）主角钢下支点与混凝土垫块铰接固定，用伸缩顶管临时支撑。

5）仪器移于45°桩确定测量方向，在此方向确定主角钢上顶角位置，并扭正主角钢方向。

6）仪器移于主角纲上顶角半根开桩，对准中心桩转角90°，对主角钢上顶角进行闭合测量，如果上顶角在仪器中丝线上或偏差在允许范围之内为闭合，否则再次进行主角钢上顶角方向及水平距离测量。

7）塔腿主角钢上顶角找正之后，进行主角钢上顶角操平，并做好记录。

8）四腿主角钢上顶角各腿操平找正之后，进行塔腿之间主角钢上顶角高差测量，其塔腿间高差应符合设计。若超差应分析原因，确定需要调整的塔腿。高差调整后，再次测量各塔腿之间主角钢上顶角高差。如需调整伸缩顶管，则应再次进行找正及闭合测量。

（4）不等高正方形基础主角钢操平找正。无预留高正方形高低腿基础主角钢的操平找正，仪器置于中心桩，利用半根开、半对角线对主角钢下支点，上顶角进行找正，以塔腿施工基面进行操平，仪器移于上顶角半根开桩进行闭合测量。单腿操平找正之后，测量塔腿之间主角钢上顶角高差，在设计允许及允许偏差范围内为合格，否则进行高差调整。有预留高的正方形高低腿基础主角钢操平找正方法与高低腿矩形插入式基础基本相同，其主角钢操平找正步骤如下：

1）主角钢长度检测，编号记录。

2）仪器置于中心桩，对准内角平分线辅助桩，钉出各腿主角钢上顶角45°桩及上顶角正面半根开桩。

3）仪器对准内角平分线辅助桩，以下支点与中心桩及内角平分线的夹角确定测量方向，并确定主角钢下支点的水平位置，以下支点与塔腿施工基面的高差、主角钢下部长度偏差，对坑底、混凝土垫块进行操平找正，四个腿混凝土垫操平找正的后，进行各腿之间混凝土垫块高差测量，各腿混凝土垫块之间的高差应符合设计，超差时再次操平找正。

4）主角钢下支点与混凝土垫块铰接固定，用伸缩顶管临时支撑。

5）仪器移于45°桩，对准内角平分线辅助桩，转角45°确定测量方向，在此方向确定主角钢上顶角位置，并扭正角钢方向。

6）仪器移于主角钢上顶角正面半根开桩，对准中心桩或内角平分线辅助桩转角90°，对主角钢上顶角进行方向闭合测量，如果上顶角在仪器中丝线上或偏差在允许范围之内为闭合，否则再次进行主角钢上顶角方向及水平距离测量。

7）塔腿主角钢上顶角找正之后，进行主角钢上顶角操平，并做好记录。

8）四腿主角钢上顶角操平找正之后，进行塔腿之间主角钢上顶角高差测量，其塔腿间高差应符合设计，并包括基础预留高，超差分析原因进行调整，如需调整伸缩顶管，则应再次找正及闭合测量。

（五）预制矩形地脚螺栓基础操平找正

预制基础是按照设计的基础形式在预制厂分别将基础的立柱和底座制作好，而后运到线路杆塔号上装配后正确地安装在杆塔位。它的操平找正方法和浇制基础基本上是一样的，所不同的是，浇制基础是操平找正模板和地脚螺栓；而预制基础则是直接操平找正基础预制构件。下面是用放线法操平找正预制基础的施工要点：

（1）对预制基础的各尺寸要进行检查，看它是否符合设计规格，基础有无裂纹和缺陷等现象。并要检查基础坑的坑口、坑底宽度是否合适，有无影响坑下操作情形。特别是每个坑底是否都平整，四个坑底是否都在一个水平面上。如果不能彻底检查，在基础吊装到坑下时，发现坑宽不够或坑底不平，严重地影响操平找正工作的进度。所以就这项检查是很重要的。

（2）如图 3-5-30（a）所示，通过基础底座边缘的中点，画出 FF、F_1F_1 两条互相垂直的线，这两条线的交点就是基础中心。依同法画出立柱中心，作为基础找正的标记，然后先将基础底座吊放在各坑下。

（3）经纬仪安置在塔位桩上，如图 3-5-30（b）所示，先后瞄准顺线路和垂直线路的辅助桩，分别测设 A、B、C、D 四个桩。这四个桩距塔位桩的距离应恰在基础根开 x、y 中点上。而后将仪器安置在 A 桩上，瞄准塔位桩转 90°，在视线的前后方向上测设 1、2 两个桩，在坑外适当距离处，再将仪器安置在 B、C、D 桩上、依同法测设 3～8 各桩。对以上各桩的要求是，桩顶面要钉小钉，各桩顶面要在一个水平面上，这个水平面要比基础立柱顶面高 10～20mm。在地势高低不平地方，各桩间应挖通地槽，以便放线、量距。

在 1～8 等桩上绑上纵横交叉的平直线，这样，绑线就都在一个水平面上，绑线的交叉点就是基础中心点的地面上位置。这时，就可以用绑线操平找正基础了。

（4）找正的方法和上述找正底座模板的方法相似，用两个垂球，使一个垂球的线绳绑在拉线的交叉点上（即基础中心位置），使另一垂球线绑在交叉点任一侧（其距离要接近基础底座边缘），将两垂球放到坑下将接近基础表面，当垂球静止时，拨动基础底座，使基础上所画的交叉点和交叉线分别与垂球尖端对准，这样，基础底座就处于正确位置了。再用水平尺操平底座。如发现不平时，用木夯轻轻敲击高侧或垫实低侧，直到水平为止。操平找正是互相有影响的，所以在底座操平之后还要检查基础位置是否正确。

依上述方法操平找正四个基础底座，同时要测各基础底座的高差，必须使各基础底座顶面在同一水平面上。

（5）基础底座操平找正之后即安装立柱，同时要检查立柱是否垂直底座。检查的方法如图 3-5-30（c）所示，在立柱上悬挂垂球，如立柱垂直时，则垂线与立柱竖直面的距离 L 处

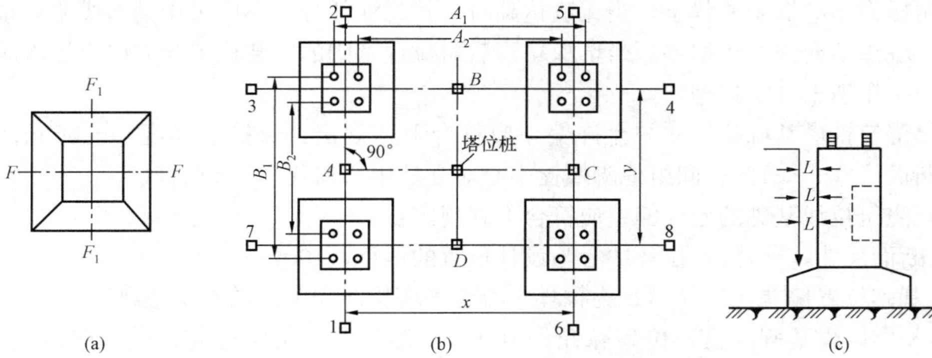

图 3-5-30　预制矩形地脚螺栓基础操平找正示意图

（a）立柱中心；（b）经纬仪安置在塔位桩上；（c）检查方法

相等；如不相等，则说明柱身歪斜，要用铁垫垫立柱底部使立柱垂直，然后用操平找正基础底座的方法初步找正四个立柱。随后直接丈量基础根开 x、y，检查相邻地脚螺栓间距离 A_1A_2、B_1B_2 是否符合设计数据，根开 x 的中点是否恰在顺线路 B、D 桩上，根开 y 的中点是否在垂直线路方向 A、C 桩上。否则应慢慢拨基础立柱进行校正。最后检查各立柱顶面高差。从几何观点来看，如上列各项数据完全与设计和施工数据相符合，则整基基础就处于正确位置了。实际上，因为预制基础构件不能像精密机械构件那样精确，量尺时尺的松紧程度也有时不同，绑线松紧程度也多少会有些出入，以及操作中偏差等因素，往往不能一次成功，要经过多次反复检查调整才能成功。而在每一个工作环节里都要慎重地、细致地操作，否则，一处出错就要影响全局。

（6）基础完全操平找正之后，接着就回填土夯实。在填土过程中，要在每个基础的四周均匀地填土夯实，防止基础偏斜错位。并随时检查各部尺寸，如发现偏差应立即校正。最后还要对各部尺寸全面检查一次。

要说明的是对基础各部尺寸虽然有容许偏差，但预制基础在操平找正之后回填之前，还不是最后成果，要是在回填之前就存在偏差，在回填夯实冲击中又出现偏差，偏差累积会超过容许范围，就要引起返工。所以在操平找正基础时，要尽量消除偏差，把偏差减少到最小程度。

三、基础和杆塔施工结构偏差的规定和检测

（一）基础和杆塔施工结构尺寸允偏差的规定

（1）杆塔基础的坑深应以设计的施工基面为基准。拉线基础的坑深，如设计未提出施工基面，应以拉线基础中心的地面标高为基准。杆塔基础坑深的允许偏差为 100mm、－50mm，坑底应平整。同基基础坑在允许偏差范围内按最深一坑操平。

（2）杆塔基础挖掘坑深与设计坑深偏差 100mm 以上时，应按以下规定处理：铁塔现浇基础坑，其超深部分应采用铺石灌浆处理，混凝土电杆基础、铁塔预制基础、铁塔金属基础等，基坑深与设计坑深偏差值在 100～300mm 时，其超深部分可采用填土或砂、石夯实处理。当不能以填土或砂、石夯实处理时，其超深部分按设计要求处理，设计无具体要求时，按铺石灌浆处理，当坑深超过规定值时在 300mm 以上时，其超深部分应采用铺石灌浆处理。

（3）当杆塔基础超深部分采用填土或砂石夯实处理时，每层厚度不宜超过 100mm，夯实后的耐压力不应低于原状土，当无法达到时，其超深部分，亦应采用铺石灌浆处理。拉线基础坑，坑深不允许有负偏差。当坑深超深后对拉线基础的安装位置与方向有影响时，其超深部分应采用填土夯实处理。

（4）浇筑铁塔基础腿尺寸的允许偏差应符合下列规定：保护层厚度，－5mm；立柱及各底座断面尺寸，－1%；同组地脚螺栓中心对立柱中心偏移，10mm。

（5）浇筑拉线基础的允许偏差应符合下列规定：

1）断面尺寸，－1%；拉环中心与设计位置的偏移，20mm；

2）基础位置偏差，1%L（L 为拉环中心至杆塔拉线固定点的水平距离）；

3）X 形拉线基础（盘）位置除允许有 1%L 偏差处，还应有前、后方向的适当位移，使拉线安装后交叉点不得相互磨碰。

（6）整基铁塔基础在回填夯实后尺寸允许偏差应符合表 3-5-1 的规定。

表 3-5-1　　　　**整基铁塔基础尺寸允许偏差**

项　　目		地脚螺栓式		主角钢插入式		高塔基础
		直角	转角	直角	转角	
整基基础中心与中心桩间的位移（mm）	横线路方向	30	30	30	30	30
	顺线路方向	—	30	—	30	—
基础根开及对角尺寸（‰）		±2		±1		±0.7
基础顶面或主角钢操平印记相对高差（mm）		5		5		5
整基基础扭转（′）		10		10		5

注　1. 转角塔基础横线路方向是指内角平分线方向；顺线路方向是指转角平分线方向。
2. 基础根开及对角线是指同组地脚螺栓中心之间或塔腿主角钢准线间的水平距离。
3. 相对高差是指抹面后的相对高差。转角塔及终端塔有预偏时，基础顶面的高差不受 5mm 限制。
4. 高低腿基础顶面标高差是指与设计标高之比。
5. 高塔是指按大跨越设计，塔高在 100m 以上的铁塔。

（7）岩石基础的施工允许偏差应符合下列规定：

1）成孔深度不应小于设计值；

2）成孔尺寸应符合：对嵌固式应大于设计值，且应保证设计锥度，对钻孔式的允许偏差为±20mm；

3）整基基础的施工允许偏差应符合表 3-5-1 的规定。

（8）杆塔组立及架线后其他偏差应符合表 3-5-2 的规定。

表 3-5-2　　　　**杆塔组立及架线后其他允许偏差**

偏　差　项　目	电　压　等　级			
	110kV	220～330kV	500kV	高塔
电杆结构根开	±30mm	±5‰	±3‰	—
电杆结构面与横线路方向扭转（即迈步）	30mm	1‰	5‰	—
双立柱杆塔横担在主柱连接处的高差（‰）	5	3.5	2	—
直线杆塔结构倾斜（‰）	3	3	3	1.5
直线杆塔结构中心与中心桩间横线方向位移（mm）	50	50	50	—
转角塔杆结构中心与中心桩间横、顺线路方向位移（mm）	50	50	50	—
等截面拉线塔主柱弯曲	2‰	1.5‰	1‰ 最大 30mm	—

（9）拉线的对地夹角允许偏差为 1°，个别特殊杆塔拉线超出 1°时，按设计要求处理。

（二）杆塔基础坑深的检测

1. 等高腿铁塔基础坑深的检测

等高腿铁塔基础坑深检测，如图 3-5-31 所示，方法有两个。

方法一：如图 3-5-31（a）所示，将仪器置于中心桩，量仪器高，使仪器平视垂直立于坑中之塔尺并读数，坑深按式（3-5-69）计算。

方法二：如图 3-5-31（b）所示，将仪器置于任一点，使仪器分别平视垂直立于中心桩

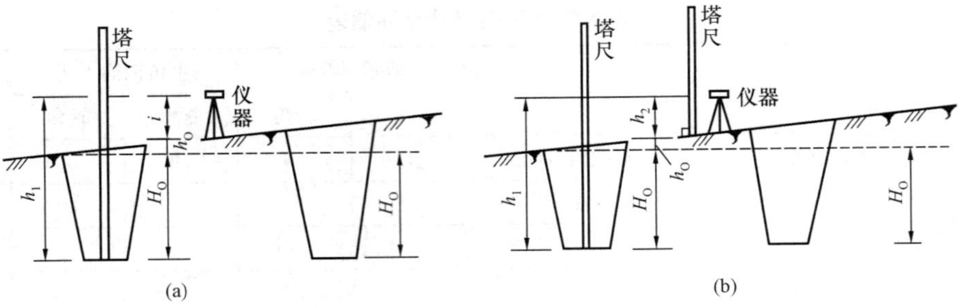

图 3-5-31 基础坑深测量图

(a) 仪器置于中心桩；(b) 仪器置于任一点

地面及坑中之塔尺并读数，坑深为

$$H_O = h_1 - (|h_O| + i) \tag{3-5-69}$$

$$H_O = h_1 - (|h_O| + h_2) \tag{3-5-70}$$

式中 H_O——实测坑深值，mm；

h_1、h_2——坑中及中心桩地面塔尺读数，mm；

$|h_O|$——施工基面绝对值，mm；

i——仪器高，mm。

2. 高低腿铁塔基础坑深的检测

高低腿铁塔基础坑深检查，是以各基础与中心桩地面的施工基面值为准，进行基础坑深检查，检查方法，如图 3-5-32 所示。

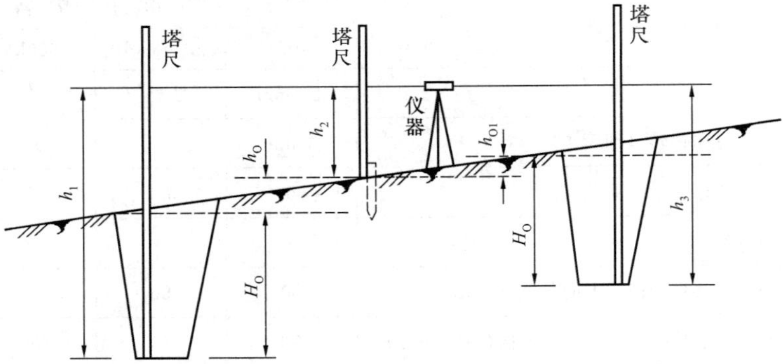

图 3-5-32 高低腿铁塔基础坑深测量图

仪器置于任一点，使仪器分别平视垂直立于中心桩地面及坑中之塔尺并读数。当塔腿施工基面值为负值时，坑深按式（3-5-71）计算；当塔腿施工基面值为正值时，坑深按式（3-5-72）计算

$$H_O = h_1 - h_2 - |h_O| \tag{3-5-71}$$

$$H_O = h_3 - h_2 + |h_{O1}| \tag{3-5-72}$$

式中 H_O——实测坑深值，mm；

h_1、h_2、h_3——坑中及中心桩地面塔尺读数，mm；

$|h_O|$、$|h_{O1}|$——施工基面绝对值，mm。

3. 电杆基础坑深的检测

电杆基础坑深的检查：检查方法及计算公式除与等高腿铁塔基础坑深的检测方法相同外，对于双杆应消除底盘槽厚度及电杆导线横担穿钉孔至根部长度偏差影响。为便于立杆后检查坑深，立杆前自电杆根部上量一段距离，画出检查坑深印记 N。立杆后进行坑深检查方法，如图 3-5-33 所示。检查方法有两个。

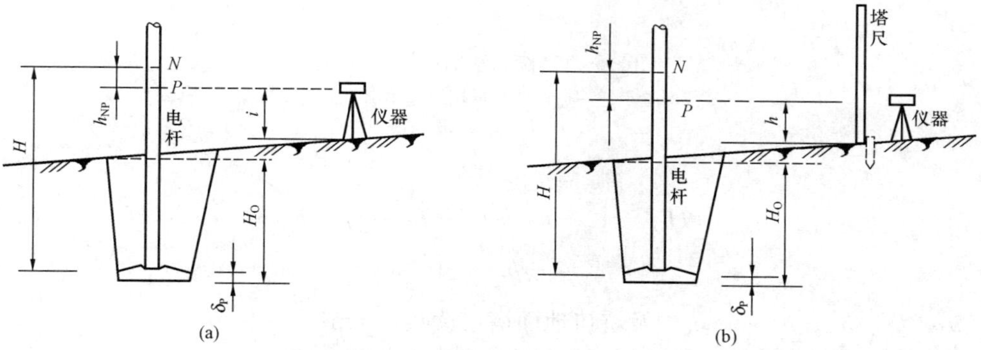

图 3-5-33　电杆基础坑深测量图

(a) 仪器置于中心桩；(b) 仪器置于任一点

方法一：将仪器置于中心桩，量仪器高，使仪器平视电杆画印得 P 点，量 N、P 点垂直距离，坑深为

$$H_O = H - (h_{NP} + |h_O| + i) + \delta_P \qquad (3\text{-}5\text{-}73)$$

方法二：将仪器置于任一点，使仪器分别平视垂直立于中心桩地面的塔尺并读数，再平视电杆画印得 P 点，量 N、P 两点垂直距离，坑深为

$$H_O = H - (h_{NP} + |h_O| + h) + \delta_P \qquad (3\text{-}5\text{-}74)$$

式中　H——杆根至 N 点高度，mm；

h_{NP}——两印记间垂直距离，P 点高于 N 点取“－”；反之取“＋”，mm；

h——中心桩地面塔尺读数，mm；

δ_P——底盘槽底厚度，mm。

4. 拉线基础坑深的检测

拉线基础坑深的检查，一般以拉线盘中心地面为施工基面。当地形变化时，应满足边坡要求，如边坡达不到设计要求值，应与设计单位研究解决办法。检查方法有两个，如图 3-5-34 所示。

方法一：如图 3-5-34（a）所示，将仪器置于任一点，使仪器平视垂直立于坑中拉线盘放置处的最低点及坑口地面塔尺并读数，无施工基面值时，坑深按式（3-5-75）计算；有施工基面值时，坑深按式（3-5-76）计算。

方法二：如图 3-5-34（b）所示，量拉线棒露出施工基面长度，反算拉线基础坑深，坑深按式（3-5-77）计算。

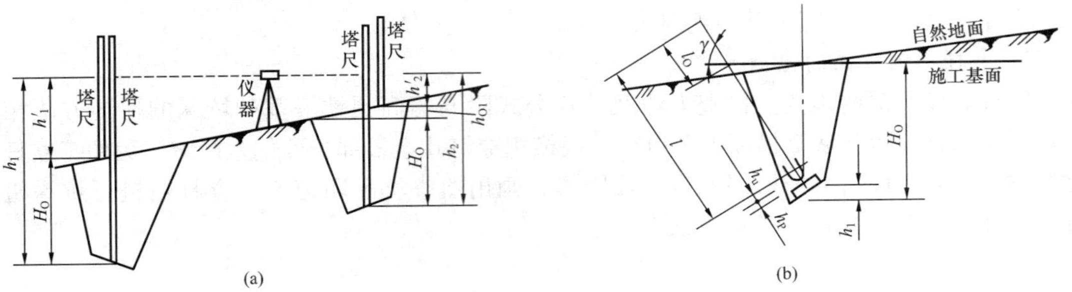

图 3-5-34 拉线基础坑深测量图

(a) 仪器置于任一点；(b) 量拉线棒露出施工基面长度

$$H_O = h_1 - h'_1 \tag{3-5-75}$$

$$H_O = h_2 - h'_2 - |h_{O1}| \tag{3-5-76}$$

$$H_O = (l - h_P - h_u - l_O)\sin\gamma + h_l \tag{3-5-77}$$

其中 $$h_l = \frac{1}{2}b\cos r + \delta\sin r$$

式中 h_1、h_2、h'_1、h'_2——坑中及坑口地面塔尺读数，mm；

l、l_O——拉线棒实际长度及露出施工基面长度，mm；

h_P、h_u——拉线盘拉环露出混凝土面高度及 U 型环高度，mm；

γ——拉线对地（地平面）夹角，(°)；

h_l——拉线盘倾斜高度的$\frac{1}{2}$，m；

b、δ——拉线盘宽度及厚度，mm。

（三）铁塔基础施工偏差的检测

1. 转角塔、直线转角塔、换位塔、终端塔基础预留高度的检测

（1）地脚螺栓式基础检查方法，如图 3-5-35（a）所示。

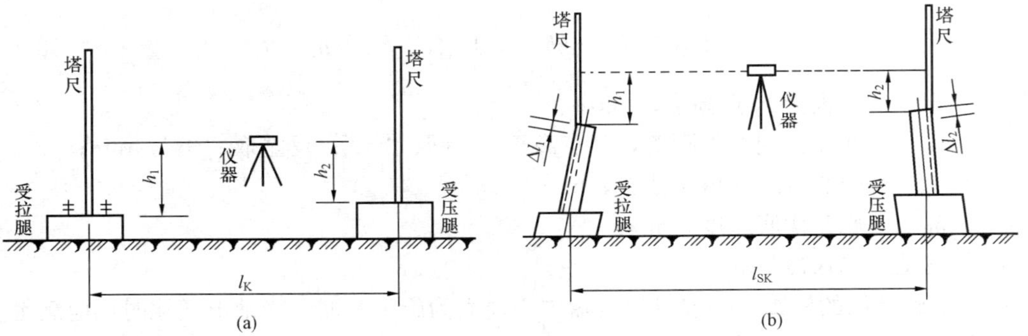

图 3-5-35 基础预留高度测量图

(a) 地脚螺栓式基础；(b) 插入式基础

将仪器置于任一点，使仪器分别平视垂直立于四个塔腿地脚螺栓中心混凝土面上的塔尺并读数，受拉腿与受压腿塔尺读数之差为预留高，然后换算到千分值。预留高及其千分值按式（3-5-78）及式（3-5-79）计算，为

$$h_y = h_1 - h_2 \tag{3-5-78}$$

$$h_y\% = \frac{h_y}{l_K} \times 100\% \quad (3\text{-}5\text{-}79)$$

式中　h_y、$h_y\%$——预留高值，mm；百分值；

h_1、h_2——受拉腿、受压腿塔尺读数，mm；

l_K——基础根开值，转角塔、直线兼角塔、换位塔取正面根开值，终端塔取侧面根开值，mm。

（2）插入式基础检查方法：如图 3-5-35（b）所示，仪器置于任一点，使仪器分别平视垂直立于四个主角钢上肢角的塔尺并读数，量主角钢操平印记至上端距离。塔尺读数加操平印记至上端的距离为操平印记处塔尺数，受拉腿与受压腿操平印记总塔尺数之差为预留高，然后换算到千分值。预留高及百分值按式（3-5-80）、式（3-5-81）计算，为

$$h_y = (h_1 + \Delta l_1) - (h_2 + \Delta l_2) \quad (3\text{-}5\text{-}80)$$

$$h_y\% = \frac{h_y}{l_{SK}} \times 100\% \quad (3\text{-}5\text{-}81)$$

式中　h_1、Δl_1——受拉腿塔尺读数及主角钢操平印记至上端距离，mm；

h_2、Δl_2——受压腿塔尺读数及主角钢操平印记至上端距离，mm；

l_{SK}——主角钢上端外肢角根开值，取值与地脚螺栓式基础相同，mm。

2. 同组地脚螺栓中心及插入式基础主角钢中心与主柱中心偏移的检测

（1）同组地脚螺栓检查方法如图 3-5-36（a）所示，分别量出主柱四边各自中点，两对边中点连线，并划出交点 O；顺时针或逆时针方向贴地脚螺栓边对角边线，两对角边线相交于 O'（以下简称“边对角线法”），量 O、O' 两点间距，此距离 $l_{OO'}$ 为地脚螺栓中心与主柱中心偏移值（mm）。

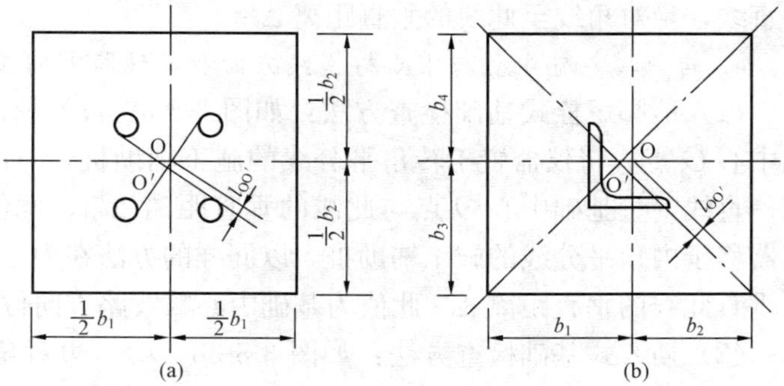

图 3-5-36　地脚螺栓式、插入式基础中心偏移检查图

（a）地脚螺栓式基础；（b）主角钢插入式基础

（2）插入式基础主角钢检查方法：如图 3-5-36（b）所示，在基础面上画出主角钢准线位置点 O'，由此点垂直量至基础各边得 b_1、b_2、b_3、b_4。主角钢中心与主柱中心偏移 $l_{OO'}$ 值为

$$l_{OO'} = \frac{1}{2}\sqrt{(b_1 - b_2)^2 + (b_3 - b_4)^2} \quad (3\text{-}5\text{-}82)$$

式中　$l_{OO'}$——主角钢中心与主柱中心偏移值，mm；

b_1、b_2、b_3、b_4——主角钢准线至主柱边距离，mm。

3. 直线塔整基基础中心与中心桩之间横线路方向位移的检测

（1）地脚螺栓基础检查方法：如图 3-5-37（a）所示，用边对角线法找出每个基础中心

点 O_A、O_B、O_C、O_D，两对角基础中心点连线，得交点 O'，将仪器置于顺线路方向的施工辅助桩，对准中心桩，在视线的中心桩附近画一直线，量对角线交点至此直线的垂直距离 Δl_H，此值为基础中心横线路方向位移值。

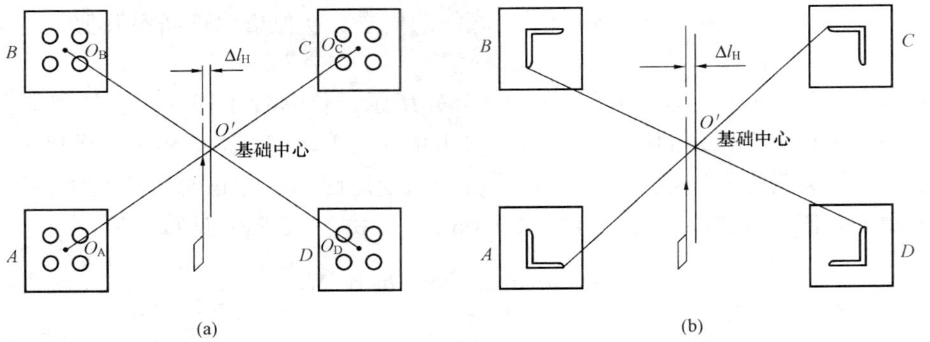

图 3-5-37 直线塔基础中心横线路偏移测量图

（a）地脚螺栓式基础；（b）主角钢插入式基础

（2）插入式基础检查方法：如图 3-5-37（b）所示，在主角钢与基础面交点同一部位，（顺时针或逆时针）同一方向，对角连线，并钉出交点，以上述同样方法，在中心桩附近画一直线，量对角线至此线的垂直距离 Δl_H。

4. 转角塔基础中心与中心桩横线方向及顺线路方向位移检测

（1）地脚螺栓式基础检查方法：如图 3-5-38（a）所示，用边对角线法确定（整基）基础中心 O'点，将仪器置于转角平分线的施工辅助桩，对准中心桩，在视线方向中心桩附近划一直线，量基础中心 O'点与此线的垂直距离 Δl_H，此值为基础中心横线路方向位移；将仪器移于内角平分线的施工辅助桩，以同样的方法在中心桩附近另划一直线，量基础中心点 O'垂直此线的垂直距离 Δl_S 此值为基础中心顺线路方向位移值。

（2）插入式基础检查方法：如图 3-5-38（b），边对角线方法确定（整基）基础中心 O'点，按上述方法，在中心桩 O 附近定出两条互相垂直线，量基础中心横线路方向位移值 Δl_H 和顺线路方向位移值 Δl_S。检查位移时应考虑主角钢受拉侧倾斜的影响，中心桩位置应向受拉侧移动（钉中心位移桩）所划直线平行。

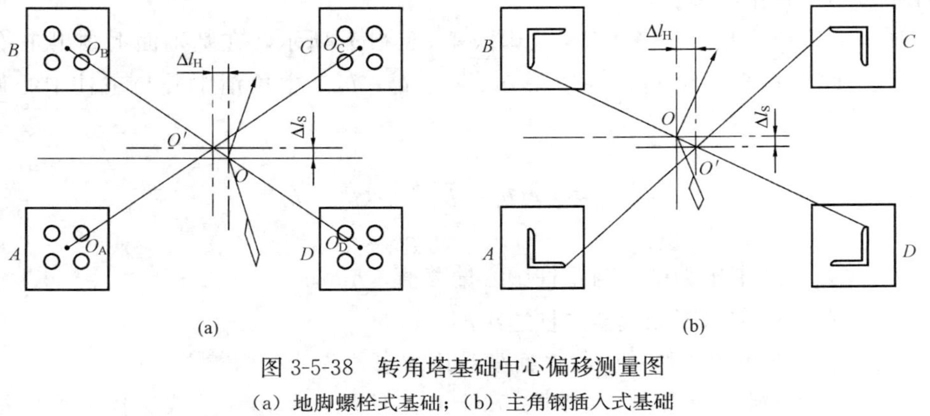

图 3-5-38 转角塔基础中心偏移测量图

（a）地脚螺栓式基础；（b）主角钢插入式基础

5. 基础根开及对角线尺寸偏差的检测

（1）地脚螺栓式基础检查方法，如图 3-5-39（a）所示，用边对角线法确定每个基础中心点 O_A、O_B、O_C、O_D，量相邻及对角基础中心点间距，此值与标准值之差为根开及对角线尺寸偏差，偏差值除以标准值×100%为根开及对角线尺寸偏差百分值。

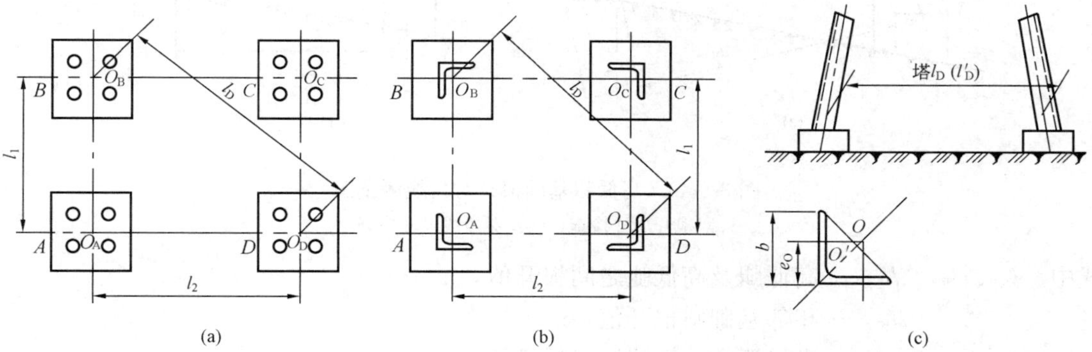

图 3-5-39 基础根开对角线测量部位图

（a）地脚螺栓式基础；（b）主角钢插入式基础；

（c）主角钢插入式基础根开示意图

（2）插入式基础检查方法：如图 3-5-39（b）所示，相邻基础根开位置点拉钢尺即测得基础根开值。对角线尺寸检查方法有两个。方法一：贴角钢里侧用三角板一边对准角钢准线垂直角钢画交点 O_A、O_B、O_C、O_D，对角拉钢尺测量得基础对角线值；方法二：贴角钢边端用直尺画线，并画出中点位置 O'，各基础所划中点位置分别为 O'_A、O'_B、O'_C、O'_D，并在对角 O'_A、O'_C及 O'_B、O'_D拉钢尺测得其所画中心点对角值，偏差值及其百分值与地脚螺栓式基础计算方法相同，对角线值为

$$l_D = l'_D - 0.707b + \sqrt{2e_O} \tag{3-5-83}$$

式中 l_D——对角线值，mm；

l'_D——所划中点对角线值，mm；

b、e_O——主角钢肢宽值、准线值，mm。

当设计图纸所注为铁塔根开尺寸时，如图 3-5-39（c）所示，相邻主角钢根开位置点拉钢尺测得铁塔根开值；在根开位置点等高围绕角钢绑一小线，确定角钢边端小线中点并划印，对角拉钢尺，测量得所划中点对角线值，并按式（3-5-83）修正铁塔对角线值。

（3）高低腿基础检查方法。

1）根开尺寸检查。

方法一：以半根开辅助桩，检查半根开值，两个半根开值之和为根开值。

方法二：如图 3-5-40（a）所示，将仪器置于任一点测量相邻基础的相对高差，适当提高高腿测点位置，量两测点间距 l_{SK}及高腿测点提高值 Δh_K，然后换算出水平方向根开值 l_K。l_K 为

$$l_K = \sqrt{l_{SK}^2 - (h_1 - h_2 + \Delta h_K)^2 - \frac{1}{4}(l_{K1} - l_{K2})^2} \tag{3-5-84}$$

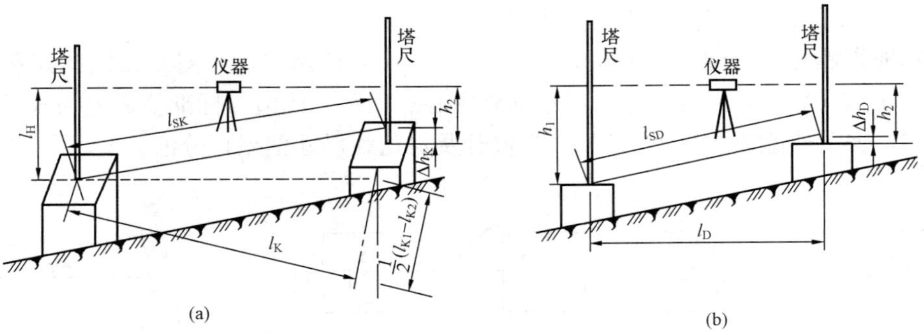

图 3-5-40　高低腿基础根开对角线测量图

(a) 根开尺寸检查；(b) 对角线尺寸检查

式中　l_{K1}、l_{K2}、l_K——高低腿及高低腿之间根开值，mm；

l_{SK}——相邻基础斜根开值，mm；

h_1、h_2、Δh_K——塔尺读数、高腿测点提高值，mm。

2）对角线尺寸检查：如图 3-5-40（b）所示，将仪器置于任一点，测量对角基础的相对高差，适当提高高腿测点位置，量两测点间距 l_{SD} 及高腿测点提高值 δh_D，然后换算出水平方向对角线值 l_D，有

$$l_D = \sqrt{l_{SD}^2 - (h_1 - h_2 + \Delta h_D)^2} \tag{3-5-85}$$

式中　l_D——高低腿基础水平方向对角线值，mm；

l_{SD}——对角基础测点间距，mm；

h_1、h_2、Δh_D——塔尺读数、高腿测点提高值，mm。

6. 基础顶面、主角钢操平印记间相对高差的检测

（1）等高腿地脚螺栓式直线基础检查方法：将仪器置于任一点，使仪器平视垂直立于基础面中心的塔尺并读数，以塔尺最大读数为准，计算其他三个塔腿与最低腿的相对高差值。

（2）等高腿主角钢插入式直线基础检查方法：将仪器置于任一点，使仪器平视垂直立于主角钢上部端角的塔尺并读数，量主角钢操平印记点至角钢端头距离，此数与塔尺数相加为操平印记塔尺数，以操平印记塔尺数最大值为准，计算其他三个塔腿主角钢操平印记与最低腿主角钢操平印记的相对高差值。

（3）高低腿基础检查方法：与（1）及（2）条相同，以最低腿为准，对其他三腿进行相对高差计算，减去与最低腿的设计高差值，为相对高差值。

（4）有预留高的转角塔、终端塔、直线兼角塔及换位塔基础检查方法：与（1）、（2）及（3）条相同，并减去设计预留高值，为相对高差值。

7. 整基基础扭转的检测

（1）等高腿地脚螺栓式基础检查方法；如图 3-5-41（a）所示，将仪器置于中心桩或位移桩，对准横线路方向或内角平分线的施工辅助桩，相邻基础中心拉尺，仪器正倒镜视线与所拉钢尺相交于 f、h 点，测得 l_{OAf}、l_{OBf}、l_{OCh}、l_{ODh} 值，仪器水平转 90°，正倒镜视线与所拉钢尺相交于 e、g 点，测得 l_{OAe}、l_{ODe}、l_{OBg}、l_{OCg} 值，顺时针方向值及逆时针方向值分别相加，两值之差为扭转值。顺时值大于逆时值为右扭转，反之向左扭转，扭转值及扭转角为

$$\Delta l=(l_{\mathrm{ODe}}+l_{\mathrm{OAf}}+l_{\mathrm{OBg}}+l_{\mathrm{OCh}})-(l_{\mathrm{OAe}}+l_{\mathrm{ODh}}+l_{\mathrm{OCg}}+l_{\mathrm{OBf}}) \tag{3-5-86}$$

$$\Delta\mu=\arctan\frac{4\Delta l}{l_{\mathrm{Z}}+l_{\mathrm{C}}} \tag{3-5-87}$$

式中　Δl、$\Delta\mu$——扭转值，m；扭转角，(°)；

l_{ODe}、l_{OAf}、l_{OBg}、l_{OCh}、l_{OAe}、l_{ODg}、l_{OCg}、l_{OBf}——线路中心线及其垂线与各基础中心交点至各基础中心的距离，mm；

l_{Z}、l_{C}——基础正面、侧面根开，正方形基础相等，m。

（2）等高腿主角钢插入式基础检查方法；如图 3-5-41（b）所示，检查方法及计算公式与前项相同，并以根开测点拉尺。

（3）高低腿基础检查方法：如图 3-5-41（c）所示，将仪器置于中心桩或位移桩，分别对准横线路方向或内角平分线的施工辅助桩，正倒镜测各基础中心与横线路方向或内角平分线夹角，顺时针方向与逆时针方向实测值分别相加，两值之差为扭转角。顺时值大于逆时值为向右扭转；反之向左扭转。扭转角为

$$\Delta\mu=(\mu'_{\mathrm{D}}+\mu'_{\mathrm{A}}+\mu'_{\mathrm{B}}+\mu'_{\mathrm{C}})-(\mu_{\mathrm{D}}+\mu_{\mathrm{A}}+\mu_{\mathrm{B}}+\mu_{\mathrm{C}}) \tag{3-5-88}$$

式中　$\Delta\mu$——扭转角，(°)；

μ'_{D}、μ'_{A}、μ'_{B}、μ'_{C}——顺时针方向各基础中心与中心桩连线对线路中心线及其垂线的夹角，(°)；

μ_{D}、μ_{A}、μ_{B}、μ_{C}——逆时针方向各基础中心与中心桩连线对线路中心线及垂线的夹角，(°)。

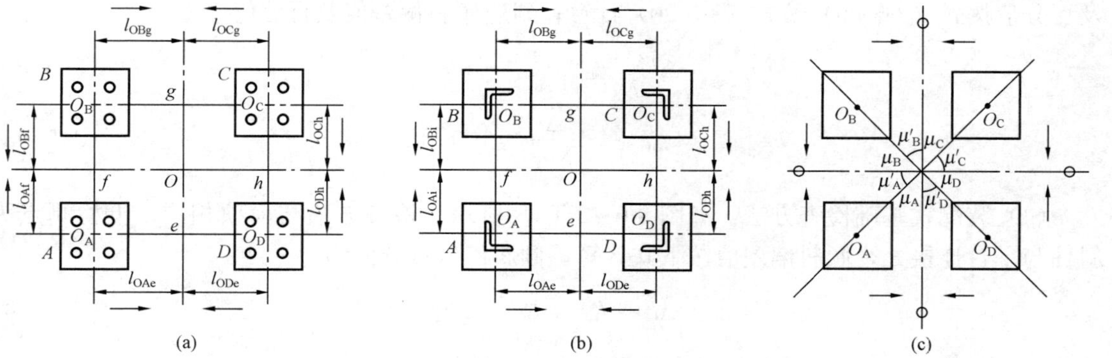

图 3-5-41　整基基础扭转检测

（a）地脚螺栓式基础；（b）主角钢插入式基础；（c）高低腿基础

8. 基础立柱倾斜的检测

（1）直柱式检查方法。如图 3-5-42（a）所示，在基础顶面垂直柱边水平放一直尺，直尺上挂带垂球弦线至主柱底部，用钢尺测量弦线挂点及垂球尖至柱边水平距离，量弦线挂点至垂球尖高度，倾斜值及其百分值为

$$\Delta l=l_{\mathrm{bb'}}-l_{\mathrm{aa'}} \tag{3-5-89}$$

$$\Delta l\%=\frac{\Delta l}{h_{\mathrm{a'b'}}}\times 100\% \tag{3-5-90}$$

式中 Δl、$\Delta l\%$——倾斜值，mm；百分值；

$l_{bb'}$、$l_{aa'}$、$h_{a'b'}$——测点水平值及高度值，mm。

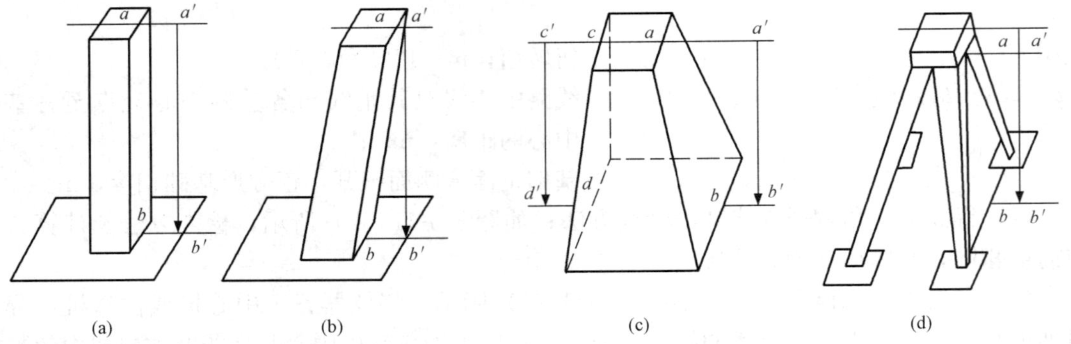

图 3-5-42 基础立柱倾斜检查示意图

(a) 直柱式；(b) 斜柱式；(c) 直边斜柱式；(d) 装配式

(2) 斜柱式检查方法。如图 3-5-42 (b) 所示，检查方法与 (1) 项相同。倾斜误差值按下式计算，倾斜百分值为

$$\Delta l = l_{bb'} - l_{aa'} - \eta h_{a'b'} \tag{3-5-91}$$

式中 η——标准倾斜率。

(3) 直边斜柱式检查方法：如图 3-5-42 (c) 所示，检查方法与前项相同。直边倾斜值及百分值按式 (3-5-89) 及式 (3-5-90) 计算；斜边倾斜偏差值及百分值为

$$\Delta l = l_{cc'} - l_{dd'} - \eta h_{c'd'} \tag{3-5-92}$$

$$\Delta l\% = \frac{\Delta l}{h_{c'd'}} \times 100\% \tag{3-5-93}$$

(4) 装配式基础检查方法：如图 3-5-42 (d) 所示，检查方法与前项相同。上检测点为斜柱与平台连接处，倾斜偏差值按下式计算，倾斜偏差百分值为

$$\Delta l = l_{aa'} - l_{bb'} - \eta h_{a'b'} \tag{3-5-94}$$

9. 插入式基础主角钢倾斜的检测

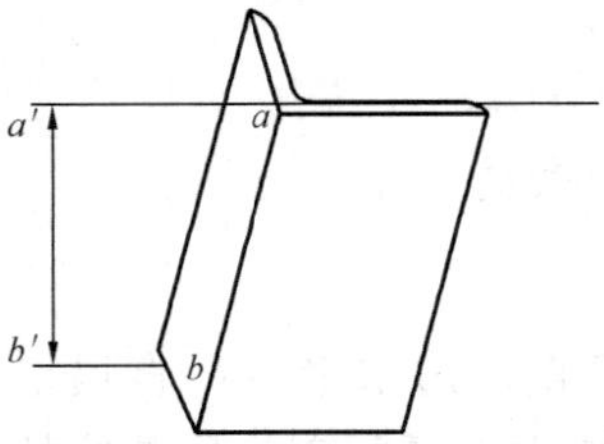

图 3-5-43 主角钢倾斜检查

检查方法：如图 3-5-43 所示，在主角钢上端肢边上放一水平尺，上挂带垂球弦线至基础面，水平尺的水平泡居中，测量老弦挂点及垂球尖至角钢水平距离，量老弦挂点至垂球尖的距离，无预留高的倾斜偏差值按式 (3-5-95) 计算；有预留高的倾斜偏差值按式 (3-5-96) 计算。倾斜偏差百分值为

$$\Delta l = l_{aa'} - l_{bb'} - \eta h_{a'b'} \tag{3-5-95}$$

$$\Delta l = l_{aa'} - l_{bb'} - h_{a'b'}(\eta \pm \varepsilon) \tag{3-5-96}$$

式中 ε——预偏率，即基础预留高千分值，受压腿预偏面取“+”；受拉腿预偏面取“－”；受拉腿无预偏面取“0”。

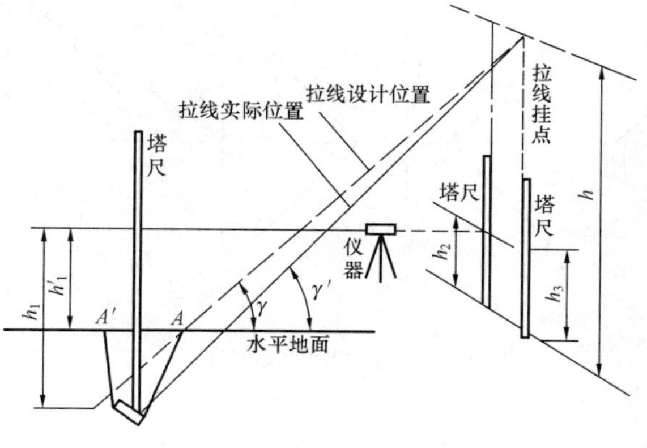

图 3-5-44　拉线基础前后偏移检测图

（四）杆塔拉线基础施工偏差的检测

1. 拉线基础施工前、后偏移的检测

拉线基础前后偏移检查方法如图 3-5-44 所示。将仪器置于任一点，使仪器分别平视垂直立于中心桩地面、拉环、拉线坑坑口地面及拉线挂点的横担中心在地面投影点，并读数；量拉线挂点的横担中心在地面投影点至拉环垂线与地面线交点的距离；查设计图纸拉线挂点高度及拉线对地夹角。γ'为拉线对地夹角实际值，(°)。前、后偏移值及其百分值、拉线对地夹角偏移按式为

$$\Delta l=\sqrt{l_{\mathrm{O1A}}^{2}-(h_1-h_3)^2}-(h-|h_{\mathrm{O}}|+h_1-h_2)/\tan\gamma \tag{3-5-97}$$

$$\Delta l\%=\frac{\Delta l}{(h-|h_{\mathrm{O}}|+h_1-h_2)/\tan\gamma}\times 100\% \tag{3-5-98}$$

$$\Delta\gamma=\gamma-\arctan\frac{h-|h_{\mathrm{O}}|+h_1-h_2}{\sqrt{l_{\mathrm{O1A}}^{2}-(h_1'-h_3)^2}} \tag{3-5-99}$$

式中　Δl、$\Delta l\%$——拉线基础前、后偏移值，mm；百分值；

γ、$\Delta\gamma$——拉线对地夹角设计值，(°) 及偏移值，mm；

h_1、h_1'——拉环及拉线坑坑口地面塔尺读数，mm；

h_2、h_3——中心桩地面、拉线挂点横担中心在地面投影点塔尺读数，mm；

h——拉线挂点至施工基面高度，mm；

$|h_{\mathrm{O}}|$——电杆施工基面绝对值，mm；

l_{O1A}——拉线挂点的横担中心在地面投影点至拉环垂线与地面线交点斜距，mm。

2. 拉线基础施工左右偏移的检测

（1）单柱拉线基础检查方法。如图 3-5-45（a）所示，将仪器置于顺线路方向的施工辅助桩，使仪器分别平视垂直立于电杆坑口地面、拉环及拉线坑坑口地面的塔尺并读数；量拉环垂线与地面线交点至单柱中心与地面交点斜距；以此斜距为斜边，用拉线与横担水平夹角求出两直角边长；以两直角边长之和，起始点分别对准拉环垂线与地面交点及单柱中心与地面线交点，以直角边长勾出直角三角形，直角点钉钢钎；以拉环垂线与地面线交点为始点，对准钢钎水平拉尺；使仪器对准线路方向另一辅助桩，视线与所拉钢尺相交并读数，此数与钢钎处数值之差为左右偏移值；以拉环至拉线挂点单柱中心水平距离求偏移百分值。直角边长、偏移值及其百分值为

$$l_{\mathrm{OB}}=l_{\mathrm{OA}}\sin\eta \tag{3-5-100}$$

$$l_{\mathrm{AB}}=l_{\mathrm{OA}}\cos\eta \tag{3-5-101}$$

$$\Delta l=l_{\mathrm{AM}}-l_{\mathrm{AB}} \tag{3-5-102}$$

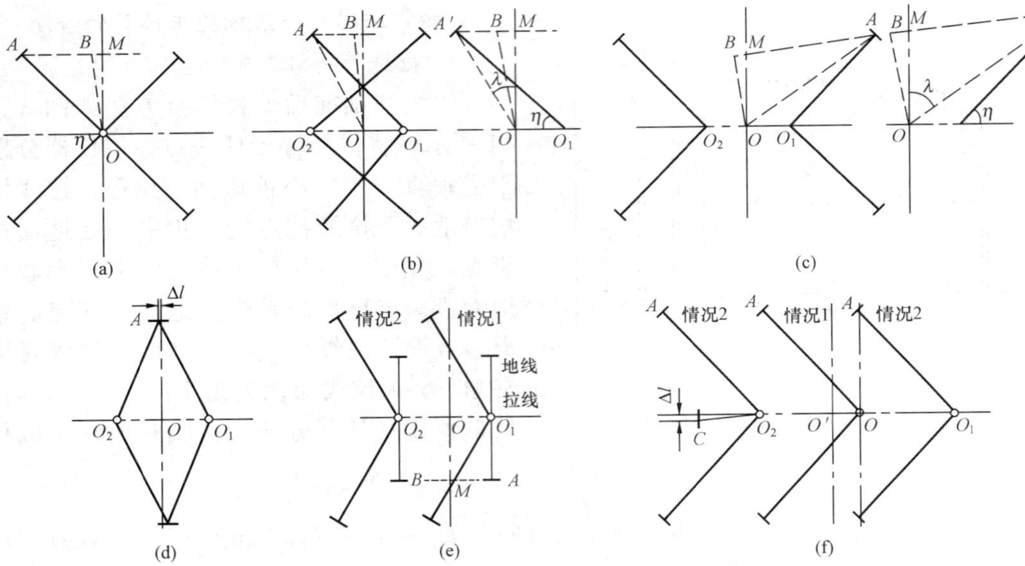

图 3-5-45 拉线基础左右偏移测量图

(a) 单柱；(b) 双柱 X 形；(c) 双柱“八”字形；(d) 双柱 V 型；

(e) 转角双杆；(f) 三联拉杆

$$\Delta l\% = \frac{\Delta l}{h - |h_O| + (h_1 - h_2)/\tan\gamma} \times 100\% \tag{3-5-103}$$

式中 l_{OA}、l_{OB}、l_{AB}——拉环垂线与地面交点至单柱中心与地面线交点距离、直角边长，mm；

η——拉线与横担中心线水平夹角，(°)；

Δl——左右偏移值，mm；

$\Delta l\%$——百分值。

(2) 双柱 X 型拉线基础检查方法。如图 3-5-45 (b) 所示，将仪器置于中心桩，测量拉环与中心桩地面的相对高差；查设计图纸拉线挂点高度 h、拉线对地夹角 γ、拉线与横担中心线水平夹角 η、拉线挂点的横担中心与杆塔结构中心距离 l_{O1O}；计算拉环与拉线挂点的横担中心水平距离 $l_{O1A'}$；根据 l_{O1O}、$l_{O1A'}$ 两边长及夹角 η，求出另一边长 $l_{O1A'}$；根据 l_{O1O}、$l_{O1A'}$、$l_{OA'}$ 三个边长及拉线基础所处位置求其拉环与中心桩连线与线路中心线水平夹角 λ（简称拉线与线路水平夹角）；量拉环垂线与地面线交点至中心桩距离 l_{OA}；已知斜边长 l_{OA}，夹角 λ，求其直角边长。勾直角三角形、直角点钉钢钎、拉钢尺与单柱拉线基础检查方法相同。仪器对准顺线路方向的辅助桩，使视线与所拉钢尺相交并读数。拉线与线路水平夹角、直角边长按下列公式计算，左右偏移值及百分值为

$$\lambda = \arccos^{-1}\frac{\sqrt{l_{O1A'}^2 + l_{O1O}^2 + l_{OA'}^2}}{2l_{O1A'}\,l_{O1O}} - 90° \tag{3-5-104}$$

$$l_{OB} = l_{OA}\cos\lambda \tag{3-5-105}$$

$$l_{AB} = l_{OA}\sin\lambda \tag{3-5-106}$$

其中
$$l_{O1A'} = h - |h_0| + h_1 - h_2;$$
$$l_{OA'} = \sqrt{l_{O1A'}^2 + l_{OO1}^2 - 2l_{O1A'}l_{OO1}\cos\eta};$$

式中　λ——拉线与线路水平夹角（设想角），（°）；

$l_{O1A'}$——拉环与拉线挂点的横担中心水平距离，mm；

l_{OO1}——拉线挂点的横担中心与杆塔结构中心距离，mm；

$l_{OA'}$——拉环与中心桩计算水平距离，mm；

η——拉线与横担中心线水平夹角，（°）；

l_{OA}——拉环垂线与地面交点至中心桩距离，mm。

（3）双柱八字形拉线基础检查方法。如图 3-5-45（c）所示，与 X 形拉线基础检查方法相同。直角边长及公式计算，偏差值及其百分值按式（3-5-102）及式（3-5-103）计算，拉线与线路水平夹角为

$$\lambda = 90° - \arccos\frac{\sqrt{l_{OA}^2 + l_{OO1}^2 - l_{O1A}^2}}{2l_{OA}l_{OO1}} \qquad (3\text{-}5\text{-}107)$$

（4）双柱 V 形拉线基础检查方法：如图 3-5-45（d）所示，将仪器置于中心桩，测量拉环与中心桩地面的相对高差；使仪器对准拉环及顺线路方向的施工辅助桩测角。左右偏移值按下式计算，偏移百分值为

$$\Delta l = l_{OA}\sin\eta \qquad (3\text{-}5\text{-}108)$$

（5）转角双杆拉线基础检查方法。如图 3-5-45（e）所示。

地线拉线基础：将仪器置于中心桩，测量拉环与中心桩地面相对高差；量拉环垂线与地面线交点至电杆中心与地面交点距离 l_{O1A} 及电杆中心与中心桩的水平距离 l_{O1O}，钢尺始点对准 A、O 两点，以 l_{O1A}、l_{O1O} 值勾出直角点 B 并钉钢钎，拉钢尺将 A、B 点连线延长，使仪器对准转角平分线的施工辅助桩，视线与钢尺相交并读数，此数值与钢钎数值之差为左右偏移值。偏移值及其百分值按式（3-5-102）及式（3-5-103）计算。

导线拉线基础：仪器支点位置不变，检查方法与双柱 X 形拉线基础检查方法相同。

情况一，拉环至中心桩连线与转角平分线的水平夹角按式（3-5-104）计算；情况二，拉环至中心桩连线与转角平分线的水平夹角按式（3-5-107）计算。直角边长、偏移值及其百分值按式（3-5-105）、式（3-5-106）、式（3-5-102）、式（3-5-103）计算。

（6）三联拉杆拉线基础检查方法：如图 3-5-45（f）所示，将仪器置于内角平分线的施工辅助桩，对准内角平分线的另一施工辅助桩；在视线上中间电杆坑口地面钉桩 O'，将仪器移于此桩测量拉环与中间杆地面相对高差；量拉环垂线与地面线交点至桩 O'的水平距离；用拉环至桩 O'连线与转角平分线的水平夹角及拉环垂线与地面线交点至桩 O'距离。求直边长，勾出直角三角形、钉钢钎、拉钢尺与双柱 X 形拉线基础检查方法相同。使仪器垂直于内角平分线，使视线与所拉钢尺相交并读数。

情况一，拉环至桩 O'连线与转角平分线的水平夹角按式（3-5-104）计算。

情况二，拉环至桩 O 连线与转角平分线的水平夹角按式（3-5-107）计算；直角边长、偏移值及其百分值按式（3-5-105）、式（3-5-106）及式（3-5-102）、式（3-5-103）计算。

对于分角拉线基础偏移检查，仪器支点位置不变，仪器对准内角平分线的施工辅助桩，然后对准拉环测偏移角 η'，量桩 O'至拉环垂线与地面线交点距离 $l_{O'C}$ 。偏移值按下式计算，偏移百分值按式（3-5-103）计算。

$$\Delta l = l_{O'C}\sin\eta' \qquad (3\text{-}5\text{-}109)$$

式中　$l_{O'C}$——桩 O' 至拉环垂线与地面线交点距离，mm；

η'——基础偏移角，(°)。

3. 拉线安装后拉线对地夹角偏差的检测

拉线安装后拉线对地夹角偏差检查方法，如图 3-5-46 所示。

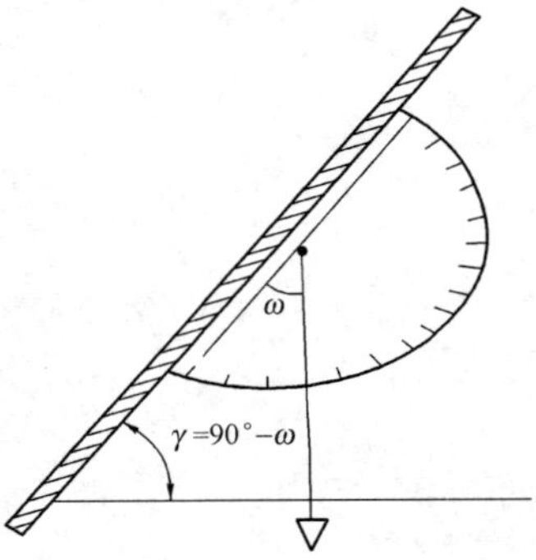

图 3-5-46　拉线对地夹角偏差检测图

在半圆仪圆心装一带垂球老弦，半圆仪直边紧靠拉线，测量拉线垂直角；或在拉线上绑一带垂球的老弦，圆仪直边紧靠拉线，圆心与老弦重合，测量拉线垂直角。垂直角与 90°之差为实测拉线对地夹角，实测拉线对地夹角与设计拉线对地夹角之差为拉线对地夹角偏差值。

土石开方及基础分坑测量记录表见表 3-5-3。

杆塔基础施工测量记录表见表 3-5-4。

表 3-5-3　　土石开方及基础分坑测量记录表

工程名称：__________　测量日期：____年____月____日　天气：____

仪器型号：__________　仪器编号：________仪高：__________

<table>
<tr><td colspan="2" rowspan="2">桩号</td><td rowspan="2"></td><td>杆塔型</td><td colspan="3"></td><td>基础形式</td><td colspan="2"></td></tr>
<tr><td>呼称高</td><td colspan="3"></td><td>施工基面</td><td colspan="2"></td></tr>
<tr><td>序号</td><td>检查项目</td><td colspan="2">允许偏差</td><td colspan="5">测量数据</td><td>备注</td></tr>
<tr><td rowspan="2">1</td><td rowspan="2">转角杆
塔角度</td><td colspan="2">设计值：</td><td colspan="4">水平盘读数</td><td>计算结果</td><td rowspan="2"></td></tr>
<tr><td colspan="2">允许偏差：</td><td colspan="4"></td><td></td></tr>
<tr><td rowspan="3">2</td><td rowspan="3">杆塔间距离</td><td colspan="2" rowspan="3">设计值：</td><td colspan="3">尺上读数</td><td rowspan="2">竖盘读数</td><td rowspan="2">计算结果</td><td rowspan="3"></td></tr>
<tr><td>上丝</td><td>中丝</td><td>下丝</td></tr>
<tr><td></td><td></td><td></td><td></td><td></td></tr>
<tr><td>3</td><td>直线杆
塔桩位置</td><td colspan="2">横线路：50mm</td><td colspan="6"></td></tr>
<tr><td>4</td><td>塔位高程</td><td colspan="2">设计值：</td><td colspan="6"></td></tr>
<tr><td>5</td><td>施工基面</td><td colspan="2">设计值：</td><td colspan="6"></td></tr>
<tr><td rowspan="3">6</td><td rowspan="3">基础根开及
对角线尺寸</td><td rowspan="2">设计值
(mm)</td><td rowspan="2"></td><td colspan="2">AB</td><td></td><td>BC</td><td></td><td rowspan="3"></td></tr>
<tr><td colspan="2">CD</td><td></td><td>DA</td><td></td></tr>
<tr><td colspan="2">±2%</td><td colspan="2">AC</td><td></td><td>BD</td><td></td></tr>
<tr><td colspan="10"></td></tr>
</table>

测量人：　　　　　　　　检查人：　　　　　　　　记录人：

表 3-5-4

杆塔基础施工测量记录表

工程名称：________ 仪器型号：________ 仪器编号：________ 测量日期：____年____月____日 天气：________

桩号		塔型		基面		基础型式		转角方向及度数	

检查项目	设计值	浇制前检查				质量标准		浇制后检查			
		A	*B*	*C*	*D*	合格	优良	*A*	*B*	*C*	*D*
基础坑深（mm）						+100，−50	+100，−50				
基础根开（mm）		*AB*	*BC*	*CD*	*DA*	螺栓式±2‰ 插入式±1‰ 高塔±0.7‰	±1.6‰ ±0.8‰ ±0.6‰	*AB*	*BC*	*CD*	*DA*
对角线（mm）		*AC*		*BD*				*AC*		*BD*	
地脚螺栓小根开（mm）						2					
地脚/主角钢外露（mm）						+10、−5	+8、−4				
保护层厚度（mm）						−5					
双中心偏移（mm）						10	8				
支模（断面）尺寸（mm）：立柱（合格−1%，优良−0.8%）						符合设计图纸要求					
支模（断面）尺寸（mm）：一层台						符合设计图纸要求					
支模（断面）尺寸（mm）：二层台						符合设计图纸要求					
支模（断面）尺寸（mm）：三层台						符合设计图纸要求					
支模/基础与基面高差（mm）						符合设计图纸要求					
基础顶面高差（mm）						5	4				
整基基础扭转（′）						10	8				
整基基础位移（mm）		横：		顺：		30	24	横：		顺：	

测量人： 检查人： 记录人：

第六节　杆塔施工测量

为保证杆塔的组立及本身结构的质量，要对其进行各项检查，本节介绍杆塔检查内容、步骤和方法，杆塔施工测量记录格式见本节后表 3-6-1。

一、双杆检查

1. 杆结构根开检查

组立后的双杆根开，必须用钢尺丈量双杆根部两杆轴线之间的距离，是否与设计根开数据一致。

2. 杆结构倾斜检查

直线杆结构倾斜包括两种情况：一种杆结构在横线路方向倾斜，另一种杆结构在顺线路方向倾斜。

杆结构在横线路方向倾斜的检查方法，如图 3-6-1 所示，将仪器安置在线路中心线上的辅助桩上，使望远镜视线瞄准横担的中点 O，然后将望远镜俯视直线杆根部根开中点 O_1，如竖丝与 O_1 重合，这表明杆结构在横线路方向上没有倾斜；如不重合，则表明有倾斜，视线偏于 O_2 点，量出 O_1 与 O_2 点间的水平距离 Δx，Δx 即为杆塔结构在横线路方向上的倾斜值。

杆结构在顺线路方向倾斜的检查方法如图 3-6-2 所示，将仪器安置在横线路方向的辅助桩 C 点上，使望远镜视线瞄准平分横担处之杆身，然后使望远镜下旋俯视杆根，如视线平分杆根，则杆结构无顺线路方向倾斜；如视线不平分杆根，则说明有倾斜，视线偏于 a 点，量取竖丝与杆根中线间的距离 γ_1 值。再将仪器移至杆的另一侧安置，依同样方法测出倾斜值 γ_2。则杆结构在顺线路方向的倾斜值为

当 γ_1 与 γ_2 在中心桩的不同侧时

$$\Delta\gamma = \frac{|\gamma_1 - \gamma_2|}{2} \tag{3-6-1}$$

当 γ_1 与 γ_2 在中心桩的同一侧时

$$\Delta\gamma = \frac{\gamma_1 + \gamma_2}{2} \tag{3-6-2}$$

$$整基杆结构倾斜值 = \frac{\sqrt{\Delta x^2 + \Delta\gamma^2}}{H} \tag{3-6-3}$$

式中　H ——直线杆的呼称高。

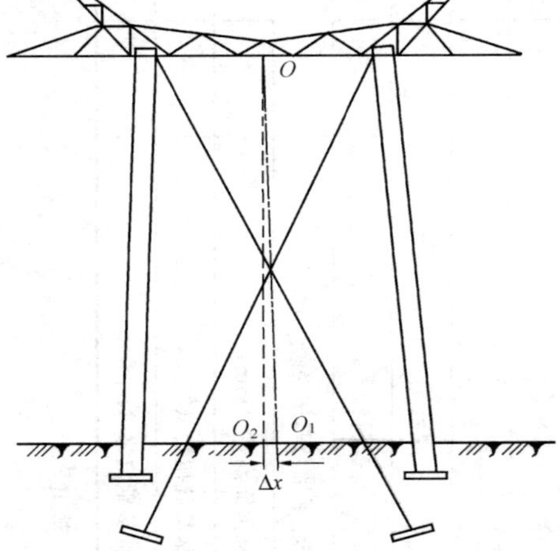

图 3-6-1　直线杆结构横线路方向倾斜检查

3. 杆结构扭转检查

杆结构扭转是指在线路中心线垂直面内的扭转，当双杆组立后，两杆的轴线连线应通过杆位中心桩，并垂直于线路中心线。如不垂直，必然有一杆在前，另一杆在后，这好比人走路一样，一脚在前一脚在后，所以俗称迈步。

如图 3-6-3 所示，将仪器安置在横线路方向辅

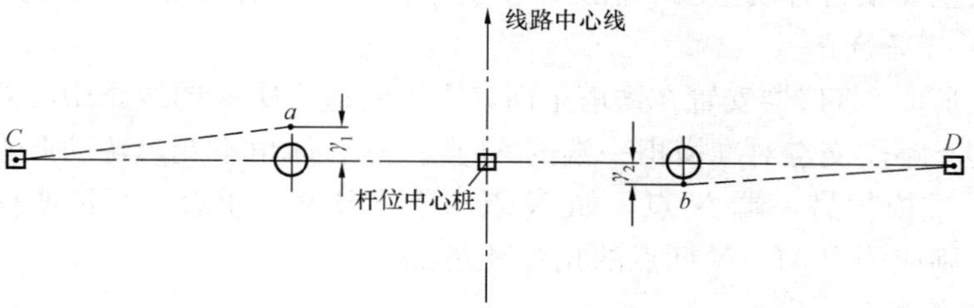

图 3-6-2　直线杆结构顺线路方向倾斜检查

助桩 B_1 上，使望远镜瞄准 B 辅助桩，然后使望远镜在竖直面旋转，观测杆根中心线是否与视线重合。如不重合，应量出望远镜竖丝与杆根中心线之间的距离 D_1；再将仪器移另一侧辅助桩 C_1 上安置，望远镜瞄准 C 辅助桩，依同法观测并量取距离 D_2。则杆结构在线路中心线垂直面内的扭转值 D 为

$$D = |D_1 - D_2| \tag{3-6-4}$$

当根开较大，它的半根开仪器能清晰观测时，可将仪器直接安置在杆位中心桩观测。

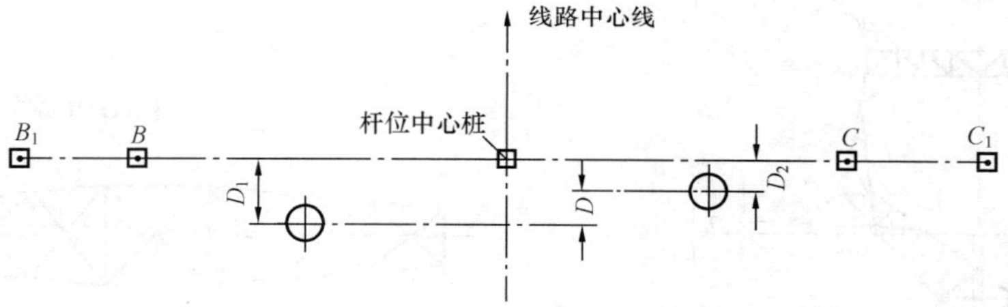

图 3-6-3　双杆结构在线路中心线垂直面内的扭转检查

4. 杆结构中心与杆位中心桩间横线路方向位移检查

图 3-6-4 是双杆结构中心与杆位中心桩间横线路方向位移的检查方法，将仪器安置在线路中心线辅助桩或直线桩上，使仪器望远镜瞄准杆位中心桩 O 点，如果望远镜竖丝不与双杆的实际根开中点 O_1 相重合，说明存在位移，应量出 O 与 O_1 间的水平距离 Δx，Δx 即为双杆结构中心与杆位中心桩间横线路方向位移值。

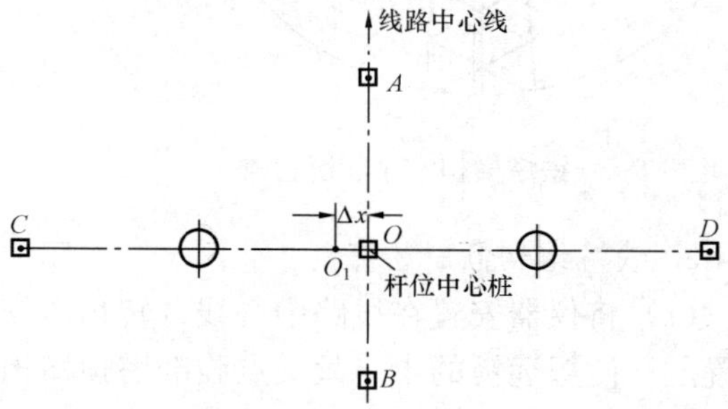

图 3-6-4　双杆结构中心与杆位中心桩间横线路方向位移检查

检查转角双杆结构中心与杆位中心桩间顺线路方向位移，其施测方法与上述相同，不同的是仪器应分别安置在转角桩、线路转角的横担方向上（内角平分线）。

二、铁塔检查

一基铁塔由许多型钢，通过螺栓或焊接固定的结构形式所组成。只有保证每基铁塔的质量，才能达到经久耐用，保证安全运行的要求。因此，就必须对铁塔材质、加工制造和组立后本体结构进行严格的检查。以下仅介绍铁塔组立质量的检查项目和方法。

铁塔检查的主要项目有横担水平状况、横担扭转和塔体结构倾斜三项内容。

1. 横担水平状况检查

如图 3-6-5 所示，将仪器安置在铁塔正面，距铁塔适当距离的线路中心线或转角平分线上，使望远镜的十字丝交点对准横担一端的 M 点；然后仰角不变，转动照准部，使望远镜的十字丝交点对准横担另一端 N 点，如 N 点与十字丝交点重合，则说明横担处于水平状态；如不重合，则应测出 M、N 两点的相对高差 Δh。

2. 横担扭转检查

将仪器安置在铁塔侧面，横担方向辅助桩上，如图 3-6-6 所示，使望远镜的十字丝交点对准横担一端中点 M，如另一端中点 N 与十字丝交点重合，说明横担不扭转；如不重合，应量出其偏离距离 d。横担扭转值为

$$D=\frac{\sqrt{\Delta h^2+d^2}}{L} \tag{3-6-5}$$

式中 L——横担长度。

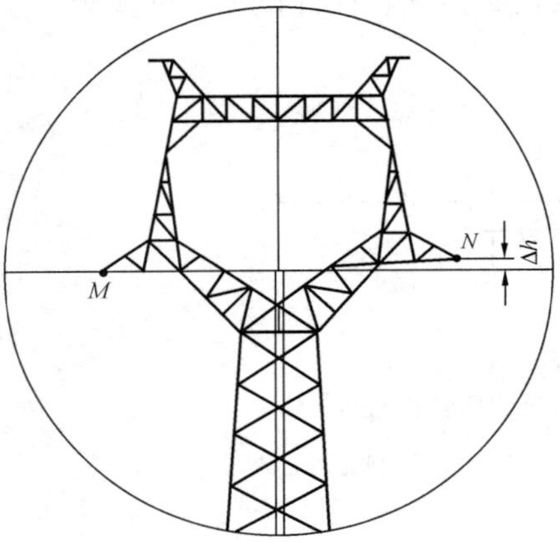

图 3-6-5 铁塔横担水平状况检查

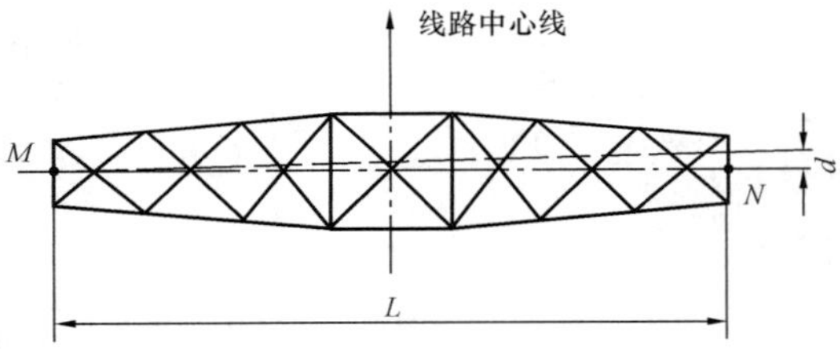

图 3-6-6 铁塔横担扭转检查

3. 铁塔结构倾斜检查

(1) 将仪器安置在线路中心线（转角塔安置在线路转角平分线），距铁塔约 60～70m 的位置上，使望远镜的十字丝交点瞄准塔顶横担中点 a，如图 3-6-7 所示。如铁塔正面无横线路方向倾斜，则铁塔平口处水平材中点 b 和接腿处水平材中点 c，都与望远镜竖丝重合。如不重合，则表明铁塔结构的正面在横线路方向有倾斜。应量出望远镜竖丝与 c 点之间的距离 Δx_1，Δx_1 即为铁塔结构正面在横线路方向的倾斜值，如图 3-6-8 所示。

(2) 将仪器移至铁塔背面线路中心线适当位置上安置，依上述同样观测方法，测出铁塔结构背面在横线路方向的倾斜值 Δx_2，如图 3-6-8 所示。则铁塔本体结构在横线路方向的倾斜值为

当 Δx_1 与 Δx_2 在横线路方向不同侧时

$$\Delta x=\frac{|\Delta x_1-\Delta x_2|}{2} \tag{3-6-6}$$

当 Δx_1 与 Δx_2 在横线路方向同一侧时

$$\Delta x = \frac{(\Delta x_1 + \Delta x_2)}{2} \tag{3-6-7}$$

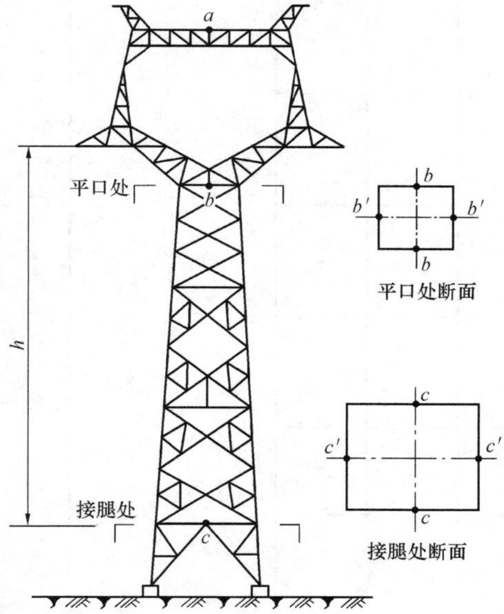

图 3-6-7　铁塔单线结构

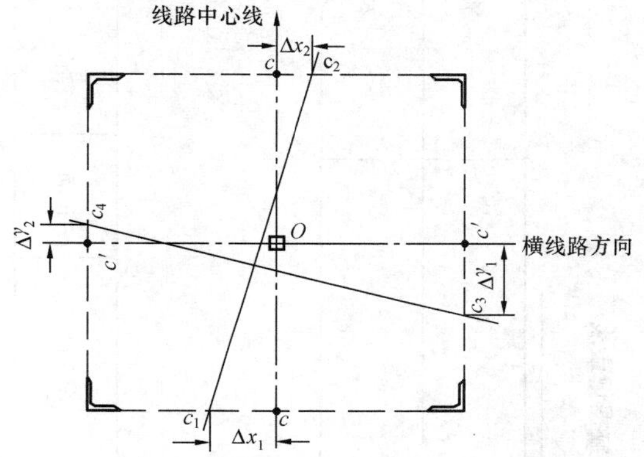

图 3-6-8　铁塔结构倾斜检查

（3）然后，再将仪器分别移至通过塔位中心桩的横线路方向上（转角塔在线路转角内角平分线方向上），在适当位置上安置，使望远镜的十字丝交点瞄准横担轴线的任一点，下旋望远镜视线，如与铁塔接腿水平材中点 c' 重合，则表明铁塔结构在顺线路方向无倾斜；如不重合，此时，应分别量取铁塔两侧的 c' 点与竖丝间的距离 $\Delta\gamma_1$ 和 $\Delta\gamma_2$，如图 3-6-8 所示。则铁塔本体结构在顺线路方向的倾斜值为

当 $\Delta\gamma_1$ 与 $\Delta\gamma_2$ 在顺线路方向不同侧时

$$\Delta\gamma = \frac{|\Delta\gamma_1 - \Delta\gamma_2|}{2} \tag{3-6-8}$$

当 $\Delta\gamma_1$ 与 $\Delta\gamma_2$ 在顺线路方向同一侧时

$$\Delta\gamma = \frac{\Delta\gamma_1 + \Delta\gamma_2}{2} \tag{3-6-9}$$

$$\text{整基铁塔结构倾斜值} = \frac{\sqrt{\Delta x^2 + \Delta\gamma^2}}{h} \tag{3-6-10}$$

式中　h——铁塔横担中心至接腿中心的垂直距离。

铁塔质量检查测量数据记录表见表 3-6-1。

表 3-6-1

铁塔质量检查测量数据记录表

工程名称：________ 仪器型号：________ 仪器编号：________

<table>
<tr><td rowspan="2">桩号</td><td rowspan="2"></td><td rowspan="2">塔型</td><td rowspan="2" colspan="2"></td><td>呼称高</td><td colspan="3"></td><td colspan="4">测量日期</td><td></td></tr>
<tr><td>塔全高</td><td colspan="3"></td><td colspan="4">天气</td><td></td></tr>
<tr><td rowspan="2">检查项目</td><td colspan="5">质量标准</td><td colspan="8" rowspan="2">测量结果</td></tr>
<tr><td colspan="3">合格</td><td colspan="2">优良</td></tr>
<tr><td colspan="2" rowspan="5">铁塔结构倾斜</td><td colspan="3" rowspan="3">一般塔 3‰
高塔 1.5‰
转角、终端塔向受力
反侧倾斜</td><td rowspan="3">2.4‰
1.2‰
1‰
−3‰</td><td colspan="2">视点高</td><td colspan="2">正面</td><td>侧面</td><td>倾斜值</td><td colspan="2">倾斜率（‰）</td></tr>
<tr><td rowspan="2">架线前</td><td>塔顶</td><td colspan="2"></td><td></td><td></td><td colspan="2"></td></tr>
<tr><td>平口</td><td colspan="2"></td><td></td><td></td><td colspan="2"></td></tr>
<tr><td colspan="4" rowspan="2">架线后不做要求，只检查记录倾斜值</td><td rowspan="2">架线后</td><td>塔顶</td><td colspan="2"></td><td></td><td></td><td colspan="2"></td></tr>
<tr><td>平口</td><td colspan="2"></td><td></td><td></td><td colspan="2"></td></tr>
<tr><td>备注</td><td colspan="13"></td></tr>
</table>

测量人： 检查人： 记录人：

第七节 架线施工测量

当线路全线杆塔组立完毕，并经检查合格后，即在杆塔上架设导线和地线（合称为架空线）。本节介绍架线工程的弧垂观测及检查方法，架线弧垂测量数据记录表见表 3-7-2。

架空线弧垂是指以杆塔为支持物而悬挂起来的，呈弧形状的曲线。架空线任一点至两悬挂点连线的铅垂距离，称为架空线该点的弧垂。

架空线弧垂，用 f 表示。在架空线档距内，当两端悬挂点等高时，其最大弧垂处于档距中点，如图 3-7-1 所示；当两端悬挂点不等高时，两悬挂点高差 h，其最大弧垂是指平行于两悬挂点连线的直线 A_1B_1 与架空线相切的切点到悬挂点连线之间的铅垂距离，即平行四边形切点的弧垂，如图 3-7-2 所示。这个切点仍位于档距中央。所以，架空线最大弧垂也称中点弧垂。f_1 和 f_2 分别是它小平视弧垂和大平视弧垂。

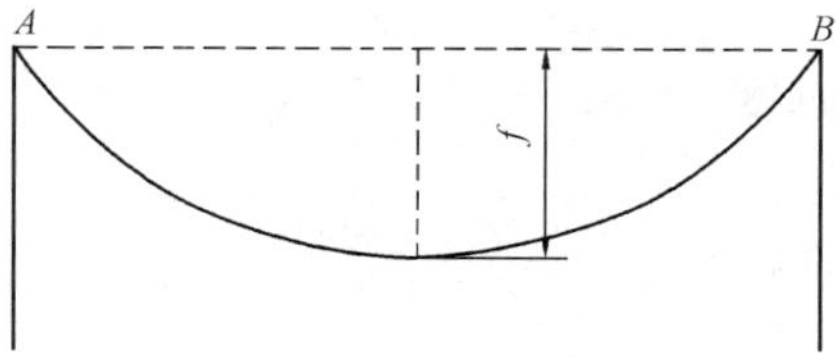

图 3-7-1 悬挂点等高时的弧垂

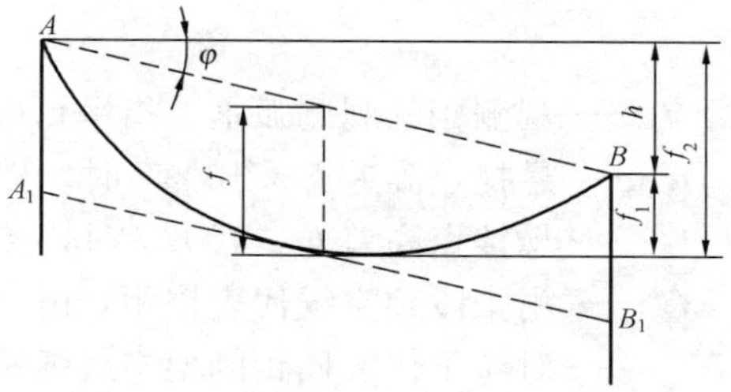

图 3-7-2 悬挂点不等高时的弧垂

为了使架空线在任何气象条件下，都能保证导线对地、对被交叉跨越的电气距离，符合技术规程的要求；同时架空线对杆塔的作用力必须满足杆塔强度条件。因此，设计时根据所在地区气象、架空线参数、档距及悬挂点高差等条件，通过一系列计算，确定架空线适当的弧垂值。施工时，根据设计资料以及现场实际情况，计算出观测档的弧垂值 f，并进行精确的弧垂观测，这样才能保证施工质量，从而提高线路的安全运行。

一、弧垂观测档的选择及弧垂值的计算

紧线前，施工单位需根据线路塔位明细表中耐张段的技术数据、线路平断面定位图和现场实际情况，选择弧垂观测档。根据耐张段的代表档距，按不同温度给出的代表档距下的弧垂值，计算出观测档的弧垂值。

（一）弧垂观测档的选择

弧垂观测档的选择应符合下列规定：

（1）紧线段在 5 档及以下时靠近中间选择一档。

（2）紧线段在 6～12 档时靠近两端各选择一档。

（3）紧线段在 12 档以上时靠近两端及中间可选 3～4 档。

（4）观测档宜选档距较大和悬挂点高差较小及接近代表档距的线档。

（5）弧垂观测档的数量可以根据现场条件适当增加，但不得减少。

（二）观测档弧垂的计算

观测档的弧垂值 f，是根据输电线路施工图中的塔位明细表，按观测档所在耐张段的代

表档距和紧线时的气温查取安装弧垂曲线中对应的弧垂值，再根据观测档的档距等因素进行计算。在计算时，还须考虑观测档内有、无联耐张绝缘子串，悬挂点高差以及观测点选择的位置等条件。

1. 连续档的观测弧垂值计算

（1）观测档内未联耐张绝缘子串。如图 3-7-2 所示，观测档观测弧垂值的计算公式如下：

观测档架空线悬挂点高差 $h<10\%\,l$ 时

$$f=\frac{l^2g}{8\sigma}=f_{\rm p}\left(\frac{l}{l_{\rm p}}\right)^2=f_0 \tag{3-7-1}$$

观测档架空线悬挂点高差 $h\geqslant10\%\,l$ 时

$$f_\varphi=\frac{l^2g}{8\sigma\cos\varphi}=\frac{f_{\rm p}}{\cos\varphi}\left(\frac{l}{l_{\rm p}}\right)^2=f_0\left[1+\frac{1}{2}\left(\frac{h}{l}\right)^2\right] \tag{3-7-2}$$

$$\varphi=\arctan\frac{h}{l}$$

式中 f——观测档的观测弧垂（指平行四边形切点垂度），m；

f_0——悬挂点高差 $h<10\%\,l$ 时，档距中点弧垂，m；

f_φ——悬挂点高差 $h\geqslant10\%\,l$ 时，档距中点弧垂，m；

$l_{\rm p}$——耐张段架空线代表档距，m；

$f_{\rm p}$——对应于代表档距的架空线弧垂，m；

φ——观测档架空线悬挂点的高差角；

l——观测档架空线的档距，m；

σ——架空线的水平应力，$\rm N/mm^2$；

g——架空线的比载，$\rm N/(m\cdot mm^2)$。

（2）观测档内一端联有耐张绝缘子串。观测档内架空线一端联有耐张绝缘子串时，如图 3-7-3 所示。

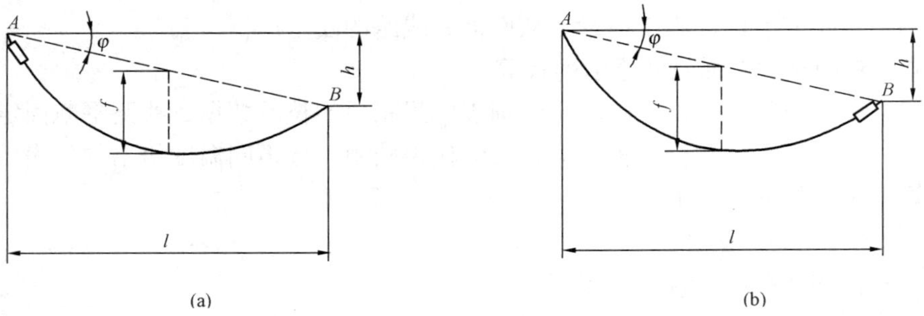

图 3-7-3 观测档内一端联有耐张绝缘子串

（a）高悬挂点端联耐张绝缘子串；（b）低悬挂点端联耐张绝缘子串

观测档架空线悬挂点高差 $h<10\%\,l$ 时

$$f=f_{\rm p}\left(\frac{l}{l_{\rm p}}\right)^2\left(1+\frac{\lambda^2}{l^2}\cdot\frac{g_0-g}{g}\right)^2=f_0\left(1+\frac{\lambda^2}{l^2}\cdot\frac{g_0-g}{g}\right)^2 \tag{3-7-3}$$

观测档架空线悬挂点高差 $h\geqslant10\%\,l$ 时

$$f=\frac{f_{\mathrm{p}}}{\cos\varphi}\left(\frac{l}{l_{\mathrm{p}}}\right)^2\left(1+\frac{\lambda^2\cos^2\varphi}{l^2}\cdot\frac{g_0-g}{g}\right)^2=f_\varphi\left(1+\frac{\lambda^2\cos^2\varphi}{l^2}\cdot\frac{g_0-g}{g}\right)^2 \quad (3\text{-}7\text{-}4)$$

$$g_0=\frac{G}{\lambda S}$$

式中　g_0——耐张绝缘子串的比载，N/m×mm²；

G——耐张绝缘子串的重量，N；

λ——耐张绝缘子串的长度，m；

S——架空线的截面面积，mm²。

2. 孤立档的观测弧垂值计算

(1) 档内一端联有耐张绝缘子串（见图 3-7-4）。在孤立档紧线时的划印状态，架空线的固定端联有耐张绝缘子串，其观测弧垂值 f，根据架空线悬挂点高差 h 的大小，分别按式（3-7-3）和式（3-7-4）计算。

(2) 档内两端均联有耐张绝缘子串（见图 3-7-4）。架空线挂线后复测弧垂时，孤立档的两端均连有耐张绝缘子串，其复测弧垂值如下：

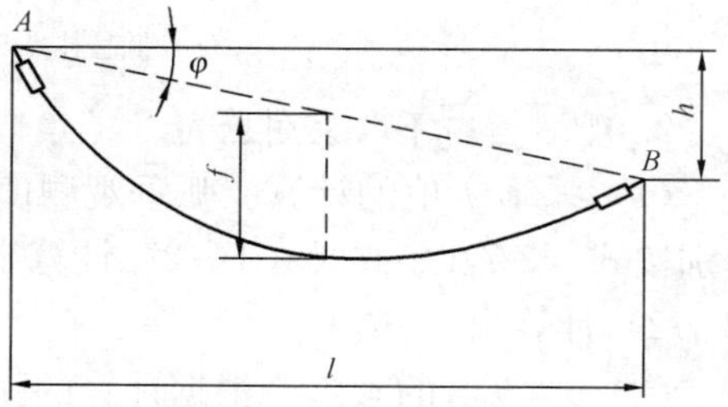

图 3-7-4　档内两端均联有耐张绝缘子串

孤立档架空线悬挂点高差 $h<10\%\,l$ 时

$$f=f_0\left(1+4\frac{\lambda^2}{l^2}\cdot\frac{g_0-g}{g}\right) \quad (3\text{-}7\text{-}5)$$

孤立档架空线悬挂点高差 $h\geqslant 10\%\,l$ 时

$$f=f_\varphi\left(1+4\frac{\lambda^2\cos^2\varphi}{l^2}\cdot\frac{g_0-g}{g}\right) \quad (3\text{-}7\text{-}6)$$

二、弧垂观测

架空线弧垂观测的方法一般有：异长法、等长法（平行四边形法）、角度法和平视法。在实际操作时，为了操作简便，不受档距、悬挂点高差在测量时所引起的影响，减少观测时大量的现场计算以及掌握弧垂的实际误差范围，应首先选用异长法和等长法。当客观条件受到限制，不能采用异长法和等长法观测时，可选用角度法进行观测。在采用上述三种方法，都不能达到观测弧垂的允许范围或难于掌握实际观测误差时，才考虑用平视法来观测架空线的弧垂。

（一）异长法

1. 观测方法

异长法观测架空线弧垂，如图 3-7-5 所示，A、B 是观测档不连耐张绝缘子串的架空线悬挂点，A_1、B_1 是架空线的一条切线，其与观测档两侧杆塔的交点分别为 A_1 和 B_1。a、b 分别为 A 至 A_1 点，B 至 B_1 点的垂直距离，f 是观测档所要观测的弧垂计算值。

异长法观测架空线的弧垂是一种不用经纬仪观测弧垂的方法，在实际观测时，将两块长约 2m，宽约 10～15cm 红白相间的弧垂板水平地绑扎在杆塔上，其上缘分别与 A_1 和 B_1 点重合。当紧线时，观测人员目视（或用望远镜）两弧垂板的上部边缘，待架空线稳定并与视线相切时，该点的垂度即为观测档的待测弧垂 f 值。

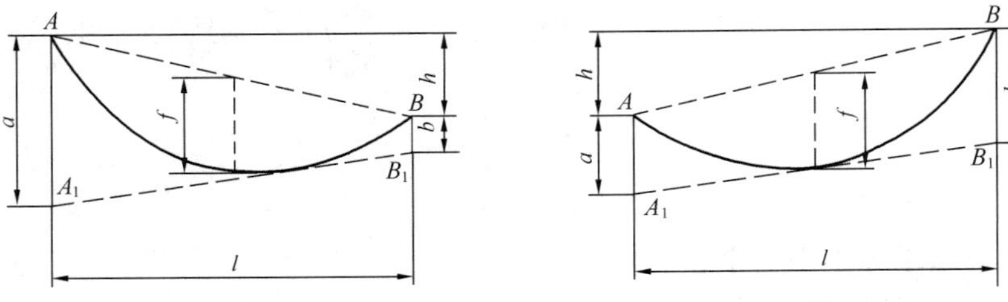

图 3-7-5 观测档内不联耐张绝缘子串的异长法观测弧垂

(a) 低悬挂点观测弧垂；(b) 高悬挂点观测弧垂

2. 观测档内不联有耐张绝缘子串时的弧垂观测数据计算

(1) 弧垂 f 值的计算。弧垂观测值 f 需根据观测档的架空线悬挂点的高差 h 值的大小，分别按式（3-7-1）或式（3-7-2）计算出待观测的弧垂 f 值，即 f_0 或 f_φ 值。也可直接按式（3-7-2）计算出 f_φ 值。

(2) a、b 值的确定。根据计算的弧垂 f 值，选定一适当的 a 值，然后按式（3-7-7）计算 b 值。

架空线悬挂点高差 $h<10\%\,l$ 时

$$b=(2\sqrt{f_0}-\sqrt{a})^2 \tag{3-7-7}$$

架空线悬挂点高差 $h\geqslant10\%\,l$ 时

$$b=(2\sqrt{f_\varphi}-\sqrt{a})^2 \tag{3-7-8}$$

将式（3-7-7）或式（3-7-8）等式的两边同除以 f，则可简化为

$$\frac{b}{f}=\left(2-\sqrt{\frac{a}{f}}\right)^2 \tag{3-7-9}$$

3. 观测档内联有耐张绝缘子串时的弧垂观测数据计算

观测档内联有耐张绝缘子串时，采用异长法观测弧垂及数据计算公式见表 3-7-1。

表 3-7-1　观测档内联有耐张绝缘子串时的异长法观测弧垂及数据计算公式

观测档图示	观测档条件	计算公式
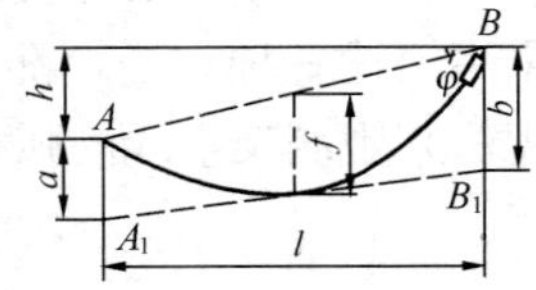 观测点在不联耐张绝缘子串侧	$h<10\%l$	$b=(2\sqrt{f_0}-\sqrt{a})^2+4f_0\frac{\lambda^2}{l^2}\cdot\frac{g_0-g}{g}$
	$h\geqslant10\%l$	$b=(2\sqrt{f_\varphi}-\sqrt{a})^2+4f_\varphi\frac{\lambda^2\cos^2\varphi}{l^2}\cdot\frac{g_0-g}{g}$
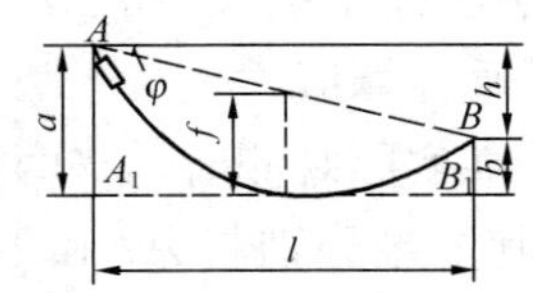 观测点在联有耐张绝缘子串侧	$h<10\%l$	$b=\left(2\sqrt{f_0}-\sqrt{a-4f_0\frac{\lambda^2}{l^2}\cdot\frac{g_0-g}{g}}\right)^2$
	$h\geqslant10\%l$	$b=\left(2\sqrt{f_\varphi}-\sqrt{a-4f_\varphi\frac{\lambda^2\cos^2\varphi}{l^2}\cdot\frac{g_0-g}{g}}\right)^2$

续表

观测档图示	观测档条件	计算公式
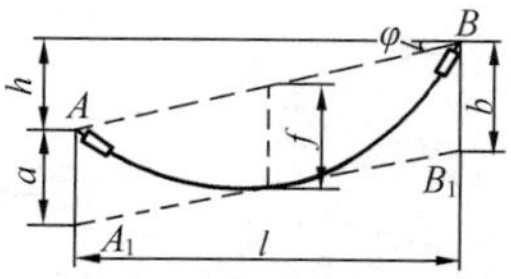观测档两侧均联有耐张绝缘子串	$h<10\%l$	$b=\left(2\sqrt{f_0}-\sqrt{a-4f_0\dfrac{\lambda^2}{l^2}\cdot\dfrac{g_0-g}{g}}\right)^2+4f_0\dfrac{\lambda^2}{l^2}\cdot\dfrac{g_0-g}{g}$
	$h\geqslant10\%l$	$b=\left(2\sqrt{f_\varphi}-\sqrt{a-4f_\varphi\dfrac{\lambda^2\cos^2\varphi}{l^2}\cdot\dfrac{g_0-g}{g}}\right)^2+4f_\varphi\dfrac{\lambda^2\cos^2\varphi}{l^2}\cdot\dfrac{g_0-g}{g}$

4. 适应范围

异长法观测弧垂方法是以目视或借助于低精度望远镜进行观测，由于观测人员视力的差异及观测时视点与切点间水平、垂直距离的误差等因素，因此本观测法一般只适用于档距较短、弧垂较小以及地形较平坦，弧垂最低点不低于两侧杆塔根部连线。

5. 弧垂调整

在实际施工中，观测档的弧垂 f 值都是在紧线前，按当时气温计算，并按计算的弧垂值绑扎好两侧弧垂板。但是，往往在紧线划印时与实际气温存在差异，这个气温差将引起架空线实际弧垂与原计算弧垂之间存在 Δf 的变化值，为了使测定的弧垂及时调整到气温变化后所要求的弧垂值，必须调整观测档一侧的弧垂板的垂直距离 Δa，其正确的调整量按式（3-7-10）、式（3-7-11）计算

$$\Delta a=2\sqrt{\frac{a}{f}}\Delta f \tag{3-7-10}$$

将上式的两边同除以 Δf 得

$$\frac{\Delta a}{\Delta f}=2\sqrt{\frac{a}{f}} \tag{3-7-11}$$

（二）等长法

1. 观测方法和计算公式

等长法又称平行四边形法，也是一种用目视观测弧垂的方法，如图 3-7-6 所示。观测时，自观测档内两侧杆塔的架空线悬挂点 A 和 B 分别向下量取垂直距离 a 和 b，并使 a、b 等于所要测定的弧垂 f 值（即 $a=b=f$）。在 a、b 值的下端边缘 A_1 及 B_1 处，各绑一块弧垂板。在紧线时，从一侧弧垂板上部边缘透视另一侧弧垂板上部边缘，调整架空线张力，当架空线稳定并与 A_1B_1 视线相切，此时架空线弧垂即测定了。

观测档内弧垂 f 值的计算，按本节第一部分中所述的公式，视档内两侧高差和是否联有耐张绝缘子串情况，选用式（3-7-1）～式（3-7-6）相应的公式，计算出观测档的观测弧垂 f 值。

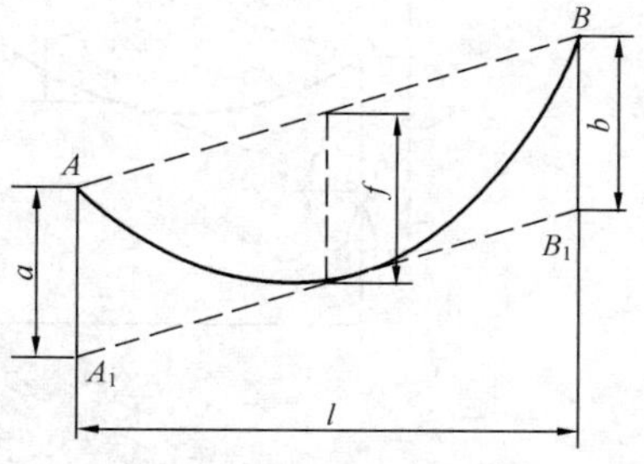

图 3-7-6 等长法观测弧垂

2. 弧垂调整

使用等长法观测弧垂时，同样存在紧线前后的气温变化而引起弧垂有 Δf 值变化的问题。为使测定的弧垂，由原计算弧垂 f 值及时地调整到气温变化后的所要求弧

垂值，可只移动任一侧杆塔上的弧垂板进行弧垂调整。弧垂板的调整值按式（3-7-12）、式（3-7-13）计算。

当气温上升时弧垂板的调整量为

$$\Delta a_M = (1 + p - \sqrt{1+p})f \tag{3-7-12}$$

当气温下降时弧垂板的调整量为

$$\Delta a_N = 4\ (\sqrt{1-p} - 1 + p)f \tag{3-7-13}$$

式中 p——弧垂变化量 Δf 对弧垂 f 的比值，$p = \Delta f / f_0$。

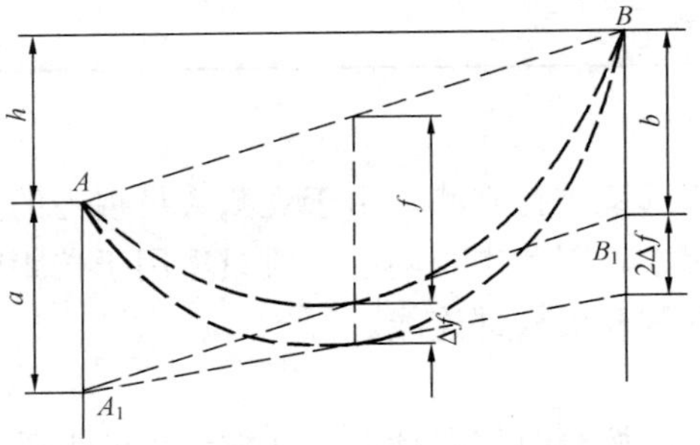

图 3-7-7 等长法弧垂板调整

实际施工中，一般习惯于调整一侧弧垂板，以 2 倍 Δf 值作为弧垂板调整的方法，如图 3-7-7 所示。其适用范围为

当气温上升时，$\dfrac{\Delta f}{f} \leqslant 16.36\%$

当气温下降时，$\dfrac{\Delta f}{f} \leqslant 12.31\%$

当超过以上范围时，按变化后的弧垂值同时调整两侧弧垂板。

采用等长法观测弧垂的范围与异长法使用范围大致相同。

（三）角度法

角度法是用仪器（经纬仪、全站仪）测竖直角观测弧垂的一种方法。对于大档距、大弧垂，以及架空线悬挂点高差较大的观测档，采用该法较为方便，并容易满足弧垂的精度要求。根据观测档的地形条件和弧垂大小，可选择档端、档侧任一点、档侧中点、档内及档外任一种适当的方法进行观测。其中档端角度法使用较多，其余几种方法因计算工作量较大，一般较少使用。

1. 角度法的弧垂观测方法和计算公式

（1）档端角度法。

1）观测档内不联有耐张绝缘子串。如图 3-7-8（a）和图 3-7-8（b）所示，将仪器安置在架空线悬挂点的垂直下方，用测竖直角测定架空线的弧垂。紧线时，调整架空线的张力，使架空线稳定时的弧垂与望远镜的横丝相切，观测档的弧垂即为确定。

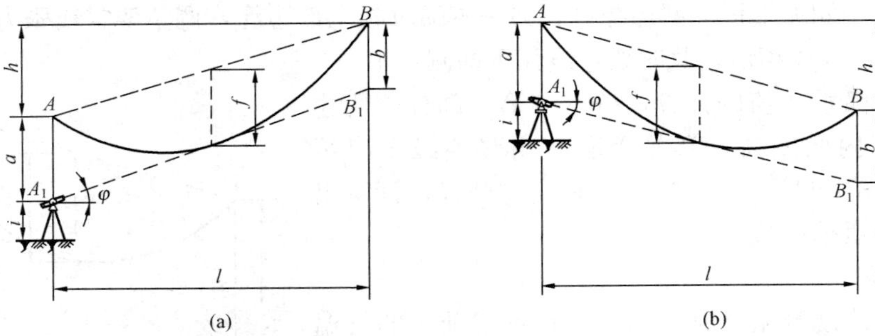

图 3-7-8 档端角度法观测弧垂

（a）低悬挂点侧观测弧垂图；（b）高悬挂点侧观测弧垂图

根据图 3-7-8 中的三角函数关系，弧垂的观测角 φ 可写为

$$\varphi = \arctan\frac{\pm h + a - b}{l} \tag{3-7-14}$$

式中 φ——观测竖直角，当仪器在低侧时，式中 h 前取“+”号，当仪器在高侧时，式中 h 前取“−”号；计算出 φ 角，正值为仰角，负值为俯角；

h——观测档悬挂点高差，仪器在近架空线低悬挂点时，h 取正值；仪器在近架空线高悬挂点时，h 取负值；

a——仪器横轴中心至架空线悬挂点的垂直距离；

b——仪器横丝在对侧杆塔悬挂点的铅垂线的交点至架空线悬挂点的处置距离。

由异长法观测弧垂时的 b 值计算公式可知

$$b = (2\sqrt{f} - \sqrt{a})^2 = 4f - 4\sqrt{fa} + a$$

将上式代入式（3-7-14），得

$$\varphi = \arctan\frac{\pm h - 4f + 4\sqrt{fa}}{l} \tag{3-7-15}$$

式中 f——由式（3-7-1）或式（3-7-2）计算。

紧线前，按弧垂观测时的预计气温，计算出不同气温时的弧垂 f，制成弧垂观测表；紧线时，当观测仪器经整平、对中，并量取仪高后，按当时气温查取弧垂值，计算观测竖直角 φ，调整竖盘使竖度盘读数等于 φ。待架空线弧垂稳定正好与视线相切，弧垂 f 即已测定。

2）观测档内联有耐张绝缘子串。观测档内一侧或两侧联有耐张绝缘子串的弧垂观测方法，与观测档内不联耐张绝缘子串的观测方法完全相同；但观测档弧垂 f 值计算公式不同，应分别按式（3-7-3）～式（3-7-6）计算，其相应的弧垂观测角 φ 值的计算方法如下。

a）观测档内一侧联有耐张绝缘子串。

仪器在不联耐张绝缘子串侧，如图 3-7-9 所示。

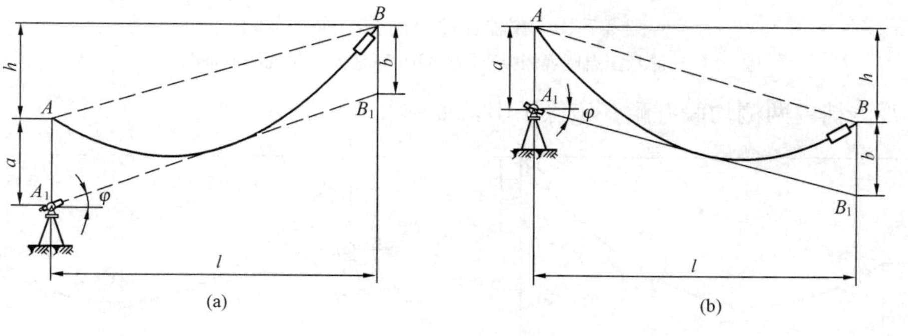

图 3-7-9 仪器在不联耐张绝缘子串侧

（a）低悬挂点侧观测弧垂图；（b）高悬挂点侧观测弧垂图

观测档架空线悬挂点高差 $h<10\%\,l$ 时

$$\varphi = \arctan\frac{\pm h - 4f_0\left(1 + \frac{\lambda^2}{l^2}\cdot\frac{g_0 - g}{g}\right) + 4\sqrt{af_0}}{l} \tag{3-7-16}$$

观测档架空线悬挂点高差 $h \geqslant 10\%\,l$ 时

$$\varphi = \arctan \frac{\pm h - 4f_\varphi\left(1+\frac{\lambda^2\cos^2\varphi}{l^2}\cdot\frac{g_0-g}{g}\right)+4\sqrt{af_\varphi}}{l} \tag{3-7-17}$$

仪器在联有耐张绝缘子串侧，如图 3-7-10 所示。

观测档架空线悬挂点高差 $h<10\%\,l$ 时

$$\varphi = \arctan \frac{\pm h - 4f_0\left(1-\frac{\lambda^2}{l^2}\cdot\frac{g_0-g}{g}\right)+4\sqrt{\left(a-4f_0\frac{\lambda^2\cos^2\varphi}{l^2}\cdot\frac{g_0-g}{g}\right)f_0}}{l} \tag{3-7-18}$$

观测档架空线悬挂点高差 $h<10\%\,l$ 时

$$\varphi = \arctan \frac{\pm h - 4f_\varphi\left(1-\frac{\lambda^2\cos^2\varphi}{l^2}\cdot\frac{g_0-g}{g}\right)+4\sqrt{\left(a-4f_\varphi\frac{\lambda^2\cos^2\varphi}{l^2}\cdot\frac{g_0-g}{g}\right)f_\varphi}}{l} \tag{3-7-19}$$

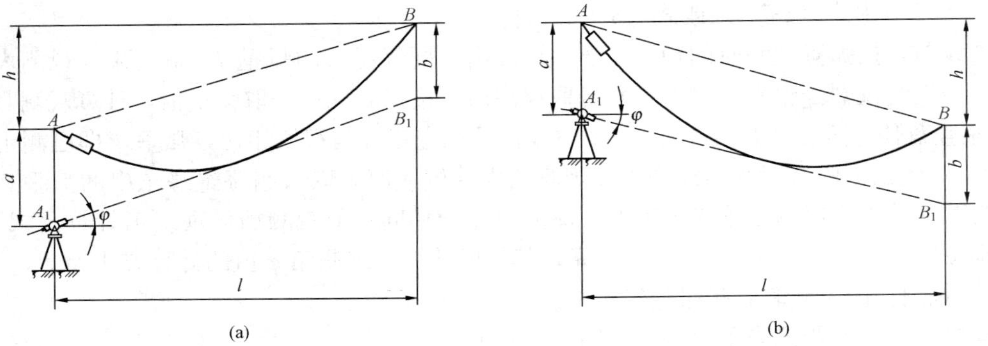

图 3-7-10 仪器在联有耐张绝缘子串侧

（a）低悬挂点侧观测弧垂图；（b）高悬挂点侧观测弧垂图

b）观测档内两侧均联有耐张绝缘子串，如图 3-7-11 所示。

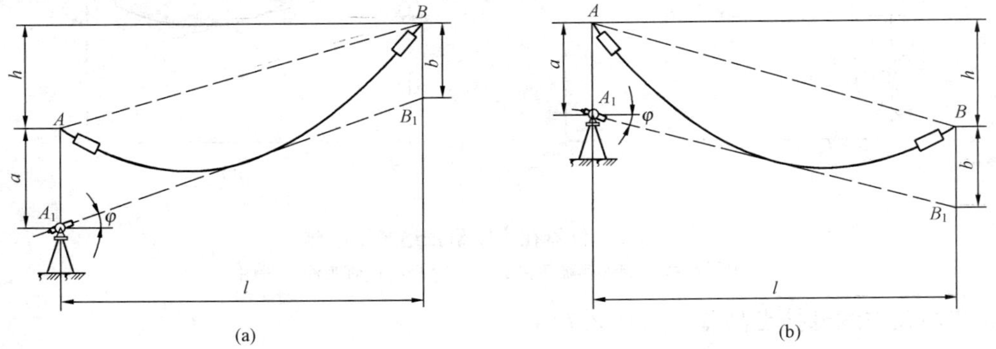

图 3-7-11 两侧均联有耐张绝缘子串

（a）低悬挂点侧观测弧垂图；（b）高悬挂点侧观测弧垂图

观测档架空线悬挂点高差 $h<10\%\,l$ 时

$$\varphi = \arctan \frac{\pm h - 4f_0 + 4\sqrt{\left(a - 4f_0 \frac{\lambda^2}{l^2} \cdot \frac{g_0 - g}{g}\right) f_0}}{l} \tag{3-7-20}$$

观测档架空线悬挂点高差 $h \geqslant 10\% l$ 时

$$\varphi = \arctan \frac{\pm h - 4f_\varphi + 4\sqrt{\left(a - 4f_\varphi \frac{\lambda^2 \cos^2\varphi}{l^2} \cdot \frac{g_0 - g}{g}\right) f_\varphi}}{l} \tag{3-7-21}$$

（2）档内角度法。档内角度法观测弧垂时，将仪器安置在观测档内近悬挂点低端或高端架空线下方的位置上，如图 3-7-12 所示。调整架空线的张力，使架空线稳定时的弧垂与望远镜的弧垂观测竖直角 φ 的视线相切，观测档的弧垂即为确定。

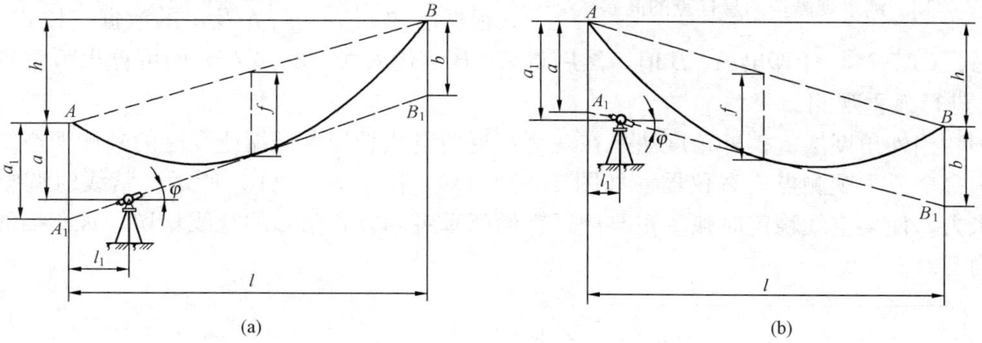

图 3-7-12　档内角度法观测弧垂

（a）近低悬挂点侧观测弧垂；（b）近高悬挂点侧观测弧垂

l_1 为仪器至近观测档杆塔的水平距离，由图 3-7-12（a）可知，弧垂观测角 φ 的计算式为

$$\tan\varphi = \frac{h + a - b}{l - l_1} \tag{3-7-22}$$

由异长法求 b 值的原理，图 3-7-12（a）中的 b 值为，$b = (2\sqrt{f} - \sqrt{a_1})^2 = 4f - 4\sqrt{af} + a_1$，从图 3-7-12（a）可以看出 $a_1 = a + l_1\tan\varphi$，则 $b = 4f - 4\sqrt{(a + l_1\tan\varphi)f} + a + l_1\tan\varphi$，将该式代入式（3-7-22），得

$$\tan\varphi = \frac{h + a - 4f + 4\sqrt{(a + l_1\tan\varphi)f} - a - l_1\tan\varphi}{l - l_1}$$

经演算后为

$$\tan^2\varphi + \frac{2}{l}\left(4f - h - 8f\frac{l_1}{l}\right)\tan\varphi + \frac{l}{l^2}\left[(4f - h)^2 - 16af\right] = 0 \tag{3-7-23}$$

设

$$A = \frac{2}{l}\left(4f - h - \frac{8fl_1}{l}\right) \tag{3-7-24}$$

$$B = \frac{1}{l^2}\left[(4f - h)^2 - 16af\right] \tag{3-7-25}$$

则式（3-7-23）写为

$$\tan^2\varphi + A\tan\varphi + B = 0 \tag{3-7-26}$$

则

$$\varphi = \arctan\left[-\frac{A}{2}+\sqrt{\left(\frac{A}{2}\right)^{2}-B}\right] \tag{3-7-27}$$

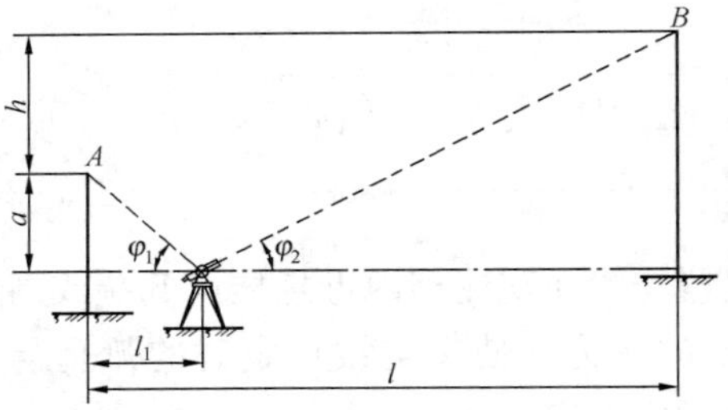

图 3-7-13 测量观测档两悬挂点的高差

采用档内角度法观测弧垂时，在选择弧垂观测点后，需实测图 3-7-12 中的 l_1 值以及复测 a 和 h 值，其复测方法如图 3-7-13 所示，则 a 、h 值分别为

$$a = l_1 \tan \varphi_1 \tag{3-7-28}$$

$$h = (l-l_1)\tan \varphi_2 - a \tag{3-7-29}$$

式中 φ_1、φ_2 ——观测架空线悬挂点的竖直角。

根据已知 l、l_1、f、h 及 a 的数据，按式（3-7-24）、式（3-7-25）计算出 A、B 值，然后将 A、B 值代入式（3-7-27），即可算出弧垂观测角 φ 值，进行弧垂观测。

（3）档外角度法。档外角度法是在观测档近架空线悬挂点低端或高端的外侧架空线的下方，选一个弧垂观测点安置仪器。如图 3-7-14（a）、图 3-7-14（b）所示。紧线时调整架空线的张力，使架空线稳定时弧垂正与望远镜的弧垂观测竖直角 φ 的视线相切，观测档的弧垂即为测定。

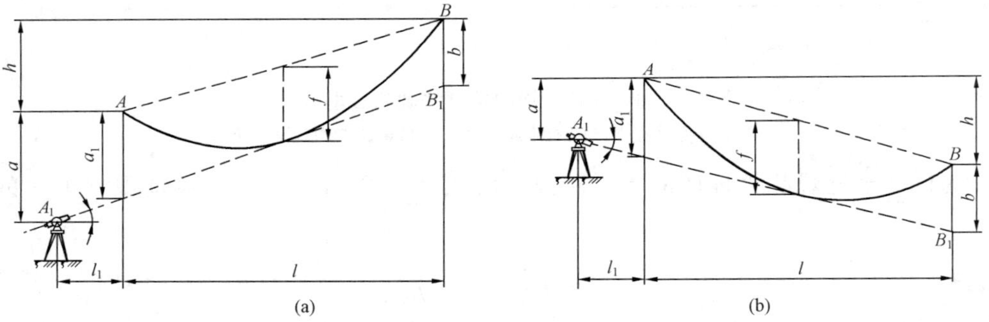

图 3-7-14 档外角度法观测弧垂

（a）近低悬挂点侧观测弧垂；（b）近高悬挂点侧观测弧垂

由图 3-7-14（a）可知，弧垂观测角 φ 的计算式为

$$\tan\varphi = \frac{h+a-b}{l+l_1} \tag{3-7-30}$$

由异长法求 b 值的原理可知，图 3-7-14（a）中的 b 值为，$b=(2\sqrt{f}-\sqrt{a_1})^2=4f-4\sqrt{a_1 f}+a_1$，而 $a_1=a-l_1\tan\varphi$，则 $b=4f-4\sqrt{(a-l_1\tan\varphi)f}+a-l_1\tan\varphi$，将该式代入式（3-7-30）得

$$\tan\varphi = \frac{h+a-4f+4\sqrt{(a-l_1\tan\varphi)f}-a+l_1\tan\varphi_1}{l+l_1}$$

经演算后为

$$\tan^2\varphi+\frac{2}{l}\left(4f-h+8f\frac{l_1}{l}\right)\tan\varphi+\frac{1}{l^2}\left[(4f-h)^2-16af\right]=0 \tag{3-7-31}$$

设
$$A=\frac{2}{l}\left(4f-h+\frac{8fl_1}{l}\right) \tag{3-7-32}$$

$$B=\frac{1}{l^2}\left[(4f-h)^2-16af\right] \tag{3-7-33}$$

则式（3-7-31）写为

$$\tan^2\varphi+A\tan\varphi+B=0 \tag{3-7-34}$$

则

$$\varphi=\arctan\left[-\frac{A}{2}+\sqrt{\left(\frac{A}{2}\right)^2-B}\right] \tag{3-7-35}$$

式中 f 按式（3-7-1）或式（3-7-2）计算弧垂观测值。仪器在近低悬挂点时，式中 h 取正值；仪器在近高悬挂点时，式中 h 取负值；当角值为正时，φ 角为仰角；当角值为负时，φ 角为俯角，如图 3-7-15 所示。因此上列公式同样适用于图 3-7-14（b）所示的仪器在近高悬挂点弧垂观测角的情况。

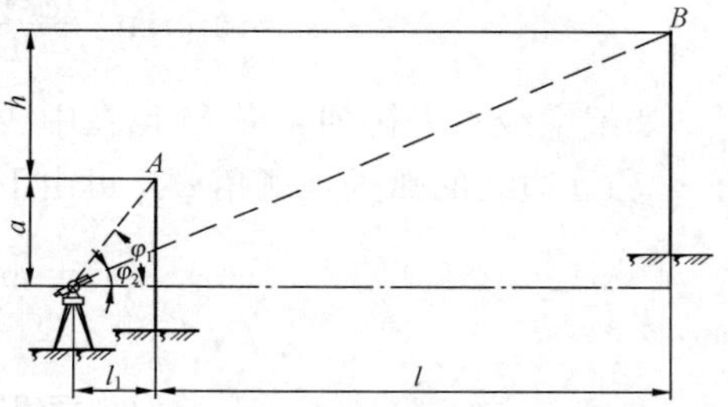

图 3-7-15　测量观测档两悬挂点的高差

根据已知 l、l_1、f、h 及 a 的数据，按式（3-7-32）、式（3-7-33）计算出 A、B 值，然后利用式（3-7-35），求出弧垂观测角 φ 值，有

$$a=l_1\tan\varphi_1 \tag{3-7-36}$$

$$h=(l+l_1)\tan\varphi_2-a \tag{3-7-37}$$

（4）档侧角度法。档侧角度法是在线路任一侧任一点观测弧垂的一种方法，如图 3-7-16（a）、图 3-7-16（b）所示。

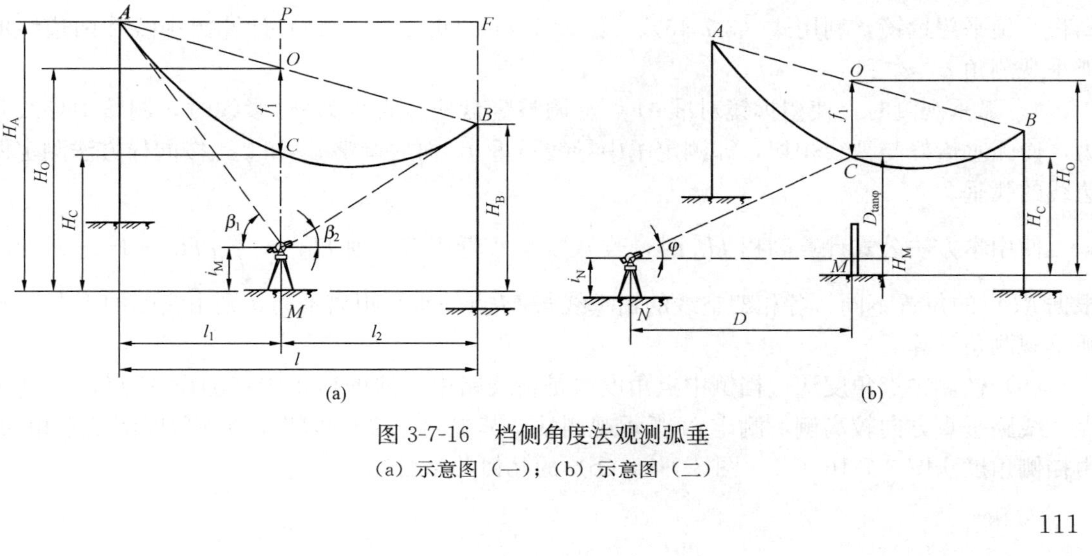

图 3-7-16　档侧角度法观测弧垂

（a）示意图（一）；（b）示意图（二）

$$H_A = L_1 \tan \beta_1 + i_m \tag{3-7-38}$$

$$H_B = L_2 \tan \beta_2 + i_m \tag{3-7-39}$$

从图 3-7-16（a）中 ΔAPO 和 ΔAFB 的相似三角形关系知

$$\frac{l_1}{l} = \frac{H_A - H_O}{H_A - H_B}$$

$$H_O = H_A - \frac{l_1}{l}(H_A - H_B) \tag{3-7-40}$$

C 点的弧垂值 f_1 按架空线任一点弧垂的计算公式为

$$f_1 = 4f\frac{l_1}{l}\left(1 - \frac{l_1}{l}\right) \tag{3-7-41}$$

C 点的高程 H_C 为

$$H_C = H_O - f_1 \tag{3-7-42}$$

观测中线弧垂的竖直角 φ，如图 3-7-16（b）所示为

$$\varphi = \arctan\frac{H_C - H_M}{D} = \arctan\frac{H_O - f_1 - H_M}{D} \tag{3-7-43}$$

如架空线水平排列，设 M 点在中线上，与边导线间的距离为 E，则近边导线的弧垂观测角 φ_1 和远边线的弧垂观测角 φ_2，可由下式计算

$$\varphi_1 = \arctan\frac{H_O - f_1 - H_M}{D - E} \tag{3-7-44}$$

$$\varphi_2 = \arctan\frac{H_O - f_1 - H_M}{D + E} \tag{3-7-45}$$

观测方法和步骤：

1）根据架空线悬挂点高差和地形，在线路中心线上选定 M 点，并安置仪器，分别测出 M 点至两侧杆塔架空线悬挂点间的水平距离 l_1、l_2，是望远镜瞄准架空线悬挂点 A、B，测出 β_1、β_2，按式（3-7-38）、式（3-7-39）和式（3-7-40）计算 H_A、H_B 和 H_O，按式（3-7-41）和式（3-7-42）分别计算出 f_1 和 H_C。

2）通过在线路垂直方向测设 N 点作为弧垂观测站。

3）在 N 点上安置仪器，量取仪高 i，将视距尺或棱镜立于 M 点，读取数据并计算 M 点高程，旋平望远镜，利用式（3-7-43）、式（3-7-44）和式（3-7-45）计算出中线和两边线的弧垂观测角 φ、φ_1 和 φ_2。

4）弧垂观测时，使望远镜对准 M 点，调整竖盘使竖直角为 φ。紧线时，调整中导线张力，使弧垂恰好与视线相切，即测定了中导线弧垂 f。而后调整 φ_1 和 φ_2，按同样方法测定两边线的弧垂。

使用本方法公式计算高程 H_O 时，若悬挂点 A 低于 B，则 $H_O = \frac{l_1}{l}(H_B - H_A) + H_A$。根据 M 点的位置不同，各相架空线的铅垂线与 M 点的水平距离不同，则由实际的 E 值进行弧垂观测角计算。

（5）档侧中点角度法。档侧中点角度法是在线路中心线的档距中点测设 M 点，通过 M 点在线路垂直方向较高侧，测定 N 弧垂观测站。其观测方法和步骤与档侧角度法基本相同。由档侧角度法图 3-7-16（a）、图 3-7-16（b）的几何关系可知

$$H_A = \frac{1}{2}\tan\beta_1 + i_M \tag{3-7-46}$$

$$H_B = \frac{1}{2}\tan\beta_2 + i_M \tag{3-7-47}$$

$$H_O = \frac{1}{2}(H_A + H_B) \tag{3-7-48}$$

弧垂观测角 φ、φ_1 和 φ_2 的计算公式与档侧角度法相同。

2. 弧垂观测误差分析

架空线的弧垂计算值，都是指平行四边形与架空线相切的切点垂度，即档距中点垂度。在实际观测时，存在着仪器本身的视角竖盘指标差、观测角 φ 值及操作等误差，都将会引起切点的偏移，从而使得架空线弧垂 f 值产生误差，如图 3-7-17 所示。

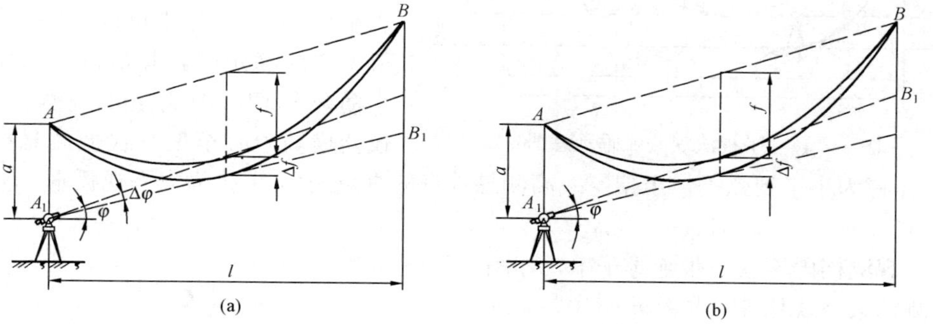

图 3-7-17　档端角度法观测弧垂的误差分析

（a）视角误差引起的弧垂误差；（b）切点误差引起的弧垂误差

当架空线的悬挂点高差 h 发生 Δh 变化时，也将引起架空线的弧垂有一个相应的 Δf 值的变化。所以，高差 h 值应以实测为依据，来计算施测的弧垂 f 及观测角 φ 值。

应考虑施工紧线时的气温变化影响，在计算观测档的弧垂 f 及观测角 φ 值时，须按当地气温变化的可能范围，计算出相应的 f 及 φ 值，以备实际观测弧垂时查用，或实际观测弧垂时现场立即计算。

架空线水平排列时，应将仪器安置在中导线的下方，先测出中导线的弧垂。后将仪器安置在左边线与中导线之间中点的位置，以中导线为基准，固定竖直角不变，旋转照准部，测定左边线的弧垂，同理测定右边线的弧垂。

如三相导线不是水平排列时，应于每相导线下方分别安置观测仪器，依次观测架空线的紧线弧垂。

为了满足观测弧垂所要求的精度，必须选用经过检查和校正的仪器观测，并将仪器安置在正确的观测点上，并仔细地进行整平。

3. 适用范围

从上述的档端、档内及档外角度法观测架空线弧垂的方法可知，为了满足观测档弧垂值的精度在技术规定的范围内，望远镜的视线与架空线的切点应尽可能在档距的中央。要达到这样的要求，则仪器至悬挂点的垂直距离 a 与弧垂 f 之间，存在着一定的关系。如采用档端角度法观测弧垂，当 $a/f=4$ 时，则 b 值为 0。因此，当 $a/f\geqslant 4$ 时，就不能采用档端角度法观测弧垂；一般在 $a<3f$ 时，则优先选用档端角度法，因为此法相对其他几种角度法来说，现场计算工作量较小。在实际施工中应根据观测档的现场地形条件及弧垂值大小等因素选择使用哪一种角度法观测弧垂。

（四）平视法

平视法是采用水准仪或经纬仪使望远镜视线水平地观测弧垂的方法。当架空线经过大高差、大档距以及特殊地形情况下，前面所述的几种方法不能观测时，可采用本法观测。

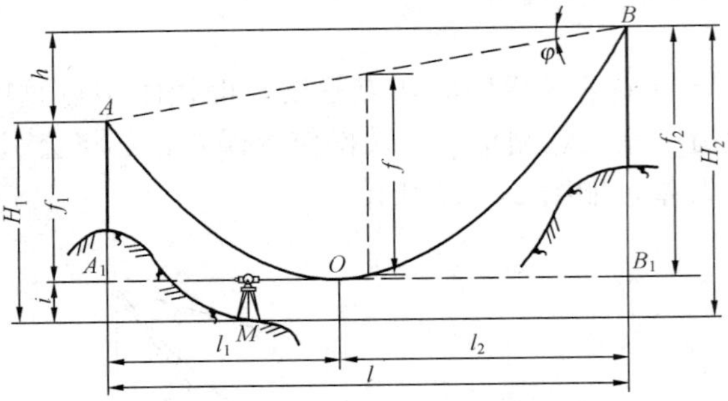

图 3-7-18　平视法观测弧垂示意图

1. 观测方法及计算公式

图 3-7-18 是平视法观测弧垂示意图。图中 f 为用弧垂计算公式计算的观测档弧垂值。观测时，将仪器安置在预先测定的弧垂观测站 M 点上，使望远镜调至水平状态。紧线时调整架空线的张力，待架空线稳定时，其最低点与望远镜水平横丝相切，即测定了观测档的弧垂。仪器横轴中心至架空线低侧悬挂点的垂直距离 f_1 称为小平视弧垂；至架空线高侧悬挂点的垂直距离 f_2 称为大平视弧垂，f_1 和 f_2 分别由式（3-7-49）～式（3-7-64）计算。

（1）观测档内不联耐张绝缘子串，如图 3-7-18 所示。

观测档架空线悬挂点高差 $h<10\%\,l$ 时

$$f_1=f_0\left(1-\frac{h}{4f_0}\right)^2 \tag{3-7-49}$$

$$f_2=f_0\left(1+\frac{h}{4f_0}\right)^2 \tag{3-7-50}$$

观测档架空线悬挂点高差 $h\geqslant 10\%\,l$ 时

$$f_1=f_\varphi\left(1-\frac{h}{4f_\varphi}\right)^2 \tag{3-7-51}$$

$$f_2=f_\varphi\left(1+\frac{h}{4f_\varphi}\right)^2 \tag{3-7-52}$$

式中　f_0、f_φ——档距中央弧垂，按式(3-7-1)或式（3-7-2）计算；

h——观测档两侧悬挂点间的高差。

（2）观测档内联有耐张绝缘子串。

1）高悬挂点侧联有耐张绝缘子串，如图 3-7-19 所示。

观测档架空线悬挂点高差 $h<10\%\,l$ 时

$$f_1=f_0\left(1+\frac{\lambda^2}{l^2}\cdot\frac{g_0-g}{g}-\frac{h}{4f_0}\right)^2 \tag{3-7-53}$$

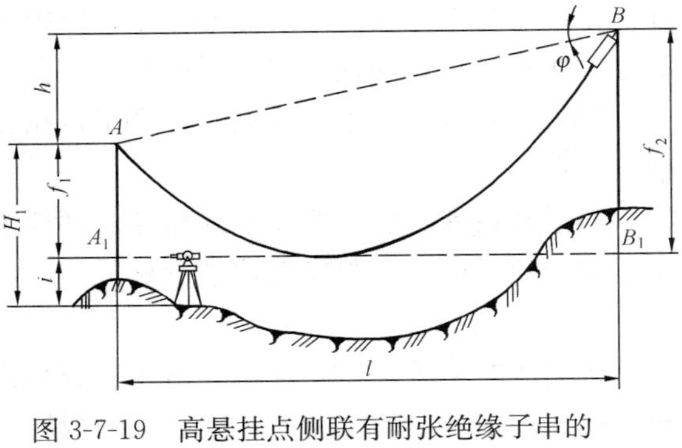

图 3-7-19　高悬挂点侧联有耐张绝缘子串的平视法观测弧垂

$$f_2 = f_0\left[\left(1+\frac{\lambda^2}{l^2}\cdot\frac{g_0-g}{g}+\frac{h}{4f_0}\right)^2-\frac{h}{f_0}\cdot\frac{\lambda^2}{l^2}\cdot\frac{g_0-g}{g}\right] \tag{3-7-54}$$

式中　g_0——耐张绝缘子串的比载，参见式（3-7-4），$N/m\times mm^2$；

λ——耐张绝缘子串的长度，m。

观测档架空线悬挂点高差 $h\geqslant 10\%\, l$ 时

$$f_1 = f_\varphi\left(1+\frac{\lambda^2\cos^2\varphi}{l^2}\cdot\frac{g_0-g}{g}-\frac{h}{4f_\varphi}\right)^2 \tag{3-7-55}$$

$$f_2 = f_\varphi\left[\left(1+\frac{\lambda^2\cos^2\varphi}{l^2}\cdot\frac{g_0-g}{g}+\frac{h}{4f_\varphi}\right)^2-\frac{h}{f_\varphi}\cdot\frac{\lambda^2\cos^2\varphi}{l^2}\cdot\frac{g_0-g}{g}\right] \tag{3-7-56}$$

2）低悬挂点侧联有耐张绝缘子串，如图 3-7-20 所示。

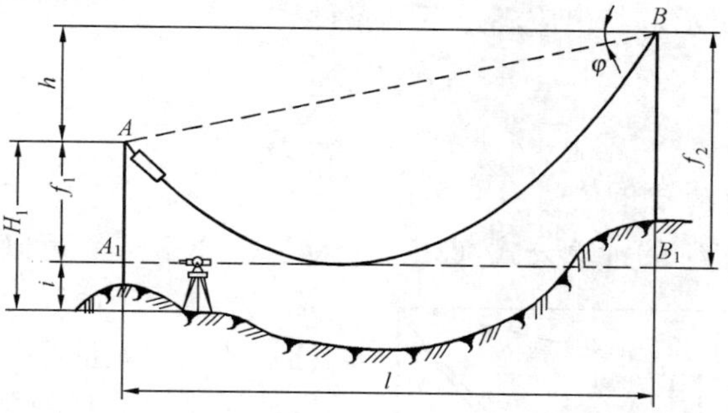

图 3-7-20　低悬挂点侧联有耐张绝缘子串的平视法观测弧垂

观测档架空线悬挂点高差 $h<10\%\, l$ 时

$$f_1 = f_0\left[\left(1+\frac{\lambda^2}{l^2}\cdot\frac{g_0-g}{g}+\frac{h}{4f_0}\right)^2-\frac{h}{f_0}\cdot\frac{\lambda^2}{l^2}\cdot\frac{g_0-g}{g}\right] \tag{3-7-57}$$

$$f_2 = f_0\left(1+\frac{\lambda^2}{l^2}\cdot\frac{g_0-g}{g}-\frac{h}{4f_0}\right)^2 \tag{3-7-58}$$

观测档架空线悬挂点高差 $h\geqslant 10\%\, l$ 时

$$f_1 = f_\varphi\left[\left(1+\frac{\lambda^2\cos^2\varphi}{l^2}\cdot\frac{g_0-g}{g}-\frac{h}{4f_\varphi}\right)^2+\frac{h}{f_\varphi}\cdot\frac{\lambda^2\cos^2\varphi}{l^2}\cdot\frac{g_0-g}{g}\right] \tag{3-7-59}$$

$$f_2 = f_\varphi\left(1+\frac{\lambda^2\cos^2\varphi}{l^2}\cdot\frac{g_0-g}{g}-\frac{h}{4f_\varphi}\right)^2 \tag{3-7-60}$$

3）观测档内两侧均联有耐张绝缘子串，如图 3-7-21 所示。

观测档架空线悬挂点高差 $h<10\%\, l$ 时

$$f_1 = f_0\left[\left(1-\frac{h}{4f_0}\right)^2+4\frac{\lambda^2}{l^2}\cdot\frac{g_0-g}{g}\right] \tag{3-7-61}$$

$$f_2 = f_0\left[\left(1+\frac{h}{4f_0}\right)^2+4\frac{\lambda^2}{l^2}\cdot\frac{g_0-g}{g}\right] \tag{3-7-62}$$

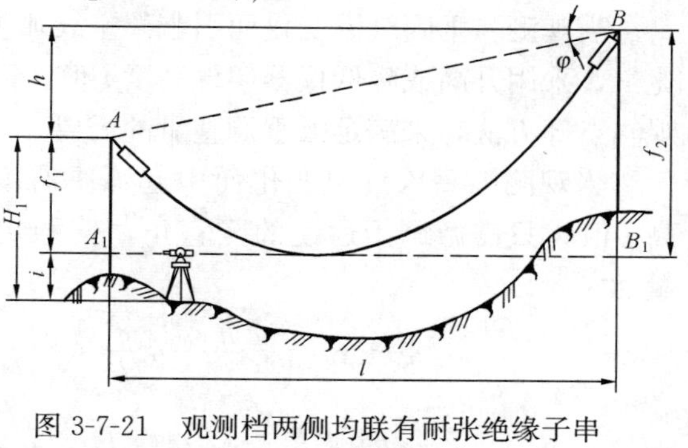

图 3-7-21　观测档两侧均联有耐张绝缘子串的平视法观测弧垂

观测档架空线悬挂点高差 $h \geqslant 10\% l$ 时

$$f_1 = f_\varphi \left[\left(1 - \frac{h}{4f_\varphi}\right)^2 + 4\frac{\lambda^2 \cos^2\varphi}{l^2} \cdot \frac{g_0 - g}{g} \right] \tag{3-7-63}$$

$$f_2 = f_\varphi \left[\left(1 + \frac{h}{4f_\varphi}\right)^2 + 4\frac{\lambda^2 \cos^2\varphi}{l^2} \cdot \frac{g_0 - g}{g} \right] \tag{3-7-64}$$

采用本法观测弧垂时，正确地测定观测点 M 的位置是关键，不但需预先实测两悬挂点的高差 h 值，还应根据 f_1 和 f_2 值的大小以及观测档两杆塔周围的地形情况，选择安置仪器的位置。一般选在小平视弧垂 f_1 侧，预设仪器的高度 i，使仪器视线至两侧架空线悬挂点的垂直距离应恰好等于 f_1、f_2。即精确地测定弧垂观测点地面到近仪器侧架空线悬挂点高差 $H_1(H_2)$，如图 3-7-21 所示，其值应满足下列条件

$$H_1 = i + f_1 \tag{3-7-65}$$

或

$$H_2 = i + f_2 \tag{3-7-66}$$

2. 平视法观测弧垂的适用范围

从计算小平视弧垂 f_1 的计算公式（3-7-49）或式（3-7-51）可以看出，本法的适用条件是 $4f - h > 0$，即（$4f > h$），由此表明，当悬挂点的高差 h 值小于 4 倍弧垂 f 值时，才可以使用平视法观测弧垂，否则，就不能使用本法观测。

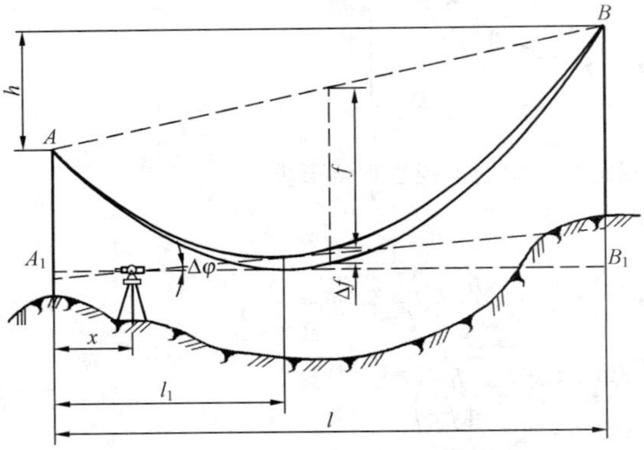

图 3-7-22　平视法观测弧垂的误差分析

3. 平视法观测弧垂的误差分析和调整

在进行弧垂观测过程中，由于仪器本身存在竖盘指标差或者操作等原因，会引起望远镜的视线不在正确水平位置上，从而使架空线弧垂的最低点在垂直方向上产生 Δf 的误差，如图 3-7-22 所示。

在测定弧垂时，从小、大弧垂 f_1、f_2 的计算公式可知，悬挂点高差 h 值的测量误差，将会直接影响它的计算值，从而使架空线的弧垂观测值产生一定量的误差。但只要误差不超过允许偏差范围的规定，就不需作弧垂调整。

当观测弧垂因气温变化而引起架空线弧垂产生变化时，可根据大、小平视弧垂产生的变化量，采用升高或降低仪器架设高度 i 值，而不改变仪器安置点的位置，或者重新测定弧垂观测点等方法，来满足弧垂调整量的需要。

当观测弧垂因气温变化而引起弧垂有变化时，也可不变动观测点的位置及预定的仪高 i 值，只需微调望远镜的竖直角，使稳定时的架空线与望远镜横丝相切，竖直角调整量为

$$\Delta\varphi = \arctan\left\{\left(\pm\frac{h}{l} - 4\frac{f}{l} + 8\frac{f}{l}\cdot\frac{x}{l}\right) + \left[\left(\pm\frac{h}{l} - 4\frac{f}{l} + 8\frac{f}{l}\cdot\frac{x}{l}\right)^2 + \left(\pm 8\frac{h}{l}\cdot\frac{f}{l} + 16\frac{f_1}{l}\cdot\frac{f}{l} - 16\frac{f^2}{l^2} - \frac{h^2}{l^2}\right)\right]^{\frac{1}{2}}\right\} \tag{3-7-67}$$

式中　h——架空线悬挂点高差，m，仪器在近高悬挂点侧时，h 前取“+”反之，h 前取“−”号；

f_1——气温变化前，与仪器同侧的平视弧垂值，m；

f——气温变化后，架空线的弧垂计算值，m；

x——仪器安置点至近悬挂点的水平距离，m；

$\Delta\varphi$——仪器竖直角调整量，正值为仰角，负值为俯角，(°)。

三、弧垂检查

架线工程竣工后，应对导线、地线的弧垂进行复核检查，其结果应符合现行技术规范之规定。

本节将介绍用异长法、档端角度法和档侧中点角度法检查弧垂的方法。

（一）异长法检查弧垂

用异长法观测弧垂，是根据观测档的弧垂 f 计算值，选定适当的 a 值，计算出 b 值。而检查弧垂时，根据 a 、b 值反过来推算实际弧垂 f 值。

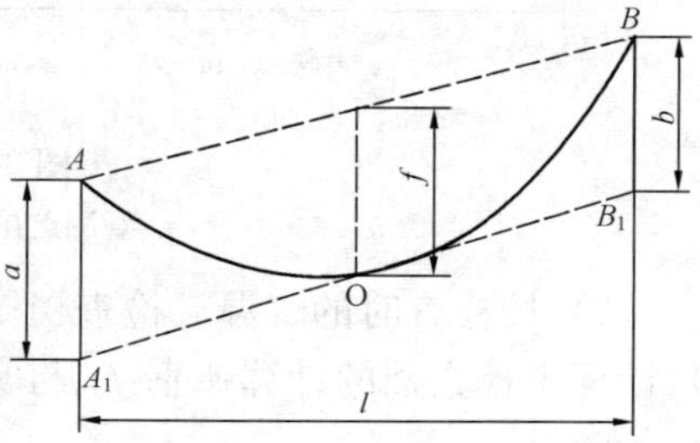

图 3-7-23　异长法检查弧垂

检查方法如图 3-7-23 所示，在检查档一侧选定适当的 a 值，作为观测点，如图中的 A_1 点，水平绑扎一块弧垂板，从弧垂板的上部边缘透视架空线弧垂 O 点，使 A_1O 视线的延长线相交于另一侧杆塔 B_1 处，量出架空线悬挂点 B 至 B_1 点的垂直距离 b 值，则该档的实际弧垂值为

$$f=\frac{1}{4}\left(\sqrt{a}+\sqrt{b}\right)^2 \tag{3-7-68}$$

以导线为例，如果所检查的三相导线水平排列时，只需检查一相导线的弧垂 f 值；如果不是水平排列时，则应分别测出 b 值，并分别计算 f 值，然后与该档的标准弧垂相比较，以判定弧垂是否符合质量标准。

为了简便计算，将上式的两边同除以 a 得

$$\frac{f}{a}=\frac{1}{4}\left(1+\sqrt{\frac{b}{a}}\right)^2 \tag{3-7-69}$$

（二）档端角度法检查弧垂

采用档端角度法检查弧垂，先测出实际弧垂观测角 φ 值，然后反算出检查档的实际弧垂 f 值，视其实际弧垂值与该气温时的计算弧垂值的误差，是否符合现行技术规范要求。

检查方法及步骤如下：

（1）将仪器安置在架空线悬挂点 A 的垂直下方，如图 3-7-24（a）或图 3-7-24（b）所示，量出 A 点至仪器横轴中心的垂直距离 a 值，及实测检查档的水平距离 l 。

（2）使望远镜视线瞄准对侧架空线的悬挂点 B，用测竖直角的方法测出图 3-7-24 中竖直角 φ_1 值；再使望远镜视线与架空线弧垂相切，测出平均竖直角 φ 值。则图 3-7-24（a）中的 b 为

$$b=l\left(\tan\varphi_1-\tan\varphi\right) \tag{3-7-70}$$

将式（3-7-70）代入式（3-7-69），得

$$f=\frac{1}{4}(\sqrt{a}+\sqrt{b})^2=\frac{1}{4}\left[\sqrt{a}+\sqrt{l(\tan\varphi_1-\tan\varphi)}\right]^2 \tag{3-7-71}$$

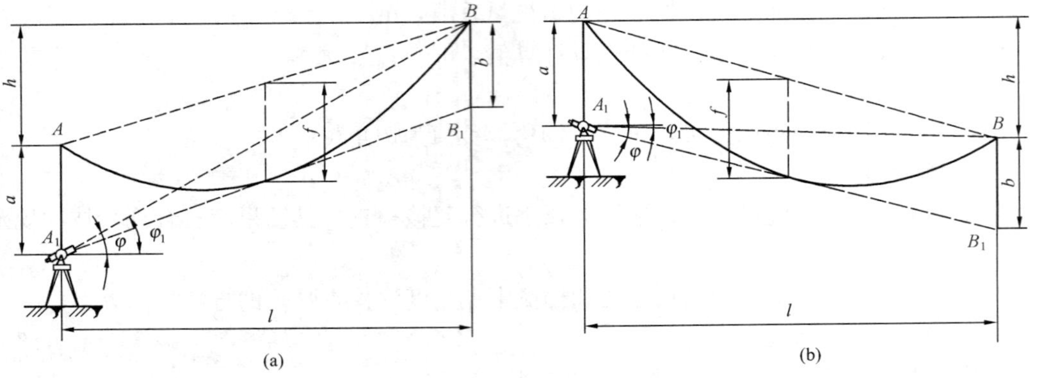

图 3-7-24 档端角度法检查弧垂

(a) 观测点在悬挂点低端；(b) 观测点在悬挂点高端

(3) 按检查时的气温、检查档档距以及代表档距，用弧垂计算公式（3-7-1）或式（3-7-2）计算出检查档的计算弧垂 f_x 与实测弧垂 f 的弧垂误差 Δf，以衡量其是否符合弧垂的质量标准。

(三) 档侧角度法检查弧垂

档侧角度法观测弧垂的方法在上面已叙述，这种方法同样适用于检查弧垂。所不同的是，在弧垂观测时，根据弧垂 f 值计算出观测角 φ 值并进行测量；而在检查弧垂时，用实测出 φ 角，反求其弧垂 f 值，如图 3-7-25 所示。

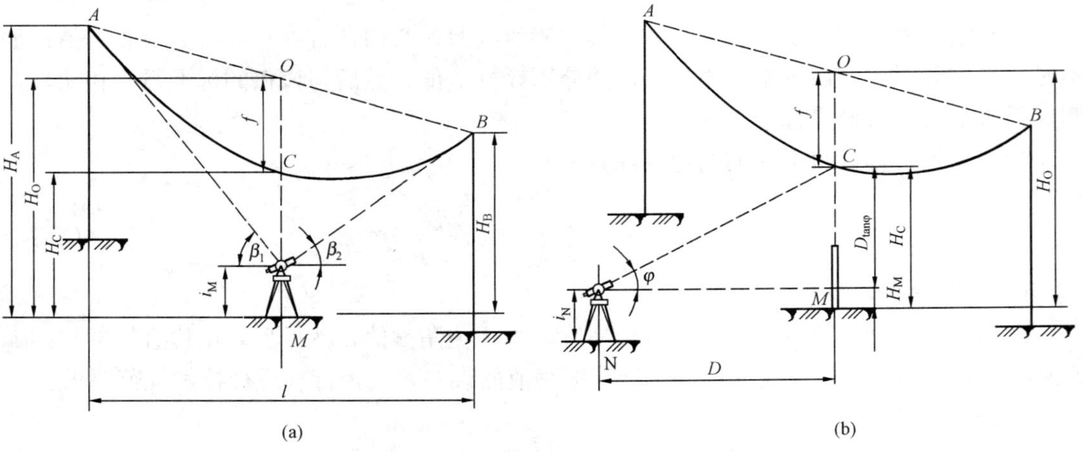

图 3-7-25 档侧角度法检查弧垂

(a) 示意图（一）；(b) 示意图（二）

(1) 在检查弧垂时，依弧垂观测时的方法和步骤测设 M 点和 N 点。仪器在 M 点测得 H_A、H_B 和 H_O 各数据后，再将仪器移至 N 点，将视距尺或棱镜立于 M 点，读取数据并计算 M 点高程，以及 M 至 N 点间的水平距离 D，然后望远镜瞄准中导线弧垂，测出 φ 角，则

$$H_C = D\tan\varphi + H_M \tag{3-7-72}$$

$$f = H_O - H_C = H_O - D\tan\varphi - H_M \tag{3-7-73}$$

（2）再测出近边导线和远边导线的弧垂观测角 φ_1 和 φ_2，设两边导线至中导线的距离（线间距离）为 E，则

近边导线弧垂

$$f_1 = H_O - (D-E)\tan\varphi - H_M \tag{3-7-74}$$

远边导线弧垂

$$f_2 = H_O - (D+E)\tan\varphi - H_M \tag{3-7-75}$$

（3）按检查时的气温等条件计算出检查档的标准弧垂 f_x 与实测弧垂 f、f_1、f_2 值相比较，如有误差，则计算出弧垂误差 Δf。当 f、f_1、f_2 大于 f_x 时，Δf 为正；如小于 f_x 时，Δf 为负。如 Δf 误差在允许范围内，可不调整，否则应进行调整，使其弧垂符合质量要求。

四、导线对被跨越物净空距离的检查

（一）净空距离的实测方法

（1）用检查弛度的方法检查出该档距的实测弛度 f，并测出交叉点 N 至最近杆塔的水平距离 l_N，如图 3-7-26 所示。

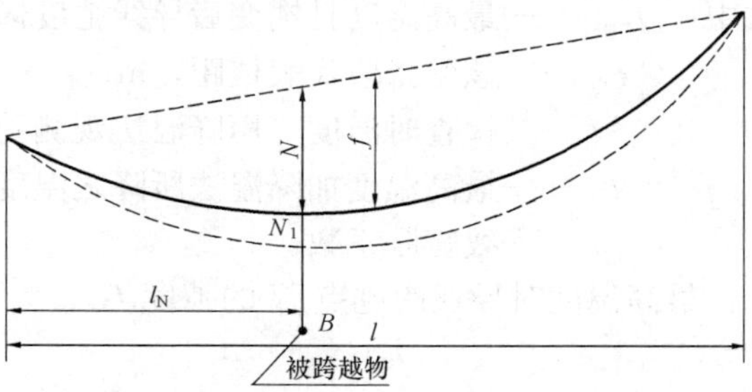

图 3-7-26　净空距离测量图

（2）将经纬仪置于本线路与被跨越物交叉角最大角的二等分线上适当距离（约为导线对地距离的 2～3 倍）的 M 点上，如图 3-7-27 所示。

（3）测量有关各点，记录实测数据及测量时气温，如图 3-7-28 所示。

1）测出测站与交叉点的水平距离 l。

2）观测交叉点处之导线跨越点 N 的垂直角 θ_N。

3）观测交叉点处被跨越物 B 的垂直角 θ_B。

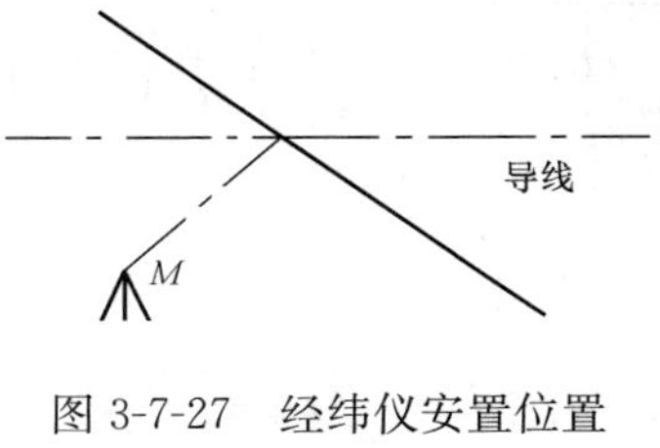

图 3-7-27　经纬仪安置位置

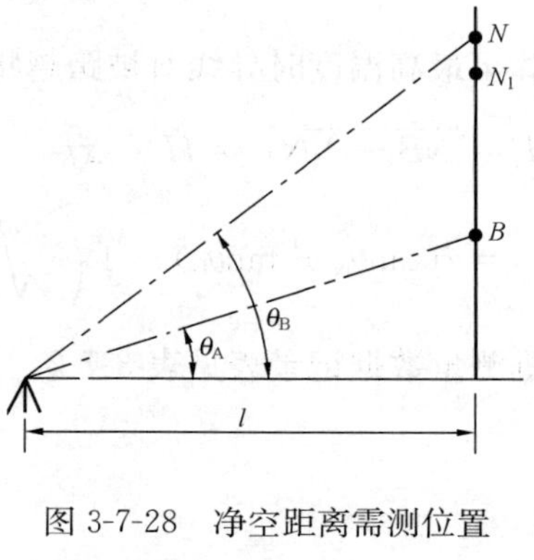

图 3-7-28　净空距离需测位置

（二）实测净空距离的计算

在图 3-7-28 中 $\overline{NB}$ 为实测净空距离，设为 H，则

$$H = \overline{NB} = l \times \tan\theta_N - l \times \tan\theta_B = l \times (\tan\theta_N - \tan\theta_B) \tag{3-7-76}$$

（三）换算为最高温度时净空距离的计算

（1）检查时温度下导线跨越点的弛度值 f_N 为

$$f_N = 4f_C \frac{l_N}{l}\left(1-\frac{l_N}{l}\right) \tag{3-7-77}$$

式中 f_C、f_N——检查时弛度及跨越点 N 弛度，m。

l、l_N——档距及跨越点至最近杆塔水平距离，m。

（2）最高温度且蠕变后的导线最大弛度值 f_{max} 为

$$f_{max} = \sqrt{f_C^2 + \frac{3l^4}{8l_{db}^2}(t_O - t)a} \tag{3-7-78}$$

式中 f_{max}——最高温度且蠕变后导线弛度值，m；

l_{db}——该耐张段代表档距，m；

t——检查时温度（用降温法观测弛度已考虑初伸长所降温度），℃；

t_O——最高温度加降温法所降之温度，℃；

a——线膨胀系数。

最高温度时导线跨越点 N 的弛度 f_{nmax} 为

$$f_{Nmax} = 4f_{max}\frac{l_N}{l}\left(1-\frac{l_N}{l}\right) \tag{3-7-79}$$

式中 f_{Nmax}——最高温度时导线跨越点弛度，m。

（3）由检查时的弛度换算到最大尺度（最高温度时）时，导线跨越点 N 的弛度增量 Δf_N 为

$$\begin{aligned}\Delta f_N = \overline{NN_1} &= f_{max} - f_N = 4(f_{max} - f_C)\frac{l_N}{l}\left(1-\frac{l_N}{l}\right)\\ &= 4\left(\sqrt{f_C^2 + \frac{3l^4}{8l_{db}}(t_O - t)a} - f_C\right)\frac{l_n}{l}\left(1-\frac{l_N}{l}\right)\end{aligned} \tag{3-7-80}$$

（4）换算至最高温度时导线对被跨越物的净空距离，设为 H_1，则

$$\begin{aligned}H_1 &= \overline{NB} - \overline{NN_1} = H - \Delta f_N\\ &= l(\tan\theta_N - \tan\theta_B) - 4\left(\sqrt{f_C^2 + \frac{3l^4}{8l_{db}^2}(t_O - t)a} - f_C\right)\frac{l_N}{l}\left(1-\frac{l_N}{L}\right)\end{aligned} \tag{3-7-81}$$

架线弧垂测量数据记录表见表 3-7-2。

表 3-7-2 **架线弧垂测量数据记录表**

工程名称：________ 仪器型号：________ 仪器编号：________ 测量日期：___年___月___日 天气：________

观测档	测站位置	仪高	测量温度	水平盘读数	竖直盘读数	a 值	b 值	h 值	l 值	计算结果

观测人： 记录人： 立测杆人：

第四章

环境保护措施

一、一般要求

（1）施工前，应对线路施工现场进行调查，了解线路沿线居民区、矿产资源、文物古迹、风景区、保护区、野生动植物、河流、树木、农作物等情况。熟悉国家、当地政府、业主有关环境保护（以下简称环保）的法规及其他要求。

（2）施工前及采用新技术、新材料、新工艺、新设备前，应对线路施工活动可能产生的环境影响因素进行识别和分析，并在施工组织设计、安全文明施工实施细则、作业指导书、施工方案中编制相应的环保措施。

（3）施工单位应按设计要求组织施工，确保线路投产后环境影响的最小化。

（4）施工技术交底的同时，应对工程项目的环保措施进行交底。

（5）应对施工人员进行环保施工教育培训，增强施工人员环保意识。

（6）应定期对施工现场环保措施的实施情况进行检查，做好检查记录。

（7）在施工现场的办公区和生活区应设置明显的节能宣传标识。

二、资源节约措施

1．节约土地及防水土流失

（1）施工临时占地在满足施工要求的前提下，保持最小化。

（2）施工场地应实行封闭管理。采用安全围栏进行围护、隔离、封闭。

（3）按设计要求控制基面开挖，严禁随意弃土。

（4）场地位于耕地时，要求生土、熟土分别堆放，施工完后恢复原貌。

（5）山区施工宜尽量利用原有的小道作为小运道路，减少对山体植被的破坏。

（6）位于坡面的基础，开挖前应设置拦挡和排水设施。

（7）材料站、加工区选择时，应优先考虑利用荒地、废地或闲置的土地。

（8）爆破开挖应控制装药量和爆破范围，采取措施，控制可能造成的水土流失及对周围环境的影响。

2．节能

（1）油品节约措施。

1）施工机械宜选用高效节能型设备。

2）施工机械设备应建立按时保养、保修、检验制度。

3）建立机械、车辆燃油统计台账，制订设备油料消耗定额。

4）合理选择材料站位置，缩短运输半径。

5）合理组织施工，提高机械设备的使用率。

（2）电能节约措施。

1）照明器具宜选用节能型。室外照明宜采用高强度气体放电灯，办公室等场所宜采用细管荧光灯，生活区宜采用紧凑型荧光灯。在满足照度的前提下，办公室节能型照明器具功率密度值不得大于 8W/m²，宿舍不得大于 6W/m²，仓库照明不得大于 5W/m²。

2）规定合理的温、湿度标准和使用时间，提高空调和采暖装置的运行效率。夏季室内空调温度设置不得低于 26℃，冬季室内空调温度设置不得高于 20℃。空调运行期间应关闭门窗。

3）220V/380V 单相用电设备接入 220V/380V 三相系统时，宜使三相负荷平衡。

4）用电必须装设电表，进行电能计量与控制。

5）用电电源处应设置明显的节约用电标识。

（3）办公区、生活区宜安装太阳能装置提供生活热水。

（4）临时设施的设计、布置与使用，应采取有效的节能降耗措施，并符合下列规定：

1）利用场地自然条件，合理设计办公及生活临时设施的体形、朝向、间距和窗墙面积比，冬季利用日照并避开主导风向，夏季利用自然通风。

2）临时设施宜选用由高效保温隔热材料制成的复合墙体和屋面，以及密封保温隔热性能好的门窗。

（5）施工使用的材料宜就地取材。

3. 节水

（1）用水宜使用节水型生活用水器具，在水源处应设置明显的节约用水标识。

（2）施工井点降水，必须经项目部审查；排水不得漫灌地面，应导入地表沟、渠、河流或地下。

（3）应充分利用雨水资源，保持水体循环。

（4）提倡对废水进行回收后循环利用。

4. 节约材料与资源利用

（1）优化施工方案，选用绿色材料，积极推广新技术、新材料、新工艺，促进材料的合理使用，降低实际施工材料的消耗量。

（2）对周转材料进行保养维护，维护其质量状态，延长其使用寿命。按照材料存放要求进行材料装卸和临时保管，避免因现场存放条件不合理而导致浪费。

（3）施工现场应建立可回收再利用物资清单，制订并实施可回收废料的回收管理办法，提高废料利用率。

（4）推广先进工艺、技术，降低钢筋、导线剪裁浪费；合理确定混凝土掺和料及配合比，降低水泥消耗。

三、防治环境污染措施

1. 扬尘污染控制

（1）施工现场土方作业应采取防止扬尘措施，土方应集中堆放。

（2）运输过程中应对运输物采取相应保护措施，防止沿途散溢。

（3）材料存放区、加工区及模板存放场地应平整坚实。

（4）有条件的施工现场可使用预拌混凝土。

2. 有害气体排放控制

（1）施工车辆、机械设备的尾气排放应符合国家的排放标准。

（2）施工中所使用的阻燃剂、混凝土外加剂氨的释放量应符合国家标准。

3. 水土污染控制

(1) 灌注桩施工须设置泥浆沉淀池，禁止将泥浆水直接排入农田、池塘。

(2) 施工现场机械设备不得漏油；现场维修机械设备，应在地面铺垫或使用容器，避免油料污染土地。

(3) 食堂应设隔油池，并应及时清理。

(4) 临时厕所应有防污染措施。

4. 噪声污染控制

(1) 选用噪声较低的施工机械、设备，对机械、设备采取必要的消声、隔振和减振措施，同时做好机械设备日常维护工作。

(2) 临近居住区的施工现场应根据国家标准的要求制订降噪措施，并对施工现场场界噪声进行检测和记录，噪声排放不得超过国家标准。

施工现场场界噪声应符合表 4-0-1 规定。

表 4-0-1　　施工现场场界噪声限值表

施工阶段	主要噪声源	噪声限值（dB）	
		昼间	夜间
土石方	推土机、挖掘机、装载机等	75	55
打桩	各种打桩机等	85	禁止施工
结构	混凝土搅拌机、振捣棒、电锯等	70	55
装修	吊车、升降机等	65	55

(3) 牵张场地设置宜考虑远离居民区。在居民区附近进行打桩施工，应采取降低噪声措施。

(4) 邻近居民区施工，对因生产工艺要求或其他特殊需要，确需在夜间进行超过噪声标准施工的，施工前应向有关部门提出申请，经批准后方可进行夜间施工。

(5) 装卸材料应做到轻拿轻放。

5. 施工固体废弃物控制

(1) 砂石、水泥等材料现场存放时应铺垫。

(2) 施工后，对施工中产生的固体废弃物应全部清除。

(3) 施工垃圾、生活垃圾应分类存放，并按规定及时清运消纳。

6. 其他环境影响控制

(1) 导地线展放作业尽可能采用悬空展放方式，减少对跨越物损害。

(2) 在施工过程中发现文物时，应立即停止施工，保护现场并通报文物管理部门。

第二篇　基　础

第五章

土方工程施工

第一节　概　　述

高压架空输电线路工程施工建设中，土石方工程直接关系着线路的安全与稳定，是一项重要的分部工程。对于土方工程和石方工程本手册将分别介绍。本章主要介绍土方工程施工相关内容。

土方工程的主要施工内容包括施工基面和线下开方、临时道路修整、杆塔基础和拉线基础基坑挖掘、接地沟和排水沟挖掘以及土方的回填等。

第二节　施工流程与劳动组织

一、施工流程

杆塔基础土方施工工艺流程见图 5-2-1，其中基础浇制部分的具体内容见本篇第七章现场浇制混凝土施工。

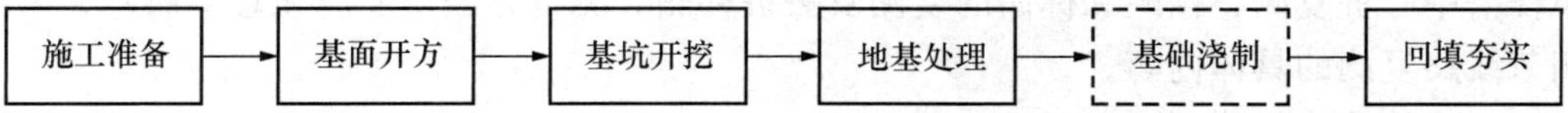

图 5-2-1　土方施工工艺流程图

二、劳动组织

土方施工劳动组织及岗位职责见表 5-2-1。

表 5-2-1　　**土方施工劳动组织及岗位职责**

序号	岗位	人数	岗 位 职 责	备注
1	现场指挥	1	负责人员分工、安全及质量检查、指挥	
2	技工	2（3）	负责基坑测量、尺寸检验	机械开挖包括 1 名司机
3	安全监护	1	负责安全检查及监督	
4	普工	20	负责基坑挖掘、渣土运输等	
5	合计	24（25）		

注　掏挖式基础基坑施工，人工开挖时普工可根据需要减少。机械开挖基坑时，普工可根据需要减少。

第三节 施 工 准 备

土方工程施工前的准备工作主要有现场调查、线路复测、土体分类与鉴别、土方工程量计算等。

一、现场调查

施工前应进行现场调查，详细了解和掌握地质、地貌、水文、交通等情况，作为编制施工方案的依据，现场调查主要包括以下方面。

（1）地质：包括土体的类型、结构等。除查阅工程设计勘测资料外，还要依靠现场勘查和访问，需特别注意区域地质、矿产分布、地震与冻土深度等方面的有关图纸和资料的搜集。

（2）水文：对沿线及塔位附近分布的地下水（包括井、泉、沼泽等），应详细调查，掌握地下水的类型、埋藏深度、含水层性质、地下水补给等以及降雨情况，以制定合理排水措施。

（3）地形地貌：地貌分为山地、丘陵、高原、平原、盆地及地表植被情况等。了解和掌握地貌情况，有利于正确制订施工方案。

（4）环境：包括自然环境和社会环境，自然环境包括自然保护区、风景游览区、古墓、古建筑物、居民区等；社会环境包括绿化要求和规定、当地民风民俗等。

（5）交通情况：主要调查大小运输的道路情况，特别是需要新修或补修的道路。

二、线路复测

线路复测的任务是核对设计单位提供的杆塔明细表、平断面图与现场是否相符，设计标桩是否丢失或移动，为基础施工做好准备。线路复测的主要项目有：直线杆塔中心桩复测、转角杆塔中心桩复测、档距和标高的复测及丢桩补测。测量方法及复测注意事项详见第三章第四节线路复测的具体内容。

三、土体分类与鉴别

1．土体在施工中的分类

输电线路工程施工中将常见的土体分为：碎石土、砂土、黏性土和人工填土。

（1）碎石土。碎石土是指粒径大于 2mm 的颗粒质量超过总质量的 50% 的土，根据颗粒级配及形状分为：漂石（块石）、卵石（碎石）、圆砾（角砾），见表 5-3-1。碎石土的密实度分为密实、中密、稍密和松散，见表 5-3-2。

表 5-3-1　　碎石土分类表

土的分类	颗粒形状	颗粒配级
漂石（块石）	圆形及亚圆形为主 （棱角状为主）	粒径大于 200mm 的颗粒超过总质量 50%
卵石（碎石）	圆形及亚圆形为主 （棱角状为主）	粒径大于 20mm 的颗粒超过总质量 50%
圆砾（角砾）	圆形及亚圆形为主 （棱角状为主）	粒径大于 2mm 的颗粒超过总质量 50%

注　分类时应根据颗粒级配由大到小，以最先符合者确定。

表 5-3-2　　碎石土的密实度

密实度	重型圆锥动力触探锤击数 $N_{63.5}$	密实度	重型圆锥动力触探锤击数 $N_{63.5}$
密实	$N_{63.5}>20$	稍密	$5<N_{63.5}\leqslant10$
中密	$10<N_{63.5}\leqslant20$	松散	$N_{63.5}\leqslant5$

注　1. 本表适用于平均粒径小于等于 50mm 且最大粒径不超过 100mm 的卵石、碎石、圆砾、角砾。对于平均粒径大于 50mm 或最大粒径大于 100mm 的碎石土，可用超重型动力触探鉴别其密实度。
2. 重型圆锥动力触探锤击数 $N_{63.5}$ 是指使用质量为 63.5kg 的圆锥形重锤，落距为 76cm 时，贯入土体深度 10cm 所需要的次数。超重型动力触探 N_{120} 是指使用质量为 120kg 圆锥形重锤，落距为 100cm，贯入深度为 10cm 时所需要的次数。
3. 表内 $N_{63.5}$ 为经综合修正后的平均值。

（2）砂土。粒径大于 2mm 的颗粒质量不超过总质量的 50%，粒径大于 0.075mm 的颗粒质量超过总质量 50%的土为砂土。根据颗粒级配分为砾砂、粗砂、中砂、细砂和粉砂，见表 5-3-3。砂土的密实度分为密实、中密、稍密和松散，见表 5-3-4。

表 5-3-3　　砂土分类表

土的名称	颗粒配级	土的名称	颗粒配级
砾砂	粒径大于 2mm 的颗粒占总质量 25%～50%	细砂	粒径大于 0.075mm 的颗粒超过总质量 85%
粗砂	粒径大于 0.5mm 的颗粒超过总质量 50%	粉砂	粒径大于 0.075mm 的颗粒不超过总质量 50%
中砂	粒径大于 0.25mm 的颗粒超过总质量 50%		

注　分类时应根据颗粒级配由大到小，以最先符合者确定。

表 5-3-4　　砂土的密实度

密　实	中　密	稍　密	松　散
$N>30$	$15<N\leqslant30$	$10<N\leqslant15$	$N\leqslant10$

注　N 为标准贯入试验锤击数。

（3）黏性土。黏性土指的是含黏土粒较多，透水性较小的土。压实后水稳性好，强度较高，毛细作用小。

1）按塑性指数 I_P 划分见表 5-3-5。

表 5-3-5　　黏性土按塑性指数 I_P 分类

黏性土分类名称	黏土	粉质黏土
塑性指数 I_P	$I_P>17$	$10<I_P\leqslant17$

注　1. 黏性土可塑性的大小用土处在塑性状态的含水量变化范围来衡量，从液限到塑限含水量的变化范围越大，土的可塑性越好，这个范围称为塑性指数 I_P。
2. 塑性指数由相应 76g 圆锥体沉入土样中深度为 10mm 时测定的液限计算而得。
3. 粉土为介于砂土与黏性土之间，塑性指数 $I_P<10$ 且粒径大于 0.075mm 的颗粒含量不超过总质量 50%的土。

2）黏性土的状态根据液性指数 I_L 划分见表 5-3-6。

表 5-3-6　　黏性土的状态按液性指数 I_L 分类

塑性状态	坚硬	硬塑	可塑	软塑	流塑
液性指数 I_L	$I_L\leqslant0$	$0<I_L\leqslant0.25$	$0.25<I_L\leqslant0.75$	$0.75<I_L\leqslant1$	$I_L>1$

注　黏性土的液性指数是判断土的软硬状态的指标，与土的类别及含水量有关，同一种土，含水量越大则液性指数越大，土质越软。

(4) 人工填土。人工填土分为下列三种：

1) 素填土：由碎石土、砂土、黏性土等一种或几种土组成的填土，其中不含杂质或含杂质很少。按主要组成物质分为碎石素填土、砂性素填土、粉性素填土及黏性填土。经分层压实后则称为压实填土。

2) 杂填土：杂填土是含大量建筑垃圾、工业废料或生活垃圾等杂物的填土。按其组成物质成分和特征分为建筑垃圾土、工业废料土及生活垃圾土。

3) 冲填土：由水力冲填泥砂形成的沉积土。

在施工现场，为了保证基坑开挖的安全，除掏挖桩基础外，不用挡土板时，坑壁应留有适当坡度。这时，一般将土分为黏性土、干黄土、碎石土（坚土）、亚黏土和湿黄土（次坚土）、砂质黏土（普通土）及砂、砾、淤泥（软土）。

2. 土的工程分类

土的工程分类一般用于施工预算，目前建筑定额中，采用八类分类法。其中软石、次坚石、坚石、特坚石，即五、六、七、八类见第六章石方工程施工中表 6-2-3，其余一、二、三、四类见表 5-3-7。

表 5-3-7　　土的工程分类表

建筑定额土的分类	土的级别	土的名称	坚实系数(f)	密度(t/m³)	开挖方法及工具	相当于线路定额分类
一类土（软松土）	Ⅰ	砂；亚砂土；冲积沙土层；种植土；泥炭（淤泥）	0.5～0.6	0.6～1.5	能用锹、锄头挖掘	普通土
二类土（普通土）	Ⅱ	亚黏土；潮湿的黄土；夹有碎石、卵石的砂、种植土、填筑土及亚砂土	0.6～0.8	1.1～1.6	用锹、锄头挖掘，少许翻松	次坚土
三类土（坚土）	Ⅲ	软及中等密实黏土；重亚黏土；粗砾石；干黄土及含碎石、卵石的、亚黏土；压实的填筑土	0.8～1.0	1.75～1.9	主要用镐，少许用锹、锄头挖掘，部分用撬棍	坚土
四类土（砂砾坚土）	Ⅳ	重黏土及纪黏土；卵石的黏土；粗卵石；密实的黄土；天然级配砂石；软泥灰岩及蛋白石	1.0～1.5	1.9	整个用镐、撬棍；然后用锹挖掘，部分用楔子及大锤	砂石土

3. 土的现场鉴别方法

土的类型可现场用开挖、钻探、刀切捻摸、浸水等方法观察其特征、状态、颜色、含有物等情况进行鉴别。现按碎石土、砂土、黏性土、人工填土分别介绍如下。

(1) 碎石土的鉴别。碎石土类型鉴别方法见表 5-3-8，碎石土密度鉴别方法见表 5-3-9。

表 5-3-8　　碎石土类型鉴别方法

类别	土的名称	观测颗粒粗细	干燥状态及强度	湿润时用手拍击状态	黏着程度
碎石土	卵（碎）石	一半以上的颗粒超过 20mm	颗粒完全分散	表面无变化	无黏着感觉
	圆（角）砾	一半以上的颗粒超过 2mm	颗粒完全分散	表面无变化	无黏着感觉

表 5-3-9 碎石土密实度鉴别方法

密实度	骨架颗粒含量和排列	开挖情况	钻探情况
密实	骨架颗粒含量大于总质量的70%，呈交错排列，连续接触	锹镐挖掘困难，用撬棍方能松动；坑壁一般较稳定	钻进极困难，冲击钻探时，钻杆、吊锤跳动剧烈，孔壁较稳定
中密	骨架颗粒含量等于总质量的60%～70%，呈交错排列，大部分接触	锹镐可挖掘，坑壁有掉块现象，从坑壁取出大颗粒处，能保持颗粒凹面形状	钻进较困难，冲击钻探时，钻杆、吊锤跳动不剧烈，孔壁有坍塌现象
稍密	骨架颗粒含量等于总质量的55%～60%，排列混乱，大部分不接触	锹可挖掘，坑壁易坍塌，从坑壁取出大颗粒后，砂性土立即塌落	钻进较容易，冲击钻探时，钻杆稍有跳动，孔壁易坍落
松散	骨架颗粒含量小于总质量的55%，排列十分混乱，绝大部分不接触	锹易挖掘，坑壁极易坍塌	钻进很容易，冲击钻探时，钻杆无跳动，孔壁极易坍塌

注 1. 骨架颗粒是指表 5-3-1 相对应粒径的颗粒；
2. 碎石土的密实度，应按表列特征综合确定。

（2）砂土的鉴别方法。砂土的类型鉴别方法见表 5-3-10，砂土密实度鉴别方法见表 5-3-11。

表 5-3-10 砂土的类型鉴别方法

类别	土的名称	观测颗粒粗细	干燥状态及强度	湿润时用手拍击状态	黏着程度
砂土	砾砂	约有 25%～50%的颗粒超过2mm（小高粱粒大小）	颗粒完全分散	表面无变化	无黏着感觉
	粗砂	约有一半以上的颗粒超过0.5mm（细小米粒大小）	颗粒完全分散，但有个别胶在一起	表面无变化	无黏着感觉
	中砂	约有一半以上的颗粒超过0.25mm（白菜籽粒大小）	颗粒基本分散，局部胶结但一碰即散	表面偶有水印	无黏着感觉
	细砂	大部分颗粒与粗豆米粉（>0.1mm）近似	颗粒大部分分散，小量胶结，部分稍加碰撞即散	表面有水印（翻浆）	偶有轻微黏着感觉
	粉砂	大部分颗粒与小米粉近似	颗粒小部分分散，大部分胶结，稍加压力即散	表面有显著翻浆现象	有轻微黏着感觉

注 在观测颗粒粗细进行分类时，应将鉴别的土样从表中颗粒最粗类别逐级查对，首先符合某一类土的条件时，即按该类土定名。

表 5-3-11 砂土密实度鉴别方法

砂的密度	挖坑情况及特征
密实	坑壁很稳定，铁铲难以插入土中
中密	坑壁易发生掉块，以脚压铁铲可以进入土中
稍密	
松散	用手可以挖动，铁铲可以自由插入

（3）黏性土的鉴别方法。一般黏性土鉴别方法见表 5-3-12，新近沉积黏性土鉴别方法，见表 5-3-13。

表 5-3-12　　**黏性土的鉴别方法**

土的名称	湿润时用刀切	湿土用手捻摸时的感觉	土的状态		湿土搓条情况
			干 土	湿 土	
黏土	切面光滑，有黏刀阻力	有滑腻感，感觉不到有砂粒，水分较大，很黏手	土块坚硬，用锤才能打碎	易黏着物体，干燥后不易剥去	塑性大，能搓成直径小于 0.5mm 长条（长度不短于手掌），手持一端不易断裂
粉质黏土	稍有光滑面，切面平整	稍有滑腻感，有黏滞感，感觉有少量砂粒	土块用力可压碎	能黏着物体，干燥后较易剥掉	有塑性，能搓成直径为 2～3mm 的土条
粉土	无光滑面，切面稍粗糙	有轻微黏滞感或无黏滞感，感觉有砂粒存在，粗糙	土块用手捏或抛扔时易碎	不易黏着物体，干燥后一碰就掉	塑性小，能搓成直径为 2～3mm 土条，土条很短

表 5-3-13　　**新近沉积黏性土的鉴别方法**

沉积环境	颜　色	结构性	含有物
河漫滩和山前洪冲积扇（锥）的表层，古河道，已填塞的湖、塘、沟、谷；河道泛滥区	颜色较深而暗，呈褐、暗黄或灰色，含有机质较多时带灰黑色	结构性差，用手扰动原状土时极易变软，塑性较低的土还有振动析水现象	在完整的剖面中无原生的粒状结核体，但可能含有圆形的钙质结构体（如姜结石）或贝壳等，在城镇附近可能含有少量碎砖陶片或朽木等人类活动的遗物

（4）人工填土、淤泥、黄土、泥炭的鉴别。人工填土与自然形成的淤泥、黄土、泥炭易混淆，其鉴别方法见表 5-3-14。

表 5-3-14　　**人工填土、淤泥、黄土、泥炭的鉴别方法**

土的名称	观察颜色	夹杂物质	形状（构造）	浸入水中的现象	湿土搓条情况
人工填土	无固定颜色	砖瓦碎块、垃圾、炉灰等	夹杂物显露于外，构造无规律	大部分变为稀软淤泥，其余部分为碎瓦炉渣在水中单独出现	一般能搓成 3mm 土条，但易断，遇有杂质甚多即不能搓条
淤泥	灰黑色有臭味	池沼中有半腐朽的细小动物遗体，如草根、小螺壳等	夹杂物轻，仔细观察可以发觉构造常呈层状，但有时不明显	外观无显著变化，在水面出现气泡	一般淤泥质土接近粉土，能搓成 3mm 土条（长至少 30mm）容易断裂
黄土	黄褐二色的混合色	有白色粉末出现在纹理之中	夹杂物质常清晰显见，构造上有垂直大孔（肉眼可见）	即行崩散而分成散的颗粒集团，在水面上出现很多白色液体	搓条情况与正常的粉质黏土类似

续表

土的名称	观察颜色	夹杂物质	形状（构造）	浸入水中的现象	湿土搓条情况
泥炭（腐殖土）	深灰或黑色	有半腐朽的动物遗体，其含量超过60%	夹杂物有时可见，构造无规律	极易崩碎，变为稀软淤泥，其余部分为植物根、动物残体渣滓悬浮于水中	一般能搓成1～3mm土条，但残渣甚多时，仅能搓成3mm以上的土条

四、土方工程量的计算

1. 土方工程量的计算

（1）单基杆塔基坑的开挖，常见的形状及体积计算公式见表5-3-15。

表5-3-15　　常见形状及体积计算公式

图　形		体积计算公式	图　形		体积计算公式
立方体	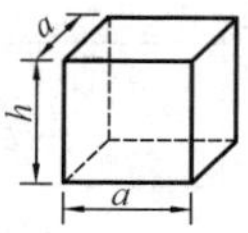	$V=a^2h$ (5-3-1)	圆台	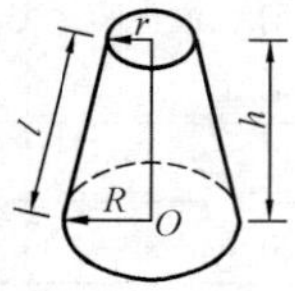	$V=\pi h(R^2+r^2+Rr)/3$ (5-3-4)
长方体	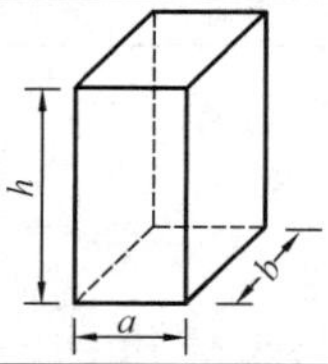	$V=abh$ (5-3-2)	棱台	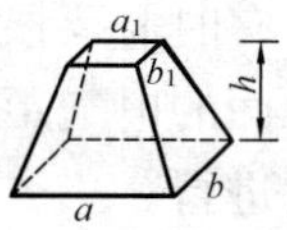	$V=\frac{1}{3}h\left(aa_1+bb_1+\sqrt{aa_1\cdot bb_1}\right)$ (5-3-5)
圆柱	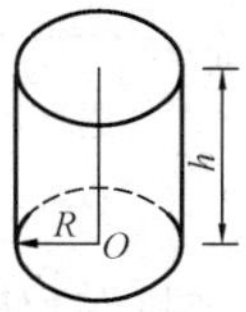	$V=\pi hR^2$ (5-3-3)			

（2）土方工程量的计算。杆塔基坑、拉线基础坑、接地槽及基面开方的土方量计算方法分述如下。

1）一般杆塔基坑土方量的计算公式分为放边坡与不放边坡两种情况，其计算简图如图5-3-1所示。

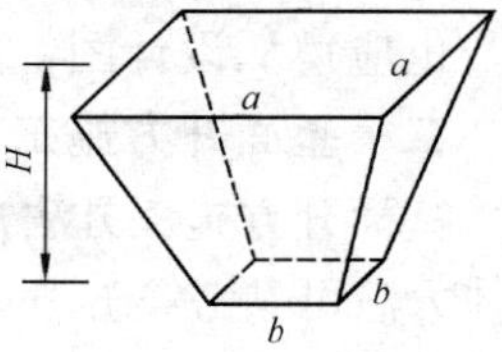

图5-3-1　杆塔基坑土方量计算简图

放边坡计算公式为

$$V=\frac{H}{3}(a^2+ab+b^2) \qquad (5\text{-}3\text{-}6)$$

式中　V——土方体积，m^3；

H——坑深，m；

a——坑口宽（m），$a=b+2H\times$边坡系数；

b——坑底宽（m），$b=$基础底板宽$+2\times$每边操作裕度。

不放边坡，其计算公式为

$$V = b^2 H \tag{5-3-7}$$

2）接地槽土方量的计算公式如下

$$V = bhl \tag{5-3-8}$$

式中 b——接地槽宽，m；

h——接地槽深，m；

l——接地槽长，m。

3）掏挖基础及人工挖孔桩基础土方工程量计算参考式（5-3-3）和式（5-3-4）进行。

4）施工基面开方土方量的计算方法详见第五章第四节四、基面开方土方量的计算。

2. 安全坡度系数和操作裕度

除掏挖桩基础外，不用挡土板挖坑时，为保证安全，坑壁应留有适当坡度（坑口某一侧放大尺寸与坑深的比值），坡度大小应视土质情况、地下水位和挖掘深度确定。为方便支模操作，坑底每一侧还应当留有适当的操作裕度。堆度和操作裕度一般可参照表 5-3-16 预留。

表 5-3-16　　基坑坡度系数和操作裕度

土质分类	砂、砾、淤泥（软土）	砂质黏土（普通土）	亚黏土、湿黄土（次坚土）	黏性土、干黄土、碎石土（坚土）
坡度系数	0.75	0.5	0.3	0.15
操作裕度（m）	0.3	0.2	0.2	0.2

第四节 基 面 开 方

在山区或丘陵地区，有时需要根据设计要求对施工基面进行平整或降基开方。有的地方因不满足架线后导线对地面的电气距离也需进行开方。基面开方应在基础施工前进行，线下开方可在架线前或架线后进行。

一、测量与放线

开方前应按设计图纸要求，对开挖的方位和范围进行测量，并做好标桩及放线标记。一般以杆塔中心为基准，按设计提供的开方数据施工。对于铁塔高低腿基础施工基面及线下开方，也应遵从设计图纸的规定。

二、基面开方施工方法

基面开方施工方法根据施工条件可采用人工开挖、机械开挖或爆破施工（冻土或岩石）。具体方法可参考第五章第五节中一般基坑的土方施工相关内容，爆破施工方法参考第六章第三节。

渣土运输可利用小推车、汽车等工具，运输过程中应采取措施防止遗撒。在保护区、旅游区等有特殊要求的地点，弃土堆放应符合环保要求。

三、土方调配

基面开方中一般需要进行合理的土方调配，以使土方运输量最小，同时能最大限度减少对农作物和植被的破坏。一般应遵循以下原则：

（1）应力求达到挖、填平衡和运距最短；

（2）应考虑近期施工与后期利用相结合；

（3）应考虑保护生态环境；

（4）土方调配与挖方工效发挥相结合；

（5）应考虑与以后工序施工相配合。

土方施工过程中应综合考虑上述原则，并经计算比较，选择经济合理的调配方案。

四、基面开方土方量的计算

由于杆塔所处地形情况的多样性，基面开方土方量的计算方法也较复杂，下面仅介绍其中较典型的一种地形的施工基面土方量的计算方法，计算简图如图 5-4-1 所示，其他地形可参照该方法进行计算。

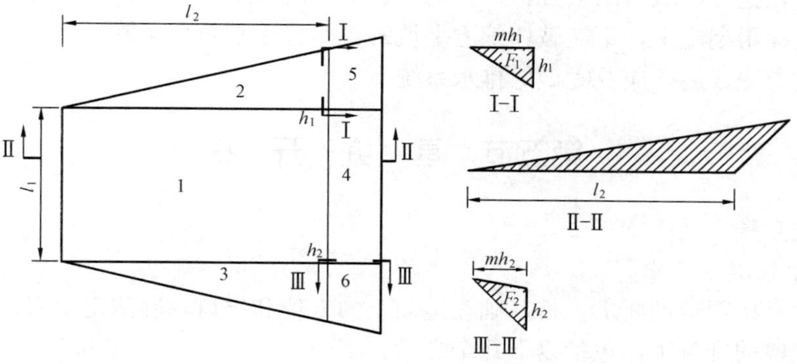

图 5-4-1　施工基面土方量计算简图

从图 5-4-1 可以看出，施工基面的土方量可以划分为四种近似的几何形体进行计算：四边棱柱体（如体积 1）；四边棱锥体（如体积 5、6）；三角棱柱体（如体积 4）；三角棱锥体（如体积 2、3）。各体积的计算公式分别为

$$V_1 = \frac{l_1 l_2}{4}(h_1 + h_2) \tag{5-4-1}$$

$$V_2 = \frac{1}{3}F_1 l_2 = \frac{1}{6}mh_1^2 l_2 \tag{5-4-2}$$

$$V_3 = \frac{1}{3}F_2 l_2 = \frac{1}{6}mh_2^2 l_2 \tag{5-4-3}$$

$$V_4 = \frac{m(h_1^2 + h_2^2)}{4}l_1 \tag{5-4-4}$$

$$V_5 = \frac{1}{3}m^2 h_1^3 \tag{5-4-5}$$

$$V_6 = \frac{1}{3}m^2 h_2^3 \tag{5-4-6}$$

以上式中　l——施工基面的长与宽，m；

h_1、h_2——角点的挖土高度，m；

F_1、F_2——体积 2、6 的端面积，m^2；

m——边坡系数，边坡系数取值见表 5-3-16。

当 $l_1 = l_2$ 和 $h_1 = h_2$ 时，则施工基面的总体积 V_{usm} 为

$$V_{usm} = V_1 + V_2 + V_3 + V_4 + V_5 + V_6$$

$$V_{usm} = \frac{l^2 h}{2} + 2 \times \frac{mh^2 l}{6} + \frac{mh^2 l}{2} + 2 \times \frac{m^2 h^3}{3}$$

$$= \frac{h}{6}(3l^2 + 5mhl + 4m^2h^2) \tag{5-4-7}$$

五、施工注意事项

(1) 开方前应清理或改造施工区内的障碍物，如管道、电力线、通信线等，如有文物古迹、古墓等，应立即停止施工，通知有关部门处理。

(2) 土方开挖应从上到下分层分段进行，不得掏挖底脚，禁止采用自然坍落方法。

(3) 永久性边坡坡度，应根据设计图纸和要求确定，如地质与设计资料不符，应由设计单位重新确定边坡坡度。

(4) 对于在挖方区域内的上方，如有危石、活动的大土块等，应及时清理。

(5) 不宜在雨期施工，不应破坏挖方上坡的自然植被和防水系统。

(6) 在挖方完成后，应及时做好排水系统。

第五节 基 坑 开 挖

一、分坑测量

1. 分坑测量准备工作

基础分坑是按图纸的要求，将基础在地面上的方位和坑口轮廓测定出来，以作土方施工的依据。分坑前的准备工作包括以下几个方面：

(1) 分坑测量前必须编制分坑尺寸明细表。该表内容包括杆塔形式、基础根开（正面、侧面)、基础对角线（包括基坑远点、近点、中心线）及坑口尺寸等项目。

(2) 对于终端塔、转角塔、换位塔等特殊杆塔，应根据设计单位规定的中心桩位移值及位移方向列入分坑尺寸明细表。

(3) 准备充足的木桩或竹片桩，木桩规格宜为 40mm×40mm×400mm，竹片桩规格宜为 6mm×40mm×350mm。在土方施工过程中应注意对标桩的保护。

(4) 必须在线路复测确认无误后，方可开始分坑测量。检查桩位处的施工基面，是否已按设计要求开方，边坡是否稳定。

(5) 坑口尺寸确定。每个基础的坑口宽度应根据基础底板宽、坑深及安全坡度进行计算，安全坡度系数见表 5-3-16。若为掏挖式基础，坑口尺寸应符合设计要求。

(6) 分坑测量主要工器具有钢卷尺、经纬仪等，其使用时应在检验有效期内。

2. 分坑测量施工方法

基础分坑测量方法见综合分册第三章第五节土石方及基础施工测量。

二、基坑开挖

(一) 坑壁支撑的施工与计算

开挖基坑时，如地质和周围条件允许，可放坡开挖。但在建筑物密集的地区或地质条件不允许放坡的情况下，为防止坑壁坍塌，一般采用挡土板支撑坑壁的措施，以确保土方施工的安全。

1. 坑壁支撑方法

浅基坑、沟、槽的开挖，挡土板多采用横撑式土壁支撑法（见图 5-5-1)。横撑式土壁支撑根据挡土方式不同，分为水平挡土板式和垂直挡土板式两类，水平式挡土板的布置又分间续式和连续式两种，湿度较小的黏性土开挖深度小于 3m 时，可用间续式水平挡土板支撑；对松散和湿度大的土质可用连续式水平挡土板支撑。对松散和湿度很高的土可用垂直挡土板式支撑。

输电线路工程常用的挡土板有木质挡土板和铁挡土板，木质挡土板规格为：50mm×200mm×（2000～3000）mm；铁挡土板规格一般为：－4mm×200mm×（2000～3000mm）；横撑如用方木，则其截面应不小于150mm×150mm。

水平挡土板式支撑和垂直挡土板式支撑的计算原理是相同的，现以较常用的连续式水平挡土板式支撑说明其计算方法。水平挡土板式支撑由水平挡土板、立柱和横撑三部分组成，应分别计算支撑所承受的荷载。土壁压力的分布不仅与土的性质、土壁坡高有关，还与支撑的变形有关。由于支撑多为随挖、随铺、随撑，支撑构件的刚度不同，撑紧的程度又难以一致。故作用在支撑上的压力不能按库伦或朗肯土压力理论计算。实测资料表明，作用在木板支撑上的土压力分布很复杂，没有规律。支撑计算简图见图5-5-2。

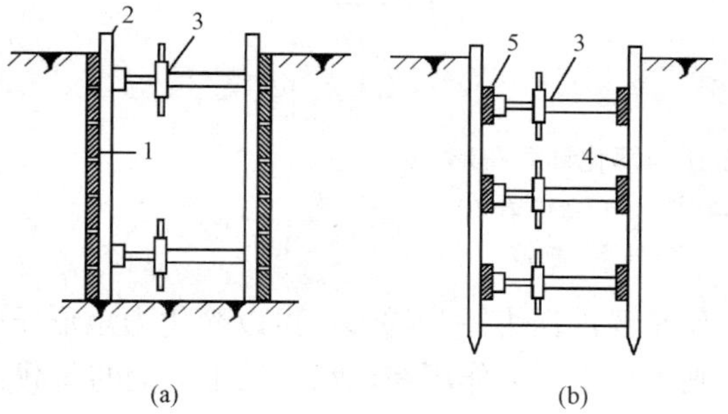

图5-5-1　横撑式土壁支撑示意图

（a）连续式水平挡土板支撑；（b）垂直挡土板支撑

1—水平挡土板；2—立柱；3—横撑；4—垂直挡土板；5—横木

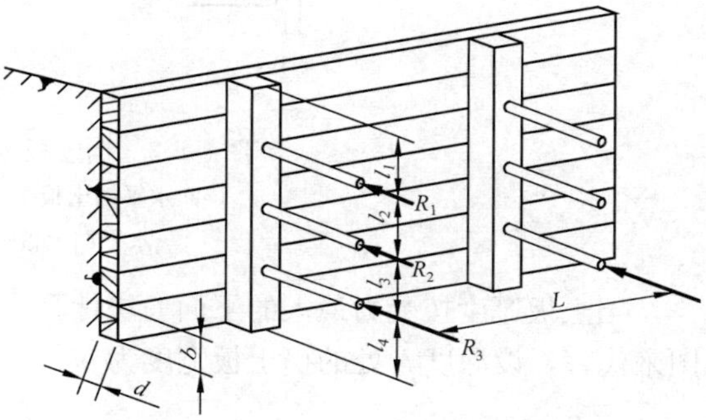

图5-5-2　挡土板支撑受力计算简图

2. 水平挡土板、立柱、横撑受力计算

（1）挡土板计算。以连续水平板式支撑为例，计算简图如图5-5-3（a）所示，水平挡土板与梁的作用相同，承受土的水平压力作用，设土与挡土板间的摩擦力不计，则深度 h 处的主动土压力强度为

$$p_a = \gamma h \tan^2\left(45° - \frac{\varphi}{2}\right) \tag{5-5-1}$$

其中

$$\gamma = \frac{\gamma_1 h_1 + \gamma_2 h_2 + \gamma_3 h_3}{h_1 + h_2 + h_3} \tag{5-5-2}$$

$$\varphi = \frac{\varphi_1 h_1 + \varphi_2 h_2 + \varphi_3 h_3}{h_1 + h_2 + h_3} \tag{5-5-3}$$

式中　p_a——土壁压力强度，kN/m^2；

h——基坑深度，m；

γ_1、γ_2、γ_3——不同土质层土体计算容重，kN/m^3，见表5-5-1；

φ_1、φ_2、φ_3——不同土质层土体计算内摩擦角，(°)，见表5-5-1；

h_1、h_2、h_3——不同土质层深度；

γ——坑壁土体平均容重，kN/m^3，见表5-5-1；

φ——土体平均内摩擦角，(°)，见表5-5-1。

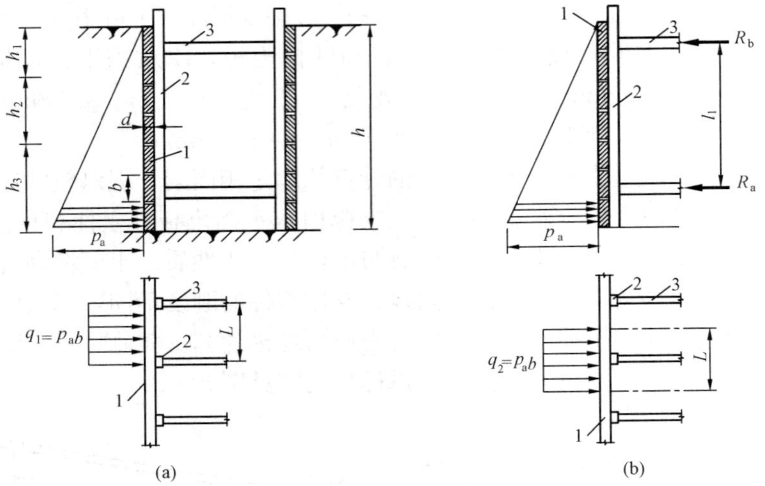

图 5-5-3 挡土板土壁压力简化计算图形

（a）水平挡土板受力情况；（b）立柱受力

1—水平挡土板；2—立柱；3—横撑

挡土板厚度按受力最大的下面一块计算，它所承受的压力图为梯形，可以简化为矩形压力图来代替，设深度 h 处的挡土板宽度为 b（m），则主动土压力作用在该水平挡土板上的荷载为

$$q_1 = p_a b$$

将挡土板视作简支梁，当立柱间距为 L 时，则挡土板承受的最大弯矩 M_{max}（N·m）为

$$M_{max} = \frac{p_a b L^2}{8} \tag{5-5-4}$$

所需挡土板的截面抵抗矩 W（cm^3）为

$$W = \frac{M_{max}}{f_m} \tag{5-5-5}$$

式中 f_m——木材的抗弯设计值，N/mm^2，见表 5-5-2。

需用木挡土板的厚度 d 为

$$d = \sqrt{\frac{6W}{b}} \tag{5-5-6}$$

表 5-5-1　　土的计算容重 γ 及计算内摩擦角 φ 表

土 名	粉土及粉质黏土				砂 土				
	坚硬	硬塑	可塑	软塑	砾砂	粗砂	中砂	细砂	粉砂
γ（kN/m^3）	17	17	16	15	19	17	17	16	15
φ（°）	35	35	30	15	38	35	35	30	30

土壁压力简化计算图形如图 5-5-4 所示。

（2）立柱计算。立柱为承受三角形荷载的连续梁，也按多跨简支梁计算，并按控制跨度设计其尺寸。当坑槽壁仅设置二道横撑木［见图 5-5-3（b）］时，其上下横撑间距 l_1，立柱间距为 L，则下端支点处主动土压力的荷载为 $q_2 = p_a L$（kN/m），式中 p_a 为立柱下端的土压力（kN/m^2）。

表 5-5-2　　**常用树种木材的强度设计值和弹性模量**　　(N/mm^2)

强度等级	组别	适用树种	抗弯设计值 f_m	顺纹抗压及承压 f_c	顺纹抗拉 f_t	顺纹抗剪 f_v	横纹承压 $f_{c,90}$ 全表面	横纹承压 $f_{c,90}$ 局部表面及齿面	横纹承压 $f_{c,90}$ 拉力螺栓垫板下面	弹性模量 E
TC17	A	柏木	17	16	10	1.7	2.3	3.5	4.6	10000
	B	东北落叶松		15	9.5	1.6				
TC15	A	铁衫、油杉	15	13	9	1.6	2.1	3.1	4.2	10000
	B	鱼鳞云杉、西南云杉		12	9	1.5				
TC13	A	油松、新疆落叶松、云南松、马尾松	13	12	8.5	1.5	1.9	2.9	3.8	10000
	B	红皮云松、丽江云杉、红松、樟子松		10	8	1.4				9000
TC11	A	西北云杉、新疆云杉	11	10	7.5	1.4	1.8	2.7	3.6	9000
	B	杉木、冷杉		10	7	1.3				
TB20	—	栎木、青冈、稠木	20	18	12	2.8	4.2	6.3	8.4	12000
TB17	—	水曲柳	17	16	11	2.4	3.8	5.7	7.6	11000
TB15	—	锥栗（拷木）、桦木	15	14	10	2	3.1	4.7	6.2	10000

注 1. 当采用原木时，若验算部位未经切削，其顺纹抗压和抗弯强度设计值和弹性模量可提高 15%。
2. 当构件矩形截面短边尺寸不小于 150mm 时，其抗弯强度设计值可提高 10%。
3. 当采用湿材时，各种木材横纹承压强度设计值和弹性模量，以及落叶松木材的抗弯强度设计值宜降低 10%。
4. 仅有恒荷载或恒荷载所产生的内力超过全部荷载所产生的内力的 80%时，应乘以 0.8 调整系数。

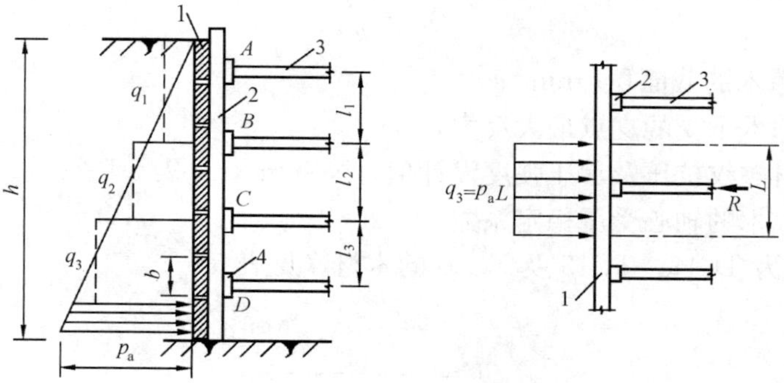

(a)　　(b)

图 5-5-4　土壁压力简化计算图形

（a）多道横撑支撑情况；（b）立柱承受荷载情况

1—水平挡土板；2—立柱；3—横撑；4—木楔

立柱承受三角形荷载作用，下端支点反力 R_a（kN）为

$$R_a = \frac{q_2 l_1}{3} \tag{5-5-7}$$

上端支座反力 R_b（kN）为

$$R_b = \frac{q_2 l_1}{6} \tag{5-5-8}$$

由此可求得最大弯矩所在截面与上端支点的距离 x 为

$$x = 0.587 l_1 \tag{5-5-9}$$

最大弯矩 M_{max} 为

$$M_{max} = 0.0642 q_2 l_1^2 \tag{5-5-10}$$

最大应力 σ（N/mm^2）为

$$\sigma = \frac{M_{max}}{W} \leqslant f_m \tag{5-5-11}$$

假设立柱截面为 $b_1 \times h_1$，则 $b_1 = \sqrt{\frac{6W}{h_1}}$，代入式（5-5-11）可确定立柱截面尺寸。

当坑槽壁设多到横撑木［见图 5-5-4（a)］，可将各跨间梯形分布荷载简化为均布荷载 q_i（等于其平均值），如图中虚线所示，然后取控制跨度求其最大弯矩 M_{max} 为

$$M_{max} = \frac{q_3 l_3^2}{8} \tag{5-5-12}$$

同上法确定立柱尺寸。

支点反力可按承受相邻两跨度上各半跨的荷载计算，如图 5-5-4（b）中间支点的反力为

$$R = \frac{q_3 l_3 + q_2 l_2}{2} \tag{5-5-13}$$

A、D 两点的外侧无支点，故计算的立柱两端的悬臂部分的荷载亦应分别由上下两个支点承受。

(3) 横撑计算。横撑木为承受支点反力的中心受压杆件，可按下式计算需用截面积

$$A_c = \frac{R}{k f_c} \tag{5-5-14}$$

式中 A_c——横撑木的截面积，mm^2；

R——横撑木承受的支点最大反力，N；

f_c——木材顺纹抗压及承压强度设计值，N/mm^2，见表 5-5-2；

k——横撑木的轴心受压稳定系数。

1) 强度等级为 TC17、TC15 及 TB20 的木材（见表 5-5-2）。

当 $\lambda \leqslant 75$ 时

$$k = \frac{1}{1 + \left(\frac{\lambda}{80}\right)^2} \tag{5-5-15}$$

式中 λ——构件的长细比。

当 $\lambda > 75$ 时

$$k = \frac{3000}{\lambda^2} \tag{5-5-16}$$

2) 强度等级 TC13、TC11、TB17、TB15 的木材

当 $\lambda \leqslant 91$ 时

$$k = \frac{1}{1 + \left(\frac{\lambda}{65}\right)^2} \tag{5-5-17}$$

当 $\lambda > 91$ 时

$$k = \frac{2800}{\lambda^2} \tag{5-5-18}$$

连续垂直板或支撑的计算，可参照连续水平板式支撑的计算方法（略）。

3. 挡土板支撑坑壁施工的一般规定

（1）凡地下水位高，又未采取降低水位措施，且是地质不良的流沙、淤泥、碎石及其他松散易坍的土壤基坑，挖掘深度超过 1.5m 时，宜使用挡土板支撑坑壁，以防坑壁倒塌，否则应按表 5-3-16 规定放坡。

（2）挡土板一般采用平口缝，如地下水涌量大，土壤颗粒细时应做成企口缝。

（3）挡土板的横撑间距不得大于 1.5m。

（4）垂直式挡土板打入时必须保持垂直，并应采取加强措施，防止挡土板破坏。

（5）垂直式挡土板深度一般应打至坑底以下 300～600mm。如为砂砾层时，可打入坑底以下 200～300mm。

（二）一般基坑的土方施工

一般基坑的土方施工是指杆塔基础坑、拉线坑、接地槽及排水沟的开挖。土体类别主要是碎石土、砂土、黏性土和人工填土，且地下水位在开挖深度以下。施工方法可采取人工直接挖掘或机械挖掘，在施工条件允许时，应尽量采用机械化施工。

1. 基本要求

（1）开挖前必须熟悉和掌握设计图纸、地质勘探资料和施工作业指导书，并进行全员技术、安全交底。

（2）收集施工所需的各项资料，包括地形、地貌、水文、交通、地下管线等。详细了解地下和地面情况。

（3）土方施工前，必须经线路测量，并进行分坑、放样、订立标志桩等工作。严格按照设计图纸和分坑放线尺寸施工。

（4）在施工前，研究制定现场场地平整、基坑开挖施工方案，绘制施工平面布置图，确定开挖路线、顺序、范围、边坡坡度、排水沟、集水井位置，以及土方堆放位置。编制需用施工机具、劳动力及进度计划。

（5）施工中如发现文物或古墓等，应妥善保护，并应立即报请当地有关部门处理后，方可继续施工。如发现测量用的永久性标桩或地质、地震部门设置的长期观测孔等设施在土方开挖范围之内，也应取得原设置单位或保管单位同意。

（6）在敷设有地上或地下管道、电力线的地段进行土方工程施工，应事先取得管线管理部门的书面同意；施工中应采取措施，防止损坏管线。

（7）山区施工，如因土方施工可能产生滑坡时，应采取措施。在陡坡山坡脚下施工，应事先检查山坡坡面情况，如有危岩、孤石、崩塌体、滑坡体等不稳定迹象时，也应作妥善处理。

（8）根据土方和基础工程量、工期及施工力量安排等修建临时施工设施和道路。简易道路应满足机械设备进场、转场和材料运输车辆通行要求。

2. 人工开挖

土方工程人工直接挖掘施工注意事项如下：

（1）基坑底面积在 $2m^2$ 以内时，只允许一人挖掘；如基坑底面积大于 $2m^2$ 时，可以由两人同时挖掘，但不得面对面作业。

（2）基坑深度超过 1.5m 时，抛土应注意防止土石回落坑内，宜使用提升工具提升至地面，堆放至适当位置。

（3）在土方开挖时，应保证基坑边坡稳定，弃土堆坡脚至基坑边沿的距离，应满足安全要求。

（4）土方施工应尽量减少对开挖范围以外的地面和农作物的破坏，并应注意保护自然植被。在山区不得将弃土直接抛掷至山坡下，必要时应采取砌筑护坡或将渣土运送到指定地点等措施。土方施工时，应保护塔位桩及检查用的补助桩。

（5）在山坡上挖接地沟时，宜沿等高线开挖，沟底面应尽量平整，沟深不得有负偏差，并应清除沟中影响接地的杂物。

（6）基坑在挖掘过程中，应随时注意监控坑壁情况，发现问题及时采取措施。

（7）当基坑土质松软或受周围条件限制无法放坡时，需设置坑壁支撑，应根据开挖深度、土质条件、地下水位、施工方法、相邻建筑物和构筑物等进行选择和设计。支撑应经计算，必须牢固可靠，确保施工安全。

（8）采取挡土板作坑壁支撑时，应随挖随撑，支撑牢固。施工中应经常检查，如有松动、变形等现象时，应及时加固或更换。在雨季或化冻期，应加强检查。

（9）开挖基坑时，应合理确定开挖顺序和分层开挖深度。当接近地下水位时，应先完成标高最低处的挖方，以便在该处集中排水。

（10）基坑或沟挖至设计深度后，应按隐蔽工程管理办法会同监理单位、设计单位等，检查基坑各部尺寸及土质是否符合要求，并做好隐蔽工程记录。

（11）在膨胀地区开挖基坑时，除应符合本节有关规定外，尚应符合下列规定：

1）场地平整后至基坑的开挖宜间隔一段时间以减少基土的胀缩变形。

2）基坑的开挖、地基与基础的施工和回填等应连续进行，并应避免在雨中施工。

3）开挖后，基土不得受烈日曝晒或雨水浸泡；必要时可在基底标高以上先留置适当厚度基土不开挖，待基础施工时再挖掘。

4）采用砂土回填地基时，应先将砂浇水至饱和状态后再铺填夯实，不得采用向基坑内浇水使砂自然密实的施工方法。

5）回填土应符合设计要求，如设计无要求时，宜选用非膨胀性土、弱膨胀土或掺有适当比例非膨胀性土料的混合土。

（12）雨期施工，应遵守下列规定：

1）雨期施工的工作面不宜过大，应逐段、逐片的分期完成。重要的或特殊的土方工程，应尽量避免雨期施工。

2）雨期中应有保证工程质量和安全施工的技术措施，并随时掌握气象变化情况。

3）雨期施工前，应对施工现场原有排水系统进行检查、疏通或加固，必要时应增加排水设施，保证水流畅通。在施工现场周围应防止地面水流入场内。在傍山、沿河地区施工，应采取必要的防洪措施。

4）雨期开挖基坑时，应注意边坡稳定。必要时可放缓边坡坡度或设置支撑。施工时应加强对边坡和支撑的检查。

5）雨期开挖基坑时，应在坑外侧围以土堤或开挖排水沟，防止地面水流入。

（13）冬期施工。当室外日平均气温连续5天稳定低于－5℃时即进入冬期施工。土方工程不宜在冬期施工，如必须在冬期施工时，其施工方法应经技术经济比较后确定。施工前应周密计划，做好准备，做到连续施工。并应符合下列规定：

1）采用防止冻结法开挖土方时可在冻结前用保温材料覆盖或将表层土翻耕耙松，其翻耕深度应根据当地冻土深度等气象条件确定，一般不小于0.3m。

2）松碎冻土采用的机具和方法，应根据土质、冻结深度、机具性能和施工条件确定。

3）融化冻土应根据工程量大小、冻结深度和现场条件，选用锯末（或谷壳）焖火烘烤法、蒸汽（或热水）循环针法和电热法。融化时应按开挖顺序分段进行，每段大小应适应当天挖方的工程量。

4）对于冻胀土开挖基坑时，必须采取措施防止坑底基土遭受冻结。如基坑开挖完毕至基础施工之间有间歇时间，应在基底标高以上预留适当厚度的松土或用其他保温材料覆盖。

5）冬期开挖土方时，如可能引起邻近建筑物（或构筑物）的地基或其他地下设施产生冻结破坏时，应采取防冻措施。

6）在挖方工作面侧弃置冻土时，弃土堆坡脚至基坑边缘最小距离，应为常温条件下规定的距离，再加上弃土堆高度。

7）冻土可用爆破方法挖掘，爆破施工方法参考本篇第六章第三节岩土爆破施工相关内容。

（14）基础对永久性边坡要求。基础永久性边坡应按工程设计单位要求设置。

3. 机械开挖

对于最常使用的大块式基础土方施工，较常使用的挖掘机械是单斗挖掘机，可根据施工条件、工期要求及经济成本等因素选择使用。本节重点介绍液压反铲挖掘机的性能和施工方法。

（1）反铲挖掘机的性能。常用液压反铲挖掘机主要性能见表5-5-3。

表5-5-3　　常用液压反铲挖掘机的主要性能参数表

型号	铲斗容量（m^3）	最大挖掘半径 R（m）	最大挖掘高度 H（m）	最大卸载高度（m）	最大挖掘深度 h（m）
WY10	0.1	4.3	2.5	1.84	2.4
WLY40	0.4	7.76	5.39	3.81	4.09
WY60	0.6	8.17	7.93	6.36	4.2
WY60A	0.6	8.46	7.49	5.60	5.14
WY80	0.8	8.86	7.84	5.57	5.52
WY100	0.7～1.2	9.0	7.6	5.4	5.8
WY160	1.6	10.6	8.1	5.83	6.1

表中液压反铲挖掘机工作尺寸如图5-5-5所示。

（2）反铲挖掘机的施工方法。反铲挖掘机的开挖方式有沟端开挖和沟侧开挖两种。

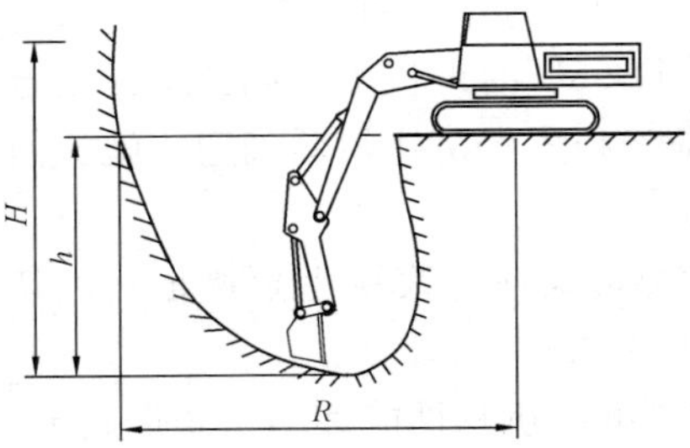

图 5-5-5 液压反铲挖掘机工作尺寸示意图
H—最大挖掘高度；h—最大挖掘深度；
R—最大挖掘半径

1）沟端开挖。挖掘机停于沟端，后退挖土，同时往基坑一侧弃土或装车运走。其优点是挖土方便，挖的深度和宽度较大。当基坑开挖面积较大时，可采分段开挖方法，当开挖深度较大时，可分段分层开挖，如图 5-5-6 所示。

2）沟侧开挖。挖掘机在沟槽一侧挖土。由于挖掘机移动方向与挖土方向相垂直，铲臂回转角度小，开挖深度和宽度均较小，同时挖掘机停靠在沟边，稳定性较差，但能将弃土置于距沟槽较远的地方，如图 5-5-7 所示。

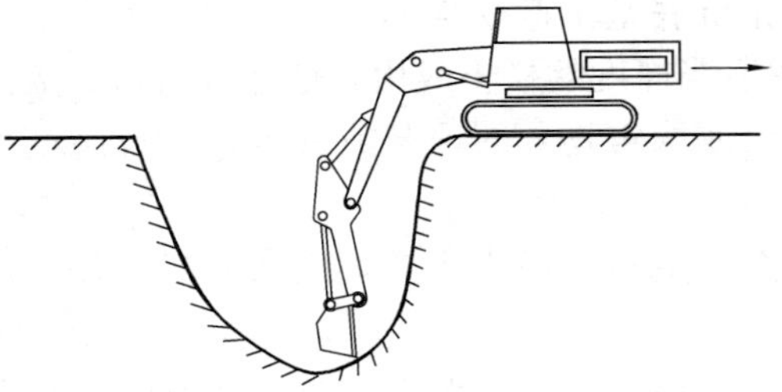

图 5-5-6 沟端开挖示意图

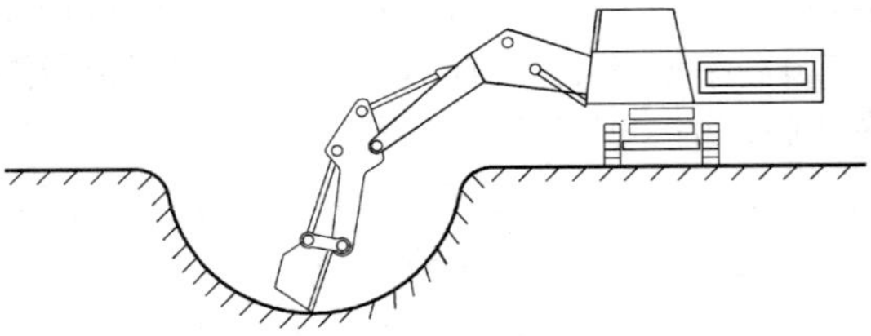

图 5-5-7 沟侧开挖示意图

（三）泥水坑土方排水施工

基坑开挖过程中，当遇有地下水或地表水的流入而造成基坑积水时，如果坑内的积水不能及时排除，不但会使施工条件恶化，且基坑遭水浸泡以后，还会造成坑壁坍塌和坑底承载能力下降。因此，应做好排水工作，基坑排水方法一般分为直接排水法和人工降低地下水位法。

1. 直接排水

本节仅介绍直接排水法中常用的地面截水和坑内排水两种方法。

（1）地面截水。在基坑附近有河流、水塘或雨水，可能流入坑内时，开挖之前应做好截水工作。如基坑在河流附近，则应采取上截水，下散水，疏通河沟，使地面水流畅通；如为死水泊，应尽可能远离基坑开挖放水渠道，降低水位或排净；为防止雨季降水流入，应在基坑周围设置排水沟。

另外，在湿陷性黄土地区，防水工作尤为重要，现场应有临时或永久排洪防水设施，防止基坑受水浸泡。如工程设计有特别规定，应按规定执行。

（2）坑内排水。对于浅基础或涌水量不大的基坑，通常采取在基坑底部开挖一处集水井，用人工或水泵直接将积水排至基坑范围以外，集水井的设置及排水方式如下：

1）集水井的设置。集水井应设置在基坑底部基础范围以外，并在地下水流向的上游。集水井深度要保持低于坑底 0.7～1.0m，直径一般为 0.6m 左右，坑壁可用竹木等加固和滤水。当基坑挖至设计标高后，集水井底应低于设计标高 1m 以下，并铺设碎石滤水层，以防在抽水时间较长时将泥砂抽出，并防止基坑底土层被搅动。

2）人工排水方式。人工排水常用工具为提水桶、手压泵等，从集水井内将集水排至坑外，这种方式一般适用于渗水速度比较缓慢，集水量不大的基坑。

3）水泵排水。基坑排水常用水泵有离心泵、潜水泵等，水泵动力有小型汽油机、柴油机，有时也用电动泵。水泵排水一般在渗水速度较大，集水较多的基坑开挖时使用。如水泵排水方式仍不能满足基坑开挖时，则应采取其他降低地下水方法，如集水井排水(见图 5-5-8)。

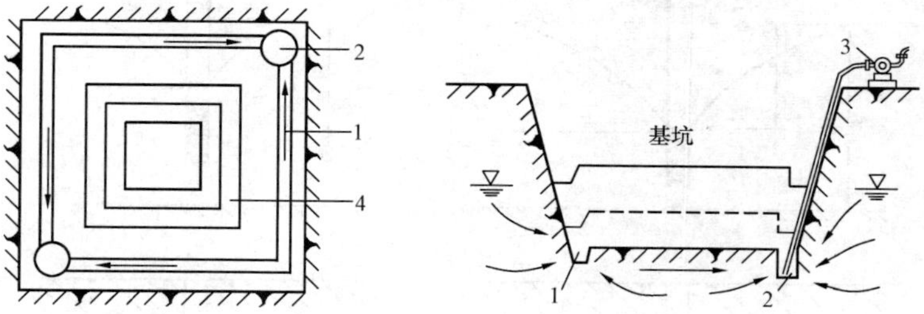

图 5-5-8　集水井排水

1—排水沟；2—集水井；3—水泵；4—基础

2. 人工降低地下水位

人工降低地下水位的主要方法有：轻型井点、喷射井点、电渗井点、管井井点及深井点等，其中在输电线路基础施工中轻型井点排水应用最为广泛，具有安装简易、经济适用的特点，如图 5-5-9 所示。

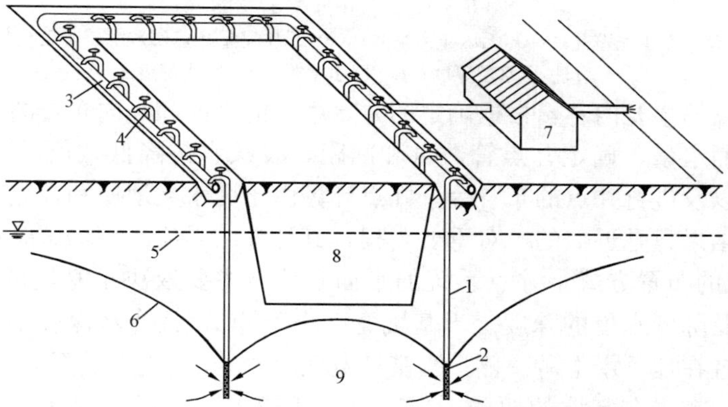

图 5-5-9　轻型井点排水法示意图

1—井管；2—滤管；3—总管；4—弯管；5—原地下水位；6—降低后地下水位；7—水泵房；8—基坑；9—含水层

(1) 轻型井点降低地下水施工工艺流程。轻型井点降低地下水施工工艺流程如图 5-5-10 所示。

确定降水方案 → 降水系统布置与计算 → 降水设备准备 → 井点系统安装 → 抽水系统测试 → 开始降水

图 5-5-10　轻型井点降低地下水施工工艺流程图

(2) 降水系统布置与计算。井点系统是以水井理论进行计算的，水井根据其井底是否到达不透水层，区分为完整井和非完整井，井底到达不透水层顶的称为完整井，否则为非完整井。根据地下水有无压力，水井有承压井和无承压井之分。凡井点的滤管布置在地下两层不透水层之间的含水层中，由于地下水充满在两层不透水层之间，此时，地下水面具有一定的水压，该井即称为承压井；若地下水的上部均为透水层，仅下部有不透水层，此地下水无水压，该水井即称为无压井，如图 5-5-11 所示。井点系统布置与计算，应根据地质水文钻探资料确定属于哪一种类型，然后再选定计算公式。

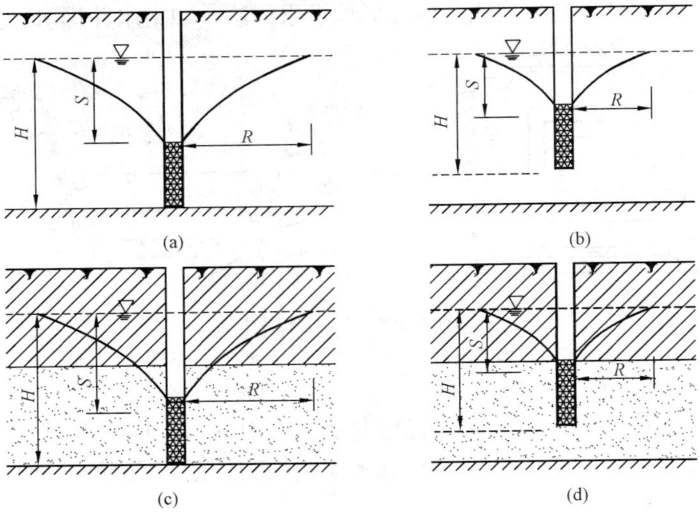

图 5-5-11 水井分类示意图

（a）无压完整井；（b）无压非完整井；（c）承压完整井；（d）承压非完整井

H—含水层厚度；R—降水半径；S—降水深度

轻型井点计算的主要内容：根据确定的井点系统的平面和竖向布置图计算单井井点和群井（井点系统）涌水量，确定井点管数量和间距，校核水位降低数值，选择抽水系统的类型、规格和数量以及进行井点的布置等。井点计算由于受水文地质和井点设备效率等多种因素的影响，计算结果只是近似的，对重要工程，其计算结果应经现场试验进行修正。

1）井点系统的布置方式。井点系统的平面布置，主要取决于基坑的平面形状、大小、地质和水文情况及降低水位的深度。当基坑宽度小于 6m，且降水深度不超过 6m 时，可采用单排井点，布置在地下水上游一侧；当基坑宽度大于 6m，或土质不良，渗透系数较大时，宜采用双排井点，布置在基坑的两侧；当基坑面积较大时，宜采用环型井点或 U 形井点，如图 5-5-12（a）所示。环状井点的四角部分应适当加密，挖土运输设备出入道路可不封闭，

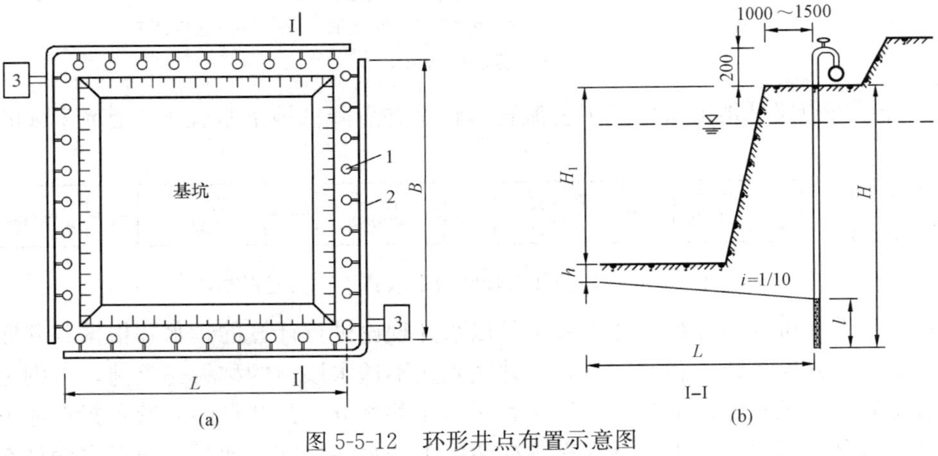

图 5-5-12 环形井点布置示意图

（a）井点系统的平面布置；（b）井点系统的高程布置

1—井点管；2—集水总管；3—抽水设备

间距可达 4m，宜留在地下水下游方向。井管距离坑壁一般不小于 1m，以防局部发生漏气，井管的间距一般为 0.8～1.6m，亦可经计算确定。

a）井点系统的高程布置。井管的埋设深度 H 应根据降水深度及含水层所在位置确定［如图 5-5-12（b）］，但必须将滤水管埋入含水层内，并且比基坑底深 0.9～1.2m，有

$$H \geqslant H_1 + h + iL + l \tag{5-5-19}$$

式中　H——井点管的埋置深度，m；

H_1——井管埋设面至基坑底的距离，m；

h——降低后的地下水位至基坑底的距离，一般为 0.5～1.0m；人工开挖取下限，机械开挖取上限；

i——地下水降落坡度，环状井点为 1/10，单排线状井点为 1/4；

L——井管至基础中心的短边距离，m；

l——虑管长度，m。

此外，确定井管长度，还要考虑到井管一般应露出地面 0.2m 左右。

b）如算出的 H 值大于现有井管长度，则表示一层井点还达不到降水深度的要求，应采取其他措施，或改用二级（两层）井点，如图 5-5-13 所示。

c）为充分利用抽吸能力，总管的标高宜接近原地下水位，水泵轴的标高宜与总管齐平；并沿抽水水流方向保留 0.25%～0.5%的上仰坡度。

2）计算涌水量。涌水量的计算有单井涌水计算和群井涌水计算，本章介绍环状井点系统的群井涌水量计算公式。其中，无压完整经的理论较为完善，应用较为普遍。无压非完整系统涌水量计算较麻烦，为了计算简化，仍可用无压完整井涌水量计算公式，此时式中的 H 换成含水层有效带深度 H_0，此值可查表 5-5-6。

a）无压完整井涌水量计算简图，如图 5-5-14 所示。

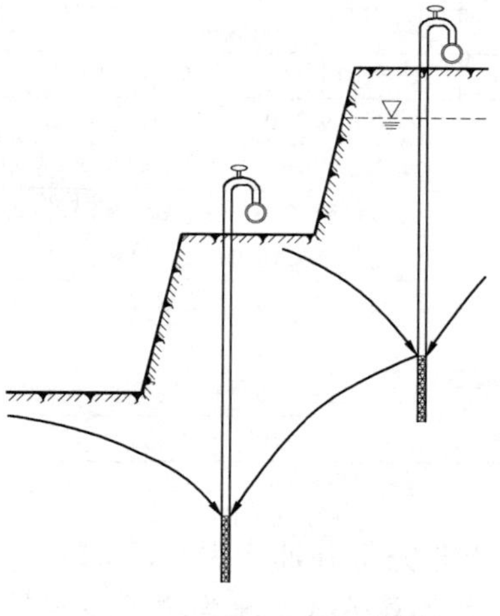

图 5-5-13　二级井点降水示意图

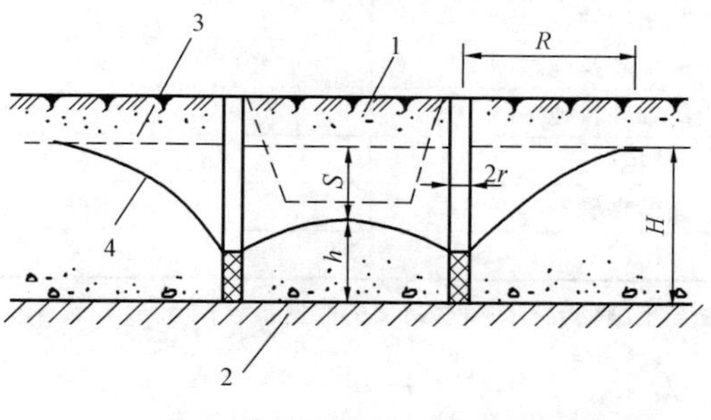

图 5-5-14　无压完整井涌水量计算简图

1—基坑；2—不透水层；3—原水位线；4—降低后水位

涌水量为

$$Q = 1.366K\frac{(2H-S)S}{\lg R - \lg x_0} \tag{5-5-20}$$

式中　Q——涌水量，m^3/d；

H——含水层厚度，m；

K——渗透系数，m/d，见表 5-5-5；

R——抽水影响半径，m；

S——水位降低值，m；

x_0——基坑等效半径，当基坑为圆形时，等效半径取圆半径。当基坑为非圆形时，对矩形基坑的等效半径按 $x_0=0.29(a+b)$ 计算，a、b 分别为基坑的长、短边。对不规则形状的基坑，其等效半径按 $x_0=\sqrt{\frac{A}{\pi}}$ 计算，A 为基坑井点管所包围的平面面积，m^2。

式（5-5-20）中 R、K 需预先确定。

抽水影响半径 R：由于影响 R 的因素很多，一般根据抽水试验或土壤特性来确定，亦可按公式 $R=1.95S\sqrt{HK}$ 进行计算，然后与表 5-5-4 比较后确定。

表 5-5-4　　土壤特性与抽水影响半径 R 的关系

土壤特性	极细砂	细砂	中砂	粗砂	极粗砂	小砾	中砾	大砾
颗粒直径（mm）	0.05～0.1	0.1～0.25	0.25～0.5	0.5～1	1～2	2～3	3～5	5～10
影响半径 R（m）	25～50	50～100	100～200	200～400	400～500	500～600	600～1500	1500～3000

渗透系数K值：可根据地质报告提供数值，或参考表 5-5-5 所列数值，或通过现场抽水试验。

表 5-5-5　　渗透系数 K（K′）

土 壤 的 种 类	K（m/d）	K'（m/s）
亚黏土、黏土	<0.1	1.157×10^{-6}
亚砂土	0.1～0.5	$1.157\times10^{-6}\sim5.79\times10^{-6}$
含亚黏土的粉砂	0.5～1.0	$5.79\times10^{-6}\sim11.57\times10^{-6}$
纯粉砂	1.0～5.0	$5.79\times10^{-6}\sim57.87\times10^{-6}$
含黏土的细砂	10～15	$11.57\times10^{-6}\sim173.6\times10^{-6}$
含黏土的中砂及纯细砂	20～25	$231.5\times10^{-6}\sim289.4\times10^{-6}$
含黏土的细砂及纯中砂	35～50	$405.1\times10^{-6}\sim578.7\times10^{-6}$
纯粗砂	50～75	$578.7\times10^{-6}\sim868.1\times10^{-6}$
粗砂夹砾	90～100	$1041.7\times10^{-6}\sim1157.4\times10^{-6}$
砾石	100～200	$1157.4\times10^{-6}\sim2314.8\times10^{-6}$

注　此表是与土壤颗粒有效直径有关的渗透系数。

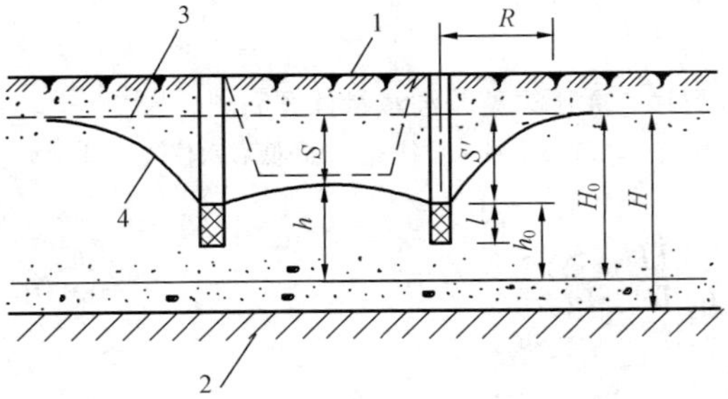

图 5-5-15　无压非完整井涌水量计算简图

1—基坑；2—不透水层；3—原水位线；4—降低后水位

b）无压非完整井涌水量计算简图（见图 5-5-15）及计算公式。S'为原地下水位至滤管顶部距离。

计算无压非完整井的涌水量时，需事先确定 H_0 值，因为在非完整井抽水时，它影响不到蓄水层的全部深度，只影响到一定的深度，下面的地下水不受扰动。为简化计算，一般仍用无压完整井群井涌水量计算公式，但式中 H 换算成有效带深度 H_0，H_0

值可根据表 5-5-6 确定，有

$$Q = 1.366K \frac{(2H_0 - S)S}{\lg R - \lg x_0} \cdot \sqrt{\frac{h_0 + 0.5r}{h_0}} \cdot \sqrt{\frac{2h_0 - l}{h_0}} \tag{5-5-21}$$

式中　r——井点管半径，m，见图 5-5-16。

H_0——含水层有效带深度；

h_0——滤水管上端至含水层有效带距离，m。

H_0 值一般取决于 S' 与$(S'+l)$ 的比值，见表 5-5-6。

表 5-5-6　H_0 取值

$S'/(S'+l)$	0.2	0.3	0.5	0.8
H_0	$1.3(S'+l)$	$1.5(S'+l)$	$1.7(S'+l)$	$1.85(S'+l)$

c）承压完整井井点系统的计算简图（见图 5-5-16）及计算公式。如果各井点设在一个圆周上，则 $x_1 = x_2 = x_3 = \cdots = x_n = x_0$，即等于圆的半径，有

$$Q = 2.73K \frac{MS}{\lg R - \lg x_0} \tag{5-5-22}$$

式中　M——上、下不透水层间的距离，m。

d）承压非完整井井点系统的计算简图（见图 5-5-17）及计算公式，有

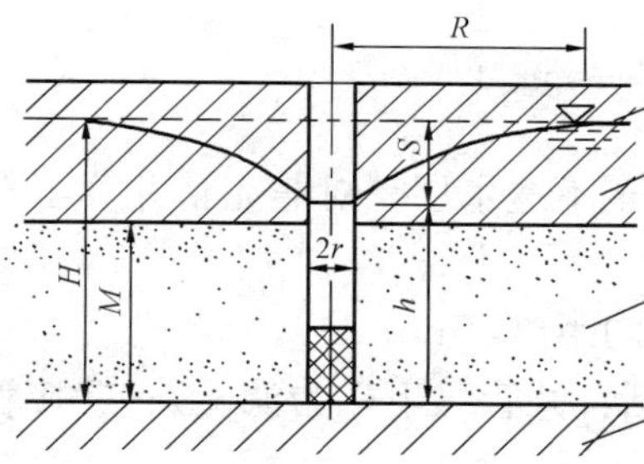

图 5-5-16　承压完整井井点系统的计算简图
1—承压水位；2—不透水层；3—含水层

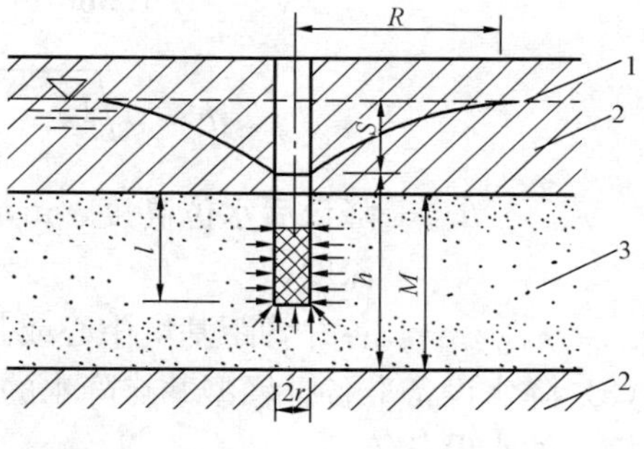

图 5-5-17　承压非完整井井点系统的计算简图
1—承压水位；2—不透水层；3—含水层

$$Q = 1.366K \frac{MS}{\lg R - \lg x_0} \cdot \sqrt{\frac{M}{1 + 0.5r}} \cdot \sqrt{\frac{2M - 1}{M}} \tag{5-5-23}$$

式中　r——井点管半径，m。

3）确定井管数量与间距。

a）井管数量。

井管数量 n 为

$$n = 1.1\frac{Q}{q} \tag{5-5-24}$$

式中　n——井点管数量；

1.1——考虑井点管堵塞等因素的备用系数；

q——单根井管的出水量，m^3/d。

q 为

$$q = 120\pi r_0 l \sqrt[3]{K} \tag{5-5-25}$$

r_0——滤管半径，与井点管半径 r 相同，m；

l——滤管长度，m；

K——土壤的渗透系数，m/d。

b）井点管间距。井点管间距可按式（5-5-26）计算

$$D = \frac{2(L+B)}{n} \tag{5-5-26}$$

式中 D——井点管的平均间距，m；

L、B——矩形井点系统的长度和宽度，m，见图 5-5-12。

计算出的井点间距应大于 $30r_0$（因井点太密将会影响抽水效果），并应符合总管接头间距的要求（0.8、1.2、1.6m）。

4）水位降低深度验算。井点（管）数量确定后，尚应按下式校核所采用的布置方案降水深度是否满足要求，有

$$S = H - h \tag{5-5-27}$$

$$h = \sqrt{H^2 - \frac{Q}{1.366K}\left[\lg R - \frac{1}{n}\lg(x_1 \cdot x_2 \cdot \cdots \cdot x_n)\right]} \tag{5-5-28}$$

$$h = \sqrt{H^2 - \frac{Q}{1.366K}(\lg R - \lg x_0)} \tag{5-5-29}$$

式中 h——降低后水位高度，m，对完整井算至不透水层，对非完整井算至有效带深度；

x_1、x_2、…、x_n——各井管距基坑中心或井点系统中心的距离，m。

（3）降水设备准备。轻型井点降水的设备主要包括：井管（下端为滤管）、连接管、集水总管、抽水设备等。

1）井点管。井点管直径一般为 38～110mm 钢管，长度为 5～7m，管下端配有滤管，滤管直径与井点管相同，长度为 1～2m，井管和滤管用丝扣套头连接，滤管上渗水孔直径为 12～18mm，呈梅花状排列，孔隙率应大于 15%。

滤管外壁应设两层滤网，内层滤网宜采用 30～80 目的金属网或尼龙网，外层滤网宜采用 3～10 目金属网或尼龙网。管壁与滤网间应采用金属丝绕成螺旋形隔开，滤网外面应再绕一层粗金属丝。

2）连接管与集水总管。连接管常用透明塑料管。集水总管一般用直径 75～110mm 钢管分段连接，每段 4m，其上装有与井管联结的连接短接头，间距为 0.8～1.6m；井管连接短接头与井管用 90°弯头连接，或用塑料管连接。

3）抽水设备。轻型井点设备根据抽水机组的不同，常用的有真空泵真空井点和射流泵真空井点。真空泵真空井点由真空泵、离心式水泵、水泵机组配件等组成，有定型产品供应（见表 5-5-7）。其特点是真空度高，带动井点数多，降水深度大，适用于较大的工程排水。

射流泵真空井点设备由离心水泵、射流泵、循环水箱等组成（见表 5-5-8）。

表 5-5-7　　**真空泵型真空井点系统设备规格与技术性能**

名　称	数量	规格与技术性能
往复式真空泵	1台	V_5 型（W_6 型）或 V_6 型；生产率 4.4m³/min；真空度 100kPa，电动机功率 5.5kW，转速 1450r/min
离心式水泵	2台	B型或BA型；生产率 20m³/h；扬程 25m，抽吸真空高度 7m，吸口直径 50mm，电动机功率 2.8kW，转速 2900r/min
水泵机组配件	1套	井点管 100 根，集水总管直径 75～100mm，每节长 1.6～4.0m，每套 29 节，总管上节管间距 0.8m，接头弯管 100 根；冲射管用冲管 1 根；机组外形尺寸 2600mm×1300mm×1600mm，机组重 1500kg

注　1. 地下水位降低深度为 5.5～6.5m。
　　2. 离心式水泵数量为一台备用。

表 5-5-8　　**ϕ50 型射流泵真空井点设备规格及与技术性能**

名　称	型号及技术性能	数量	备　注
离心泵	3BL-9，流量 45m³/h，扬程 32.5m	1台	供给工作水
电动机	JO_2-42-2，功率 7.5kW	1台	水泵的配套动力
射流泵	喷嘴 ϕ50mm，空载真空度 100kPa，工作水压 0.15～0.3MPa，工作水流 45m³/h 生产率 10～35m³/h	1个	形成真空
水　箱	1100mm×600mm×1000mm	1个	循环用水

注　每套设备带 9m 长井点 25～30 根，间距 1.6m，总长度 180m，降水深 5～6m。

（4）井点系统安装。轻型井点排水系统的安装程序是按照设计计算的布置方案，先排放总管，在总管旁靠近基坑一侧开挖排水沟，再埋设井点管，然后用弯联管把井点管与总管连接。最后安装抽水设备。

井点管的埋设可以利用冲水管冲孔法、钻孔法或射水法成孔，井孔直径不宜大于 300mm，孔深宜比滤管底深 0.5～1.0m。然后再将井点管沉放，或以带套管的水冲法或振动水冲法下沉。

使用冲水管冲孔，先将高压水泵的射水高压胶管连接在冲孔管上，冲孔管可由滑车组悬挂在人字架上。利用高压水经由冲孔管头部的三个喷水小孔以急速的射水速度冲刷土壤，同时把冲孔管作上下及左右的转动，冲孔管边冲边下沉，从而逐渐在土中形成一个孔洞。井孔形成后，拔出冲孔管，立即把井点管插入孔内，并及时在井点管与孔壁之间填灌中粗砂滤层，投入滤料数量应大于计算值的 85%，在地面以下 1m 范围内用黏土封孔。然后进行下一井点冲孔。冲孔所需的水流压力见表 5-5-9。

表 5-5-9　　**冲孔所需的水流压力**

土的名称	冲水压力（kPa）	土的名称	冲水压力（kPa）
松散细砂	250～450	中等密实黏土	600～750
软质黏土、粉质黏土	250～500	砾石土	750～900
密实的腐殖土	500	塑性粗砂	850～1150

续表

土的名称	冲水压力（kPa）	土的名称	冲水压力（kPa）
原状的细砂	500	密实黏土、密实粉质黏土	750～1250
松散的中砂	450～550	中等颗粒的砾石	1000～1250
黄土	600～650	硬黏土	1250～1500
原状的中粒砂	600～700	原状粗砾	1350～1500

做好井点管的埋设和砂滤层的填灌，是保证轻型井点顺利抽水、降低地下水位的关键。施工注意事项：冲孔过程中，孔洞必须保持垂直，孔径一般为 300mm，孔径上下要一致，冲孔深度应比滤管底深 0.5m 左右，以保证井点管周围及滤管底部有足够的滤层。砂滤层宜选用中粗砂以免堵塞滤管的网眼，填灌应均匀密实。砂滤层灌好后，距地面下 0.5～1m 的深度内，用黏土封口捣实，防止漏气。

（5）抽水系统测试。井点管埋设完毕后，即可接通总管和抽水系统进行试抽水，检查有无漏水、漏气现象，出水是否正常。

轻型井点降水系统使用时，应保证连续不断抽水（应备用双电源，以防断电），若时抽时停，滤网易于阻塞；中途停抽，地下水回升，也会引起边坡塌方等事故。正常的出水规律是“先大后小，先浑后清”。

真空泵的真空度是判断井点系统是否良好的尺度，必须经常观测，造成真空度不够的原因很多，但通常是由于管路系统连接不好，存在漏气，应立即检查并采取措施。

井点管淤塞，一般可从听管内水流声响；手扶管壁感到振动；夏、冬季手摸管子有夏冷，冬暖等简便方法检查。如发现淤塞井点管太多，严重影响降水效果时，应逐个用高压水反冲洗或拔出重埋。

井点降水时，尚应对附近的建筑物进行沉降观测，如发现沉陷过大，应及时采用防护措施。

（6）轻型井点系统降低地下水位的计算实例。某工程基坑平面尺寸如图 5-5-18 所示，基坑底宽 10m，长 19m，深 4.1m，挖土边坡 1∶0.5。地下水深为 0.6m，根据地质勘查资

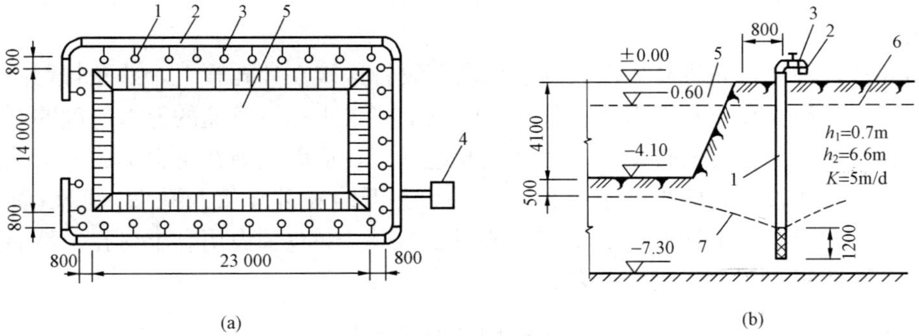

图 5-5-18 轻型井点布置计算实例图

（a）井点管平面布置图；（b）高程布置

1—井点管；2—集水总管；3—弯连管；4—抽水设备；5—基坑；

6—原地下水位；7—降低后地下水位线

料，该处地面下 0.7m 为杂填土，此层下面有 6.6m 的细砂层，土的渗透系数 K=5m/d，再往下为不透水的黏土层，现采用轻型井点设备进行人工降水，机械开挖土方。

1）该基坑顶部平面尺寸为 14m×23m，布置环状井点，井点管离边坡 0.8m，要求降水深度 S=（4.1−0.6+0.5）m=4.0m，故用一级轻型井点系统即可满足要求，总管和井点布置在同一水平面上。

由井点系统布置处至下面一层不透水黏土层的深度为（0.7+6.6）m=7.3m，设井点管长度为 7.2m（井管长 6m，虑管长 1.2m，直径 0.05m），故虑管底距不透水层只有 0.1m，可按无压完整井进行设计和计算。

2）基坑总涌水量计算。

含水层厚度　H=7.3−0.6=6.7（m）。

降水深度　S=4.1−0.6+0.5=4.0（m）。

基坑等效半径：由于该基坑长宽比不大于 5，所以可以简化为一个半径为 x_0 的圆井进行计算　$x_0=\sqrt{\dfrac{A}{\pi}}=\sqrt{\dfrac{(14+0.8\times2)(23+0.8\times2)}{3.14}}=11(\text{m})$。

抽水影响半径　$R=1.95S\sqrt{HK}=1.95\times4\sqrt{6.7\times5}=45.1(\text{m})$。

基坑总涌水量 $Q=1.366K\dfrac{(2H-S)S}{\lg R-\lg x_0}=1.366\times5\times\dfrac{(2\times6.7-4)\times4}{\lg45.1-\lg11}=419(\text{m}^3/\text{d})$。

3）计算井点管数量和间距。

单井点出水量　$q=120\pi r_0 l\sqrt[3]{K}=120\times3.14\times0.025\times1.2\times\sqrt[3]{5}=20.9(\text{m}^3/\text{d})$。

需井点管数量　$n=1.1\dfrac{Q}{q}=1.1\times\dfrac{419}{20.9}=22(\text{根})$。

在基坑四角处井点管应加密，如考虑每个角加 2 根井管，则采用的井点数量为 22+8=30 根，井点管间距平均　$D=\dfrac{2(L+B)}{n}=\dfrac{2\times(24.6+15.6)}{30}=2.68(\text{m})(\text{取 }2.4\text{m})$。

布置时为挖掘机有开行路线，宜布置成端部开口［即留 3 根井点距离，如图 5-5-18（a）所示］，因此实际需要井点管数量　$n=\dfrac{2\times(24.6+15.6)}{2.4}-2=31.5(\text{根})(\text{取 32 根})$。

4）校核水位降低值　$h=\sqrt{H^2-\dfrac{Q}{1.366K}(\lg R-\lg x_0)}=\sqrt{6.7^2-\dfrac{419}{1.366\times5}(\lg45.1-\lg11)}$
$=2.7(\text{m})$。

实际可降低水位　$S=H-h$=6.7−2.7=4（m）。

与需要降低水位数值 4m 相符，故布置可行。

（四）流砂坑沉井法施工

对于一般流砂坑土方施工，可采用挡土板法进行土壁支撑，防止坍塌。当地下水位较高，流砂较严重时，或土方施工易对附近建筑物、构筑物造成安全隐患的情况下，可采用沉井基础施工方法。

沉井是用砖、混凝土（或钢筋混凝土）等建筑材料制成的井筒结构物。它是以井内挖土，依靠自身重力克服井壁摩阻力后下沉到设计标高。然后经过封底，起到流砂坑、泥水坑护壁施工的作用，在其内部形成一个干燥的基础施工平面。沉井基础能有效地防止流砂及地下水，避免坑壁塌方。

1. 沉井介绍

(1) 沉井分类。

1) 按沉井形状分为圆形沉井和矩形沉井，如图 5-5-19 所示。

a) 圆形沉井：形状对称、挖土容易，下沉不易倾斜，但与基础截面形状适应性差。

b) 矩形沉井：与基础截面形状适应性好，模板制作简单，但边角土不易挖除，下沉易产生倾斜。

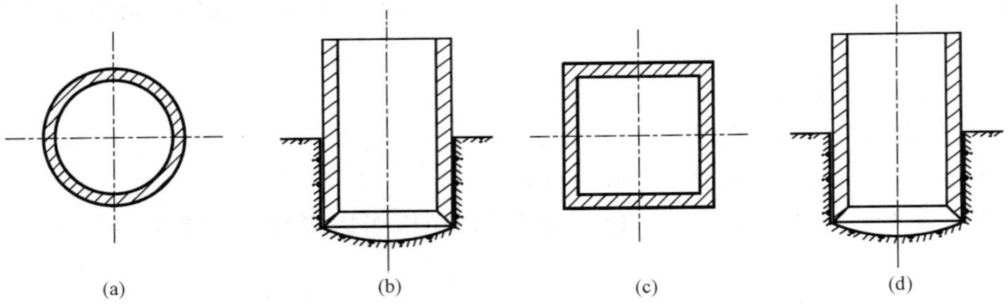

图 5-5-19　沉井分类

(a) 圆沉井平面图；(b) 圆沉井断面图；(c) 矩形沉井平面图；(d) 矩形沉井断面图

2) 按沉井的建筑材料划分：

a) 混凝土沉井：下沉时易开裂。

b) 钢筋混凝土沉井：常用。

c) 钢沉井：多用于水中施工。

d) 砖沉井：制作简单，取材容易，下沉时宜开裂。

(2) 沉井的构造。

1) 井壁：沉井的外壁，是沉井的主要部分，它应有足够的强度，以便承受沉井下沉过程中及使用时作用的荷载；同时还要求有足够的重量，使沉井在自重作用下能顺利下沉。

2) 刃脚：井壁下端一般都做成刀刃状的“刃脚”，其作用是减少下沉阻力。

3) 封底：当沉井下沉到设计标高，经过技术检验并对井底清理整平后，即可封底，以防止地下水渗入井内。

2. 混凝土沉井施工

(1) 混凝土沉井施工工艺流程。如图 5-5-20 所示。

(2) 沉井施工准备。沉井施工前的准备工作，除场地平整，修建临时设施、水电等动力供应及原材料、工器具筹备外，还应着重做好下述工作：

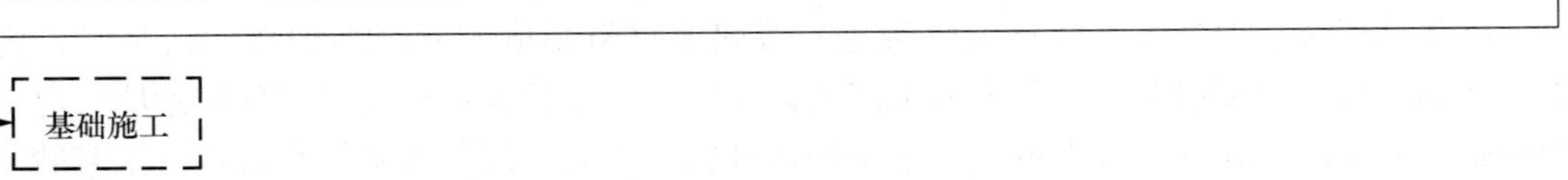

图 5-5-20　混凝土沉井施工工艺流程图

1）地质勘察。在沉井施工处需进行地质勘察，以提供土层变化、地下水位、地下障碍物及有无承压水等情况，为制订施工方案提供技术依据。

2）编制施工方案。施工前根据沉井结构特点、地质水文条件、已有施工设备和施工经验，经技术、经济比较，编制出合理的施工方案。重点解决沉井制作、下沉、封底等技术措施及保证质量的技术措施。沉井各部位结构尺寸根据基础埋深、底板截面尺寸、承受水平及垂直荷载等确定，其整体强度应经受力验算。

3）布设测量控制网。施工前需设置测量控制网和水准基点，作为定位放线、沉井制作和下沉的依据。如附近存在建（构）筑物等，要设沉降观测点，以便施工沉井时定期进行沉降观测。

（3）沉井刃脚制作。沉井下部为刃脚，其作用是利于沉井切土下沉。其制作方式取决于沉井重量、施工荷载和地基承载力。常用的制作方法有垫架法、砖砌垫座和土模，如图 5-5-21 所示。

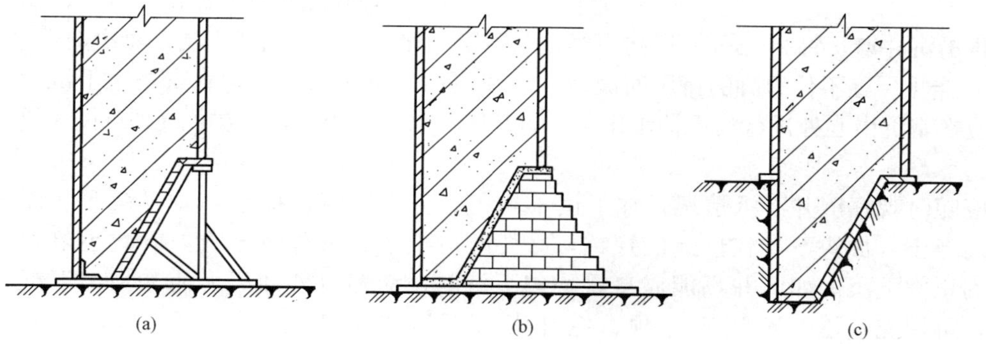

图 5-5-21　沉井刃脚示意图
（a）垫架法；（b）砖砌垫座法；（c）土模法

在软弱地基上浇筑较重的沉井，常用垫架法。采用垫架法施工时，应计算井身一次浇筑高度，使其不超过地耐力。直径（或边长）不超过 8m 的较小的沉井，土质较好时可采用砖垫座，砖垫座沿周长分成 6～8 段，中间留 20mm 缝隙，以便拆除，砖垫座内壁用水泥砂浆抹面。对重量轻的小型沉井，土质较好时，可用土模，土模内壁亦用水泥砂浆抹面。

另外，刃脚也可使用钢板制作成尖刀型，中间设置加劲肋，并与井壁内钢筋直接焊接，与井筒一起浇制成型。

（4）沉井井壁制作。沉井制作可在现场直接浇制，也可提前预制，再吊放至基坑位置。

沉井制作有下列几种方式：一次制作、一次下沉；分节制作、一次下沉；分节制作、分节下沉（制作与下沉交替进行）。井壁钢筋绑扎、模板支护、混凝土浇筑及养护与基础施工相同。

浇制前应在井壁四角或合适的位置预埋吊装挂孔，以便在下沉过程中调整位置和倾斜。

井壁内外侧模板可采用对拉螺栓固定，外侧模板宜使用大块木模板，并进行刨光，以利于下沉。沉井分节下沉模板支护见图 5-5-22。

钢筋由人工绑扎，也可在沉井近处地面上预制成钢筋骨架或网片；用起重机进行分段、

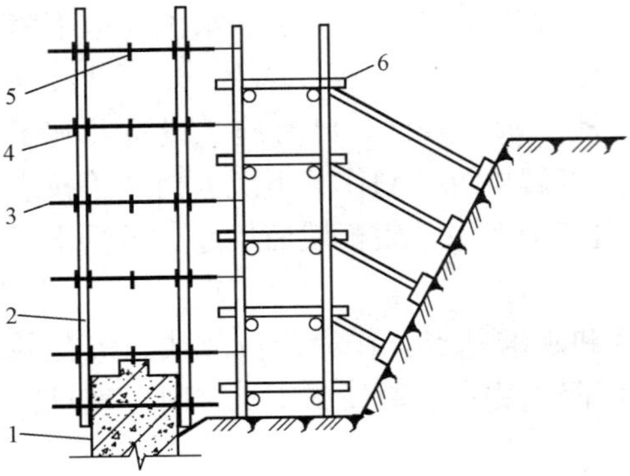

图 5-5-22 沉井分节下沉模板支护示意图
1—下一节沉井；2—模板；3—对立螺栓；4—木垫块；5—顶撑木；6—钢管脚手架

分片安装。

混凝土宜采用预拌混凝土，以保证供应。标号宜大于 C25，根据需要添加早强剂，以缩短沉井施工周期。

井壁高度根据基坑设计深度确定，一般考虑刃脚深入基坑底面以下 0.5m，上顶面高于地下水位或与地面平齐。

（5）沉井下沉。

1）沉井下沉施工方法。沉井下沉前应进行混凝土强度检查、外观检查。其强度应达到设计强度 70%，才可进行下沉施工。在挖掘时，从沉井中间开始逐渐挖向四周，每层挖土厚 0.4～0.5m，沿刃脚周围保留 0.5～1.5m 土堤，然后再沿沉井壁，每 2～3m 一段向刃脚方向逐层对称、均匀地削薄土层，每次削土厚度 5～10cm，当土层经不住刃脚的挤压而破裂，沉井便在自重作用下均匀垂直挤土下沉。下沉过程中应在基坑中心处进行集中抽水作业，与基坑排水方法相同，或在井壁外围配合进行井点降水。

应随时观察沉井下沉情况，如下沉不均匀，应立即停止抽水，并应在下沉较快侧回填坑内弃土，加快下沉较慢侧的挖掘，必要时应挖去井壁外侧土方，以减小阻力，保证沉井的正常下沉。如沉井不能靠自重均匀下沉时，应辅以外加压力使之均匀下沉。外加压力，可用配重法，或用千斤顶、抱杆索具下压法实施。沉井下沉过程如图 5-5-23 所示。

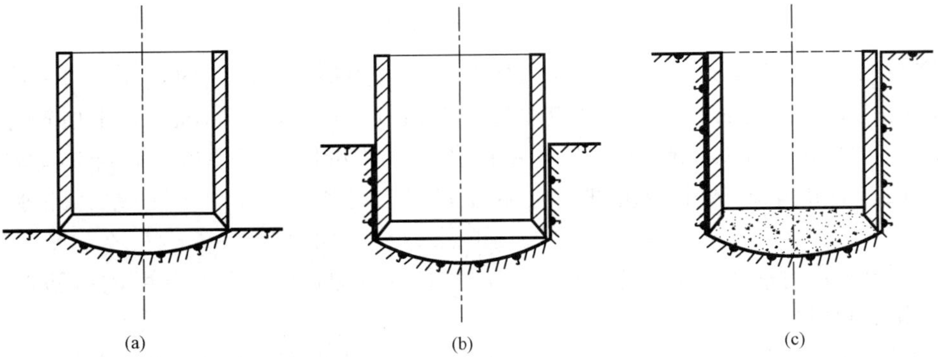

图 5-5-23 沉井下沉过程示意图
（a）开始下沉；（b）下沉过程；（c）下沉完成

2）沉井下沉系数计算。沉井下沉，其自重必须克服井壁与土间的摩阻力和刃脚下的反力，采取不排水下沉时尚需克服水的浮力。因此，为使沉井能顺利下沉，应进行分阶段下沉系数的计算，作为确定下沉施工方法和采取技术措施的依据。沉井下沉受力计算如图 5-5-24 所示。

下沉系数 k_0 为

$$k_0=(G-B)/T \qquad (5\text{-}5\text{-}30)$$

式中　G——井体自重及附加重量，kN；

B——下沉过程中地下水的浮力，为井壁排出水量重，排水施工时，$B=0$，kN；

T——井壁总摩阻力，kN；

k_0——下沉系数，宜为 1.05～1.25，位于淤泥质土中的沉井取小值，位于其他土层中取大值。

井壁摩阻力可参考表 5-5-10。

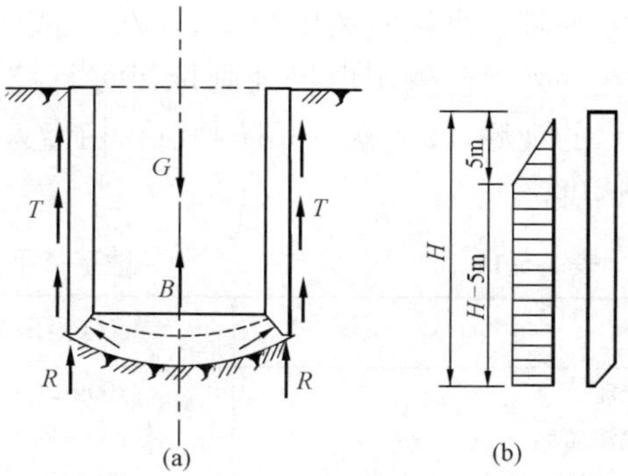

图 5-5-24　沉井下沉系数计算简图

(a) 下沉力系平衡图；(b) 下沉摩阻力计算简图

表 5-5-10　　井壁摩阻力表

土的种类	井壁摩阻力（kN/m^2）	土的种类	井壁摩阻力（kN/m^2）
流塑状黏性土	10～15	砂卵石	17.7～29.4
软塑及可塑状黏性土	12～25		
粉砂和粉性土	15～25	泥浆套	3～5

当下沉系数较大，或在软弱土层中下沉，沉井有可能发生突然急速下沉时，除在挖土时采取措施外，宜在沉井刃脚下加设横梁等作为防止的措施，并按下式验算下沉稳定性

$$K=\frac{G-B}{R_f+R_1+R_2} \qquad (5\text{-}5\text{-}31)$$

$$R_1=\pi D_0\left(C+\frac{n}{2}\right)f_u \qquad (5\text{-}5\text{-}32)$$

$$R_2=A_1 f_u \qquad (5\text{-}5\text{-}33)$$

式中　K——沉井下沉稳定系数，应小于 1；

G——沉井的自重力；

B——地下水浮力，排水下沉时，$B=0$，kN，不排水下沉时取总浮力的 70%；

R_f——沉井外壁有效摩阻力的总和，kN；

R_1——刃脚踏面及斜面下土的支撑力；

D_0——沉井的平均直径，m；

C——刃脚踏面宽度，m；

n——刃脚斜面与井内土体接触面的水平投影宽度，m；

R_2——沉井底部横梁等支撑物下面土的支撑力，kN；

A_1——横梁等支撑物的总支撑面积，m^2；

f_u——按表 5-5-11 所建议的每平方米土的极限承载力，kN/m^2。

(6) 沉井测量控制。沉井位置标高的控制，是在沉井外部地面及井壁顶部四面设置纵横十字中心控制线、水准基点，以控制位置和标高，如图 5-5-25 所示。沉井垂直度的控制，可在井筒内按 4 等分标出垂直轴线，并设置吊线坠进行控制，并定时用两台经纬仪进行垂直偏差观测。当线坠离墨线达 50mm，或四面标高不一致时，应进行纠正。沉井下沉深度可通过在井外壁两侧用白铅油画标尺进行控制。沉井下沉中应加强位置、垂直度和标高（沉降值）的观测，2h/次，预防超沉，由专人负责并做好记录，以便根据沉降记录调整挖土顺序和速度。

表 5-5-11　　地基每平方米土的极限承载力 f_u

土的种类	f_u（kN/m²）	土的种类	f_u（kN/m²）
淤泥	100～200	坚硬、硬塑黏性土	300～500
淤泥质黏土	200～300	细砂	200～400
可塑粉质黏土	200～300	中砂	300～500
坚硬、硬塑粉质黏土	300～400	粗砂	400～600
可塑黏性土	200～400		

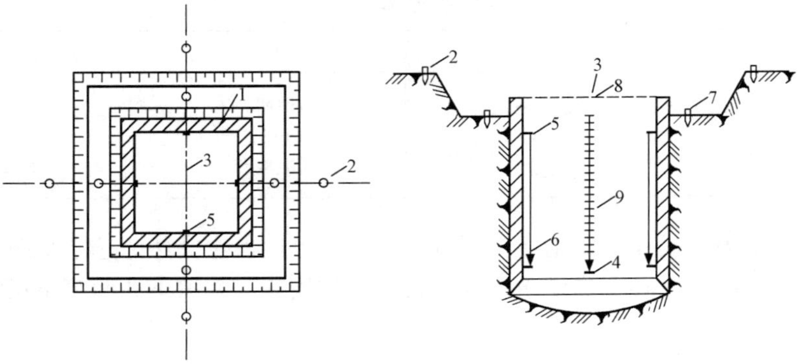

图 5-5-25　沉井下沉测量方法示意图

1—沉井；2—中心线控制点；3—沉井中心线；4—钢标板；5—铁件；6—线坠；
7—下沉控制点；8—沉降观测点；9—壁外下沉标尺

（7）沉井封底。当沉井下沉到距设计标高 0.1m 时，应停止井内挖土和抽水，使其靠自重下沉至设计或接近设计标高，再经 2～3 天下沉稳定，或经观测在 8h 内累计下沉量不大于 10mm 时，即可进行沉井封底。封底方法有排水封底和不排水封底两种，宜尽可能采用排水封底。

1）排水封底。排水封底是通过井筒内集中排水，然后再进行封底。封底一般采用先铺一层 150～200mm 厚碎石或卵石层，再在其上浇制一层厚约 50～100mm 的混凝土垫层，在刃脚下切实填严，振捣密实，以保证沉井的最后稳定。垫层达到设计强度 50%以后，开始进行基础钢筋绑扎及支模。

2）不排水封底。当井底涌水量很大或出现流砂现象时，沉井可在水下进行封底。待沉井基本稳定后，将井底浮泥清除干净，向井筒内抛卵石、碎石垫层。然后采用导管法浇筑混凝土进行水下封底。待水下垫层达到所需强度后，方可从沉井内抽水，检查封底情况，进行检漏补修。

3. 砖沉井流砂坑施工

砖沉井法流砂坑挖掘施工，即在预定挖掘基础处地面上用普通砖砌筑圆形井筒，利用拱形原理承担坑壁的侧压力，利用其自重之下沉，达到流砂坑、泥水坑护壁挖掘施工的目的。

砖沉井的制作、养护、下沉工艺参考混凝土沉井进行。制作砖沉井的黏土砖强度不宜低于 MU10，砂浆强度不宜小于 M10，必要时应使用早强型水泥，以缩短养护时间。砌筑过程中每隔 4～6 层砖应加不少于 2 根 ϕ4mm 钢筋，以保证其整体强度。砖沉井的最下层应设钢筋混凝土刃脚。在井壁外侧表面应抹 10～20mm 厚的水泥砂浆，其强度不应低于 M5，砂浆面要平整光滑，以利于砖沿井下沉。沉井厚度按 24 墙结构，高度根据基础坑深确定。砖沉井的刃脚、砌筑砂浆、抹面砂浆的强度达到设计要求后，方可下沉施工。

4. 预制混凝土管法沉井施工

预制混凝土管沉井主要适用于截面尺寸较小基础施工，如电杆基础和挖孔桩基础。混凝土管可直接购买，常用规格有 ϕ1.2m、ϕ1.5m、ϕ1.8m、ϕ2.0m 等，壁厚为 0.1～0.15m。也可按照沉井设计尺寸进行预制，如需要分段下沉，连接处宜设计成槽口型，以防止流砂、泥水流入。

施工时利用吊车等起重工具直接将沉井吊放在设计基坑位置，然后按照混凝土沉井施工工艺进行下沉施工。

（五）掏挖扩底式基坑的施工

掏挖扩底式基础是以原状土构成的抗拔土体保持基础的上拔稳定，它能充分发挥原状土的特性，不仅具有良好的抗拔性能，而且具有较大的横向及下压承载力。掏挖式基础具有土方工程量小、工艺简单、简化冬期养护、避免回填等优点，可以有效地缩短基础施工周期，加快工程进度、降低工程造价等，在输电线路工程设计和施工中被广泛使用。

掏挖基础一般适用于硬塑或可塑的黏性土及无地下水或渗入水土质，传统施工方法为人工掏挖成型。人工掏挖的优点是使用工器具简单，可以组织多点同时作业，但用工量大，效率较低。

（1）施工前应进行安全、技术交底，并应组织掏挖施工试点，验证确实安全可靠，方可全面施工。

（2）在挖掘施工前，应按设计图纸进行分坑定位和放线。首先在基坑中心设一标记，以此标记为中心，以设计坑口半径在地面上放线。然后在圆形坑口外合适位置设置十字形辅助桩，以便挖掘过程中和成型后进行找正检查。

（3）应根据基坑开挖尺寸线先挖出样洞，深度约 300mm，样洞直径宜比设计的基础尺寸小 30～50mm。样洞挖好后应复测根开、对角线等尺寸，合格后再继续开挖。

（4）基础主柱挖掘过程中为防止超挖，应经常量测，保持设计尺寸和形状，每挖掘 0.5m，在基坑中心利用垂球检查坑位及主柱直径。

（5）基础主柱开挖深度距设计要求尚有 100～200mm 时，检查主柱直径正确后，用钢尺在主柱坑壁上量出基础底部扩大位置线，由扩大位置线下方 20～40mm 处开始挖掘扩底部分。

（6）基坑开挖至距设计要求深度尚有约 50mm 时，在基坑底部钉出基坑中心桩，边挖掘边检查尺寸，直至基坑周边尺寸符合设计图纸要求，掏挖成型后清除坑内余土。

（7）基坑施工的铲、镐等工具的把柄长度视坑口直径而定，一般应限制在 500mm 以下，以方便操作。

（8）基坑内取土应采用吊篮或吊桶。提运方法宜采用辘轳或三脚架，以人力操作将土提运至坑口再倒运至安全地带，在扩底范围内地面上不得堆放土方。

(9) 在基坑内作业人员必须佩戴安全帽，以防落物伤人。当坑深超过 1m 时，应设爬梯，以便坑内作业人员可随时出入。坑口设置安全监护人员，如发现土体异常，应立即通知坑内作业人员迅速离开作业地点。

(10) 基坑挖掘过程中如发现地质情况与设计不符或坑壁有塌方先兆时应暂停施工，报告技术负责人研究处理。

(11) 当基坑掏挖完成之后，应妥善掩盖坑口，雨季施工应在坑口设置挡水墙或排水沟。并应设置警示标志，防止人畜落入基坑。

(12) 基坑掏挖成型后，应及时进行支模及混凝土浇筑等后续工作，否则应采取防止土体塌落的措施。

第六节 地 基 处 理

一、湿陷性黄土地基处理

凡天然黄土在上覆土的自重力作用下，或在上覆土自重力和附加外力共同作用下，受水浸湿后土的结构迅速破坏而发生显著下沉的黄土，称为湿陷性黄土。湿陷性黄土广泛分布于我国甘肃、陕西、黑龙江、山东、河北、河南、山西等地。

当塔基位于湿陷性黄土分布区时，应查明塔基土的湿陷类型、湿陷等级、湿陷起始压力等。湿陷性黄土地基处理的原则是消除黄土湿陷性，按照设计规定进行处理。一般可采用垫层法、夯实法、挤密法、预浸水法、预制桩基础法等方法进行地基处理。处理深度应符合下列要求：对于自重湿陷性场地，应处理基础以下的全部湿陷性土层；对于非自重湿陷性黄土场地，应将基础下湿陷起始压力小于附加压力与上覆土的饱和自重压力之和的所有土层进行处理，或处理至地基压缩层为止。本节仅介绍垫层法、夯实法、挤密法。

1. 垫层法

垫层法包括土垫层和灰土垫层。当仅要求消除基底以下 1～3m 湿陷性黄土的湿陷量时，宜采用局部（或整片）土垫层进行处理，当同时要求提高垫层承载力和增强水稳定时，宜采用整片灰土层进行处理。

灰土垫层中消石灰与土的体积配合比，宜为 2∶8 或 3∶7。用人工拌制，不少于 3 遍，使达到均匀，颜色一致。并控制含水量，现场可以手握成团，两指轻捏即散为宜，一般最佳含水量为 14%～18%。如含水量过高或过低时，应稍晒干或洒水湿润，如有球团应打碎。要随拌随用，及时回填夯实，不宜隔日使用。

施工土（或灰土）垫层，应先将基底下拟处理的湿陷性黄土挖出，应使用基坑内的黄土或就地挖出的其他黏性土作填料。灰土应过筛并拌合均匀，然后根据所选的夯实设备，在最优或接近最优含水量下分层回填、分层夯压至设计标高。

土层表面太干时，应洒水湿润后继续回填，以保证上下层结合良好。夯实应按一定方向进行，夯夯相接，两遍纵横交叉，分层夯实。夯实线路宜从四边开始，最后夯实中间。

垫层法能增强地基的防水效果，改善土的工程性质，费用较低。适合于地下水位以上进行局部或整片的处理。

2. 夯实法

夯实法是将 20～30kN 重锤提到一定高度（4～6m），自由下落，重复夯打，使土的密度增加，减小或消除地基的湿陷变形，一般能消除1～2m厚土层的湿陷性。适用地下水位以上，饱和度S_r<60%的湿陷性黄土进行局部或整片的处理。

3. 挤密法

挤密法是用机械（人工或爆扩）成孔的方法，将钢管打如入土中，拔出钢管后，在孔内填充素土或灰土，分层夯实。要求密实度不低于0.95。挤密孔直径宜为0.35～0.45m，通过桩的挤密作用改善桩周土的物理力学性能，基本上可消除桩深度范围内黄土的湿陷性。处理深度可达5～10m。适用于地下水位以上局部或整片的处理。

在雨季、冬期选择垫层法、夯实法和挤密法等方法处理地基时，施工期间应采取防雨和防冻措施。防止填料受雨水淋湿和冻结。并应防止雨水或地面水流入已处理或未处理的基坑内。

选择垫层法和挤密法进行地基处理时，不得使用膨胀土、盐渍土、冻土、有机质等不良土料和粗颗粒的透水性材料（如砂、石等）做填料。

二、采空区地基处理

采空区对其上的铁塔基础造成的影响有：下沉、倾斜、移位、扭曲；从而导致铁塔失稳倒塌、倾覆、破坏等。这种影响和破坏的程度主要取决于采空区地表变形及破坏类型、规模和速度。

处理采空区不良地基的方法，大体上分为两种：一是选用合适的基础形式，使上部结构不受采空区不良地基影响；二是改善采空区不良地基的岩土工程性质，提高其抗压强度，使其满足上部附加应力对强度、变形的要求。采空区地基处理方法有注浆法、非注浆法和桩基础，其中非注浆法主要有干砌法、浆砌法、开挖回填法。

1. 采空区地基处理措施

注浆处理采空区是目前相对成熟的技术，分为渗透式和浆柱式两种方法。渗透式注浆处理最终能达到的减沉率一般为40%～50%，浆柱式一般为70%。

（1）渗透式注浆：渗透式注浆法是利用液压或气压把能凝固的浆液注入岩体裂隙或孔隙中，浆液中的CaO、SiO_2、Al_2O_3等物质与土中的水发生化学反应，生成一种稳定并能产生强度的新化合物，从而可以改善岩石介质的物理力学性质。（如减少松散岩石土体的孔隙和提高岩体的密度等）

渗透式注浆所用浆液一般浓度较低，由于采空区塌陷岩土结构松散，颗粒之间胶结程度差，孔隙度高，浆液在一定压力下以填充、渗透和挤密方式，填满松散岩土的结构空隙。基本上不改变原有岩土松散的结构和体积，凝固后的松散岩土体成为强度高、变形模量大的有机整体，从而满足工程对其稳定性的要求。

（2）浆柱式注浆：浆柱式注浆法是利用钻孔把浓度高、粒径较大的浆液通过高压注入采空区，并在浆液中掺入一定量的速凝剂。由于浆液特殊的性质，注入后浆液在采空区松散岩土体中迅速凝固，有效扩散半径很小，凝固后的浆体在采空区形成一个上小下大的锥状体，由于这种锥状的柱体具有强度高、变形小的特点，它能像柱子一样起到支撑的作用，防止上覆岩土体在新的附加应力作用下的进一步变形破坏，从而达到加固地基的目的。另外，利用高压把浆体注入采空区，浆体很容易对松散岩土体产生很大的侧向挤压作用，使相邻浆柱体之间的土体被挤密、脱水，因此，土体的抗剪、抗压强度得到相应的提高，它们与浆柱体一道共同承担上覆岩土及附加载荷的作用。

2. 保证结构稳定的措施

(1) 桩基础。对于距地表深度不超过30m，且位于塌陷盆地的中央部位，变形以垂直变形为主（没有大的水平位移）的采空区。如其上覆岩土体强度很低，而岩层底板又为强度较高的地质体，可考虑打入预制桩或灌注桩，使桩基直接坐落于坚实稳定的底板岩层上，上部结构的荷载通过桩基传递到稳定岩层上，从而可以避免对其上部铁塔基础的不良影响。

(2) 大板基础加碎石垫层。第四纪覆盖层较厚的地基，采空区较深，注浆处理难度较大时，可采用大板基础加碎石垫层，碎石垫层可调整地基部分不均匀沉降及水平变形。

(3) 大板基础加土工格栅。高强度土工格栅具有较高的抗拉强度，对非正规开采矿有可能出现的突然陷落有一定的防护作用，可以抵挡较大的水平变形。

三、岩溶、土洞及地表塌陷处理

岩溶、土洞及地表塌陷的处理应进行详细的调查和了解。当塔基属于不稳定岩溶、土洞地基，同时又不能避开时，应结合岩溶、土洞的具体情况，选择处理措施。

(1) 对于浅埋溶洞地基，宜清除覆土，揭开顶板，挖去充填物，分层回填反滤层；若溶洞无地下水活动时，亦可采用钻孔灌注桩等方法处理。对于跨度较大、顶板完整但厚度较小、底板完整稳定的溶洞地基，宜采用石柱或钢筋混凝土柱支撑洞顶。

(2) 对于由地表水形成的土洞及地表塌陷，应认真作好地表水的截流、防渗和堵漏工作，杜绝地表水渗入土层。并应根据土洞埋深，分别采取挖填、灌砂等方法进行处理。

由地下水形成的塌陷和浅埋土洞，应清除软土，回填块石作反滤层，面层用黏土夯填；深埋土洞宜用砂、砾石或细石混凝土灌填，或采用桩机处理。

(3) 对于深埋直径大的土洞，宜用水冲法，向土洞内灌砂、砾石；若土洞内有水，宜采用压力灌注碎石混凝土方法或洞壁衬砌加固方法。

四、软土地基的处理

当塔基为淤泥、淤泥质土、新近冲填土及其他高压缩的饱和软黏性土，不能满足上部荷载或抗拔要求时，应采取地基处理措施。处理方式可采用换土、钻孔灌注桩、钢筋混凝土预制桩等，当采用其他方式进行处理时，需进行专题研究后确定。软土地基勘测除应查明其成因类型、厚度、成层情况及物理力学性质、地下水情况外，还应根据软土地基处理和工程要求，增加相应的勘探、测试工作量。

局部软弱土层及暗塘、暗沟等可采用换土、基础梁、桩基等方法进行处理。

换土垫层可用于软弱地基浅层处理，垫层材料可采用中砂、粗砂、砾砂、角砾、碎石、矿渣、灰土、黏性土等性能稳定无侵蚀性的材料。

对大面积厚层软土地基，采用砂井预压、真空预压、堆载预压等措施，以加速地基排水固结，提高其抗剪强度，以适应荷载对地基的要求。

五、膨胀土地基的处理

膨胀土有受水浸湿后膨胀，失水后收缩的特性，对其上的建筑物、构筑物随季节变化而反复产生不均匀的升降，可高达10cm，使结构物受到破坏。为保证塔基结构安全稳定，可从基础结构设计和地基处理两个方面采取措施。

1. 基础结构设计措施

(1) 加大基础埋深，以减少膨胀土层厚度，增加基础自重，使作用于土层的压力大于膨胀土的上举力，或采取墩式基础以增加基础附加荷重，或采用灌注桩穿透膨胀土层。

（2）加强基础结构刚度，如设置地梁、圈梁等。

2. 地基处理措施

采用换土、砂土垫层等方法。换土是将膨胀土层部分或全部挖出，采用非膨胀土或灰土置换，换土厚度应通过变形计算确定。平坦场地上Ⅰ、Ⅱ级膨胀土的地基处理，宜采用砂、碎石垫层，垫层厚度不应小于300mm，垫层宽度应大于基础底板宽度。

3. 施工注意事项

（1）在基础周围应做好防水、排水设施，如排水沟等，尽量避免采用挖土明沟。施工临时用水点应远离基础5m以上。

（2）基坑挖好后，应及时进行基础施工并及时回填夯实，避免基坑泡水或曝晒。填料不宜用膨胀土，可掺入一定比例非膨胀土混合使用。

（3）混凝土养护宜用湿草袋覆盖，浇水宜少量多次。

六、滑坡防止措施

设计勘察定位时必须避免在可能产生滑坡的地段设置塔位。

如施工时发现附近有滑坡隐患时，应请设计处理。

对于因施工或其他因素的影响可能形成滑坡的位置，应分析滑坡产生的原因，及时采取可靠的预防措施，防止产生滑坡。

一般情况下，当滑坡影响范围较小或距离杆塔位置较远时，可采取下列防止滑坡的处理措施。

（1）排水：应设置排水沟以防止地面水浸入滑坡地段，必要时尚应采取防渗措施。

（2）支挡：根据滑坡推力的大小、方向及作用点，可选用重力式抗滑挡墙、阻滑桩及其他抗滑结构。

（3）卸载：在保证卸载区上方及两侧岩土稳定的情况下，可在滑体主动区卸载，但不得在滑体被动区卸载。

（4）反压：在滑体的阻滑区段增加竖向荷载以提高滑体的阻滑安全系数。

第七节 回填与夯实

输电线路杆塔基础的回填与夯实是一项重要的施工工序。在工程设计中将回填土体作为杆塔基础承载上拔力的一部分，所以回填土直接关系到塔基的稳定，必须严格按规范要求进行施工。

1. 基本要求

（1）回填土不应渗入杂草、树枝、树根、雪块、冰块等杂物。

（2）回填时基坑内不得有积水、冰雪、污泥、杂物等。

（3）回填基坑前，应进行隐蔽工程检查和中间验收，并作出记录。

（4）泥水坑回填前，应根据积水情况分别采取排水、清除淤泥、铺垫块石、砂砾等方法进行处理，然后再进行回填。

（5）回填土应取用原基坑挖出的土方。原基坑挖出的土方不宜作回填土料时，应按规定置换回填土料。回填土料应在指定地点取用，并尽量避免损坏农田、耕地和植被等。

(6) 回填夯实应先将分层填土初步整平。打夯应依次进行，不留间隙，必要时应进行夯实度测定。

2. 回填与夯实规定

(1) 杆塔基坑及拉线基坑回填，应符合设计要求。一般应分层夯实，每回填 300mm 厚度夯实一次。坑口地面上应留筑防沉层，防沉层的上部边宽不得小于坑口边宽。其高度视土质夯实程度确定，基础验收时宜为 300～500mm。经过沉降后应及时补填夯实，工程移交时坑口回填土不应低于地面。

(2) 石坑的回填应以石子与土按 3∶1 掺合后回填夯实。石子粒径不得超过每层回填土厚度的 2/3，回填时，大块料石不得集中在一处，应均匀分散在坑内。

(3) 接地沟的回填，应选取未掺有石块及其他杂物的泥土并应夯实。回填后的沟面应筑有防沉层，其高度宜为 100～300mm，工程移交时回填处不得低于地面。

(4) 冻土回填时应先将坑内冰雪清除干净，把冻土块中的冰雪清除并捣碎后进行回填夯实。冻土坑回填在经历一个雨季后应进行二次回填。

3. 回填与夯实方法

回填一般采用传统的人工施工方法。在条件允计时，应尽量采用小型推土机回填，小型夯土机夯实，以提高机械化施工水平。采用机械化回填及夯实时，应注意将回填土按层摊平，每层回填土厚度以 300mm 为宜，沿基坑四周均匀回填。

第八节 主要工器具配置

除施工机械外，土方施工的主要工器具配置见表 5-8-1。

表 5-8-1 土方施工的主要工器具配置表（一个班组用）

序号	名 称	型号或规格	单位	数量	备注
1	抽水机		台	1～2	根据地下水情况设置
2	铁锹	2 号尖锹	把	10	
3	十字镐	JBA—2/500	把	2	
4	钢钎	ϕ32mm×2m	根	2	
5	铁锤	4kg	把	1	
6	手推车		台	2	
7	短把铲	把长 0.5m	把	4	掏挖基础用
8	短把镐	把长 0.5m	把	4	掏挖基础用
9	钢卷尺	5、20m	把	各 1	
10	经纬仪		台	1	
11	塔尺	5m	把	1	
12	梯子	3～5m	副	1	
13	挖掘机		台	1	机械开挖用
14	挡土板		m^2	若干	

第六章

石方工程施工

第一节　概　　述

本章阐述了岩石的分类及野外鉴别方法、介绍了架空输电线路岩石爆破施工常用的方法和特殊施工条件下的控制爆破施工，并根据爆破施工的特点叙述了各环节的要点和安全措施。本章还介绍了岩石无声破碎的方案设计与施工。

第二节　岩石的分类及鉴别方法

岩石是建筑工程中岩土的一类，而岩石经风化、剥蚀、搬运、沉积等过程后，所形成的各种疏松沉积物，即为土。岩石类型和分类的方法较多，严格的鉴别方法又较复杂，现依据强制性国家标准 GB 50021《岩土工程勘察规范》和其他有关资料叙述如下。

一、岩石分类

（一）*岩石分类*

输电线路工程设计中，岩石一般参照 GB 50021《岩土工程勘察规范》中所述，按坚硬程度和风化程度来分类。

（1）岩石按坚硬程度的定性分类见表 6-2-1 所示。

表 6-2-1　　岩石坚硬程度等级的定性分类

岩石分类		定性鉴定	代表性岩石
硬质岩	坚硬岩	锤击声清脆，有回声，震手，难击碎，技本无吸水反应	未风化至微风化的花岗岩、闪长岩、辉碧岩、玄武岩、安山岩、片麻岩、石英岩、石英砂岩、硅质砾岩、硅质石灰岩
	较硬岩	锤击声较清脆，有轻微回弹，稍震手，较难击碎，有轻微吸水反应	（1）微风化的坚硬岩。 （2）未风化～微风化的大理岩、板岩、石灰岩、白云岩、钙质砂岩等
软质岩	较软岩	锤击声不清脆，无回弹，有凹痕，较易击碎，浸水后指甲可刻出印痕	（1）中等风化～强风化的坚硬岩或较硬岩。 （2）未风化～微风化的凝灰岩、千枚岩、泥灰岩、砂质泥岩等
	软岩	锤击声哑，无回弹，有凹痕，易击碎，浸水后可掰开	（1）强风化的坚硬岩或较硬岩。 （2）中等风化～强风化的较软岩。 （3）未风化～微风化的页岩、泥岩、泥质砂岩等
极软岩		锤击声哑，无回弹，有较深凹痕，手可捏碎，浸水后可捏成团	（1）全风化的各种岩石。 （2）各种半成岩

（2）按风化程度分类。岩石按风化程度分类见表 6-2-2。

表 6-2-2　　岩石按风化程度分类表

风化程度	野外观测的特征
未风化	岩质新鲜、偶见风化痕迹
微风化	结构基本未变，仅节理面有渲染或略有变色，有少量风化裂隙
中等风化	结构部分破坏，沿节理面有次生矿物，风化裂隙发育，岩体被切割成岩块，用镐难挖，岩芯钻方可钻进
强风化	结构大部分破坏，矿物成分显著变化，风化裂隙很发育，岩体破碎，用镐可挖，干钻不易钻进
全风化	结构基本破坏，但尚可辨认，有残余结构强度，可用镐挖，干钻可钻进
残积土	组织结构全部破坏，已风化成土状，锹镐易挖掘，干钻易钻进，具可塑性

（二）岩石的工程分类

岩石的工程分类用于工程定额预算。其分类见表 6-2-3。

表 6-2-3　　岩石的工程分类

岩石分类	岩石级别	岩石名称	坚实系数（f）	密度（kg/m^3）	开挖方法及工具	输电线路施工定额分类
一类土（松软土）	Ⅰ	砂土、粉土、冲击砂土层、疏松的种植土、淤泥（泥炭）	0.5～0.6	600～1500	用锹、锄头挖掘，少许用脚蹬	—
二类土（普通土）	Ⅱ	粉质黏土、潮湿的黄土、夹有碎石、卵石的砂、粉土混碎（卵）石、种植土、填土	0.6～0.8	1100～1600	用锹、锄头挖掘，少许用镐翻松	普通土
三类土（坚土）	Ⅲ	软及中等密实的黏土、重粉质黏土、砾石土、干黄土、含有碎石卵石的黄土、粉质黏土、压实的填土、软泥灰岩	0.8～1.0	1750～1900	主要用镐，少许用锹、锄头挖掘，部分用撬棍	坚土
四类土（砂砾坚土）	Ⅳ	坚硬密实的黏性土或黄土、含碎石卵石的中等密实的黏性土或黄土、粗卵石、天然级配砂石	1.0～1.5	1900	整个先用镐、撬棍，再用锹挖掘，部分用楔子及大锤	松砂石
五类土（软石）	Ⅴ～Ⅵ	硬石炭纪黏土；中等密实的页岩、泥灰岩、白垩土；胶结不紧的砾岩；软的石灰岩	1.5～4.0	1100～2700	用镐或撬棍、大锤挖掘，部分使用爆破方法	岩石
六类土（次坚土）	Ⅶ～Ⅸ	泥岩；砾岩；砂岩；坚实的页岩、泥灰岩；密实的石灰岩；风化花岗岩、片麻岩	4.0～10	2200～2900	用爆破方法开挖，部分用风镐	
七类土（坚石）	Ⅹ～ⅩⅢ	大理岩；辉绿岩、玢岩；粗、中粒花岗岩；坚实的白云岩、砂岩、砾岩、片麻岩、石灰岩；风化痕迹的安山岩、玄武岩	10～18	2500～3100	用爆破方法开挖	
八类土（特坚石）	ⅩⅣ～ⅩⅥ	安山岩；玄武岩；花岗片麻岩；坚实的细粒花岗岩、闪长岩、石英岩、辉长岩、辉绿岩、玢岩	18～25	2700～3300	用爆破方法开挖	

二、岩石的现场鉴别方法

各类岩石的鉴别，一般都采取钻探、槽探等方法，取岩石样品送试验室鉴别确定。在现场粗略的鉴别可用简易方法进行，一般可参见表 6-2-1 和表 6-2-2。

第三节　岩石爆破施工

架空输电线路工程岩石爆破施工的方法很多，常用的有炮孔法、药壶法、小洞室法、裸露爆破法以及对爆破效果要求较高的微差爆破法等，各种方法的区别在于炮孔的结构与布置、选用的爆破器材规格及用药量多少的不同，虽然方法各异，但作业流程基本相同。

一、作业流程

岩石爆破施工作业流程如图 6-3-1 所示。

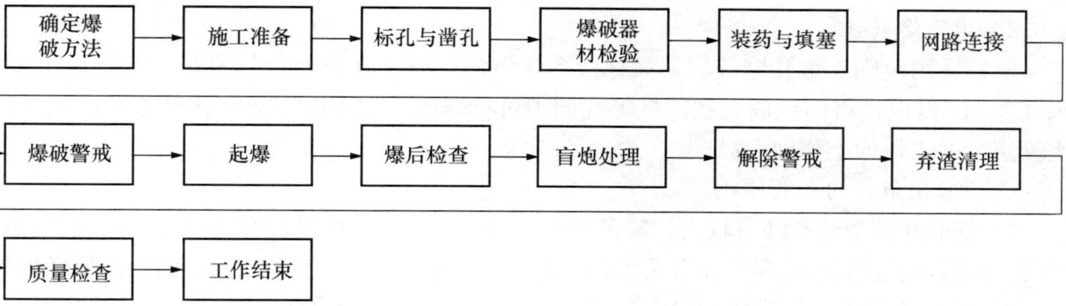

图 6-3-1　岩石爆破作业流程图

二、施工步骤

（一）确定爆破方法

1. 几个基本名词

（1）爆破漏斗。埋置在地面以下的药包爆破以后，药包上面的土石被炸成碎块并抛撒在周围形成漏斗形状的爆破坑，这个凹坑称为爆破漏斗，如图 6-3-2 所示。

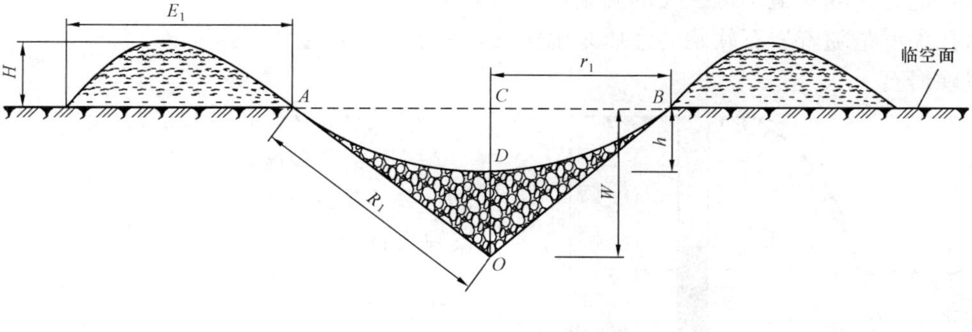

图 6-3-2　爆破漏斗断面图

R_1—破坏半径；W—最小抵抗线；r_1—漏斗半径；E_1—爆堆宽度；H—爆堆高度；h—可见漏斗高度

（2）几个参数。

1）最小抵抗线 W：即从药包中心到临空面的最短距离（OC）；

2）爆破漏斗半径 r_1：即漏斗上口（AC 或 CB）的圆周半径；

3）爆破作用半径 R_1：即从药包中心到爆破漏斗上口边沿任何一点的距离；

4）爆破漏斗最大可见深度 h：即从落回漏斗中的土石表面到临空面的最大距离（CD）；

5）爆破作用指数 n：爆破漏斗的实际形状，是随着土石的性质、炸药的性能和药包量的大小以及药包埋置深度的大小而形成多种多样的爆破坑。爆破漏斗的大小，一般是以爆破作用指数 n 表示，为

$$n = \frac{r_1}{W} \tag{6-3-1}$$

式中　n ——爆破作用指数；

r_1 ——漏斗半径，m；

W ——最小抵抗线长度，m。

当药包的爆破作用指数 $n=1$ 时，所形成的漏斗为标准抛掷爆破漏斗；$n<1$ 时，称为减弱抛掷爆破漏斗；$n>1$ 时，称为加强抛掷爆破漏斗，因此，n 值是爆破设计中一个重要参数。

2. 炮孔爆破法

（1）适用范围。炮孔爆破法，又称浅孔爆破法，就是在岩石内钻直径 25～50mm 的孔，深度为 5m 以内，将药包放置在圆柱形孔洞中进行爆破。它可以适应在各种地形或施工条件比较狭窄的工作面上作业。

（2）炮孔布置的一般原则。

1）炮孔布置应选择在有较大、较多临空面的作业面上，如果没有这种条件，可以有计划地改造地形，创造临空面，通常在有两个临空面以上的地形，炮位距各临空面的距离最好相等；

2）炮孔布置应避免选择在岩层裂缝处或是石层变化的分界线上；

3）根据岩层地形，选择合理的最小抵抗线，一般爆破的最小抵抗线长度不宜超过炮孔的深度；

4）开挖基坑、沟 、槽时，其炮孔深度不得超过沟宽的 0.5 倍，如沟、槽深度超过宽度 0.5 倍时，则必须进行分层爆破；

5）在平缓坡地，采用多排炮孔爆破时，为达到均匀破碎的目的，排距之间炮孔必须作梅花形交错布置，炮孔方向与坡面一般为 45°。

（3）炮孔深度与最小抵抗线的确定。

炮孔深度是随着岩石软硬的性质来确定的，一般钻孔深度 l 为：

坚硬岩石

$$l = (1.1 \sim 1.5)H_1 \tag{6-3-2}$$

式中　l ——钻孔深度，m；

H_1 ——爆破层厚度，m。

较硬岩石

$$l = H_1 \tag{6-3-3}$$

软质岩石

$$l = (0.85 \sim 0.95)H_1 \tag{6-3-4}$$

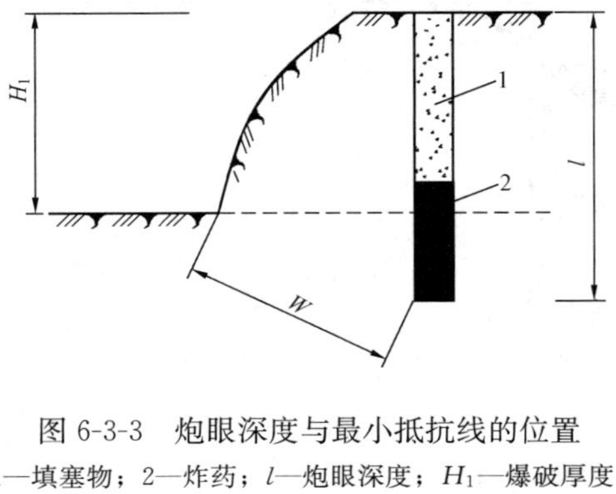

图 6-3-3　炮眼深度与最小抵抗线的位置

1—填塞物；2—炸药；l—炮眼深度；H_1—爆破厚度；W—最小抵抗线

最小抵抗线 W，是随着岩石硬度和爆破厚度来确定的，如图 6-3-3 所示，一般取为

$$W = (0.6 \sim 0.8)H_1 \tag{6-3-5}$$

式中　W ——最小抵抗线，m。

（4）炮孔距离的确定。炮孔距离 a（m）的确定是根据具体爆破要求，以及按照不同的起爆方法确定的。炮孔布置，一般为交错梅花形，依次逐排起爆，如图 6-3-4 所示。

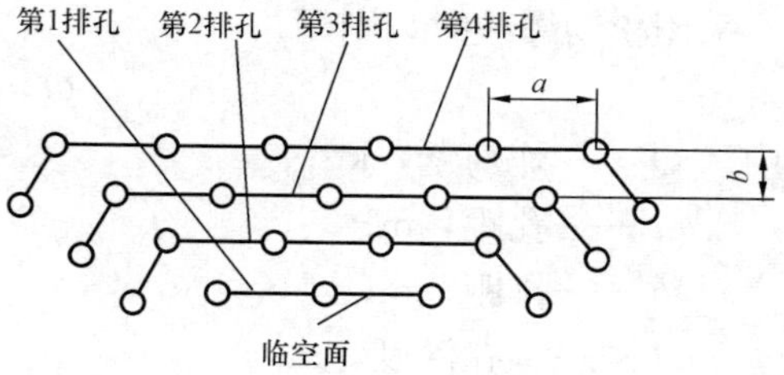

图 6-3-4　爆破顺序示意图

a—孔距；b—排距

火花起爆时

$$a=(1.4\sim2.0)W \tag{6-3-6}$$

电力起爆时

$$a=(0.8\sim2.0)W \tag{6-3-7}$$

炮孔的排距 b(m) 可采用第一排炮孔计算的最小抵抗线 W；若第一排炮孔的最小抵抗线计算不同时，则取平均值。炮孔爆破时，排距计算一般采用

$$b=(0.8\sim1.2)W \tag{6-3-8}$$

（5）炸药量的计算。抛掷爆破可按式(6-3-9）计算，松动爆破可按式（6-3-10）计算，加强型抛掷爆破可按式（6-3-11）计算，有

$$Q=qW^3e \tag{6-3-9}$$

$$Q=0.33qW^3e \tag{6-3-10}$$

$$Q=qW^3f(n)e \tag{6-3-11}$$

式中　Q——炸药量，kg；

q——单位耗药量，kg/m^3，见表 6-3-1；

W——最小抵抗线，m；

$f(n)$——爆破作用指数的函数，为 $0.4+0.6n^3$；

e——炸药换算系数，见表 6-3-2。

标准抛掷爆破药包的炸药单位消耗量 q 值见表 6-3-1。

表 6-3-1　标准抛掷爆破药包的炸药单位消耗量 q 值

土的分类	一	二	三	四	五	六	七	八
q（kg/m^3）	0.5～1.0	0.6～1.1	0.9～1.3	1.2～1.5	1.4～1.65	1.6～1.85	1.8～2.6	2.1～3.25

注　1. 本表以 2 号岩石硝铵炸药作为标准计算，当用其他炸药时，须乘以换算系数 e 值。

2. 表中所列 q 值，是指一个自由面的情况，如果二个自由面应乘以 0.83；三个自由面乘以 0.67；四个自由面乘以 0.50；五个自由面乘以 0.33；六个自由面乘以 0.17。

3. 表中 q 值是在药孔堵塞良好，即堵塞系数（实际堵塞长度与计算堵塞长度之比）为 1 的情况下定出。如果堵塞不良，应视具体情况乘以 1～2 的堵塞系数。

表 6-3-2　炸药换算系数 e 值表

炸药名称	型号	换算系数	炸药名称	型号	换算系数
岩石硝铵	1 号	0.90	35%胶质炸药	普通	1.06
岩石硝铵	2 号	1.00	混合胶质炸药	普通	1.00
露天硝铵	2、3 号	1.14	梯恩梯		1.05～1.14
62%胶质炸药	普通	0.89	铵油炸药		1.14～1.36
62%胶质炸药	耐冻	0.89	黑火药		1.14～1.42

如在爆破作业中布置多排炮孔时，则每一炮孔抛掷爆破的炸药量为

$$Q=qable \tag{6-3-12}$$

采用松动爆破时，则用

$$Q = 0.33qable \tag{6-3-13}$$

式中 Q——炸药量，kg；

a——孔距，m；

b——排距，m；

l——钻孔深度，m；

e——炸药换算系数。

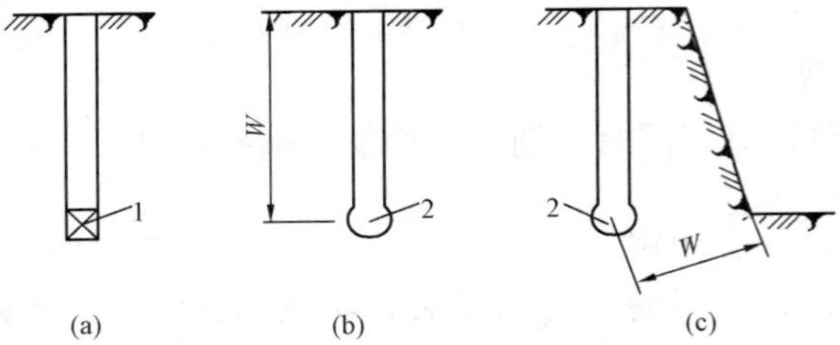

图 6-3-5 药壶爆破法布置示意图

（a）药壶扩底布置；（b）有一个临空面的药壶爆破；

（c）有二个临空面的药壶爆破

1—少量炸药；2—药壶

3. 药壶爆破法

（1）适用范围。药壶爆破法就是在主药包未装入炮孔前，先用少量炸药将炮孔底部扩大成药壶型，然后埋设主药包进行爆破，如图6-3-5 所示，该法多用于露天爆破在六类以下的土石、高度不大于 10m 的梯段中。

（2）炮孔布置。

1）选择炮孔布置的原则和炮孔爆破法相同。

2）若地形为阶梯时，最小抵抗线值约为阶梯高度的 0.5～0.8 倍。药包间的距离，一般为最小抵抗线的 0.8～1.2 倍；当布置为多排炮孔时，则从第二排起，排间距离采用第一排计算最小抵抗线的 0.8～1.4 倍。炮孔宜用交错梅花形布置的方法。

3）如岩石梯段很高，坡脚过大时，可用药壶法和一般炮孔法混合爆破，如图 6-3-6 所示。在梯段上部用药壶炮，而在岩石底部打一倾斜的炮孔，使二个炮孔的底部间距等于最小抵抗线 W。

4）当采用混合排炮形式时，排列方法是药壶与炮孔交错成梅花形的布置，如图 6-3-7 所示，一般用电雷管起爆，炮孔间距如下：

孔距

$$a = (1.2 \sim 1.7)W \tag{6-3-14}$$

排距

$$b = (0.8 \sim 2.0)W \tag{6-3-15}$$

选择以上炮孔布置，可以增加岩石破碎的均匀性，发挥最大的爆破效果。

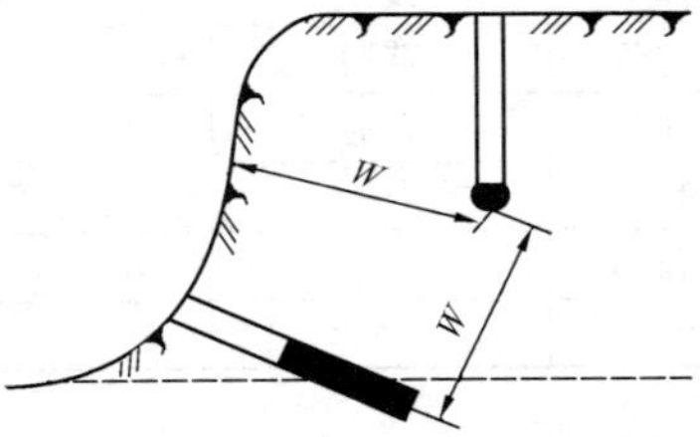

图 6-3-6 混合炮示意图

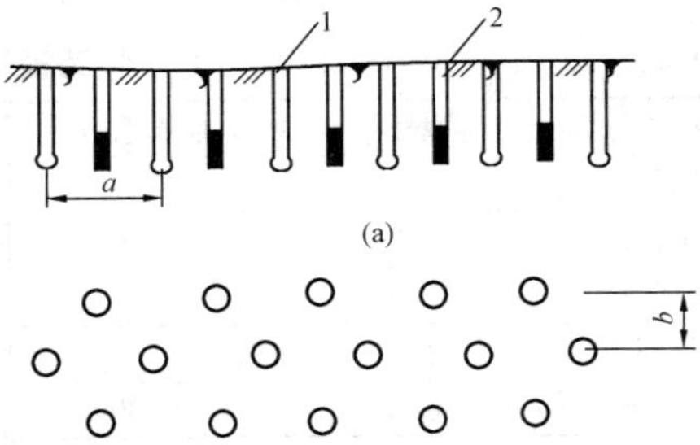

图 6-3-7 混合排炮示意图

（a）断面图；（b）俯视图

1—药壶爆破法；2—炮孔爆破法

（3）药包量的计算。药壶爆破法的炸药量计算，可参见式（6-3-9）～式（6-3-11）；炸扩药壶用的装药量 Q_1 为

$$Q_1 = \frac{Q}{P} \tag{6-3-16}$$

式中 Q_1 ——炸扩药壶的装药量，kg；

Q ——每个药壶的装药量，kg，可按松动爆破公式 $Q = 0.33qW^3$ 计算；

P ——炸扩系数：四～五类岩石为 10～25；

五～六类岩石为 5～10；

六～八类岩石为 1～5。

根据经验：一般在第一次扩大药壶时的用量为 0.15～0.2kg，以后逐次增加，中等岩石第二次扩大用药量为 0.3～0.4kg，以后每次递增 0.15～0.2kg，但最大用药量不得超过 1.5kg，以免在扩大时使药壶坍塌。

（4）药壶扩大次数。扩底药壶次数及每次用药量与岩石性质有关，最好通过试验确定。一般情况是：风化岩石扩底药壶 2～3 次；五～六类岩石扩底药壶 2～4 次；六类岩石扩底药壶 3～5 次；七类岩石扩底药壶 5～7 次。

（5）扩大药壶的测定方法。在检查扩大药壶的尺寸大小之前，应先将炮孔内残留石碴清除干净，并将眼孔附近松动的土石搬开，其测定方法有如下几种：

1）按照预先要求的药壶尺寸，用几根长短不同的细小木棍，在两端穿上二根相等的细绳，放入炮孔底部，这样可以根据细小木杆放平的程度来大致确定药壶的大小，如图 6-3-8（a）所示；

2）将一根较粗的竹管打通，靠下端两侧削成长 10～25cm 的缺口，再将做有刻度的细竹竿一根，下端削成富有弹性的竹篾片，装入粗竹管内，使竹篾片能从竹管缺口伸出，如图 6-3-8（b）所示，下压细竹管，细竹篾即能张开，从按下的长度计算出药壶的大小；

3）用一胶皮囊套在细竹筒或橡皮管上，送入药壶眼底，然后灌水，使其胶皮胆发胀，这样根据灌入（或放出）水量的多少，就能估算出药壶的大小，如图 6-3-8（c）所示；

4）将手电筒用绳索吊入药壶位置，如四壁无反光现象，则表示药壶已扩大。

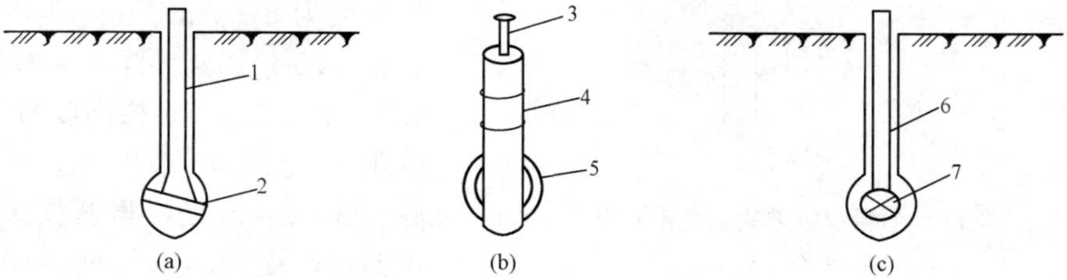

图 6-3-8 药壶容积测量示意图

（a）木棍测量；（b）篾片测量；（c）胶皮囊测量；

1—细绳；2—木棍；3—刻度竹篾；4—粗竹竿；5—竹篾片；6—细竹管或胶皮管；7—胶皮囊

4. 裸露爆破法

（1）适应范围。主要用以炸除施工场地露出来的孤石、大块岩石的二次爆破。

（2）药包位置。药包应设置在岩块表面有凹坑的地方，也可在岩石上钻一浅孔装药起爆来破碎，如图 6-3-9、图 6-3-10 所示。

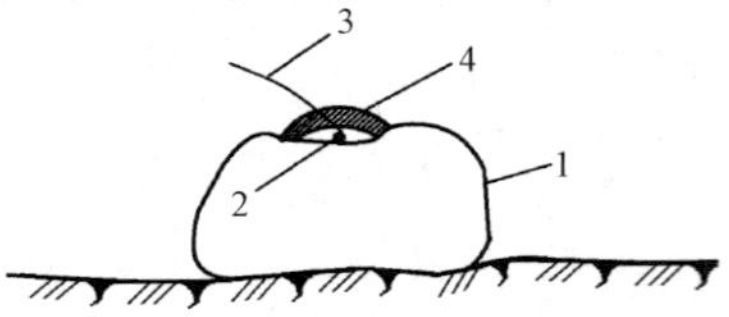

图 6-3-9 裸露爆破法示意图

1—岩石；2—炸药；3—导火索；4—覆盖物

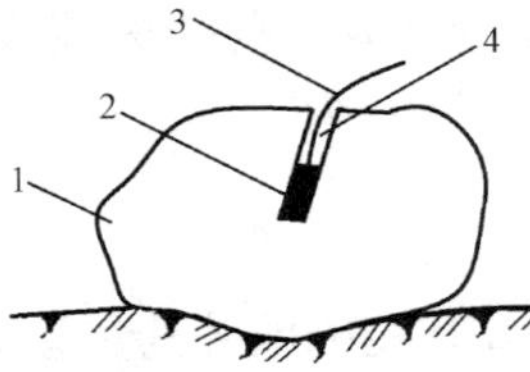

图 6-3-10 炮眼法示意图

1—岩石；2—炸药；3—导火索；4—眼孔

（3）注意事项。

1）裸露爆破对药包形状没有严格要求，但药包的厚度不宜大于底面的宽度；在放置炸药的周围，应把岩石表面的砂石和杂物清除，以防影响爆破效果；

2）药包上使用覆盖物一般可用草皮、黏土及不易燃烧的柔软物体，但不能夹有石块，避免爆破时石块抛掷而发生危险；

3）当大的块石设有两个以上药包时，应注意药包的位置及起爆顺序，宜采用电雷管起爆。

5．小洞室爆破法

小洞室法爆破，又称蛇穴法、竖井法爆破，系在爆破体内部开挖导洞（横洞或竖洞）和药室，然后在药室内放入炸药进行爆破。

（1）适用范围。适用于阶梯高不超过 6m 的软质岩石或有夹层的岩石松爆；竖井适于场地平整、基坑开挖，六类以上的坚硬岩石松动爆破。

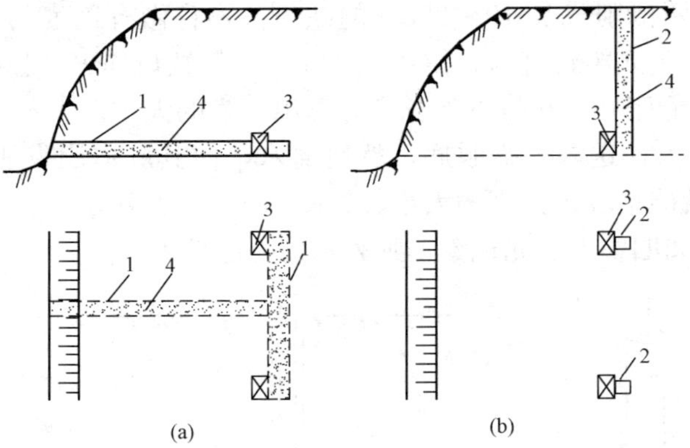

图 6-3-11 小洞室爆破法双药室布置

（a）横洞；（b）竖井

1—横洞；2—竖井；3—药室；4—填塞物

（2）洞室布置及工艺参数。导洞截面一般为 1m×1m 或 1m×1.2m，设单药室或双药室，如图 6-3-11 所示。横洞截面小于 0.6m×0.6m 时称为蛇穴。药室应选择在最小抵抗线 W 比较大的地方，并离边坡 1.5m 左右。横洞长一般为 5～7m，其间距离为洞深的 1.2～1.5 倍。竖井深度一般为（0.9～1.0）H_2（H_2 —阶梯高度）；孔距 a 及排距 $b=(0.6\sim0.8)H_2$，药室应在离底 0.3～0.7m 处，再开挖浅横洞装集中药包，横洞堵塞长度不应小于洞高的 3 倍。

（3）药室容积的计算。小洞室爆破的药室，一般接近正立方体，药室容积 V 为

$$V=K_v\frac{Q_b}{\Delta} \tag{6-3-17}$$

式中 V ——药室容积，m^3；

Q_b ——药包质量，kg；

K_v ——药室装药系数，一般用 1.1～1.4；

Δ——炸药密度，kg/m^3，见表 6-3-3。

当药室内装不同品种炸药，且各种炸药的密度相差较大时，药室容积为

$$V = K_v\left(\frac{Q_{b1}}{\Delta_1}+\frac{Q_{b2}}{\Delta_2}+\cdots+\frac{Q_{bn}}{\Delta_n}\right) \tag{6-3-18}$$

式中　Q_{b1}、Q_{b2}、…、Q_{bn}——药室中不同品种炸药的重量，kg；

Δ_1、Δ_2、…、Δ_n——各种炸药的密度，kg/m^3，参见表 6-3-3。

表 6-3-3　　硝铵类炸药的主要性能和规格

炸药名称		岩石硝铵炸药		露天硝铵炸药		抗水露天硝铵炸药		露天铵油炸药
		1号	2号	1号	2号	1号	2号	
物理指标	密度（kg/m^3）	0.95～1.1	0.95～1.1	0.8～1.0	0.85～1.10	0.8～1.0	0.8～1.0	0.8～1.0
	爆力（mL）	＞350	＞320	＞280	＞250	300	250	240
	猛度（mm）	＞13	＞12	＞10	＞8	11	8	8
	殉爆距离（mm）	＞60	＞50	＞50	＞30	2	2	1

6. 边线控制爆破法

（1）适用范围。在石方爆破施工中，为获得一定要求的边坡或断面形状，避免超、欠挖，可用该方法进行控制爆破。

（2）边线控制爆破的基本方法。边线控制爆破主要是沿设计开挖线，加密炮孔和缩小排间距离，减少装药量来达到控制的目的，较常用的有密眼爆破法和预裂爆破法。

1）密孔爆破法。此方法是按照设计的开挖线，加钻一排密孔，钻孔的孔距一般为孔直径的 2～4 倍，孔内不装药，在靠近密孔的一排为减密炮孔，装药量采用正常量的 50%左右，其钻孔距大约为正常炮孔间距的 50%～75%，最外侧的一排为正常装药的炮孔，并同时起爆，如图 6-3-12 所示。

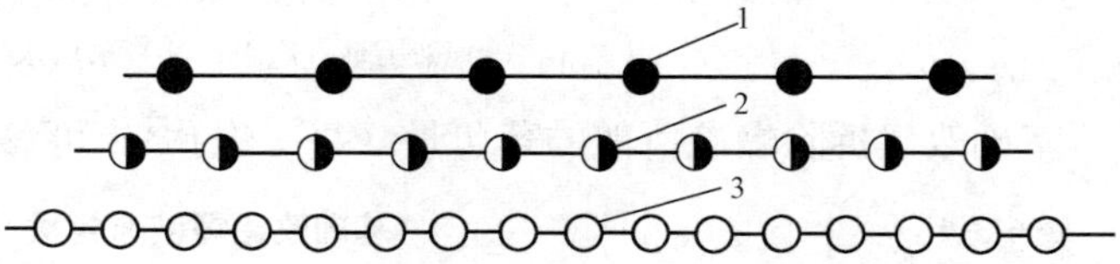

图 6-3-12　密孔爆破法示意图

1—正常全装药的炮孔；2—加密减弱装药 50%的炮孔；3—设计边线加密炮孔（不装药）

2）预裂爆破法。此方法是按照设计的开挖边线，加钻一排预裂炮孔，而且大多数情况各炮孔均需装药，它的特点就是预裂炮孔在紧靠边线主炮孔爆破前，预先炸裂一条缝，这条缝在开挖区爆破时能反射爆震波，从而在主要开挖区爆破后形成一个平整的裂面（也可应用迟发雷管同时起爆），这样就能基本上达到预裂的目的。

3）注意事项。

a）边线控制爆破，主要与边孔的布置、装药量、装药结构及起爆方法等有关，所以在施工前，应准确标出设计边线和边孔的钻孔位置（包括减弱加密炮孔），掌握好钻孔的方向、角度和深度，各边孔炮位应相互平行，孔底应落在同一平面上；

b）控制边线的炮孔间距应适宜，过小或过大都将影响爆破效果，一般随岩石坚固系数

值的增大，而控制边线炮孔的间距则相应减小；

c）控制边线的眼孔直径宜大些，其装药量应注意围岩的破坏，最好先做试验，求得合理的密集系数和装药集中度，根据经验：一般可控制在正常炮孔装药量的1/4～1/3左右；

d）控制边线的炮孔，同时起爆可采用迟发电雷管或是殉爆方法（当炸药主发药包发生爆炸时，由于爆轰波的作用引起相隔一定距离的另一炸药爆炸的现象）。另一种方法就是待靠设计边线的地方，采用预留层的方式，待主炮孔爆破清碴后，最后再钻（边）孔爆破。

7. 改建工程爆破法

(1) 炸基础。炮孔布置：垂直炮孔或水平炮孔均可以，炮孔的直径一般宜在28～40mm，垂直炮孔的深度等于基础高度的0.9倍，如图6-3-13（采用垂直炮孔）所示，最小抵抗线的长度等于炮孔深度的0.5～07倍，炮孔之间的距离等于最小抵抗线的1～1.3倍，排与排之间的距离等于最小抵抗线的长度；用水平炮孔进行爆破时，可先在基础旁边挖出一条沟，在沟内钻孔如图6-3-13（采用水平炮孔）所示，药包要装在接近基础的中心。为了爆破安全，可在基础顶上及四周用麻袋装土（砂）掩盖好，以防碎块飞出伤人或损坏器材。

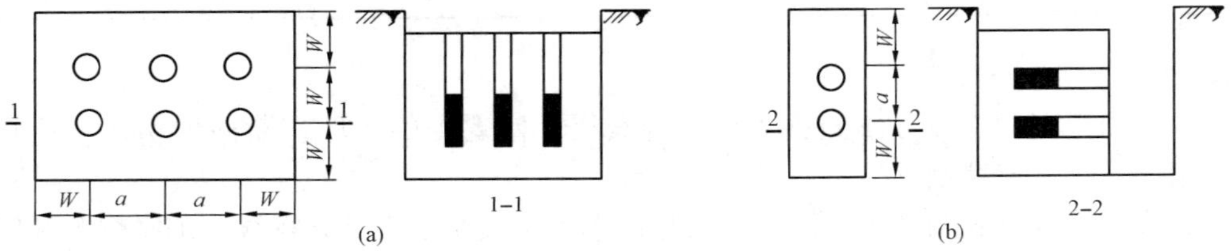

图6-3-13 基础改建爆破

(a) 采用垂直炮眼；(b) 采用水平炮眼

基础改建拆除爆破所需的药包量（每一炮孔），可参考表6-3-4计算。

表6-3-4 **基础改建爆破药包量** (kg)

基础种类	最小抵抗线W (m)										
	0.4	0.5	0.6	0.7	0.8	0.9	1.0	1.1	1.2	1.3	1.4
石灰砂浆砌砖基础	0.148	0.234	0.324	0.470	0.630	0.790	0.990	1.250	1.540	1.850	2.160
水泥砂浆砌砖基础	0.165	0.260	0.360	0.520	0.700	0.880	1.100	1.390	1.710	2.060	2.400
混凝土基础	0.180	0.280	0.400	0.560	0.770	0.960	1.200	1.500	1.850	2.250	—
钢筋混凝土基础	0.217	0.388	0.480	0.680	0.920	1.150	1.450	1.810	2.230	2.690	—

根据经验：立方米爆破基础所需的炸药，可参见表6-3-5。

表6-3-5 **立方米爆破基础所需炸药量参考表**

基础类型	炸药量（kg）	基础类型	炸药量（kg）
石灰砂浆砌砖基础	0.30～0.45	混凝土基础	0.50～0.65
水泥砂浆砌砖基础	0.40～0.55	钢筋混凝土基础	0.60～0.70

(2) 炸柱子。炮孔布置：可采用倒向一边的处理方法，即倒塌方向的炮孔在距地面较低位置，与倒塌方向相反的炮孔在距地面较高位置。其方法是在柱子上钻成10cm见方的方孔或是圆眼；如柱子直径或宽度较大时，也可以钻20cm左右见方的方孔或是圆形炮孔，如图6-3-14所示。

炮孔深度：一般炮孔深到柱子的中心较为合适。

炮孔距离：同一排炮孔之间的距离，应等于眼深的1.0～1.5倍；如两排炮孔之间的距离，等于眼深的0.75～1.0倍。

药量计算：可按表6-3-6中，以同样建筑材料砌成的墙所需炸药的消耗量再增加25%计算。

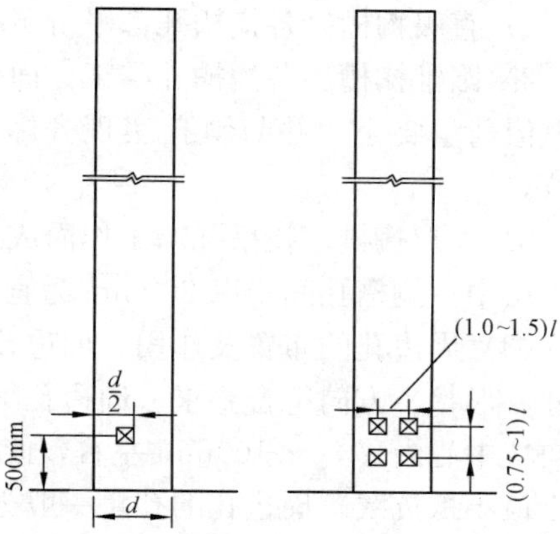

图6-3-14　炸柱子的炮眼布置示意图
d—柱子直径；l—炮眼深度

表6-3-6　柱子爆破单位体积硝铵炸药消耗量表

柱子宽度或直径(m)	最小抵抗线 W(m)	硝铵炸药消耗量 q(kg/m^3)	
		石灰砂浆砌体	水泥砂浆砌体
1.0～1.8	0.5～0.9	2.75	3.02
2.0～2.6	1.0～1.3	2.50	2.75
2.8～3.0	1.4～1.5	2.25	2.48
3.2～4.0	1.6～2.0	2.00	2.20
4.2～5.0	2.1～2.5	1.75	1.98

8. 微差爆破

微差爆破指相邻炮孔中的炸药，在极短的时间内（以毫秒计）按预先设计好的次序，利用毫秒延期雷管或微差起爆器，以毫秒级时差顺序起爆各个药包的方法。由于炸药相继爆炸所产生的应力波的叠加及抛石的相互碰撞作用，使爆炸效果大幅提高，虽然一次性用药量大，但同时起爆的药量减少，能有效地控制冲击波、振动和噪声在最小限度内。此法具有操作简单、安全、迅速，显著减少地震效应，增加一次爆破量，降低炸药消耗和超挖量等优点。

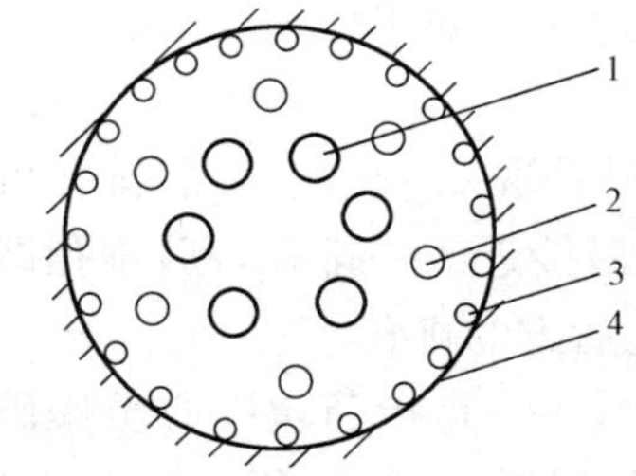

图6-3-15　微差爆破炮孔布置示意图
1—掏槽孔；2—辅助孔；3—周边孔；4—最终边界线

(1) 炮孔的布置和炮孔的深度。炮孔主要分为掏槽孔、辅助孔和周边孔三种类型，炮孔深度一般在0.5～0.8m，炮孔布置如图6-3-15所示。

(2) 掏槽孔的布置及作用：掏槽孔的作用首先在工作面上将一部分岩石爆破破碎并抛出，形成槽形空穴，为辅助孔爆破提供第二个工作面；掏槽孔的深度比辅助孔要加深0.1～0.15m，装药量也要相应增加20%～30%，使槽口内的岩石全部抛出，为辅助孔提供新的自由面。

掏槽孔的布置方式有以下几种：

1）直眼掏槽。各掏槽孔都平行于掏挖方向，垂直于工作面。

2）圆锥掏槽。各掏槽孔与工作面成一定角度，中心孔深度为斜孔的 50%，也可在内装药，但药量要小，并与斜孔实现齐爆，掏出的槽洞成锥形。适用于断面大且岩石坚固的基坑。

3）楔形掏槽。掏槽孔与工作面成一定角度，对称布置。适用于断面小、岩石坚固或倾斜岩层中。掏槽孔间距以 200mm 为宜，一般用毫秒级瞬发雷管，率先起爆。

（3）周边孔的布置及作用。周边孔处在最外圈，其作用是控制断面形状和方向，使断面尺寸、形状、方向符合要求。周边孔均打在基坑断面的设计轮廓线上，为了凿孔方便，孔口可向坑中心内移 50～100mm 左右，使周边孔偏斜一定角度，孔底落在设计轮廓线上，深度等于最小抵抗线。周边孔的孔距一般为 300～400mm。

在特坚岩层、软弱岩层或破碎夹层的周边孔之间，增加不装药的空孔，作为导向孔周边孔使用大直径钻头钻孔，并少装药，宜将装药做成 25mm 的细长药卷，使药卷在孔中留有环状间隙。一般以正常装药量的 80%为宜。周边孔全部配用同段号的毫秒延期雷管，最后齐爆。

（4）辅助孔的布置及作用。掏槽孔和周边孔布置妥当后，视基坑断面大小在其间布置辅助孔，其作用是大量崩落岩石，刷大断面；辅助孔的孔距，应比周边孔稍大，宜在 500mm 左右，孔深与周边孔保持一致。

（5）微差间隔时间、排距、最大允许装药量的计算。

1）微差间隔时间计算，为

$$t = \mu W \tag{6-3-19}$$

式中　t——最佳微差间隔时间，ms；

W——最小抵抗线，m；

μ——由岩石特性决定的系数，ms/m，对于坚硬岩石取 $\mu=3$，对于松软岩石 $\mu=6$；一般微差间隔时间取 25～75ms。

2）密集系数。密集系数即孔距与排距的比值，根据经验前排孔取 0.7～0.8，后排孔可取 0.85～1.3。前排孔即与边线最接近的一排孔，后排孔即距离自由面边线较远位于前排孔后方的排孔。

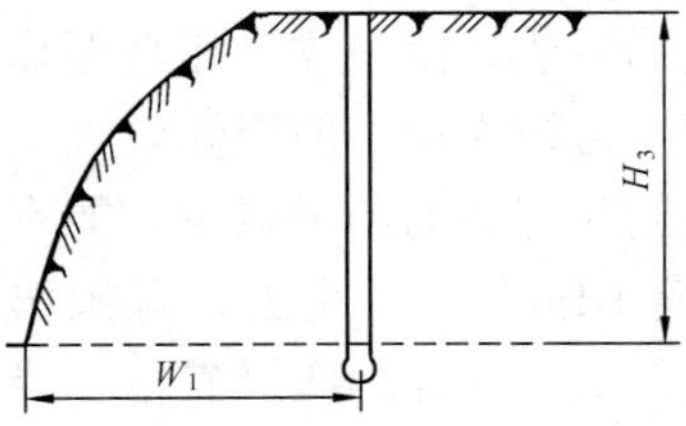

图 6-3-16　底盘抵抗线示意图
W_1—底盘抵抗线；H_3—台阶高度

3）底盘抵抗线。底盘抵抗线 W_1 是指药包中心至爆破台阶底部边缘的距离。此处底盘抵抗线一般取 $W_1=(0.6-0.9)H_3$，如图 6-3-16 所示。

4）排距。一般用式（6-3-20）计算

$$b = a/m \tag{6-3-20}$$

式中　b——排距，m；

m——后排密集系数，一般取 0.85～1.3；

a——孔距，m。

5）最大允许装药量。

$$Q_m = 0.65NQ_3 \tag{6-3-21}$$

式中　Q_m——最大允许装药量，kg；

N——微差爆破的段数；

Q_3——炸药量，齐发爆破为总药量，延时爆破为最大一段药量，kg（ks），在安全距离、安全允许振速、地形和地质条件有关系数确定后，可由式（6-3-22）计算。

9. 爆破安全距离计算

爆区不同岩性的 ε、δ 值见表 6-3-7。

表 6-3-7　　爆区不同岩性的 ε、δ 值

岩　性	坚硬岩石	中硬岩石	软岩石
ε	50～150	150～250	250～350
δ	1.3～1.5	1.5～1.8	1.8～2.0

注　ε、δ 为与爆破点至计算保护对象间的地形、地质条件有关的系数和衰减指数，也可通过现场试验确定。

爆破振动安全允许标准如表 6-3-8 所示。

表 6-3-8　　爆破振动安全允许标准

序号	保护对象类别	安全允许振速（cm/s）		
		<10Hz	10～50Hz	50～100Hz
1	土窑洞、土坯房、毛石房屋①	0.5～1.0	0.7～1.2	1.1～1.5
2	一般砖房、非抗震的大型砌块建筑物①	2.0～2.5	2.3～2.8	2.7～3.0
3	钢筋混凝土结构房屋①	3.0～4.0	3.5～4.5	4.2～5.0
4	一般古建筑与古迹②	0.1～0.3	0.2～0.4	0.3～0.5
5	水工隧道③	7～15		
6	交通隧道③	10～20		
7	矿山巷道③	15～30		
8	水电站及发电厂中心控制室设备	0.5		
9	新浇大体积混凝土④。 龄期：初凝～3d 龄期：3～7d 龄期：7～28d	 2.0～3.0 3.0～7.0 7.0～1.2		

注　1. 表列频率为主振频率，是指最大振幅所对应波的频率。

2. 频率范围可根据类似工程或现场实测波形选取。选取频率时也可参考下列数据：洞室爆破<20Hz；深孔爆破 10～60Hz；浅孔爆破 40～100Hz。

① 选取建筑物安全允许振速时，应综合考虑建筑物的重要性、建筑质量、新旧程度、自振频率、地基条件等因素。

② 省级以上(含省级)重点保护古建筑与古迹的安全允许振速，应经专家论证选取，并报相应文物管理部门批准。

③ 选取隧道、巷道安全允许振速时，应综合考虑构筑物的重要性、围岩状况、断面大小、深埋大小、爆源方向、地震振动频率等因素。

④ 非挡水新浇大体积混凝土的安全允许振速，可按本表给出的上限值选取。

（1）爆破振动安全允许距离为

$$S_z = \left(\frac{\varepsilon}{Z}\right)^{\frac{1}{\delta}} \times Q_3^{\frac{1}{3}} \tag{6-3-22}$$

式中　S_z——爆破振动安全允许距离，m；

Z——保护对象所在地质点振动安全允许速度，cm/s，见表 6-3-8；

ε、δ——与爆破点与计算保护对象间的地形、地质条件有关的系数和衰减指数，见表 6-3-7。

（2）爆破冲击波安全允许距离，得

1）露天裸露爆破大块时，一次爆破的炸药量不应大于 20kg，并应按下式确定空气冲击波对在掩体内避炮作业人员的安全允许距离，得

$$S_k = 25 \times \sqrt[3]{Q_3} \tag{6-3-23}$$

式中 S_k——空气冲击波对掩体内人员的最小允许距离，m；

Q_3——一次爆破的炸药量，秒延时爆破取最大分段药量计算，毫秒延时爆破按一次爆破的总药量计算，kg。

2）爆破飞石的安全距离为

$$S_f = 20K_f n^2 W \tag{6-3-24}$$

式中 S_f——飞石安全距离，m；

n——最大一个药包的爆炸作用指数，按式（6-3-1）计算；

K_f——与岩石性质、地形等有关的系数（一般选用 1.0 ～1.5，对着抛掷方向取大值，背着抛掷方向取小值）；

W——最小抵抗线，m。

为保证绝对安全，按上式计算结果乘上系数 3～4，同时，参照现行爆破安全规程有关爆破飞石的最小安全距离规定。

（二）施工准备

（1）将编制完成的作业方案，报经所在地县、市公安部门同意，取得相应爆破器材的购买、运输、储存、保管、使用许可等或由公安部门委托专业爆破队伍完成爆破作业。

（2）清理爆破作业场地上附着物，平整爆破施工作业面。

（3）运输施工机具、安全设施、通信设施等。

（三）标孔与凿孔

1. 标孔

（1）根据确定的爆破方法现场测定孔位。

（2）用红漆标明各孔具体位置，写明孔深及装药量。

（3）防止标错、漏标，必须核实检查总标孔数。

（4）标孔时，进一步核实最小抵抗线，使实际最小抵抗线与设计基本相符。

2. 凿孔

（1）人工凿孔。当土石方量不大、机械设备不足或受施工条件限制的狭窄地形，炮孔深度不大的情况下，可采用此方法。人工凿孔一般适用于中等硬度以下的岩石。人工凿孔分为单人凿孔、双人凿孔和多人冲孔等方法。

1）工具类型。

a）钢钎：直径为 22～25mm 的实心钢，长度为 0.5～3.2m，其一端按照凿孔条件和岩石性质，做成不同形式的钢钎刃型。

b）铁锤：单人凿孔用的铁锤重 1.36～1.81kg（3～4 磅），双人凿孔用的铁锤重 2.72～3.63kg（6～8 磅）。

c）掏勺：用于清除炮孔内石粉和碎石用。

2）人工凿孔主要应检查内容。

a）锤头与锤把的连接是否牢固；

b）锤把木质有无松软、节疤、裂缝或腐朽现象；

c）钎柄和铁锤有无不平和严重毛边情况。

3）凿孔。

a）凿孔前，应将周围的松动土石清除干净，检查支撑是否牢固，凿孔人员必须精力集中，要稳和准，锤要打在钎子中心，使刃口受力均匀。禁止对面打锤，开始凿孔或中途换钎时，先应轻打一二十锤，使钢钎温度稍为升高后再猛打，以免钎头脆裂。

b）凿孔时，刃口的宽度应随钢钎长度不同而改变，一般炮孔法的浅孔凿孔，钢钎面宽可加大到40mm，如需人工凿孔3～5m时，钎口面宽可加大到45mm，并随炮孔孔深的增加而逐渐减小钎口面，但孔底应保持35mm直径，以保证凿孔孔壁圆直和防止卡钎。

（2）机械钻孔。

1）钻孔工具。

a）风动凿岩机（又称手风钻）和风镐（铲）。

b）钻杆（又称钢钎），目前均采用合金工具钢和碳素钢两种，合金工具钢使用寿命比一般碳素钢钎长2～6倍。

c）钻头。

一般常用的有一字形和十字形两种。

d）钎尾。钎尾为凿岩机活塞杆（气锤）直接冲击部分，钎尾的尺寸要求正确，大小必须与凿岩机套筒一致，所以钎尾加工时，必须按要求制作，热处理工序也必须符合设计要求，端面的形式为六角形带肩钎尾。

2）钻孔。

a）根据爆破方法选用相应直径和长度的钻头、钻杆。

b）施工时，压缩空气的气量和气压必须符合凿岩机的要求，确保机械凿岩的钻孔效率。

c）机械钻孔，应根据岩层性质，最小抵抗线和台阶高度等因素，合理布置并严格掌握钻眼方向、深度及间距。开始钻孔时，风门应开小，先用开门短钻杆，等钻头钻入岩石能控制方向时再开大风门，一般是每钻50cm左右再换一次长钻杆，所换的钻头要比前一根小1～2mm。换杆、检查风钻及加油时，都应关闭风门，然后工作。眼孔应钻成口大底小，以免卡钻。

d）钻孔时机具要扶稳，必须保持钻杆与孔中心在一条直线上，以防钻杆歪曲、折断造成事故。钻眼达到设计深度后，要把眼孔内的石粉冲净，钻眼吹干，以便装药。

e）在施工中，遇石质松软且较完整，则可适当增加两手支托风钻的推压力，如松软岩石或穿过土夹层时，为防止钻孔孔壁收缩变形，粉尘增多或与地下水搅合而包住凿岩机使钻杆提不起来时，则在钻到一定深度后，将钻杆提上一段高度使其空转，同时开动风门吹出粉尘。

f）如发现堵孔现象，应立即打开风动门，全力提起钻杆，并反、顺转动钻杆，在个别情况下可适量向下灌水浸泡，直到使钻杆能自由上下运行为止。

3）清孔、验孔。

a）孔按设计要求钻好后，用风管吹尽孔内粉尘，并用废纸堵住药孔，以防杂物堵塞。

b）按爆破方法要求，进行眼孔深度、位置、是否有水等检查确认。

c）废孔需用泥土填实。

（四）爆破器材检验

1. 炸药的检验

在使用前，对每批炸药的外观、质量随时进行检查。输电线路常用的硝铵类炸药的检验方法如下：

（1）外观检查。药卷包皮有无破损，防潮剂是否剥落或有无裂痕，封口是否严密等。

（2）湿度（水分含量）检验。可将少量炸药倒入手掌中，把手捏紧，手掌松开时，如炸药结成团形留在掌中，完全不能散开或结成块状，则证明已含有大量水分。

2. 雷管

（1）火雷管。

1）外观检查：发现有裂口、锈点、砂眼、起爆药浮出等均不能使用。

2）试验方法：如发现试爆声微弱，爆炸处有白色药粉时，系受潮症状，不能使用。

（2）电雷管。金属壳雷管表面有绿色斑点和裂缝、皱痕或起爆浮出，纸壳雷管表面有松裂，管底起爆药有破裂以及脚线有扯断者，均不能使用。检验时，雷管应放置在挡板后面距工作人员5m以外的地方。

（3）导火索。

1）外观检验。发现粗细不均匀，包皮破损、折断或有受潮湿痕迹者，均不能使用。

2）耐水性试验。把导火索的两端露出水面120mm，浸入深度为1m的常温静水中（水温10～30℃），耐水时间不低于2h，此时，燃烧实验发现有熄火或与规定燃速对比不正常者，可适用于干燥地点，但不能用于潮湿的工作面。

3）燃烧时的性能。没有爆裂声、透水和断火现象。

4）燃速试验。使用前切割1m长的导火索进行测速。

（4）传爆线。传爆线外表与导火索相似，是用高级烈性炸药制成。它具有爆速快的特点（爆速为6800～7200m/s），主要用于深孔爆破和大量爆破药室的起爆，也可用于几个药室同时准确起爆的传爆，不宜用于一般炮孔法爆破。被引爆时需用雷管，传爆不用雷管。

1）起爆性能：2m长以上的传爆线应能完全起爆200g的压装TNT药块；

2）防潮性能：在0.5m深的静水中，浸入24h后应传爆可靠；

3）传爆性能：按规定的方法连接后，用8号雷管起爆时，应爆轰完全；

4）在（50±3）℃条件下保温6h，外观应符合规定的要求，按规定方法连接，用8号雷管起爆时，应爆轰完全；

5）在（－40±3）℃条件下，冷冻2h后应能保证结成水手结，并能爆轰完全；

6）传爆线端面药被导火索喷燃时，导火索不应爆轰；

7）传爆线在（50±3）℃和（－40±3）℃条件下，按4）、5）规定保温后，做弯曲试验，不应洒药及露出内层线，并能保证爆轰完全；

8）传爆线承受500N拉力后，仍保持爆轰性能。

（五）装药与填塞

1. 起爆药卷的制作

火雷管的连接：

（1）应在专用的房间或指定的安全地点进行。

（2）根据导火索及火雷管的规格，质量要求，按起爆所需的长度（最短不得少于 1.2m），用锋利小刀切齐导火索，然后将导火索轻轻插入火雷管内接触到加强帽的地方，不可用力猛插或转动，以免雷管爆炸伤人，如图 6-3-17 所示。

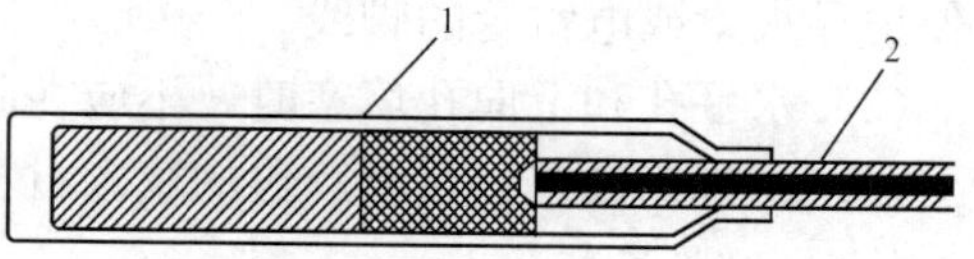

图 6-3-17　火雷管连接示意图

1—火雷管；2—导火索

（3）雷管内有杂物时，不应用工具掏或用嘴吹，应用手指轻轻地弹出杂物；杂物弹不出的雷管不应使用。

（4）火雷管与导火索连接的固定方法，应随管壳材料来定，如使用金属火雷管时，可用雷管钳夹紧管体上部管口 5mm 以内的边缘处，使导火索固定在雷管上，严禁用石头之类敲打，如使用纸壳火雷管时，可用麻绳或胶布缠缚。

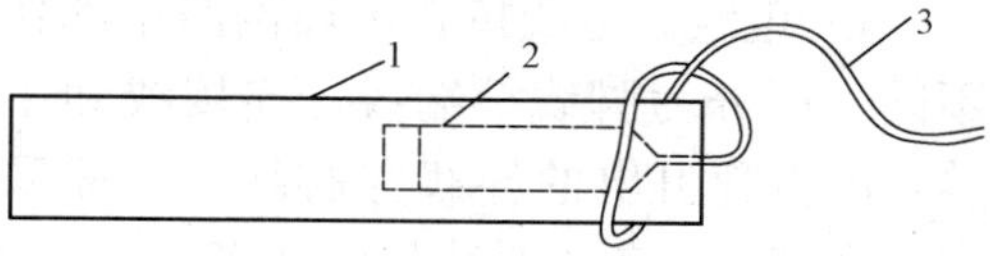

图 6-3-18　雷管起爆药卷示意图

1—药卷；2—火雷管或电雷管；3—导火索或脚线

2. 起爆药包的制作

（1）首先把药卷的包皮纸一端拆开，将药卷捏松，然后用直径 5mm、长 100～120mm 的圆形木棍轻轻插入药卷中央后抽出，将火线雷管或电雷管插入孔内，如图 6-3-18 所示。

（2）火线雷管插入孔内的深度，如为硝化甘油类炸药，只需将雷管全部放在药内即可，如为其他炸药，则将雷管插入药卷 1/3～1/2 的地方，最后收拢包皮纸，用细麻绳牢固绑扎，不使两者脱离，如药卷用于潮湿的炮孔处，应进行防潮处理。

（3）对起爆间隔不同的起爆药卷，应以记号分别标志（火花起爆应以导火索的长短来调整时间，电力起爆时，则应取用即发或迟发电雷管），以免在安装药时混淆不清。

3. 装药

（1）装药前应对作业场地、爆破器材堆放场地进行清理，装药人员应对准备装药的全部炮孔、药壶、蛇穴、药室进行检查。

（2）从炸药运入现场开始，应划定装运警戒区，警戒区内应禁止烟火；搬运爆破器材应轻拿轻放，不应冲撞起爆药包。

（3）爆破装药现场不应用明火照明。

（4）应使用木质或竹制炮棍填药。

（5）根据爆破方法及装药结构进行填药；装药发生卡塞时，若在雷管和起爆药包放入之前，可用非金属长杆处理。装入起爆药包后，不应用任何工具冲击、挤压。

（6）在装药过程中，不应拔出或硬拉起爆药包中的导火索和电雷管脚线。

（7）不应投掷起爆药包和敏感度高的炸药，起爆药包装入后应采取有效措施，防止后续药包直接冲击起爆药包。各种爆破作业都应做好装药原始记录。

4. 填塞

（1）堵塞材料应就地取材，为干细砂土、砂子、黏土等，堵塞时，宜用一份黏土和二份或三份砂混合而成。

(2) 堵塞要密实，不能用力挤实，应使用木质或竹制炮棍在炮孔内轻轻捣实，同时要注意保护导火索或电雷管的脚线。

(3) 水平孔和上向孔填塞时，不应在起爆药包或起爆药柱至孔口段直接填入木楔。

(4) 不应捣鼓直接接触药包的填塞材料或用填塞材料冲击起爆药包。

(六) 网路连接

当采用传爆线起爆法和电力起爆法爆破时，应根据爆破要求和实际情况进行网路的连接。

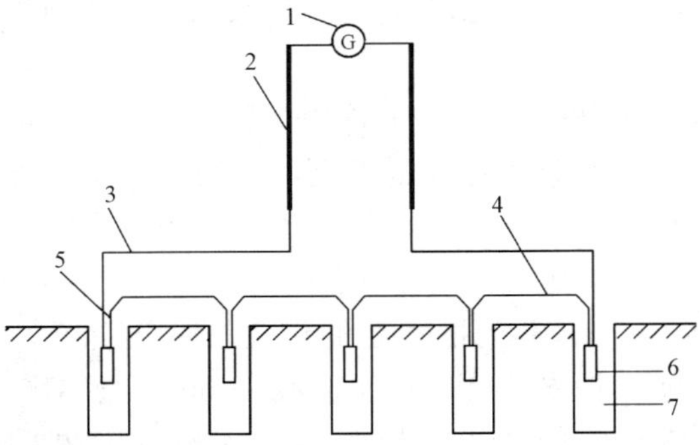

图 6-3-19　电爆网路的起爆装置示意图

1—电源；2—主线；3—区域线；4—连接线；5—端线；6—电雷管；7—药包或药室

1. 电爆网路

电力起爆是利用电雷管中的电力引火装置使雷管中的起爆药爆炸，然后使炸药全部爆炸。如图6-3-19 所示。

(1) 电线、电源、仪表。

1) 电线。电线按在电爆网路中的作用不同，可分为脚线、端线、连接线和主线等，电雷管引出的导线叫脚线，一般采用 0.5～0.7mm 直径的纱包线或塑料绝缘线；连接电雷管脚线和连接线（连接各炮孔口之间的导线）的电线叫端线，一般采用 1.13～1.37mm 直径的橡皮绝缘线或塑料绝缘线；连接各个炮孔间的电线叫连接线，规格与端线相同；连接主线与连接线的电线叫区域线；由爆破点至电源主要闸刀开关器的电线叫作主线，一般采用七股 1.6～2.11mm 绝缘线。组成电爆网路的各种电线，禁止使用不带绝缘包皮的电线。

2) 电源。照明电力线和动力线路都是电力起爆中最为可靠的电源，尤其在所需起爆的药包多、网路复杂、准爆电流值大的条件下。

通常规模较小的爆破采用以下两种电源。

a) 放炮器。供给线路的电流很小，只能在电雷管串联时使用（不宜起爆并联电雷管），每次能起爆串联的电雷管分别为：10、30、50 个或 100 个，它是适应小规模爆破的一种比较方便的电源；

b) 干电池和蓄电池。适宜于规模较小的爆破，每一个干电池，只能放出电流 2A（单个电雷管的最小准爆电流约为 0.5～0.8A，成组雷管的准爆电流需在 1.8A 以上），为能满足各种不同连接方式的电爆网路需要的较大电流时，可将几个干电池并联使用。

3) 仪表。

a) 小型欧姆计。可测定自 0～5000Ω 的电阻，适用于检查电雷管、导线和电爆网路的导电性，以及电路是否接通或近似的电阻数值；

b) 万能表。主要用于检查爆破电桥，测量电雷管的电阻和全部电爆网路上的电阻，也可当作伏特计或安培计来使用，但不能用来测量电雷管的电流。

c) 爆破电桥。用于测量电雷管的电阻和全部电爆网路上的电阻，在使用以前必须用万能表或安培计先检查爆破电桥两个接线柱上输出的电流情况，输出的最大电流不得超过 50mA，否则使用时不安全。

伏特计是用于测定电源线路中的电压；安培计则主要用于测量电线中电流的大小。

（2）连接形式。

1）串联法。电力起爆串联法的连接如图 6-3-20 所示。

a）优缺点。

ⅰ）计算和连接方便，线路简单，易于检查。

ⅱ）消耗导线少，可采用较小电流。

ⅲ）网路连接的可靠性较差，在整个线路中，如有一个雷管发生故障，就切断整个线路。

b）适用范围。

ⅰ）适用于装药分散，并相距较远，电源、电流不大时的小规模爆破。

ⅱ）可用于起爆电源为放炮器、干电池、蓄电池为起爆电源的爆破。

c）网路计算公式

$$I=\frac{E}{R}=\frac{E}{R_{\mathrm{M}}+R_{\mathrm{bra}}+n_1 r}\geqslant i \tag{6-3-25}$$

式中　R——电爆网路中的总电阻，Ω；

I——电爆网路中所需总的准爆电流，A；

i——通过每个电雷管所需的准爆电流，A，交流电为 2.5A，直线电为 2.0A；

E——电源的电压，V；

R_{M}——主线的电阻，Ω；

R_{bra}——端线、连接线、区域线的电阻，Ω；

n_1——线路中的雷管数目，个；

r——每个雷管的电阻，Ω，一般常用 $r=1.5\Omega$ 计算。

2）并联法。电力起爆并联法的连接如图 6-3-21 所示。

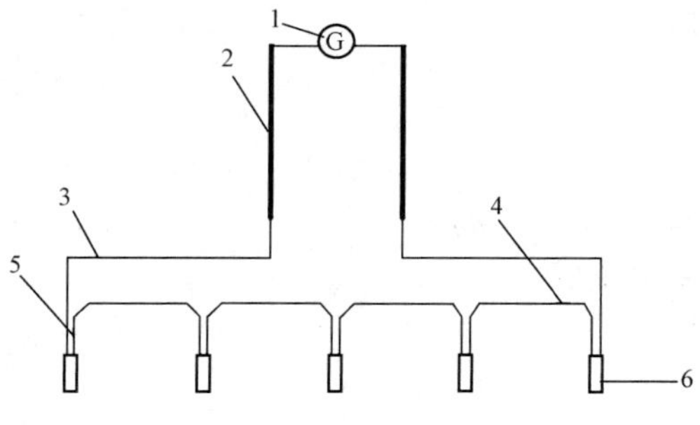

图 6-3-20　电力起爆串联法示意图

1—电源；2—主线；3—区域线；4—连接线；5—端线；6—电雷管

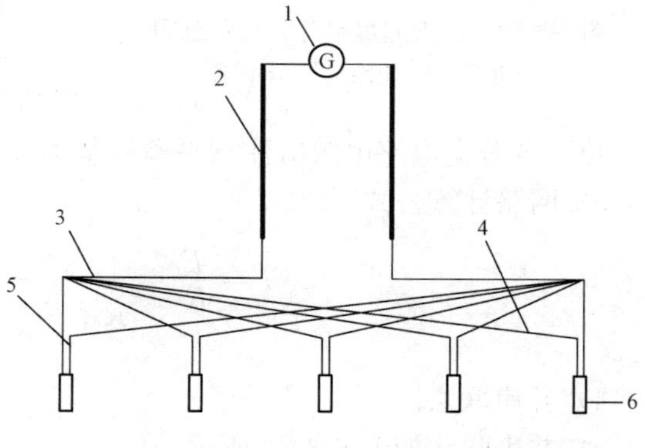

图 6-3-21　电力起爆并联法示意图

1—电源；2—主线；3—区域线；4—连接线；5—端线；6—电雷管

a）优缺点。

ⅰ）各雷管中电流互不干扰。

ⅱ）当一个雷管遇有故障，不影响整个起爆。

ⅲ）导线、电源消耗大，而且需要较大断面的主线。

ⅳ）连接较复杂，检查不方便。

ⅴ）若分支线路电阻相差较大时，可产生不同时爆破或拒爆。

b）适用范围。

ⅰ）当炮孔集中，电源容量较大时。

ⅱ）适用于起爆很少电雷管的情况。

ⅲ）各分支电路的电阻，最好基本相同。

c）网路计算公式

$$I=\frac{E}{R}=\frac{E}{R_{\mathrm{M}}+\frac{1}{m}(R_{\mathrm{bra}}+r)}\geqslant mi \tag{6-3-26}$$

式中　m——分支线路的组数。

3）串并联法。

电力起爆串并联法如图 6-3-22 所示。

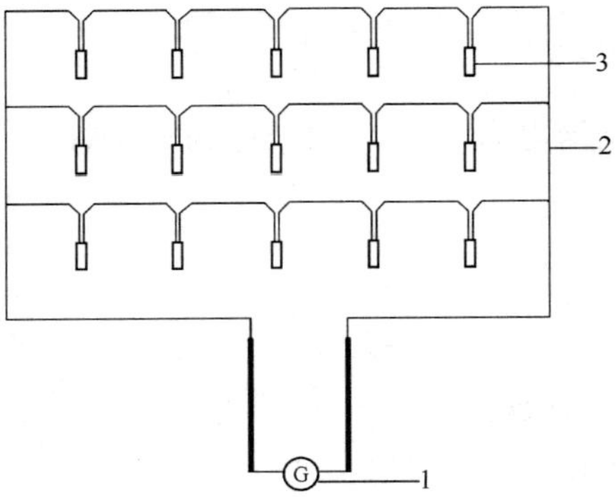

图 6-3-22　电力起爆串并联法示意图

1—电源；2—电线；3—电雷管

a）优缺点。

ⅰ）同组中的电流互不干扰。

ⅱ）药室中使用成对的雷管，可以增加起爆的可靠性。

ⅲ）线路计算和敷设较复杂。

ⅳ）导线消耗量较大。

b）适用范围。

ⅰ）每次爆破的炮孔，药包组很多，且距离较远时。

ⅱ）全部并联，电流不足时。

ⅲ）为达到控制爆破，若采用分层迟发起爆布置药室时。

ⅳ）各分支电路电阻应注意平衡或基本接近。

c）网路计算公式

$$I=\frac{E}{R}=\frac{E}{R_{\mathrm{M}}+\frac{1}{m}(R_{\mathrm{bra}}+n_1 r)}\geqslant mi \tag{6-3-27}$$

4）并串联法。

a）并串联法如图 6-3-23 所示。

b）优缺点。

ⅰ）可靠性较串联大。

ⅱ）可采用较低的电压。

ⅲ）线路计算和敷设复杂。

ⅳ）有一个雷管拒爆时，仍将切断一个分组的线路。

c）适用范围。

ⅰ）当一次起爆多数药包，而药室又设置在很长的距离。

ⅱ）每个药室设置二个以上的电雷管，且要求进行迟发起爆时。

ⅲ）无足够的电源、电压。

ⅳ）各分支线路的电阻必须平衡或基本接近。

d）网路计算公式。

ⅰ）分支公式

$$R_i = \frac{n_1 r}{N} + R_{2i} \tag{6-3-28}$$

式中 R_i——第 i 分支线路的电阻，Ω；

R_{2i}——第 i 分支线路上端线、连接线、区域线的电阻。

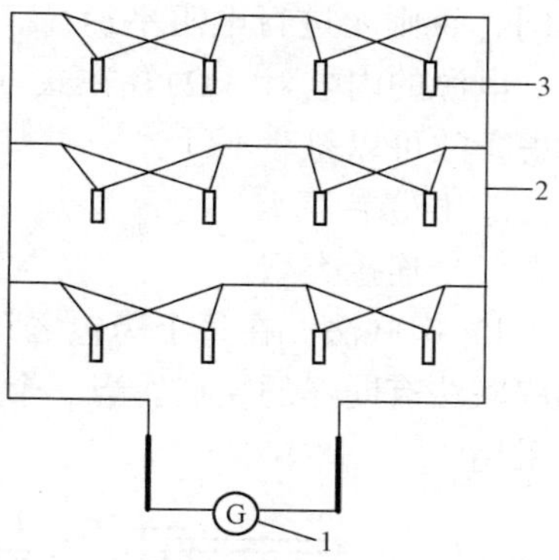

图 6-3-23 电力起爆并串联法示意图

1—电源；2—电线；3—电雷管

ⅱ）整个网路公式

$$I = \frac{E}{R_{\text{SUM}}} = \frac{E}{R_{\text{bra}} + \frac{1}{m}R_{\max}} \geqslant mNi \tag{6-3-29}$$

式中 R_{SUM}——各分支电阻的总和，Ω；

m——分支线路的组数；

$R_{\max}$——电阻平衡后各分支线路中最大的电阻，Ω；

N——每药室并联雷管数目。

5）连接注意事项。

a）电雷管在使用前，必须检查其导电性，并根据不同电阻值选配分组，在同一电爆网路中，必须用同厂、同批、同牌号的电雷管，各电雷管之间的电阻差，应不超过 0.25Ω。

b）在选择电爆网路形式时，除应考虑导线的规格外，还应考虑到电源的电压及电容量是否够用，以免影响起爆效果。

c）为保证电雷管的准爆及操作安全，应掌握如下有关参数和特点。

ⅰ）电阻一般为 1.0～1.5Ω；

ⅱ）最大安全电流—输出电流不超过 0.05A；

ⅲ）最小准爆电流—直流电源为 2.0A；交流电源为 2.5A。电雷管脚线如为纱褒线制作，只能用于干燥无水地区爆破；如为绝缘脚线制作的，可用于潮湿地区爆破。电爆线路的导线，只准使用橡皮绝缘和塑料绝缘的导线，但在露天爆破工作，如主线敷设在具有绝缘子的电杆上时，可以采用裸露线。电力起爆前，应将每个电雷管的脚线连成短路，直到使用时，方可解开，并严禁与电池放在一起或与电源线路相碰。主线的末端也要连成短路，用胶布包裹，以防误触电源，发生爆炸。电爆网路应铺设双线，严禁用水或大地作电爆网路的回路。区域线与闸刀主线的连接工作，必须是所有爆破眼孔均已装药、堵塞完毕，现场其他作业人员已退至安全地区后，方准进行。电源与雷管要分开放置，放炮箱闸刀要锁上，并有专人管理，得到命令后方准起爆放炮。遇有暴风雨或闪电打雷时，禁止装药、安装电雷管和连接电线操作，同时应迅速将雷管的脚线、电源主线的两端连成短路。串并联法和并串联法，对于这两种的网路，都要求各分支线路的电阻基本相同，否则要进行电阻平衡。

电源的内电阻（Ω），在式（6-3-28）、式（6-3-29）的计算中均按照明线路或动力线路考虑，故可以忽略不计。

2. 传爆线网路

（1）连接类型。

1）串联法。在每个药包之间直接用传爆线连接，见图 6-3-24 所示，此法与电力起爆中的串联法有同样的缺点，当一个药包拒爆时，必然影响到后面所有药包的拒爆，因此目前很少采用。

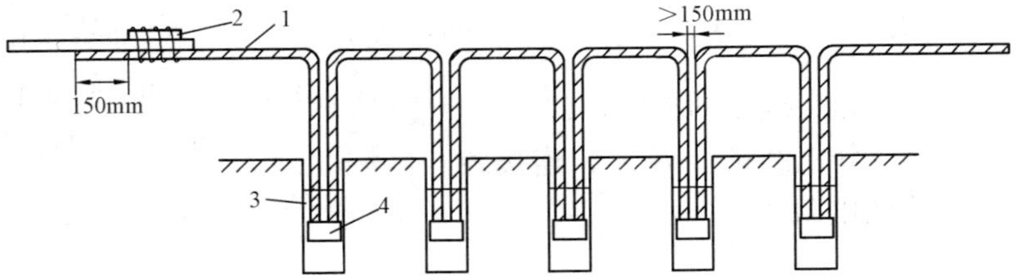

图 6-3-24 传爆线串联法示意图

1—传爆线；2—雷管；3—药室；4—药包

2）并联法。分段并联法：将需连接每个药包的每段传爆线与另一根传爆线（又称传爆主线）连接起来，见图 6-3-25，这种方法对于准确起爆有可靠的保证，目前一般爆破工程中已广泛应用。

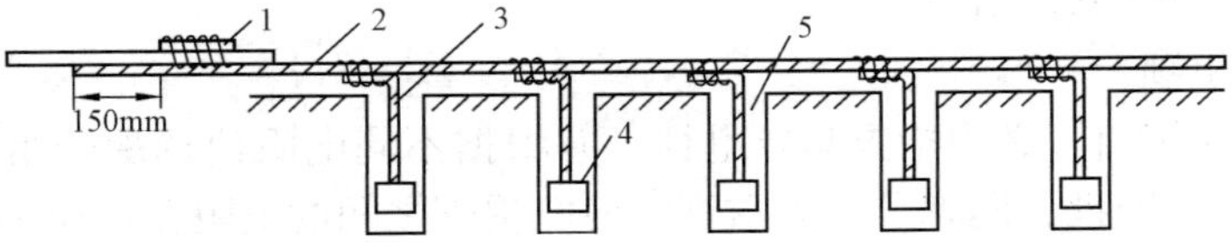

图 6-3-25 传爆线并联法示意图

1—雷管；2—传爆主线；3—传爆支线；4—药包；5—药室

3）并簇联法：将连接每个药包的每段传爆线连扎成一捆，然后与另一根传爆线（主线），连接起来，见图 6-3-26，这种方法，传爆线消耗量大，很不经济。

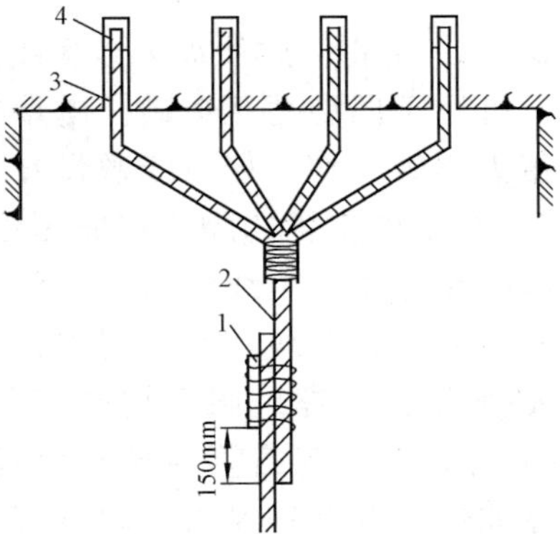

图 6-3-26 并簇联法示意图

1—雷管；2—传爆线；3—炮眼；4—药包

（2）注意事项。

1）传爆线不应有折伤、受潮、包皮破裂、过粗或过细等缺点；交叉敷设时，应在两根交叉导爆索之间设置厚度不小于 10cm 的木质垫块。

2）不能利用仪表来检查爆破线路的好坏，在传爆线连接时的搭接方法极为重要，具体要求如下：

a）接头搭接长度不得少于 150mm，一般采用 200～300mm，并用细麻绳或其他绳索扎紧；起爆导爆索的雷管与导爆索捆扎端端头的距离应不小于 150mm，雷管的聚能穴应朝向导爆索的传爆方向。

b）支线与主线的连接方向，必须顺着主线的爆破方向，两个方面的交角 θ 不得小于 90°，连接方法如图 6-3-27 所示。在药包内（或起爆体内），传爆线的端部应卷绕成起爆束，以增加起爆能力，如图 6-3-28 所示。

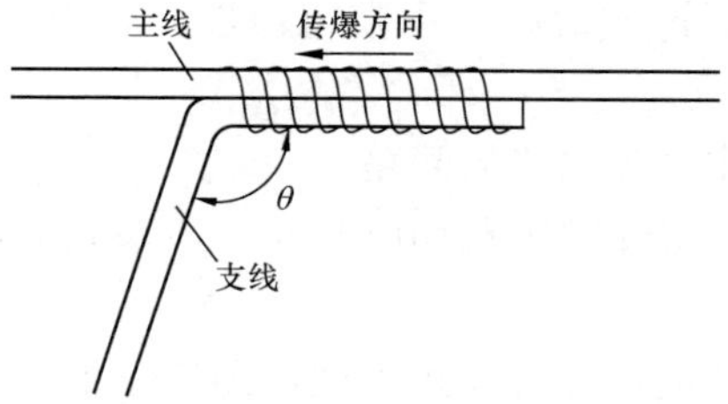

图 6-3-27　支线与主线连接示意图

3）在同一个爆破网路上，应使用同厂、同牌号的传爆线，传爆线网路敷设后，避免太阳久晒，外界温度高于 30℃时，需用纸或土遮盖。

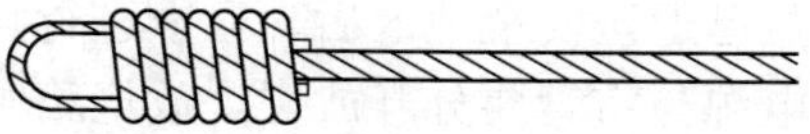

图 6-3-28　起爆束示意图

（七）爆破警戒

1. 爆破警戒

（1）装药警戒范围由爆破工作领导人确定，装药时应在警戒区边界设置明显标志并派出岗哨。

（2）爆破警戒范围根据爆破方案及作业环境等确定。在危险区边界，应设有明显标志，并派出岗哨。

（3）执行警戒任务的人员，携带对讲机等通信良好的设备，并应按指令到达指定地点并坚守工作岗位。

2. 信号

（1）预警信号：该信号发出后爆破警戒范围内开始清场工作。

（2）起爆信号：起爆信号应在确认人员、设备等全部撤离爆破警戒区，所有警戒人员到位，具备安全起爆条件时发出。起爆信号发出后，准许负责起爆的人员起爆。

（3）解除信号：安全等待时间过后，检查人员进入爆破警戒范围内检查、确认安全后，方可发出解除爆破警戒信号。在此之前，岗哨不得撤离，不允许非检查人员进入爆破警戒范围。

（4）各类信号均应使爆破警戒区域及附近人员能清楚地听到或看到。

（八）起爆

1. 火花起爆

（1）点燃导火索的材料，一般可用点火香、点火绳、点火筒等，或者可用一段点燃的导火索，只有一个药包需要点燃时才可使用明火点燃。

（2）爆破人员一次点燃 5 炮以下时，最短的一根导火索的燃烧时间，必须使点炮人员在点燃最后一根导火索后能退至安全避炮地点，在任何情况下导火索不得短于 1.2m。当一个爆破工一次点燃 5 炮以上时，或有多人同时点炮时，应采取信号导火索或信号雷管来控制点炮时间。

（3）严禁在一次爆破中使用不同燃速的导火索。

（4）下列情况不应采用导火索起爆：

1）洞室爆破、城镇浅孔爆破、拆除爆破、深孔爆破和水下爆破；

2）竖井、倾角大于 30°的斜井和天井工作面的爆破；

3）有瓦斯和粉尘爆炸危险工作面的爆破；

4）借助于长梯子、绳索和台架才能点火的工作面。

2. 电力起爆

（1）电力起爆前，应将每个电雷管的脚线连成短路，直到使用时，方可解开，并严禁与电池放在一起或与电源线路相碰。主线的末端也要连成短路，用胶布包裹，以防误触电源，发生爆炸。

（2）电爆网络应铺设双线，严禁用水或大地作电爆网路的回路。

（3）区域线与闸刀主线的连接工作，必须是所有爆破眼孔均已装药、堵塞完毕，现场其他作业人员已退至安全地区后，方准进行。

（4）电源与雷管要分开放置，放炮箱闸刀要锁上，并有专人管理，得到命令后方准起爆放炮。

（九）爆后检查

露天浅孔爆破，爆后应超过 5min，方准许检查人员进入爆破作业地点；如不能确认有无盲炮，应经 15min 后才能进入爆区检查。露天深孔及药壶蛇穴爆破，爆后应超过 15min，方准检查人员进入爆区。露天爆破经检查确认爆破点安全后，经当班爆破班长同意，方准许作业人员进入爆区。拆除爆破爆后应等待倒塌建（构）筑物和保留建筑物稳定之后，方准许检查人员进入现场检查。洞室爆破、水下深孔爆破及本标准未规定的其他爆破作业，爆后的等待时间，由设计确定。爆后检查内容

（1）一般岩土爆破应检查的内容有：

1）确认有无盲炮；

2）露天爆破爆堆是否稳定，有无危坡、危石；

3）地下爆破有无冒顶、危岩，支撑是否破坏，炮烟是否排除。

（2）洞室爆破、拆除爆破及其他有特殊要求的爆破作业，爆后检查应按以下有关规定执行。

1）爆后检查工作由爆破现场技术负责人、起爆站站长和有经验的爆破员组成的检查小组实施，等待时间由设计确定，但不应少于 15min。

爆后检查的内容应包括：

a）是否完全起爆；洞室爆破发生盲炮的表征是：爆破效果与设计有较大差异；爆堆形态和设计有较大的差别；现场发现残药和导爆索残段；爆堆中留有岩坎陡壁；

b）有无危险边坡、不稳定爆堆、滚石和超范围塌陷；

c）最敏感、最重要的保护对象是否安全；

d）爆区附近有隧道、涵洞和地下采矿场时，应对这些部位进行毒气检查，在检查结果明确之前，应进行局城封锁。

2）如果发现或怀疑有拒爆药包，应向总指挥长汇报，由其组织有关人员做进一步检查；如果发现有其他不安全因素，应尽快采取措施进行处理；在上述情况下，不应发出解除警戒信号。

（十）盲炮处理

1. 处理盲炮必须遵守下列规定

（1）出现盲炮时，应向工作负责人和技术领导汇报，并共同确定可靠的处理方法；处理

盲炮前应由爆破领导人定出警戒范围，并在该区域边界设置警戒，处理盲炮时无关人员不准许进入警戒区。

（2）应派有经验的爆破员处理盲炮，洞室爆破的盲炮处理应由爆破工程技术人员提出方案并经单位主要负责人批准。

（3）电力起爆发生盲炮时，应立即切断电源，及时将盲炮电路短路。

（4）导爆索和导爆管起爆网路发生盲炮时，应首先检查导爆管是否有破损或断裂，发现有破损或断裂的应修复后重新起爆。

（5）不应拉出或掏出炮孔和药壶中的起爆药包。

（6）盲炮处理后，应仔细检查爆堆，将残余的爆破器材收集起来销毁；在不能确认爆堆无残留的爆破器材之前，应采取预防措施。

（7）盲炮处理后应由处理者填写登记。

2. 处理浅孔爆破的盲炮可采用下列方法

（1）经检查确认炮孔的起爆线路完好时，可重新起爆。

（2）打平行孔装药爆破。平行孔距炮口不得小于0.3m，对于浅孔药壶法，平行孔距盲炮药边缘不得小于0.5m。为确定平行炮孔的方向允许从盲炮孔口起取出长度不超过20cm堵塞物。

3. 裸露爆破的盲炮处理

处理裸露爆破的盲炮，可去掉部分封泥，安置新的起爆药包，加上封泥起爆；如发现炸药受潮变质，则应将变质炸药取出销毁，重新敷药起爆。

4. 深孔爆破的盲炮处理

（1）爆破网路未受破坏，且最小抵抗线无变化者，可重新连线起爆；最小抵抗线有变化者，应验算安全距离，并加大警戒范围后，再连线起爆。

（2）可在距盲炮孔口不少于10倍炮孔直径处另打平行孔装药起爆。爆破参数由爆破工程技术人员确定并经爆破领导人批准。

（3）所用炸药为非抗水硝铵类炸药，且孔壁完好时，可取出部分填塞物向孔内灌水使之失效，然后做进一步处理。

（十一）解除警戒

安全等待时间过后，检查人员进入爆破警戒范围内检查、确认安全后，方可发出解除爆破警戒信号。在此之前，岗哨不得撤离，不允许非检查人员进入爆破警戒范围。

（十二）弃渣清理

爆破产生的渣石及时清理，注意减少对周围环境的破坏，设计有要求时，按设计要求排放弃渣。

（十三）质量检查

根据设计图纸及技术要求，对清理后的作业面进行检查，根据情况确定下一步作业内容。

（十四）工作结束

（1）施工完毕，清点作业场地的施工机具数量，根据实际情况安排施工机具撤离工作。

（2）清点爆破器材的剩余数量，严格按有关管理规定退回，并办理相关手续。

（3）需要对成品进行保护或防护的，按相关要求采取措施。

三、劳动组织

岩石爆破施工的劳动组织及岗位职责见表 6-3-9。

表 6-3-9 岩石爆破施工的劳动组织及岗位职责

序号	岗位	人数	岗位职责
1	工作负责人	1	（1）主持制定爆破工程的全面工作计划，并负责实施。组织爆破业务、爆破安全的培训工作和审查爆破作业人员的资质。 （2）监督爆破作业人员执行安全规章制度，组织领导安全检查，确保工程质量和安全。 （3）组织领导爆破工作的设计、施工和总结工作。 （4）主持制定重大或特殊爆破工程的安全操作细则及相应的管理规章制度。 （5）参加爆破事故的调查和处理
2	技术员	1	（1）负责爆破工程的设计和总结，指导施工，检查质量。 （2）制定爆破安全技术措施，检查实施情况。 （3）负责制定盲炮处理的技术措施，并指导实施。 （4）参加爆破事故的调查和处理
3	施工班长	1	（1）领导爆破员进行爆破工作。 （2）监督爆破员切实遵守爆破安全规程和爆破器材的保管、使用、搬运制度。 （3）制止无安全作业证的人员进行爆破作业。 （4）检查爆破器材的现场使用情况和剩余爆破器材的及时退库情况
4	爆破员	2	（1）保管所领取的爆破器材，不应遗失或转交他人，不应擅自销毁和挪作他用。 （2）按照爆破指令单和爆破设计规定进行爆破作业。 （3）严格遵守规程、规范和安全操作细则。 （4）爆破后检查工作面，发现盲炮和其他不安全因素应及时上报或处理。 （5）爆破结束后，将剩余的爆破器材如数及时交回爆破器材库
5	安全员	2	（1）负责爆破器材购买、运输、储存和使用过程中的安全管理。 （2）督促爆破员、保管员、押运员及其他作业人员按照有关规定的要求进行作业，制止违章指挥和违章作业，纠正错误的操作方法。 （3）经常检查爆破工作面，发现隐患应及时上报或处理，工作面瓦斯超限时有权制止爆破作业。 （4）经常检查爆破器材仓库安全设施的完好情况及爆破器材安全使用、搬运制度的实施情况。 （5）有权制止无爆破员安全作业证的人员进行爆破工作。 （6）检查爆破器材的现场使用情况和剩余爆破器材的及时退库情况
6	押运员	2	（1）负责核对所押运的爆破器材的品种和数量。 （2）监督运输车辆按规定的时间、路线、速度行驶。 （3）确认运输车辆及其所装运爆破器材符合标准和环境要求，包括：几何尺寸、质量、温度、防振等。 （4）负责看管爆破器材，防止爆破器材途中丢失、被盗或发生其他事故

续表

序号	岗 位	人 数	岗 位 职 责
7	保管员	2	（1）负责验收、保管、发放和统计爆破器材，并保持完备的记录。 （2）对无爆破员安全作业证和领取手续不完备的人员，不得发放爆破器材。 （3）及时统计、报告质量有问题及过期变质失效的爆破器材。 （4）参加过期、失效、变质爆破器材的销毁工作
8	警戒人员	6	负责爆破巡逻警戒

四、爆破作业主要施工机具及设施

爆破作业施工主要机具及设施见表 6-3-10。

表 6-3-10　　爆破作业施工主要机具及设施

序　号	名　称	规　格	数　量	单　位	备　注
1	凿岩机	Y0—18	1	台	根据需要确定
2	空压机	HP—1.2/4	1	台	根据需要确定
3	风钻	—	2	个	根据需要确定
4	柴油机	S—195	1	台	
5	钢钎	—	若干	根	人工钻孔
6	铁锤	—	若干	把	人工钻孔
7	钻杆	—	若干	根	
8	钻头	—	若干	个	
9	钎尾	—	若干	个	
10	炮棍	—	若干	根	
11	绳索	—	若干	根	
12	对讲机	—	6～8	台	
13	防护眼镜	—	若干	副	
14	防尘口罩	—	若干	副	

第四节　岩石无声破碎设计与施工

岩石的无声破碎技术是将无声破碎剂（SCA）用水拌成浆体，填在岩石钻孔中，固化后经水化作用膨胀，在常温下可产生约为 30MPa 以上的膨胀压力，待 10～24h，在无振动、无噪声、无飞石、无毒气的情况下，把整体岩石破碎。

一、工作流程

岩石无声破碎设计与施工流程如图 6-4-1 所示。

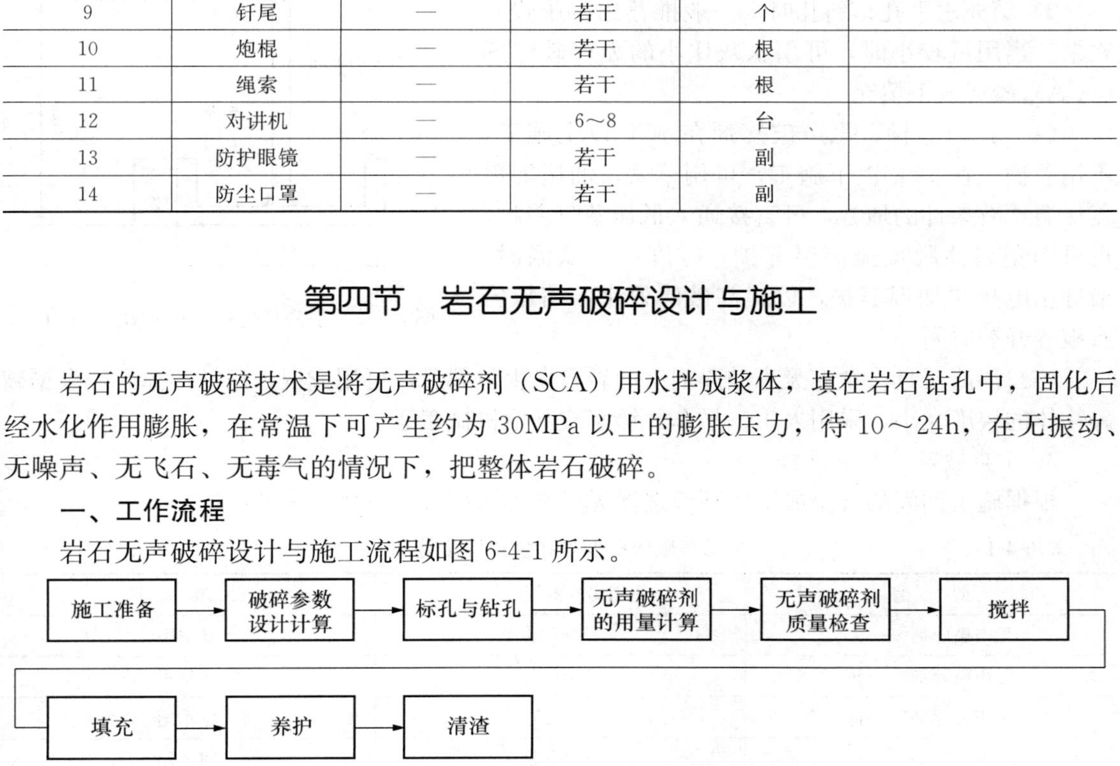

图 6-4-1　岩石无声破碎设计与施工流程图

二、施工步骤

（一）施工准备

1. 现场勘查

岩石破碎设计与施工前应根据设计图纸和实地勘查，了解山体的地质构造、岩质、节理发育的状况（倾斜角度），岩石的抗压强度和抗拉强度。

2. 机具准备

（1）钻孔机具。无声破碎钻孔与火药类爆破钻孔常规方法基本相同，除可用人工凿孔外，亦可用机械钻孔。主要机具有风镐、凿岩机、空压机、钻杆、钻头等。

（2）无声破碎剂搅拌器具。

1）搅拌容器：20L 塑料桶或铁桶。

2）量水器：1000mL 带刻度搪瓷量杯或玻璃量筒。

3）漏斗、水勺。

4）搅拌机：可用轻便式枪型手电钻改装，电钻转速 200r/min，或 400r/min。手持式搅拌机搅拌翅结构及尺寸：材料，$\phi8\sim\phi10$mm 钢筋或同规格钢棒；外形，山字形（见图 6-4-2）或其他形状。

（3）填充器具。搅拌好的无声破碎剂（SCA）浆体，要在 10min 内填充到孔内，因为浆体流动性损失很快，长时间放置将会增加填充的困难，降低破碎效率。

1）填充垂直孔时，可用一般容器直接把无声破碎剂（SCA）浆体倒进去，填充至距孔口 2cm 左右为止；

2）填充水平孔、斜孔时，一般推荐用挤压式灰浆泵。当用量较小时，可用水灰比小的无声破碎剂（SCA）胶泥人工填充。

（4）养护器材。无声破碎剂在 10℃以上施工，不用养护；在 10℃以下施工，可用草席，油毡等覆盖保温，有条件的地方，可直接通入低压蒸气养护，也可用塑料薄膜覆盖保温养护，零度以下低温时，最好用电热法加温养护，以提高破碎效率，缩短岩石破碎开裂时间。

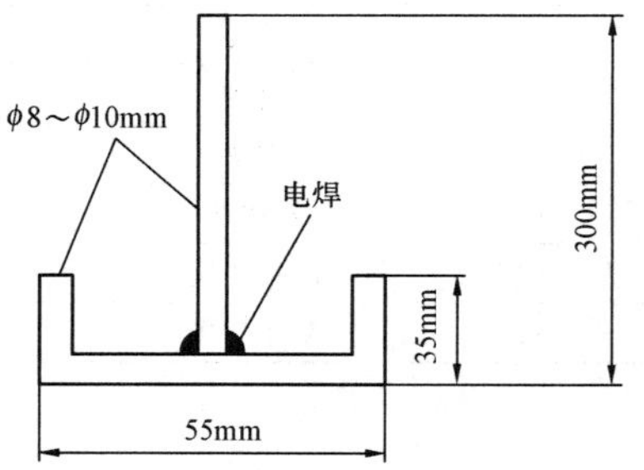

图 6-4-2 手持式搅拌机搅拌翅示意图

（5）清渣器具。填充无声破碎剂后的岩石发生龟裂后，可用撬棍、扁铁等撑开，根据破碎物体的块度大小，采用人工、吊车、铲车或其他机械搬运。

3. 无声破碎剂型号选择

根据施工期间的气温或工作环境选择无声破碎剂型号，具体见表 6-4-1。

表 6-4-1　无声破碎剂型号和使用温度范围

型　号	使用温度范围（℃）	使用季节
无声破碎剂——Ⅰ	20～35	夏季用
无声破碎剂——Ⅱ	10～25	春秋用
无声破碎剂——Ⅲ	5～15	冬季用
无声破碎剂——Ⅳ	−5～8	寒冬用

（二）破碎参数设计计算

1. 岩石破碎参数设计

（1）最小抵抗线 W。最小抵抗线 W（从破碎剂孔中心到临空面的最短距离）一般根据岩石的情况、节理、钻孔孔径和要求破碎的块度等因素来确定。

破碎软质岩石 W =0.4～0.6m；

破碎中、硬质岩石 W =0.3～0.5m；

切割岩石荒料 W =1～2m。

（2）孔距 a 和排距 b。要求岩石破碎块度较小时，W、a、b 均取小值，相反，取大值。在切割石材荒料，或要求破碎成轮廓整齐的石料时，W 应远于大 a，参考如下：

破碎软质岩石 a=0.4～0.6m；

破碎中、硬质岩石 a=0.3～0.6m；

切割岩石荒料 a=0.2～0.4m。

排距 b 应根据岩体的自由面多少决定，自由面多，b 取较大值，自由面少，b 取较小值。b 一般小于 a，一般为

$$b = (0.6 \sim 0.9)a \tag{6-4-1}$$

式中　b——排距，m；

　　a——孔距，m。

（3）孔径 D。孔径是决定破碎效率的重要因素，破碎岩石时，孔径不宜小于 40mm，也不宜大于 65mm。对于深孔破碎，孔径是否可以放宽，要通过试验确定。其最大孔径应以无声破碎剂不发生喷出现象为前提。

（4）孔深 l。当设计破碎面为岩石的节理面或断裂面时，一般

$$l = (0.95 \sim 1.05)H_p \tag{6-4-2}$$

式中　H_p——设计破碎高度，m；

　　l——孔深，m。

对于岩体节理不清楚，或在岩石中开挖渠道时，除创造人工自由面外，由于无声破碎剂对孔底部分破坏困难，孔深要比设计破碎高度大 5% H_p（m），相反，对于孤石破碎，因它四面凌空，l 可为 H_p 的 80%左右。

（5）钻孔方向。钻孔方向应与岩石的节理方向互相垂直，其破碎效果最好。如岩石节理不清楚，则要在预破碎面上打水平孔或斜孔；再打垂直孔，分段切割或破碎。

（6）钻孔布置。

1）孤石。根据孤石的大小、形状和破碎块度，按图 6-4-3 布置钻孔，自由面多时，可少用无声破碎剂。

2）切割部分岩石。钻孔方向最好如图 6-4-4 所示，由下部切割。

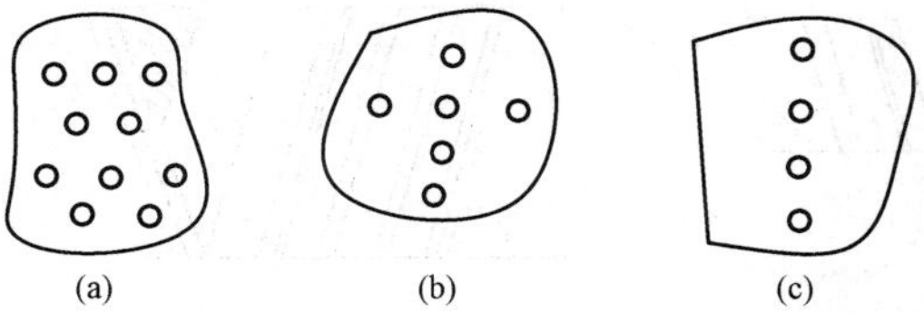

(a)　(b)　(c)

图 6-4-3　孤岩破碎

（a）小割；（b）四分割；（c）半割

图 6-4-4　岩石部分切割

3）边坡破碎。有岩层（节理）情况下，钻孔方法如图 6-4-5(a)；没有岩层（节理）时，如图 6-4-5(b)、图 6-4-5(c)所示虚线为预定破碎面。图中钻孔直径 D 为 40～50mm，孔距 a 为 0.4～0.6m，孔深 l 为(1.0～1.05)H_p，钻孔角度 θ 为 80°～90°。

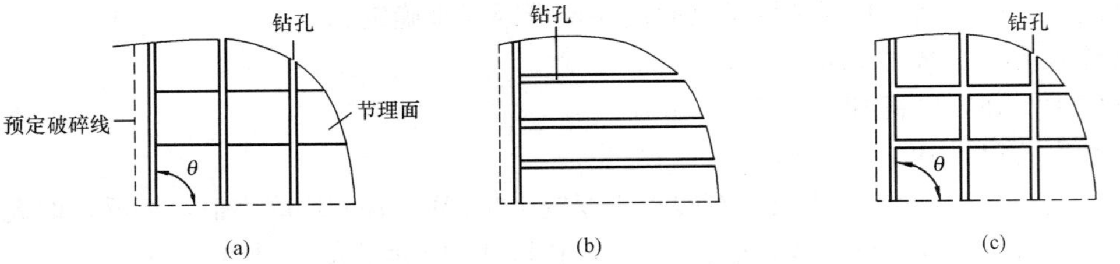

图 6-4-5 岩石破碎

(a) 有节理面；(b) 无节理面；(c) 无节理

4）岩石切割。岩石荒料的切割，在无节理面和节理面不清楚时，如图 6-4-6(a)要在预定破碎面上钻水平孔、创造人工自由面，方可奏效。有节理情况下，钻孔方向要与节理垂直，如图 6-4-6(b)所示，近离自由面（i）较易裂开，远离自由面（ii）较难开裂，应在 1、2 排孔先行填充无声破碎剂，经 12～24 小时后，再灌 3、4 排，以此类推。图中钻孔直径 D 为 30～40mm，孔距 a 为 0.2～0.4m，孔深 l 为（1.0～1.05）H_p，钻孔角度 θ 为 80°～90°。

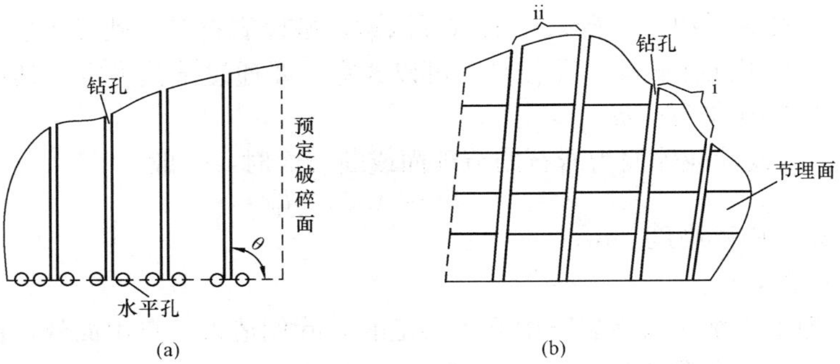

图 6-4-6 岩石切割

(a) 无节理面；(b) 有节理面

5）挖沟。因为有自由面才能产生裂纹，所以，岩石挖沟时首先需按图 6-4-7(a)把芯部拔掉，形成两个自由面，再按图 6-4-7(b)钻孔破碎。图中钻孔直径 D 为 40～50mm，孔距 a 为 0.3～0.6m，孔深 l 为(1.0 ～ 1.05)H_p，钻孔角度 θ 为 45°～60°。

6）水平挖掘。钻孔角度 θ 在 60°以下，开出新的人工自由面，才易破碎，如图 6-4-8 所示。

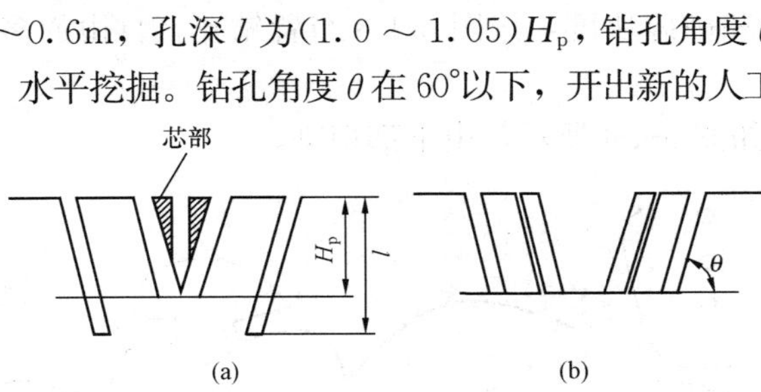

图 6-4-7 岩石挖沟

(a) 拔掉芯部；(b) 钻孔破碎

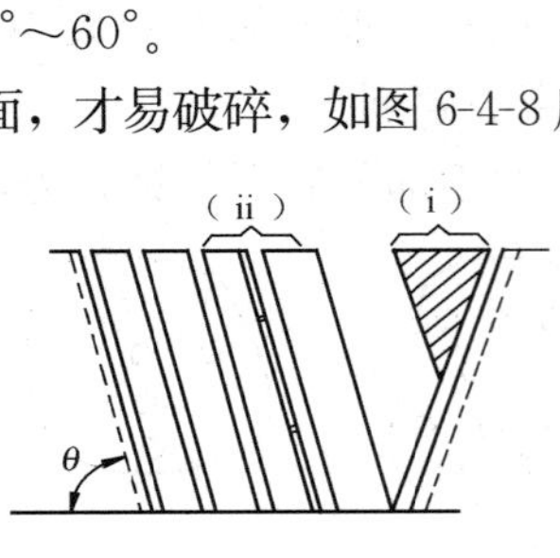

图 6-4-8 水平挖掘

7）孔距与孔径的关系。在一般情况下，孔距与孔径之比为10倍左右，若钻孔直径为40mm，孔距可为0.4m左右。

2. 无声破碎设计参考表（见表6-4-2）

表6-4-2 无声破碎设计参考表

被破碎的物体	钻孔参数				无声破碎剂使用量（kg/m^3）
	孔径 D（mm）	孔距 a（m）	孔深 l	抵抗线 W（m）	
软质岩破碎	40～50	0.4～0.6	H_p	0.4～0.6	8～10
中硬质岩破碎	40～65	0.4～0.6	105% H_p	0.3～0.5	10～15
岩石切割	30～40	0.2～0.4	H_p	1～2	5～15

（三）标孔与钻孔

1. 标孔

（1）根据确定的破碎技术方案现场测定孔位。

（2）用红漆标明各孔具体位置，写明孔深及破碎剂用量。

（3）防止标错、漏标，核实检查标孔总数。

（4）标孔时，进一步核实最小抵抗线，使实际最小抵抗线与设计基本相符。

2. 钻孔

可人工钻孔或机械钻孔，与爆破钻孔方法基本相同。

（四）无声破碎剂的用量计算

1. 无声破碎剂使用量概算方法

根据试验测得无声破碎剂的密度和每立方米无声破碎剂浆体中无声破碎剂重量 Q_w 如表6-4-3。

表6-4-3 无声破碎剂的密度及浆体容重

无声破碎剂型号	密度（g/cm^3）	水灰比	Q_w（kg/m^3）
无声破碎剂Ⅰ、Ⅱ	3.19	0.33	1540
无声破碎剂Ⅲ、Ⅳ	3.28	0.33	1650

2. 无声破碎剂用量

无声破碎剂的用量为

$$Q_l = \pi r_2 l Q_w \tag{6-4-3}$$

式中 Q_l——无声破碎剂理论用量，kg/m（l=1.0m时）；

r_2——钻孔半径，m；

l——钻孔深度，m；

Q_w——无声破碎剂浆体中无声破碎剂单位体积质量，kg/m^3。

当钻孔直径不同和使用无声破碎剂型号不同时，可算出每米钻孔的无声破碎剂使用量，见表6-4-4。

表 6-4-4 每米钻孔的无声破碎剂用量表 (kg/m)

用量 型号 \ 孔径	钻孔直径（mm）											
	28	30	32	34	36	38	40	42	44	46	48	50
Ⅰ、Ⅱ型	0.95	1.09	1.24	1.40	1.57	1.75	1.94	2.13	2.34	2.56	2.79	3.00
Ⅲ、Ⅳ型	1.00	1.17	1.33	1.50	1.68	1.87	2.07	2.29	2.51	2.74	3.00	3.24

（五）无声破碎剂质量检查

无声破碎剂是用塑料袋包装的，由于现场没有专门测试膨胀的仪器，可用如下直观试验法鉴别：

取 200g 无声破碎剂与 60mL 水拌成浆体，灌入 100mL 玻璃瓶中，在产品对应使用温度下，经 10～24h 玻璃瓶破裂者，则此无声破碎剂没有失效，可继续使用。

（六）搅拌

（1）无声破碎剂每袋为 5kg，加水量为无声破碎剂质量的 30%～50%，每袋即加入 1500～1700mL 干净的水。加水量随气温和无声破碎剂型号不同，在上述范围内调整。无声破碎剂浆体以畅流入孔为准。不宜多加水，否则会降低破碎效果。

（2）搅拌时先把量好的水倒入桶中，再把无声破碎剂倒进去，随即开动手持式搅拌机拌至均匀，搅拌时间一般为 40～60s。小型场合用人工搅拌时，要戴橡胶手套。

（3）残留在桶底的无声破碎剂结块要随时清理掉。无声破碎剂结块久置、会降低它的性能，不宜继续使用。

（4）在温度低于 10℃时，用 40℃的热水搅拌，以加快无声破碎剂的水化速度。

（七）填充

搅拌好的无声破碎剂浆体，要在 10min 以内用完，因为它的流动度损失较快，久置使填充困难，效率降低。

（1）对于垂直孔，可直接倾倒进去，如图 6-4-9 所示。图 6-4-9(a)填得过满，浪费材料；图 6-4-9(b)填充不密实，会降低破碎效果；图 6-4-9(c) 孔口留下 2cm 左右空隙为好。

（2）对于斜孔或水平孔，可用挤压式灰浆泵压入孔中，为防止倒流出来，可用塞子堵口，如图 6-4-10(a)所示。如无此设备，可用水灰比为 0.25～0.28 的水与无声破碎剂拌成稠浆，用手搓成条、塞入孔中，再用木棍捣压密实，如图 6-4-10(b)所示。

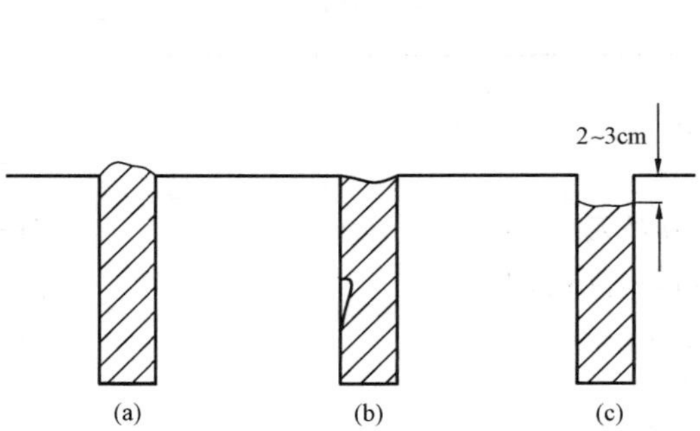

图 6-4-9 无声破碎剂填充垂直孔示意图
（a）不良；（b）不良；（c）良好

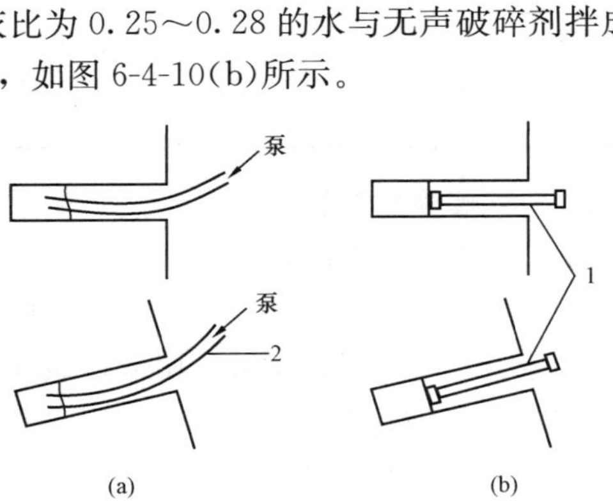

图 6-4-10 无声破碎剂填充水平孔和倾斜孔示意图
（a）用灰浆泵压进去；（b）用木、铁棒挤压进去
1—木棒或铁棒；2—软管

(3) 向上孔的填充，可按图 6-4-11 所示，用灰浆泵压进去。

(4) 水孔，如能把水抽走，可把水灰比 0.28 的无声破碎剂浆体填充进去。如水不能被抽走，可用灰浆泵把无声破碎剂浆体压入孔底部，把孔中水排挤出来，见图 6-4-12(a)，或者用比钻孔直径小一些的塑料套和塑料管填充下去，填满无声破碎剂后，把管子拔出来见图 6-4-12(b)。

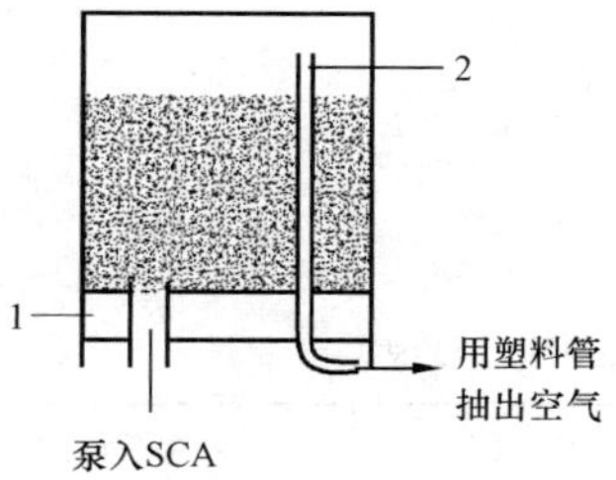

图 6-4-11　无声破碎剂填充向上孔示意图

1—橡胶塞；2—塑料管

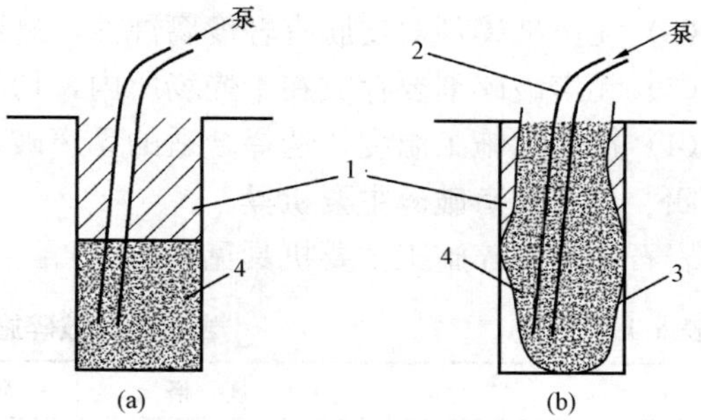

图 6-4-12　无声破碎剂填水孔示意图

(a) 排挤孔中水；(b) 拔管子

1—水；2—塑料管；3—塑料袋；4—无声破碎剂浆体

(5) 多排孔。对于大体积岩石的破碎，大都采用梅花形多排孔。在周边的孔邻近自由面，容易开裂，但中间的孔受四周限制，开裂困难。因此，在填充无声破碎剂时，要有一定的时间间隔，即先填充边沿一、二排孔，经 10～20h，再填充三、四孔，以此类推。

(八) 养护

(1) 在春秋、夏季，无声破碎剂填充后，一般不用覆盖（除雨天外），发生裂纹后，可用水浇裂缝，以加快无声破碎剂的膨胀作用。

(2) 在冬季，无声破碎剂填充后，要用草席或油毡等覆盖保温，在有条件时，可通入蒸汽养护，破碎效果显著提高。

(3) 在冬季，如无蒸养条件，可采用电热法加温，每个孔中放入一根 ϕ0.5mm 电热丝和一根绝缘塑料皮电线（防止短路），利用低压大电流不断加热，以保持无声破碎剂浆体在 40℃～50℃下进行水化，此种方法耗电不多，但破碎效果非常显著。

(九) 清渣

岩石或混凝土发生龟裂后，可用撬棍、扁铁等撑开，根据破碎物体块度大小，用人工、吊车、铲车或其他机械搬运。

三、无声破碎剂喷出现象的产生与防护

(一) 无声破碎剂喷出现象的几种原因

(1) 选择的无声破碎剂型号不合适，如把低温型当成高温型用。

(2) 施工温度超过无声破碎剂使用温度范围，夏季在中午填充。

(3) 孔径过大。

(4) 无声破碎剂填充后，蒸养时间过早。

(5) 无声破碎剂质量有问题。

(二) 无声破碎剂喷出现象产生的机理

主要是由于无声破碎剂水化时产生大量水化热而周围介质散热太慢，当钻孔周围的蓄热

状态达到100℃时，无声破碎剂中未参与的水便沸腾，产生蒸气压，这一压力超过无声破碎剂浆体与孔壁的黏结强度时，便会发出喷出现象。

（三）无声破碎剂使用时的防护

（1）无声破碎剂施工时，为了安全最好戴防护眼镜，无声破碎剂填充后5h内不要靠近孔口直视孔口，以防万一发生喷出时伤害眼睛。

（2）无声破碎剂对皮肤有轻度腐蚀性，碰到皮肤后立即用水冲净。

（3）无声破碎剂要存放在干燥场所内，切勿受潮。

（4）按实际施工温度，选择合适的无声破碎剂型号。

四、岩石无声破碎主要机具

岩石无声破碎施工主要机具见表6-4-5。

表6-4-5　岩石无声破碎施工主要机具表

序号	名称	规格	数量	单位	备注
1	凿岩机	Y0-18	1	台	
2	空压机	HP-1.2/4	1	台	
3	柴油机	S-195	1	台	
4	钻杆	—	若干	根	根据需要选定
5	钻头	—	若干	个	根据需要选定
6	手持搅拌机	200r/min	1	台	
7	挤压式灰浆泵	UBJ-1、UBJ-2	1	台	
8	桶	20L	1	个	
9	量水器	1000mL	1	个	
10	橡胶手套	—	若干	副	根据需要选定
11	防护眼镜	—	若干	副	根据需要选定
12	口罩	—	若干	个	根据需要选定
13	水勺	—	2	个	
14	漏斗	—	2	个	
15	撬棍	钢制	若干	根	根据需要选定

第七章

现场浇筑混凝土施工

第一节 概 述

通常所说的混凝土，是以胶凝材料、水、细骨料、粗骨料以及必要时掺入的外加剂和混合材料，按一定比例配合，经过均匀拌制、密实成型及养护硬化而成的人工石材。

混凝土按施工工艺不同划分主要有预拌混凝土、现场搅拌混凝土、离心成型混凝土、喷射混凝土等。按新拌混凝土工作性能分类主要有：低塑性混凝土、塑性混凝土、流动性混凝土、大流动性混凝土、流态混凝土。按照是否配制钢筋，混凝土又分为素混凝土和钢筋混凝土。

本章着重介绍现场搅拌混凝土施工，主要包括混凝土特性及原材料、普通混凝土配合比设计、模板安装、钢筋加工及安装、混凝土浇筑、混凝土养护与拆模、混凝土冬期施工和大体积混凝土施工等内容。

第二节 施工流程及劳动组织

一、施工流程

现场浇筑混凝土施工工艺流程如图 7-2-1 所示。

图 7-2-1 现场浇筑混凝土施工工艺流程图

注：混凝土浇筑前应进行模板尺寸及钢筋规格、数量等检查，确保符合设计要求。

二、劳动组织

现场浇筑混凝土施工劳动组织及岗位职责见表 7-2-1。

表 7-2-1 现场浇筑混凝土施工劳动组织及岗位职责

序号	岗 位	数量	岗 位 职 责
1	现场指挥	1	负责人员分工、安全及质量检查、指挥
2	技工	12	负责模板安装、钢筋加工、混凝土搅拌机振捣、质量检测等
3	安全监护	1	负责安全检查及监督
4	普工	20	负责原材料运输及混凝土浇筑等
5	合计	34	

第三节 施 工 准 备

一、混凝土的主要特性

本节对混凝土的和易性、强度、密实度、耐久性和体积变化及裂缝等主要特性进行简要介绍。

1. 和易性

混凝土的和易性，也称工作性，是指混凝土拌合物易于施工操作（拌合、运输、浇筑、振捣）的性能。和易性是一项综合技术性质，包括流动性、凝聚性和保水性三项独立的性能。

目前尚没有能够全面反映混凝土拌合物和易性的测定方法，通常是通过测定混凝土拌合物的流动性以评定混凝土拌合物的和易性。测定流动性最常用的是坍落度试验方法。

（1）根据浇筑时坍落度不同要求，混凝土拌合物可分为五个等级，见表 7-3-1。

表 7-3-1　　混凝土浇筑时的坍落度

名　称	级　别	坍落度（mm）
低塑性混凝土	T1	10～40
塑性混凝土	T2	50～90
流动性混凝土	T3	100～150
大流动性混凝土	T4	≥160
流态混凝土	T5	200～220

注　1. 当采用人工振捣时坍落度可适当增大；
2. 当需要配置大坍落度混凝土时，宜掺用外加剂；
3. 泵送混凝土的入泵时坍落度根据泵送高度取值范围为 100～200mm。

（2）混凝土坍落度检测方法如图 7-3-1 所示。

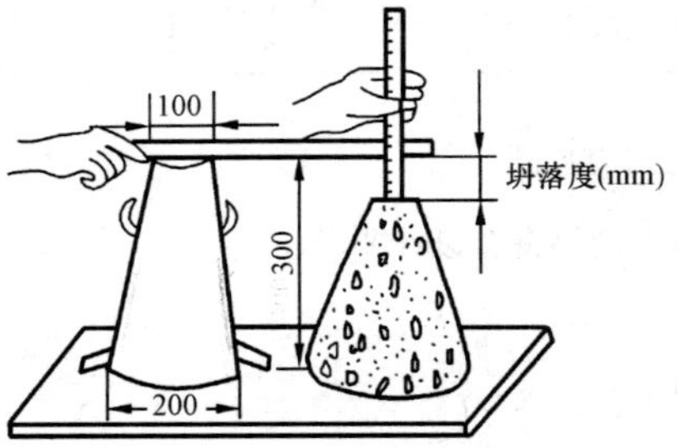

图 7-3-1　混凝土坍落度检测示意图

（3）影响混凝土坍落度变化的因素有三种：

1）坍落度与单位体积加水量成正比；

2）坍落度与砂率成反比；

3）坍落度与集料总量成反比。

总之，影响混凝土和易性的因素很多，和易性不但会影响混凝土的运输、浇注、振捣等施工操作，还会影响混凝土最终的强度，所以在拌制混凝土时应严格按照规程规范及设计要求进行控制。

2. 强度

强度是混凝土最重要指标之一，一般包括抗压强度、抗拉强度、抗弯强度和抗剪强度，其中最主要的是抗压强度。

（1）混凝土强度等级定义。混凝土的强度等级是按立方体抗压强度标准值来划分的，其立方体抗压强度标准值（$f_{cu,k}$）是指按标准方法制作和养护的边长为 150mm 的立方体试件，在 28d 龄期，用标准试验方法测得的抗压强度，其保证率不低于 95%。

（2）混凝土强度等级表示方法。混凝土强度等级采用符号 C 与立方体抗压强度标准值（以 N/mm^2 计）表示。

（3）混凝土强度等级划分。按照抗压强度划分，混凝土的强度等级见表 7-3-2。

表 7-3-2　　混凝土强度等级划分表

项　　目	混凝土强度等级划分
强度等级	普通混凝土划分为十二个强度等级：C7.5、C10、C15、C20、C25、C30、C35、C40、C45、C50、C55、C60

（4）混凝土的抗压强度主要取决于水泥标号和水灰比，砂、石料的强度、砂石的比例，混凝土施工及养护条件也对混凝土的抗压强度有较大的影响。另外，由于输电线路施工特点，现场配制混凝土时难以严格控制配合比，且所用的水泥、砂石的品质变化范围也较大，混凝土质量难以达到均匀一致，也会影响混凝土的强度。

3. 密实度

密实度是混凝土的重要性能，混凝土的强度、抗渗性及耐久性，在很大程度上均取决于密实度，提高混凝土密实度的方法有：

（1）合理选择骨料的级配，以减少骨料间的空隙。

（2）尽量选择使用普通硅酸盐水泥、硅酸盐水泥和火山灰质硅酸盐水泥以提高混凝土的密实度。

（3）混凝土拌合物中掺入专用添加剂（如减水剂、强化剂）以减少其水灰比。

（4）采用机械振捣法捣实，严格控制振捣时间，在振捣时，要快插慢拔，振点均匀，插入间距以 30～50cm 为宜。

4. 耐久性

混凝土的耐久性是指混凝土具有良好的耐磨、抗渗、耐冻和抗冲击、抗风化、耐化学腐蚀等的性能。混凝土的耐久性主要决定水灰比和水泥用量，因此对于钢筋混凝土构件的耐久性所要求的最大水灰比和最小水泥用量必须加以控制。混凝土的最大水灰比和最小水泥用量，应符合表 7-3-17 要求。

5. 体积变化及裂缝

混凝土结构裂缝产生的原因主要有三种，一是由于受到外部荷载作用引起的；二是结构次应力引起的裂缝，这是由于结构的实际工作状态与设计工作状态的差异引起的；三是变形应力引起的裂缝，这是由温度、收缩、膨胀、不均匀沉降等因素引起结构变形，当变形应力超过混凝土抗拉强度时产生的裂缝。

由于混凝土的裂缝是影响混凝土强度及耐久性的重要因素，所以在混凝土施工及养护过程中应采取预防措施，避免产生裂缝。

预防混凝土产生裂缝的措施有以下几种：

（1）尽量选用水化热低、凝结时间长、安定性好的水泥，优先采用低热矿渣硅酸盐水泥等；

（2）粗骨料采用连续级配，细骨料宜采用中砂；

（3）控制混凝土浇制速度，使之得到自然冷却；

（4）控制投料温度及混凝土入模温度，入模温度以 5～25℃为宜；

（5）用人工冷却方法降低混凝土内部水化热量，实时监控混凝土内外温度，采取合理养护措施，严格控制混凝土内外温差。

二、混凝土的原材料

混凝土的组成原材料主要包括水泥、砂、石子、水和外加剂等。各种原材料的性能及质量要求，除应满足国家现行标准、规定的有关要求外，还应符合如下要求。

1. 水泥

常用的水泥品种主要有硅酸盐水泥、普通硅酸盐水泥、矿渣硅酸盐水泥、火山灰质硅酸盐水泥、粉煤灰硅酸盐水泥和复合硅酸盐水泥等。

（1）常用硅酸盐水泥特性见表 7-3-3。

表 7-3-3　常用硅酸盐水泥特性表

序号	水泥品种	代号	原材料	特性	强度等级
1	硅酸盐水泥	P·Ⅰ P·Ⅱ	硅酸盐水泥熟料、0～5%石灰石或粒化高炉矿渣、适量石膏磨细制成的水硬性凝结材料	标号较高，快硬，早强，早期强度和后期强度都较高，抗冻性、耐磨性好，但水化热较高，抗腐蚀性差，不适用于厚大体积的混凝土	42.5、42.5R 52.5、52.5R 62.5、62.5R
2	普通硅酸盐水泥	P·O	硅酸盐水泥熟料、6%～15%混合材料、适量石膏磨细制成的水硬性胶凝材料	除早期强度比硅酸盐水泥稍低，其他性能接近硅酸盐水泥	42.5、42.5R 52.5、52.5R
3	矿渣硅酸盐水泥	P·S	硅酸盐水泥熟料、20%～70%粒化高炉矿渣、适量石膏磨细制成的水硬性胶凝材料	早期强度较低，低温环境中强度增长较慢，但后期强度增长快；水化热较低，抗腐蚀性好，耐热性好；干缩变形大，析水性较大，耐磨性较差	32.5、32.5R 42.5、42.5R 52.5、52.5R
4	火山灰质硅酸盐水泥	P·P	硅酸盐水泥熟料、20%～50%火山灰质混合材料、适量石膏磨细制成的水硬性胶凝材料	早期强度较低，低温环境中强度增长较慢，高温潮湿环境中（如蒸汽养护）强度增长快，水化热低，抗腐蚀性好，耐热性好；干缩变形大，析水性较大，耐磨性较差	32.5、32.5R 42.5、42.5R 52.5、52.5R
5	粉煤灰硅酸盐水泥	P·F	硅酸盐水泥熟料、20%～40%粉煤灰、适量石膏磨细制成的水硬性胶凝材料	早期强度较低，水化热比P·P还低，和易性好，抗腐蚀性好，干缩性也较小，但抗冻、耐磨性较差	32.5、32.5R 42.5、42.5R 52.5、52.5R
6	复合硅酸盐水泥	P·C	硅酸盐水泥熟料、15%～50%两种或两种以上规定的混合材料、适量石膏磨细制成的水硬性胶凝材料	介于普通水泥与火山灰水泥、矿渣水泥以及粉煤灰水泥性能之间，当掺混合材料较少（小于20%）时，它的性能与普通水泥相似，随着混合材料复掺量的增加，性能也趋向所掺混合材料的水泥	32.5、32.5R 42.5、42.5R 52.5、52.5R

注　1. 强度等级中有“R”代号者，表示为早强型水泥，这类水泥具有较高的早期强度，其 3d 后强度应能达到 28d 强度的 50%水平上。

2. 硅酸盐水泥分为两种类型，不掺加混合材料的称Ⅰ类硅酸盐水泥，代号 P·Ⅰ。在硅酸盐水泥熟料粉磨时掺加不超过水泥质量 5%石灰石或粒化高炉矿渣混合材料的称Ⅱ型硅酸盐水泥，代号 P·Ⅱ。

（2）水泥的选用。各种水泥在使用时的选用原则见表 7-3-4。

表 7-3-4　　水泥选用原则

混凝土工程特点或所处环境条件		优先选用	可以使用	不得使用
环境条件	普通气候环境	普通硅酸盐水泥	矿渣硅酸盐水泥、火山灰硅酸盐水泥、粉煤灰硅酸盐水泥	
环境条件	干燥环境	普通硅酸盐水泥	矿渣硅酸盐水泥	火山灰硅酸盐水泥、粉煤灰硅酸盐水泥
环境条件	高湿环境或水下	矿渣硅酸盐水泥		
环境条件	严寒地区露天、寒冷地区处在地下水位升降范围内	普通硅酸盐水泥	矿渣硅酸盐水泥	
环境条件	严寒地区处在地下水位升降范围内	普通硅酸盐水泥		
环境条件	水腐蚀环境或气体侵蚀环境	根据侵蚀性介质种类、浓度等具体条件按专门规定选用		
环境条件	厚大体积混凝土	粉煤灰硅酸盐水泥、矿渣硅酸盐水泥	普通硅酸盐水泥、火山灰硅酸盐水泥	硅酸盐水泥、快硬硅酸盐水泥
工程特点	要求快硬的混凝土	快硬硅酸盐水泥、硅酸盐水泥	普通硅酸盐水泥	矿渣硅酸盐水泥、火山灰硅酸盐水泥、粉煤灰硅酸盐水泥
工程特点	高强（大于 C60）混凝土	硅酸盐水泥	普通硅酸盐水泥、矿渣硅酸盐水泥	火山灰硅酸盐水泥、粉煤灰硅酸盐水泥
工程特点	有抗渗性要求的混凝土	普通硅酸盐水泥、火山灰硅酸盐水泥		不宜使用矿渣硅酸盐水泥
工程特点	有耐磨性要求的混凝土	硅酸盐水泥、普通硅酸盐水泥	矿渣硅酸盐水泥	火山灰硅酸盐水泥、粉煤灰硅酸盐水泥

（3）水泥的验收与保管。

1）水泥进场时应对其品种、级别、包装、出厂日期等进行检查，并对其强度、安定性及其他必要的性能指标进行复验，其质量必须符合现行国家标准 GB 175/XG1—2009《〈通用硅酸盐水泥〉国家标准第 1 号修改单》的规定。

2）水泥储存时间不宜过长，以免结块降低强度。当在使用中对水泥质量有怀疑或水泥出厂超过三个月（快硬硅酸盐水泥超过一个月）时，应进行复检，并按复检结果使用。

3）钢筋混凝土结构严禁使用含氯化物的水泥。

4）检验方法：检查产品合格证、出厂检验报告和进场复检报告。为能及时得知水泥强度，可按 JC/T 738《水泥强度快速检验方法》预测水泥 28d 强度。

5）检查数量：按同一厂家、同一等级、同一品种、同一批号且连续进场的水泥，袋装不超过 200t 为一批，散装不超过 500t 为一批，每批抽检不少于一次。

6）入库的水泥应按品种、强度等级、出厂日期分别堆放，并设立标志，做到先到先用，并防止混掺使用。

7）为防止水泥受潮，现场仓库应尽量密闭。包装水泥堆放时，应垫起离地面约 30cm，离墙亦应在 30cm 以上。堆放高度一般不超过 10 包，临时露天暂存也应用防雨篷布盖严，底板要垫高，并采取防潮措施。

8）水泥不得和石灰石、石膏、白垩等粉状物料混放在一起。

2. 砂

砂按其产源分为天然砂和人工砂。由自然条件作用而形成的粒径在 5mm 以下的岩石颗粒，称为天然砂。天然砂可分为河砂、湖砂、海砂和山砂。人工砂为经除土处理的机制砂、混合砂的统称。机制砂是由机械破碎、筛分制成的粒径小于 4.75mm 的岩石颗粒；混合砂是由机制砂和天然砂混合制成的。输电线路工程杆塔基础施工中常用的是河砂。

（1）砂的分类。砂按粒径可分为粗砂、中砂、细砂，通常是用细度模数来划分粗砂、中砂、细砂的，但习惯上仍用平均粒径来区分。砂细度模数见表 7-3-5。

表 7-3-5　　砂细度模数表

粗细程度	细度模数（μF）	平均粒径（mm）
粗砂	3.7～3.1	0.5 以上
中砂	3.0～2.3	0.35～0.5
细砂	2.2～1.6	0.25～0.35

（2）砂的技术要求。

1）颗粒级配。混凝土用砂按 0.630mm 筛孔的累计筛余量（以质量百分率计，下同）可分成三个级配区，见表 7-3-6，砂的颗粒级配应处在表中的任何一个区以内。

表 7-3-6　　砂颗粒级配区划分表

筛孔尺寸（mm）	级配区累计筛余（%）		
	Ⅰ区	Ⅱ区	Ⅲ区
10.0	0	0	0
5.00	10～0	10～0	10～0
2.50	35～5	25～0	15～0
1.25	65～35	50～10	25～0
0.630	85～71	70～41	40～16
0.315	95～80	92～70	85～55
0.160	100～90	100～90	100～90

注　1. 配制混凝土时宜优先选用Ⅱ区砂。当采用Ⅰ区砂时，应提高砂率，并保持足够的水泥用量，以满足混凝土的和易性；当采用Ⅲ区砂时，宜适当降低砂率，以保证混凝土强度。

2. 砂的实际颗粒级配与表中所列的累计筛余百分率相比，除 5.00mm 和 0.630mm 外，允许稍有超出分界线，但总量百分率不应大于 5%。

3. 对于泵送混凝土用砂，宜选用中砂。

2）砂的质量要求。

砂的质量要求见表 7-3-7。

表 7-3-7　　　　　　　　　　**砂的质量要求**

<table>
<tr><td colspan="4">项　目</td><td>质量指标</td></tr>
<tr><td rowspan="2">含泥量，按质量计（%）</td><td rowspan="4">混凝土强度等级</td><td colspan="2">≥C30</td><td>≤3.0</td></tr>
<tr><td colspan="2"><C30</td><td>≤5.0</td></tr>
<tr><td rowspan="2">泥块含量，按质量计（%）</td><td colspan="2">≥C30</td><td>≤1.0</td></tr>
<tr><td colspan="2"><C30</td><td>≤2.0</td></tr>
<tr><td rowspan="4">有害物质限量</td><td colspan="3">云母含量（按质量计%）</td><td>≤2.0</td></tr>
<tr><td colspan="3">轻物质含量（按质量计%）</td><td>≤1.0</td></tr>
<tr><td colspan="3">硫化物及硫酸盐含量（折算成 SO_3 按质量计%）</td><td>≤1.0</td></tr>
<tr><td colspan="3">有机物含量（用比色法试验）</td><td>颜色不应深于标准色，如深于标准色，则应按水泥胶砂强度试验方法，进行强度对比试验，抗压强度比不应低于 0.95</td></tr>
<tr><td rowspan="2">坚固性</td><td rowspan="2">混凝土所处环境条件</td><td>在严寒及寒冷地区室外使用并经常处于潮湿或干湿交替状态下的混凝土</td><td rowspan="2">循环后的质量损失（%）</td><td>≤8</td></tr>
<tr><td>其他条件下使用的混凝土</td><td>≤10</td></tr>
</table>

注　1. 对于有抗冻、抗渗或其他特殊要求的混凝土用砂，含泥量应不大于 3.0%，泥块含量应不大于 1.0%。

2. 对于 C10 和 C10 以下的混凝土用砂，应根据水泥标号，其含泥量和泥块含量可予以放宽。

3. 对于有抗疲劳、耐磨、抗冲击要求的混凝土用砂或有腐蚀介质作用或经常处于水位变化区的地下结构混凝土用砂，其坚固性质量损失率应小于 8%。

（3）砂的验收、运输和堆放。

1）砂的质量检测报告内容应包括委托单位、样品编号、工程名称、样品产地和名称、代表数量、检测条件、检测依据、检测项目、检测结果、结论等。

2）正常情况下，机械化集中生产的天然砂，以 400m³ 或 600t 为一个检验批，人工分散生产的以 200m³ 或 300t 为一个检验批。总量不足以上规定者也按一个检验批，每批至少应进行颗粒级配和含泥量检验。

3）砂的数量验收：可按质量或体积计算，测定质量可用地泵或船舶吃水线为依据；测定体积可按车皮或船舶的容积为依据；用其他小型工具运输时，可按量方确定。

4）运输和堆放：砂在运输、装卸和堆放过程中，应防止离析和混入杂质，并应按产地、种类和规格分别堆放。

3. 石子

普通混凝土所用的石子分为碎石和卵石。由天然岩石或卵石经破碎、筛分而得的粒径大于 5mm 的岩石颗粒，称为碎石；由自然条件作用而形成的粒径大于 5mm 的岩石颗粒，称为卵石。

（1）石子的技术要求。

1）颗粒级配。碎石或卵石的颗粒级配，应符合表 7-3-8 规定。

表 7-3-8 **碎石或卵石的颗粒级配范围表**

级配情况	公称粒径（mm）	累计筛余按质量计（%）											
		筛孔尺寸（圆孔筛）（mm）											
		2.50	5.00	10.0	16.0	20.0	25.0	31.5	40.0	50.0	63.0	80.0	100
连续粒级	5～10	95～100	80～100	0～15	0								
	5～16	95～100	90～100	30～60	0～10	0							
	5～20	95～100	90～100	40～70		0～10	0						
	5～25	95～100	90～100		30～70		0～5	0					
	5～31.5	95～100	90～100	70～90		15～45		0～5	0				
	5～40	95～100	90～100	75～90		30～60			0～5	0			
单粒粒级	10～20		90～100	85～100		0～15	0						
	16～31.5		90～100		85～100			0～10	0				
	20～40			95～100		80～100			0～10	0			
	31.5～63				95～100			75～100	45～75		0～10	0	
	40～80					95～100			70～80		30～6	0～10	0

注 公称粒径的上限为该粒级的最大。

单粒级宜用于组合成具有要求级配的连续粒级，也可与连续粒级混合使用，以改善其级配或配成较大粒度的连续粒级。不宜用单一的单粒级配制混凝土。如必须单独使用，则应作技术经济分析，并应通过实验证明不会发生离析或影响混凝土的质量。

2）质量要求。石子的质量要求见表 7-3-9。

表 7-3-9 **石子的质量要求**

<table>
<tr><th colspan="4">质 量 项 目</th><th>质 量 指 标</th></tr>
<tr><td rowspan="2">针、片状颗粒含量，按质量计（%）</td><td rowspan="6">混凝土强度等级</td><td colspan="2">≥C30</td><td>≤15</td></tr>
<tr><td colspan="2"><C30</td><td>≤25</td></tr>
<tr><td rowspan="2">含泥量，按质量计（%）</td><td colspan="2">≥C30</td><td>≤1.0</td></tr>
<tr><td colspan="2"><C30</td><td>≤2.0</td></tr>
<tr><td rowspan="2">泥块含量，按质量计（%）</td><td colspan="2">≥C30</td><td>≤0.5</td></tr>
<tr><td colspan="2"><C30</td><td>≤0.7</td></tr>
<tr><td rowspan="6">碎石压碎指标值（%）</td><td rowspan="6">混凝土强度等级</td><td rowspan="2">水成岩</td><td>C55～C40</td><td>≤10</td></tr>
<tr><td>≤C35</td><td>≤16</td></tr>
<tr><td rowspan="2">变质岩或深成的火成岩</td><td>C55～C40</td><td>≤12</td></tr>
<tr><td>≤C35</td><td>≤20</td></tr>
<tr><td rowspan="2">火成岩</td><td>C55～C40</td><td>≤13</td></tr>
<tr><td>≤C35</td><td>≤30</td></tr>
<tr><td rowspan="2">卵石压碎指标值（%）</td><td colspan="2" rowspan="2">混凝土强度等级</td><td>C55～C40</td><td>≤12</td></tr>
<tr><td>≤C35</td><td>≤16</td></tr>
</table>

续表

<table>
<tr><th colspan="4">质　量　项　目</th><th>质 量 指 标</th></tr>
<tr><td rowspan="2">坚固性</td><td rowspan="2">混凝土所处环境条件</td><td>在严寒及寒冷地区室外使用并经常处于潮湿或干湿交替状态下的混凝土</td><td rowspan="2">循环后的质量损失（%）</td><td>≤8</td></tr>
<tr><td>其他条件下使用的混凝土</td><td>≤112</td></tr>
<tr><td rowspan="2">有害物质限量</td><td colspan="3">硫化物及硫酸盐含量
［折算成 SO_3 按质量计（%）］</td><td>≤1.0</td></tr>
<tr><td colspan="3">卵石中有机物含量（用比色法试验）</td><td>颜色不应深于标准色，如深于标准色，则应按水泥胶砂强度试验方法，进行强度对比试验，抗压强度比不应低于0.95</td></tr>
</table>

注　1. 等于及小于C10的混凝土，其针、片状颗粒含量可放宽到40%。
2. 对于有抗冻、抗渗或其他特殊要求的混凝土，用碎石或卵石的含泥量不应大于1.0%。如含泥基本上是非黏土质的石粉时，含泥量可由表7-3-9中的1.0%、2.0%分别提高到1.5%、3.0%。泥块含量应不大于0.5%。对等于或小于C10级的混凝土用碎石或卵石，其含泥量可放宽到2.5%，泥块含量可放宽到1.0%。

（2）石子的验收、运输和堆放。

1）石子的质量检测报告内容应包括委托单位、样品编号、工程名称、样品产地和名称、代表数量、检测条件、检测依据、检测项目、检测结果、结论等。

2）以汽车运输的，以400m^3 或600t为一个检验批，用小型工具运输的以200m^3 或300t为一个检验批。总量不足以上规定者按一个检验批。每检验批至少应进行颗粒级配、含泥量、泥块含量及针、片状颗粒含量检验。对重要工程或特殊工程应根据工程要求增加检测项目。

3）碎石或卵石的数量验收：可按质量或体积计算，测定质量可用地秤或船舶吃水线为依据；测定体积可按车皮或船舶的容积为依据；用其他小型工具运输时，可按量方确定。

4）运输和堆放：碎石或卵石在运输、装卸和堆放过程中，应防止离析和混入杂质，并应按产地、种类和规格分别堆放。堆料高度不宜超过5m，但对单粒级或最大粒径不超过20mm的连续粒级，堆料高度可以增加到10m。

4. 水

混凝土拌制用水必须符合国家现行标准JGJ 63《混凝土用水标准》的规定。现浇混凝土宜使用饮用水，当无饮用水时，可使用河溪水或清洁的池塘水。除设计有特殊要求外，可只进行外观检查不做化验。水中不得含有油脂，其上游也不得有有害化合物流入，有怀疑时应进行检验。钢筋混凝土不得使用海水拌制。

水的pH值、不溶物、可溶物、氯化物、硫酸盐、硫化物的含量应符合表7-3-10的规定。

表7-3-10　　水的物质含量限值表

项　目	预应力混凝土	钢筋混凝土	素混凝土
pH值	≥5.0	≥4.5	≥4.5
不溶物（mg/L）	≤2000	≤2000	≤5000
可溶物（mg/L）	≤2000	≤5000	≤10 000

续表

项 目	预应力混凝土	钢筋混凝土	素混凝土
氯化物（以 Cl^- 计）（mg/L）	≤500	≤1000	≤3500
硫酸盐（以 SO_4^{2-} 计）（mg/L）	≤600	≤2000	≤2700
碱含量（rag/L）	≤1500	≤1500	≤1500

5. 外加剂

(1) 在混凝土拌合过程中，为改善混凝土性能，根据需要一般要掺用外加剂。外加剂按功能主要分为四类：

1）改善混凝土拌合物流变性能的外加剂，包括各种减水剂、引气剂和泵送剂等；

2）调节混凝土凝结时间、硬化性能的外加剂，包括缓凝剂、早强剂和速凝剂等；

3）改善混凝土耐久性的外加剂，包括引气剂、防水剂和阻锈剂等；

4）改善混凝土其他性能的外加剂，包括加气剂、膨胀剂、防冻剂、着色剂、防水剂等。

(2) 外加剂的掺用量应按照其品种并根据使用要求、施工条件、混凝土原材料等因素通过试验确定。一般以水泥质量百分比表示，称量误差不应超过规定计量的2%。同时还应符合国家现行的混凝土外加剂质量标准以及有关的规程、规范要求。

(3) 线路工程基础混凝土常用的外加剂有防冻剂、早强剂、减水剂等。

1）防冻剂分为氯盐类、氯盐阻锈类、无氯盐类，基础混凝土中严禁掺入氯盐。无氯盐类掺用量应符合表7-3-11的规定。

表7-3-11　　防冻剂掺用量表

防冻剂类别	防冻剂掺用量
无氯盐类	总量不得大于拌合水质量的20%，其中亚硝酸钠、亚硝酸钙、硝酸钠、硝酸钙均不得大于水泥质量的8%，尿素不得大于水泥质量的4%，碳酸钾不得大于水泥质量的10%

2）常用早强剂掺量应符合表7-3-12的规定。

表7-3-12　　早强剂掺量表

混凝土种类		早强型品种	掺量（水泥质量%）
钢筋混凝土	干燥环境	硫酸钠	2
		硫酸钠与缓凝减水剂复合使用	3
		三乙醇胺	0.05
	潮湿环境	硫酸钠	1.5
		三乙醇胺	0.05
有饰面要求的混凝土		硫酸钠	1

3）减水剂适用于各种现浇及预制混凝土、钢筋混凝土，多用于大体积混凝土、热天施工混凝土、泵送混凝土以及有轻度缓凝要求的混凝土。以小剂量与高效减水剂复合来增加后者的坍落度和扩展度，降低成本，提高效率。

6. 大块石

掺入无筋混凝土基础的大块石，不得有裂缝、夹层，其强度不得低于混凝土用石标准，尺寸宜为 150～250mm，且不得使用卵石。

三、普通混凝土配合比设计

本节主要介绍普通混凝土配合比设计方法，泵送混凝土、大体积混凝土及其他有特殊要求的混凝土配合比设计可参考相关规定进行。普通混凝土配合比设计，应根据混凝土强度等级及施工所要求的坍落度指标进行。如果混凝土还有其他技术性能要求，除在计算和试配过程中予以考虑外，还应增添相应的试验项目，进行试验确认。进行混凝土配合比设计时，应符合 JGJ 55《普通混凝土配合比设计规程》的有关规定。

1. 混凝土配制强度的确定

（1）混凝土配制强度应按下式计算

$$f_{cu,o} \geqslant f_{cu,k} + 1.645\sigma \tag{7-3-1}$$

式中　$f_{cu,o}$——混凝土配制强度，MPa；

$f_{cu,k}$——混凝土立方体抗压强度标准值，MPa；

σ——混凝土强度标准差，MPa。

（2）遇有下列情况时应提高混凝土配制强度：

1）现场条件与试验室条件有显著差异时。

2）C30 级及其以上强度等级的混凝土，采用非统计方法评定时。

（3）混凝土强度标准差宜根据同类混凝土统计资料计算确定，并应符合下列规定：

1）计算时，强度试件组数不应少于 25 组。

2）当混凝土强度等级为 C20 和 C25 级，其强度标准差计算值小于 2.5MPa 时，取σ=2.5MPa；当混凝土强度等级等于或大于 C30 级，其计算值小于 3.0MPa 时，取σ=3.0MPa。

3）当无统计资料计算混凝土强度标准差时，可按表 7-3-13 取值。

表 7-3-13　　混凝土强度标准差

混凝土强度等级	<C15	C20～C35	>C35
σ（N/mm^2）	4	5	6

2. 混凝土配合比设计中的基本参数

（1）每立方米混凝土用水量的确定，应符合下列规定：

1）干硬性和塑性混凝土用水量的确定，应符合下列规定：

a）水灰比在 0.40～0.80 范围时，根据粗骨料的品种、粒径及施工要求的混凝土拌合物稠度，其用水量可按表 7-3-14、表 7-3-15 选取。

b）水灰比小于 0.40 的混凝土以及采用特殊成型工艺的混凝土用水量应通过试验确定。

表 7-3-14　　干硬性混凝土的用水量　　（kg/m^3）

拌合物稠度		卵石最大粒径（mm）			碎石最大粒径（mm）		
项目	指标	10	20	40	16	20	40
维勃稠度（s）	16～20	175	160	145	180	170	155
	11～15	180	165	150	185	175	160
	5～10	185	170	155	190	180	165

表 7-3-15　　**塑性混凝土的用水量**　　（kg/m³）

拌合物稠度		卵石最大粒径（mm）				碎石最大粒径（mm）			
项目	指标	10	20	31.5	40	16	20	31.5	40
坍落度（mm）	10～30	190	170	160	150	200	185	175	165
	35～50	200	180	170	160	210	195	185	175
	55～70	210	190	180	170	20	205	195	185
	75～90	215	195	185	175	230	215	205	195

注　1. 本表用水量是采用中砂时的平均取值。采用细砂时，每立方米混凝土用水量可增加 5～10kg；采用粗砂时，则可减少 5～10kg。

2. 掺用各种外加剂或掺合料时，用水量应相应调整。

2）流动性和大流动性混凝土的用水量宜按下列步骤计算：

a）以表 7-3-15 中坍落度 90mm 的用水量的为基础，按坍落度每增大 20mm 用水量增加 5kg，计算出未掺外加剂时的混凝土的用水量。

b）掺外加剂时的混凝土用水量为

$$m_{wa} = m_{wo}(1-\beta) \quad (7\text{-}3\text{-}2)$$

式中　m_{wa}——掺外加剂混凝土每立方米混凝土的用水量，kg；

m_{wo}——未掺外加剂混凝土每立方米混凝土的用水量，kg；

β——外加剂的减水率，%。

c）外加剂的减水率应经试验确定。

（2）当无历史资料可参考时，混凝土砂率的确定应符合下列规定：

1）坍落度为 10～60mm 的混凝土砂率，可根据粗骨料品种、粒径及水灰比按表 7-3-16 选取。

表 7-3-16　　**混凝土的砂率**　　（%）

水灰比（W/C）	卵石最大粒径（mm）			碎石最大粒径（mm）		
	10	20	40	16	20	40
0.40	26～32	25～31	24～30	30～35	29～34	27～32
0.50	30～35	29～34	28～33	33～38	32～37	30～35
0.60	33～38	32～37	31～36	36～41	35～40	33～38
0.70	36～41	35～40	34～39	39～44	38～43	36～41

注　1. 本表数值系中砂的选用砂率，对细砂或粗砂，可相应地减少或增大砂率。

2. 只用一个单粒级粗骨料配制混凝土时，砂率应适当增大。

3. 对薄壁构件，砂率取偏大值。

4. 本表中的砂率系指砂与骨料总量的重量比。

2）坍落度大于 60mm 的混凝土砂率，可经试验确定，也可在表 7-3-16 的基础上，按坍落度每增大 20mm，砂率增大 1%的幅度予以调整。

3）坍落度小于 10mm 混凝土，其砂率应经试验确定。

（3）在已知混凝土用水量、水泥用量和砂率的情况下，可用质量法或体积法求出粗细骨料的用量，从而得到混凝土的初步配合比。

1）质量法。当采用质量法时

$$m_{c0} + m_{g0} + m_{s0} + m_{w0} = m_{cp} \tag{7-3-3}$$

$$\beta_s = \frac{m_{s0}}{m_{g0} + m_{s0}} \times 100\% \tag{7-3-4}$$

式中　m_{c0}——每立方米混凝土的水泥用量，kg；

m_{g0}——每立方米混凝土的粗骨料用量，kg；

m_{s0}——每立方米混凝土的细骨料用量，kg；

m_{w0}——每立方米混凝土的用水量，kg；

β_s——砂率，%；

m_{cp}——每立方米混凝土拌合物的假定质量，kg，其值可取 2350～2450kg。

2）体积法。当采用体积法时

$$\frac{m_{c0}}{\rho_c} + \frac{m_{g0}}{\rho_g} + \frac{m_{s0}}{\rho_s} + \frac{m_{w0}}{\rho_w} + 0.01\alpha = 1 \tag{7-3-5}$$

$$\beta_s = \frac{m_{s0}}{m_{g0} + m_{s0}} \times 100\% \tag{7-3-6}$$

式中　ρ_c——水泥密度，kg/m^3，可取 2900～3100kg/m^3；

ρ_g——粗骨料的表观密度，kg/m^3；

ρ_s——细骨料的表观密度，kg/m^3；

ρ_w——水的密度，kg/m^3，可取 1000kg/m^3；

α——混凝土的含气量百分数，在不使引气型外加剂时，可取为 1。

（4）当进行混凝土配合比设计时，混凝土的最大水灰比和最小水泥用量，应符合表 7-3-17 中的规定。

表 7-3-17　　混凝土的最大水灰比和最小水泥用量

环境条件	结构物类别		最大水灰比			最小水泥用量（kg）		
			素混凝土	钢筋混凝土	预应力混凝土	素混凝土	钢筋混凝土	预应力混凝土
1. 干燥环境	正常的居住或办公用房屋内部件		不做规定	0.65	0.60	200	260	300
2. 潮湿环境	无冻害	高湿度的室内部件 室外部件 在非侵蚀性土和（或）水中的部件	0.70	0.60	0.60	225	280	300
	有冻害	经受冻害的室外部件 在非侵蚀性土和（或水中且经受冻害的部件 高湿度且经受冻害的室内部件）	0.55	0.55	0.55	250	280	300
3. 有冻害和除冰剂的潮湿环境	经受冻害和除冰剂作用的室内和室外部件		0.50	0.50	0.50	300	300	300

注　1. 当用活性掺合料取代部分水泥时，表中的最大水灰比及最小水泥用量即为替代前的水灰比和水泥用量。

2. 配制 C15 级及其以下等级的混凝土，可不受本表限制。

(5) 外加剂和掺合料的掺量应通过试验确定，并应符合国家现行标准 GB 50119《混凝土外加剂应用技术规范》、GB/T 1596《用于水泥和混凝土中的粉煤灰》、GBJ 146《粉煤灰混凝土应用技术规程》等的规定。

3. 混凝土配合比的试配、调整与确定

(1) 试配。

1) 进行混凝土配合比试配时应采用工程中实际使用的原材料和搅拌方法，根据计算出的配合比进行试拌。混凝土试拌的数量不应少于表 7-3-18 的规定；当采用机械搅拌时，其搅拌量不应小于搅拌机额定搅拌量的 1/4。

表 7-3-18　　混凝土试配的最小搅拌量

骨料最大粒径 (mm)	拌合物数量 (L)
31.5 及以下	15
40	25

2) 按计算的配合比进行试配时，首先应进行试拌，以检查拌合物的性能。当试拌得出的拌合物坍落度或维勃稠度不能满足要求，或黏聚性和保水性不好时，应在保证水灰比不变的条件下相应调整用水量或砂率，直到符合要求为止。然后提出供混凝土强度试验用的基准配合比。

3) 混凝土强度试验时至少应采用三个不同的配合比。当采用三个不同的配合比，其中一个应为上述方法确定的基准配合比，另外两个配合比的水灰比，宜较基准配合比分别增加和减少 5%；用水量应与基准配合比相同，砂率可分别增加和减少 1%。

当不同水灰比的混凝土拌合物坍落度与要求值的差超过允许偏差时，可通过增、减用水量进行调整。

4) 制作混凝土强度试验试件时，应检验混凝土拌合物的坍落度或维勃稠度、黏聚性、保水性及拌合物的表观密度，并以此结果作为代表相应配合比的混凝土拌合物的性能。

5) 进行混凝土强度试验时，每种配合比至少应制作一组（三块）试件，标准养护到 28d 时试压。

需要时可同时制作几组试件，供快速检验或较早龄期试压，以便提前定出混凝土配合比供施工使用。但以后仍必须以标准养护 28d 强度的检验结果为准，据此调整配合比。

(2) 配合比的调整与确定。

1) 根据试验得出的混凝土强度与其相对应的水灰比（W/C）关系，用作图法或计算法求出与混凝土配制强度（$f_{cu,0}$）相对应的水灰比，并应按下列原则确定每立方米混凝土的材料用量：

用水量（m_w）应在基准配合比用水量的基础上，根据制作强度试件时测得的坍落度或维勃稠度进行调整确定；

水泥用量（m_c）应以用水量乘以选定出来的水灰比计算确定；

粗骨料和细骨料用量（m_g 和 m_s）应在基准配合比和粗骨料和细料用量的基础上，按选定的水灰比进行调整后确定。

2) 经试配确定配合比后，尚应按下列步骤进行校正：

a）应根据前款确定的材料用量按下式计算混凝土的表观密度计算值 $\rho_{c,c}$

$$\rho_{c,c}=m_c+m_g+m_s+m_w \tag{7-3-7}$$

b）应按下式计算混凝土配合比校正系数 δ

$$\delta=\frac{\rho_{c,t}}{\rho_{c,c}} \tag{7-3-8}$$

式中　$\rho_{c.t}$——混凝土表观密度实测值，kg/m^3；

$\rho_{c,c}$——混凝土表观密度计算值，kg/m^3。

c）混凝土表观密度实测值与计算值之差的绝对值不超过计算值的 2%时，前款确定的配合比即为确定的设计配合比；当二者之差超过 2%时，应将配合比中每项材料用量均乘以校正系数 δ，即为确定的设计配合比。

第四节　模　板　安　装

基础施工中常用的模板有钢模板、木模板、竹模板、砖模板等，由于钢模板具有通用性强、装拆方便、可重复使用等优点，在混凝土工程中被广泛使用，本节重点就组合钢模板施工安装进行介绍。

一、基本要求

（1）模板安装应符合现行国家标准 GB 50214《组合钢模板技术规范》的有关规定。

（2）基础施工中应首选组合钢模板，如因基础设计形式或施工条件限制，不宜使用钢模板时，也可选用胶合板、木模板、砖模板等。

（3）模板及其支设应符合下列规定：

1）模板及其支架应具有足够的承载能力、刚度和稳定性，能可靠地承受浇筑混凝土的重量、侧压及施工荷载；

2）构造简单，装拆方便，并便于钢筋的绑扎、安装以及混凝土的浇筑及振捣；

3）模板的拼（接）缝应严密，不得漏浆；

4）模板表面不宜采用油质类等影响结构的隔离剂，严禁隔离剂沾污钢筋；

5）对模板及其支架应定期维修，钢模板及钢支架应防止锈蚀。

（4）安装模板前应先复查基坑尺寸及中心位置，放出基础边线，基础模板面标高应符合设计要求。

（5）基础最下层台阶如土质良好，可以土代模，但基坑开挖尺寸必须符合基础设计要求，坑壁应修平，且应采取防止泥土等杂物混入混凝土中的措施。

（6）运抵现场的模板应进行外观检查，有无变形、裂缝等，合格后再进行拼装。

（7）浇制混凝土前应对模板安装质量进行检查，确保各部尺寸符合设计要求。

（8）浇制混凝土过程中应加强对模板支撑的观测，发现异常情况时，应及时进行处理。

二、组合钢模板组成

组合钢模板主要由钢模板、连接件、支撑件三部分组成。

1. 钢模板

钢模板采用 Q235 钢材制成，钢板厚度 2.5mm，对于≥400mm 宽面的钢模板，其钢板厚度应采用 2.75mm 或 3.0mm。主要包括平面模板、阴角模板、阳角模板、连接角模等。

2. 连接件

连接件由U形卡、L形插稍、钩头螺栓、紧固螺栓、扣件、对拉螺栓等组成。

3. 支撑件

支撑件由钢楞（又称龙骨）、柱箍、斜撑、钢管脚手支架等组成。

4. 钢模板选用

钢模板使用时宜选用标准化定型制成品，常用钢模板及其配件规格见表7-4-1～表7-4-3。

表7-4-1　　G-70组合钢模板平面模板规格

代号	规格 宽×长 (mm×mm)	有效面积 (m^2)	质量（kg）		单位质量（kg/m^2）	
			δ=3mm	δ=2.75mm	δ=3mm	δ=2.75mm
7P6009	600×900	0.54	23.28	21.34	43.11	39.52
7P6012	600×1200	0.72	30.61	28.06	42.51	38.97
7P6015	600×1500	0.9	37.92	34.76	42.13	38.62
7P3009	300×900	0.27	13.42	12.3	49.70	45.56
7P3012	300×1200	0.36	17.67	16.2	49.08	45.00
7P3015	300×1500	0.45	21.93	20.1	48.73	44.67
7P2509	250×900	0.225	11.16	10.23	49.60	45.47
7P2512	250×1200	0.3	14.76	13.53	49.20	45.10
7P2515	250×1500	0.375	18.35	16.82	48.93	44.85
7P2009	200×900	0.18	8.38	7.68	46.56	42.67
7P2012	200×1200	0.24	11.07	10.15	46.13	42.29
7P2015	200×1500	0.3	13.78	12.63	45.93	42.10
7P1509	150×900	0.135	6.97	6.39	51.63	47.33
7P1512	150×1200	0.18	9.23	8.46	51.28	47.00
7P1515	150×1500	0.225	11.48	10.52	51.02	46.76
7P1009	100×900	0.09	5.61	5.14	62.33	57.11
7P1012	100×1200	0.12	7.43	6.81	61.92	56.75
7P1015	100×1500	0.15	9.26	8.49	61.73	56.60

表7-4-2　　角模、连接角钢、调节板规格

名称	代号	规格 (mm×mm×mm)	有效面积 (m^2)	质量（kg）		单位质量（kg/m^2）	
				δ=3mm	δ=2.75mm	δ=3mm	δ=2.75mm
阴角模	7E1059	150×150×900	0.27	11.06	10.14	40.96	37.56
阴角模	7E1512	150×150×1200	0.36	14.64	13.42	40.67	37.28
阴角模	7E1515	150×150×1500	0.45	18.20	16.69	40.44	37.09
阳角模	7Y1509	150×150×900	0.27	11.62	10.65	43.04	39.44
阳角模	7Y1512	150×150×1200	0.36	15.30	14.07	42.50	39.08
阳角模	7Y1515	150×150×1500	0.45	19.00	17.49	42.22	38.87

续表

名　称	代　号	规　格 (mm×mm×mm)	有效面积 (m^2)	质量 (kg)		单位质量 (kg/m^2)	
				δ=3mm	δ=2.75mm	δ=3mm	δ=2.75mm
铰链角模	7L1506	150×150×600	0.18	11.00	(δ=4～5mm)	61.11	—
铰链角模	7L1509	150×150×900	0.27	16.38	(δ=4～5mm)	60.67	—
可调阴角模	TE2827	280×280×2700	1.35	63.00	(δ=4mm)	46.67	—
可调阴角模	TE2830	280×280×3000	1.50	70.00	(δ=4mm)	46.67	—
L形调节板	7T0827	74×80×2700	0.14	15.36	(δ=5mm)	113.78	—
L形调节板	7T1327	74×130×2700	0.27	20.87	(δ=5mm)	77.30	—
L形调节板	7T0830	74×80×3000	0.15	17.07	(δ=5mm)	113.80	—
L形调节板	7T1330	74×130×3000	0.30	23.20	(δ=5mm)	77.33	—
连接角钢	7J0009	70×70×900	0.13	4.02	(δ=4mm)	30.92	—
连接角钢	7J0012	70×70×1200	0.17	5.33	(δ=4mm)	31.35	—
连接角钢	7J0015	70×70×1500	0.21	6.64	(δ=4mm)	31.62	

表 7-4-3　　G-70 组合钢模板配件规格

名　称	代　号	规　格 (mm)	质量 (kg)
楔板	J01	1对楔板	0.13
小钢卡	J02	卡 ϕ48mm	0.44
大钢卡	J03A	卡 2ϕ48mm 或□50×100	0.64
大钢卡	J03B	卡 8 号槽钢	0.60
双环钢卡	J04A	卡 2□50×100	2.40
双环钢卡	J04B	卡 2 个 8 号槽钢	1.70
模板卡	J05		0.13
板销	J06	1个楔板、1个销键	0.11
平台支架	P01A	40×40 方钢管	11.07
平台支架	P02B	50×26 槽钢	13.10
斜支撑	P02A	ϕ60mm 钢管 1 底座 2 销轴卡座	30.64
斜支撑	P02B	50ϕ26mm 槽钢	12.82
对拉螺栓	DS2570	T25　L=700mm	3.35
对拉螺栓	DS2270	T22　L=700mm	3.00
组合对拉螺栓	ZS1670	M16　L=650mm	2.14
锥形对拉螺栓	ZUS3096	ϕ26～30mm　L=965mm	7.12
锥形对拉螺栓	ZUS3081	ϕ26～30mm　L=815mm	6.29

三、组合钢模板施工设计

组合钢模板施工前，应根据施工图和现场实际条件，进行模板施工设计，主要包括下列内容：

绘制配板设计图、连接件和支承系统布置图、细部结构和异型模板详图；

根据混凝土结构型式和施工条件，对模板和支撑系统等进行受力计算；

编制模板和配件的规格数量汇总表；

制订模板安装及拆模工艺，以及技术安全措施。

下面仅就组合钢模板的用量估算和结构设计进行介绍。

1. 模板用量估算

为了进行施工准备和实际支模，常需估算模板的需用量，即计算每立方米混凝土结构的模板用量，再乘以混凝土总量，即可得模板需用总量。一般每立方米混凝土的模板用量 U 为

$$U=\frac{A}{V} \tag{7-4-1}$$

式中 A——模板的展开面积，m^2；

V——混凝土的体积，m^3。

（1）各种截面柱模板用量。

1）正方形截面。其边长为 a 时，每立方米混凝土模板用量 U_1 为

$$U_1=\frac{4}{a} \tag{7-4-2}$$

2）圆形截面柱。其直径为 d 时，每立方米混凝土模板用量 U_2 为

$$U_2=\frac{4}{d} \tag{7-4-3}$$

表 7-4-4 为正方形或圆形截面柱，边长 a（或直径 d）由 0.30 至 2.00m 时的 U 值。

表 7-4-4　正方形或圆形截面柱的模板用量 U 值

柱模截面尺寸 $a\times a$ (m^2)	模板用量 $U=\frac{4}{a}$ (m^2)	柱模截面尺寸 $a\times a$ (m^2)	模板用量 $U=\frac{4}{a}$ (m^2)
0.30×0.30	13.33	0.90×0.90	4.44
0.40×0.40	10.00	1.00×1.00	4.00
0.50×0.50	8.00	1.10×1.10	3.64
0.60×0.60	6.67	1.30×1.30	3.08
0.70×0.70	5.71	1.50×1.50	2.67
0.80×0.80	5.00	2.00×2.00	2.00

3）矩形截面柱。其规格为 $a\times b$ 时，每立方米混凝土模板用量 U_3 为

$$U_3=\frac{2\ (a+b)}{ab} \tag{7-4-4}$$

表 7-4-5 为各种尺寸矩形截面柱 U 值。

表 7-4-5　常用矩形截面柱的模板用量 U 值

柱模截面尺寸 $a\times b$ (m^2)	模板用量 $U=\frac{2(a+b)}{ab}$ (m^2)	柱模截面尺寸 $a\times b$ (m^2)	模板用量 $U=\frac{2(a+b)}{ab}$ (m^2)
0.40×0.30	11.67	0.80×0.60	5.83
0.50×0.30	10.67	0.90×0.45	6.67
0.60×0.30	10.00	0.90×0.60	6.56
0.70×0.35	8.57	1.00×0.50	6.00
0.80×0.40	7.50	1.00×0.70	4.86

（2）梁模板用量。钢筋混凝土梁，每立方米混凝土模板用量 U_4 计算公式为

$$U_4 = \frac{2h + b}{bh} \tag{7-4-5}$$

表 7-4-6 为常用矩形截面梁的 U 值。

表 7-4-6　　常用矩形截面梁的模板用量 U 值

梁截面尺寸 $h \times b$ (m)	模板用量 $U = \frac{2h+b}{hb}$ (m^2)	梁截面尺寸 $h \times b$ (m)	模板用量 $U = \frac{2h+b}{hb}$ (m^2)
0.30×0.20	13.33	0.80×0.40	6.25
0.40×0.20	12.50	1.00×0.50	5.00
0.50×0.25	10.00	1.20×0.60	4.17
0.60×0.30	8.33	1.40×0.70	3.57

2. 模板结构设计

（1）荷载及荷载组合。计算模板及其支架的荷载，分为荷载标准值和荷载设计值，设计值应以标准值乘以相应的分项系数。

1）荷载标准值。

模板及支架自重标准值应根据模板施工设计图确定。钢筋自重标准值：钢筋重量标准值应根据设计图纸计算确定，对一般连梁结构，可按 1.5kN/m³ 计算。混凝土自重标准值：普通混凝土自重可按 25kN/m³ 计算，也可根据实际重力密度确定。施工人员及施工设备荷载标准值：在混凝土浇筑时，还应考虑模板上施工操作人员及设备荷载的影响，可根据实际情况计算。计算模板及直接支撑模板的钢楞时，对均布荷载取 2.5kN/m²，另应以集中荷载 2.5kN/m² 再行验算，两者取得的弯矩值按其中较大者采用。计算直接支撑钢楞结构构件时，均布荷载取 1.5kN/m²，计算支架立柱及其他支撑结构构件时，均布活荷载取 1.0kN/m²。振捣混凝土时产生的荷载标准值：混凝土振捣所产生的荷载，对水平面模板可采用 2.0kN/m²，对垂直面模板可采用 4.0kN/m²（作用范围在浇筑混凝土侧压力的有效压头高度以内）。新浇混凝土对模板的侧面压力标准值：采用内部振捣器时，新浇筑混凝土作用于模板的最大侧压力，可按式（7-4-6）、式（7-4-7）计算，并取其较小值

$$F = 0.22\gamma_c t_0 \beta_1 \beta_2 V^{\frac{1}{2}} \tag{7-4-6}$$

$$F = \gamma_c H \tag{7-4-7}$$

式中　F——新浇筑混凝土对模板的最大侧压力，kN/m²；

γ_c——混凝土的重力密度，kN/m³；

t_0——新浇混凝土初凝时间，h，可按实测确定。当缺乏试验资料时，按 $t_0 = \frac{200}{T+15}$ 计算，T 为混凝土的入模温度，℃；

V——混凝土浇筑速度，m/h；

H——混凝土侧压力计算位置处至新浇筑混凝土顶面的总高度，m；

β_1——外加剂影响修正系数，不掺外加剂时取 1.0；掺具有缓凝作用的外加剂时，取 1.2；

β_2——混凝土坍落度影响修正系数，当坍落度小于 30mm 时，取 0.85；50～90mm 时，取 1.0；110～150mm 时，取 1.15。

混凝土侧压力的计算分布图形如图 7-4-1 所示，有效压头高度 h，m，有

$$h=\frac{F}{\gamma_c} \tag{7-4-8}$$

式中　h——有效压头高度；

F——新浇混凝土对模板的侧压力。

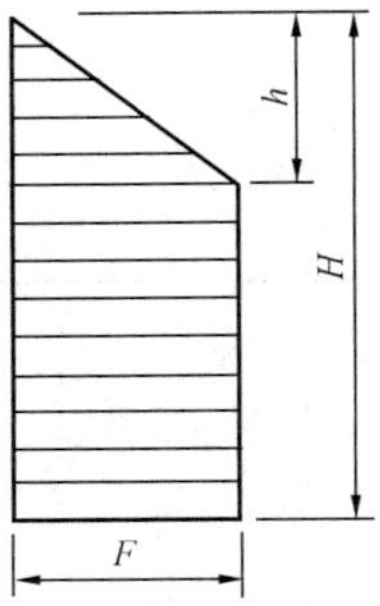

图 7-4-1　侧压力计算分布图
H—混凝土浇筑高度

由此计算出的混凝土最大侧压力标准值如表 7-4-7 所示。

倾倒混凝土时产生的荷载标准值。倾倒混凝土时对垂直面模板产生的水平荷载可按表 7-4-8 选取。

表 7-4-7　　新浇混凝土对模板侧面的最大压力

浇筑速度 (m/h)	混凝土的最大侧压力标准值（kN/m²）						
	5℃	10℃	15℃	20℃	25℃	30℃	35℃
0.3	28.92	23.14	19.28	16.52	14.46	12.86	11.57
0.6	40.90	32.72	27.27	23.37	20.45	18.18	16.36
0.9	50.09	40.07	33.39	28.62	25.05	22.67	20.40
1.2	57.84	46.27	38.56	33.05	28.92	25.71	23.14
1.5	64.67	51.73	43.11	36.95	32.33	28.75	25.87
1.8	70.84	56.67	47.23	40.48	35.42	31.49	28.34
2.1	76.51	61.21	51.01	43.72	38.26	34.01	30.61
2.4	81.80	65.44	54.53	46.74	40.90	36.36	32.72
2.7	86.76	69.41	57.84	49.57	43.38	38.57	34.70
3.0	*91.45	73.16	60.97	52.26	45.73	40.65	36.58
4.0	*105.60	84.48	70.40	60.34	52.80	46.94	42.24
5.0	*118.06	*94.45	78.71	67.46	59.03	52.48	47.23
6.0	*129.33	*103.47	86.22	73.90	64.67	57.49	51.73

注　1. 本表为根据式（7-4-6）计算，坍落度为 50～90mm，为掺加外加剂。

2. 带 * 号的数值实际应按 90kN/m² 的限值采用。

表 7-4-8　　倾倒混凝土时产生的水平荷载标准值　　（kN/m²）

向模板内供料方法	水平荷载
溜槽、串通或导管	2
容积小于 0.2m³ 的运输工具	2
容积小于 0.2～0.8m³ 的运输工具	4
容积大于 0.8m³ 的运输工具	6

2）荷载设计值。计算模板及支架荷载设计值，应为荷载标准值乘以相应的荷载分项系数，分项系数如表 7-4-9 所示。

表 7-4-9 **模板及支架荷载分项系数**

序号	荷载类别	分项系数	序号	荷载类别	分项系数
1	模板及支架自重	1.2	4	振捣混凝土时产生的荷载	1.4
2	混凝土自重	1.2	5	倾倒混凝土时产生的荷载	1.4
3	钢筋自重	1.2	6	施工人员及施工设备荷载	1.4

3）荷载折减（调整）系数。由于模板工程属于临时性工程，而计算时是按正式结构设计规范执行，因此对钢模板及其支架的设计，荷载设计值可乘以 0.85 的折减系数予以调整。

在风荷载作用下，如还需验算模板及其支架的稳定性时，其基本风压值可乘以 0.8 的折减系数。

（2）荷载组合。

1）荷载类别及编号见表 7-4-10。

表 7-4-10 **荷载类别及编号**

序　号	名　称	类　别	编　号
1	模板结构自重	恒载	①
2	新浇混凝土自重	恒载	②
3	钢筋自重	恒载	③
4	施工人员及施工设备荷载	活载	④
5	振捣混凝土时产生的荷载	活载	⑤
6	新浇混凝土对模板侧面的压力	恒载	⑥
7	倾倒混凝土时产生的荷载	活载	⑦

2）荷载组合见表 7-4-11。

表 7-4-11 **荷　载　组　合**

项　次	项　目	荷载组合	
		计算承载能力	验算刚度
1	平板的模板及支架	①+②+③+④	①+②+③
2	梁模板的底板和支架	①+②+③+⑤	①+②+③
3	梁、柱（边长≤300mm）的侧面模板	⑤+⑥	⑥
4	大体积结构、柱（边长≤300mm）的侧面模板	⑥+⑦	⑥

3. 模板结构的挠度要求

模板结构除必须保证足够的承载能力外，还应保证有足够的刚度。因此，应验算模板及支架的挠度，其最大变形值不得超过下列允许值：

（1）模板构件计算跨度的 1/400。

（2）支架的压缩变形值，为相应结构计算跨度的 1/1000。

当梁跨度≥4m 时，模板宜按设计要求起拱，如无设计要求，起拱高度应为全长跨度的 1/1000～3/1000，钢模板取小值（1/1000～2/1000）。

(3) 模板结构允许挠度如表 7-4-12 所示。

表 7-4-12 模板结构允许挠度 (mm)

名 称	允许挠度	名 称	允许挠度
钢模板面板	1.5	梁、柱箍	$b/500$
单块钢模板	1.5		
钢 楞	$L/500$	支撑系统累计	4.0

注 L 为计算跨度，b 为梁、柱截面宽度。

4. 钢模板结构材料及性能

(1) 钢材的强度设计值及弹性模量表。

1) 钢材的强度设计值见表 7-4-13。

表 7-4-13 钢材的强度设计值 (N/mm^2)

钢材		抗拉、抗压和抗弯 f	抗 剪 f_V	端面承压（刨平顶紧）f_{ce}
牌 号	厚度或直径 (mm)			
Q235 钢	≤16	215	125	325
	>16～40	205	120	
	>40～60	200	115	
	>60～100	190	110	
Q345 钢	≤16	310	180	400
	>16～35	295	170	
	>35～50	265	155	
	>50～100	250	145	
Q390 钢	≤16	350	205	415
	>16～35	335	190	
	>35～50	315	180	
	>50～100	295	170	
Q420 钢	≤16	380	220	440
	>16～35	360	210	
	>35～50	340	195	
	>50～100	325	185	

注 表中厚度是指计算点的钢材厚度，对轴心受力构件系指截面中较厚板件的厚度。

2) 钢材物理性能指标见表 7-4-14。

表 7-4-14 钢材物理性能表

弹性模量 E (N/mm^2)	剪变模量 G (N/mm^2)	线膨胀系数 α (以每℃计)	质量密度 ρ (kg/m^3)
206×10^3	79×10^3	12×10^{-6}	7850

（2）常用柱箍规格及其使用范围见表 7-4-15。

表 7-4-15　　常用柱箍规格及其使用范围

材 料	规格（mm）	夹板长度（mm）	截面积 A（mm^2）	截面惯性矩 I_x（mm^4）	截面最小抵抗矩 W_x（mm^2）	适用柱宽范围(mm)
扁钢	—60×6	790	360	10.80×104	3.60×103	250～500
角钢	L75×50×5	1068	612	34.86×104	6.83×103	250～750
轧制槽钢	[80×43×5	1340	1024	101.30×104	25.30×103	500～1000
	[100×48×5.3	1380	1074	198.30×104	39.70×103	500～1200
钢管	ϕ48×3.5	1200	489	12.19×104	5.08×103	300～700
	ϕ51×3.5	1200	522	14.81×104	5.81×103	300～700

（3）对拉螺栓的规格及性能见表 7-4-16。

表 7-4-16　　对拉螺栓的规格及性能表

螺栓直径（mm）	螺纹内径（mm）	净面积（mm^2）	容许拉力（kN）
M12	10.11	76	12.90
M14	11.84	105	17.80
M16	13.84	144	24.50
T12	9.50	71	12.05
T14	11.50	104	17.65
T16	13.50	143	24.27
T18	15.50	189	32.08
T20	17.50	241	40.91

（4）常用支撑钢楞力学性能见表 7-4-17。

表 7-4-17　　常用支撑钢楞力学性能表

规格（mm）		截面积 A（cm^2）	质量（kg/m）	截面惯性矩 I_x（cm^4）	截面最小抵抗矩 W_x（cm^3）
圆钢管	ϕ48mm×3.0	4.24	3.33	10.78	4.49
	ϕ48mm×3.5	4.89	3.84	12.19	5.08
	ϕ51mm×3.5	5.22	4.10	14.81	5.81
矩形钢管	□60×40×2.5	4.57	3.59	21.88	7.29
	□80×40×2.0	4.52	3.55	37.13	9.28
	□100×50×3.0	8.64	6.78	112.12	22.42
轻型槽钢	[80×40×3.0	4.50	3.53	43.92	10.98
	[100×50×3.0	5.70	4.47	88.52	12.20

续表

规格(mm)		截面积 $A(cm^2)$	质量(kg/m)	截面惯性矩 $I_x(cm^4)$	截面最小抵抗矩 $W_x(cm^3)$
内卷边槽钢	⊏80×40×15×3.0	5.08	3.99	48.92	12.23
	⊏100×50×20×3.0	6.58	5.16	100.28	20.06
轧制槽钢	[80×43×5.0	10.24	8.04	101.30	25.30

(5) 扣件容许荷载见表 7-4-18。

表 7-4-18　　扣件容许荷载　　(kN)

项　目	型　号	容许荷载
蝶形扣件	26 型	26
	18 型	18
3 型扣件	26 型	26
	18 型	18

5. 设计计算公式

(1) 模板结构构件的最大弯矩、剪力和挠度。模板结构构件中的面板、大小楞(柱箍、梁箍)等均属于受弯构件，可按简支梁或连续梁计算。当模板构件的跨度超过三跨时，可按三跨连续梁计算。计算公式见表 7-4-19 和表 7-4-20。

表 7-4-19　　悬臂梁与简支梁的最大弯矩、剪力与挠度

荷载图示	剪　力 V	弯　矩 M	挠　度 w
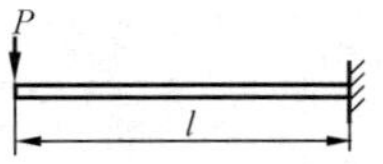	P	Pl	$\frac{Pl^3}{3EI}$
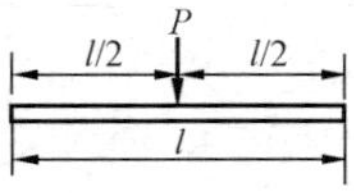	$\frac{P}{2}$	$\frac{Pl}{2}$	$\frac{Pl^3}{4PEI}$
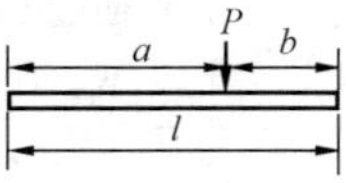	$\frac{Pa}{l}$	$\frac{Pab}{l}$	$\frac{Pb}{El}\left(\frac{l^3}{16}-\frac{b^2}{12}\right)$
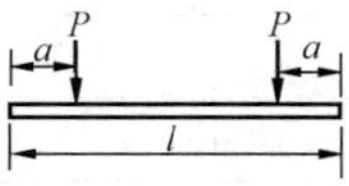	P	Pa	$\frac{Pa}{6EI}\left(\frac{3}{4}l^2-a^2\right)$
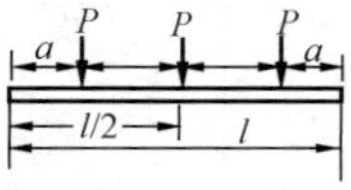	$\frac{3P}{2}$	$P\left(\frac{l}{4}-a\right)$	$\frac{P}{48EI}(l^3+6al^2-8a^3)$

续表

荷载图示	剪　力 V	弯　矩 M	挠　度 w
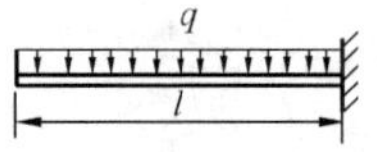	ql	$\frac{ql^2}{2}$	$\frac{ql^4}{8EI}$
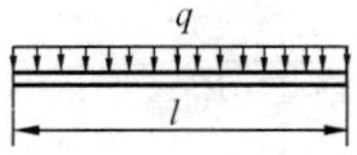	$\frac{ql}{2}$	$\frac{ql^2}{8}$	$\frac{5ql^4}{384EI}$
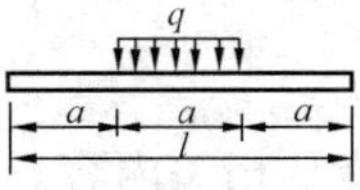	$\frac{q_c}{2}$	$\frac{q_c(al-c)}{8}$	$\frac{q_c}{384EI}(8l^3-4c^2l+c^3)$
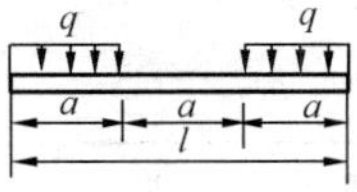	qa	$\frac{qa^2}{2}$	$\frac{qa^2}{48EI}(3l^2-2a^2)$
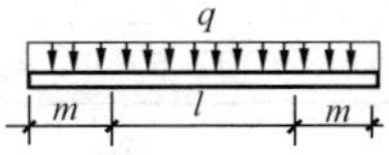	$\frac{ql}{2}$	$\frac{qm^2}{2}$	$\frac{qm}{24EI}(l^3+6m^2l+3m^3)$

表 7-4-20　　连续梁的最大弯矩、剪力与挠度

荷载图示	剪　力 V	弯　矩 M	挠　度 w
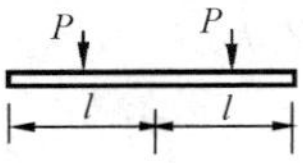	$0.688P$	$0.188Pl$	$\frac{0.9118Pl^3}{100EI}$
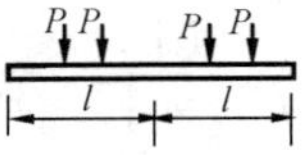	$1.333P$	$0.333Pl$	$\frac{1.466Pl^3}{100EI}$
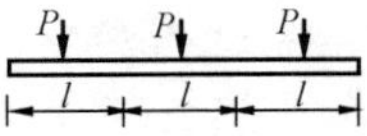	$0.660P$	$0.175Pl$	$\frac{1.146Pl^3}{100EI}$
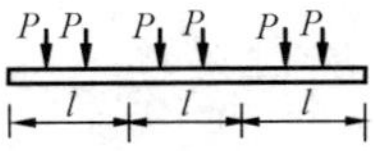	$1.267P$	$0.267Pl$	$\frac{1.883Pl^3}{100EI}$
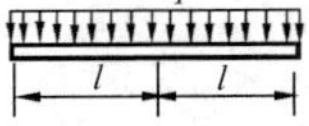	$0.605ql$	$0.125ql$	$\frac{0.521ql^4}{100EI}$
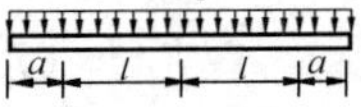 $a=0.4l$ 挠度相等	$0.50ql$	$0.105ql^2$	$\frac{0.273ql^4}{100EI}$

续表

荷载图示	剪　力 V	弯　矩 M	挠　度 w
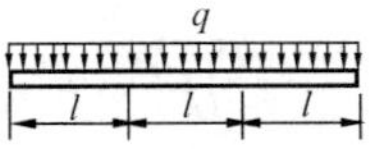	$0.60ql$	$0.10ql^2$	$\dfrac{0.677ql^4}{100EI}$
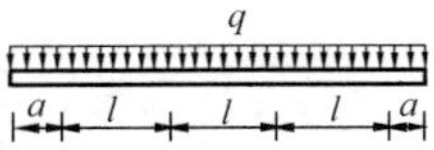	$0.50ql$	$0.084ql$	$\dfrac{0.273ql^4}{100EI}$

注　除表 7-4-19、表 7-4-20 所列公式之外，其他受力情况可参考附录 A 中有关结构静力计算的内容。

（2）模板结构构件承载能力的验算。

1）组合钢模板的构件承载能力验算参考附录 C，计算公式参考附录 B 相关内容。

2）常见模板的净截面抵抗矩见表 7-4-21，模板结构的挠度容许值见表 7-4-12。

表 7-4-21　　常见模板的净截面抵抗矩数值表

模板宽度（mm）	100	150	200	250	300	350	400	450
净截面抵抗矩（cm^3）	3.75	3.88	4.96	5.86	5.94	7.18	9.43	9.54
净截面惯性矩（cm^4）	15.25	16.91	17.98	25.98	26.97	32.38	41.69	42.83

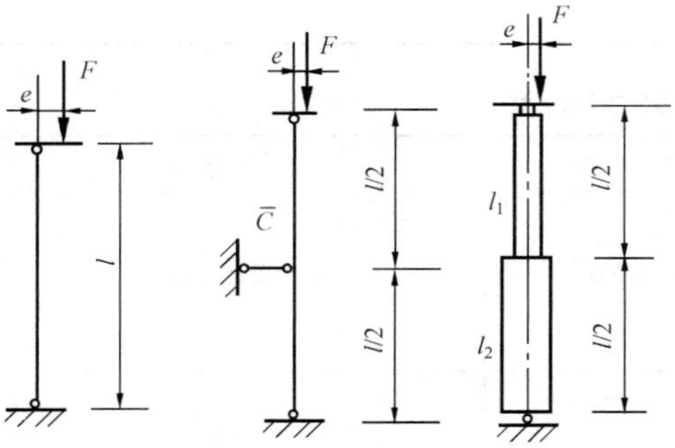

图 7-4-2　钢管支撑计算简图

3）钢管支柱验算。受力计算简图如图 7-4-2 所示。$\overline{C}$ 为水平支撑件刚度，$\overline{C} > \dfrac{160EI}{l^3}$。

$$F_{cr} = 48\left(\frac{1}{2} - \frac{e}{b}\right)^3 \frac{EI}{l^2} \tag{7-4-9}$$

$$F_{cr} = 192\left(\frac{1}{2} - \frac{e}{b}\right)^3 \frac{EI}{l^2} \tag{7-4-10}$$

$$F_{cr} = 48\left(\frac{1}{2} - \frac{e}{b}\right)^3 \frac{EI_1}{(\gamma l)^2} \tag{7-4-11}$$

其中　$\gamma = 0.76 + 0.24\left(\dfrac{I_2}{I_1}\right)^2$

式中　F_{cr}——临界荷载，N；

e——偏心距，mm；

b——受力构件小边截面尺寸，mm；

E——受力构件的弹性模量，N/mm^2；

I——受力构件截面尺寸以小边为高度的惯性矩，mm^4；

l——受力构件的计算长度，mm。

4）格构式柱支撑验算。受力计算简图如图 7-4-3 所示。

$$F_{cr} = \frac{\pi^2 EI}{2l^2} \times \frac{1}{1 + \dfrac{\pi^2 I}{A_1 l^2}\left(\dfrac{A_2}{A_2 \sin a \cos^2 a} + \dfrac{1}{\tan a}\right)} \tag{7-4-12}$$

$$F_{cr}=\frac{\pi^2 EI}{2l^2}\times\frac{1}{1+\frac{\pi^2 I}{12l^2}\left(\frac{db}{I_b}+\frac{d^2}{2I_c}\right)} \tag{7-4-13}$$

式中　E——格构柱的弹性模量，N/mm^2；

I——格构柱的惯性矩，mm^4；

A_1——格构柱水平腹杆的截面积，mm^2；

A_2——格构柱斜腹杆的截面积，mm^2；

I_b——格构柱竖杆本身的惯性矩，mm^4；

I_c——格构柱水平级板本身的惯性矩，mm^4。

5）柱箍验算。柱箍受力计算简图如图 7-4-4 所示。

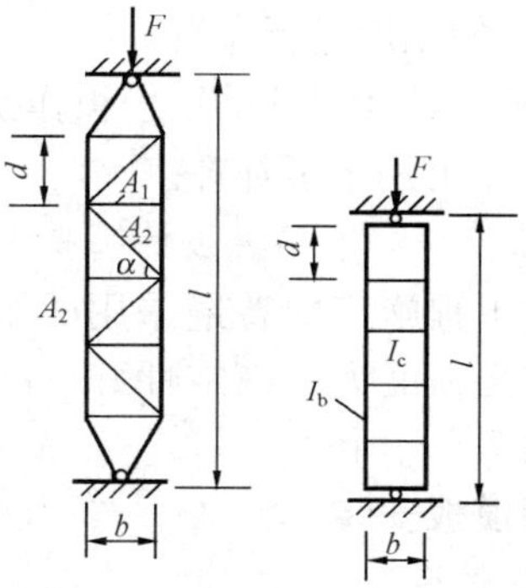

图 7-4-3　格构式柱支撑计算简图

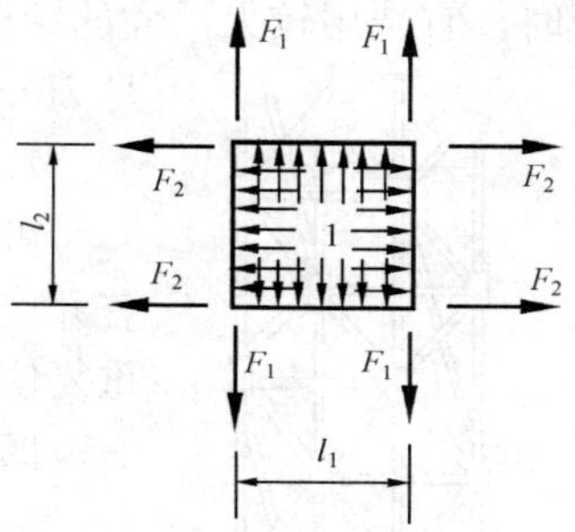

图 7-4-4　柱箍受力计算简图

$$M=\frac{-qcl^2}{12}\psi_1(\mu) \tag{7-4-14}$$

$$F=qcl\ (拉力) \tag{7-4-15}$$

$$W=\frac{qcl^4}{384EI}\psi_2(\mu) \tag{7-4-16}$$

$$\mu=\frac{1}{2}\sqrt{\frac{qcl}{2EI}}$$

式中　q——柱模板侧压力，N/mm^2；

c——柱箍间距，mm；

l——柱箍长度，mm（指柱箍支点之间的距离）；

I——柱箍惯性矩，mm^4；

E——柱箍弹性模量，N/mm^2；

ψ_1、ψ_2——数值查表计算，见表 7-4-22。

表 7-4-22　$\psi_1(\mu)$、$\psi_2(\mu)$数值表

μ	$\psi_1(\mu)$	$\psi_2(\mu)$	μ	$\psi_1(\mu)$	$\psi_2(\mu)$
0	1.000	1.000	1.5	0.876	0.817
0.5	0.984	0.976	2.0	0.806	0.715
1.0	0.939	0.909	2.5	0.736	0.617

续表

μ	$\psi_1(\mu)$	$\psi_2(\mu)$	μ	$\psi_1(\mu)$	$\psi_2(\mu)$
3.0	0.672	0.529	5.0	0.480	0.291
3.5	0.614	0.453	5.5	0.446	0.254
4.0	0.563	0.388	6.0	0.417	0.223
4.5	0.519	0.335	6.5	0.391	0.197

6. 配板

配板时既要保证构件的形状尺寸及相互位置的正确，同时要力求构造简单，装拆方便，不妨碍钢筋绑扎，保证混凝土浇筑时不漏浆。

（1）模板长向拼接宜采用错开布置，以增加模板的整体刚度。

（2）模板的支撑系统应根据模板的荷载和部件的刚度进行布置。

（3）配板时，宜选用较大尺寸的钢模板为主板，其他尺寸的钢模板作拼凑尺寸用，对不足 50mm 的空缺，可用木板补齐。

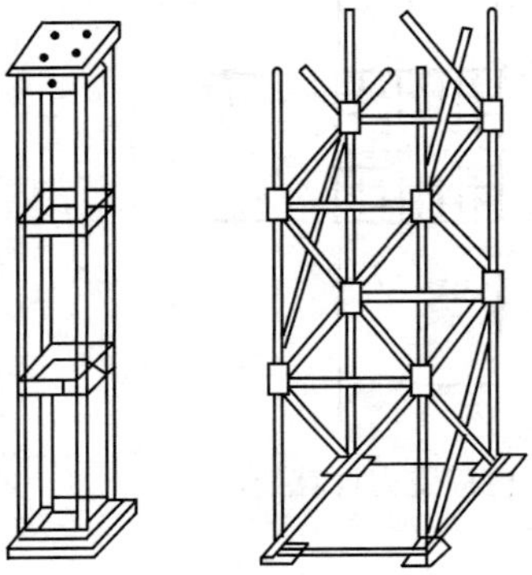

图 7-4-5 组合式钢支架及钢管井架

7. 大跨越工程悬空连梁模板的垂直支撑

可采用建筑工程施工中普遍采用的组合式钢支架或钢管井架，其优点是强度大、稳定性好、高度可任意调整及重复使用。如图 7-4-5 所示。

四、组合钢模板安装

1. 安装前的准备工作

（1）安装前应做好技术交底。对运到现场的钢模板及配件，应按品种规格数量逐项清点和检查，不符合质量要求的不得使用。周转使用的钢模板及配件修复后的质量标准，见表 7-4-23。

表 7-4-23 **钢模板及配件修复后的质量标准**

项目		允许偏差（mm）	项目		允许偏差（mm）
钢模板	板面平面度	≤2.0	配件	U 形卡卡口残余变形	≤1.2
	凸棱直线度	≤1.0		钢楞及支柱直线度	≤L*/1000
	边肋不直度	不得超过凸棱高度			

* L 为钢楞及支柱的长度。

（2）对于面积较大模板，预组装施工时，应在组装平台或经平整处理过的场地上进行。组装完毕后应编号，并应按表 7-4-24 的组装质量标准逐块检验后进行试吊，试吊完毕后应进行复查，并再检查配件的数量、位置和紧固情况。

表 7-4-24 **钢模板施工组装质量标准** （mm）

序号	项目	允许偏差
1	两钢模板间的拼缝宽	≤2.0
2	相邻模板的高低差	≤2.0
3	组装模板板面平面度	≤2.0（用 2m 长平尺检查）

续表

序　号	项　　目	允 许 偏 差
4	组装模板板面的长宽尺寸	≤长度和宽度的 1/1 000，最大±4.0
5	组装模板两对角线长度差值	≤对角线长度的 1/1000，最大≤0.7

（3）检查合格的大模板，应按照安装程序进行堆放或装车。当大模板平行叠放时，每层立向应加垫木，上下对齐，底层模板应垫离地面 100mm 以上。立放时，应采取措施，保证稳定。运输时，要避免碰撞，防止倾倒。

（4）隔离剂宜在钢模板安装之前涂刷。

（5）模板组装时，应将地面预先整平夯实，并应有可靠的定位措施，立柱的模板应有可靠的支承点，其平直度应用仪器校正。

（6）钢模板的连接方法见图 7-4-6。

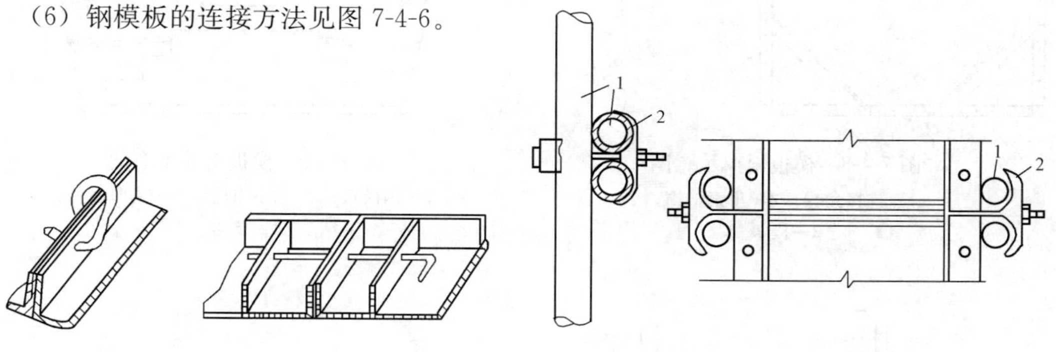

图 7-4-6　钢模板连接方法示意图

（a）U 型卡连接；（b）L 型插销连接；（c）紧固螺栓连接；（d）对拉螺栓连接

1—支撑件；2—连接件

2. 模板的安装

（1）对于基础最下层台阶模板，可放置在垫层上，如无垫层可直接固定在已平整的基坑底面。为防止倾倒，两侧要撑牢。安装第二层及以上台阶以及立柱模板时，应将拼装好的模板固定在支撑梁上，支撑梁两端固定在下层已安装完毕的模板上。支撑梁一般利用槽钢或角钢制作，如图 7-4-7 所示。

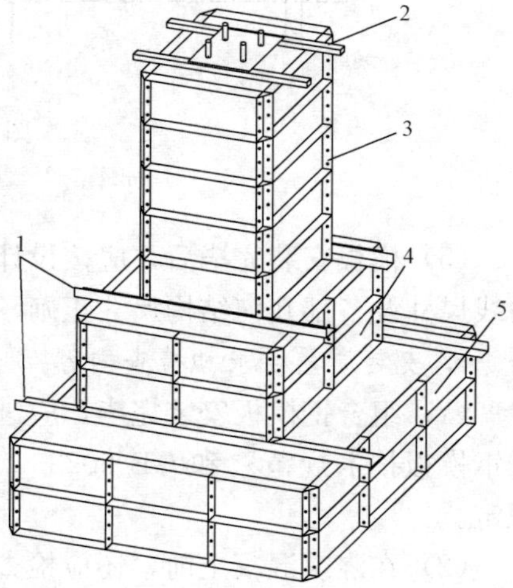

图 7-4-7　基础模板安装示意图

1—支撑梁；2—固定地脚螺栓支架；3—立柱模板；4—第二层台阶模板；5—底层模板

（2）对于泥水坑，应先按照设计要求浇筑基础垫层。对比较大的基础，为防止模板变形或下沉，应在方框的四个角上加装角钢斜撑，模板下侧垫以垫块，以保证在浇制过程中模板稳定，如图 7-4-8 所示。

（3）在向基坑内运送较大结构组合钢模板时，宜采用吊车或其他起重工具吊运，以保证人身和设备安全；如系小块模板可用人力传递，但不得抛扔。对于所使用的柱箍、斜撑、支柱等，宜选用定型标准件。

（4）为防止模板变形或发生倾倒，模板与坑壁之间应用钢管或圆木支撑牢固，坑壁端应加垫板，以保证稳定，如图7-4-9所示。基础立柱较高或坑壁土质较软时应增加斜撑数量。沿主柱方向，设置与柱高等长的垫板，并每隔0.8～1.0m设置一道钢管柱箍（如图7-4-10所示）。在每道柱箍上也应设斜撑。斜撑应对称布量，受力要均匀，保证混凝土浇筑及捣固过程中模板安全稳定。对于连梁或截面尺寸较大的基础，也可采用内拉螺栓的方式固定模板。

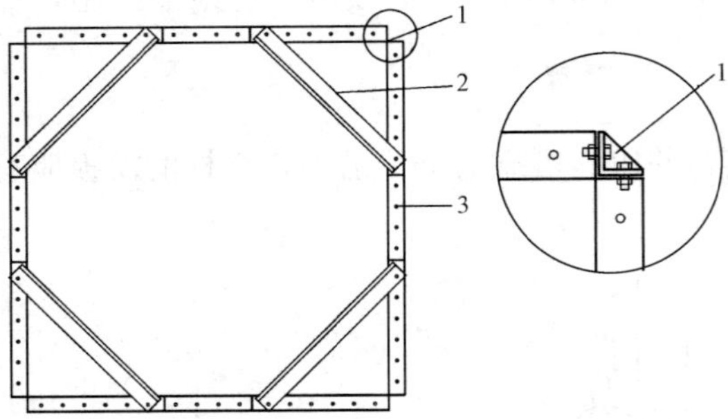

图7-4-8 模板斜撑示意图

1—连接角模；2—角钢斜撑；3—模板

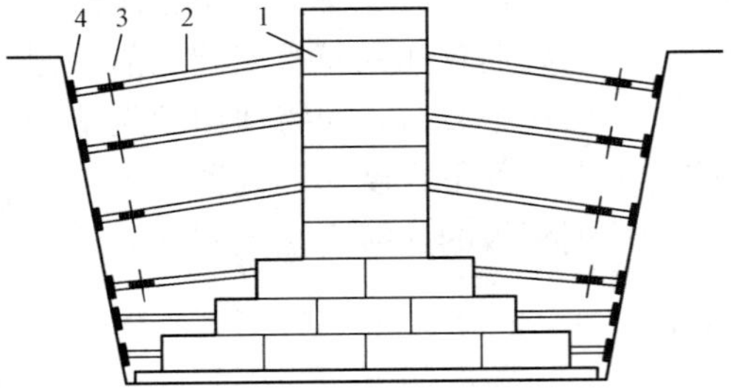

图7-4-9 模板支撑示意图

1—钢模板；2—支撑钢管；3—调节丝杠；4—垫板

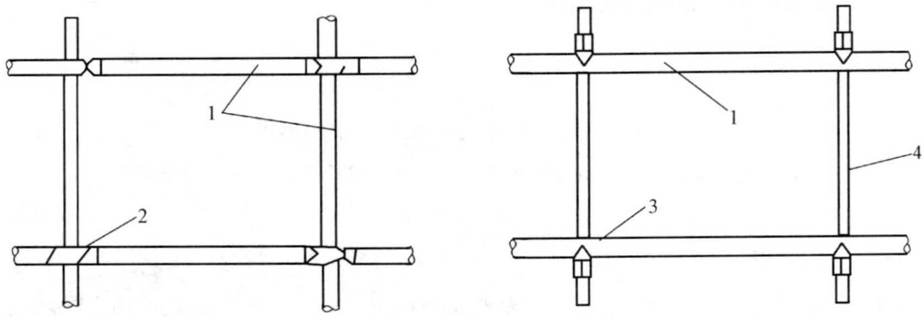

图7-4-10 柱箍安装示意图

1—钢管；2—直角扣件；3—“3”形扣件；4—对拉螺栓

（5）模板安装完毕后，应按设计图纸尺寸进行操平找正和测量检查，保证基础根开、对角线尺寸及各部几何结构尺寸正确，模板间接缝应堵塞严密。

3. 安装质量要求和检查内容

（1）组合钢模板安装完毕，应进行安装质量检查。安装质量应符合现行GB 50214《组合钢模板技术规范》和GB 50233《110～500kV架空电力线路施工及验收规范》的有关规定。

（2）在浇筑混凝土前，还应检查下列内容：

1）斜撑、支柱的数量和着力点；

2）各种预埋件和预留孔洞的规格尺寸、数量、位置及固定情况；

3）模板结构的整体稳定。

4. 模板拆除

拆除组合钢模板时，应遵守下列规定：

（1）拆模前应制定拆模程序、拆模方法及安全措施。

（2）先拆除侧面模板，再拆除承重模板。

（3）组合结构模板宜整体拆除。

（4）支承件和连接件应逐件拆卸，模板应逐块拆卸传递，拆除时不得损伤模板和混凝土。

（5）拆下的模板和配件均应分类堆放整齐。

5. 模板运输、维修和保管

（1）钢模板运输时，不同规格的模板不宜混装，当超过车厢侧板高度时，必须采取有效措施防止模板滑动。

（2）短途运输时，钢模板可采用散装运输；长途运输时，钢模板应用简易集装，支承件应捆扎，连接件应分类装箱。

（3）预组装模板运输时，可根据预组装模板的结构、规格尺寸和运输条件等，采取分层平放运输或分格竖直运输，并应分隔垫实，支撑牢固，防止松动变形。

（4）拆散的钢模板及配件，应及时清除黏结的灰浆。对变形和损坏的钢模板及配件，应及时修理校正。对暂不使用的钢模板，板面应涂防锈油，背面补涂防锈漆，并按规格分类堆放，底面应垫离地面，妥善遮盖。

（5）严禁用钢模板作脚手板、铺路、垫物等其他用途。

五、主要工器具的配置

支模施工需用的主要工器具见表 7-4-25。

表 7-4-25　　支模主要工器具配置表（一个班组）

序　号	名　称	规格	单　位	数　量	备　注
1	经纬仪		台	1	
2	垂球		个	2	
3	塔尺	5m	副	1	
4	花杆	2.5m	根	2	
5	钢尺	15m	把	2	
6	水平尺		把	2	
7	手锤	1kg	把	3	
8	钢锹		把	2	
9	撑木	ϕ60mm×0.5×2m	根		视需要定数量
10	抬木	ϕ150mm×4×6m	根	8	
11	方木	40mm×60mm×1.5m	根	8	
12	钢管		套		视需要定数量
13	钢模板及卡具		块		视需要定数量
14	铁线	8～10 号	m	60	
15	斧头		把	1	

第五节 钢筋加工及安装

一、基本要求

（1）混凝土结构所采用的普通钢筋，可分为热轧钢筋和冷加工钢筋，其质量应符合 GB 1499.1《钢筋混凝土用钢 第 1 部分：热轧光圆钢筋》、GB 1499.2《钢筋混凝土用钢 第 2 部分：热轧带肋钢筋》、JGJ 95《冷轧带肋钢筋混凝土结构技术规程》及 GB 13788《冷轧带肋钢筋》等现行有关标准的规定。

（2）GB 50010《混凝土结构设计规范》第 4.2.1 条规定：普通钢筋宜采用热轧带肋钢筋 HRB400 级和 HRB335 级钢筋，也可采用 HPB235 级钢筋和 RRB400 级钢筋和余热处理钢筋 RRB400 级。

（3）钢筋应有出厂质量证明书或试验报告单，钢筋表面或每捆（盘）钢筋均应有标志。进场时应按炉（批）号及直径分批检验。检验内容包括查对标志、外观检查，并按国家现行有关标准的规定抽取试样做力学性能试验，合格后方可使用。

钢筋在加工过程中，如发现脆断、焊接性能不良或力学性能显著不正常等现象，尚应根据现行国家标准对该批钢筋进行化学成分检验或其他专项检验。

（4）钢筋在运输和储存时，不得损坏标志，并应按批分别堆放整齐，避免锈蚀或油污。

（5）钢筋的级别、种类和直径应按设计要求采用，当需要代换时，应征得设计单位的同意，并遵循以下原则。

1）等强度代换：当构件受强度控制时，钢筋可按强度相等原则进行代换。

2）面积代换：当构件按最小配筋率配筋时，钢筋可按面积相等原则进行代换。

3）构件受裂缝或挠曲度控制时，代换后应进行裂缝宽度或挠曲度验算。

4）钢筋代换后，应满足配筋构造规定，如钢筋的最小直径、间距、根数、锚固长度等。

5）钢筋代换计算参考 GB 50010《混凝土结构设计规范》有关规定进行。

6）当构件受裂缝宽度控制时，如以小直径钢筋代替大直径钢筋，强度等级低的钢筋代替强度等级高的钢筋，则可不做裂缝宽度验算。

（6）钢筋强度标准值和设计值。

1）热轧钢筋的强度标准值系根据屈服强度确定，用 f_{yk} 表示，按表 7-5-1 采用。

表 7-5-1　　普通钢筋强度标准值　　(N/mm^2)

种 类		符 号	直径 d（mm）	强度标准值 f_{yk}
热轧钢筋	HPB235(Q235)	Φ	8～20	235
	HRB335(20MnSi)	Φ	6～50	335
	HRB400(20MnSiV、20MnSiNb、20MnTi)	Φ	6～50	400
	RRB400(K20MnSi)	$Φ^R$	8～40	400

注 1. 热轧钢筋直径 d 系指公称直径。

2. 当采用直径大于 40mm 的钢筋时，应有可靠的工程经验。

2）热轧钢筋的抗拉强度设计值 f_y 及抗压强度设计值 f'_y 应按表 7-5-2 采用，当构件中配有不同种类的钢筋时，每种钢筋应采用各自的强度设计值。

表 7-5-2　　**普通钢筋强度设计值**　　(N/mm²)

种类		符号	抗拉强度 f_y	抗压强度 f'_y
热轧钢筋	HPB235(Q235)	Φ	210	210
	HRB335(20MnSi)	Φ	300	300
	HRB400(20MnSiV、20MnSiNb、20MnTi)	Φ	360	360
	RRB400(K20MnSi)	$Φ^R$	360	360

注　在钢筋混凝土结构中，轴心受拉和小偏心受拉构件的钢筋抗拉强度设计值大于 300N/mm² 时，仍按 300N/mm² 取用。

(7) 带肋钢筋通常有 2 道纵肋和沿长度方向均匀分布的横肋，横肋的外形分为人字形、月牙形、螺纹形 3 种，带肋钢筋由于肋的作用，与混凝土具有较大的黏结能力，因而能承受更大的外力作用，螺纹形状如图 7-5-1 所示。

图 7-5-1　带肋钢筋横肋示意图
(a) 月牙形；(b) 螺纹形；(c) 人字形

二、钢筋加工

1. 钢筋加工的要求

钢筋加工的形状、尺寸必须符合设计要求；钢筋的表面应洁净、无损伤，油渍、漆污和铁锈等应在使用前清除干净；在焊接前，焊点处的水锈应清除干净。

2. 钢筋应平直，无局部曲折，调直钢筋时应符合的规定

(1) 采用冷拉方法调直钢筋时，HPB235 级钢筋的冷拉率不宜大于 4%；HRB335 级、HRB400 级及 RRB400 级冷拉率不宜大于 1%。

(2) 冷拔钢丝和冷轧带肋钢筋经调直机调直后，其抗拉强度一般要降低 10%～15%，使用前应加强检验，按调直后的抗拉强度选用。

3. 钢筋下料长度计算

钢筋加工时因弯曲或弯钩会使其长度变化，在配料中不能直接根据图纸中尺寸下料，必须考虑混凝土保护层、钢筋弯曲、弯钩等影响，经过计算确定下料长度。各种钢筋下料长度计算如下：

直钢筋下料长度＝构件长度－保护层厚度＋弯钩增加长度；

弯起钢筋下料长度＝直段长度＋斜段长度－弯曲调整值＋弯钩增加长度；

箍筋下料长度＝箍筋周长＋箍筋调整值。

如钢筋需要搭接，还应增加搭接长度。

(1) 弯曲调整值。弯曲钢筋的设计长度大于下料长度（见图 7-5-2)，两者之间的差值称为弯曲调整值。根据理论推算并结合实践经验，弯曲调整值见表 7-5-3。

表 7-5-3 钢筋弯曲调整值

钢筋弯曲角度	30°	45°	60°	90°	135°
调整值	0.35d	0.5d	0.85d	2d	2.5d

注 d 为钢筋直径。

(2) 弯钩增加长度。钢筋弯钩形式有三种，半圆弯钩、直弯钩和斜弯钩，如图 7-5-4 所示，半圆弯钩是最常用的一种弯钩，在实际加工过程中，由于实际弯心直径和理论弯心直径有时不一致，钢筋粗细和机具条件不同等影响平直部分的长短，因此，在实际配料时对弯钩增加长度常根据具体条件，采取经验数据，见表 7-5-4。

表 7-5-4 半圆弯钩增加长度参考表

钢筋直径 (mm)	≤6	8～10	12～18	20～28	32～36
一个弯钩长度 (mm)	40	6d	5.5d	5d	4.5d

(3) 箍筋调整值。箍筋调整值（见图 7-5-5），即为弯钩增加长度和弯曲调整值两项之差或和，根据箍筋外包尺寸或内皮尺寸确定，见表 7-5-3。

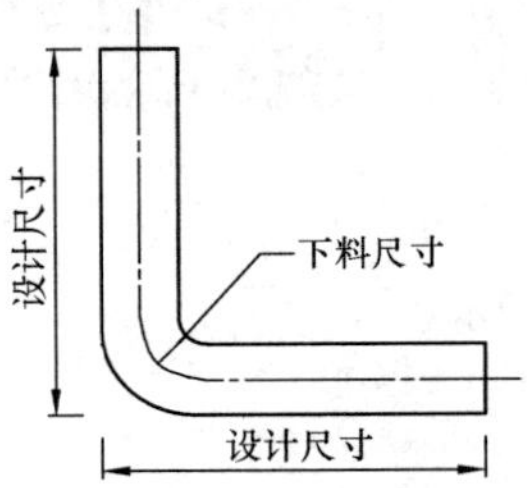

图 7-5-2 钢筋弯曲时的度量方法

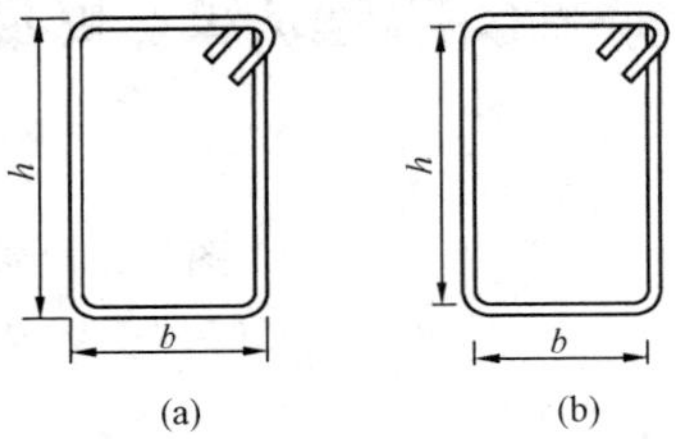

图 7-5-3 箍筋量度方法

(a) 量外包尺寸；(b) 量内皮尺寸

表 7-5-5 箍筋调整值

箍筋量度方法	箍筋直径 (mm)			
	4～5	6	8	10～12
量取外包尺寸	40	50	60	70
量取内皮尺寸	80	100	120	150～170

4. 钢筋的弯钩或弯折应符合下列规定

(1) HPB235 钢筋末端需要做 180°弯钩，其圆弧弯曲直径 D 不应小于钢筋直径的 2.5 倍，弯钩平直部分长度不应小于钢筋直径的 3 倍见图 7-5-4 (a)。

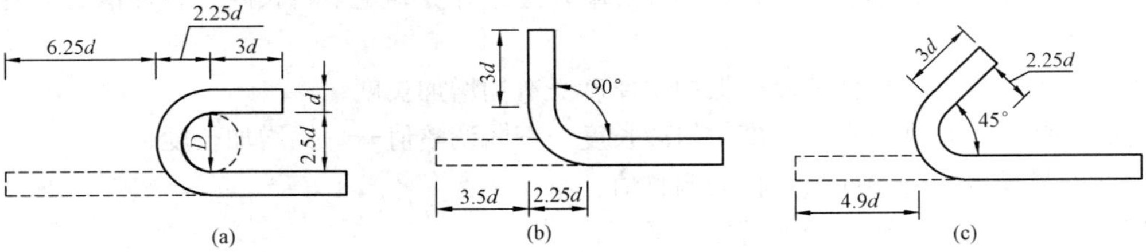

图 7-5-4 钢筋末端弯折形式

(a) 半圆弯钩；(b) 直弯钩；(c) 斜弯钩

（2）HRB335、HRB400 钢筋末端需作 90°或 135°弯折时，钢筋弯曲直径不宜小于钢筋直径的 4 倍；平直部分长度应符合设计要求，如图 7-5-4（b）、图 7-5-4（c)所示。

（3）弯起钢筋中间部位弯折处的弯曲直径不应小于钢筋直径的 5 倍，弯起钢筋斜长计算简图见图 7-5-5，弯起钢筋斜长系数见表 7-5-6。

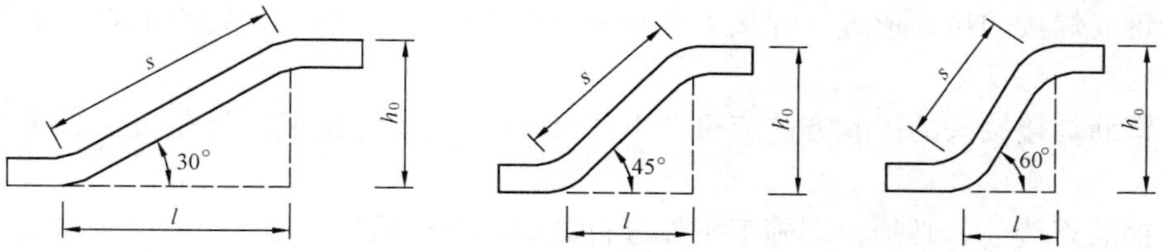

图 7-5-5　钢筋弯折加工

表 7-5-6　　**弯起钢筋斜长系数表**

弯起角度	30°	45°	60°
斜边长度 s	$2h_0$	$1.41h_0$	$1.15h_0$
底边长度 l	$1.732h_0$	h_0	$0.575h_0$
增加长度 $s-l$	$0.268h_0$	$0.41h_0$	$0.575h_0$

5. 弯钩应符合的规定

除焊接封闭环式箍筋外，箍筋的末端应作弯钩（见图 7-5-6）。弯钩形式应符合设计要求，当设计无具体要求时，应符合下列规定：

（1）箍筋弯钩时的弯弧内直径除应满足本节 4.(1)条外，尚应不小于受力钢筋的直径。

（2）弯钩的弯折角度，对一般结构，不应小于 90°，对有抗振等要求的结构应为 135°。

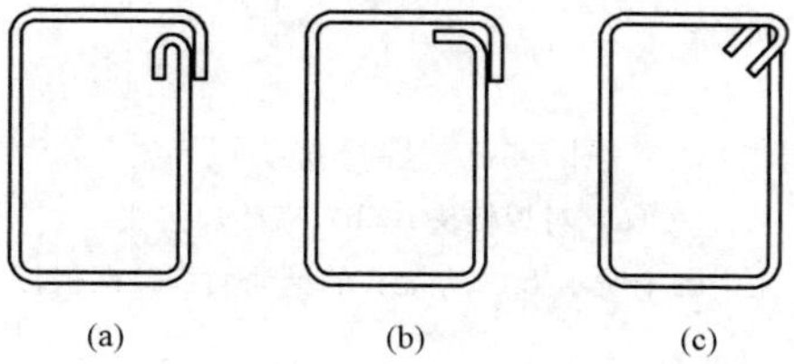

图 7-5-6　箍筋末端弯钩示意图

(a) 90°/180°；(b) 90°/90°；(c) 135°/135°

（3）钩的平直部分，对一般结构，不宜小于箍筋直径的 5 倍，对有抗振要求的结构，不应小于箍筋的 10 倍。

6. 钢筋加工的允许偏差

钢筋加工的允许偏差应符合表 7-5-7 的规定。

表 7-5-7　　**钢筋加工的允许偏差**　　(mm)

项　　目	允　许　偏　差
受力钢筋顺长度方向全长的净尺寸	±10
弯起钢筋的弯折位置	±20
箍筋内的净尺寸	±5

三、钢筋连接

钢筋连接有焊接和机械连接两种方式。钢筋焊接方法主要有闪光对焊、电弧焊、电渣压力焊或气压焊等；机械连接方法主要有套筒挤压连接、锥螺纹套筒连接、镦粗直螺纹套筒连接、滚压直螺纹套筒连接等。机械连接在我国是近 10 年来陆续发展起来的，具有接头质量稳定可靠，不受钢筋化学成分影响，人为因素的影响也小，操作简便，施工速度快等优点，在粗直径钢筋连接中，有广阔的发展前景，在输电线路基础施工中，也在逐步推广使用。

(一) 钢筋焊接

(1) 钢筋焊接的接头形式、焊接工艺和质量验收，应符 JGJ 18《钢筋焊接及验收规程》的有关规定。

(2) 钢筋焊接接头的试验方法应符合 JGJ/T 27《钢筋焊接接头试验方法标准》的有关规定。

(3) 钢筋焊接前，必须根据施工条件进行试焊，合格后方可施焊。焊工必须有焊工考试合格证，并在规定的范围内进行焊接操作。

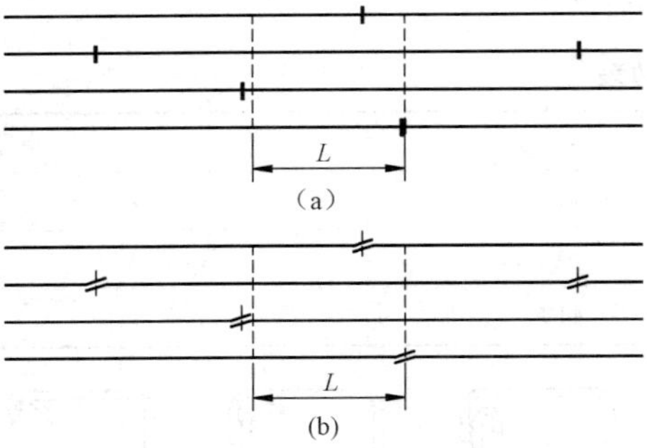

图 7-5-7 焊接接头设置

(a) 对焊接头；(b) 搭接焊接头

注：图中所示 L 内有接头的钢筋面积按两根计。

(4) 冷拉钢筋的闪光对焊或电弧焊，应在冷拉前进行；冷拔低碳钢丝的接头，不得焊接。

(5) 当受力钢筋采用焊接接头时，设置在同一构件内的焊接接头应相互错开。在任一焊接接头中心至长度为钢筋直径 d 的 35 倍且不小于 500mm 的区段 L 内（见图 7-5-7），同一根钢筋不得有两个接头；在该区段内有接头的受力钢筋截面面积占受力钢筋总截面面积的百分率，受拉区不宜超过 50%，受压区和装配式构件连接处不限制。

(6) 接头距钢筋弯折处值。不应小于钢筋直径的 10 倍，且不宜位于构件的最大弯矩处。

(7) 闪光对接焊。闪光对接焊的原理是通过物理化学反应，使两个分离表面的金属连为一体，达到焊接目的。接通电源并使其断面逐渐接近达到局部接触，利用电阻加热这些接触点（产生闪光）使其断面金属融化，直到断面部位在一定深度范围内达到预定温度时，迅速施加顶锻力完成焊接的方法，主要有闪光对焊、预热闪光对焊等，见图 7-5-8。

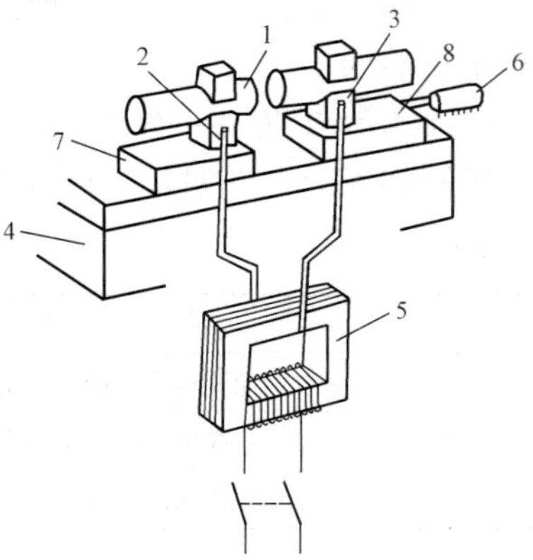

图 7-5-8 闪光对焊原理图

1—焊接的钢筋；2—固定电极；3—可动电极；4—机座；5—变压器；6—平动顶压机构；7—固定支座；8—滑动支座

闪光对焊具有操作简单，焊接速度快、节省钢材等特点，目前在钢筋连接中被广泛采用。

(1) 焊接 20mm 以上大直径钢筋需使断面平整光滑，利于闪光融化、熔接。将两段钢筋卡在夹钳电极上固定，并使两段钢筋中心轴线平直，避免焊后偏心，受力不合理。

(2) 焊接过程中根据钢筋截面和牌号，大直径、高强度钢筋增加预热程序，确保钢筋充分融化、焊透。

(3) 待接头的钢筋充分达到预定温度后，迅速施压，将两端头顶锻压接成一体。断电后，保持压力数秒，待接头温度降低后，移出完成焊接。

(4) 焊接完成后应按照 JGJ 18《钢筋焊接及验收规

程》的有关要求进行试验。

（二）钢筋机械连接

钢筋机械连接的设计、应用与验收应符合现行标准 JGJ 107《钢筋机械连接技术规程》和各种机械连接接头技术规程的规定，其连接方法和适用范围见表 7-5-8。

表 7-5-8　钢筋机械连接方法及适用范围表

机械连接方法		使用范围	
		钢筋级别	钢筋直径（mm）
套筒挤压连接		HPB335、HRB400、RRB400	16～40
锥螺纹套筒连接		HPB335、HRB400、RRB400	16～40
镦粗直螺纹套筒连接		HPB335、HRB400	16～40
钢筋滚压螺纹套筒连接	直接滚压	HPB335、HRB400	16～40
	挤肋滚压		16～40
	剥肋滚压		16～50

1. 套筒挤压连接

套筒挤压连接是带肋钢筋套筒挤压连接时将两根待接钢筋插入钢套筒，用挤压连接设备沿径向挤压套筒，使之产生塑性变形，依靠变形之后的钢筋套筒与被连接钢筋纵、横肋产生的机械咬合成为整体的钢筋连接方法，如图 7-5-9 所示。套筒挤压示意图如图 7-5-10 所示。

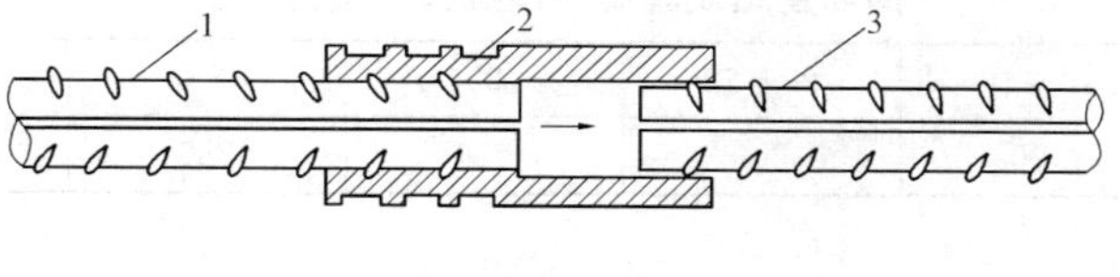

图 7-5-9　钢筋套筒挤压连接示意图

1—已挤压的钢筋；2—钢套筒；3—未挤压的钢筋

这种连接方法质量稳定性好，但操作人员工作强度大，有时液压油污染环境，综合成本高。套筒尺寸与材料应与挤压工艺配套，必须经生产厂家型式检验认定。钢筋采用挤压连接，布筋时要求钢筋轴线最小间距为 90mm。

2. 锥螺纹套筒连接

钢筋锥螺纹套筒连接是将两根待接钢筋端头用套丝机做出锥形外丝，然后用带锥形内丝的套筒将钢筋两端拧紧的钢筋连接方法，如图 7-5-11 所示。

锥螺纹套筒的尺寸，应与钢筋端头锥形螺纹的牙型与牙数匹配，并应满足承载力略高于钢筋母材的要求。

锥螺纹套筒的验收，应检查套筒的规格、型号与标记，套筒的内螺纹圈数、螺距与齿高，螺纹有无破损、歪斜、锈蚀等现象。其中套筒检验的重要一环是用锥螺纹塞尺检查同规格套筒的加工质量。当套筒边缘在锥螺纹塞尺缺口范围内时，套筒为合格。

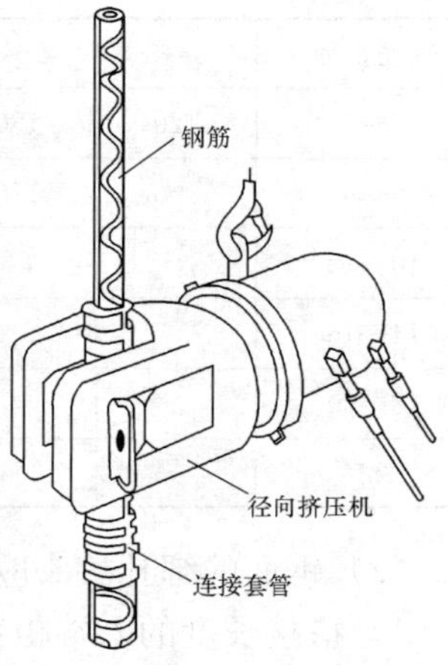

图 7-5-10　套筒挤压示意图

锥螺纹套筒连接施工及质量检查应符合现行 JGJ 109《钢

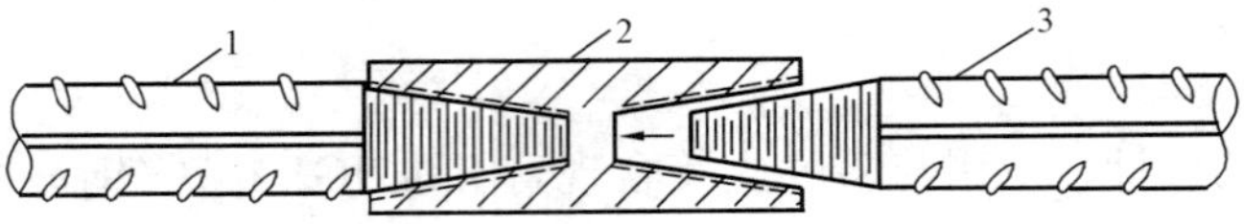

图 7-5-11 锥螺纹套筒连接示意图

1—已连接的钢筋；2—锥螺纹套筒；3—待连接的钢筋

筋锥螺纹接头技术规程》的有关规定。

3. 滚轧直螺纹套筒连接

钢筋滚轧直螺纹套筒连接是利用金属材料塑性变形后冷作硬化增强金属材料强度的特性，使接头与母材等强度的连接方法。根据滚压直螺纹成型方式，可分为直接滚压螺纹、挤压肋滚压螺纹、剥肋滚压螺纹三种类型。

滚轧直螺纹连接套筒，采用优质碳素结构钢，套筒的类型有标准型、正反丝扣型、变径型、加锁母型等，如图 7-5-12 所示。

滚轧直螺纹套筒连接施工及质量验收应符合现行 JG 163《滚轧直螺纹钢筋连接接头》的有关规定。

滚轧直螺纹接头应使用扭力扳手或管钳进行施工，将两根钢筋丝头在套筒中间位置相互顶紧，接头拧紧力矩应符合表 7-5-9 的规定。

表 7-5-9　　钢筋直螺纹套筒连接接头拧紧力矩值

钢筋直径（mm）	16～18	20～22	25	28	32	36～40
拧紧力矩（N·m）	100	200	250	280	320	350

四、钢筋绑扎

（1）钢筋的绑扎应符合下列要求：

钢筋的交叉点应采用铁丝扎牢，可用 20～22 号铁丝，其中 22 号铁丝只用于绑扎直径小于 12mm 的钢筋。铁丝的长度可参考表 7-5-10 的数值采用，因铁丝一般是成盘供应的，故习惯上是按每盘铁丝周长的几分之一来切断。

表 7-5-10　　钢筋绑扎铁丝长度参照表　　（mm）

钢筋直径	3～5	6～8	10～12	14～16	18～20	22	25	28	32
3～5	120	130	150	170	190				
6～8		150	170	190	220	250	270	290	320
10～12			190	220	250	270	290	310	340
14～16				250	270	290	310	330	360
18～20					290	310	330	350	380
22						330	350	370	400

（2）钢筋的绑扎接头应符合下列规定：

1）搭接长度的末端距钢筋弯折处，不得小于钢筋直径的 10 倍，接头不宜位于构件最大弯矩处。

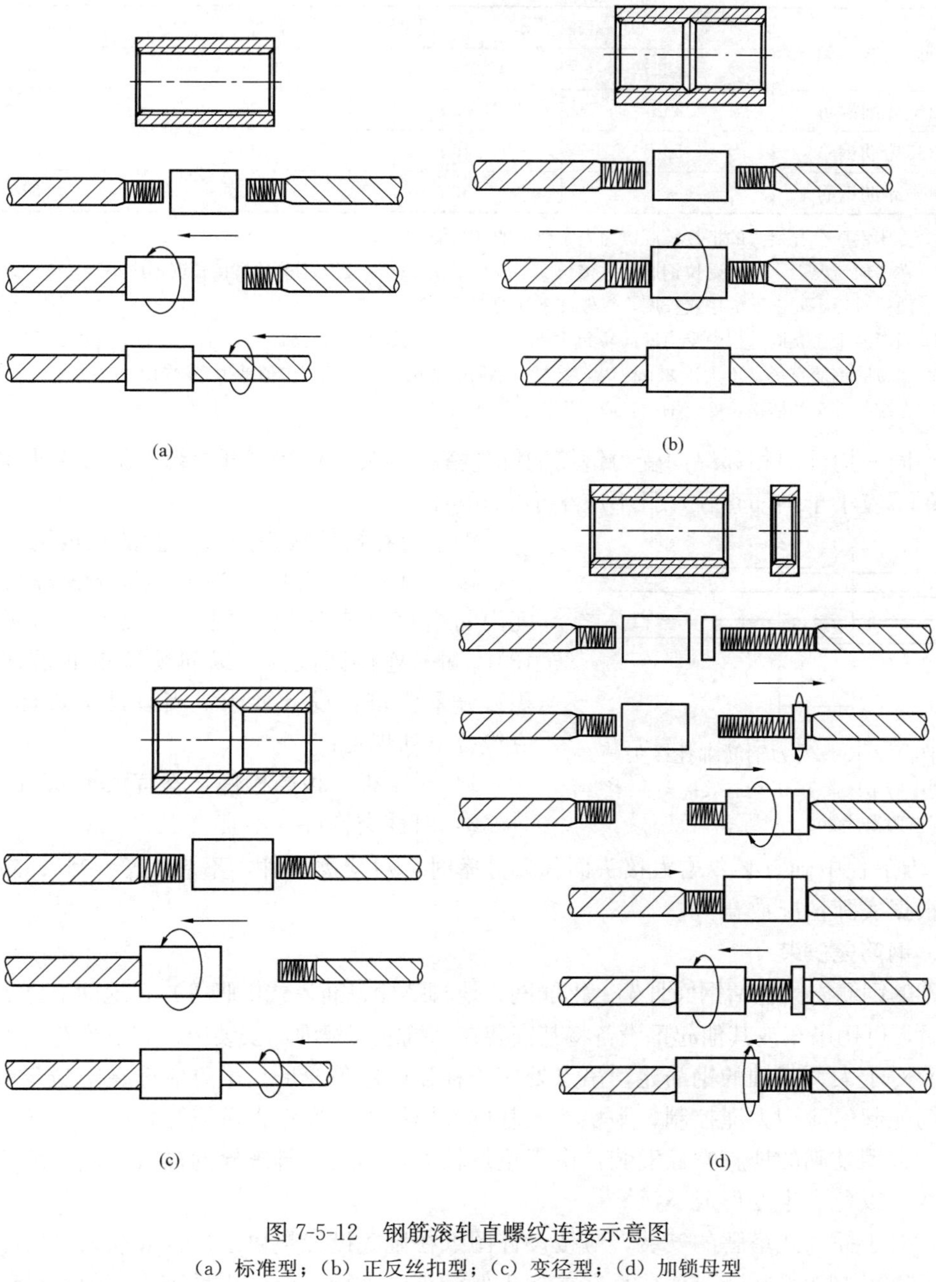

图 7-5-12　钢筋滚轧直螺纹连接示意图

（a）标准型；（b）正反丝扣型；（c）变径型；（d）加锁母型

2）受拉区域内，HPB235 钢筋绑扎接头的末端应做弯钩，HRB335、HRB400 钢筋可不做弯钩。

3）直径不大于 12mm 的受压 HPB235 钢筋的末端，以及轴心受压构件中任意直径的受力钢筋的末端，可不做弯钩，但搭接长度不应小于钢筋直径的 35 倍。

4）受拉钢筋绑扎搭接接头面积百分率不大于 25％时，其最小搭接长度应符合表 7-5-11 的规定。

表 7-5-11 **受拉钢筋绑扎搭接接头的搭接长度**

钢 筋 类 型	混凝土强度等级			
	C15	C20～C25	C30～C35	≥C40
HPB235 光圆钢筋	45d	35d	30d	25d
HRB335 带肋钢筋	55d	45d	35d	30d
HRB400 带肋钢筋	—	55d	40d	35d

注 1. 受压钢筋绑扎接头的搭接长度应为表中数值的 0.7 倍。

2. 在任何情况下，纵向受拉钢筋的搭接长度不应小于 300mm；受压钢筋的搭接长度不应小于 200mm。

3. 两根直径不同钢筋的搭接长度，以较细钢筋的直径计算。

4. 当混凝土在凝固过程中受力钢筋易受扰动时，其搭接长度宜适当增加。

5. 当带肋钢筋直径 d 不大于 25mm 时，其受拉钢筋的搭接长度应按表中值减少 5d 采用。

6. 在绑扎接头的搭接长度范围内，应采用铁丝绑扎三点。

（3）同一构件中相邻纵向受力钢筋的绑扎搭接接头宜相互错开，绑扎搭接接头中钢筋的横向净距不应小于钢筋直径，且不应小于 25mm。

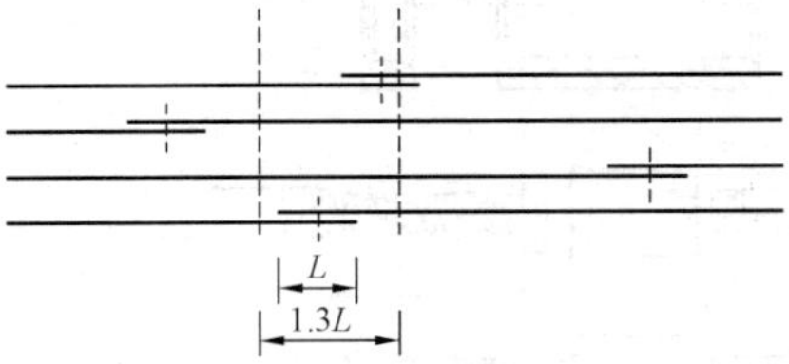

图 7-5-13 受力钢筋绑扎接头

注：图中所示区段 1.3L 内有效接头的钢筋面积按两根计。

钢筋绑扎搭接接头连接区段的长度为 1.3L（L 为搭接长度），凡搭接接头中点位于该连接区段长度内的搭接接头均属于同一连接区段（见图 7-5-13）。同一连接区段内，纵向受拉钢筋搭接接头面积百分率应符合设计要求；当设计无具体要求时，应符合下列规定：

1）对梁类、板类构件，不宜大于 25%；

2）对柱类构件，不宜大于 50%；

3）当工程中确有必要增大接头面积百分率时，对梁类构件，不应大于 50%；对其他构件，可根据实际情况放宽。

五、钢筋笼安装

基础的钢筋笼（包括钢筋骨架、钢筋网、地脚螺栓、插入式塔脚等）在地面上已绑扎或焊接完成后，可用吊车或其他起重设备将其安装在基抗或模板内，安装应遵守下列有关规定：

（1）对于大型基础的钢筋笼，吊点处应予补强以避免变形。吊点应选在钢筋笼重心以上处。钢筋笼起吊应用大绳控制，平稳放入基坑或模板内。操作人员应互相配合，确保安全。

（2）大型基础的地脚螺栓安装，由于重量较大，固定地脚螺栓的样板必须有足够的强度和稳定性，以免发生变形或下沉。

（3）对于插入式塔腿的安装，应按设计图纸在坑底设置垫块定位，如插入式塔腿为悬空设计，可以采取加长插腿或使用悬空式找正架等措施进行定位；用吊车或其他起吊设备将插腿吊入基坑或模板内，调整插入式塔腿的标高、根开、对角线、坡度及基础的相对位置尺寸；然后用单腿或整体找正架牢靠固定。

（4）受力钢筋的混凝土保护层厚度，应符合设计要求；当设计无具体要求时，不应小于受力钢筋直径。

（5）安装钢筋时，配置的钢筋级别、直径、根数和间距均应符合设计要求。绑扎或焊接的钢筋网和钢筋骨架，不得有变形、松脱和开焊。钢筋位置的允许偏差，应符合表 7-5-12 规定。

表 7-5-12　　**钢筋安装位置的允许偏差**　　(mm)

项目		允许偏差	项目		允许偏差
受力钢筋	间距	±10	绑扎箍筋、横向钢筋间距		±20
	排距	±5	受力钢筋的保护层	基础	±10
钢筋弯起点位置		20		连梁	±5

第六节　混凝土浇筑

本节主要内容包括混凝土拌制、混凝土运输与浇筑及振捣。

一、混凝土拌制

现场拌制混凝土，在一般地区应实施台秤配料、机械搅拌、机械振捣三原则。在山区或交通困难地方，大型搅拌机械难以运抵桩位时，使用可拆卸式小型搅拌机具，在特殊条件下也可采用人工拌制方法。

1. 混凝土搅拌机

混凝土搅拌机按其搅拌原理主要分为自落式搅拌机和强制式搅拌机两类，线路施工较常使用的是自落式锥形反转出料搅拌机，见图 7-6-1、图 7-6-2。

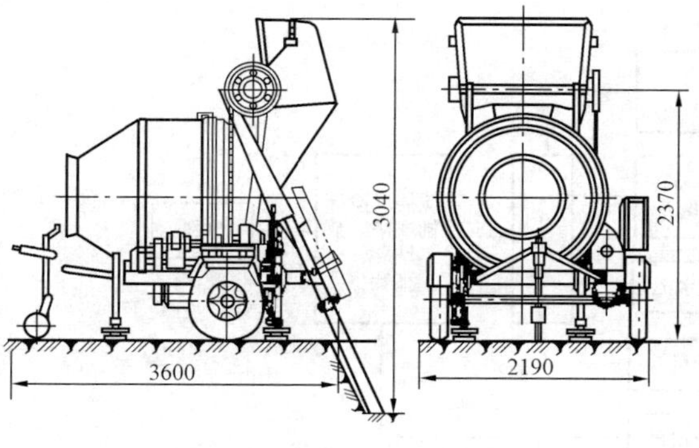

图 7-6-1　自落式锥形反转出料搅拌机

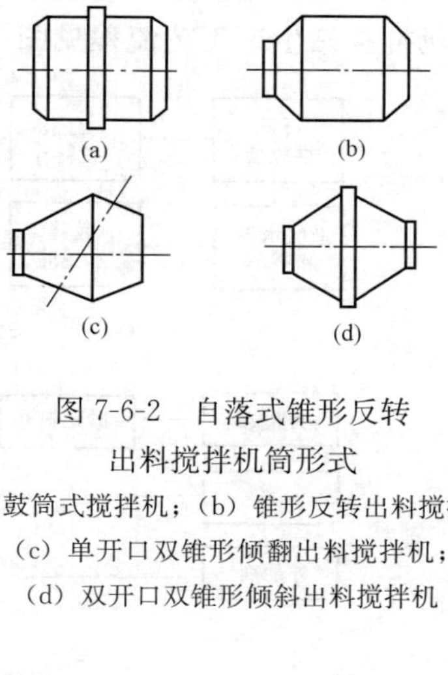

图 7-6-2　自落式锥形反转出料搅拌机筒形式

(a) 鼓筒式搅拌机；(b) 锥形反转出料搅拌机；(c) 单开口双锥形倾翻出料搅拌机；(d) 双开口双锥形倾斜出料搅拌机

搅拌机使用注意事项如下：

(1) 安装。搅拌机应设置在平坦的位置，用方木垫起前后轴，使轮胎架空，以免在启动时发生移动。固定式搅拌机应装在固定的机座或底架上。

(2) 检查。搅拌机在正式使用前，必须经过 2～3min 空载试运转，确认合格后方可加载使用。试运转时应校验拌筒转速是否合适，一般情况下，空载转速比重载转速稍快 2～3r/min，如相差较多，应调整动轮与转轮的比例。

拌筒的旋转方向应符合箭头指示方向，如不符合时，应更正电机接线。

检查传动离合器和制动器是否灵活可靠，钢丝绳有无损坏，轨道滑轮是否良好，周围有无障碍及各部位的润滑情况等。

（3）防护。电动机应装设防护罩或采取其他保护措施，防止水分和潮气侵入而损坏。电动机必须安装调速开关，速度由缓变快。

搅拌过程中，应经常检查搅拌机各部件的运转是否正常。搅拌完成后，应检查搅拌机叶片是否被打弯，螺钉有否松动或脱落。

当混凝土搅拌完毕或预计停歇 1h 以上时，除将余料排净外，还应用石子和清水倒入搅拌筒内，开机转动 5～10min，把粘在料筒上的砂浆冲洗干净后全部卸出。料筒内不得有积水，以免料筒和叶片生锈。同时还应清理搅拌筒外积灰，使机械保持清洁完好。下班后及停机不用时，将电动机保险丝取下，确保安全。

2. 混凝土集中搅拌站

对于特高压及大跨越工程，由于基础混凝土用量大，且施工时间及范围相对集中，尤其是大跨越铁塔基础，传统的机械搅拌方式已不能满足工程进度及质量的要求。因此，一般采用预拌混凝土或设置现场混凝土集中搅拌站。集中搅拌站或预拌混凝土不但提高了供应速度，同时也有利于提高混凝土搅拌质量，降低环境污染。

现场搅拌站必须考虑工程量大小、施工现场条件、机具设备等情况，因地制宜设置。一般宜采用流动性组合方式，使所有机械设备采取装配连接结构，基本能做到拆装搬运方便，有利于场地转移。

（1）现场搅拌站生产工艺流程。

现场搅拌站生产工艺流程见图 7-6-3。

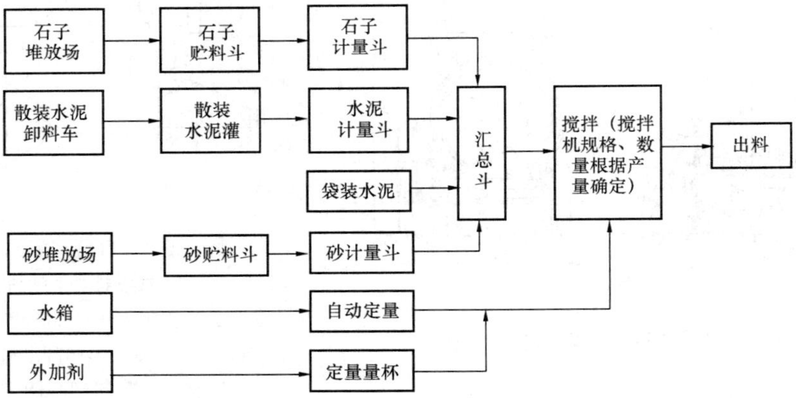

图 7-6-3　现场搅拌站生产工艺流程图

（2）主要设备组成。

1）装运提升部分：抓斗、粒铲、皮带运输机、铲车及转载机等。

2）储存部分：砂、石储料斗、水泥储罐。

3）计量装置。

4）搅拌部分。

3. 混凝土搅拌施工要点

（1）混凝土原材料每盘称量的偏差，不得超过表 7-6-1 中允许偏差的规定。

表 7-6-1　　混凝土原材料称量的允许偏差　　(%)

材料名称	允许偏差
水泥、混合材料	±2
粗、细骨料	±3
水、外加剂	±2

注　1. 各种衡器应定期校验，保证在有效期内；
　　2. 骨料含水率应经常测定，雨天施工应增加测定次数。

(2) 混凝土人工拌制一般应采用“三三制”方法，即将砂与水泥放在铁板上混合干拌合三遍，达到混合均匀，颜色一致；在铁板上的砂、水泥混合料堆开一凹槽，加石料和水（水可逐渐加入），进行湿拌合三遍，直到水泥、砂、石、水等全部拌合均匀、和易性好、呈浓粥状为止。

(3) 采用机械拌制混凝土，应先将砂料倒入提升斗中，然后将水泥、石料倒入斗中，再将提升斗内的砂、水泥、石提升，一并倒入搅拌机滚筒中。把水泥夹在砂石之间，使水泥不致飞扬，最后加入定量用水，进行拌制。

机械拌制混凝土的搅拌最短时间，可按表 7-6-2 采用。

表 7-6-2　　机械拌制混凝土搅拌的最短时间　　(s)

混凝土坍落度(mm)	搅拌机机型	搅拌机出料量（L）		
		<250	250～500	>500
≤30	强制式	60	90	120
	自落式	90	120	150
>30	强制式	60	60	90
	自落式	90	90	120

注　1. 混凝土搅拌的最短时间是指自全部材料装入搅拌筒中起，到开始卸料止的时间；
　　2. 当掺有外加剂时，搅拌时间应适当延长；
　　3. 采用强制式搅拌机轻骨料混凝土的加料顺序是：当轻骨料在搅拌前预湿时，先加粗、细骨料和水泥搅拌 30s，再加水继续搅拌；当轻骨料在搅拌前未预湿时，先加 1/2 的总用水量和粗、细骨料搅拌 60s，再加水泥和剩余用水量继续搅拌；
　　4. 输电线路工程基础施工混凝土搅拌一般采用自落式搅拌机；
　　5. 当采用其他形式的搅拌设备时，搅拌的最短时间应按设备说明书的规定或经试验确定。

(4) 搅拌前，加水空转数分钟，将积水倒净，使拌桶充分润湿。

(5) 搅拌好的混凝土要基本卸尽，在全部混凝土卸出之前不得再投入拌合料，更不得采取边出料边进料的方法，以确保混凝土水灰比和坍落度。

(6) 搅拌第一盘混凝土时，宜按配合比多加 10%的水、水泥、细骨料，或减少 10%的粗骨料用量。

(7) 开始搅拌混凝土时，应注意观察和检测拌合物的和易性，如不符合要求，应立即分析情况并处理，直至和易性符合要求，方可连续生产。

(8) 使用外加剂时，应注意检查核对外加剂品名、生产厂名、牌号等。使用时一般宜先将外加剂制成溶液，并加入拌合用水中，当采用粉末状外加剂时，也可采用定量小包装外加剂另加载体的掺用方式。当用外加剂溶液时，应经常检查溶液浓度，并经常搅拌外加剂溶液，使溶液浓度均匀一致，防止沉淀。

二、混凝土运输与浇筑

（1）混凝土运至浇筑地点，应符合浇筑时规定的坍落度，当有离析现象时，必须在浇筑前进行二次搅拌。

（2）混凝土应以最少的转载次数和最短的时间，从搅拌地点运至浇筑地点。混凝土从搅拌机中卸出到浇筑完毕的延续时间不宜超过表 7-6-3 的规定。

表 7-6-3　　混凝土从搅拌机中卸出到浇筑完毕的延续时间　　（min）

气温	时间			
	采用搅拌车		采用其他运输设备	
	≤C30	＞C30	≤C30	＞C30
≤25℃	120	90	90	75
＞25℃	90	60	60	45

注　1. 对掺用外加剂或采用快硬水泥拌制的混凝土，其延续时间应按试验确定；
　　2. 对轻骨料混凝土，其延续时间应当缩短。

（3）混凝土运输常用设备有手推车、机动翻斗车、混凝土搅拌输送车等。

（4）采用泵送混凝土应符合下列规定：

1）混凝土的供应，必须保证输送混凝土的泵车能连续工作；

2）输送管线宜直，转弯宜缓，接头应严密，如管道向下倾斜，应防止混入空气，产生阻塞；

3）泵送前应选用适量的与混凝土内成分相同的水泥浆或水泥砂浆润滑输送管内壁；预计泵送间歇时间超过 45min 或当混凝土出现离析现象时，应立即用压力水或其他方法冲洗管内残留的混凝土；

4）在泵送过程中，受料斗内应具有足够的混凝土，以防止吸入空气产生阻塞。

5）泵送混凝土施工应符合现行 JGJ/T 10《混凝土泵送施工技术规程》的相关规定。

（5）在浇筑混凝土时，应清除基坑地面淤泥和杂物，并应有排水和防水措施。对干燥的非黏性土，应用水湿润；对未风化的岩石，应用水清洗，但其表面不得留有积水。

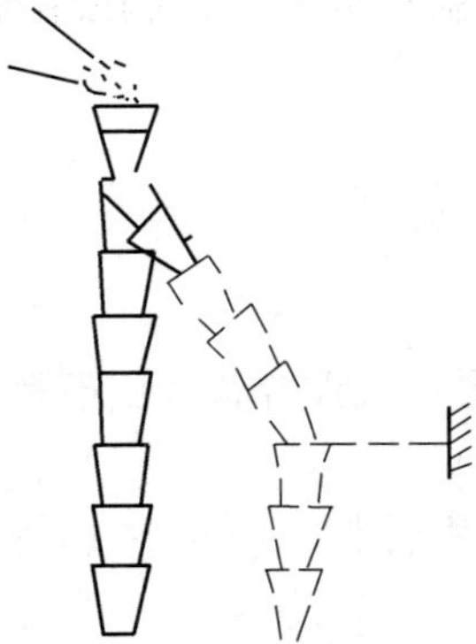

图 7-6-4　串筒示意图

（6）对模板及其支架、钢筋和预埋件必须进行检查，并做好记录，符合设计要求后方能浇筑混凝土。

（7）在浇筑混凝土前，对模板内的杂物和钢筋上的油污等应清理干净；对模板的缝隙和孔洞应予堵严；对木模板应浇水湿润，但不得有积水。

（8）混凝土自高处倾落的自由高度，不应超过 2m。当结构浇筑高度超过 3m 时，应采用串筒、溜管或斜槽下料，如图 7-6-4 所示。

（9）在降雨雪时不宜露天浇筑混凝土，当需浇筑时，应采取有效措施，确保混凝土质量。

（10）混凝土浇筑层的厚度，应符合表 7-6-4 的规定。

表 7-6-4　　**混凝土浇筑层厚度**　　(mm)

捣实混凝土的方法		浇筑层的厚度
插入式振捣		振捣器作用部分长度的 1.25 倍
表面振捣		200
人工捣固	在基础、无筋混凝土或配筋稀疏的结构中	250
	在梁、柱结构中	200
	在配筋密列的结构中	150

（11）浇筑混凝土应连续进行，当必须间歇时，其间歇时间宜缩短，并应在前层混凝土凝结之前，将次层混凝土浇筑完毕。

（12）在混凝土浇筑过程中，应经常观察模板、支架、钢筋、预埋件和预留孔洞的情况，当发现有变形、移位时，应及时采取措施进行处理。

（13）当混凝土浇筑到基础立柱上表面（基面）时，应立即进行操平，达到浇筑和抹面一次完成，避免二次抹面。

三、混凝土振捣

混凝土施工振捣设备有插入式振捣器、平板式振捣器、附着式振捣器、振动台（如图 7-6-5 所示）。线路施工中较常使用的是插入式振捣器和平板式振捣器。

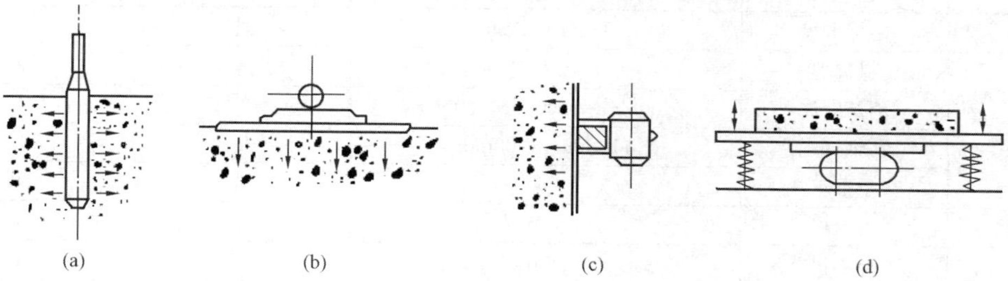

图 7-6-5　振捣机械示意图

（a）插入式振捣器；（b）平板式振捣器；（c）附着式振捣器；（d）振捣台

混凝土振捣应符合下列规定：

（1）每一振点的振捣延续时间，应使混凝土表面呈现浮浆和不再沉落。

（2）当采用插入式振捣器时，捣实移动间距，不宜大于振捣器作用半径 R 的 1.5 倍；振捣器与模板的距离，不应大于其作用半径的 0.5 倍，并应避免碰撞钢筋、模板、预埋件等；振捣器插入下层混凝土内的深度应不小于 50mm。振捣方法分为行列式和交错式，如图 7-6-6 所示。

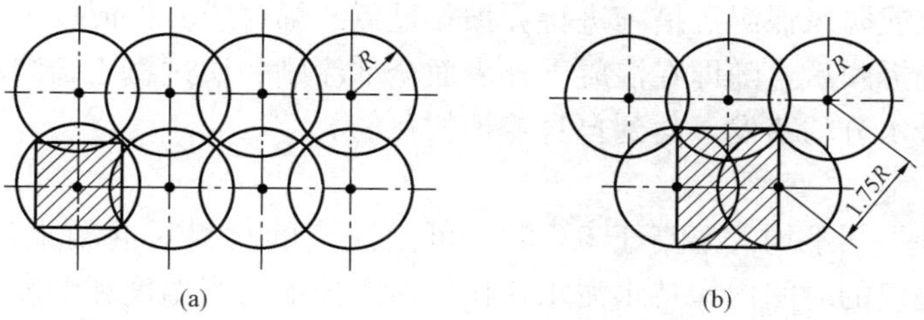

图 7-6-6　插入式振捣器振捣方法

（a）行列式；（b）交错式

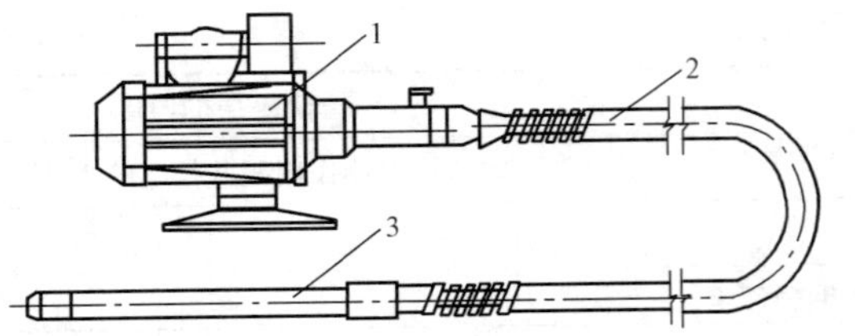

图 7-6-7　插入式振捣器

1—电动机；2—软轴；3—振捣棒

（3）当采用平板式振捣器时，其移动间距应保证振捣器的平板能覆盖已振实部分的边缘。

（4）插入式振捣器如图 7-6-7 所示。

四、工器具配置

混凝土浇筑施工需用的主要工器具见表 7-6-5。

表 7-6-5　　混凝土浇筑施工主要工器具配置表（一个班组）

序　号	名　称	规　格	单　位	数　量
1	方锹	225mm×410mm	把	4
2	方锹	167mm×350mm	把	12
3	水箱	$2m^3$	个	1
4	磅秤	100kg 级	台	1
5	薄铁板	－2mm×1000mm×1500mm	把	2
6	试块盒	150mm×150mm×150mm	个	3
7	钢卷尺	15m	把	1
8	钢卷尺	5m	把	1
9	游标卡尺	13cm/0.2mm	把	1
10	振捣器	插入式	台	2
11	坍落度筒	ϕ100mm×ϕ200mm×300mm	个	1
12	钢钎	ϕ18mm×1500mm	根	2
13	手推车		部	4
14	发电机	5kW	台	1
15	搅拌机	250L	台	1
16	水桶	20kg	个	1

第七节　混凝土养护与拆模

一、混凝土养护与拆模

为保证已浇筑完成的混凝土在规定龄期内达到设计要求的强度和耐久性，并防止产生收缩和温度裂缝，必须认真做好养护工作。

现浇混凝土的养护有自然养护和过氯乙烯薄膜养护等。自然养护是指在自然气候条件下，采取浇水润湿或防风保湿等措施进行养护；过氯乙烯薄膜养护混凝土（简称薄膜养护），是指在基础混凝土拆膜后，随即在混凝土外表面全部涂刷一层过氯乙烯溶液并形成薄膜，防止混凝土内部自身水分的蒸发，达到自身养护的目的。

1. 自然养护

（1）覆盖养护。当平均气温高于 5℃时，可用适当的材料对混凝土表面加以覆盖并浇水，使混凝土在一定的时间内保持水泥水化作用所需要的适当温度和湿度条件。

覆盖浇水养护应符合下列规定：

1）应在浇筑完毕后的 12h 以内（当天气炎热，干燥有风时，应在 3h 以内）对混凝土加以覆盖和浇水；

2）混凝土的浇水养护和时间，对采用硅酸盐水泥、普通硅酸盐水泥或矿渣硅酸盐水泥拌制的混凝土，不得少于7d，对掺用缓凝型外加剂或有抗渗性要求的混凝土，不得少于14d；当采用其他品种水泥时，混凝土的养护应根据所采用水泥的技术性能确定；

3）浇水次数应能保持混凝土处于润湿状态；

4）混凝土的养护用水宜与拌制用水相同；

5）当日平均气温低于5℃时，不得浇水；

6）基础拆模后经表面检查合格后应立即回填土，并应按规定加以覆盖和浇水。

（2）薄膜布养护。在有条件的情况下，可采用不透水、气的薄膜布（如塑料薄膜）养护。用薄膜布把混凝土敞露的全部表面覆盖起来，保证混凝土在不失水的情况下得到充分的养护。这种养护方法的优点是不必浇水，操作方便，能重复使用，能提高混凝土的早期强度，加速模具的周转，但应保持薄膜布内有凝结水。

2. 薄膜养生液养护

混凝土的表面不便浇水或使用塑料薄膜布养护时，可采用涂刷薄膜养生液，防止混凝土内部水分蒸发的方法进行养护。这种养护方法一般适用于表面积大的混凝土施工和缺水地区，但应注意薄膜的保护。

3. 基础模板的拆除

基础模板的拆除时间，应保证混凝土表面及棱角不受损坏。拆模时间随养护时的环境温度及所用的水泥品种而有所不同。

（1）在不同气温自然养护条件下的基础拆模时间，可参照表7-7-1执行。

表7-7-1　　基础模板允许拆模时间参考表　　（d）

平均温度（℃）/ 水泥品种	5	10	15	20	25	30
硅酸盐水泥或普通硅酸盐水泥	7	5	4	3.5	3.0	2.5
矿渣硅酸盐水泥	10	8	7	6	5	4

注　火山灰质硅酸盐水泥、复合硅酸盐水泥、粉煤灰硅酸盐水泥可参照本表执行。

（2）拆模应自上而下进行，轻轻敲击减少对混凝土的振动，要使混凝土表面四周棱角不受损坏。

（3）拆除的模板应立即将表面残留的水泥、砂浆清除干净，木模板外露的圆钉应打弯或拔除。

（4）基础拆模后应立即进行其质量检查，并做好维修工作。

二、混凝土质量检查与表面缺陷修补

（1）混凝土在拌制和浇筑过程中应按下列规定进行检查：

1）检查拌制混凝土所用原材料的品种、规格和用量，每一工作班日或每基基础至少两次；

2）检查混凝土在浇筑地点的坍落度，每一工作班日或每个基础腿至少两次；

3）在每一工作班日内，当混凝土配合比由于外界影响有变动时，应及时检查；

4）混凝土的搅拌时间应随时检查。

（2）检查混凝土质量应进行抗压强度试验。对有抗冻、抗渗要求的混凝土，尚应进行抗冻、抗渗性等试验。

（3）当采用预拌混凝土时，供货方应提供下列资料：

1）预拌混凝土合格证；

2）砂、石、水泥及外加剂等原材料合格证及检验报告；

3）混凝土配合比通知单；

4）混凝土抗压试验报告（标养、同养）；

5）如果是抗渗混凝土还要有抗渗试验报告。

（4）当采用预拌混凝土时，应在商定的交货地点进行坍落度检查，实测的混凝土坍落度与要求坍落度之间的允许偏差应符合表 7-7-2 的要求。

表 7-7-2　混凝土实测坍落度允许偏差值　（mm）

要求坍落度	实测允许偏差
≤40	±10
50～90	±20
≥100	±30

（5）用于检查结构构件混凝土质量的试件，应在混凝土的浇筑地点随机取样制作。其养护条件与构件（基础）相同。试件的留置应符合下列规定：

1）转角、耐张，终端及悬垂转角塔的基础，每基应取一组；

2）一般直线塔基础，同一施工班组每 5 基或不满 5 基应取一组，单基或连续浇筑混凝土量超过 $100m^3$ 时亦应取一组；

3）按大跨越设计的直线塔基础及拉线塔基础，每腿应取一组，但当基础混凝土量不超过同工程中转角或终端塔基础时，则应各基取一组。

注：预拌混凝土除应在预拌混凝土厂内按规定留置试件外，混凝土运到施工现场后，尚应按本条的规定留置试件。

（6）同条件养护试件应在达到等效养护龄期时进行强度试验。等效养护龄期应根据同条件养护试件强度与在标准养护条件下 28d 龄期试件强度相等的原则确定。

同条件自然养护试件的等效龄期及相应的试件强度代表值，宜根据当地的气温和养护条件，按下列规定确定：

1）等效养护龄期可取按日平均气温逐日累计达到 600℃·d 时所对应的龄期，0℃及以下的龄期不计入，等效养护龄期不应小于 14d，也不宜大于 60d。

2）同条件养护试件的强度代表值应根据强度试验结果，按现行国家标准 GB/T 50107《混凝土强度检验评定标准》的规定确定后，乘折算系数取用，折算系数宜取为 1.10，也可根据当地的试验统计结果做适当调整。

（7）每组三个试件应在同盘混凝土中取样制作，并按下列规定确定该组试件的混凝土强度代表值：

1）取三个试件强度的平均值；

2）当三个试件强度中的最大值或最小值之一与中间值之差超过中间值的 15%时，取中间值；

3）当三个试件强度中的最大值和最小值与中间值之差均超过中间值的15%时，该组试件不应作为强度评定的依据。

（8）现场浇筑混凝土基础允许偏差。

1）铁塔基础。

a）保护层厚度：－5mm；

b）立柱及各底座断面尺寸：－1%；

c）同组地脚螺栓中心对立柱中心偏移：10mm；

d）地脚螺栓露出基础顶面高度：＋10mm，－5mm。

2）拉线基础。

a）基础尺寸偏差：

断面尺寸：－1%；

拉环中心与设计位置的偏移：20mm。

b）基础位置偏差，拉环中心在拉线方向前、后、左、右与设计位置的偏差：1%L。

注：1. L为拉环中心至杆塔拉线固定点的水平距离。

2. X型拉线基础位置允许有前后方向位移，保证在安装后拉线交叉点不得相碰。

（9）整基铁塔基础在回填夯实后尺寸允许偏差见表7-7-3。

表7-7-3　整基铁塔基础尺寸施工允许偏差表

项　目		地脚螺栓式		主角钢插入式		高　塔
		直线	转角	直线	转角	
整基基础中心与中心桩的位移（mm）	顺线路	30	30	30	30	30
	横线路	—	30	—	30	—
基础根开及对角线尺寸（‰）		±2		±1		±0.7
基础顶面或主角钢操平印记相对高差（mm）		5		5		5
整基基础扭转（′）		10		10		5

（10）混凝土缺陷修整。对混凝土表面缺陷的处理应符合现行国家标准GB 50204《混凝土结构工程施工质量验收规范》的规定。

1）现浇结构的外观质量不应有严重缺陷。对已经出现的严重缺陷，应由施工单位提出技术处理方案，并经监理（建设）单位认可后进行处理。对经处理的部位，应重新全数检查验收，并检查技术处理方案。

说明：外观质量的严重缺陷通常会影响到结构性能、使用功能或耐久性。

2）现浇结构的外观质量不宜有一般缺陷。对已经出现的一般缺陷，应由施工单位按技术处理方案进行处理，并重新检查验收。

说明：外观质量的一般缺陷通常不会影响到结构性能、使用功能，但有碍观瞻。

3）混凝土表面缺陷的修整，可参照下列措施进行：

a）面积较小且数量不多的蜂窝或露石的混凝土表面，可用1∶2～1∶2.5水泥砂浆抹平，在抹砂浆之前，必须用钢丝刷或加压水洗刷基层；

b）较大面积的蜂窝、露石和露筋应按其全部深度凿去薄弱的混凝土层和个别突出的骨料颗粒，然后用钢丝刷或加压水洗刷表面，再用比原混凝土强度等级提高一级的细骨料混凝土填塞，并仔细捣实。

（11）组立塔完成并进行中间验收检查合格之后，应在基础上表面与塔脚连接处，按设计要求浇筑保护帽，保护帽应全线统一，规格一致，整齐美观，质量可靠。

（12）有关施工记录按照DL/T 5168《110kV～500kV 架空电力线路工程施工质量及评定规程》执行。

三、浇制保护帽

铁塔组立完成后，塔脚底板应与基础面应接触良好，有空隙时应垫铁片，并灌注水泥砂浆。铁塔经检查合格后可随即浇制保护帽。

（1）浇制塔脚保护帽必须设置模板，保护帽的断面尺寸及高度应符合设计要求，如设计无规定时，可按下述要求制作：顶面应高出地脚螺栓顶面 100～150mm，断面尺寸应超出塔脚板边缘 100～150mm，或与基础立柱断面相同。

（2）浇制前应将立柱顶面保护帽范围内打毛并清洗干净。保护帽的混凝土强度等级应符合设计要求，设计无规定时，可按基础混凝土强度等级或低一级施工。

（3）保护帽的浇制应里实外光、无裂纹，顶面应有自然淌水坡度。保护帽的混凝土内严禁掺片石及其他杂物。

（4）保护帽的浇制、捣固、养护必须由专人负责，按照基础混凝土施工进行管理。

第八节 混凝土冬期施工

一、基本要求

（1）当室外日平均气温连续 5d 稳定低于 5℃时，混凝土施工应采取冬期施工技术措施。

（2）混凝土冬期施工的关键是确保混凝土受冻前达到受冻临界强度。普通混凝土采用硅酸盐水泥或普通硅酸盐水泥配置时，受冻临界强度为设计混凝土强度标准值的 30%；采用矿渣硅酸盐水泥配制时，为设计强度标准值的 40%，但当混凝土强度为 C10 及以下时，不得小于 5.0N/mm^2。

（3）混凝土冬期施工应符合国家现行标准 JGJ/T 104《建筑工程冬期施工规程》的有关规定。

（4）使用矿渣硅酸盐水泥，宜采用蒸汽养护；使用其他品种水泥应注意其中掺合材料对混凝土抗冻、抗渗等性能的影响。

（5）混凝土冬期施工热工计算本节从略，若需进行热工计算时，可参考规程进行相关计算。

二、冬期施工现浇混凝土配制与搅拌

（1）配制冬期施工混凝土，应优先选用硅酸盐水泥或普通硅酸盐水泥。水泥强度等级不应低于 42.5，最小水泥用量不宜少于 300kg/m^3，水灰比不应大于 0.6。

注：1. 大体积混凝土最小水泥用量应根据实际情况确定。

2. 强度等级不大于 C10 的混凝土，最大水灰比和最小水泥用量可不受上述要求限制。

（2）掺加防冻剂时，宜使用无氯盐类防冻剂，对抗冻性能要求高的混凝土，宜使用引气剂或引气减水剂。

（3）冬期拌制混凝土时应优先采用加热水的方法，当加热水仍不能满足要求时，再对骨料进行加热。水泥不得直接加热，并宜在使用前运入暖棚内存放。水及骨料的加热温度应根据热工计算确定，但不得超过表 7-8-1 的规定。

表 7-8-1　　拌合水及骨料最高温度　　（℃）

项　　目	拌 合 水	骨　　料
强度等级小于 52.5 的普通硅酸盐水泥、矿渣硅酸盐水泥	80	60
强度等级等于及大于 52.5 的硅酸盐水泥 、普通硅酸盐水泥	60	40

注　当骨料不加热时，水可加热到 100℃，但水泥不应与 80℃以上的水直接接触，投料顺序为先投入骨料和已加热的水，然后再投入水泥。

（4）混凝土所用骨料必须清洁，不得含有冰、雪等冻结物及易冻裂的矿物质。在掺用含有钾、钠离子防冻剂的混凝土中，不得混有活性骨料。

（5）拌制掺用防冻剂的混凝土应符合下列规定：

1）防冻剂溶液的配制及防冻剂的掺量应符合现行国家标准的有关规定；如外加剂为粉剂，可按要求掺量直接撒在水泥上面和水泥同时投入。如外加剂为液体，使用时应先配置成规定浓度溶液，然后根据使用要求，用规定浓度溶液再配置成施工溶液。

2）严格控制混凝土水灰比，由骨料带入的水分及防冻剂溶液中的水分均应从拌合水中扣除。

3）搅拌前，应用热水冲洗搅拌机，使其充分预热。混凝土搅拌时间应取常温搅拌时间的 1.5 倍。

4）混凝土拌合物的出机温度不宜低于 10℃，入模温度不得低于 5℃。

（6）搅拌混凝土最短时间不应少于表 7-8-2 的规定。

表 7-8-2　　搅拌混凝土最短时间表　　（s）

混凝土坍落度（mm）	搅拌机型	搅拌机容积（L）		
		＜250	250～650	＞650
≤30	自落式	135	180	225
	强制式	90	135	180
＞30	自落式	135	135	180
	强制式	90	90	135

三、冬期混凝土的运输和浇筑

（1）混凝土在浇筑前，应清除模板和钢筋上的冰雪和污垢。

（2）运输混凝土用的容器应具有保温措施，以尽量减少运输过程中的热量损失，可采取下列措施：

1）合理选择放置搅拌机的地点，尽量缩短运距，选择最佳的运输路线。

2）合理选择运输容器的形式、大小和保温材料。

3）尽量减少混凝土的装卸、倒运次数。

（3）冬期施工不得在已冻胀的基坑底面上浇筑混凝土，已开挖的基坑底面应采取防冻措施。

(4) 对加热养护的现浇混凝土结构，混凝土的浇筑程序和施工缝的位置，应能防止在加热养护时产生较大的温度应力，当加热温度在40℃以上时，应征得设计单位同意。

四、冬期施工混凝土养护

混凝土冬期施工养护有覆盖法、暖棚法、蒸汽法或负温养护法等，可根据施工具体条件合理选择不同的养护方法。

(1) 当室外最低温度不低于－15℃时，地面以下的工程或表面系数不大于15/m的结构，应优先采用蓄热法养护。

说明：表面系数系指结构冷却的表面积（m^2）与其全部体积（m^3）的比值。

用蓄热法养护，混凝土强度增长较慢，因此宜使用强度等级较高、水化热较大的硅酸盐水泥、普通硅酸盐水泥或快硬硅酸盐水泥。可选择导热系数小，价廉耐用的保温材料，保温层敷设后要注意防潮和防止透风，对结构容易受冻的部位，必要时应采取局部加热措施。

(2) 当在一定龄期内采用蓄热法养护达不到要求时，可采用暖棚法、蒸汽法、电热法等其他养护方法。

(3) 整体浇筑的结构，当采用蒸汽法或电热法养护时，混凝土的升、降温速度，不得超过表7-8-3的规定。

表7-8-3　加热养护混凝土的升、降温速度　(℃/h)

表面系数	升温速度	降温速度
≥6/m	15	10
<6/m	10	5

注　大体积混凝土应根据实际情况确定。

1）蒸汽养护的混凝土，当采用普通硅酸盐水泥时，养护温度不宜超过80℃；当采用矿渣硅酸盐水泥时，养护温度可提高到85℃～95℃。

2）电热法养护混凝土的温度，应符合表7-8-4的规定。

表7-8-4　电热法养护混凝土的温度　(℃)

水泥强度等级	结构表面系数		
	<10	10～15	>15
	42.5/m	40/m	35/m

(4) 当采用蒸汽养护混凝土时，应使用低压饱和蒸汽，加热应均匀，并须排除冷凝水和防止结冰。对不应受水浸的基土或掺用引气型外加剂的混凝土，不应采用蒸汽法养护。

(5) 当采用电热法养护混凝土时，电极的布置，应保证混凝土温度均匀，且混凝土仅应加热到设计的混凝土强度标准值的50%，并应符合下列规定：

1）应在混凝土的外露表面覆盖后进行；

2）宜采用工作电压为50～110V，在素混凝土和每立方米混凝土含钢量不大于50kg的结构中，可采用120～200V。

3）在养护过程中，应观察混凝土外露表面的湿度，当表面开始干燥时，应先停电，并浇温水湿润混凝土表面。

(6) 当采用暖棚法养护混凝土时，棚内温度不得低于5℃，并应保持混凝土表面湿润。

（7）掺用防冻剂混凝土的养护应符合下列规定：

1）在负温条件下养护时，严禁浇水，外露表面必须覆盖；

2）混凝土的初期养护温度，不得低于防冻剂的规定温度，达不到规定温度时，应立即采取保温措施；

3）当拆模后混凝土表面温度与环境温度之差大于20℃时，应对混凝土采用保温材料覆盖养护。

（8）几种简易的蓄热保温养护方法。工程技术人员根据线路施工特点及取材条件，总结出了暖棚法、覆盖法和回填法等几种简单实用的蓄热保温养护方法。这些方法简易、有效、经济，在混凝土冬期施工中被广泛采用。

1）基本规定。

a）所采用的简易混凝土冬期蓄热保温养护法，均应经过实地试验，取得科学数据，确实能达到冬期现浇混凝土养护效果，并能符合JGJ/T 104《建筑工程冬期施工规程》的有关规定。

b）所采用的简易混凝土冬期蓄热保温养护法，均应经过施工设计，结构必须安全可靠，并应有防火、防煤气等安全措施。施工人员必须严格按照施工设计实施。

c）经常检查蓄热保温状况，并应遵守本节冬期施工混凝土质量检查中关于温度测量的规定。

2）几种蓄热保温养护法。

a）暖棚加热法。在混凝土浇筑地点，用架构和保温材料搭设暖棚，在暖棚内升火炉加温，达到防风、防雨雪和升温、保温的养护目的，能使混凝土周围温度保持在10℃～20℃，但不得短时升温过快、过高，也不得低于5℃，且应保持混凝土表面湿润，这种方法简单易行效果较好。但应特别注意防火、防煤气，严禁值班人员在暖棚内休息。

b）覆盖法。在混凝土浇筑地点，用保温材料（如锯末、稻草、草袋等）进行覆盖，而后在保温材料上面用苫布或较厚塑料薄膜罩住，以保持混凝土水化热温度，并达到防风、防雨雪、防冻的目的。如温度过低，可在湿锯末中加适量生石灰碎块（粒径为20～30mm），配合比以质量计，为水：锯末：石灰＝1：1：0.9。

如石灰过多会引起失火。为防止保温材料散落在基坑内，可将松散的保温材料装入草袋或编织袋中。如使用稻草，应理顺并捆扎，使其不致散落在坑内。在回填前，应将覆盖材料，特别是散落在坑内的材料清理干净。

c）回填土法。当混凝土拆模后气温在0℃以上时，可立即回填湿润的未冻土，在基础露出地面部分上面覆盖草袋、塑料布或稻草，并用土覆盖好。这种方法对于掏挖式基础地面以上部分的养护非常实用。

五、冬期施工混凝土质量检查

（1）混凝土冬期施工，除按常温施工的要求进行质量检查外，尚应符合下列规定：

1）检查外加剂的质量和掺量。

2）测量水和外加剂溶液以及骨料的加热温度和加入搅拌时的温度。

3）测量混凝土自搅拌机中卸出时和浇筑时的温度。

4）水、骨料和混凝土出机温度，每工作班日至少应测量4次。

(2) 混凝土养护温度的测量应符合下列规定：

1) 当采用蓄热法养护时，在养护期间至少每 6h 一次；

2) 对掺用防冻剂的混凝土，在强度未达到 3.5 N/mm^2 以前每 2h 测定一次，以后每 6h 测定一次。

3) 当采用蒸汽法或电流加热法时，在升温、降温期间每 1h 一次，在恒温期间每 2h 一次。

(3) 混凝土养护温度的测量方法应符合下列规定：

1) 全部测温孔均应编号，并绘制测温孔布置图。

2) 测量混凝土温度时，测温表应采取措施与外界气温隔离；测温表留置在测温孔内的时间应不少于 3min。

3) 测温孔的设置，当采用蓄热法养护时，应在易于散热的部位设置；当采用加热养护时，应在离热源不同的位置分别设置；大体积结构应在表面及内部分别设置。

(4) 混凝土试件的制作除应符合常温施工试块制作规定外，尚应增设不少于两组与结构同条件养护的试件，分别用于检验受冻前的混凝土强度和转入常温养护 28d 的混凝土强度。

(5) 与结构构件同条件养护的受冻混凝土试件，解冻后方可试压。

第九节 大体积混凝土施工

一、概述

GB 50496—2009《大体积混凝土施工规范》中对大体积混凝土的定义是：混凝土结构物实体最小几何尺寸不小于 1m 的大体量混凝土，或预计会因混凝土中胶凝材料水化引起的温度变化和收缩而导致有害裂缝产生的混凝土。

根据输电线路基础特点，当有承台和连梁且尺寸符合上述定义时，应进行混凝土温差验算，必要时应按大体积混凝土施工。

本节主要介绍大体积混凝土施工原材料选择、配合比设计、浇筑施工、养护、温度测量等方面内容。

二、基本规定

(1) 施工前应进行图纸会审，提出施工阶段的综合抗裂措施，编制施工组织设计或关键部位施工技术方案。

(2) 施工前应做好各项准备工作，并与当地气象部门联系，掌握近期气象情况。必要时，应编制相应的技术措施，在冬期施工时，应符合国家现行有关混凝土冬期施工的标准。

(3) 大体积混凝土宜采用预拌混凝土，应根据混凝土运输距离、供应能力、材料批次、环境温度等调整预拌混凝土的有关参数。

(4) 混凝土的供应能力应满足连续施工的需要，不宜低于单位时间所需混凝土量的 1.2 倍。

(5) 混凝土的测温监控设备配置和布设应符合规范要求，调试正常，保温用材料应齐备，并应设专人负责测温作业管理。

三、原材料要求

1. 水泥

尽量选用水化热低、凝结时间长、安定性好的水泥，可优先采用低热矿渣硅酸盐水泥等，大体积混凝土施工所用水泥其3d的水化热不宜大于240kJ/kg，7d的水化热不宜大于270kJ/kg；所用水泥在搅拌站的入机温度不应大于60℃。

2. 骨料

骨料除应符合国家现行标准JGJ 52《普通混凝土用砂、石质量及检验方法标准》的有关规定外，尚应符合下列规定：

（1）细骨料宜采用中砂，其细度模数宜大于2.3，含泥量不大于3%；

（2）粗骨料粒径宜在5～31.5mm之间，并连续级配，含泥量不大于1%；

（3）当采用非泵送施工时，粗骨料的粒径可适当增大；

（4）应选用非碱活性的粗骨料；

（5）在保证混凝土强度及坍落度要求的前提下，可提高掺合料及骨料的含量，以降低混凝土的水泥用量。

3. 外加剂

外加剂可采用缓凝剂、减水剂，掺合料宜采用粉煤灰、矿渣粉等，外加剂的使用应根据现场实际情况及设计要求慎重使用，并应符合外加剂规范要求。

4. 配合比

大体积混凝土配合比设计，除应符合国家现行标准JGJ 55《普通混凝土配合比设计规程》要求外，尚应符合下列规定：

（1）所配制的混凝土拌合物，到浇筑工作面的坍落度不宜低于160mm；

（2）拌和水用量不宜大于175kg/m^3；

（3）粉煤灰掺量不宜超过水泥用量的40%，矿渣粉的掺量不宜超过水泥用量的50%；

（4）粉煤灰和矿渣粉掺合料的总量不宜大于混凝土中水泥用量的50%；

（5）水灰比不宜大于0.55；

（6）砂率宜为38%～42%；

（7）拌合物泌水量宜小于10L/m^3。

在确定混凝土配合比时，应根据混凝土的绝热温升、温控施工方案的要求等，提出混凝土制备时粗细骨料、拌合用水及入模温度控制的技术措施。

四、施工方法

大体积混凝土工程的施工宜采用整体分层连续浇筑施工或斜面分层连续浇筑施工方法。

1. 整体分层

整体分层即在第一层全部浇筑完毕后，再回头浇筑第二层，此时，应保证第一层混凝土还未初凝。如此逐层连续浇筑，直至全部浇筑完成为止。采用这种方法，一般结构的平面尺寸不宜太大，浇筑时从短边开始，沿长边推进。必要时可分成两段，从中间向两端或从两端向中间同时进行浇筑，分层浇筑如图7-9-1所示。

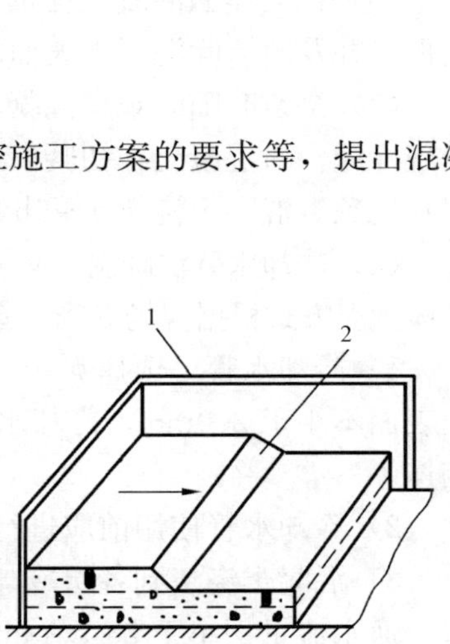

图7-9-1　整体分层浇筑示意图

1—模板；2—新浇筑的混凝土

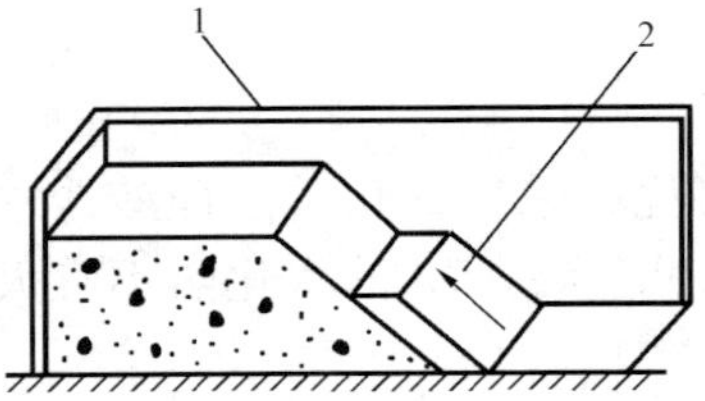

图 7-9-2 斜面分层浇筑施工
1—模板；2—新浇筑的混凝土

2. 斜面分层

斜面分层即在混凝土浇筑时，先从结构一端开始，按照结构高度浇筑至一定距离，然后再开始浇筑下一层（如图 7-9-2 所示），如此依次向前推进。这种方法适用于结构的长度超过厚度的 3 倍。振捣工作应从浇筑层的下端开始，逐渐上移，以保证混凝土施工质量。

3. 分层浇筑施工过程中的注意事项

在分层浇筑施工过程中应特别注意层间缝面的结合处理与层间的间歇时间，层间间歇时间不宜过长，也不宜过短。间歇时间过长，可能在上下层结合面上出现连接缺陷；间歇时间过短，下层混凝土还处于升温阶段，水化热无法及时释放，将使整个结构升温增高，达不到分层浇筑的最佳效果。

五、浇筑技术措施

大体积混凝土的浇筑应符合下列规定：

（1）混凝土的浇筑厚度应根据所用振捣器的作用深度及混凝土的和易性确定，整体连续浇筑时宜为 300～500mm。

（2）分层连续浇筑应缩短间歇时间，并在前层混凝土初凝之前将次层混凝土浇筑完毕。层间最长的间歇时间不应大于混凝土的初凝时间。混凝土的初凝时间应通过试验确定。当层间间隔时间超过混凝土的初凝时间时，层面应按施工缝处理。

（3）混凝土浇筑宜从低处开始，沿长边方向自一端向另一端进行。当混凝土供应量有保证时，亦可多点同时浇筑。

（4）混凝土宜采用二次振捣工艺。

（5）大体积混凝土施工采取分层间歇浇筑混凝土时，层间缝面的处理应符合下列规定：

1）清除浇筑表面的浮浆、软弱混凝土层及松动的石子，并均匀地露出粗骨料；

2）对非泵送及低流动性混凝土，在浇筑上层混凝土时，应采取接浆措施。

（6）在大体积混凝土浇筑过程中，应采取措施防止受力钢筋、定位筋、预埋件等移位和变形，并及时清除混凝土表面的泌水。

（7）浇筑时随时观察混凝土表面的情况，保证混凝土表面随时有新的混凝土覆盖，以免出现冷缝。对混凝土在初凝前进行二次振捣，散发其内温和增加密实性，减少表面所产生的泌水现象。混凝土浇筑 4～6h 后，表面有时会出现裂缝，可采取多次压光处理。

（8）冷却水管法降温。必要时，浇筑混凝土时采用预埋冷却水管的方式进行水化热释放。具体预埋方式根据现场混凝土基础的尺寸以及施工条件，结合规范和设计意见进行确定。

1）冷却水管可选择 ϕ30～50mm 薄壁钢管，管间距 500～1000mm 为宜，最外层距混凝土表面不小于 200mm，冷却水管进出口外露长度 50mm，上、下层水管通过同样直径钢管相连。

2）冷却水管使用前应进行压水试验，防止管道漏水、阻水。

3）混凝土浇筑到各层冷却水管标高后即开始通水，各层混凝土升温峰值过后即停止通水，通水流量不小于 25 L/min，通水时间根据测温结果确定。

4）严格控制进出水温度，在保证冷却水管进水温度与混凝土内部最高温度之差不超过 30℃条件下，尽量使进水温度最低，必要时加冰块。

5）待水冷却结束后，应采用同标号水泥浆或砂浆封堵冷却水管。

(9) 为防止大体积混凝土收缩时产生干裂，可在混凝土表层布设抗裂钢筋网片。

六、养护和拆模

大体积混凝土的养护，除应按普通混凝土进行常规养护外，尚应及时按温控技术措施的要求进行保温养护。

(1) 保湿养护的持续时间不得少于 14d，应经常检查塑料薄膜或养护剂涂层的完整情况，保持混凝土表面湿润。

(2) 根据施工季节的不同，可分别采用降温法和保温法施工。

1）夏季采用降温法施工，即在搅拌混凝土时掺入冰水，温度控制在 5℃～10℃。混凝土浇筑后用冷水养护，或采用覆盖材料养护。

2）冬季采用保温法施工。

a）采用保温法是在结构物外露的混凝土表面以及模板外侧覆盖保温材料（如草袋、锯木、湿砂等），在缓慢地散热过程中，使混凝土获得必要的强度，以控制混凝土的内外温差小于 25℃。

b）塑料薄膜、麻袋、阻燃保温被等，可作为保温材料，覆盖混凝土和模板，必要时，可搭设挡风保温棚或遮阳降温棚。

c）在保温养护过程中，应对混凝土浇筑体的里表温差和降温速率进行现场监测，随时控制混凝土内的温度变化，及时调整保温及养护措施，使内外温差控制在 15～25℃以内，以有效控制有害裂缝的出现。

d）保温覆盖层的拆除应分层逐步进行，当混凝土的表面温度与环境最大温差小于 20℃时，可全部拆除。

(3) 大体积混凝土拆模后，地下结构应及时回填土；地上结构应尽早进行装饰，不宜长期暴露在自然环境中。

七、温度监控

施工及养护过程中，要对混凝土内部温度、表面温度、大气温度进行监测，大气温度测量用棒式温度计，混凝土内部温度可采用电子测温仪。要准确记录所有数据，及时对测量情况进行监控、汇总、处理，以指导养护措施。

(1) 温控指标宜符合下列规定：

1）混凝土在入模温度基础上的温升值不宜大于 50℃；

2）混凝土里表温差（不含混凝土收缩的当量温度）不宜大于 25℃；

3）混凝土降温速率不宜大于 2.0℃/d；

4）混凝土表面与大气温差不宜大于 20℃。

(2) 大体积混凝土内部监测点的布置。应真实地反映出混凝土内最高温升、里表温差、降温速率及环境温度，可按下列方式布置：

1）监测点的布置范围应以所选混凝土平面图对称轴线的半条轴线为测试区，在测试区内监测点按平面分层布置。

2）在测试区内，监测点的位置与数量可根据混凝土浇筑体内温度场分布情况及温控的要求确定。

3）在每条测试轴线上，监测点位宜不少于 4 处，应根据结构的几何尺寸布置。

4）沿混凝土厚度方向，必须布置表面、底面和中间温度测点，其余测点宜按测点间距不大于 600mm 布置。

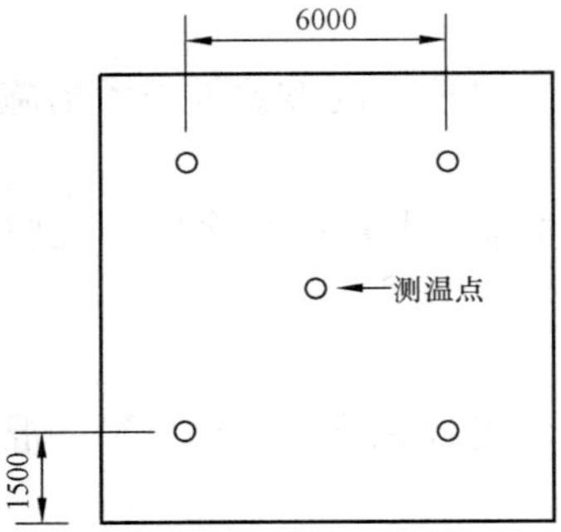

图 7-9-3 测温点平面布置示意图

5）保温养护效果及环境温度监测点数量应根据具体需要确定。

6）混凝土外表温度，宜为混凝土外表以内 50mm 处的温度。

7）混凝土底面的温度，宜为混凝土浇筑体底面上 50mm 处的温度。

8）预埋式测温线在混凝土中的布置示意图见图 7-9-3 和图 7-9-4。

（3）混凝土浇筑体里表温差、降温速率及环境温度及温度应变的测试，在混凝土浇筑后，每昼夜不少于 4 次；入模温度的测量，每台班不少于 2 次。

（4）测温元件的选择应符合以下列规定：

1）测温元件的测温误差不应大于 0.3℃（25℃环境下）。

2）测试范围：－30℃～150℃。

3）绝缘电阻应大于 500MΩ。

（5）温度和应变测试元件的安装及保护，应符合下列规定：

1）测试元件安装前，必须在水下 1m 处经过浸泡 24h 不损坏。

2）测试元件接头安装位置应准确，固定应牢固，并与结构钢筋及固定架金属体绝热。

3）测试元件的引出线宜集中布置，并应加以保护。

4）测试元件周围应进行保护，混凝土浇筑过程中，下料时不得直接冲击测试测温元件及其引出线；振捣时，振捣器不得触及测温元件及引出线。

（6）测试过程中宜及时描绘出各点的温度变化曲线和断面的温度分布曲线。

（7）发现温控数值异常应及时报警，并采取相应措施。

（8）电子定时测温系统由数据采集器、测温探头、预埋式测温线组成。主机可分别与测温探头或测温线连接构成测温系统，可根据现场需要和测温点数量灵活配置。

1）数据采集器。一般为便携式仪表，并设有电源开关、照明开关、插座和液晶显示屏，可实现数字显示被测温度值，并应具有夜间测温读数照明功能。一般应采用密封性能良好的薄膜轻触开关，并应防尘、防潮、防磕碰。

2）测温探头。测温探头由插头、导线、金属管及测温传感器组成，温度传感器内置于管内前端。

3）测温线。预埋式测温线由插头、导线和温度传感器制成，用于测量混凝土内部温度，每支测温线可测一点温度，在施工中根据测温方案布置测温点。每支测温线现场根据需要制定，并应贴有相应长度的标签。

（9）电脑自动测温系统。电脑自动测温系统可实现对混凝土内部温度变化的实时监控，其组成一般包括：计算机及监测软件、数据适配器、电源系统、数据及电源传输线、现场数据采集器、传感器等。

计算机软件通过对数据适配器的控制和收发数据，能控制各个现场数据采集器的运行，并采集各个现场数据采集器的测量数据，然后进行汇总、处理，储存。能实现温度变化图形动态屏显、打印图形及报表、远程网络浏览等功能，方便施工管理工作。

1）自动测温系统的安装。测温传感器要按照测温方案的设计高度，绑定到基础的钢筋上，或专门设置的支架上，感温部位不得直接接触钢筋，传感器应设置编号。测温线插头留在外面，并用塑料袋罩好，避免潮湿，保持清洁，留在外面的测温线长度应大于20cm。混凝土浇筑后3～5h，将现场数据采集器与传感器的传出端口连接，连上数据及电源传输线（以下简称总线），测温系统开始工作。

2）测温点的布置。测温点根据基础的浇筑方向、结构特点及预计温度场布置。每一个测点，沿高度方向布置上、中、下三个传感器，布置方式见图7-9-4。平面内测温点布置间距不宜大于6m，且距基础边沿不应太近。

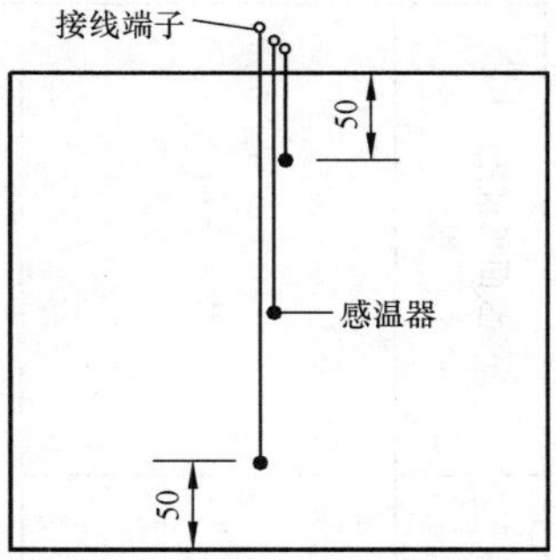

图7-9-4　感温器断面布置示意图

除埋在混凝土里面的传感器外，每次测温时，还应另外使用了2个传感器检测混凝土的表面温度，并测量大气温度。

3）现场数据采集器到数据适配器间的数据及电源传输线需要做必要的保护，防止施工中轧断。

4）当数据采集器已经和系统总线连接好，并且已经和计算机端的数据适配器总线端子连接好后，把“电源开关”打开，打开现场各个数据采集器，测温系统即开始工作，这时电脑就应该显示出各数据采集器所测得的各个传感器的温度值。

自动测温系统安装示意图见图7-9-5。

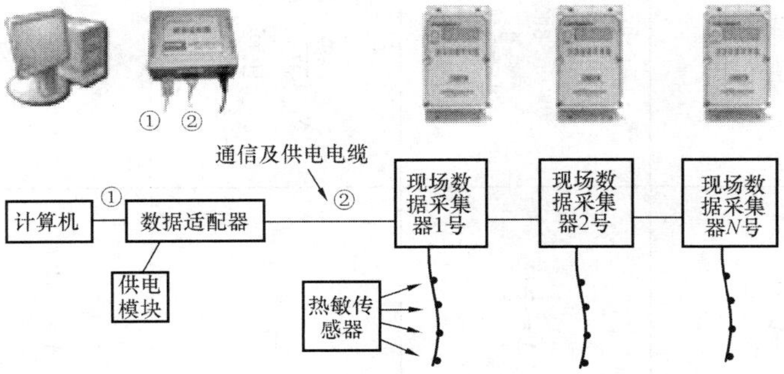

图7-9-5　自动测温系统安装示意图

八、热工计算

大体积混凝土热工计算可参照GB 50496《大体积混凝土施工规范》的有关公式进行。

附录A　结构静力计算表

A.1　构件常用截面的几何与力学特征（见表A.1）

表 A.1 常用截面的几何与力学特征表

序号	截面简图	截面积 A	截面边缘至主轴的距离 y	对主轴的惯性矩 I	截面抵抗矩 W	回转半径 i
1	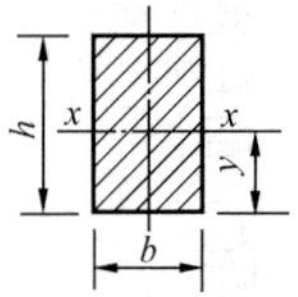	$A=bh$	$y=\frac{1}{2}h$	$I=\frac{1}{12}bh^3$	$W=\frac{1}{6}bh^2$	$i=0.289h$
2	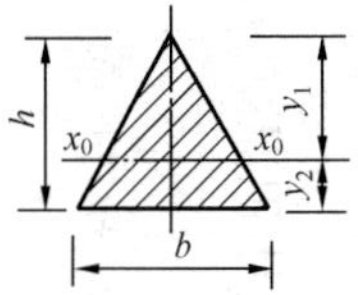	$A=\frac{1}{2}bh$	$y_1=\frac{2}{3}h$ $y_2=\frac{1}{3}h$	$I=\frac{1}{36}bh^3$	$W_1=\frac{1}{24}bh^2$ $W_2=\frac{1}{12}bh^2$	$i=0.236h$
3	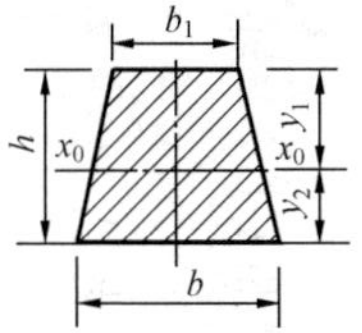	$A=\frac{1}{2}(b+b_1)h$	$y_1=\frac{(b_1+2b)h}{3(b_1+b)}$ $y_2=\frac{(b+2b_1)h}{3(b_1+b)}$	$I=\frac{(b^2+4bb_1+b_1^2)h^3}{36(b+b_1)}$	$W_1=\frac{(b^2+4bb_1+b_1^2)h^2}{12(b_1+2b)}$ $W_2=\frac{(b_1^2+4bb_1+b_1^2)h^2}{12(2b_1+b)}$	$i=\frac{0.236h}{b+b_1}\sqrt{b^2+4bb_1+b_1^2}$
4	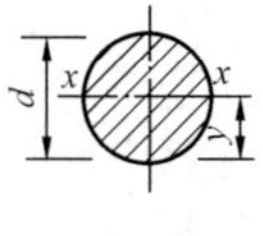	$A=\frac{\pi}{4}d^2$	$y=\frac{1}{2}d$	$I=\frac{1}{64}\pi d^4$	$W=\frac{1}{32}\pi d^3$	$i=\frac{1}{4}d$
5	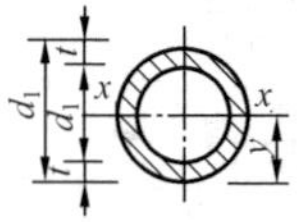	$A=\frac{\pi(d^2-d_1^2)}{4}$	$y=\frac{1}{2}d$	$I=\frac{\pi}{64}(d^4-d_1^4)$	$W=\frac{\pi}{32}\left(d^3-\frac{d_1^4}{d}\right)$	$i=\frac{1}{4}\sqrt{d^2+d_1^2}$

续表

序号	截面简图	截面积 A	截面边缘至主轴的距离 y	对主轴的惯性矩 I	截面抵抗矩 W	回转半径 i
6	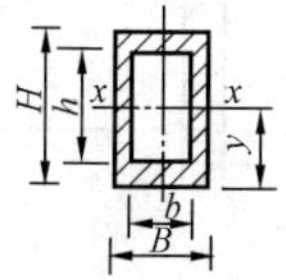	$A=BH-bh$	$y=\frac{1}{2}H$	$I=\frac{1}{12}(BH^3-bh^3)$	$W=\frac{1}{6H}(BH^3-bh^3)$	$i=0.289\sqrt{\frac{BH^3-bh^3}{BH-bh}}$
7	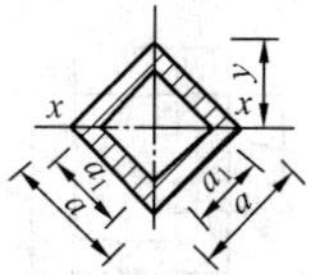	$A=a^2-a_1^2$	$y=\frac{a}{\sqrt{2}}$	$I=\frac{1}{12}(a^4-a_1^4)$	$W=0.118\left(a^3-\frac{a_1^4}{a}\right)$	$i=0.289\sqrt{a^2+a_1^2}$
8	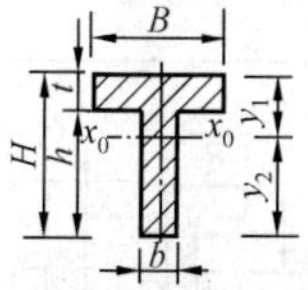	$A=Bt+bh$	$y_1=\frac{1}{2}\times\frac{bH^2+(B-b)t^2}{Bt+bh}$ $y_2=H-y_1$	$I=\frac{1}{3}[by_2^3+By_1^3-(B-b)\times(y_1-t)^3]$	$W_1=\frac{I}{y_1}$ $W_2=\frac{I}{y_2}$	$i=\sqrt{\frac{I}{A}}$
9	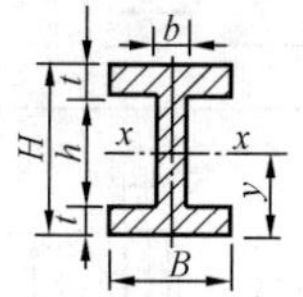	$A=BH-(B-b)h$	$y=\frac{H}{2}$	$I=\frac{1}{12}[BH^3-(B-b)h^3]$	$W=\frac{1}{6H}[BH^3-(B-b)h^3]$	$i=0.289\sqrt{\frac{BH^3-(B-b)h^3}{BH-(B-b)h}}$
10	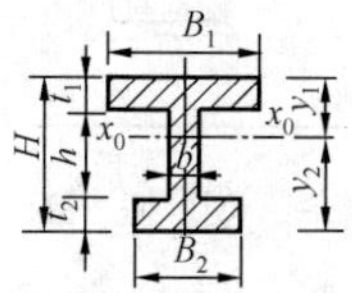	$A=B_1t_1+B_2t_2+bh$	$y_1=H-y_2$ $y_2=\frac{1}{2}\times\left[\frac{bH^2+(B_2-b)t_2^2}{B_1t_1+bh+B_2t_2}+\frac{(B_1-b)(2H-t_1)t_1}{B_1t_1+bh+B_2t_2}\right]$	$I=\frac{1}{3}[B_2y_2^3+B_1y_1^3-(B_2-b)(y_2-t_2)^3-(B_1-b)(y_1-t_1)^3]$	$W_1=\frac{I}{y_1}$ $W_2=\frac{I}{y_2}$	$i=\sqrt{\frac{I}{A}}$

续表

序号	截 面 简 图	截面积 A	截面边缘至主轴的距离 y	对主轴的惯性矩 I	截面抵抗矩 W	回转半径 i
11	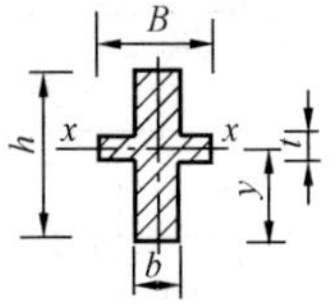	$A=bh+(B-b)t$	$y=\frac{1}{2}h$	$I=\frac{1}{12}[bh^3+(B-b)t^3]$	$W=\frac{bh^3+(B-b)t^3}{6h}$	$i=0.289\sqrt{\frac{bh^3+(B-b)t^3}{bh+(B-b)t}}$
12	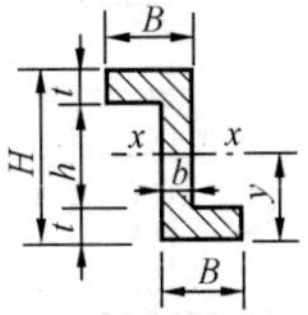	$A=BH-(B-b)h$	$y=\frac{1}{2}H$	$I=\frac{1}{12}[BH^3-(B-b)h^3]$	$W=\frac{1}{6H}[BH^3-(B-b)h^3]$	$i=0.289\sqrt{\frac{BH^3-(B-b)h^3}{BH-(B-b)h}}$
13	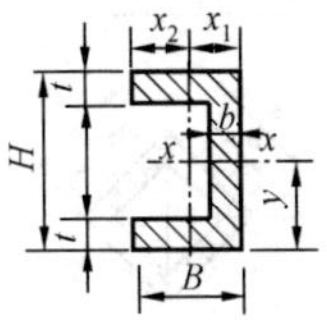	$A=BH-(B-b)h$	$y=\frac{1}{2}H$	$I=\frac{1}{12}[BH^3-(B-b)h^3]$	$W=\frac{1}{6H}[BH^3-(B-b)h^3]$	$i=0.289\sqrt{\frac{BH^3-(B-b)h^3}{BH-(B-b)h}}$
14	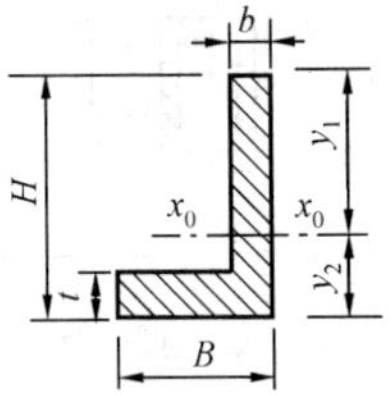	$A=bH+(B-b)t$	$y_1=H-y_2$ $y_2=\frac{1}{2}\times\frac{bH^2+(B-b)t^2}{bH+(B-b)t}$	$I=\frac{1}{3}[By_2^3-(B-b)(y_2-t)^3+by_1^3]$	$W_1=\frac{I}{y_1}$	$i=\sqrt{\frac{I}{A}}$

续表

序号	截 面 简 图	截面积 A	截面边缘至主轴的距离 y	对主轴的惯性矩 I	截面抵抗矩 W	回转半径 i
15	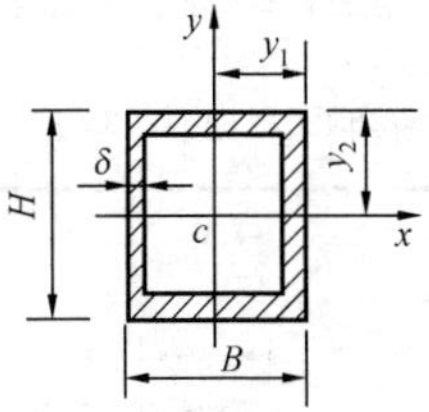	$A=2\delta(B+H)$ $\delta\leqslant\frac{H}{15}$	$y_1=\frac{B}{2}$ $y_2=\frac{H}{2}$	$I_x=\frac{\delta H^3}{6}\left(3\frac{B}{H}+1\right)$ $I_y=\frac{\delta B^3}{6}\left(3\frac{H}{B}+1\right)$	$W_x=\frac{\delta H^2}{3}\left(3\frac{B}{H}+1\right)$ $W_y=\frac{\delta B^2}{3}\left(3\frac{H}{B}+1\right)$	$i_x=0.289H\sqrt{\frac{3B+H}{B+H}}$ $i_y=0.289B\sqrt{\frac{3H+B}{H+B}}$
16	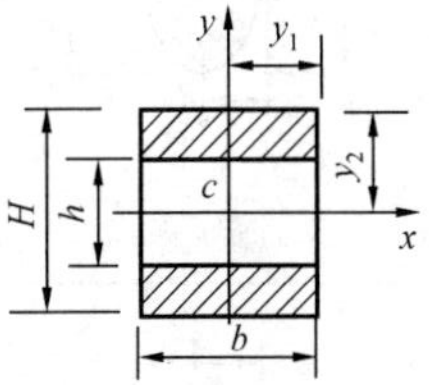	$A=b(H-h)$	$y_1=\frac{b}{2}$ $y_2=\frac{H}{2}$	$I_x=\frac{b}{12}(H^3-h^3)$ $I_y=\frac{b^3}{12}(H-h)$	$W_x=\frac{b}{6H}(H^3-h^3)$ $W_y=\frac{b^2}{6}(H-h)$	$i_x=0.289\sqrt{H^2+Hh+h^2}$ $i_y=0.289b$
17	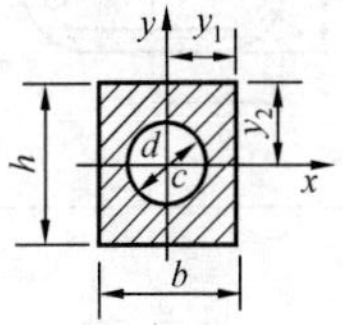	$A=bh-\frac{\pi}{4}d^2$ $=bh-0.785d^2$	$y_1=\frac{b}{2}$ $y_2=\frac{h}{2}$	$I_x=\frac{1}{4}\left(\frac{bh^3}{3}-\frac{\pi d^4}{16}\right)$ $I_y=\frac{1}{4}\left(\frac{hb^3}{3}-\frac{\pi d^4}{16}\right)$	$W_x=\frac{1}{2h}\left(\frac{bh^3}{3}-\frac{\pi d^4}{16}\right)$ $W_y=\frac{1}{2b}\left(\frac{bh^3}{3}-\frac{\pi d^4}{16}\right)$	$i_x=0.289h\sqrt{\frac{1-0.59\frac{d^4}{bh^3}}{1-0.785\frac{d^2}{bh}}}$ $i_y=0.289b\sqrt{\frac{1-0.59\frac{d^4}{bh^3}}{1-0.785\frac{d^2}{bh}}}$
18	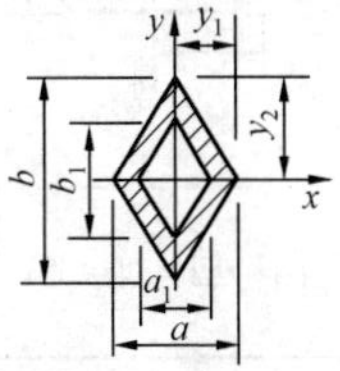	$A=\frac{1}{2}(ab-a_1b_1)$	$y_1=\frac{a}{2}$ $y_2=\frac{b}{2}$	$I_x=\frac{ab^3-a_1b_1^3}{48}$ $I_y=\frac{ba^3-b_1a_1^3}{48}$	$W_x=\frac{ab^3-a_1b_1^3}{24b}$ $W_y=\frac{ba^3-b_1a_1^3}{24a}$	$i_x=\sqrt{\frac{ab^3-a_1b_1^3}{24(ab-a_1b_1)}}$ $i_y=\sqrt{\frac{ba^3-b_1a_1^3}{24(ab-a_1b_1)}}$

续表

序号	截 面 简 图	截面积 A	截面边缘至主轴的距离 y	对主轴的惯性矩 I	截面抵抗矩 W	回转半径 i
19	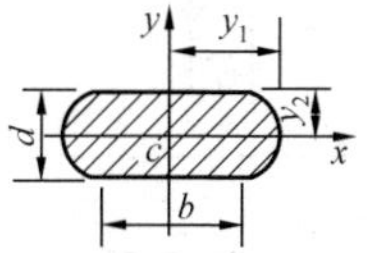	$A=\frac{\pi d^2}{4}+bd$	$y_1=\frac{1}{2}(b+d)$ $y_2=\frac{1}{2}d$	$I_x=\frac{\pi d^4}{64}+\frac{bd^3}{12}$ $I_y=\frac{\pi d^4}{64}+\frac{bd^3}{6}+\frac{\pi b^2d^2}{16}+\frac{db^2}{12}$	$W_x=\frac{bd^2}{6}\left(1+\frac{3\pi d}{16b}\right)$ $W_y=\frac{1}{96(b+d)}\times(3\pi d^4+32bd^3+12\pi b^2d^2+16db^3)$	$i_x=\sqrt{\frac{I_x}{A}}$ $i_y=\sqrt{\frac{I_y}{A}}$
20	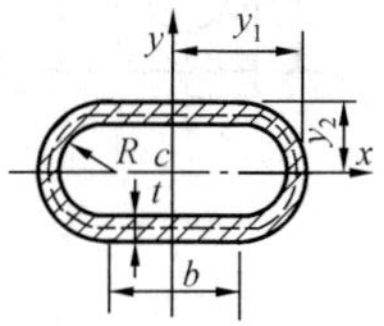	$A=2(\pi R+b)t$	$y_1=R+\frac{1}{2}(b+t)$ $y_2=R+\frac{t}{2}$	$I_x\approx\pi R^3t+2tbR^2$ $I_y\approx\pi R^3t+4tbR^2+\frac{\pi Rt}{2}b^2+\frac{t}{6}b^3+\cdots$	$W_x=\frac{I_x}{e_x}$ $W_y=\frac{I_y}{e_y}$	$i_x=\sqrt{\frac{I_x}{A}}$ $i_y=\sqrt{\frac{I_y}{A}}$
21	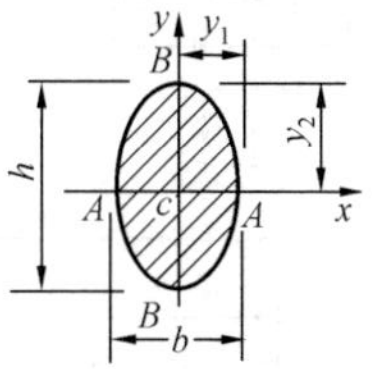	$A=\frac{\pi}{4}bh\approx0.785bh$ $\frac{h}{b}>1$	$y_1=\frac{b}{2}$ $y_2=\frac{h}{2}$	$I_x=\frac{\pi}{64}bh^3=0.0491bh^3$ $I_y=\frac{\pi}{64}hb^3=0.0491hb^3$ $I_p=\frac{\pi}{64}bh(b^2+h^2)$ $I_k=\frac{\pi b^3h^3}{16(h^2+b^2)}$	$W_x=\frac{\pi bh^2}{32}\approx0.0982bh^2$ $W_y=\frac{\pi hb^2}{32}\approx0.0982hb^2$ $W_k=\frac{\pi bh^2}{16}\approx0.196hb^2$ (τ_{max}在 A 点处，B 点剪应力 $\tau_B=\frac{b}{h}\tau_{max}$)	$i_x=\frac{h}{4}$ $i_y=\frac{1}{4}b$

注 1. I 称为截面对主轴(形心轴)的截面惯性矩，mm^4。基本计算公式如下：$I=\int_A y^2\cdot dA$。

2. W 称为截面抵抗矩，mm^3，它表示截面抵抗弯曲变形能力的大小，基本计算公式如下：$W=\frac{I}{y_{max}}$。

3. i 称截面回转半径，mm，其基本计算公式如下：$i=\sqrt{\frac{I}{A}}$。

4. 上列各式中，A 为截面面积，mm^2，y 为截面边缘到主轴(形心轴)的距离(mm)，I 为对主轴(形心轴)的惯性矩。

5. 上列各项几何及力学特征，主要用于验算构件截面的承载力和刚度。

A.2　单跨梁的内力及变形（见表A.2～表A.6）

表A.2　　**简支梁的反力、剪力、弯矩、挠度**

序号	图类	图示	项目	计算式
1	荷载	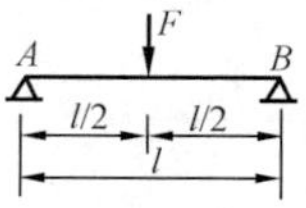	反力	$R_A=R_B=\frac{F}{2}$
			剪力	$V_A=V_A$；$V_B=-R_B$
	弯矩	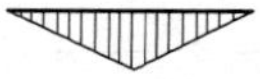	弯矩	$M_{max}=\frac{1}{4}Fl$
	剪力	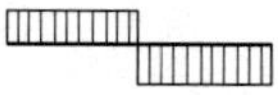	挠度	$w_{max}=\frac{Fl^3}{48EI}$
2	荷载	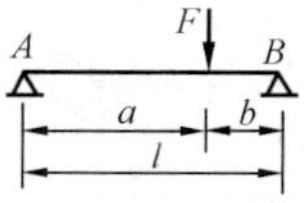	反力	$R_A=\frac{b}{l}F$；$R_B=\frac{a}{l}F$
			剪力	$V_A=R_A$；$V_B=-R_B$
			弯矩	$M_{max}=\frac{Fab}{l}$
	弯矩		挠度	若$a>b$时，在$x=\sqrt{\frac{a}{3}(a+2b)}$处，$w_{max}=\frac{Fb}{9EIl}\sqrt{\frac{(a^2+2ab)^3}{3}}$
	剪力	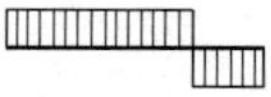		
3	荷载	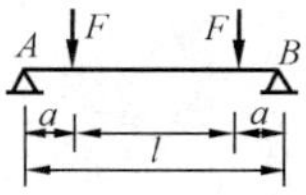	反力	$R_A=R_B=F$
			剪力	$V_A=R_A$；$V_B=-R_B$
	弯矩		弯矩	$M_{max}=Fa$
	剪力		挠度	$w_{max}=\frac{Fa}{24EI}(3l^2-4a^2)$
4	荷载	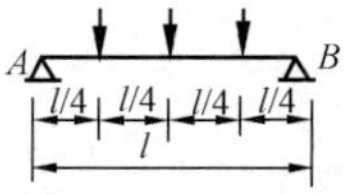	反力	$R_A=R_B=\frac{3}{2}F$
			剪力	$V_A=R_A$；$V_B=-R_B$
	弯矩	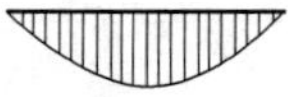	弯矩	$M_{max}=\frac{1}{2}Fl$
	剪力	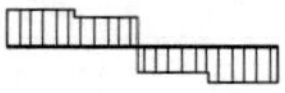	挠度	$w_{max}=\frac{19Fl^3}{384EI}$
5	荷载	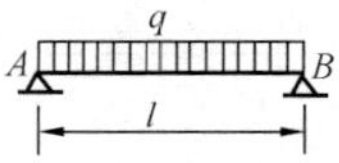	反力	$R_A=R_B=\frac{1}{2}ql$
			剪力	$V_A=R_A$；$V_B=-R_B$
	弯矩	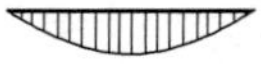	弯矩	$M_{max}=\frac{1}{8}ql^2$
	剪力	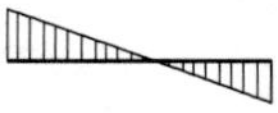	挠度	$w_{max}=\frac{5ql^4}{384EI}$

续表

序号	图类	图示	项目	计算式
6	荷载	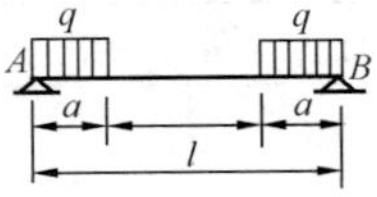	反力	$R_A=R_B=qa$
			剪力	$V_A=R_A$；$V_B=-R_B$
	弯矩	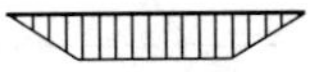	弯矩	$M_{max}=\frac{1}{2}qa^2$
	剪力	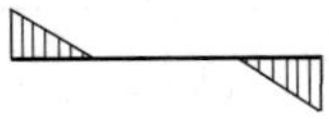	挠度	$w_{max}=\frac{qa^2}{48EI}(3l^2-2a^2)$
7	荷载	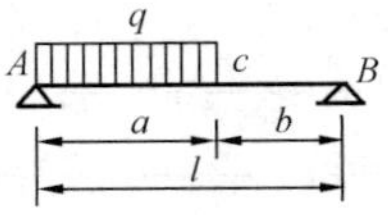	反力	$R_A=\frac{qa}{2}\left(2-\frac{a}{l}\right)$；$R_B=\frac{qa^2}{2l}$
			剪力	$V_A=R_A$；$V_B=-R_B$
	弯矩	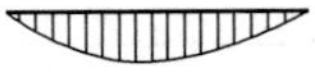	弯矩	当 $x=a-\frac{a^2}{2l}$ 时， $M_{max}=\frac{qa^2}{8l}\left(4b+\frac{a^2}{l}\right)=\frac{qa^2}{8}\left(2-\frac{a}{l}\right)^2$
	剪力	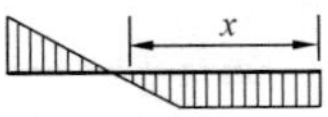	挠度	$w_x=\frac{qa^2l^2}{24EI}\left[\left(2-\frac{a^2}{l^2}-\frac{2x^2}{l^2}\right)\frac{x}{l}+\frac{(x-b)^4}{a^2l^2}\right]$ （$x\geqslant b$ 时）
8	荷载	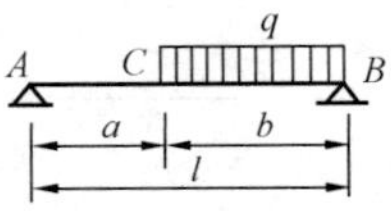	反力	$R_A=\frac{qb^2}{2l}$；$R_B=\frac{qb}{2}\left(2-\frac{b}{l}\right)$
			剪力	$V_A=R_A$；$V_B=-R_B$
	弯矩	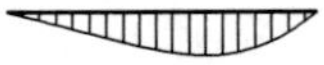	弯矩	当 $x=a+\frac{b^2}{2l}$ 时； $M_{max}=\frac{qb^2}{8l}\left(4a+\frac{b^2}{l}\right)=\frac{qb^2}{8}\left(2-\frac{b}{l}\right)^2$
	剪力	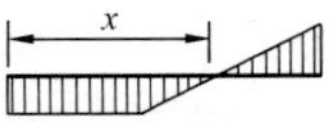	挠度	$w_x=\frac{qb^2l^2}{24EI}\left[\left(2-\frac{b^2}{l^2}-\frac{2x^2}{l^2}\right)\frac{x}{l}+\frac{(x-a)^4}{b^2l^2}\right]$ （CB 段）
9	荷载	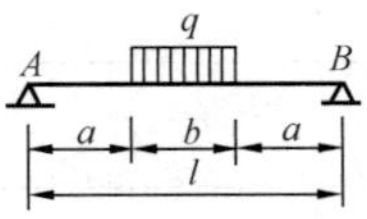	反力	$R_A=R_B=\frac{qb}{2}$
			剪力	$V_A=R_A$；$V_B=-R_B$
	弯矩	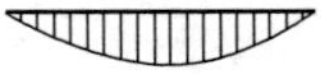	弯矩	$M_{max}=\frac{qbl}{8}\left(2-\frac{b}{l}\right)$
	剪力	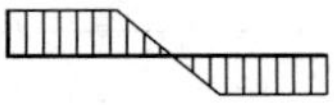	挠度	$w_{max}=\frac{qbl^3}{384EI}\left(8-\frac{4b^2}{l^2}+\frac{b^3}{l^3}\right)$

续表

序号	图类	图　示	项目	计　算　式
10	荷载	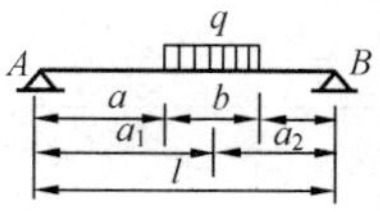	反力	$R_A=\frac{qa_2b}{l}$；$R_B=\frac{qa_1b}{l}$
			剪力	$V_A=R_A$；$V_B=-R_B$
	弯矩	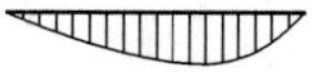	弯矩	$M_{max}=\frac{qba_2}{l}\left(a+\frac{ba_2}{2l}\right)$
	剪力	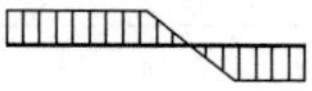	挠度	$w_{max}=\frac{qba_2}{24EI}\left[\left(4l-4\frac{a_2^2}{l}-\frac{b^2}{l}\right)x-4\frac{x^3}{l}+\frac{(x-a)^4}{ba_2}\right]$ 式中：$x=a+\frac{ba_2}{l}$
11	荷载	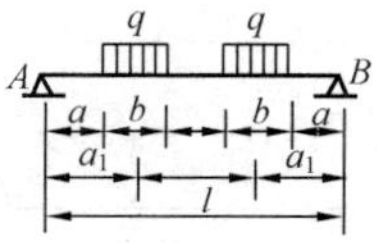	反力	$R_A=R_B=qb$
			剪力	$V_A=R_A$；$V_B=-R_B$
	弯矩	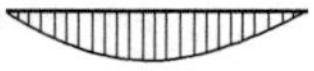	弯矩	$M_{max}=qba_1$
	剪力		挠度	$w_{max}=\frac{qba_1}{2EI}\left(\frac{l^2}{4}-\frac{a_1^2}{3}-\frac{b^2}{12}\right)$

表 A.3　悬臂梁的反力、剪力、弯矩和挠度

序号	图类	图　示	项目	计　算　式
1	荷载	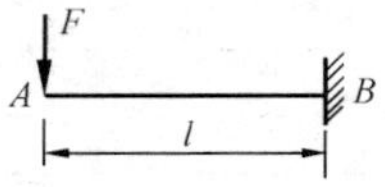	反力	$R_B=F$
			剪力	$V_B=-R_B$
	弯矩		弯矩	$M_x=-F_x$；$M_{max}=M_B=-Fl$
	剪力	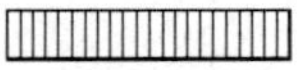	挠度	$w_{max}=w_A=\frac{Fl^3}{3EI}$
2	荷载	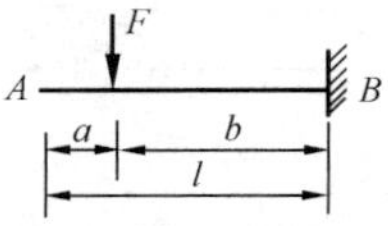	反力	$R_B=F$
			剪力	$V_B=-R_B$
	弯矩	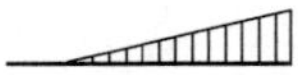	弯矩	$M_x=-F(x-a)$；$M_{max}=M_B=-Fb$
	剪力	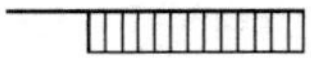	挠度	$w_{max}=w_A\frac{Fb^2l}{6EI}=\left(3-\frac{b}{l}\right)$

续表

序号	图类	图示	项目	计算式
3	荷载	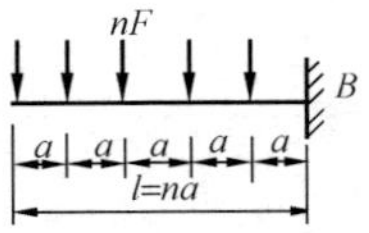	反力	$R_B=nF$
			剪力	$V_B=-R_B$
	弯矩	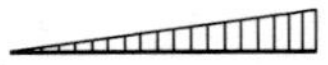	弯矩	$M_{max}=M_B=-\frac{n+1}{2}Fl$
	剪力	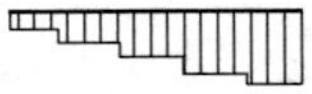	挠度	$w_{max}=w_A=\frac{3n^2+4n+1}{24nEI}Fl^3$
4	荷载	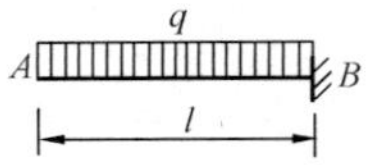	反力	$R_B=ql$
			剪力	$V_B=-R_B$
	弯矩		弯矩	$M_{max}=M_B=-\frac{ql^2}{2}$
	剪力	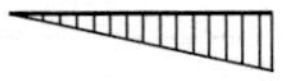	挠度	$w_{max}=w_A=\frac{ql^4}{8EI}$
5	荷载	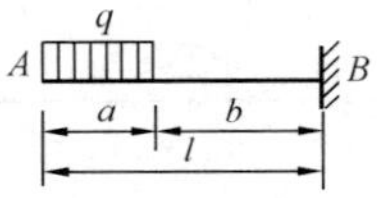	反力	$R_B=qa$
			剪力	$V_B=-R_B$
	弯矩	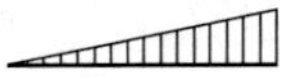	弯矩	$M_{max}=M_B=-\frac{qal}{2}(2-a)$
	剪力	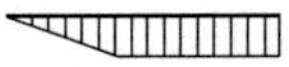	挠度	$w_{max}=w_A=\frac{ql^4}{24EI}\left(3-4\frac{b^3}{l^3}+\frac{b^4}{l^4}\right)$
6	荷载	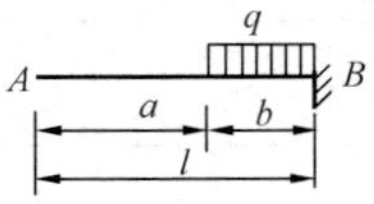	反力	$R_B=qb$
			剪力	$V_B=-R_B$
	弯矩		弯矩	$M_B=-\frac{qb^2}{2}$
	剪力		挠度	$w_A=\frac{qb^3l}{24EI}\left(4-\frac{b}{l}\right)$
7	荷载	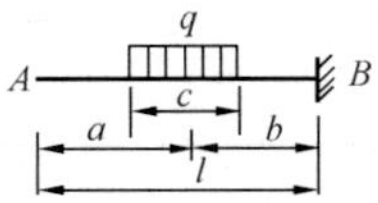	反力	$R_B=qc$
			剪力	$V_B=-R_B$
	弯矩	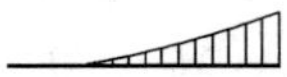	弯矩	$M_B=-qcb$
	剪力		挠度	$w_A=\frac{qc}{24EI}(12b^2l-4b^3+ac^2)$

表 A.4　　一端简支另一端固定梁的反力、剪力、弯矩和挠度

序号	图类	图　示	项目	计　算　式
1	荷载	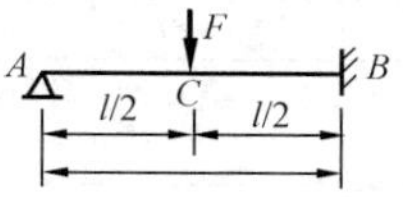	反力	$R_A=\frac{5}{16}F$；$R_B=\frac{11}{16}F$
			剪力	$V_A=R_A$；$V_B=-R_B$
	弯矩	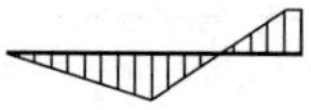	弯矩	$M_C=\frac{5}{32}Fl$；$M_B=-\frac{3}{16}Fl$
	剪力	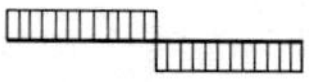	挠度	当 $x=0.447l$ 时，$w_{max}=0.00932\frac{Fl^3}{EI}$
2	荷载	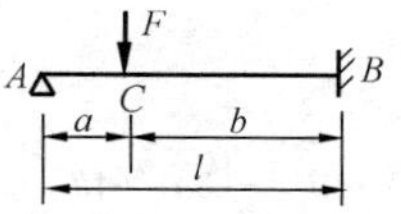	反力	$R_A=\frac{Fb^2}{2l^2}\left(3-\frac{b}{l}\right)$；$R_B=\frac{Fa}{2l}\left(3-\frac{a^2}{l^2}\right)$
			剪力	$V_A=R_A$；$V_B=-R_B$
	弯矩	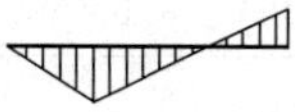	弯矩	当 $x=a$ 时，$M_{max}=\frac{Fab^2}{2l^2}\left(3-\frac{b}{l}\right)$
	剪力	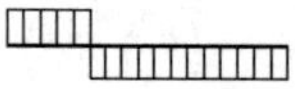	挠度	CB 段 $w_x=\frac{1}{6EI}[R_A(3l^2x-x^3)-3Fb^2x+F(x-a)^3]$
3	荷载	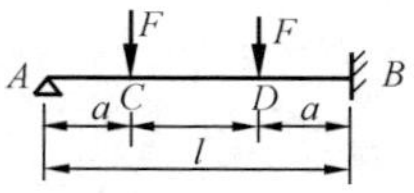	反力	$R_A=\frac{F}{2}\left(2-3\frac{a}{l}+3\frac{a^2}{l^2}\right)$；$R_A=\frac{F}{2}\left(2+3\frac{a}{l}-3\frac{a^2}{l^2}\right)$
			剪力	$V_A=R_A$；$V_B=-R_B$
	弯矩	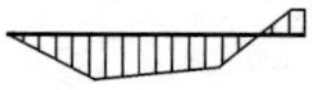	弯矩	$M_{max}=M_C=R_Aa$；$M_B=-\frac{3Fa}{2}\left(1-\frac{a}{l}\right)$
	剪力		挠度	CD 段 $w_x=\frac{1}{6EI}[R_A(3l^2x-x^3)-3F(l^2-2al+2a^2)x$ $+F(x-a)^3]$
4	荷载	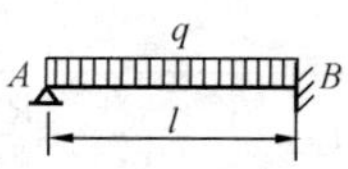	反力	$R_A=\frac{3}{8}ql$；$R_B=\frac{5}{8}ql$
			剪力	$V_A=R_A$；$V_B=-R_B$
	弯矩		弯矩	当 $x=\frac{3}{8}l$ 时，$M_{max}=\frac{9ql^2}{128}$
	剪力		挠度	当 $x=0.422l$ 时，$w_{max}=0.00542\frac{ql^4}{EI}$

续表

序号	图类	图示	项目	计算式
5	荷载	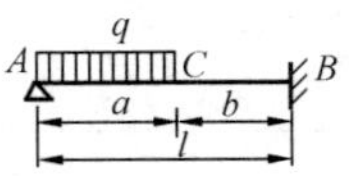	反力	$R_A=\frac{qa}{8}(8-6a+a^3)$；$R_B=\frac{qa^2}{8l}(6l-a^2)$；$a=\frac{a}{l}$
			剪力	$V_A=R_A$；$V_B=-R_B$
	弯矩		弯矩	当 $x=\frac{R_A}{q}$时，$M_{max}=\frac{R_A^2}{2q}$
	剪力	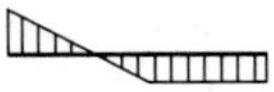	挠度	AC 段 $w_x=\frac{1}{24EI}[4R_A(3l^2x-x^3)-4qa(3bl+a^2)x+qx^4]$ BC 段 $w_x=\frac{1}{24EI}[4R_A(3l^2x-x^3)-qa(a^3+12blx)$ $+6ax^2-4x^3]$ 当 $x=a$ 时： $w_a=\frac{1}{24EI}[4aR_A(3l^2-a^2)-3qa^2(4lb+a^2)]$
6	荷载	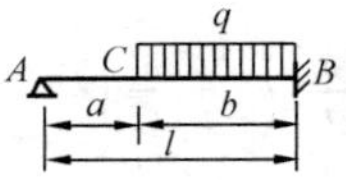	反力	$R_A=\frac{qb^3}{8l^3}\left(4-\frac{b}{l}\right)$；$R_B=\frac{qb}{8}\left(8-4\frac{b^2}{l^2}+\frac{b^3}{l^3}\right)$
			剪力	$V_A=R_A$；$V_B=-R_B$
	弯矩	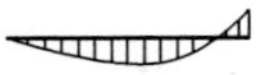	弯矩	当 $x=a+\frac{R_A}{q}$时，$M_{max}=R_A\left(a+\frac{R_A}{2q}\right)$
	剪力	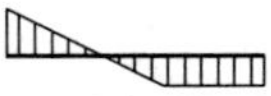	挠度	AC 段 $w_x=\frac{1}{6EI}[R_A(3l^2x-x^3)-qb^3x]$ BC 段 $w_z=\frac{1}{24EI}[4R_A(3l^2x-x^3)-4qb^3x+q(x-a)^4]$ 当 $x=a$ 时： $w_a=\frac{1}{6EI}[aR_A(3l^2-a^2)-qb^3]$
7	荷载	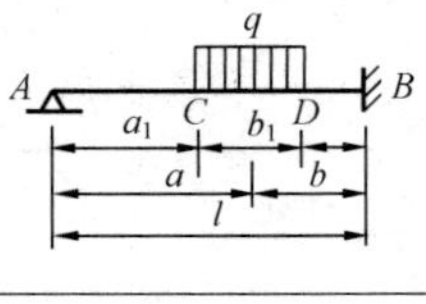	反力	$R_A=\frac{qb_1}{8l^3}(12b^2l-4b^3+ab_1^2)$；$R_B=qb_1-R_A$
			剪力	$V_A=R_A$；$V_B=-R_B$
	弯矩	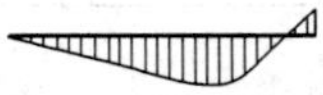	弯矩	当 $x=a_1+\frac{R_A}{q}$ 时，$M_{max}=R_A\left(a_1+\frac{R_A}{2q}\right)$
	剪力	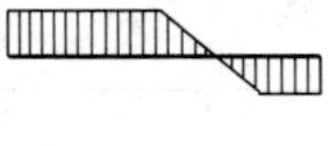	挠度	AC 段 $w_x=\frac{1}{24EI}[4R_A(3l^2x-x^3)-qb_1(12b^2+b_1^2)x]$ CD 段 $w_x=\frac{1}{24EI}[4R_A(3l^2x-x^3)-qb_1(12b^2+b_1^2)x$ $+q(x-a_1)^4]$

表 A.5　　**两端固定梁的反力、剪力、弯矩和挠度**

序号	图类	图　　示	项目	计　　算　　式
1	荷载	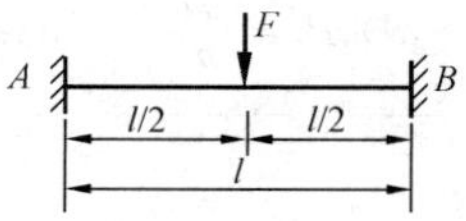	反力	$R_A = R_B = \frac{1}{2}F$
			剪力	$V_A = R_A$；$V_B = -R_B$
	弯矩	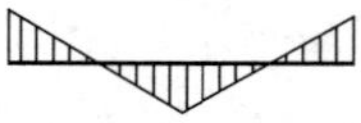	弯矩	$M_{max} = \frac{1}{8}Fl$
	剪力	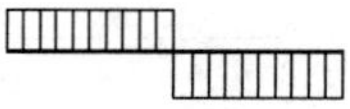	挠度	$w_{max} = \frac{Rl^3}{192EI}$
2	荷载	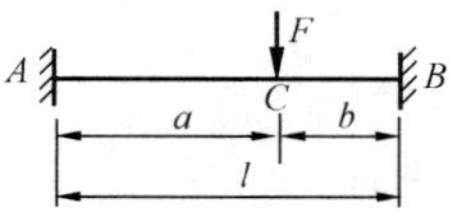	反力	$R_A = \frac{Fb^2}{l^2}\left(1+\frac{2a}{l}\right)$；$R_B = \frac{Fb^2}{l^2}\left(1+\frac{2b}{l}\right)$
			剪力	$V_A = R_A$；$V_B = -R_B$
	弯矩	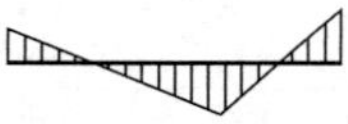	弯矩	$M_{max} = M_C = \frac{2Fa^2b^2}{l^3}$
	剪力	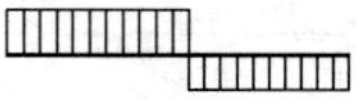	挠度	若 $a > b$，当 $x = \frac{2al}{3a+b}$ 时，$w_{max} = \frac{2F}{3EI} \times \frac{a^3b^2}{(3a+b)^2}$
3	荷载	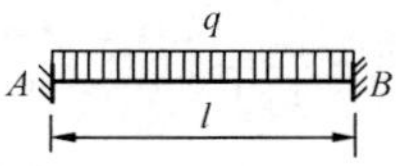	反力	$R_A = R_B = \frac{ql}{2}$
			剪力	$V_A = R_A$；$V_B = -R_B$
	弯矩	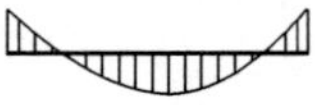	弯矩	$M_{max} = \frac{ql^2}{24}$
	剪力	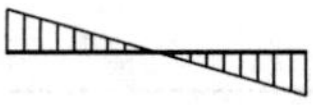	挠度	$w_{max} = \frac{ql^4}{384EI}$
4	荷载	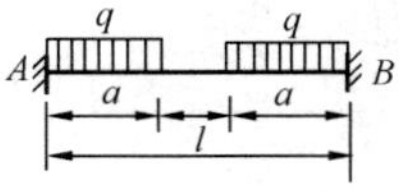	反力	$R_A = R_B = qa$
			剪力	$V_A = R_A$；$V_B = -R_B$
	弯矩	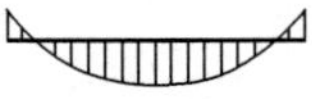	弯矩	$M_{max} = \frac{qa^3}{3l}$
	剪力		挠度	$w_{max} = \frac{qa^3l}{24EI}\left(1-\frac{a}{l}\right)$

续表

序号	图类	图示	项目	计算式
5	荷载	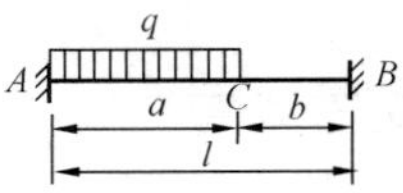	反力	$R_A=\frac{qa}{2}(2-2\alpha^2+\alpha^3)$；$R_B=\frac{qa^3}{2l^2}(2-\alpha)$；$\alpha=\frac{a}{l}$
			剪力	$V_A=R_A$；$V_B=-R_B$
	弯矩	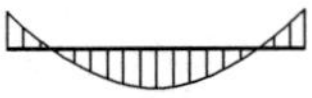	弯矩	$M_A=-\frac{qa^2}{12}(6-8\alpha+3\alpha^2)$；$\alpha=\frac{a}{l}$ 当 $x=\frac{R_A}{q}$ 时，$M_{max}=\frac{R_A^2}{2q}+M_A$
	剪力	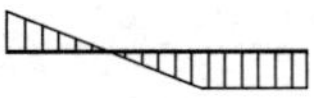	挠度	AC 段 $w_x=\frac{1}{6EI}\left(-R_Ax^3-3M_Ax^2+\frac{qx^4}{4}\right)$ BC 段 $w_x=\frac{1}{6EI}\left[-R_Ax^3-3M_Ax^2+\frac{qa}{4}(a^3-4a^2x+6ax^2-4x^3)\right]$
6	荷载	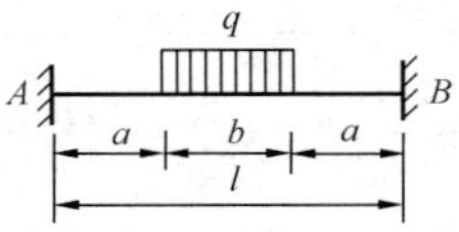	反力	$R_A=R_B=\frac{qb}{2}$
			剪力	$V_A=R_A$；$V_B=-R_B$
	弯矩	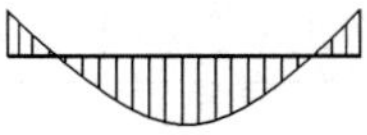	弯矩	$M_{max}=-\frac{qbl}{24}\left(3-3\frac{b}{l}+\frac{b^2}{l^2}\right)$
	剪力	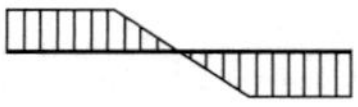	挠度	$w_{max}=\frac{qal^3}{384EI}\left(2-2\frac{b^2}{l^2}+\frac{b^3}{l^3}\right)$

表 A.6　　外伸梁的反力、剪力、弯矩和挠度

序号	图类	图示	项目	计算式
1	荷载	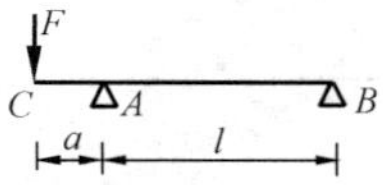	反力	$R_A=\left(1+\frac{a}{l}\right)F$，$R_B=-\frac{a}{l}F$
			剪力	$V_C=-F$；$V_B=-R_B=\frac{a}{l}F$
	弯矩		弯矩	$M_{max}=M_A=-Fa$
	剪力	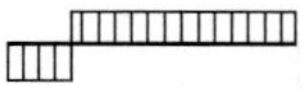	挠度	$w_C=\frac{Fa^2l}{3EI}\left(1+\frac{a}{l}\right)$ 当 $x=a+0.5l$ 时，$w_{min}=-0.0642\frac{Fal^2}{EI}$

续表

序号	图类	图　　示	项目	计　　算　　式
2	荷载	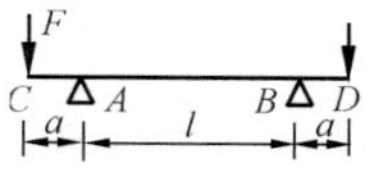	反力	$R_A=R_B=F$
			剪力	$V_A=-R_A$；$V_B=R_B$
	弯矩	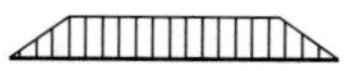	弯矩	$M_A=M_B=-Fa$
	剪力		挠度	$w_C=w_D=\frac{Fa^2l}{6EI}\left(3+2\frac{a}{l}\right)$ 当 $x=a+0.5l$ 时，$w_{min}=-\frac{Fal^2}{8EI}$
3	荷载	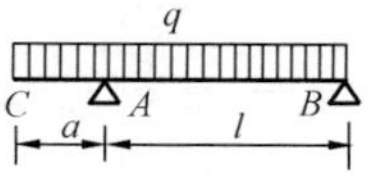	反力	$R_A=\frac{ql}{2}\left(1+\frac{a}{l}\right)^2$；$R_B=\frac{ql}{2}\left(1-\frac{a}{l}\right)^2$
			剪力	$V_{A左}=-qa$；$V_{A右}=R_A-qa$；$V_B=-R_B$
	弯矩	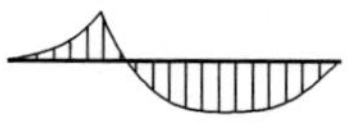	弯矩	$M_A=-\frac{1}{2}qa^2$ 若 $l>a$，当 $x=\frac{1}{2}\left(1+\frac{a}{2}\right)^2$ 时，$M_{max}=\frac{ql^2}{8}\left(1-\frac{a^2}{l^2}\right)^2$
	剪力		挠度	$w_C=\frac{qal^3}{24EI}\left(-1+4\frac{a^2}{l^2}+3\frac{a^3}{l^3}\right)$
4	荷载	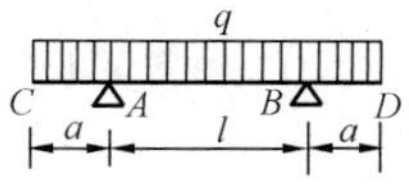	反力	$R_A=R_B=\frac{ql}{2}\left(1+2\frac{a}{l}\right)=\frac{q}{2}(1+2a)$
			剪力	$V_{A左}=-qa$；$V_{A右}=\frac{1}{2}ql$；$V_{B左}=-\frac{1}{2}ql$；$V_{B右}=qa$
	弯矩		弯矩	$M_A=M_B=-\frac{1}{2}qa^2$；$M_{max}=\frac{ql^2}{8}\left(1-4\frac{a^2}{l^2}\right)$
	剪力	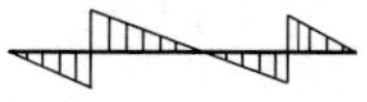	挠度	$w_{max}=\frac{ql^4}{384EI}\left(5-24\frac{a^2}{l^2}\right)$
5	荷载	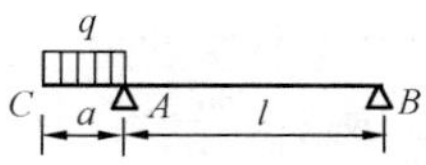	反力	$R_A=\frac{qa}{2}\left(2+\frac{a}{l}\right)$；$R_B=-\frac{qa^2}{2l}$
			剪力	$V_{A左}=-qa$；$V_{A右}=V_B=-R_B=\frac{qa^2}{2l}$
	弯矩		弯矩	$M_{max}=M_A=-\frac{qa^2}{2}$
	剪力	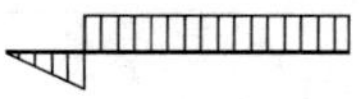	挠度	$w_C=\frac{qa^3l}{24EI}\left(4+\frac{3a}{l}\right)$ 当 $x=a+0.423l$ 时，$w_{min}=-0.0321\frac{qa^2l^2}{EI}$

续表

序号	图类	图 示	项目	计 算 式
6	荷载	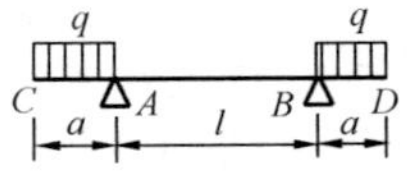	反力	$R_A=R_B=qa$
			剪力	$V_A=-R_A$；$V_B=R_B$
	弯矩	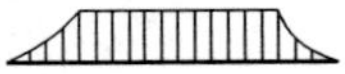	弯矩	$M_A=M_B=-\frac{1}{2}qa^2$
	剪力	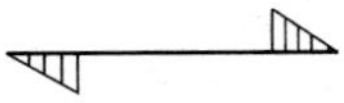	挠度	$w_C=w_D=\frac{qa^3l}{8EI}\left(2+\frac{a}{l}\right)$ 当 $x=a+0.5l$ 时，$w_{min}=-\frac{qa^2l^2}{16EI}$
7	荷载	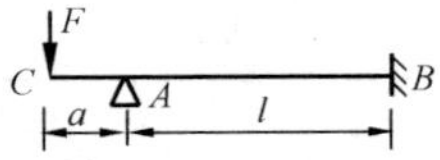	反力	$R_A=\frac{R}{2}\left(2+3\frac{a}{l}\right)$；$R_B=-\frac{3Fa}{2l}$
			剪力	$V_A=-R_A$；$V_B=R_B$
	弯矩	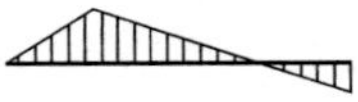	弯矩	$M_A=-Fa$；$M_B=\frac{Fa}{2}$
	剪力	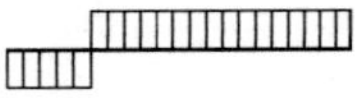	挠度	$w_C=\frac{Fa^2l}{12EI}\left(3+4\frac{a}{l}\right)$ 当 $x=a+\frac{1}{3}$时，$w_{min}=-\frac{Fal^2}{27EI}$
8	荷载	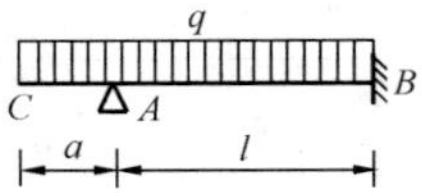	反力	$R_A=\frac{ql}{8}\left(3+8\frac{a}{l}+6\frac{a^2}{l^2}\right)$；$R_B=\frac{ql}{8}\left(5-6\frac{a^2}{l^2}\right)$
			剪力	$V_{A左}=-qa$；$V_{A右}=R_B$；$V_B=-R_B$
	弯矩	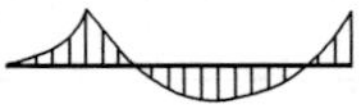	弯矩	$M_A=-\frac{qa^2}{2}$；$M_B=-\frac{ql^2}{8}\left(1-2\frac{a^2}{l^2}\right)$
	剪力	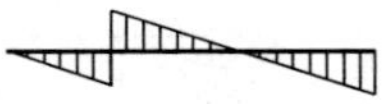	挠度	$w_C=\frac{qal^3}{48EI}\left(-1+6\frac{a^2}{l^2}+6\frac{a^3}{l^3}\right)$
9	荷载	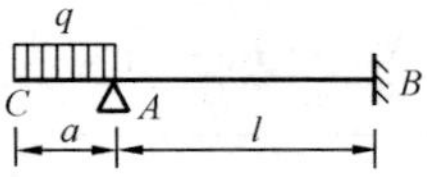	反力	$R_A=\frac{qa}{4}\left(4+3\frac{a}{l}\right)$；$R_B=-\frac{3qa^2}{4l}$
			剪力	$V_{A左}=-qa$；$V_{A右}=V_B=R_B$
	弯矩	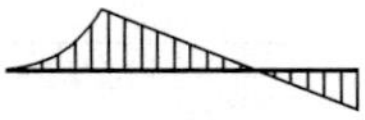	弯矩	$M_A=-\frac{qa^2}{2}$；$M_B=\frac{qa^2}{4}$
	剪力	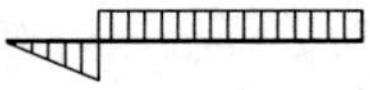	挠度	$w_C=\frac{qa^3l}{8EI}\left(1+\frac{a}{l}\right)$

续表

序号	图类	图　　示	项目	计　　算　　式
10	荷载	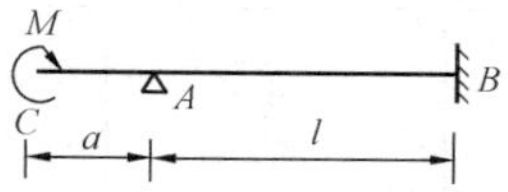	反力	$R_A=-\frac{3M}{2l}$；$R_B=\frac{3M}{2l}$
			剪力	$V_A=-R_A$；$V_B=-R_B$
	弯矩	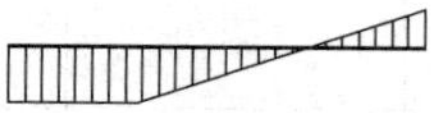	弯矩	$M_A=M$；$M_B=-\frac{M}{2}$
	剪力		挠度	$w_C=\frac{-Mal}{4EI}\left(1+2\frac{a}{l}\right)$ 当 $x=a+\frac{l}{3}$ 时，$w_{max}=\frac{Ml^2}{27EI}$

A.3　等截面连续梁的内力及变形表

（1）等跨连续梁的弯矩、剪力及挠度系数表（见表 A.7～表 A.8）。

表 A.7　　二跨等跨梁的内力和挠度系数

序号	荷　载　图	跨内最大弯矩		支座弯矩	剪　　力			跨度中点挠度	
		M_1	M_2	M_B	V_A	$V_{B左}$ $V_{B右}$	V_C	w_1	w_2
1	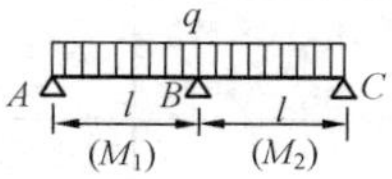	0.070	0.070	−0.125	0.375	−0.625 0.625	−0.375	0.521	0.521
2	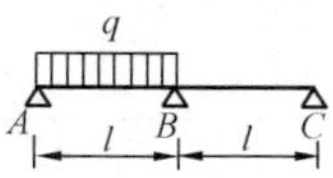	0.096	—	−0.063	0.437	−0.563 0.063	0.063	0.912	−0.391
3	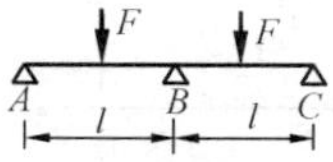	0.156	0.156	−0.188	0.312	−0.688 0.688	−0.312	0.911	0.911
4	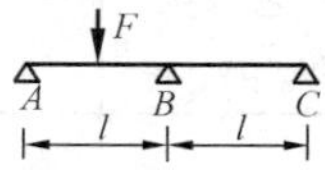	0.203	—	−0.094	0.406	−0.594 0.094	0.094	1.497	−0.586
5	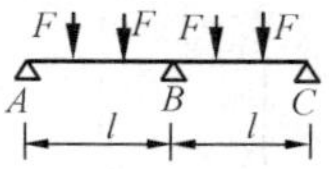	0.222	0.222	−0.333	0.667	−1.333 1.333	−0.667	1.466	1.466
6	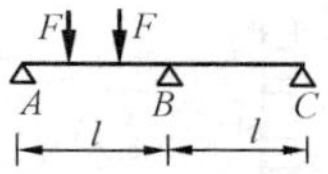	0.278	—	−0.167	0.833	−1.167 0.167	0.167	2.508	−1.042

注　1. 在均布荷载作用下：$M=$表中系数$\times ql^2$；$V=$表中系数$\times ql$；$w=$表中系数$\times\frac{ql^4}{100EI}$。

2. 在集中荷载作用下：$M=$表中系数$\times Fl$；$V=$表中系数$\times F$；$w=$表中系数$\times\frac{Fl^2}{100EI}$。

（2）不等跨连续梁的内力系数（见表 A.9～表 A.10）。

表 A.8　**三跨等跨梁的内力和挠度系数**

序号	荷载图	跨内最大弯矩		支座弯矩		剪力				跨度中点挠度		
		M_1	M_2	M_B	M_C	V_A	$V_{B左}$ $V_{B右}$	$V_{C左}$ $V_{C右}$	V_D	w_1	w_2	w_3
1	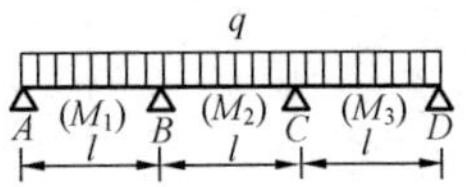	0.080	0.025	−0.100	−0.100	0.400	−0.600 0.500	−0.500 0.600	−0.400	0.677	0.052	0.677
2	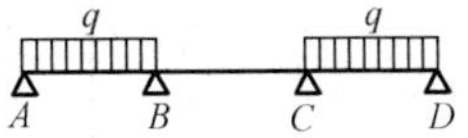	0.101	—	−0.050	−0.050	0.450	−0.550 0	0 0.550	−0.450	0.990	−0.625	0.990
3	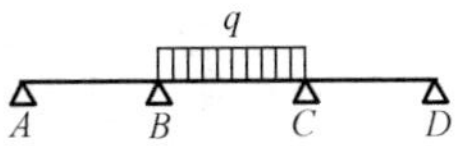	—	0.075	−0.050	−0.050	−0.050	−0.050 0.500	−0.500 0.050	0.050	−0.313	0.677	−0.313
4	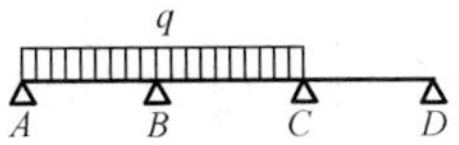	0.073	0.054	−0.117	−0.033	0.383	−0.617 0.583	−0.417 0.033	0.033	0.573	0.365	−0.208
5	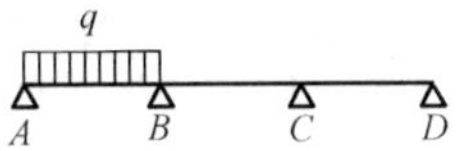	0.094	—	−0.067	0.017	0.433	−0.567 0.083	0.083 −0.017	−0.017	0.885	−0.313	0.104

续表

序号	荷载图	跨内最大弯矩		支座弯矩		剪力				跨度中点挠度		
		M_1	M_2	M_B	M_C	V_A	$V_{B左}$ $V_{B右}$	$V_{C左}$ $V_{C右}$	V_D	w_1	w_2	w_3
6	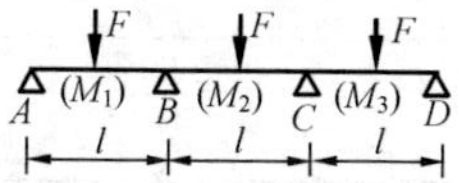	0.175	0.100	−0.150	−0.150	0.350	−0.650 0.500	−0.500 0.650	−0.350	1.146	0.208	1.146
7	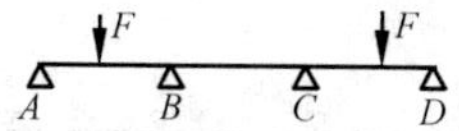	0.213	—	−0.075	−0.075	0.425	−0.575 0	0 0.575	−0.425	1.615	−0.937	1.615
8	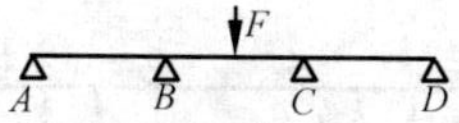	—	0.175	−0.075	−0.075	−0.075	−0.075 0.500	−0.500 0.075	0.075	−0.469	1.146	−0.469
9	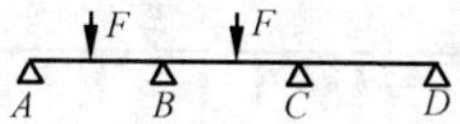	0.162	0.137	0.175	−0.050	0.325	−0.675 0.625	−0.375 0.050	0.050	0.990	0.677	−0.312
10	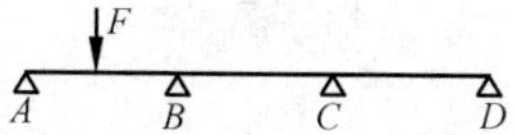	0.200	—	−0.100	0.025	0.400	−0.600 0.125	0.125 −0.025	−0.025	1.458	−0.469	0.156

续表

序号	荷载图	跨内最大弯矩		支座弯矩		剪力				跨度中点挠度		
		M_1	M_2	M_B	M_C	V_A	$V_{B左}$ $V_{B右}$	$V_{C左}$ $V_{C右}$	V_D	w_1	w_2	w_3
11	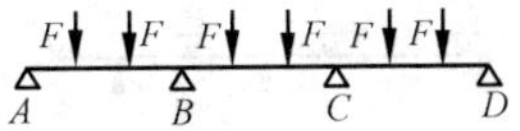	0.244	0.067	−0.267	−0.267	0.733	−1.267 1.000	−1.000 1.267	−0.733	1.883	0.216	1.883
12	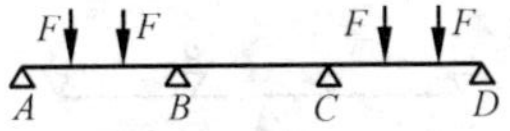	0.289	—	−0.133	−0.133	0.866	−1.134 0	0 1.134	−0.866	2.716	−1.667	2.716
13	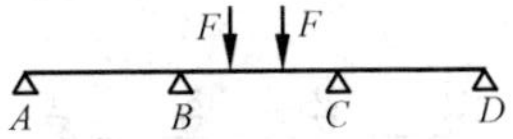	—	0.200	−0.133	−0.133	−0.133	−0.133 1.000	−1.000 0.133	0.133	−0.833	1.883	−0.833
14	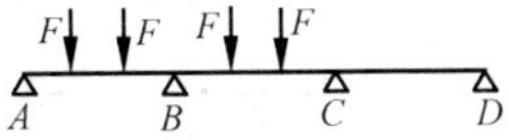	0.229	0.170	−0.311	−0.089	0.689	−1.311 1.222	−0.778 0.089	0.089	1.605	1.049	−0.550
15	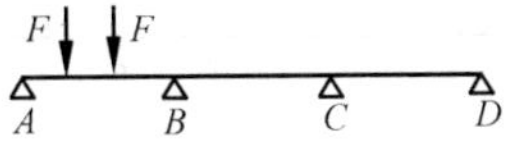	0.274	—	−0.178	0.044	0.822	−1.178 0.222	0.222 −0.044	−0.044	2.438	−0.833	0.278

注 1. 在均布荷载作用下：M=表中系数×ql^2；V=表中系数×ql；w=表中系数×$\frac{ql^4}{100EI}$。

2. 在集中荷载作用下：M=表中系数×Fl；V=表中系数×F；w=表中系数×$\frac{ql^3}{100EI}$。

表 A.9　　二不等跨梁的内力系数

荷载 / 系数 / n	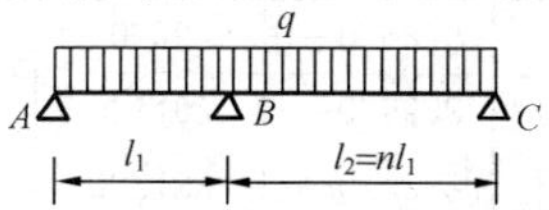							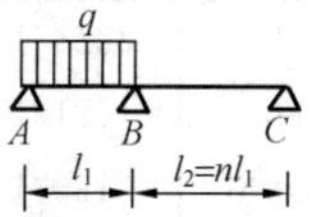		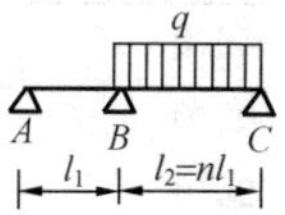	
	M_B (M_{max})	M_{BA}	M_{BC}	V_A	$V_{B左}$ (V_{max})	$V_{B右}$ (V_{max})	V_C	M_{AB} (M_{max})	V_A (V_{max})	M_{BC} (M_{max})	V_C (V_{max})
1.0	−0.1250	0.0703	0.0703	0.3750	−0.6250	0.6250	−0.3750	0.0957	0.4375	0.0957	−0.4375
1.1	−0.1388	0.0653	0.0898	0.3613	−0.6387	0.6761	−0.4239	0.0970	0.4405	0.1142	−0.4780
1.2	−0.1550	0.0595	0.1108	0.3450	−0.6550	0.7292	−0.4708	0.0982	0.4432	0.1343	−0.5182
1.3	−0.1738	0.0532	0.1333	0.3263	−0.6737	0.7836	−0.5164	0.0993	0.4457	0.1558	−0.5582
1.4	−0.1950	0.0465	0.1572	0.3050	−0.6950	0.8393	−0.5607	0.1003	0.4479	0.1788	−0.5979
1.5	−0.2188	0.0396	0.1825	0.2813	−0.7187	0.8958	−0.6042	0.1013	0.4500	0.2032	−0.6375
1.6	−0.2450	0.0325	0.2092	0.2550	−0.7450	0.9531	−0.6469	0.1021	0.4519	0.2291	−0.6769
1.7	−0.2733	0.0256	0.2374	0.2263	−0.7737	1.0110	−0.6890	0.1029	0.4537	0.2564	−0.7162
1.8	−0.3050	0.0190	0.2669	0.1950	−0.8050	1.0694	−0.7306	0.1037	0.4554	0.2850	−0.7554
1.9	−0.3388	0.0130	0.2978	0.1613	−0.8387	1.1283	−0.7717	0.1044	0.4569	0.3155	−0.7944
2.0	−0.3750	0.0078	0.3301	0.1250	−0.8750	1.1875	−0.8125	0.1050	0.4583	0.3472	−0.8333
2.25	−0.4766	0.0003	0.4170	0.0234	−0.9766	1.3368	−0.9132	0.1065	0.4615	0.4327	−0.9303
2.5	−0.5938	负值	0.5126	−0.0938	−1.0938	1.4875	−1.0125	0.1078	0.4643	0.5272	−1.0268

注　1. M=表中系数$\times ql_1^2$；V=表中系数$\times ql_1$。

2. M_{max}、V_{max}表示它为相应跨内的最大内力。

表 A.10 三不等跨梁内力系数

n \ 荷载 / 系数	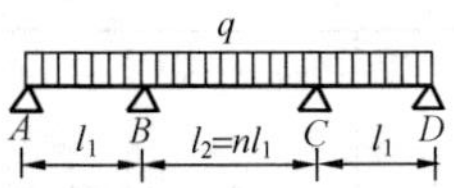						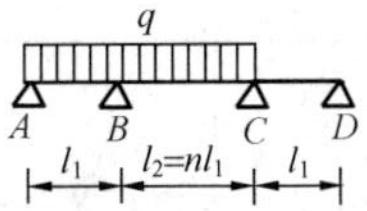			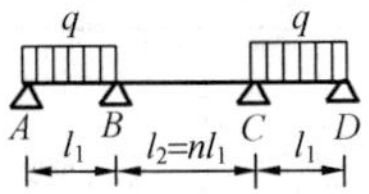		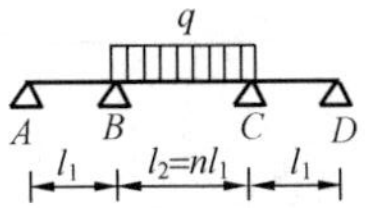
	M_B	M_{AB}	M_{BC}	V_A	$V_{B左}$	$V_{B右}$	M_B (M_{max})	$V_{B左}$ (V_{max})	$V_{B右}$ (V_{max})	M_{AB} (M_{max})	V_A (V_{max})	M_{BC} (M_{max})
0.4	−0.0831	0.0869	−0.0631	0.4169	−0.5831	0.2000	−0.0962	−0.5962	0.4608	0.0890	0.4219	0.0150
0.5	−0.0804	0.0880	−0.0491	0.4196	−0.5804	0.2500	−0.0947	−0.5947	0.4502	0.0918	0.4286	0.0223
0.6	−0.0800	0.0882	−0.0350	0.4200	−0.5800	0.3000	−0.0952	−0.5952	0.4603	0.0943	0.4342	0.0308
0.7	−0.0819	0.0874	−0.0206	0.4181	−0.5819	0.3500	−0.0979	−0.5979	0.4825	0.0964	0.4390	0.0403
0.8	−0.0859	0.0857	−0.0059	0.4141	−0.5859	0.4000	−0.1021	−0.6021	0.5116	0.0982	0.4432	0.0509
0.9	−0.0918	0.0833	0.0095	0.4082	−0.5918	0.4500	−0.1083	−0.6083	0.5456	0.0998	0.4468	0.0625
1.0	−0.1000	0.0800	0.0250	0.4000	−0.6000	0.5000	−0.1167	−0.6167	0.5833	0.1013	0.4500	0.0750
1.1	−0.1100	0.0761	0.0413	0.3900	−0.6100	0.5500	−0.1267	−0.6267	0.6233	0.1025	0.4528	0.0885
1.2	−0.1218	0.0715	0.0582	0.3782	−0.6218	0.6000	−0.1385	−0.6385	0.6651	0.1037	0.4554	0.1029
1.3	−0.1355	0.0664	0.0758	0.3645	−0.6355	0.6500	−0.1522	−0.6522	0.7082	0.1047	0.4576	0.1182
1.4	−0.1510	0.0609	0.0940	0.3490	−0.6510	0.7000	−0.1676	−0.6676	0.7525	0.1057	0.4597	0.1344
1.5	−0.1683	0.0550	0.1130	0.3317	−0.6683	0.7500	−0.1848	−0.6848	0.7976	0.1065	0.4615	0.1514
1.6	−0.1874	0.0489	0.1327	0.3127	−0.6873	0.8000	−0.2037	−0.7037	0.8434	0.1073	0.4632	0.1694
1.7	−0.2082	0.0426	0.1531	0.2918	0.7082	0.8500	−0.2244	−0.7244	0.8897	0.1080	0.4648	0.1883
1.8	−0.2308	0.0362	0.1742	0.2692	−0.7308	0.9000	−0.2468	−0.7468	0.9366	0.1087	0.4662	0.2080
1.9	−0.2552	0.0300	0.1961	0.2448	−0.7552	0.9500	−0.2710	−0.7710	0.9846	0.1093	0.4675	0.2286
2.0	−0.2813	0.0239	0.2188	0.2188	−0.7812	1.0000	−0.2969	−0.7969	1.0312	0.1099	0.4688	0.2500
2.25	−0.3540	0.0106	0.2788	0.1462	−0.8538	1.1250	−0.3691	−0.8691	1.1511	0.1111	0.4714	0.3074
2.5	−0.4375	0.0019	0.3437	−0.0625	−0.9375	1.2500	−0.4521	−0.9521	1.2722	0.1122	0.4737	0.3701

注 1. M=表中系数×ql_1^2；V=表中系数×ql_1。

2. M_{max}、V_{max}为荷载在最不利布置时的最大内力。

附录B　钢结构计算公式

B.1　构件的强度和稳定性计算公式见表B.1。

表B.1　　**构件的强度和稳定性计算表**

序号	构件类别	计算内容	计算公式	备注
1	轴心受拉构件	强　度	$\sigma=\frac{N}{A_n}\leqslant f$ 摩擦型高强度螺栓连接处 $\sigma=\left(1-0.5\frac{n_1}{n}\right)\frac{N}{A_n}\leqslant f$ $\sigma=\frac{N}{A}\leqslant f$	
2	轴心受压构件	强　度	同轴心受拉构件	
		稳　定	$\frac{N}{\varphi A}\leqslant f$（实腹式）	格构式构件对虚轴的长细比应取换算长细比
		剪　力	应能承受下式计算的剪力 $V=\frac{Af}{85}\sqrt{\frac{f_y}{235}}$	格构式构件，剪力V应由承受该剪力的缀材面分担
3	受弯构件	抗弯强度（主平面内实腹构件）	$\frac{M_x}{\gamma_x W_{nx}}+\frac{M_y}{\gamma_y W_{ny}}\leqslant f$	
		抗剪强度（主平面内实腹构件）	$\tau=\frac{VS}{It_w}\leqslant f_v$	
		局部承压强度（腹部计算高度上边缘）	当梁上翼缘受有沿腹板平面作用的集中荷载，且该荷载处又未设置支承加劲肋时 $\sigma_c=\frac{\psi F}{t_w l_z}\leqslant f$	
		整体稳定	（1）在最大刚度主平面内受弯的构件 $\frac{M_x}{\varphi_b W_x}\leqslant f$ （2）在两个主平面受弯的工字形或H形截面构件 $\frac{M_x}{\varphi_b W_x}+\frac{M_y}{\gamma_y W_y}\leqslant f$	
		局部稳定	对组合梁的腹板。 （1）当$\frac{h_0}{t_w}\leqslant 80\sqrt{235/f_y}$时：对无局部压应力的梁，可不配置加劲肋；对有局部压应力的梁，宜按构造配置横向加劲肋 （2）当$\frac{h_0}{t_w}>80\sqrt{235/f_y}$时：应配置横向加劲肋，并计算加劲肋的间距 （3）当$\frac{h_0}{t_w}>170\sqrt{235/f_y}$（受压翼缘扭转受到约束）或$\frac{h_0}{t_w}>150\sqrt{235/f_y}$（受压翼缘扭转未受到约束时）：应配置横向加劲肋和在弯曲应力较大区格的受压区配置纵向加劲肋，必要时尚应在受压区配置短加劲肋，并计算加劲肋的间距 （4）任何情况下，h_0/t_w均不应超过$250\sqrt{235/f_y}$ （5）在梁的支座处和上翼缘受有较大固定集中荷载处，宜设置支承加劲肋	

续表

序号	构件类别	计算内容	计 算 公 式	备　注
4	拉弯、压弯构件	强度 （弯矩作用在主平面内）	（1）承受静力荷载或间接承受动力荷载 $\frac{N}{A_n} \pm \frac{M_x}{\gamma_x W_{nx}} \pm \frac{M_y}{\gamma_y W_{ny}} \leqslant f$ （2）需计算疲劳的拉弯、压弯构件同上式。取 $\gamma_x = \gamma_y = 1.0$	
		稳　定	（1）实腹式压弯构件：弯矩作用在对称轴平面内（绕 x 轴）。 弯矩作用平面内的稳定性 $\frac{N}{\varphi_x A} + \frac{\beta_{mx} M_x}{\gamma_x W_{1x}\left(1-0.8\frac{N}{N'_{Ex}}\right)} \leqslant f$ 弯矩作用平面外的稳定性 $\frac{N}{\varphi_y A} + n\frac{\beta_{tx} M_x}{\varphi_b W_{1x}} \leqslant f$ （2）格构式压弯构件。 a）弯矩绕虚轴（x 轴）作用。 弯矩作用平面内的整体稳定性 $\frac{N}{\varphi_x A} + \frac{\beta_{mx} M_x}{W_{1x}\left(1-\varphi_x\frac{N}{N'_{Ex}}\right)} \leqslant f$ 弯矩作用平面外的整体稳定性，不必计算，但应计算分肢的稳定性，分肢的轴心力应按桁架的弦杆计算。 b）弯矩绕实轴作用。 弯矩作用平面内的整体稳定性：计算同实腹式压弯构件。 弯矩作用平面外的整体稳定性：计算同实腹式压弯构件，长细比取换算长细比，φ_b 取 1.0。 （3）双轴对称实腹式工字形和箱形截面压弯构件。 弯矩作用在两个主平面内 $\frac{N}{\varphi_x A} + \frac{\beta_{mx} M_x}{\gamma_x W_{1x}\left(1-0.8\frac{N}{N'_{Ex}}\right)} + n\frac{\beta_{ty} M_y}{\varphi_{by} W_{1y}} \leqslant f$ $\frac{N}{\varphi_y A} + \frac{\beta_{tx} M_x}{\varphi_{bx} W_{1x}} + \frac{\beta_{my} M_y}{\gamma_y W_{1y}\left(1-0.8\frac{N}{N'_{Ey}}\right)} \leqslant f$ （4）双肢格构式压弯构件：弯矩作用在两个主平面内。 a）按整体计算，有 $\frac{N}{\varphi_x A} + \frac{\beta_{mx} M_x}{W_{1x}\left(1-\varphi_x\frac{N}{N'_{Ex}}\right)} + \frac{\beta_{ty} M_y}{W_{1y}} \leqslant f$ b）按分肢计算。在 N 和 M_x 作用下，将分肢作为桁架弦杆计算其轴力，M_y 按计算分配给两分肢，然后按实腹式压弯。 分肢 1 $M_y1 = \frac{I_1 y_1}{I_1/y_1 + I_2/y_2} \cdot M_y$ 分肢 2 $M_y2 = \frac{I_2 y_2}{I_1/y_1 + I_2/y_2} \cdot M_y$	（1）$N'_{Ex} = \pi^2 EA/(1.1\lambda_x^2)$。 （2）$W_{1x} = I_x/y_0$， φ_x、N'_{Ex} 由换算长细比确定 W_{1x}、W_{1y} 为对强轴和弱轴的毛截面抵抗矩。 （3）$N'_{Ex} = \pi^2 EA/(1.1\lambda_x^2)$， $N'_{Ey} = \pi^2 EA/(1.1\lambda_y^2)$

续表

序号	构件类别	计算内容	计 算 公 式	备 注
5	受压构件	局部稳定	（1）轴心受压构件，翼缘板自由外伸宽度 b 与其厚度 t 之比应符合 $$\frac{b}{t}\leqslant(10+0.1\lambda)\sqrt{\frac{235}{f_y}}$$ （2）压弯构件，应符合 $$\frac{b}{t}\leqslant13\sqrt{\frac{235}{f_y}}$$ （3）I 字形、H 形截面轴心受压构件，应符合 $$\frac{h_0}{t_w}\leqslant(25+0.5\lambda)\sqrt{\frac{235}{f_y}}$$ （4）I 字形、H 形截面压弯构件，应符合： 当 $0\leqslant\alpha_0 1.6$ 时 $$\frac{h_0}{t_w}\leqslant(16\alpha_0+0.5\lambda+25)\sqrt{\frac{235}{f_y}}$$ 当 $1.6<\alpha_0\leqslant2.0$ 时 $$\frac{h_0}{t_w}\leqslant(48\alpha_0+0.5\lambda-26.2)\sqrt{\frac{235}{f_y}}$$ （5）箱形截面受压翼缘在两腹板之间的宽度 b_0 与其厚度 t 之比，应符合 $$\frac{b_0}{t}\leqslant40\sqrt{\frac{235}{f_y}}$$ （6）箱形截面轴心受压构件，腹板计算高度 h_0 与其厚度 t_w 之比，应符合 $$\frac{h_0}{t_w}\leqslant40\sqrt{\frac{235}{f_y}}$$ （7）箱形截面压弯构件，应符合 当 $0\leqslant\alpha_0<1.6$ 时 $$\frac{h_0}{t_w}\leqslant0.8(16\alpha_0+0.5\lambda+25)\sqrt{\frac{235}{f_y}}$$ 当 $1.6<\alpha_0\leqslant2.0$ 时 $$\frac{h_0}{t_w}\leqslant0.8(48\alpha_0+0.5\lambda-26.2)\sqrt{\frac{235}{f_y}}$$ （8）T 形截面受压构件，腹板高度与其厚度之比，不应超过： a）轴心受压构件和弯矩使腹板自由边受拉的压弯构件。 热轧 T 形钢 $$(15+0.2\lambda)\sqrt{\frac{235}{f_y}}$$ 焊接 T 形钢 $$(13+0.17\lambda)\sqrt{\frac{235}{f_y}}$$	（1）λ 为构件两方向长细比的较大值。当 $\lambda<30$ 时取 $\lambda=30$；当 $\lambda>100$ 时取 $\lambda=100$。 当强度和稳定计算中取 $\gamma_x=1.0$ 时，b/t 可放宽至 $15\sqrt{\frac{235}{f_y}}$。 （2）$\alpha_0=\frac{\sigma_{max}-\sigma_{min}}{\sigma_{max}}$。 （3）当右侧计算值小于 $40\sqrt{\frac{235}{f_y}}$ 时，应采用 $40\sqrt{\frac{235}{f_y}}$

续表

序号	构件类别	计算内容	计 算 公 式	备 注
5	受压构件	局部稳定	b）弯矩使腹板自由边受压的压弯构件。 当 $\alpha_0 \leqslant 1.0$ 时 $$15\sqrt{\frac{235}{f_y}}$$ 当 $\alpha_0 > 1.0$ 时 $$18\sqrt{\frac{235}{f_y}}$$ （9）圆管截面受压构件，其外径与壁厚之比不应超过 $100(235/f_y)$	

注 表中符号：

N——轴心拉力或轴心压力；

A_n——净截面面积；

f——钢材的抗拉、抗压、抗弯强度设计值；

n——在节点或拼接处，构件一端连接的高强度螺栓数；

n_1——所计算截面（最外列螺栓处）上高强度螺栓数；

A——构件的毛截面面积；

φ——轴心受压构件的稳定系数（取截面两主轴稳定系数中的较小者）；

f_y——钢材的屈服强度；

M_x、M_y——绕 x 轴、y 轴的弯矩；

W_{nx}、W_{ny}——对 x 轴、y 轴的净截面抵抗矩；

γ_x、γ_y——截面塑性发展系数（I 字形截面 $\gamma_x=1.05$，$\gamma_y=1.20$；对箱形截面 $\gamma_x=\gamma_y=1.05$）；

V——计算截面沿腹板平面作用的剪力；

S——计算剪应力处以上毛截面对中和轴的面积矩；

I——毛截面惯性矩；

t_w——腹板厚度；

f_v——钢材的抗剪强度设计值；

F——集中荷载，对动力荷载应考虑动力系数；

ψ——集中荷载增大系数，对重级工作制吊车梁 $\psi=1.35$，其他梁 $\psi=1.0$；

l_z——集中荷载在腹板计算高度上边缘的假定分布长度；

W_x、W_y——按受压纤维确定的对 x 轴、y 轴毛截面抵抗矩；

φ_b——绕强轴弯曲所确定的梁整体稳定系数；

h_0——腹板的计算高度；

φ_x——在弯矩作用平面内的轴心受压构件稳定系数；

β_{mx}、β_{my}——等效弯矩系数；

W_{1x}——弯矩作用平面内较大受压纤维的毛截面抵抗矩；

N'_{Ex}——参数，$N_{Ex}=\pi^2 EA/(1.1\lambda_x^2)$；

φ_y——弯矩作用平面外的轴心受压构件稳定系数；

φ_b——梁的整体稳定系数；

β_{tx}、β_{ty}——等效弯矩系数；

φ_{bx}、φ_{by}——均匀弯曲的受弯构件整体稳定性系数；

I_1、I_2——分肢 1、分肢 2 对 y 轴的惯性矩；

y_1、y_2——M_y 作用的主轴平面至分肢 1、分肢 2 轴线的距离；

λ——构件两方向长细比的较大值；

σ_{max}——腹板计算高度边缘的最大压应力，计算时不考虑构件的稳定系数和截面塑性发展系数；

σ_{min}——腹板计算高度另一边缘相应的应力，压应力取正值，拉应力取负值。

B. 2　连接计算公式见表 B. 2。

表 B. 2　　　　**连 接 计 算 公 式**

序号	连接种类	计算内容	计 算 公 式	备　注
1	焊接连接	对接焊缝	（1）在对接接头和 T 形接头中，垂直于轴心拉力或轴心压力的对接焊缝或对接与角接组合焊缝 $\sigma=\frac{N}{l_{w}t}\leqslant f_{t}^{w}$ 或 f_{c}^{w} （2）在对接接头和 T 形接头中，承受弯矩和剪力共同作用的对接焊缝或对接与角接组合焊缝，其正应力和剪应力应分别进行计算。在同时受有较大正应力和剪应力处，应计算折算应力 $\sqrt{\sigma^{2}+3\tau^{2}}\leqslant 1.1f_{t}^{w}$	
		直角角焊缝	（1）在通过焊缝形心的拉力、压力或剪力作用下，正确焊缝（力垂直于焊缝长度方向时） $\sigma_{f}=\frac{N}{h_{e}l_{w}}\leqslant\beta_{f}f_{f}^{w}$ 侧面角焊缝（力平行于焊缝长度方向时） $\tau_{f}=\frac{N}{h_{e}l_{w}}\leqslant f_{f}^{w}$ （2）在其他力或各种力综合作用下，α_{f} 和 τ_{f} 共同作用处 $\sqrt{\left(\frac{\sigma_{f}}{\beta_{f}}\right)^{2}+\tau_{f}^{2}}\leqslant f_{f}^{w}$	
		斜角角焊缝	按直角角焊缝公式计算，但 $\beta_{f}=1.0$， 计算厚度 $h_{e}=h_{f}\cos\frac{\alpha}{2}$ 或 $h_{c}=\left(h_{f}-\frac{b}{\sin\alpha}\right)\cos\frac{\alpha}{2}$	α 为两焊脚边的夹角
		部分焊透的对接焊缝	按直角角焊缝公式计算，在垂直于焊缝长度方向的压力作用下，取 $\beta_{f}=1.22$，其他受力情况取 $\beta_{f}=1.0$，有效厚度 V 形坡口　$\alpha\geqslant 60°$ 时　$h_{e}=s$ $\alpha<60°$ 时　$h_{e}=0.75s$ U 形、J 形坡口　$h_{e}=s$ 单边 V 形和 K 形坡口　$h_{e}=s-3$	s 为坡口根部至焊缝表面（不考虑余高）的最短距离； α 为 V 形坡口角度

续表

序号	连接种类	计算内容	计 算 公 式	备 注
2	螺栓连接和铆钉连接	普通螺栓、锚栓、铆钉受剪连接	每个普通螺栓或铆钉的承载力设计值，应取受剪和承压承载力设计值中较小者。 (1) 受剪承载力设计值： 普通螺栓 $N_v^b=n_v\frac{\pi d^2}{4}f_v^b$ 铆钉 $N_v^r=n_v\frac{\pi d_0^2}{4}f_v^r$ (2) 承压承载力设计值： 普通螺栓 $N_c^b=d\sum t\cdot f_c^b$ 铆钉 $N_c^r=d_0\cdot\sum t\cdot f_c^r$	
		普通螺栓、锚栓、铆钉杆轴方向受拉连接	每个普通螺栓、锚栓或铆钉的承载力设计值 普通螺栓 $N_t^b=\frac{\pi d_e^2}{4}f_t^b$ 锚栓 $N_t^a=\frac{\pi d_e^2}{4}f_t^a$ 铆钉 $N_t^r=\frac{\pi d_0^2}{4}f_t^r$	
		普通螺栓、铆钉同时承受剪力和杆轴方向拉力	普通螺栓 $\sqrt{\left(\frac{N_v}{N_v^b}\right)^2+\left(\frac{N_t}{N_t^b}\right)^2}\leqslant 1$ $N_v\leqslant N_c^b$ 铆钉 $\sqrt{\left(\frac{N_v}{N_v^{r2}}\right)^2+\left(\frac{N_t}{N_t^r}\right)^2}\leqslant 1$ $N_v\leqslant N_c^r$	
		摩擦型高强度螺栓抗剪连接	每个摩擦型高强度螺栓的承载力设计值 $N_v^b=0.9n_f\mu P$	
		摩擦型高强度螺栓杆轴方向受拉连接	每个摩擦型高强度螺栓的承载力设计值 $N_t^b=0.8P$	
		摩擦型高强度螺栓连接同时承受摩擦面间的剪力和杆轴方向外拉力	每个摩擦型高强度螺栓的抗剪承载力设计值 $\frac{N_v}{N_v^b}+\frac{N_t}{N_t^b}\leqslant 1$	
		承压型高强度螺栓抗剪连接	计算公式同普通螺栓	

续表

序号	连接种类	计算内容	计算公式	备　注
2	螺栓连接和铆钉连接	承压型高强度螺栓受拉连接	每个承压型高强度螺栓的承载力设计值计算方法同普通螺栓	
		承压型高强度螺栓同时承受剪力和杆轴方向拉力	$\sqrt{\left(\frac{N_v}{N_v^b}\right)^2+\left(\frac{N_t}{N_t^b}\right)^2}\leqslant 1$ $N_v\leqslant N_c^b/1.2$	

注　表中符号：

N——轴向拉力或压力；

l_w——焊缝长度；

t——在对接接头中为连接件的较小厚度；在T形接头中为腹板厚度；

f_t^w、f_c^c——对接焊缝的抗拉、抗压强度设计值；

σ_f——按焊缝有效截面（$h_e l_w$）计算，垂直于焊缝长度方向的应力；

τ_f——按焊缝有效截面计算，沿焊缝长度方向的剪应力；

h_e——角焊缝的计算厚度，对直角角焊缝等于$0.7h_f$，h_f为焊脚尺寸；

l_w——角焊缝的计算长度，对每条焊缝取其实际长度减去$2h_f$；

f_f^w——角焊缝的强度设计值；

β_f——正面角焊缝的强度设计值增大系数，承受静力荷载和间接承受动力荷载的结构$\beta_f=1.22$；对直接承受动力荷载的结构$\beta_f=1.0$；

n_v——受剪面数目；

d——螺栓杆直径；

d_0——铆钉孔直径；

$\sum t$——同一受力方向的承压构件总厚度的较小值；

f_v^b、f_c^b——螺栓的抗剪和承压强度设计值；

f_v^r、f_c^r——铆钉的抗剪和承压强度设计值；

d_e——普通螺栓或锚栓在螺纹处的有效直径；

f_t^b、f_t^a、f_t^r——普通螺栓、锚栓、铆钉的抗拉强度设计值；

N_v、N_t——每个普通螺栓、铆钉或承压型高强度螺栓所承受的剪力和应力；

N_v^b、N_t^b、N_c^b——每个普通螺栓或承压型高强度螺栓的受剪、受拉和承压承载力设计值；

N_v^r、N_t^r、N_c^r——每个铆钉的受剪、受拉和承压承载力设计值；

n_f——传力摩擦面数目；

μ——摩擦面的抗滑移系数；

P——每个高强度螺栓的预应力。

附录C　组合式钢模板常用连接件和支撑件计算

C.1　模板拉杆计算

模板拉杆用于连接内外两组模板，保持内外模板的间距，承受混凝土侧压力对模板的荷载，是模板有足够的强度和刚度。拉杆形式多采用圆杆式（统称对拉螺栓），如图C.1所示。

模板拉杆的计算公式如下

$$P=FA \tag{C.1}$$

式中　P——模板拉杆承受的拉力，N；

F——混凝土的侧压力，N/m^2；

A——模板拉杆分担的受荷面积，m^2，其值为 $A=ab$；

a——模板拉杆的模向间距，m；

b——模板拉杆的纵向间距，m。

其中，式（C.1）中 F 按式（7-4-6）和式（7-4-7）进行计算。

常用对拉螺栓的力学性能见表 7-4-16。

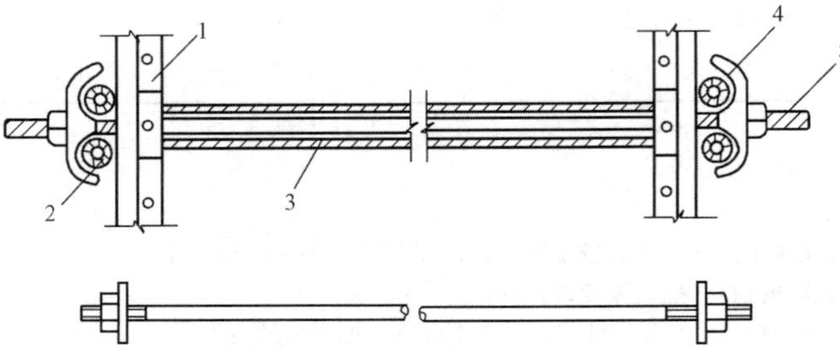

图 C.1　对拉螺栓

1—钢模板；2—对拉螺栓；3—套管；4—扣件；5—对拉螺栓

C.2　支撑钢楞计算

支撑钢模板用钢楞又称连杆、龙骨、檩条等，用于支撑钢模板，加强其整体刚度。常用钢楞规格及其力学性能见表 7-4-17，根据所选用钢楞进行力学验算。

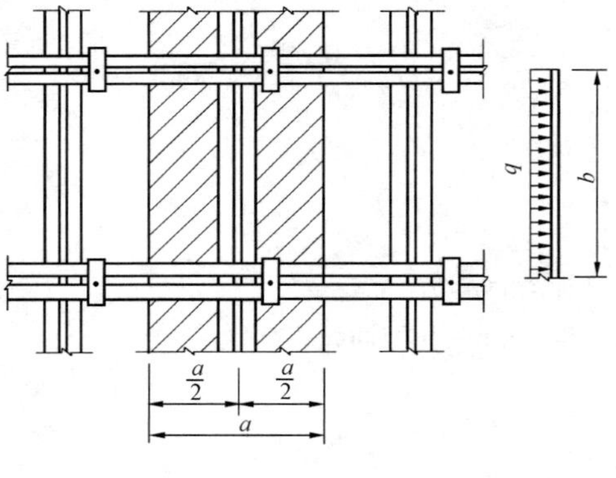

图 C.2　钢楞计算简图

钢楞直接支撑在钢模板上，承受模板传递的多点集中荷载，为简化计算，通常按均布荷载计算。其计算简图如图 C.2 所示。

单跨及两跨连续的钢楞计算。

（1）按抗弯强度计算钢楞跨度 b，得

$$q = Fa$$

$$M_{max} = \frac{qb^2}{8} = \frac{Fab^2}{8}$$

$$\sigma_{max} = \frac{M_{max}}{W} = \frac{Fab^2}{8W} \leqslant f$$

$$b \leqslant \sqrt{\frac{8fW}{Fa}} \tag{C.2}$$

（2）按挠度计算钢楞跨度 b，得

$$w_{max} = \frac{5qb^4}{384EI} = \frac{5Fab^4}{384EI} \leqslant [w]$$

$$b \leqslant \sqrt[4]{\frac{384[f]EI}{5Fa}} \tag{C.3}$$

式中　F——混凝土侧压力，N/mm^2；

q——均布荷载，N/mm；

a——内钢楞间距，mm；

b——外钢楞间距（或内钢楞的跨度），mm；

M_{max}——内钢楞承受的最大弯矩，N·mm；

σ_{max}——内钢楞承受的最大应力，N/mm^2；

f——钢材的抗拉、抗弯强度设计值，N/mm^2；

W——双根内钢楞的截面最小抵抗矩，mm^3；

w_{max}——内钢楞最大挠度，mm；

$[w]$——内钢楞容许挠度值，mm；

EI——双根内钢楞的抗弯刚度，N·mm^2。

其中：钢楞挠度容许值见表 7-4-12。

C.3　柱箍计算

柱箍又成柱夹箍、柱卡箍，能同时支撑和夹紧模板，保证其刚度，是各类柱模板的重要支撑件。常见柱箍规格及其力学性能见表 7-4-15，根据所选柱箍进行受力验算。

柱箍直接支撑在钢模板上，承受钢模板传递的均布荷载，同时还承受其他两侧模板上混凝土侧压力引起的轴向拉力。其计算简图如图 C.3 所示。

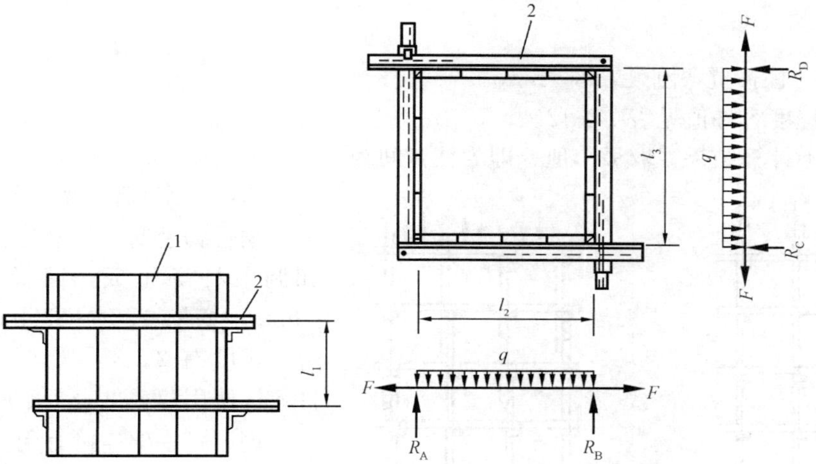

图 C.3　柱箍计算简图

1—钢模板；2—柱箍

C.3.1　按抗弯强度计算柱箍间距

$$q = Fl_1$$

$$M_{max} = \frac{ql_2^2}{8} = \frac{Fl_1l_2^2}{8}$$

$$\sigma_1 = \frac{M_{max}}{W} = \frac{Fl_1l_2^2}{8W}$$

$$N = q \cdot \frac{l_3}{2} = \frac{Fl_1l_3}{2}$$

$$\sigma_2 = \frac{N}{A} = \frac{Fl_1l_3}{2A}$$

$$\sigma_{max} = \sigma_1 + \sigma_2 \leqslant f$$

即得

$$l_1 = \frac{8fWA}{F(l_2^2A + 4l_3W)} \tag{C.4}$$

式中　F——混凝土侧压力，N/mm^2；

q——均布荷载，N/mm；

l_1——柱箍间距，mm；

l_2——长边柱箍跨距（=长边柱距+两侧钢模板肋高），mm；

l_3——短边柱箍跨距（=长边柱距+两侧钢模板肋高），mm；

σ_1——柱箍受弯曲应力，N/mm^2；

N——柱箍受轴向拉力，N；

A——柱箍截面积，mm^2；

σ_2——柱箍受轴向应力，N/mm^2；

σ_{max}——柱箍受总应力，N/mm^2。

C. 3. 2　按挠度计算柱箍间距

$$w_{max}=\frac{5ql_2^4}{384EI}=\frac{5Fl_1l_2^4}{384EI}\leqslant[w]$$

即得

$$l_1=\frac{384[w]EI}{5Fl_2^4} \tag{C. 5}$$

式中　EI——柱箍抗弯刚度，$N\cdot mm^2$。

其中：挠度容许值见表 7-4-12。

根据以上计算结果，取最小值，即为柱箍间距。

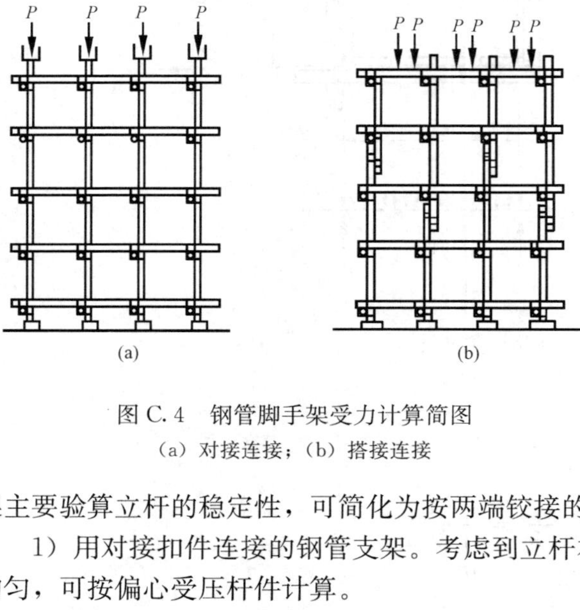

图 C. 4　钢管脚手架受力计算简图

(a) 对接连接；(b) 搭接连接

C. 4　钢管脚手架计算

钢管脚手支架有钢管、扣件、底座和调节杆等组成。钢管一般用外径48mm、壁厚 3.0～3.5mm 的焊接钢管，长度有 2、3、4、5m 等几种。扣件容许使用荷载见表 7-4-18。

钢管脚手架连接有用扣件对接和扣件搭接两种方式，如图 C. 4 所示。前者由立杆直接传力，受力性能较合理，承载能力能充分发挥。后者荷载直接支承在横杆上，受力性能较差。

C. 4. 1　立杆稳定验算。钢管脚手架主要验算立杆的稳定性，可简化为按两端铰接的受压杆件计算。

1）用对接扣件连接的钢管支架。考虑到立杆本身存在弯曲，对接扣件的偏差和荷重不均匀，可按偏心受压杆件计算。

按偏心 1/3 的钢管直径，即

$$e=\frac{D}{3}=\frac{48}{3}=16(mm) \tag{C. 6}$$

钢管的偏心率

$$\varepsilon=e\frac{A}{W}=16\times\frac{424}{449}=15.1 \tag{C. 7}$$

长细比

$$\lambda=\frac{L}{r}=\frac{L}{15.9} \tag{C. 8}$$

式中　L——计算长度，取横杆的步距。

立杆的容许荷载［N］按下式计算

$$[N]=\varphi \cdot A \cdot f \tag{C.9}$$

2）用搭接扣件连接的钢管支架。立杆按偏心受压、偏心距取 $e=70$mm，按上述计算公式算出立杆的容许荷载。

按上述计算公式，两种连接方式不同步距时立杆的容许使用荷载见表 C.1。

表 C.1　　**立杆容许荷载**　　（kN）

横杆步距（mm）	ϕ48mm×3 钢管		ϕ48mm×3.5 钢管	
	对接立杆	搭接立杆	对接立杆	搭接立杆
1000	31.7	12.2	35.7	13.9
1250	29.2	11.6	33.1	13.0
1500	26.8	11.0	30.3	12.4
1800	24.0	10.2	27.2	11.6

C.4.2　横杆的强度和刚度验算。当模板直接放在顶端横杆上时，横杆承受均布荷载。当顶端横杆上先放两根檩条，再放模板时，则横杆承受集中荷载。横杆可视作连续梁，其抗弯强度和挠度的近似计算公式如下。

1）在均布荷载作用下

$$\sigma_{max}=\frac{M_{max}}{W}=\frac{ql^2}{10W}\leqslant f \tag{C.10}$$

$$w_{max}=\frac{ql^4}{150EI}\leqslant[w] \tag{C.11}$$

2）在集中荷载作用下

$$\sigma_{max}=\frac{M_{max}}{W}=\frac{Pl}{3.5W}\leqslant f \tag{C.12}$$

$$w_{max}=\frac{Pl^3}{55EI}\leqslant[w] \tag{C.13}$$

式中　σ_{max}——横杆的最大应力，N/mm²；

w_{max}——横杆的最大挠度，mm；

M_{max}——横杆的最大弯矩，N·mm；

W——横杆的截面抵抗矩，mm³；

E——横杆钢材的弹性模量，N/mm²；

I——横杆的截面惯性矩，mm⁴；

q——均布荷载，N/mm；

P——集中荷载，N；

l——立杆的间距，mm；

f——钢材强度设计值，为 215N/mm²；

其中：挠度容许值见表 7-4-12。

C.5　钢模板验算

钢模板的受力计算可参考钢楞受力计算相关公式进行，常用钢模板的力学性能见表7-4-21。

第八章

岩石基础施工

第一节　概　　述

一、内容概要及适用范围

1. 内容概要

本章包括岩石基础施工的适用范围、使用原则、施工一般要求、工艺流程和各种类型岩石基础施工的要点。

2. 适用范围

适用于输电线路工程的直锚式、承台式和嵌固式杆塔岩石基础的选用与施工。对于杆塔拉线基础，也可参照使用。

二、使用原则及基本形式

1. 使用原则

（1）岩石锚桩基础施工时，基本上是把地脚螺栓（锚筋）直接固定在混凝土或砂浆灌浆的岩石孔洞内，借助岩石本体、岩石与砂浆间和砂浆与锚筋的黏结力来抵抗上部杆塔结构传来的外力，以保证对杆塔结构的锚固稳定。在使用时必须进行实地勘察设计，并应严格遵守有关规程、规范的规定。

（2）随着试验和实践经验的积累，岩石基础在工程中的使用范围不断扩大，即使风化程度比较重的岩石，也可做岩石基础。但必须逐基鉴定岩石的风化情况、坚固程度和覆盖层厚度等，以便针对不同条件确定相应形式的岩石基础。

2. 基本形式

岩石锚桩基础的基本形式有直锚式、承台式和嵌固式三类锚桩（见图 8-1-1）。

（1）直锚式锚桩用地脚螺栓直接锚入岩石，因地脚螺栓的间距较小，故仅适用于覆盖层较薄的硬质未风化或微风化的岩石中。一般采用机械钻孔，用高标号水泥砂浆与地脚螺栓形成锚桩，顶部浇以不小于塔脚底板的混凝土承台，承台的厚度宜尽量减薄，如图 8-1-1（a）所示。

（2）承台式锚桩通过钢筋混凝土承台将锚桩与地脚螺栓连接成整体，适用于覆盖层较厚的硬质中等风化岩石。在强风化岩石中采用时必须慎重，锚桩用砂浆或细石混凝土锚固，承台由钢筋混凝土构成，如图 8-1-1（b）所示。

（3）嵌固式锚桩将地脚螺栓直接浇筑在坡度 1/6～1/8 的混凝土墩内，如图 8-1-1（c）和图 8-1-1（d）所示。图 8-1-1（d）所示的基础适用于强风化的岩石条件，采用人工掏挖时要防止岩石振动。这种形式也可作为图 8-1-1（a）、图 8-1-1（b）所示的形式在开凿期间岩石与设计条件不符成孔困难时的备用形式。

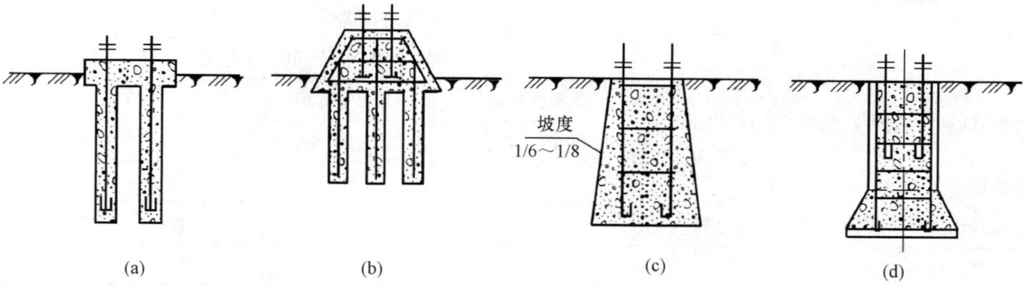

图 8-1-1　岩石锚桩基础的基本形式

（a）直锚式锚桩；（b）承台式锚桩；（c）嵌固式锚桩（一）；（d）嵌固式锚桩（二）

上述三类锚桩形式为常用和有使用经验的型式。采用时应与具体塔位的岩石情况匹配，尤其在施工开挖后应逐基复查，以使设计的岩石锚桩基础安全、合理。

第二节　一　般　要　求

（1）岩石基础施工时，应根据设计资料逐基核查覆盖土层厚度及岩石质量，当实际情况与设计不符时应由设计单位提出处理方案。

（2）岩石基础的开挖或钻孔应符合下列规定：

1）应保证岩石构造的整体性不受破坏；

2）孔洞中的石粉、浮土及孔壁松散的活石应清除干净；

3）软质岩成孔后应立即安装锚筋或地脚螺栓，并浇筑混凝土，以防孔壁风化。

（3）岩石基础锚筋或地脚螺栓的安装及混凝土或砂浆的浇筑应符合下列规定：

1）锚筋或地脚螺栓的埋入深度不得小于设计值，安装后应有临时固定措施；

2）浇筑混凝土或砂浆时，应分层浇捣密实，并应按现场浇筑基础混凝土的规定进行养护；

3）孔洞中浇筑混凝土或砂浆的数量不得少于施工设计的规定值；

4）对浇筑的混凝土或砂浆的强度检验应以同条件养护的试块为依据，试块的制作应每基取一组；

5）浇筑钻孔式岩石基础时，应采取措施减少混凝土收缩量。

（4）岩石基础的施工允许偏差应符合下列规定：

1）成孔深度不应小于设计值。

2）成孔尺寸应符合下列规定：

a）对嵌固式应大于设计值，且应保证设计锥度；

b）钻孔直锚式的孔径允许偏差 0～20mm。

整基基础的施工允许偏差应符合表 8-2-1 的规定。

（5）塔位邻近沟谷或大边坡时，其距边坡的最小距离应按设计要求。

表 8-2-1　　　　整基基础的施工允许偏差

项　　目		地脚螺栓式		主角钢插入式		高塔基础
		直线	转角	直线	转角	
整基基础中心与中心桩间的位移（mm）	横线路方向	30	30	30	30	30
	顺线路方向		30		30	
基础根开及对角线尺寸（%）		±0.2		±0.1		±0.07
基础顶面或主角钢操平印记间相对高差（mm）		5		5		5
整基基础扭转（′）		10		10		5

注　1. 转角塔基础的横线路方向是指内角平分线方向，顺线路方向是指转角平分线方向。
2. 基础根开及对角线是指同组地脚螺栓中心之间或塔腿主角钢准线间的水平距离。
3. 相对高差是指抹面后的相对高差。转角塔及终端塔有预偏时，基础顶面相对高差不受 5mm 的限制。
4. 长短腿基础顶面标高差是指与设计高之比。
5. 高塔是指按大跨越设计，塔高在 100m 以上的铁塔。

第三节　直锚式锚桩岩石基础施工

锚杆（直锚式）锚桩岩石基础施工，应遵守相关输电线路施工及验收规范和本节各项规定，并应按设计院提供的设计图纸与设计文件进行施工。如在施工中发现与原设计地质条件不符，应立即会同设计单位研究处理方法。

一、施工准备

岩石基础施工准备，除应遵守第一篇第一章中有关规定外，还应遵守下列规定。

1. 技术准备

施工技术负责人应熟悉并掌握设计图纸与设计说明，了解设计意图和主要设计原则，编制施工设计和施工技术措施。

根据设计要求进行砂浆或细石混凝土配合比设计。配合比设计可参照第二篇第七章中的有关规定。

施工技术负责人应向岩石基础施工的全体工作人员进行全面细致的技术交底。

必要时应进行岩石基础施工试点及强度试验，并进行技术鉴定工作。

2. 材料准备

（1）地脚螺栓。锚杆岩石基础的地脚螺栓及钢筋应按设计图纸加工。在安装前应再次检查其材质、规格和外观质量情况。特别是其弯钩情况是否与图纸相符合。

（2）水泥。水泥强度等级不得低于 32.5，其性能指标必须达到国家有关标准，厂家和品种品牌必须经中国水泥产品认证委员会批准，并应有出厂合格证明书。

（3）水。搅拌混凝土用水，可采用饮用水，不得使用污水、海水及不符合 JGJ 63—2006《混凝土用水标准（附条文说明）》的其他水质。

（4）砂石。砂石宜选用河产中砂，细度模数为 2.3～3.0。直锚式锚桩岩石基础宜用水泥砂浆，当孔径较大时，才选用细石混凝土，其石粒径应为 5～10mm，且采用碎石。

3. 机械钻孔和混凝土浇制设备的准备

钻孔机械宜具有油压自动给进系统、球卡夹持机构和孔底压力指示计。操作手柄集中，操作方便安全可靠，结构紧凑、整机占用面积小、质量小，分解后单件质量不大于200kg，适合于山区工作。

搅拌机是小型移动式搅拌机，分解后单件质量也不得大于200kg。如无适合的搅拌机时，也可人工拌制砂浆或混凝土，此时应配备铁板2块、拌合铁锹4把和大锹2把。铁板尺寸为−2mm×2m×1.5m左右。

4. 现场准备

施工前，施工单位应组织有关专业人员会同设计人员，对实际采用岩石基础的桩号和形式进行复查，尽量避免失误。

经复查无误后，按设计要求清理施工基面，铲除覆盖土层，使基面岩石全都暴露出来，清理范围应从孔径边沿各放宽0.5m，并在孔径附近有放置钻孔设备的位置。

施工基面标高的要求。各腿之间地面高差由设计通过对孔深、地脚螺栓长度及护面厚度等调整来解决，以保证地脚螺栓露出基面符合规定。

用经纬仪准确确定各塔腿中心和各塔腿各地脚螺栓钻孔的位置，并标出明显的标记，再用地脚螺栓样板校核，保证塔基整体和孔间距离无误。

二、劳动组织及岗位职责

锚杆锚桩岩石基础施工，规模较小，工作精细，其劳动组织与岗位职责见表8-3-1。

表8-3-1　劳动组织及岗位职责（一个班组）

序号	岗位	人数	岗　位　职　责
1	施工负责人	1	全面负责施工及人身、设备安全
2	技术员	1	全面负责施工技术及施工质量检查
3	测　工	1	负责操平找正、定位及地脚螺栓安装测量
4	机　手	1	负责钻机、凿岩机、搅拌机安装和操作
5	清渣人员	1	负责清渣、洗孔并协助地脚螺栓安装
6	浇筑人员	4	负责砂浆拌制、浇筑、捣固及养护等工作
7	普　工	10	配合以上各岗位工作

三、施工工艺流程

为确保锚杆锚桩岩石基础施工质量，应按图8-3-1所示施工工艺流程施工。

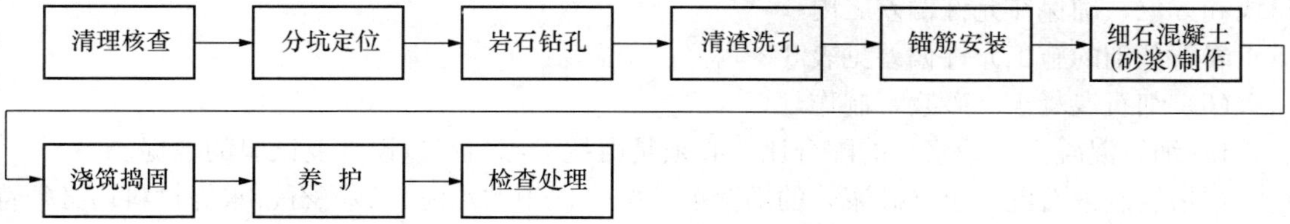

图8-3-1　直锚式锚桩岩石基础施工工艺流程图

四、施工工艺要点

（1）清理核查。

（2）分坑定位。清理核查及分坑定位的施工要点，见本节一、4. 中要求。

对于直锚式锚桩基础，分坑应重点考虑各地脚螺栓桩孔位置的确定，宜明确各地脚螺栓桩孔间距偏差要求。

(3) 岩石钻孔。施工现场准备完好后即可将钻机运到塔位钻孔处，按钻机说明书组装，并将钻机钻头中心对准孔中心的标记，用经纬仪或垂球控制调整钻机，使钻杆垂直于地面，然后固定钻机。

机手检查设备各部位安装是否稳妥，并根据岩石硬度选择并安装钻头，一切妥当后即可开机。

钻孔时注意钻机钻杆始终应保持垂直，保持岩石孔洞正确，并随时检查钻孔进尺情况，如钻进速度较慢时或出岩芯时，可加金刚砂配合钻孔；如出现土层、地下水、暗沟、溶洞、地下管道、文物、墓穴等情况，应停止钻进，并通知设计单位和有关部门处理。钻孔过程中，技术人员应随时观察并记录岩层变化情况。如发现与原设计资料不符，也应通知原设计单位处理。

在倒换钻具时，应使用专用卡具卡牢钻头方可拆卸。同时，用铁板或木塞将岩孔封堵，防止钻头掉入孔内。

一个塔腿的全部锚孔钻好之后，即可将钻机移至另一塔腿处，并按以上要求，继续钻进，直至全部完成。

如果工程设计有压力注浆要求时，在锚孔钻好之后，还要进行压力注浆孔的钻挖。

(4) 清渣洗孔。在钻孔完成之后，即应彻底清除孔内石渣和孔洞周围的泥水、石屑等。

采用循环淘洗法清洗锚孔时，用清水沿孔周边缓慢倒入，冲洗孔壁附着的泥砂，再用掏水工具掏出，或用压力水冲击方法，将孔内清洗干净。若孔内有漏水时，应通知设计单位代表检查处理。

循环淘洗后，需再用泡沫塑料将孔底余水吸干，并立即用覆盖物将锚孔覆盖。

孔洞内不得有横向或纵向贯通的裂缝，否则需设计单位现场确认，并应清除活动的碎石。

(5) 锚筋安装。安装前，应对锚筋（地脚螺栓）的材质、型号、规格及弯钩情况进行检查。核对是否符合设计图纸规定，并不得有锈蚀污物，保证表面洁净。

安装时，应将锚筋逐根放入孔内，并位于岩孔定位中心。如地脚锚钩阻碍，应提出锚筋，对锚钩或孔底周围进行修整。保证安装后使地脚螺栓位于图纸规定位置。

一个塔腿的地脚螺栓安装完好后，应再用样板校正固定，并核对整基地脚螺栓根开、对角线和方位，确保在允许偏差之内。

岩石基础的施工允许偏差见表 8-2-1。

(6) 细石混凝土（砂浆）制作。

1) 细石混凝土（砂浆）的配合比，必须是由技术部门经过设计及试验的数据。

严格控制细石混凝土（砂浆）的坍落度，配合比中的水泥、砂、石、水等材料均必须符合国家标准，并应用台秤称量，配制允许偏差不得超过表 8-3-2 中的规定。

表 8-3-2　　配合比材料配制允许偏差　　(%)

名　称	允许偏差值	名　称	允许偏差值
水泥、掺合料	±2	水、外加剂	±2
砂、石	±3		

注　配合比中的砂、石是指干配料，如拌制时含水分时，应扣除其含水量，如加配外加剂应征得设计单位同意。

2）细石混凝土（砂浆）的搅拌。对于一个塔基的细石混凝土或砂浆用量较小时，一般可用人工搅拌，仍按“三、三制”方法进行，即先将砂和水泥倒在铁板上，干拌合三遍，然后加定量用水的80％稠拌合，再将剩余用水（20％）倒入（如果是细石混凝土，将细石也倒入）进行湿拌合三遍达到均匀一致、无分离现象。如用机械搅拌，宜选小型搅拌机，每次搅拌时间不得少于1.5min。

（7）浇筑捣固。

1）细石混凝土或砂浆浇筑一般采用人工浇筑方法。

a）浇筑前，应再次检查孔内有无残渣或杂物等。孔洞内周壁应保持湿润（必要时应洒水润湿）。

b）浇筑时。浇筑应分层进行，每层厚度小于200mm，并应沿孔壁周围均匀倒入，边灌边捣固，捣固钎要插入到前一层的1/2以上，要保证均匀彻底。细石混凝土或砂浆应先计算定量，浇筑量与孔洞实际体积相同，否则应查明原因。

c）浇筑和捣固时不得碰撞锚杆（地脚螺栓），并应始终保持其正确位置。

d）如锚杆位置必须要调整时，也不得违反表8-3-3的时间规定。

e）每个地脚螺栓孔浇筑细石混凝土或砂浆，从搅拌机中卸出到浇筑完毕（包括抹面）的延续时间不宜超过表8-3-3的规定。

表8-3-3　　混凝土从搅拌机卸出到浇筑完毕的延续时间　　（min）

砂浆或混凝土等级	气温	
	不高于25℃	高于25℃
不高于C30	120	90
高于C30	90	90

f）每个塔腿地脚螺栓浇筑细石混凝土（砂浆）和抹面工作应一次完成，不得二次抹面。

g）每个塔基在浇筑细石混凝土（砂浆）同时，应在同一盘中取样制作一组试件（3块），试块为150mm×150mm×150mm，如改变配合比应再作试件。

2）如果工程设计有压力注浆要求，则在锚孔浇筑完成之后，还要进行压力注浆的施工。压力注浆施工要点如下：

a）压力注浆前首先要对压力注浆孔地面端作封口处理，处理的方法是浇筑混凝土密封层。

b）各锚杆的灌入混凝土达到初凝，且基腿中心压力注浆孔密封混凝土达到终凝后方可进行压力注浆。

c）组装连接纯水泥浆搅拌机、压力注浆机等设备，并检查其运行正常。

d）压力注浆机压力调至4MPa后开始注浆，当压力稳定持续时间大于5min方可视为注浆完成。

e）注浆过程中要时刻检查压力注浆机的工作状况和注浆压力表等，当注浆压力不能稳定时，通知工地设计代表处理。

f）纯水泥浆浆液应搅拌均匀，随搅拌随用，并在初凝前用完，不得使用已初凝的浆液。

（8）养护。锚孔内细石混凝土或砂浆的养护，宜采用自然养护方法。

在30日内，以基础为中心，半径5m之内不允许有对基础造成影响的作业，半径30m

之内不允许有爆破作业。

基面细石混凝土（砂浆）的养护要在浇筑抹面完成后，12h 内浇水养护。当天气炎热、干燥有风时，在 3h 内应在表面加覆盖物浇水养护，浇水次数应能保持基面湿润。

直锚式锚桩岩石基础不宜在冬期施工，必须进行施工时，应制订相应的技术措施。

(9) 检查处理。整基基础结构尺寸检查，其允许偏差值不得超过表 8-2-1 的规定。

基础细石混凝土（砂浆）强度应以同条件养护的试件极限抗压强度的平均值为依据，其值应大于或等于设计强度。

锚杆锚桩岩石基础施工，应自始至终严格实行质量控制，随时进行检查，并及时填写施工记录。

基础施工岩石破开后，若发现岩石性质和风化程度与原设计不符，应会同设计单位及时采取措施，因地制宜地做好修改方案。一般可有以下方案：将直锚式锚桩改为承台式锚桩或嵌固式锚桩，增加锚筋数量，或增大孔径、孔深及锚筋直径；各塔腿岩石基面标高一致时，可调整承台厚度。若基面覆盖土层较厚，则不宜采用直锚式锚桩岩石基础。

钻孔时若出现漏水现象，必须停止施工，立即会同设计单位查明岩石钻孔漏水的原因，如果溶洞或裂隙不大，且不影响岩石的整体性和稳定性，可采取浇筑砂浆或混凝土堵塞，待砂浆或混凝土凝固后，进行注水试验，确认无泄漏时，方可进行施工，否则应将基础形式改为承台式锚桩或嵌固式锚桩岩石基础。

如果工程设计有防风化要求时，钻孔的基岩表面应进行防风化处理，其范围、厚度和标号按设计图纸规定，并应按规定养护。

五、施工工器具

直锚式锚桩岩石基础施工机械钻孔和混凝土浇制的主要设备详见表 8-3-4。

表 8-3-4 直锚式锚桩岩石基础施工机械钻孔和混凝土浇制的主要设备

序号	名称	规格	单位	数量	备注
1	钻孔机械		套	1	可钻软质和硬质岩石
2	凿岩机		台	1	
3	发电机	3kW	台	1	
4	搅拌机	小型	台	1	含试块盒 1 组，坍落度筒 1 组
5	振捣器	小型	台	1	
6	经纬仪	1 寸	台	1	
7	淘洗工具		套	1	掏勺、刷子、泡沫塑料等
8	储水包	$1.2m^3$	个	2	
9	台秤	200kg	台	1	
10	捣固钎		根	4	
11	水桶		个	2	
12	其他			适量	三脚架、枕木等

第四节　承台式锚桩岩石基础施工

承台式锚桩岩石基础通过钢筋混凝土承台将锚桩与地脚螺栓连接成一体，也就是由混凝土承台和直锚式锚桩岩石基础组合而成的基础形式［见图 8-1-1（b）］。扩大了岩石基础的应用范围，使其在覆盖层较厚的硬质中等风化和软质微风化岩石地带得到应用。承台部分为一般现浇钢筋混凝土，锚桩部分为直锚式锚桩岩石基础，只是直锚筋可能不是地脚螺栓而是特制的普通钢筋。

一、施工准备

承台式锚桩岩石基础的施工准备，基本上与锚杆（直锚式）锚桩岩石基础施工准备相同，参见本章第三节。只是机具准备应增加开挖覆盖层的机具，配备适当模板。

二、劳动组织及岗位职责

劳动组织及岗位职责，也与直锚式锚桩岩石基础施工基本相同，只是机手、清渣人员和部分普工需兼作开挖覆盖层工作。

三、施工工艺流程

承台式锚桩岩石基础的施工工艺流程，如图 8-4-1 所示。

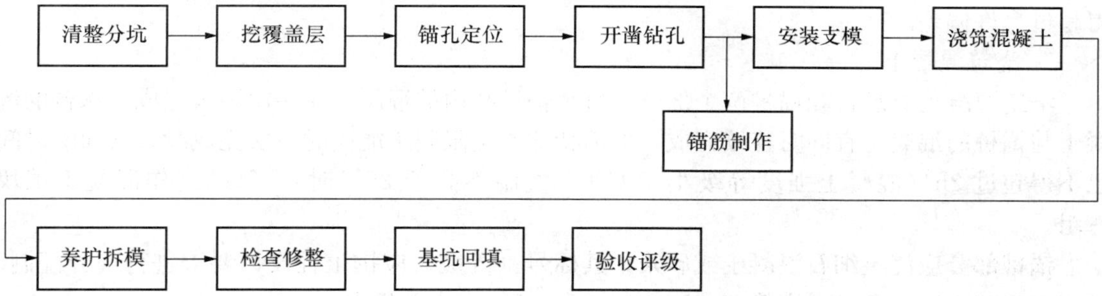

图 8-4-1　承台式锚桩岩石基础施工工艺流程图

四、施工工艺要点

1. 清整分坑

清整分坑就是对工程设计的塔位进行清理和平整施工基面，如为高低腿基础应按各腿的设计标高进行平整。而后按设计尺寸和基坑分坑方法进行分坑，并定出基础挖坑位置标记。

2. 挖覆盖层

挖覆盖层是挖掘基坑岩石上部风化的覆盖土层，露出中等风化或微风化岩石。覆盖土层，如砂土、黏性土和人工填土，开方量较小时可采用人工方法挖掘成型；若较大规模开方应考虑用机械方法挖掘。如遇整体性较强的风化大块岩石可用无声破碎方法或松动爆破方法清除。挖掘覆盖层施工，特别应注意边坡的稳定性，防止坍塌伤人，必要时应增加边坡稳定坡度或设置挡土板等措施，还应考虑浇制混凝土承台的施工位置等。在开挖覆盖层中如出现与设计深度不符，应请设计单位代表到现场进行修订，再以修订后的规定进行挖掘。

3. 锚孔定位

当覆盖土层挖掘完成并露出岩石基面后，应逐个进行锚孔位置测量定位，定位的位置应与设计图纸一致，不得随意设置。特别是地脚螺栓通过承台直锚于岩石中的孔位，绝对不应超过允许偏差。

4. 开凿钻孔

锚孔的开凿钻孔施工基本上与直锚式锚桩岩石基础施工相同，也可用人力凿孔方法施工。

5. 锚筋制作

锚筋规格应按设计图纸选定，其长度一般按设计规定，但也要考虑现场实际情况。光面受力钢筋在承台中的锚固长度不宜小于设计规定，并且在锚筋两端均制成弯钩或焊接三支短筋（应以工程设计图纸为准）。

6. 安装支模

安装支模是指钢筋（包括承台内的配筋）、地脚螺栓的安装和混凝土承台的模板的支护。安装钢筋和支模前，应对锚孔各部尺寸及钢筋规格长度等进行校核。如果锚孔超深，其超深部分应用同标号细石混凝土浇筑充填。锚筋应垂直下入锚孔内，不得碰撞孔口周围并应防止杂物落入。地脚螺栓上部应固定在已找正的样板上。地脚螺栓应保证正直，在孔内部分不得有靠壁、倾斜等情况。承台内配筋应按设计图纸施工。承台模板也应按图纸中承台设计的外形安装，地脚螺栓样板应牢靠固定在模板的上部。锚筋、样板和模板安装完毕后，应再次校核地脚螺栓及模板与整基基础的方位、根开、对角线和地脚螺栓间距、露出的标高等，均不得超过允许偏差。

7. 浇筑混凝土

浇筑混凝土有承台和锚桩两个部分。每个锚桩孔内的混凝土应一次浇筑完成。承台的混凝土与锚桩的混凝土宜同时连续完成，如因特殊情况限制不能同时一次完成时，其间隔时间也不得超过 2h（混凝土强度等级小于 C30，气温不高于 25℃时）。每基制作混凝土试块一组。

锚桩部分应浇筑细石混凝土或砂浆，其标号（等级）应按工程设计要求进行设计配制。其施工工艺方法，参见本章第三节四、(6) 和 (7) 中有关规定。

承台部分的混凝土浇筑施工，基本与普通现浇混凝土施工相同，参见第二篇第三章中的有关规定。

8. 养护拆模

锚桩孔内细石混凝土（砂浆）的养护、承台混凝土的养护要求与普通现浇混凝土养护相同。当天气炎热、干燥有风时，在 3h 内，承台混凝土与模板表面应加覆盖物并浇水养护，要保持承台表面湿润。

承台混凝土模板拆除，也与普通现浇混凝土模板拆除规定相同，即要求其表面及承台棱角不受损坏，混凝土强度不得低于 2.5MPa。

9. 检查修整

在混凝土浇筑过程中，应对锚筋在锚孔中的位置随时进行检查与调整，使其锚筋保护层处于允许偏差之内。特别是在承台部分即将浇完混凝土时，应对地脚螺栓的位置，随时进行检查，并对其微量偏差予以调整校正。

在承台模板拆除后，应对结构表面、结构尺寸等进行检查，并填写检查记录。

10. 基坑回填

承台式锚桩岩石基础的承台基坑较小较浅，回填土量也较少，应按土方回填与夯实要求

（见第二篇第五章）认真进行。如设计有防风化处理要求时，应适时施工。

11. 验收评级

岩石基础施工完成后，应请监理单位和施工上级单位代表进行验收检查，并作施工质量等级评定，填写评级记录表。

五、施工工器具

承台式锚桩岩石基础施工机械钻孔和混凝土浇制主要机具详见表 8-4-1。

表 8-4-1　　承台式锚桩岩石基础施工机械钻孔和混凝土浇制主要机具

序号	名称	规格	单位	数量	备注
1	钻孔机械		套	1	可钻软质和硬质岩石
2	凿岩机		台	1	
3	发电机	3kW	台	1	
4	搅拌机	小型	台	1	含试块盒 1 组，坍落度筒 1 组
5	振捣器	小型	台	1	
6	经纬仪	1 寸	台	1	
7	淘洗工具		套	1	掏勺、刷子、泡沫塑料等
8	储水包	1.2m^3	个	2	
9	台　秤	200kg	台	1	
10	捣固钎		根	4	
11	水　桶		个	2	
12	其　他			适量	尖镐、铁锹、三脚架、枕木、模板等

第五节　嵌固式锚桩岩石基础施工

嵌固式锚桩岩石基础又称楔形岩石基础，即上口较小，下部较大，呈倒 V 形或凸字形，如图 8-1-1（c）、图 8-1-1（d）所示。它是靠原状岩土的嵌固作用，抵抗铁塔的上拔力和横向力，可用于广泛的中等风化或强风化岩石地带，它不同于锚杆岩石基础，从而大大拓宽了岩石基础的应用范围。此类嵌固式锚桩岩石基础一般采用人工或其他简易方法开挖（一般楔形坡度为 1/6～1/8）。开挖时应保持基坑周壁和底部不受扰动，充分发挥天然原状岩土的力学性能。楔形岩石基础可节约原材料、加快施工进度、降低工程造价，是颇受欢迎的一种岩石基础形式。

一、施工准备

施工准备基本与锚杆岩石基础施工相同（参见本章第三节），不同之处主要有以下几点：

（1）技术准备中需按照 JGJ 55—2006《普通混凝土用砂、石质量及检验方法标准（附条文说明）》进行普通混凝土配合比的设计，而不是砂浆配合比的设计。

（2）材料准备中需按照配制普通混凝土的要求对砂、石等材料进行选取和检验。

（3）孔洞挖掘机具略有变更，应根据确定的挖掘施工方案选择确定。

二、劳动组织与岗位责任

嵌固式锚桩岩石基础施工，工作量较大，其劳动组织及岗位职责，见表 8-5-1。

表 8-5-1 **劳动组织及岗位职责（一个班组）**

序号	岗 位	人数	岗 位 职 责
1	施工负责人	1	全面负责施工及人身、设备安全
2	技术员	1	全面负责施工技术及质量检查
3	测 工	1	负责操平、找正、定位及地脚安装测量
4	挖掘人员	2	负责基坑挖掘，而后协助浇筑
5	清渣人员	2	负责清理基坑渣土并协助挖掘
6	浇注人员	4	负责砂浆或混凝土拌制浇筑及捣固
7	普 工	10	配合以上各岗位工作

三、施工工艺流程

嵌固式锚桩岩石基础的施工工艺流程如图 8-5-1 所示。施工工艺要点中与锚杆锚桩岩石基础不同的主要是基坑的岩石掏挖施工和混凝土浇筑施工，混凝土浇筑施工参见第二篇第三章中的有关规定。其他各工序施工工艺和施工要点与锚杆锚桩岩石基础基本相同，请参照本章第三节。

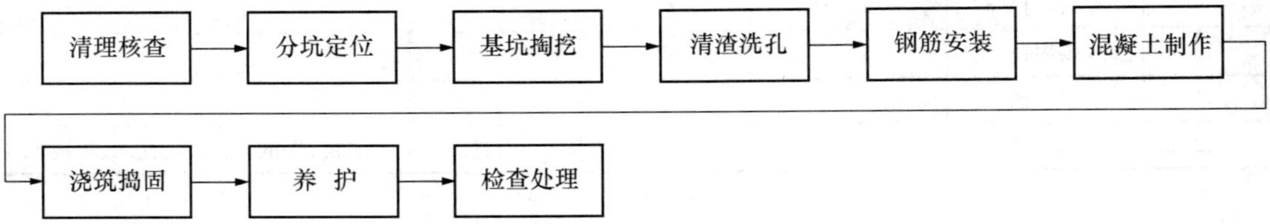

图 8-5-1 嵌固式锚桩岩石基础施工工艺流程图

四、基坑掏挖施工要点

嵌固式锚桩岩石基础施工的关键工序之一是基坑掏挖成型。基坑开挖施工中要保证基坑的设计型式和尺寸，坑口及坑壁周围岩土结构整体应不被破坏，保持基坑周围岩土原状，尤其是基坑下部的扩底部分更应保持工程设计形式。一般采用的施工方法有无声破碎法、人力挖掘法和松动爆破法等。由于基坑所处的地质不同，有时可综合实施上述各种方法。

1. 无声破碎法

无声破碎法是应用无声破碎剂破碎岩石的一种施工方法，具有固体膨胀、低压、慢加载等特点，特别适用于嵌固式锚桩岩石基础基坑挖掘，可使基坑周边岩石结构不受振动或损坏。无声破碎施工方法，宜用于整体性较好的岩石破碎，对于有较大较宽的裂缝或有较大孔洞处，破碎效果不够理想。

2. 人力挖掘法

人力挖掘法只适用于强风化岩土基坑，施工方法简易，可同时挖掘几个基坑，总体施工进度较快，该方法是以人力用尖镐、撬棍、钢钎、大锤、铁锹和起重吊架等工具，将龟裂的岩石块体及岩土掏挖出来，对于较大的岩石块体可配以其他破碎方法。此方法需要付出较繁重的体力劳动，但在不具备其他方法施工的条件时，仍是一种有效的施工方法。

3．松动爆破法

松动爆破法是将炸药埋置在基坑岩土较深处，炸药爆炸时，其爆破作用力只引起内部介质破裂到临空自由面，致使岩石松动，而不发生岩石抛掷现象，松动区以外的岩土不被破坏。

在挖掘嵌固式锚桩岩石基础基坑时，遇有孤立的大块岩石或整体性较强的风化岩石，可采用松动爆破方法进行破碎。由于在现场难以准确确定岩石类型、性质和风化程度，当破碎仅有一个临空自由面的基坑时，应经过现场实地试点，在充分掌握岩石性质和爆破影响范围时才能推广使用。

为确保嵌固式锚桩岩石基础基坑周围岩土不受影响，施工设计的爆破漏斗半径，应略小于基坑的工程设计半径，预留厚度一般取100mm，在松动爆破后再以人工开凿至设计规定值。

为可靠保护坑口免受影响，应先以人工开凿出深度为0.3～0.8m，直径为工程设计坑口尺寸的圆坑，再从圆坑底面开始钻孔进行松动爆破施工。

每次破碎后，应及时清理碎石土，并进行必要的修整，坑壁不得有裂缝或活动的石块。

爆破材料、起爆方法、爆破方法、安全技术，请参见第二篇第二章的有关要求。

五、施工工器具

嵌固式锚桩岩石基础施工基坑开挖及混凝土浇制主要机具详见表8-5-2。

表8-5-2　　嵌固式锚桩岩石基础施工基坑开挖及混凝土浇制主要机具

序号	名　称	规　格	单　位	数　量	备　　注
1	凿岩机		台	1	
2	发电机	3kW	台	1	
3	搅拌机	小型	台	1	含试块盒1组，坍落度筒1组
4	振捣器	小型	台	1	
5	经纬仪	1寸	台	1	
6	储水包	$1.2m^3$	个	2	
7	台　秤	200kg	台	1	
8	捣固钎		根	4	
9	水　桶		个	2	
10	其　他			适量	尖镐、撬棍、钢钎、大锤、铁锹、三脚架、枕木等

第九章

桩式基础施工

第一节　概　　述

在架空送电线路建设中，常用桩式基础包括机械钻（冲）孔灌注桩基础、挖孔桩基础和旋锚桩基础。桩式基础具有较经济、实用、易于施工操作的特点。

第二节　机械钻（冲）孔灌注桩基础施工

一、施工工艺流程

机械钻（冲）孔灌注桩基础施工工艺流程如图 9-2-1 所示。

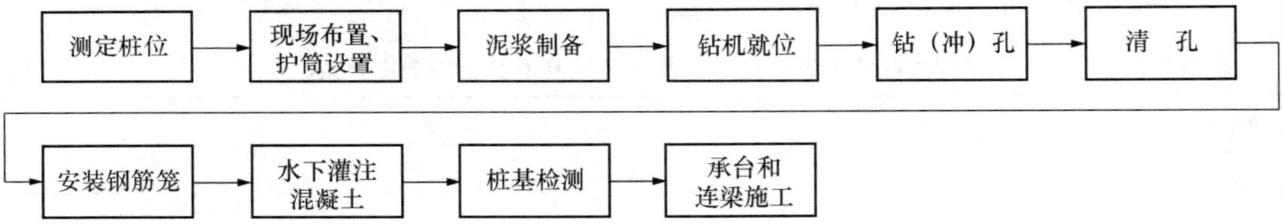

图 9-2-1　机械钻（冲）孔灌注桩基础施工工艺流程图

二、劳动组织及岗位职责

劳动组织及岗位职责见表 9-2-1。

表 9-2-1　　劳动组织及岗位职责

序号	岗　位	人数	岗　位　职　责
1	现场指挥	1	负责组织管理工作及施工生产
2	技术员	1	负责现场的技术指导及施工技术资料
3	安全员	1	负责现场安全文明施工管理
4	质检员	1	负责现场质量检查、质检资料整理
5	钻机操作	6	操作钻机
6	导管操作	4	负责导管及护筒的洗刷、装卸
7	混凝土拌合	12	上料拌合混凝土
8	材料运输	6	负责混凝土输送泵
9	混凝土灌注	3	测量混凝土面高度，计算导管及护筒埋入深度，指挥导管及护筒提升和拆除
10	钢筋制作	4	负责钢筋笼安装制作、焊接
11	试验	1	检查配合比、坍落度，制作混凝土试件

三、施工步骤

（一）测定桩位

钻（冲）孔的位置应根据工程设计图纸和设计说明书的要求进行定位测量。桩位中心点应有明显标记，并在桩位中心的外围顺、横线路方向各 15～20m 处，能够可靠保留的位置设置辅助桩并做好记录，以备当钻（冲）孔桩位标记被挖除后仍可利用辅助桩，找出钻（冲）孔桩位中心。

（二）现场布置、护筒设置

1. 现场布置

钻（冲）孔灌注桩施工的现场布置，应根据具体工程灌注桩的设计分布和施工机具的设备情况，采取相应的布置方式，在施工前进行施工技术设计，绘制现场布置图（见图9-2-2）。在布置图中应考虑设置泥浆池、沉淀池、排水沟、水电管线、水泵设备安放处，还应选择和布置砂、石、水泥堆放场，混凝土搅拌站和运输通道等，并按布置图的要求实施。

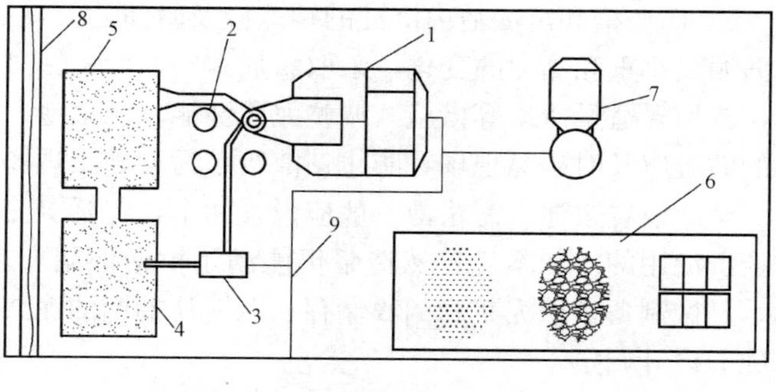

图 9-2-2　灌注桩基础施工平面布置图

1—钻机；2—桩孔；3—泥浆泵；4—泥浆池；5—沉淀池；6—砂、石、水泥堆放场；7—搅拌机；8—排水沟；9—供电管线

在钻（冲）孔桩位处，应挖表土，设置护筒。

在钻机安放处搭设高度约 0.5m 的操作平台。平台一般用道木和木板制成，并用水平尺找平，以卡钉固定牢固。

搅拌站应距塔位较近（一般距塔位中心 15～20m 为宜），进出料方便。

2. 护筒设置

护筒是保证钻杆沿桩位垂直方向掘进的辅助工具，同时还起着保护孔口和提高桩孔内泥浆水头，防止塌孔的作用。护筒设置应注意下列事项：

（1）地表土层较好，开钻后不塌孔的孔位，可不埋设护筒。

（2）在杂填土或松软土层中钻孔时，应埋设护筒。护筒用钢板制作，钢板厚度一般为 4～8mm，内径比钻头直径大 100mm，埋入土中深度不宜小于 1.0m（砂土中不宜小于 1.5m），护筒顶部应高出地面，高度应满足容纳孔内泥浆所需，一般为 0.6m，其上部宜开设 1～2 个溢浆孔。

（3）应保持护筒的位置正确、稳定，护筒埋入地表以下部分与孔壁之间用无杂质的黏土填实，必要时可在上表面铺设 20mm 的水泥砂浆，以防漏水。护筒中心与桩位中心的偏差不得大于 50mm。

（4）受水位涨落影响或水下施工的钻孔灌注桩，护筒应加深加高，必要时应打入不透水层。

（三）泥浆制备

（1）泥浆循环系统的设置应遵守以下规定。

1）泥浆循环系统由泥浆池、沉淀池、循环槽、废浆池、泥浆泵、泥浆搅拌设备等装置组成，并配有排水、清渣、排废浆等设施。

2）泥浆循环池不宜少于两个，可串联使用，泥浆池的容积为所钻孔容积的1.2～1.5倍，一般不宜小于8～10m^3。

3）循环槽应设1∶200的坡度，槽断面面积应能保证泥浆正常循环而不外溢。

4）沉淀池、泥浆池、循环槽可用砖块和水泥砂浆砌筑，不得有渗漏和垮塌。泥浆池、沉淀池等不能建在新堆积的土层上，以免池体下陷开裂、泥浆漏失，宜设在地势较低处。

5）循环槽和沉淀池内沉淀的钻渣应及时清除。在砂土或容易造浆的黏土中钻进时，应根据泥浆比重和黏度的变化，采取添加絮凝剂加快钻渣的絮沉，适时补充低比重、低黏度稀浆，或加入适量清水等措施，调整泥浆性能。泥浆池、沉淀池和循环槽应定期进行清理，清除的钻渣应及时运离现场，防止钻渣废浆污染施工现场及周围环境。

（2）设置浆池。泥浆池一般应设置两个，包括沉淀池和护壁泥浆池。沉淀池是作为钻孔排渣沉淀用的。如本身自然造浆仍能满足护壁泥浆要求时，可不必设置泥浆池。护壁泥浆池，是做制备护壁泥浆和回收储存从沉淀池抽回的泥浆用。沉淀池、泥浆池的位置及容积应按施工设计确定。

（3）制备泥浆。除孔位穿越能自然造浆的土层外，均应制备泥浆。泥浆用高塑性黏土或膨润土制备。拌制泥浆应根据施工机械、工艺及穿越土层的需要进行配合比设计。

泥浆护壁应符合JGJ 94—2008《建筑桩基技术规范》中的规定：

1）施工期间护筒内的泥浆面应高出地下水位1.0m以上，在受水位涨落影响时，泥浆面应高出最高水位1.5m以上；

2）在清孔过程中，应不断置换泥浆，直至浇筑水下混凝土；

3）浇筑混凝土前，孔底500mm以内的泥浆比重应小于1.25，含砂率不得大于8%，黏度不得大于28s；

4）在容易产生泥浆渗漏的土层中应采取维持孔壁稳定的措施；

5）废弃的浆、渣应进行处理，不得污染环境。

（四）钻机就位

（1）施工时首先要根据施工图绘出打桩顺序图，对每个桩进行编号，安排好先后次序，然后进行钻孔成桩，一般采用跳打法施工。在打桩正式开始以前，应先打好试验桩，检测无误后方可正式打桩，在正式桩施工完毕后应另做检验。自桩基施工开始到结束，应做好各种记录，主要记录有钻机型号、使用钻头情况、30min的钻进记录、泥浆稠度记录、特殊问题的处理记录和清渣记录。

（2）选择钻机。根据设计提供的地质报告，合理选择适应的钻机。

1）潜水钻机是由封闭式防水电动机和减速机构组成。电动机和减速机构装设在具有各种绝缘和密封装置的外壳内，故能够潜入水中工作。

潜水钻机在地面部分有钻架、钻杆、卷扬机、电缆盘等，在孔下部分为潜水电动机、潜水抽渣泵、压重物的钻头刀架等，其安装方法和顺序应按钻机安装说明书进行。

2）回旋钻机一般是将原机上的压力水泵改用外接高压水泵，原钻杆的内接头改为方齿内接头，并配制宝塔形钻头等。

（3）待泥浆循环池及护筒施工完毕后，即可将钻机运至桩位就位。

（4）钻机就位偏差。钻机就位前由现场技术人员对原桩位进行复核，桩位偏差应小于

10mm，并用十字线定位，然后进行钻机就位。

钻机就位要求：钻机安装就位后，底座和顶端应平稳、牢固，转盘水平、钻杆垂直。钻机顶部的起吊滑轮缘、转盘中心和钻孔中心保持在同一铅垂线上，施工过程中经常检查，发现问题及时纠正。由于机身不稳，钻机安放位置地基松软等原因引起的钻机偏移，发现后要及时停机，校正钻机及钻杆，如图 9-2-3 所示。

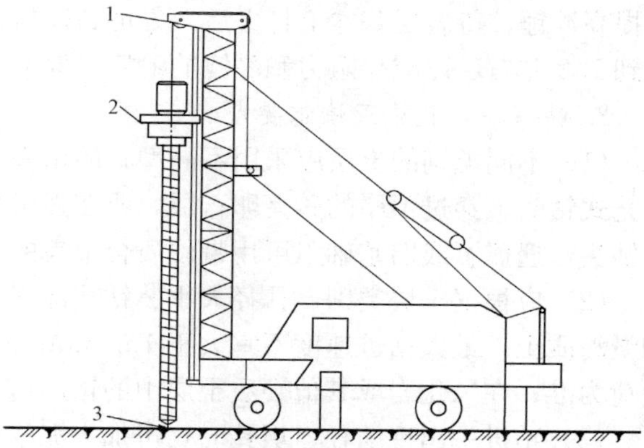

图 9-2-3　钻机就位示意图

1—起吊滑轮；2—转盘；3—钻孔中心

（五）钻（冲）孔

1. 钻（冲）孔过程

（1）潜水钻机钻孔。当钻（冲）孔前的准备工作完成后，如果采用潜水钻机，即用第一节钻杆（每节长约 5m，各节用钢梢相连接）接好钻头，另一端接上钢丝绳，吊起潜水钻对准埋好的护筒，缓缓放下至地面桩位标记处，先空转，然后缓慢钻入土中，至整个潜水钻头基本入土内，并检查无误后，才能正常钻进。检查时应特别注意护壁泥浆的比重（一般为 1.1 左右，穿过砂夹卵石层等应适当增大），循环水是否正常、钻机有无摇晃跳动。钻孔过程中如果泥浆比重不适宜，循环水不正常，应及时纠正；钻头难进、摇晃、跳动大时，可能遇到硬层，应即略微提起，待摇晃跳动消失后，再降低速度，尽量慢钻进入，穿过硬层后方可正常钻进；如提高至地面仍跳动不止，是机械故障，应立即修复，然后再钻。每钻进一节钻杆前，应准备好下一节并随时与前节钻杆接好，以保证迅速钻进，避免停歇过久，直至全部钻完为止。

（2）回旋钻机成孔。选择回旋钻机成孔，首先用水平尺校正机身及钻杆的水平及垂直度，开动电机，放下钻头，用泥浆泵注入泥浆，钻头缓缓钻进，一节钻杆钻入后及时停机，见本章第二节。如此反复，直至钻到设计深度。

（3）冲孔钻机成孔。

1）开孔。在开孔阶段冲孔进度不宜太快，一般控制台班进尺在 1m 以内，相应的提锤高度要小，冲击次数要多，这样产生的冲击力小，使孔壁逐渐受水平力的挤压而密实。此时如果冲击过猛，进度太快，孔壁不能较好地形成，反而会引起坍孔。在开孔阶段要严格控制冲孔进度，以利于加强孔壁。在开孔深度，护筒底以下 3～4m 之内，要求尽可能把孔壁护得牢实一些，此后进入正常冲孔，就不容易产生坍孔。

2）正常冲孔。经过轻冲击的开孔阶段之后，即开始正常冲孔，以加快速度。提锤高度可增至 1.5～2m 及以上，泥浆浓度相应降低，比重大致在 1.5 以下。在正常情况下，冲孔进尺每台班为 1～1.5m，有时更多一些。

3）冲打岩层。岩层表面大多是高低不平，或为倾斜面，因此在冲孔刚进到岩层时，最容易产生偏孔。所以在冲孔接触岩层时，要特别谨慎。通常是向孔底抛掷直径 20～30cm 的片石，将岩层斜面和高低不平之处嵌补填平，然后绷紧绳子进行低锤快打，造成一个较紧密的平台，承托冲锤，均匀受力，防止偏孔。但要注意岩层倾斜突出部分没有冲平以前，仍不能提高冲锤，待岩层基本上打平后，方可高锤猛打，加快冲孔进度。冲进岩层后，泥浆比重降到1.2左右，以减少阻力和黏锤的毛病，但不能太小，否则石渣浮不上来，掏渣困难。

2. 钻（冲）孔施工注意要点

（1）不同类别的土层应采用不同型式的钻头。一般黏性土、淤泥和淤泥质土及砂土，宜用笼式钻头。穿过不厚的砂夹卵石层，或在强风化岩层中钻进时，可镶焊硬质合金刀头的笼式钻头，遇孤石或旧基础，可用带硬质合金齿的筒式钻头钻穿。

（2）应根据土层类别、孔径大小、钻孔深度、供水量，确定相应的钻进速度。对于淤泥和淤泥质土，最大钻进速度不宜大于1m/min；对于其他土层，钻进速度以钻机不超过许用负荷为准；在风化岩或其他硬质土层中的钻进速度以钻机不产生跳动为准。

（3）钻进中出现缩径、坍孔时，可加大泥浆比重以稳定孔的护壁，也可在缩径、坍孔段投入黏土、泥膏，并使潜水钻空转不进尺进行护壁。

当缩径、坍孔严重，或泥浆突然漏失时，应立即停钻，此时可回填黏土，待孔壁稳定后再钻。

钻孔倾斜时，可用钻机扫孔纠正，如纠正无效，应在孔中局部回填黏土至偏孔处0.5m以上，再重新钻进。

（4）应随时注意钻机运转是否正常。如果钻速高、钻进快、泥浆比重大，削出的泥块未成浆，对钻杆产生的阻力大，有可能使马达超负荷而损坏，或使抽水齿轮磨损，或钻杆折断。发现时应立即调整泥浆比重。

（5）钻机施工时应注意检查，特别是连接潜水钻机的电缆不得有绝缘损坏或有其他电气设备的漏电现象。操作中应由专人收放电缆线和进浆胶管。接钻杆时，应先停钻再提升钻杆。钻进时，不得超负荷进钻。严禁作业人员在没有护筒和其他防护设施时进行钻孔工作。

（6）为保证钻孔垂直度，钻机设置的导向装置应符合下列规定：潜水钻的钻头上应有不小于3倍直径长度的导向装置；使用钻杆加压的正循环回转钻孔，在钻具中加设扶正器。

（7）泥浆护壁成孔的灌注桩施工应按规定按时进行检查，并做好记录。灌注桩成孔施工允许偏差详见JGJ 94—2008中相关规定。

（六）清孔

（1）清孔的目的是将已钻好孔的孔内泥浆用清水冲淡，一般需15～30min。清孔可用压缩空气喷翻孔内泥浆，同时注入清水，被稀释的泥浆逐渐流出孔外，护筒内仍保持原有的水位；也有用压力水通过钻头喷出，以逐步稀释泥浆。

（2）对于原土造浆的钻孔，钻到设计孔深时，可使钻机空转不进尺，同时射水，待孔底残余的泥块已磨成浆后排出，排出泥浆比重降到1.1左右（或以手触泥浆无颗粒感觉），即可认为清孔已合格。

（3）对注入制备泥浆的钻孔，可采用换浆法清孔，至换出泥浆比重小于1.15～1.25时为合格。

（4）孔底沉渣（或淤泥）厚度，应符合以下规定：端承桩沉渣≤5cm，摩擦端承、端承摩擦桩沉渣≤10cm，摩擦桩沉渣≤30cm。清孔完毕，应立即装设钢筋笼和灌注水下混凝土。

（5）冲孔灌注桩的淘渣：在冲孔过程中被冲碎的石渣，一部分和泥浆挤入孔壁空隙之中，其余大部分靠掏渣筒清除出外。在开孔阶段，为了要使石渣泥浆夹石子尽量挤入孔壁周围孔隙，以加固孔壁，在冲击过程中不掏石渣，待冲进达到 4～5m 之后，再掏渣，以降低泥浆浓度。在正常冲孔阶段，掏渣要及时，否则阻力太大，不利于冲击。

（七）安装钢筋笼

当桩孔钻成并清孔后，应尽快连续进行吊放钢筋笼，以便尽早灌注混凝土，使之不过夜。尽量做到钻孔、清孔、安装钢筋笼和灌筑混凝土四个工序连续进行。根据现场具体情况，可考虑三班倒作业方式，尽早完成灌筑混凝土工作，防止孔壁坍塌。

较长的钢筋笼可分段吊放，并宜用钢管加强钢筋笼骨架刚度。需要焊接时，可将下段悬挂在孔内。吊下第二段进行焊接，逐段接续逐段放下，骨架外侧应绑扎水泥垫块或垫以导杆，控制保护层厚度。钢筋笼骨架下放时不得碰撞孔壁，以防止坍壁和将泥土杂物带入孔内。吊入后应校正其位置和垂直度，并防止扭曲变形。

（八）水下灌注混凝土

钢筋笼安装完毕并验收合格后，应立即安装灌注水下混凝土机具。其机具布置示意图见图 9-2-4。灌注水下混凝土，应遵守下列规定。

1. 水下混凝土的配合比应符合的规定

（1）水下混凝土应具备良好的和易性，配合比应通过试验确定，坍落度宜为 180～220mm，水泥用量不少于 360kg/m³。

（2）水下混凝土的含砂率宜为 40%～50%，并宜选用中粗砂；粗骨料的最大粒径应≤40mm。

（3）为改善和易性及缓凝，水下混凝土宜掺外加剂。

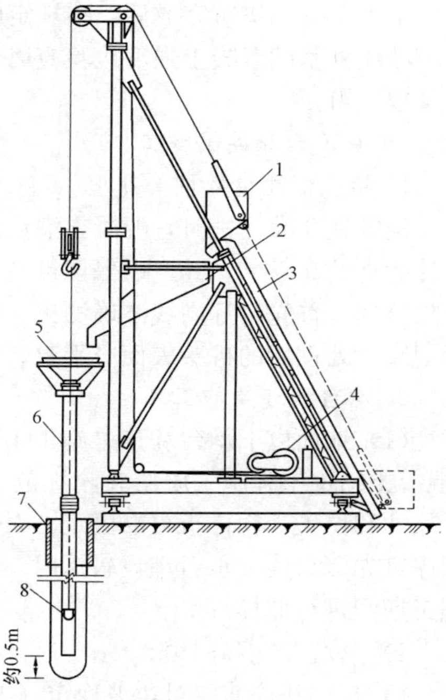

图 9-2-4　水下灌注混凝土的机具布置示意图
1—上料斗；2—储料斗；3—滑道；4—卷扬机；5—漏斗；6—导管；7—护筒；8—隔水栓

2. 导管的构造和使用应符合的规定

（1）导管壁厚不宜小于 3mm，直径宜为200～250mm，直径制作偏差不应超过 2mm，导管的分节长度视工艺要求确定，底管长度不宜小于 4m，接头宜用法兰或双螺纹方扣快速接头。

（2）导管提升时，不得挂住钢筋笼，为此可设置防护三角形加筋板或设置锥形法兰护罩。

（3）导管使用前应试拼装、试压，试水压力为 0.6～1.0MPa。

3. 使用的隔水栓应符合的规定

使用的隔水栓应有良好的隔水性能，应能保证顺利排出。

4. 浇筑水下混凝土应符合的规定

（1）开始灌注混凝土时，为使隔水栓能顺利排出，导管底部至孔底的距离宜为 300～500mm，桩直径小于 600mm 时可适当加大导管底部至孔底距离。

（2）先浇筑的混凝土应有足够的量，可使导管一次埋入混凝土表面以下 0.8m 以上。

(3) 导管埋深宜为2～6m，严禁导管提出混凝土面，应有专人测量导管埋深及管内外混凝土面的高差，填写水下混凝土浇筑记录。

(4) 水下混凝土应连续施工，每根桩的浇筑时间按初盘混凝土的初凝时间控制，对浇筑过程中的一切故障均应记录备案。

(5) 控制最后一次灌注量，桩顶不得偏低，应凿除的泛浆高度应保证暴露的桩顶混凝土达到强度设计值。

(九) 桩基检测

水下混凝土浇筑完成后，在规定的时间内按照设计要求进行桩基检测。

灌注桩基础混凝土强度检验应以试块为依据，试块的制作应每根桩取一组，承台及连梁每基取一组。

(十) 承台和连梁施工

1. 钻孔灌注桩的桩头处理

浇筑钻孔灌注桩时，混凝土灌注到地面后应清除桩顶部浮浆层，灌注桩桩顶标高应高于设计标高的0.5～1.0m，以保证桩基混凝土强度。桩头高出设计标高部分在后续工序中予以凿除处理。首先将标高线准确测出，在桩上作出明显的标记，采用风镐破碎桩头时不得超过标记线，处理后的桩头表面应平整，标高应准确。

2. 承台和连梁施工

(1) 地面以下承台和连梁施工工艺。承台施工应遵照工程设计图纸和GB 50204—2002《混凝土结构工程施工质量验收规范（2011年版）》进行。铁塔地脚螺栓设置时，应依据设计尺寸和位置，用样板可靠固定。对于现浇混凝土应保证其设计标号。独立桩基承台，施工程序宜先深后浅；承台埋设较深时，应对临近建筑物和市政设施，采取应的保护措施，并在施工期间进行监控。

1) 基坑开挖和回填。

a) 基坑开挖前应对边坡稳定（无支护基坑）、支护型式（有支护基坑）降水措施、挖土方案、运土路线、堆土位置编制施工方案，并经审查批准。基坑在打桩全部结束并停顿一段时间后方准开挖。

b) 承台和连梁的模板支护方式经设计或监理确认可采用砖模板，也可采用钢模板支护结构。

c) 地下水位较高需降水时，可视周围情况采用适当的降水措施。

d) 挖土应分层进行，层间高差不宜过大。软土地区的基坑开挖，基坑内土面高度应保持均匀，高差不宜超过1m。

e) 挖出的土方不得堆置在坑口附近。

f) 机械挖土时应确保基坑内的桩体不受损坏。

g) 基坑开挖结束后，应在基坑底做好排水盲沟及集水井，周围如有降水设施仍应维持运转。

h) 基坑回填前，应排除积水，清除含水量较高的浮土和建筑垃圾，填土应分层夯实，围绕承台对称进行。

2) 钢筋和混凝土施工。

a) 绑扎钢筋前应将灌注桩头浮浆部分或锤击面破坏部分去除，并应确保桩体承台长度符合设计要求。

b）承台和连梁混凝土应一次浇筑完成，混凝土入槽宜用平铺法。大体积承台的混凝土施工，应采取有效措施防止温度应力引起裂缝。

（2）地面以上承台和连梁施工工艺。

1）承台和连梁的模板支护。灌注桩基础承台和连梁位于地面填土层以上的混凝土施工时，通常采用钢模板支护工艺，钢模板的支护可采用木材或钢管支撑，模板采用钢管及管箍按照适当的间距卡住，防止连梁的扭转及鼓胀。

为保证承台和连梁的安全施工和满足施工质量标准，需要编制具有操作性、内容细致的模板支护专项技术方案并进行详尽的技术交底，严格按照审批后的方案执行。方案中需明确模板种类及支撑材料；模板接头方法、构造大样有施工详图，大模板、高支模及支撑系统有设计计算；立柱、水平撑、剪刀撑的设置尺寸及要求均应详细注明等。

用木材作支撑材料时，材质不宜低于Ⅲ等材，原木小头直径不能小于ϕ12cm，不能有腐朽变质、干裂或虫蛀等。

用钢管做支撑材料时，钢管材质应符合GB/T 700—2006《碳素结构钢》中Q235-A级钢及GB/T 13793—2008《直缝电焊钢管》或GB/T 3091—2008《低压流体输送用焊接钢管》中普通3号钢的规定，凡是弯曲的钢管要调直，变形损伤和严重磨损的钢管不能使用。

2）承台和连梁的模板设计计算。具体设计计算请参见第七章第四节中二。

3）钢筋和混凝土施工。

a）按照施工图纸要求绑扎钢筋，并应确保保护层厚度符合设计要求。

b）承台和连梁混凝土应一次浇筑完成，对于大体积承台的混凝土施工，应采取有效措施防止温度应力引起裂缝。

四、常见问题和处理方法

钻孔灌注桩常见问题和处理方法，见表9-2-2。

表9-2-2　　钻孔灌注桩常见问题和处理方法

常见问题	情况说明	主要原因	处理方法与防止措施
坍孔壁	在钻孔过程中孔壁土壤不同程度地坍下	（1）提升下落冲锤、挖渣筒及放钢筋骨架时碰撞护筒及孔壁。 （2）护筒周围未用黏土紧密填封。 （3）未及时向孔内补充加水，孔内水压降低而坍孔	（1）在坍塌的一段用石子黏土投入，重新开钻，并分析原因，调整泥浆比重和水位高程。 （2）使用冲孔机时，重行开孔阶段，要低锤勤打，使混合料填补密实，造成坚固孔壁后，再恢复正常冲击。 （3）清孔时要留意保持泥浆有一定浓度，清完后立即灌注混凝土
钻孔偏移顷斜	在钻孔过程中出现孔位偏移或孔身倾斜	（1）桩架不稳固，钻杆导架不垂直，钻机磨损，部件松动。 （2）用冲孔机成孔多发生于遇到探头石或基岩倾斜	（1）将桩架重新安装牢固，并对导架进行水平和垂直校正，并检修钻孔设备。 （2）如有探头石时，一般宜用取岩钻除去，若用冲孔机施工时，可用低锤密击，把石打碎
孔底隔层	孔底残留石渣过厚；孔脚涌进砂泥或坍壁泥土落在孔底	（1）清孔后泥浆浓度减小，孔壁坍塌或孔底涌进泥砂。 （2）清渣未净。 （3）浇灌混凝土前，钢筋骨架、导管等物碰撞孔壁，使泥土坍落孔底	（1）桩底有隔层，影响桩的承载力应予以避免。 （2）做好清孔工作，经常测深，达到要求后立即灌注混凝土。 （3）注意泥浆浓度及孔内水位的变化，使孔内水压经常高于孔外水压。施工中注意保护孔壁，不让重物碰撞

续表

常遇问题	情况说明	主 要 问 题	处理方法与防止措施
夹泥	在桩身的混凝土内混进泥土或夹层	灌注混凝土时，孔壁泥土坍下，落在混凝土内	（1）灌注混凝土时经常测定混凝土表面标高，如发现突然增高，就有坍泥可能。 （2）操作中避免碰撞孔壁，并随时注意控制泥浆的和比重，防止坍塌

五、桩质量检查、检测方法

桩的检测方法应根据检测的目的进行选择。

1. 单桩竖向抗压静载试验方法适用范围

（1）确定单桩竖向抗压极限承载力；

（2）判定竖向抗压承载力是否满足设计要求；

（3）通过桩身内力及变形测试，测定桩侧、桩端阻力；

（4）验证高应变法的单桩竖向抗压承载力检测结果。

2. 单桩竖向抗拔静载试验方法适用范围

（1）确定单桩竖向抗拔极限承载力；

（2）判定竖向抗拔承载力是否满足设计要求；

（3）通过桩身内力及变形测试，测定桩的抗拔摩阻力。

3. 单桩水平静载试验方法适用范围

（1）确定单桩水平临界和极限承载力，推定土抗力参数；

（2）判定水平承载力是否满足设计要求；

（3）通过桩身内力及变形测试，测定桩身弯矩和挠曲。

4. 钻芯法试验方法适用范围

（1）检测灌注桩桩长、桩身混凝土强度、桩底沉渣厚度；

（2）鉴别桩底岩土性状，判定桩身完整性类别。

5. 低应变法试验方法适用范围

检测桩身缺陷及其位置，判定桩身完整性类别。

6. 高应变法试验方法适用范围

（1）判定单桩竖向抗压承载力是否满足设计要求；

（2）检测桩身缺陷及其位置，判定桩身完整性类别；

（3）分析桩侧和桩端土阻力。

7. 声波透射法适用范围

检测灌注桩桩身混凝土的均匀性、桩身缺陷及其位置，判定桩身完整性类别。

六、冻土层内桩头部分的保护

在我国西北和东北地区进行基础施工过程中，由于冬季高寒且持续时间较长，基础土层由冻土层和非冻土层两部分叠加，在不同的土层产生的对桩身的切向力不同，产生桩身整体上拔或倾斜，对基础造成损害。

对于桩式基础，首先是保证其成孔工艺和混凝土施工工艺，避免在冻层内产生凸凹不平或出现扩大头。同时为消除切向冻胀力对桩的作用，可将冻深范围内的桩侧土换成松散材料（如碎石等），换填宽度不应小于 50cm（见图 9-2-5），换土高度内应按无摩阻力计算桩基竖向承载力。

七、施工工器具

钻（冲）孔灌注桩施工的主要机械与工器具见表 9-2-3。

表 9-2-3　钻（冲）孔灌注桩施工的主要机械与工器具

序　号	设备名称	型号及规格	数量（台）
1	旋转钻机	GPS-20	1
2	冲孔钻机	ZZ-5	1
3	电焊机	XD1-185	4
4	经纬仪	J2	2
5	钢筋切断机		1
6	装载机		1
7	挖掘机		1
8	运输车		1

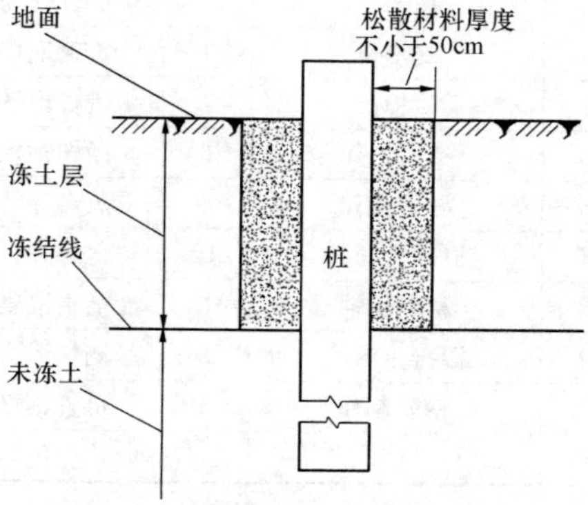

图 9-2-5　冻土层内桩头部分的保护措施

第三节　挖孔桩基础施工

一、施工工艺流程

挖孔桩基础施工工艺流程如图 9-3-1 所示。

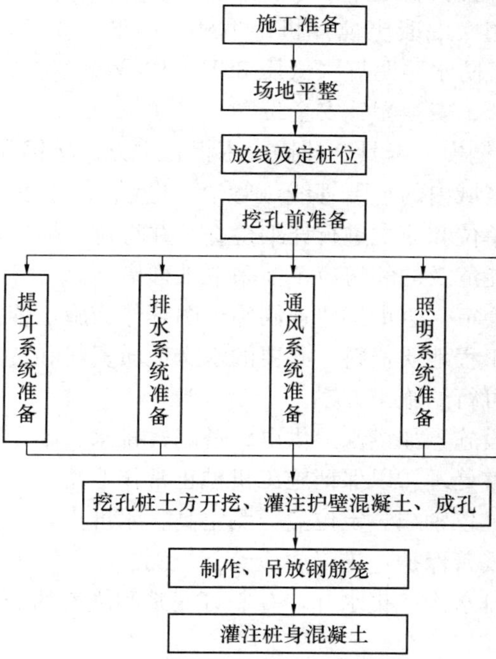

图 9-3-1　挖孔桩基础施工工艺流程图

二、劳动组织及岗位职责

劳动组织及岗位职责见表 9-3-1。

表 9-3-1 劳动组织及岗位职责

序号	岗 位	人数	岗 位 职 责
1	现场指挥	1	负责组织管理工作及施工生产
2	技术员	1	负责现场的技术指导及施工技术资料
3	安全员	1	负责现场安全文明施工管理
4	质检员	1	负责现场质量检查、质检资料整理
5	钻机操作	6	操作钻机
6	导管操作	4	负责导管及护筒的洗刷、装卸
7	混凝土搅拌	12	上料拌合混凝土
8	材料运输	6	负责混凝土输送泵
9	混凝土灌注	3	测量混凝土面高度，计算导管及护筒埋入深度，指挥导管及护筒提升和拆除
10	钢筋制作	4	负责钢筋笼安装制作、焊接
11	试验	1	检查配合比、坍落度，制作混凝土试件

三、施工步骤

（一）施工准备

（1）材料及施工工器具准备。

1）按照设计和规范要求，采购水泥、砂、石、钢筋等基础施工材料。

2）施工工器具准备。

a）一般应备有三木搭、卷扬机组或电动葫芦、手推车或翻斗车、镐、锹、手铲、钎、线坠、定滑轮组、导向滑轮组、混凝土搅拌机、吊桶、溜槽、导管、振捣棒、插钎、粗麻绳、钢丝绳、安全活动盖板、防水照明灯（低压 36V、100W）、电焊机、通风及供氧设备、扬程水泵、木辘轳、活动爬梯、安全帽、安全带等。

b）模板：一般由组合式钢模、卡具、挂钩、木板、木方、槽钢和零配件等组成。

（2）对建筑场地和邻近区域内的地下管线（管道、电缆）、地下构筑物、危房、精密仪器车间等施工前应会同有关单位和业主进行详细检查，并将建（构）筑物原有裂缝特殊情况记录备查，对挖孔和抽水可能危及的邻房应事前采取处理措施。

（3）施工前应组织图纸会审，会审纪要连同施工图等作为施工依据并列入工程档案。

（4）根据建筑物场地、工程地质资料、必要的水文地质资料和桩基工程施工图及图纸会审纪要等有关资料制订切实可行的施工方案。

（5）桩基施工用的临时设施，如供水、供电、道路、排水、临设房屋等，应在开工前准备就绪，施工场地应进行平整处理，以保证施工机械正常作业。

（6）按基础平面图设置桩位轴线、定位点，测定高程水准点，并应设在不受施工影响的地方。开工前，经复核后应妥善保护，施工中应经常复测。

（7）场地及四周应设备排水沟、集水井，并制订泥浆和废渣的处理方案，施工现场的出土路线应畅通。

（8）施工前应由施工单位的技术负责人和施工负责人逐孔全面检查各项施工准备，逐级进行技术、安全交底和安全教育。

（二）场地平整

（1）对施工场地进行平整。

（2）施工现场设置临时土方堆放现场。

（三）放线及定桩位

安装提升设备时，使吊桶的钢丝绳中心与桩孔中心线一致，以作挖土时粗略控制中心线用。

开孔前，桩位应定位准确。在桩位外四个方向设置定位龙门桩，用龙门桩拉十字线确定桩位。在适当位置设置高程基准点用以控制高程。

将桩位控制的十字线以及高程引到第一节混凝土护壁上，在混凝土上埋铁钉定点，再用护壁上的点设十字线，从十字线吊大线坠控制下面各节护壁对应的桩位中心，然后在桩位中心用尺杆画圆周，以高程控制点测量孔深，以保证挖掘时桩位中心、孔深和截面尺寸正确。桩位允许偏差见表 9-3-2。

表 9-3-2　　桩位允许偏差

成　孔　方　式	桩位允许偏差（mm）
人工挖孔（混凝土护壁）	50

（四）挖孔前准备

1. 提升系统准备

孔内设置安全有效的应急爬梯；准备有效的垂直提升运输系统。在孔上口安装支架、用慢速卷扬机或辘轳提升吊笼或吊桶，系统应安全可靠，并配有自锁保险装置。

2. 排水系统准备

挖桩孔时，如果地下水丰富、渗水或涌水量较大时，可根据情况采取不同的排水措施。排水系统中包括吊水桶、潜水泵、排水管等，关于排水措施将在后面章节介绍。

3. 通风系统准备

桩孔挖进深度超过 8m 时，应安装有效的送风系统。送风系统包括送风机、送风管及其他配套设施。常用的送风系统为 1.5kW 的鼓风机配以直径为 100mm 的塑料薄膜送风管。

4. 照明系统准备

桩孔底采用矿灯或 12V 安全灯照明，桩孔周围在夜间设置安全设施及安全灯。

5. 通信系统准备

桩孔下作业人员和地面指挥人员应佩戴无需手持、即时接听的通信设备，保持地面与桩孔内作业人员的通信畅通。

（五）挖孔桩土方开挖、灌注护壁混凝土、成孔

1. 挖孔桩土方开挖

（1）挖孔由人工从上而下逐层用镐、锹进行，遇到坚硬土层及岩层时用锤、钎或者风镐、凿岩机等进行破碎。挖土次序为先挖中间部分后挖周边，允许尺寸误差为 50mm，将桩身挖成圆柱体。扩底部分采取先挖桩身圆柱体，再按扩底尺寸从上到下削土，形成扩底形状。

（2）桩孔开挖直径

开挖直径＝桩基础直径＋2×护壁厚度

桩中线控制是在第一节混凝土护壁上设十字控制点，每一节设横杆吊大线坠作中心线，用水平尺杆测定圆周。

（3）采取按深度分段开挖方式，一般以 800～1000mm 为一施工段，前一段开挖后立即

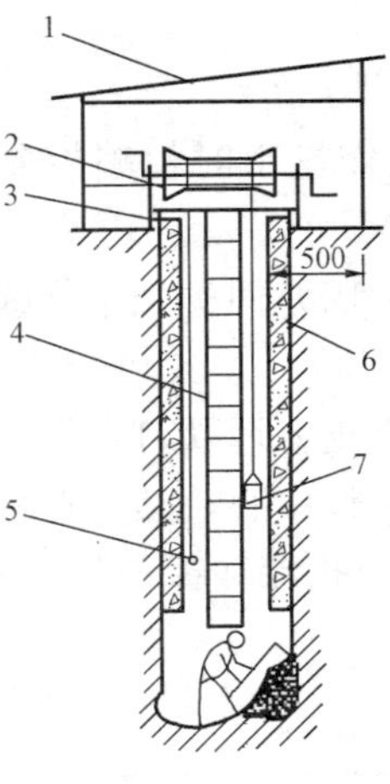

图 9-3-2 专用垂直提升工具

1—遮雨棚；2—提升辘轳；
3—砖砌井圈；4—钢筋爬梯；
5—低压灯照明；6—混凝土护壁；
7—装土铁桶

进行混凝土护壁浇筑，待到混凝土浇筑后时间到 24h（或护壁强度达到 1.2MPa，如需要确定具体时间，可以根据试验而定）后，再进行下一段挖进。

（4）弃土装入活底吊桶，用专用垂直提升工具吊至地面后，用机动翻斗车或手推车运出。专用垂直提升工具如图 9-3-2 所示。

（5）掘进一个施工段后，清理桩孔，检验桩的桩位、直径及垂直度，成孔施工的允许偏差见表 9-3-3。

表 9-3-3　　灌注桩成孔施工允许偏差

成孔方式	桩径偏差（mm）	垂直度允许偏差（%）	桩位允许偏差（mm）
人工挖孔（混凝土护壁）	50	<0.5	50

2. 灌注护壁混凝土、成孔

（1）为防止坍孔和保证操作安全，在掘进一个施工段后浇筑混凝土护壁。混凝土护壁的厚度一般为 150mm，在护壁中加配适量 6～9mm 的钢筋。第一节护壁高出地面 200mm，厚度为 250mm。第一节护壁上口做桩位十字形控制点和高程标记，并设置锁口便于挡水、定位以及保护护壁的稳定。桩孔护壁示意图如图 9-3-3 所示。

（2）如果地质条件较好，可以考虑使用素混凝土护壁，或者不使用混凝土护壁，但对于这种选择应慎重。

（3）护壁混凝土施工与养护。护壁混凝土应严格按配合比投料搅拌，坍落度控制在 4～6cm 为宜，为提高早期强度可适当加入早强剂，混凝土浇筑时应分层沿四周入模，用钢钎捣实，施工前应将上节护壁底清理打毛，以便连接牢固。为便于施工，可在模板顶设置角钢、钢板制成的临时操作平台，供混凝土浇筑使用。当护壁混凝土经养护，强度达到 1.2MPa 后，便可拆除模板，进行下一节施工。

（4）为了防止振扰桩孔周围土体，护壁混凝土应采取人工振捣的方式。

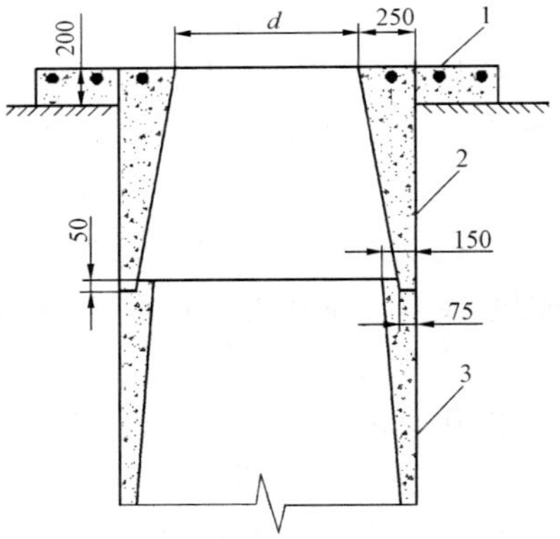

图 9-3-3 桩孔护壁示意图

1—锁口；2—第一节护壁；3—第二节护壁

（六）制作、吊放钢筋笼

1. 制作钢筋笼

（1）在钢筋笼内侧每隔 2.5m 加设一道直径为25～30mm的加强钢筋箍，每隔一箍在箍内设一井字形加强支撑，与主筋焊接成牢固的骨架以便于吊装。钢筋笼可分段制作，分段长度应根据钢筋的长度来决定，最好选 5～8m 为宜。主筋一般采用搭接焊，主筋与箍筋以电焊固定，控制平整度误差不大于 5cm。钢筋笼外侧每隔 3m 设置护板（见图 9-3-4），以控制保护层厚度符合 60mm，护板具体尺寸见施工图纸。

（2）钢筋笼搬运时应适当采取措施，防止扭曲变形。

2. 吊放钢筋笼

吊装钢筋笼时，要对准孔位，吊直扶稳，然后缓缓下降，避免碰撞孔壁，钢筋笼下放到设计位置后，应立即固定。

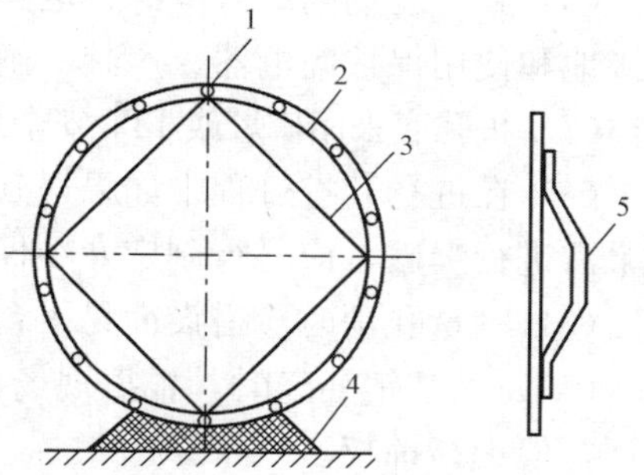

图 9-3-4　钢筋笼的加固
1—主筋；2—箍筋；3—加劲支撑；4—枕木；5—护板

（七）灌注桩身混凝土

灌注混凝土应注意下列事项：

（1）灌注前应清除孔底、孔壁的残渣，排除孔底积水，并经项目部检验及监理收合格。

（2）混凝土采用机械搅拌，搅拌时间不得少于1.5min，坍落度控制在4～8cm。

（3）浇筑混凝土时使用串筒，串筒末端距离孔底不宜大于2m，并应连续分层浇筑，每层厚度不超过1.5m；发生离析现象的混凝土严禁灌入。

（4）混凝土采用机械振捣，分层振捣密实。

（5）不同品种、不同标号的水泥不得混合使用。

（6）桩顶标高要要满足设计图纸要求。

（7）在浇筑桩身混凝土时应注意对钢筋保护层厚度的控制。

（8）混凝土浇筑12h后，桩顶外露部分应覆盖草袋，并洒水养护，养护时间不少于7d。

（9）桩基检测和试块制作。混凝土浇筑完成后，在规定的时间内按照设计要求进行桩基检测。

人工挖孔桩桩基础混凝土强度检验应以试块为依据，试块的制作应每根桩取一组。

四、挖孔桩基础施工安全注意事项

（1）施工前应调查施工场地历史情况，调查施工场地周围有无排放有害、有毒气体的企业或工厂等。

（2）孔内设置安全有效的应急爬梯；施工人员进入桩孔内应正确佩戴安全帽，配挂安全带或绳；电动葫芦或者人力辘轳及吊笼等应安全可靠并配有自锁保险装置。

（3）孔内有害气体含量超标造成事故的预防措施。地下特殊地层中往往含有CO、SO_2、H_2S或其他有毒气体，人工挖孔桩深度超过5m时，每天开工前应进行有毒气体的检测。应对桩孔内气体进行抽样检测（可用快速检测管），发现有害气体含量超过允许值时，应将有害气体清除至最低允许浓度的卫生标准，并采用足够的安全卫生防范措施，如设置专门设备向孔内通风换气（通风量不少于25L/s）等措施，以防止急性中毒事故的发生。在施工过程中，还应随时检查空气中的含氧量，防止出现施工人员缺氧窒息事故。

在施工过程中，施工人员每隔2h出孔休息并用鼓风机向孔内送风5min；当人工挖孔桩深度超过10m时，应配备专门的向孔内送风的设备，风量不宜少于25L/s；孔底凿岩时应加大送风量。

（4）在开挖前先做好保坎（即用砂石、砖等修建的保护墙），挖出的土石方要立即运送到保坎处，而不能堆放在桩孔周围；要避免车辆的运行对桩孔壁造成影响。对周围的建（构）筑物、道路、管线等应定期进行变形观测，并做好记录，发现异常情况立即停止作业，并采取措施。

（5）孔口和孔壁附着物（包括未安装到底的钢筋笼）应固定牢靠。

（6）施工现场的所有电源、电路，在安装、维修和拆除时应由持证电工操作，电器应严格接地和使用保护漏电器，严禁一闸多用。

（7）桩孔底采用矿灯或12V安全灯照明；桩孔周围设置有效围护设施，夜间设置安全灯。

（8）在桩孔开挖过程中如果遇到人工掘进极其困难的地质段，向设计、监理单位报告，如果需进行爆破，应另行制定专项保护措施及管理办法。

（9）测量孔深时应搭设简易平台，测量人员腰上系安全带、绳。

（10）吊装钢筋笼时，根据现场指挥的指令统一操作。其他人员发现异常立即汇报现场指挥，但无指挥权。

（11）基础浇制中，不得下料过猛。

（12）暂停施工的孔口应加设通透的临时网盖，防止人员误踏孔口。

五、主要施工工器具

人工挖孔桩的主要工器具见表9-3-4。

表9-3-4　　人工挖孔桩的主要工器具

序号	设备名称	型号及规格	数量	单位	备　注
1	卷扬提升装置	自制	4	台	孔内土运至地面
2	手推车		4	辆	
3	镐		16	把	
4	锹		16	把	
5	手铲		12	把	
6	装载机	ZL-40	1	台	
7	电焊机	BX3-500-1	2	台	
8	吊车	25t	1	台	
9	潜水泵	15kW	15	台	
10	柴油发电机	30kW	1	台	备用

第四节　旋锚桩基础施工

旋锚桩基础采用机械化施工，不必开挖基坑，施工速度快、可以节省人力，大大改善劳动条件，且不受季节影响。浇制混凝土量很少，可在软弱地质区域使用。耗钢量较多，但总的经济技术效益好。按照实际工程分析，旋锚桩基础与灌注桩基础造价比较，可节约总费用15.5%。

目前采用旋锚桩基础还不多，施工经验也不够丰富。本节内容主要依据现有有关资料及实践经验编写，供施工时参考。

一、旋锚桩简介

旋锚桩由一个导引段和若干个延长段组成，各段以套管销钉方式连接。导引段有四个钢旋片，外径分别为ϕ260mm、ϕ330mm、ϕ380mm三种，四个钢旋片按不同的间距焊接在一根ϕ89mm×8mm的钢管上，全段3508mm。某工程旋锚桩结构（导引段），如图9-4-1（a）所示。延长段钢管为ϕ219mm×6mm，并在管段上端焊接有一个钢锚片，两端均制成连接接头型式，全长为3350mm。旋锚桩结构（延长段）如图9-4-1（b）所示。

延长段顶端露出地面部分与塔腿插入部分，用混凝土浇筑在桩帽中，如图9-4-2所示。

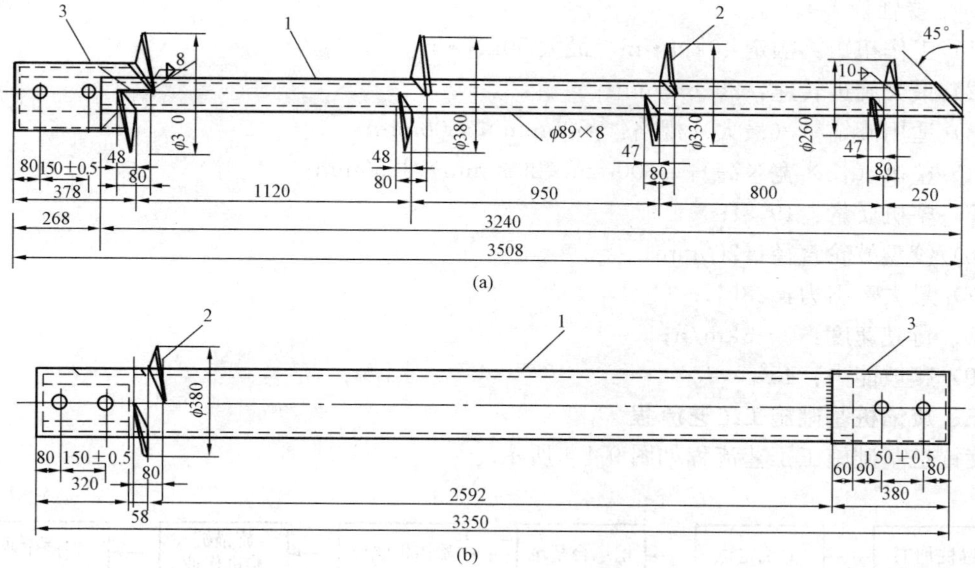

图 9-4-1　旋锚桩结构图

（a）导引段；（b）延长段

1—旋锚桩本体钢管；2—钢螺旋旋锚片；3—连接头

二、BTP50 型旋锚机的结构及性能参数

1. 概述

BTP50 型旋锚机是国内首台高性能机组，在国内外实际工程几次应用均能满足旋锚桩施工技术要求。该机采用液压挖掘机底盘，行走部分为履带式，施工扭矩采用液压压力表测定，旋进角度采用重力式角度计测定。由于旋进速度快、吊装、定位等辅助作业简便，因而作业效率较高。在旋进 ϕ219mm 旋锚桩作业中，平均进尺速度达到约 1m/min，每台班可完成一基基础，总进尺达 240m。

BTP50 型旋锚机外形如图 9-4-3 所示。

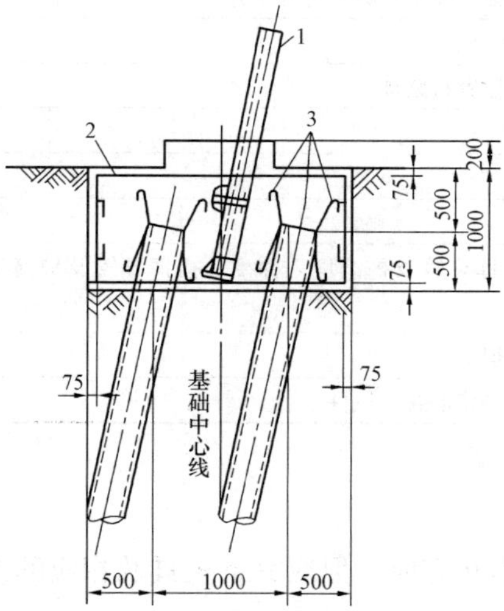

图 9-4-2　旋锚桩基础桩帽

1—插腿；2—基础混凝土；3—钢筋锚钩

图 9-4-3　BTP50 型旋锚机外形

1—旋转钢锚；2—动力头；3—操控臂；4—控制室；5—履带式行走底盘

2. 主要性能参数

（1）工作扭矩：额定 40kN·m，最大 50kN·m；

（2）最大旋进转速：26.6r/min；

（3）适用旋锚桩（最大）规格：ϕ500mm×3800mm；

（4）整机（长×宽×高）：9300mm×2900mm×3250mm；

（5）整机质量：19.5t；

（6）绞盘鼓轮直径：360mm；

（7）最大牵引力：28kN；

（8）行驶速度：0～3km/h；

（9）爬坡能力：45°。

三、旋锚桩基础施工工艺流程

旋锚桩基础施工工艺流程如图 9-4-4 所示。

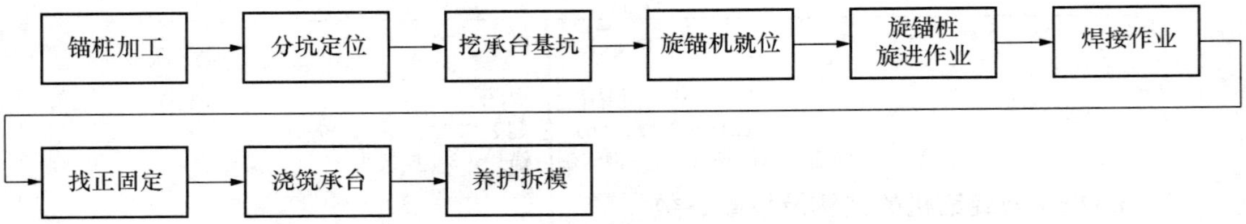

图 9-4-4　旋锚桩基础施工工艺流程图

四、劳动组织及岗位职责

劳动组织及岗位职责见表 9-4-1。

表 9-4-1　劳动组织及岗位职责

序　号	岗　　位	人数	岗　位　职　责
1	现场指挥	1	负责组织管理工作及施工生产
2	技术员	1	负责现场的技术指导及施工技术资料的整理工作
3	安全员	1	负责现场安全文明施工管理
4	质检员	1	负责现场质量检查、质检资料整理
5	旋锚机操作	2	负责旋锚机操作与维修
6	混凝土搅拌	12	上料拌合混凝土
7	材料运输	6	负责混凝土输送泵
8	混凝土灌注	3	测量混凝土面高度，计算导管及护筒埋入深度，指挥导管及护筒提升和拆除
9	钢筋制作	4	负责钢筋笼安装制作、焊接
10	试验	1	检查配合比、坍落度，制作混凝土试件

五、旋锚桩基础施工步骤

（一）锚桩加工

旋锚桩本体的加工制作，可由工厂或工地加工车间完成。但应具备模具及相应的制造条件，并应按设计图纸加工，确保旋锚桩产品质量。

（1）螺旋锚片模具，应保证螺旋导向标准，压出的锚片不歪不扭，节距一致。

（2）钢管各接头段要进行内外孔壁的机加工处理，产品尺寸应符合图纸中公差配合要求。

（3）各焊接部件的焊接应严格按照有关技术规程进行。

（4）接头处的穿钉孔位、孔距要准确定位。钻孔时上下段孔距要一致，左右要同心。

（5）旋锚桩本体钢管内外均应进行热镀锌防腐处理，其导向段底口不得封堵。

（6）接头穿钉的直径、螺纹及镀锌质量，应符合图纸及相关要求，并应认真检查。

（二）分坑定位

（1）应使用经纬仪测定杆塔中心桩位置，并钉出辅助桩。根据设计要求计算出桩的倾斜角度。

（2）确定基础坑口位置，钉出每腿四个孔位桩。

（3）确定旋锚机轴线位置。

（4）复测基础根开、对角线、孔径等几何尺寸。

（三）挖承台基坑

（1）承台基坑采用排水防塌施工法进行挖掘。

（2）基坑坑底应平整，坑壁应有一定坡度。

（四）旋锚机就位

（1）旋锚机开进现场的中轴线位置。使旋锚机的旋转轴线对准旋锚桩钻进的倾斜角度（斜桩）。

（2）将旋锚桩的导引段安装在旋锚机的动力头上。

（3）调整机头位置使导引段钻头对准桩位中心。

（4）用旋锚机重力式角度计粗调导引段倾斜坡度，再用特制的坡度控制器靠在导引段管壁上细调，使其与铁塔主角钢坡度一致。

（5）锁定钻臂，即可旋进作业。

（五）旋锚桩旋进作业

（1）现场准备妥当，旋锚机就位，即可开始旋进作业。开始旋进时，宜缓慢进尺，当运行正常后，可按设计扭矩旋进。

（2）当出现动力头跳动、旋杆晃动不进尺等异常情况，应立即停车检查。

（3）当导引段旋进完成后，停机，将动力钻头与旋锚桩脱开，进行接续。先将旋锚桩延长段一端与动力钻头连接，再将延长段提起，另一端与导引段连接，复核延长段的坡度无误后，继续旋进。

（4）其他各段，基本与上述操作相同，直到单桩旋进扭矩达到设计扭矩值后，再旋进1m，如该扭矩值大于设计扭矩值，即视为旋进完成，并做好记录。

（六）焊接作业

（1）焊接作业是指封焊旋锚桩顶部的盖板和穿钉孔及在管壁上端焊接承台锚固补强钢筋。

（2）封焊应遵照设计图纸，并应符合焊接规程规定。

（七）找正固定

（1）找正固定系指铁塔插腿及承台模板的安装、找正和固定。

（2）铁塔插腿的固定位置，应确保该塔的根开、对角线、插入深度尺寸及倾斜角度，并应可靠固定。

（3）承台模板是灌注混凝土承台的关键，其安装应符合设计图纸规定，并妥善固定。

（八）浇筑承台

（1）混凝土承台是保证铁塔塔腿与旋锚桩可靠连接的重要构成部分，应认真细致地施工。

（2）混凝土的标号、配合比和浇筑施工，应符合GB 50204—2002的规定和设计要求。

（3）按规定要求，制作混凝土试件。

（九）养护拆模

（1）本工序包括混凝土养护、拆除模板和填承台回填土。

（2）按要求进行混凝土养护、拆模和填承台回填土。

六、主要工器具

旋锚桩施工的主要工器具见表9-4-2。

表9-4-2　旋锚桩施工的主要工器具

序　号	设备名称	型号及规格	数　量（台）	备　注
1	旋锚机	BTP50型	1	
2	电焊机	BX3-500-1	4	
3	装载机	ZL-40	1	
4	混凝土输送泵	110kW	1	
5	吊车	25t	1	
6	柴油发电机	30kW	1	备用

第十章

装配式基础施工

第一节　概　述

铁塔预制装配式基础类型较多，常用的有三种，即金属基础、薄壳式基础和板条式基础。装配式基础单件重量大、组装过程复杂、安装精度要求高。

第二节　装配式铁塔基础的基本形式

一、直柱单盘类

直柱单盘类装配式杆塔基础系指基柱与单一底盘（板或壳）组成的装配式钢筋混凝土基础。

（1）直柱固接型（见图 10-2-1）：基柱由离心制造的钢筋混凝土环形截面柱（d＝300～400mm）或方形截面柱与底盘用法兰盘刚性连接。在 220kV 及其以下线路工程中，广泛地应用在无地下水的较好地基的直线塔塔位上。

（2）直柱铰接型（见图 10-2-2）：由离心制造的钢筋混凝土环形截面柱（d＝300～400mm）与底盘用 U 形螺栓或扁钢连接形成铰式连接。根据基柱的侧向稳定要求，分设有卡盘和无卡盘的两种构造形式。

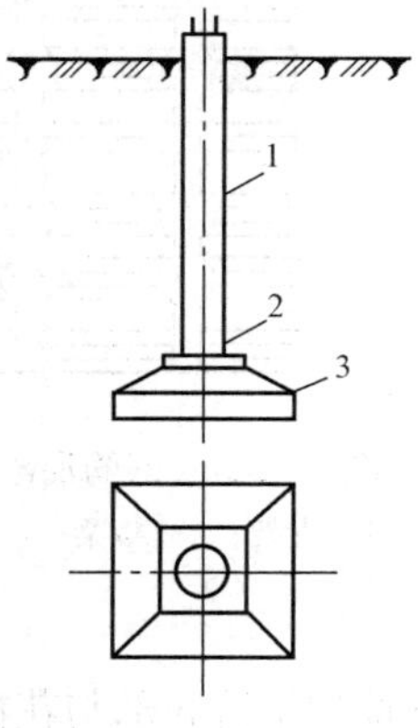

图 10-2-1　直柱固接型

1—基柱；2—法兰盘；3—底盘

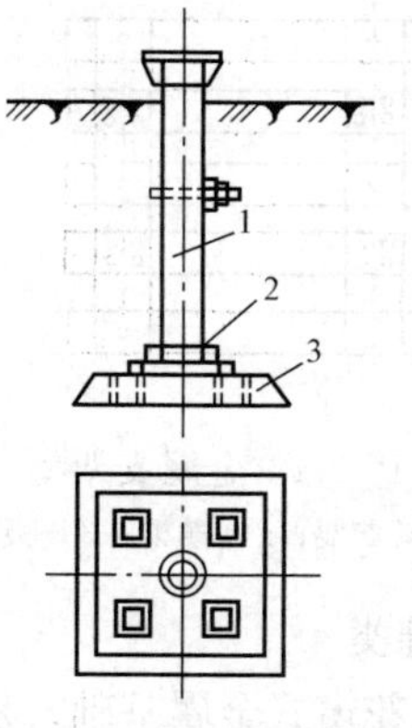

图 10-2-2　直柱铰接型

1—直柱；2—塔脚；3—底盘

直柱铰接型装配式钢筋混凝土基础，在 330kV 线路工程中，广泛地应用在地质条件较好地基塔位上。

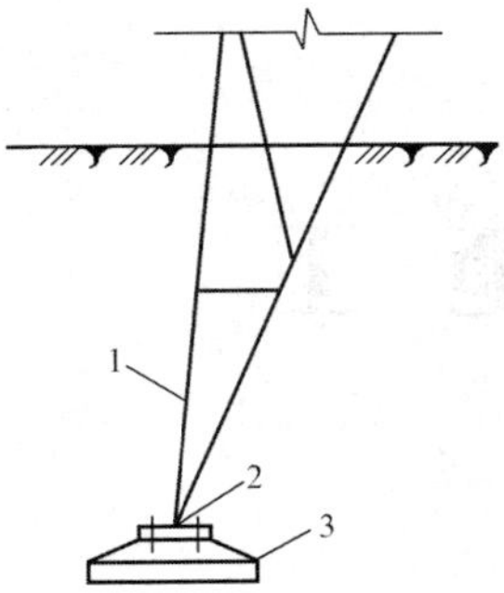

图 10-2-3 塔腿埋入类
1—塔腿；2—塔脚；3—底盘

二、塔腿埋入类

塔腿埋入类是塔脚直接伸入基坑底部与底盘连接的混合式基础，塔脚与底盘铰接，如图 10-2-3 所示。底盘基本上处于轴心拉、压的受力状态，其内力和强度计算与普通钢筋混凝土底板相同。

该型基础曾用在风化岩石地基的直线塔塔位。对钢材有腐蚀和冻胀土质地基不宜采用，如采用时，必须有可靠的防腐和对塔腿角钢有防冻胀抗变形的可靠措施。

三、角锥支架类

角锥支架类又称板条式基础。此类是由角锥支架基柱和底板组成的基础，支架顶部与塔腿连接，支架底部与底板连接，底板由多根板条或类似轨枕的构件组成。

（1）金属支架型（见图 10-2-4）：由铰接的金属支架与钢筋混凝土板条上的横梁形成铰接的空间结构。支架的受力状态是桁架体系，底板的受力是板梁体系。该型基础曾应用在荷载较大的直线塔塔位和转角塔塔位上。

（2）钢筋混凝土支架型（见图 10-2-5）：由铰接的钢筋混凝土支架与轨枕式底上的横梁形成铰接的空间结构，其内力分析均与金属支架型相同。曾应用在 220～330kV 线路工程中的直线和小转角塔位上，也曾在 500kV 线路工程中进行过研究试验。

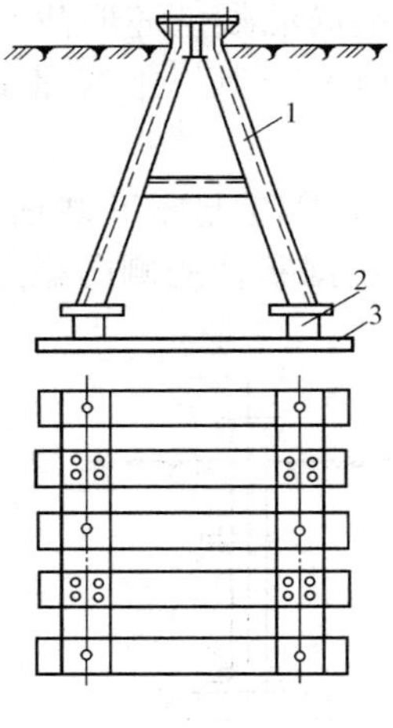

图 10-2-4 金属支架型
1—金属支架；2—横梁；3—板条

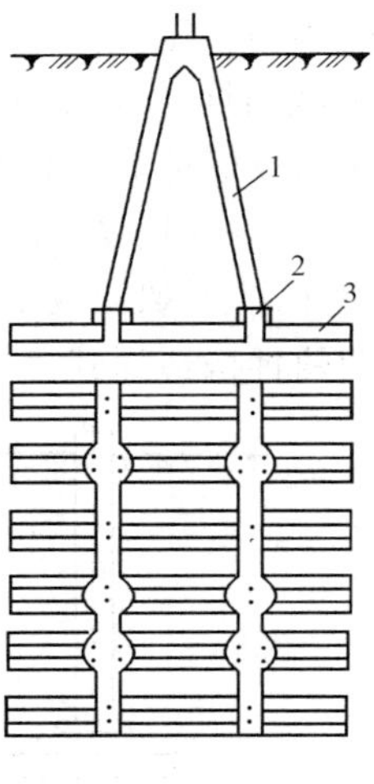

图 10-2-5 钢筋混凝土支架型
1—支架；2—横梁；3—枕轨板条

四、金属基础类

金属基础也称花窗式金属基础，是由塔腿主材直接延伸到基坑底部与花窗式金属底板及底板上的斜撑共同连接而成，如图 10-2-6 所示。其内力按经验公式计算，与一般基础计算不同。

金属基础可全部用角钢组成，运输单件重量轻，最适用于运输条件十分困难的高大山区的塔位，曾广泛地应用在直线塔基上。

五、薄壳基础类

薄壳基础采用的是空间结构，以薄壁、曲面的高强材料，取得较大的刚度和强度。该型式基础已用于一般工业与民用建筑柱基和烟囱、水塔、料仓、中小型高炉的基础，由于它重量轻、承载能力大，也很适合作为输电线路杆塔的基础，从工程使用经验看，薄壳式基础是一种较经济实用的基础形式。

薄壳基础的型式较多，其基本结构形式按壳体底盘形式分类，有正圆锥壳、M型组合壳和内球外锥组合壳，如图10-2-7所示。

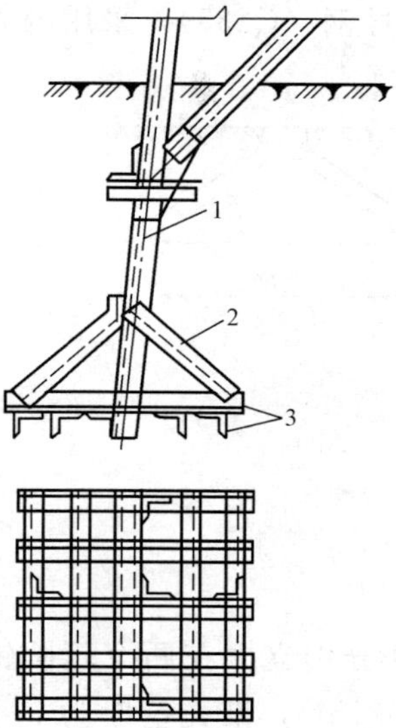

图10-2-6 金属基础
1—塔腿主材；2—斜撑；3—金属板条

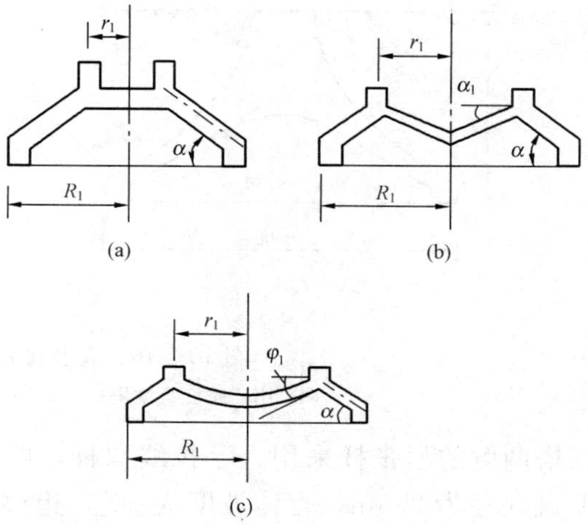

图10-2-7 薄壳基础底盘型式示意图
(a) 正圆锥壳；(b) M型组合壳；(c) 内球外锥组合壳

目前，输电线路杆塔基础应用薄壳基础的型式，大致有以下几种：

(1) 正、倒圆锥壳体预制基础。这种基础除正锥放置外，也可倒锥放置以便混凝土杆在底盘里就位和倒锥拉盘正锥受力。壳体直径有80、100、115、135cm等规格。

(2) 混合式基础。这种基础以倒圆锥壳为底盘，以金属结构或钢筋混凝土预制结构框架为主柱，其结构示意图如图10-2-8所示。

(3) 装配式薄壳基础。该型薄壳基础由底板和锥壳底组成，如图10-2-9所示。底板规格有1.2m×1.2m和1.6m×1.6m两种，厚度都为7.5cm，锥壳底的外径为0.7m，壳体坡

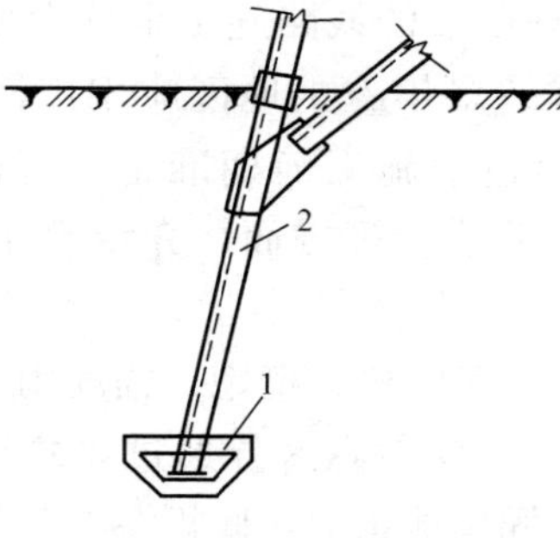

图10-2-8 混合式基础
1—倒圆锥壳体；2—金属结构主柱

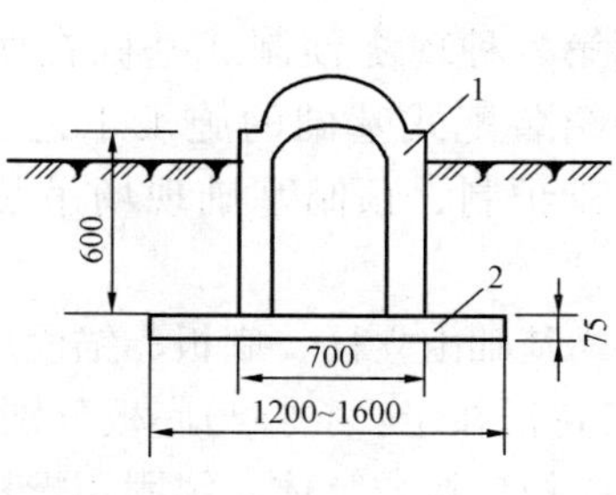

图10-2-9 装配式薄壳基础
1—锥壳体；2—底板

度角为77.5°，锥壳高约0.6m，壳的壁厚为4cm，壳底的边梁宽为6cm。锥壳与底板采用螺栓连接；杆脚与锥壳基础的连接采用凹球面罩在凸球面上的铰接，基础埋深采用0.6m。

（4）大型薄壳基础。某跨江塔全高146m，塔脚根开26m，全塔支撑在四个独立的正圆锥壳体基础上，见图10-2-10。

薄壳基础底径为10.5m，壳体坡度为35°，边梁宽为0.8m，锥壳壁厚为0.4m；基础埋深为6.05～7.05m；混凝土的强度等级为C20，钢筋用3号钢（Q235），采用内外双层配筋，基础外形如图10-2-10（a）所示。

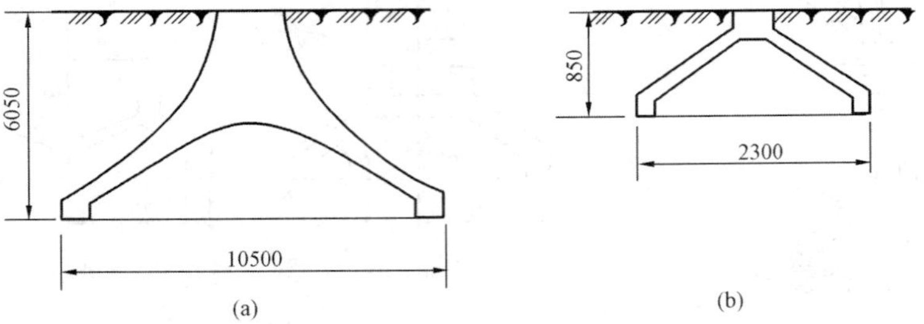

图10-2-10　大型薄壳基础

（a）用于跨江直线塔；（b）用于跨江耐张杆

该跨江塔两侧的耐张杆采用人字拉线双杆，两个主杆分别支撑在两个正圆锥壳基础上。薄壳基础底径为2.3m，壳体坡度为30°，边梁宽为0.15m，锥壳壁厚为0.12m；基础埋深为0.85m，采用内外双层配筋，杆与基础的连接采用铰接，如图10-2-10（b）所示。

六、现浇预制类

现浇预制基础是通过提前将整个基础预制完毕，在施工现场，基坑开挖完毕后即可进行吊装安装，对于特殊地质情况下的施工具有效率高、质量好、安全经济的优点，尤其对高海拔、多年冻土地区应用效果明显。该种基础在我国西北部地区在输电线路工程建设中被大量使用。

第三节　施　工　工　艺

第二节中介绍的六种装配式基础中的前五类在现阶段的线路施工十分少见，此处不作详细介绍，而第六种现浇预制式基础在西北高海拔、多年冻土地区应用广泛，本节以该类基础为例介绍装配式基础的施工工艺。主要内容包括施工前期准备、基础钢筋加工、模板制作、基础预制、预制基础现场吊装、工程质量验收等方面，介绍整个过程的工艺要求和操作方法。

预制装配式基础由立柱、底板、锚固用底梁、法兰盘螺栓、槽钢、锚固用螺栓构成（见图10-3-1），其特征在于：立柱与底板分别设置法兰孔，法兰盘螺栓通过立柱与底板的法兰盘孔把立柱与底板连接成整体，锚固用螺栓设置于锚固用地梁上，底板左右两部分通过槽钢连接成为整体，底板整体通过锚固用螺栓与锚固用地梁连接。预制件混凝土强度等级采用C40混凝土。

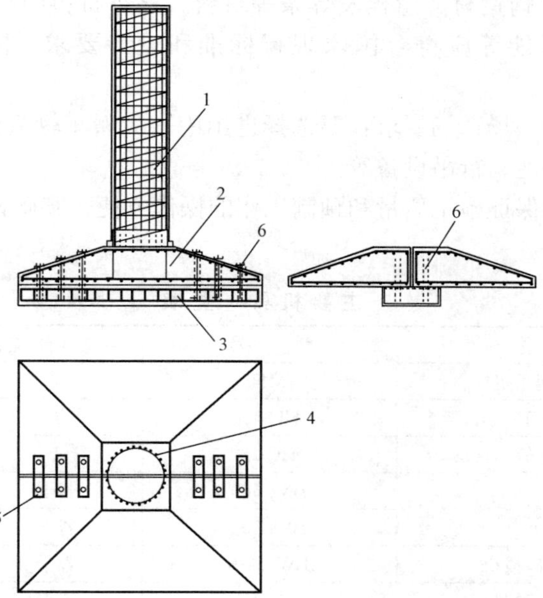

图 10-3-1　预制装配式基础结构示意图

1—立柱；2—底板；3—锚固用底梁；4—法兰盘螺栓；

5—槽钢；6—锚固用螺栓

（一）施工工艺流程

施工工艺流程如图 10-3-2 所示。

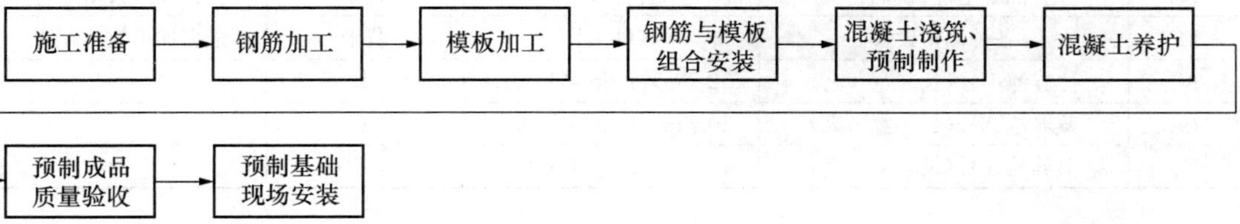

图 10-3-2　施工工艺流程图

（二）施工要点

1. 施工准备

（1）技术准备。

（2）做好施工图审查，认真查看基础加工图，熟悉基础结构形式、连接方式，了解设计意图。

（3）按设计加工图纸材料表统计所需钢筋、焊条的规格及数量，注意不同部位钢筋材质及焊接材料的不同要求。

（4）根据工程实际结合以往施工经验，编制作业指导书、质量保证措施等文件。

（5）材料准备。采用钢板作为模板材料，根据基础结构和尺寸等情况，确定模板规格，保证基础模板的强度和刚度，确保基础尺寸和外观质量。

按材料采购程序采购钢材、螺栓及焊条等材料，检查材料的产品合格证和出场检验报告，其品种、规格、性能等应符合国家现行标准和设计要求，同时认真进行外观质量检查。

（6）场地准备。加工场选场要求：要选择进出中、大型车辆方便、较宽敞的加工场地，并具有厂房、蒸汽养护池、行吊设备等。

（7）机具准备。为保证施工质量和预制工作的操作方便，基础预制现场应配备表10-3-1中所列的主要机具。

表 10-3-1　　主要机具一览表

序号	名称	型号	数量（台/套）	备注
1	龙门式起重机	MH	1	
2	20t行车	HC-30j	1	厂房、场地吊装用
3	10t行车	HC-20	1	厂房、场地吊装用
4	电焊机	BX1-500	若干	根据加工数量配置
		BX3-500	若干	根据加工数量配置
5	连续钢筋冷拔机	LW560-6	若干	根据加工数量配置
6	钢筋骨架滚焊机	380	若干	根据加工数量配置
7	钢筋调直切断机	DN-35	若干	根据加工数量配置
8	4t蒸汽锅炉		2	
9	强制式双卧轴搅拌机	JS500	2	
10	模板加工模具	各种机具	若干	根据加工数量配置
11	钢筋加工钢模	各种机具	若干	根据加工数量配置
12	350强制式搅拌机		若干	根据加工数量配置
13	混凝土浇筑机具	各种机具	若干	根据加工数量配置
14	各种测量设备	各种工具	若干	根据加工数量配置
15	蒸养池1号(长×宽×高)	12.6m×1.8m×1.95m	1	
16	蒸养池2号(长×宽×高)	10.6m×1.8m×1.95m	1	
17	蒸养池3号(长×宽×高)	10.6m×5.4m×1.95m	1	

2. 钢筋加工

（1）钢筋放样。

（2）根据基础结构尺寸及材料用量，参照设计材料表中钢筋尺寸，重新计算各部位钢筋的尺寸及间距，不得直接按加工图中标注尺寸加工。

（3）以计算尺寸为准下料，下料前应对照图纸对不同部位的钢筋级别进行核对，防止混淆。

（4）由于结构复杂，尤其底板钢筋尺寸较多，每一根底板钢筋尺寸都不一致，下料时须确保准确，以免各节点间出现错位现象。

（5）法兰盘眼孔放样时，按眼孔数量平分法兰盘，并按直径对称分布，不得按同一方向转动确定眼孔位置。

（6）选取方便的眼孔做好标记，作为浇筑立柱时放置地脚螺栓的参考方向。

（7）钢筋加工。

（8）钢筋、预埋螺栓、地脚螺栓的材质应符合设计文件的规定。

(9) HPB235级钢筋末端应作180°弯钩，其弯弧内直径不应小于钢筋直径的2.5倍，弯钩的弯后平直部分长度不小于钢筋直径的3倍。

(10) 当设计要求钢筋末端续作135°弯钩时，HRB335级钢筋的弯弧内直径不应小于钢筋直径的4倍。

(11) 钢筋做不大于90°的弯折时，弯折处的弯内直径不应小于钢筋直径的5倍。

(12) 加工后的钢筋骨架应无变形、扭曲，间距均匀。各部尺寸误差应满足表10-3-2规定。

表10-3-2　　钢筋加工偏差　　(mm)

项　　目	允许偏差	项　　目	允许偏差
受力钢筋顺长度方向全长的净尺寸	±5	钢筋弯起点的位置	20
弯起钢筋的弯折位置	±20	绑扎箍筋、横向钢筋间距	±20
箍筋内净尺寸	±5	钢筋网、骨架尺寸	±5
受力钢筋的排距	±5		

(13) 加工的样件经验收合格后，方可进行批量加工。

(14) 钢筋连接。

(15) 钢筋的接头宜设置在受力较小处。同一纵向受力钢筋不宜设置两个或两个以上接头。接头末端至钢筋弯起点的距离不应小于钢筋直径的10倍。

(16) 在受力钢筋焊接接头时，设置在同一构件的接头应相互错开。同一连接区段内，纵向钢筋的接头面积百分率应符合设计要求，当设计无具体要求时，不应超过50%。

(17) 同一构件中相邻纵向受力钢筋的接头宜相互错开。接头中钢筋的横向净距不应小于钢筋直径，且不应小于25mm。同一连接区段内，纵向受拉钢筋搭接接头面积百分率应符合设计要求，当设计无具体要求时，不应超过50%。

(18) 钢筋焊接宜采用双面焊。当不能进行双面焊时，方可采用等强度单面焊。

(19) 钢筋焊接所用焊条、焊剂等焊接材料的型号、属性应与所焊接金属相适应。

(20) 焊接工必须持证上岗。焊接的有关质量要求及焊接工艺，按国家相关标准执行。

(21) 钢筋绑扎时，在保证不影响预埋螺栓位置及钢筋保护层厚度(40mm)的前提下，应均匀分布。

(22) 为了避免绑扎好的钢筋骨架在搬运、组合过程中因绑扎点松动而发生变形，可将各绑扎点采取点焊方式连接。

(23) 圆形内箍筋、外箍筋应与主筋紧密接触，接触点不得有较大缝隙，并保证其圆形截面尺寸符合图纸要求。

3. 模板加工

(1) 模板尺寸。应使用钢制模板，依据预制基础设计尺寸分底梁、底板、立柱三部分进行放样、下料和制作。

(2) 模板加工及工艺要求。

(3) 在专用平台上按设计尺寸用钢板尺画线下料，偏差不得大于3mm，画线时先在钢板面上设置精确的直角坐标，然后根据尺寸要求划定裁剪线，最后进行仔细复核方可剪切。

(4) 为了保证钢板的剪切面的整齐，采用剪板机进行剪切。

（5）模板各构件之间的连接，应在专用拼装平台上进行。连接时，首先要确保相互连接构件的组装顺序和正确位置。对需经常装拆的螺栓，可在安装时涂抹黄油，以便拆卸。

（6）模板应进行外观检查，不得出现裂纹、夹渣或锈蚀等缺陷，不应有明显的敲打（校正）痕迹。

（7）拼合面应做到平整、无错口。浇筑面不得有毛刺、焊疤等。

（8）底板上层板与下层板眼孔（预埋穿管眼孔）应保持在同一铅垂线上，其间距应与底梁预埋螺栓间距一致。

（9）预埋法兰螺栓眼孔间距应与立柱法兰盘一致，并且满足设计要求。尤其要注意两块底板连接缝隙处的螺栓间距，应充分考虑保护层、预留缝隙（15mm）的影响。

成形模板的尺寸误差应满足表10-3-3的规定。

表10-3-3　成形模板的尺寸误差

项　次	项　目　名　称	允许偏差（mm）	检　查　方　法
1	板面平整度	2	用2mm直靠尺及塞尺检查
2	模板高度	±2	用钢尺检查
3	模板宽度	±1	用钢尺检查
4	板面对角线长	±3	用钢尺检查
5	模板边平整度	2.5	拉线用直钢尺检查
6	模板翘曲	$L_1/1000$	在检查平台上检查
7	眼孔位置（垂直度）	±1	用钢尺检查
8	眼孔尺寸	±0.5	用钢尺检查

注　L_1为结构长度。

4. 钢筋与模板组合安装

（1）底板与底梁的模板安装放置点应操平，使其处于同一个水平基准面，误差控制在3mm之内。

（2）底梁、立柱底部必须采用模板，严禁铺垫木板或塑料模代替。

（3）模板接缝应严密，接缝内应采取加垫双面胶等措施，防止浇筑过程中漏浆。

（4）模板支撑一定要牢固、可靠，模板及支撑应具有足够的承载能力、刚度和稳定性，能承受浇筑混凝土的重力、侧压力以及施工负荷。

（5）底梁预埋螺栓使用固定架控制，使其保持垂直，螺栓间距应一致，横、顺线路方向应处在同一铅垂线上。当钢筋影响其预埋位置时，在保证保护层的前提下可根据需求适当调整钢筋间距。

（6）预埋穿管应垂直，以免造成底板与底梁间不能完全接触、底板表面不平、接缝处法兰螺栓间距不能满足要求。

（7）法兰螺栓预埋，严格控制其间距、垂直度，保证间距均匀，与法兰盘配套。严格控制法兰螺栓露出长度，丝扣部分严禁进入剪切面。

（8）应保证各部位钢筋保护层满足设计要求。

（9）预埋吊环的强度应满足施工吊装安全要求，其预埋位置应满足钢筋保护层要求，且不影响螺栓固定位置。

（10）模板组合安装完成后，用经纬仪操平，检查模板四角高差。用钢卷尺检查断面尺寸、螺栓间距等。

5. 混凝土浇筑、预制制作

（1）原材料采集及检验。

（2）选择具有满足施工需求生产能力的砂、石场作为采集点。水泥规格、标号应符合设计要求。

（3）按原材料见证取样程序采集砂石样品，填写见证取样记录表，并送往具有鉴定能力的试验机构进行检验。

（4）使用砂、石应符合 JGJ 52—2006《普通混凝土用砂、石质量及检验方法标准（附条文说明）》的有关规定。

（5）水泥必须符合 GB 175—2007/XG 1—2009《〈通用硅酸盐水泥〉国家标准第 1 号修改单》的要求。

（6）浇筑。

（7）浇筑前复核支模后螺栓的规格、间距、钢筋的规格、布置及保护层厚度。

（8）严格按照混凝土配合比报告的规定配料，计量称重投料，防止泥土等杂物混入混凝土中。混凝土配比材料用量每班日应至少检查两次，其重量误差应控制在允许范围之内。混凝土原料每盘称量的偏差不得超过砂、石±3%，水泥、水±2%。

（9）混凝土浇制过程中应严格控制水灰比，每班日应检查两次以上。

（10）混凝土振捣采用机械振捣，混凝土应分层捣固，每层厚度不应超过振动棒长度的 1.25 倍。

（11）振捣棒应快插慢拔，插点均匀排列，不遗漏，逐点移动，均匀振实，有序进行。

（12）振捣器的移动间距应不大于作用半径的 1.5 倍，一般为 300～400mm。每一位置的振捣时间（一般宜为 20～30s），应能保证混凝土获得足够的捣实程度，以混凝土表面呈现水泥浆和不再出现气泡，不再显著沉落为止。

（13）在浇筑地点随机抽取混凝土制作试块，作为检查施工混凝土质量的依据，试块制作应符合以下规定：

1）每 100 盘，但不超过 $100m^3$ 的同配合比的混凝土，取样次数不得少于一次；

2）每一工作班拌制的同配合比的混凝土不足 100 盘时，其取样次数不得少于一次。

（14）试块应与基础同条件养护，并按时送检做抗压强度试验，由试验单位出具真实数据报告归档备查。

（15）浇筑完成后，在混凝土初凝前操平预制件顶面高差，预制件应一次成型，严禁二次抹面。

（16）再次校核螺栓间距、断面尺寸，确保各项尺寸满足规范要求。

6. 混凝土养护

（1）混凝土采用自然养护，如果自然养护不能满足施工需求，可采用蒸汽养护。

（2）蒸汽养护分为静停、升温、恒温、降温四个阶段，为了避免由于蒸汽温度骤然升降而引起混凝土构件产生裂缝变形，必须严格控制升温和降温的速度。

（3）静停期间保持棚内温度 5℃以上，增强混凝土对升温阶段结构破坏作用的抵抗能力，这个阶段一般需要 2～4h。

（4）升温阶段。浇筑完2～4h后开始升温，不能直接将蒸汽喷射在构件上，要严格控制温度升高。为避免构件因受热体积膨胀太快而开裂，蒸汽升温阶段的蒸汽温度控制为50～55℃之间，升温速度控制在10～25℃/h。养护升温时间为2.5h。

（5）恒温阶段。温度保持稳定的时间越长，构件强度增加越高。温度越高，早期强度增加就越快，但温度过高会引起后期强度降低；恒温的时间太长，会使强度增加的速度减慢，造成周期长、周转慢、影响施工进度。恒温时混凝土温度不超过55℃，恒温时间控制在6h为宜。

（6）降温阶段。恒温6h之后即可停止供应蒸汽，采取降温措施，使构件温度徐徐下降，降温速度不宜大于15℃/h，降温过程应持续3h。

（7）蒸养过程中，应检查蒸养棚覆盖是否严密，发现漏气及时覆盖。

（8）混凝土蒸养过程由专人负责蒸养过程的温度控制，全程跟踪观测记录。

7. 预制成品质量验收

（1）混凝土预制成品表面应平整、光滑，工艺美观。

（2）混凝土预制成品质量应满足DL/T 5168《110kV～500kV架空电力线路工程施工质量及评定规程》等规程规范的要求，并满足表10-3-4中的规定。

表10-3-4　混凝土预制成品尺寸允许误差

序号	项　目	允许误差	备　注
1	长度	±0.8%	同一面不得同时出现正负误差
2	宽度	±0.8%	同一面不得同时出现正负误差
3	高度	1mm	
4	顶面高差	2mm	同一预制件表面
5	螺栓、眼孔间距	2mm	
6	螺栓及预埋穿管垂直度	2mm	
7	眼孔尺寸	0.5mm	眼孔大小应根据设计要求加工
8	螺栓中心与混凝土中心偏移	5mm	
9	地脚螺栓露高	5mm，－3mm	
10	平整度	5mm	

（3）预制件经试组装合格后，方可批量加工。

8. 预制基础现场安装

预制基础现场安装按以下流程进行，如图10-3-3所示。

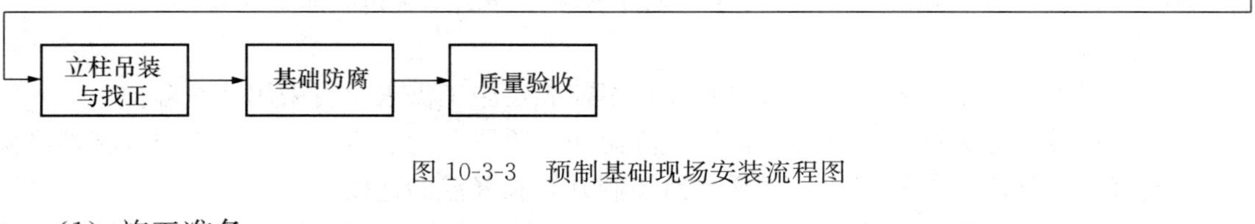

图10-3-3　预制基础现场安装流程图

（1）施工准备。

1）施工机具。

a）施工使用的测量仪器和量具应在检测有效期内，其精度满足施工需求，主要有经纬仪、塔尺、花杆、钢卷尺、游标卡尺、水平尺等。

b）调配足够数量的大型运输车辆，保证预制成品的运输能力能够满足现场施工进度需求。

c）基坑开挖根据现场具体情况采取机械开挖或爆破结合机械开挖的方式，挖掘机性能应良好，作业半径能满足现场需求。

d）由于预制基础重量大，为确保吊装施工安全、质量，采取用吊车起吊，分段安装的方法。选择25t吊车起吊安装，起吊索具的安全系数满足起重作业的规定。

2）技术准备。

a）熟悉杆塔明细表、平断面图等设计施工图纸，为线路复测、调查做好准备。

b）特殊工种作业人员应经过培训，并持证上岗。

c）需爆破施工时，应提前按规定程序办理爆破物品的审批手续。

（2）线路复测。

1）以杆塔明细表、平断面图等设计施工图纸作为线路复测的依据。

2）线路直线桩横线路偏移不大于50mm，转角桩的角度值偏差相对设计值不大于1′30″。

3）线路桩位间高程偏差不大于0.5m，档距偏差不大于设计值的1%。

4）复测过程中补钉已丢失的桩位，其精度应符合施工规范要求。

（3）基础预制成品运输。

1）为减少预制件的装、卸次数，降低对成品的损坏，宜优先采取公路运输的方式。若公路运输存在较大困难，可考虑铁路运输的方式。

2）为保证施工人员安全，降低对预制件的损坏，装、卸过程必须使用吊车。

3）起吊时应使用预埋吊环或专用吊板，严禁用钢丝绳“兜”吊预制件，以免损坏预制件的棱角。

4）装车前应在车厢或货架底部垫好枕木，避免预制成品与货箱直接接触而损坏。

5）装好车后应绑扎牢固、可靠，并采取防止预制件滑动、滚动的措施。预制件之间、预制件与车体之间应采取防碰撞措施，保护其棱角。对法兰螺栓、底梁螺栓及地脚螺栓采取保护措施，防止其变形、丝扣损坏。

6）运输路途中，应根据路况条件和行驶距离，定期检查绑扎索具是否完好，有无损伤情况；绑扎措施是否可靠。

7）施工现场具备条件的可直接将基础预制件运至施工塔位，不具备条件的，可选择中转站进行二次转运。

8）详细调查线路沿线的道路情况，合理选择材料运输中转站。

9）运输车辆应在施工便道和工程划定的范围内作业，不得擅自任意行驶。机械、车辆严格固定行走路线。

10）卸车时使用吊车，严禁采用撬杠直接将预制件翻下，造成预制件棱角、螺栓及地表植被的破坏。

11）预制件的堆放应定置化，合理选择摆放位置，并在此区域内原地表铺垫土层或铺草垫并加垫钢板和木板，以保护植被。

(4) 基坑开挖。

1) 基础开挖前，应先做好工地防洪和周围排水措施，以保证基坑不受雨水浸泡。

2) 基坑开挖采用爆破配合机械开挖，挖掘机械开挖至基底标高以上 200～300mm 后，人工清理剩余土方。

3) 合理选择挖掘机械的停放点，尽量减少来回走动的次数。

4) 统筹安排、合理组织，使各工序施工衔接紧密。基坑开挖完成后尽快安装基础，减少工序间隔，缩短基坑暴露时间。

5) 根据基础施工图纸给定的尺寸，进行分坑。基坑分坑应考虑基础安装所需的工作面，安装工作面从底板边沿往四周扩挖 500mm。

6) 为防止基坑坍塌，开挖时应考虑放坡，具体坡度根据基坑土质、气温及基坑深度而定。

(5) 基坑操平。

1) 底板与底梁安装放置点应操平，使其处于同一个水平基准面，误差控制在 3mm 之内。

2) 为确保底梁顶面平整，应对预制底梁编号，与每个基坑对号安装。在底梁两端及中间用钢卷尺量取其厚度，记录误差，在操平底梁槽时予以消除，提高底梁操平找正的效率。

3) 基坑深度误差为 100mm，当超挖时超挖部分应用碎石垫层回填。基础开挖前，应先做好工地防洪和周围排水措施，以保证基坑不受雨水浸泡。

(6) 底板吊装与找正。

1) 将吊点钢丝绳连接在底板预埋设的吊环上，另一端与吊钩相连。起吊件为二分之一的梯形状底板，要反复起吊试验，调整两端吊点长度，直至吊件水平时方可与底梁连接。

2) 拆除底梁预埋螺栓的螺母，对螺杆丝扣部分采取保护，防止在穿管时损坏螺杆丝扣。

3) 启动吊车，将底板轻轻吊起，使吊件保持水平状态，吊车吊臂慢慢转动，使底板移向坑内、下放，注意防止底梁预埋螺栓变形。

4) 坑下配合穿管人员站在侧面，尾随吊件，给驾驶员发出操作信号，直至所有螺栓全部穿入。

5) 安装拆卸的螺母，并进行预紧固。

6) 由于底板穿管的位置与预埋螺栓的位置是相对应的，是提前预埋好的，因此不再找正可直接穿管连接。待底板安装完成后，放线找出底板预埋法兰螺栓圆的中心，用垂球检查其中心与基础半对角线是否重合，底板顶面选择 4 个以上的点操平，确保底板水平，避免立柱吊装后倾斜。

7) 用同样的方法吊装其余三块底板，各底板间顶面高差应控制在 2mm 以内。

(7) 立柱吊装与找正。

1) 拆下地脚螺栓螺母，将加工的专用吊板套在地脚螺杆上，再将拆下的螺母全部带上(双螺母)，并紧固可靠。

2) 将吊点绳锁在吊板上，另一端与吊钩连接。

3) 对预埋的法兰螺栓丝扣采取保护措施，防止丝扣损坏，并将螺母准备好。

4) 启动吊车，慢慢吊起立柱向坑中心移动，使立柱对准底板缓慢落下。

5) 坑下配合连接法兰盘的人员站在侧面，尾随立柱吊件，给驾驶员发出操作信号。连接前应注意立柱地脚螺栓的方向，确保地脚螺栓的对角线与基础对角线重合。

6）穿入所有法兰螺栓，并初步紧固。

7）用经纬仪测量基础根开、立柱倾斜值等是否满足技术要求。若测得数据不满足验收规范要求，应进行调整。

8）调整完成，确认无误后，将所有的连接螺栓重新紧固。

9）用同样的方法吊装其余三个立柱，四个立柱间的顶面高差应控制在5mm以内。

（8）基础防腐。

1）基础防腐材料应满足设计和规范的要求。

2）防腐施工前应熟悉防腐材料的性能、使用方法及主要事项。

3）防腐材料在涉及有毒有害物质时，需制定安全技术措施，保证施工人员安全和健康。

4）基础防腐工程施工完毕后应经过质量验收后方可对基础进行回填。

（9）基础回填。

1）预制装配式基础的回填是施工的重点和难点，回填质量的好坏关系到塔基的稳定和线路安全运行，因此，回填土必须严格按施工验收规范要求进行。

2）回填土每300mm夯实一次，回填密实度应达到原状土密实度的80%以上，砂土粒径大于2mm的颗粒含量不超过全重50%，粒径大于0.075mm的颗粒含量超过全重50%。

3）预制装配式基础回填土的夯实，在条件允许的情况下尽量采用机械夯实的方式，打夯要按一定方向进行，打夯时应一夯压半夯，夯夯相接，行行相连。各层回填土分层夯实，夯实方向层间要纵横交叉。

（10）质量验收。

基础安装过程中，安装质量应符合DL/T 5168—2002的规定，其允许误差见表10-3-5。

表10-3-5　基础安装允许误差

序号	项　目	允许误差	
1	底板连接梁	中心（mm）	横线路±2 顺线路±2
		梁四端高差（mm）	±3
2	底板	中心（mm）	横线路±2 顺线路±2
		上口矩形四个角高差（mm）	2
3	立柱	立柱倾斜（%）	1
		中心与同组螺栓中心偏移（mm）	±8
		基础根开（‰）	±1.6
		顶面高差（mm）	5

第四节　装配式基础的构造要求与施工及验收

一、构造要求

铁塔预制装配式基础的制造和安装施工的构造要求，主要依据工程设计图及设计说明。另外还要遵照执行GB/T 2694—2010《输电线路铁塔制造技术条件》和GB 50204—2002。结合其特点，还应符合下列要求：

（1）角锥支架类基础（金属支架型、钢筋混凝土支架型）的主材准线在构造上宜交于顶板面上，支架与横梁的连接，在构造上尽量避免横向受扭，否则横梁截面需配置抗扭钢筋。

（2）装配式基础底板的钢筋混凝土板条间距宜为150mm，花窗式金属底板的方形空格不宜大于300mm×300mm。在底盘空格和板条间隔上部宜放置一层大于150mm的大块石。在底板下部为岩石地基时，应垫以50～100mm砂垫层。

（3）预制的钢筋混凝土基础，部件的混凝土强度等级一般不宜低于C20级。

（4）钢筋的配置和制作，应按设计要求和GB 50204—2002进行。

（5）装配式基础的预制构件宜在工厂加工，有条件时应尽量采用预应力钢筋混凝土构件。

（6）部件间的连接节点宜少而简单，且宜用穿孔方式连接，孔位应考虑加工的误差。当采用预埋件连接时，应考虑凸出部件的预防撞碰措施。

（7）底板侧向稳定，除设计上保证必要的安全系数外，在施工工艺方面必须有相应措施，确保回填土的夯实质量，以防底板侧滑移。

二、施工及验收的技术要求

铁塔装配式预制基础施工及验收，应符合GB 50233—2005《110～500kV架空送电线路施工及验收规范》的规定。

（1）装配式预制基础的底座与主柱连接的螺栓、铁件及找平用的垫铁，必须采取有效的防锈措施。当采用浇筑水泥砂浆时应与现场浇筑基础同样养护，必要时回填土前应将接缝处用热沥青或其他有效的防水涂料涂刷。

（2）立柱顶部与塔脚板连接部分需用砂浆抹面垫平时，其砂浆或细骨料混凝土强度不应低于立柱混凝土强度，厚度不应小于20mm，并应按规定进行养护。

注：现场浇筑基础的二次抹面厚度，也应符合（2）的规定。

（3）钢筋混凝土枕条、框架底座、薄壳基础及底盘底座等与柱式框架的安装应符合下列规定：

1）底座、枕条应安装平正，四周应填土或砂石夯实。

2）钢筋混凝土底座、枕条、立柱等组装时不得敲打和强行组装。

3）立柱倾斜时宜用热浸镀锌垫铁垫平，每处不得超过两块，总厚度不应超过5mm。调平后立柱倾斜不应超过立柱高的1%。

注：设计本身有倾斜的立柱，其立柱倾斜允许偏差值是指与原倾斜值相比。

（4）整基基础安装尺寸的允许偏差在填土夯实后应符合表10-4-1的规定。

表10-4-1　　整基基础安装尺寸施工允许偏差

项目		地脚螺栓式		主角钢插入式		高塔基础
		直线	转角	直线	转角	
整基基础中心与中心桩间的位移（mm）	横线路方向	30	30	30	30	30
	顺线路方向		30		30	
基础根开及对角线尺寸（%）		±0.2		±0.1		±0.07
基础预面或主角钢操平印记间相对高差（mm）		5		5		
整基基础扭转（′）		10		10		5

第十一章 接地装置施工

第一节 内容概要及适用范围

一、内容概要

杆塔接地装置施工是输电线路施工的一个重要分部工程，必须确保施工质量。

本章内容根据 GB 50233—2005、GB 50169—2006《电气装置安装工程接地装置施工及验收规范》、DL/T 475—2006《接地装置特性参数测量导则》、DL/T 887—2004《杆塔工频电阻接地电阻测量》的有关规定，结合施工经验编制而成。

二、适用范围

接地装置施工工艺适用于 110kV 及以上电压等级的交流或直流输电线路接地装置施工，对于改建或其他电压等级电力线路杆塔接地装置施工也可参照使用。

第二节 基本规定

一、施工及验收规范有关规定

GB 50233—2005 对杆塔接地装置做以下规定。

（1）接地体的规格、埋深不应小于设计规定。

（2）接地装置应按设计图敷设，受地质地形条件限制时可作局部修改。但不论修改与否均应在施工质量验收记录中绘制接地装置敷设简图，并标示相对位置和尺寸。但原设计图形为环形者仍应呈环形。

（3）敷设水平接地体宜满足下列规定：

1）遇倾斜地形宜沿等高线敷设。

2）两接地体间的平行距离不应小于 5m。

3）接地体铺设应平直。

4）对无法满足上述要求的特殊地形，应与设计协商解决。

（4）垂直接地体应垂直打入，并防止晃动。

（5）接地体连接符合下列规定：

1）连接前应清除连接部位的浮锈。

2）除设计规定的断开的可用螺栓连接外，其余应用焊接或液压、爆压方式连接。

3）接地体间连接必须可靠。当采用搭接焊接时，圆钢的搭接长度应为其直径的 6 倍并应双面施焊；扁钢的搭接长度应为其宽度的 2 倍并应四面施焊。当圆钢采用液压或爆压连接时，爆压管的壁厚不得小于 3mm；长度不得小于：搭接时圆钢直径的 10 倍，对接时圆钢直径的 20 倍。接地用圆钢如采用液压、爆压方式连接，其接续管的型号与规格应与所压圆钢匹配。

（6）接地引下线与杆塔的连接应接触良好，并应便于断开测量接地电阻。当引下线直接从架空地线引下时，引下线应紧靠杆身，并应每隔一定距离与杆身固定。

（7）测量接地电阻可采用接地绝缘电阻表。所测得的接地电阻值不应大于设计规定值。

（8）采用降阻剂时，应采用成熟有效的降阻剂作为降低接地电阻的措施。

二、接地装置设计有关规定

依据 DL/T 620—1997《交流电气装置的过电压保护和绝缘配合》及 DL/T 621—1997《交流电气装置的接地》规定，输电线路杆塔接地装置一般应按以下要求进行设计。

（1）有地线的输电线路每基杆塔的接地装置，在雷季干燥时，不连地线的工频接地电阻，不宜超过表 11-2-1 所列数值。

表 11-2-1　　有地线架空输电线路杆塔的工频接地电阻

土壤电阻率 ρ（Ω·m）	≤100	100～500	500～1000	1000～2000	>2000
工频接地电阻（Ω）	10	15	20	25	30

注　如土壤电阻率很高，接地电阻很难降低到 30Ω 时，可采用 6～8 根总长不超过 500m 的放射形接地体或连续伸长接地体，其接地电阻可不受限制。

中雷区及以上地区 35kV 及 60kV 的无地线杆塔宜接地，接地电阻不受限制，但年平均雷暴日数超过 40 的地区，不宜超过 30Ω。在土壤电阻率不超过 100Ω·m 的地区或已有运行经验的地区，钢筋混凝土杆和铁塔，利用其自然接地作用，可不另设人工接地装置。

（2）输电线路接地装置的型式。

1）在土壤电阻率 ρ≤100Ω·m 的潮湿地区，杆塔的自然接地电阻不大于表 11-2-1 规定，可利用铁塔和钢筋混凝土杆的自然接地（包括铁塔基础以及钢筋混凝土杆埋入地中的杆段和底盘、拉线盘等），不必另设人工接地装置，但发电厂、变电站的进线段除外。在居民区，如自然接地电阻符合要求，也可不另设人工接地装置。

2）在 100Ω·m<ρ≤300Ω·m 的地区，除利用杆塔和钢筋混凝土杆的自然接地外，还应加设人工接地装置。接地体埋设深度不宜小于 0.6m。

3）在 300Ω·m<ρ≤2000Ω·m 的地区，一般采用水平敷设的接地装置，接地体埋设深度不宜小于 0.5m。

4）在耕地中的接地体，应埋设在耕作深度以下。

5）在 ρ>2000Ω·m 的地区，可采用 6～8 根总长度不超过 500m 的放射形接地体，或连续伸长接地体。放射形接地体可采用长短结合的方式。接地体埋设深度不宜小于 0.3m。

6）居民区和水田中的接地装置，包括临时接地装置，宜围绕杆塔基础敷设成闭合环形。

7）放射形接地体每根的最大允许长度，应根据土壤电阻率确定，见表 11-2-2。

表 11-2-2　　放射形接地体每根最大允许长度

土壤电阻率 ρ（Ω·m）	≤500	≤1000	≤2000	≤5000
最大允许长度（m）	40	60	80	100

8）在高土壤电阻率地区，当采用放射形接地装置时，如在杆塔基础附近（在放射形接地体每根最大长度的1.5倍范围内）有土壤电阻率较低的地带，可部分采用引外接地或其他措施。

如接地装置由很多水平接地体或垂直接地体组成，为减少相邻接地体的屏蔽作用，垂直接地体的间距不应小于其长度的两倍；水平接地体的间距可根据具体情况确定，但不宜小于5m。

说明：2）～5）仅为DL/T 621—1997中关于接地体埋设深度的一般性规定，而施工中比较常见的设计埋深规定为山区不小于0.4m，平地不小于0.8m，两者并不冲突；GB 50233—2005中规定接地体埋设深度不小于设计值，因此，具体施工时参照设计规定即可。

（3）接地体的截面面积及断面形状对接地电阻值影响不大，因此，接地体材料规格的选择主要考虑腐蚀及机械强度的需要，接地体的材料一般采用钢材。

人工接地体，水平敷设的可采用圆钢、扁钢；垂直敷设的可采用角钢、钢管、圆钢等。接地装置（包括接地体和接地引下线）的导体截面，应符合热稳定与均压的要求，且不应小于表11-2-3所列规格。敷设在腐蚀性较强场所的接地装置，应根据腐蚀的性质采取热镀锡、热镀锌等防腐措施，或适当加大截面。

目前，在实际线路工程中，对非腐蚀性地区，一般采用有ϕ10mm圆钢作接地体，而接地引下线则采用ϕ12mm圆钢。

表11-2-3　钢接地体和接地引下线的最小规格

种　类	规　格	地　上		地　下
		屋　内	屋　外	直　流
圆钢	直径（mm）	6	8	8/10
扁钢	截面面积（mm^2）	24	48	48
	厚度（mm）	3	4	4
角钢	厚度（mm）	2	2.5	4
钢管	管壁厚度（mm）	2.5	2.5	3.5/2.5

注　1. 地下部分圆钢的直径其分子、分母数据分别对应于架空线路和发电厂、变电站的接地装置。
2. 地下部分钢管的壁厚，其分子、分母数据分别对应于埋于土壤和埋于室内素混凝土地坪中。
3. 架空线路杆塔的接地极引出线，其截面面积不应小于50mm^2，并应热镀锌。

（4）接地装置的接地引下线与杆塔连接最好不少于两处（具体连接数量参照设计要求），其连接方式如图11-2-1所示。

（5）对地线（地线）长期通电的接地引线及接地装置，必须校验其热稳定和人身安全的防护措施。

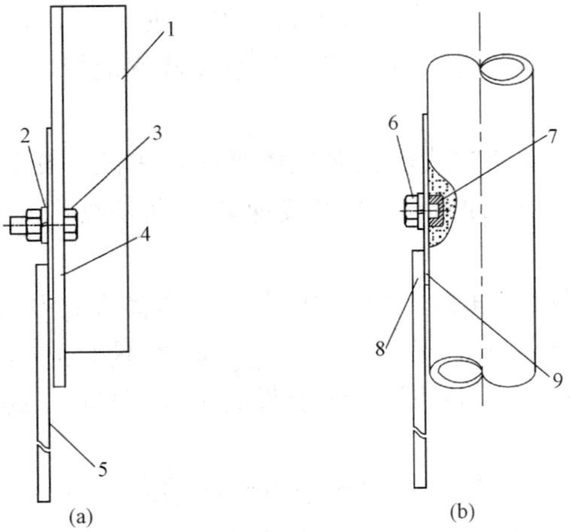

(a) (b)

图 11-2-1 接地引下线与杆塔连接方式示意图

(a) 铁塔连接接地引下线；(b) 钢筋混凝土杆连接接地引下线

1—铁塔主材角钢；2—垫圈；3—铁塔螺栓；4、9—40mm×4mm 镀锌扁铁；

5—ϕ10mm 镀锌圆钢；6—M16 镀锌螺栓；7—M16 螺母；

8—ϕ12mm 镀锌圆钢

第三节 工程常用接地装置

《电力工程高压送电线路设计手册》在接地设计中所列工程常用的水平敷设接地装置如下，在具体工程施工时应按该工程具体设计规定的接地装置实施。

一、单基础铁塔水平敷设接地装置

单杆及单基础铁塔水平敷设接地装置简图及有关参数，见表 11-3-1。

表 11-3-1 单杆及单基础铁塔水平敷设接地装置简图及有关参数

接地装置正面图（mm）	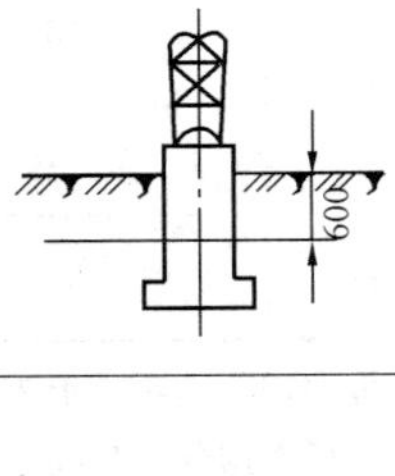		
接地装置平面图（mm）	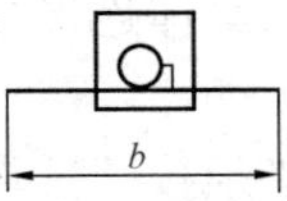	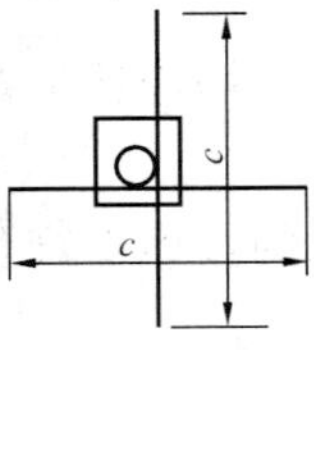	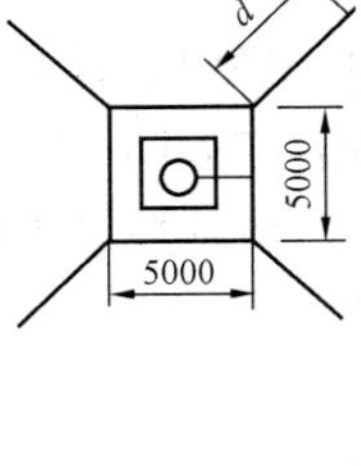

续表

接地装置型式		b				c			d		
土壤电阻率（Ω·m）		1×10^2		3×10^2		6×10^2		10×10^2		20×10^2	
工频电阻值不大于（Ω）		10		15		20		20		30	
接地型号		D_{1b}	D_{1d}	D_{3b}	D_{3d}	D_{6c}	D_{6d}	D_{10c}	D_{10d}	D_{20c}	D_{20d}
接地装置尺寸（m）		$l_1=17$	$l_3=0$	$l_1=40$	$l_3=7$	$l_2=40$	$l_3=15$	$l_2=70$	$l_3=30$	$l_2=95$	$l_3=40$
材料	ϕ10mm 圆钢数量（kg/m）	11.4/18.5	14.8/24	25.5/41.5	32/52	50.6/82	52.5/85	87/142	89.5/145	118/192	114.5/185
材料	ϕ12mm 镀锌圆钢（kg/m）	1.6/1.8	1.6/1.8	1.6/1.8	1.6/1.8	1.6/1.8	1.6/1.8	1.6/1.8	1.6/1.8	1.6/1.8	1.6/1.8
材料	45mm×4mm 镀锌扁铁（kg/m）	0.23/0.16	0.23/0.16	0.23/0.16	0.23/0.16	0.23/0.16	0.23/0.16	0.23/0.16	0.23/0.16	0.23/0.16	0.23/0.16
材料	总质量（kg）	13.2	16.6	27.3	33.8	52.4	54.3	88.8	91.3	119.8	116.3
土方量（m^3）		4	5	10	11.0	19	19	33	33	45	43

注　1. 接地型号含义：例 D_{3b}，D 表示单杆或单基础铁塔，3 表示土壤电阻率值，b 表示接地装置型（d 型用于居民区，其他接地型号也是如此表示）。

2. 土方量按挖 0.6m 深，0.4m 宽的沟计算（接地沟开挖深度在具体施工时请参照设计值）。

二、铁塔水平敷设接地装置

铁塔水平敷设接地装置简图见表 11-3-2。

表 11-3-2　　**铁塔水平敷设接地装置简图**

接地装置平面图	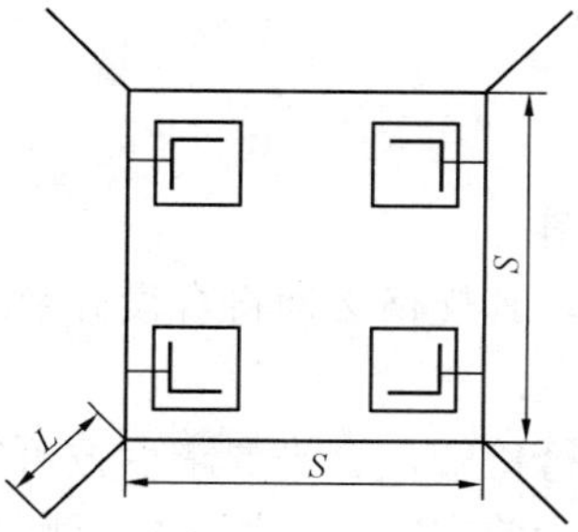	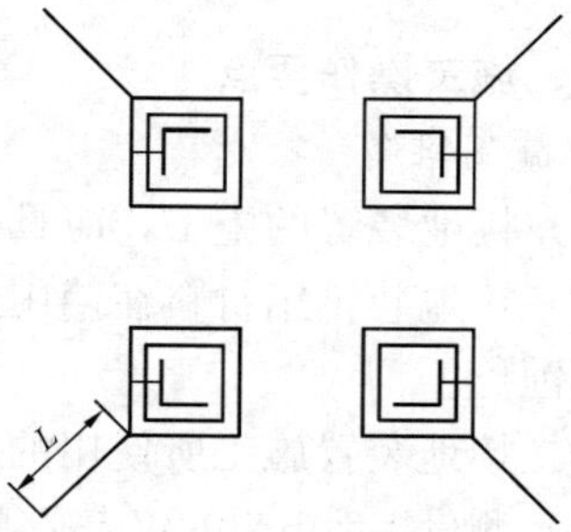

注　1. 放射线 L 的长度随着土壤电阻率的不同而采取不同长度，L 最低可取“0”。

2. 环应尽量靠近基础坑边。

第四节　接 地 装 置 施 工

一、施工流程

接地装置施工流程如图 11-4-1 所示。

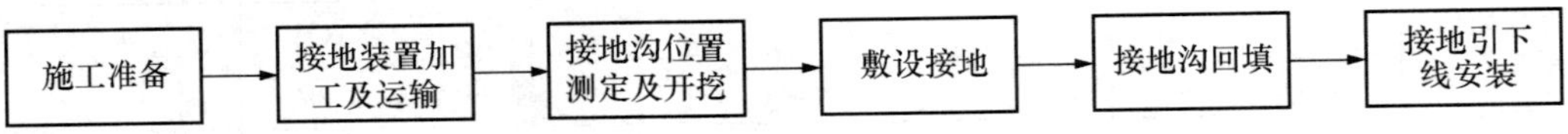

图 11-4-1　接地装置施工流程图

二、接地装置施工劳动组织及机具配备

接地装置施工的劳动组织及岗位职责见表 11-4-1。

表 11-4-1　**接地装置施工劳动组织及岗位职责**

序号	岗　位	人数	岗位职责
1	现场指挥	1	负责接地施工的总指挥工作
2	焊工	1	负责接地装置焊接
3	普工	3～5	负责接地沟开挖及接地敷设
4	安全负责人	1	负责接地施工的安全工作
5	质量负责人	1	负责接地施工的质量工作

注　该表为一个接地施工班组的劳动组织及岗位职责。

接地施工一般机具配备见表 11-4-2。

表 11-4-2　**接地施工机具配备**

序号	机具名称	数量	单位	规　格	备　注
1	电焊机	1	台	BX3-500	表中所列为常用型号
2	发电机	1	台		功率需大于等于 5kW
3	接地电阻测量仪	1	台	MC-07	表中所列为常用型号
4	铁锹	3	把		
5	镐	3	把		
6	活动扳手	2	把		
7	手钳	2	把		

三、施工操作要点

1. 施工准备

（1）接地装置的施工，应具备施工技术资料。

（2）接地装置用材料在使用前应进行检查，其规格必须符合设计要求，不得有裂纹、折损和腐蚀。

（3）接地装置施工所使用的工器具，应进行检查，合乎要求后方可使用。

（4）测量接地电阻的仪表必须校验合格；使用前应进行外观检查。测量接地电阻用的辅助接地棒，如是单独配制的钢钎，其规格不应小于 ϕ16mm×700mm；仪表接线，应使用多丝铜线。

（5）接地装置施工人员，应经过技术交底，熟悉并掌握接地装置施工技术，焊工应由考试合格的正式焊工担任。

（6）接地引下线部分，应检查是否经过热涮锌处理。

2. 接地装置加工及运输

（1）接地装置，一般宜采取集中加工，然后再运往施工现场。对于带有垂直接地极的接地体，其极管和铁带需在现场焊接连接（极管打入后）。

（2）接地装置的连接必须可靠，除设计规定断开处用螺栓连接外，其他均用焊接或爆压连接，并应将连接处的铁锈等附着物清理干净。

1）焊接连接。

a）焊接操作要点应遵守焊接施工操作规程。

b）搭接长度：圆钢为直径的6倍，并双面施焊；如为扁钢带为宽度的2倍，并应四面施焊。

c）带有垂直极管的接地装置，垂直极管与钢带或圆钢的连接，应按设计规定进行，若设计无规定时，可按图11-4-2的连接方式进行。

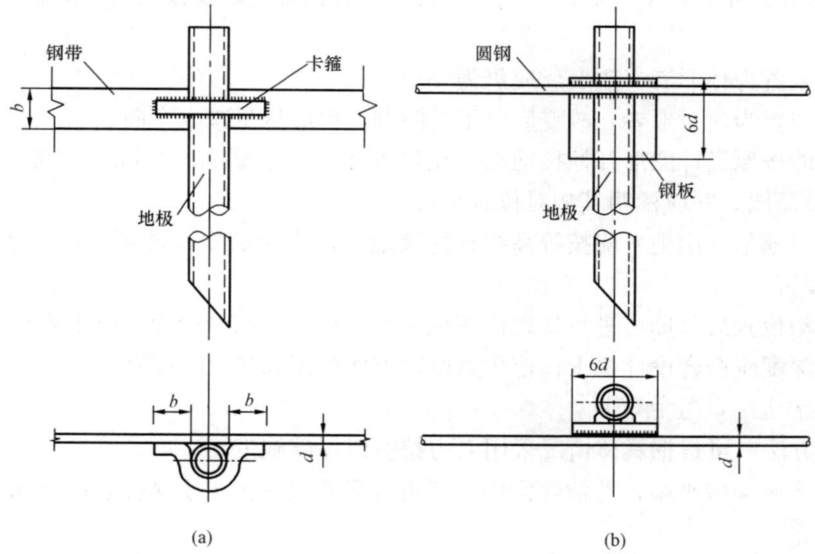

图11-4-2　垂直极管与钢带或圆钢的连接

（a）与钢带连接；（b）与圆钢连接

2）爆压连接（宜在现场进行）。

a）爆压连接操作应遵守SDJ 276《架空电力线外爆压接施工工艺标准》的有关规定。

b）爆压管壁厚不得小于3mm。当采用搭接时，爆压管长度为圆钢直径的10倍；当采用对接时，爆压管长度为圆钢直径的20倍，如图11-4-3所示。

（3）接地装置加工后，应妥善保管，并在施工前按照各桩号设计形式运往现场。在运输中，应谨慎装卸，避免焊缝损坏或出现不易修复的硬弯。

3. 接地沟位置测定及开挖

（1）接地装置施工的程序可根据现场具体情况决定，但应满足以下要求。

1）在山区，当接地槽需采用爆破法施工时，则应于杆塔组立前完成。

2）深埋式接地装置，应和杆塔施工一并进行。

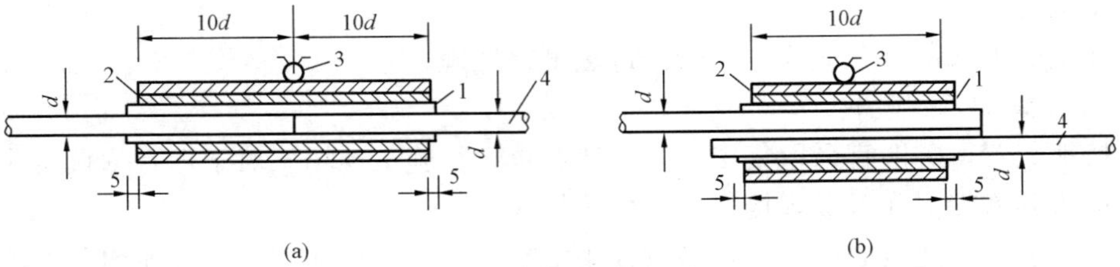

图 11-4-3 爆压连接圆钢示意图

(a) 圆钢对接爆压；(b) 圆钢搭接爆压

1—钢管；2—炸药包；3—雷管；4—圆钢

3）在雷雨季节，接地装置的施工应于架线前完成。

（2）根据设计图纸，进行接地沟位置测定。在测定时，应尽量避开道路、地下管道和电缆等建筑物。

（3）因避开道路、地下管道、电缆和岩石等障碍物必须改变接地沟的形状时，应符合以下要求。

1）接地装置为环形者，改变后应仍为环型。

2）接地装置为放射形者，改变后可不受限制，但应尽量减少弯曲。

3）若不能按原设计图形开挖接地沟敷设接地体，应根据实际情况，在施工记录上绘制接地装置敷设简图，并应标明其相对位置和尺寸。

4）在倾斜地形（山地）应按等高线开挖接地沟，避免被雨水冲刷，而造成接地体外露或受到其他侵害。

5）确定沟位置后，即可进行接地沟挖掘工作。接地沟的开挖应按以下要求进行：

a）挖掘深度应符合设计要求；挖掘宽度以方便挖掘和敷设为原则。

b）接地沟应尽量避免弯曲。

c）挖掘方法，可根据具体情况采用人力挖掘或爆破施工。

d）接地沟底面应平整，并清除沟中一切可能影响接地体与土壤接触的杂物。

4. 敷设接地

（1）挖好接地槽后，应及时敷设接地体和培土夯实。

（2）两接地体间的平行距离不应小于 5m。

（3）对接地体的敷设按下列步骤和要求进行：

1）检查接地槽的深度，是否符合设计规定。

2）对接地体进行质量检查和必要的调整工作。连接焊口不得有开焊或裂纹等缺陷，否则应进行补焊。

3）按设计的接地形式敷设接地体。接地体为扁钢时，则扁钢应立放。

4）接地体敷设后，应保持平直，不得有明显的弯曲。

（4）带有垂直接地极的接地装置，应先将接地极打入土壤中，然后再进行接地带和极管的连接（焊接）。打入极管的方法如下：

1）置接地极于指定的位置上，使用适当夹具扶正接地极；扶接地极者应站锤击方向的侧面，防止误击或击偏伤人。

2）锤击接地极，将接地极打入土壤至要求的深度为止。当利用大锤打击时，应先检查锤头是否牢靠，锤把是否结实，禁止使用不符合安全要求者；开始打击时，应轻轻进行，待接地极稳定后再用力。

3）在接地极打入完成后，即可按本节中“施工操作要点”所述方法进行接地带和接地极的焊接工作。

5. 接地沟回填

（1）接地沟的回填土（在接地体周围 200～300mm 范围内）应使用不掺杂石块、树根和其他杂物的土，不符合要求时，应予更换。冻土块可打碎后再回填。

（2）回填土必须夯实。回填后，应留有不低于 100mm 高的防沉层（回填冻土及不易夯实的土壤时，防沉层应高出地面 200mm）。

（3）如接地沟中有残留积水，则在回填前将积水排出。

6. 接地引下线安装

（1）接地网的引下线在通过地表下 0.6m 引至地面外的一段需作热镀锌处理，以延长使用寿命。

（2）接地引下线与杆塔的连接应接触良好，并应便于断开测量接地电阻。当引下线直接从架空地线引下时，引下线应紧靠杆身，并应每隔一定距离与杆身固定。

（3）一般连接螺栓和线夹板应该镀锌。如线夹板采用刷油防腐时，则其接触面不得涂油，以免增加接触电阻。

（4）引下线从塔身主材引入地下，其走向与铁塔主材平行向下，顺保护帽、立柱的外表面形状制弯继续下行入地。施工中做到线材本身平整，走向横平竖直，贴主材、保护帽、立柱表面（留有均匀、一致的间隙），各拐弯处弯曲半径基本一致（弯曲半径适当，宜经试验选取不损伤引下线镀锌层的最小半径），力争做到整体顺畅，美观。

第五节　高土壤电阻率地区接地装置施工

一、概述

降低高土壤电阻率地区的杆塔接地装置的接地电阻，有土壤化学处理、换土、延长接地体（有时辅以引外接地）等措施，但采用哪种措施，应由设计单位和施工单位根据技术经济比较确定，其施工注意事项如下：

（1）应遵照设计单位确定（或同意）的措施施工。

（2）采用延长接地体方法时，宜采用多根并联较短的接地线。据 DL/T 620—1997 规定，如土壤电阻率很高，接地电阻很难降低到 30Ω 时，可采用 6～8 根总长不超过 500m 放射线或连续伸长接地体，其工频接地电阻可不受限制。

（3）采用物理降阻措施。

1）物理长效降阻剂，区别于化学降阻剂，物理降阻剂对接地体无腐蚀，降阻效果明显。

2）降阻模块，一般由非金属导电材料合成，属物理型降阻材料，降阻效果显著、性能稳定、使用寿命长、安装工艺简单，是一新型无污染、无毒害、无腐蚀的环保型产品。

二、降阻剂施工

1. 施工流程

降阻剂施工流程如图 11-5-1 所示。

图 11-5-1　降阻剂施工流程图

2. 劳动组织及工器具配置

一般情况下，降阻剂施工劳动组织及岗位职责见表 11-5-1。

表 11-5-1　　降阻剂施工劳动组织及岗位职责

序号	岗　位	人　数	岗　位　职　责
1	现场指挥	1	负责接地施工的总指挥工作
2	焊工	1	负责接地装置焊接
3	普工	3～5	负责接地沟开挖、降阻剂拌合及接地敷设
4	安全负责人	1	负责接地施工的安全工作
5	质量负责人	1	负责接地施工的质量工作

注　该表为一个降阻剂施工班组的劳动组织及岗位职责。

降阻剂施工机具配备见表 11-5-2。

表 11-5-2　　降阻剂施工机具配备

序号	机具名称	数量	单位	规　格	备　　注
1	电焊机	1	台	BX3-500	表中所列为常规型号
2	发电机	1	台		功率需≥5kW
3	接地电阻测量仪	1	台	MC-07	表中所列为常用型号
4	铁锹	3	把		
5	搅拌容器	1	台		参照厂家说明书，也可用铁板
6	镐	3	把		
7	活动扳手	2	把		
8	手钳	2	把		

3. 施工步骤

（1）确定用量。降阻剂使用量由设计单位确定。

（2）接地沟开挖及接地体准备。接地沟开挖施工注意事项请参照本章第四节中三、3. 的要求。

（3）拌合降阻剂及包裹接地体。降阻剂拌合方式请参照厂家说明书。拌合降阻剂必须配合比正确，搅拌均匀。包裹降阻剂必须包裹严密，保护层厚度符合要求，保护层出口处的钢筋按要求的长度做有效的防腐蚀处理。

（4）回填夯实。接地沟的回填土（在接地体周围 200～300mm 范围内）应使用不掺杂石块、树根和其他杂物的土。接地沟挖出的土不符合回填土要求时，应予更换。如为冻土块可打碎后再回填。

1）回填土必须夯实。回填后，应留有不低于 100mm 高的防沉层（回填冻土及不易夯实的土壤时，防沉层应高出地面 200mm）。

2）如接地沟中有残留积水，则在回填前将积水排出。

（5）接地引下线安装请参照本章第四节中三、6. 的要求。

（6）接地电阻测量。如接地电阻测量值符合设计要求，则完成降阻剂施工；如不合格，则增大降阻剂用量直至合格为止，同时将结果反馈给设计单位。

三、降阻模块施工

1. 施工流程

降阻模块施工流程如图 11-5-2 所示。

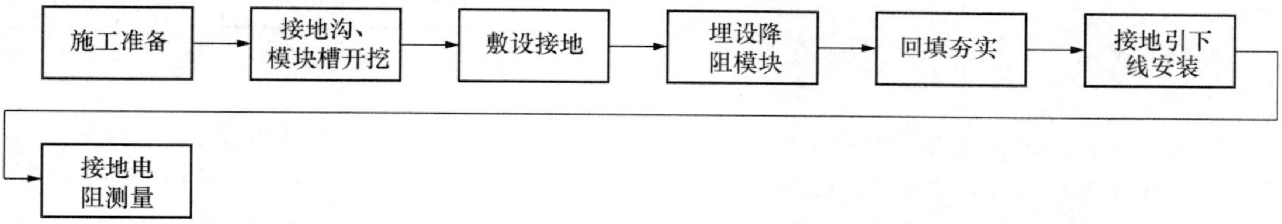

图 11-5-2　降阻模块施工流程图

2. 劳动组织及工器具配置

一般情况下，降阻模块劳动组织及岗位职责见表 11-5-3。

表 11-5-3　　降阻模块施工劳动组织及岗位职责

序号	岗　位	人　数	岗　位　职　责
1	现场指挥	1	负责接地施工的总指挥工作
2	焊工	1	负责接地装置焊接
3	普工	3～5	负责接地沟开挖、模块安装及接地敷设
4	安全负责人	1	负责接地施工的安全工作
5	质量负责人	1	负责接地施工的质量工作

注　该表为一个降阻模块施工班组的劳动组织及岗位职责。

降阻模块施工机具配备见表 11-5-4。

表 11-5-4　　降阻模块施工机具配备

序号	机具名称	人　数	单位	规　　格	备　　注
1	电焊机	1	台	BX3-500	表中所列为常规型号
2	发电机	1	台		功率需≥5kW
3	接地电阻测量仪	1	台	MC-07	表中所列为常用型号
4	铁锹	3	把		
5	镐	3	把		
6	活动扳手	2	把		
7	手钳	2	把		

3. 模块布置方式

模块布置有串联、并联、混联三种连接方式，上述三种方式需根据设计要求进行选用。下面以输电线路铁塔的大方环加射线接地装置施工为例，进行简要说明如下：

（1）串联方式是将模块以首尾相连的方式串联到接地网方环或放射线上，如图11-5-3所示。

（2）并联方式是将模块以分支状的方式并接到接地网方环或放射线上，如图 11-5-4 所示。

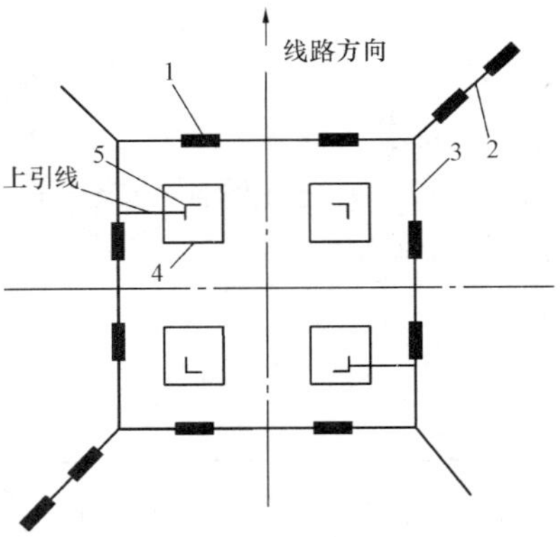

图 11-5-3 模块串联布置方式

1—接地模块；2—接地网射线；3—接地网方环；4—线路基础；5—铁塔插腿

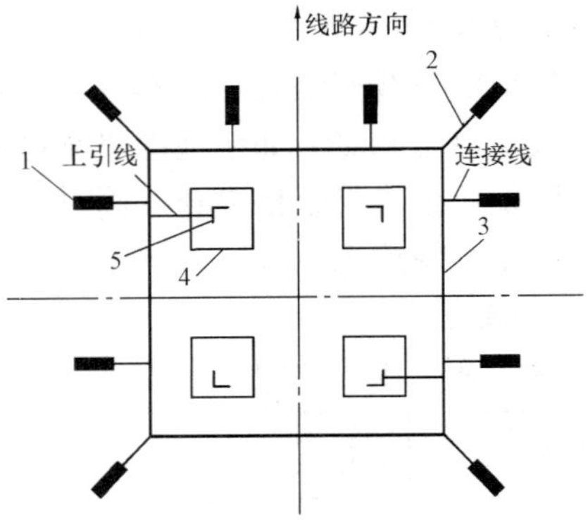

图 11-5-4 模块并联布置方式

1—接地模块；2—接地网射线；3—接地网方环；4—线路基础；5—铁塔插腿

（3）混联方式是将模块以串联和并联的混合方式连接到接地网方环或放射线上，如图11-5-5所示。

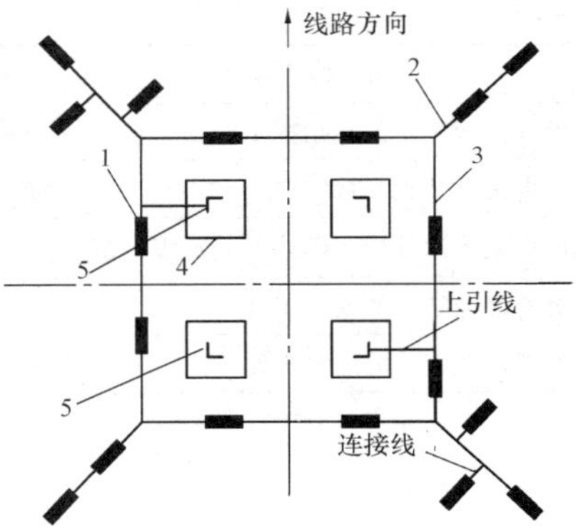

图 11-5-5 模块混联布置方式

1—接地模块；2—接地网射线；3—接地网方环；4—线路基础；5—铁塔插腿

4. 施工步骤

（1）施工准备。

1）施工前应由设计对施工现场的地形、地貌、土壤电阻率进行详细勘察，并根据实际情况设计地网施工方案。应尽量将模块设计在土壤电阻率较低、地形低洼、不易受雨水冲刷的区域，并避开可能遭受化学腐蚀及高温影响的地方，必要时可采用外引方式。

2）确定用量。用量估算经验公式

$$N = M_o \rho / R_s$$

式中 N——总用量；

ρ——土壤电阻率，Ω·m；

R_s——接地电阻设计值，Ω；

M_o——模块类型选取系数，当埋深为0.6～0.8m时选取范围为0.20～0.32。

3）单模块接触电阻值估算式如下

$$R_{nj} = k\rho$$

式中 R_{nj}——单模块接触电阻值，Ω；

k——单模块电阻系数，方形模块时，k=0.25；圆柱形模块时，k=0.22；梅花形模块时，k=0.20。

模块使用数量请参考设计文件资料。

（2）接地沟、模块槽开挖。接地沟开挖施工注意事项请参照本章第四节中三、3. 的要求。模块槽开挖的方式及注意事项请参照各厂家说明书。

（3）敷设接地。注意事项参照本章第四节中三、4. 的要求。

（4）埋设降阻模块。

1）模块可采取水平埋设方式或垂直埋设方式（见图 11-5-6、图 11-5-7），可根据现场条件选择。采用水平埋设时，埋设深度一般不小于 0.8m；采用垂直埋设时，埋设深度一般不小于 0.6m；对于高土壤电阻率的地区或深层土壤电阻率较小的地区应适当深埋；在高寒地区，接地模块应埋设在冻土之下。

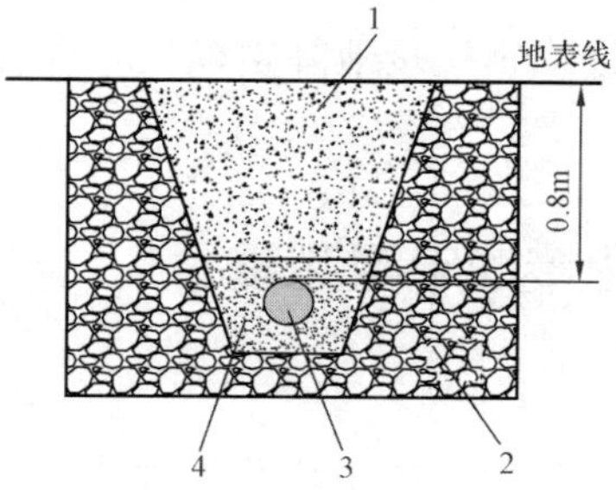

图 11-5-6　模块水平埋设剖面示意图

1—回填土；2—原土层；

3—模块；4—回填细土

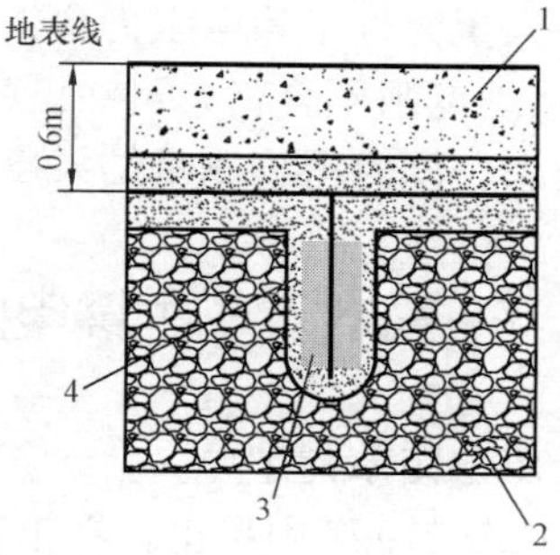

图 11-5-7　模块垂直埋设剖面示意图

1—回填土；2—原土层；

3—模块；4—回填细土

相邻模块之间的距离，应按照设计图纸要求施工。在设计不作规定时，考虑模块间的屏蔽效应，水平埋设时，相邻两个模块之间的距离不宜小于 4m；垂直埋设时，相邻两个模块之间的距离不宜小于垂直接地体长度 2.5 倍。

2）模块包装应在安装前拆除，拆箱后搬动时轻抬轻放，以免损坏、断裂。

3）有条件时，宜在安装前将接地模块充分浸水（或浇水），以缩短降阻模块的吸水过程，从而有效提高降阻效果。

4）模块之间及模块与地网之间的连接，可选用放热焊、液压连接或电弧焊等连接方式。放热焊、液压连接均适用于对接及 T 接方式，液压连接圆钢极芯时，接续管的壁厚不得小于 3mm、长度不应小于圆钢极芯直径的 20 倍，且接续管的规格应与所压接接地网圆钢相匹配。电弧焊适用于搭接方式，圆钢极芯的搭接长度应不小于 6 倍圆钢直径并应双面施焊，扁钢极芯的搭接长度应为其宽度的 2 倍并应四面施焊。

5）无论采用何种连接方式，均应清除连接处焊渣、毛刺或飞边，并在连接处涂刷防腐导电漆。

6）为了防止或降低模块外露电极可能出现的腐蚀，应在电极外露部分 30cm 长度范围内涂刷防腐导电漆。

（5）回填夯实。

1）接地沟的回填土（在接地体周围 200～300mm 内）应使用不掺杂石块、树根和其他杂物的土，不符合要求回填土时，应予更换。冻土块可打碎后再回填。

2）回填土应夯实。回填后，应留有不低于 100mm 高的防沉层（回填冻土及不易夯实的土壤时，防沉层应高出地面 200mm）。

3）模块四周用细土回填（见图 11-5-6、图 11-5-7），回填土时可注入充足的水分，让模块与土壤充分吸湿，以保证模块尽快达到最佳降阻效果，然后用细土回填并夯实后再用表土回填。回填土表面应稍高于地表面。

4）施工完毕后，回收模块内外包装，集中妥善处理。

（6）接地引下线安装请参照本章第四节中三、6. 的要求。

（7）接地电阻测量。

1）接地电阻测试应在接地模块吸湿 48h 后进行，验收时应以实测电阻值乘以土壤季节系数，以不大于允许工频电阻为合格。各种土壤季节系数见表 11-6-2。

2）如接地电阻不合格，可在已敷好的接地装置上并接或串接接地降阻模块，直至接地电阻符合要求，同时需将测量结果反馈给设计方。

第六节　土壤电阻率判定、测试和接地电阻测量

一、土壤电阻率判定

DL/T 621—1997 中指出：在工程设计中，往往根据工程习惯的土壤分类方法，对各类土壤的电阻率进行分类，见表 11-6-1。

表 11-6-1　　常用土壤计算用电阻率

名　　称	电阻率近似值（Ω·m）	不同情况下电阻率的变化范围（Ω·m）		
		较湿时（一般地区、多雨区）	较干时（少雨区、沙漠区）	地下水含盐碱时
陶黏土	10	5～20	10～100	3～10
泥炭、泥灰岩、沼泽地	20	10～30	50～300	3～30
捣碎的木炭	40	—	—	—
黑土、园田土、陶土	50	30～100	50～300	10～30
白垩土、黏土	60			
砂质黏土	100	30～300	80～1000	10～80
黄土	200	100～200	250	30
含砂黏土、砂土	300	100～1000	1000 以上	30～100

DL/T 621—1997 规定，计算防雷接地装置所采用的土壤电阻率，应取雷季中最大可能的数值，建议按式（11-6-1）计算

$$\rho = \rho_0 \psi \tag{11-6-1}$$

式中　ρ_0——雷季中无雨水时所测得的土壤电阻率，Ω·m；

ψ——考虑土壤干燥所取的季节系数。

根据规程规定，季节系数可采用表 11-6-2 所列数据。测定土壤电阻率时，如土壤比较干燥，则应采用表中较小值；如比较潮湿，则应采用较大值。

表 11-6-2　　防雷接地装置的季节系数

埋　深（m）	系数 ψ	
	水平接地体	2～3m 的垂直接地体
0.5	1.4～1.8	1.2～1.4
0.8～1.0	1.25～1.45	1.15～1.3
2.5～3.0（深埋接地体）	1.0～1.1	1.0～1.1

二、土壤电阻率测试

由于本章第一节所述土壤电阻率判定结果仅为参考值，实际还应以实测值作为设计依据。DL/T 475—2006 对土壤电阻率测试的各项要求及测试方法作出了规定，说明如下。

1. 一般要求

(1) 土壤电阻率测试应避免在雨后或雪后立即进行，一般宜在连续天晴 3 天后或在干燥季节进行。在冻土区，测试电极需打入冰冻线以下。

(2) 尽量减小地下金属管道的影响。在靠近居民区或工矿区，地下可能有水管等具有一定金属部件的管道，应把电极布置在与管道垂直的方向上，并且要求最近的测试电极（电流极）与地下管道之间的距离不小于极间距离。

(3) 为尽量减小土壤结构不均匀性的影响，测试电极不应在有明显的岩石、裂缝和边坡等不均匀土壤上布置；为了得到较可信的结果，可以把被测场地分片，进行多处测试。

2. 单极法测试

测试土壤电阻率的单极法是指在被测场地打一直径为 d 的单极垂直接地极（见图11-6-1），埋设深度为 h。用接地阻抗测试仪测试得到该单极接地极的接地电阻 R，然后由下式得到等效土壤电阻率 ρ，即

$$\rho = \frac{2\pi hR}{\ln \frac{4h}{d}} \tag{11-6-2}$$

式中　R——单极接地极的接地电阻，Ω；

d——单极接地极的直径，m；

h——单极接地极的埋设深度，m。

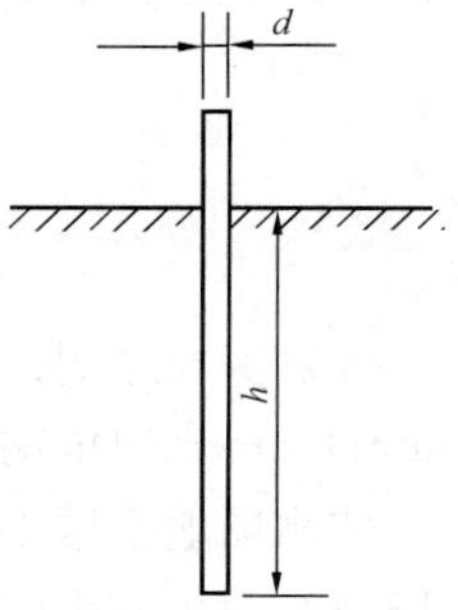

图 11-6-1　单极法测试土壤电阻率
d—单极接地极的直径；
h—单极接地极的埋设深度

单极法测试的准确性和测试电极与土壤接触的紧密程度关系很大。单极接地极的直径 d 应不小于 1.5cm，长度应不小于 1m。

改变被试电极的埋设深度 h，可反映不同深度的土壤电阻率 ρ 的变化。单极法能测试相当于被试电极埋设深度 h 的 5～10 倍的土壤电阻率，但需要多次测试接地电阻。

单极法测试只适用于土壤电阻率较均匀的场地。

3. 四极法测试

(1) 测试方法。如果要测试距被试电极较远地区或较大区域的土壤，以及水平或垂直分层不均匀的土壤特性，应采用四极法测试。

1) 四极等距法或温纳（Wenner）法。图 11-6-2（a）所示为四极等距法的原理接线图，两电极之间的距离 a 应不小于电极埋设深度 h 的 20 倍，即 $a \geqslant 20h$。试验电流流入外侧两个电极，接地电阻测试仪通过测得试验电流和内侧两个电极间的电位差，得到 R，通过式(11-6-3) 得到被测场地的视在土壤电阻率 ρ，即

$$\rho = 2\pi aR \tag{11-6-3}$$

式中　a——两电极之间的距离，m；

R——接地电阻测试仪通过测量内侧两个电极间电位差除以试验电流所得电阻值，Ω。

2) 四极非等距法或施伦贝格—巴莫（Schlumberger-Palmer）法。当电极间距相当大时，四极等距法内侧两个电极的电位差迅速下降，通常仪器测不出或测不准如此低的电位

差，此时可用图 11-6-2（b）所示的电位极布置方式，电位极布置在相应的电流极附近，可升高所测的电位差值。如果电极的埋设深度 h 与其距离 a 和 b 相比较很小时，由式（11-6-4）计算土壤电阻率 ρ

$$\rho = 2\pi a(a+b)R/b \tag{11-6-4}$$

式中 a——电流极与电位极间距，m；

b——电位极间距，m。

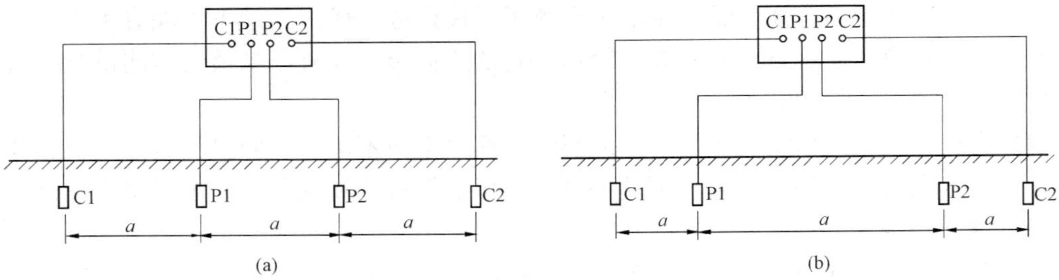

图 11-6-2 四极法测试土壤电阻率的原理接线图

（a）四极等距法；（b）四极非等距法

（2）测试要求及结果处理。测试电极宜用直径不小于 1.5cm 的圆钢或 L25mm×25mm×4mm 的角钢，其长度均不小于 40cm。

被测场地土壤中的电流场的深度，即被测土壤的深度，与极间距离 a 有密切关系。当被测场地的面积较大时，极间距离 a 也相应增大。

对应于各种电极间距时得出的一组数据即为各种视在土壤电阻率，以该数据与间距的关系绘成曲线，即可判断该地区是否存在多种土壤层或是否有岩石层，还可判断其各自的电阻率和深度。

为了得到较合理的土壤电阻率的数据，宜改变极间距离 a，求得视在土壤电阻率 ρ 与极间距离 a 之间的关系曲线 $\rho = f(a)$，极间距离的取值可为 5、10、15、20、30、40m 等。最大的极间距离 a_{max} 可取拟建接地装置最大对角线的 2/3。

三、接地电阻测量

1. 测量方法

杆塔工频接地电阻的测量方法分为两种：

1）三极法；

2）钳表法。

2. 测量仪器

杆塔工频接地电阻的测量仪器分为两种：

1）按照三极法测量的接地电阻测试仪；

2）按照钳表法测量的钳形接地电阻测试仪。

3. 测量杆塔工频接地电阻的一般性规定

杆塔工频接地电阻测量宜采用三极法。对新建杆塔接地装置的验收应采用三极法测量。使用三极法测量时，应采用合理的电极布置方式，以提高测量结果的可信度。

对杆塔的接地电阻预防性检查，在符合下面 5. 中（2）的规定的情况下可以采用钳表法测量。对杆塔第一次采用钳表法测量时，应同时使用三极法进行对比测量，确定两者之间的测量增量（钳表法测量结果与三极法测量结果的差），以便今后比较。

测量应安排在干燥季节和土壤未冻结时进行，不应在雨后立即进行。

测量应遵守现场安全规定。雷云在杆塔上方活动时应停止测量，并撤离测量现场。

4. 测量杆塔工频接地电阻的三极法

（1）三极法的测量布置。三极法测量杆塔工频接地电阻的电极布置图和接线图如图11-6-3和图11-6-4所示，电压极P和电流极C分别布置在离杆塔基础边缘$d_{PG}=2.5L$处和$d_{CG}=4L$处，L为杆塔接地装置放射形接地极的最大长度。d_{PG}为电压极P和接地装置G之间的直线距离，d_{CG}为电流极C和接地装置G之间的直线距离。

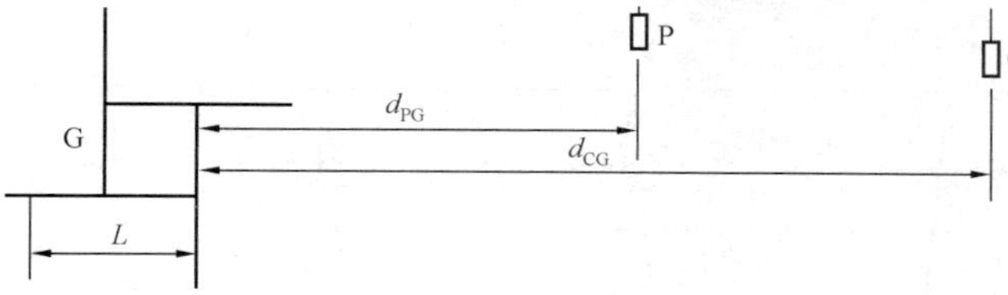

图 11-6-3　三极法测量杆塔工频接地电阻的电极布置图

G—接地装置；P—电压极；C—电流极

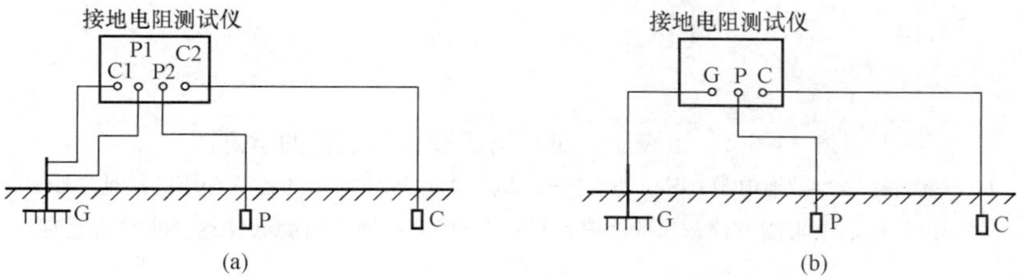

图 11-6-4　三极法测量杆塔工频接地电阻的接线图

（a）四端子接地电阻测试仪接线图；（b）三端子接地电阻测试仪接线图

C1、C2—接地电阻测试仪的电流极接线端子；P1、P2—接地电阻测试仪的电压极接线端子；G、P、C—接地电阻测试仪的接地极接线端子、电压极接线端子、电流极接线端子

测量杆塔工频接地电阻d_{CG}取$4L$有困难时，若接地装置周围土壤较为均匀，d_{CG}可以取$3L$，而d_{PG}取$1.85L$。如果被测杆塔无放射形接地极，L可以按照不小于杆塔接地极最大几何等效半径选取。当发现杆塔接地电阻的实测值与以往的测量结果明显的增大或减小时，应改变电极布置方向或增大电极的距离重新测量。

（2）三极法测量的注意事项。

1）测试杆塔的接地阻抗前，应拆除被测杆塔所有接地引下线，把杆塔塔身与接地装置的电气连接全部断开。

2）应避免把测试用的电位极和电流极布置在接地装置的射线上面，且不宜与接地装置的放射延长线平行或同方向布线。

3）当发现接地阻抗的实测值与以往的测试结果相比有明显的增大或减小时，应改变电极的布置方向，或增大电极的距离，重新进行测试。

4）采用图 11-6-4 所示的三端子接地电阻测试仪测试时，应尽量缩短接地极接线端子 C1 P1 与接地装置之间的引线长度。

5）测试现场有带电电力线时，电位极和电流极引线不得与电力线平行。

5. 测量杆塔工频接地电阻的钳表法

在施工单位，钳表法应用较少，因此本手册仅对钳表法的测量原理及使用条件作出说明，具体测量步骤请参照 DL/T 887—2004 中相关内容。

（1）钳表法的测量原理。用钳表法测量杆塔工频接地电阻的示意和原理如图 11-6-5 和图 11-6-6 所示。对于有地线且多基杆塔地线直接接地的架空输电线路杆塔的接地装置，钳表法增量来自杆塔塔身和本档地线电阻、后续（或两侧）各档链形回路等效阻抗中的电阻分量等。

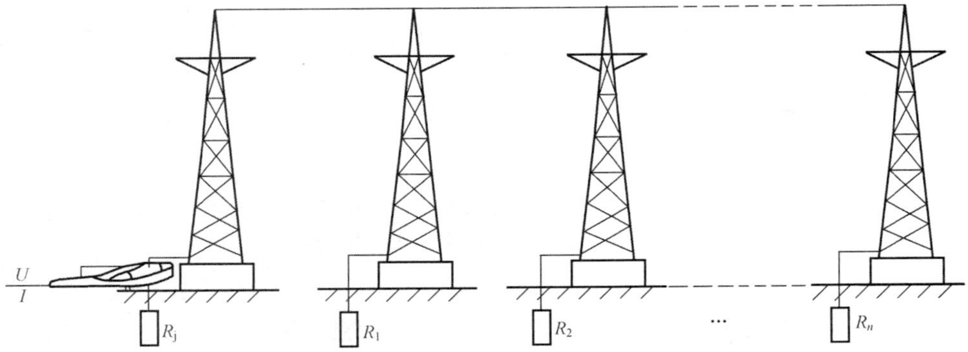

图 11-6-5 钳表法测量杆塔工频接地电阻的示意图

R_j—被测杆塔的接地电阻；R_1、R_2、…、R_n—通过地线连接的各基杆塔的接地电阻；U—钳形接地电阻测试仪输出的激励电压；I—钳形接地电阻测试仪感应的回路电流

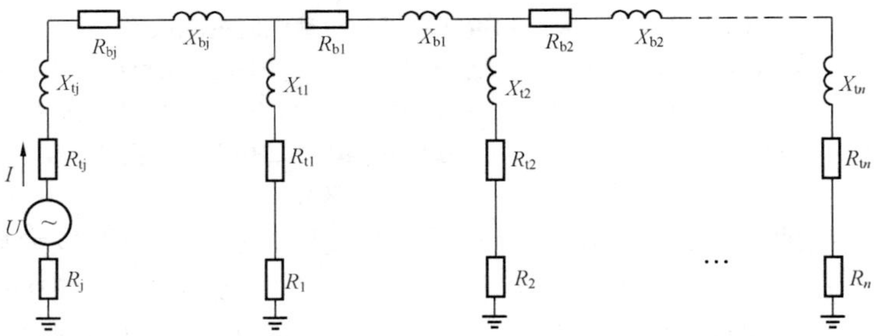

图 11-6-6 钳表法测量杆塔工频接地电阻的原理图

R_{bj}、R_1、R_2、…、R_n—各挡地线的电阻（包括接触电阻）；X_{bj}、X_{b1}、X_{b2}、…—各挡地线的电抗；R_{tj}、R_{t1}、R_{t2}、…、R_{tn}—各基杆塔的电阻（包括接触电阻）；X_{tj}、X_{t1}、X_{t2}、…、X_{tn}—各基杆塔的电抗

（2）钳表法的使用条件。钳表法的使用必须严格遵循以下条件，否则测试数据将是无效的。

1）测试极必须有多基杆塔并联回路，即杆塔所在的输电线路具有与杆塔连接良好的避雷线，且多基杆塔的避雷线直接接地。测试杆塔所在线路区段中要求直接接地的避雷线上并联的杆塔数量见表 11-6-3。

表 11-6-3　　测量杆塔所在线路区段中直接接地的避雷线上并联杆塔数量

杆塔接地电阻（Ω）	$0<R_j\leqslant1$	$1<R_j\leqslant2$	$2<R_j\leqslant4$	$4<R_j\leqslant5$	$5<R_j\leqslant7$	$7<R_j\leqslant10$	$10<R_j\leqslant15$	$15<R_j\leqslant17$	$17<R_j\leqslant24$	$24<R_j\leqslant30$	$30<R_j\leqslant40$	$40<R_j\leqslant50$
并联杆塔数量（基）	⩾4	⩾5	⩾6	⩾7	⩾8	⩾9	⩾10	⩾11	⩾12	⩾13	⩾15	⩾16

2）测试时被测杆塔的接地装置应只保留一根接地引下线与杆塔塔身相连，其余接地引下线均应与杆塔塔身断开，并用导线将断开的其他接地线与被保留的接地线并联，将杆塔接地装置作为整体进行测试。

3）上述回路中不应再有自然接地极等其他支路。

第七节　施工检查和质量等级评定

接地装置在施工前，施工中和施工后，应对接地体规格及数量，接地体的连接、防腐、敷设、埋深、回填及引下线安装和接地电阻值等，按施工及验收规范和设计要求，进行全面检查。质量等级评定标准及检查方法见 DL/T 5168《110kV～500kV 架空电力线路工程施工质量及评定规程》、Q/GDW 121《750kV 架空送电线路工程施工质量检验及评定规程》、Q/GDW 226《±800kV 架空送电线路工程施工质量检验及评定规程》、Q/GDW 163《1000kV 架空送电线路工程施工质量检验及评定规程》。

附录 D　杆塔自然接地体及简单人工接地装置的工频接地电阻计算[1]

输电线路的杆塔接地，应首先考虑充分利用其本身的自然接地体（包括铁塔基础、钢筋混凝土杆埋入地中的杆段及其底盘、拉线盘等），在自然接地体不能满足要求时，才考虑补充敷设人工接地装置。因此，接地设计一般均按两步来考虑：①利用自然接地体；②在自然接地体不能满足要求的情况下，可于基础坑中围绕杆塔基础添加环形接地带，或于地表面再添加浅埋（一般埋深为 0.3～0.6m，具体施工时请参考设计值）的接地带、管等接地装置。

D.1　简单人工接地体工频接地电阻计算

人工接地装置一般均由垂直埋设的管（垂直接地体）、水平敷设的带和环等一些简单的接地体组合而成。

简单人工接地体的工频接地电阻计算公式见表 D.1。

[1] 国家电力公司．电力工程高压送电线路设计手册．第 2 版．北京：中国电力出版社，2003.

表 D.1　　简单人工接地体的工频接地电阻计算公式

接地装置形式	工频接地电阻计算公式
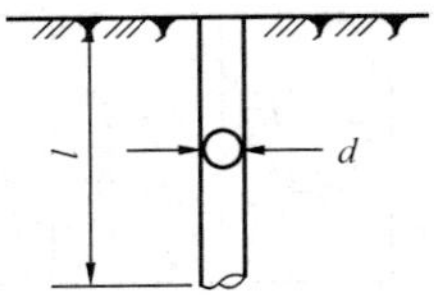	接地引下线或上端紧靠地面的垂直接地体（当 $l \geqslant d$ 时），有 $$R_1 = \frac{\rho}{2\pi l}\left(\ln\frac{8l}{d} - 1\right) \quad \text{(D.1)}$$ 式中　ρ——计算用土壤电阻率，Ω·cm； l——引下线埋深，cm； d——引下线直径，cm
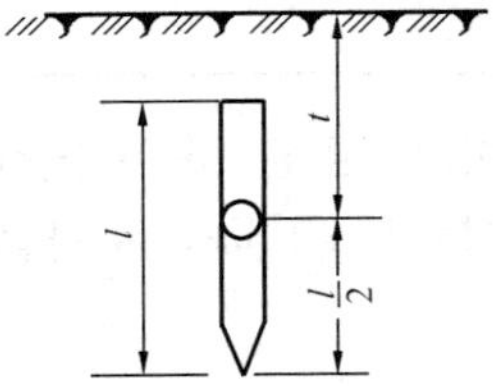	上端埋在地下的垂直接地体，有 $$R_2 = \frac{\rho}{2\pi l}\left(\ln\frac{8l}{d} + \frac{1}{2}\ln\frac{4t+l}{4t-l}\right) \quad \text{(D.2)}$$ 式中　t——地面到接地体中间的距离，cm
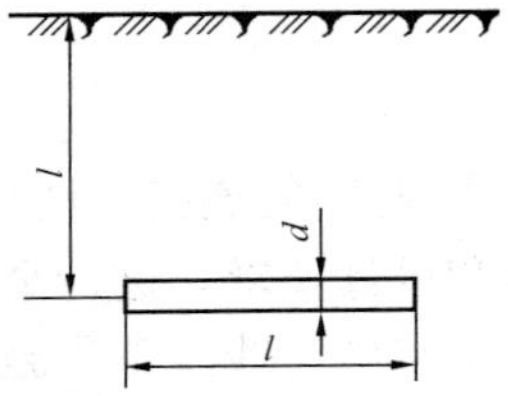	浅埋的水平接地体，有 $$R_3 = \frac{\rho}{2\pi l}\ln\frac{l^2}{td} \quad \text{(D.3)}$$ 式中　d——接地体直径，cm
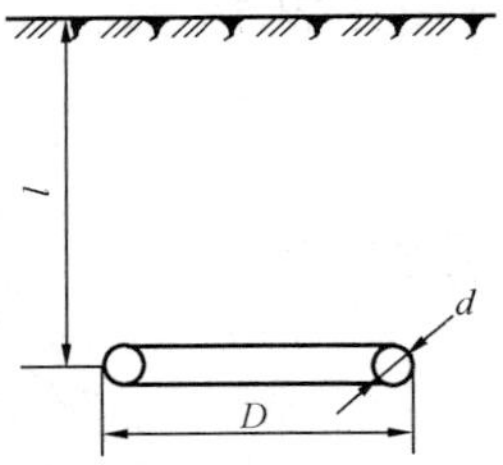	深埋（于基础坑）的接地环，有 $$R_4 = \frac{\rho}{2\pi^2 D}\left(\ln\frac{8D}{d} + \frac{\pi D}{4t}\right) \quad \text{(D.4)}$$ 式中　D——环的直径，cm

在表 D.1 中的计算公式，若接地体不是用圆管及圆钢，而是用其他形式的钢材时，则可将其折算成等效圆形断面并代入表中公式来计算，此时，其等效直径如下：

扁铁　　$d = \frac{b}{2}$

等边角钢　　$d = 0.84b'$

不等边角钢　　$d = 0.71\sqrt[4]{b_1 b_2 (b_1^2 + b_2^2)}$

式中　b——扁铁宽度；

b'——角钢翼宽；

b_1、b_2——角钢翼宽。

若深埋（于基础坑）的接地环为边长 $A\times B$ 的矩形环时，则可用一直径为 $D=\sqrt{\frac{4AB}{\pi}}$ 的等价圆形环代替。

为了简化计算，DL/T 621—1997 中列出了简易计算公式，见表 D.2。

表 D.2　　人工接地体的工频接地电阻简易计算公式　　（Ω）

接地体型式	简易计算公式	备　注
垂直式	$R\approx 0.3\rho$	长度 3m 左右的接地体
单根水平式	$R\approx 0.03\rho$	长度 60m 左右的接地体
复合式 （接地网）	$R\approx 0.5\frac{\rho}{\sqrt{S}}=0.28\frac{\rho}{r}$ 或 $R\approx\frac{\sqrt{\pi}}{4}\times\frac{\rho}{\sqrt{S}}+\frac{\rho}{L}=\frac{\rho}{4r}+\frac{\rho}{L}$	（1）面积 S 大于 $100m^2$ 的闭合接地网； （2）r 为与接地网面积 S 等价的圆半径，即等效半径，m；L 为接地体总长度，m

D.2　杆塔自然接地体及其与人工接地装置组合的工频接地电阻计算

试验表明，当土壤中有水分时，由于混凝土具有毛细管作用而吸收水分，使其具有导电性。DL/T 621—1997 中列出了在各种状态下混凝土的电阻率，见表 D.3。由表 D.3 中所列数值可以看出，在湿状态下其电阻率十分接近于水或土壤的电阻率。因此，在接地设计中，特别对土壤电阻率不太高的地区，利用杆塔自然接地体是非常必要的。

杆塔自然接地体及其与人工接地装置组合的工频接地电阻计算公式，见表 D.4。

表 D.3　　混凝土的电阻率

状　态	在水中	在湿土中	在干土中	在干燥的大气中
电阻率 ρ 近似值（Ω·m）	40～55	100～200	500～1300	12000～18000

表 D.4　　杆塔自然接地体及其与人工接地装置组合的工频接地电阻计算公式

接地装置型式	简　图	计　算　公　式
钢筋混凝土杆或桩基础	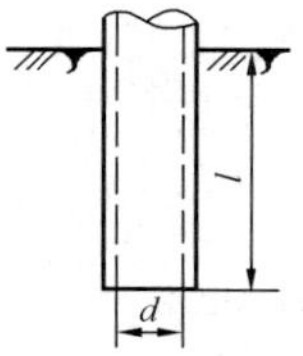	$\left.\begin{aligned}R''&=\frac{1.4\rho}{2\pi l}\ln\frac{4l}{d}\\R_{10}&=\frac{R''}{n_1\eta}\end{aligned}\right\}$　　（D.5） 式中　ρ——土壤电阻率，Ω·m； d——钢筋骨架的直径，m； l——埋深，m； 1.4——考虑混凝土层的影响及钢筋骨架与光滑圆筒差别的综合校正系数； n_1——一基杆塔的电杆或桩基根数； η——工频利用系数； R_{10}——钢筋混凝土杆或桩基础的组合工频接地电阻，为便于读者学习参考，此处沿用《电力工程高压送电线路设计手册》中电阻排序方式，下同

续表

接地装置型式	简 图	计 算 公 式
拉线盘	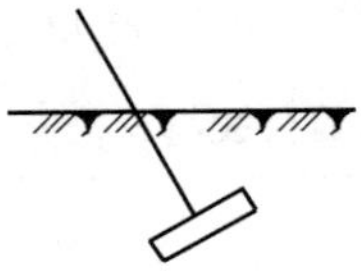	$\left.\begin{aligned} R' &= \frac{\sqrt{\pi}}{5\sqrt{S}}\rho \\ R_{11} &= \frac{R'}{n_2\eta} \end{aligned}\right\}$ (D. 6) 式中 S——拉线盘的面积，m^2； n_2——拉线盘数； 其他符号同式（D. 5）
装配式钢筋混凝土基础	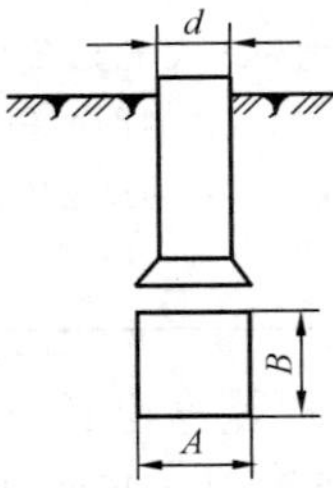	底座 $\left.\begin{aligned} R_D &= \frac{\rho}{2D} \\ D &= \sqrt{\frac{4AB}{\pi}} \end{aligned}\right\}$ (D. 7) 式中 D——底座的等效直径，m； A、B——底座的边长，m。 柱的计算公式见式（D. 5）。 底座和柱的联合计算公式为 $R_{12}=\frac{R''R_D}{R''+R_D}\times\frac{1}{\eta}$ (D. 8) 一基塔的总接地电阻为 $R_{13}=\frac{R_{12}}{n_3}\times\frac{1}{\eta}$ (D. 9) 式中 n_3——每基塔的基础数； η——工频利用系数。 R'' 按式（D. 5）计算，R_D 按式（D. 7）计算
敷设在基坑底部的深埋接地及钢筋混凝土基础		$R_{14} = \frac{R_6 R_{13}}{R_6 + R_{13}} \times \frac{1}{\eta}$ (D. 10) $R_6 = \frac{R_4 \frac{R_1}{n}}{R_4 + \frac{R_1}{n_4}} \times \frac{1}{\eta}$ (D. 11) 式中 η——工频利用系数； R_6——单个深埋接地环与引下线的复合接地电阻值； R_{13}——按式（D. 9）计算； n_4——引下线数量。 R_1、R_4 计算方法见式（D. 1）、式（D. 4）
沿每个基坑单独敷设的深埋接地及钢筋混凝土基础	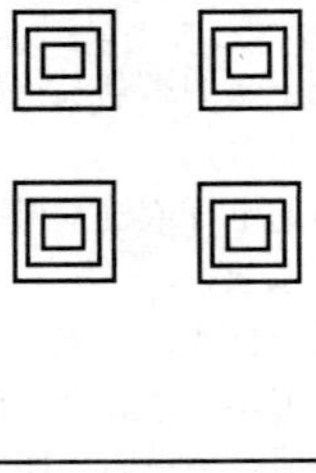	$\left.\begin{aligned} R_{15} &= \frac{R_6 R_{12}}{R_6 + R_{12}} \times \frac{1}{\eta} \\ R_{16} &= \frac{R_{15}}{4} \times \frac{1}{\eta} \end{aligned}\right\}$ (D. 12) 式中 R_{16}——一基塔的总电阻，Ω； η——工频利用系数。 R_{12}按式（D. 8）计算

注 一般取 $\eta\approx\eta_{su}/0.9\leqslant1$，但对自然接地 $\eta\approx\eta_{su}/0.7$，η_{su}的选取见表 D. 5。

表 D.5　　接地体的冲击利用系数 η_{su}

接地体型式	接地导体的根数	冲击利用系数	备　注
n 根水平射线（每根长 10～80m）	2	0.83～1.0	较小值用于较短的射线
	3	0.75～0.90	
	4～6	0.65～0.80	
以水平接地体连接的垂直接地体	2	0.80～0.85	$\frac{D}{l}=2\sim3$，较小值用于$\frac{D}{l}=2$时； 式中　D——垂直接地体间距离，m； l——垂直接地体长度，m
	3	0.70～0.80	
	4	0.70～0.75	
	6	0.65～0.70	
自然接地体	拉线棒与拉线盘	0.6	
	铁塔的各基础	0.4～0.5	
	门型、各种拉线杆塔的各基础间	0.7	

D.3　各型装置（包括自然接地）的工频接地电阻简易计算

为了简化计算，DL/T 621—1997 中列出了各种形式接地装置的工频接地电阻简易计算公式，见表 D.6。

表 D.6　　各种形式接地装置的工频接地电阻简易计算公式

接地装置的形式	杆塔形式	接地电阻简易计算公式
n 根水平射线（$n\leqslant12$，每根长度约 60m）	各种杆塔	$R\approx\frac{0.062\rho}{n+1.2}$
沿装配式基础周围敷设的深埋式接地体	铁塔	$R\approx0.07\rho$
	门型杆塔	$R\approx0.04\rho$
	V 形拉线的门型杆塔	$R\approx0.045\rho$
装配式基础的自然接地体	铁塔	$R\approx0.1\rho$
	门型杆塔	$R\approx0.06\rho$
	V 形拉线的门型杆塔	$R\approx0.09\rho$
钢筋混凝土杆的自然接地体	单杆	$R\approx0.3\rho$
	双杆	$R\approx0.2\rho$
	拉线单、双杆	$R\approx0.1\rho$
	一个拉线盘	$R\approx0.28\rho$
深埋式接地与装配式基础自然接地的综合	铁塔	$R\approx0.05\rho$
	门型杆塔	$R\approx0.03\rho$
	V 形拉线的门型杆塔	$R\approx0.04\rho$

附录 E　常用接地电阻测量仪的使用说明

E.1　MC-07 型接地电阻测量仪的使用方法

（1）将测量仪器放置在适当位置，并将已展放的三条测量导线分别和仪器上的四个接线端 E1、I1、E2、I2 相连接（见图 E.1）。

（2）在手摇发电机未转动时，应注意仪器的指针，指针偏转时表示直流杂散电流，指针振动时表示有交流杂散电流。则应在测量过程中增加或减少发电机转数，直到测量指针的振动停止，并平衡地偏转为止。此时发电机转速范围内 90～150r/min。

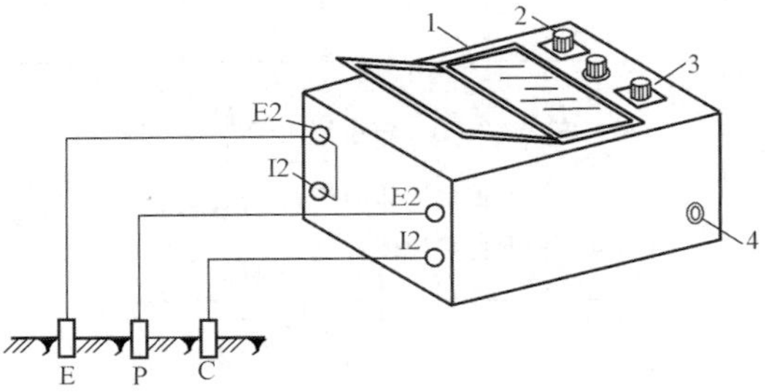

图 E.1 MC-07 型接地电阻测量仪

1—电磁式流比计；2—量程切换开关；3—调整、测量切换开关；4—接地棒回路调节电阻端钮；E—接地极；P—电位探针；C—电流探针

（3）把“调整—测量”切换开关 K 置于调整位置上，以约 120r/min 的速度，摇转发电机，同时旋转接地棒回路调节电阻端钮，直到指针指在刻度盘上的红线处时，如果指针不指在红线处，必须采取措施降低两个探针的电阻值。

（4）经调节，使指针指在红线后，切换开关 K 的手柄置于测量位置上。再将测量范围的量程切换开关旋至“1”上。转动发电机即可从刻度盘上读出被测接地体的电阻值。如果测量结果少于 100Ω，则将测量范围的量程切换开关转至标志线“10”位置上，此时刻度盘上读出的数值除以 10；如果测量结果少于 10Ω，则将量程切换开关转至标志线“100”位置上，此时测量度盘上的读数除以 100。

E.2 国产 HT2571 型数字接地电阻测试仪的使用方法

（1）接地电阻测量。

1）沿被测接地极 E（C2、P2）和电位探针 P1 及电流探针 C1，使电位探针处于 E、C 中间位置，按要求将探针插入大地［探针位置参照本章第六节中三、4.（1）］，如图 E.2 所示。

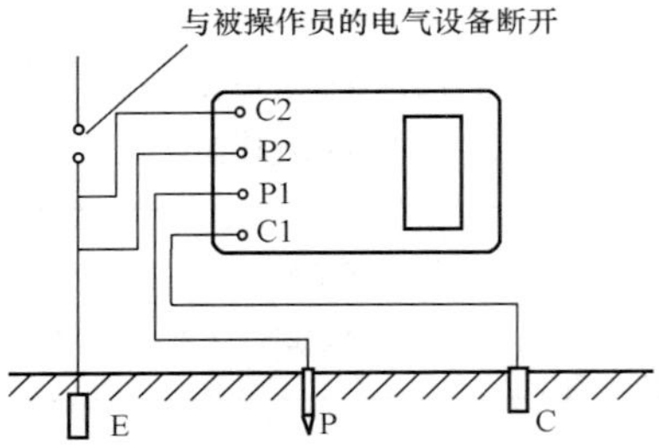

图 E.2 接地电阻测量接线方法示意图

2）用专用导线将接地电阻测试仪端子 E（C2、P2）、P1、C1 与探针所在位置对应连接。

3）开启接地电阻测试仪电源开关“ON”，选择合适挡位，轻按一下键该挡指标灯亮，表头 LCD 显示的数值即为被测得的地电阻。

（2）土壤电阻率测量方法。

1）测量时在被测的土壤中沿直线插入四根探针，并使各探针间距相等。

2）各间距的距离为 H，要求探针入地深度为 H=20cm，用导线分别从 C1、P1、P2、C2 各端子与四根探针相连接，如图 E.3 所示。

3）开启接地电阻测试仪电源开关“ON”，选择合适挡位，轻按一下键该挡指标灯亮，表头 LCD 显示的数值即为被测得的地电阻。

4）若接地电阻测试仪测出电阻值为 R，则土壤电阻率按下式计算

$$\rho=2\pi RL$$

式中 ρ——土壤电阻率，Ω·cm；

L——探针与探针之间的距离，cm；

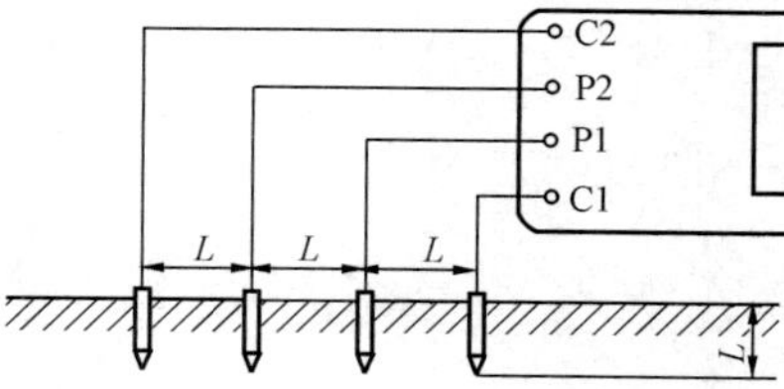

图 E.3　土壤电阻率测定接线方法示意图

R——接地电阻测试仪的读数，Ω。

用此法测得的土壤电阻率可近似认为是被埋入探针之间区域内的平均土壤电阻率。

5）测地电阻、土壤电阻率所用的探针一般用直径为 25mm，长 0.5～1m 的铝合金管或圆钢。

第三篇 铁塔组立

第十二章

铁塔构件地面组装

第一节　概　　述

铁塔构件地面组装和组立的术语如下。

（1）主材。主材是铁塔结构中主要承力的部件。

（2）辅材。辅材是铁塔结构中水平材、斜材及联板等的统称，也称辅铁。

（3）塔材。塔材是铁塔结构中主材、辅材等的统称，也称部件。

（4）构件。构件是铁塔结构中的主材、辅材及由主材与辅材组装形成的塔片或塔段的统称。

（5）塔片。塔片是铁塔结构中，由两根主材及其辅材组装而成的平面桁架体。

（6）塔段。塔段是铁塔结构中两个塔片及其辅材组装而成的空间桁架结构。

（7）塔架。塔架是若干塔段组装而成的空间桁架结构。

（8）分解组塔。分解组塔是将塔材在地面组装成构件后再逐件吊装而形成完整铁塔的作业方法。

（9）整体组塔。整体组塔是将整基铁塔的塔材在地面组装完整后再一次吊装完成的作业方法，也称整体组立铁塔。

第二节　一　般　规　定

一、地面组装方法的选择

铁塔构件地面组装，按铁塔结构来分，一般有两种：①按塔片组装；②按塔段组装。多数情况下前者用于塔腿及塔身，后者用于横担及地线支架。塔片包括两根主材及辅材；塔段包括四根主材及辅材。

铁塔地面组装，按操作方法分为三种：①人工组装；②汽车起重机吊装；③人工与机械配合组装。第①种主要用于普通铁塔的塔片结构，第②、③种主要用于大型铁塔，指高度大于100m或单基质量大于100t的塔片或塔段结构。

铁塔塔片组装中，由于受地形条件限制分为平组和立组两种布置。平组是指铁塔的一个侧面平放在地面上进行组装；立组是指铁塔的一个侧面竖靠在陡坎或塔腿旁进行组装。

铁塔地面组装应根据选择的组立方法、塔型结构、容许吊重及地形条件等选择适宜的方法。

二、脚钉的安装要求及方位

脚钉安装的基本要求如下：

（1）脚钉安装方位应符合设计图纸要求。

（2）同基铁塔的脚钉应上、下段间具有连续性。

（3）脚钉螺母应紧固，弯钩方向应一致。

当设计对安装方位无要求时，可按下列规定布置：

（1）直线塔。面向受电侧，脚钉设置在右后腿，如图 12-2-1 所示。

（2）转角塔。面向受电侧，左转角时脚钉设置在右后腿，如图 12-2-2（a）所示；右转角时脚钉设置在左前腿，如图 12-2-2（b）所示。

（3）有高低腿的直线塔，脚钉设置于低腿侧，如图 12-2-3 所示。

（4）有高低腿的转角塔，脚钉设置于外角侧的低腿上。

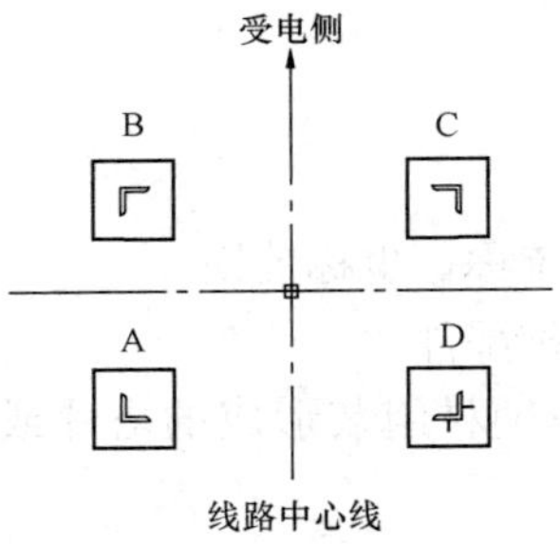

图 12-2-1　直线塔脚钉方位图

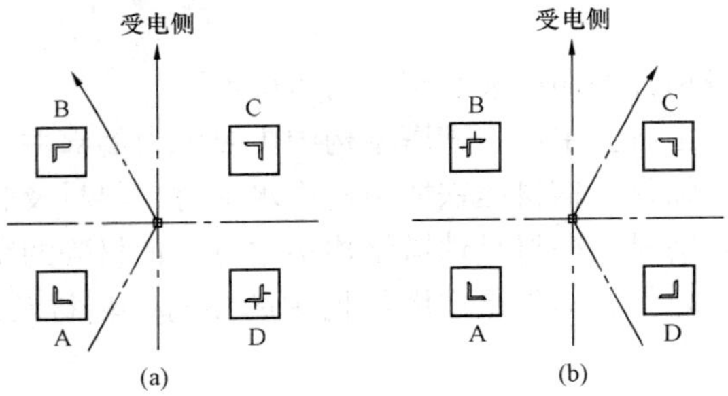

图 12-2-2　转角塔脚钉方位图

（a）左转角时；（b）右转角时

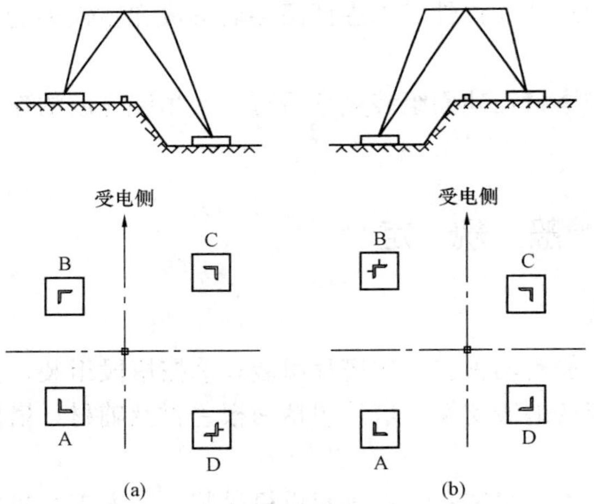

图 12-2-3　有高低腿的直线塔脚钉方位

（a）高腿在左侧；（b）高腿在右侧

三、导地线横担的方位

导线横担及地线横担（也称地线支架）的方位必须符合设计图纸要求。对直线塔，横担轴线应垂直于线路方向；对转角塔，一般横担轴线应与分角线重合。导线横担两段有长短区分者，长段在外角侧，短段在内角侧；地线横担相反，长的在内角侧，短的在外角侧。

四、螺栓的穿入方向

螺栓的穿入方向应符合以下规定：

（1）对立体结构。

1）水平方向由内向外；

2）垂直方向由下向上；

3）斜向者宜由斜下向斜上穿，不便时应在同一斜面内取统一方向。

（2）对平面结构。

1）顺线路方向，由电源侧穿入或按统一方向穿入；

2）横线路方向，两侧由内向外，中间由左向右（指面向线路方向或受电侧，下同）或按统一方向穿入；

3）垂直地面方向者由下向上；

4）斜向者宜由斜下向斜上穿，不便时应在同一斜面内取统一方向。

注：个别螺栓不易安装时，穿入方向允许变更处理。

五、角钢的基准线及螺栓排列

角钢的基准线距及螺栓排列应符合设计图纸要求。当无要求时，应参照下列要求：

（1）角钢的基准线距（准距）应符合表 12-2-1 规定。

（2）螺栓间距、边距应符合表 12-2-2 规定。

（3）主材角钢接头螺栓排列，应按左高右低布置。

表 12-2-1　　**角钢的基准线距（准距）**

图例

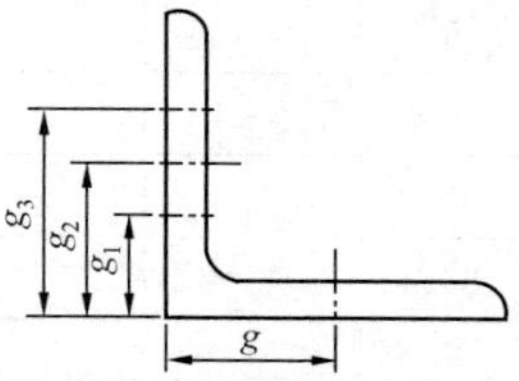

角钢规格(mm) \ 螺栓直径	内圆弧半径 r \ 准距	M12				M16				M20				M24			
		g	g_1	g_2	g_3	g	g_1	g_2	g_3	g	g_1	g_2	g_3	g	g_1	g_2	g_3
L40	5	20				20				100							
L45	5	23				23											
L50	5.5	25				25											
L56	6	28				28											
L63	7	30				30				30							
L70	8	35				35				35							
L75	9	38				38				38							
L80	9	40				40				40							
L90	10	45	33	64		45				45							
L100	12	50	37	74		50	40	75		50	40	75					
L125	14					60	50	95		60	50	90					
L140	14					70	50	80	100	70	50	80	100	70	55	80	105
L160	16					80	50	90	120	80	65	90	115	80	75	100	125
L180	16					90	70	105	140	90	70	105	140	90	75	110	145
L200	18					100	75	120	165	100	75	120	165	100	80	120	160

注　1. 当采用双排、三排螺栓时，螺栓间距必须满足 2.5 d（d 为螺栓直径）。

2. 特殊情况时，可根据实际结构改变角钢准距，但必须满足螺母边距要求。

六、角钢背切肢

角钢背切肢时，切肢允许值应按表 12-2-3 采用。

表 12-2-2　　螺栓间距、边距

螺栓直径	构件孔径（mm）	螺栓间距		边距		
		单排间距	双排间距	端距 l_d	轧钢边距 l_z	切角边距 l_Q
		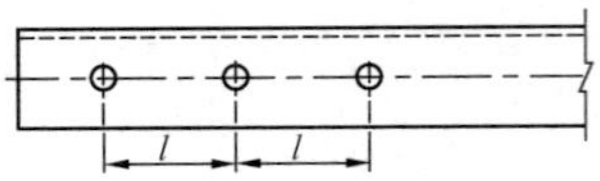	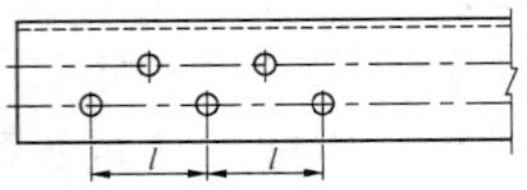	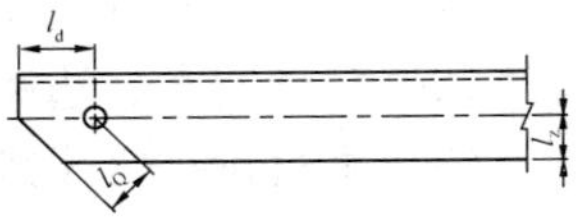		
M12	ϕ13.5	40	60	20	≥17	≥18
M16	ϕ17.5	50	80	25	≥21	≥23
M20	ϕ21.5	60	100	30	≥26	≥28
M24	ϕ25.5	80	120	40	≥31	≥33

表 12-2-3　　角钢背切肢允许值

角钢肢宽 b（mm）	切肢允许值 a（mm）	角钢展开图
L50 以下	b/2	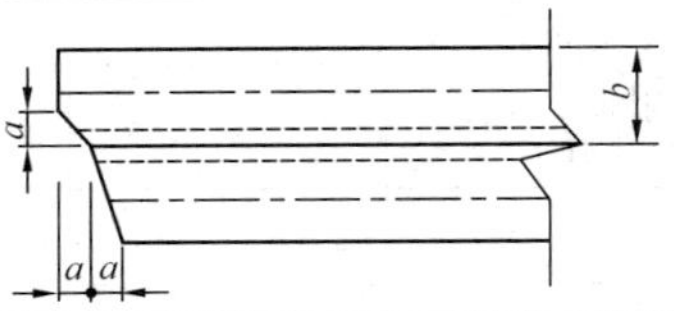
L50≤b<L75	30	
L75≤b<L100	35	
L100≤b<L160	40	

第三节　地面组装流程及劳动组织

一、地面组装工艺流程

铁塔构件地面组装应按吊装顺序安排。一般情况下应先组塔腿，再组塔身，最后组塔头（包括导、地线横担）。每段组装的工艺流程如图 12-3-1 所示。

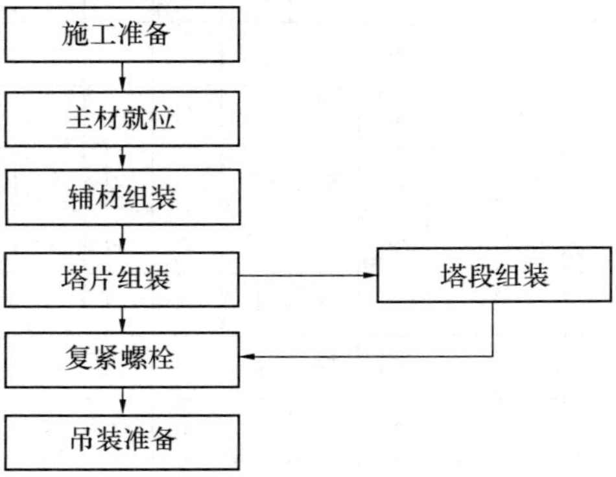

图 12-3-1　铁塔构件地面组装工艺流程图

二、劳动组织

（1）塔片按人工组装时，其劳动组织见表 12-3-1。

（2）塔段按机械（如汽车起重机）组装时，其劳动组织见表 12-3-1。

表 12-3-1　　　　劳　动　组　织

作业项目	人工组装			机械组装		
	技工人数	普工①人数	小计人数	技工人数	普工①人数	小计人数
现场指挥	1		1	1		1
安全监护	1		1	1		1
运料及清料	1	4	5	1	4	
组　　装	2	4	6	2	4	
吊　　装				2②	2	
复紧螺栓	1	4		2	4	
合　　计	6	12	18	9	14	23

① 普工为参加施工的非技术工人。

② 吊装技工中有一人为汽车起重机驾驶员。

第四节　准　备　工　作

一、铁塔塔材的清点

（1）清点塔材数量。核查实物与材料清单、铁塔安装图是否相符。做好缺料、余料的填表登记，并及时报告队长（或班长）。清点塔材的同时，应根据图纸逐段按编号顺序排列。

（2）清点组装用的螺栓、脚钉及垫圈数量。螺栓、垫圈等应分规格、分级别堆放，严禁混放。

（3）清点塔材时应了解设计变更及材料代用引起的塔材规格及数量的变化。

（4）塔材应镀锌完好。如因运输造成局部锌层磨损时，在可修补范围内应补刷防锈漆。涂刷前，应将磨损处清洗干净并保持干燥。

（5）检查塔材的弯曲度。角钢的弯曲不应超过相应长度的 2‰，且最大弯曲变形量不应超过 5mm。若变形超过上述允许范围而未超过表 12-4-1 的变形限度时，容许采用冷矫法进行矫正，矫正后严禁出现裂纹。

表 12-4-1　　　　采用冷矫法的角钢变形限度

角钢宽度（mm）	变形限度（‰）	角钢宽度（mm）	变形限度（‰）
40	35	90	15
45	31	100	14
50	28	110	12.5
56	25	125	11
63	22	140	10
70	20	160	9
75	19	180	8
80	17	200	7

（6）塔材清点负责人的职责。

1）熟悉杆塔明细表及铁塔安装图。熟悉拟采用的地面组装方法和组立方法。

2）负责向普工交待塔材搬运安全注意事项。

3）负责按设计图纸清点塔材，及时填写缺料和余料登记表并及时向现场负责人报告塔材清点情况。

二、构件的布置

地面组装前，应进行构件布置。构件布置应遵循以下原则：

（1）根据抱杆的高度、容许吊重等，按施工设计方案合理确定吊装构件的分段、分片及应带辅材的数量。

（2）根据现场地形、塔段本身对塔材有无方向限制、地面组装与构件吊装是否同时作业等，确定构件的布置方位。

（3）构件的分段，原则上按铁塔结构图的分段进行分片或分段组装。当抱杆提升高度、承载能力及构件变形允许时，也可将两段塔材组成一体进行吊装，以减少吊装次数。注意不应将两段以上塔材连成整体吊装，以避免塔材变形过大。

（4）组装构件的地面应平整坚实，靠地面的主材下方应支垫方木，避免构件受力变形。待吊装的构件应尽靠近塔基，不宜距塔基过远。

三、地面组装应具备的条件

（1）已到塔位的塔材经过清点，确认符合设计及规范要求。螺栓与螺母应试装配，确认规格、数量及质量，并符合设计图纸及规范要求。必要时应将螺母与螺栓接触处涂以少许黄油，以利紧固。

（2）参加地面组装的施工人员均经组塔工序的技术交底并考试合格。参加地面组装的普工由现场施工负责人交代安全施工注意事项及现场操作基本要求。

（3）根据现场地形及设备条件确定地面组装方法。

（4）根据确定的地面组装方法，选择配套合适的工器具。各类工器具使用前均应经过检查，不合格者不得使用。

（5）塔片或塔段地面组装前应在其地面设置支点。支点宜靠近塔段两端节点附近但不影响安装辅材。每根主材不宜少于 2 个支点。

第五节　塔片的组装及工器具配置

一、塔片组装方法

塔片地面组装一般用人力平组和立组两种方法。

平组就是组装后的塔片平放在垫木上，该方法适用于地形平坦或坡度平缓的塔位。

立组就是将组装后的塔片竖靠在已组立的塔腿或陡坎边，该方法适用于地形狭窄的塔位。

塔片组装的顺序是先排列两根主材于垫木上，再安装联板，最后安装两主材间的辅材。对塔材的规格、尺寸等检查无误后再拧紧螺栓。

组装对孔应使用尖扳手。主材需要移动时，应使用撬杠。

二、塔片组装的布置要求

（1）地面组装的塔片，由于地形限制有时要重叠放置，此时应注意先吊的塔片后组装，后吊的塔片先组装。如果发现部分塔材容易变形时，应用圆木或钢管进行补强。

（2）塔片组装的，内侧朝向地面时，主材上端应朝向塔中心。如果塔片内侧朝上时，主材下端应朝向塔中心。

（3）塔片两主材之间的辅材应尽可能装齐，连接螺栓应拧紧。

(4) 两塔片的侧面辅材应尽可能地带在主材上。侧面辅材在两塔片之间的分配力求均衡；侧面辅材与塔片连接螺栓不应拧紧，但螺母应出扣；侧面辅材自由端与主材间用麻绳捆在一起，避免吊装中晃动或被挂住。

(5) 横担分片吊装时，应将其前后片分别组装于铁塔前后侧。

(6) 塔片组装后的重量应小于抱杆的容许吊重。

(7) 塔片在地面组装后，应布置在起吊绳的下方，且应尽量靠近塔基，以减轻抱杆的负荷。

三、组装质量的基本要求

(1) 脚钉安装位置、螺栓的使用规格及穿入方向，垫圈的加垫位置及数量应符合设计图纸及验收规范的规定。

(2) 塔材的连接应牢固。交叉处有空隙者，应装设相应厚度的垫圈或垫板；装设的垫板应符合设计图纸规定；装设的垫圈应采用标准垫圈并经热镀锌。

(3) 防卸、防松螺栓的安装位置应符合设计要求。若无要求时，应在图纸会审时提出并给予确定。

(4) 螺栓的级别应在螺栓头上明确标识，使用时，其级别应符合设计图纸规定，不同级别螺栓严禁混用。

(5) 同直径不同长度螺杆的螺栓不应混用。

(6) 螺杆应与构件平面垂直，螺栓头与构件的接触处不应有空隙。产生空隙的原因可能有螺栓头加工不规则、残留锌渣、塔材表面不平整、对孔不准及螺栓未拧紧等，应注意查明原因并处理之。

(7) 塔材组装有困难时应查明原因，严禁强行组装。构件组装困难可能的原因有：①塔材的孔间距离误差超标；②安装塔材规格有误或是安装方向有误。只有查明原因，才能使构件顺利安装。

(8) 个别螺孔需扩孔时，扩孔部分不应超过 3mm；当扩孔需超过 3mm 时，应先堵焊再重新打孔，并应进行防腐处理。严禁用气割进行扩孔或烧孔。

(9) 塔片组装后，应依据设计图纸进行核对和检查，发现问题要及时在地面进行处理，切忌留待高空作业处理。

(10) 杆塔连接螺栓应逐个紧固，4.8 级螺栓的扭矩不应小于表 12-5-1 的规定。4.8 级以上的螺栓的扭矩标准值由设计规定，若设计无规定时，宜按 4.8 级螺栓的扭矩执行。

表 12-5-1　螺栓紧固扭矩标准

螺栓规格	扭矩标准值（N·m）	螺栓规格	扭矩标准值（N·m）
M12	40	M20	100
M16	80	M24	250

(11) 螺杆与螺母的螺纹有滑牙或螺母的棱角磨损以致扳手打滑的螺栓必须更换。

(12) 构件的连接螺栓，凡不影响后续作业者均应在地面紧固。

(13) 杆塔构件地面组装后应对其质量作一次全面检查，包括以下内容：

1) 构件是否齐全。缺少的构件是送料缺件还是加工构件尺寸错误应登记清楚；

2) 组装尺寸是否正确；

3）组装后的构件是否有弯曲变形，空隙处是否已加垫圈或垫板；

4）防锈层剥落处是否已补涂灰漆或喷锌；

5）螺栓是否已紧固。

四、塔片地面组装的主要工器具配置

分解组塔地面组装需用主要工器具（一个组用）参见表12-5-2。

表12-5-2　分解组塔地面组装需用主要工器具（一个组用）

序号	名　称	规　格	单位	数量	质量（kg）	备注
1	方木	150mm×150mm×800mm	根	20	200	
2	铁锤	8.1kg	把	2	16	
		1.4kg	把	4	8	
3	撬杠（钢）	ϕ25mm×2000mm	根	4	34	4.25kg/m
4	木杠	ϕ80mm×（2～2.2m）	根	10	30	
5	钢锯		把	2	2	
6	冲子		把	4	1	
7	圆锉	ϕ16mm×300mm	把	2	1	
8	活动扳手		把	2	4	
9	尖扳手	ϕ16mm×300mm	把	10	10	
		ϕ20mm×350mm	把	10	10	
		ϕ24mm×450mm	把	5	10	
10	棕绳	ϕ16mm×5m	条	8	12	
11	加长扳手	M16（M20）×500mm	把	5	10	
12	卡尺		把	1	1	
13	钢卷尺	10m	把	2	2	

第六节　塔段的组装及工器具配置

一、塔段组装方法

塔段的组装是在塔片组装的基础上再经合拢后形成塔段。

（一）人力组装

（1）对于每一个塔段，在垫木排好的基础上用人力组装靠地面的塔片（即下塔片），内侧应朝上，以便与上塔片合拢。

（2）当塔段主材单件质量在100kg及以下且塔段断面边宽尺寸在1.2m以下时，宜用人力组装。

（3）人力组装顺序是在下塔片组装后，先安装塔段侧面上下端各一根辅材；然后，将上塔片主材用人力抬高至规定高度，与侧面的辅材连接；最后，将辅材全部安装完毕并拧紧螺栓。

（二）机械组装

主材单件质量为100kg以上且塔段断面边宽大于1.2m时，宜采取机械组装方法。

1.机械组装塔段顺序

（1）选择吊车位置。吊车应停放在坚硬平整的地面，支脚应置放在垫木上。

（2）先将下塔片在地面平组。分别将两根主材吊放在垫木上，辅材组装后使塔片内侧朝上。

（3）在下塔片的上方垫两根木杠，在木杠上方平组上塔片。应注意上塔片内侧应朝下；

上塔片主材摆放时，应与下塔片错开一段距离，以便上下平面桁架间有侧面斜材连接的距离；上下塔片间连接不少于2根的辅材，应穿上螺栓且拧上螺母但不拧紧。

（4）吊起上塔片至塔段断面边宽后安装侧面辅材，直到完成上下塔片合拢作业。

2. 机械吊装上塔片方法

（1）用汽车起重机，通过吊点钢丝绳（俗称千斤绳）将上塔片缓缓起吊至塔段断面高度，用人力配合，将上、下塔片间的辅材与主材连接。

（2）利用机动绞磨及抱杆吊装合拢。用机动绞磨牵引起吊滑车组及吊点钢丝绳将上塔片缓缓起吊至塔段断面高度，用人力配合，将上、下塔片间的辅材与主材连接并拧紧螺栓。

当塔段断面边宽大于1.8m时，侧面辅材与上塔片主材连接应配置竹梯或其他攀爬工具，以保障高空安装的安全。

二、组装构件的布置要求

（1）组装的塔段应布置在起吊绳的下方。如果采用双摇臂抱杆的组塔方法，其塔段重心应布置在摇臂端起吊绳的垂直下方，以最大限度地减少摇臂的偏心力。

（2）组装后塔段重量不得大于抱杆的容许吊重。

三、组装质量的基本要求

构件组装的质量应符合验收规范的规定。

四、塔段地面组装的主要工器具配置

塔段地面组装的工器具除应按表12-5-2配置外，还应增加机具，详见表12-6-1。

表12-6-1　　塔段地面组装工器具补充表

序号	名　称	规　格	单位	数量	质量（kg）	备注
1	汽车起重机	吊重5t	台	1		
2	钢丝绳	ϕ12.5mm×6m～ϕ12.5mm×8m	条	2	10	
3	卸　扣	M24	只	4	6	
4	竹　梯	3m	把	2	10	或其他攀爬工具
		5m	把	2	15	或其他攀爬工具

附录F　铁塔型式的代号

F.1　表示铁塔用途分类的代号

铁塔用途（即种类）代号见表F.1。

表F.1　　铁塔种类代号

序号	种　类	代号	序号	种　类	代号
1	直线塔	Z	6	换位塔	H
2	耐张塔	N	7	分支塔	F
3	转角塔	J	8	直线转角塔	ZJ
4	终端塔	D	9	拉线塔	L
5	跨越塔	K	10	双回塔	S

F.2　表示铁塔外形或导地线布置型式的代号

表示铁塔外形或导地线布置型式的代号见表F.2。

表 F.2 **铁塔外形代号**

序号	种类	代号	序号	种类	代号
1	上字型	S	8	V字型	V
2	三角型	J	9	干字型	G
3	叉骨型	C	10	鼓型	G_u
4	猫头型	M	11	伞型	S_n
5	桥型	Q	12	羊字型	Y
6	酒杯型	B	13	倒伞型	S_d
7	门型	M_e	14	王字型	W

附录G　螺栓、脚钉、垫圈的尺寸符号（摘自DL/T 764.4—2002《输电线路铁塔及电力金具紧固用冷镦热浸镀锌螺栓与螺母》）

螺栓、脚钉、垫圈的尺寸符号见表G.1。

表 G.1 **螺栓、脚钉、垫圈尺寸符号**

序号	名称	级别	规格	符号	使用范围		每个螺栓理论质量（kg）	
					无扣长（mm）	通过厚度（mm）	不带弹簧垫	带弹簧垫
1	螺栓	4.8级	M12×30		7	8～12	0.059 4	0.064 0
2			M12×35		12	13～17	0.0633	0.0679
3			M12×40		15	18～22	0.0673	0.0719
4			M16×35		7	8～12	0.1248	0.1326
5			M16×45		12	13～22	0.1381	0.1459
6			M16×55		22	23～32	0.1536	0.1614
7			M16×65		32	33～42	0.1694	0.1772
8		6.8级	M20×40		9	10～15	0.2302	0.2454
9			M20×50		15	16～25	0.2510	0.2662
10			M20×60		25	26～35	0.2737	0.2889
11			M20×70		35	36～45	0.2983	0.3135
12			M20×80		45	46～55	0.3229	0.3381
13			M20×90		55	56～65	0.3475	0.3627
14			M20×100		65	66～75	0.3721	0.3873
15		6.8级或8.8级	M24×50		15	16～20	0.4148	0.4410
16			M24×60		20	21～30	0.4448	0.4710
17			M24×70		30	31～40	0.4776	0.5038
18			M24×80		40	41～50	0.5132	0.5394
19			M24×90		50	51～60	0.5488	0.5750
20			M24×100		60	61～70	0.5844	0.6106

续表

序号	名称	级别	规格	符号	使用范围		每个螺栓理论质量（kg）	
					无扣长（mm）	通过厚度（mm）	不带弹簧垫	带弹簧垫
21	脚钉	4.8级 6.8级或 8.8级	M16×180	正面侧面 ⊖⊣ ⊚⊣	120		0.3799	
22			M20×200		120		0.6749	
23			M24×240		120		1.1803	
24	垫圈	Q235-A_0F	−2	厚度×个数 ⌐		$d=13.5$ $D=24$	0.004685	
25			−3			$d=17.5$ $D=30$	0.01065	
26			−3			$d=22$ $D=37$	0.01637	
27			−4			$d=26$ $D=44$	0.01308	

附录H　螺栓的机械性能及化学成分

螺栓性能等级为8.8级及以下的镀锌后机械性能应满足GB/T 3098.1—2010《紧固件机械性能　螺栓、螺钉和螺柱》的规定，见表H.1。螺栓材料的化学成分应符合表H.2的规定。

表H.1　　螺栓的机械性能等级

性能等级代号		3.6	4.6	4.8	5.6	5.8	6.8	8.8		9.8	10.9	12.9
								≤M16	>M16			
σ_b	公称	300	400	400	500	500	600	800	800	900	1000	1200
	最小	330	400	420	500	520	600	800	830	900	1040	1220
σ_S	公称	180	240	320	300	400	480	—	—	—	—	—
	最小	190	240	340	300	420	480					
$\sigma_{0.2}$	公称	—	—	—	—	—	—	640	640	720	900	1080
	最小							640	660	720	940	1100
HV_{30}	最小	95	120	130	155	160	190	250	255	290	320	386
	最大	250						320	335	336	380	435

注　1. σ_b 为抗拉强度；σ_S 为屈服点；$\sigma_{0.2}$ 为屈服强度，单位均为MPa；HV_{30} 为维氏硬度，负荷为0.2942N（30gf）。

2. 性能等级代号以两组数字及一个圆点表示，圆点左边的数字表示 σ_b（公称）的1/100；右边的数字表示屈强比值，即 σ_S（公称）或 $\sigma_{0.2}$（公称）与 σ_b（公称）的比值的10倍。例：标记“4.8”级，其 σ_b（公称）$=4\times100=400$（MPa）；σ_S（公称）/ σ_b（公称）$=8/10=0.8$；σ_S（公称）$=400\times0.8=320$（MPa）。

表 H.2　　螺栓材料的化学成分

<table>
<tr><th rowspan="3">性能等级</th><th rowspan="3">材料和热处理</th><th colspan="4">化学成分（%）</th><th rowspan="3">最低回火温度（℃）</th></tr>
<tr><th colspan="2">碳</th><th>磷</th><th>硫</th></tr>
<tr><th>最低</th><th>最高</th><th>最高</th><th>最高</th></tr>
<tr><td>3.6</td><td>低碳钢</td><td>—</td><td>0.2</td><td>0.05</td><td>0.06</td><td>—</td></tr>
<tr><td>4.6</td><td rowspan="2">低碳钢或中碳钢</td><td rowspan="2">—</td><td rowspan="2">0.55</td><td rowspan="2">0.05</td><td rowspan="2">0.06</td><td rowspan="2">—</td></tr>
<tr><td>4.8</td></tr>
<tr><td>5.6</td><td rowspan="3">低碳钢或中碳钢</td><td>0.15</td><td rowspan="3">0.55</td><td rowspan="3">0.05</td><td rowspan="3">0.06</td><td rowspan="3">—</td></tr>
<tr><td>5.8</td><td rowspan="2">—</td></tr>
<tr><td>6.8</td></tr>
<tr><td rowspan="2">8.8</td><td>低碳合金钢（如硼或锰或铬），淬火并回火</td><td>0.15</td><td>0.35</td><td>0.04</td><td>0.05</td><td>340</td></tr>
<tr><td>中碳钢，淬火并回火</td><td>0.25</td><td>0.55</td><td>0.04</td><td>0.05</td><td>450</td></tr>
<tr><td rowspan="2">9.8</td><td>低碳合金钢（如硼或锰或铬），淬火并回火</td><td>0.15</td><td>0.35</td><td>0.04</td><td>0.05</td><td>340</td></tr>
<tr><td>中碳钢，淬火并回火</td><td>0.25</td><td>0.55</td><td>0.04</td><td>0.05</td><td>410</td></tr>
<tr><td>10.9</td><td>低碳合金钢（如硼或锰或铬），淬火并回火</td><td>0.15</td><td>0.35</td><td>0.04</td><td>0.05</td><td>340</td></tr>
<tr><td rowspan="3">10.9</td><td>中碳钢，淬火并回火</td><td>0.25</td><td>0.55</td><td>0.04</td><td>0.05</td><td>425</td></tr>
<tr><td>低、中碳合金钢（如硼或锰或铬），淬火并回火</td><td>0.20</td><td>0.55</td><td>0.04</td><td>0.05</td><td>425</td></tr>
<tr><td>合金钢，淬火并回火</td><td>0.20</td><td>0.55</td><td>0.035</td><td>0.035</td><td>425</td></tr>
<tr><td>12.9</td><td>合金钢，淬火并回火</td><td>0.20</td><td>0.50</td><td>0.035</td><td>0.035</td><td>380</td></tr>
</table>

注 1. 3.6、4.6、4.8、5.8、6.8 级允许采用易切削钢制造，其硫、磷及铅的最大含量分别为 0.34、0.11 和 0.35%。

2. 对于 8.8 级，为保证良好的淬透性，螺纹直径>20mm 的紧固件，必须采用对 10.9 级规定的合金钢。

3. 合金钢应含有一种或几种铬、镍、钼或钒的合金元素。

4. 对 10.9、12.9 级的材料，应具有良好的淬透性，以保证螺纹截面的芯部在淬火后、回火前得到约 90%的马氏体组织。

5. 由低碳马氏体钢制造的产品，应在性能等级代号下加一横线，例 10.9。

6. 对于 8.8 级、螺纹直径≥20mm 的紧固件，可以采用 425℃的最低回火温度。

第十三章

内悬浮内拉线抱杆分解组塔

第一节　概　　述

内悬浮内拉线抱杆分解组塔方法是将抱杆的临时拉线下端固定已组塔架的四根主材上（即内拉线），抱杆根部置于铁塔结构轴心线，通过承托绳悬挂于塔架的四根主材。由于抱杆在铁塔结构内部中心呈悬浮状态，故称其为内悬浮抱杆。

内悬浮内拉线抱杆分解组塔主要有以下优点。

（1）工具简单。用内拉线替代外拉线，减少了地锚数量，缩短了临时拉线长度。

（2）受地形条件限制较小。当铁塔塔位处于陡坡地形时，由于不用外拉线，使组塔受地形条件的限制较小。

（3）吊装过程中，抱杆处于铁塔结构内部，铁塔四根主材受力均衡，宜于保证安装质量。

（4）操作人员较少，主要是减少了抱杆拉线操作人员，提高工作效率。

内悬浮内拉线抱杆分解组塔适用于各种地形条件及各种塔型，但是，当塔头断面尺寸较小，内拉线对水平面夹角大于75°时，应增设辅助拉线。

内悬浮内拉线抱杆分解组塔均采取单侧塔片吊装。

内悬浮内拉线抱杆分解吊装较长横担有困难时应增加辅助抱杆。

第二节　施工工艺流程及劳动组织

一、施工工艺流程

内悬浮内拉线抱杆分解组塔的施工工艺流程如图13-2-1所示。

二、劳动组织

劳动组织除与组塔方法有联系外，还与组立的塔型、吊重等因素有关，因此，劳动组织应结合具体情况确定。按220～1000kV线路分解组塔要求，一个立塔组推荐的劳动组织见表13-2-1。

表13-2-1　　劳动组织

岗　位	组立220～500kV铁塔			组立±800、1000kV铁塔			备注
	技工人数	普工人数	小计人数	技工人数	普工人数	小计人数	
指 挥	1		1	1		1	
安全监督	1		1	1		1	

续表

岗 位	组立 220～500kV 铁塔			组立±800、1000kV 铁塔			备注
	技工人数	普工人数	小计人数	技工人数	普工人数	小计人数	
塔上作业	4～8		4～8	8		8	
地面组装	2	8	10	2	8	10	
控制绳作业	2	4	6	3	6	9	
抱杆拉线作业				4	8	12	
牵引设备	2	6	8	2	6	8	
合 计	12～16	18	30～34	21	28	49	

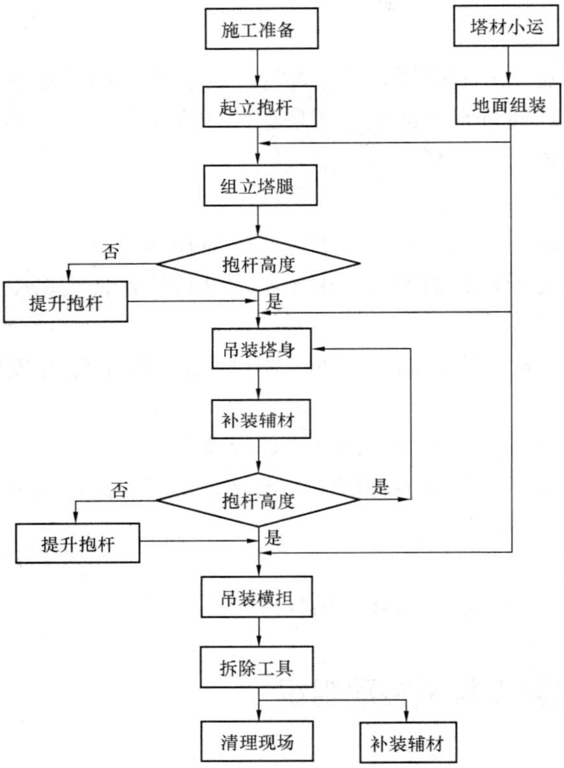

图 13-2-1 内悬浮内拉线抱杆分解组塔施工工艺流程图

各岗位的主要职责是：

(1) 指挥——全面负责分解组塔的指挥及组织；负责向施工人员交代分解组塔的质量、安全措施；熟悉参加组塔人员及其技能情况并进行作业分工。

(2) 安全监督——对施工现场的安全工作进行全面监督，协助指挥人进行安全检查，对违章作业、违章指挥有权停止作业。

(3) 塔上作业——有高处作业合格证，执行高处作业的安全规定，其中有一人负责塔上指挥及与地面联系。

(4) 地面组装——负责带领普工进行地面组装；按图纸要求组装；普工操作应符合安全规定。

(5) 控制绳作业——控制绳包括上控制绳（即调整绳）和下控制绳。下控制绳俗称攀根绳。应根据指挥人指挥操作，确保控制绳能松出或收紧。

(6) 拉线作业——内拉线抱杆的拉线作业人员是考虑辅助拉线在塔下控制时的操作，在提升抱杆过程中能随时松出。

(7) 牵引设备作业——具有机械操作合格证。根据指挥人的指令负责机动绞磨的操作、维护。停机状态下应负责值守。

第三节 现场布置方案及布置说明

内悬浮内拉线抱杆分解组塔，由于吊重不同有两种典型的现场布置方案。

一、带有朝天滑车的内悬浮抱杆分解组塔现场布置

带有朝天滑车的内悬浮抱杆分解组塔布置示意如图 13-3-1 所示。

带有朝天滑车的内悬浮抱杆布置方式具有以下特点：

（1）抱杆为竖直状态布置，抱杆拉线固定于已组塔架的 4 根主材节点下方。

（2）起吊绳通过朝天滑车后引至地面的牵引设备。

（3）承托绳通过平衡滑车或单独与抱杆根部连接。

该布置方式对抱杆压力的偏心较小，一般适用于吊件较轻的情况。

注：起吊绳也称牵引绳，即进入机动绞磨的绳，也称绞磨绳。起吊构件重量较大时，采用起吊滑车组，目的是限制绞磨绳的张力，以便绞磨绳直径与绞磨卷筒直径相协调。

二、挂有边滑车的内悬浮抱杆分解组塔现场布置

挂有边滑车的内悬浮抱杆分解组塔布置示意如图 13-3-2 所示。

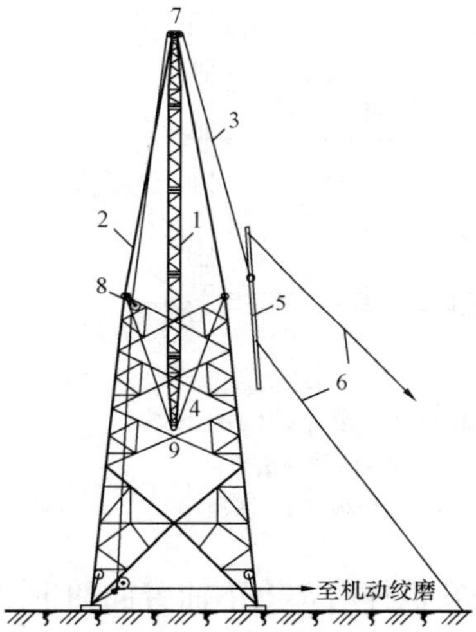

图 13-3-1　带有朝天滑车的内悬浮抱杆分解组塔现场布置示意图

1—抱杆；2—内拉线；3—起吊绳；4—承托绳；5—被吊塔片；6—控制绳；7—朝天滑车；8—腰滑车；9—朝地滑车

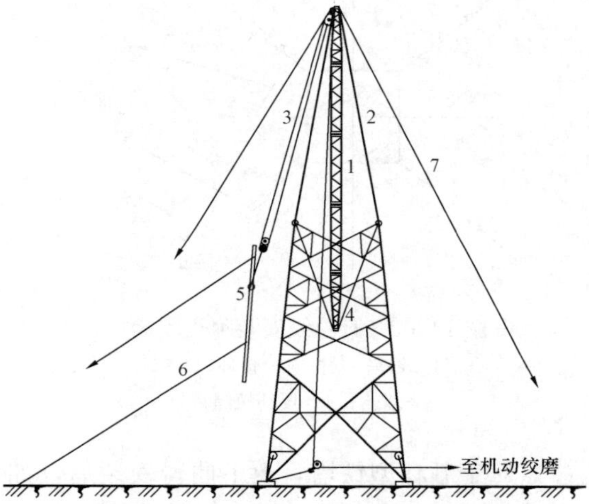

图 13-3-2　挂有边滑车的内悬浮抱杆分解组塔布置示意图

1—抱杆；2—内拉线；3—起吊滑车组；4—承托绳；5—被吊构件；6—控制绳；7—辅助拉线

挂有边滑车的内悬浮抱杆布置方式具有以下特点：

（1）抱杆有竖直和倾斜两种布置，抱杆拉线固定在已组塔架的 4 根主材节点的下方。

（2）起吊绳滑车组挂于抱杆顶部的侧面，牵引绳通过边滑车引至地面。

（3）承托绳由 4 条独立的钢绳或承托绳滑车组组成。

（4）吊装塔头部构件时，抱杆应增加辅助拉线。

该布置方式对抱杆偏心压力较大，它适用于吊件较重的情况。

三、内悬浮内拉线抱杆分解组塔现场布置的说明

1. 抱杆系统

（1）抱杆有两种情况：当吊件较轻时，抱杆顶部设置朝天滑车，以便穿过起吊钢丝绳；抱杆下端设置朝地滑车，以备提升抱杆；当吊件较重时，抱杆顶端的侧面挂多轮滑车（简称边滑车），抱杆下端设置两个单滑车，以备提升抱杆。

（2）抱杆插入已组塔架的长度应满足两个条件：①承托绳与抱杆轴线间夹角不得大于45°；②抱杆插入已组塔体的长度不得小于抱杆全长的30%。

（3）抱杆的分段连接应采取内法兰螺栓连接（即抱杆分段连接螺钉装在主材内侧），以便提升抱杆能顺利穿过腰环。

（4）腰拉线布置。在提升抱杆的过程中，采用上、下两道腰拉线以稳定抱杆。腰拉线由腰环、双钩紧线器（简称双钩）及钢绳等组成，腰拉线安装示意如图13-3-3所示。腰环结构示意如图13-3-4所示。上腰环应布置在已组塔体的上端，下腰环应布置在抱杆提升后的根部位置，两腰环间垂直距离不应小于4m，抱杆越长，腰环间距离应越大。

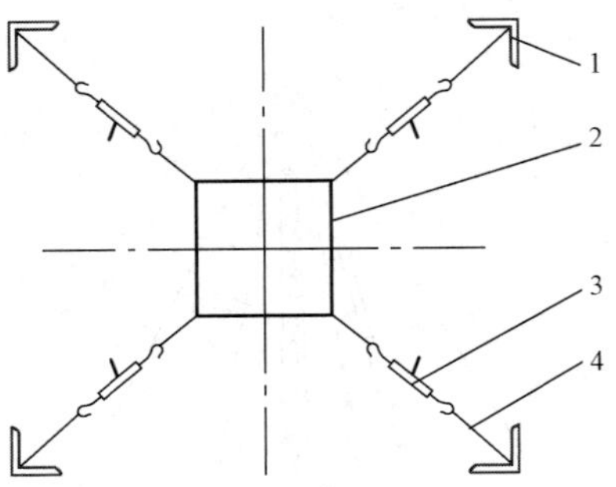

图13-3-3 腰拉线安装示意图
1—铁塔主材；2—腰环；
3—双钩；4—腰环拉绳

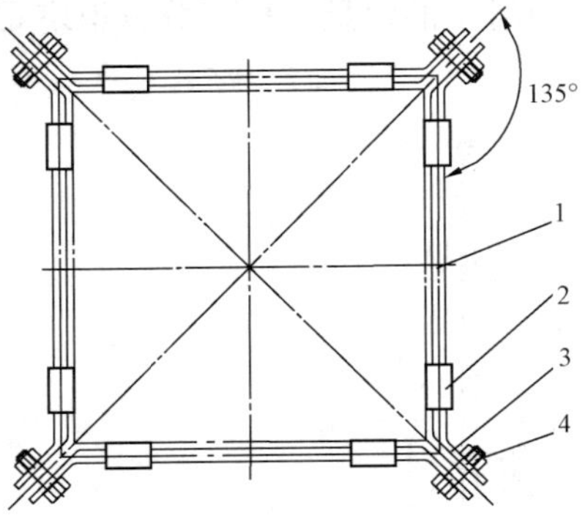

图13-3-4 腰环结构示意图
1—连杆；2—滚轮；
3—连接板；4—螺栓

（5）对于酒杯型铁塔，上下曲臂安装后，如果还需提升抱杆时，上下曲臂间的K形节点断面处的腰环安装示意如图13-3-5所示。

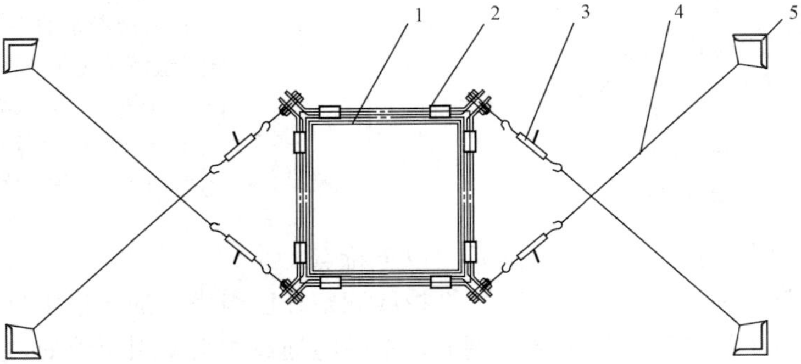

图13-3-5 酒杯型铁塔曲臂断面处的腰环安装示意图
1—抱杆；2—腰环；3—双钩；4—钢丝绳；5—下曲臂主材

2. 拉线系统

（1）抱杆拉线是由四根钢丝绳及相应索具组成。拉线的上端通过卸扣与抱杆帽的拉环连接，下端通过卸扣和专用夹具连接在已组塔架四根主材节点的下方。

（2）如果单根抱杆拉线采用规格较大，难以操作时，可以选择拉线滑车组，拉线下端宜引至塔腿处通过拉线控制器与其主材连接，示意如图13-3-6所示。

3. 起吊牵引系统

牵引绳自机动绞磨引出，依次穿过地滑车、腰滑车（有时不用腰滑车）、朝天滑车或起吊滑车组，经吊点绳直至构件，以上组成牵引系统。

对于通过朝天滑车的单根起吊绳，其进入机动绞磨的牵引绳与起吊绳为同一根绳，为了论述方便，将抱杆顶至构件侧的绳称为起吊绳，将抱杆顶至机动绞磨的绳称为牵引绳（俗称磨绳）。

（1）牵引绳一般选用 ϕ11～ϕ15mm 钢丝绳，机动绞磨卷筒直径应满足“卷筒的细腰部直径与钢丝绳直径之比不应小于10”的安全规定。

（2）牵引设备一般选用 30～50kN 额定荷载的机动绞磨。牵引设备的布置要求如下：

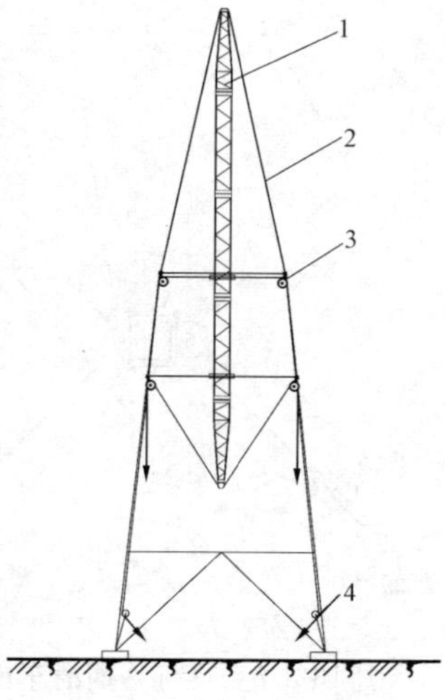

图 13-3-6　内拉线在塔腿处控制布置示意图

1—抱杆；2—内拉线；3—转向滑车；4—拉线控制器

1）牵引设备应尽可能顺线路或横线路方向设置，操作人员应能观测到起吊构件的吊装，距塔中心距离应满足塔全高的 0.5 倍且不宜小于 40m。

2）牵引设备的地面应平坦无积水，地面土质应坚实。

3）牵引设备的固定方式应视地质条件选择。

a. 用双联或三联角铁桩固定。角铁桩间用花篮螺丝前后收紧，以保持前后桩受力均衡。这种设置适用于较坚硬的土质条件。

b. 用地钻或组合地钻固定。这种方式适用于较松软的土质条件。

c. 用钢板式地锚埋入土中固定。这种方式适用于各种土质条件。

（3）地滑车（也称底滑车）的布置。为了使牵引绳由抱杆顶引至地面后转向进入牵引设备，必须设置地滑车，也称转向滑车。地滑车的布置有以下三种方式：

1）挂在靠近地面的单根塔腿主材。在主材上安装专用角钢夹具，通过夹具悬挂地滑车。

2）将三个或四个塔腿的角钢夹具用适当长度钢丝绳连接，在其中部悬挂地滑车。

3）在塔位中心附近位置挖埋地锚，在地锚出土的钢绳套悬挂地滑车。值得注意的是该地锚受垂直向上的拔力，埋深应满足设计要求，填土必须夯实。

（4）腰滑车的布置，为了减少牵引绳对抱杆的轴向压力，避免牵引绳与抱杆杆身摩擦，在已组塔架上端平口处设置腰滑车，起转向作用。腰滑车的布置应符合以下要求：

1）腰滑车应布置在已组塔架上平面起吊构件的对侧主材上或经加固的水平材上。

2）固定腰滑车的钢绳套应越短越好。

3）当牵引绳与起吊滑车组不在抱杆的同一侧引下时方准安装腰滑车。

4. 承托系统的布置

对于不同重量的塔片承托系统有以下三种布置方式。

（1）具有平衡滑车的承托系统。该系统由承托钢丝绳（简称承托绳）、平衡滑车、双钩及专用夹具组成。承托系统的平面布置示意如图 13-3-7 所示，它适用于吊重较轻的构件。

（2）无平衡滑车的承托系统。该系统由承托绳、双钩及专用夹具等组成。承托系统的平

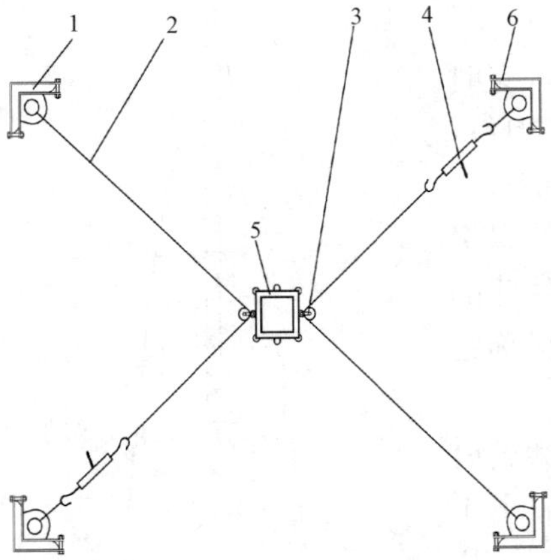

图 13-3-7 具有平衡滑车的承托系统平面布置示意图

1—塔段主材；2—承托绳；3—平衡滑车；4—双钩；5—抱杆底座；6—夹具

面布置示意如图 13-3-8 所示，它适用于吊较中等重的构件。

(3) 具有吊点滑车的承托系统。该系统由承托绳、吊点滑车、手扳葫芦及专用夹具等组成。承托系统平面布置示意如图 13-3-9 所示，它适用于起吊较重的构件。

(4) 承托绳布置应符合以下要求。

1) 承托绳与塔架主材连接应使用专用夹具；若无专用夹具，可将承托钢丝绳直接缠绕在主材后用卸扣拴牢。承托绳与主材间应垫圆木、麻带等软物。

2) 承托绳在塔架的固定点（即专用夹具安装处）应位于已组塔架上部某节点的上方且靠近节点处。塔架固定点处的四根主材间应有水平材连接，若无水平材应进行加固处理。

3) 承托绳若采用平衡滑车时，当起吊构件在铁塔左右侧时，平衡滑车应布置在铁塔左右侧；当构件在铁塔前后侧时，平衡滑车应布置在铁塔前后侧。当需要抱杆倾斜后吊装构件时，不宜使用平衡滑车。

4) 承托绳系统的四条承托绳应等长，且各条绳的连接方式应相同，固定点应等高。为适应塔体断面不同尺寸的需要，承托绳应为分段装配式。

5) 承托绳与抱杆轴线间夹角不得大于 45°。

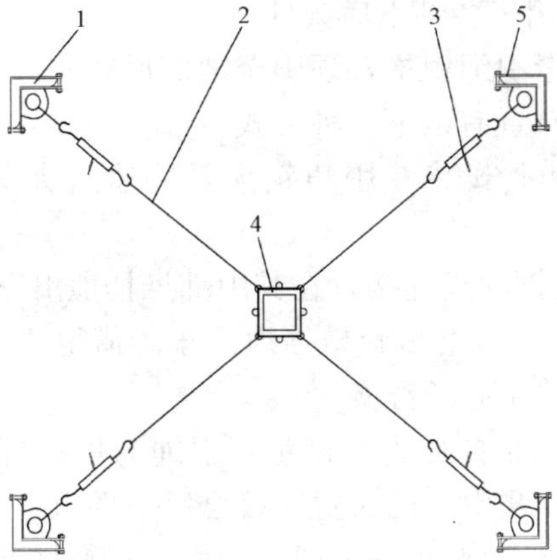

图 13-3-8 无平衡滑车的承托系统平面布置示意图

1—塔段主材；2—承托绳；3—双钩；4—抱杆底座；5—专用夹具

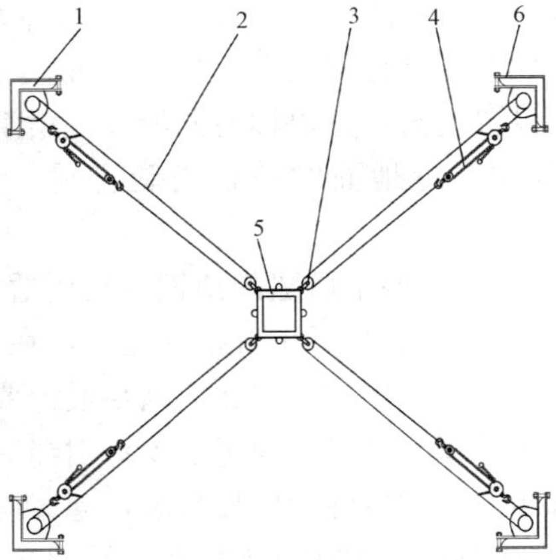

图 13-3-9 具有吊点滑车的承托系统布置示意图

1—塔段主材；2—承托绳；3—吊点滑车；4—手扳葫芦；5—抱杆底座；6—专用夹具

5. 控制绳系统

在起吊构件的上、下部位应绑扎控制绳。起吊构件上部绳称调整绳，构件根部称攀根绳。攀根绳在起吊过程中是受力绳，应使用钢丝绳；调整绳应使用棕绳或尼龙绳。

（1）攀根绳对地夹角不应大于45°。

（2）攀根绳与塔片的绑扎为对称的两个点。当构件质量在2t以下且塔片宽度小于2m时，采用V型钢绳套，用一根攀根绳控制；当构件质量大于2t或塔片宽度大于2m时，宜用两根攀根绳按八字形分别控制。

（3）攀根绳在地面处经拉线控制器后再固定于地锚或桩锚。

（4）起吊过程中，调整绳不受力；起吊构件就位时，收紧调整绳以协助就位。

第四节　现场准备工作

内悬浮内拉线抱杆分解组塔现场准备工作主要包括三个内容：地锚及桩锚的设置、竖立抱杆、构件的绑扎与补强。

一、地锚及桩锚的设置

1. 内拉线抱杆分解组塔锚桩布置

内拉线抱杆分解组塔锚桩布置如图13-4-1所示。

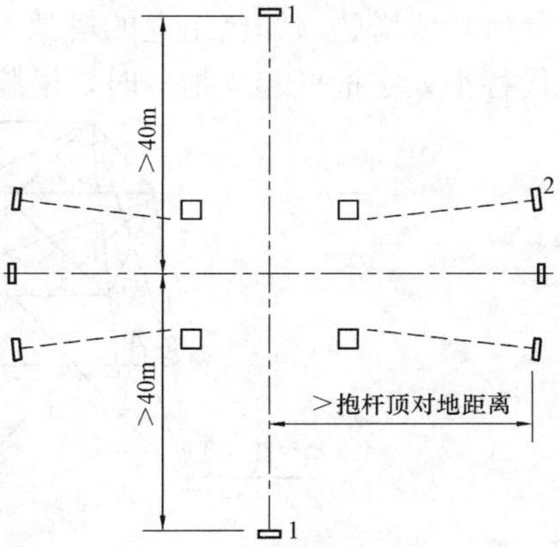

图13-4-1　内拉线抱杆分解组塔锚桩布置示意图

1—机动绞磨锚桩；2—攀根绳锚桩

2. 桩锚设置的要求

（1）桩锚型式有角铁桩、钢管桩、木桩及地钻等，应根据土质条件及受力大小选择确定。

（2）角铁桩宜使用在较坚硬的土质条件。使用角铁桩应遵循以下规定。

1）当受力为8kN以下时宜使用单桩；当受力为14kN以下时宜使用双联桩；受力为14～20kN时，宜使用三联桩。

2）角铁桩规格宜为L75mm×8mm×1500mm。打入地面深度不应小于1m，对地平面夹角宜为65°～75°。

3）采用两联或三联桩时，前后桩间距不应小于1m，前后桩间用钢绳套（或8号铁线套）及花篮螺丝连接收紧。

4）角铁桩打入地下后，应当天使用；隔天、隔夜使用前应检查有无雨水浸入，必要时应拔出重打。

（3）地钻适用于水田或土质较松软的土质条件。使用地钻应遵循以下规定。

1）使用地钻的数目应根据其受力大小确定。

2）地钻入土深度应不小于1.2～1.5m，依规格而定。

3）采用多根地钻时，直接与拉绳连接的地钻为主地钻，其强度应满足拉绳要求。多根地钻间的连接宜用多钻连接器，以保持受力均衡。

3. 地锚设置的要求

（1）锚体宜使用薄壁钢管或钢板，应根据其拉力大小选择符合设计要求的地锚规格。

（2）地锚的绳套应使用钢丝绳，规格宜比受力拉绳规格增大一级。

（3）地锚的埋置深度应符合作业指导书要求。

（4）地锚坑开挖的要求：

1）开挖深度应为埋置深度加锚体的有效高度。

2）斜向地锚坑应开设马道，马道深度与坡度应与拉绳受力方向基本一致。马道宽度不宜大于10cm。

3）地锚的拉绳侧（受力方向），坑底应开挖小槽，以便部分锚体嵌固在槽内。

4）施工负责人应检查锚体埋深符合作业指导书要求后，方准填土。

5）地锚应埋土，回填土应夯实。对于坚土，填土深度不得小于埋深的2/3；对于软土，地锚坑应回填至地面。

二、竖立抱杆

竖立内悬浮内拉线抱杆有4种方法：①用人字小抱杆整体起立抱杆；②利用已立塔腿起立抱杆；③利用已组塔架倒装接长抱杆；④利用已组塔架吊装抱杆。本章仅介绍后面三种方法。用人字小抱杆整体起立抱杆将在第十四章详细介绍。

1. 以塔腿为支承体整体起立抱杆

(1) 以塔腿（即已组立的塔架）整体起立抱杆的现场布置示意如图13-4-2所示。以塔腿代替小人字抱杆起立抱杆时，塔腿高度不宜低于12m。

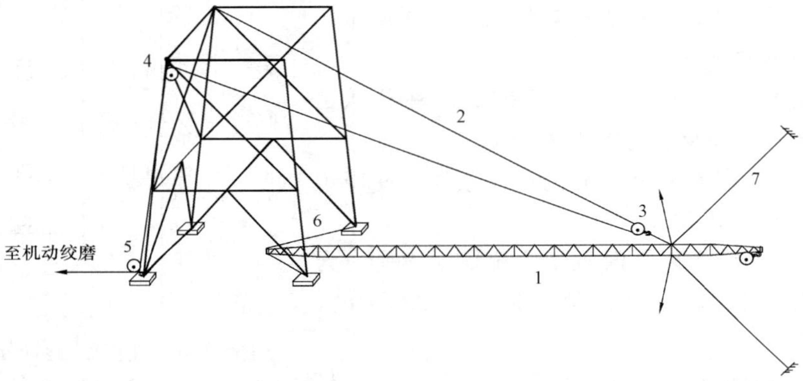

图13-4-2 以塔腿整体起立抱杆的现场布置示意图

1—抱杆；2—牵引绳；3—吊点滑车；4—起吊滑车；5—转向滑车；6—制动绳；7—后方拉线

(2) 在塔腿上方的内侧挂两只单轮起重滑车，塔腿下端前外侧挂两只转向滑车（即地滑车）。将起立抱杆的牵引绳穿入吊点滑车3后，两尾端穿过上方起吊滑车4再经过地滑车5后与平衡滑车连接，直到机动绞磨。

(3) 起立抱杆过程中应监视的环节。

1）抱杆顶部吊离地面0.8m时，应暂停牵引，进行各部位检查并作冲击试验；

2）抱杆立至约60°时，应带住后方临时拉线，并随抱杆起立缓慢松出；

3）当抱杆立至约80°时，停止牵引，收紧牵引侧的抱杆拉线，同时缓缓松出后方拉线，直至抱杆达到竖直状态，收紧并固定抱杆四侧拉线。

(4) 抱杆拉线在塔架上部固定后，拆除起立抱杆的牵引系统工具及制动工具等。

(5) 补装塔腿辅材，使其形成牢固完整的四面封闭结构。

(6) 如果抱杆高度能满足吊装塔身需要时，则可进行起吊塔片布置；如果抱杆高度不能满足起吊塔片要求时，则可进行提升抱杆布置。

2. 用塔腿倒装提升抱杆

如果由于地形限制，用塔腿整体起立抱杆的长度不是抱杆全长时，抱杆起立后，应再利用塔腿倒装接长抱杆。

（1）利用塔腿倒装接长抱杆现场布置示意如图 13-4-3 所示。

（2）倒装提升抱杆前的准备工作。

1）将已吊装好的塔架辅材装齐，并拧紧螺栓，防止塔架受力变形。

2）在已组塔架上部安装顶层的腰拉线。提升过程中，同时控制外拉线以保证抱杆提升的稳定。

3）提升滑车布置在已组塔段呈对角线的主材节点处。两提升滑车应选择适当高度且应等高。提升钢绳由抱杆下端绑扎后，经提升滑车、塔脚处的地滑车直到平衡滑车。牵引绳由平衡滑车引至绞磨。

4）将待接的抱杆段（接续段）用钢丝绳套与提升抱杆下端连接。

5）接长抱杆时，每次以一段为宜。提升前应准备好符合规格的抱杆接头螺栓。

（3）倒装提升抱杆的操作要点。

1）提升抱杆时，四方临时拉线配合抱杆的提升由人力均匀松出。

2）抱杆提升至接续段下端高出抱杆底座后，将接续段扶正，慢慢将上部抱杆落下，使接续段下端对准底座并固定好；继续回落，使提升段的下端与接续段的连接螺孔对正，安装连接螺栓；最后全部松出提升钢绳。每次提升接高一段后，将提升钢绳拉下来以备下次再提升。

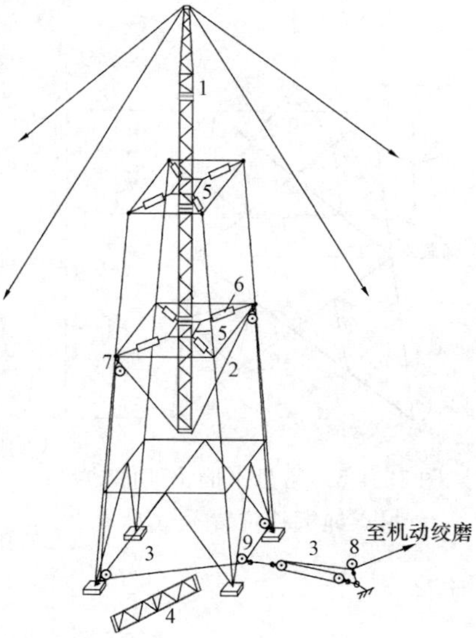

图 13-4-3　利用塔腿倒装接长抱杆现场布置示意图

1—抱杆；2—提升钢绳；3—牵引钢绳；4—抱杆的接续段；5—腰环；6—双钩；7—提升滑车；8—地滑车；9—平衡滑车

3）提升完毕后，重新调直抱杆，拆除腰拉线，准备继续吊塔作业。

3. 利用已组塔腿吊装抱杆

根据抱杆自重不同，现场布置有以下两种方式。

（1）当抱杆较轻时用单滑车（俗称回头滑车）起吊布置，示意如图 13-4-4 所示。

（2）当抱杆较重时用双滑车起吊布置，示意如图 13-4-5 所示。

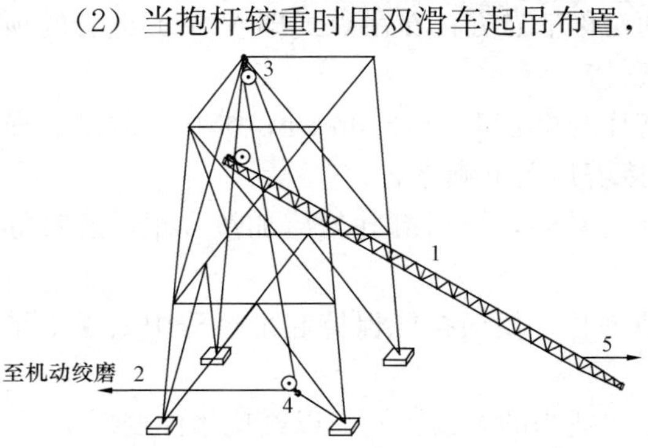

图 13-4-4　利用塔腿单吊抱杆布置示意图

1—抱杆；2—牵引绳；3—起吊滑车；4—地滑车；5—攀根绳

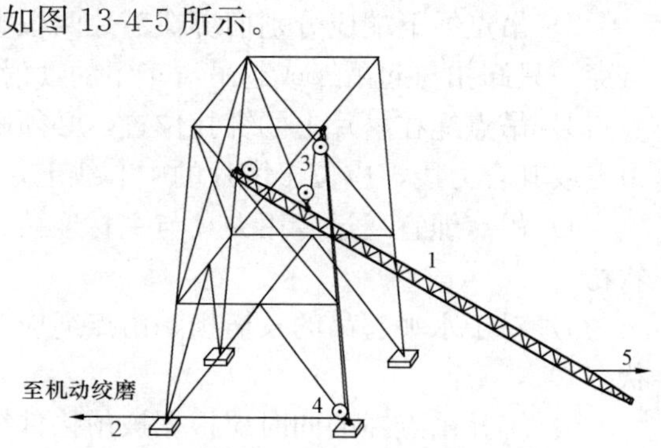

图 13-4-5　利用塔腿双吊抱杆布置示意图

1—抱杆；2—牵引绳；3—起吊滑车；4—地滑车；5—攀根绳

抱杆根用攀根绳（也称遛绳）控制，使其慢慢移向塔架内。抱杆竖立后，利用腰拉线调正抱杆，然后拆除立抱杆的牵引绳索。

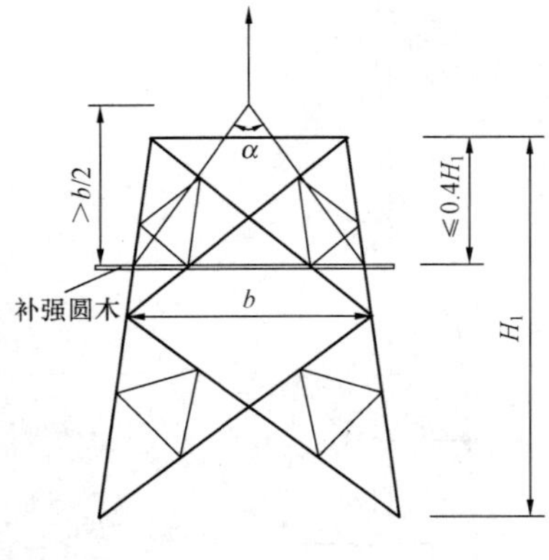

图 13-4-6　塔身平面桁架体的吊点绳绑扎位置示意图

抱杆竖立后，应将塔腿的开口面辅材补装齐全并拧紧螺栓。将抱杆拉线固定在塔腿的上部位置并收紧。

三、构件的绑扎与补强

1. 构件的绑扎

（1）塔身平面桁架体的吊点绳绑扎位置示意如图 13-4-6 所示。

（2）横担平面桁架体的吊点绳绑扎位置示意如图 13-4-7 所示。

1）图 13-4-7（a）所示为两吊点布置，适用于较短的横担，例如 220kV 线路酒杯型塔横担；

2）图 13-4-7（b）所示为四吊点布置，适用于较长的横担，例如 500、±800、1000kV 线路的酒杯型塔横担。

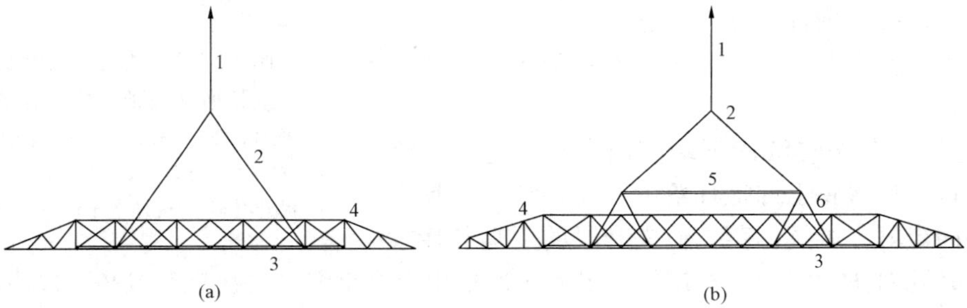

图 13-4-7　横担平面桁架体的吊点绳绑扎位置示意图

（a）两吊点布置；（b）四吊点布置

1—起吊绳；2—吊点绳；3—补强圆木；4—横担；5—钢横梁；6—分吊点绳

（3）吊点绳的绑扎应遵循以下规定。

1）吊点绳应由两条等长的钢丝绳或尼龙吊带组成倒 V 字形，呈等腰三角形布置。

2）吊点绳下端应分别捆绑在塔片两根主材的对称节点处；在吊点绳即 V 字形绳套的顶点穿一只卸扣与起吊绳或起吊滑车组的动滑车相连接。

3）吊点绳在塔片上的绑扎位置，必须高于塔片的重心 1.0～2.0m 处；绑扎后的吊点绳中点或其合力线，应位于塔片的中心线上，以保持塔片上下顺直。

4）吊点绳宜通过专用夹具与主材连接，若无夹具时，主材绑扎处应加垫方木、麻带等软物。

5）对于水平起吊的长横担，吊点绳应对称地绑扎，使横担能保持起吊过程中处于水平状态。

6）绑扎吊点绳的同时应根据被吊构件结构采取适当的补强措施，以避免吊件变形。

（4）吊点绳的张力。

两吊点绳间夹角 α 不得大于 120°（见图 13-4-6）。当被吊构件重力为 5～50kN 时，不同 α 下的吊点绳受力值见表 13-4-1。

2. 构件的补强

（1）塔片根部的主材与大斜材（即直接连通两主材间的斜材）应绑扎连接，以形成整体结构。若不成整体时，应用圆木或钢管接长主材后再与大斜材绑扎。圆木直径不宜小于 ϕ100mm，钢管直径不宜小于 ϕ60mm，视塔片结构进行选择。

表 13-4-1　　不同 α 下的吊点绳受力值　　（kN）

被吊构件重力（kN）	吊点绳间夹角 α（°）		
	60	90	120
5	2.89	3.54	5.00
10	5.77	7.07	10.00
15	8.66	10.61	15.00
20	11.55	14.14	20.00
30	17.32	21.21	30.0
40	23.10	28.28	40.0
50	28.88	35.35	50.0

（2）塔片较宽大较薄弱时，在两吊点间应设置补强圆木或钢管，示意如图 13-4-6 所示。

（3）水平吊装横担时，在横担上的吊点间应设置补强圆木或钢管，示意如图 13-4-7 所示。

（4）塔片根部的补强圆木或钢管，在塔片离开地面后即可拆除，以减少高处作业。

第五节　构件及抱杆的吊装

构件的吊装包括组立塔腿、塔身及横担等。

一、组立塔腿

1. 组立地脚螺栓式基础铁塔的塔腿

地脚螺栓式基础的铁塔，组立塔腿有两种方法：分件组立塔腿和整体组立半边塔腿。

分件组立塔腿即先竖立主材，然后逐一由下向上安装辅材，直到完成塔腿组立。该方法适用于主材为单角钢的铁塔，需用工具少。整体组立半边塔腿的方法是将塔腿的一半在地面组装后再用抱杆起吊，该方法适用于塔腿较轻，根开较小的铁塔，且地形平坦的塔位，使用工具较多。塔腿组立方法应根据塔型特点及地形条件选择确定。

（1）分件组立塔腿。先将铁塔底座置放在基础上，拧紧地脚螺母，再将塔腿主材下端与底座立板用一个螺栓连接，利用此螺栓作为起立塔腿主材的回转点。

当组立塔腿的主材长度在 8m 以下且质量在 300kg 以内时，可以用木叉杆将主材立起，使主材与底座板相连的螺栓全部装上。当组立的塔腿主材长度大于 8m 且质量超过 300kg 时，应利用小人字木抱杆（ϕ100mm×5m）或钢管抱杆按整立抱杆的方法将主材立起，布置示意如图 13-5-1 所示。也可用单抱杆方式起立。

人字抱杆组立塔腿主材的操作步骤如下：

1）将铁塔下部 2～3 段单根主材连接，其总长度不宜超过 15m，质量不宜超过 500kg。主材上的联板应装上，相应的斜材及水平材用一个螺栓连接。

2）将主材根部用一个螺栓连接在塔脚底座立板上，作为起立塔腿主材的回转点。

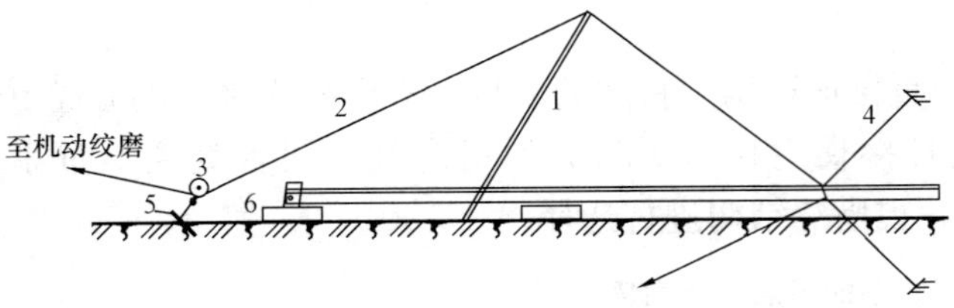

图 13-5-1 人字抱杆组立塔腿主材布置示意图

1—人字抱杆；2—牵引绳；3—地滑车；4—临时拉线；5—角铁桩；6—铁塔基础

3）按图 13-5-1 做好现场布置后，启动机动绞磨，使主材缓慢起立，直到主材接近设计方位，将其根部与塔座立板的连接螺栓全部装上为止。

4）将塔腿主材用临时拉线固定后拆除起吊索具。其余三根主材用同样的方法起立或者利用已立主材作为单抱杆起立。

塔腿四根主材立好后，由下而上组装三个侧面斜材及水平材，并将螺栓紧固。留出一个侧面的辅材暂不装，待内拉线抱杆立起后再补装。

（2）整体组立半边塔腿。根据现场地形条件，选择好塔腿组装的位置，将铁塔底座板垂直地面安置在基础的垫木上。垫木的厚度应略高于地脚螺栓露出基础顶的高度。塔座底板应尽可能安装塔脚铰链。

在地面上对称地组装好两个半边塔腿且拧紧螺栓。两个半边塔腿之间的辅铁应尽量带上，但螺栓不可拧紧。

将内拉线抱杆立于基础中心，抱杆的拉线分别固定在角铁桩上，然后，按现场布置图（见图 13-5-2）绑扎好吊点绳及牵引绳等。

整体组立半边塔腿前，塔腿根部应绑扎 2 条制动绳，塔腿两主材顶端应绑扎 4 条 ϕ11mm 钢丝绳作为临时拉线。吊点绳应绑扎在距离塔腿顶部 1/4～1/3 塔腿高度的节点处（高于塔腿重心高度）。启动机动绞磨后，应收紧制动绳，使铁塔底座跟随塔脚铰链转动。塔腿起立约 30°后，松出抱杆构件侧的拉线；起立约 50°时应带住塔腿主材的后方拉线。塔腿立至设计位置后，机动绞磨停止牵引。使塔座孔对准地脚螺栓就位。套上垫板，安装地脚螺母并拧紧。固定塔腿临时拉线后，拆除吊点绳。同样的步骤组立另一侧塔腿。

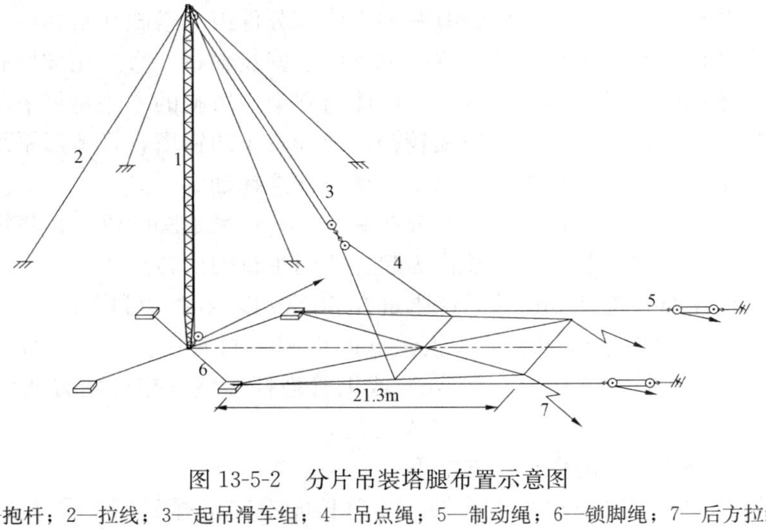

图 13-5-2 分片吊装塔腿布置示意图

1—抱杆；2—拉线；3—起吊滑车组；4—吊点绳；5—制动绳；6—锁脚绳；7—后方拉线

两个半边塔腿组立后，将塔腿之间的斜材等辅铁全部装齐并拧紧螺栓，拆除塔腿临时拉线。

2. 组立插入式角钢基础及高低腿基础的铁塔

插入式角钢基础及高低腿基础的铁塔组立塔腿有两种方法：分件组立和抱杆吊装。分件组立塔腿同地脚螺栓式基础铁塔的塔腿组立。

抱杆吊装塔腿方法如下。

（1）抱杆吊装塔腿现场布置如图 13-5-3 所示。

（2）如图 13-5-3 所示，抱杆立在塔腿旁约 1m 处，顶部打好四方临时拉线，使抱杆向塔腿主材侧倾斜，然后收紧四侧拉线并绑扎牢固。

（3）塔腿主材的顶端应悬挂一只 10～30kN 开口滑车并穿入钢丝绳，以便塔腿主材组立后用来提升水平材和斜材。塔腿主材的吊点上方应绑扎两根 ϕ18mm 棕绳，以便塔腿主材组立后作临时拉线。

（4）吊点绳绑扎在距塔腿主材顶部 1/4～1/3 段长位置，吊点绳与主材间应垫软物，防止磨损。有条件时，吊点绳尽可能使用尼龙吊带。

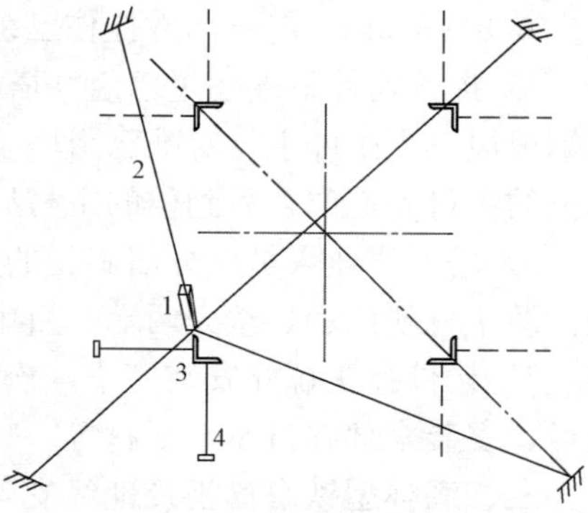

图 13-5-3　单吊主材平面布置示意图

1—抱杆；2—抱杆临时拉线；3—已立主材；4—主材临时拉线

（5）启动机动绞磨，将主材吊离基础顶面，使其下端与塔座主材对接。包钢或法兰接头螺栓紧固后，用 2 条棕绳作临时拉线进行稳固，再拆卸主材上的吊点绳。

（6）将抱杆拉线放松，撬动抱杆根，使其移向另一塔腿主材旁，调整拉线并固定后，再吊装另一根主材，直到四根主材全部吊装完成。

（7）利用塔腿主材顶端悬挂的滑车及钢丝绳逐件将三面辅材安装完成并紧固全部螺丝。拆除吊装塔腿主材的抱杆及起吊工具等。

（8）在塔腿预留辅材暂不装的一侧地面组装内拉线抱杆，利用塔腿立起抱杆，最后将辅材全部补齐并紧固螺栓，形成封闭稳定的塔架。

二、组立塔身

（1）内悬浮内拉线抱杆分解组立塔片的现场布置示意如图 13-3-1 和图 13-3-2 所示。

（2）吊装塔身前应做的准备工作。

1）塔片的起吊重量应不超过抱杆的允许起吊重量。由于塔型不同，选用的抱杆规格不同，其允许起吊重量均不相同。现场施工中应根据铁塔安装图核对实际的起吊重量。塔片应按规范要求在地面组装合格。

2）为了方便塔片就位，吊装塔身前，应调整抱杆向吊件侧适当倾斜，倾斜角不宜大于 10°，调整抱杆倾斜时应考虑拉线受力后的伸长影响，避免过量倾斜。

3）如果抱杆置于地面时，抱杆应采取防沉防滑措施。抱杆承托绳的一端应系在铁塔基础上；另一端系在抱杆根部，使抱杆根固定在四个基础的中心位置。

4）塔片在地面应按作业指导书要求进行补强。

（3）吊装过程中的操作要点。

1）构件开始起吊，攀根绳应收紧，调整绳应松弛；构件着地的一端，应设专人监护，以防构件被挂。

2）构件离地面后，应暂停起吊，进行一次全面检查。检查内容包括：牵引设备的转动是否正常，各绑扎处是否牢固，锚桩是否牢固，滑轮是否转动灵活，已组立塔架受力后有无变形等。检查无异常，方可继续起吊。

3）起吊塔片过程中，在保证构件不触碰已组塔架的前提下，尽量松出攀根绳，以减少各部索具受力。

4）起吊过程中，指挥人应密切监视构件起吊上升情况，应使塔片与已组塔架的间距保持为0.3～0.5m。严防构件挂住已组塔体。

5）提升构件下端超过已组立塔架上端时，应暂停牵引，由塔上作业负责人指挥缓慢松出攀根绳。当吊件主材对准已组塔架主材时，应慢慢松出牵引绳，按先低后高的原则（即先到位的主材先就位，后到位的主材后就位）进行就位。

6）塔上作业人员应分清斜材的内外位置。就位前，主材连接时，先穿尖扳手，再穿螺栓。两主材就位后，按先两端、后中间的顺序安装并拧紧全部包钢上的接头螺栓。

7）构件接头螺栓安装完毕，松出起吊绳、吊点绳及攀根绳等。再进行另一侧塔片吊装。最后，安装全部斜材及水平材等。

三、酒杯型铁塔横担及地线支架的吊装

酒杯型铁塔横担的吊装有两种方法：①分片分段吊装；②整体吊装。应根据抱杆容许中心压力选择。

1. 分片分段吊装法

（1）吊装顺序：第一步分前后片吊装中横担；第二步吊装地线支架；第三步利用地线支架吊装边横担。横担及地线支架吊装顺序示意如图13-5-4所示。

（2）吊装中横担的操作要点。

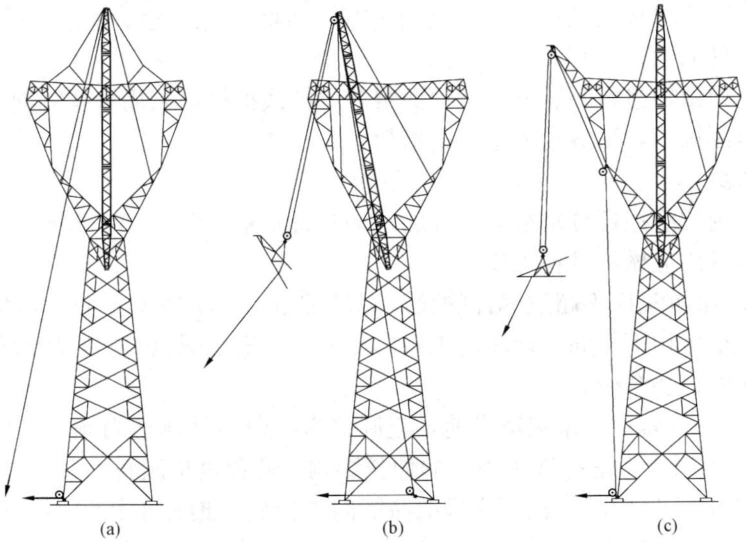

图13-5-4 横担及地线支架吊装顺序示意图

（a）吊装中横担；（b）吊装地线支架；（c）吊装边横担

1）将中横担分前后两片沿顺线路方向组装，利用顺线路的起吊滑车组进行吊装。前、后片横担的螺栓应全部拧紧。

2）调整抱杆向吊装构件反侧略有倾斜，当起吊滑车组受力后，抱杆宜在铁塔结构中心线位置。

3）吊装过程中，横担应在不触碰塔架的前提下尽量靠近塔架，避免攀根绳受力过大。应随吊件的提升而适时松出攀根绳，以吊件不触碰塔体为原则，两根攀根绳应同步松出，使横担始终处于水平状态。

4）横担片吊至设计位置时，调整攀根绳，使横担低端先就位，再调整上曲臂根开加固绳使高端就位。

5）上曲臂与横担连接处的顺线路方向交叉铁安装完毕且螺栓紧固后，再松出绞磨绳及吊点绳，按相同方法和步骤吊装另一片中横担。

（3）吊装地线支架的操作要点。

1）地线支架应根据吊装方位及地形条件整段在地面组装，且应拧紧螺栓。

2）地线支架吊装前应在地线挂孔处悬挂 20kN 级单轮滑车并穿入 ϕ11mm 钢丝绳，以备起吊边横担（边横担质量不超过 1t）。

3）调整抱杆向横线路方向倾斜，以满足吊装地线支架就位的需要。

4）地线支架的吊点绳宜绑扎 4 个吊点，使地线支架方位与设计倾斜状态相一致，以方便高空就位。

5）地线支架宜用 2 条攀根绳，以控制支架在起吊过程中不触碰已组塔架。

6）地线支架就位后应将其与中横担大联板的连接螺栓装齐并紧固，然后再松出起吊绳，调整抱杆向另一侧地线支架倾斜，再吊装另一侧地线支架。

（4）吊装边横担的操作要点。

1）边横担尽量在横线路方向的预定位置组装，以减少攀根绳的受力。

2）边横担的吊点应不少于 2 个绑扎点。边横担吊离地面后，横担外侧应略向上翘起，便于高空就位。

3）底滑车的位置应满足边横担就位时不受牵引绳阻挡。如果有可能阻碍时，应在上曲臂节点处增挂转向滑车。

4）边横担就位的顺序应是上平面主材先就位，然后松出起吊绳再将下平面主材就位。

5）吊装边横担前应验算地线支架的强度，以满足吊装边横担的安全要求。

2. 整体吊装法

（1）整体吊装法有两种组装方式：一种是横担及地线支架组装成整体；另一种是将中横担及地线支架组装成整体，边横担再单独吊装。

（2）整体吊装横担前，通过调整抱杆拉线及承托绳，使抱杆顺线路方向位移约横担宽度之半，且略向非吊件侧倾斜，留出空位以利横担就位。

（3）横担就位时应确保横担与抱杆保持约 0.3m 间距，严防横担压在抱杆身上。

（4）整体吊装横担的操作要点与塔身分片吊装基本相同。

四、交流双回路直线塔及直流线路铁塔横担的吊装

500kV 双回线路直线塔上横担与±500kV、±800kV 线路铁塔横担吊装方法基本相同，现以±800kV 线路直线塔横担吊装为例介绍方法。

±800kV 线路直线塔的横担长度为 40～45m，塔头断面尺寸为 3.4～4.8m，可以采用前后分片吊装或左右分段吊装。

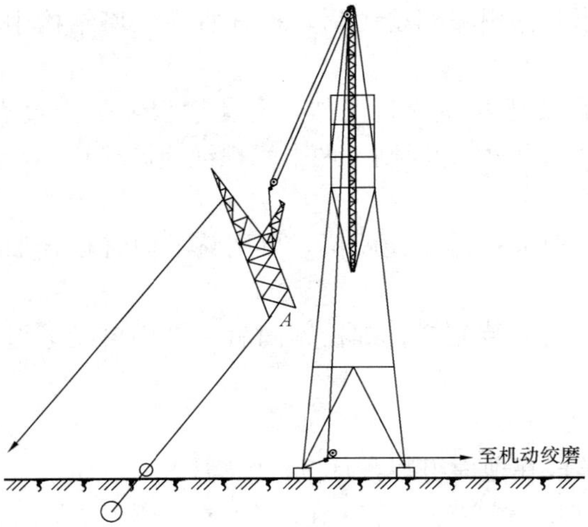

图 13-5-5　竖直吊装横担现场布置示意图

采用前后分片吊装时，塔头整体稳定性差，且横担补强作量大，但组装工作较简单安全，在地面只组一个平面。一般情况下，应采用分段吊装。左右分段吊装横担，在地面的组装工作量大。

1. 左右分段吊装

（1）竖直吊装横担的现场布置如图 13-5-5 所示。

（2）吊点绳在横担上的绑扎点位置：吊点距横担端头距离约为横担长度的 1/3。当横担吊离地面时，横担端头朝上近似呈竖直状态。

（3）随横担的升起，应及时松出攀根绳，使横担与塔身始终保持 0.3～0.5m 的间距。

（4）如图 13-5-6 所示，横担下端升至就位时，先将横担上平面主材螺栓连接 A 孔对准塔头上平面的对应的 A_1 孔，安装两只螺栓，螺母应露扣但不拧紧。

（5）利用螺栓作为回转支点，缓慢松出绞磨绳，使横担向下旋转，如图 13-5-6 所示。

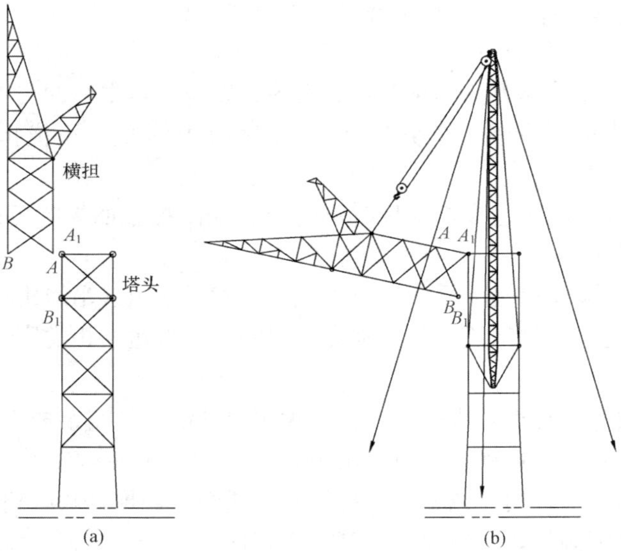

图 13-5-6　横担就位状态

（a）横担接近就位状态；（b）横担向下旋转就位

（6）当横担接近水平状态时，将横担下平面主材连接的 B 孔，对准塔头下平面相应的 B_1 孔，安装螺栓。

（7）当横担呈水平状态时，将横担与塔头段间的连接螺栓全部安装并拧紧。螺栓未全部穿入孔前不应将螺栓拧紧。

(8) 如果横担与塔头间连接螺孔对不准时，允许利用起吊滑车组协助对孔，但不得强行硬拉。应查明原因后再进行对孔。

2. 前后分片吊装

(1) 分片吊装±800kV线路直线塔横担补强方式示意如图13-5-7所示。

(2) 横担在顺线路方向前后侧地面组装一个完整的侧面，根据横担的重量情况应将前后面间的连接辅材适当带上，每端不应少于2根，以便前后面间的连接。

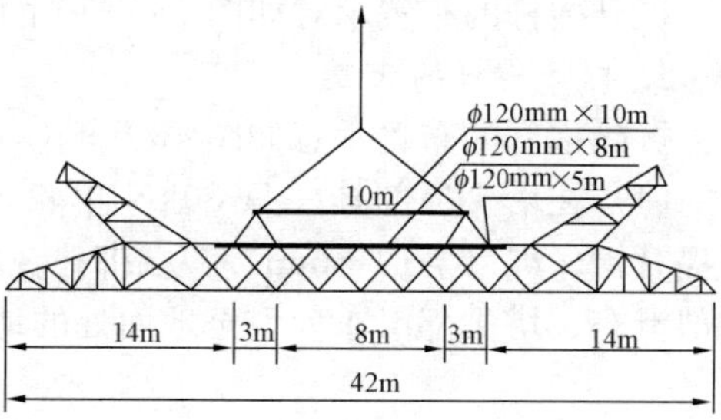

图13-5-7　分片吊装±800kV线路直线塔横担补强方式示意图

(3) 横担吊装伊始，应注意观察横担有无变形。吊离地面后，横担应基本呈水平状态。

(4) 横担吊至设计位置后应停止牵引，按先低后高的顺序就位。一侧主材就位后再就位另一侧，严禁强拉硬拽。

(5) 横担片就位后，应将顺线路方向连接塔头主材间的辅材，以保持横担的稳定。当横担结构处于稳定状态时，方准拆除起吊绳索和补强钢管。

(6) 横担另一侧面就位后，应及时将前后面间辅材连接并拧紧螺栓。

五、干字型耐张塔横担的吊装

以±800kV线路铁塔为例介绍横担的吊装方法。

1. 地线横担（也称地线支架）的吊装

转角耐张塔地线横担长度约为29.4m，可以用吊装直线塔导线横担的方法吊装转角耐张塔地线横担。

2. 导线横担的吊装

耐张塔导线横担长度约为45m，单侧长度约为20m。吊装导线横担可以用地线横担或抱杆。如果利用地线横担分片或分段吊装，应验算地线横担挂点处的强度是否满足要求。

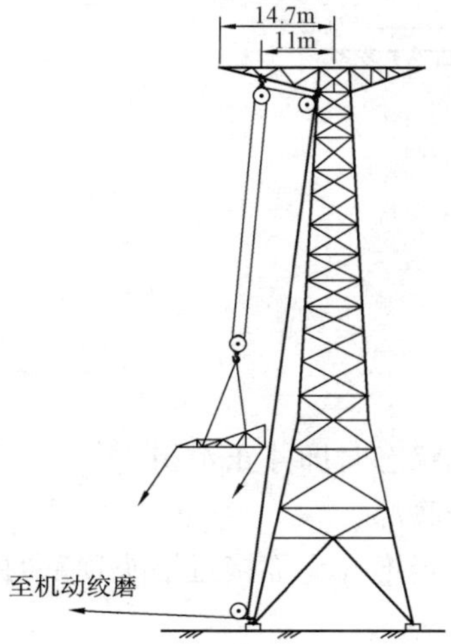

图13-5-8　利用地线横担吊装导线横担布置示意图

利用地线横担吊装导线横担布置示意如图13-5-8所示。

(1) 起吊滑车组采用50kN走2走2滑车组，最大吊重不得超过40kN。

(2) 横担应组装在地线横担的垂直下方。

(3) 横担的吊点绳应用2条等长的钢丝绳，在横担上平面绑扎4点，当横担吊离地面后应呈水平状态。

(4) 起吊过程中，横担与塔身间应保持0.3～0.5m的间距，严防被塔身挂住。

(5) 横担接近设计位置应暂停牵引，使横担的塔身端与塔身对应螺孔对准，穿入螺栓，待全部连接螺栓穿上后再逐个拧紧。

(6) 一侧横担安装后，再经抱杆顶滑车，将吊装导线横担的滑车组移到另一侧地线横担悬挂，并完成另一侧横担的吊装作业。

利用抱杆吊装导线横担现场布置同图 13-5-5。起吊滑车组应穿过地线横担的中空位置，必要时可设置转向滑车。操作要点与利用地线横担吊装方法相同。

六、抱杆的提升与拆除

提升抱杆的布置示意如图 13-4-3 所示。其操作要点见本章第四节。

1. 拆除抱杆的布置

拆除抱杆的布置示意如图 13-5-9（a）所示。

（1）在塔头顶部挂一只 30kN 单轮滑车（开口），在抱杆底部倒挂一只 30kN 单滑车。将提升钢丝绳（ϕ12.5mm）一端绑扎在塔头顶部与单滑车相对应的节点处，另一端经抱杆底部滑车、塔头部滑车后引至地面处的地滑车，直至机动绞磨。

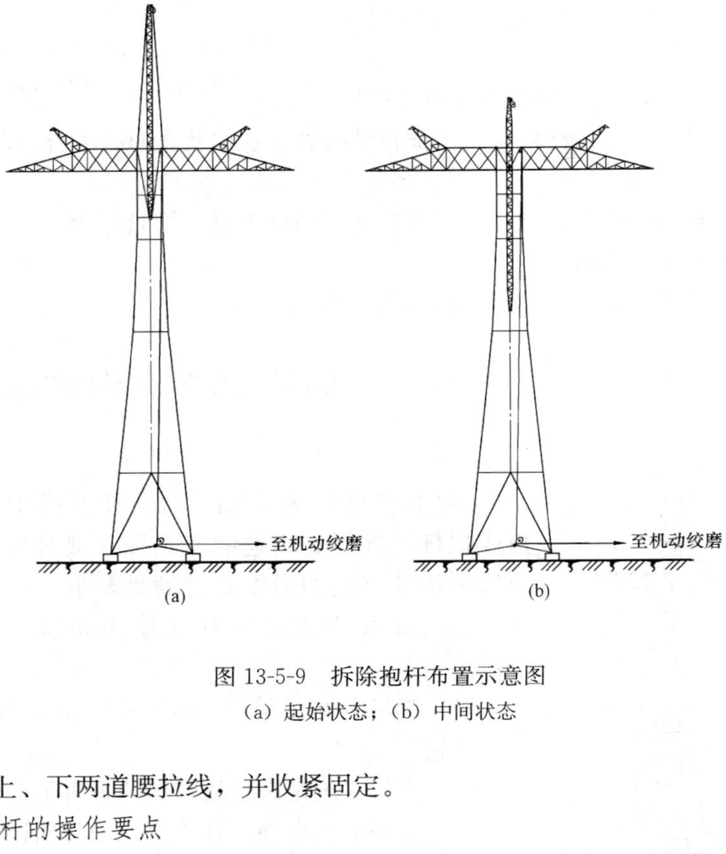

图 13-5-9 拆除抱杆布置示意图

（a）起始状态；（b）中间状态

（2）安装上、下两道腰拉线，并收紧固定。

2. 拆除抱杆的操作要点

（1）启动机动绞磨，收紧提升牵引绳，使承托绳处于松弛状态时即停止牵引。

（2）拆除承托绳与塔身处的连接卸扣，使承托绳挂在抱杆底部。

（3）启动机动绞磨，缓慢松出牵引绳，使抱杆缓缓下降。当抱杆头部接近塔头顶部时停止牵引。

（4）用 2 根钢丝绳套将抱杆与塔头部绑扎牢固。再缓慢启动机动绞磨，松出牵引绳，直至 2 根钢丝绳套完全受力为止。

（5）拆除牵引绳在塔头部的绑扎点。在塔头下部的抱杆上方挂一只 30kN 单轮开口滑车，将牵引绳穿过开口滑车后与抱杆上部绑扎，示意如图 13-5-9（b）所示。

（6）拆除抱杆内拉线与抱杆帽的连接卸扣。

（7）启动机动绞磨，收紧牵引绳，使 2 根钢丝绳套不受力后再拆除。

（8）缓慢松出牵引绳，使抱杆徐徐下降，直至地面。再通过承托绳及棕绳，用人力将抱杆根部拉出塔腿外侧，使抱杆平放在地面。

（9）拆除牵引工具并整理后集中。根据运输条件将抱杆分段螺栓拆卸后，准备运输至下一基塔使用。

第六节　抱杆的选择

一、抱杆材质的选择

组塔作业中使用的抱杆主要有两种材质：①铝合金，即主材、辅材用 LY12（CZ）型材，两端为钢结构（简称法兰）；②钢材，即主材、辅材及法兰均用型钢制作，主材为 Q345，辅材为 Q235。

铝合金材料因轻便、方便搬运和组立，长细比宜控制在 90 以下时可显示其经济性，在要求大长细比时，不宜使用铝合金抱杆。

钢抱杆虽然材质较重，但允许吊重较大，且长细比允许使用到 120～150（见 DL/T 875—2004《输电线路施工机具设计、试验基本要求》），在长细比较大和吊重较大时，宜使用钢抱杆。

为了发挥铝合金轻便和钢抱杆允许吊重大的优点，在较长抱杆设计中可以将抱杆中段采用钢材而抱杆两端段采用铝合金，称为铝钢组合式抱杆。

抱杆选材建议：

（1）当抱杆长度小于 30m 时，建议选择铝合金抱杆，其长细比应控制在 90 以下。

（2）当抱杆长度为 30m 及以上时，建议选择钢抱杆，其长细比应控制在 130 以下。

（3）山区地形条件下应尽量选用铝合金抱杆，平坦及丘陵地形条件下宜选用钢抱杆。

（4）在山区地形条件，又要求抱杆较长时，宜使用铝钢组合式抱杆，但长细比宜小于 100。

二、抱杆断面的选择

1. 常用的抱杆断面形状

常用的抱杆断面形状有三种：即圆管形、四方形断面格构型和三角形断面格构型。

经多年施工实践证明，采用四方形断面格构型是最常用的抱杆型式。

2. 四方形断面边宽尺寸的选择

根据计算，四方形断面格构型抱杆的最小断面边宽见表 13-6-1[1]。

三、抱杆长度的选择

1. 抱杆长度的选择方法

抱杆长度的选择取决于被吊构件高度、吊点绳高度、插入已组塔体深度及起吊滑车组预留长度等因素。不同的塔型选择抱杆长度时，往往是以塔头吊装为控制因素。

---

[1] 李庆林．架空输电线路铁塔组立工程手册．北京：中国电力出版社，2007.

表 13-6-1　　四方形断面格构型抱杆的最小断面边宽尺寸　　(cm)

λ	l					
	1500	2000	2500	3000	3500	4000
80	47	61	75	88	104	117
90	42	55	67	79	92	104
100	38	49	61	72	83	94
110	35	45	55	65	76	86
120	33	42	51	60	70	79
130	30	39	47	56	65	73

注　已考虑了主材的重心距。l 为抱杆长度，λ 为抱杆长细比。

(1) 吊装酒杯塔时，抱杆长度应满足下式要求

$$L \geqslant 1.5(H_1 + H_2) \quad (13\text{-}6\text{-}1)$$

式中　L ——抱杆长度，m；

H_1 ——酒杯型塔的窗口高度，即曲臂的有效高度，m；

H_2 ——横担断面的最大高度，m。

(2) 吊装猫头塔及紧凑型直线塔可参考式（13-6-1）选择抱杆长度。

(3) 吊装耐张塔及双回路直线塔横担时，抱杆长度有两种选择方式。

1）横担采取前后分片吊装时，抱杆长度应满足下式要求

$$L_{G1} \geqslant (4B_T + H_3 + H_4) \quad (13\text{-}6\text{-}2)$$

式中　L_{G1} ——吊装耐张塔地线横担的抱杆长度，m；

B_T ——耐张塔头部断面边宽，m；

H_3 ——吊点绳高度，m，取值一般为 5～8m；

H_4 ——起吊滑车组预留长度，m，取值一般为 3m。

2）横担采取左右侧分段竖直旋转吊装时，抱杆长度应满足下式要求

$$L_{G2} \geqslant \frac{2}{3}L_D + 4B_T + H_4 \quad (13\text{-}6\text{-}3)$$

式中　L_{G2}——横担采取左右侧分段竖直旋转吊装时的抱杆长度；

L_D ——单边横担长度，m。

(4) 抱杆长度计算举例。

【例 13-6-1】 吊装 500kV 酒杯型塔，已知窗口高度为 15m（ZB5）、横担断面高度为 2.2m，由式（13-6-1），得

$$L = 1.5(15 + 2.2) = 25.8(\text{m})$$

【例 13-6-2】 吊装 500kV 紧凑型直线塔，已知窗口高度 21m、横担断面高度 1.4m，由式(13-6-1)，得

$$L = 1.5(21 + 1.4) = 33.6(\text{m})$$

由[例 13-6-1]、[例 13-6-2] 计算可知，由于紧凑型直线塔的窗口高度大于同电压等级的酒杯型塔，所以选择抱杆较长一些。

【例 13-6-3】 吊装 500kV 双回路直线塔上横担，若前后分片起吊时，已知 B_T 为 2m，B_3 为 8m，H_4 为 3m，由式（13-6-2），得

$$L_{G1} = 4 \times 2 + 8 + 3 = 19(\text{m})$$

若左右分段起吊时，已知 L_D =13m，B_T 为 2m，H_4 为 3m，由式（13-6-3），得

$$L_{G2}=\frac{2}{3}\times 13+4\times 2+3=19.7(\mathrm{m})$$

由两种起吊方法计算得出的抱杆长度相近。

2. 抱杆规格选择结果建议

经对220、500、±800、1000kV电压线路的塔型分析，推荐的抱杆规格如下：

(1) 220kV线路。

1) 干字型塔、上字型塔和双回路铁塔，宜选择铝合金抱杆为□400mm×400mm×13000mm，钢抱杆为□300mm×300mm×13000mm。

2) 酒杯型塔、猫头型塔，宜选择铝抱杆为□500mm×500mm×16000mm，钢抱杆为□400mm×400mm×16000mm。

(2) 500kV线路。

1) 干字型塔和双回路直线铁塔，宜选择铝抱杆为□600mm×600mm×21000mm，钢抱杆为□500mm×500mm×21000mm。

2) 酒杯型塔、猫头型塔，宜选择铝抱杆为□700mm×700mm×25000mm，钢抱杆为□500mm×500mm×25000mm。

(3) ±800kV线路。直线塔及转角塔，宜选择钢抱杆为□800mm×800mm×35000mm。

(4) 1000kV线路。

1) 转角塔，宜选择钢抱杆为□700mm×700mm×36000mm。

2) 酒杯型塔，宜选择钢抱杆为□900mm×900mm×50000mm。

以上规格抱杆的主材截面应依其轴向压力选择确定。

四、抱杆容许中心压力的计算

1. 抱杆长细比的计算

(1) 等截面压杆的长细比

$$\lambda=\frac{\mu l}{\sqrt{J/A}} \tag{13-6-4}$$

对于四方形断面抱杆，压杆截面的惯性矩为

$$J=4\left[J_x+f_1\frac{(C-2Z_0)^2}{4}\right] \tag{13-6-5}$$

$$A=4f_1$$

式中　λ——等截面压杆的长细比；

l——等截面压杆长度，cm；

J——压杆截面的惯性矩，cm^4；

J_x——单肢主材（角钢或角铝）对x轴的惯性矩，cm^4；

f_1——单肢主材截面面积，cm^2；

C——抱杆断面边宽，cm；

Z_0——单肢主材的重心距离，cm；

A——抱杆主材截面面积，cm^2；

μ——与压杆两端支承方式有关的压杆长度系数，当抱杆上端为拉线固定，下端为承托绳固定或通过铰链座在地面固定时，属两端铰支状态，取$\mu=1.05$。

(2) 变截面压杆的长细比

$$\lambda' = \frac{\mu' \mu l}{\sqrt{J/A}} \tag{13-6-6}$$

式中 λ'——变截面压杆的长细比；

μ'——与压杆截面变化有关的压杆长度修正系数，一般可近似取值 1.02。

(3) 当抱杆侧面为单条形斜材（角钢或角铝）连接时，四方形断面变截面抱杆的折算长细比

$$\lambda_Z = \sqrt{\lambda'^2 + 40\frac{A}{2f_2}} \tag{13-6-7}$$

式中 λ_Z——四方形断面变截面抱杆的折算长细比；

f_2——抱杆侧面为单斜材布置时的单斜材截面面积，cm^2。

根据大量计算分析，λ_Z 可采用简化近似公式[1]为

$$\lambda_Z = \frac{1.05\mu l}{\sqrt{J/A}} \tag{13-6-8}$$

取 $\mu = 1.05$ 时，计算各种不同断面、不同主材、不同长度的抱杆 λ_Z 值，铝合金抱杆见附录 I，钢抱杆见附录 J。

2. 抱杆的容许中心压力

(1) 按中心压力计算

$$[P] = \varphi A[\sigma] \tag{13-6-9}$$

式中 $[P]$——容许中心压力，kN；

φ——受压杆件的稳定系数，根据 λ_Z 查得；

$[\sigma]$——抱杆主材的容许应力，kN/cm^2；根据稳定系数 2.5（见 DL/T 875—2004），计算得：LY12(CZ)铝合金为 $11.8kN/cm^2$，Q345 钢为 $13.8kN/cm^2$。

根据已知条件，计算各种断面、各种主材规格的抱杆容许中心压力见附录 I、附录 J。

(2) 按压弯杆件计算

$$[P] = \frac{\varphi[\sigma]A}{1 + \frac{e}{W}\varphi A} \tag{13-6-10}$$

$$W = \frac{J}{\frac{C}{2}} \tag{13-6-11}$$

式中 e——压杆承受压力的偏心距，cm；

W——抱杆中部断面的抗弯断面系数；

J——抱杆中部断面的惯性矩，cm^4；

C——抱杆断面边宽，cm。

---

[1] 李庆林．架空输电线路铁塔组立工程手册．北京：中国电力出版社，2007.

第七节　施工计算及索具规格选择

一、施工计算的几个原则

(1) 索具受力计算时，被吊构件为平面结构或立体结构，为简化计算，均略去了构件宽度的影响，取塔片或塔段结构中心线代替之。

(2) 铁塔吊装过程中各索具的受力处于变化状态，为简化计算，只取最大受力状态计算。计算实践得知，当构件就位前一般为索具最大受力状态，故以构件就位前的计算值作为选择索具的依据。

(3) 构件吊装是个动态过程，为简化计算，均以静止状态计算，工具选择时考虑动荷系数。

(4) 分解组塔主要索具的安全系数、动荷系数及不平衡系数以机动绞磨为动力时，作出规定（参考整体组立杆塔的规定）见表 13-7-1。

表 13-7-1　　分解组塔主要索具系数推荐表

索具名称	安全系数 K	动荷系数 K_1	不平衡系数 K_2	备　注
吊点绳（千斤绳）	4	1.2	1.1	
机动绞磨牵引绳	4	1.2		
控制绳（攀根绳）	4	1.2	1.1	双根控制时考虑 K_2
承托绳	4	1.2	1.2	抱杆倾角＞10°取 1.3
抱杆临时拉线	3.5	1.1	1.2	
抱 杆	稳定安全系数取 2.5			以单抱杆为准

(5) 分解组塔的塔片或塔段，其分片或分段重量均不相同。针对某一种塔型，为避免多次重复计算，取各次吊装中最重的一次吊装和较重较高的一次吊装（例如吊横担）进行两工况计算，取其中较大者作为选择索具的依据；也可以在分析施工段塔型分次吊装重量的基础上选一个最大重量进行计算选择索具。

(6) 确定被吊构件重量应遵循的原则。

1) 塔片或塔段的重量应以铁塔安装图为依据。

2) 计算构件重量时应包含螺栓、垫圈、脚钉等零件的重量。

3) 计算构件重量前应调查铁塔加工有无材料代用，构件重量应包含材料代用增加的重量。如果对材料代用情况不明时，宜将构件重量在设计图纸的基础上乘以 1.05 增重系数。

4) 分解吊装同段铁塔的两塔片时，两塔片所带辅铁应均衡，计算塔片重量应取该段重量之半。

二、内拉线抱杆的起吊重力

当被吊构件重量为 G_0 时，起吊重力为

$$G = 9.81 \times K_G \times G_0 / 1000 \tag{13-7-1}$$

式中　G ——被吊构件的重力，kN；

G_0 ——被吊构件的质量，kg；

K_G——构件的增重系数，必要时推荐为1.05。

G_0 分别为1000、2000、3000、4000、5000kg时，G 分别为10.3、20.6、30.9、41.2、51.5kN。

三、内拉线抱杆顶部装置有朝天滑车时的索具规格选择

内拉线抱杆顶部装置有朝天滑车时，起吊钢丝绳通过朝天滑车引至地面，布置示意如图13-3-1。当起吊重力为10.3kN及20.6kN时，索具规格选择计算如下。

1. 攀根绳的静张力

攀根绳的力系分析如图13-7-1所示。攀根绳的静张力为

$$F=\frac{\sin\beta}{\cos(\omega+\beta)}G \tag{13-7-2}$$

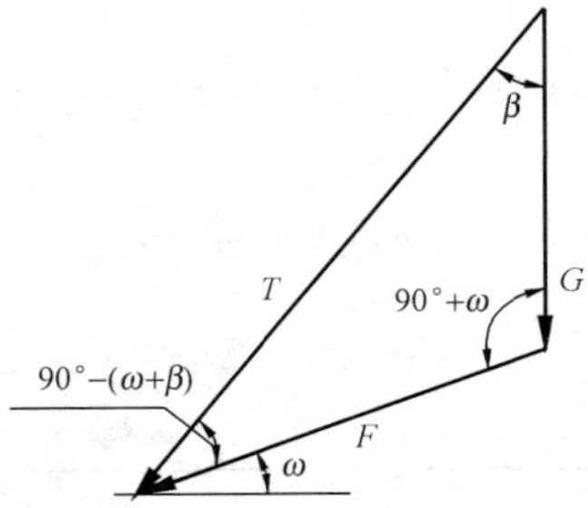

图13-7-1　攀根绳力系分析图

式中　β——起吊绳中心线与铅垂线间夹角，(°)；

ω——攀根绳与地平面间夹角，(°)。

吊装塔身时，取 $\omega=35°$，$\beta=15°$，攀根绳静张力计算值为 F_1。

吊装横担时，取 $\omega=45°$，$\beta=10°$，攀根绳静张力计算值为 F_2。

经计算得：

当 $G=10.3$kN，$F_1=41478$kN，$F_2=3.1178$kN（计算系数 $K_{F2}=0.4027$）；

当 $G=20.6$kN，$F_1=8.2956$kN，$F_2=6.2356$kN（计算系数 $K_{F2}=0.3027$）。

2. 起吊绳或起吊滑车组的静张力

起吊绳或起吊滑车组的静张力为

$$T=\frac{\cos\omega}{\cos(\omega+\beta)}G \tag{13-7-3}$$

当吊塔身时 T 为 T_1，吊横担时 T 为 T_2。

计算选择参数同上，经计算得：

当 $G=10.3$kN，$F_1=13.126$kN（计算系数 $K_{T1}=1.2744$），$F_2=12.698$kN（计算系数 $K_{T1}=1.2328$）；

当 $G=20.6$kN，$T_1=26.253$kN（$K_{T1}=1.2744$），$T_2=25.396$kN（$K_{T2}=1.2328$）。

3. 吊点绳

吊塔身时，吊点绳两绳间夹角为60°；吊横担时，两绳间夹角为120°。

当塔身重力为10.3kN及20.6kN时，吊点绳静张力分别为5.94kN及11.89kN。

当横担重力为10.3kN及20.6kN时，吊点绳静张力分别为10.3kN及20.6kN。

4. 抱杆内拉线

(1) 当吊件重力为10.3kN时，起吊绳为单根且通过朝天滑车引至地面，此时，抱杆拉线仅承受起吊侧（被吊构件侧）与牵引侧两绳的不平衡力，示意如图13-7-2所示。

如图13-7-2所示，由于牵引绳与抱杆轴线夹角小于起吊绳与抱杆轴线夹角，则牵引侧抱杆拉线受力较大。设起吊绳与抱杆轴线夹角为 β，也近似等于拉线合力线与抱杆轴线夹角为 γ（γ 也近似等于拉线合力线与抱杆线夹角)，则拉线合力为

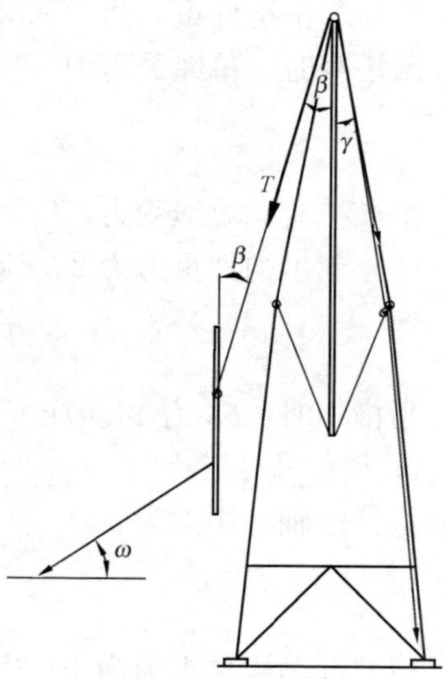

图 13-7-2　抱杆铅垂状态的拉线受力分析图

$$P_{\Sigma}=\frac{T(\sin\beta-\sin\gamma)}{\sin\gamma} \tag{13-7-4}$$

单根拉线的静张力为

$$P=\frac{P_{\Sigma}}{2\cos\theta} \tag{13-7-5}$$

即

$$P=\frac{T(\sin\beta-\sin\gamma)}{2\sin\gamma\cos\theta} \tag{13-7-6}$$

式中　θ——受力侧拉线合力线与其拉线间的夹角，对于四方形断面，其值为

$$\theta=\arctan\frac{1}{\sqrt{1+\tan^2(90^\circ-\gamma)}} \tag{13-7-7}$$

吊塔身时，拉线张力为 P_1，$\omega=35^\circ$，$\beta=15^\circ$，拉线对水平面夹角为 20°，则牵引绳与抱杆轴线间夹角为 14.43°[1]。

将已知条件代入式（13-7-6），得

$$P_1=\frac{13.126(\sin15^\circ-\sin14.43^\circ)}{2\sin14.43^\circ\cos14^\circ}=0.261(\text{kN})$$

如果不考虑牵引绳对起吊构件的平衡作用（相当于牵引绳沿抱杆身引下时），拉线的静张力为

$$P=\frac{T\sin\beta}{2\sin\alpha_2\cos\theta} \tag{13-7-8}$$

式中　α_2——拉线合力线与抱杆轴线间夹角，（°）。

将已知条件代入式（13-7-8），得

$$P_1=\frac{13.136\sin15^\circ}{2\sin14.43^\circ\cos14^\circ}=7.025(\text{kN})$$

吊横担时，拉线张力为 P_2，$\omega=45^\circ$，$\beta=10^\circ$，拉线对水平面夹角为 80°，则 $\alpha_2=7.11^\circ$，$\theta=7.05^\circ$，将已知条件代入式（13-7-8），得

$$P_2=\frac{12.698\sin10^\circ}{2\sin7.11^\circ\cos7.05^\circ}=8.975(\text{kN})$$

（2）当吊件重力为 20.6kN 时，按受力侧拉线平衡起吊绳张力。

吊塔身时，已知 $\omega=35^\circ$，$\beta=15^\circ$，$\alpha=50^\circ$，$\alpha_2=26.3^\circ$，$\theta=27.03^\circ$，则 $P_1=14.05\text{kN}$，$P_2=17.95\text{kN}$。

5. 牵引绳的静张力

牵引绳的静张力为

$$T_Q=\frac{T}{n\eta^n} \tag{13-7-9}$$

式中　T_Q——牵引绳（即磨绳）的静张力，kN；

n——起吊滑车组的受力绳数；

η——起吊滑车的效率，一般取 0.95。

[1] 李庆林．架空输电线路铁塔组立工程手册．北京：中国电力出版社，2007.

(1) 起吊构件重力为10.3kN时，则

吊塔身时，单绳受力为

$$T_Q = \frac{13.126}{0.95} = 13.817(\text{kN})$$

吊横担时，单绳受力，T_Q 为13.366kN。

(2) 起吊构件重力为20.6kN，起吊绳为2绳受力，吊塔身时，牵引绳的静张力为

$$T_Q = \frac{26.253}{2\times 0.95^2} = 14.545(\text{kN})$$

吊横担时，T_Q 为14.07kN。

6. 抱杆轴心压力

抱杆的轴心压力为

$$N = \frac{T\sin(\beta+\alpha_2)}{\sin\alpha_2} + T_Q \tag{13-7-10}$$

(1) 起吊构件重力为10.3kN时。

吊塔身时，抱杆的轴心压力为 N_1，已知 $\beta=15°$，$\alpha_2=14.43°$，$T=13.126\text{kN}$，$T_Q=13.817\text{kN}$，则

$$N_1 = \frac{13.126\sin(15°+14.43°)}{\sin 14.43°} + 13.817 = 39.70(\text{kN})$$

吊横担时，抱杆的轴心压力为 N_2，已知 $\beta=10°$，$\alpha_2=7.11°$，$T=12.698\text{kN}$，$T_Q=13.366\text{kN}$，则

$$N_2 = \frac{12.698\sin(10°+7.11°)}{\sin 7.11°} + 13.366 = 43.55(\text{kN})$$

(2) 起吊构件重力为20.6kN时，经计算得 $N_1=51.76\text{kN}$，$N_2=74.44\text{kN}$。

7. 承托绳的静张力

按抱杆为竖直状态（即垂直水平面）每条承托绳与抱杆轴线夹角均为45°。

起吊构件重力为10.3kN时，抱杆及索具重力估算为4kN。

起吊构件重力为20.6kN时，抱杆及索具重力估算为6kN。

承托绳的静张力为

$$S = \frac{(N+G_G)\sin\varphi}{2\sin 2\varphi\cos\varphi_1} \tag{13-7-11}$$

式中 S——单条承托绳的静张力，kN；

G_G——抱杆及索具的重力，kN；

φ——单条承托绳与抱杆轴线的夹角，(°)；

φ_1——单条承托绳与相邻承托绳合力线间夹角，(°)。

当 $\varphi=45°$时，$\varphi_1=35.26$[1]。

(1) 起吊构件重力为10.3kN。

1) 吊塔身时，承托绳的静张力为 S_1，已知 $N_1=39.7\text{kN}$，$G_G=4\text{kN}$，$\varphi=45°$，$\varphi_1=35.26°$，则

---

[1] 李庆林．架空输电线路铁塔组立工程手册．北京：中国电力出版社，2007.

$$S_1 = \frac{(39.7+4)\sin 45°}{2\sin 90°\cos 35.26°} = 18.92(\text{kN})$$

2）吊横担时，承托绳的静张力为 S_2，已知 $N_2=43.55\text{kN}$，$G_G=4\text{kN}$，$\varphi=45°$，$\varphi_1=35.26°$，则

$$S_2 = \frac{(43.55+4)\sin 45°}{2\sin 90°\cos 35.26°} = 20.59(\text{kN})$$

（2）起吊构件重力为 20.6kN，有

$$S_1 = 25.01\text{kN}, S_2 = 34.83\text{kN}$$

8. 索具规格选择

（1）起吊构件重力为 10.3kN 时，各主要索具的受力汇总见表 13-7-2。根据两种工况取其较大值，选择钢丝绳规格见表 13-7-2。

表 13-7-2　　起吊构件重力为 10.3kN 时的索具受力及其规格选择

索具名称	吊塔身时受力（kN）	吊横担时受力（kN）	受力较大值（kN）	综合安全系数	计算破断力（kN）	选择钢丝绳	
						规格（mm）	破断力（kN）
吊点绳	5.94	10.3	10.3	5.28	54.38	ϕ12.5	82.7
牵引绳（磨绳）	13.82	13.37	13.82	4.8	66.34	ϕ12.5	82.7
抱杆拉线	7.025	8.98	8.98	4.62	41.49	ϕ11	63.3
承托绳	18.92	20.59	20.59	5.76	118.60	ϕ15.5	129.2
抱杆	39.70	43.55	43.55	2.5			
攀根绳	4.15	3.12	4.15	4.8	19.92	ϕ11	63.3

（2）起吊构件重力为 20.6kN 时，各主要索具受力汇总见表 13-7-3。根据两种工况的受力比较，取其较大者选择钢丝绳规格见表 13-7-3。

表 13-7-3　　起吊构件重力为 20.6kN 时的索具受力及其规格选择

索具名称	受力值（kN）		受力较大值（kN）	综合安全系数	计算破断力（kN）	选择钢丝绳	
	吊塔身	吊横担				规格（mm）	破断力（kN）
攀根绳	8.30	6.24	8.3	4.8	39.84	ϕ11	63.3
吊点绳	11.89	20.6	20.6	5.28	108.77	ϕ15.5	129.2
牵引绳	14.55	14.07	14.55	4.8	69.84	ϕ12.5	82.7
抱杆拉线	14.05	17.95	17.95	4.62	82.93	ϕ12.5	82.7
承托绳	25.01	34.83	34.83	5.76	200.56	ϕ20	218.5
抱 杆	51.76	74.44	74.44				

四、内拉线抱杆起吊绳悬挂边滑车布置的索具规格选择

内拉线抱杆起吊滑车组挂在抱杆上端的旁边时，布置示意如图 13-3-2 所示。该布置与有朝天滑车布置的主要不同点是：抱杆允许倾斜 5°～10°（计算取 10°），牵引绳引至地面时，按牵引绳垂直地面计算。

1. 攀根绳的静张力

计算条件为：吊塔身时，$\omega=35°$，$\beta=10°$，计算值为 F_1；吊横担时，$\omega=50°$，$\beta=10°$，

计算值为 F_2。

攀根绳的静张力计算为式（13-7-2），计算结果见表 13-7-4。

表 13-7-4　　不同吊重的攀根绳计算张力（单绳受力）　　（kN）

起吊构件重力	F_1	F_2	较大值
10.30	2.529	3.577	3.58
20.6	5.059	7.154	7.15
30.9	7.588	10.731	10.73
41.2	10.118	14.309	14.31
51.5	12.647	17.886	17.89

2. 起吊滑车组及牵引绳的静张力

计算条件同 1.。

起吊滑车组张力计算为式（13-7-3）。牵引绳张力计算为式（13-7-9）。计算结果见表 13-7-5。

表 13-7-5　　起吊滑车组及牵引绳张力计算值

起吊构件重力（kN）	T_1（kN）	T_2（kN）	较大值（kN）	牵引绳		滑车组
				n	T_Q（kN）	
10.3	11.932	13.241	13.24	1	13.94	
20.6	23.864	26.483	26.48	2	14.67	走 1 走 1
30.9	35.796	39.724	39.72	3	15.44	走 1 走 2
41.2	47.728	52.966	52.97	4	16.26	走 2 走 2
51.5	59.660	66.207	66.21	5	17.11	走 2 走 3

3. 吊点绳的静张力

按倒 V 字钢绳套计算吊点绳的静张力值结果见表 13-7-6。

表 13-7-6　　按倒 V 字钢绳套计算吊点绳静张力值

起吊构件重力（kN）	夹角 60°（kN）	夹角 120°（kN）	较大值（kN）	破断力（kN）	钢丝绳	
					规格(mm)	T_b(kN)
10.3	5.94	10.3	10.3	49.4	ϕ12.5	82.7
20.6	13.82	20.6	20.6	98.9	ϕ14	104.6
30.9	17.83	30.9	30.9	148.3	ϕ17	156.4
41.2	23.77	41.2	41.2	197.7	ϕ20	218.5
51.5	29.72	51.5	51.5	247.2	ϕ21.5	253.3

4. 抱杆拉线的静张力

（1）当抱杆倾斜角为 δ，拉线为双根受力，拉线静张力为 P，力系分析如图 13-7-3 所示，有

$$P=\frac{T\sin(\beta+\delta)}{2\sin(\alpha_2-\delta)\cos\theta} \tag{13-7-12}$$

（2）当抱杆铅垂布置时，抱杆拉线的静张力为 P_S，即

$$P_S=\frac{T\sin\beta}{2\sin\alpha_2\cos\theta} \tag{13-7-13}$$

（3）计算实例。

1）吊塔身构件时，计算条件为 $\beta=10^\circ$，$\delta=10^\circ$，$\alpha=50^\circ$（$\alpha_2=30.68^\circ$，$\theta=27.03^\circ$），将已知条件代入式(13-7-12)，得

$$P_1=\frac{\sin(10^\circ+10^\circ)}{2\sin(30.7^\circ-10^\circ)\cos 27.03^\circ}T_1=0.544T_1 \tag{13-7-14}$$

2）吊横担时，计算条件为 $\beta=10^\circ$，$\delta=0^\circ$，$\alpha=75^\circ$（$\alpha_2=10.73^\circ$，$\theta=10.55^\circ$），将已知条件代入式（13-7-12），得

$$P_2=\frac{\sin 10^\circ}{2\sin 10.73^\circ\cos 10.55^\circ}T_2=0.4744T_2 \tag{13-7-15}$$

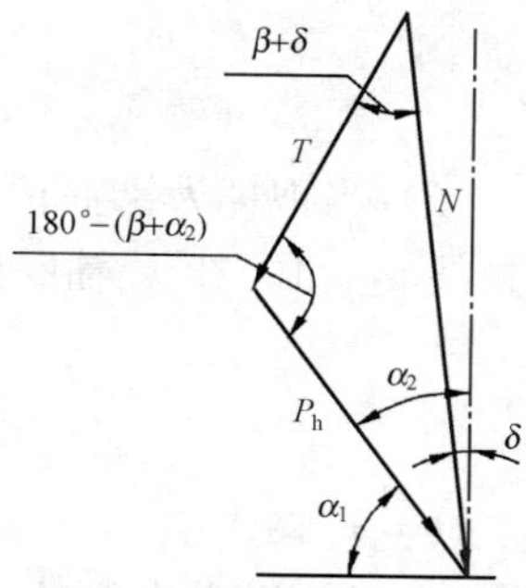

图 13-7-3　拉线受力分析图

注：P_h 为拉线静张力合力。

P_1、P_2 计算结果见表 13-7-7。

表 13-7-7　抱杆拉线静张力计算值　（kN）

构件重力	P_1	P_2	P_{Q1}	P_1+P_{Q1}	P_{2F}
10.3	6.49	6.28	3.85	10.34	3.37
20.6	12.98	12.56	4.05	17.03	6.74
30.9	19.47	18.85	4.26	23.73	10.11
41.2	25.96	25.13	4.49	30.45	13.49
51.5	32.46	31.41	4.72	37.18	16.86

注　P_{2F} 为抱杆辅助拉线静张力。

（4）当抱杆有倾斜角时，牵引绳沿铅垂线引下时增加的拉线张力为

$$P_{Q1}=\frac{\sin\delta}{2\sin(\alpha_2-\delta)\cos\theta}T_Q \tag{13-7-16}$$

$$P_{Q1}=0.276T_Q$$

P_{Q1} 计算结果见表 13-7-7。

吊装塔身构件时，拉线的综合静张力为 P_1+P_{Q1}。

5. 抱杆辅助拉线静张力

在吊装横担构件时，抱杆对其水平面夹角≥75°，抱杆稳定性差，应设置辅助拉线，即在起吊构件的反侧设置一条落地拉线，该拉线对地夹角 α_1。假设辅助拉线与内拉线同时受力，则

$$P_{2F}=\frac{\sin\beta}{2\sin\alpha_{2\Sigma}\cos(\alpha_{2\Sigma}/2)}T_2 \tag{13-7-17}$$

式中　$\alpha_{2\Sigma}$——内拉线与辅助拉线的合力线与抱杆轴线间夹角，（°）。

按吊装横担的计算条件，则

$$P_{2F}=0.2546T_2$$

不同吊重状态下，辅助拉线的静张力值见表 13-7-7。

6. 抱杆的轴心压力

（1）当抱杆倾斜角为 δ 时，且牵引绳铅垂引至地面时，有

$$N_1=\frac{T_1\cos(\beta+\alpha_2)}{\sin(\alpha_2-\delta)}+\frac{T_Q\sin\alpha_2}{\sin(\alpha_2-\delta)}\tag{13-7-18}$$

（2）当抱杆为铅垂状态布置，且有辅助拉线时，拉线合力线与抱杆轴心线夹角 $\alpha_{2\Sigma}$（当内拉线 $\alpha_2=10.23°$，辅助拉线 $\alpha_{2F}=30°$时，$\alpha_{2\Sigma}=20.265°$），则

$$N_2=\frac{T_2\cos(\beta+\alpha_{2\Sigma})+T_Q\sin\alpha_{2\Sigma}}{\sin\alpha_{2\Sigma}}\tag{13-7-19}$$

（3）计算实例。

1）吊装塔身构件时，计算条件同抱杆拉线计算条件，则

$$N_1=2.147T_1+1.445T_Q\tag{13-7-20}$$

2）吊装横担构件时，计算条件同抱杆拉线计算条件，则

$$N_2=2.494T_2+T_Q\tag{13-7-21}$$

将不同吊重的 T_1、T_2 值代入式（13-7-20）及式（13-7-21），得 N_1、N_2，见表 13-7-8。

表 13-7-8　抱杆轴心压力计算值　（kN）

构件重力	吊塔身			吊横担			较大值
	T_1	T_Q	N_1	T_2	T_Q	N_2	
10.3	11.932	13.94	45.76	13.241	13.94	46.96	46.96
20.6	23.864	14.67	72.43	26.483	14.67	80.72	80.72
30.9	35.796	15.44	99.16	39.724	15.44	114.51	114.51
41.2	47.728	16.26	125.97	53.966	16.26	148.36	148.36
51.5	59.66	17.11	152.81	66.207	17.11	182.23	182.23

7. 承托绳的静张力

承托绳力系分析如图 13-7-4 所示。

当抱杆有倾斜角时，承托绳的静张力为

$$S_1=\frac{(N+G_G)\sin(\varphi+\delta)}{2\sin2\varphi\cos\varphi_1}\tag{13-7-22}$$

当抱杆为铅垂状态时，承托绳的计算张力见式（13-7-11）。

当起吊构件重量 10.3、20.6、30.9kN 时用铝抱杆，G_G 分别为 4、6、8kN；当起吊构件重量分别为 41.2kN 及 51.5kN 时，G_G 分别为 15kN 及 20kN。

吊塔身时，$\varphi=45°$，$\varphi_1=35.26°$，$\delta=10°$，则 $K_S=0.5016$[1]。

$$S_1=0.5016(N_1+G_G)\tag{13-7-23}$$

吊横担时，$\varphi=40°$，$\varphi_1=32.73°$，$\delta=0°$，则 $K_S=0.3879$

$$S_2=0.3879(N_2+G_G)\tag{13-7-24}$$

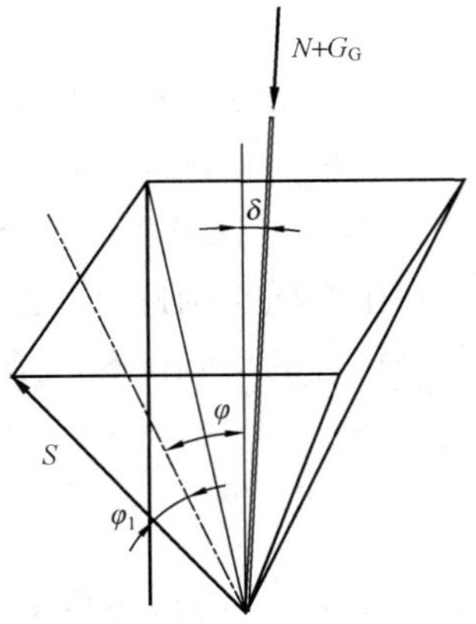

图 13-7-4　承托绳力系分析图

[1] 李庆林．架空输电线路铁塔组立工程手册．北京：中国电力出版社，2007.

按式（13-7-23）及式（13-7-24）计算 S_1 、S_2 值，见表 13-7-9。

表 13-7-9　　承托绳静张力计算值　　(kN)

起吊构件重	S_1	S_2	较大值
10.3	25.96	19.77	24.96
20.6	39.44	33.64	39.44
30.9	53.75	47.52	53.75
41.2	70.71	63.37	70.71
51.5	86.68	78.45	86.68

五、索具规格的选择

（1）根据钢丝绳静张力计算值选择钢丝绳规格见表 13-7-10。

表 13-7-10　　内拉线抱杆主要钢丝绳规格选择表

构件重力（kN）	钢丝绳名称	较大张力（kN）	综合安全系数	计算破断力（kN）	计算钢丝绳		选择钢丝绳	
					根数	破断力（kN）	规格（mm）	破断力（kN）
10.3	攀根绳	3.58	4.8	17.184	1	17.18	ϕ11	63.33
	吊点绳	10.3	5.28	54.384	2	54.38	ϕ12.5	82.71
	牵引绳	13.94	4.8	66.912	1	66.91	ϕ12.5	82.71
	抱杆拉线	10.34	4.62	47.77	1	47.77	ϕ12.5	82.71
	承托绳	24.96	5.76	143.77	1	143.77	ϕ517	156.4
20.6	攀根绳	7.15	4.8	34.32	1	34.32	ϕ11	63.33
	吊点绳	20.6	5.28	108.768	2	10.88	ϕ15.5	129.2
	牵引绳	14.67	4.8	70.416	2	70.4	ϕ12.5	82.71
	抱杆拉线	17.03	4.62	78.68	1	78.68	ϕ12.5	82.71
	承托绳	39.44	5.76	227.17	2	113.58	ϕ15.5	129.2
30.9	攀根绳	10.73	4.8	51.504	1	51.5	ϕ11	63.33
	吊点绳	30.9	5.28	163.152	2	163.2	ϕ18.5	186.2
	牵引绳	15.44	4.8	74.112	3	74.1	ϕ12.5	82.71
	抱杆拉线	23.73	4.62	109.63	1	137.8	ϕ17	156.4
	承托绳	53.75	5.76	309.6	2	154.8	ϕ17	156.4
41.2	攀根绳	14.31	4.8	68.688	2	34.3	ϕ11	63.33
	吊点绳	41.2	5.28	217.536	2	217.5	ϕ20	218.5
	牵引绳	16.26	4.8	78.048	4	78.1	ϕ12.5	82.71
	抱杆拉线	30.45	4.62	140.68	2	70.34	ϕ12.5	82.71
	承托绳	70.71	5.76	407.29	2	203.64	ϕ20	218.5
51.5	攀根绳	17.89	4.8	85.872	2	4.2.9	ϕ11	63.33
	吊点绳	51.5	5.28	217.92	4	136	ϕ15.5	129.2

续表

构件重力(kN)	钢丝绳名称	较大张力(kN)	综合安全系数	计算破断力(kN)	计算钢丝绳		选择钢丝绳	
					根数	破断力(kN)	规格(mm)	破断力(kN)
51.5	牵引绳	17.11	4.8	82.128	5	82.1	ϕ12.5	82.71
	抱杆拉线	37.18	4.62	171.77	2	85.58	ϕ14	104.6
	承托绳	86.68	5.76	499.28	4	124.80	ϕ15.5	129.2

(2) 吊装横担或塔头时，因为受力侧有内拉线，又有辅助拉线，按辅助拉线受力占60%的原则选择，辅助落地拉线规格选择见表13-7-11。

表13-7-11　　内拉线抱杆组塔辅助落地拉线规格选择

构件重力(kN)	计算张力(kN)	综合安全系数	计算破断力(kN)	计算钢丝绳		选择钢丝绳	
				根数	破断力(kN)	规格(mm)	破断力(kN)
10.3	3.37	4.62	15.57	1	15.57	ϕ11	63.33
20.6	6.74	4.62	31.14	1	31.14	ϕ11	63.33
30.9	10.11	4.62	46.71	1	46.71	ϕ11	63.33
41.2	13.49	4.62	62.32	1	62.32	ϕ12.5	82.71
51.5	16.86	4.62	77.89	1	77.89	ϕ12.5	82.71

(3) 抱杆主材规格的选择结果见表13-7-12。

表13-7-12　　抱杆主材规格选择结果

线路电压(kV)	抱杆规格(mm×mm)	允许吊重(kN)	计算中心压力(kN)	选择主材		适用塔型
				主材(mm×mm)	[P](kN)	
220	□400×13000 (LY12)	10.3	46.96	L50×4	54.05	干字型塔、双回直线塔
	□400×13000 (LY12)	20.6	80.72	L60×5	78.48	干字型塔、双回直线塔
	□500×16000 (LY12)	10.3	46.96	L50×5	71.50	酒杯型、猫头直线塔
	□500×16000 (LY12)	20.6	80.72	L60×5	93.00	酒杯型、猫头直线塔
	□600×21000 (LY12)	10.3	46.96	L60×5	70.99	干字型及双回直线塔
500	□600×21000 (LY12)	20.6	80.72	L60×6	84.01	干字型及双回直线塔
	□600×21000 (LY12)	30.9	114.51	L75×7	119.74	干字型及双回直线塔
	□600×25000 (LY12)	10.3	46.96	L60×6	59.80	酒杯型、猫头直线塔
	□600×25000 (LY12)	20.6	80.72	L80×6	79.50	酒杯型、猫头直线塔
	□700×25000 (LY12)	30.9	114.51	L75×7	118.00	酒杯型、猫头直线塔
	□500×25000 (Q345)	10.3	46.96	L50×5	90.00	酒杯型、猫头直线塔
	□500×25000 (Q345)	20.6	80.72	L50×5	90.00	酒杯型、猫头直线塔
	□500×25000 (Q345)	30.9	114.51	L63×5	114.00	酒杯型、猫头直线塔

续表

线路电压（kV）	抱杆规格（mm×mm）	允许吊重（kN）	计算中心压力(kN)	选择主材		适用塔型
				主材（mm×mm）	[P]（kN）	
±800	□700×35000（Q345）	20.6	80.72	L63×5	111.30	耐张及直线塔
	□700×35000（Q345）	30.9	114.51	L63×5	111.30	耐张及直线塔
	□700×35000（Q345）	41.2	148.36	L75×6	156.80	耐张及直线塔
	□800×35000（Q345）	20.6	80.72	L63×6	165.06	耐张及直线塔
	□800×35000（Q345）	30.9	114.51	L63×6	164.06	耐张及直线塔
	□800×35000（Q345）	41.2	148.36	L63×6	164.06	耐张及直线塔
1000	□800×36000（Q345）	30.9	114.51	L63×6	164.06	干字型塔耐张塔
	□800×35000（Q345）	41.2	148.36	L63×6	164.06	干字型塔耐张塔
	□800×35000（Q345）	51.5	182.23	L75×7	180.90	干字型塔耐张塔
	□900×50000（Q345）	30.9	114.51	L75×7	131.46	酒杯型、猫头直线塔
	□900×50000（Q345）	41.2	148.36	L75×8	148.45	酒杯型、猫头直线塔
	□900×50000（Q345）	51.5	182.23	L90×8	177.03	酒杯型、猫头直线塔

六、铁塔构件的强度验算

内悬浮内拉线抱杆分解组塔时，被吊构件及已组塔架均应满足安装情况下的强度要求。

1. 被吊塔片的强度验算

（1）分解组塔中，被吊塔片均为平面结构。当塔片上端离地面后，它是一个简支梁型式，如图 13-7-5 所示。

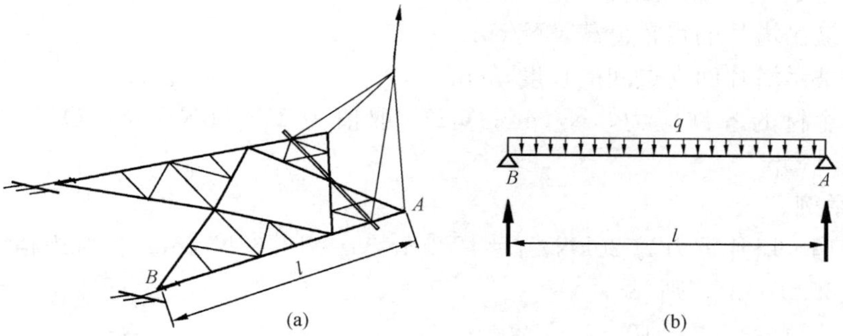

图 13-7-5　塔片一端吊离地面

（a）塔片刚刚吊起；（b）荷载分布

1）在吊点处，由于受到吊点绳的作用，两主材将会变形，为此，要求吊点处应增加补强木。

2）塔片主材由于自重作用将产生弯曲。

补强木的轴向压力

$$N_D = 2T_D \sin\frac{\alpha_D}{2} \tag{13-7-25}$$

式中　N_D ——补强木的轴心压力，kN；

T_D——吊点绳的静张力，kN，见表 13-4-1；

α_D——两吊点绳间夹角，(°)。

当 $\alpha_D=120°$时，不同构件重力的补强木中心压力的计算结果见表 13-7-13。

表 13-7-13　补强木的中心压力（$\alpha=120°$）　(kN)

起吊构件重力	T_D	N_D	备　注
10.3	10.3	17.84	补强木规格应根据长度选择
20.6	20.6	35.68	
30.9	30.9	53.52	
41.2	41.2	71.36	
51.5	51.5	89.20	

（2）被吊塔片的强度验算。吊装塔片有两种方式：①塔片头部靠近塔基，这种吊装布置的初始状态是向上拖移；②塔片头部远离塔基（即塔片下端靠近塔基），这种吊装布置的初始状态是先将塔片扳起竖直。后一种塔片既受弯又受压，不宜采用。

1）塔片的强度验算，下面以第一种起吊布置方式进行强度验算。假定塔片的自重均由两根主材承担且为均布荷载时，塔片主材弯曲强度应满足式（13-7-26），即

$$\sigma=\frac{M}{2W_x}\leqslant[\sigma] \tag{13-7-26}$$

$$M=\frac{ql^2}{8} \tag{13-7-27}$$

式中　σ——主材弯曲应力，N/cm^2；

M——主材的弯曲力矩，N·cm；

W_x——角钢对 x 轴的断面系数，cm^3；

q——被吊塔片的均布荷载，N/cm；

l——被吊塔片两支点间的长度，cm；

$[\sigma]$——主材的容许应力，N/cm^2；Q235 取值为 15 700N/cm^2，Q345 取值为23000N/cm^2。

2）计算举例。

【例 13-7-1】 塔片重力为 20kN，$l=1200$cm，$q=16.67$N/cm。主材规格为 L125mm×10mm，$W_x=39.97cm^3$，则

$$\sigma_{20}=\frac{16.67\times1200^2}{16\times39.97}=37535.7(N/cm^2)>[\sigma]$$

由此说明塔片较长较重，不宜直接吊装。

假设塔片重力为15kN，$l=800$cm，$q=18.75$N/cm，主材规格同样是 L125mm×10mm，则

$$\sigma_{15}=\frac{18.75\times800^2}{16\times39.97}=18764(N/cm^2)<[\sigma]$$

如果主材为 Q345 钢，则弯曲应力小于容许应力。

3）塔片长度的选择。上述计算说明，吊装塔片时，允许的塔片长度应经验算确定。塔片长度应满足式（13-7-28），即

$$l\leqslant\sqrt{\frac{W_x[\sigma]}{q}}\times4 \tag{13-7-28}$$

2. 承托绳悬挂点的塔架强度验算

（1）承托绳悬挂点的塔架结构。承托绳悬挂点的塔体平面结构型式较多，但主要有以下三种：

1）承托绳挂点处塔架 4 根主材间有大水平材（即主材与相邻主材间连接的水平材）连接，如图 13-7-6（a）所示。

2）承托绳挂点处塔架 4 根主材间仅有斜材连接，如图 13-7-6（b）所示。

3）承托绳挂点处塔架 4 根主材无直接连接，仅有小水平材连接主材与斜材，如图 13-7-6（c）所示。

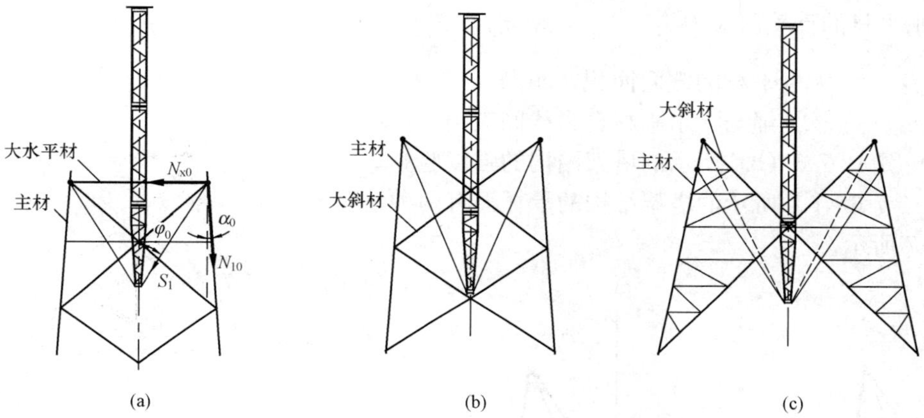

图 13-7-6　承托绳挂点处的塔架结构型式

（a）挂点间有大水平材；（b）挂点间有大斜材；（c）挂点间无直接连接辅材

分析上述三种塔架结构，图 13-7-6（a）所示的结构较稳定结构，因为承托绳的水平分力由断面处的大水平材承担，在这种状态下，应验算水平材作为压杆是否稳定，还应验算主材（压杆）在轴心压力作用下是否稳定。图 13-7-6（b）和图 13-7-6（c）所示的结构属不稳定结构，因为承托绳的水平分力无水平材支撑，虽然有斜材支撑，但斜材上端为悬臂型式，是不稳定的。

（2）图 13-7-6（a）所示的塔架结构的强度验算。单根承托绳的静张力为 S_1，承托绳与抱杆轴线间夹角为 φ_0，铁塔坡度角（主材与铅垂线夹角）为 α_0，则

单根主材中心压力为

$$N_{10}=\frac{K_2S_1\sin\varphi_0}{\sin(\alpha_0+2\varphi_0)} \tag{13-7-29}$$

式中　S_1——单根承托绳的静张力，N；

φ_0——承托绳与抱杆轴线间夹角，(°)，取值 45°；

α_0——铁塔主材坡度角，(°)。

单根主材的计算压应力为

$$\sigma_{10}=\frac{N_{10}}{\varphi f_1}\leqslant[\sigma] \tag{13-7-30}$$

$$\lambda=\frac{\mu l_0}{i_x} \tag{13-7-31}$$

式中　f_1——单根主材的截面面积，cm^2；

φ——主材的稳定系数，由λ值查表获取；

μ——压杆长度修正系数，取值1.05；

l_0——主材节间长度，cm；

i_x——对应 x 轴的惯性半径，cm。

大水平材的中心压力为

$$N_{x0}=\frac{K_2S_1\sin(\varphi_0+\alpha_0)}{\sin(\alpha_0+2\varphi_0)\cos\theta_0} \tag{13-7-32}$$

大水平材的计算压应力为

$$\sigma_{x0}=\frac{N_{x0}}{\varphi f_2} \tag{13-7-33}$$

式中　f_2——大水平材的截面面积，cm^2；

θ_0——承托绳与大水平材合力线间夹角，(°)。

(3) 图13-7-6 (b) 所示的塔架结构的强度验算。

图13-7-6 (b) 所示的塔架结构的承托绳有两种情况：① $\varphi_0>\gamma_0$；② $\varphi_0<\gamma_0$，示意如图13-7-7所示。

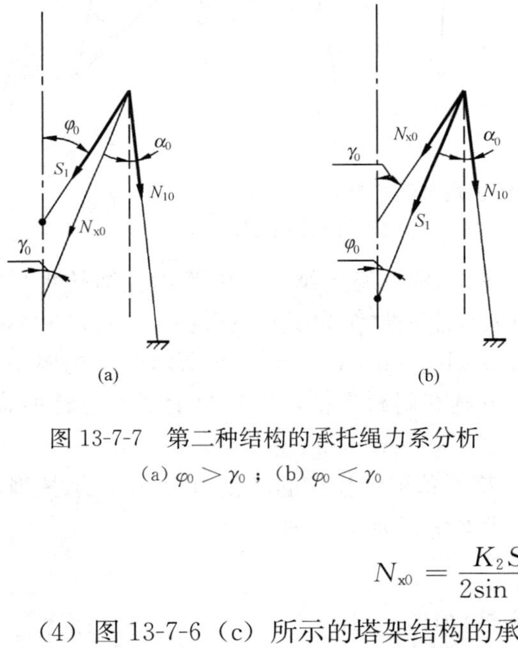

图13-7-7　第二种结构的承托绳力系分析

(a) $\varphi_0>\gamma_0$；(b) $\varphi_0<\gamma_0$

对于图13-7-7 (a)，有

$$N_{10}=\frac{K_2S_1\sin(\varphi_0-\gamma_0)}{\sin(\gamma_0-\alpha_0)} \tag{13-7-34}$$

$$N_{x0}=\frac{K_2S_1\sin(\varphi_0-\alpha_0)}{2\sin(\alpha_0-2\varphi_0)\cos\theta_{00}} \tag{13-7-35}$$

式中　γ_0——斜材与铅垂线间夹角，(°)；

θ_{00}——两斜材与其合力线间夹角，(°)。

对于图13-7-7 (b)，有

$$N_{10}=\frac{K_2S_1\sin(\gamma_0-\varphi_0)}{\sin(\gamma_0+\alpha_0)} \tag{13-7-36}$$

$$N_{x0}=\frac{K_2S_1\sin(\varphi_0+\alpha_0)}{2\sin(\gamma_0+\alpha_0)\cos\theta_{00}} \tag{13-7-37}$$

(4) 图13-7-6 (c) 所示的塔架结构的承托绳挂点力系较为复杂，且为不稳定连接方式，应进行补强或降低悬挂点位置，以保证承托绳悬挂点处塔材的强度满足安全要求。

第八节　主要工器具配置实例

内悬浮内拉线抱杆分解组塔的主要工器具配置与线路电压等级、铁塔型式、构件重量及现场布置等因素有关，因此，工器具配置应根据具体条件选择确定。

本节针对内悬浮内拉线抱杆的布置，编制了限制吊重为1、2、4、5t的主要工器具配置表实例，供参考。

（1）限制吊重 1t 时，220kV 线路组塔的主要工器具配置推荐见表 13-8-1。当吊装塔身及塔头（含横担）时，抱杆规格分别选用□400mm×13m 及□400mm×16m（LY12）铝合金抱杆。

（2）限制吊重 2t 时，500kV 线路组塔的主要工器具配置推荐见表 13-8-2。当吊装塔身及塔头（含横担）时，抱杆规格分别选用□600mm×21m 及□400mm×25m（LY12）铝合金抱杆。

（3）限制吊重 4t 时，±800kV 线路组塔的主要工器具配置推荐见表 13-8-3。当吊装塔身及塔头（含横担）时，抱杆规格选用□700mm×35m 钢（Q345）抱杆。

（4）限制吊重 5t 时，1000kV 线路组塔的主要工器具配置推荐见表 13-8-4。当吊装塔身及塔头（含横担）时，抱杆规格分别选用□800mm×35m 及□900mm×50m 钢（Q345）抱杆。

表 13-8-1～表 13-8-4 的工器具规格是根据下列布置条件推荐的：

吊装塔身时，$\beta \leqslant 10°$，$\omega \leqslant 35°$ $\alpha \leqslant 50°$，$\delta \leqslant 10°$，$\varphi_0 \leqslant 45°$；

吊装塔头（含横担）时，$\beta \leqslant 10°$，$\omega \leqslant 50°$ $\alpha \leqslant 70°$，$\delta = 0°$，$\varphi_0 \leqslant 40°$。

其中：

β——起吊绳或起吊滑车组合力线与铅垂线间夹角，(°)；

ω——下控制绳（即攀根绳）对地平面间夹角，(°)；

α——抱杆内拉线对水平面间夹角，(°)；

δ——抱杆轴线与铅垂线间的夹角（即抱杆倾斜角），(°)；

φ_0——单条承托绳与铅垂线间夹角，(°)。

如果现场布置不符合上述条件，应对工器具规格进行验算及重新选择。

表 13-8-1　　220kV 线路内拉线抱杆分解组塔主要工器具（限制吊重 1t）

序号	机具名称	规　　格	单位	数量	参考质量（kg）		备　　注
					单件	小计	
一、抱杆系统							
1	铝合金抱杆	□400mm×13000mm	副	1	200	200	L50mm×4mm，吊干字塔用
2	铝合金抱杆	□400mm×16000mm	副	1	240	240	L50mm×5mm，吊酒杯塔用
3	腰　环	□420mm×420mm	副	2	3	6	
4	钢绳套	ϕ12.5mm×6m	条	8	4	32	
5	双　钩	15kN	把	4	5	20	
6	卸　扣	20kN（M22）	只	16	1	16	
7	钢绳套	ϕ11mm×1m	条	8	1	8	
二、拉线系统							
8	钢丝绳	ϕ12.5mm×15m	条	4	9	36	拉线用
9	钢丝绳	ϕ12.5mm×5m	条	4	3	12	加长拉线
10	钢丝绳	ϕ12.5mm×50m	条	2	28	56	辅助拉线
11	卸　扣	30kN（M22）	只	20	2.5	50	
12	双　钩	30kN	把	4	7	28	
13	钢绳套	ϕ11mm×1m	条	6	1	6	
14	拉线控制器	ϕ100m	只	2	2	4	辅助拉线用

续表

序号	机具名称	规　　格	单位	数量	参考质量（kg）		备　　注
					单件	小计	
15	角铁桩	L75mm×8mm×1500mm	块	5	15	75	辅助拉线用
三、起吊及牵引系统							
16	机动绞磨	30kN	台	1	100	100	
17	钢丝绳	ϕ12.5mm×3m	条	5	2	10	吊点绳
18	钢丝绳	ϕ12.5mm×5m	条	4	3	12	吊点绳
19	钢丝绳	ϕ12.5mm×150m	条	1	82	82	牵引绳
20	棕　绳	ϕ16mm×60m	条	1	11	11	反拉牵引绳
21	起重滑车	30kN	只	2	5	10	地滑车、腰滑车
22	钢绳套	ϕ12.5mm×4m	条	2	3	6	挂地滑车
23	钢绳套	ϕ12.5mm×8m	条	2	5	10	挂地滑车
24	地滑车夹具	特制 30kN	副	4	4	16	挂于塔腿
25	棕　绳	ϕ18mm×60m	条	4	14	56	起吊构件用
26	钢丝绳	ϕ11mm×10m	条	2	5	10	攀根绳
27	钢丝绳	ϕ11mm×60m	条	2	26	52	攀根绳
28	钢丝绳	ϕ11mm×15m	条	2	7	14	攀根绳接长用
29	拉线控制器	ϕ100mm	只	2	2	4	攀根绳用
30	角铁桩	L75mm×8mm×1500mm	块	5	15	75	
31	花篮螺丝	M20	副	4	4	16	连接角铁桩用
32	卸　扣	30kN（M27）	只	3	2.5	7.5	
33	卸　扣	20kN（M22）	只	16	1	16	
四、承托系统							
34	钢丝绳	ϕ17mm×10m	条	2	12	24	承托绳
35	钢丝绳	ϕ17mm×2m	条	4	2.5	10	接长用
36	起重滑车	50kN	只	2	8		平衡滑车
37	双　钩	50kN	把	2	10	20	
38	专用夹具	50kN	副	4	4	16	
39	卸　扣	50kN（M36）	只	8	4.5	36	
五、提升系统							
40	钢丝绳	ϕ11mm×120m	条	1	51	51	提升绳
41	朝地滑车	20kN	只	1	2	2	
42	起重滑车	20kN	只	2	4	8	提升滑车
43	卸　扣	20kN（M22）	只	3	1	3	
44	钢绳套	ϕ11mm×1m	条	2	1	2	
六、通用工具							
45	棕　绳	ϕ12mm×100m	条	4	11	44	

续表

序号	机具名称	规　　格	单位	数量	参考质量（kg）		备　　注
					单件	小计	
46	尼龙滑车	5kN	只	4	0.5	2	
47	铁　锤	8kg	把	2	8	16	
48	补强圆木	ϕ100mm×4m	根	2	15	30	
49	补强木	ϕ120mm×10m	根	1	100	100	
50	经纬仪		台	1	3	3	
51	钢　尺	10m	把	1	0.5	0.5	
52	钢　尺	5m	把	2	0.5	1	
53	帆布工具袋		只	4	0.5	2	
54	尖扳手	ϕ16mm×350mm	把	6	1	6	
55	尖扳手	ϕ20mm×400mm	把	6	1	6	
56	活动扳手	48cm	把	1	3	3	

表 13-8-2　　500kV 线路内拉线抱杆分解组塔工器具（限制吊重 2t）

序号	机具名称	规　　格	单位	数量	参考质量（kg）		备　　注
					单件	小计	
一、抱杆系统							
1	铝合金抱杆	□600mm×21000mm	副	1	525	525	主材 L60mm×6mm，用于干字型塔
2	铝合金抱杆	□600mm×25000mm	副	1	625	525	主材 L80mm×6mm，用于酒杯型塔
3	腰　环	□630	副	2	4	8	
4	钢绳套	ϕ12.5mm×6m	条	8	4	32	
5	双　钩	15kN	把	4	5	20	
6	卸　扣	20kN（M22）	只	16	1	16	
7	钢绳套	ϕ11mm×1m	条	8	1	8	
二、拉线系统							
8	钢丝绳	ϕ12.5mm×18m	条	4	10	40	拉线用
9	钢丝绳	ϕ12.5mm×15m	条	4	9	36	拉线接长用
10	钢丝绳	ϕ12.5mm×80m	条	2	44	88	辅助拉线
11	卸　扣	30kN（M27）	只	20	2.5	20	
12	双　钩	30kN	把	4	7	28	
13	拉线控制器	ϕ100m	只	2	2	4	辅助拉线用
14	角铁桩	L75mm×8mm×1500mm	块	7	15	105	辅助拉线用
15	花篮螺丝	M20	副	4	4	16	辅助拉线用
16	元宝螺丝	ϕ6mm	只	8	0.5	4	辅助拉线用
17	钢绳套	ϕ12.5mm×1.5m	条	2	1.5	3	辅助拉线用

续表

序号	机具名称	规格	单位	数量	参考质量（kg）		备注
					单件	小计	
三、起吊及牵引系统							
18	机动绞磨	30kN	台	1	100	100	
19	钢丝绳	ϕ15.5mm×3m	条	4	3.5	14	吊点用
20	钢丝绳	ϕ15.5mm×5m	条	4	5.0	20	吊点用
21	钢丝绳	ϕ15.5mm×10m	条	4	9.0	36	吊点用
22	钢丝绳	ϕ12.5mm×220m	条	1	120	120	牵引绳
23	钢丝绳	ϕ12.5mm×10m	条	2	6	12	挂地滑车
24	钢丝绳	ϕ12.5mm×6m	条	2	4	8	挂地滑车
25	钢丝绳	ϕ9.3mm×120m	条	1	38	38	反拉牵引绳
26	起重滑车	30kN 单轮	只	1	5	5	边滑车（定）
27	起重滑车	30kN 单轮	只	2	5	10	一只动滑车、一只地滑车
28	地滑车夹具	30kN	副	4	4	16	挂于塔腿下方
29	钢丝绳	ϕ11mm×70m	条	2	30	60	攀根绳用
30	钢丝绳	ϕ11mm×15m	条	4	7	28	接长用
31	棕绳	ϕ18mm×70m	条	4	16	64	
32	拉线控制器	ϕ100mm	只	2	2	4	攀根绳
33	角铁桩	L75mm×8mm×1500mm	块	6	15	90	
34	花篮螺丝	M20	副	4	4	16	
35	卸扣	50kN（M36）	只	2	4.5	9	
36	卸扣	30kN（M27）	只	9	2.5	22.5	
37	卸扣	20kN（M22）	只	6	1	6	
四、承托系统							
38	钢丝绳	ϕ15.5mm×16m	条	4	15	60	承托绳
39	钢丝绳	ϕ15.5mm×5m	条	4	5	20	接长用
40	尼龙滑车	50kN	只	4	0.5	2	
41	卸扣	50kN（M36）	只	4	4.5	18	
42	卸扣	30kN（M27）	只	8	2.5	20	
43	双钩	50kN	把	2	10	20	
44	专用夹具	50kN	副	4	4	16	
五、提升系统							
45	钢丝绳	ϕ12.5mm×160m	条	1	87	87	提升绳
46	起吊滑车	30kN 单轮	只	2	5	10	顶滑车、底滑车各 1 只
47	卸扣	30kN（M27）	只	3	2.5	7.5	
六、通用工具							
48	尼龙绳	ϕ12mm×120m	条	4	12	48	

续表

序号	机具名称	规　　格	单位	数量	参考质量（kg）		备　　注
					单件	小计	
49	尼龙滑车	5kN	只	4	0.5	2	
50	铁　锤	8kg	把	2	8	16	
51	铁　锤	1.5kg	把	4	1.5	6	
52	补强木	ϕ100mm×4m	根	2	15	30	或用补强钢管
53	补强木	ϕ100mm×2m	根	2	7	14	或用补强钢管
54	补强木	ϕ120mm×10m	根	1	100	100	或用补强钢管
55	经纬仪		台	1	3	3	
56	钢　尺	10m	把	1	0.5	0.5	
57	钢　尺	5m	把	2	0.5	1	
58	帆布工具袋		只	6	0.5	3	
59	尖扳手	ϕ16mm×350mm	把	8	1	8	
60	尖扳手	ϕ20mm×400mm	把	8	1	8	
61	尖扳手	ϕ20mm×450mm	把	6	1	8	

表 13-8-3　　　±800kV 线路内拉线抱杆分解组塔工器具（限制吊重 4t）

序号	机具名称	规　　格	单位	数量	参考质量（kg）		备　　注
					单件	小计	
一、抱杆系统							
1	钢抱杆	□700mm×35000mm	副	1	1235	1235	主材 L70mm×6mm，带帽及底座
2	腰　环	□740mm×740mm	副	2	6	12	
3	双　钩	30kN	把	4	7	28	
4	钢绳套	ϕ12.5mm×6m	条	4	4	16	
5	钢绳套	ϕ12.5mm×1.5m	条	4	1.5	6	
6	卸　扣	30kN（M27）	只	12	2.5	30	
二、拉线系统							
7	钢丝绳	ϕ12.5mm×50m	条	4	28	112	拉线用
8	钢丝绳	ϕ12.5mm×10m	条	4	6	24	拉线接长用
9	钢丝绳	ϕ15.5mm×2m	条	4	3	12	
10	钢丝绳	ϕ12.5mm×160m	条	2	87	174	辅助拉线
11	卸　扣	50kN（M36）	只	14	4.5	63	
12	卸　扣	30kN（M27）	只	6	2.5	15	
13	手扳葫芦	60kN	把	4	30	120	主拉线用
14	手扳葫芦	30kN	把	2	15	30	辅助拉线用
15	钢板地锚	200mm×400mm×1400mm	副	4	20	80	
16	元宝螺丝	ϕ6mm	只	8	0.5	4	
17	钢绳套	ϕ18.5mm×4m	条	2	6	12	辅助拉线用

续表

序号	机具名称	规　　格	单位	数量	参考质量（kg）		备　　注
					单件	小计	
18	拉线控制器	ϕ100mm	只	2	2	4	
19	角铁桩	L75mm×8mm×1500mm	块	4	15	60	
20	花篮螺丝	M20	副	2	4	8	
三、起吊及牵引系统							
21	机动绞磨	30kN	台	2	100	200	
22	钢丝绳	ϕ20mm×3m	条	4	6	24	吊点绳
23	钢丝绳	ϕ20mm×5m	条	4	9	36	吊点绳
24	钢丝绳	ϕ20mm×10m	条	4	16	64	吊点绳
25	钢丝绳	ϕ12.5mm×200m	条	1	109	109	牵引绳
26	钢丝绳	ϕ12.5mm×400m	条	2	217	434	牵引绳
27	钢丝绳	ϕ11mm×160m	条	2	68	136	反收牵引绳
28	钢丝绳	ϕ11mm×100m	条	4	43	172	攀根绳
29	钢丝绳	ϕ11mm×20m	条	4	9	36	攀根绳接长用
30	起重滑车	60kN 双轮	只	4	10	40	起吊用
31	起重滑车	30kN 单轮	只	2	5	10	
32	拉线控制器	ϕ100mm	只	4	2	8	
33	钢板地锚	200mm×400mm×1200mm	块	5	20	100	
34	角铁桩	L75mm×8mm×1500mm	块	5	15	75	
35	棕　绳	ϕ18mm×80m	条	4	19	76	
36	卸　扣	60kN（M42）	只	6	7	42	
37	卸　扣	30kN（M27）	只	14	2.5	30	
38	钢丝绳	ϕ12.5mm×10m	条	2	6	12	地滑车用
39	钢丝绳	ϕ12.5mm×6m	条	4	4	16	地滑车用
40	角钢夹具	30kN	条	4	4	16	挂于塔腿
41	钢绳套	ϕ12.5mm×3m	条	5	2	10	
四、承托系统							
42	钢丝绳	ϕ20mm×16m	条	4	25	100	
43	钢丝绳	ϕ20mm×5m	条	4	9	36	
44	吊点滑车	80kN	只	4	10	40	
45	卸　扣	80kN（M48）	只	4	10	40	
46	卸　扣	50kN（M36）	只	12	4.5	50	
47	专用夹具	80kN	副	4	5	20	
48	手扳葫芦	60kN	台	4	30	120	
49	钢丝绳卡线器	ϕ20mm	副	4	4	16	

续表

序号	机具名称	规　　格	单位	数量	参考质量（kg）		备　　注
					单件	小计	
50	钢丝绳	ϕ15.5mm×2m	条	4	3	12	
五、提升系统							
51	钢丝绳	ϕ11mm×180m	条	2	76	152	
52	钢丝绳	ϕ12.5mm×120m	条	1	66	66	
53	起重滑车	30kN	只	6	5	30	
54	卸　扣	20kN（M22）	只	8	1	8	
55	卸　扣	30kN（M27）	只	4	2.5	10	
56	钢板地锚	200mm×400mm×1200mm	块	1	20	20	
57	钢绳套	ϕ15.5mm×3m	条	1	4	4	
六、通用工具							
58	尼龙绳	ϕ12mm×140m	条	4	14	56	
59	尼龙滑车	5kN	只	4	0.5	2	
60	铁　锤	8kg	把	2	8	16	
61	铁　锤	1.5kg	把	6	1.5	9	
62	补强木	ϕ100mm×4m	根	4	15	60	
63	补强木	ϕ100mm×2m	根	4	7	28	
64	补强木	ϕ120mm×10m	根	4	100	400	
65	铁　锹		把	2	1	2	
66	钢　钎	ϕ25mm×1800mm	根	2	7	14	
67	经纬仪		台	1	3	3	
68	钢　尺	10m	把	2	0.5	1	
69	钢　尺	5m	把	2	0.5	1	
70	工具袋	帆布	只	6	0.5	3	
71	尖扳手	ϕ16mm×350mm	把	8	1	8	
72	尖扳手	ϕ20mm×400mm	把	8	1	8	
73	尖扳手	ϕ22mm×450mm	把	8	1	8	

表 13-8-4　　1000kV 线路内拉线抱杆分解组塔工器具（限制吊重 5t）

序号	机具名称	规　　格	单位	数量	参考质量（kg）		备　　注
					单件	小计	
一、抱杆系统							
1	钢抱杆	□800mm×35000mm	副	1	1846	1846	主材 L63mm×6mm(Q345)
2	钢抱杆	□900mm×50000mm	副	1	3810	3810	L90mm×8mm（Q345）
3	腰　环	□800mm×800mm	副	2	7	14	
4	腰　环	□900mm×900mm	副	2	8	16	

续表

序号	机具名称	规　　格	单位	数量	参考质量（kg）		备　　注
					单件	小计	
5	双　钩	30kN	把	4	7	28	
6	钢丝绳	ϕ12.5mm×10m	条	4	6	24	
7	钢丝绳	ϕ12.5mm×3m	条	4	2	8	
二、拉线系统							
8	钢丝绳	ϕ14mm×180m	条	4	125	500	辅助拉线
9	钢丝绳	ϕ14mm×150m	条	4	105	420	内拉线
10	拉线控制器	ϕ120mm	只	8	3	24	塔腿控制
11	钢板地锚	200mm×400mm×1200mm	副	4	20	80	辅助拉线用
12	角铁桩	L75mm×8mm×1500mm	副	4	15	60	
13	起重滑车	30kN 单轮	只	8	5	40	
14	手扳葫芦	30kN	台	4	15	60	
15	钢丝绳卡线器	ϕ14mm	只	4	4	16	
16	钢丝绳套	ϕ15.5mm×3m	条	4	3.5	14	
17	卸　扣	30kN（M27）	只	12	2.5	30	
18	卸　扣	50kN（M36）	只	8	4.5	36	
三、起吊及牵引系统							
19	机动绞磨	30kN	台	2	100	200	
20	钢丝绳	ϕ12.5mm×550m	条	2	298	296	牵引绞磨用
21	钢丝绳	ϕ12.5mm×10m	条	4	6	24	
22	钢丝绳	ϕ15.5mm×20m	条	2	18	36	吊点绳
23	钢丝绳	ϕ15.5mm×10m	条	2	9.5	19	吊点绳
24	钢丝绳	ϕ15.5mm×3m	条	6	3.5	21	吊点绳
25	钢丝绳	ϕ15.5mm×30m	条	2	27	54	吊点绳
26	起重滑车	50kN 双轮	只	8	9	72	
27	起重滑车	50kN 单轮	只	4	8	32	
28	起重滑车	30kN 单轮	只	4	5	20	
29	钢丝绳	ϕ11mm×120m	条	2	51	102	回牵绳
30	专用夹具	50kN	只	4	4	16	
31	卸　扣	60kN（M42）	只	8	7	56	
32	卸　扣	30kN（M27）	只	12	2.5	30	
四、控制系统							
33	钢丝绳	ϕ11mm×10m	条	4	5	20	
34	钢丝绳	ϕ11mm×180m	条	4	76	304	攀根绳
35	钢丝绳	ϕ12.5mm×3m	条	16	2.5	40	
36	钢板地锚	200mm×400mm×1200mm	块	4	20	80	

续表

序号	机具名称	规　格	单位	数量	参考质量（kg）		备　注
					单件	小计	
37	角铁桩	L75mm×8mm×1500mm	块	8	15	120	
38	拉线控制器	ϕ120mm	只	4	3	12	
39	花篮螺丝	M20	套	4	4	16	
40	卸　扣	30kN（M27）	只	20	2.5	50	
五、承托系统							
41	钢绳套	ϕ21.5mm×20m	条	4	35	140	承托绳
42	钢丝绳	ϕ21.5mm×10m	条	4	19	76	接长绳
43	钢丝绳	ϕ21.5mm×5m	条	4	10	40	
44	吊点滑车	100kN 双轮	只	8	15	120	
45	专用夹具	100kN	套	4	8	32	
46	卸　扣	100kN（M48）	只	8	10	80	
47	卸　扣	30kN（M27）	只	8	2.5	20	
六、提升系统							
48	钢丝绳	ϕ11mm×200m	条	2	85	170	提升绳
49	钢丝绳	ϕ12.5mm×100m	条	1	55	55	牵引绳
50	起重滑车	30kN	只	7	5	35	
51	钢丝套	ϕ12.5mm×5m	条	5	4	20	
52	元宝螺丝	ϕ6mm	只	8	0.5	4	
53	卸　扣	30kN（M27）	只	15	2.5	37.5	
七、辅助抱杆系统							
54	铝合金抱杆	□400mm×13m	根	4	200	800	
55	抱杆铰链座		副	4	10	40	
56	抱杆帽及拉环	50kN	副	2	8	16	
57	钢丝绳	ϕ12.5mm×50m	条	2	28	56	调幅用
58	钢丝绳	ϕ12.5mm×30m	条	4	17	68	辅助拉线用
59	双　钩	30kN	把	6	7	42	
60	钢绳套	ϕ12.5mm×2m	条	12	2	24	
61	卸　扣	30kN（M27）	只	24	2.5	55	
八、通用工具							
62	尼龙绳	ϕ12mm×220m	条	2	21	42	吊小件用
63	尼龙绳	ϕ12mm×120m	条	2	12	24	吊小件用
64	尼龙滑车	5kN	只	4	0.5	2	吊小件用
65	铁　锤	8kg	把	2	8	16	
66	铁　锤	1.5kg	根	4	1.5	6	
67	撬　杠	ϕ30mm×2.5m	把	4	8	32	

续表

序号	机具名称	规　　格	单位	数量	参考质量（kg）		备　　注
					单件	小计	
68	钢　尺	10m	把	2	0.5	1	
69	钢　尺	30m	把	1	0.5	0.5	
70	经纬仪		台	1	3	3	
71	尖扳手	ϕ20mm×400m	把	8	1	8	
72	夹扳手	ϕ22mm×450m	把	8	1	8	
73	夹扳手	ϕ16mm×350m	把	8	1	8	

附录Ⅰ 铝合金抱杆容许中心压力参考值（两端铰支，$K=2.5$）

不同规格铝合金抱杆容许中心压力参考值见表Ⅰ.1～表Ⅰ.6。

表Ⅰ.1　□400mm×400mm 铝合金（LY12）抱杆容许中心压力参考值　（kN）

主材规格		L50mm×4mm		L45mm×5mm		L50mm×5mm		L60mm×5mm		L60mm×6mm	
项目		λ	[P]	λ	[P]	λ	[P]	λ	[P]	λ	[P]
l（m）	10	58.7	84.59	58.8	94.59	59.1	104.78	59.8	124.62	59.9	147.44
	13	76.3	54.05	76.4	60.34	76.9	66.56	77.8	78.48	77.9	92.66
	15	88.0	40.21	88.2	44.87	88.7	49.46	89.7	58.23	89.9	68.76
	18	105.6	27.93	105.8	31.19	106.5	34.42	107.7	40.63	107.9	47.98
	21	123.2	20.38	123.5	22.76	124.2	25.13	125.6	29.69	125.9	35.08
	24	140.8	15.50	141.1	17.31	141.9	19.14	143.6	22.65	143.9	26.78

表Ⅰ.2　□500mm×500mm 铝合金（LY12）抱杆容许中心压力参考值　（kN）

主材规格		L45mm×5mm		L50mm×5mm		L60mm×5mm		L60mm×6mm		L70mm×6mm		L75mm×7mm	
项目		λ	[P]	λ	[P]	λ	[P]	λ	[P]	λ	[P]	λ	[P]
l（m）	10	46.4	124.15	46.7	137.98	47.1	165.35	47.2	195.87	47.6	230.9	47.9	281.3
	13	60.4	91.09	60.7	101.10	61.2	120.70	61.3	142.86	61.9	167.7	62.3	203.9
	15	69.7	71.96	70.0	79.62	70.6	94.81	70.8	112.15	71.4	131.3	71.9	159.3
	18	83.6	50.03	84.0	55.36	84.8	65.69	84.9	77.66	85.7	90.61	86.3	109.6
	21	97.5	36.72	98.0	40.60	98.9	48.12	99.1	56.87	100.0	66.25	100.6	80.37
	24	111.5	27.99	112.0	30.99	113.0	36.83	113.2	43.56	114.3	50.88	115.0	61.65
	27	125.4	22.06	126.0	24.41	127.1	28.94	127.4	34.22	128.6	39.88	129.4	48.24
	30	139.3	17.76	140.0	19.63	141.3	23.34	141.5	27.61	142.9	32.29	143.8	39.15

表Ⅰ.3　□600mm×600mm 铝合金（LY12）抱杆容许中心压力参考值　（kN）

主材规格		L60mm×5mm		L60mm×6mm		L70mm×6mm		L75mm×7mm		L75mm×8mm		L80mm×6mm	
项目		λ	[P]	λ	[P]	λ	[P]	λ	[P]	λ	[P]	λ	[P]
l（m）	10	38.8	195.2	38.9	231.4	39.2	273.8	39.4	334.6	39.5	379.4	39.5	313.5
	13	50.5	153.4	50.5	181.8	51.0	214.6	51.2	261.9	51.3	296.8	51.3	245.2

续表

主材规格		L60mm×5mm		L60mm×6mm		L70mm×6mm		L75mm×7mm		L75mm×8mm		L80mm×6mm	
项目		λ	[P]	λ	[P]	λ	[P]	λ	[P]	λ	[P]	λ	[P]
l（m）	15	58.2	129.5	58.3	153.4	58.8	180.6	59.1	219.8	59.2	249.0	59.2	205.7
	18	69.9	96.59	70.0	114.3	70.5	134.2	70.9	163.2	71.0	184.7	71.1	152.6
	21	81.5	70.99	81.6	84.01	82.3	98.56	82.7	119.7	82.9	135.6	82.9	111.9
	24	93.2	54.35	93.3	64.32	94.1	75.40	94.6	91.57	94.7	103.6	94.8	85.57
	27	104.8	42.97	105.0	50.84	105.8	59.53	106.4	72.24	106.5	81.76	106.6	67.48
	30	116.5	34.67	116.6	41.01	117.6	47.99	118.2	58.20	118.4	65.84	118.5	54.34
	33	128.1	28.47	128.3	33.68	129.3	39.36	130	47.72	130.2	54.02	130.3	44.60
	36	139.8	23.82	140.0	28.17	141.1		141.8		142.0		142.2	

表 I.4　　□700mm×700mm 铝合金（LY12）抱杆容许中心压力参考值　　(kN)

主材规格		L60mm×5mm		L60mm×6mm		L70mm×6mm		L75mm×7mm		L75mm×8mm		L80mm×6mm	
项目		λ	[P]	λ	[P]	λ	[P]	λ	[P]	λ	[P]	λ	[P]
l（m）	10	33.0	216.6	33.1	256.8	33.3	304.5	33.4	372.6	33.5	422.6	33.5	349.3
	13	42.9	180.4	43.0	213.8	43.3	253.0	43.5	309.1	43.5	350.5	43.6	289.6
	15	49.5	156.6	49.6	185.5	49.9	219.1	50.2	267.5	50.2	303.2	50.3	250.6
	18	59.4	125.5	59.5	149.1	59.9	175.6	60.2	214.1	60.3	242.6	60.3	200.4
	21	69.3	98.09	69.4	116.1	69.9	136.3	70.2	165.9	70.3	187.9	70.4	155.2
	24	79.2	75.09	79.3	88.83	79.9	104.0	80.3	126.4	80.4	143.2	80.4	118.3
	27	89.2	59.13	89.3	69.96	89.9	81.92	90.3	99.63	90.4	112.8	90.5	93.20
	30	99.1	47.94	99.2	56.73	99.9	66.46	100.3	80.83	100.4	91.52	100.5	75.60
	33	109.0	39.57	109.1	46.83	109.9	54.86	110.4	66.71	110.5	75.55	110.6	62.39
	36	118.9	33.16	119.0	39.24	119.8	45.97	120.4	55.90	120.5	63.30	120.6	52.28
	40	132.1	26.75	132.2	31.67	133.2	37.20	133.8	45.24	133.9	51.21	134.0	42.29

表 I.5　　□800mm×800mm 铝合金（LY12）抱杆容许中心压力参考值　　(kN)

主材规格		L70mm×6mm		L75mm×7mm		L75mm×8mm		L80mm×6mm		L80mm×8mm		L90mm×8mm	
项目		λ	[P]	λ	[P]	λ	[P]	λ	[P]	λ	[P]	λ	[P]
l（m）	15	43.4	252.4	43.6	308.5	43.6	349.8	43.7	289.1	43.7	377.8	44.0	420.3
	18	52.1	209.8	52.3	256.2	52.3	290.4	52.4	240.1	52.5	313.5	52.8	348.4
	21	60.8	172.3	61.0	210.2	61.1	238.2	61.1	196.8	61.2	256.9	61.6	284.9
	24	69.4	138.2	69.7	168.2	69.8	190.5	69.8	157.3	70.0	205.1	70.4	227.1
	27	78.1	109.7	78.4	133.4	78.5	151.0	78.6	124.7	78.7	162.4	79.2	177.1
	30	86.8	88.70	87.1	107.9	87.2	122.2	87.3	100.9	87.5	131.5	88.0	145.1
	33	95.5	73.23	95.8	89.13	96.0	100.9	96.0	83.35	96.2	108.6	96.8	120.0
	36	104.1	61.46	104.6	74.80	104.7	84.71	104.8	69.97	105.0	91.22	105.6	100.8
	40	115.7	49.62	116.2	60.39	116.3	68.37	116.4	56.46	116.6	73.59	117.3	81.26
	43	124.4	42.79	124.9	52.07	125.0	58.96	125.1	48.69	125.4	63.47	126.1	70.11
	46	133.1	37.24	133.6	45.34	133.7	51.35	133.9	42.41	134.1	55.29	134.9	61.10

表 I.6　□900mm×900mm 铝合金（LY12）抱杆容许中心压力参考值　(kN)

主材规格		L70mm×6mm		L75mm×7mm		L75mm×8mm		L80mm×6mm		L80mm×8mm		L90mm×8mm	
项目		λ	[P]	λ	[P]	λ	[P]	λ	[P]	λ	[P]	λ	[P]
l (m)	15	38.4	278.1	38.5	340.3	38.5	385.9	38.6	319.0	38.6	417.2	38.9	464.7
	18	46.0	238.9	46.2	292.1	46.3	331.1	46.3	273.7	46.4	357.2	46.6	397.9
	21	53.7	202.6	53.9	247.5	54.0	280.6	54.0	231.9	54.1	303.0	54.4	336.7
	24	61.4	169.8	61.6	207.3	61.7	234.9	61.7	194.1	61.8	253.4	62.2	281.3
	27	69.1	139.7	69.3	170.2	69.4	192.7	69.4	159.2	69.6	207.7	69.9	229.8
	30	76.7	114.2	77.0	139.0	77.1	157.4	77.1	130.0	77.3	169.5	77.7	187.3
	33	84.4	93.92	84.7	114.4	84.8	129.6	84.8	107.1	85.0	139.6	85.5	154.5
	36	92.1	78.45	92.4	95.63	92.5	108.3	92.6	89.49	92.7	116.8	93.2	129.3
	40	102.3	63.58	102.7	77.48	102.8	87.77	102.8	72.51	103.0	94.58	103.6	104.7
	43	110.0	54.71	110.4	66.69	110.5	75.55	110.6	62.41	110.8	81.43	111.4	90.19
	46	117.7	47.91	118.1	58.32	118.2	66.04	118.3	54.55	118.5	71.12	119.1	78.59
	50	127.9	40.36	128.3	49.13	128.5	55.64	128.6	45.96	128.8	59.91	129.5	66.19

附录 J　钢抱杆容许中心压力参考值（两端铰支，$K=2.5$）

不同规格钢抱杆容许中心压力参考值见表 J.1～表 J.6。

表 J.1　□400mm×400mm 钢（Q345）抱杆容许中心压力参考值　(kN)

主材规格		L50mm×4mm		L45mm×5mm		L50mm×5mm		L56mm×5mm		L63mm×5mm	
项目		λ	[P]	λ	[P]	λ	[P]	λ	[P]	λ	[P]
l (m)	10	59.0	159.6	58.8	176.0	59.1	196.5	59.6	220.6	60.0	248.9
	13	76.7	129.3	76.4	143.1	76.9	159.1	77.4	178.2	78.1	200.4
	15	88.5	109.6	88.2	121.2	88.7	134.7	89.3	150.7	90.1	169.2
	18	106.2	84.54	105.8	93.35	106.5	103.9	107.2	116.0	108.1	130.0
	21	123.9	66.04	123.5	73.21	124.2	81.13	125.1	90.57	126.1	101.4
	24	141.6	52.49	141.1	58.28	141.9	64.43	143.0	71.74	144.1	80.37
	27	159.3		158.8		159.7		160.8		162.1	

表 J.2　□500mm×500mm 钢（Q345）抱杆容许中心压力参考值　(kN)

主材规格		L45mm×5mm		L50mm×5mm		L56mm×5mm		L63mm×5mm		L70mm×6mm		L70mm×7mm	
项目		λ	[P]	λ	[P]	λ	[P]	λ	[P]	λ	[P]	λ	[P]
l (m)	10	46.4	195.8	46.7	218.7	46.9	246.1	47.2	278.6	47.6	369.0	47.7	426.1
	13	60.4	173.3	60.7	193.5	61.0	217.3	61.4	245.5	61.9	324.3	62.0	374.0
	15	69.7	156.1	70.0	173.9	70.4	195.2	70.9	220.1	71.4	290.3	71.6	334.8
	18	83.6	129.6	84.0	144.2	84.5	161.4	85.0	181.8	85.7	238.7	85.9	275.2
	21	97.5	105.7	98.0	117.5	98.6	131.4	99.2	147.8	100.0	193.7	100.2	223.2
	24	111.5	86.66	112.0	95.98	112.6	107.3	113.4	120.4	114.3	158.3	114.5	181.8
	27	125.4	71.41	126.0	79.27	126.7	88.54	127.5	99.35	128.6	130.0	128.8	149.7
	30	139.3	59.47	140.0	66.02	140.8	73.71	141.7	82.74	142.9	108.3	143.1	124.6
	33	153.3		154.0		154.9		155.9		157.2		157.4	

表 J.3　　□600mm×600mm 钢（Q345）抱杆容许中心压力参考值　　（kN）

主材规格		L56mm×5mm		L63mm×5mm		L70mm×6mm		L75mm×6mm		L70mm×7mm		L80mm×6mm	
项目		λ	[P]	λ	[P]	λ	[P]	λ	[P]	λ	[P]	λ	[P]
l（m）	10	38.7	260.2	38.9	294.8	39.2	390.9	39.3	421.0	39.3	451.3	39.5	449.2
	13	50.3	239.7	50.6	271.4	51.0	359.6	51.1	387.0	51.0	415.1	51.3	413.7
	15	58.1	223.7	58.4	253.1	58.8	334.9	59.0	360.3	58.9	386.5	59.2	384.0
	18	69.7	196.9	70.1	222.3	70.5	293.6	70.8	315.4	70.6	338.7	71.1	335.9
	21	81.3	168.8	81.7	190.3	82.3	250.7	82.6	269.1	82.4	289.0	82.9	286.1
	24	92.9	142.8	93.4	160.8	94.1	211.5	94.4	227.0	94.2	243.8	94.8	241.0
	27	104.5	120.5	105.1	135.5	105.8	178.4	106.2	191.2	106.0	205.5	106.6	203.0
	30	116.1	102.4	116.8	115.0	117.6	150.9	118.0	161.7	117.7	173.9	118.5	171.8
	33	127.7	87.28	128.4	98.07	129.3	128.6	129.8	137.8	129.5	148.3	130.3	146.3
	36	139.4	75.21	140.1	84.30	141.1	110.8	141.6	118.5	141.3	127.5	142.2	125.8
	40	154.8		155.7		156.8		157.4		157.0		158.0	

表 J.4　　□700mm×700mm 钢（Q345）抱杆容许中心压力参考值　　（kN）

主材规格		L56mm×5mm		L63mm×5mm		L70mm×6mm		L75mm×6mm		L70mm×7mm		L80mm×6mm		L75mm×7mm	
项目		λ	[P]	λ	[P]	λ	[P]	λ	[P]	λ	[P]	λ	[P]	λ	[P]
l（m）	10	32.9	268.7	33.1	304.7	33.3	404.3	33.4	435.6	33.3	466.8	33.5	465.0	33.4	503.0
	13	42.8	253.5	43.0	287.2	43.3	380.8	43.4	410.1	43.3	439.6	43.6	437.6	43.5	473.5
	15	49.4	241.6	49.6	273.5	49.9	362.4	50.1	390.1	50.0	418.2	50.3	416.2	50.2	450.4
	18	59.3	221.1	59.6	250.1	59.9	331.8	60.1	356.0	60.0	381.8	60.3	379.7	60.2	410.9
	21	69.2	198.0	69.5	223.8	69.9	296.7	70.1	318.5	70.0	341.3	70.4	338.7	70.2	366.9
	24	79.1	174.1	79.4	196.5	79.9	260.3	80.2	278.6	80.0	299.1	80.4	296.5	80.3	321.4
	27	88.9	151.4	89.4	170.7	89.9	225.1	90.2	241.6	90.0	259.6	90.5	256.9	90.3	278.6
	30	98.8	131.0	99.3	147.5	99.9	194.1	100.2	207.9	100.0	223.7	100.5	221.5	100.3	240.0
	33	108.7	113.6	109.2	127.8	109.9	168.3	110.2	175.3	110.0	194.0	110.6	191.7	110.4	208.1
	36	118.6	98.85	119.1	111.3	119.8	146.3	120.2	156.9	120.0	168.6	120.6	166.8	120.4	180.9
	40	131.7	82.80	132.4	93.25	133.2	122.7	133.6	131.4	133.3	141.4	134.0	139.5	133.8	151.4

表 J.5　　□800mm×800mm 钢（Q345）抱杆容许中心压力参考值　　（kN）

主材规格		L63mm×5mm		L70mm×6mm		L80mm×6mm		L75mm×7mm		L75mm×8mm		L80mm×8mm		L90mm×8mm	
项目		λ	[P]	λ	[P]	λ	[P]	λ	[P]	λ	[P]	λ	[P]	λ	[P]
l（m）	15	43.2	340.3	43.4	380.0	43.7	437.3	43.6	473.1	43.6	535.5	43.7	572.2	44.0	647.3
	18	51.9	318.6	52.1	356.1	52.4	409.0	52.3	442.5	52.3	500.7	52.5	534.8	52.8	604.5
	21	60.5	293.9	60.8	328.4	61.1	376.6	61.0	407.7	61.1	461.3	61.2	492.4	61.6	555.7
	24	69.1	266.7	69.4	297.6	69.8	341.0	69.7	369.3	69.8	417.6	70.0	445.5	70.4	502.6
	27	77.8	238.4	78.1	265.8	78.6	304.2	78.4	329.5	78.5	372.7	78.7	397.9	79.2	447.5
	30	86.4	211.2	86.8	235.3	87.3	269.0	87.1	291.6	87.2	329.7	87.5	351.1	88.0	394.9
	33	95.1	186.1	95.5	207.3	96.0	237.0	95.9	256.9	96.0	290.4	96.2	309.3	96.8	347.5
	36	103.7	164.1	104.1	182.5	104.8	208.3	104.6	225.8	104.7	255.3	105.0	271.8	105.6	305.6
	40	115.2	139.2	115.7	155.0	116.4	176.9	116.2	191.8	116.3	216.8	116.6	230.8	117.3	258.9
	43	123.9	123.7	124.4	137.6	125.1	156.9	124.9	170.2	125.0	192.4	125.4	204.7	126.1	228.2
	46	132.5	110.4	133.1	122.8	133.9	139.9	133.6	151.8	133.8	171.4	134.1	182.4	134.9	204.9
	50	144.0	95.3	144.6	106.3	145.5	121.1	145.2	131.5	145.4	148.5	145.8	158.0	146.7	177.0

表 J.6　□900mm×900mm 钢（Q345）抱杆容许中心压力参考值　（kN）

主材规格		L63mm×6mm		L70mm×6mm		L80mm×6mm		L75mm×7mm		L75mm×8mm		L80mm×8mm		L90mm×8mm	
项目		λ	[P]	λ	[P]	λ	[P]	λ	[P]	λ	[P]	λ	[P]	λ	[P]
l（m）	15	38.2	351.1	38.4	392.9	38.6	451.8	38.5	488.8	38.5	553.2	38.6	591.4	38.9	669.5
	18	45.9	333.8	46.0	373.3	46.3	429.1	46.2	464.3	46.3	525.4	46.4	561.5	46.6	635.2
	21	53.5	314.2	53.7	351.3	54.0	403.6	53.9	439.4	54.0	494.2	54.1	527.9	54.4	596.7
	24	61.2	292.0	61.4	326.1	61.7	374.2	61.6	405.0	61.7	458.3	61.8	489.2	62.2	552.4
	27	68.8	267.8	69.1	298.9	69.4	343.2	69.3	371.1	69.4	419.7	69.6	448.0	69.9	505.4
	30	76.5	242.8	76.7	270.8	77.1	310.2	77.0	335.9	77.1	380.0	77.3	405.2	77.7	456.8
	33	84.1	218.5	84.4	243.6	84.8	278.7	84.7	302.0	84.8	341.0	85.0	364.0	85.5	409.5
	36	91.7	195.4	92.1	217.7	92.6	249.0	92.4	269.9	92.5	305.1	92.7	325.2	93.2	365.8
	40	101.9	168.3	102.3	187.5	102.8	214.2	102.7	232.2	102.8	262.5	103.0	279.7	103.6	314.4
	43	109.6	150.9	110.0	168.0	110.6	191.7	110.4	208.0	110.5	234.9	110.8	250.2	111.4	281.1
	46	117.2	135.5	117.7	150.8	118.3	172.2	118.1	186.6	118.2	210.9	118.5	224.8	119.1	252.7
	50	127.4	118.0	127.9	131.3	128.6	149.8	128.3	162.4	128.5	183.6	128.8	195.5	129.5	219.4
	52	132.5	110.4	133.0	123.0	133.7	140.2	133.5	152.0	133.6	171.8	134.0	182.7	134.7	205.5

第十四章

内悬浮外拉线抱杆分解组塔

第一节 概 述

内悬浮外拉线抱杆分解组塔与内悬浮内拉线抱杆分解组塔在布置上的主要区别在于前者抱杆临时拉线为外拉线（也称落地拉线），后者为内拉线。

内悬浮外拉线抱杆分解组塔主要有以下优点：

（1）抱杆外拉线固定在地面上，外拉线对地平面夹角按45°布置，宜于满足抱杆稳定性要求。

（2）吊装铁塔头部时，外拉线布置不受铁塔断面尺寸的影响。

（3）吊装构件过程中，抱杆处于铁塔结构中心，铁塔四根主材受力均衡，宜于保证安装质量。

内悬浮外拉线抱杆的拉线由于固定在地面上，一般较适用于平坦及丘陵地形。对于地形陡峭的山地，由于受地形条件影响，外拉线抱杆组塔受到一定限制。一般情况下，铁塔全高不宜大于150m，或者拉线长度不宜大于250m。

内悬浮外拉线抱杆分解吊装较长横担有困难应增设辅助抱杆。

第二节 施工工艺流程及劳动组织

一、施工工艺流程

内悬浮外拉线抱杆分解组塔的施工工艺流程与内悬浮内拉线抱杆分解组塔相同，如图13-2-1所示。

二、劳动组织

劳动组织除与组塔方法有联系外，还与组立的塔形、被吊构件重量等因素有关，因此，劳动组织应结合具体情况确定。按500、±800、1000kV线路分解组塔要求，立塔组的劳动组织见表14-2-1。

表14-2-1 **劳动组织**

岗 位	组立500kV铁塔			组立±800kV和1000kV铁塔		
	技工人数	普工人数	小计人数	技工人数	普工人数	小计人数
指 挥	1		1	1		1
安全监督	1		1	1		1
塔上作业	8		8	9		9

续表

岗 位	组立 500kV 铁塔			组立±800kV 和 1000kV 铁塔		
	技工人数	普工人数	小计人数	技工人数	普工人数	小计人数
地面组装	2	8	10	2	8	10
控制绳	2	4	6	3	6	9
外拉线	4	8	12	4	8	12
牵引设备	2	6	8	2	6	8
合 计	20	26	46	22	28	50

表 14-2-1 中有 7 个岗位，其中外拉线操作岗位职责是：检查并监护外拉线地锚或锚桩是否牢固可靠，根据指挥人命令进行拉线松紧作业；拉线封固后吊装构件过程中必须有 1 人值守。

其余 6 个岗位主要职责与内悬浮内拉线抱杆分解组塔相应岗位职责相同，详见第十三章第二节。

第三节 分解组塔的现场布置

一、现场布置

内悬浮外拉线抱杆分解组塔的现场布置示意如图 14-3-1 所示。

内悬浮外拉线抱杆分解组塔布置具有以下特点。

（1）抱杆有竖直和倾斜两种方式。

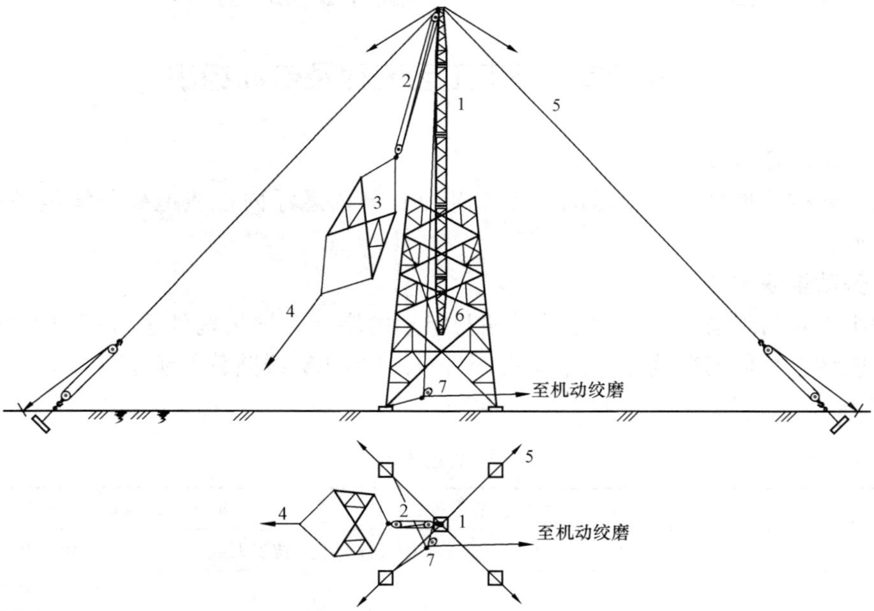

图 14-3-1 内悬浮外拉线抱杆分解组塔现场布置示意图

1—抱杆；2—起吊滑车组；3—构件；4—攀根绳；5—外拉线；6—承托绳；7—地滑车

(2) 抱杆拉线布置在铁塔基础的对角线方向。

(3) 起吊滑车组挂在抱杆顶部的侧面，牵引绳通过边滑车引至地面。

二、现场布置的说明

1. 抱杆系统的布置

(1) 抱杆应尽量铅垂布置，若需要倾斜时，倾斜角不应大于10°。

(2) 抱杆插入已组塔架的长度应满足承托绳安装后，其对抱杆轴线的夹角不应大于40°。

(3) 一般情况下，不设置腰拉线。如果设置，应按内悬浮内拉线抱杆布置腰拉线。

2. 拉线系统的布置

(1) 抱杆拉线由4根钢丝绳及相应索具组成。其上端通过卸扣连接抱杆帽上的拉环，其下端通过滑车组及拉线控制器与地锚或桩锚连接。

(2) 抱杆拉线对地夹角不宜大于45°。

(3) 拉线在地面的锚固方式应根据其土质条件选择。当地面为坚土时，宜使用角铁桩锚定；当地面为松软土质时，宜使用地钻锚定；当不适宜用角铁桩及地钻时，应使用钢板或钢管地锚。

3. 起吊牵引系统的布置

起吊牵引系统是否设置腰滑车视抱杆设计情况而定，其他布置与内悬浮内拉线抱杆组塔的牵引系统布置相同。

4. 承托系统的布置

承托系统的布置选择见内悬浮内拉线抱杆分解组塔的承托系统平面布置（见图13-3-8或图13-3-9）。

5. 控制绳系统的布置

控制绳系统的布置与内悬浮内拉线抱杆分解组塔的控制绳系统布置相同。

第四节 现场准备工作

内悬浮外拉线抱杆分解组塔现场准备工作主要包括三个内容，即地锚及桩锚的设置、竖立抱杆和构件的绑扎与补强。

一、地锚及桩锚的设置

(1) 地锚及桩锚的平面布置示意如图14-4-1所示。

(2) 一般情况下，机动绞磨尾部及攀根绳受力较小，宜用桩锚固定，抱杆拉线宜用地锚固定。

(3) 桩锚、地锚设置的要求见第十三章第四节。

二、竖立抱杆

第十三章第四节介绍了3种竖立抱杆的方法。内悬浮外拉线抱杆除上述3种组立抱杆方法外，还有一种整体组立方法。

外拉线抱杆有铝合金及角钢抱杆两种。铝合金抱杆比较轻便，起立也较容易，起立方法与钢抱杆相似。下面介绍用倒落式人字小抱杆（即铝合金抱杆）整体起立不同规格钢抱杆的方法。

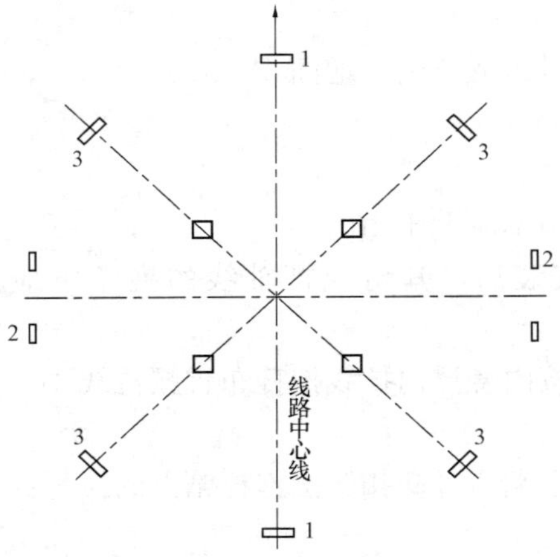

图 14-4-1　地锚及桩锚平面布置示意图

1—机动绞磨桩锚；2—攀根绳桩锚；3—拉线地锚

1. 整体组立钢抱杆的布置

（1）整体起立□500mm×500mm×25000mm 钢抱杆（主材为 L50mm×5mm，26.5kg/m）的现场布置示意如图 14-4-2 所示。

（2）整体起立□800mm×800mm×35000mm 钢抱杆的布置示意如图 14-4-3 所示。

（3）整体起立□900mm×900mm×50000mm 钢抱杆的布置示意如图 14-4-4 所示。

2. 整体起立钢抱杆的操作要点

（1）将抱杆置于塔位中心桩处，并在选定的方位组装抱杆，接头螺栓应拧紧，抱杆顶的临时拉线和起吊滑车组应挂上并临时绑扎于抱杆杆身。

（2）按要求布置制动绳、吊点绳、总牵引绳及立抱杆用临时拉线。

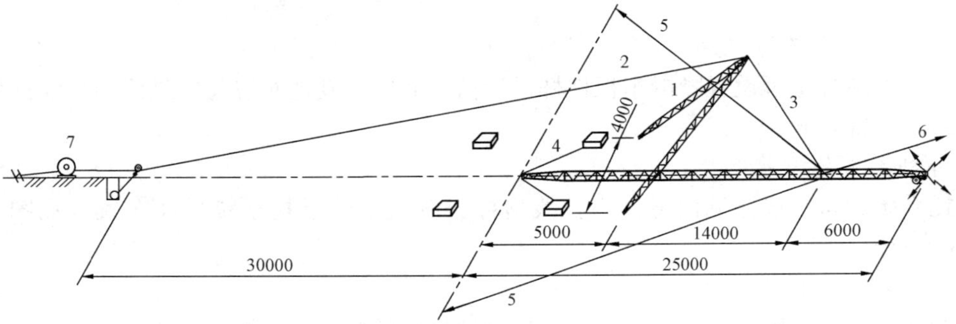

图 14-4-2　整体起立 25m 钢抱杆布置示意图

1—铝合金抱杆；2—牵引绳；3—吊点绳；4—制动绳；5—侧拉线；6—后方拉线；7—机动绞磨

（3）对现场布置进行全面检查，各岗位作业人员应全部到位。

（4）利用人字铝抱杆组立抱杆的过程中，应加强监视，控制好临时拉线，防止抱杆偏斜。主要是监视以下四个环节。

1）抱杆吊离地面 0.5～0.8m 时，应暂停牵引，进行各部位检查并作冲击试验；

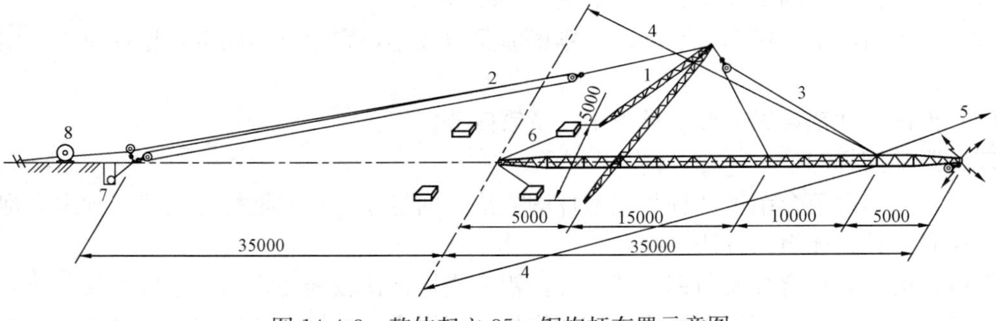

图 14-4-3　整体起立 35m 钢抱杆布置示意图

1—铝合金抱杆；2—总牵引滑车组；3—吊点绳；4—侧拉线；5—后方拉线；6—制动绳；7—地锚；8—机动绞磨

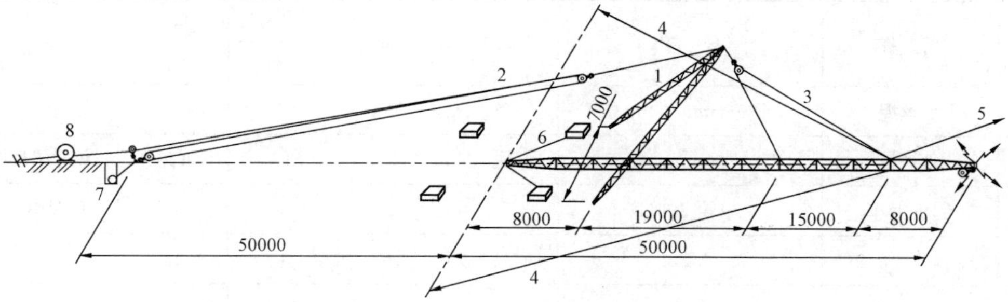

图 14-4-4　整体起立 50m 钢抱杆布置示意图

注：图中符号意义同图 14-4-3。

2）抱杆立至 50°～60°时，注意抱杆脱帽，应暂停牵引，待脱帽后再继续牵引；

3）抱杆脱帽后，应带住后方临时拉线，并随抱杆的起立而随之松出；

4）抱杆立至约 80°，应暂停牵引，利用总牵引滑车组张力和后方临时拉线松出调正抱杆，然后固定抱杆顶部的四侧临时拉线；

(5）抱杆四侧拉线固定后，方准拆除起立抱杆的工具。将抱杆顶的起吊滑车组拉至地面，准备吊装塔片。

3. 主要工器具配置实例

(1）整体起立 25m 钢抱杆工器具配置见表 14-4-1。

(2）整体起立 35m 钢抱杆工器具配置见表 14-4-2。

(3）整体起立 50m 钢抱杆工器具配置见表 14-4-3。

三、构件的绑扎与补强

构件的绑扎与补强见第十三章第四节。

表 14-4-1　　整体起立 25m 钢抱杆工器具配置

序号	名　称	规　格	单位	数量	参考质量（kg）		备　　注
					单件	小计	
1	铝抱杆	□400mm×13m	根	2	200	400	带抱杆座
2	抱杆脱帽环	ϕ25mm	副	1	10	10	
3	钢丝绳	ϕ11mm×10m	条	1	5	5	锁抱杆脚
4	棕　绳	ϕ20mm×20m	条	2	6	12	脱帽绳
5	花篮螺丝	CO 型 M20mm×495mm	副	5	4	20	
6	钢丝绳	ϕ12.5mm×16m	条	1	10	10	吊点绳
7	钢丝绳	ϕ12.5mm×10m	条	2	6	12	制动绳
8	钢丝绳	ϕ15.5mm×15m	条	1	9	9	总牵引
9	钢丝绳	ϕ11mm×150m	条	1	62	62	绞磨绳
10	钢丝绳	ϕ11mm×40m	条	3	17	51	临时拉线

续表

序号	名称	规格	单位	数量	参考质量（kg）		备注
					单件	小计	
11	钢丝绳	ϕ11mm×3m	条	2	2	4	
12	角铁桩	L75mm×8mm×1.5m	块	8	15	120	绞磨尾及临时拉线
13	起重滑车	单轮20kN	只	2	4	8	总牵引
14	卸扣	M22	只	16	1	16	
15	机动绞磨	30kN	台	1	100	100	
16	拉线控制器	30kN	只	3	2	6	临时拉线
17	大锤	8kg	把	2	8	16	
18	钢钎	ϕ25mm×1.8m	根	2	7	14	
19	钢绳套	ϕ9.3mm×1m	条	3	1	3	

表 14-4-2 整体起立 35m 钢抱杆工器具配置

序号	名称	规格	单位	数量	参考质量（kg）		备注
					单件	小计	
1	铝抱杆	□400mm×15m	根	2	230	460	带抱杆座
2	抱杆脱帽环	ϕ25mm	副	1	10	10	
3	钢丝绳	ϕ11mm×10m	条	1	5	5	
4	棕绳	ϕ20mm×20m	条	2	6	12	脱帽绳
5	花篮螺丝	CO型M20mm×495mm	副	4	4	16	
6	钢丝绳	ϕ12.5mm×45m	条	1	25	25	吊点绳
7	钢丝绳	ϕ12.5mm×15m	条	2	9	18	制动绳
8	钢丝绳	ϕ15.5mm×20m	条	1	20	20	总牵引绳
9	钢丝绳	ϕ11mm×150m	条	1	62	62	绞磨绳
10	钢丝绳	ϕ11mm×50m	条	3	21	63	抱杆拉线
11	钢丝绳	ϕ11mm×3m	条	4	2	8	
12	角铁桩	L75mm×8mm×1.5m	块	8	15	120	
13	起重滑车	单轮30kN	只	4	5	20	
14	卸扣	M27	只	3	2.5	7.5	
15	卸扣	M22	只	15	1.0	15	
16	大锤	8kg	把	2	8	16	
17	机动绞磨	30kN	台	1	100	100	
18	拉线控制器	30kN	只	3	3	9	合计983.5kg

表 14-4-3　　整体起立 50m 钢抱杆工器具配置

序号	名　称	规　格	单位	数量	参考质量（kg）		备　　注
					单件	小计	
1	铝抱杆	□500mm×18m	根	2	320	640	
2	抱杆脱帽环	ϕ30mm	副	1	10	10	
3	钢丝绳	ϕ11mm×15m	条	1	7	7	锁抱杆脚
4	钢丝绳	ϕ9.3mm×25m	条	2	8	16	抱杆脱帽绳
5	钢丝绳	ϕ15.5mm×48m	条	1	42	42	吊点绳
6	钢丝绳	ϕ15.5mm×15m	条	2	14	28	制动绳
7	钢丝绳	ϕ23mm×20m	条	1	42	42	总牵引绳
8	钢丝绳	ϕ11mm×200m	条	1	83	83	绞磨绳
9	钢丝绳	ϕ11mm×85m	条	3	35	105	临时拉线
10	钢绳套	ϕ11mm×3m	条	4	2	8	
11	角铁桩	L75mm×8mm×1.5m	块	10	15	150	
12	钢板地锚	—200mm×400mm×1200mm	块	2	20	40	总牵引用
13	钢绳套	ϕ23mm×3m	条	2	8	16	
14	起重滑车	60kN 双轮	只	2	7	14	总牵引用
15	起重滑车	30kN 单轮	只	1	5	5	地滑车
16	吊点滑车	60kN 单轮	只	1	3	3	吊点用
17	卸　扣	60kN（M42）	只	4	7	28	
18	卸　扣	30kN（M30）	只	6	3	18	
19	卸　扣	15kN（M20）	只	14	1.0	14	
20	机动绞磨	30kN	台	1	100	100	
21	花篮螺丝	CO 型 M20mm×495mm	副	5	4	20	
22	拉线控制器	30kN	只	3	3	9	
23	大　锤	8kg	把	2	8	16	

第五节　构件的吊装及抱杆提升与拆除

构件的吊装包括组立塔腿、塔身及塔头等。基本方法与第十三章第五节相同。下面针对塔腿组立和横担吊装方法作重点介绍。

一、直立抱杆吊装塔腿的方法

用抱杆吊装塔腿有半边吊装及单件吊装两种方法。半边吊装方法即第十三章第五节介绍的“整体组立半边塔腿”的方法。单件吊装方法适用于插入式基础及高低腿基础的铁塔，尤其适用于主材为角钢或钢板组合构件或重型钢管构件。

1. 现场布置

假设单腿主材构件质量为 5t 时，直立抱杆吊装单腿主材的现场布置示意如图 14-5-1

所示。

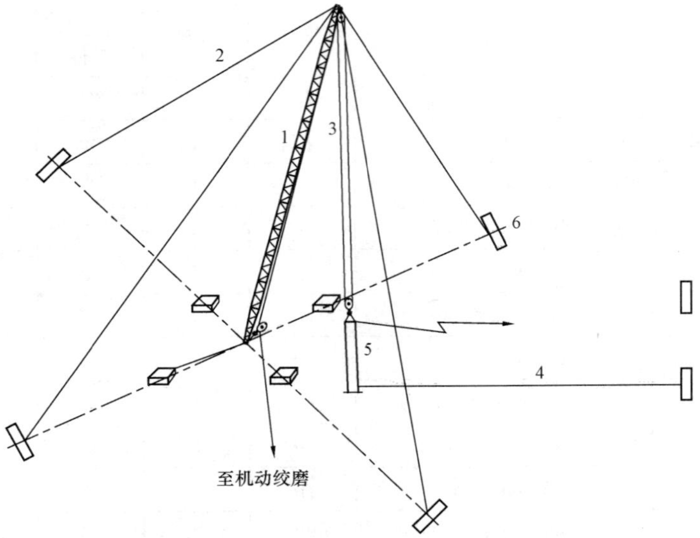

图 14-5-1 吊装单腿主材现场布置示意图

1—抱杆；2—外拉线；3—起吊滑车组；4—攀根绳；5—塔腿件；6—地锚

2. 现场布置的要求

（1）抱杆应置于靠近塔基础内侧约 5m 处。抱杆倾斜角不应大于 10°。

（2）抱杆 4 条拉线应设置在基础对角线方向的延长线上。

（3）塔腿主材根部应用攀根绳拴牢控制。

（4）抱杆根部应置于坚土上，且用 4 条钢绳连在 4 个基腿上。

（5）吊点绳应绑扎在主材顶部或通过眼圈螺栓连接在法兰处（钢管主材）。

3. 吊装塔腿的操作要点

（1）吊装前，对现场布置进行全面检查，确认布置符合设计要求且各岗位人员已到位，方准起吊。

（2）起吊开始，攀根绳适当收紧，避免主材碰撞基础；主材离地后，使主材移向基础。

（3）当主材吊离基础顶面后，调整攀根绳使主材底端与基础地脚螺栓或插入角钢对准，然后，松出牵引绳，使主材与基础对接并安装连接螺栓或螺母。主材上部应设置一条棕绳拉线并与抱杆拉线共用地锚，收紧固定。

（4）松出起吊绳，将抱杆移至第 2 个基础旁进行第 2 根主材吊装。

（5）第 2 根主材吊装后，抱杆向一侧倾斜，进行两塔腿主材间辅材吊装，宜先吊塔腿上部水平材，再吊大斜材及其他辅材。

（6）再次移动抱杆至第 3 个基础旁进行第 3 根主材吊装，然后吊装第 2-3 根主材间的辅材。

（7）第 3 次移动抱杆至第 4 个基础旁进行第 4 根主材吊装，然后吊装第 3-4 根及第 4-1 根主材间的辅材。

如果抱杆高度满足要求，可以按上述步骤继续吊装与塔腿相连接的塔身段主材及辅材。如果抱杆高度不满足要求，应将抱杆移至塔位中心，做好提升抱杆的准备工作。

4．移动抱杆的操作

（1）移动抱杆前应做好的准备工作。

1）抱杆移动前，调整抱杆使其呈竖直状态。

2）抱杆移动方向后侧的拉线适当放松，前侧拉线应适当收紧。

3）抱杆底部地面应坚实平整，如不平坦应铺垫钢板或方木。

4）抱杆底座系一条 ϕ11mm 钢丝绳穿过转向滑车后进入机动绞磨。

（2）启动机动绞磨，使抱杆及底座向一侧缓缓移动，移动 20～30cm，停止牵引，调整抱杆拉线，再移动一段距离，再调整拉线，直至移动到规定的位置。

二、提升抱杆

提升抱杆布置示意如图 14-5-2 所示。

1．提升抱杆前的准备工作

（1）已组塔架构件间连接螺栓应拧紧，特别是挂钢绳或提升滑车处节点的螺栓应拧紧。

（2）按图 14-5-2 所示安装提升系统的滑车及钢丝绳，连接牵引系统滑车组，使牵引绳进入绞磨。

（3）抱杆拉线下端应通过拉线控制器进行操作。

2．提升抱杆的操作要点

（1）对现场布置进行全面检查，符合要求后方准提升抱杆。

（2）启动机动绞磨使抱杆上升。当抱杆离开地面后暂停牵引，检查提升系统、牵引系统及抱杆拉线系统连接是否牢固。

（3）检查无误后，继续牵引，使抱杆上升至设计高度后，安装 4 条承托绳于已组塔架。4 条承托绳应连接在已组塔架上端的同一水平面，且固定在主材节点上方。悬挂承托绳的塔架断面应有大水平材，以保持塔架稳定。

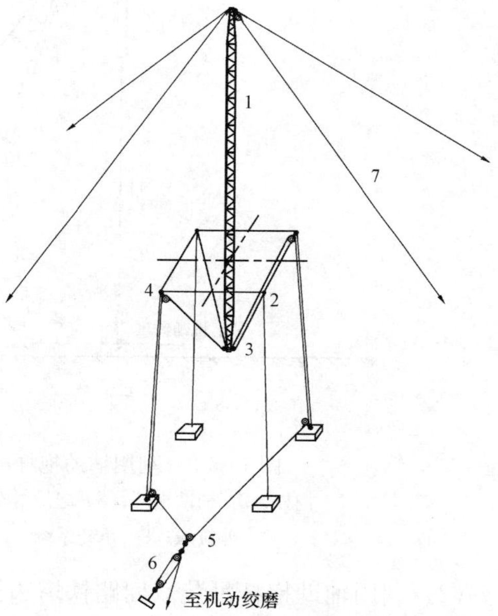

图 14-5-2　提升抱杆布置示意图

1—抱杆；2—提升钢丝线；3—抱杆朝地滑车（动）；4—提升滑车；5—平衡滑车；6—牵引滑车组；7—外拉线

（4）缓慢松出牵引绳，使抱杆由承托绳支撑，收紧抱杆四侧拉线。必要时可通过手扳葫芦收紧拉线。最后调整抱杆倾斜角符合吊装构件要求后，将拉线下端固定。

（5）松出牵引系统及提升系统，做好吊装构件的准备工作。

三、组立塔身

组立塔身采取分件或分片吊装方法，视主材构件或塔片重量而定。

组立塔身的准备工作及操作要点见第十三章第五节相关规定。

四、横担的吊装

对于 220～500kV 线路各型铁塔横担的吊装方法在第十三章第五节均有详细介绍。下面主要介绍对于特长横担吊装中需要采用辅助抱杆的施工方法。该方法主要适用于 1000kV 线单回酒杯型直线塔及1000kV双回路钢管塔的横担吊装。

1. 利用辅助抱杆吊装横担的现场布置

(1) 利用辅助抱杆吊装酒杯型铁塔边横担的布置示意如图14-5-3所示。

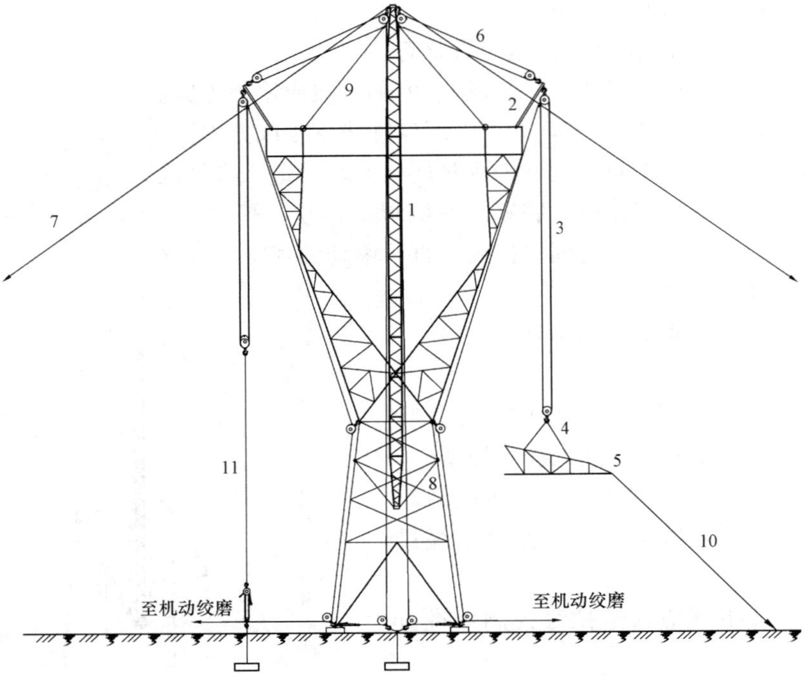

图14-5-3 利用辅助抱杆吊装酒杯型铁塔塔边横担布置示意图

1—抱杆；2—辅助抱杆；3—起吊滑车组；4—吊点绳；5—边横担；6—起伏滑车组；
7—外拉线；8—承托系统；9—辅助拉线；10—攀根绳；11—平衡绳

(2) 利用辅助抱杆吊装双回路铁塔边横担的布置示意如图14-5-4所示。

2. 利用辅助抱杆吊装边横担的准备工作

(1) 吊装边横担前，双回路顶部中段横担或者酒杯型铁塔中段横担均已安装完毕，连接螺栓已拧紧。

(2) 根据边横担的长度选择辅助抱杆规格、倾斜角等。辅助抱杆宜选择铝合金材料，以便在塔上安装。

(3) 安装辅助抱杆的方法。

1) 地面安装是将辅助抱杆在地面与中横担组装成整体，横担与辅助抱杆一起吊装。辅助抱杆吊至设计位置再连接起吊滑车组，以调整抱杆倾斜角度，使之符合设计要求。

2) 高空安装是利用中心抱杆起吊滑车组将辅助抱杆吊到中横担之上，先将抱杆根部通过铰链座与中横担主材连接，然后利用抱杆顶部外侧拉线逐步收紧，起吊滑车组随之松出，使辅助抱杆达到设计要求的倾斜角度。

(4) 为减少中段横担端部下压力，应在中心抱杆顶部至辅助抱杆下端处连接一条ϕ12.5mm钢丝绳作为辅助拉线。

(5) 安装辅助抱杆顶部起吊滑车组，并拉至地面与边横担吊点绳连接，为吊装边横担做

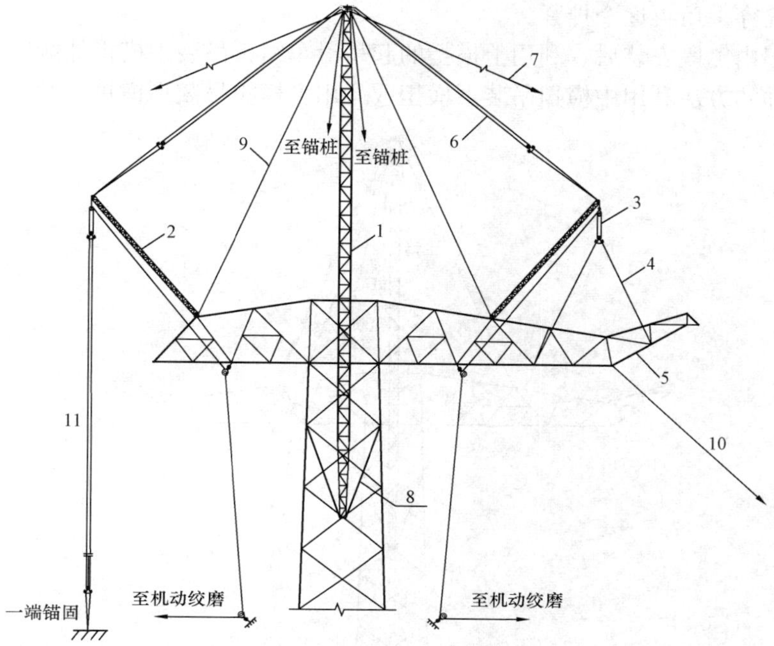

图 14-5-4　利用辅助抱杆吊装双回路铁塔边横担布置示意图

1—抱杆；2—辅助抱杆；3—起吊滑车组；4—吊点绳；5—吊件（上横担）；6—起伏滑车组；7—抱杆外拉线；8—承托绳；9—辅助拉线；10—攀根绳；11—平衡绳

好准备。

3. 吊装边横担的操作要点

（1）吊装前，对现场布置应进行全面检查，检查合格后再起吊。

（2）起吊开始，攀根绳应适当收紧，并随边横担的移动随之松出，直至吊装边横担的起吊滑车组处于铅垂状态时，使攀根绳处于松弛状态。

（3）边横担吊离地面 0.5～0.8m 时，应暂停牵引，由塔上人员检查辅助抱杆与中段横担连接的铰链座、辅助拉线等是否牢固，地面人员检查外拉线受力情况等，检查无异常再继续起吊。

（4）边横担吊至设计位置后，应注意构件有无阻碍现象，有阻碍就位的斜铁应暂时拆掉一端的螺栓。边横担就位的接头螺钉安装齐全后再逐个将螺钉紧固。

（5）边横担就位后，应将起吊滑车组移至上横担的合适位置，做吊装中横担的准备。

拆除辅助抱杆的操作按吊装的逆程序实施。

4. 利用上横担吊装中或下横担

双回路铁塔上横担吊装就位后，将各部位连接螺栓拧紧，然后将起吊滑车组挂点移至上横担适当位置，并在挂点与抱杆顶间连接补强滑车组，示意如图 14-5-5 所示。

利用上横担吊装中、下横担的布置及操作要点如下。

（1）起吊钢绳经过上横担转向滑车、抱杆定滑车、塔脚处的地滑车至机动绞磨。

（2）起吊过程中，中横担任一处与塔身间应保持 0.5m 左右的间距，严防被塔身挂住。

（3）横担接近设计位置应暂停牵引，使横担的塔身端与塔身对应螺孔对准，穿入螺栓，待全部连接螺栓穿上后再逐个拧紧。

（4）中横担内侧段安装后，利用上横担的起吊滑车组再吊装中横担外侧段。

（5）用同样的方法利用中横担吊装下横担或者用上横担吊装下横担。

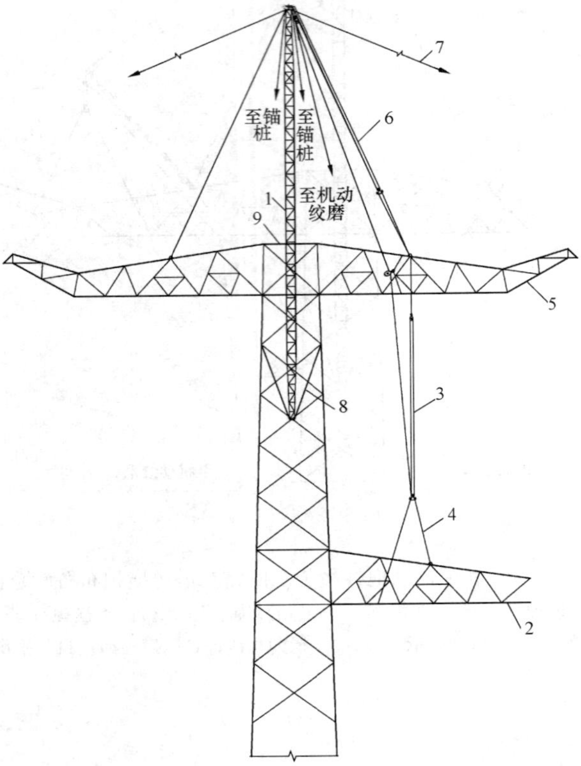

图 14-5-5　中、下横担分段吊装示意图

1—抱杆；2—中横担靠塔身段；3—起吊滑车组；4—吊点绳；5—上横担；6—补强滑车组；7—抱杆外拉线；8—承托绳；9—塔头井口

第六节　施工计算及索具规格选择

内悬浮外拉线抱杆分解组塔与内悬浮内拉线抱杆分解组塔施工计算基本相同，其差别在于外拉线抱杆的外拉线对地夹角比内拉线对水平面夹角要小一些，因此，抱杆、抱杆拉线及承托绳受力较小。

本节起吊构件重力分别为 10.3、20.6、30.9、41.2、51.5kN。

一、攀根绳的静张力

攀根绳的静张力见表 13-7-4。

二、起吊绳滑车组及牵引绳静张力

起吊绳滑车组及牵引绳静张力见表 13-7-5。

三、吊点绳的静张力

吊点绳的静张力见表 13-7-6。

四、抱杆拉线的静张力

抱杆拉线的静张力按式（13-7-12）计算。

（1）当起吊塔身时，计算条件为$\beta=10°$、$\delta=10°$、$\alpha=45°$、$\alpha_2=35.26°$、$\theta=30°$，则

$$K_{P1}=\frac{\sin 20°}{2\sin 25.26°\cos 30°}=0.4627$$

（2）当起吊塔头或横担时，计算条件为$\beta=10°$、$\delta=10°$、$\alpha=50°$、$\alpha_2=30.68°$、$\theta=27.03°$，则

$$K_{P2}=\frac{\sin 20°}{2\sin 20.68°\cos 27.03°}=0.5436$$

（3）抱杆拉线的静张力：

吊塔身时 $$P_1=0.4627T_1 \quad (14\text{-}6\text{-}1)$$

吊塔头时 $$P_2=0.5436T_2 \quad (14\text{-}6\text{-}2)$$

其中，T_1、T_2 见表 13-7-5。P_1、P_2 计算结果及选择的抱杆拉线规格见表 14-6-1。

表 14-6-1　　抱杆拉线静张力及规格选择

起吊构件重力（kN）	P_1（kN）	P_2（kN）	较大值（kN）	计算破断力（kN）	5		选择钢丝绳	
					根数	破断力	规格（mm）	破断力（kN）
10.3	5.521	7.198	7.2	33.26	1	33.3	ϕ12.5	82.71
20.6	11.042	14.396	14.4	66.53	1	66.5	ϕ12.5	82.71
30.9	16.563	21.594	21.6	99.79	1	99.79	ϕ14	104.60
41.2	22.084	28.792	28.8	133.06	1	133.1	ϕ15.5	129.20
51.5	27.605	35.990	36.0	166.32	2	83.16	2×ϕ12.5	82.71

五、抱杆的轴心压力

抱杆的轴心压力计算见式（13-7-18）。

（1）吊塔身时，计算条件为$\beta=10°$、$\delta=10°$、$\alpha=45°$、$\alpha_2=35.26°$，则

$$K_{N01}=\frac{\cos(10°+35.26°)}{\sin(35.26°-10°)}=1.6495$$

故 $$N_{01}=1.6495T_1+1.3528T_Q \quad (14\text{-}6\text{-}3)$$

（2）吊塔头或横担时，计算条件为$\beta=10°$、$\delta=10°$、$\alpha=50°$、$\alpha_2=30.68°$，则

$$K_{N02}=\frac{\cos(10°+30.68°)}{\sin(30.68°-10°)}=2.1474$$

故 $$N_{02}=2.1474T_2+1.4448T_Q \quad (14\text{-}6\text{-}4)$$

其中，T_Q、T_1、T_2 见表 13-7-5，N_{01}、N_{02} 计算结果见表 14-6-2。

表 14-6-2　　外拉线抱杆中心压力计算值　　(kN)

起吊构件重力	N_{01}	N_{02}	较大值	内拉线抱杆较大值	比　较
10.3	38.54	48.57	48.57	46.96	外拉线抱杆受力计算值较大
20.6	59.21	78.06	78.06	80.72	内拉线抱杆受力计算值较大

续表

起吊构件重力	N_{01}	N_{02}	较大值	内拉线抱杆较大值	比　　较
30.9	79.93	107.61	107.61	114.51	内拉线抱杆受力计算值较大
41.2	100.72	137.23	137.23	148.36	内拉线抱杆受力计算值较大
51.5	121.56	166.89	166.89	182.23	内拉线抱杆受力计算值较大

由表14-6-2可以看出，在大多数情况下，外拉线抱杆的计算中心压力较内拉线抱杆稍小，但相差不大，按内拉线抱杆计算中心压力选择的抱杆主材规格同样适用于外拉线抱杆。

六、承托绳的静张力

当抱杆倾斜角为δ时，承托绳静张力计算式为式（13-7-22）。

起吊构件重力为10.3、20.6、30.9kN时，选用铝合金抱杆，G_G分别4、6、8kN；起吊构件重力为41.2、51.5kN时，选用钢抱杆，G_G分别为15、20kN。

计算条件同抱杆中心压力的计算条件。

吊塔身时，S_1值用式（13-7-23）计算；吊塔头或塔身时，S_2值用式（13-7-24）计算。S_1、S_2计算结果见表14-6-3。

表14-6-3　　承托绳静张力计算值　　（kN）

起吊构件重力	S_1	S_2	较大值	内拉线抱杆较大值	比　　较
10.3	21.34	20.39	21.34	24.96	内拉线抱杆承托绳张力较大
20.6	32.71	32.61	32.71	39.44	内拉线抱杆承托绳张力较大
30.9	44.11	44.85	44.85	53.75	内拉线抱杆承托绳张力较大
41.2	58.05	59.05	59.05	70.71	内拉线抱杆承托绳张力较大
51.5	71.01	72.49	72.49	86.68	内拉线抱杆承托绳张力较大

由表14-6-3可以看出，外拉线抱杆较内拉线抱杆承托绳的静张力稍小，因此按表13-7-10选择的承托绳规格同样适用于外拉线抱杆分解组塔。

七、辅助抱杆及辅助拉线计算

辅助抱杆布置及力系分析如图14-6-1所示。

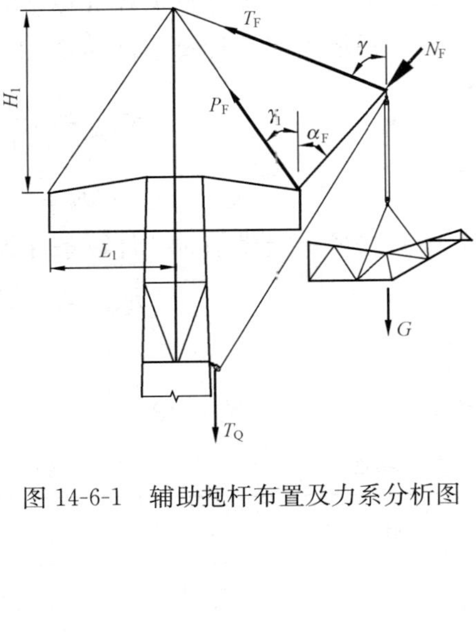

图14-6-1　辅助抱杆布置及力系分析图

（1）基本参数的计算

$$\gamma = \arctan\frac{L_1 + h_F \sin\alpha_F}{H_1 - h_F \cos\alpha_F} \quad (14\text{-}6\text{-}5)$$

式中　γ——辅助抱杆调幅绳与铅垂线间夹角，（°）；

H_1——主抱杆露出上横担的高度，m；

h_F——辅助抱杆的有效高度，m；

L_1——辅助抱杆根至主抱杆中心的水平距离，m；

α_F——辅助抱杆的倾斜角，（°）。

（2）辅助抱杆的中心压力计算

$$N_F = \frac{G\sin\gamma}{2\sin(\gamma+\alpha_F)\cos\theta_F} + \frac{G}{n\eta^n} \tag{14-6-6}$$

$$\theta_F = \arcsin\frac{a_0}{2l_F} \tag{14-6-7}$$

式中 G——起吊构件重力，kN；

θ_F——两辅助抱杆与其合力之间的夹角，(°)；

a_0——两辅助抱杆的根开，即上横担宽度，m；

l_F——辅助抱杆的长度，m；

η——单滑轮的效率，一般取值 0.95；

n——起吊滑车组受力的绳数。

（3）辅助抱杆调幅绳张力的计算

$$T_F = \frac{G\sin\alpha_F}{\sin(\gamma+\alpha_F)} \tag{14-6-8}$$

（4）辅助拉线（补强拉线）的静张力计算

$$P_F = \frac{N_F\cos\alpha_F}{\cos\gamma_1} \tag{14-6-9}$$

$$\gamma_1 = \arctan\frac{L_1}{H_1} \tag{14-6-10}$$

式中 γ_1——辅助拉线与铅垂线间夹角，(°)。

（5）计算举例。

【例 14-6-1】 已知 $G=40\text{kN}$，$l_F=13\text{m}$，$a=4\text{m}$，$H_1=17\text{m}$，$L_1=20\text{m}$，$h=12.85\text{m}$，$\alpha_F=30°$，$n=4$，计算 N_F、T_F、P_F。

$$\gamma = \arctan\frac{20+12.85\sin 30°}{17-12.85\cos 30°} = 77.47°$$

$$\theta_F = \arcsin\frac{4}{2\times 13} = 8.85°$$

$$\gamma_1 = \arctan\frac{20}{17} = 49.64°$$

$$N_F = \frac{40\sin 77.47°}{2\sin(77.47°+30°)\cos 8.85} + \frac{40}{4\ 0.95^4} = 32.99(\text{kN})$$

$$T_F = \frac{40\sin 30°}{\sin(77.47°+30°)} = 20.97(\text{kN})$$

$$P_F = \frac{32.99\cos 30°}{\cos 49.64°} = 44.12(\text{kN})$$

（6）索具选择。

1）辅助抱杆选择□400mm×400mm×13000mm，主材为 L45mm×5mm，容许中心压力 60kN，满足设计要求（考虑不平衡系数后，单根抱杆的中心压力为 40kN）。

2）辅助抱杆调幅绳选择为双根 ϕ12.5mm 钢丝绳。

3）辅助拉线选择 2 根 ϕ12.5mm 钢丝绳并各串接一把 30kN 双钩，满足承担抱杆下压力的 80%荷载。

第七节　整体起立内悬浮抱杆的施工计算

倒落式人字小抱杆整体起立内悬浮抱杆是常用的方法之一。内悬浮抱杆若使用铝抱杆，重量较轻，起立也比较容易；若使用钢抱杆，因其重量较大，组立前应进行整立施工设计，选择合适的工器具，为整体起立内悬浮抱杆的安全提供技术支持。

一、整体起立钢抱杆的施工计算

1. 起立钢抱杆为单吊点时

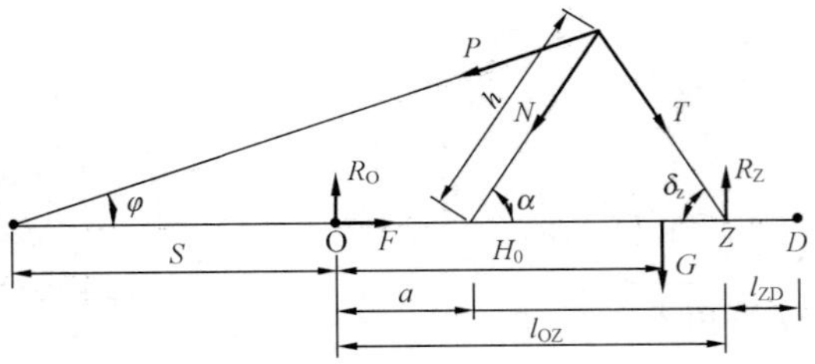

图 14-7-1　单吊点整体起立抱杆的力系分析图

（1）起立钢抱杆为单吊点时，力系分析如图 14-7-1 所示。

（2）计算参数如下

$$\delta_z = \arctan\frac{h\sin\alpha}{l_{OZ} - a - h\cos\alpha} \tag{14-7-1}$$

$$\varphi = \arctan\frac{h\sin\alpha}{S + a - h\cos\alpha} \tag{14-7-2}$$

式中　δ_z——吊点绳与抱杆轴线间夹角，(°)；

h——抱杆有效高度，m；

α——小抱杆的倾斜角，(°)；

a——小抱杆根至抱杆根的水平距离，m；

l_{OZ}——吊点 Z 至抱杆根 O 点间的水平距离，m；

φ——总牵引绳与地平面间的夹角，(°)；

S——总牵引地锚出土点至抱杆根的水平距离，m。

（3）力系分析。起立角为 0°时，各索具受力为最大值，故以 0°状态进行索具受力分析，如下

$$R_Z = \frac{GH_O}{l_{OZ}} \tag{14-7-3}$$

$$T = \frac{R_Z}{\sin\delta_z} \tag{14-7-4}$$

$$F = \frac{R_Z}{\tan\delta_z} \tag{14-7-5}$$

$$P = \frac{\sin(\alpha+\delta_z)}{\sin(\alpha+\varphi)}T \tag{14-7-6}$$

$$N = \frac{\sin(\varphi+\delta_z)}{\sin(\alpha+\varphi)}T \tag{14-7-7}$$

$$N_1 = \frac{N}{2\cos\theta_1} \tag{14-7-8}$$

式中　R_Z——吊点 Z 处的支座反力，N；

G——被吊抱杆的重力，N；

H_O——被吊抱杆的重心高度，m；

T——吊点绳的静张力，N；
F——制动绳的静张力，N；
P——总牵引绳的静张力，N；
N——作用于小人字抱杆的压力，N；
N_1——作用于单根小抱杆的中心压力，N；
θ_1——小人字抱杆与其合力线间的夹角，(°)。

2. 起立钢抱杆为双吊点时

（1）整体起立钢抱杆为双吊点时，力系分析如图 14-7-2 所示。

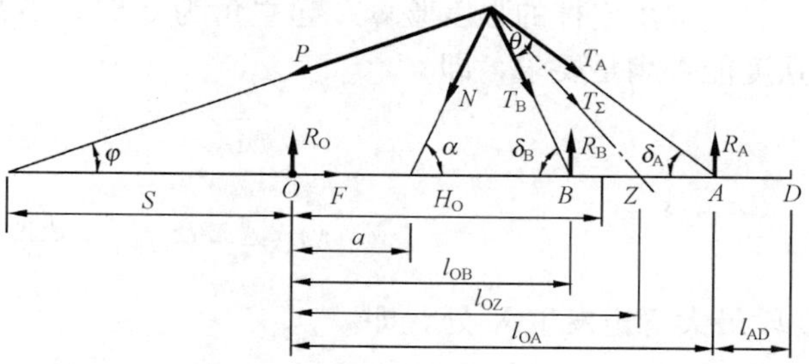

图 14-7-2　双吊点整体起立抱杆的力系分析图

（2）计算参数。φ 按式（14-7-2）计算

$$\delta_A = \arctan \frac{h\sin\alpha}{l_{OA} - a - h\cos\alpha} \tag{14-7-9}$$

$$\delta_B = \tan \frac{h\sin\alpha}{l_{OB} - a - h\cos\alpha} \tag{14-7-10}$$

$$\theta = \delta_B - \delta_A \tag{14-7-11}$$

$$\delta_{z1} = \delta_B - \frac{\theta}{2} \tag{14-7-12}$$

式中　δ_A、δ_B——吊点 A、B 处起吊绳与被吊抱杆轴线间的夹角，(°)；
l_{OA}、l_{OB}——吊点 A、B 至被吊抱杆根的水平距离，m；
δ_{z1}——吊点绳的合力线与抱杆轴线间的夹角，(°)；
θ——吊点绳间的夹角，(°)。

$$l_{Oz1} = \frac{h\sin\alpha}{\tan\delta_{z1}} + a + h\cos\alpha \tag{14-7-13}$$

式中　l_{Oz1}——两吊点绳合力线与抱杆轴线交点至抱杆根的水平距离，m。

（3）力系分析。起立角为 0°状态时各索具受力为最大值，故以 0°状态进行索具受力分析，如下

$$R_Z = \frac{GH_O}{l_{Oz1}}$$

$$T_h = \frac{R_Z}{\sin\delta_{z1}} \tag{14-7-14}$$

$$T_A = T_B = \frac{T_h}{2\cos\frac{\theta}{2}} \tag{14-7-15}$$

$$F = \frac{R_Z}{\tan\delta_{z1}},\quad p = \frac{\sin(\alpha+\delta_{z1})}{\sin(\alpha+\varphi)}T_\Sigma,\quad N = \frac{\sin(\varphi+\delta_{z1})}{\sin(\alpha+\varphi)}T_\Sigma$$

$$R_A = T_A\sin\delta_A \tag{14-7-16}$$

$$R_B = T_B\sin\delta_B \tag{14-7-17}$$

$$R_O = G - R_A - R_B \tag{14-7-18}$$

式中　T_A、T_B——吊点绳的静张力，kN；

T_Σ——吊点绳的合力，kN；

R_A、R_B、R_O——吊点 A、B 及支点 O 处支座反力，kN。

（4）被吊抱杆的强度验算。起立角为 0°时，被吊抱杆承受的弯矩最大，故验算 0°状态的强度能否满足要求，即

$$M_A = -G_1 l_{AD} - \frac{q l_{AD}^2}{2} \tag{14-7-19}$$

$$M_B = -G_1 l_{BD} - \frac{q l_{BD}^2}{2} + R_A l_{AB} \tag{14-7-20}$$

OB 段最大弯矩发生 X 处，即

$$X = \frac{R_O}{q} \tag{14-7-21}$$

$$M_{X\max} = R_O X - \frac{qX^2}{2} \tag{14-7-22}$$

被吊抱杆强度应满足

$$\sigma = \frac{M}{W} + \frac{F}{\varphi A} \leqslant [\sigma] \tag{14-7-23}$$

式中　M_A、M_B——吊点 A、B 处断面弯矩，N·cm；

q——钢抱杆的均布荷载，N/m；

G_1——钢抱杆顶部索具的重力，N；

X——OB 段最大弯矩断面至 O 点间水平距离，cm；

l_{AD}、l_{BD}、l_{AB}——A、D 间，B、D 间，A、B 间的水平距离，cm；

σ——钢抱杆弯应力计算值，N/cm²；

$[\sigma]$——钢抱杆的容许应力，N/cm²；

W——钢抱杆的断面系数，cm³；

A——钢抱杆主材截面面积，cm²；

φ——钢抱杆稳定系数。

二、计算举例

1. 整体起立□500mm×252000mm 钢抱杆的施工计算

（1）已知计算条件：钢抱杆断面为□500mm×500mm，主材为 L50mm×5mm（Q345），单位长度重力为 260N/m（q），G_1＝981N，G＝7481N（7.48kN），H_O＝14.14m。各部分尺寸如图 14-4-2 所示。

小人字抱杆长度为 13m，根开 4m，h＝12.85m，α＝70°，θ＝8.85°。

（2）计算。由式（14-7-1）、式（14-7-2）得

$$\delta_z = \arctan\frac{12.85\sin 70^\circ}{19-5-12.85\cos 70^\circ} = 51.5^\circ$$

$$\varphi = \arctan\frac{12.85\sin 70^\circ}{30+5+12.85\cos 70^\circ} = 17.04^\circ$$

由式（14-7-3）～式（14-7-8），得

$$R_Z = \frac{105775}{19} = 5567(\text{N})$$

$$T=\frac{5567}{\sin 51.5^{\circ}}=7114(\mathrm{N})$$

$$F=\frac{5567}{\tan 51.5^{\circ}}=4428(\mathrm{N})$$

$$p=\frac{\sin(70^{\circ}+51.5^{\circ})}{\sin(70^{\circ}-17.04^{\circ})}\times 7114=7599(\mathrm{N})$$

$$N=\frac{\sin(17.04^{\circ}+51.5^{\circ})}{\sin(70^{\circ}+17.04^{\circ})}\times 7114=8295(\mathrm{N})$$

$$N_1=\frac{8295}{2\cos 8.85^{\circ}}=4197(\mathrm{N})$$

（3）选择索具。

1）吊点绳 $T_P \geqslant 7.114\times 4.8=34.15$（kN），选择 ϕ12.5mm 钢丝绳，破断力为 82.7kN。

2）牵引绳 $P_P \geqslant 7.599\times 4.8=36.48$（kN），选择 ϕ12.5mm 钢丝绳，破断力为 82.7kN。

3）制动绳 $F_P \geqslant 4.428\times 4.8=21.25$（kN），选择 ϕ12.5mm 钢丝绳，破断力为 82.7kN。

4）小抱杆 $[N]\geqslant 4.197\times 1.2=5.04$（kN）。

小抱杆选用□400mm×13000mm，且主材用 L50mm×4mm（LY12），$[P]=54$kN，满足设计要求。

2. 整体起立□800mm×35000mm 钢抱杆的施工计算

（1）已知条件：钢抱杆断面为□800mm×800mm，主材为 L63mm×6mm，$q=500$N/m，$G_1=981$N，$W=1067.3\text{cm}^3$，$J=42692\text{cm}^4$，$G=18481$N，$H_O=18.43$m，则 $GH_O=340585$ N·m。

各部位布置尺寸如图 14-4-3 所示。

小人字抱杆长度为 15m，根开 5m，$h=14.79$m，$\alpha=70^{\circ}$，$\theta=9.59^{\circ}$。

（2）力系分析计算。

由式（14-7-9）～式（14-7-13），得

$$\delta_A=\arctan\frac{14.79\sin 70^{\circ}}{30-5-14.79\cos 70^{\circ}}=34.87^{\circ}$$

$$\delta_B=\arctan\frac{14.79\sin 70^{\circ}}{20-5-14.79\cos 70^{\circ}}=54.42^{\circ}$$

$$\theta=54.42^{\circ}-35.87^{\circ}=19.55^{\circ}$$

$$\delta_z=54.42^{\circ}-\frac{19.55^{\circ}}{2}=44.645^{\circ}$$

$$l_{OZ}=\frac{14.79\sin 70^{\circ}}{\tan 44.645^{\circ}}+5+14.79\cos 70^{\circ}=24.1(\mathrm{m})$$

$$\varphi=\arctan\frac{14.79\sin 70^{\circ}}{30+5+14.79\cos 70^{\circ}}=17.14^{\circ}$$

力系分析如下

$$R_Z=\frac{340585}{24.1}=14132(\mathrm{N})$$

$$T=\frac{14132}{\sin 44.645^{\circ}}=20111(\mathrm{N})$$

$$T_{\mathrm{A}}=T_{\mathrm{B}}=\frac{20111}{2\times\cos\frac{19.55^{\circ}}{2}}=10204(\mathrm{N})$$

$$F=\frac{14132}{\tan 44.645^{\circ}}=14308(\mathrm{N})$$

$$p=\frac{\sin(70^{\circ}+44.645^{\circ})}{\sin(70^{\circ}-17.14^{\circ})}\times 20111=22930(\mathrm{N})$$

$$N=\frac{\sin(17.14^{\circ}+44.645^{\circ})}{\sin(70^{\circ}-17.14^{\circ})}\times 20111=22231(\mathrm{N})$$

$$N_1=\frac{22231}{2\cos 9.59^{\circ}}=11273(\mathrm{N})$$

（3）选择索具。

1）吊点绳 $T_{\mathrm{P}}\geqslant 10.204\times 4.8=48.98(\mathrm{kN})$，选择 ϕ12.5mm 钢丝绳，破断力为 82.7kN。

2）总牵引绳 $T_{\mathrm{P}}\geqslant 22.95\times 4.8=110.06(\mathrm{kN})$，选择 ϕ15.5mm 钢丝绳，破断力为 129.2kN。

3）制动绳 $T_{\mathrm{P}}\geqslant 14.308\times 4.8=68.68(\mathrm{kN})$，选择 ϕ12.5mm 钢丝绳，破断力为 82.7kN。

4）抱杆 $[N]\geqslant 11.27\times 1.2=13.52$（kN），选择□400mm，主材用 L45mm×5mm（LY12），$[P]$=44kN，满足设计要求。

（4）钢抱杆的强度验算。

$$R_{\mathrm{A}}=10204\sin 34.87^{\circ}=5834(\mathrm{N})$$

$$R_{\mathrm{B}}=10204\sin 54.42^{\circ}=8299(\mathrm{N})$$

$$R_{\mathrm{O}}=18481-14132=4349(\mathrm{N})$$

$$M_{\mathrm{A}}=-981\times 5-\frac{500\times 5^2}{2}=-11155(\mathrm{N\cdot m})$$

$$M_{\mathrm{B}}=5834\times 10-\frac{500\times 15^2}{2}-981\times 15=-12625(\mathrm{N\cdot m})$$

$$X=\frac{4349}{500}=8.698(\mathrm{m})$$

$$M_X=4349\times 8.698-\frac{500\times 8.698^2}{2}=18914(\mathrm{N\cdot m})$$

M_{A}、M_{B}、M_X 三者相比较，取其较大者验算其强度。OB 段长度 2000cm，则

$$\lambda=\frac{1.05\times 2000}{\sqrt{\frac{42692}{29.152}}}=54.9$$

查表得 $\varphi=0.771$（Q345）

$$\sigma=\frac{1891400}{1067.3}+\frac{14308}{0.771\times 29.152}=2409(\mathrm{N/cm^2})<[\sigma]$$

验算满足要求。

3. 整体起立□900mm×50000mm 钢抱杆的施工计算

（1）已知条件：钢抱杆断面为□900mm × 900mm，主材为 L90mm × 8mm，$q = 808$ N/m,$G_1 = 981$N，$W = 2246.1\text{cm}^3$，$J = 101074.5\text{cm}^4$，$G = 41381$N，$H_O = 25.59$m，则 $GH_O = 1059050$N·m。

各部位布置尺寸如图 14-4-4 所示。

小人字抱杆长度为 18m，根开 7m，$h = 16.64$m，$\alpha = 70°$，$\theta = 11.21°$。

（2）力系分析计算结果见表 14-7-1。

表 14-7-1　**整立 50m 钢抱杆施工计算结果**

计算参数		力系分析（N）		弯矩计算		强度验算	
δ_A（°）	28.91	R_Z	32259	R_A(N)	12526	$\lambda = 66.6$	$l = 27$m
δ_B（°）	49.6	T_h	50980	R_B(N)	19732	φ	0.683
θ（°）	20.69	$T_A = T_B$	25911	R_O(N)	9122		
δ_{z1}	39.255	F	39476	X(m)	11.29	$A(\text{cm}^2)$	55.776
l_{Oz1}(m)	32.83	P	57910	M_A(N·m)	−33704	$J(\text{cm}^4)$	101074.5
φ（°）	13.79	N	49018	M_B(N·m)	−48389	$W(\text{cm}^3)$	2246.1
G(N)	41381	N_1	24986	M_X(N·m)	51492	σ	3329

（3）索具选择。

1）吊点绳 $T_P \geqslant 25.911 \times 4.8 = 124.4$（kN），选择 ϕ15.5mm 钢丝绳，破断力为 129.2kN；

2）总牵引绳 $T_P \geqslant 57.91 \times 4.8 = 278$（kN），选择 ϕ23mm 钢丝绳，破断力为 290kN；

3）制动绳 $T_P \geqslant 39.476 \times 4.8 = 189.5$（kN），选择 2×$\phi$15.5mm 钢丝绳，破断力为 258.4kN；

4）小抱杆 $N \geqslant 24.986 \times 1.2 = 30$(kN)，选择□500mm×500mm，主材用 L45mm×5mm（LY12），$[P] = 50$kN，满足设计要求。

第八节　主要工器具配置实例

内悬浮外拉线抱杆与内悬浮内拉线抱杆分解组塔的工具器具配置除拉线系统外基本相同。这里，仅将各种电压等级线路组塔的拉线系统工器具列出。

（1）限制吊重 1t，220kV 线路组塔的外拉线系统工器具配置推荐见表 14-8-1。

（2）限制吊得 2t，500kV 线路组塔的外拉线系统工器具配置见表 14-8-2。

（3）限制吊重 4t，±800kV 线路组塔的外拉线系统工器具配置见表 14-8-3。

（4）限制吊重 5t，1000kV 单回线路组塔的外拉线系统工器具配置见表 14-8-4。

表 14-8-1～表 14-8-4 的工器具规格是根据下列布置条件推荐的：

吊装塔身时，$\beta \leqslant 10°$，$\omega \leqslant 35°$，$\alpha \leqslant 45°$，$\delta \leqslant 10°$，$\varphi_0 \leqslant 45°$；

吊装塔头（含横担）时，$\beta \leqslant 10°$，$\omega \leqslant 50°$ $\alpha \leqslant 50°$，$\delta \leqslant 10°$，$\varphi_0 \leqslant 40°$。

如果现场布置不符合上述条件，应对工器具规格进行验算及重新选择。

表 14-8-1 **220kV外拉线抱杆分解组塔工器具（限制吊重1t）**

序号	机具名称	规格	单位	数量	参考质量（kg）		备注
					单件	小计	
1	钢丝绳	ϕ12.5mm×50m	条	4	28	112	
2	钢绳套	ϕ11mm×1m	条	4	1.0	4	
3	拉线控制器	ϕ100mm	只	4	2	8	
4	钢丝绳	ϕ12.5mm×20m	条	2	12	24	接线用
5	角铁桩	L75mm×8mm×1500mm	块	10	15	150	
6	花篮螺丝	M20	副	6	4	24	
7	双钩	30kN	把	4	8	32	
8	元宝螺丝	ϕ6mm	只	12	0.5	6	
9	卸扣	30kN（M27）	只	15	25	37.5	

表 14-8-2 **500kV线路外拉线抱杆分解组塔工器具（限制吊重2t）**

序号	机具名称	规格	单位	数量	参考质量（kg）		备注
					单件	小计	
1	拉线钢丝绳	ϕ12.5mm×100m	条	4	55	220	外拉线
2	拉线钢丝绳	ϕ12.5mm×15m	条	4	9	36	接长拉线
3	钢绳套	ϕ15.5mm×3m	条	4	3	12	地锚套
4	钢绳套	ϕ11mm×1m	条	4	1.0	4	
5	拉线控制器	ϕ100mm	只	4	2	8	
6	钢板地锚	—200mm×400mm×1200mm	块	4	25	100	
7	角铁桩	L75mm×8mm×1500mm	块	4	15	60	
8	元宝螺丝	ϕ6mm	只	12	0.5	6	
9	双钩	50kN	把	4	10	40	
10	钢丝绳卡线器	ϕ12.5mm	只	4	3	12	

表 14-8-3 **±800kV线路外拉线抱杆分解组塔工器具（限制吊重4t）**

序号	机具名称	规格	单位	数量	参考质量（kg）		备注
					单件	小计	
1	拉线钢丝绳	ϕ12.5mm×240m	条	4	130	520	主拉线，双根并用
2	拉线钢丝绳	ϕ12.5mm×50m	条	4	28	112	接长拉线用
3	起重滑车	50kN单轮	只	4	6	24	
4	拉线控制器	30kN	只	4	2	8	
5	卸扣	50kN（M36）	只	8	4.5	36	
6	卸扣	30kN（M27）	只	8	2.5	20	
7	钢板地锚	—200mm×400mm×1400mm	块	4	25	100	
8	钢绳套	ϕ18.5mm×3m	条	4	5	20	
9	角铁桩	L75mm×8mm×1500mm	块	4	15	60	
10	手扳葫芦	30kN	把	4	20	80	
11	钢丝绳卡线器	ϕ12.5mm	只	4	3	12	
12	元宝螺丝	ϕ6mm	只	12	0.5	6	

表 14-8-4 1000kV 单回线路外拉线抱杆分解组塔工器具（限制吊重 5t）

序号	机具名称	规 格	单位	数量	参考质量（kg）		备 注
					单件	小计	
1	钢丝绳	ϕ14mm×300m	条	4	210	840	
2	钢丝绳	ϕ14mm×50m	条	4	36	144	
3	起重滑车	50kN 单轮	只	4	6	24	
4	手扳葫芦	30kN	把	4	20	80	
5	钢丝绳卡线器	ϕ14mm	只	4	4	16	
6	钢板地锚	－200mm×400mm×1200mm	副	4	25	100	
7	钢绳套	ϕ15.5mm×3m	条	4	4	16	
8	角铁桩	L75mm×8mm×1500mm	块	4	15	60	
9	拉线控制器	ϕ120mm	只	4	3	12	
10	卸 扣	50kN（M36）	只	4	4.5	18	
11	卸 扣	30kN（M30）	只	8	2.5	20	
12	元宝螺丝	ϕ8mm	只	12	0.5	6	

附录 K 内悬浮外拉线铰接组合抱杆分解组塔❶

内悬浮外拉线铰接组合抱杆是山东送变电工程公司在 1000kV 特高压交流试验示范工程中的一项创新成果。本节内容是依据该公司编印的《铰接组合抱杆在 1000kV 特高压交流试验示范工程中的应用》进行整理摘编。

K.1 铰接组合抱杆简介

K.1.1 铰接组合抱杆的构造

铰接组合抱杆外形示意如图 K.1 所示。

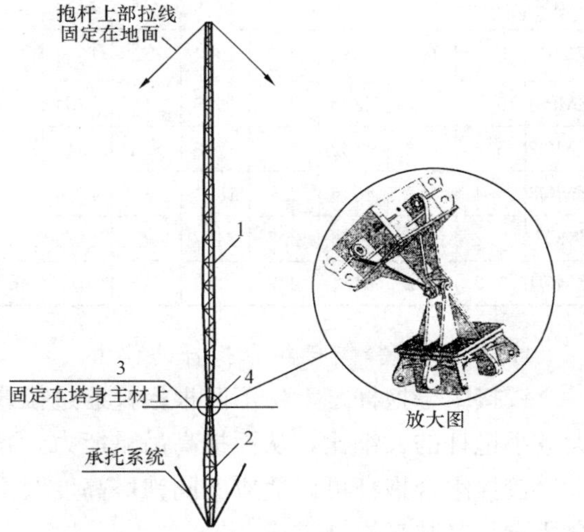

图 K.1 铰接组合抱杆外形示意图

1—上抱杆；2—下抱杆；3—抱杆中部拉线；4—铰接装置

K.1.2 对 1000kV 特高压交流试验示范线路直线塔塔型的分析

对于 1000kV 特高压交流试验示范工程组塔，主要难题是酒杯型塔（ZBS）及猫头型（ZMP）两种直线塔横担及曲臂的吊装，铰接组合抱杆是为解决这一难题而创新设计的。

（1）ZBS 型酒杯型铁塔横担及曲臂的技术参数见图 K.2 及表 K.1。

（2）ZMP 型猫头型铁塔横担及曲臂的技术参数见图 K.3 及表 K.2。

（3）由表 K.1、表 K.2 可以看出，采用常规的内悬浮抱杆吊装横担时，由于受抱杆

❶ 王洪英，胡建宁．内悬浮外拉线铰接组合抱杆在特高压交流试验示范工程中的应用．超高压送变电动态报道．2007（6）：21-25.

支点位置制约，抱杆高度不能低于47m。根据DL/T 875—2004《输电线路施工机具设计、试验基本要求》对抱杆长细比的要求，使用格构型钢抱杆的断面边宽不应小于900mm×900mm。由于吊重大，抱杆又长，设计的抱杆将十分笨重。

表K.1　　ZBS型酒杯型铁塔横担及曲臂技术参数

塔型	平口宽度(m)	下曲臂		上曲臂		中横担			边横担		地线支架		抱杆高度(m)				
		高度(m)	质量(kg)	高度(m)	质量(kg)	长度(m)	高度(m)	质量(kg)	长度(m)①	质量(kg)	高度(m)	质量(kg)	H_1	H_2	H_3	H_4	$\sum H$
ZBS1	6	13	6659	13	3008	17.8	2.5	3947	12.85+3.6	5021	5.143	760	4.2	28.5	7.7	1	41.4
ZBS2	6	13.5	6323	12.5	3117	18.32	2.8	3903	13.4+4	5694	4.749	747	4.2	28.8	7.9	1	42.0
ZBS3	6	13	6760	13	3523	19.2	3	4970	13.55+4.3	6639	4.53	983	4.2	29	8.3	1	42.6
ZBS31	7.2	17.1	7290	11.7	3790	20.8	3.2	12 710	13.8+4.3	4465	3.7	649	3.7	31.4	9.0	1	47.1
ZBS4	7.2	17.1	7798	11.7	3961	20.8	3.2	12 814	13.8+4.3	4551	3.7	617	3.7	31.4	9.0	1	47.1

① 边横担长度包括横担头和上曲臂长度。

表K.2　　ZM型猫头型铁塔横担及曲臂的技术参数

塔型	平口宽度(m)	下曲臂		边横担		中曲臂		上曲臂		中横担			抱杆高度(m)				
		高度(m)	质量(kg)	高度(m)	质量(kg)	高度(m)	质量(kg)	高度(m)	质量(kg)	长度(m)	高度(m)	质量(kg)	H_1	H_2	H_3	H_4	$\sum H$
ZMP1	5	7.62	4077	2.55	1540	7.55	1073	6.37	560	17.1	2.53	3846	3.5	26.6	7.4	1	38.6
ZMP2	5.3	6.5	4362	2.7	1748	8.4	1343	5.4	539	17.86	2.9	4521	3.7	25.9	7.7	1	38.4
ZMP21	5.3	6.5	4574	2.7	1776	8.4	1358	5.4	539	17.86	2.9	4597	3.7	25.9	7.7	1	38.4
ZMP3	5.4	6.5	4646	2.7	1871	8	1374	5.4	632	18.59	3.4	5382	3.8	26.0	8.0	1	38.9
ZMP31	5.2	6.5	5396	2.7	1929	8	1354	5.4	660	18.59	3.4	5654	3.7	26.0	8.0	1	38.7
ZMQ2	5.3	6.5	4362	2.7	1748	8.4	1343	5.4	539	17.86	3.4	4521	3.7	25.9	7.7	1	38.4
ZMQ3	5.4	6.5	4646	2.7	1871	8	1374	5.4	632	18.59	3.4	5382	3.8	26.0	8.0	1	38.9
ZMQ31	5.2	6.5	6066	2.7	2477	8	1473	5.4	689	18.59	3.4	6595	3.7	26.0	8.0	1	38.7
ZMQ4	5.7	6.2	5124	2.9	2115	7.5	0	5.8	2058	19.292	3.6	6089	4.0	26.0	8.4	1	39.4

K.1.3　选择铰接组合抱杆的理由

铰接组合抱杆是上、下两根抱杆通过拉线及铰接支撑装置连接组合而成，因此，可以大大减小抱杆的长细比，从而提高吊重能力，减轻抱杆重量。

铰接组合抱杆可以适应不同铁塔高度及重量的要求，进行灵活组合，使其既满足吊装安全要求，又减轻抱杆重量。

K.1.4　铰接组合抱杆的参数选择

结合1000kV特高压交流试验示范工程的塔型特点，选择的抱杆参数如下。

(1) 上抱杆规格为□900mm×900mm×40m、□750mm×750mm×34m及□500mm×500mm×25m；下抱杆规格为□650mm×650mm×15m及□500mm×500mm×8m。

(2) 吊装ZBS3型及ZBS4型两种型式铁塔时，上抱杆用□900mm×900mm，下抱杆用□650mm×650mm，铰接抱杆总长度为55m。

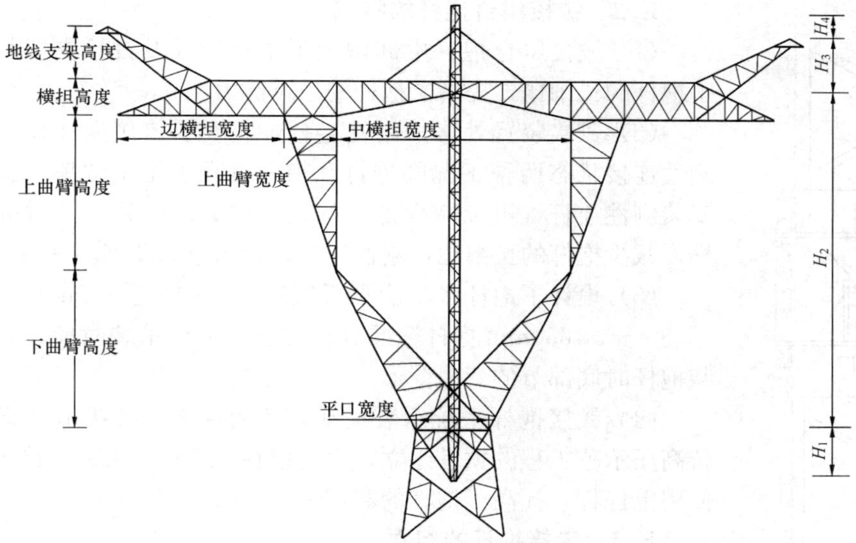

图 K.2　酒杯型塔塔头外形

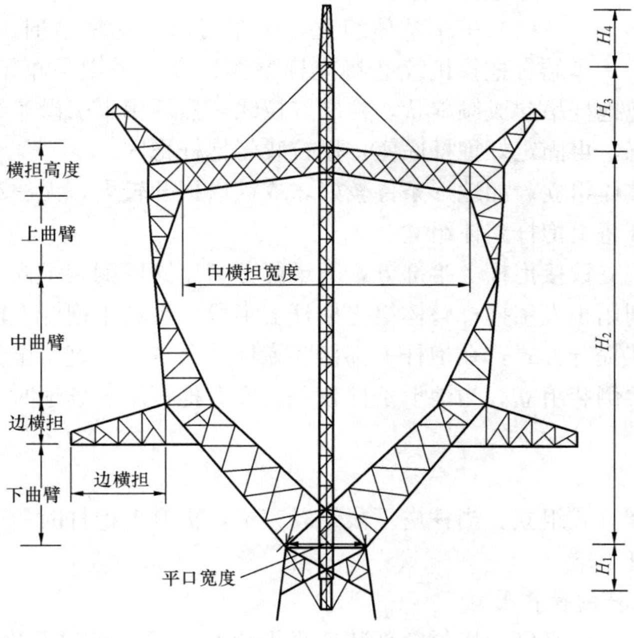

图 K.3　猫头型塔塔头外形

（3）□900mm×900mm 及□750mm×750mm 抱杆采用铝钢组合抱杆，□500mm×500mm 抱杆采用铝合金抱杆。

（4）分片吊装塔身及下曲臂时，只使用上抱杆；吊装上曲臂及中段横担时，使用组合抱杆。承托系统分别固定在上抱杆底部及下抱杆底部。使用组合抱杆时，上抱杆底部设置抱杆中部拉线。

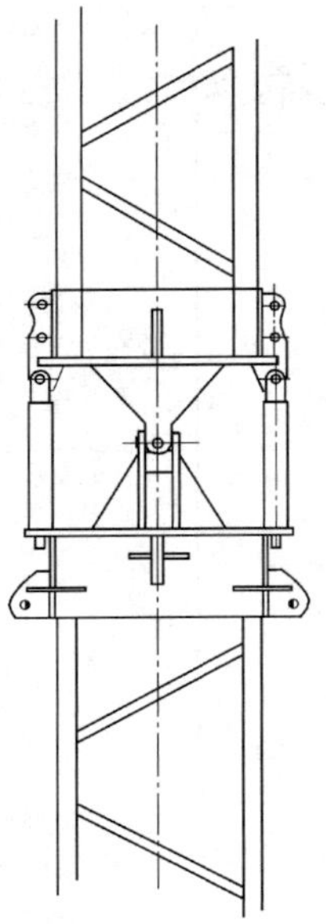

图 K.4　刚性连接装置示意图

K.2　铰接组合抱杆的特点

（1）铰接组合抱杆中部增加了中部拉线及铰接支撑装置，减小了抱杆的长细比，提高了抱杆的吊重能力。

（2）铰接装置处增加刚性连杆，实现了铰接抱杆在铰接状态和刚性连接状态两种工况间进行互换，提高了施工效率。提升抱杆时安装刚性连杆，可以减少抱杆的提升次数。吊装构件时拆除刚性连杆，减少抱杆的长细比，刚性连接装置示意如图 K.4 所示。

（3）设计了抱杆多功能平板底座，适用于□750mm×750mm 及□650mm×650mm 抱杆标准节和锥节在地面吊装时使用，避免了吊装抱杆时底部节的弯曲变形。

（4）铰接抱杆系统组装灵活，适用性强。铰接抱杆不仅适用于特高压示范工程的铁塔组立，也可以在 500～750kV 线路组塔中单独使用上抱杆，提高了抱杆的利用率。

K.3　铰接抱杆的组立

K.3.1　上抱杆组立

上抱杆组立主要采用以下四种方式：

（1）吊车整体组立。吊车可以到达塔位时，利用吊车组立或吊车结合拖拉机绞磨将抱杆整体组立。采用吊车结合拖拉机绞磨整体起立时，利用吊车把抱杆吊起成倾斜状，控制好拉线，然后用牵引滑车组和拖拉机绞磨将抱杆牵引立至直立状态，再固定好抱杆底座，用拉线将抱杆稳固。

（2）人字抱杆整体组立。如地形条件较好，或铁塔根开较大，无法利用铁塔倒装提升抱杆时，利用人字抱杆将上抱杆整体组立。

（3）人字抱杆整立铰接抱杆上半部分，下半部分利用铁塔倒装组立。地形条件限制或铁塔根开较小时，先利用小人字抱杆整体组立抱杆上半段，再利用抱杆上段将铁塔组立到一定高度，然后采用倒装提升方式，在抱杆下部接装抱杆其余各段，直至全部组装完成。

（4）采用倒装架倒装组立。当地形条件较差，没有抱杆组装场地时，利用倒装架倒装组立抱杆。

K.3.2　下抱杆组立

下抱杆采用倒装方式组立。当铁塔下段组装完毕，提升上抱杆时，采用倒装的方式，将下抱杆连接在上抱杆下端。

K.3.3　提升抱杆的操作要点

（1）铁塔组立到一定高度，塔材全部装齐且螺栓紧固后即可提升抱杆。由于抱杆较重，应采用两套滑车组加一套平衡滑车组进行提升。抱杆提升现场布置示意如图 K.5 所示。

（2）提升过程与常规内悬浮外拉线抱杆提升方式相同。

（3）将下抱杆采用倒装的方式依次连接在上抱杆根部。

（4）抱杆提升到预定高度后，将承托绳固定在主材节点的上方或预留孔处。因 1000kV 线路铁塔各段根开较大，在吊装下段塔身时，抱杆悬浮高度应适当加大，以保证对角两承托绳之间的夹角小于 60°。

（5）抱杆固定后，收紧拉线，调整腰环使腰环呈松弛状态。调整抱杆的倾斜角度，使其

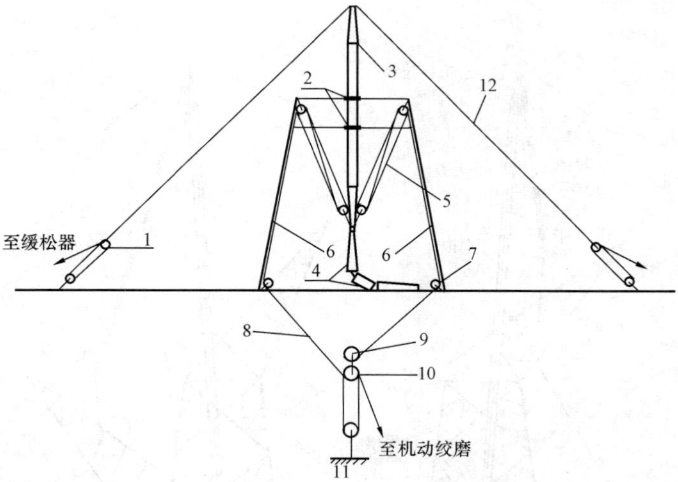

图 K.5　抱杆提升现场布置示意图

1—拉线调节滑车组；2—腰环；3—上抱杆；4—下抱杆；5—提升滑车组；
6—已立塔身；7—转向滑车；8—提升绳；9—平衡滑车；10—牵引滑车组；
11—地锚；12—抱杆拉线

顶端定滑车位于被吊构件就位后结构中心的垂直上方。

K.4　构件的吊装

K.4.1　塔身各段的吊装

塔身平口以下各段采用上抱杆吊装，吊装方式与常规内悬浮外拉线抱杆组塔工艺相同。吊装时，下抱杆自由悬挂在上抱杆根部。

K.4.2　酒杯型铁塔下曲臂的吊装

(1) 提升抱杆，使抱杆高度满足吊装下曲臂的要求。

(2) 根据抱杆的承载能力及下曲臂的重量及塔材就位的难易程度，确定下曲臂分片进行吊装。

(3) 下曲臂地面组装应在铁塔横线路方向靠近塔身处，以减小起吊绳与抱杆的夹角。下曲臂吊装示意如图 K.6 所示。

K.4.3　酒杯型铁塔上曲臂及中横担的吊装

ZBS4 型酒杯型塔，塔身平口至横担上平面高 32m，导线横担端头间距 57m，地线支架端头间距 61.2m，横担重 23.1t（包括地线支架），横担的吊装是该塔型吊装中的难点。

(1) 吊装前的准备工作。

1) 吊装完下曲臂后，在上下曲臂 K 形节点处施工孔上各挂一套提升滑车，下端提升滑车固定在上抱杆底部。

2) 提升抱杆至上抱杆底部高于曲臂交叉点上方 1～2m 处。

3) 在下抱杆底部安装承托系统。

4) 在组合抱杆的铰接装置处安装中部拉线，布置示意如图 K.7 所示。抱杆调整好后，应将中部拉线用 60kN 手扳葫芦收紧，同时收紧保险钢丝绳。

(2) 上曲臂及中横担的吊装。

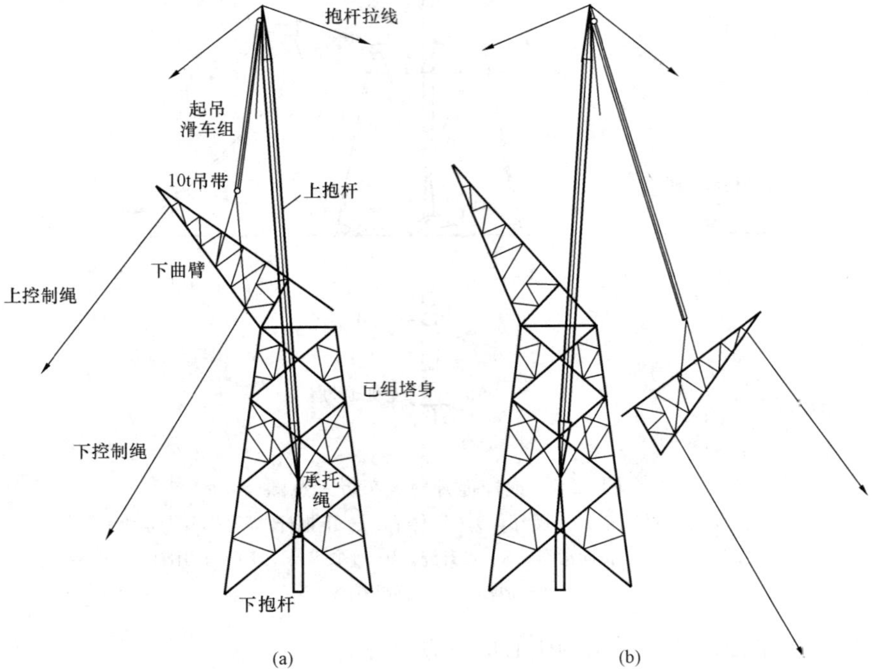

图 K.6 下曲臂吊装示意图

（a）左下曲臂吊装；（b）右下曲臂吊装

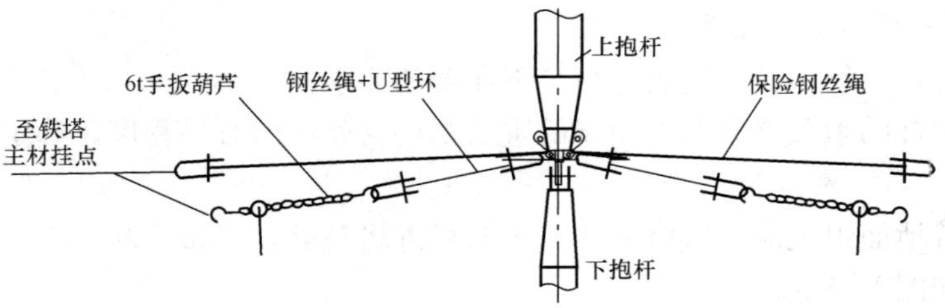

图 K.7 中部拉线布置示意图

1）上曲臂可以整体吊装，中横担分前后两片分次吊装。

2）两侧上曲臂安装好且紧固螺栓后，在曲臂上口前后侧加钢丝绳和双钩调节收紧，测量上曲臂上口螺栓孔距离，并确认其与横担相应螺栓孔距离相一致。

3）中横担分片吊装时，应对横担进行补强。

4）上曲臂及中横担吊装布置示意如图 K.8 所示。

K.4.4 酒杯型塔边横担及地线支架的吊装

（1）由于酒杯型塔横担较长，无法利用铰接组合抱杆一次吊装到位。导线边横担吊装时，需要将铰接组合抱杆落至地面，将抱杆组装成 20～22m 内悬浮外拉线抱杆，固定在横

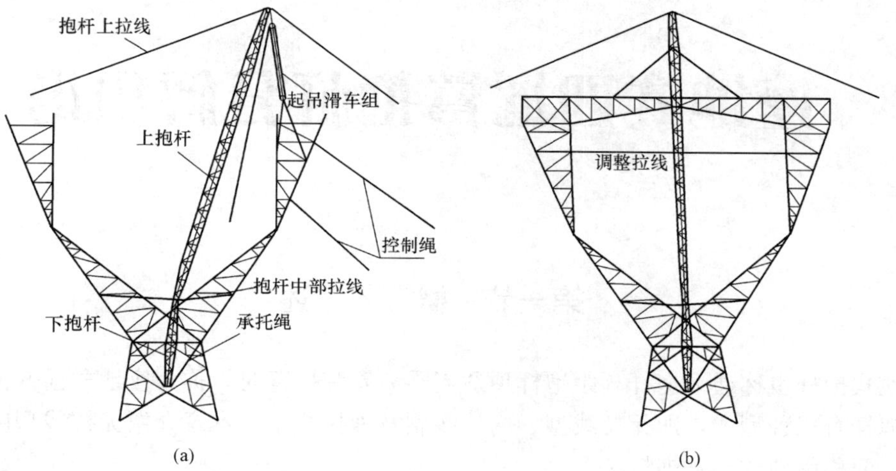

图 K.8　上曲臂及中横担吊装布置示意图
（a）吊装上曲臂；（b）吊装中横担

担与上曲臂接合处进行吊装。

（2）边横担和地线支架分两部分吊装。

1）边横担靠近塔身段（边横担Ⅰ）和地线支架，用长度为 20～22m 内悬浮外拉线抱杆进行吊装，布置示意如图 K.9（a）所示。

2）边横担头部（边横担Ⅱ）利用在地线支架上悬挂转向滑车，用内悬浮外拉线抱杆吊装，布置示意如图 K.9（b）所示。

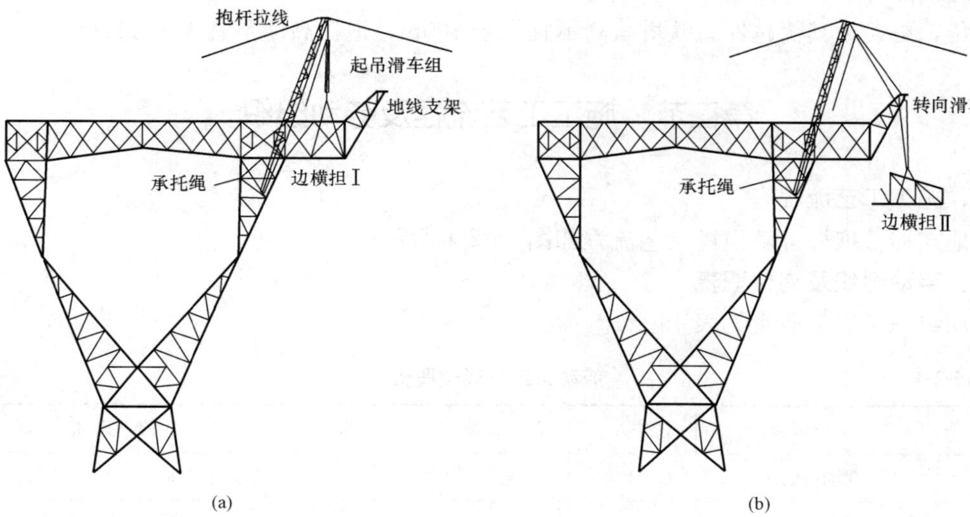

图 K.9　吊装边横担及地线支架布置示意图
（a）吊装边横担Ⅰ；（b）吊装边横担Ⅱ

第十五章

座地式四摇臂抱杆分解组塔

第一节　概　　述

座地式抱杆也称通天抱杆。距抱杆顶适当距离安装摇臂时，称为座地式摇臂抱杆。座地式摇臂抱杆有三种型式，即无拉线型、内拉线型及外拉线型。本章介绍无拉线型座地式四摇臂抱杆，简称座地式摇臂抱杆。

座地式摇臂抱杆分解组塔有以下特点。

（1）抱杆竖立在铁塔中心的地面处，利用已组塔架设置多层腰拉线对抱杆进行固定，抱杆长细比较小。

（2）距抱杆顶适当距离设置两根或四根摇臂，施工起吊半径大。

（3）一侧摇臂吊装构件时，对侧摇臂悬挂的起吊绳用作平衡拉线以保持抱杆稳定。

（4）抱杆随铁塔安装高度的增加而升高，它的最终高度应大于铁塔全高 5～10m。抱杆较高，使用工具较多。

（5）抱杆上部露出塔架的部分为近似为悬臂梁杆件，稳定性稍差，吊较重的构件受到限制。

座地式摇臂抱杆因无拉线，能适用于平原、丘陵及山地等各种地形条件。

座地式摇臂抱杆适用于 220～500kV 线路的各种类型铁塔，特别是酒杯型、猫头型塔横担的安装，更显现其优越性。铁塔全高不宜大于 100m，抱杆高度不宜大于 112m。

第二节　施工工艺流程及劳动组织

一、施工工艺流程

座地式摇臂抱杆分解组塔工艺流程如图 15-2-1 所示。

二、劳动组织及岗位职责

劳动组织及岗位职责见表 15-2-1。

表 15-2-1　　**劳动组织及岗位职责**

序号	岗位名称	技工人数	普工人数	小计人数	主 要 职 责
1	现场负责人	1		1	现场全面指挥
2	安全监护人	1		1	现场安全监护、检查
3	塔上作业人	6		6	塔上高处组装作业
4	地面组装作业	2	12	14	塔片地面组装

续表

序号	岗位名称	技工人数	普工人数	小计人数	主 要 职 责
5	吊装配合作业	2	4	6	吊点绳、攀根绳等操作
6	机动绞磨作业	2	4	6	机动绞磨操作及控制
7	经纬仪监视	2		2	监视抱杆的正直情况
合　计		17	20	37	

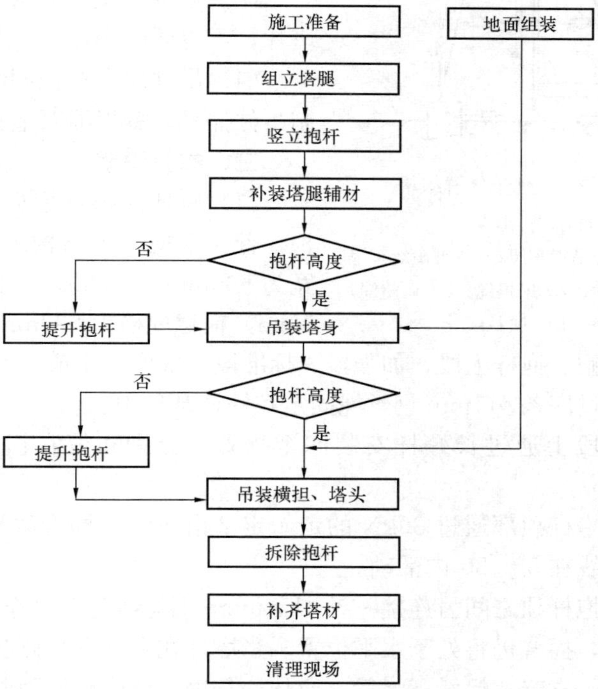

图 15-2-1　座地式摇臂抱杆分解组塔工艺流程图

第三节　现场布置及布置说明

一、现场布置

座地式摇臂抱杆分解组塔现场布置示意如图 15-3-1 所示。

二、抱杆规格的选择

1. 格构式抱杆的三种规格（抱杆均用型钢制作）

（1）抱杆全高为 69m，方形断面，边宽为 500mm×500mm，主材为 L50mm×5mm，摇臂长 4m，容许吊重 1000kg，适用于 220kV 线路铁塔吊装。

（2）抱杆全高为 76m，方形断面，边宽为 600mm×600mm，主材为 L63mm×5mm，摇臂长 6m，容许吊重 2000kg，适用于 500kV 线路铁塔吊装。

（3）抱杆全高为 112m，方形断面，边宽为 800mm×800mm，主材为 L70mm×6mm，摇臂长 8m，容许吊重 2000kg，适用于 220～500kV 线路的高塔组立。

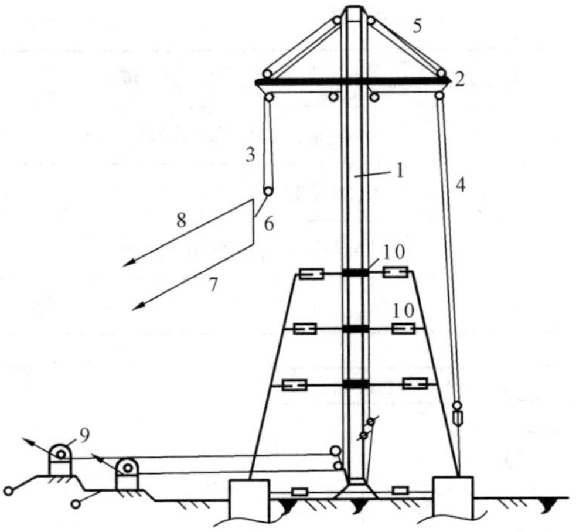

图 15-3-1 座地式摇臂抱杆分解组塔现场布置示意图

1—抱杆；2—摇臂；3—起吊滑车组；4—平衡滑车组；5—变幅滑车组；6—塔片；7—攀根绳；8—调整绳；9—机动绞磨；10—腰拉线

本章以第（2）种抱杆为例（全高为 76m），进行施工工艺及施工计算介绍。

2. 抱杆的使用条件

（1）抱杆单侧容许吊重 2t。不得双侧同时起吊构件。

（2）摇臂呈水平状态使用时，起吊塔片与横线路方向的最大偏斜角不得大于 5°。

（3）当摇臂受力后，调整摇臂仰角和起吊塔片，不得同时操作。

（4）吊件应设置控制绳（即攀根绳），以控制吊件摇晃，攀根绳对地夹角不得大于 45°。

三、布置说明

（1）座地式摇臂抱杆包括一根主抱杆及四根摇臂。主抱杆为格构式正方形断面，断面边宽为 600mm×600mm，主材规格为 L63mm×5mm，辅材规格为 L30mm×4mm，为角钢焊接结构。主抱杆由抱杆帽、抱杆上段、加强段、标准段、底座等组成。

（2）抱杆底座通过四条 ϕ11mm 钢丝绳固定在铁塔基础中心。

（3）在抱杆加强段上通过长螺杆安装四个摇臂，分别布置在横、顺线路方向，摇臂长 6m。

（4）摇臂端头与抱杆顶部通过 30kN 的走 1 走 2 滑车组（即变幅滑车组或调幅滑车组）相连，使摇臂与铅垂线在 5°～80°内活动。

（5）摇臂端头与抱杆顶之间另连接一条 ϕ15.5mm 钢丝绳起保险作用，称为保险钢丝绳。当变幅滑车组失控时，摇臂仍将处于水平位置。当塔片在左（右）侧起吊时，前后侧摇臂的变幅滑车组可以省略。省略变幅滑车组后，应挂一条钢丝绳连至地面并收紧。

（6）摇臂端头下方悬挂 30kN 走 1 走 1 起吊滑车组，作起吊构件或平衡拉线用。起吊绳经滑车组后穿过挂在摇臂与抱杆杆身结合部的转向滑车及地面处的地滑车直至绞磨。

（7）抱杆由下至上每隔 8～10m 布置一道腰拉线。每组腰拉线由四条 ϕ11mm 钢丝绳、四把 10kN 双钩及一套腰环组成。腰拉线固定在已组塔架的四根主材上。四根腰拉线应在同一水平面内，且受力均衡，以保证抱杆在吊装构件及倒装提升时始终位于铁塔结构中心线位置。

（8）抱杆最上一道腰拉线所处塔架断面应有连接主材的大水平材（相邻两主材水平连接的辅材称大水平材）。若无大水平材应验算塔架主材稳定是否满足安全要求，必要时应进行补强。

第四节 抱杆的组立、提升及拆除

一、抱杆的组立

抱杆的组立有以下三种方法，可根据现场情况和设备条件选择。

(1) 用人字抱杆整体起立座地式摇臂抱杆。

(2) 先组立塔腿，再利用塔腿作支承，起立座地式摇臂抱杆。

(3) 用汽车起重机（简称吊车）吊装座地式摇臂抱杆。

本节介绍第一种方法。第二种方法的操作要求见第十三章。第三种方法可参考第二十一章。

1. 抱杆的组装

(1) 抱杆断面尺寸及主材规格应符合作业指导书要求。地面组装的抱杆高度应满足吊装塔腿及以上一段塔身高度，一般不宜小于26m。

(2) 抱杆组装前，应根据塔位地形情况选定整体起立方向。抱杆宜组装在平整的场地上，且支垫方木。

(3) 抱杆组装后应正直，弯曲度不应超过1‰，若超过时，应在接头处加垫圈来校直。接头螺钉应装齐、拧紧。

(4) 抱杆的四根摇臂长度，吊装220kV及500kV线路铁塔应分别为4m及6m。一般情况下，四根摇臂都装有起吊滑车组、变幅滑车组及保险钢丝绳。可任选一根摇臂作起吊用，其余摇臂作平衡用。为方便整体起立，四根摇臂与抱杆组装后，应使其自由端朝上且与抱杆捆绑在一起。

(5) 用于固定抱杆的腰环，在抱杆起立前应先套在抱杆上，且不少于2套，并用棕绳绑在抱杆杆身上，以备提升之用。

2. 整体起立抱杆的布置

(1) 整体起立座地式摇臂抱杆（高度选择为26m）采用倒落式人字小抱杆，布置示意如图15-4-1所示。

(2) 人字小抱杆为格构式铝合金抱杆，断面为□400mm×400mm，高度为13m，当主材规格为∟45mm×5mm时，其容许中心压力为60kN。

(3) 经解析法（见本章第六节）分析，选择的钢丝绳规格分别如下。

总牵引绳：ϕ17mm钢丝绳（6×19股，$\sigma_b=1700$MPa）；

牵引滑车组绳（绞磨绳）：ϕ11mm钢丝绳（6×19股，$\sigma_b=1700$MPa）；

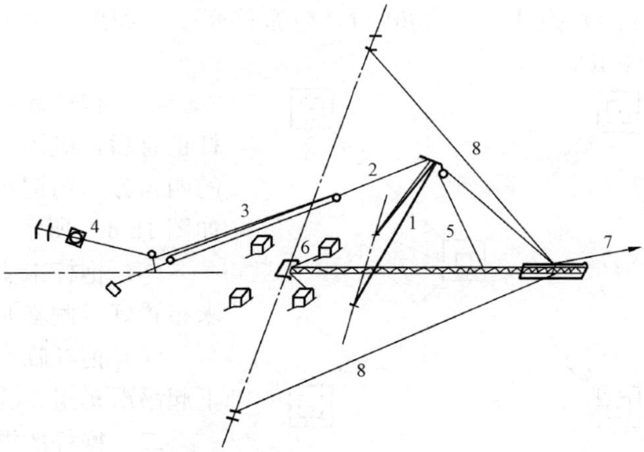

图15-4-1 整体起立座地式摇臂抱杆布置示意图
1—铝合金抱杆；2—总牵引绳；3—总牵引滑车组；4—机动绞磨；5—吊点绳；6—制动绳；7—后方临时拉线；8—左、右侧拉线

吊点绳：ϕ12.5mm钢丝绳（6×19股，$\sigma_b=1700$MPa）；

制动绳：ϕ12.5mm钢丝绳（6×19股，$\sigma_b=1700$MPa）；

三侧（左、右、后）临时拉线（经验选择）：ϕ11mm钢丝绳。

按图15-4-1将各部位索具连接并展放布置。临时拉线长度应满足对地面夹角为45°的要求。

(4) 抱杆组装方向，尽可能选在塔基的对角线方向，以便用塔基作制动地锚。绑扎制动绳时，应避免抱杆底座的铰链部位受到弯曲。抱杆起立前，制动绳应收紧固定。

（5）抱杆底座应置于坚硬的土质上。如遇软土，底座下方应垫□150mm×200mm×1.5m方木，且不少于2根。抱杆底座位于斜坡上时，应开挖底座地槽，使底座位于平整地面上且应垫方木以加固。

（6）总牵引侧应设置地锚，左、右、后三侧临时拉线应设置桩锚。在坚土地质条件，桩锚用2联或3联角铁桩；在软土地质条件，桩锚用2只或3只地钻，视现场地质条件选择。

3. 整体起立抱杆的操作要点

（1）立抱杆前应先起立小抱杆。人字型小抱杆应设置制动绳，且两杆应置于坚土的地坑内，防止滑移。启动绞磨，收紧牵引滑车组，用人力抬起小抱杆头部，使其缓慢竖立，直至达到对地夹角为65°～70°时停止牵引。小抱杆立起后应设置锁脚绳（即两抱杆根部间连接的钢丝绳）。

（2）对起立座地式摇臂抱杆的布置进行全面检查，无异常后，可启动绞磨，使抱杆坐在底座上缓慢旋转起立。

（3）起立座地式摇臂抱杆过程中，应重点监视以下四个环节。

1）抱杆离地面0.5～0.8m时，应暂停牵引，进行各部位检查并作冲击试验；

2）抱杆立至50°～60°时，应注意人字小抱杆脱帽，待脱帽后再牵引；

3）抱杆立至约60°（即脱帽）时，应带住后方临时拉线，并随抱杆的起立而随之松出；

4）抱杆立至约80°时，应暂停牵引，利用总牵引滑车组张力和松出后方临时拉线使抱杆立正。

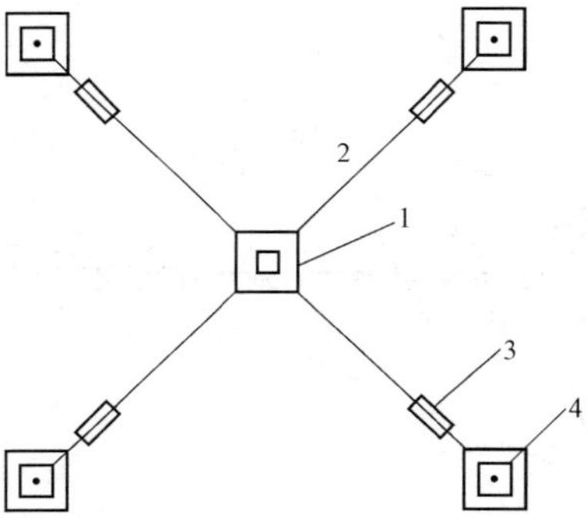

图15-4-2　抱杆底座固定示意图
1—抱杆底座；2—钢丝绳；3—双钩；4—塔脚底座

（4）抱杆起立后，其底座应位于塔位中心。调整抱杆正直后，应固定抱杆顶部的四侧临时拉线。抱杆底座的四角方向用钢丝绳及双钩分别固定于4个塔基，示意如图15-4-2所示。

（5）抱杆未安装2道腰环前，抱杆应按吊装塔腿要求布置好四侧临时拉线。

（6）抱杆临时拉线固定后，应将摇臂平放并逐一放下起吊滑车组，为吊装塔腿做好准备工作。

二、抱杆的提升

1. 提升抱杆的准备工作

（1）将已吊装好的塔架辅材装齐并拧紧螺栓，防止塔架受力变形。

（2）在已组塔架的合适高度装好顶层的腰拉线。提升过程中，腰拉线总数应不少于2道，以保证抱杆提升的稳定。各道腰拉线中心应与铁塔中心在同一铅垂线上。腰环间距不应小于4m。

（3）提升抱杆现场布置示意如图15-4-3所示。提升滑车布置在已组塔架上平面呈对角线的主材节点处，该节点应有大水平材连接，以保持塔架稳定。两提升滑车应等高，悬挂点高度应满足提升高度不小于12m。

（4）两条提升钢丝绳的尾端固定在已组塔架上平口的对角节点处，经抱杆下端的动滑车、提升滑车、塔脚处的地滑车直至平衡滑车出口处连接。由平衡滑车连接牵引滑车组直至机动绞磨。

(5) 将待接的抱杆段用钢丝绳套与提升的抱杆下端相连接。

(6) 接长抱杆时，每次以一段为限。提升前应准备好接头螺栓（M16mm×45mm）。

2. 提升抱杆的操作要点

(1) 提升抱杆时，四侧起吊滑车组尾绳应挂在塔脚上，配合抱杆的提升由人力均匀松出。首次提升抱杆时，应注意伸出最上一道腰环的长度不应超过抱杆长度的1/2。

(2) 抱杆提升至接续段下端高出抱杆底座后将其扶正，慢慢将上部抱杆落下，使接续段下端对准底座并固定好；继续回落，使接续段上端与提升段的连接螺孔对正，安装连接螺栓；最后全部松出提升钢绳。每次提升接长一段后，将提升钢绳及动滑车拉下至抱杆底部，以备下次提升。

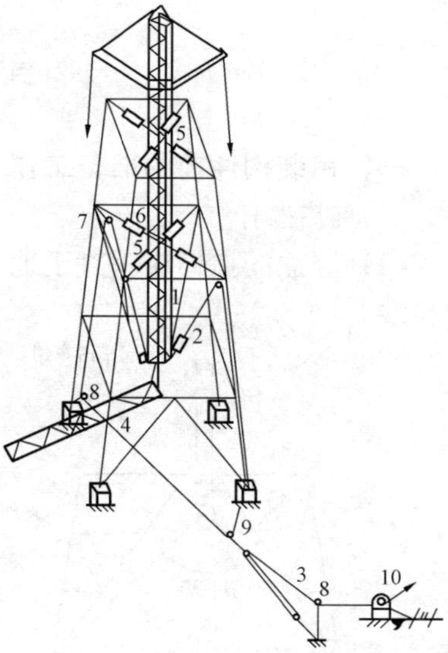

图 15-4-3　提升抱杆现场布置示意图

1—抱杆；2—提升钢绳；3—牵引钢绳；4—抱杆的接续段；5—腰环；6—双钩；7—提升滑车；8—地滑车；9—平衡滑车；10—机动绞磨

(3) 接长后的抱杆伸出最上一道腰环的高度，应满足继续吊装塔片的要求，但不得超过20m。

(4) 提升完毕后，重新调直抱杆，固定好腰拉线，各道腰拉线中心应与抱杆中轴线重合。腰拉线总数不得少于2道，腰环间距应为8～10m。

三、抱杆的拆除

(1) 构件已安装完毕且螺栓已拧紧，铁塔已形成稳定结构，方可拆除抱杆。

(2) 抱杆拆除前，先将起吊滑车组及变幅滑车组卸下，再将顺线路方向的前、后摇臂逐一卸下。

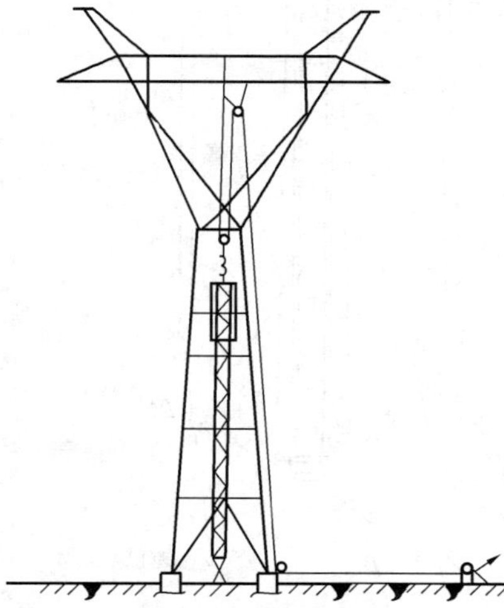

图 15-4-4　利用横担拆除抱杆现场布置示意图

(3) 将左、右摇臂与抱杆上段合拢捆绑在一起进行拆卸。

(4) 抱杆拆除的第一步，利用原提升抱杆的滑车组，按倒装提升的逆程序逐段拆除。当抱杆降低到上部腰拉线有阻挡时，拆除腰拉线后再继续逐段拆卸。

(5) 抱杆拆除的第二步，即抱杆顶部已落至横担下方。布置牵引钢丝绳使其一端固定在抱杆上端，另一端通过挂在适当高度的起吊滑车经地滑车进入绞磨，示意如图15-4-4所示。缓慢松出牵引绳，抱杆逐段拆除。

(6) 当抱杆高度仅有15～20m时，将抱杆吊离地面1～3m，用人力将抱杆根部从塔中心拖到塔外，直至抱杆全部落到地面。

第五节 构件的吊装

一、吊装构件前的准备工作

1. 调整抱杆

(1) 竖立的抱杆应垂直于地面，各道腰环中心应与抱杆轴心线相重合，收紧并固定各道腰拉线。

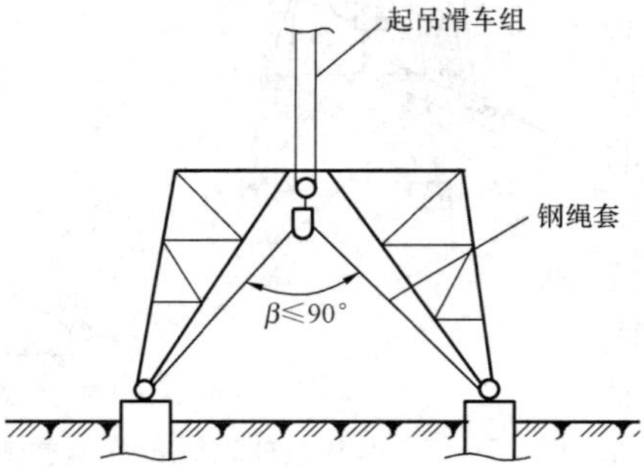

图 15-5-1 起吊滑车组与塔脚的连接示意图

(2) 起平衡作用的对侧摇臂的起吊滑车组应拉至地面，通过钢丝绳套挂于塔脚上，示意如图 15-5-1 所示。钢丝绳套的夹角 β 应不大于 90°。起吊滑车组的牵引绳应通过机动绞磨收紧，使抱杆顶向起吊反侧偏移 200～300mm，以控制在起吊构件过程中向起吊侧偏移不超过 100mm。

(3) 与起吊构件摇臂相垂直的两根摇臂应平放，由保险绳受力。其起吊滑车组应收缩至最短状态，下方连接一条钢丝绳及钢丝绳套挂在塔脚上。起吊滑车组尾绳应串接双钩并收紧固定。

(4) 起吊侧及对侧摇臂的变幅滑车组应收紧，其尾绳通过双钩挂于抱杆底座。

(5) 调整抱杆应由测工用经纬仪配合监视。

2. 构件的绑扎和补强

构件的绑扎和补强见第十三章第四节。

二、塔腿的吊装

1. 塔腿的吊装现场布置

塔腿吊装的现场布置示意如图 15-5-2 所示。

2. 吊装塔腿的布置要求

(1) 应沿基础对角线方向在抱杆顶设置 4 条落地拉线，拉线下端固定于桩锚或地锚。

(2) 吊装的塔腿片质量应不大于 1500kg。若超过时可按单腿单面或单件起吊。

(3) 吊件的下端应设置攀根绳，以控制其拖移。

(4) 吊装塔腿片的两吊点绳应等长，吊点绳间夹角应不大于 120°。

3. 吊装塔腿的操作要点

(1) 吊装塔腿前，应将受力侧拉线收紧，起吊对侧的起吊滑车组应收紧，且挂在铁塔基础或地锚上。

(2) 开始起吊时，应注意塔腿拖移处有无障碍物挂住，注意抱杆是否正直。

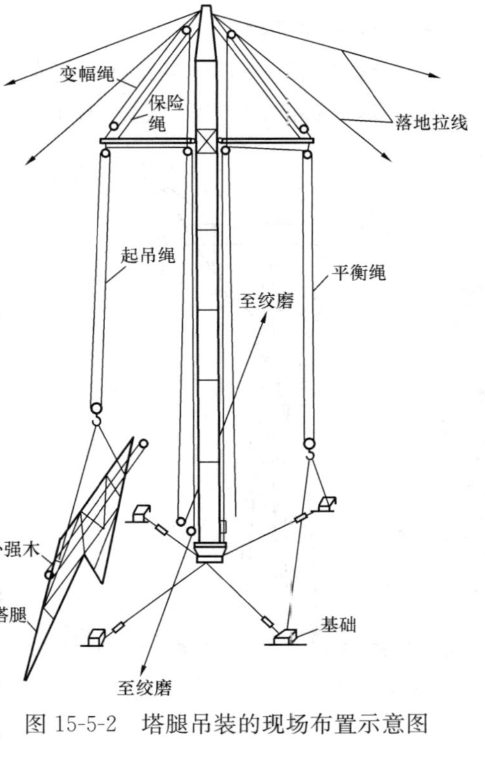

图 15-5-2 塔腿吊装的现场布置示意图

（3）塔腿片吊离地面后，应慢慢松出攀根绳，使其靠近塔基。

（4）塔腿片接近就位时，应用撬杠推至基础上就位。一侧塔片或一根构件就位后，应通过其顶端的两条临时拉线在外侧固定。临时拉线用 ϕ11mm 钢丝绳或 ϕ20mm 棕绳。

（5）一侧塔片就位后，再吊对侧塔片，最后吊装另外两侧面的辅材。塔腿四个侧面的辅材安装完毕，拆除塔腿外侧临时拉线。

（6）塔腿全部吊装完成后，应检查抱杆高度是否还能继续吊装塔身段。如果抱杆高度满足要求，可继续吊装塔身；如果不满足要求，应作提升抱杆的准备。

塔腿吊装完毕后应立即将接地装置与塔腿连接。

三、塔身的吊装

（1）塔片吊装前，对侧摇臂应平放，将其起吊滑车组拉下并收紧，起平衡拉线作用。

（2）吊装前，应检查塔片组装位置是否在起吊侧摇臂的下方或允许的偏离范围内。塔片吊离地面时，起吊滑车组中心与吊件铅垂线间夹角应不大于 5°，其最大允许偏出距离见表 15-5-1。

表 15-5-1　　允许塔片最大偏出距离　　（m）

摇臂吊点高度	18	20	25	30	35	40	50
允许偏出距离	1.40	1.75	2.19	2.62	3.06	3.50	4.37

（3）如果塔片偏离摇臂下方超出表 15-5-1 规定时，应采取措施将吊件在地面垫圆木后进行平面移动，以满足允许偏出距离要求。

（4）根据塔片就位的需要，将吊点绳绑扎在塔片的内侧或外侧。

（5）根据塔片就位后与塔位中心的距离，通过变幅滑车组尾绳调整摇臂的倾斜角度，以满足塔片就位需要。

（6）起吊塔片过程中，攀根绳及调整绳应处于松弛状态。同时应监视塔片不得碰撞或挂住已组塔架。

（7）起吊塔片过程中，应使用经纬仪随时监视抱杆顶的偏移状态，最大偏移值宜限制在 50mm 内；监视抱杆最上一道腰环处不得有弯曲现象。必要时应暂停牵引进行调整，始终使抱杆保持正直状态。

（8）当塔片接近就位时，通过变幅滑车组调整使其就位，不得用压迫攀根绳的方法调整塔片就位。就位时按先低后高的原则进行主材对孔；螺孔对准后，用尖扳手插孔后再依次穿入螺栓。塔片主材连接后，应及时安装侧面大斜材，使塔片成为稳定结构。

（9）起吊塔片前，起吊滑车组与吊点绳连接处应另挂一条回抽钢丝绳。当塔片就位后，拆除吊点绳，松出绞磨绳，将回抽钢丝绳引入绞磨进行回牵，将起吊滑车组拉至地面。

（10）第一副塔片吊装完成后，应将其摇臂平放，并将该起吊滑车组拉至地面，作为平衡拉线使用。对侧的平衡摇臂改作起吊摇臂用，吊装另一侧塔片。

（11）如果塔身段断面边宽尺寸小于 4m，且起吊重力不超过 15kN 时，可将该段组成一节不封口的塔段进行起吊。起吊时，开口向外，就位时通过控制绳使开口转向内，就位后补齐开口面辅材。

四、酒杯型铁塔曲臂的吊装

（1）对于不同电压等级的酒杯型塔，其曲臂质量不相同，选择吊装方法也不尽相同。一般情况下，220kV线路酒杯型塔单边上下曲臂质量平均不超过1.5t，因此，可以采取曲臂整体吊装；500kV线路单边上下曲臂质量为2t左右，不宜整段吊装，将上、下曲臂分段吊装。

（2）吊装曲臂前，线路方向的前后侧摇臂应平放且起平衡作用，两摇臂端各悬挂一条钢丝绳在塔脚处适度收紧。

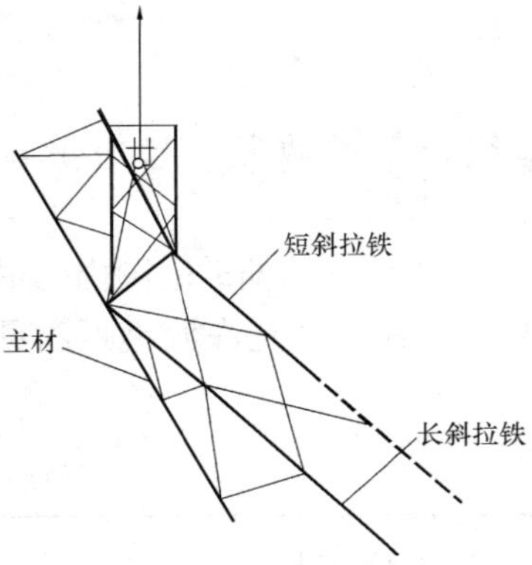

图15-5-3 整体吊装上下曲臂的吊点绳绑扎方式示意图

（3）曲臂吊装均采用横线路方向摇臂。若为整段吊装时，吊点绳宜绑扎在立体结构内侧的上下曲臂K形节点处，使曲臂呈斜向提升，示意如图15-5-3所示。

（4）曲臂若采用分段吊装时，下曲臂吊点绳宜绑在其重心的中心线位置，使曲臂下平面呈水平提升，待提升到设计高度后，通过变幅滑车组将摇臂缓慢上扬，直到下曲臂至就位位置，再松出起吊绳。上曲臂吊点绳宜绑扎在其内侧，呈竖直提升。一般情况下，上曲臂质量均在1t以下，允许用控制绳适当收紧使其就位。

（5）下曲臂主材就位时，应先将内侧一根长主材对孔装上螺栓，再缓慢松出起吊绳，安装外侧主材。最后将内侧一根短主材用钢丝绳套及双钩收紧于塔身平口主材。下曲臂形成稳定结构后，再吊装另一侧下曲臂。

（6）上下曲臂全部安装完毕，应在其上部用钢丝绳和双钩适度拉紧，保持上曲臂开口距离与设计图纸相一致，以方便横担就位，示意如图15-5-4所示。

五、横担的吊装

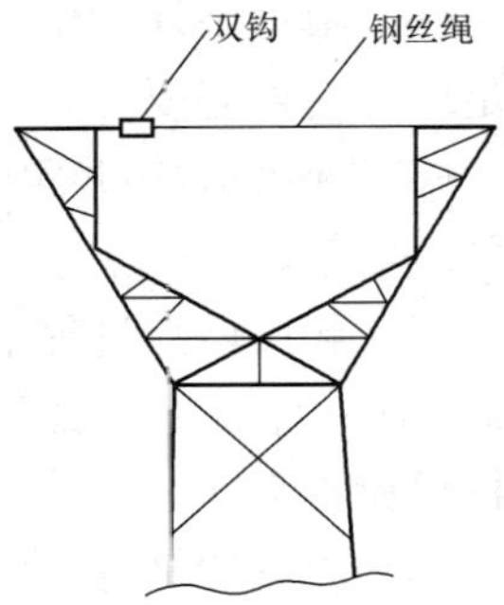

图15-5-4 上曲臂开口的加固钢丝绳

（1）由于塔形不同，横担吊装布置也不相同。对于酒杯型塔、猫头型塔的横担，应在顺线路方向分片吊装；对于干字形塔及双回路铁塔（鼓形或伞形塔）的上横担及单回直流线路的横担可以顺线路分片吊装或横线路方向分段吊装。吊装方法同第十三章第五节。

（2）对于500kV双回直线塔及±500kV单回直线塔，其单边横担长度为8～12m，有两种吊装方式：①竖向旋转吊装；②水平吊装。

当采用横线路方向竖向旋转吊装横担时，提升至塔顶时，先将横担上平面主材与塔头主材对孔安装两个螺栓（露扣不拧紧）作为旋转轴，调整变幅滑车组使摇臂放平，再松出起吊绳，旋转横担呈水平状态，安装横担下平面主材与塔头主材连接螺栓，示意如图13-5-6所示。

当采用横线路方向水平吊装，即将横担一次吊装就位，示意如图13-5-8所示。

（3）对于酒杯型及猫头型塔，顺线路方向分片吊装横担时，吊装前，应将摇臂，向上收拢，以方便横担就位。当一片横担安装就位后，将摇臂平放作平衡臂使用。然后，吊装另一片横担就位，再将两片横担间的辅材连接。最后松出起吊滑车组。分片吊装横担的补强措施可参考图 13-5-7 所示。

(4) 顺线路分片吊装横担时，左、右侧摇臂应平放，两摇臂端各悬挂一条钢丝绳在塔脚处适度收紧。

六、起吊滑车组的变向处置

由于酒杯型铁塔曲臂必须在横线路方向吊装，而横担要求在顺线路方向分片吊装，又只有两套起吊滑车组（另外两套未装），此种情况需要在曲臂吊装完毕，将起吊滑车组由横线路转至顺线路方向（简称变向处置）。变向处置有两种办法：一种是将起吊滑车组移位，即由横线路方向摇臂端移至顺线路方向摇臂端，由塔上作业人员完成；另一种是在地面将抱杆旋转 90°，此办法应将腰拉线的腰环改换为钢绳环套，利用撬杠转动抱杆，转动到位后，再恢复腰环。后一种办法操作较麻烦。

第六节　施工计算及主要索具规格选择

一、起吊滑车组及牵引钢丝绳

1. 计算条件

(1) 最大吊重为 2000kg (19613N)，起吊绳最大偏角 $\beta=5°$；

(2) 攀根绳对地夹角不大于 45°，即 $\omega=45°$；

(3) 采用走 1 走 1 滑车组，滑轮的效率 $\eta=0.95$。

2. 计算起吊滑车组静张力 T_1

起吊滑车组静张力为

$$T_1=\frac{\cos\omega}{\cos(\omega+\beta)}G \tag{15-6-1}$$

式中　G——起吊构件（吊件）的重力，N；

ω——攀根绳对地夹角，(°)；

β——起吊滑车组合力线与铅垂线间夹角，(°)。

将已知条件代入式 (15-6-1)，得

$$T_1=\frac{\cos45°}{\cos(45°+5°)}\times19613=21576(\text{N})$$

选择起吊滑车为 30kN（单轮）。

3. 起吊构件牵引绳（俗称磨绳）的静张力及规格选择

起吊滑车组为走 1 走 1，2 绳受力，则

$$T_{Q1}=\frac{T_1}{n\eta^{n+1}} \tag{15-6-2}$$

式中　T_{Q1}——牵引绳的静张力，N；

n——起吊滑车组的受力绳数；

η——滑轮的效率。

$$T_{Q1}=\frac{21576}{2\times0.95^3}=12583(\text{N})$$

牵引绳的破断力 T_{Q1P} 应满足

$$T_{Q1P}\geqslant12583\times4\times1.2=60398(\text{N})$$

选择 ϕ11mm（6×19 股）钢丝绳，其破断力为 63.3kN（σ_b =1700MPa），满足要求。ϕ11mm 绳单位质量为 0.4144kg/m，每组绳重 87kg。每组起吊滑车组约重 110kg（1079N）。

二、变幅滑车组及牵引绳

1. 计算条件

变幅滑车组采用走 2 走 1 滑车组，根据计算推导，当摇臂与中心抱杆呈 90°时，变幅滑车组受力最大。

假定摇臂长度与抱杆在摇臂旋转轴以上长度相等。

摇臂用 2 根［8 型材，焊接成 V 字形，长度为 6m，每副重约 120kg（1177N）］。

2. 计算变幅滑车组静张力 T_2

变幅滑车组静张力为

$$T_2 = \sqrt{2}\left(T_1 \cos\beta + \frac{G_2}{2}\right) \tag{15-6-3}$$

式中 G_2——摇臂的重力，N。

$$T_2 = \sqrt{2}\left(21576 \times \cos 5^\circ + \frac{1177}{2}\right) = 31229(\mathrm{N})$$

选择 30kN 走 1 走 2 滑车组。

3. 变幅滑车组牵引绳的静张力及规格选择

变幅滑车组牵引绳的静张力为

$$T_{Q2} = \frac{T_2}{n\eta^n} \tag{15-6-4}$$

代入数值，得

$$T_{Q2} = \frac{31229}{3 \times 0.95^3} = 12141(\mathrm{N})$$

牵引绳的破断力应满足

$$T_{Q2P} \geqslant 12141 \times 4 \times 1.2 = 58279(\mathrm{N})$$

选用 ϕ11mm 钢丝绳，破断力为 63.3kN，满足要求。每组绳重 42kg，2 只滑车 13kg，变幅滑车组约重 55kg（539N）。

三、摇臂保险钢丝绳

已知 T_2，保险钢丝绳的破断力应满足

$$T_{2P} \geqslant 31229 \times 3 = 93687(\mathrm{N})$$

选择 ϕ15.5mm 钢丝绳，其破断力为 129.2kN（σ_b=1700MPa）>93.7kN，满足要求。

四、抱杆的强度验算

（一）验算条件

（1）抱杆的规格及重量。抱杆断面为□600mm×600mm，主材为 L63mm×5mm（角钢截面积 f_1=6.143cm^2，$A=4f_1$=24.572cm^2，J_x=23.17cm^4，Z_O=1.74cm），Q345 材料，断面特性为 J=19716.6cm^4，r=28.3267cm，W=657.22cm^3，单位长度质量为4.822kg/m。抱杆单位长度质量估算为 40kg/m。

（2）摇臂为 V 字型，主材为 8 号槽钢，长度 6m，摇臂单位长度质量估算为 20kg/m。

（3）验算抱杆强度时，应考虑风荷对抱杆的影响，风速取值为 v=10.7m/s。被吊构件设置控制绳（即攀根绳），且起吊绳与吊件铅垂线夹角为 5°。

（4）验算摇臂时，不考虑风荷的影响，吊件在垂直摇臂方向偏角为5°。

（5）单侧起吊塔片的最大重量为2000kg（即19613N）。

（6）各部位索具的估算重力为：起吊滑车组一套为1079N；变幅滑车组一套为539N。

（二）抱杆的稳定验算

1. 座地式摇臂抱杆力系

座地式摇臂抱杆的力系示意图如图15-6-1所示。

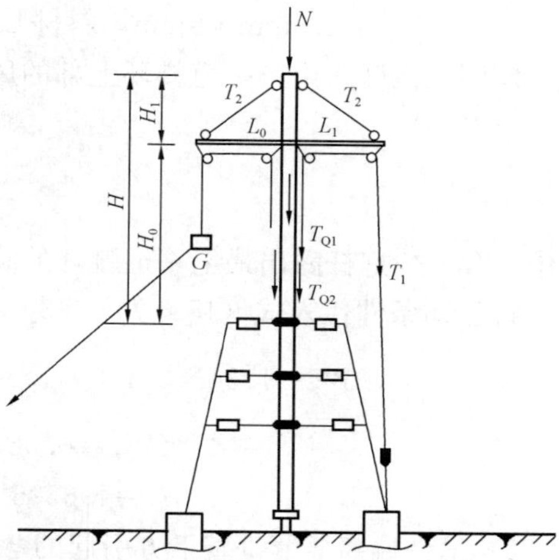

图15-6-1　座地式摇臂抱杆的力系示意图

2. 抱杆的受力分析

由图15-6-1可以看出，抱杆的危险断面为抱杆最上一道腰环处，因为在此断面处，抱杆不仅承受腰环以上部分的全部重力，还要承受风荷载等引起的弯矩。

（1）抱杆的中心压力计算。

1）起吊滑车组的起吊重力 T_{1N}

$$T_{1N}=T_1\cos\beta \tag{15-6-5}$$

$$T_{1N}=21576\times\cos5^\circ=21494(\text{N})$$

假定另一侧平衡臂起吊滑车组张力近似同 T_{1N}。

2）抱杆及摇臂的自重力分别为 G_1、G_2

$$G_1=9.807\times20\times40=7845\ (\text{N}),\ G_2=1177\times4=4708\ (\text{N})$$

3）起吊滑车组及变幅滑车组的重力分别为 G_3、G_4

$$G_3=1079\times4=4316(\text{N}),\ G_4=539\times4=2156(\text{N})$$

4）起吊滑车组及变幅滑车组的牵引绳静张力分别为

$$2T_{Q1}=12583\times2=25166(\text{N}),\ 2T_{Q2}=12141\times2=24282(\text{N})$$

5）作用于抱杆的中心压力为 ΣG_1，即

$$\Sigma G_1=2\times T_{1N}+G_1+G_2+G_3+G_4+2\ (T_{Q1}+T_{Q2}) \tag{15-6-6}$$

$$\Sigma G_1=2\times21494+7845+4708+4316+2156+2\ (12583+12141)\ =111461(\text{N})$$

（2）抱杆最上一道腰环断面处的弯矩。抱杆最上一道腰环断面处的弯矩包括三种工况：①风荷载引起的弯矩；②吊件偏离摇臂垂直下方产生的弯矩；③自重偏心引起的弯矩。

1）风荷载引起的弯矩 M_F。抱杆风荷载的标准值为

$$W_s=\mu_z\mu_s\beta_zA_f\frac{v^2}{1600} \tag{15-6-7}$$

式中　W_s——风向与抱杆平面相垂直时的抱杆风荷载，kN/m；

v——基准高度的风速，m/s，施工按5级风取值为10.7m/s；

μ_z——风压高度变化系数，按风压离地面50m，近似取值为1.34；

μ_s——构件体型系数，近似取值为1.3×（1+0.65）=2.145；

β_z——风荷载调整系数，近似取值为1.8；

A_f——抱杆1m长承受的风压投影面积，m^2/m，经计算 A_f 约为0.1894m^2/m（按主

材 L63mm×5mm，斜材 L30mm×4mm 计算），$A_f/A=0.304$。

作用于抱杆露出第一道腰环上部的风荷载 W_F 及弯矩 M_F 分别为

$$W_F=W_sH \tag{15-6-8}$$

$$M_F=W_F\times\frac{H}{2} \tag{15-6-9}$$

式中 H——抱杆露出最上一道腰环的高度，m。

将已知条件代入式（15-6-7）～式（15-6-9），得

$$W_s=1.34\times2.145\times1.8\times\frac{10.7^2}{1600}\times0.1824=0.06753(\text{kN/m})$$

$$W_F=0.06753\times20=1.3505(\text{kN})$$

$$M_F=1.3505\times1000=13505(\text{kN}\cdot\text{cm})$$

2）吊件偏离摇臂垂直下方引起的弯矩 M_1 和吊件偏离摇臂垂直下方产生的水平力 S_1 为

$$S_1=21576\times\sin5°\approx1880\ (\text{N})$$

$$M_1=1880\times1400=2632000(\text{N}\cdot\text{cm})$$

3）起吊塔片时，由于抱杆顶偏移产生偏心弯矩 $M_{偏}$，假设偏心距为 5cm，则

$$M_{偏}=111461\times5=557305(\text{N}\cdot\text{cm})$$

上述三种弯矩同时出现是最不利的工况。但是吊件偏离和风荷载同时出现的可能性极小，因此，计算时二者中取其中一种较严重情况。

3. 抱杆的稳定验算

抱杆最上一道腰环以上的长度 H 为 20m，计算其长细比为（μ 近似取值为 1.5）

$$\lambda=\frac{1.5\times1.05\times2000}{28.3267}=111.2$$

查表得（Q345），中心受压构件的稳定系数 $\varphi=0.366$

抱杆稳定应力为

$$\sigma=\frac{N}{\varphi A}+\frac{\Sigma M}{W} \tag{15-6-10}$$

将已知条件代入式（15-6-10），得

$$\sigma=\frac{111461}{0.366\times24.572}+\frac{2632000+1350500}{657.22}=18453.3(\text{N/cm}^2)$$

抱杆整体稳定安全系数为

$$K=\frac{34500}{18453}=1.87$$

基本满足安全要求。

4. 抱杆的抗剪强度验算

抱杆最上一道腰环处，由于水平力作用下承受的剪力 S 为

$$S=W_F+S_1+\frac{M_{偏}}{H} \tag{15-6-11}$$

$$S=1328+1880+\frac{557305}{2000}=3487(\text{N})$$

$$\tau=\frac{3487}{24.572}=141.9\text{N/cm}^2$$，小于容许应力，满足安全要求。

五、摇臂的受力分析及强度验算

1. 计算条件

假设摇臂长度为 L_y，抱杆伸出摇臂的高度为 H_1，$L_y=H_1$，如图15-6-2所示，变幅绳与摇臂间夹角 α 为45°，摇臂垂直吊重为2000kg（19613N），吊件向顺线路方向最大偏角 δ 为5°。

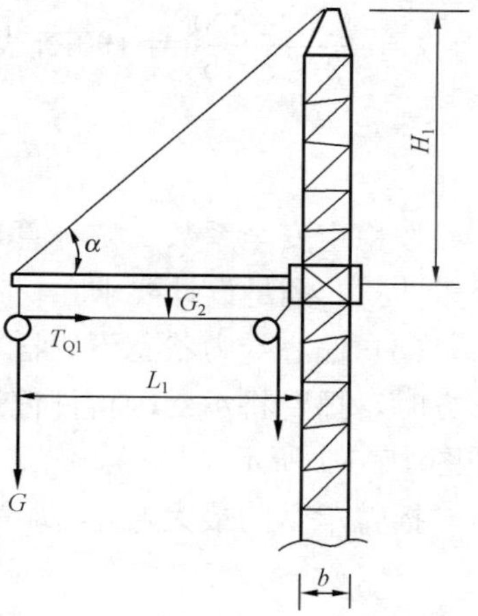

图15-6-2　摇臂受力分析图

2. 摇臂的受力分析

（1）中心压力的计算。当变幅绳与摇臂轴线夹角为45°时，起吊构件状态下摇臂的综合压力 N_y 为

$$N_y=\left(G+\frac{G_2}{2}\right)\tan\alpha+T_{Q1} \tag{15-6-12}$$

$$N_y=\left(19613+\frac{1177}{2}\right)\tan45°+12583=32785(\mathrm{N})$$

（2）中心压力状态下，摇臂的稳定验算。摇臂主材为8号槽钢，两槽钢间用 ϕ16mm 圆钢焊接成V字形的平面桁架。摇臂主材受力状态如图15-6-3所示。

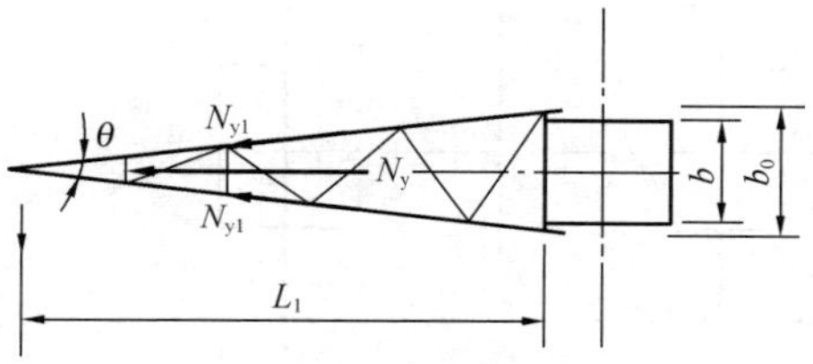

图15-6-3　摇臂主材受力状态图

设摇臂两主材间的夹角为 θ，则

$$\theta=2\arctan\frac{b}{2L_1} \tag{15-6-13}$$

式中　b——摇臂与抱杆连接处的开口宽度，即抱杆断面宽度60mm。

设摇臂主材所受的压力为 N_{y1}，则

$$N_{y1}=\frac{N_y}{2\cos\dfrac{\theta}{2}} \tag{15-6-14}$$

摇臂主材的稳定压应力 σ_{y1} 为

$$\sigma_{y1}=\frac{N_y}{\varphi A_0} \tag{15-6-15}$$

式中　A_0——摇臂主材的截面面积，cm^2；

φ——中心受压状态下压杆的应力折减系数，可根据长细比 λ，查表获得。

$$\lambda=\frac{\mu L_1}{r} \tag{15-6-16}$$

式中　μ——压杆折算系数，根据悬臂梁支撑方式，取值为2.0；

r——槽钢的惯性半径，cm。

将已知条件代入式（15-6-13）及式（15-6-14），得

$$\theta=2\arctan\frac{60}{2\times600}\approx5.72°$$

$$N_{y1}=\frac{32785}{2\times\cos\dfrac{5.72°}{2}}\approx16413(\mathrm{N})$$

已知8号槽钢为Q235，回转半径 $r=3.15$，截面面积 $A_0=10.24\mathrm{cm}^2$，则

$\lambda=\dfrac{2.0\times600}{2\times3.15}=190$ 查表得，$\varphi=0.144$

$$\sigma_{y1}=\frac{16413}{0.144\times10.24}=11131(\mathrm{N/cm^2})$$

按稳定安全系数 2.0 计算，Q235 钢材的容许稳定应力 $[\dot{\sigma}]$ 为 11750N/cm²，计算应力小于 $[\sigma]$，满足设计要求。

（3）偏心受力状态下，摇臂的稳定计算。由于地形限制，当被吊构件不能摆在摇臂的正下方时，摇臂将承受因构件偏移引起的水平作用力，该水平力将对摇臂产生弯矩，受力状态如图 15-6-4 所示。

摇臂承受的最大弯矩 M_0 为

$$M_0=S_1L_y \tag{15-6-17}$$

$$M_0=1880\times600=1128000(\mathrm{N\cdot cm})$$

已知摇臂与抱杆连接处为危险断面，如图 15-6-5 所示。

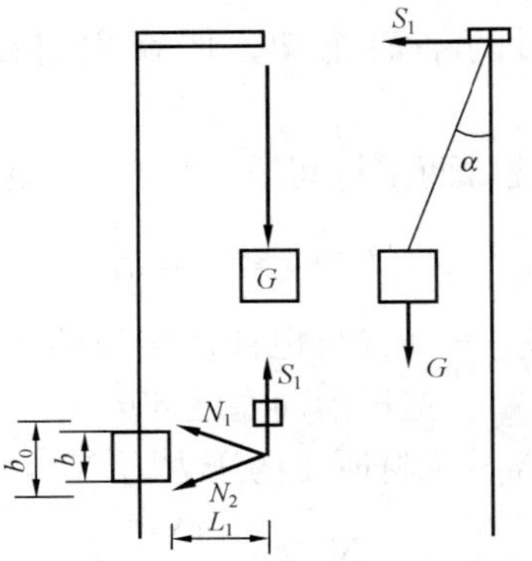

图 15-6-4　构件偏移摇臂下方受力状态图

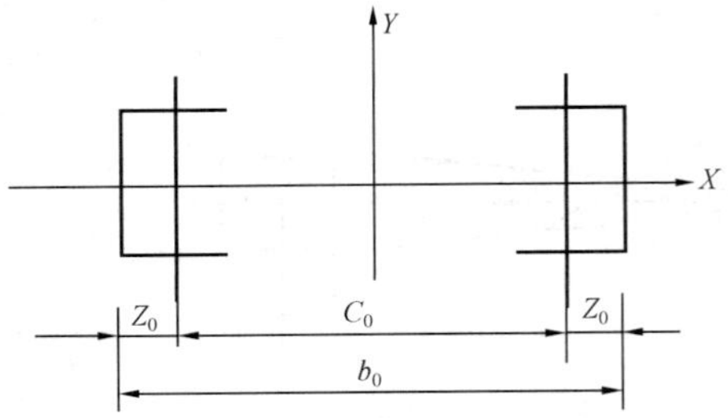

图 15-6-5　摇臂的危险断面

摇臂危险断面的惯性矩 J_y 为

$$J_y=2\left[J_{y0}+A_0\frac{(b_0-2Z_0)^2}{4}\right] \tag{15-6-18}$$

式中　J_{y0}——槽钢对 Y_0 轴的惯性矩，为 16.6cm⁴；

b_0——摇臂危险断面的宽度，为 65cm；

Z_0——摇臂主材的重心矩，为 1.43cm。

摇臂危险断面的断面系数 W 为

$$W=\frac{2J_y}{b_0} \tag{15-6-19}$$

摇臂承受的压弯应力 σ_{y2} 为

$$\sigma_{y2}=\frac{N_{y1}}{\varphi A_0}+\frac{M_0}{W} \tag{15-6-20}$$

将已知条件代入式（15-6-18）～式（15-6-20），得

$$J_y=2\times\left[16.6+10.24\times\frac{(65-1.43\times2)^2}{4}\right]=19803(\mathrm{cm^4})$$

$$W=\frac{2\times 19803}{65}=609.3\text{cm}^3$$

已知 $\sigma_{y1}=11131\text{N/cm}^2$，则

$$\sigma_{y2}=11131+\frac{1128000}{609.3}=12982(\text{N/cm}^2)$$

偏心受力状态下，摇臂的稳定安全系数为 1.81，基本满足设计要求。

六、提升系统的受力分析及索具规格选择

1. 计算条件

当抱杆升至最终状态时，提升钢丝绳受力最大。

抱杆全高 76m。提升时，起吊滑车组收缩为最短状态。提升时不考虑风荷载的影响。

2. 提升重力的计算

抱杆长度为 76m 时，自重为 29812N，摇臂自重为 $G_2=470\text{N}$，变幅滑车组为 $G_4=2156\text{N}$,起吊滑车组为 540×4=2160(N)，则提升总重力为 $\Sigma G_2=29812+4708+2156+2160=38836(\text{N})$。

3. 提升绳的受力计算及规格选择

提升绳受力分析如图 15-6-6 所示。

提升绳为 4 绳受力，抱杆根部两侧各设置一只单滑车，即动滑车。单根提升绳的静张力为

$$T_3=\Sigma G\frac{\sin\varphi}{2\sin 2\varphi\cos\varphi_1} \tag{15-6-21}$$

$$\Sigma G=9.803\times 76\times 40+4708+\frac{4316}{2}+2156=38835(\text{N})$$

$$\varphi=\arctan\frac{B}{2L_2} \tag{15-6-22}$$

$$\varphi_1=\arctan\frac{B}{2\sqrt{\left(\frac{B}{2}\right)^2+L_2^2}} \tag{15-6-23}$$

式中　ΣG——提升总重力，N；

T_3——提升绳的静张力，N；

φ——同侧两根提升绳合力线与铅垂线间夹角，(°)；

B——提升挂点处塔架断面宽度，m；

L_2——抱杆插入已组塔架的最小长度，m；

φ_1——提升绳与同侧提升绳合力线间夹角，(°)，经演算为

$$\varphi_1=\arctan\frac{1}{\sqrt{1+(1/\tan\varphi)^2}} \tag{15-6-24}$$

限制 $\varphi\leqslant 35°$时，$\varphi_1=29.84°$。将已知条件代入式(15-6-21)，得

$$T_3=\frac{38836\times\sin 35°}{2\times\sin(2\times 35°)\cos 29.84°}=13664(\text{N})$$

提升绳破断力应不小于 T_{3P}，即

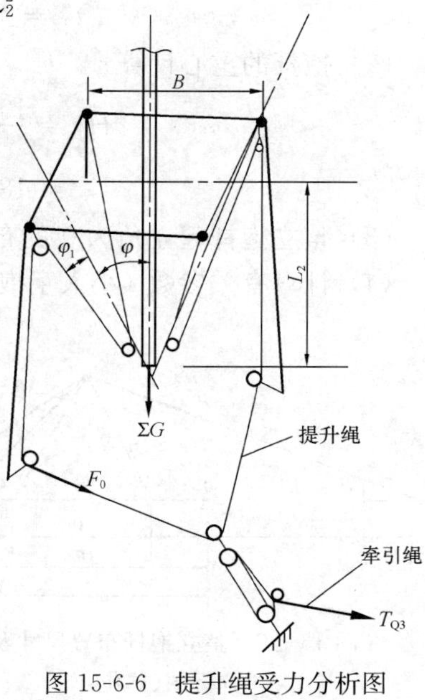

图 15-6-6　提升绳受力分析图

$$T_{3P}=\frac{13664}{0.95^2}\times 4\times 1.2=72673(\text{N})$$

选用 ϕ12.5mm 钢丝绳，T_b=82.7kN>T_{3P}，满足要求。

4. 牵引绳的受力计算及规格选择

牵引滑车组为两根提升绳张力之和。采用走 1 走 1 滑车组，3 绳受力，牵引绳的静张力为 T_{Q3}，即

$$T_{Q3}=\frac{2T_3}{n\eta^{n+2}} \tag{15-6-25}$$

$$T_{Q3}=\frac{2\times 13664}{3\times 0.95^3\times 0.95^2}=11772(\text{N})$$

$$T_{Q3P}\geqslant 11772\times 4\times 1.2=56508(\text{N})$$

选择 ϕ11mm 钢丝绳，T_b=63.3>T_{Q3P}，满足要求。

5. 滑车规格的选择

提升的动、定滑车及平衡滑车均选用 30kN 单轮滑车。

七、整体起立抱杆的施工计算

1. 计算条件

第一次整体起立的高度为 26m，4 根摇臂及相应滑车组与抱杆上段捆绑在一起。选用断面□400mm×400mm 格构式铝抱杆，人字小抱杆长度 13m。

2. 基本参数的计算

（1）26m 主抱杆的重力计算：

抱杆自重	40×26×9.807=10199（N）
摇臂重力	4708N
滑车组重量	100×4×9.807=3923（N）

长度为 26m 的主抱杆重力为 G_z，即

$$G_z=10199+4708+3923=18830(\text{N})$$

（2）抱杆的重心计算

$$H_0=\frac{10199\times 13+4708\times 23+3923\times 26}{18830}=18.2(\text{m})$$

（3）整立抱杆起立角为 0°的布置参数及力系分析如图 15-6-7 所示。

（4）计算有关参数（小人字抱杆根开为 6m，则有效高度为 12.65m，夹角为 26.68°）

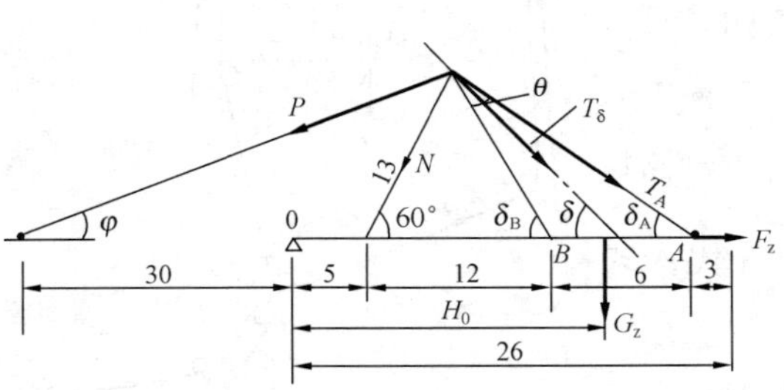

图 15-6-7 整立抱杆布置尺寸及力系分析图(单位:m)

$$\delta_B=\arctan\frac{12.65\times\sin 60^\circ}{12-12.65\times\cos 60^\circ}=62.6^\circ$$

$$\delta_A=\arctan\frac{12.65\times\sin 60^\circ}{18-12.65\times\cos 60^\circ}=43.2^\circ$$

$$\theta=62.6^\circ-43.2^\circ=19.4^\circ$$

$$\delta=62.6^\circ-\frac{19.4^\circ}{2}=52.9^\circ$$

全力点对抱杆根的高度为 H_h，即

$$H_h = \frac{12.65\sin60^\circ}{\tan52.9^\circ} + 12.65\cos60^\circ + 5 = 19.61(\text{m})$$

$$\varphi = \arctan\frac{12.65\times\sin60^\circ}{35+12.65\cos60^\circ} = 14.85^\circ$$

3. 主要索具受力计算

由图15-6-7，根据整立电杆的解析方法（见第十四章第七节）得

$$R_\delta = \frac{18830\times18.2}{19.61} = 17476(\text{N})$$

$$T_\delta = \frac{17476}{\sin52.9^\circ} = 21911(\text{N})$$

$$T_A = T_B = \frac{21911}{2\cos\dfrac{19.4^\circ}{2}} = 11114(\text{N}), F_z = \frac{17476}{\tan52.9^\circ} = 13217(\text{N})$$

$$P = \frac{\sin67.1^\circ}{\sin45.15^\circ}\times21911 = 28470(\text{N}), N = \frac{\sin67.75^\circ}{\sin45.15^\circ}\times21911 = 28605(\text{N})$$

4. 主要索具规格的选择

（1）吊点绳（千斤绳）的选择。吊点绳（千斤绳）的破断力为

$$T_{AP}\geqslant11114\times4\times1.2=53347(\text{N})$$

选择ϕ12.5mm钢丝绳，$T_b=82.7\text{kN}>T_{AP}$，满足设计要求。

吊点滑车选择30kN单轮。

（2）总牵引绳及牵引绳（磨绳）的选择。总牵引绳及牵引绳（磨绳）的破断力为

$$P_P\geqslant28470\times4\times1.2=136656(\text{N})$$

总牵引滑车组采用走1走1，3绳受力，则

$$T_{PQ}=\frac{28470}{3\times0.95^3}=11069(\text{N})$$

$$T_{PQP}\geqslant11069\times4\times1.2=53130(\text{N})$$

选择ϕ17mm总牵引钢丝绳，$T_b=156.4\text{kN}>P_P$，满足要求。

选择ϕ11mm牵引绳，$T_b=63.3\text{kN}>T_{PQP}$，满足要求。

总牵引滑车组均选择30kN，单轮。

（3）制动绳的选择

$$F_{zP}\geqslant13217\times4\times1.2=6342(\text{N})$$

选择ϕ12.5mm钢丝绳，$T_b=82.7\text{kN}>F_{zP}$，满足要求。配置30kN双钩。

（4）小抱杆主材的选择。单根抱杆的轴心压力为

$$N_x=1.2\times\frac{28605}{2\cos13.34^\circ}=17638(\text{N})$$

当抱杆高度为13m时，主材为∟45mm×5mm时，铝合金抱杆容许中心压力为60kN（$K_W=2.5$），满足设计要求。

第七节　主要工器具配置实例

座地式摇臂抱杆分解组塔主要工器具（限制单侧吊重 2t）配置见表 15-7-1。

表 15-7-1　　座地式摇臂抱杆分解组塔主要工器具配置

分类	序号	名称	规格	单位	数量	参考质量（kg）		备注
						单件	小计	
抱杆系统	1	角钢抱杆	□600mm×600mm×76m	副	1	3040	3040	（含摇臂 4 根）主材 L63mm×5mm，Q345
	2	钢丝绳	ϕ11mm×10m	条	4	4	16	固定底座
	3	卸扣	30kN	只	12	2.5	30	
	4	双钩	10kN	把	4	3	12	固定底座用
	5	抱杆底座	□800mm×800mm	只	1	50	50	
	6	方木	150mm×200mm×1500mm	根	4	20	80	
	7	专用夹具	30kN	副	4	5	20	
起吊系统	8	钢丝绳	ϕ11mm×120m	条	4	50	200	攀根绳
	9	钢丝绳	ϕ9.3mm×120m	条	4	37	148	回拉绳
	10	钢丝绳	ϕ11mm×270m	条	4	111	444	绞磨绳
	11	起重滑车	30kN（单轮）	只	16	5	80	
	12	起重滑车	10kN（单轮）	只	4	2	8	提升小件塔材
	13	卸扣	M30	只	28	2.5	70	
	14	机动绞磨	30kN	台	2	100	200	牵引用
	15	手扳葫芦	30kN	台	2	20	40	起吊滑车组用
	16	钢丝绳	ϕ12.5mm×3m	条	6	2	12	绑扎吊点用
	17	钢丝绳	ϕ15.5mm×5m	条	4	5	20	绑扎吊点用
	18	钢丝绳	ϕ12.5mm×8m	条	8	5	40	挂平衡吊钩
	19	钢丝绳	ϕ12.5mm×10m	条	4	6	24	绑扎吊点用
	20	钢丝绳套	ϕ12.5mm×1.5m	条	2	1	2	绑扎吊点用
	21	棕绳	ϕ16mm×80m	条	6	15	90	
	22	棕绳	ϕ16mm×150m	条	4	27	108	调整绳
	23	钢管地锚	ϕ230mm×1.6m	个	2	30	60	

续表

分类	序号	名称	规　格	单位	数量	参考质量（kg）		备　注
						单件	小计	
摇臂系统	24	钢丝绳	ϕ11mm×120m	条	4	50	200	起伏滑车组
	25	滑车	30kN（双轮）	只	4	6	24	起伏滑车组
	26	滑车	30kN（单轮）	只	8	5	40	起伏滑车组
	27	卸扣	M30	只	20	2.5	50	
	28	双钩	30kN	把	4	5	20	
	29	钢丝绳套	ϕ12.5mm×2m	条	4	1.5	6	
	30	钢丝绳	ϕ15.5mm×8.4m	条	4	8	32	保险用
腰拉线系统	31	腰环	□640mm×640mm	个	8	4	32	
	32	钢绳套	ϕ11mm×1.5m	条	12	1	12	
	33	钢绳套	ϕ11mm×3.5m	条	12	2	24	
	34	钢绳套	ϕ11mm×5m	条	8	2.5	20	
	35	钢绳套	ϕ11mm×7m	条	4	3.5	14	
	36	卸扣	10kN	只	64	0.8	51	
	37	双钩	10kN	把	32	3	96	
提升系统	38	钢丝绳	ϕ12.5mm×200m	条	1	110	110	起吊用
	39	钢丝绳	ϕ11mm×160m	条	1	66	66	牵引绳，立抱杆牵引用
	40	滑车	30kN（单轮）	只	10	5	50	
	41	卸扣	M30	只	9	2.5	22.5	
	42	钢丝套	ϕ11mm×1.5m	条	5	1	5	
	43	钢丝套	ϕ11mm×5m	条	4	2.5	10	
整立抱杆系统	44	铝抱杆	□400mm×13m	根	2	200	400	立抱杆用
	45	钢丝绳	ϕ11mm×80m	条	4	35	140	立抱杆用拉线
	46	双钩	30kN	把	1	5	5	
	47	方木	150mm×200mm×1.5m	根	12	20	240	支垫用
	48	钢丝绳	ϕ11mm×10m	条	2	6	12	补强用
	49	角铁桩	L75mm×8mm×1.5m	块	8	15	120	
	50	钢管地锚	ϕ230mm×1600mm	套	1	30	30	
通用工具	51	尼龙滑车	5kN	只	4	0.5	2	
	52	尼龙绳	ϕ12mm×140m	条	4	14	56	
	53	圆木	ϕ120mm×5m	根	2	20	40	
	54	圆木	ϕ120mm×9m	根	2	100	200	
	55	经纬仪		台	1	3	3	
	56	撬杠	ϕ25mm×2m	根	4	3	12	
	57	铁锤	8kg	把	2	9	18	合计 6928.5kg

第十六章 座地式双摇臂外拉线抱杆分解组塔

第一节 概 述

座地式四摇臂抱杆分解组塔（见第十五章）的抱杆由于无拉线，当承受水平张力时，必然会产生偏移而增大偏心弯矩，为此，在吊重较大时应增设拉线。

座地式双摇臂抱杆的拉线布置有两种方式：①外拉线（即落地拉线）；②内拉线。本章介绍座地式双摇臂外拉线抱杆分解组塔的施工方法。

座地式双摇臂外拉线抱杆的外拉线挂点位置有两种情况：①挂点在抱杆顶端；②挂点在摇臂转动支撑底部。本章按第一种情况论述。

座地式双摇臂外拉线抱杆分解组塔具有以下特点：

（1）抱杆立于铁塔基础中心的地面。在高塔组立中，是将主抱杆坐在铁塔中心的电梯井筒或井架上。抱杆高度随铁塔组立高度的增加而增高。

（2）抱杆上部安装有转动支撑及2副摇臂，起吊塔片半径大，便于构件就位。

（3）座地式摇臂抱杆使用外拉线，稳定性较好。

（4）双侧摇臂可以同时吊装构件，施工效率高。

座地式双摇臂外拉线抱杆分解组塔，适用于较平坦的地形。一般情况下，铁塔高度不宜大于130m；当地形为山地时，抱杆临时拉线长度不宜大于180m。

第二节 施工工艺流程及劳动组织

一、施工工艺流程

座地式双摇臂外拉线抱杆分解组塔施工工艺流程如图16-2-1所示。

二、劳动组织及岗位职责

座地式双摇臂外拉线抱杆的劳动组织不仅与吊装方法有关，而且与吊装构件的重量及施工习惯有关，因此，劳动组织应根据具体情况确定。劳动组织及岗位职责见表16-2-1。

表16-2-1 劳动组织及岗位职责

序号	岗位	技工人数	普工人数	小计人数	技工的主要职责
1	现场指挥	1		1	现场全面指挥、全面负责
2	安全监护	1		1	现场安全监护、检查
3	地面组装	4	16	20	运料、组装、挂吊点绳、递料

续表

序号	岗 位	技工人数	普工人数	小计人数	技工的主要职责
4	高处作业	12		12	高处组装、监视、配合
5	外拉线及控制绳操作	4	8	12	构件绑扎及外拉线等操作
6	牵引绞磨	2	6	8	负责机动绞磨的检查、操作
合　　计		24	30	54	

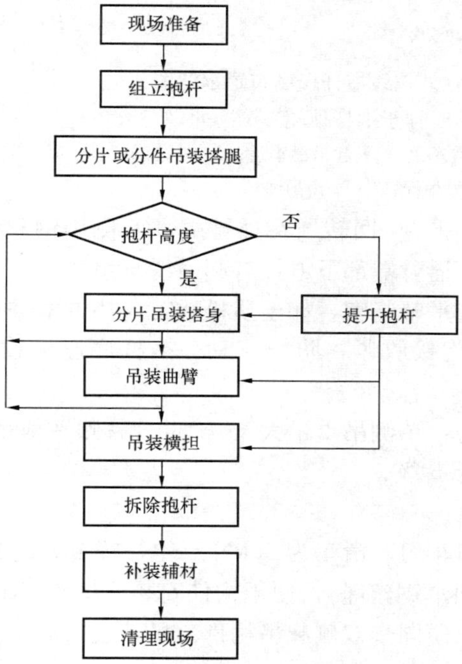

图 16-2-1　座地式双摇臂外拉线抱杆分解组塔施工工艺流程图

第三节　现场布置及布置说明

一、现场布置

座地式双摇臂外拉线抱杆现场布置示意如图 16-3-1 所示。

布置方式的适用条件：适用于高度为 130m 以下的铁塔。

二、现场布置的要求

（1）抱杆高度应满足吊装塔片的需要。其高度应大于已组塔架高度 10～20m。

（2）摇臂长度应满足吊装顶横担（即地线横担）及边横担（即酒杯型塔上曲臂外侧的横担部分）的需要。摇臂根部至抱杆顶端的高度应比摇臂长度大 1～0.5m。

（3）当铁塔结构断面为正方形时，抱杆外拉线位于铁塔基础对角线的延长线上，其对地夹角不应大于 45°。

（4）机动绞磨宜设置在起吊构件的垂直方向，对抱杆的距离应为抱杆高度的 1.2 倍，且不小于 40m。

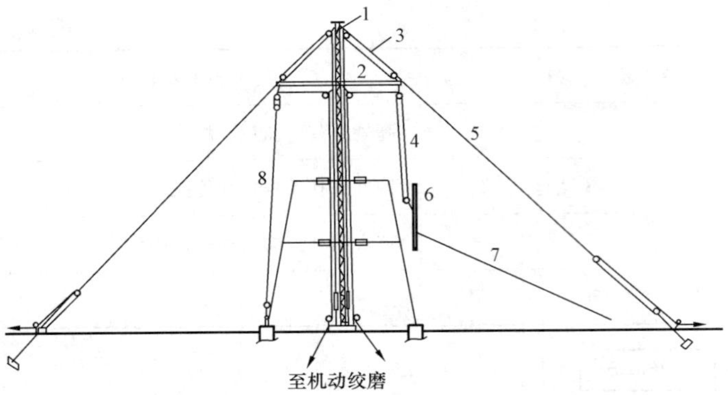

图 16-3-1 座地式双摇臂外拉线抱杆现场布置示意图
（适用于外拉线挂于抱杆顶端）
1—抱杆；2—摇臂；3—调幅滑车组；4—起吊滑车组；5—外拉线；
6—吊件；7—攀根绳；8—平衡吊绳

三、现场布置的说明

1. 抱杆系统

（1）抱杆为四方形断面格构式钢结构，采取分段连接，每段长度 3～4m，断面尺寸为□800mm×800mm，主材选用L75mm×7mm。抱杆露出最上一道腰拉线（腰箍及四角钢丝绳、双钩的总称）的容许高度为30m。抱杆最高可以组合到130m，每隔 10～20m 布置一道腰拉线，以保持抱杆稳定。

（2）抱杆上部有两根摇臂，可以上下调幅，也可以做水平 90°回转（在摇臂端部两侧用钢丝绳控制）。摇臂端部上方与抱杆顶连接有调幅滑车组，摇臂端部下方挂有起吊滑车组。

（3）抱杆底座的地面应平整坚实，如土质松软时应垫方木进行地基加固。抱杆底座的四角应用钢丝绳与铁塔基础连接收紧，防止移动。抱杆底座应设置多个挂环，以备悬挂地滑车。

（4）抱杆的使用条件为：单侧吊重不大于 4t 时，另侧平衡吊重不小于 2t；双侧同时吊重应不大于 4t，风速不大于 5 级。

2. 起吊牵引系统

双摇臂端部挂有起吊滑车组。滑车为 50kN 双轮，按走 2 走 2 布置。滑车组下端挂有一条 ϕ9.3mm 钢丝绳（俗称回牵钢丝绳），便于构件安装后将滑车组由高处牵拉至地面。

机动绞磨应配两套，以便同步双侧起吊构件。机动绞磨应布置在与被吊构件近似垂直方向，与铁塔中心间距离不应小于 40m。

3. 调幅系统

双摇臂端部与抱杆顶之间设置有走 2 走 2 调幅滑车组和保险钢丝绳。通过调幅滑车组可将摇臂仰角进行调整，以适应塔身不同断面尺寸时吊装构件就位的需要。摇臂平放时为 0°，向上最大可达 80°。保险钢丝绳为固定长度，仅在摇臂平放时受力。调幅钢丝绳的牵引端沿抱杆身引下至根部通过 30kN 手扳葫芦挂在抱杆底座挂环上。

4. 控制系统

为防止构件晃动及碰撞已组塔架，在被吊塔片的下部系有 1 条或 2 条攀根绳。在塔片正常起吊过程中，攀根绳应尽量处于松弛状态，以减小起吊系统受力。攀根绳对地夹角应不大于 45°。

5. 拉线系统

抱杆顶部设置有 4 条外拉线。外拉线布置在铁塔基础对角线的延长线方向，其对地夹角不宜大于 45°（拉线规格选择按 50°验算）。拉线下端宜设置走 1 走 1 滑车组及拉线控制器，以方便操作。同时应配置 30kN 手扳葫芦，以便需要收紧拉线时使用。

第四节　现场准备工作

一、桩锚和地锚的设置

（1）应根据拉线、攀根绳等受力大小及地质条件布置桩锚和地锚，其平面布置示意如图16-4-1所示。

（2）拉线的锚定。拉线最大受力为35kN，应设置50kN级钢板地锚。在地质条件较好（坚土）时，埋深不应小于1.5m；地质条件较差时，埋深宜为1.7～2.0m。

为了便于拉线滑车组钢丝绳的操作，还可以在拉线地锚延长线方向设置角铁桩，在角铁桩前侧安装拉线控制器。

（3）攀根绳的锚定。根据计算，攀根绳张力较小，因此，地质条件较好时选用角铁桩，地质条件较差时选用地钻，以减少土方开挖。角铁桩或地钻可选用双联或三联。角铁桩打入地面深度不应小于1m（以下角铁桩打入深度要求相同）。

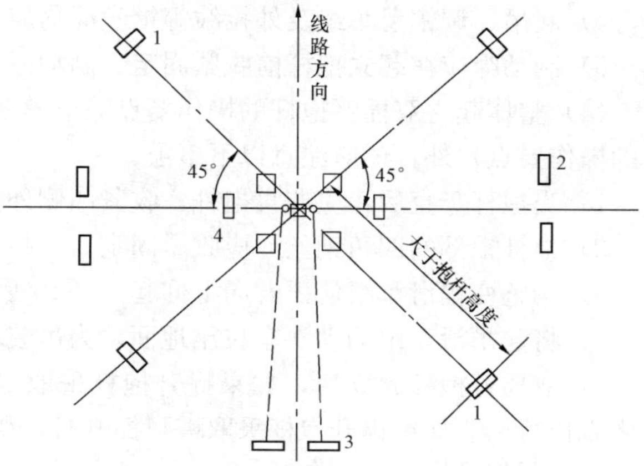

图16-4-1　地锚平面布置示意图

1—拉线地锚；2—攀根绳地锚；3—机动绞磨地锚；4—平衡拉线地锚

（4）机动绞磨的锚定。根据计算，机动绞磨底座拉力为15～17kN。坚土条件下，若选用钢板地锚时，埋深不应小于1.2m；若选用角铁桩时，应设置双联或三联桩，桩与桩间应用花篮螺丝连接收紧，使双联或三联桩间受力较均衡。

二、组立双摇臂抱杆

组立双摇臂抱杆有多种方法，有条件时，可使用汽车起重机组立抱杆的方法，其安全性好、效率高。

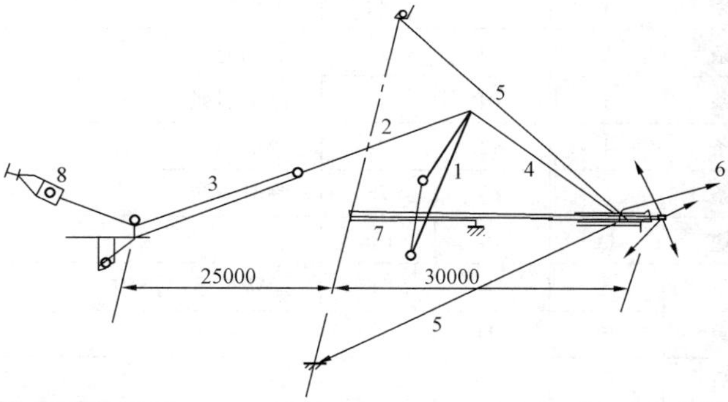

图16-4-2　整体组立25m双摇臂抱杆现场布置示意图

1—铝合金抱杆；2—总牵引绳；3—牵引绳（磨绳）；4—吊点绳；5—侧向临时拉线；6—后方拉线；7—制动绳；8—机动绞磨

在不具备汽车起重机的条件下，采用倒落式人字小抱杆整体组立双摇臂抱杆是较常用的方法。

为了满足组立塔腿以上相邻塔身段的需要，第一次组立双摇臂抱杆的高度不宜小于25m，吊装构件的有效高度为20m。

（1）用人字小抱杆整体组立双摇臂抱杆的现场布置示意如图16-4-2所示。

（2）主要工器具的选择计算见本章第七节。

(3) 组立座地式双摇臂抱杆的准备工作。

1) 抱杆根部应位于塔位中心，依次由下向上组装。抱杆分段间连接螺栓应配齐且拧紧。抱杆组装后，放置地平面检查弯曲度不应超过1‰。

2) 摇臂、起吊滑车组、调幅滑车组、保险钢丝绳及外拉线均应与抱杆组装在一起，索具规格应符合作业指导书要求，连接应牢固可靠。

3) 两摇臂与抱杆上段应用棕绳绕圈捆绑在一起，防止起吊过程中晃动甩出。

4) 起吊、调幅滑车组及外拉线等钢丝绳均应理顺，防止互相绞绕。

5) 制动绳应在起立抱杆前收紧固定。制动绳与抱杆根绑扎时应防止铰链部位弯曲变形。

(4) 整体起立双摇臂抱杆的操作要点除应遵循第十四章第四节的要求（即整体起立钢抱杆的操作要点）外，还应注意以下事项。

1) 当抱杆竖直后，应调直抱杆，收紧四侧外拉线并固定。

2) 抱杆根部的四角钢丝绳应收紧固定。

3) 调整变幅滑车组使摇臂向上仰起5°～10°后，将其尾绳连接在抱杆底座的挂环上。

4) 将起吊滑车组的动滑车拉至地面，为吊装塔腿做好准备。

5) 双摇臂抱杆起立后，如果提升抱杆采取专用提升架时，利用已立抱杆吊装提升架，使之就位待用。如果提升抱杆采取塔腿提升时，待塔腿组立后，再做好提升抱杆的准备。本章是按塔腿提升抱杆方法介绍。

(5) 整体组立双摇臂抱杆的主要工器具配置见表16-4-1。

表16-4-1　　整体组立25m双摇臂抱杆主要工器具配置

序号	机具名称	规　格	单位	数量	参考质量（kg）		备　注
					单件	小计	
1	铝抱杆	□400mm×13m	根	2	200	400	主材 L45mm×5mm（LY12）
2	抱杆脱帽环	ϕ25mm	副	1	10	10	
3	抱杆座	ϕ25mm	只	2	10	20	
4	钢丝绳	ϕ11mm×8m	条	1	4	4	锁抱杆脚用
5	花篮螺丝	M20×495mm	副	5	4	20	
6	棕绳	ϕ20mm×40m	条	3	12	36	绑摇臂、脱帽用
7	钢丝绳	ϕ15.5mm×25m	条	1	22	22	吊点绳
8	钢丝绳	ϕ15.5mm×10m	条	2	10	10	制动绳
9	钢丝绳	ϕ15.5mm×10m	条	1	10	10	总牵引绳
10	钢丝绳	ϕ11mm×200m	条	1	82	82	牵引绳
11	钢丝绳	ϕ11mm×60m	条	3	25	75	临时拉线
12	角铁桩	L75mm×8mm×1.5m	块	11	15	165	
13	起重滑车	30kN单轮	只	4	4	16	总牵引及吊点用
14	卸扣	M30（30kN）	只	5	1	5	
15	卸扣	M20（15kN）	只	12	0.8	10	
16	机动绞磨	30kN	台	1	100	100	
17	拉线控制器	30kN	只	3	2	6	
18	大锤	8kg	把	2	8	16	

续表

序号	机具名称	规　　格	单位	数量	参考质量（kg）		备　　注
					单件	小计	
19	钢钎	ϕ25mm×1.8m	根	2	7	14	
20	钢绳套	ϕ12.5mm×3m	条	2	2	4	
21	钢绳套	ϕ9.3mm×1m	条	4	1	4	
22	钢板地锚	—200mm×400mm×1200mm	套	1	25	25	总牵引地锚

第五节　抱杆的提升及拆除

一、提升双摇臂抱杆

（1）提升双摇臂抱杆的现场布置示意如图16-5-1所示。

（2）提升双摇臂抱杆的平衡滑车布置示意如图16-5-2所示。

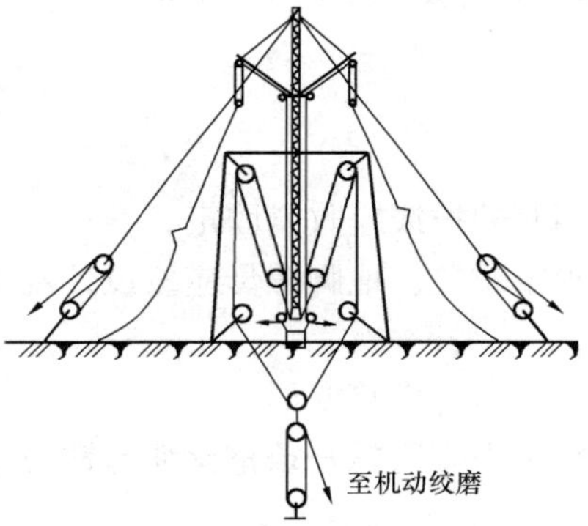

图16-5-1　提升抱杆布置示意图

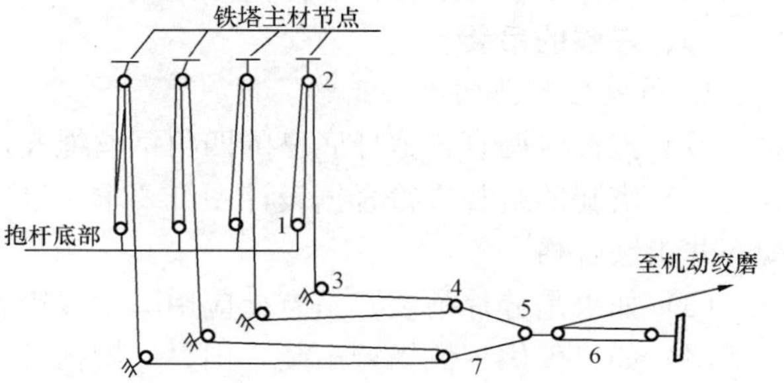

图16-5-2　提升抱杆的平衡滑车布置示意图

1—吊点滑车；2—提升滑车；3—地滑车；4—分平衡滑车；5—总平衡滑车；6—牵引滑车组；7—平衡绳

（3）提升抱杆的准备工作。

1）检查抱杆的腰拉线应连接可靠。腰拉线不得少于2道，间距不得小于10m。

2）外拉线尾部用拉线控制器控制，具有随时松出的灵活性。

3）两侧摇臂应适度上仰，并将调幅滑车组尾部钢丝绳绑扎于抱杆下部，不得影响抱杆提升操作。

4）起吊滑车组应处于松弛状态，抱杆底座的地滑车应暂时拆除。

5）在距地面20m左右高度的塔架平面上，选择与大水平材连接的主材节点处，分别挂四组走1走1滑车组，下端通过吊点滑车与抱杆下端挂环连接（挂环为专用工具，可拆卸重复使用），做好抱杆的提升系统准备。

6）用经纬仪监测抱杆，收紧腰拉线，使抱杆处于垂直地面状态。

7）拆卸抱杆底座连接螺栓，为提升抱杆做好准备。

（4）提升抱杆的操作要点。

1）启动绞磨，提升抱杆使其根部离开底座后，暂停牵引。将平衡滑车出口钢丝绳用元宝螺丝夹紧固定，防止平衡滑车中的平衡钢绳窜动。

2）再启动绞磨，提升抱杆使其下端离开地面超过待接段高度后，将待接段推入提升抱杆的下方，对准孔穿入螺栓后，缓缓松出牵引绳，使抱杆落至地面，拧紧连接螺栓。

3）反复提升、接装，直至抱杆达到设计高度后，使抱杆坐落在底座上，拧紧连接螺栓。松出提升抱杆的钢丝绳，准备下次再提升。

4）将调幅滑车组、起吊滑车组恢复吊装塔片的准备状态。

二、拆除双摇臂抱杆

拆除双摇臂抱杆按倒装提升抱杆的逆程序操作。

拆除抱杆的操作要点见第十五章第四节中抱杆的拆除。

第六节 构件的吊装

构件吊装按先塔腿、再塔身、最后塔头的顺序进行。每吊装一段后应检查抱杆（本节中抱杆均指双摇臂外拉线抱杆）高度是否满足下一次吊装塔片的要求，若满足，则继续吊装；若不满足，则提升抱杆后再吊装，直至铁塔全部吊装完毕。构件的吊装方法与第十五章第五节基本相同，本节重点介绍不同的地方。

一、塔腿的吊装

1. 吊装塔腿前的准备工作

（1）抱杆应调直，抱杆底座的四角钢丝绳及抱杆顶的四侧外拉线应收紧固定。

（2）塔腿的组装应符合据设计图纸要求，且应组装在规定位置。地脚螺母应按设计规定配齐并组装合格。

（3）如果是分片吊装，吊点处应用圆木或钢管进行补强，防止塔片变形。

（4）如果仅用一侧摇臂吊装，则另一侧摇臂的起吊滑车组下方应挂一条钢丝绳与铁塔基础或地锚连接收紧后作为平衡拉线。

（5）摇臂应根据吊装塔腿的就位需要调整方位及仰角。

2. 吊装塔腿的现场布置

（1）当塔腿主材较重采取单件吊装时，布置示意如图 16-6-1 所示。

（2）当塔腿主材较轻采取两片塔腿同时吊装时，布置示意如图 16-6-2 所示。

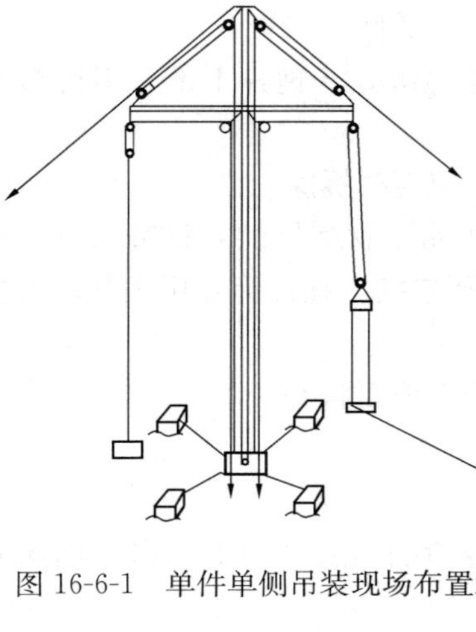

图 16-6-1 单件单侧吊装现场布置示意图

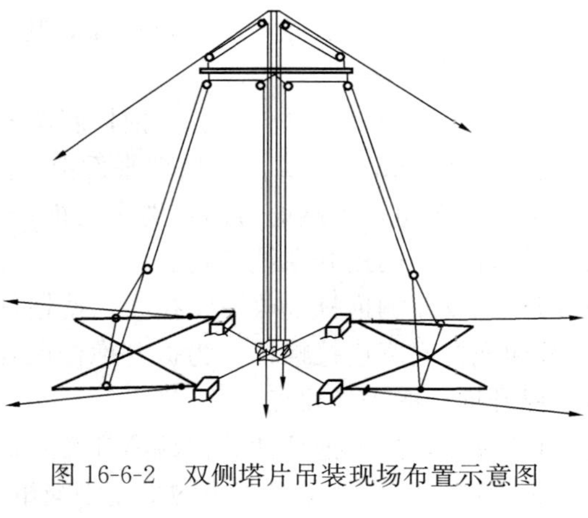

图 16-6-2 双侧塔片吊装现场布置示意图

3. 单件塔腿主材吊装的操作要点

(1) 吊装前应将摇臂调整至铁塔基础对角线方向。

(2) 单件主材下部的攀根绳应适当收紧，防止主材触碰基础或大幅摇摆。

(3) 当主材吊离地面后，应使主材下端对准基础地脚螺栓。就位后立即装上螺母并拧紧。

(4) 主材外侧应设置一条 ϕ11mm 钢丝绳做外拉线。主材就位后，外拉线应固定于角铁桩或地钻，以防向内侧倾斜。

(5) 当对角两根主材吊装完毕后，应调整摇臂至另一方向对角线，再分别吊装该对角线的两根主材。

(6) 全部主材就位后应调整摇臂至横线路方向和顺线路方向，吊装四个侧面辅材。辅材应整片吊装或者单根逐一吊装，直至全部辅材安装完毕。塔腿吊装完毕，应立即将接地线与主材连接。

4. 塔腿两侧塔片同时吊装的操作要点

(1) 吊点绳的绑扎点必须高出塔片重心高度 1m 以上。绑扎点平面应用 ϕ150mm 圆木或 ϕ100mm 钢管进行补强。补强方式示意如图 16-6-3 所示。

(2) 按现场布置图（见图 16-6-2）将各索具布置后，攀根绳应适当收紧。

(3) 启动绞磨，将塔片头部吊离地面 0.5～0.8m 后，应暂停牵引。对抱杆及各连接部位进行检查，无异常后，再继续起吊。

(4) 起吊过程中，应控制两台机动绞磨牵引速度基本一致。塔腿的两侧塔片应同时吊离地面、同步就位。

(5) 起吊过程中，应随时监视抱杆有无偏斜，必要时应暂停牵引进行处理。

(6) 塔片下端将要离开地面时，应控制攀根绳，防止塔脚碰撞基础。两侧塔片均已就位且安装地脚螺母后，在外侧挂上 ϕ11mm 钢丝绳临时拉线，防止内倾。

(7) 调整摇臂方向，吊装顺线路方向前后面的辅材，直至全部塔腿吊装完毕。松出起吊滑车组，将接地线与主材连接。

二、塔身的吊装

1. 吊装塔身前的准备工作

(1) 检查抱杆高度是否满足吊装塔身的要求。

(2) 抱杆应调直，四侧外拉线应收紧固定。

(3) 应视塔段重量采取分件或分片吊装。

(4) 分片吊装时，塔片吊点处应进行补强，示意如图 16-6-3 所示。

(5) 应根据塔身断面尺寸，调整摇臂仰角，方便塔片就位。

(6) 如果仅用一侧摇臂吊装塔片时，另侧摇臂的起吊滑车组下方应挂一条钢丝绳与地锚连接作为平衡拉线。

(7) 抱杆在塔架内应设置不少于 2 道腰拉线加以固定，腰拉线垂直间距不应大于 12m，最上一道腰拉线应位于已组塔架有大水平材的平面内。

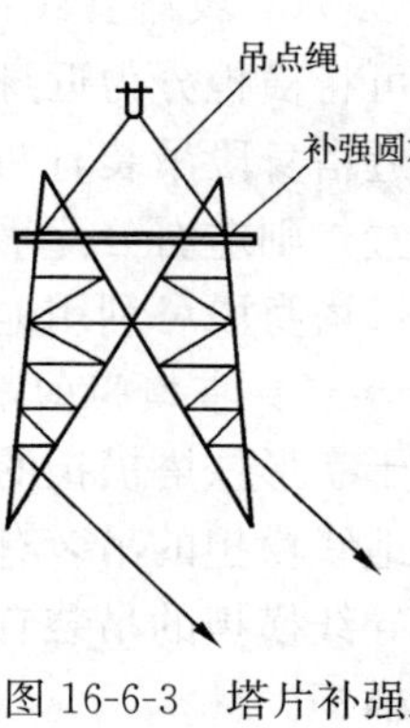

图 16-6-3　塔片补强示意图

2. 吊装塔身的现场布置

吊装塔身的现场布置示意如图 16-3-1 所示。

3. 吊装塔身的操作要点

吊装塔身的操作要点与第十五章第五节中塔身吊装要求相同。

三、酒杯型塔曲臂的吊装

1. 准备工作

(1) 应根据曲臂的重量选择整体吊装或上、下曲臂分段吊装，也可以采用单侧吊装或双侧吊装。

(2) 如果上下曲臂整体吊装，吊点绳宜用倒V字形钢丝绳绑扎在曲臂的 K 节点处或构件重心的上方 1～2m 处（见图 16-6-4）。

(3) 吊点处的塔片强度应满足吊装安全要求，必要时应进行补强。

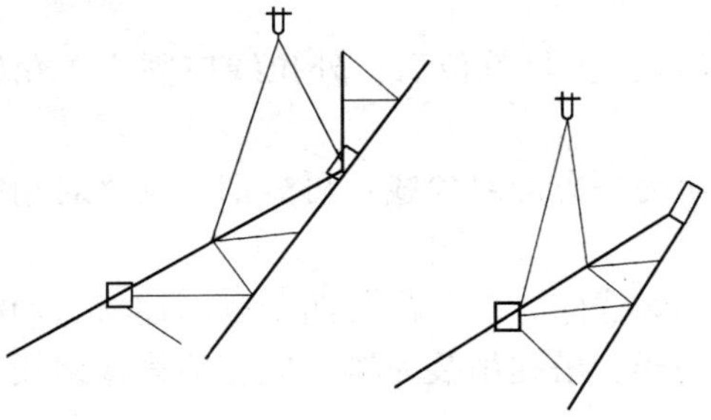

(a) (b)

图 16-6-4 曲臂吊点绑扎示意图

(a) 曲臂整体吊装；(b) 下曲臂吊装

(4) 下曲臂下端为不稳定结构，吊装前应进行加固补强，使其成为稳定结构。

(5) 吊装下曲臂的吊点绳长度应进行计算，以满足曲臂吊离地面后与设计倾斜角度基本一致。

2. 吊装曲臂的吊点绑扎

吊装曲臂及下曲臂的吊点绑扎示意如图 16-6-4 所示。

3. 吊装曲臂的操作要点

吊装曲臂的操作要点与分片吊装塔腿操作要点相同。

四、横担的吊装

1. 酒杯型铁塔横担的吊装

(1) 吊装前，应将摇臂调整至顺线路方向，收紧调幅滑车组使其向上仰起。

(2) 当横担长度为 30m 左右（500kV 酒杯型塔）时，可先将横担分前后两片吊装，在高空进行合拢并补装上下平面辅材。

(3) 当横担长度为 50m 左右（1000kV 酒杯型塔）时，可先将中横担分前后两片吊装完成，再利用地线支架或辅助横担吊装边横担。

2. ±800kV 线路直线铁塔横担的吊装

(1) 可将横担分为近身塔段和远塔身段进行吊装。

(2) 近塔身段吊装有两种布置方式：摇臂顺线路方向布置，则前后分片吊装；摇臂横线路方向布置，则左右分片吊装。

(3) 远塔身段可利用地线支架或辅助横担进行吊装。

3. 干字形铁塔横担的吊装（同时适用于双回直线塔横担）

(1) 干字形铁塔横担的吊装，应先吊地线横担，后吊导线横担。

(2) 地线横担的吊装有两种布置方式，即前后分片吊装和左右分段吊装。

(3) 导线横担的吊装有两种布置方式：①摇臂的起吊滑车组直接吊装；②利用地线横担吊装导线横担。

4. 吊装横担的注意事项

（1）采取分片吊装横担时，横担平面应用圆木或钢管进行补强，防止弯曲变形。

（2）采取利用地线支架或地线横担吊装边横担或导线横担时，地线支架或地线横担的强度应进行验算，以满足吊装横担的安全要求。

（3）若采用左右段横担竖直旋转吊装法时，其作为旋转轴的螺栓强度应满足强度要求。

第七节　施工计算及主要索具规格的选择

一、起吊滑车组及牵引绳

1. 计算条件

（1）最大吊重为 40kN，起吊滑车组最大偏角 β 为 10°；

（2）攀根绳对地夹角 ω 为 45°；

（3）起吊滑车组采用走 2 走 2 滑车组；4 绳受力，单滑轮效率 η 取值 0.95。

2. 起吊滑车组的静张力 T_1

计算式为式（15-6-1），则

$$T_1=\frac{\cos 45^\circ}{\cos(45^\circ+10^\circ)}\times 40=49.31(\mathrm{kN})$$

3. 牵引绳的静张力 T_{Q1}

计算式为式（15-6-2），则

$$T_{Q1}=\frac{49.31}{4\times 0.95^5}=15.93(\mathrm{kN})$$

$$T_{Q1P}\geqslant 15.93\times 4.8=76.46(\mathrm{kN})$$

选择 ϕ12.5mm 钢丝绳（6×19 股，σ_b =1700MPa），T_b=82.7>76.46kN，满足要求。起吊牵引绳，每条长度 550m，单绳约重 298kg。

4. 攀根绳的静张力 F

计算式为式（13-7-2），则

$$F=\frac{\sin 10^\circ}{\cos(45^\circ+10^\circ)}\times 40=12.11(\mathrm{kN})$$

$$F_P\geqslant 12.11\times 4.8=58.13(\mathrm{kN})$$

选择 ϕ11mm 钢丝绳，T_b=63.3>58.13kN，满足要求。单绳长度 150m，约重 63kg。

二、调幅滑车组及牵引绳

1. 计算条件

（1）摇臂长 8m，摇臂以上抱杆长 10m，当摇臂平放时，调幅滑车组与摇臂间夹角为 51.34°；

（2）调幅滑车组采用走 2 走 2 滑车组，5 绳受力；

（3）根据计算，当摇臂平放时，调幅滑车组受力最大；

（4）摇臂端部吊重 40kN。

2. 调幅滑车组的静张力 T_2

如图 16-7-1 所示，调幅滑车组的静张力为

$$T_2=\frac{49.31\cos 10^\circ}{\sin 51.34^\circ}=62.19(\mathrm{kN})$$

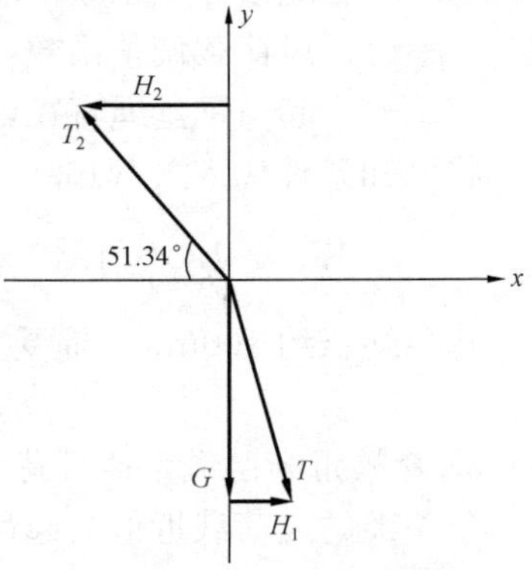

图 16-7-1　调幅滑车组力系分析图

3. 调幅滑车组牵引绳静张力 T_{Q2} 为

$$T_{Q2}=\frac{62.19}{5\times0.95^5}=16.07(\text{kN})$$

$$T_{Q2P}\geqslant16.07\times4.8=77.16(\text{kN})$$

选择 ϕ12.5mm 钢丝绳，T_b=82.7kN>77.16kN。绳长约 150m，绳重 81kg。

4. 保险钢丝绳选择

保险钢丝绳按下式选择

$$T_{2P}\geqslant62.19\times3=186.57(\text{kN})$$

选择 ϕ18.5mm 钢丝绳（6×19 股，σ_b =1700MPa），T_b =186.15kN，基本满足设计要求。

三、风荷载的计算

1. 抱杆的风荷载

抱杆风荷载的计算式为式（15-6-7），式中取值为 v=13m/s，μ_z =1.67，μ_s =1.3（1+η）。

□800mm×800mm 断面抱杆，主材为 L75mm×7mm，斜材为 L40mm×4mm，法兰板主材为 L63mm×5mm，经计算，A_f=0.247m^2/m。

$$\frac{A_f}{A}=\frac{0.247}{0.8}=0.309\text{，查表得 }\eta=0.644$$

所以 μ_s =1.3（1+0.644）=2.137，β_z =1.8

将已知条件代入式（15-6-7），得

$$W_s=1.67\times2.137\times1.8\times0.247\times\frac{13^2}{1600}=0.1676(\text{kN/m})$$

2. 起吊绳的风荷载

起吊绳的风荷载为

$$W_x=\alpha\mu_z\mu_{sc}\beta_c\times\frac{v^2}{1600}\times d \tag{16-7-1}$$

式中 α——风压不均匀系数，取值为 1.0；

μ_z——风压高度变化系数，取值为 1.42（按高度 60m）；

μ_{sc}——绳索体型系数，取值为 1.2；

β_c——风荷载调整系数，取值为 1.0；

d——起吊钢丝绳直径，m。

将已知条件代入式（16-7-1），得

$$W_x=1.0\times1.42\times1.2\times1.0\times0.0125\times\frac{13^2}{1600}=0.00225(\text{kN/m})$$

每条绳长约 100m，4 绳受力，则每套起吊滑车组绳索的风压为

$$P_{x1}=0.00225\times4\times100=0.9(\text{kN})$$

3. 变幅滑车组绳索的风荷载

单条绳的风荷载近似与起吊绳相同，绳长约 110m，单组绳的风压为

$$P_{x2}=0.00225\times110=0.2475(\text{kN})$$

四、双侧同时吊重 40kN 时的抱杆强度验算

1. 抱杆的水平荷载分布

抱杆的水平荷载分布如图 16-7-2 所示。q_1 为作用于抱杆杆身的均布荷载，为 0.1676kN/m；P_1 为作用于抱杆顶端的风荷载，为 0.2475kN；P_2 为作用于摇臂所处断面抱杆的风荷载，即 $P_2=0.9\times2+0.2475=2.0475(\text{kN})$。

2. 支座反力及弯矩的计算

当抱杆各断面惯性矩相等时，三弯矩方程的简化式为

$$M_{n-1}l_n+2M_n(l_n+l_{n+1})+M_{n+1}l_{n+1}=-6(B_n+A_n) \tag{16-7-2}$$

对于跨距内的均布荷载

$$B_n=A_n=\frac{ql_i^3}{24} \tag{16-7-3}$$

对于跨距内的集中荷载，如图 16-7-3 所示，即

$$B_n=\frac{Pab(l_n+a)}{6l_n} \tag{16-7-4}$$

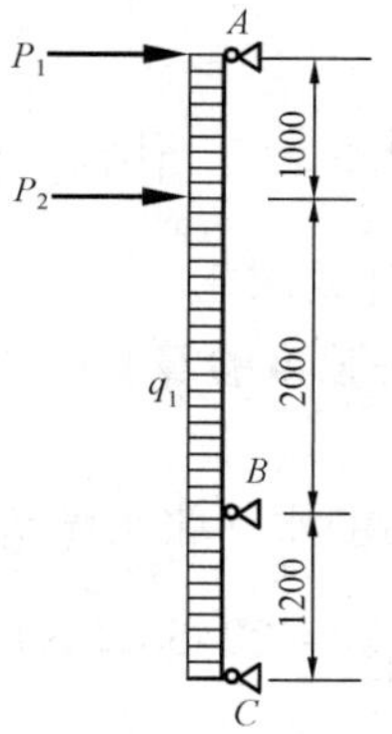

图 16-7-2　抱杆水平荷载分布图（单位：cm）

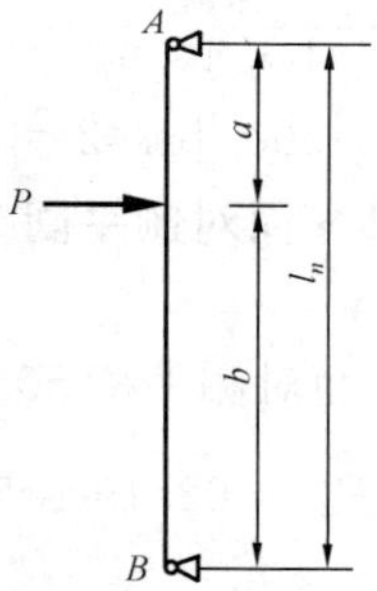

图 16-7-3　跨距内有集中荷载时

已知 $M_A=0$，同时假设 $M_C=0$，由式（16-7-2），得

$$2M_B(12+30)=-6\left[\frac{0.1676\times12^3}{24}+\frac{0.1676\times30^3}{24}+\frac{2.0475\times20\times10(30+10)}{6\times30}\right]$$

求解得

$$M_B=-29.83\text{kN}\cdot\text{m}$$

经计算

$$R_C=-0.7302\text{kN},\ R_B=6.6322\text{kN},\ R_A=3.4322\text{kN}$$

在摇臂支座处抱杆断面的弯矩（距抱杆顶 10m 处）

$$M_{10}=(3.4322-0.2475)\times10-\frac{0.1676\times10^2}{2}=23.467(\text{kN}\cdot\text{m})$$

3. 抱杆的中心压力计算

抱杆的中心压力包括以下几项。

（1）抱杆自重力为 530×15＝7950(N)

(2) 摇臂的自重力为 1569×2=3138(N)

(3) 起吊滑车组的下压力为 $2T_{1N}=2\times49310\times\cos10°=97122$(N)

(4) 牵引绳的下压力为 $2(T_{Q1}+T_{Q2})=64000$(N)

(5) 抱杆拉线自重力 100×4×9.807=3923(N)

(6) 攀根绳自重力为 70×2×9.807=1373(N)

抱杆的中心压力为

$$\sum G_1=7950+3138+97122+64000+3923+1373=177506(\text{N})$$

4. 抱杆强度验算

已知条件：抱杆断面为□800mm×800mm，验算长度为 30m，主材为 L75mm×7mm (Q345)，$A=40.64\text{cm}^2$，$J=58559\text{cm}^4$，$W=1464\text{cm}^3$，$r=37.9595$cm，其长细比 λ 为

$$\lambda=\frac{1.05\times3000}{37.9595}=82.98$$

查表得 $\varphi=0.551$

假设抱杆偏心距为 10cm，则计算应力为

$$\sigma_1=\frac{177506}{0.551\times40.64}+\frac{2346700}{1464}+\frac{177506\times10}{1464}=10742(\text{N/cm}^2)$$

抱杆安全系数为 34500/10742=3.21>2，满足设计要求。

五、单侧吊重 40kN 而对侧平衡 50%荷载时的抱杆强度验算

1. 水平张力差

单侧吊重 40kN，而对侧平衡 50%荷载时，抱杆顶的水平张力差为

$$P_d=62.19\cos51.34°-\frac{20}{\tan51.34°}=22.85(\text{kN})$$

2. 作用于抱杆的水平荷载

如图 16-7-2 所示，假设风荷载与双侧同吊时相同，由于单侧吊重的不平衡张力，使荷载变化为

$$P_1=22.85-0.2475=22.6025(\text{kN})$$

$$P_2=-22.85+2.0475=-20.8025(\text{kN})$$

$$q_1=0.1676(\text{kN/m})$$

3. 支座反力及弯矩计算

已知 $M_A=0$，假设 $M_C=0$，则

$$2M_B(12+30)=-6\left[\frac{0.1676\times12^3}{24}+\frac{0.1676\times30^3}{24}-\frac{20.8025\times20\times10(30+10)}{6\times30}\right]$$

求解得

$$M_B=51.7099\text{kN}\cdot\text{m}$$

经计算

$$R_A=12.9719\text{kN},\ R_B=-6.0001\text{kN},\ R_C=5.3148\text{kN}$$

在摇臂支座处抱杆断面的弯矩（距抱杆顶 10m 处）为

$$M_{10}=-(22.6025-12.9719)\times 10-\frac{0.1676\times 10^2}{2}=-104.686(\text{kN}\cdot\text{m})$$

4. 拉线张力的计算

假设拉线对地平面夹角为 50°（验算较使用值增大 5°），拉线合力线对地平面夹角 α_1 为 59.32°，拉线与其合力线夹角 θ 为 27.03°[1]。

抱杆顶水平力为 12.9719kN，由此得拉线的静张力 T_L 为

$$T_L=\frac{12.9719}{2\cos 59.32^\circ\cos 27.03^\circ}=14.2703(\text{kN})$$

取综合安全系数 4.2（3.5×1.2），则钢丝绳破断力应满足

$$T_{LP}\geqslant 14.2703\times 4.2=59.94(\text{kN})$$

选择 ϕ12.5mm 钢丝绳（6×19 股，σ_b =1700MPa），T_b=82.7kN>T_{Lp}，满足要求。

由于拉线张力对抱杆产生的下压力为

$$N_L=2\times 14.2703\times\sin 50^\circ=21.863(\text{kN})$$

5. 单侧吊重时的抱杆中心压力

抱杆中心压力包括以下几项：抱杆自重力 7950N，摇臂自重力 3138N，抱杆拉线自重力 3923N，拉线张力产生的下压力 21863N，攀根绳自重力 687N；起吊滑车组的下压力 1.5T_N=72842N；牵引绳产生的下压力 1.5（$T_{Q1}+T_{Q2}$）=48000N。则抱杆的中心压力为

$$\sum G_2=7950+3138+3923+21863+687+72842+48000=158403(\text{N})$$

6. 抱杆强度的验算

验算抱杆的强度

$$\sigma_2=\frac{158403}{0.551\times 40.64}+\frac{10468600}{1464}+\frac{158403\times 10}{1464}=15307(\text{N/cm}^2)$$

抱杆安全系数为 34500/15307=2.25>2，满足设计要求。

六、摇臂的强度验算

已知条件：摇臂断面为□500mm×500mm，长度 8m，主材为 L50mm×5mm（LY12），A=19.108cm²，J=10669.2cm⁴，r=23.6294cm，W=426.8cm³，轴心压力N_y=38.85kN。

风荷载产生的弯矩 M_F，近似值 W_s=0.0561kN/m，则

$$M_F=\frac{0.0561\times 8^2}{8}=0.4488(\text{kN}\cdot\text{m})\approx 44880(\text{N}\cdot\text{cm})$$

$$\lambda=\frac{1.05\times 2\times 800}{23.6294}=71.1$$

查表得 φ=0.3438（LY12）

$$\sigma=\frac{38850}{0.3438\times 19.108}+\frac{44880}{426.8}=6019<[\sigma]$$

取安全系数为 2，则 LY 12的 $[\sigma]$ 为 14700N/cm²，满足设计要求。

[1] 李庆林．架空输电线路铁塔组立工程手册．北京：中国电力出版社，2007.

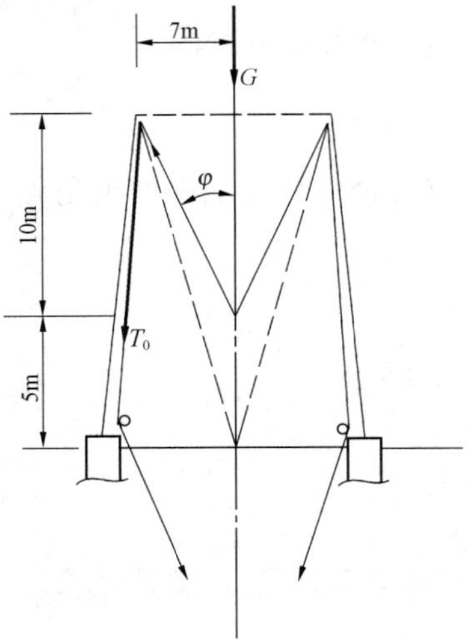

图 16-7-4　提升抱杆力系图

七、提升抱杆系统受力分析及索具规格选择

1. 提升抱杆系统受力分析

提升抱杆力系如图 16-7-4 所示。

2. 提升重力的计算

（1）抱杆重力按 120m 计算，为 63600N；

（2）摇臂重力为 3138N；

（3）起吊滑车组重力为 5296N；

（4）调幅滑车组重力为 1589N；

（5）拉线初张力 7845N。

提升总重力为

$$\sum G_3 = 63600 + 3138 + 5296 + 1589 + 7845 = 81468\ (\text{N})$$

3. 提升绳的静张力

已知，$\varphi = \arctan \dfrac{7}{10} = 34.992° \approx 35°$

查表，知提升绳对抱杆中心的夹角 $\varphi_1 = 29.84°$

$$T_3 = \frac{81468\sin 35°}{2\sin 70° \cos 29.84°} = 28664(\text{N})$$

则提升绳的静张力为

$$T_{Q3} = \frac{28664}{2 \times 0.95^2} = 15880(\text{N})$$

$$T_{Q3P} = 15880 \times 4.8 = 76225(\text{N})$$

选择 ϕ12.5mm 钢丝绳，$T_b = 82.7 > T_{Q3P}$，满足要求。

4. 牵引钢丝绳

总牵引力为 $4T_{Q3} = 4 \times 15880 = 63520(\text{N})$

牵引滑车组为走 2 走 2，5 绳受力，则

$$T_{Q4} = \frac{63520}{5 \times 0.95^5} = 16418(\text{N})$$

$$T_{Q4P} = 16418 \times 4.8 = 78807(\text{N})$$

选择 ϕ12.5mm 钢丝绳 $T_b > T_{Q4P}$，满足要求。

5. 平衡绳

平衡绳的静张力 T_5 为

$$T_5 = 2T_{Q3} = 15880 \times 2 = 31760(\text{N})$$

$$T_{5P} = 31760 \times 4 = 127040(\text{N})$$

选择 ϕ15.5mm 钢丝绳（6×19 股，$\sigma_b = 1700$），$T_b = 129.2\text{kN} > T_{5P}$，满足要求。

八、整体起立 30m 抱杆的施工计算

1. 布置示意

整体起立 30m 抱杆布置尺寸如图 16-7-5 所示。

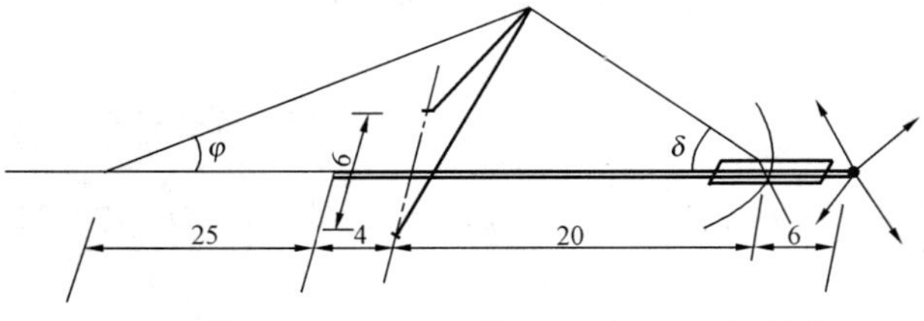

图 16-7-5　整体起立 30m 抱杆(带摇臂)布置尺寸(单位:m)

2. 已知条件

（1）起吊重力包括以下各项：

抱杆自重力为　530×30＝15900(N)

双摇臂重力为　3138N

起吊滑车组为　490×2＝980(N)

调幅滑车组为　490×2＝980(N)

外拉线为　490×4＝1960(N)

故起吊重力为　$\sum G_4 = 15900+3138+980+980+1960=22958(\text{N})$

（2）计算重心高度 H_0。

$$\sum G_i H_i = 15900\times15+3138\times24+(980+980)\times28+1960\times30=427492(\text{N}\cdot\text{m})$$

$$H_0 = \frac{427492}{22958} = 18.62(\text{m})$$

（3）抱杆有效高度 12.65m，倾角 70°。单吊点高度为 24m，吊点绳与双摇臂抱杆夹角为

$$\delta = \arctan\frac{12.65\sin70^\circ}{20-12.65\cos70^\circ} = 37.18^\circ$$

（4）总牵引绳与地面夹角 φ 为

$$\varphi = \arctan\frac{12.65\sin70^\circ}{25+4+12.65\cos70^\circ} = 19.63^\circ$$

3. 主要索具受力计算及规格选择

（1）吊点处的支座反力为

$$R_A = \frac{427492}{24} = 17812(\text{N})$$

（2）吊点绳的静张力为

$$T_6 = \frac{17812}{\sin37.18^\circ} = 29474(\text{N})$$

$$T_{6P} \geqslant 29474\times4=117898(\text{N})$$

选择 ϕ15.5mm 钢丝绳，T_b＝129.2kN＞T_{6P}，满足要求。

（3）制动绳的静张力为

$$T_7 = \frac{17812}{\tan37.18^\circ} = 23483(\text{N})$$

$$T_{7P} \geqslant 23483\times4\times1.2=11272(\text{N})$$

选择 ϕ15.5mm 钢丝绳，T_b＝129.2kN＞T_{7P}，满足要求。

（4）总牵引钢丝绳的静张力为

$$T_8 = \frac{29474\times\sin(70^\circ+37.18^\circ)}{\sin(70^\circ-19.63^\circ)} = 36562(\text{N})$$

总牵引滑车组钢丝绳静张力为

$$T_{8Q} = \frac{36562}{4\times0.95^4} = 11222(\text{N})$$

$$P_{8P} \geqslant 36562\times4.8=175495(\text{N})$$

$$T_{Q8P} \geqslant 11222\times4.8=53866(\text{N})$$

总牵引选择 ϕ18.5mm 钢丝绳（破断力 186kN），滑车组钢丝绳选择 ϕ11mm（破断力 63kN），均满足要求。

(5) 小抱杆的轴心压力。

$$N_x=\frac{29474\times\sin(37.18^\circ+19.63^\circ)}{\sin(70^\circ-19.63^\circ)}=32026(\mathrm{N})$$

单根抱杆的中心压力为

$$N_{x1}=\frac{32026}{2\times\cos13.34^\circ}=16457(\mathrm{N})$$

选择□400mm×400mm 铝合金抱杆，主材为 L45mm×5mm，容许中心压力为 60kN，满足设计要求。

第八节　主要工器具配置实例

座地式双摇臂外拉线抱杆分解组塔，当限制塔高 100m，限制吊重 2×4t 时，主要工具器具配置见表 16-8-1。

表 16-8-1　　座地式双摇臂带外抱拉线抱杆分解组塔工器具配置（限制吊重 2×4t）

序号	机具名称	规　格	单位	数量	参考质量（kg）		备　注
					单件	小计	
一、抱杆系统							
1	钢抱杆	□800mm×800mm	m	120	54	6480	主材 L75mm×7mm（Q345），分段
2	摇 臂	□500mm×500mm×8m	根	2	160	320	主材 L75mm×7mm（LY12）
3	抱杆底座	□900mm×900mm	副	1	20	20	
4	钢丝绳	ϕ12.5mm×10m	条	8	6	48	
5	卸 扣	20kN（M22）	只	12	1	12	
6	花篮螺丝	M20mm×495mm	副	4	4	16	
7	腰环	□850mm×850mm	副	10	1.5	15	腰拉线用
8	钢丝绳	ϕ12.5mm×8m	条	8	5	40	腰拉线用
9	钢丝绳	ϕ12.5mm×6m	条	12	4	48	腰拉线用
10	钢丝绳	ϕ12.5mm×5m	条	12	3	36	腰拉线用
11	钢丝绳	ϕ12.5mm×3m	条	4	2	8	腰拉线用
12	双钩	20kN	把	40	4	160	腰拉线用
13	方木	150mm×200mm×1500mm	根	4	20	80	
二、起吊牵引系统							
14	机动绞磨	30kN	台	2	100	200	
15	钢丝绳	ϕ12.5mm×550m	条	2	298	596	绞磨绳
16	钢丝绳	ϕ12.5mm×150m	条	2	81	162	调幅绳
17	钢丝绳	ϕ9.3mm×100m	条	2	31	62	回牵绳
18	钢丝绳	ϕ18.5mm×8m	条	4	12	48	吊点绳
19	钢丝绳	ϕ15.5mm×5m	条	4	5	20	吊点绳

续表

序号	机具名称	规　格	单位	数量	参考质量（kg）		备　注
					单件	小计	
20	起重滑车	50kN 双轮	只	4	7.5	30	起吊滑车组
21	钢丝绳	ϕ15.5mm×25m	条	2	22	44	保险绳
22	起重滑车	50kN 双轮	只	4	7.5	30	
23	卸扣	50kN（M36）	只	8	4.5	36	
24	卸扣	30kN（M30）	只	4	2.5	10	
25	钢丝绳卡线器		只	2	4	8	
三、拉线系统							
26	钢丝绳	ϕ12.5mm×150m	条	4	81	324	
27	钢丝绳	ϕ12.5mm×50m	条	4	28	112	
28	钢丝绳	ϕ11mm×100m	条	4	43	172	
29	钢丝绳	ϕ15.5mm×3m	条	8	4	32	
30	钢板地锚	200mm×400mm×1200mm	套	4	25	100	
31	角铁桩	L75mm×8mm×1500mm	块	6	15	90	
32	拉线控制器	30kN	只	4	2	8	
33	手扳葫芦	30kN	台	4	20	80	
34	钢丝绳卡线器	ϕ15.5mm	只	4	4	16	
四、控制系统							
35	钢丝绳	ϕ11mm×150m	条	4	63	252	
36	钢丝绳	ϕ11mm×60m	条	8	26	208	
37	棕绳	ϕ20mm×180m	条	4	51	204	
38	角铁桩	L75mm×8mm×1500mm	块	12	15	180	
39	拉线控制器	30kN	只	4	2	8	
五、提升系统							
40	钢丝绳	ϕ12.5mm×80m	条	4	44	176	提升绳
41	钢丝绳	ϕ12.5mm×200m	条	1	109	109	牵引绳
42	钢丝绳	ϕ15.5mm×20m	条	1	18	18	平衡绳
43	钢丝绳	ϕ12.5mm×3m	条	5	2	10	
44	专用夹具	30kN	套	4	6	24	安装在主材上
45	专用挂具	30kN	套	4	4	16	安装在抱杆主材
46	起重滑车	30kN 单轮	只	13	5	65	
47	起重滑车	50kN 单轮	只	2	8	16	
48	起重滑车	80kN 单轮	只	1	14	14	平衡绳用
49	起重滑车	80kN 双轮	只	2	13	26	牵引用
50	卸扣	70kN（M42）	只	3	7	21	
51	卸扣	30kN（M27）	只	10	2.5	25	

续表

序号	机具名称	规 格	单位	数量	参考质量（kg）		备 注
					单件	小计	
52	卸扣	15kN（M20）	只	12	1	12	
53	元宝螺丝	ϕ6mm	只	12	0.5	6	
54	元宝螺丝	ϕ8mm	只	6	0.5	3	
55	钢板地锚	200mm×400mm×1200mm	套	1	25	25	
六、通用工具							
56	尼龙绳	ϕ16mm×200m	条	4	32	128	吊小件用
57	尼龙滑车	5kN	只	4	0.5	4	吊小件用
58	经纬仪		台	1	3	3	
59	钢钎	⬡ 30mm×2000mm	根	2	5	10	
60	大锤	8kg	把	2	8	16	
61	尖扳手	ϕ16mm×350mm	把	8	1	8	
62	尖扳手	ϕ20mm×400mm	把	8	1.5	12	
63	尖扳手	ϕ22mm×450mm	把	8	2.0	16	

第十七章

座地式双摇臂内拉线抱杆分解组塔

第一节 概 述

座地式双摇臂内拉线抱杆的内拉线上端固定在紧靠回转支承（也称转动支承）的下方，下端固定在已组塔架上平面的主材节点下方。

座地式双摇臂内拉线抱杆分解组塔具有以下特点。

（1）座地式双摇臂抱杆由于采用内拉线布置，受地形条件限制较小，一般较适宜组立100m以上的高塔。

（2）抱杆坐于铁塔基础中心的地面，每隔10～12m设置一道腰拉线固定在已组塔架的4根主材，稳定性较好。

（3）抱杆上部安装有回转支承及两根摇臂。摇臂可根据吊件位置要求进行旋转，起吊半径大，便于构件就位。

（4）抱杆结构较为复杂，重量较大。

国内各送变电施工企业设计的座地式双摇臂内拉线抱杆，根据不同铁塔型式的需要，其容许吊重、摇臂长度、主抱杆的规格（断面尺寸及主材规格等）及桅杆高度等参数均不相同。本章介绍的座地式双摇臂内拉线抱杆是根据安徽送变电工程公司在多次大跨越铁塔组立中使用成熟的抱杆，其设计条件为双侧摇臂同时吊重8t。

本方法主要适用于高度为100m以上的铁塔。

第二节 施工工艺流程及劳动组织

一、施工工艺流程

对于100m以上高塔的施工，其塔腿及抱杆通常是采用大吨位（50～100t）汽车起重机（简称吊车）进行吊装，然后，再利用抱杆吊装塔身及塔头各部构件。

座地式双摇臂内拉线抱杆分解组塔工艺流程如图17-2-1所示。

二、劳动组织及岗位职责

根据分解组塔方法、塔型及地形条件应配备合格的技工（包括特殊工种）及经安全培训的民工，以保证铁塔组立的安全。劳动组织及岗位职责见表17-2-1。

表17-2-1　劳动组织及岗位职责

序号	岗　位	劳动组织			主要岗位职责
		技工人数	普工人数	小计人数	
1	总指挥	1		1	负责组塔全面指挥、组织及协调

续表

序号	岗　位	劳动组织			主要岗位职责
		技工人数	普工人数	小计人数	
2	副总指挥	1		1	协助总指挥全面指挥
3	技术负责人	工程部 1		1	负责方案设计及监督
4	专职安全监护	1		1	全面负责安全检查，监护
5	专职质量监控	1		1	全面负责质量检查，监督
6	地面组装、绑扎	6	20	26	负责地面组装及构件绑扎、搬运
7	塔上指挥	2		2	负责塔上作业指挥及与地面联系
8	塔上安全监护	2		2	负责塔上作业的安全监护
9	塔上操作	24		24	负责塔上构件及拉线安装
10	电气集控	2		2	负责电气控制
11	卷扬机看护	2	2	4	负责卷扬机的开启、停机
12	测工	2		2	负责对抱杆，铁塔倾斜等检查
13	电气、机械维修	2	2	4	负责电气及机械维修、通信维修
14	吊车司机	2		2	负责吊车作业
15	起重工	2	4	6	配合吊车起吊构件作业
合　计		51	28	79	

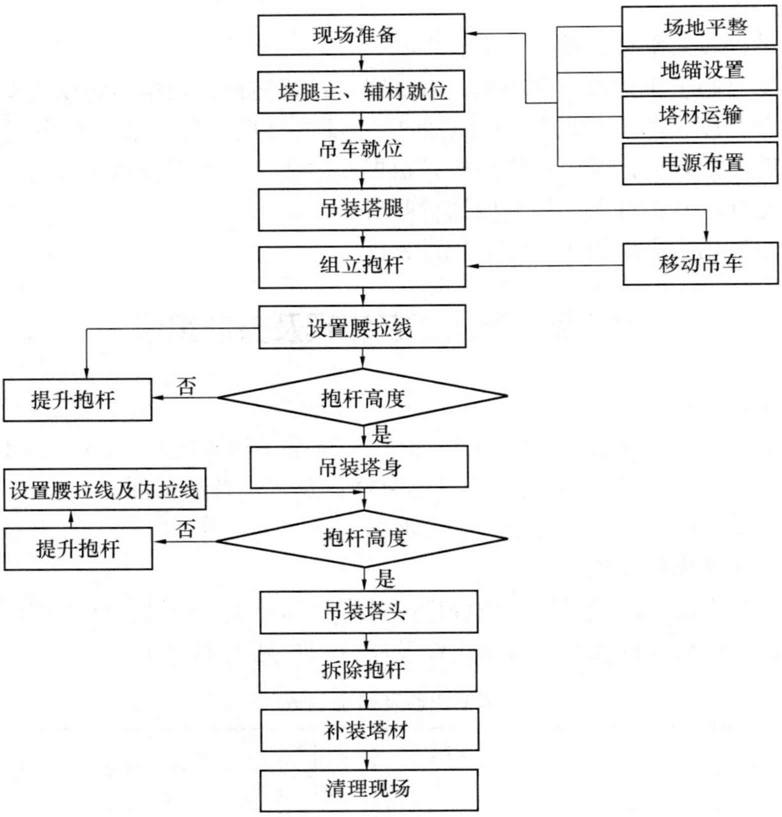

图 17-2-1　座地式双摇臂内拉线抱杆分解组塔工艺流程图

第三节　组塔平面布置及布置要求

一、组塔平面布置的原则

（1）平面布置应因地制宜，根据塔位地形条件选择确定。

（2）卷扬机宜布置在顺线路方向，被吊构件宜布置在横线路方向，以方便观测。

（3）堆料场与塔位间应保持一定距离，以方便现场地面组装。

（4）地锚位置及方向应根据卷扬机方位布置，地锚埋深应满足起吊荷载要求。

（5）指挥台及电气集控台应尽量靠近卷扬机场，以方便指挥联络。

二、组塔平面布置

（1）当提升抱杆的卷扬机与吊装构件的卷扬机在不同方向时，组塔平面布置示意如图 17-3-1 所示。

（2）当提升抱杆与吊装构件的卷扬机在同一侧布置时，组塔平面布置示意如图 17-3-2 所示。

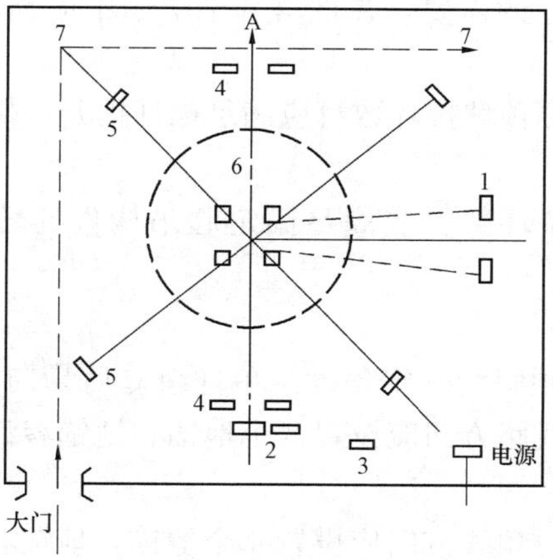

图 17-3-1　组塔平面布置之一

1—卷扬机（吊构件）；2—卷扬机（提升抱杆）；
3—指挥台；4—攀根绳地锚；5—拉线地锚；
6—组装场；7—材料堆放场

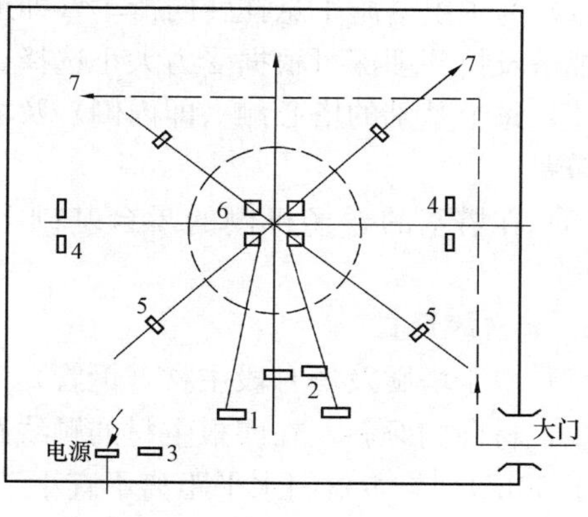

图 17-3-2　组塔平面布置之二

（图中符号含义同图 17-3-1）

三、平面布置的要求

1. 塔材的摆放

（1）塔材摆放的地面应平整，不易积水。

（2）塔材摆放的地面上应垫方木或混凝土方柱。

（3）按铁塔塔段号由下向上，塔件号由小到大，离塔位由近及远的顺序摆放。

（4）摆放塔材时，应留出侧叉车进出的通道，以方便搬运。

（5）主材、大斜材、大水平材不允许叠放。其他辅材叠放不得超过三层且堆放高度不应超过 1m。如果叠放，同一部位辅材叠放一起，两侧设立柱，叠放时应按倒 V 字型断面排列，由下向上叠放，确保叠放稳定。

2. 塔材的卸车及搬运

塔材由摆放地搬运至塔位旁应使用5t侧叉车或平板车。塔材由汽车卸下时宜使用10～25t吊车。

（1）根据单件主材的最大重量选用相应额定吊重的合成纤维吊带。与钢管主、辅材绑扎的吊点绳应采用合成纤维吊带，以保护钢管的镀锌层和刷漆层。

（2）主材钢管在地面上搬运应使用5t侧叉车，小件辅材搬运应使用平板车。塔材与板车、叉车接触处均应铺垫软物以保护塔材的镀锌层或刷漆层。

（3）塔位附近的地面组装场地若为松软地基，应采取铺设钢板等措施，以防叉车、板车下沉。

3. 地面组装

（1）地面组装场地位于塔位的顺线路或横线路方向，以不影响牵引绳的运行为原则。

（2）地面组装时宜用25～50t吊车配合。

（3）地面组装时应严格按设计图纸配料，构件质量应合格。

4. 组塔用预埋拉环的设置

（1）为了组塔施工悬挂转向滑车（即地滑车）的需要，在铁塔基础浇制中应预埋拉环，拉环规格及拉环埋深可根据受力大小选择。

（2）每个基础的塔心侧（即内侧）及塔腿外侧预埋拉环数目应满足抱杆提升、拉线固定等的需要。

（3）在塔基的卷扬机侧的承台基础上预埋拉环数目应满足固定起吊构件的转向滑车需要。

5. 地锚的设置

（1）由于塔腿及塔身段主材（钢管）向塔内倾斜约一定角度，单件组立后易向内倾斜。为防止主材向内倾斜，在四根主材的顺线路和横线路方向应设置8个地锚。地锚容许拉力不宜小于50kN，与主材间水平距离不宜小于40m。

（2）抱杆组立后，为保证其稳定性，在基础对角线方向应设置4个地锚，地锚容许拉力不宜小于50kN，距塔基中心不宜小于70m。

（3）固定卷扬机应设置可靠的地锚。

6. 施工电源

（1）为了确保供电的可靠性，现场应引入10kV电力线作为施工电源，施工前应与供电部门签订供电协议。

（2）现场应配备75kW发电机组作为备用电源。备用电源应远离现场指挥室，以避免发电机的噪声影响现场指挥和操作。

第四节 组塔抱杆简介

一、选择组塔抱杆的原则

（1）对塔型进行构件分析，选择最重的塔片作为抱杆容许吊重的依据。

（2）对塔型结构尺寸进行分析，选择符合要求的抱杆高度及摇臂长度。

（3）对铁塔所处地形、地质条件进行分析，选择采用内拉线或者外拉线。

（4）根据容许吊重及抱杆高度计算选择抱杆及摇臂的主、斜材规格。抱杆的稳定安全系数不应小于2。

本章介绍的座地式双摇臂内拉线抱杆吊重为2×8t。

二、2×8t座地式双摇臂内拉抱杆的主要性能

（1）抱杆（包括主抱杆及桅杆）全高141m，摇臂长18.8m（按水平倾斜角5°时，吊钩距抱杆中心的距离），抱杆结构示意如图17-4-1所示。

（2）座地式双摇臂抱杆的主要性能参数。

1）最大起吊重量：双侧摇臂各8t；吊钩起吊速度分别为1.28m/min、5.13m/min、10.26m/min。单侧起吊8t时，对侧应平衡吊重不小于4t。

2）摇臂工作幅度为2～18.8m。

3）单臂覆盖平面内角度为±135°。

4）驱动动力为电力，电气控制采取集中控制，单人操作。

5）起吊构件和提升抱杆采取过载保护措施。

三、2×8t座地式双摇臂抱杆系统简介

座地式双摇臂抱杆包括桅杆、主抱杆、摇臂、转动支撑（旋转支撑）、变幅系统、起吊系统、拉线系统、驱动装置及电气控制系统等。

（1）桅杆。桅杆高18m，顶部断面为535mm×535mm，底部断面为1329mm×1329mm，分段结构，每段长6m，共3节。顶部安装变幅滑车组2套（每套含4只滑轮）。抱杆顶装有警航红旗。主材外侧设有直爬梯及攀登自锁装置的导索。

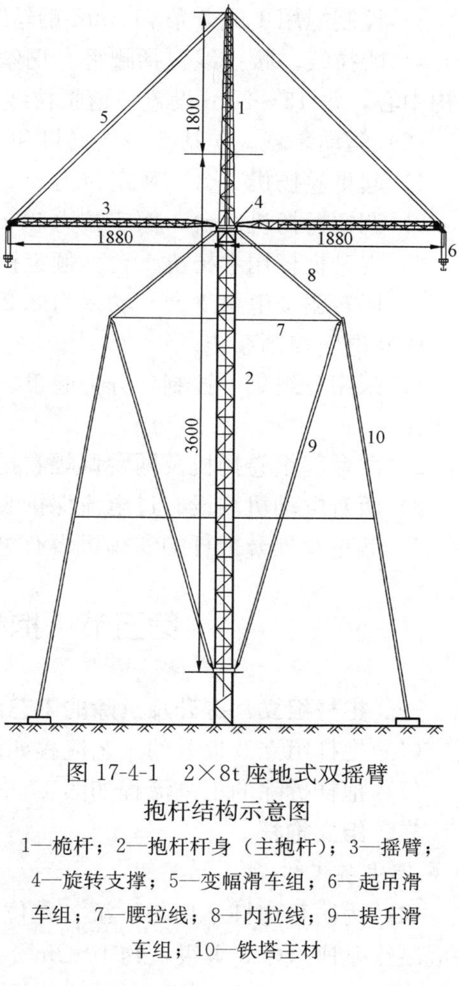

图17-4-1　2×8t座地式双摇臂抱杆结构示意图

1—桅杆；2—抱杆杆身（主抱杆）；3—摇臂；4—旋转支撑；5—变幅滑车组；6—起吊滑车组；7—腰拉线；8—内拉线；9—提升滑车组；10—铁塔主材

（2）主抱杆。主抱杆也是抱杆杆身。主抱杆高度近似等于铁塔高度。例如铁塔高度为120m时，则高度为120.8m，包括19节6m段，1节3m段（安装钢丝绳转向架）及1节3.8m段（变幅卷扬机机架）。主抱杆为四方形断面，□1650mm×1650mm。内部设有直爬梯及攀登自锁装置的导索。

（3）摇臂。一幅抱杆对称设置2个摇臂，摇臂长18.8m，为四方形断面，边宽为683mm，铰接点处根开为1200mm。摇臂可变幅为2～18.8m，摇臂可通过平面转动支撑水平面±135°以内旋转。旋转动力为电力，通过电缆由地面控制。

（4）转动支撑。转动支撑高度为1.536m，由上支座、回转支撑、下支座组成。上支座装有与摇臂相连的铰接装置及钢丝绳转向架。

（5）变幅系统。该系统用走3走4滑车组（120kN级），用ϕ13mm钢丝绳，由桅杆中心引入抱杆中心，直至抱杆底部的卷扬机，绳长285m。

（6）起吊系统。该系统为走2走2滑车组（80kN级），用ϕ13mm防捻钢丝绳，经转动支撑由抱杆内引下经转向滑车至地面的卷扬机。绳长分别为1550m及900m。

（7）拉线系统。拉线系统包括内拉线、外拉线及控制绳。

1）内拉线为四套走3走3滑轮组（100kN级），用ϕ13mm钢丝绳，尾绳引至地面由手扳葫芦控制。

2）外拉线用4条ϕ15.5mm钢丝绳，通过60kN手扳葫芦控制。外拉线用于组立抱杆。

3）控制绳用1或2条ϕ11mm钢丝绳，经拉线控制器控制。

4）腰拉线。腰拉线包括腰箍、钢丝绳及双钩，用于将抱杆固定于铁塔中心处。沿铁塔结构中心，每15～20m设置一道腰拉线。腰拉线固定在铁塔主材有水平材的节点处。

（8）驱动装置。包括5台卷扬机和1台回转驱动电动机。

1）起重卷扬机2台，额定拉力30kN，额定容绳量1500m。

2）调幅卷扬机2台，额定拉力30kN，额定容绳量300m。

3）提升抱杆用卷扬机1台，额定拉力30kN，额定容绳量300m。

4）回转驱动电机1台，功率为2.2kW，配液力耦合器。

（9）电气控制系统。

1）采用分组集中控制，分为起重、调幅、提升抱杆，回转驱动4组，任一时刻只能一组工作。

2）两台起重卷扬机及两台调幅卷扬机不得同时反向运转。

3）所有电动机均设有过电流保护装置。

4）起重及提升抱杆的卷扬机设有可调式超载自停保护装置。

第五节　抱杆的组立、提升及拆除

一、抱杆组立、提升及拆除的工艺流程

（1）抱杆组立及提升的工艺流程如图17-5-1所示。

（2）抱杆拆除的工艺流程如图17-5-2所示。

二、组立抱杆

1. 准备工作

（1）为防止抱杆不均匀下沉，在位于铁塔中心处浇制边宽为3.2m×3.2m、深度为1m的混凝土基座（C15等级，约10.2m^3）。

（2）对抱杆、摇臂等部件及连接螺栓进行清点及检查，符合要求方可组装。

（3）根据选择的吊车，确定吊装塔腿、抱杆的顺序及高度。吊车选择分为两个级别：①额定起重量为20～25t；②额定起重量为50～100t。由于吊车额定起重量不同，对组立抱杆高度不同。

（4）利用吊车组立铁塔塔腿，留一个侧面辅材暂不装，以便组立抱杆。

2. 地面组装

（1）在铁塔辅材未封口的一面组装抱杆上部。抱杆上部包括桅杆、摇臂、转动支撑、一节标准段（6m）及一节过渡段，长约26m。抱杆根部应置于塔位中心。

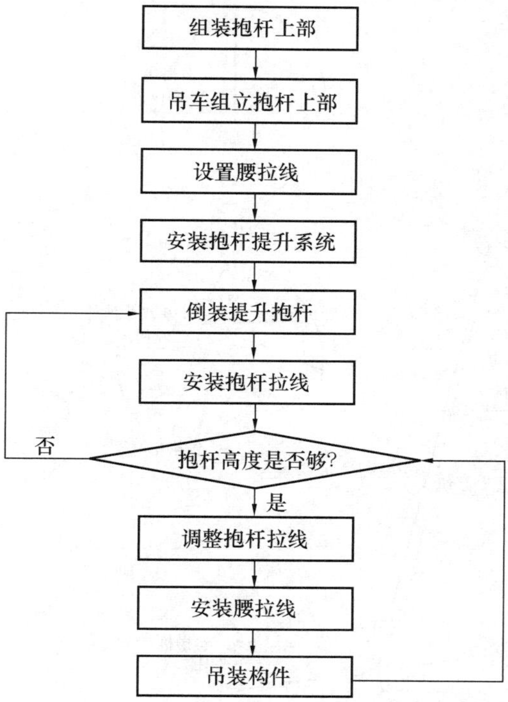

图 17-5-1 抱杆组立及提升工艺流程图

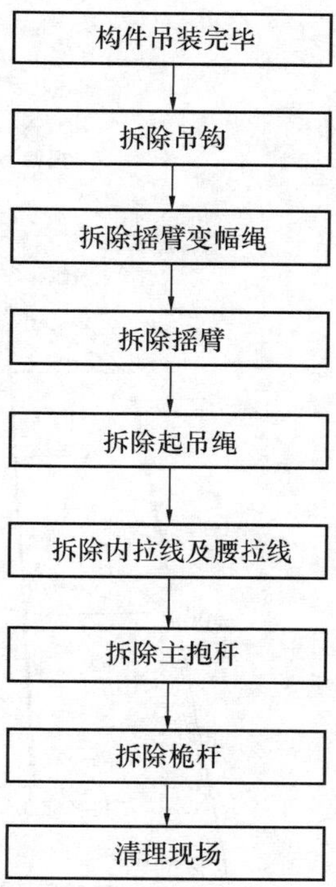

图 17-5-2 抱杆拆除工艺流程图

（2）变幅和起吊滑车组应在地面将绳索穿好并挂于抱杆及摇臂，引至地面的钢丝绳在抱杆的内部穿过，将摇臂与抱杆收拢捆绑在一起。

（3）桅杆顶应安装警航灯和警航旗，电缆固定在桅杆上从回转支撑中间穿过，与回转电动机电缆捆绑后，由抱杆内部引下。

（4）桅杆顶的旗杆为金属材质（兼做避雷针），旗杆下设有专用接地线与抱杆底部接地装置连接。

（5）各种电缆和钢丝绳应处于松弛状态，以不妨碍抱杆组立与提升为原则。

3. 组立抱杆

用吊车组立抱杆的操作要点如下。

（1）固定好吊车，先组立塔腿，留出一面辅材暂不安装。塔腿组立的高度应与抱杆上部段高度相一致。

（2）将吊车移到塔架外侧，置于未封辅材的塔腿面方向。

（3）如果吊车额定起重量为 20～25t，利用吊车组装抱杆上部段（约高 26m），再吊装至塔位中心，安装四侧临时拉线（即外拉线）。

（4）如果吊车额定起重量为 50～100t 时，可以采用先吊抱杆标准段 2 或 3 节立于塔位中心，再吊装转动支撑、桅杆及摇臂等。打好抱杆四侧临时拉线后，安装电缆及调幅、起重钢丝绳等。

（5）封装塔腿一面未装之辅材，使铁塔下部（即塔腿）形成一个稳定结构。

三、提升抱杆

1. 提升抱杆的布置

提升座地式摇臂抱杆的现场布置示意如图 17-5-3 所示。

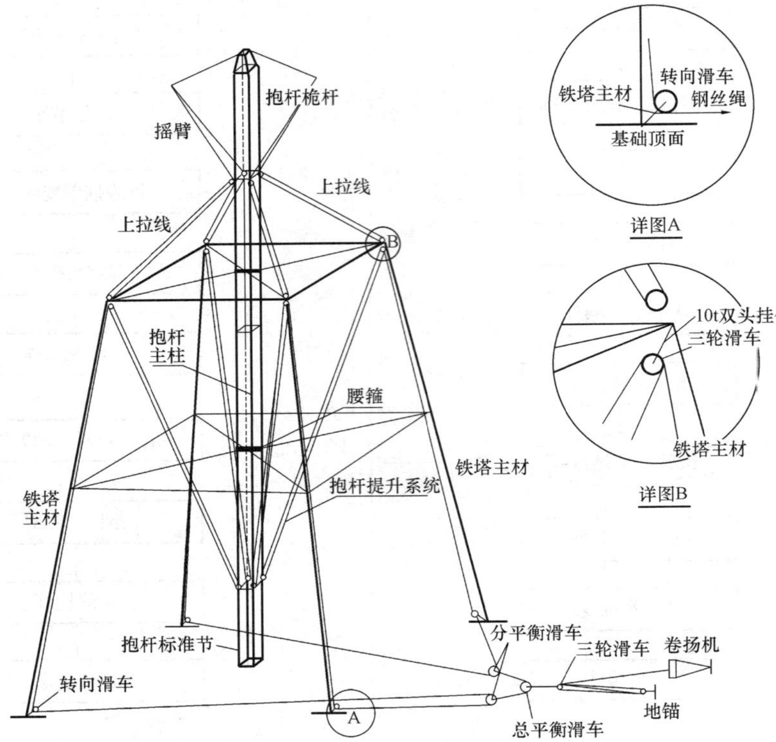

图 17-5-3　提升座地式摇臂抱杆现场布置示意图

2. 提升前的准备工作

（1）选择安装提升滑车的合适高度，使提升滑车组挂在铁塔主材上与抱杆间夹角不大于40°。在主材合适高度的节点处安装专用提升挂板（150kN 级），4 块挂板应在同一水平面上。

（2）提升滑车组采用走 3 走 3 滑车组（150kN 级，6 绳受力），提升绳引至地面后采取 4 变 2 变 1 方式至牵引滑车组（走 3 走 3、150kN 级），直至 30kN 卷扬机。

（3）主抱材应设置不少于 2 道腰拉线。

（4）抱杆内拉线应适度松出，并设专人控制操作。

（5）在顺线路及横线路方向各设置一台经纬仪，以备观测抱杆正直情况。

3. 提升抱杆的操作要点

（1）提升抱杆布置经全面检查符合要求后，即可启动卷扬机开始提升抱杆。当抱杆下端离开地面约 50mm 时应暂停牵引，检查抱杆是否正直，如果正直，应在平衡滑车出口处卡上元宝螺丝，以防止平衡滑车轮上的钢丝绳窜动。

（2）继续提升抱杆。在提升过程中，应对抱杆是否正直和抱杆通过腰箍的情况进行实时监视。

（3）当抱杆提升至下端离开地面的距离大于待接段长度时（例如待接段为 6m 时，离开地面距离大于 6.0m），应停止牵引。将提升滑车组钢丝绳在地滑车出口用元宝螺丝卡牢，以防滑动。利用预先挂在提升抱杆下端的滑车及尼龙绳将待接段提升至抱杆下方且对准连接螺孔，安装连接螺栓，然后，启动卷扬机使抱杆及待接段落至地面。登上梯子，拧紧全部连接螺栓。

(4) 每提升一次抱杆，只能接装一节标准节。每接装一节应检查腰拉线是否需要调整。

(5) 当抱杆提升的高度已满足吊装构件要求时，应将抱杆底座安装于抱杆下端。然后调整收紧各道腰拉线。

(6) 将抱杆内拉线在铁塔上的挂点位置移上至已组塔架上部的节点下方。通过专用拉线挂板悬挂拉线滑车，拉线经转向滑车在地面上进行收紧控制。

(7) 每次提升抱杆完成后，应将抱杆中心的电缆理顺并绑扎固定，接地线应理顺并与接地体连接牢靠。

四、拆除抱杆

1. 拆除抱杆的准备工作

(1) 铁塔及其横担全部吊装完成后，方可拆除抱杆。

(2) 按图 17-5-2 的顺序进行逐一拆除。

2. 拆除吊钩

(1) 启动起吊卷扬机收紧吊钩，再启动变幅卷扬机收起摇臂，在抱杆顶部将两摇臂与抱杆捆绑一起。

(2) 稍稍放松起吊钢丝绳，在摇臂端头附近将起吊钢丝绳锚固。拆除起吊滑车组的钢丝绳固定端，撤出起吊滑车组钢丝绳，将起吊绳一头与吊钩连接。

(3) 松出起吊绳在摇臂的锚固，启动卷扬机收紧起吊钢丝绳，使其受力，拆除吊钩与摇臂的绑扎绳套，再启动卷扬机松出起吊绳，将吊钩松至地面。

3. 拆除变幅钢丝绳及滑车组

(1) 由于起吊钢丝绳是从摇臂内部走向，需将其抽出后改从桅杆内部穿行。

(2) 在起吊钢丝绳端头连接一条尼龙绳。收紧起吊钢丝绳，使尼龙绳与钢丝绳连接处直至转动支撑后临时锚固。解开连接处的卸扣。

(3) 将尼龙绳从摇臂抽出，改从桅杆内部穿行，一头与起吊钢丝绳连接，另一头经桅杆顶的滑车引至地面的人力绞磨。收紧绞磨的尼龙绳，使起吊钢丝绳端提升至桅杆顶后，与摇臂端连接。收紧起吊钢丝绳，使其受力。

(4) 松出变幅卷扬机使变幅滑车组呈松弛状态，然后将尼龙绳与变幅钢丝绳尾端连接。再启动变幅卷扬机，回收变幅滑车组的钢丝绳。最后，解开尼龙绳与变幅钢丝绳的连接卸扣。

4. 拆除摇臂

(1) 将尼龙绳的上端与一侧摇臂绑扎，作为拆除摇臂的控制绳。将起吊钢丝绳上端与摇臂上端约 1m 处连接。

(2) 启动起吊卷扬机，收紧起吊绳后暂停牵引。拆卸一侧摇臂的保险钢丝绳（也称限位绳），再拆卸绑扎摇臂与桅杆的绳套及摇臂根部的连接轴。

(3) 缓慢松出起吊绳，使摇臂（含保险绳）落至地面，在地面逐节拆卸。

(4) 另一侧摇臂按上述程序同样拆除。

5. 拆除起吊绳

(1) 用尼龙绳与起吊绳上端连接。尼龙绳在地面经拉线控制器收紧进行人力控制。

(2) 启动卷扬机，牵引起吊绳，尼龙绳跟着慢慢松出，当起吊绳尾端接近桅杆顶部时，应停止牵引，利用起吊绳自重力使其下滑，直至起吊绳完全落地。

（3）牵引起吊绳下滑过程中，因钢丝绳重力的作用会带动起吊绳突然下滑，此时应控制好尼龙绳。起吊绳下落的同时，卷扬机应及时收卷地面的钢丝绳余绳。

6. 拆除抱杆

（1）拆除抱杆仍按图 17-5-3 布置。按提升抱杆的逆程序由下向上逐节拆除。

（2）当抱杆下降到内拉线呈松弛状态时，在抱杆座地的状态下，抱杆顶应挂 4 条钢丝绳作临时拉线，然后逐一拆除内拉线。

（3）每当抱杆下降到腰拉线有阻碍时，应拆除该腰拉线。抱杆下降过程中应保持 1 道腰拉线。

（4）当腰拉线全部拆除，且标准节拆除完毕，利用 4 条临时拉线将抱杆松至地面后再逐段拆卸。

7. 清理现场

（1）将全部地锚、桩锚挖出清理。地锚坑应进行回填夯实，恢复原来地表面貌。

（2）全部工具进行整理打捆，以便装运。

（3）拆除施工电源，并通知供电部门。

（4）拆除现场工棚及其他临时设施。

（5）清除现场油污、废弃物，保持现场洁净。

（6）现场临时道路如为农田，应将道路上的垫层铲除，恢复农田面貌。

第六节 构件的吊装

一、吊装构件的分次规划

（1）高塔组立中，靠近地面的若干段一般采用吊车组立，上部由抱杆组立。

（2）根据吊车的额定起重量及吊臂长度确定吊车组立塔架高度及分次吊装构件的重量。

（3）根据抱杆的容许吊重确定吊装构件顺序及每次吊装构件的重量。

（4）根据构件吊装顺序及重量选择内拉线在塔架上的挂点。内拉线对水平面夹角应不大于 60°。

二、吊装构件的准备工作

1. 塔材的现场搬运及装卸应符合的要求

（1）搬运和装卸塔材时，应使用尼龙吊带绑扎和吊装，避免塔材变形和损伤镀锌层。

（2）装车时，塔材应顺车分层放置，层间应垫方木及木楔，避免相对滑移。

（3）现场宜使用 6t 侧叉车及 25t 吊车进行塔材的搬运和装卸。不得将塔材在地面拖拉滑移。

（4）塔材运到塔位应及时清点，检查数量是否符合图纸要求，质量是否符合规范要求。做好交接验收记录。

（5）塔材到达现场应按段别、按编号有序排列。放置的地面应平整，塔材下方应垫方木。

2. 组立铁塔前的质量检查

（1）复查铁塔基础根开、对角线、基础顶面高差及地脚螺栓小根开，确认符合设计及规范要求后方可组立铁塔。

（2）在组立铁塔前及过程中均应随时检查塔材质量，主要内容包括塔材不应有急弯和扭曲变形，镀锌层应均匀光滑、无锌瘤及毛刺等，塔材火曲的弯曲度和方向应符合设计要求。

三、用吊车吊装构件

1. 吊车站位布置及注意事项

吊车站位布置及注意事项详见第二十章。

2. 吊装塔脚

（1）吊装塔脚采用单件吊装，塔脚的吊点绳布置示意如图 17-6-1 所示。

（2）吊点绳应通过专用吊具与塔脚法兰盘连接。

（3）4 只塔脚就位后，应测量塔脚部分的根开及对角线，符合设计图纸要求后，应立即拧紧地脚螺母，并将露出螺母的螺杆部位丝扣打毛。

3. 吊装主材钢管

（1）吊车站位应位于铁塔基础对角线方向的内侧。

（2）在各段主材钢管的法兰上按塔心方向做好标记；吊装主材钢管时，应将此标记对准塔心安装就位。

（3）吊装下段主材钢管采用单件吊装。吊点绳应通过专用吊具与主材钢管法兰盘连接。

（4）主材与塔脚连接螺栓拧紧后方可拆除吊点绳。

（5）吊装中段或上段主材钢管同样采用单件吊装，上端应设置 2 条临时拉线，以便调整钢管倾斜度，示意如图 17-6-2 所示。

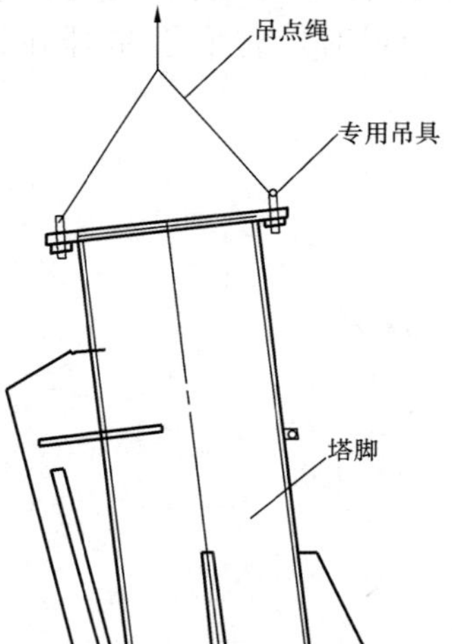

图 17-6-1　塔脚的吊点绳布置示意图

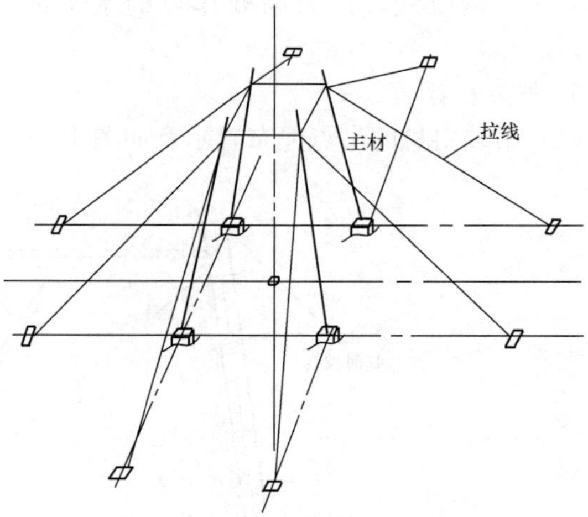

图 17-6-2　主材调整拉线布置示意图

（6）中段或上段主材钢管就位时，应先装塔心外侧的连接螺栓，在塔心内侧的两法兰盘间隙塞入楔形钢板（顺、横线路方向各塞一块），使就位的钢管上端向外预倾斜，为安装水平材时方便就位做好准备。

4. 吊装水平材

（1）吊装水平材的布置示意如图 17-6-3 所示。

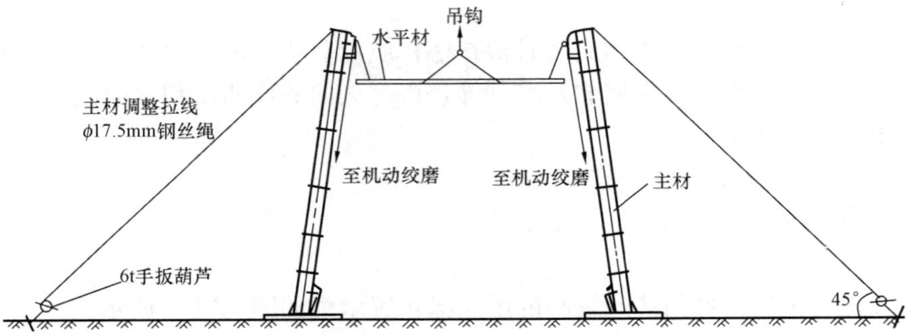

图 17-6-3　吊装水平材的布置示意图
（两台机动绞磨配合吊车吊装）

（2）吊装前，将与水平材连接的主材外拉线适度收紧，以便水平材就位。水平材分段连接螺栓应拧紧。

（3）与水平材、主材绑扎处均使用 50kN 尼龙吊带，避免损伤镀锌层。

（4）水平材吊离地面约 100mm 时应暂停牵引，检查水平材是否平直，若不平直，应调整吊点位置。

（5）提升水平材到达就位高度后，让一端先就位并间隔安装几只螺栓，然后将主材法兰盘间的楔形钢板抽出，并再次调整主材的外拉线，使两主材的开口间距与水平材长度相吻合，安装另一端连接螺栓。最后，安装全部连接螺栓并拧紧。

（6）水平材安装后，立即在水平材上方约 1.2m 处附近的专用拉线板或主材法兰筋板上安装 GJ-50 钢绞线，作为高处作业的水平绳。在水平材上行走时应将安全带挂在钢绞线上。

5. 吊装斜材

（1）吊装斜材的吊点绳布置示意如图 17-6-4 所示。

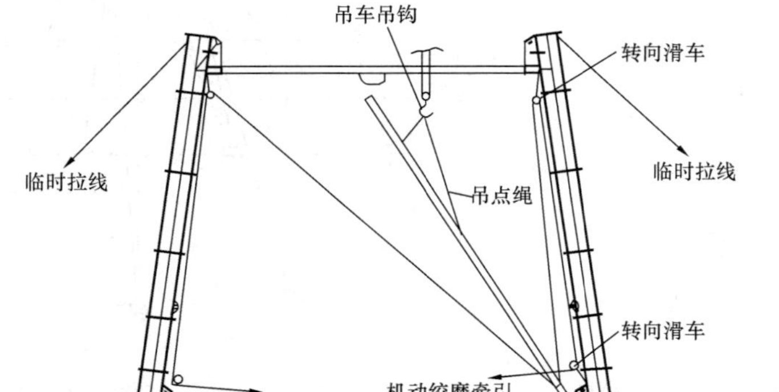

图 17-6-4　吊装斜材的吊点绳布置示意图

（2）斜材在两主材间的地面先行组装成整体，然后用两条钢丝绳（一长一短）通过尼龙吊带在斜材上绑扎两个吊点。另用一条绞磨绳绑扎在斜材下部。

（3）先由吊车吊起斜材，使斜材上端与水平材连接就位。就位过程中应启动机动绞磨，将斜材下端吊起，调整斜材倾斜角度，使斜材上、下端就位。

6. 水平材及斜材安装

按照上述方法，将四个侧面的水平材及斜材全部安装完成。

四、用座地式摇臂抱杆吊装构件

（一）构件吊装的基本要求

（1）两侧对称起吊时，单侧吊重不得超过 8t。两侧吊件重量应基本相等，两侧摇臂仰角应基本相同，两侧吊件应同步离地、同步就位。

（2）如果单侧起吊构件时，吊重不得超过 8t，且另侧摇臂以吊重侧摇臂相同的仰角将起吊绳固定于地面（地锚）作为平衡拉线。

（3）构件应尽量在横、顺线路方向组装，并靠近塔基，便于起吊。

（4）构件将要离地时，应收紧控制绳，避免构件碰撞已组塔架。

（5）当摇臂长度大于塔架半根开时，控制绳在起吊过程中不应受力，但应适度收紧以控制旋转。

（6）当构件达到就位高度后，通过旋转摇臂和调整摇臂仰角缓慢松出起吊绳使构件就位。

（二）吊装塔身主材构件

（1）吊装塔身构件的现场布置示意如图 17-6-5 所示。

（2）吊装塔身主材前，应根据构件摆放位置，将摇臂平放且对准构件，避免构件触碰已组塔架。

（3）在主材钢管的法兰上按塔心方向做好标记。吊点绳应通过专用吊具与主材法兰盘连接。

（4）对称起吊时，两侧构件应同时受力，同步离地，同步就位。当构件起吊至适当高度应暂停起吊，启动转向装置，将构件转到就位方向。

（5）主材就位时，应在主材法兰接头塔心内侧塞楔形钢板（横、顺线路方向各塞 1 块）。塔心外侧的连接螺栓应紧固，塔心内侧的连接螺栓应适度紧固。

（6）安装连接螺栓的塔上作业人员应站在工作平台上，且应有两道安全保护措施。第一道是安全带直接挂在法兰盘的筋板上，第二道是安全自锁防坠器挂于导索上。

（7）主材就位后，拆除吊点绳且落至地面，再吊挂另一段主材，直至全段主材吊装完毕。

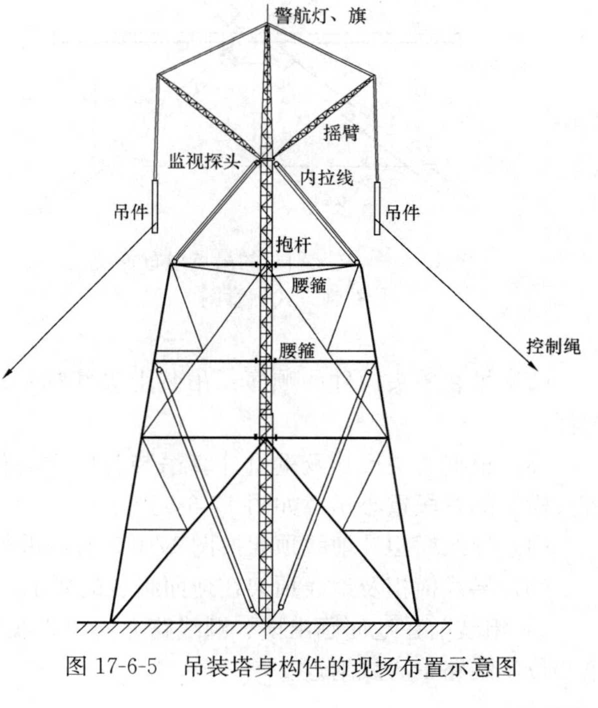

图 17-6-5　吊装塔身构件的现场布置示意图

（三）吊装塔身辅材

（1）水平材的吊装。采用摇臂抱杆吊装水平材应采用双侧对称起吊。就位时，如果主材间根开偏大，水平材一端就位后，可取出相应的楔形钢板，必要时，可用加长的法兰螺栓穿入拧紧，使两主材向内收拢。

（2）交叉斜材的安装。交叉斜材的吊点绳布置及补强方式示意如图 17-6-6 所示。

按图 17-6-6 将吊点绳及补强钢丝绳绑扎后，测量交叉斜材的上、下端开口尺寸应与设计图纸一致。

交叉斜材在吊离地面时应顺直，否则应放下调整。

当交叉斜材提升到就位高度后，应调整变幅滑车组使交叉斜材移到合适的就位位置。先就位下端连接螺栓，再安装上端接头螺栓，直至全部接头螺栓紧固后方可拆除吊点绳及补强钢丝绳。

（四）吊装塔头构件

各种不同的塔型，应视塔头结构尺寸及重量选择分片、分段吊装顺序及次数。下面以 500kV 双回直线塔为例介绍塔头吊装顺序及方法。

（1）500kV 双回直线塔塔头尺寸示意如图 17-6-7 所示。

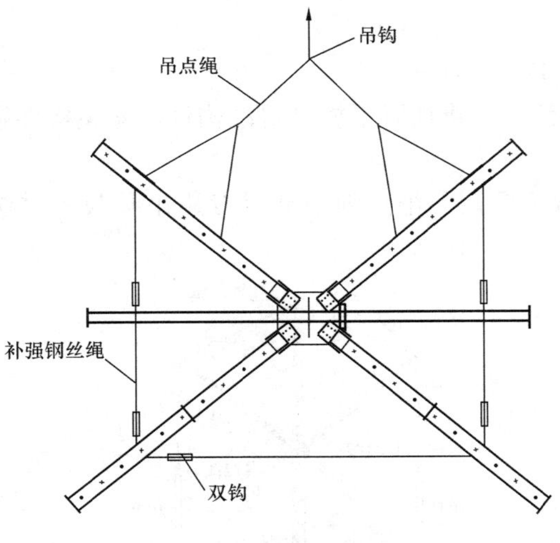

图 17-6-6 交叉斜材的吊点绳布置及补强方式示意图

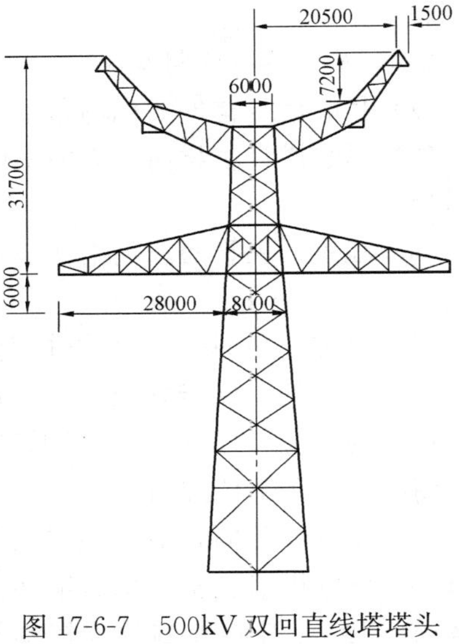

图 17-6-7 500kV 双回直线塔塔头尺寸示意图

（2）吊装塔头构件的顺序：吊装上导线横担—吊装地线顶架—吊装下导线横担—拆除抱杆。

（3）根据塔头尺寸及重量计算吊装各段重心位置，以便绑扎吊点绳。图 17-6-7 所示的塔头横担的各段重心示意如图 17-6-8 所示。

（4）导线横担及地线顶架按图 17-6-9 所示进行平面布置。

（5）导线横担及地线顶架在地面组装的要求。

1）组装前在地面画出横、顺线路方向中心线及每段横担中心线。组装时尽可能使横担重心位于线路中心线附近。

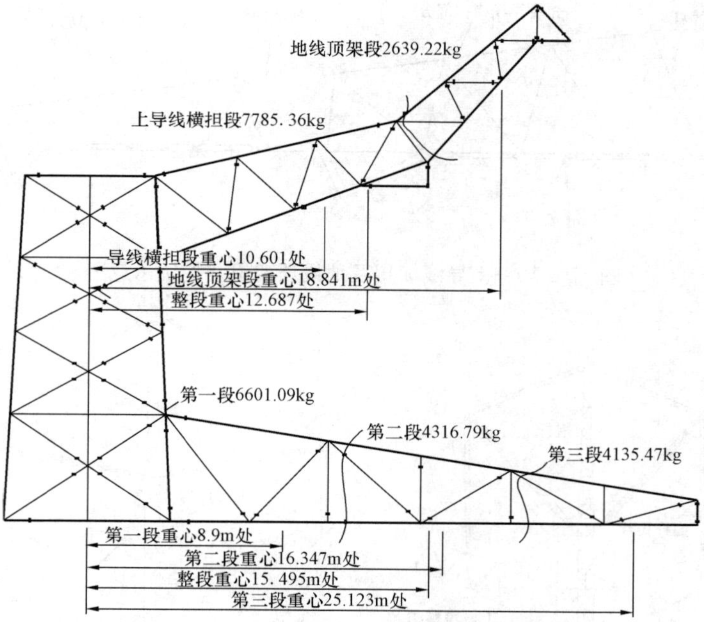

图 17-6-8　塔头横担的各段重心示意图

2）组装场地应操平，并沿横担下平面轮廓线布置道木。道木位于每根塔材两端，以不妨碍法兰连接操作为原则。组装前应准备适当数量的厚木板（厚 20mm），供组装调直用。

3）下导线横担应组装成立体结构。先装底平面，再用吊车配合，组装两侧面和顶面；上导线横担及地线顶架分别组装成两段立体结构，先组装导线横担部分，再组装地线顶架部分。上导线横担及地线顶架组装时应注意在上导线横担及地线顶架端头的地面挖坑，以方便挂点塔材的安装，示意如图 17-6-10 所示。

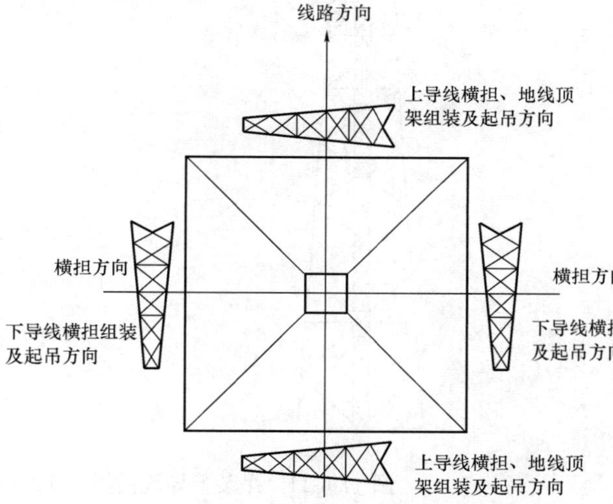

图 17-6-9　导线横担及地线顶架的平面布置示意图

4）组装完毕应复核塔头构件尺寸，符合设计图纸无误后复紧全部法兰连接螺栓。

（6）吊装上导线横担及地线顶架。

1）吊装上导线横担及地线支架布置示意如图 17-6-11 所示。

2）吊点绳应绑扎在上导线横担及地线顶架的上平面，靠近塔心侧的吊点绳应串接链条葫芦，以便调整。

3）起吊前抱杆摇臂应向上收起，使起吊绳对准上横担的重心。待上横担、吊点绳拴好后行进行试吊。检查就位处横担断面尺寸，并调整吊点绳和补强绳，使上横担在起吊过程中

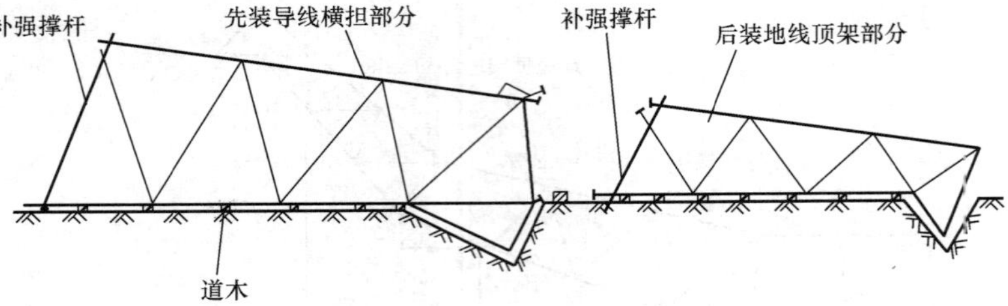

图 17-6-10 上导线横担及地线顶架组装挖坑示意图

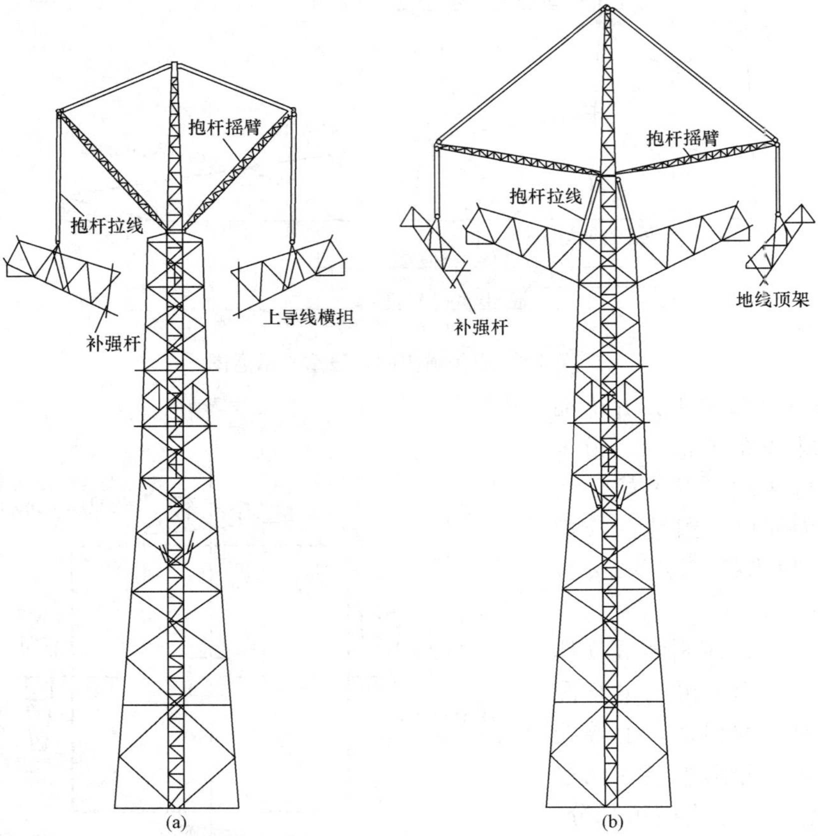

图 17-6-11 吊装上导线横担及地线支架布置示意图

(a) 吊装上导线横担；(b) 吊装地线顶架

设计方位基本一致。

4）开始起吊时应控制攀根绳，确保横担不碰塔身。当上横担吊起到一定高度时用攀根绳控制，将横担自身旋转 90°与就位方向一致，再慢慢起吊横担。在横担不碰塔身的原则下可将攀根绳放松。吊至设计高度后，进行就位安装。

5）吊装地线顶架前，应将摇臂放平。吊点绳绑扎后应进行试吊。按吊装上横担的操作顺序完成地线顶架吊装。

（7）吊装下导线横担。

1）吊装下导线横担布置示意如图 17-6-12 所示。如果下横担质量为 8t 以下时，直接用摇臂起吊；如果下横担质量超过 8t 时，应将横担分段起吊。

2）上导线横担及地线顶架吊装完毕后，将摇臂向上收起，使起吊滑车对准下导线横担段的重心。利用两套起吊系统对下横担进行对称起吊。

3）吊点绳绑扎在下平面主材上，收紧后再在上平面主材上绕一圈后抽出。

4）下横担吊点绳拴好后先进行试吊。检查就位处横担断面尺寸并调整吊点绳和补强绳，使横担在起吊过程中与设计方位基本一致。

5）开始起吊时，应控制攀根绳，确保横担段不碰塔身。当横担段吊起到一定高度，在横担不碰塔身的原则下可将攀根绳放松。吊至设计高度后，进行就位安装。

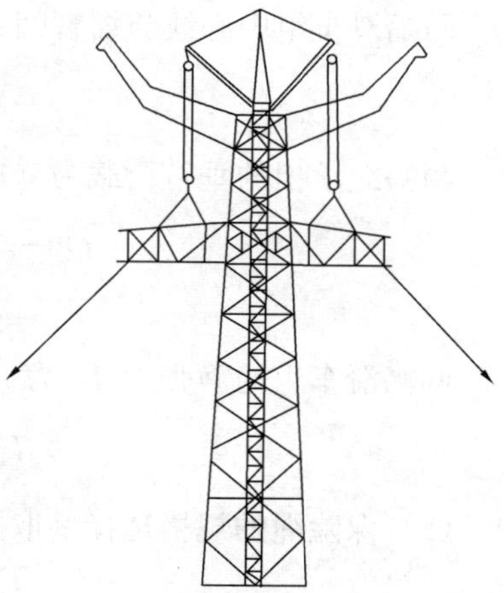

图 17-6-12　吊装下导线横担布置示意图

(8）吊完靠近塔身的下横担段后，回牵起吊绳及吊钩，待吊钩高于上横担后，再次调整摇臂，吊装下横担边段，直至全部构件吊装完毕且将塔头构件各部位连接螺栓复紧。

第七节　施工计算及主要索具规格选择

一、计算条件

（1）第一种工况：双摇臂同时吊重 8t 时，风速取值 13m/s。

（2）第二种工况：单侧摇臂吊重 8t 时，另侧平衡吊重按 4t 计算，风速取值 13m/s。

（3）抱杆的稳定安全系数应不小于 2。

（4）摇臂抱杆的技术参数见附录 L。

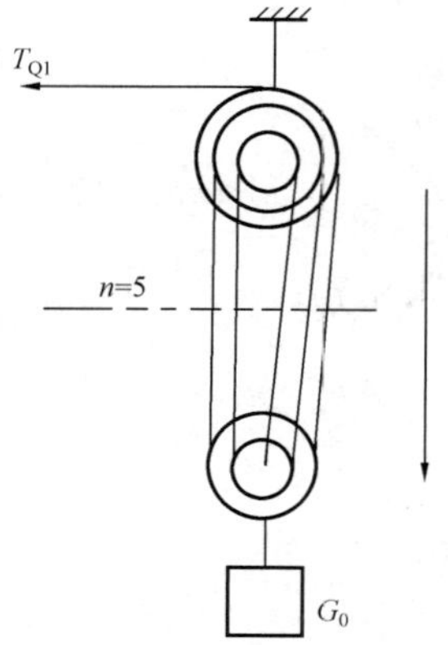

图 17-7-1　走 2 走 3 滑车组（用于起吊绳）

二、起吊绳及调幅绳、保险绳的受力计算及规格选择

1. 起吊绳

（1）起吊绳的受力计算。起吊滑车组为走 2 走 3，5 绳受力，如图 17-7-1 所示。吊重为

$$G_0=9.807\times1.05\times8000=82375\ (\text{N})$$

$$T_{Q1}=\frac{82375}{5\times0.95^3}=21292(\text{N})$$

（2）起吊绳规格选择，如下

$$T_{Q1P}\geqslant21292\times4.8=102202(\text{N})$$

选择□13mm 防扭钢丝绳，$T_b=105000>T_{Q1P}$，满足要求。

摇臂端至地面 140m，所以绳长≥140×6＋200＝1140（m）。

起吊滑车选择 100kN 三轮、二轮各 1 只。

（3）起吊滑车组质量估算为 860×0.54＋50＝514(kg)。

2. 调幅绳及保险绳

（1）调幅绳的受力计算。

调幅滑车组中心线与摇臂间夹角为θ，其值为

$$\theta = \arctan\frac{18}{18.8} = 43.75°$$

调幅绳承担的垂直荷载为（单侧摇臂质量为1999kg）

$$G_2 = 82375 + \left(\frac{1999}{2} + 514\right) \times 9.807$$
$$=97217(\mathrm{N})$$

调幅滑车组的静张力T_2为

$$T_2 = \frac{97217}{\sin 43.75°} = 140586(\mathrm{N})$$

（2）保险绳的规格选择（取安全系数为3），如下

$$T_{\mathrm{bP}}=140586\times 3=421758\ (\mathrm{N})$$

选择ϕ20mm双绳，其破断力为436900N>42126N，故满足要求。

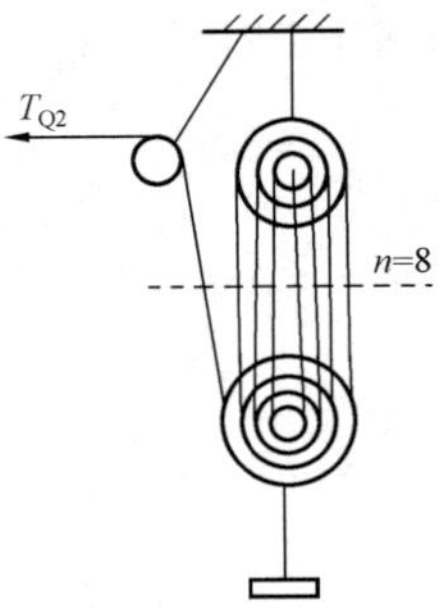

图17-7-2 走3走4滑车组（用于调幅绳）

（3）调幅绳的规格选择。调幅滑车组采用走3走4，8绳受力，如图17-7-2所示，调幅绳的静张力为

$$T_{\mathrm{Q2}} = \frac{140586}{8\times 0.95^8} = 26489(\mathrm{N})$$

$$T_{\mathrm{Q2P}}\geqslant 26489\times 4=105955\ (\mathrm{N})$$

选择ϕ13mm钢丝绳（6×37股，σ_{b}=2000），其破断力为T_{b}=125000×0.82=102500（N），稍小于计算破断力，基本满足要求。

（4）调幅滑车组质量估算为G_3=(25.5×8+40)×0.59+50×1.43+80=354.5(kg)。

三、风荷载的计算

1. ϕ13mm起吊绳的风荷载

垂直于钢丝绳方向的水平荷载为

$$W_{\mathrm{x}} = \alpha\mu_z\mu_{\mathrm{sc}}\beta_{\mathrm{c}}d\,\frac{v^2}{1600} \tag{17-7-1}$$

式中 W_{x}——垂直于钢丝绳（单条）方向单位长度的水平风压力，kN/m；

α——风压不均匀系数，取值1.0；

μ_z——风压高度变化系数，按高度70m，取值1.49；

μ_{sc}——钢丝绳体型系数，取值1.2；

β_{c}——风荷载调整系数，取值1.0；

d——钢丝绳外径，m，取值0.013m；

v——基准高度的风速，m/s，取值13m/s。

将已知条件代入式（17-7-1），得

$$W_{\mathrm{x1}} = 1.0\times 1.49\times 1.0\times 1.2\times 0.013\times\frac{13^2}{1600} = 0.002455(\mathrm{kN/m})$$

单侧起吊钢丝绳长度为140m，5绳受力，则

$$P_{\mathrm{Q1}}=140\times 5\times 0.002455=1.7185(\mathrm{kN})$$

单绳风压为

$$P_0=140\times0.002455=0.3437(\text{kN})$$

2. 调幅绳的风荷载

调幅钢丝绳直径与起吊绳相同，其长度为 25m，8 绳受力，风荷载与调幅绳夹角为 θ，则单侧调幅绳的风荷载为

$$P_{TQ}=25\times8\times0.002455\times\sin^2 43.75°=0.2348(\text{kN})$$

3. 桅杆的风荷载

风向与抱杆外平面相垂直时，抱杆的风荷载为

$$W_s=\mu_z\mu_s\beta_z\times\frac{v^2}{1600}\times A_f \tag{17-7-2}$$

式中　W_s——风向与抱杆面相垂直时，抱杆风压标准值，kN；

μ_z——风压高度变化系数，取值 1.79（$H=125$m）；

μ_s——构件体型系数；

β_z——风荷载调整系数，取值 1.8；

A_f——抱杆迎风面的有效面积，m^2。

$$A_f=1.14+1.368+1.452+1.1512+1.7184=6.8296\ (m^2)$$

A 为抱杆迎风面的轮廓面积，即

$$A=\frac{0.725+1.571}{2}\times18=20.664(m^2)$$

$A_f/A=0.33$，查表得 $\eta=0.6072$（见 DL/T 5154—2002《架空送电线路杆塔结构设计技术规定》）。

$$\mu_s=0.75\times(1+0.6072)=1.2054$$

将已知条件代入式（17-7-2），得

$$W_s=1.79\times1.2054\times1.8\times\frac{13^2}{1600}\times6.8296=2.8016(\text{kN})$$

4. 主抱杆的风荷载

μ_z 取值为 1.62（$H=90$m），β_z 取值 1.8。3m 段迎风面积为

$$A_f=0.726+0.2961+0.2309=1.253\ (m^2)$$

$$A=(1.65+0.121)\times3=5.313(m^2)$$

$A_f/A=0.236$，查表得 $\eta=0.8052$（见 DL/T 5154—2002）

$$\mu_s=0.8\times(1+0.8052)=1.4442$$

将已知条件代入式（17-7-2），再除以抱杆段长，得抱杆单位长度的风压值为

$$W_{s0}=1.62\times1.8\times1.4442\times\frac{13^2}{1600}\times\frac{1.253}{3}=0.1858(\text{kN/m})$$

四、两侧同时吊重 8t 时，抱杆及摇臂的强度验算

1. 桅杆的中心压力

（1）调幅绳张力引起的垂直压力为

$$G_F=(G_2+T_{Q2})\times2$$
$$=(97217+26489)\times2=247412(\text{N})$$

（2）桅杆自重力为

$$G_V=3780\times9.807=37069(\text{N})$$

(3) 调幅绳滑车组自重力为

$$G_T=(354.5\times9.807)\times2=6952(N)$$

(4) 桅杆的中心压力为

$$\sum G_V=247412+37069+6952=291433(N)$$

(5) 桅杆承受的弯矩 M_V 为(桅杆均布风压乘以 1.1 系数得 171.2N/m)

$$M_V=234.8\times1800+\frac{171.2\times18^2}{2}\times100=3196100(N\cdot cm)$$

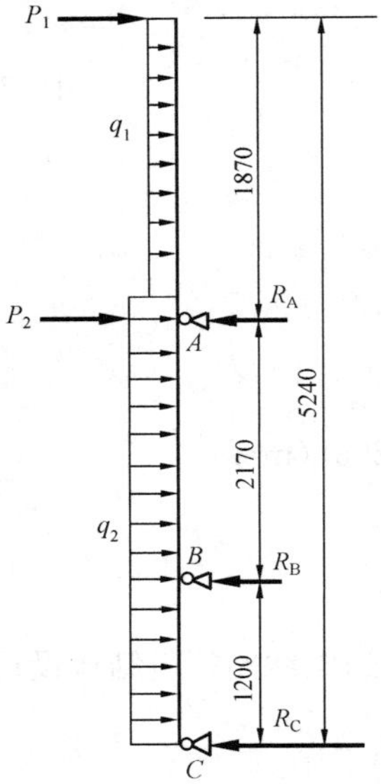

图 17-7-3 抱杆水平荷载分布图(单位:cm)

2. 抱杆的水平荷载分布

抱杆除承受中心压力外,还承受水平方向的风荷载,其分布示意如图 17-7-3 所示。点 A 为内拉线挂点(近似取与摇臂同断面),点 B 为已组塔架最上一道腰拉线,点 C 为与最上一道腰拉线相邻的腰拉线,两道腰拉线间距近似取值为 12m。

图 17-7-3 中,P_1 为调幅绳的风荷载,其值为 234.8N;P_2 为起吊系统及调幅绳的风荷载,其值为

$$P_2=1718.5\times2+234.8=3671.8\ (N)$$

q_1 为桅杆单位长度的风荷载近似值,考虑爬梯影响,乘以系数 1.1,则

$$q_1=\frac{2801.6}{18}\times1.1=171.2(N/m)$$

q_2 为主抱杆单位长度的风荷载近似值。考虑爬梯影响,乘以系数 1.1,再考虑 2 条电缆线的影响,则

$$q_2=185.8\times1.1+2.455\times2=211.8(N/m)$$

3. 抱杆各断面弯矩及各支座反力的计算

根据图 17-7-3,可依三弯矩方程求解各支座反力。

当抱杆各截面惯性矩相等时,三弯矩方程的基本形式为

$$M_{n-1}l_n+2M_n(l_n+l_{n+1})+M_{n+1}l_{n+1}=-6(B_n+A_n) \tag{17-7-3}$$

$$A_n=B_n=\frac{ql_n^3}{24} \tag{17-7-4}$$

式中 M_{n-1}、M_n、M_{n+1}——分别为 $n-1$、n、$n+1$ 点的主弯矩,N·m;

l_n、l_{n+1}——分别为 n 点左侧及右侧支点间距,m;

A_n、B_n——分别为跨间均布荷载的计算参数。

如图 17-7-3 所示,已知

$$M_C=0$$

$$M_A=-234.8\times18.7-171.2\times18\times\left(\frac{18}{2}+0.7\right)-211.8\times\frac{0.7^2}{2}$$

$$=-34334.2(N\cdot m)$$

将已知条件代入式(17-7-3),得

$$M_C\times12+2M_B(12+21.7)+M_A\times21.7=-6\left(\frac{211.8\times12^2}{24}+\frac{211.8\times21.7^2}{24}\right)$$

经演算得

$$M_B = \frac{(745052.1-32558)}{67.4} = 10571.1(\text{N}\cdot\text{m})$$

各断面点支座反力 R_i 为

$$R_C = \frac{211.8\times 12}{2} + \frac{10571.1}{12} = 2151.7(\text{N})$$

$$R_B = \frac{211.8\,(12+21.7)}{2} + \frac{-34334.2-10571.1}{21.7} - \frac{10571.1-0}{12} = 618.5(\text{N})$$

$$R_A = 234.8+3671.8+211.8\times\left(0.7+\frac{21.7}{2}\right)+171.2\times 18-\frac{-34334.2-10571.1}{21.7}$$
$$= 11503.9(\text{N})$$

4. 抱杆拉线静张力的计算

(1) 计算条件。抱杆内拉线对水平面夹角 $\alpha=60°$，其拉线合力线对地平面夹角为 $\alpha_1=67.79°$，拉线与其合力线间夹角为 $\theta=20.71°$。

作用于拉线挂点的水平力为 $R_A=11503.4$ (N)。

(2) 计算拉线静张力。假设拉线静张力为 P_{10}，则

$$P_{10} = \frac{R_A}{2\cos\alpha_1\cos\theta} \tag{17-7-5}$$

将已知条件代入式 (17-7-5)，得

$$P_{10} = \frac{11503.9}{2\cos 67.79°\cos 20.71°} = 16268(\text{N})$$

(3) 拉线对抱杆产生的压力 N_L 为

$$N_L = R_A\tan\alpha_1 \tag{17-7-6}$$

则

$$N_L = 11503.9\times\tan 67.79° = 28175(\text{N})$$

5. 主抱杆的中心压力

(1) 桅杆的中心压力 $G_V=291433$N

(2) 摇臂自重之半 $G_{yb}=1999\times 9.807=19603$(N)

(3) 主抱杆自重力，按高度 21m 计算

$$G_{21}=(234\times 18+367\times 1.5+440\times 1.5)\times 9.807=53176(\text{N})$$

(4) 拉线自重力为(估算)$G_L=4\times 100\times 9.807=3923$(N)

(5) 拉线下压力为 $N_L=28175$N

抱杆中心压力为

$$\Sigma G_1=291433+19603+53176+3923+28175=396310(\text{N})$$

6. 桅杆的强度验算

验算桅杆底部断面强度。

(1) 计算基本参数。桅杆底部断面尺寸示意如图 17-7-4 所示。

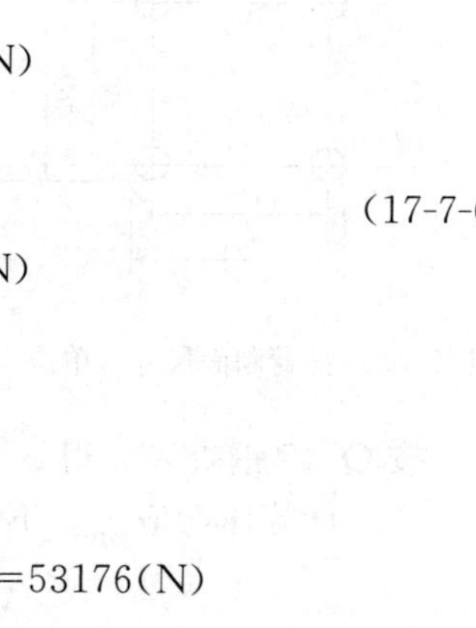

图 17-7-4　桅杆底部断面尺寸示意图(单位：cm)

主材钢管规格为 ϕ121mm × 8mm，$D=12.1$cm，$d=10.5$cm，$A_1=28.4\text{cm}^2$，$A=113.6\text{cm}^2$，$J_0=455.57\text{cm}^4$，有

$$J_大 = 4\left(455.57+28.4\,\frac{145^2}{4}\right) = 598932.3$$

$$J_{小} = 4\left(188.51 + 19.35\,\frac{63^2}{4}\right) = 77554.2$$

$$\frac{J_{小}}{J_{大}} = 0.13，查表得\ \mu' = 1.59$$

（2）计算桅杆长细比，即

$$\lambda = \frac{1.59 \times 2.0 \times 1.05 \times 1800}{\sqrt{\dfrac{598932.3}{113.6}}} = 82.8$$

无缝钢管材质为 Q345，查表得 $\varphi = 0.553$

$$W = \frac{598932.3}{157.1/2} = 7624.9(\mathrm{cm}^3)$$

（3）计算桅杆压弯应力，即

$$\sigma_V = \frac{291433}{0.553 \times 113.6} + \frac{3196100}{7624.9} = 5058.3(\mathrm{N/cm^2})$$

结论：取安全系数为 2 时，$[\sigma]$ 为 17250N/cm²，计算应力小于容许应力，满足设计要求。

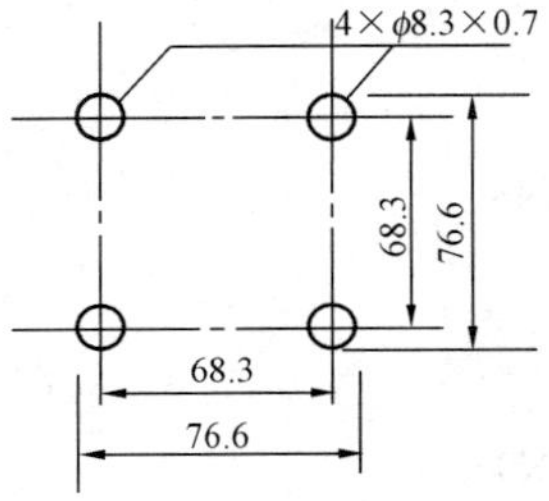

图 17-7-5　摇臂断面尺寸（单位：cm）

7. 摇臂的强度验算

（1）基本参数。摇臂断面尺寸如图 17-7-5 所示。主管直径 $D = 8.3\mathrm{cm}$，$d = 6.9\mathrm{cm}$，$A_1 = 16.713$，$A = 66.85\mathrm{cm}^2$，$J_0 = 121.69\mathrm{cm}^4$，$J = 78451\mathrm{cm}^4$，$W = 2048\mathrm{cm}^3$。

（2）计算长细比，即

$$\lambda = \frac{1.05 \times 1.1 \times 2 \times 1880}{\sqrt{\dfrac{78451}{66.85}}} = 126.8$$

按 Q345 钢查表，得 $\varphi = 0.296$。

（3）计算压弯应力。不计及风荷载影响时，摇臂自重产生的弯矩为

$$M_y = \frac{19603 \times 1880}{8} = 406705(\mathrm{N \cdot m})$$

摇臂的中心压力为

$$N_y = \frac{97217}{\tan 43.75^\circ} + 21292 = 122846(\mathrm{N})$$

计算应力为

$$\sigma_y = \frac{122846}{0.296 \times 66.85} + \frac{406705}{2048} = 6406.8(\mathrm{N/cm^2}) < [\sigma]$$

满足设计要求。

8. 主抱杆的强度验算

（1）基本参数。主抱杆断面尺寸如图 17-7-6 所示。主材钢管直径 $D = 12.1\mathrm{cm}$，$d = 10.5\mathrm{cm}^2$，$A_1 = 28.4\mathrm{cm}^2$，$A = 113.6\mathrm{cm}^2$，$J_0 = 455.57\mathrm{cm}^4$，$J = 775012.3\mathrm{cm}^4$，$W = 8752\mathrm{cm}^3$。

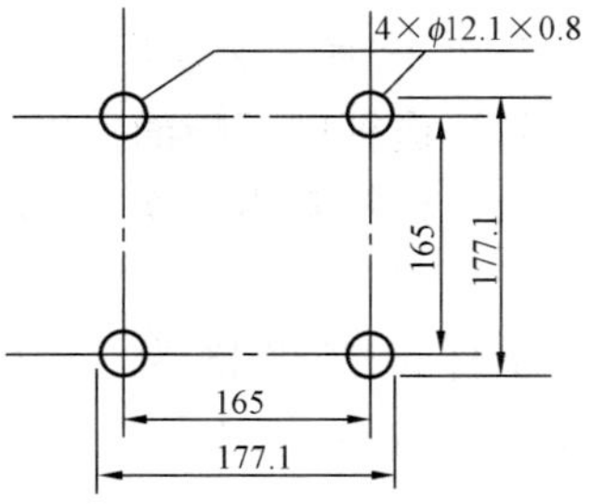

图 17-7-6　主抱杆断面尺寸（单位：cm）

（2）计算抱杆长细比，即

$$\lambda = \frac{1.05 \times 1.1 \times 2170}{\sqrt{\dfrac{775012.3}{113.6}}} = 30.3$$

查表得 $\varphi = 0.911$。

（3）计算主抱杆压弯应力。计及风荷影响时，主抱杆最上一道腰拉线断面弯矩为1057110N·cm。计算应力为

$$\sigma_{Z1} = \frac{396310}{0.911 \times 113.6} + \frac{1057110}{8752} = 3950(\text{N/cm}^2) < [\sigma]$$

主抱杆计算应力小于容许应力，满足设计要求。

五、单侧吊重8t时的抱杆强度验算

1. 计算条件

（1）单侧吊件质量为8t，对侧起吊绳挂于地锚起平衡作用，假设平衡质量为4t。

（2）风速取值为13m/s。

2. 桅杆的中心压力

（1）调幅绳张力引起的垂直压力，一侧为97217N，另一侧为54068N，则

$$G_F = 97217 + 54068 = 151285(\text{N})$$

（2）桅杆自重力为 $G_V = 37069\text{N}$

（3）调幅绳自重力为 $G_T = 3476 \times 2 = 6952(\text{N})$

则
$$\Sigma G_V = 151285 + 37069 + 6952 = 195306\ (\text{N})$$

3. 抱杆的水平荷载分布及支座反力

（1）抱杆由于受到风荷载及起吊荷载的不平衡作用，产生的水平荷载如图17-7-7所示。图17-7-7中，有

$$q_1 = 171.2\text{N/m}, q_2 = 211.8\text{N/m}$$

$$P_1 = 234.8 + 45074 = 45308.8(\text{N})$$

$$P_2 = -45074 + 3671.8 = -41402.2(\text{N})$$

（2）弯矩计算。

已知 $M_C = 0$

$$M_A = -171.2 \times 18 \times \left(\frac{18}{2} + 0.7\right) - 211.8 \times \frac{0.7^2}{2} - 45308.8 \times 18.7 = -877218(\text{N}\cdot\text{m})$$

由三弯矩方程，即式（17-7-3），列出

$$M_C \times 12 + 2M_B(12 + 21.7) + M_A \times 21.7 = 32558$$

经演算得出

$$M_B = \frac{19035630 - 32558}{67.4} = 281944.7(\text{N}\cdot\text{m})$$

其弯矩分布如图17-7-8所示。

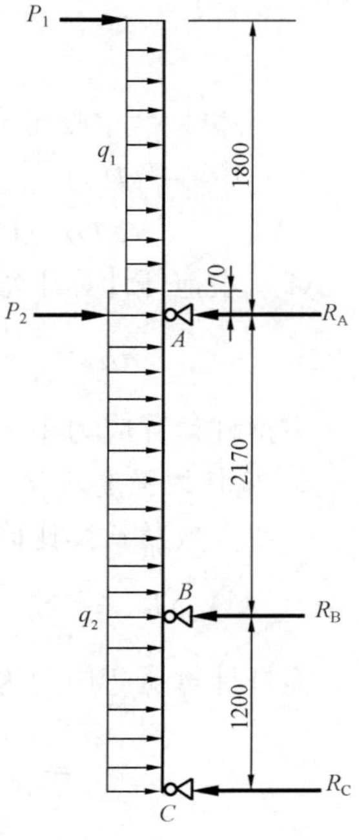

图17-7-7　抱杆承受不平衡力矩时的水平荷载分布（单位：cm）

（3）支座反力计算。各断面点支座反力分别为

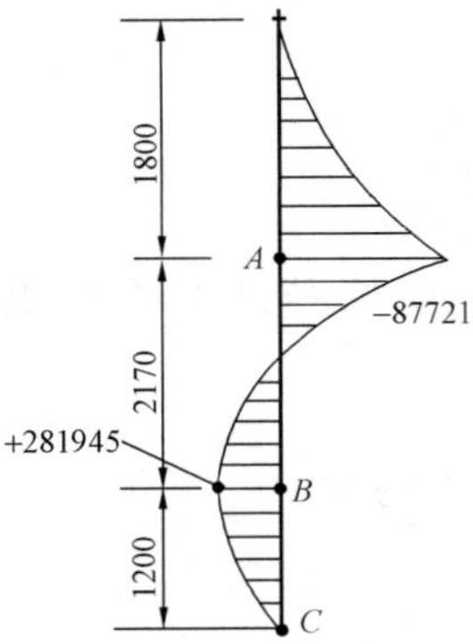

图 17-7-8　弯矩分布图
（单位：N·m）

$$R_C=\frac{211.8\times12}{2}+\frac{281944.7}{12}=24766.2(\text{N})$$

$$R_B=\frac{211.8\times(12+21.7)}{2}+\frac{-877218-281944.7}{21.7}-\frac{281944.7-0}{12}=-73344.2(\text{N})$$

$$R_A=45308.8+211.8\left(0.7+\frac{21.7}{2}\right)+171.2\times18-\frac{-877218-281944.7}{21.7}=104254.3(\text{N})$$

4. 拉线静张力的计算

（1）计算条件同两侧同时吊重为 8t。作用于拉线挂点的水平力为

$$R'_A=104254.3-41402.2=62852.1(\text{N})$$

（2）拉线静张力为［见式（17-7-5）］

$$P_{10}=\frac{62852.1}{2\cos67.79^\circ\cos20.71^\circ}=88881(\text{N})$$

（3）拉线对抱杆产生的压力 N_L 为

$$N_L=62852.1\times\tan67.79^\circ=153938(\text{N})$$

5. 主抱杆的中心压力及强度验算

（1）中心压力为

$$\sum G_2=195306+19603+53176+3923+153938=425946(\text{N})$$

（2）主抱杆计算压弯应力为

$$\sigma_{Z2}=\frac{425946}{0.911\times113.6}+\frac{281944.70}{8752}=7337(\text{N}\cdot\text{cm}^2)<[\sigma]$$

主抱杆计算应力小于容许应力，满足设计要求。

6. 桅杆的强度验算

基本参数及长细比同第一工况。桅杆底端的弯矩为

$$M_V=\left(45308.8\times18+171.2\times\frac{18^2}{2}\right)\times100=84329280(\text{N}\cdot\text{cm})$$

桅杆计算压弯应力为

$$\sigma_V=\frac{195306}{0.553\times113.6}+\frac{84329280}{7624.9}=14169(\text{N/cm}^2)<[\sigma]$$

满足设计要求。

六、抱杆内拉线的规格选择

根据上述两种工况计算可知，单侧吊重时，抱杆拉线受力最大，其值为 88881N，采用

100kN 级走 3 走 3 滑车组，示意如图 17-7-9 所示。拉线钢丝绳的破断力应满足

$$T_{Q3P} \geqslant \frac{88881}{6 \times 0.95^6} \times 3.5 \times 1.2 = 84638(\text{N})$$

选择钢丝绳，规格为 ϕ12.5mm（6×19 股，σ_b =1850MPa），其 T_b=89670N，满足安全要求。

每组拉线质量估算为 300×0.54+50=212（kg）。

七、主抱杆露出最上一道腰环的长度

主抱杆露出最上一道腰环的长度为 L_1，示意如图 17-7-10 所示。

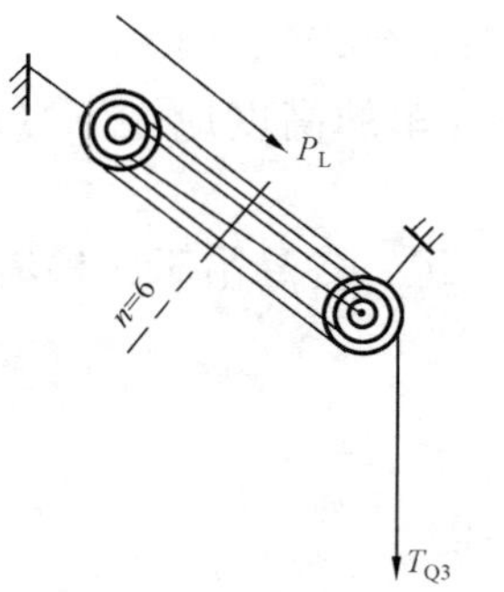

图 17-7-9　走 3 走 3 滑车组（用于内拉线）

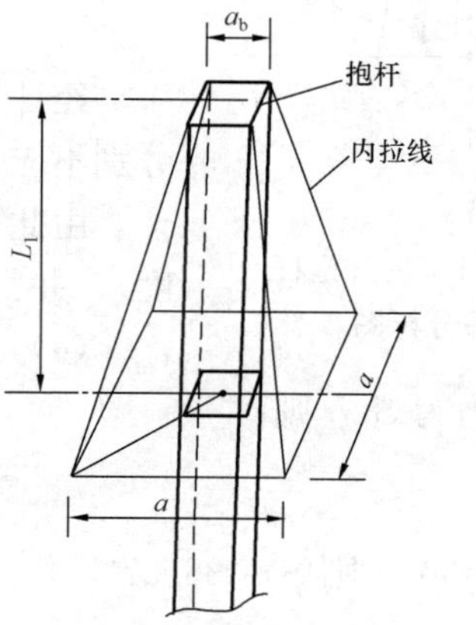

图 17-7-10　主抱杆外露长度 L_1

当限制内拉线对水平面夹角为 α 时，则主抱杆外露长度应限制为

$$L_1 \leqslant 0.707\ (a - a_b) \qquad (17\text{-}7\text{-}7)$$

取 α =60°，则

$$L_1 \leqslant 1.2246\ (a - a_b) \qquad (17\text{-}7\text{-}8)$$

式中　a——塔架断面宽度，m；

a_b——抱杆断面宽度，m。

当 a_b=1.77m 时，由式（17-7-8）计算，计算结果见表 17-7-1。

表 17-7-1　主抱杆外露长度允许值 L_1　（m）

a	6	8	10	12	16	18	20	24	26	30
L_1	5.18	7.63	10.08	12.53	17.43	19.88	22.32	27.22	29.67	34.57

八、提升抱杆系统受力及索具规格选择

（1）提升抱杆系统的力系如图 17-7-11 所示。

（2）提升重力计算。主抱杆长度为 120m，重力为

$$G_1 = (234 \times 120 + 1210) \times 9.0807 = 287232(\text{N})$$

桅杆重力为　G_V=37069(N)

摇臂自重力为　G_Y=19603×2=39206(N)

起吊滑车组重力为　G_4=514×9.807×2=10081(N)

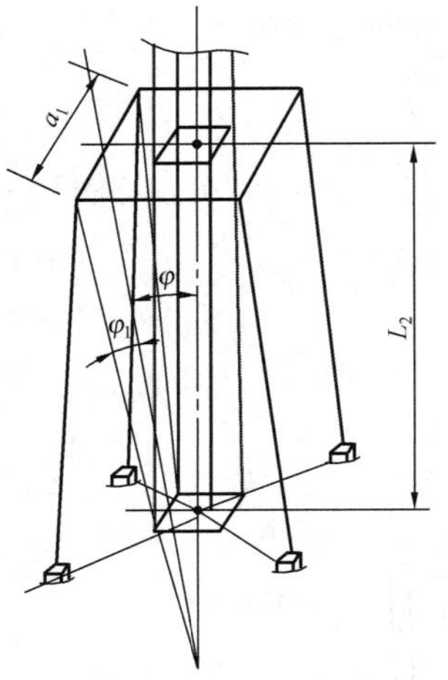

图 17-7-11　提升抱杆力系分析图

调幅滑车组重力为　$G_5=6953\text{N}$

拉线系统重力为　$G_6=4\times212\times9.807=8316(\text{N})$

提升总重力为

$$\sum G_3=287232+37069+39206+10081+6953+8316=388857(\text{N})$$

(3) 单侧提升绳合力线与抱杆轴线间夹角 φ 取值 30°时，不同塔架断面边宽 a_1 时，抱杆在塔架内的最小长度 L_2 应满足

$$L_2\geqslant\frac{a_1-a_b}{2\tan\alpha}\tag{17-7-9}$$

经计算，当 $a_b=1.77\text{m}$，a_1 为 15、20、25、30m 时，L_2 分别不应小于 11.46、15.79、20.12、24.45m。

由此可知，悬挂提升滑车的高度应大于（L_2＋待接段长度），并留有适当裕度。

(4) 提升滑车组分为 4 组，各悬吊于一根塔架主材上，其单组绳索张力为 S_1，则

$$S_1=\frac{G_b\sin\varphi}{2\sin2\varphi\cos\varphi_1}\tag{17-7-10}$$

已知 $\varphi=30°$，则 $\varphi_1=26.57°$，代入式（17-7-10），得

$$S_1=\frac{388857\sin30°}{2\sin60°\cos26.57°}=125508.5(\text{N})$$

选用 150kN 级滑车组走 3 走 4，8 绳受力，则提升绳的静张力为

$$T_{Q4}=\frac{125508.5}{8\times0.95^8}=23648(\text{N})$$

其破断力应不小于

$$T_{Q4P}\geqslant23648\times4=94592(\text{N})$$

选择 6×37 股，ϕ13mm 钢丝绳（$\sigma_b=1850\text{MPa}$）破断力为 95.1kN，满足要求。

(5) 牵引系统索具规格选择。

一级平衡滑车受力为 23648×2＝47296(N)，选用 50kN 平衡滑车，平衡绳选用 ϕ20mm 钢丝绳（6×19 股，$\sigma_b=1850\text{MPa}$），破断力为 237.6kN，满足要求。

总平衡滑车受力为 47296×2＝94592(N)，选用 100kN 平衡滑车。

总牵引滑车组选用 100kN 级，走 3 走 3 穿绳，7 绳受力，则

$$T_{Q7}=\frac{94592}{7\times0.95^7}=19350(\text{N})$$

选择 6×37 股，ϕ13mm 钢丝绳（$\sigma_b=1850\text{MPa}$），其破断力为 95.1kN＞92.9kN，满足要求。

第八节　主要工器具配置实例

座地式摇臂内拉线抱杆分解组塔的主要工器具配置（吊重 2×8t）见表 17-8-1。

表 17-8-1　座地式双摇臂内拉线抱杆分解组塔主要工器具配置（限制吊重 2×8t）

序号	机具名称	规　　格	单位	数量	参考质量（kg）		备　　注
					单件	小计	
一	抱杆系统					38879	
1	主抱杆	□1650mm×1650mm	m	123	234	28782	
2	转动支撑	□1650mm/□1450mm	m	1.4	600	600	
3	桅杆	□630mm/□1450mm	m	18	3780	3780	
4	钢丝绳	ϕ21.5mm×52m	条	2	90	180	保险用(即限位)
5	腰环	□1660mm	套	11	5	55	腰拉线用
6	双钩	30kN	把	44	7	308	腰拉线用
7	钢丝绳	ϕ15.5mm×3mm～ϕ15.5mm×10m	条	44	7	308	腰拉线用
8	卸扣	M24mm	只	132	1.5	198	腰拉线用
9	摇臂	□683mm×683mm	m/根	18.8/2	1999	3998	
10	起重滑车	150kN 四轮	只	2	40	80	调幅用
11	起重滑车	150kN 三轮	只	2	36	72	调幅用
12	起重滑车	30kN 单轮	只	2	5	10	调幅用
13	钢丝绳	ϕ13mm×350m	条	2	208	416	调幅用
14	卸扣	150kN，M55mm	只	4	20	80	调幅用
15	卸扣	50kN，M36mm	只	4	3	12	调幅用
二	起吊系统					2914	
16	起重滑车	100kN 三轮	只	2	22	44	起吊构件用
17	起重滑车	100kN 二轮	只	2	20	40	起吊构件用
18	起重滑车	50kN 单轮	只	2	8	16	起吊构件用
19	钢丝绳	ϕ13mm×1200m	条	2	720	1440	防扭型钢丝绳
20	卸扣	100kN，M40mm	只	4	10	40	起吊构件
21	卸扣	50kN，M36mm	只	24	5	120	起吊构件
22	钢丝绳	ϕ11mm×250m	条	6	105	630	攀根绳
23	钢丝绳	ϕ11mm×80m	条	8	34	272	临时拉线
24	钢丝绳	ϕ11mm×50m	条	10	21	210	
25	卸扣	M24mm	只	20	1.5	30	
26	双钩	50kN	把	10	10	100	
三	拉线系统					1164	
27	起重滑车	100kN 三轮	只	8	22	176	
28	起重滑车	30kN 单轮	只	4	5	20	
29	钢丝绳	ϕ12.5mm×30m	条	4	163	652	
30	手扳葫芦	50kN	把	4	30	120	

续表

序号	机具名称	规　　格	单位	数量	参考质量（kg）		备　　注
					单件	小计	
31	卸扣	100kN	只	8	10	80	
32	专用金具	100kN	套	4	10	40	
33	专用金具	30kN	套	4	5	20	
34	拉线控制器	30kN	副	8	2	16	
四	公用设备						
35	尼龙吊带	80kN，5m	条	16	7	12	
36	钢丝绳	ϕ21.5mm×6m	条	16	12	192	
37	尼龙吊带	50kN，5m	条	16	4	64	
38	尼龙吊带	30kN，4m	条	16	3	48	
39	电气集程台		套	1			
40	电动卷扬机	50kN	台	2			
41	电动卷扬机	30kN	台	3			
42	发电机	75kVA	台	1			
43	电焊机	315A	台	1			
44	地锚	100kN	套	1	50	50	
45	地锚	50kN	套	12	30	360	
46	机动绞磨	30kN	台	2	100	200	
47	吊车	100t	台	1			
48	吊车	25t	台	1			
49	侧叉车	6t	台	1			
50	钢板	—10mm×1.8m	m	50～100			
51	安全网	10m×10m	张	1	10	10	
52	安全网	20m×20m	张	1	50	50	
53	电视监控系统		套	1			
五	提升抱杆					2082	
54	起重滑车	150kN 四轮	只	4	40	160	
55	起重滑车	150kN 三轮	只	4	36	144	
56	起重滑车	30kN 单轮	只	4	5	20	
57	专用夹具	150kN	套	4	20	80	
58	钢丝绳	ϕ13mm×350m	条	4	207	828	
59	钢丝绳	ϕ21.5mm×30m	条	2	50	100	
60	钢丝绳	ϕ13mm×200m	条	1	118	118	
61	起重滑车	60kN 单轮	只	2	10	20	

续表

序号	机具名称	规格	单位	数量	参考质量（kg）		备　注
					单件	小计	
62	起重滑车	100kN 三轮	只	2	22	44	
63	卸扣	150kN	只	8	20	160	
64	卸扣	100kN	只	6	15	90	
65	卸扣	50kN	只	4	3	12	
66	专用吊环	ϕ30mm	只	4	4	16	
67	元宝卡子	ϕ12mm	只	8	0.5	4	
68	元宝卡子	ϕ10mm	只	20	0.5	10	
69	尼龙绳	ϕ20mm×200m	条	4	45	180	
70	尼龙绳	ϕ16mm×150m	条	4	24	96	

第十八章 内悬浮双摇臂内拉线抱杆分解组塔

第一节 概　　述

内悬浮双摇臂内拉线抱杆与座地式双摇臂内拉线抱杆分解组塔（见第十七章）相比，主要差别在于主抱杆前者为内悬浮，后者为座地式；前者抱杆长度在组塔过程中保持不变，后者随铁塔高度不同而变化。但是，两种方法除抱杆及其布置不同外，其他如工艺流程、现场布置、操作要点及主要工器具配置等是基本相同的。本章在第十七章基础上编写，重复之处省略。

内悬浮双摇臂内拉线抱杆分解组塔具有以下特点。

（1）抱杆采用内拉线布置，受地形条件限制较小。

（2）抱杆带双摇臂，起吊构件半径大，方便构件就位。

（3）抱杆通过承托系统悬浮于铁塔结构中心，四根主材受力均衡，宜于保证安装质量。

（4）与座地式双摇臂抱杆相比，工具较轻便。节省了部分长度的主抱杆。与内悬浮双摇臂外拉线抱杆相比，缩短了拉线长度。

为适应不同电压等级线路的不同铁塔型式的吊装要求，国内一些送变电施工企业设计选择了不同容许吊重、不同摇臂长度、不同主抱杆规格的内悬浮双摇臂内拉线抱杆。本章是依据安徽送变电工程公司在多次大跨越铁塔组立中使用成熟的内悬浮双摇臂抱杆，容许吊重为2×8t。

本方法主要适用于全高为100m以上的跨越铁塔。

第二节 施工工艺流程及劳动组织

内悬浮双摇臂内拉线抱杆与座地式双摇臂内拉线抱杆（见第十七章）分解组塔的工艺流程及劳动组织基本相同。两种工艺方法的差别是：

（1）座地式双摇臂抱杆提升后，将抱杆接长，然后抱杆继续坐在地面上；内悬浮双摇臂抱杆提升后通过承托系统固定于塔架某断面的4根主材上。内悬浮双摇臂抱杆增加了一套承托系统的工具。

（2）座地式双摇臂抱杆的提升系统较重但提升滑车悬挂点位置不变；内悬浮双摇臂抱杆的提升系统较轻便，但每次提升滑车悬挂点，随抱杆的升高随之向上移动。

第三节　组塔平面布置及布置要求

组塔平面布置及布置要求与座地式双摇臂内拉线抱杆分解组塔相同，详见第十七章第三节。

第四节　抱杆性能及结构

一、2×8t 内悬浮双摇臂内拉线抱杆的主要性能

1. 抱杆结构示意

2×8t 内悬浮双摇臂内拉线抱杆结构示意如图 18-4-1 所示。

2. 主要性能

（1）双侧同时允许吊重 8t。

（2）单侧吊重 8t 时，对侧起吊滑车组平衡重不应小于 4t。

（3）其他性能同第十七章第四节相关内容。

二、2×8t 内悬浮双摇臂内拉线抱杆系统简介

内悬浮双摇臂内拉线抱杆包括桅杆、主抱杆、摇臂、转动支撑（旋转支撑）、变幅系统、起吊系统、拉线系统、承托系统、驱动装置及电气控制系统等。主要部件简介见第十七章第四节。下面介绍主抱杆及承托系统。

（1）主抱杆。主抱杆杆身高 36m，由 11 节 3m 标准节及 3m 调幅卷扬机机架组成。断面尺寸为□1650mm×1650mm，主材规格为 ϕ121mm×8mm，斜材为 ϕ70mm×5mm，横材为 ϕ50mm×4mm，内部设有直爬梯。标准节加强段横材为 ϕ83mm×7mm，安装有钢丝绳转向架。

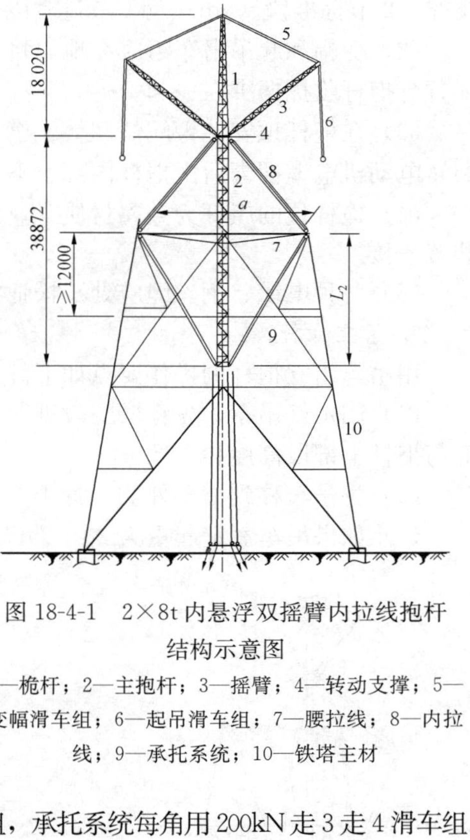

图 18-4-1　2×8t 内悬浮双摇臂内拉线抱杆结构示意图

1—桅杆；2—主抱杆；3—摇臂；4—转动支撑；5—变幅滑车组；6—起吊滑车组；7—腰拉线；8—内拉线；9—承托系统；10—铁塔主材

（2）承托系统。悬浮抱杆承托件上设有提升板，每角设两套滑车组：提升抱杆时用 100kN 走 3 走 3 滑车组，承托系统每角用 200kN 走 3 走 4 滑车组。

第五节　抱杆的组立、提升及拆除

一、抱杆的组立、提升及拆除工艺流程

（1）抱杆组立及提升的工艺流程如图 17-5-1 所示。

（2）抱杆拆除的工艺流程如图 17-5-2 所示。

二、组立抱杆

1. 准备工作

（1）为便于在地面悬挂起吊绳及变幅绳的转向滑车，应在铁塔中心地面处浇筑边宽为

3.2m×3.2m、深度为1m的混凝土基座（C15等级，约10.2m³），基座应埋置ϕ25mm圆钢环5～10只。

（2）对抱杆、摇臂等部件及连接螺栓进行清点及检查，符合要求后方可组装。

（3）根据选择的吊车额定起重量确定吊装塔腿、抱杆的顺序及高度。吊车额定起重量一般选用两个级别：①额定起重量为20～25t；②额定起重量为50～100t。由于吊车额定起重量不同组立抱杆高度不同。

（4）利用吊车完成塔腿组立，留一面的辅材暂不装，以便在辅材未装的一面组立抱杆。

2. 地面组装

（1）在铁塔辅材未封口的一侧地面组装抱杆上部段。抱杆上部段包括桅杆、摇臂、转动支撑、2节标准段（6m）及1节过渡段，长约26m。抱杆根部应置于塔位中心。

（2）变幅和起吊滑车组应在地面将绳索穿好，引至地面的钢丝绳在抱杆断面中部穿过。摇臂与抱杆收拢捆绑在一起。

（3）在桅杆顶安装警航灯和警航旗，它们的电缆固定在桅杆上从回转支撑中间穿过，与回转电动机电缆捆绑后由抱杆内部引下。

（4）桅杆顶的旗杆为金属材质（兼做避雷针），旗杆下设有专用接地线与抱杆底部接地装置连接。

（5）各种电缆、钢丝绳应处于松弛状态，以不妨碍抱杆组立提升为原则。

3. 组立抱杆

用吊车组立抱杆的操作要点如下。

（1）固定好吊车，先将塔腿段进行组立，留出一个侧面辅材暂不安装。塔腿段组立高度应与抱杆上部段高度相一致。

（2）将吊车移到塔架外侧，置于未封辅材的塔腿侧面方向。

（3）如果吊车额定起重为20～25t，利用吊车组装抱杆上部约26m段，再吊装至塔位中心，安装四侧临时拉线（外拉线）。

（4）如果吊车额定起重为50～100t时，可以采用先吊抱杆标准段2或3节立于塔位中心，打好四侧拉线。再依次吊装其余标准节、转动支撑、桅杆及摇臂等，每吊装一次，均应先安装好抱杆四侧临时拉线后再拆除下层临时拉线。最后，安装电缆及调幅、起重钢丝绳等。

（5）吊装塔腿一面未装的辅材，使塔架（即塔腿段）形成一个稳定结构。

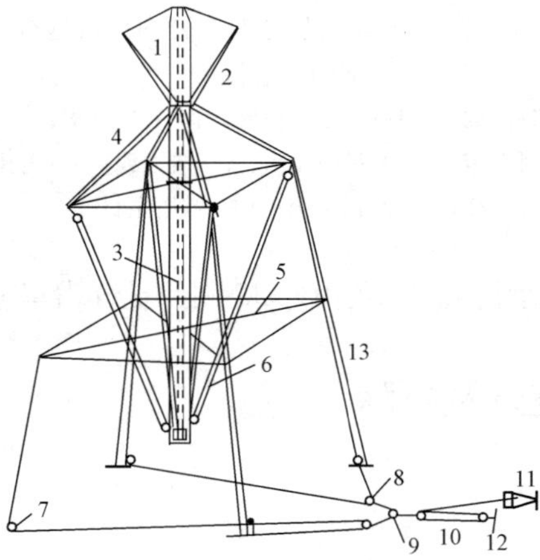

图18-5-1 提升内悬浮摇臂抱杆现场布置示意图

1—桅杆；2—摇臂；3—主抱杆；4—内拉线；5—腰拉线；6—提升滑车组；7—转向滑车；8—分平衡滑车；9—总平衡滑车；10—牵引滑车组；11—卷扬机；12—地锚；13—铁塔主材

三、提升抱杆

1. 提升抱杆的布置

提升内悬浮摇臂抱杆的现场布置示意如图18-5-1所示。

2. 提升前的准备工作

（1）在铁塔主材上选择安装提升滑车的合适高度，使提升滑车组合力线与抱杆轴线夹角不大于

40°。在主材节点上方处安装专用提升挂板（150kN级），4块挂板应在同一水平面上。

（2）提升滑车组采用走3走3滑车组（100kN级），6绳受力，提升绳引至地面后采取4变2变1方式至牵引滑车组（走3走3、100kN级），直至30kN卷扬机。

（3）主抱杆应设置不少于2道腰拉线。

（4）抱杆内拉线应适度松出，并设专人控制操作。

（5）在顺线路及横线路方向各布置一台经纬仪，以备观测抱杆正直情况。

3. 提升抱杆的操作要点

（1）提升布置经全面检查符合要求后，即可启动卷扬机开始提升抱杆。当抱杆下端离开地面约50mm时应暂停牵引，检查抱杆是否正直，如果正直，应在平衡滑车出口处卡上元宝螺丝，以防止钢丝绳在平衡滑车轮上窜动。

（2）继续提升抱杆。在提升过程中对抱杆的正直和抱杆通过腰箍的情况进行实时监视。

（3）当提升抱杆受到下道腰拉线阻碍时应停止牵引。如果抱杆高度已满足吊装要求，则应安装承托系统并收紧固定；如果需要继续提升抱杆，应将下道腰拉线上移固定后再继续提升，直至达到吊装要求。

（4）将抱杆内拉线的挂点位置移至已组塔架上部的节点下方。通过专用拉线挂板悬挂拉线滑车组，拉线经转向滑车在地面进行收紧控制。

（5）每次抱杆提升完成后，应将抱杆中心的电缆理顺并绑扎固定。

四、拆除抱杆

（1）拆除抱杆的准备工作。

1）铁塔及其横担全部吊装完成后，方准拆除抱杆。

2）按图17-5-2的工艺流程顺序进行逐一拆除。

（2）拆除吊钩、变幅滑车组、摇臂及起吊滑车组等操作要点见第十七章第五节相关内容。

（3）拆除主抱杆及桅杆。

1）拆除主抱杆是按提升抱杆的逆程序进行拆除。

2）先安装提升滑车组，并收紧牵引绳；当承托系统不受力后拆卸其与塔架连接的挂环。

3）松出提升滑车组，使抱杆下降到座地的状态下逐一拆除抱杆下部各段，同时应收紧4条内拉线；继续松出提升滑车组使内拉线逐步承担全部抱杆重量，直至提升绳完全不受力。

4）缓慢松出4组内拉线，使抱杆继续下降。

5）当抱杆下降受到腰拉线阻碍时，应拆除该腰拉线，但应收紧抱杆顶部的临时拉线以保持抱杆垂直地面。

6）当腰拉线全部拆除，抱杆底端落至地面后，应逐一将标准节拆卸。

7）利用4条临时拉线将桅杆松至地面后再逐段拆卸。

（4）清理现场的要求见第十七章第五节。

第六节　构件的吊装

对吊装构件的要求与座地式双摇臂内拉线抱杆分解组塔相同，详见第十七章第六节。

第七节 施工计算及主要索具规格选择

内悬浮双摇臂内拉线抱杆分解组塔的抱杆性能及吊重与座地式双摇臂内拉线抱杆完全相同，因此，起吊滑车组、调幅滑车组的计算相同，主抱杆及摇臂的强度验算相同，详见第十七章第七节。不同点在于内悬浮抱杆增加了承托系统，且提升系统荷载较小，本节就该两项进行计算及选择工具规格。

一、承托系统的施工计算及索具规格选择

1. 计算条件

在抱杆底部四角各设置一套走3走3滑车组（即承托滑车组），悬挂于塔架的四根主材上。承托滑车组中心线与抱杆轴线间夹角不大于45°，同侧两承托绳滑车组的合力线与抱杆轴线为35°，合力线与其相邻承托绳间夹角为29.84°。

2. 承托绳系统的总荷载

由第十七章第七节可知，当双侧吊重8t时，抱杆的中心压力为396.31kN；当单侧吊重8t时，抱杆的中心压力为425.95kN，相比较，取后一种工况作为选择承托系统工具的依据。

承托系统的总压力为

$$\sum G_C = 425.95 + (234 \times 18 \times 9.807/1000) = 467.26(\text{kN})$$

3. 单组承托绳滑车组的静张力

单组承托绳滑车组的静张力为

$$S = \frac{467.26 \times \sin 35^\circ}{2\sin 70^\circ \cos 29.84^\circ} = 164.4(\text{kN})$$

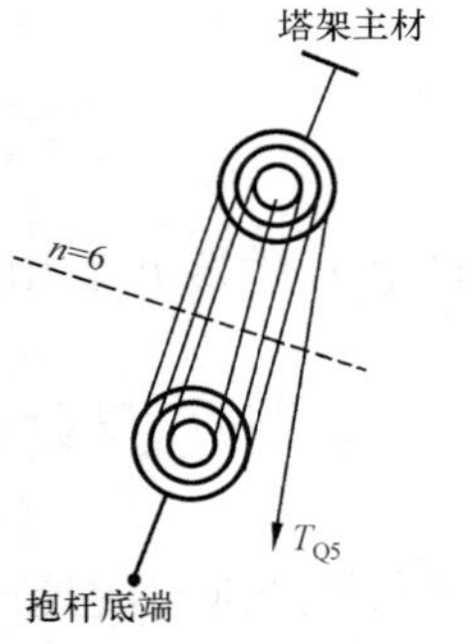

图18-7-1 承托绳滑车组示意图

应选择200kN级三轮滑车。两端卸扣应选用DG20（即M52），每只重11kg。

4. 承托绳的静张力及其规格选择

承托绳采用走3走3滑车组，如图18-7-1所示。6绳受力，牵引绳静张力为

$$T_{Q5} = \frac{164.4}{6 \times 0.95^6} = 37.27(\text{kN})$$

其破断力应满足

$$T_{Q5P} \geqslant 37.27 \times 4 \times 1.2 = 178.9(\text{kN})$$

选择ϕ18.5mm钢丝绳（σ_b =1700MPa，6×19股），其破断力T_b为186.2kN，满足要求。

5. 承托绳系统重力的估算

承托绳系统重力的估算为

$$G_C = (0.85 \times 150 + 11 + 100) \times 9.807 \times 4 = 9316(\text{N})$$

二、提升抱杆系统受力及索具规格选择

1. 计算条件

提升抱杆时，抱杆底部四角各采用一组走2走3滑车组，提升绳引至地面再经4变2变1后与总牵引滑车组连接，示意如图16-5-2所示。

提升滑车组中心线与抱杆轴线间夹角应不大于40°，其单侧两套提升滑车组合力线与抱

杆轴线夹角为30°，合力线与提升绳夹角为26.57°。

2. 提升总重力

提升总重力包括（参阅第十七章第七节）以下部分

（1）起吊滑车组自重力　$G_1=514\times9.807=5041(N)$

（2）调幅滑车组自重力　$G_2=6953N$

（3）桅杆自重力　$G_V=37069N$

（4）摇臂自重力　$G_Y=39206N$

（5）内拉线自重力　$G_L=8316N$

（6）承托绳自重力　$G_C=9316N$

（7）主抱杆自重力　$G_Z=(234\times36+1210)\times9.807=94476(N)$

提升总重力　$\Sigma G_3=5041+6953+37069+39206+8316+9316+94476=200377(N)$

3. 提升滑车组及牵引绳

单组提升滑车组的静张力 S_1 为［见式（17-7-10）］

$$S_1=\frac{200.377\sin30^\circ}{2\sin60^\circ\cos26.57^\circ}=64.67(kN)$$

选择100kN级滑车组，滑车组为走2走2，示意如图18-7-2所示。

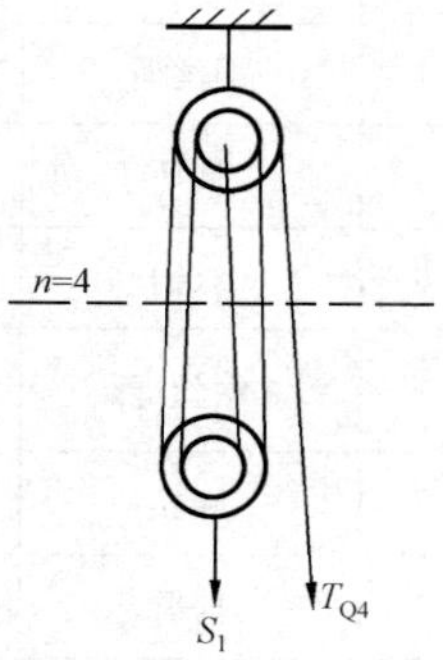

图18-7-2　走2走2滑车组

提升绳静张力 T_{Q4} 为

$$T_{Q4}=\frac{64.67}{4\times0.95^4}=19.85(kN)$$

$$T_{Q4P}\geqslant19.85\times4\times1.2=95.28(kN)$$

提升绳选择6×37股 ϕ13mm钢丝绳（$\sigma_b=1850MPa$），破断力 T_b 为95.1kN，基本满足要求。

4. 平衡滑车及平衡绳

（1）平衡绳及分平衡滑车。平衡绳的静张力 T_p 为

$$T_p=2T_{Q4}=2\times19.85=39.7(kN)$$

$$T_{pP}\geqslant39.7\times4=158.8(kN)$$

平衡绳应选择 ϕ17mm钢丝绳（6×19股，$\sigma_b=1850MPa$），$T_b=170kN$，满足设计要求。分平衡滑车应选择50kN级，单轮。

（2）总平衡滑车的受力为

$$T_Z=2T_p=2\times39.7=79.4(kN)$$

总平衡滑车应选择100kN级，单轮。

5. 总牵引滑车组及牵引绳

总牵引张力为79.4kN，选择100kN级走3走3滑车组，6绳受力，牵引绳张力 T_{Q6} 为

$$T_{Q6}=\frac{79.4}{6\times0.95^6}=18(kN)$$

$$T_{Q6P}\geqslant18\times4\times1.2=86.41(kN)$$

选择 ϕ13mm钢丝绳（6×19股，$\sigma_b=1700MPa$），其破断力 T_b 为87.1kN>T_{Q6P}，满足设计要求。

6. 牵引设备的选择

牵引绳静张力为18kN，动张力约为21.6kN，选择30kN或50kN卷扬机。

第八节 主要工器具配置实例

内悬浮双摇臂内拉线抱杆分解组塔，当限制双侧容许吊重8t时，主要工器具配置实例见表18-8-1。

表18-8-1 内悬浮双摇臂内拉线抱杆分解组塔主要工器具配置（限制吊重2×8t）

序号	机具名称	规格	单位	数量	参考质量（kg）		备注
					单件	小计	
一	抱杆系统					18092	
1	主抱杆	□1650mm×1650mm	m	37.4	234	8752	
2	转动支撑	□1650mm/1450mm	m	1.4	600	600	
3	桅杆	□630mm/1450	m	18	3780	3780	
4	钢丝绳	ϕ21.5mm×52m	条	2	90	180	保险用（即限位）
5	腰环	□1660mm	套	2	5	10	腰拉线用
6	双钩	30kN	把	8	7	56	腰拉线用
7	钢丝绳	ϕ15.5mm×3mm～ϕ15.5mm×10m	条	8	7	56	腰拉线用
8	卸扣	M24mm	只	24	1.5	36	腰拉线用
9	摇臂	□683mm×683mm	m/根	18.8/2	1999	3998	
10	起重滑车	150kN四轮	只	2	40	80	调幅用
11	起重滑车	150kN三轮	只	2	36	72	调幅用
12	起重滑车	30kN单轮	只	2	5	10	调幅用
13	钢丝绳	ϕ13mm×350m	条	2	208	416	调幅用
14	卸扣	DG16，150kN	只	4	8.5	34	调幅用
15	卸扣	50kN，M36mm	只	4	3	12	调幅用
二	起吊系统					2874	
16	起重滑车	100kN三轮	只	2	22	44	起吊构件用
17	起重滑车	100kN二轮	只	2	20	40	起吊构件用
18	起重滑车	50kN单轮	只	2	8	16	起吊构件用
19	钢丝绳	ϕ13mm×1200m	条	2	720	1440	防扭型钢丝绳
20	卸扣	DG10，100kN，M40	只	4	5	20	起吊构件

续表

序号	机具名称	规　　格	单位	数量	参考质量（kg）		备　　注
					单件	小计	
21	卸扣	50kN，M36	只	24	5	120	起吊构件
22	钢丝绳	ϕ11mm×250m	条	6	105	630	攀根绳
23	钢丝绳	ϕ11mm×80m	条	8	34	272	临时拉线
24	钢丝绳	ϕ11mm×50m	条	10	21	210	
25	卸扣	M24mm	只	20	1.5	30	
26	双钩	50kN	把	10	10	100	
三	拉线系统					1084	
27	起重滑车	100kN 三轮	只	8	22	176	
28	起重滑车	30kN 单轮	只	4	5	20	
29	钢丝绳	ϕ12.5mm×30m	条	4	163	652	
30	手扳葫芦	50kN	把	4	30	120	
31	卸扣	DG10，100kN	只	8	5	40	
32	专用金具	100kN	套	4	10	40	
33	专用金具	30kN	套	4	5	20	
34	拉线控制器	30kN	副	8	2	16	
四	承托系统					1388	
35	起重滑车	200kN，三轮	只	8	50	400	
36	钢丝绳	ϕ18.5mm×150m	条	4	185	740	
37	卸扣	DG20，200kN	只	8	12	96	
38	卸扣	50kN	只	4	3	12	
39	专用挂件	200kN	套	4	20	80	
40	抱杆挂杆	200kN	套	4	15	60	
五	公用设备						
41	尼龙吊带	80kN，5m	条	16	8	12	
42	钢丝绳	ϕ21.5mm×6m	条	16	12	192	
43	尼龙吊带	50kN，5m	条	16	4	64	
44	尼龙吊带	30kN，4m	条	16	3	48	
45	电气集程台		套	1			

续表

序号	机具名称	规 格	单位	数量	参考质量（kg）		备 注
					单件	小计	
46	电动卷扬机	50kN	台	2			
47	电动卷扬机	30kN	台	3			
48	发电机	75kVA	台	1			
49	电焊机	315A	台	1			
50	地锚	100kN	套	1	50	50	
51	地锚	50kN	套	12	30	360	
52	机动绞磨	30kN	台	2	100	200	
53	吊车	100t	台	1			
54	吊车	25t	台	1			
55	侧叉车	6t	台	1			
56	钢板	—10mm×1.8m	m	50～100			
57	安全网	10m×10m	张	1	10	10	
58	安全网	20m×20m	张	1	50	50	
59	电视监控系统		套	1			
六	提升抱杆系统					1807	
60	起重滑车	100kN 双轮	只	8	20	160	
61	起重滑车	100kN 三轮	只	2	22	44	
62	起重滑车	30kN 单轮	只	4	5	20	
63	专用夹具	150kN	套	4	20	80	
64	钢丝绳	ϕ13mm×350m	条	4	207	828	
65	钢丝绳	ϕ21.5mm×30m	条	2	50	100	
66	钢丝绳	ϕ13mm×200m	条	1	118	118	
67	起重滑车	60kN 单轮	只	2	10	20	
68	起重滑车	100kN 单轮	只	1	21	21	
69	卸扣	DG-16，150kN	只	8	8.5	68	
70	卸扣	DG-10，100kN	只	6	5	30	
71	卸扣	50kN	只	4	3	12	
72	专用吊环	ϕ30mm	只	4	4	16	

续表

序号	机具名称	规　　格	单位	数量	参考质量（kg）		备　　注
					单件	小计	
73	元宝卡子	ϕ12mm	只	8	0.5	4	
74	元宝卡子	ϕ10mm	只	20	0.5	10	
75	尼龙绳	ϕ20mm×200m	条	4	45	180	
76	尼龙绳	ϕ16mm×150m	条	4	24	96	

本节工器具配置适用条件如下：

（1）容许荷载。双侧容许吊重为8t及以下；单侧吊重为8t时，对侧平衡重不小于4t。

（2）风速应限制在5级及以下。

（3）抱杆系统的性能参数应符合附录L的要求。

（4）起吊的构件应位于摇臂的正下方，不允许偏斜起吊。

当现场情况不满足上述条件时，对工器具应重新进行验算。

附录L　2×8t内悬浮双摇臂抱杆的技术参数及部件

（1）抱杆的主要性能参数见表L.1。

表L.1　　抱杆的主要性能参数

杆身总高（m）	桅杆高（m）	摇臂长（m）	旋转角（°）	自重（t）	最大载荷（t）	不平衡力矩（t·m）
38	18	18	单面135	22.5	2×8	70

（2）桅杆高18m，底部根开□1450mm×1450mm，顶部根开□630mm×630mm，分成三节，顶部安装有调幅滑车组两套（每套4只滑轮）。最高处装有警航灯及警航红旗。上桅杆高5.8m，节距800mm，主材规格为ϕ95mm×7mm，斜材为ϕ70mm×6mm，横材为ϕ60mm×5mm；中桅杆高6.0m，节距1000mm，主材规格为ϕ114mm×7mm，斜材为ϕ70mm×6mm，横材为ϕ60mm×5mm；底桅杆高6.0m，节距1200mm，主材规格为ϕ121mm×8mm，斜材为ϕ70mm×6mm，横材为ϕ60mm×5mm；内侧设有直爬梯及攀登自锁装置的导索。

（3）摇臂：每臂长18m，断面尺寸为□683mm×683mm，铰接点根开1290mm，分成四节，由3.0m摇臂底节、2段6.0m摇臂标准节、3.0m摇臂顶节组成。摇臂主材规格为ϕ83mm×7mm，斜材ϕ60mm×5mm，横材为ϕ50mm×4mm，节距850mm；摇臂顶节安装有调幅滑车组及起重滑车组。每臂最大额定起重量为8t；为使吊件就位，摇臂可变幅，工作幅度2～18.8m；摇臂通过平面回转支撑可旋转，考虑到引下钢丝绳的扭力，摇臂限作±135°以内旋转，双摇臂已可全方位覆盖。

（4）主抱杆杆身高36.0m，由11节3m段及3.0m调幅卷扬机机架组成，标准节高3m，节距1500mm，断面尺寸□1650mm×1650mm，主材规格为ϕ121mm×8mm，斜材为ϕ70mm×5mm，横材为ϕ50mm×4mm，内部设有直爬梯及攀登自锁装置；标准节加强段横

材为 ϕ83mm×7mm，装有钢丝绳转向架。

(5) 转动支撑：高 1.4m，由上支座、单排球式回转支撑、下支座及驱动装置组成。上支座上装有与摇臂相连的铰接点及钢丝绳转向架；驱动装置的电动机及减逗器间安装有液力耦合器以减小启动、停止时的冲击。

(6) 变幅系统：采用 15t 走 3 走 4 滑车组控制，引下钢丝绳从抱杆中心至抱杆底部节的卷扬机上。卷扬机牵引力为 3t，牵引速度为 9m/min，平均调幅速度为 7.5°/min（摇臂夹角）。

(7) 起吊系统：为 10t 走 3 走 2 滑车组，卷扬机为 3t，变频无级调速、双高速级制动，额定容绳量 1800m，卷扬机尾部设过载保护。

(8) 拉线系统：抱杆上拉线为 10t 走 3 走 4 滑车组，拴在已立塔上，尾绳引到地面，用 5t 手拉葫芦收紧。钢丝绳用钢卡子在各塔腿基础预埋件上锚固。

(9) 腰箍：抱杆设若干道腰箍，用 ϕ15.5mm 钢丝绳，5t 转向滑车及 5t 手拉葫芦在地面固定调整。

(10) 悬浮抱杆承托件：悬浮抱杆承托件设有提升板，每角设两套三串滑车，升抱杆时用 10t 走 3 走 3 滑车组，尾绳引到地面，在地面经四变一后经 20t 走 2 走 3 滑车组提升。卷扬机牵引力为 3t，牵引速度为 9.4m/min。卷扬机尾部均设置过载保护。抱杆提升到位后的承托采用 20t 走 3 走 4 滑车组承托。

(11) 电气集控：电气驱动通过电气集控柜集中控制，专人操作，专人维护。抱杆顶部设有警航灯，其供电为独立回路，并有备用电源。电气控制系统分为起重、井筒提升、调幅、抱杆提升、回转驱动 5 组，任一时刻只能一组工作，两台起重卷扬机及两台调幅卷扬机不得同时反向运转。所有电动机均设有过电流保护装置，除调幅卷扬机、回转驱动电动机外还设有可调式超载自停保护装置。

第十九章

内悬浮双摇臂外拉线抱杆分解组塔

第一节 概 述

内悬浮双摇臂外拉线抱杆与内悬浮外拉线抱杆分解组塔在布置方面的不同点是抱杆增加了双摇臂。内悬浮双摇臂外拉线抱杆与内悬浮双摇臂内拉线抱杆分解组塔相比较，两者拉线布置方式不同。

内悬浮双摇臂外拉线抱杆分解组塔具有以下特点。

（1）抱杆带有双摇臂，起吊构件半径大，方便构件就位。

（2）抱杆可两侧同时起吊，施工效率高。

（3）抱杆设置外拉线，便于地面操作控制，但是，它受地形条件限制。

（4）抱杆通过承托系统悬浮于铁塔结构中心，四根主材受力均衡，宜于保证安装质量。

（5）与座地式外拉线抱杆分解组塔相比，工具较轻便，因为减少了部分长度的主抱杆。

该方法适用于各种型式的铁塔，尤其适用于直流线路铁塔及交流同塔双回路铁塔。铁塔高度宜限制在130m以下且拉线长度应限制在180m以下。因为铁塔越高时，抱杆拉线越长，拉线伸长会使抱杆偏斜增大，造成操作困难。

根据塔形及吊重的不同，应选择不同高度、不同断面的内悬浮双摇臂抱杆。

本章介绍的内悬浮双摇臂抱杆，吊重为2×5t，主抱杆断面为□900mm×900mm，摇臂为□400mm×400mm，长15m。

第二节 施工工艺流程及劳动组织

一、施工工艺流程

内悬浮双摇臂外拉线抱杆分解组塔的施工工艺流程如图19-2-1所示。

二、劳动组织及岗位职责

劳动组织与立塔方法、组立的塔形、吊重等因素有关，因此，劳动组织应结合具体情况确定。按线路分解组塔要求，劳动组织及岗位职责见表19-2-1。

表19-2-1　　劳动组织及岗位职责

序号	岗位名称	技工人数	普工人数	小计人数	岗位职责
1	现场指挥	2		2	负责人员分工、安全及质量检查、指挥
2	安全监护	1		1	负责安全检查及监督
3	地面组装	4	16	20	负责构件地面搬运及组装

续表

序号	岗位名称	技工人数	普工人数	小计人数	岗位职责
4	高处作业	16		16	负责高处构件组装等
5	牵引系统	4	8	12	负责机动绞磨操作
6	拉线及控制系统	8	16	24	负责拉线及攀根绳操作
7	监视测量	2		2	负责抱杆的测量
合计		37	40	77	

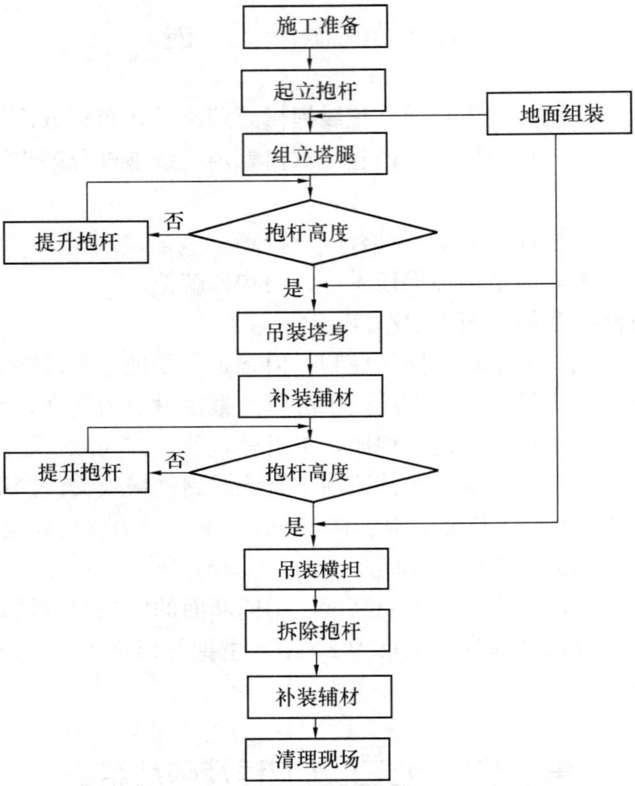

图 19-2-1　内悬浮双摇臂外拉线抱杆分解组塔施工工艺流程图

第三节　现场布置及布置说明

一、内悬浮双摇臂外拉线抱杆分解组塔现场布置

内悬浮双摇臂外拉线抱杆分解组塔现场布置示意如图 19-3-1 所示。

二、现场布置的基本要求

(1) 抱杆置于铁塔结构的轴心线上，呈垂直于地面布置。

(2) 摇臂长度应满足吊装塔头的需要。摇臂根部至抱杆顶的高度应比摇臂长度大 0.5～1.0m。

(3) 抱杆外拉线位于铁塔基础的对角线方向（是针对铁塔基础呈正方形布置)，其对地夹角应不大于45°。

(4) 起吊构件宜使用机动绞磨。

三、各系统的布置说明

1. 抱杆系统

抱杆系统包括桅杆、主抱杆、摇臂、转动支撑及抱杆基础等。

(1) 桅杆长度为15.5m，顶部断面为□400mm×400mm，根部断面为□750mm×750mm，分为4段（4m×3＋3.5m），主材上半部为L80mm×6mm，下半部为L80mm×8mm，辅材为L50mm×4mm，材料为Q345。

(2) 主抱杆长度为33.6m，分为7段，段长5m，断面尺寸为□900mm×900mm，主材为L80mm×8mm（Q345），法兰主材为L63mm×6mm，辅材为L50mm×4mm。

(3) 摇臂长度为15m，分为3段，每段长5m，断面尺寸为□400mm×400mm，主材为L45mm×5mm（Q345），辅材为L30mm×3mm。与主抱杆连接处根开为600mm。

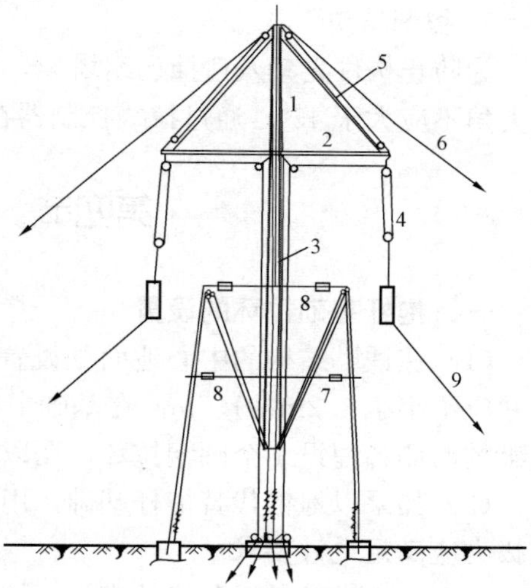

图19-3-1　内悬浮双摇臂外拉线抱杆分解组塔现场布置示意图

1—桅杆；2—摇臂；3—主抱杆；4—起吊滑车组；5—调幅滑车组；6—外拉线；7—承托滑轮组；8—腰拉线；9—攀根绳

(4) 转动支撑高度1.4m。由上支座、回转支撑及下支座组成。

(5) 铁塔结构中心的地面处浇筑一个混凝土基础，设置不少于4个ϕ25mm的圆钢挂环，其中用于起吊转向滑车及调幅转向滑车各2个。

(6) 抱杆下部设置两道腰拉线。提升抱杆时，两道腰拉线间距不小于6m，吊装构件时，不应小于12m。

2. 起吊牵引系统

(1) 摇臂外端挂起吊滑车组，供起吊构件用。滑车组为80kN级双轮，按走2走2布置，靠摇臂根部的主抱杆上挂一只30kN单轮滑车，为牵引绳转向引下之用。牵引绳选用ϕ13mm钢丝绳（6×37股）。

(2) 牵引动力为两台30kN机动绞磨，以便同时双侧起吊构件。机动绞磨宜布置在起吊构件的垂直方向，与铁塔中心间的距离不宜小于抱杆高度的1.2倍，且不应小于40m。

3. 调幅系统

(1) 桅杆顶至摇臂外端应设置调幅滑车组。滑车组为80kN级三轮，按走3走3布置。调幅绳选用ϕ13mm钢丝绳（6×37股）。

(2) 调幅动力为两台30kN机动绞磨。与起吊构件的绞磨同方位布置。

(3) 桅杆顶至摇臂外端应连接一条ϕ21.5mm定长钢丝绳，作为保险绳。

4. 拉线系统

抱杆顶部设置4条外拉线。布置在铁塔基础对角线的延长线方向，其对地面夹角应不大于45°。拉线下端宜设置走1走1滑车组（50kN单轮），滑车组尾绳应通过拉线控制器控制。同时应配置30kN手扳葫芦，以备必要时收紧拉线。

5. 控制系统

为防止构件晃动及碰撞已组塔架，在起吊构件的下部系有 1 条或 2 条攀根绳。攀根绳对地夹角不应大于 45°，通过拉线控制器在地面操作。

第四节 现场准备工作

一、抱杆基础拉环的设置

（1）在铁塔结构的中心地面处设置抱杆基础，基础上拔力应按 100kN 设计。基础顶面尺寸应不小于 1.2m×1.2m。在基础中心附近埋置 2 个圆钢拉环，用以固定调幅钢丝绳；在基础的两侧各埋设 1 个圆钢拉环，用以悬挂起吊牵引绳的转向滑车。

（2）如果以地锚代替抱杆基础，用以固定调幅绳及起吊牵引绳的地锚应分别设置，地锚抗拔力应满足设计要求。

（3）在铁塔基础对角线的塔脚内侧，每个基础应至少埋置 2 个圆钢拉环，以便作为承托绳和提升抱杆绳的锚固点。

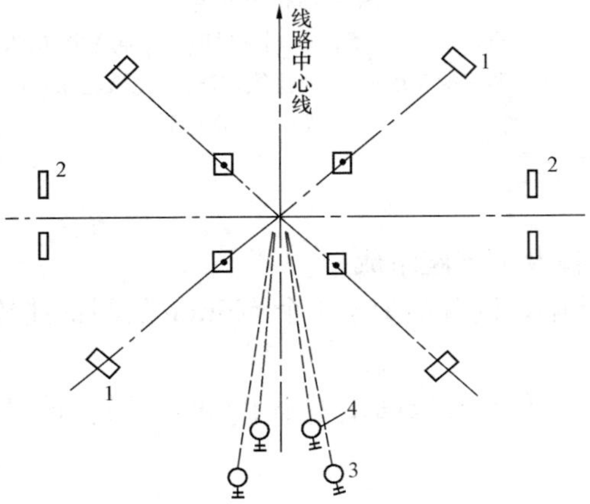

图 19-4-1 地锚及桩锚平面布置示意图
1—拉线地锚；2—攀根绳地锚；3—起吊绳机动绞磨桩锚；4—调幅绳机动绞磨桩锚

二、地锚及桩锚的布置

（1）地锚及桩锚的平面布置示意如图 19-4-1 所示。

（2）抱杆拉线的锚固应根据地质条件选用钢板地锚或多钻群锚，容许抗拔力不应小于 40kN。

（3）攀根绳受力较小，应使用地锚或桩锚，视土质条件而定，容许抗拉力不应小于 10kN。

（4）机动绞磨的固定应使用地锚或桩锚，视土质条件选定，容许抗拉力不应小于 20kN。

三、抱杆的组立

组立抱杆有两种方法：①利用人字抱杆整体组立主抱杆上部段（包含摇臂），组立方法请参阅本篇第十六章第四节；②利用额定吊重为 20～25t 汽车起重机吊装抱杆，同时用吊车组立塔腿。如果受吊车吊臂长度限制，应先吊装上部段后再倒装接升下部段。吊车组塔的操作要求见本篇第二十章第六节，吊车组立抱杆的操作要点见本篇第十八章第五节。

第五节 抱杆的提升及拆除

第十六章第五节介绍了座地式双摇臂外拉线抱杆的组立与拆除。本章介绍的内悬浮双摇臂外拉线抱杆提升方法与座地式双摇臂外拉线抱杆相比，主要有两点差别：①第十六章提升抱杆时的总重力为 81kN，本章抱杆提升总重力为 62kN，提升重力较轻；②第十六章是座地式抱杆，提升滑车组在铁塔上的悬挂位置不变，而本章是内悬浮抱杆，每提升一次，提升滑车组的悬挂点就要向上移动一次。

一、抱杆的提升

抱杆提升的现场布置示意如图 14-5-2 所示。

抱杆提升的平衡及牵引系统原理如图 19-7-8 所示。

抱杆提升前的准备工作及操作要点见第十六章第五节有关规定。

关于提升抱杆补充下列要求：

（1）提升滑车的挂点高度应满足抱杆提升终止状态时，其插入已组塔架长度应大于挂点断面塔架边宽的 0.72 倍。

（2）提升抱杆过程中，应保持两道腰拉线，其间距不应小于 6m。

（3）提升抱杆过程中，外拉线应通过拉线控制器随着抱杆的升起而松出。

（4）当抱杆提升到设计高度后，应先固定承托绳，再松出提升绳，最后收紧抱杆拉线，使抱杆处于垂直地面状态。

二、抱杆的拆除

（1）抱杆的拆除分为三个步骤：①先拆除摇臂；②利用承托绳将抱杆降落；③利用塔头上悬挂滑车组将抱杆落至地面。

（2）拆除摇臂的步骤。

1）将摇臂收起，用一条 ϕ20mm 棕绳套将摇臂与桅杆捆绑在一起；

2）拆卸起吊滑车组及调幅滑车组，但应保留一组在桅杆上；

3）在桅杆顶部挂一只单轮滑车，单轮滑车内穿一条牵引绳（利用调幅绳），上端绑扎于摇臂，下端通过地滑车进入机动绞磨；

4）启动机动绞磨，收紧牵引绳后暂停，拆除摇臂根部销轴及保险钢丝绳；

5）缓慢松出牵引绳使摇臂落至地面，另一侧摇臂按上述步骤进行拆除。

（3）利用承托绳降落抱杆的步骤。

1）控制好抱杆外拉线，使其能随时收紧；

2）拆除最上一道腰环；

3）四条承托绳通过手扳葫芦同时松出，抱杆拉线同步收紧；

4）再拆除下道腰环；

5）收紧桅杆顶的滑车组固定于塔头节点处，收紧牵引绳，使承托绳处于松弛状态，将承托绳挂点滑车由塔上拆卸。

（4）利用塔头滑车组拆除抱杆的步骤。

1）在抱杆下端系 2 条 ϕ20mm 棕绳，以人力控制防止晃动；

2）缓慢松出牵引绳使抱杆缓缓下落，通过收紧抱杆根部棕绳，使抱杆由铁塔塔腿下方拉出铁塔结构的外面，再逐段拆卸，直至抱杆全部落至地面；

3）拆除牵引滑车组。

抱杆拆除后，应补装铁塔横隔面辅材并复紧螺栓。

第六节　构件的吊装

构件吊装包括吊装塔座、吊装塔腿、吊装塔身、吊装塔头等，吊装的布置及操作要求详见第十五章第五节。

第七节 施工计算及主要索具规格选择

一、计算条件

1. 抱杆的设计条件

应满足下述两种工况要求：

(1) 第一种工况：摇臂两侧同时吊重 5t，风速为 13m/s；

(2) 第二种工况：摇臂单侧吊重 5t，另侧摇臂平衡吊重 50%，风速为 13m/s。

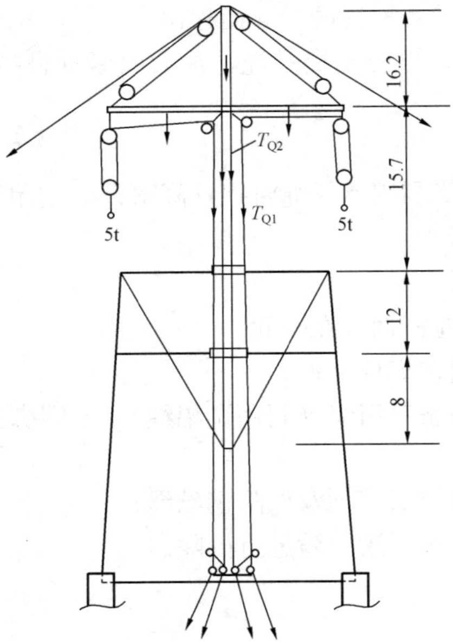

图 19-7-1 抱杆结构示意图（单位：m）

2. 抱杆结构

抱杆结构示意如图 19-7-1 所示。

3. 抱杆的基本参数

(1) 桅杆：顶端断面为□400mm×400mm，下端断面为□750mm×750mm，高度 15.5m，上部主材为 L80mm×6mm，下部主材为 L80mm×8mm（Q 345）。

(2) 摇臂：断面为□400mm×400mm，长度 15m，主材为 L45mm×5mm（Q 345）。

(3) 主抱杆：断面为□900mm×900mm，长度 35m，分为 7 段，每段长 5m，主材为L80mm×8mm（Q 345）。

(4) 转动支撑：长度为 1.4m。

二、起吊牵引系统计算

1. 计算条件

最大吊重为 49.04×1.05=51.5（kN）

攀根绳对地夹角 ω 为 45°，吊件最大偏角 β 为 5°。

2. 起吊滑车组静张力

起吊滑车组静张力为

$$T_1 = \frac{\cos 45^\circ}{\cos(45^\circ + 5^\circ)} \times 51.5 = 56.65(\text{kN})$$

选择 80kN 滑车组，走 2 走 2 穿绳，4 绳受力。

3. 牵引绳的静张力

$$T_{Q1} = \frac{56.65}{4 \times 0.95^4} = 17.39(\text{kN})$$

取安全系数为 4.0，动荷系数 1.2，则 T_{Q1P}=83.47kN。

选择 ϕ13mm 钢丝绳（6×37 股，σ_b =1700MPa），T_b=87.33kN>T_{Q1P}，满足设计要求。绳长为 710m，质量约 420kg。

三、调幅系统计算

1. 调幅滑车组的静张力

已知调幅绳与摇臂间夹角为 α_0 。则

$$\alpha_0 = \arctan\frac{15.5}{15} = 45.94°$$

$$T_2 = \frac{T_1\cos\beta}{\sin\alpha_0} \tag{19-7-1}$$

$$T_2 = \frac{56.65\times\cos5°}{\sin45.94°} = 78.53(\text{kN})$$

调幅滑车组应选择 80kN 级，采用走 3 走 3，6 绳受力，牵引绳静张力为

$$T_{Q2} = \frac{78.53}{6\times0.95^6} = 17.805(\text{kN})$$

取综合安全系数为 4.8（含安全系数 4.0 及动荷系数 1.2），T_{Q2P}＝85.46kN。

选择 ϕ13mm 钢丝绳（6×37 股，σ_b ＝1700MPa），$T_b > T_{Q1P}$，满足设计要求。绳长为 300m，重量约 177kg。

2. 保险钢丝绳破断力

保险钢丝绳破断力应不小于

$$T_P = 78.53\times3 = 235.59\text{kN}$$

选择 ϕ21.5mm 钢丝绳（6×19 股，σ_b ＝1700MPa），T_b＝253.3kN＞T_p，满足安全系数 3 的要求。

四、控制系统计算

1. 控制绳（攀根绳）的静张力

计算条件同起吊牵引系统，则攀根绳的静张力 F 为

$$F = \frac{\sin5°}{\cos(45°+5°)}\times51.5 = 6.98(\text{kN})$$

2. 攀根绳规格选择

当为单根攀根绳控制起吊构件时，则

$$T_{0P1} \geqslant 4.0\times1.2\times6.98 = 33.5(\text{kN})$$

当为双根攀根绳控制起吊构件时，则

$$T_{0P2} > 4.0\times1.2\times1.1\times\frac{6.98}{2} = 18.43(\text{kN})$$

根据计算，选择 ϕ9.3mm 钢丝绳已满足要求，考虑到操作的方便，故选用 ϕ11mm 钢丝绳。

五、风荷载的计算

1. 桅杆的风荷载

桅杆顶部断面尺寸为□400mm×400mm，底部断面尺寸为□750mm×750mm，长度为 15.5m，主材为 L80mm×8mm，水平材及斜材均为 L50mm×4mm。

风荷载的计算为式（15-6-7）。式中，v 取值为 13m/s，μ_z 取值为 1.67（离地面 100m）；μ_s 取值为 1.3（1＋η）。

经计算，高度 15.5m 时，A_f ＝3.8416m²，A＝8.9125m²，A_f/A＝0.431，查表得 η ＝ 0.4473，故

$$\mu_s = 1.3(1+0.4473) = 1.8815$$

β_z 取值为 1.8

将已知条件代入式（15-6-7），得

$$W_s = 1.67 \times 1.8815 \times 1.8 \times \frac{3.8416}{15.5} \times \frac{13^2}{1600} = 0.1481(\text{kN/m})$$

$$W_F = 2.2949\text{kN}$$

2. 主抱杆的风荷载

主抱杆的断面尺寸为□900mm×900mm，主材为L80mm×8mm，法兰水平材为L63mm×5mm，其他辅材均为L50mm×4mm。以3m段为例，经计算，$A_f=0.82724/3=0.2757$，$A=0.9$，$A_f/A=0.306$，$\eta=0.659$。

计算取值为$v=13\text{m/s}$，$\mu_z=1.56$（高度为80m），则

$$\mu_s=1.3\times(1+0.659)=2.1567,\ \beta_z=1.8$$

将已知条件代入式（15-6-7），得

$$W_s = 1.56 \times 2.1567 \times 1.8 \times 0.2757 \times \frac{13^2}{1600} = 0.1764(\text{kN/m})$$

3. 起吊绳的风荷载

起吊绳的风荷载计算为式（16-7-1），将已知条件代入式（16-7-1），得

$$W_x = 1.0 \times 1.42 \times 1.2 \times 1.0 \times 0.013 \times \frac{13^2}{1600} = 0.00234(\text{kN/m})$$

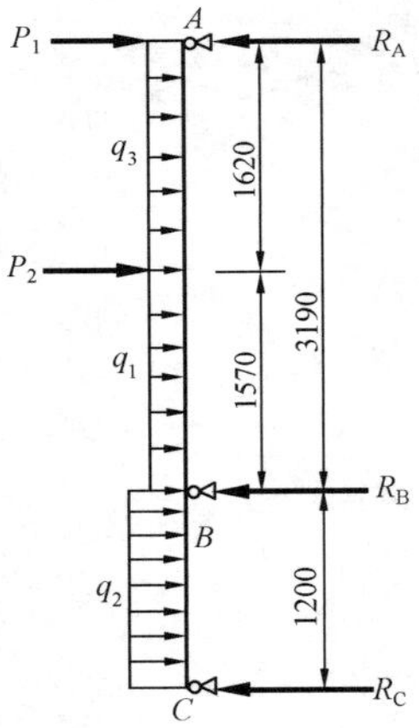

图 19-7-2 抱杆水平荷载分布图（单位：cm）

每绳长度为100m，4绳受力，单侧起吊绳的风压为

$$P_{x1}=0.00234\times400=0.936\ (\text{kN})$$

4. 调幅绳的风荷载

调幅绳的风荷载为

$$W_x=0.00234\text{kN/m}$$

调幅绳长度为21.6m，6绳受力，单侧调幅绳的风压为

$$P_{x2}=0.00234\times21.6\times6\times\sin^2 45.94°=0.1566\ (\text{kN})$$

六、双侧同时吊重5t时的抱杆强度验算

1. 抱杆水平荷载分布

抱杆水平荷载的分布如图19-7-2所示。P_1为作用于桅杆顶的风压值，为0.1566kN；P_2为作用于摇臂支座处的风压值，$P_2=2\times0.936+0.1566=2.0286$（kN）；$q_1$为桅杆均布荷载，为0.1481kN/m；$q_2$为主抱杆均布荷载，为0.1764kN/m。

为了简化计算，支座A、B点间均布荷载统一取q_3，即

$$q_3=\frac{1}{2}(q_1+q_2)=0.16225(\text{kN/m})$$

2. 支座反力的计算

根据三弯矩方程

$$M_{n-1}l_n+2M_n(l_n+l_{n+1})+M_{nH}l_{n+1}=-6(B_n+A_n) \tag{19-7-2}$$

对于均布荷载 $$B_n=A_n=\frac{q_i l_i^3}{24} \tag{19-7-3}$$

对于跨间集中荷载，如图19-7-3所示，有

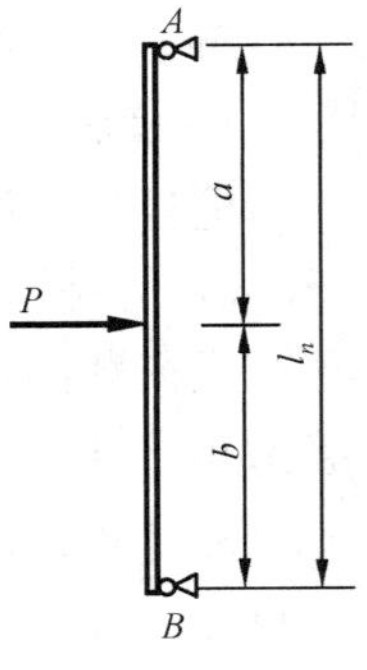

图 19-7-3 跨间为集中荷载情况

$$A_n = \frac{Pab\ (l_n + b)}{6l_n} \tag{19-7-4}$$

$$B_n = \frac{Pab\ (l_n + a)}{6l_n} \tag{19-7-5}$$

已知 $M_A=0$，$M_C=0$，由三弯矩方程可列出

$$2M_B\ (12+31.9) = -6\left[\frac{q_2\times 12^3}{24} + \frac{q_3\times 31.9^3}{24} + \frac{P_2\times 15.7\times 16.2\ (31.9+16.2)}{6\times 31.9}\right]$$

经演算得出 $M_B=-24.701\text{kN}\cdot\text{m}$

各支座断面处反力 R_i 为

$$R_A = \frac{0.162\times 31.9}{2} + \frac{2.0286\times 15.7}{31.9} + \frac{-24.701-0}{31.9} = 2.808(\text{kN})$$

$$R_B = \frac{0.176\times 12}{2} + \frac{0.162\times 31.9}{2} + \frac{2.0286\times 16.2}{31.9} + \frac{0-(-24.701)}{12} + \frac{0-24.701}{31.9}$$
$$= 7.5028(\text{kN})$$

$$R_C = \frac{0.176\times 12}{2} + \frac{-24.701-0}{12} = -1.0024(\text{kN})$$

计算摇臂支座断面处弯矩 M_y 为

$$M_y = 2.808\times 16.2 - \frac{0.162\times 16.2^2}{2} = 24.232(\text{kN}\cdot\text{m})$$

根据上述计算，绘制抱杆弯矩图如图 19-7-4 所示。

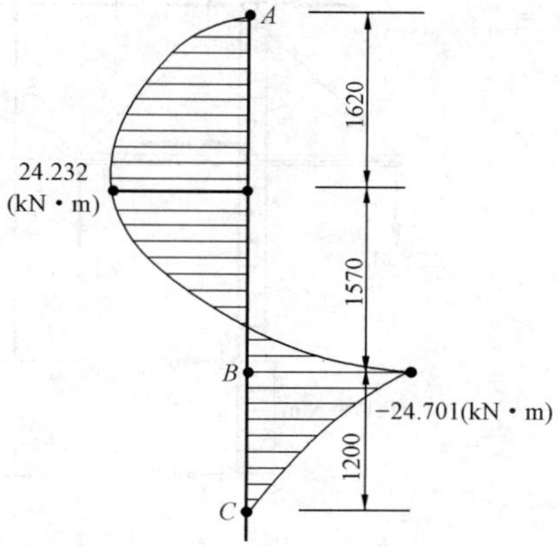

图 19-7-4　双侧吊重状态的抱杆弯矩图（纵轴单位：cm）

3. 抱杆的中心压力

（1）桅杆自重力为

$$G_V = 1148\times 9.807 = 11258\ (\text{N})$$

（2）主抱杆自重力（按 17m 计算）

$$G_z = (73\times 17+200)\times 9.807 = 14131\ (\text{N})$$

（3）摇臂自重力

$$G_y = 26\times 15\times 2\times 9.807 = 7649\ (\text{N})$$

（4）起吊滑车组压力

$$G_Q = 2\times 56650\times \cos 5° = 112869\ (\text{N})$$

（5）牵引绳的压力

$$(T_{Q1}+T_{Q2})\times 2 = 70390\ (\text{N})$$

（6）抱杆拉线自重力

$G_C=200\times 4\times 9.807=7845$ (N)（因为拉线计算张力很小在此忽略不计）

作用于抱杆轴心压力为

$$\Sigma G_1 = 11258+14131+7649+112869+70390+7845 = 224142(\text{N})$$

4. 主抱杆强度验算

已知主抱杆断面为□900mm × 900mm，主材 L80mm × 8mm，截面面积为 $A_1=12.303\text{cm}^2$，$A=49.212\text{cm}^2$，$J=90147.8\text{cm}^4$，$\sqrt{\frac{J}{A}}=42.7998$，$W=2003.3\text{cm}^3$。

计算折算长细比为

$$\lambda_z=\frac{1.05\times1.05\times3190}{42.7998}=82.17$$

查表得 $\varphi=0.558$（Q345）。

主抱杆计算应力为

$$\sigma_z=\frac{224142}{0.558\times49.212}+\frac{2423200}{2003.3}+\frac{224142\times10}{2003.3}=10491(\text{N/cm}^2)$$

计算应力小于容许应力，抱杆强度满足设计要求。

5. 摇臂的强度验算

已知摇臂断面为□400mm×400mm，长度为 15m，主材为 L45mm×5mm（Q345），截面面积为 17.108cm^2，$J=6014.7\text{cm}^4$，$W=3007\text{cm}^3$，$\lambda=88.2$，$\varphi=0.5116$。

摇臂的中心压力为

$$N_y=\frac{56650\cos5^\circ}{\tan45.94^\circ}=54612(\text{N})$$

计算应力为

$$\sigma_y=\frac{54612}{0.5116\times17.108}+\frac{47812.5}{300.7}=6399(\text{N/cm}^2)$$

因为 $\sigma_y>[\sigma]$，所以摇臂强度满足设计要求。

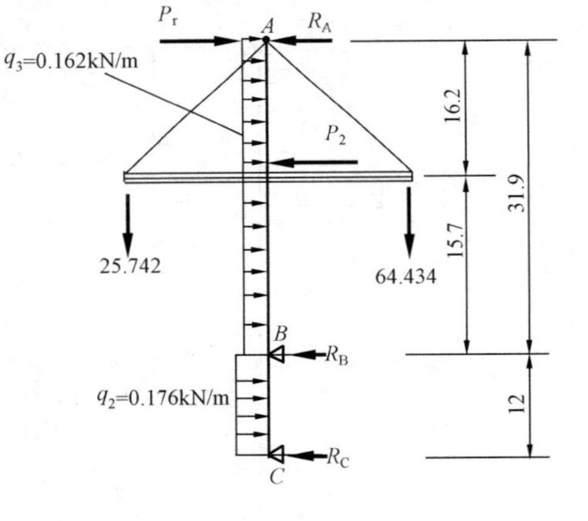

图 19-7-5 单侧吊重 5t 时的荷载分布图

七、单侧吊重 5t 时的工况计算

1. 力系分析

当单侧吊重 5t 时，对侧起吊绳平衡 50% 吊重。

吊件侧摇臂端的荷载为 64.434kN，对侧起吊绳荷载为 25.742kN，由于荷载的不平衡，对桅杆顶产生的水平力 P_r，即

$$P_r=\frac{64.434-25.742}{\tan45.94^\circ}=37.443(\text{kN})$$

单侧吊重 5t 时的力系示意如图 19-7-5 所示。

2. 计算抱杆各断面弯矩及支座反力

图 19-7-5 中，$q_2=0.176\text{kN/m}$，$q_3=0.162\text{kN/m}$，$P_1=37.443+0.157=37.6(\text{kN})$，$P_2=-37.443+2.0286=-35.414(\text{kN})$。

已知 $M_A=0$，$M_C=0$，由三弯矩方程可列出

$$2M_B(12+31.9)$$

$$=-6\left[\frac{0.176\times12^3}{24}+\frac{0.162\times31.9^3}{24}+\frac{(-35.414)\times15.7\times16.2(31.9+16.2)}{6\times31.9}\right]$$

经演算得 $M_B=138.8457(\text{kN}\cdot\text{m})$

各支点处支座反力为

$$R_A=\frac{0.162\times31.9}{2}+\frac{(-35.414)\times15.7}{31.9}+\frac{138.8457-0}{31.9}=-10.493(\text{kN})$$

$$R_B = \frac{0.176 \times 12}{2} + \frac{0.162 \times 31.9}{2} + \frac{(-35.414) \times 16.2}{31.9} + \frac{0 - 138.8457}{12} + \frac{0 - 138.8457}{31.9}$$

$$= -30.2676(\text{kN})$$

$$R_C = \frac{0.176 \times 12}{2} + \frac{138.8457 - 0}{12} = 12.6265(\text{kN})$$

由此推导得，摇臂处断面弯矩 M_y 为

$$M_y = -10.493 - \frac{0.162 \times 16.2^2}{2} = -191.244(\text{kN} \cdot \text{m})$$

绘制单侧吊重为5t时，抱杆杆身弯矩图如图19-7-6所示。

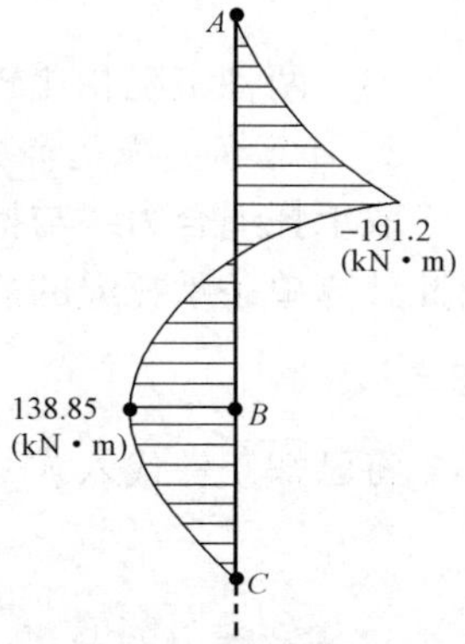

图19-7-6 单侧吊重5t时抱杆杆身弯矩图

3. 拉线静张力的计算

(1) 计算条件。拉线对地夹角 α 为50°，拉线合力线对地平面夹角 α_1 为59.32°，拉线与其合力线间的夹角 θ 为27.03°❶。

拉线点水平力为 $R_A = 37.6 - 10.493 = 27.107(\text{kN})$。

(2) 单根拉线的静张力为 T_L，即

$$T_L = \frac{27.107}{2\cos 59.32^\circ \cos 27.03^\circ} = 29.82(\text{kN})$$

(3) 拉线规格的选择。取安全系数为3.5，不平衡系数1.2，则破断力应满足

$$T_{LP} \geqslant 29.82 \times 3.5 \times 1.2 = 125.2(\text{kN})$$

选择 ϕ15.5mm 钢丝绳（6×19股，$\sigma_b = 1700\text{MPa}$），$T_b = 129.2 > T_{LP}$，满足设计要求。拉线长度约为170m，单绳重力为1417N。

(4) 拉线张力对抱杆产生的下压力为

$$N_L = 2 \times 29.82 \times \sin 50^\circ = 45.69(\text{kN})$$

4. 抱杆中心压力的计算

(1) 桅杆、主抱杆、摇臂三部分重力为

$$G_3 = 11258 + 14131 + 7649 = 33038(\text{N})$$

(2) 起吊滑车组的下压力为

$$G_Q = 1.5 \times 56650 \times \cos 5^\circ = 84652(\text{N})$$

(3) 拉线下压力及其重力

$$G_L = 45690 + 1417 \times 4 = 51358(\text{N})$$

(4) 牵引绳的下压力为

$$(T_{Q1} + T_{Q2}) \times 1.5 = (17390 + 17805) \times 1.5 = 52793(\text{N})$$

则作用于抱杆的总压力为

$$\sum G_2 = 33038 + 84652 + 51358 + 52793 = 221841(\text{N})$$

5. 抱杆强度的验算

验算抱杆强度

$$\sigma_z = \frac{221841}{0.558 \times 49.212} + \frac{19124400}{2003.3} + \frac{221841 \times 10}{2003.3} = 18732.4(\text{N/cm}^2)$$

---

❶ 李庆林. 架空输电线路铁塔组立工程手册. 北京：中国电力出版社，2007.

经验算可知，在不平衡起吊状态下，抱杆的稳定安全系数 K_n 为 1.84，小于安全系数 2，但尚能基本满足安全要求。

八、承托系统的受力及索具规格选择

1. 承托系统的垂直荷载

（1）当双侧吊重 5t 时，承托系统的下压力为

$$N_{C1}=224142+73\times18\times9.807=237028(\mathrm{N})$$

（2）当单侧吊重 5t 时，承托系统的下压力为

$$N_{C2}=221841+73\times18\times9.807=234727(\mathrm{N})$$

（3）两种工况相比较，取 N_{C1} 作为选择承托系统的基础。

2. 计算承托绳的静张力

取承托绳合力线与抱杆轴线间夹角 φ 为 35°，则承托绳与其合力线间夹角 φ_1 为 29.84°，由此计算单条承托绳的静张力 S 为

$$S=\frac{N_{C1}\sin\varphi}{2\sin2\varphi\cos\varphi_1} \tag{19-7-6}$$

将已知条件代入式（19-7-6），得

$$S=\frac{237.028\sin35^\circ}{2\sin70^\circ\cos29.84^\circ}=83.40(\mathrm{kN})$$

3. 选择索具规格

承托绳采用 100kN 级的走 2 走 2 滑车组，4 绳受力，取综合安全系数 4.8，则

$$T_{Q3P}\geqslant\frac{83.4}{4\times0.95^4}\times4.8=122.87(\mathrm{kN})$$

选择 ϕ15.5mm 钢丝绳（6×19 股，σ_b =1850MPa），T_b=129.2＞T_{Q3P}，满足设计要求。

4. 承托绳挂点高度的计算

设承托绳挂点断面边宽为 B 时，承托绳挂点断面下方的抱杆长度为 L_2（即承托绳挂点高度），示意如图 19-7-7 所示。

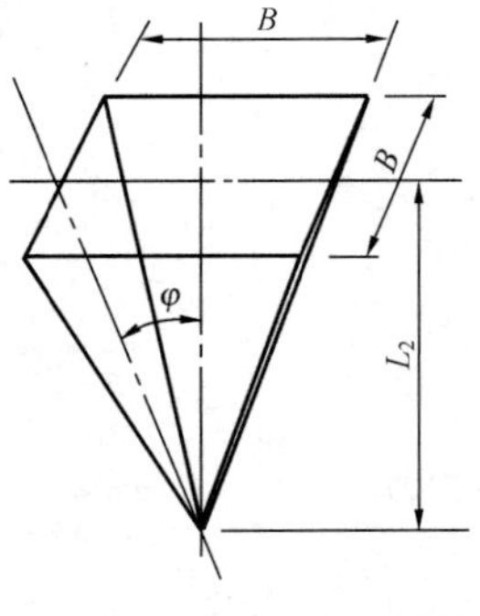

图 19-7-7 承托绳挂点高度计算图

$$\tan\varphi=\frac{B}{2L_2} \tag{19-7-7}$$

若限制 $\varphi\leqslant35^\circ$（约相当于单根承托绳与抱杆轴线间夹角为 45°）时，则

$$L_2\geqslant0.72B \tag{19-7-8}$$

九、提升系统的受力及索具规格选择

1. 提升系统的垂直荷载

（1）桅杆自重力为 11258N；

（2）主抱杆自重力（含转动支撑）为 27017N；

（3）摇臂自重力为 7649N；

（4）拉线自重力为 7845N；

（5）起吊滑车组重力约为 2570×2=5020（N）；

（6）调幅滑车组重力约为 1700×2=3400（N）。

合计提升抱杆的总重力为

$$\sum G_3=11258+27017+7649+7845+5020+3400=62189(\mathrm{N})$$

2. 提升绳静张力计算

（1）提升抱杆系统的平衡及牵引系统如图 19-7-8 所示。

（2）提升绳的静张力。假设一侧提升绳合力线与抱杆轴线夹角为 40°（取最大状态，即抱杆提升至设计位置），则提升绳静张力为

$$T_{Q4}=\frac{62.189\sin 40^\circ}{2\times 0.95^2\times\sin 80^\circ\cos 32.73^\circ}=26.732(\mathrm{kN})$$

其破断力应满足 $T_{Q4P}\geqslant 128.3\mathrm{kN}$（取综合安全系数为 4.8）。

选择 ϕ15.5mm 钢丝绳（6 × 19 股，σ_b = 1700MPa），$T_b>T_{Q4P}$，满足设计要求。

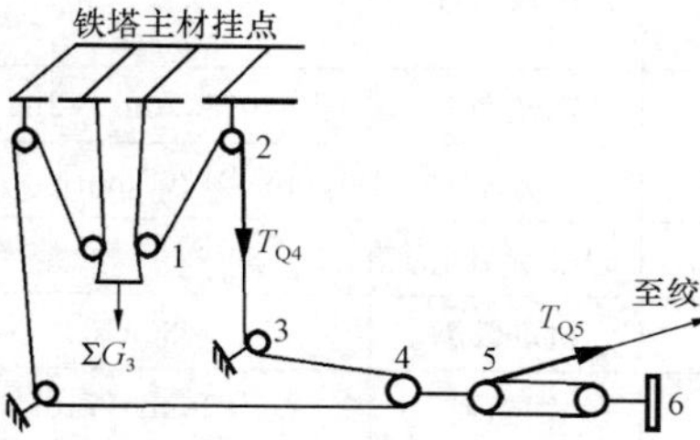

图 19-7-8　提升抱杆的平衡及牵引系统

1—吊点滑车；2—提升滑车；3—地滑车；4—平衡滑车；5—牵引滑车组；6—地锚

（3）牵引绳的静张力。牵引滑车组为走 2 走 2，4 绳受力，则

$$T_{Q5}=\frac{2\times 26.732}{4\times 0.95^4}=16.41(\mathrm{kN})$$

取综合安全系数为 4.8，其破断力应满足 $T_{Q5P}\geqslant 78.8\mathrm{kN}$。

选择 ϕ12.5mm 钢丝绳（6×19 股，σ_b =1700MPa），T_b=82.7>T_{Q5P}，满足设计要求。

第八节　主要工器具配置实例

内悬浮双摇臂外拉线抱杆分解组塔的主要工器具，当限制吊重 2 × 5t 时，配置见表19-8-1。

表 19-8-1 的适用条件是：抱杆全高为 51.9m，摇臂长 15m，桅杆顶布置 4 侧外拉线，拉线对地平面夹角应不大于 45°（验算为 50°），吊件最大偏角不得大于 5°，攀根绳对地夹角应不大于 45°，承托绳与抱杆轴线间夹角应不大于 45°。

如果现场情况与上述条件不符时，应重新验算及选择工具规格。

表 19-8-1　内悬浮双摇臂外拉线抱杆分解组塔主要工器具配置（限制吊重 2×5t）

序号	机具名称	规　格	单位	数量	参考质量（kg）		备　注
					单件	小计	
一	抱杆系统						
1	桅杆	□400mm/750mm×15.5m	根	1	1148	1148	Q345 主 L80mm×8mm
2	摇臂	□400mm×400mm×15m	根	2	390	780	Q345 主 L45mm×5mm
3	主抱杆	□900mm×900mm	m	35	73	2555	
4	转动支撑	□750mm/□900mm	m/套	1.4/1	200	200	
5	腰环	□920mm×920mm	副	2	8	16	
6	钢丝绳	ϕ12.5mm×10m	条	8	6	48	
7	双钩	30kN	把	8	7	56	
8	卸扣	M20mm	只	24	1.5	36	

续表

序号	机具名称	规　　格	单位	数量	参考质量（kg）		备　　注
					单件	小计	
9	钢丝绳套	ϕ12.5mm×2m	条	8	1.5	12	
10	方木	150mm×200mm×150mm	根	4	20	80	
二	起吊牵引系统						
11	机动绞磨	30kN	台	2	100	200	
12	钢丝绳	ϕ13mm×710m	条	2	420	840	
13	钢丝绳	ϕ9.3mm×200m	条	2	62	124	
14	钢丝绳	ϕ15.5mm×10m	条	4	10	40	
15	钢丝绳	ϕ18.5mm×5m	条	4	8	32	
16	钢丝绳	ϕ12.5mm×3m	条	2	2	4	
17	起重滑车	80kN 双轮	只	4	13	52	
18	起重滑车	30kN 单轮	只	4	5	20	
19	卸扣	M42mm	只	4	7	28	
20	卸扣	M30mm	只	10	2.5	25	
21	钢板地锚	20kN	块	2	25	50	150mm×300mm×1200mm
22	钢绳套	ϕ15.5mm×3m	条	2	3.5	7	
三	调幅系统						
23	机动绞磨	30kN	台	2	100	200	
24	钢丝绳	ϕ13mm×300m	条	2	177	354	
25	钢丝绳	ϕ21.5mm×21m	条	2	37	74	
26	起重滑车	80kN 三轮	只	4	17	68	
27	起重滑车	30kN 单轮	只	2	5	10	
28	卸扣	M48mm	只	8	10	80	
29	卸扣	M30mm	只	4	2.5	10	
30	钢板地锚	20kN	块	2	25	50	150mm×300mm×1200mm
31	钢绳套	ϕ15.5mm×3m	条	2	3.5	7	
四	拉线系统						
32	钢丝绳	ϕ15.5mm×170m	条	4	146	584	
33	钢丝绳	ϕ11mm×150m	条	4	64	256	
34	钢丝绳	ϕ15.5mm×3m	条	4	3.5	14	
35	起重滑车	30kN 单轮	只	8	5	40	
36	钢板地锚	40kN	只	4	25	100	150mm×300mm×1200mm
37	角铁桩	L75mm×8mm×1500mm	块	12	15	180	
38	花篮螺丝	M20mm	套	4	4	16	
39	拉线控制器	30kN	只	4	2	8	
40	钢丝绳	ϕ11mm×50m	条	4	22	88	

续表

序号	机具名称	规　　格	单位	数量	参考质量（kg）		备　　注
					单件	小计	
五	承托系统						
41	钢丝绳	ϕ15.5mm×160m	条	4	137	548	
42	起重滑车	100kN 双轮	只	8	20	160	
43	专用夹具	100kN	套	4	5	20	
44	卸扣	M48mm	只	8	10	32	
45	卸扣	M30mm	只	8	2.5	20	
46	手扳葫芦	60kN	把	4	30	120	
六	控制系统						
47	钢丝绳	ϕ11mm×150m	条	4	64	256	
48	钢丝绳	ϕ12.5mm×3m	条	4	2	8	
49	钢丝绳	ϕ12.5mm×10m	条	4	6	24	
50	尼龙绳	ϕ20mm×150m	条	4	35	140	
51	卸扣	M20mm	只	8	1.5	12	
52	角铁桩	L75mm×8mm×1500mm	块	12	15	180	
53	经纬仪		台	1	3	3	
七	提升抱杆系统						
54	钢丝绳	ϕ15.5mm×160m	条	2	137	274	提升绳
55	钢丝绳	ϕ12.5mm×150m	条	1	83	83	牵引绳
56	起重滑车	50kN 单轮	只	4	8	36	提升滑车
57	起重滑车	30kN 单轮	只	2	5	10	地滑车
58	起重滑车	50kN 双轮	只	2	9	18	牵引滑车
59	钢板地锚	60kN	块	1	30	30	200mm×300mm×1400mm
60	钢丝绳	ϕ15.5mm×3m	条	1	3.5	3.5	
61	角铁桩	L75mm×8mm×1500mm	块	2	15	30	
62	机动绞磨	30kN	台	1	100	100	
八	其他						
63	吊车	25t	台	1			
64	发电机系统		套	1			

第二十章

流动式起重机组立铁塔

第一节　概　　述

输电线路杆塔组立施工中，当塔基地形条件较平坦且塔位能通达汽车时，适宜采用流动式起重机组立铁塔。在大跨越铁塔组立施工中，常常用流动式起重机吊装塔腿和抱杆或者安装塔机。

流动式起重机组立铁塔有以下优点：

（1）无抱杆及拉线等工具，使用工具较少；

（2）机械化程度高，吊装速度快，施工效率高；

（3）减少高空作业工作量，安全性较好。

由于流动式起重机受起重量及吊臂长度的限制，往往无法完成大跨越铁塔及较重较高铁塔的全部吊装作业。

用于组立铁塔的流动式起重机主要有两种机型：①汽车起重机（俗称吊车）；②履带式起重机（俗称履带吊）。

用流动式起重机组立铁塔有三种方法：①整体吊装（即整体组塔），适用于较轻铁塔；②分解组立，适用于较重的铁塔；③混合组立，适用于大跨越铁塔[1]。

第二节　施工工艺流程及劳动组织

一、施工工艺流程

汽车起重机组塔由于组立方法的不同，施工工艺流程有一定差别：整体组塔时，一次吊装完成；分解组塔时需要吊装多次；混合组塔时，在吊装塔腿后应安装抱杆，再用抱杆分解组塔。吊车组塔的施工工艺流程如图 20-2-1 所示。

二、劳动组织及岗位职责

劳动组织与组塔方法、现场条件、设备条件、塔型结构等因素有关。整体组塔和分解组塔的劳动组织及岗位职责见表 20-2-1。

表 20-2-1　　劳动组织及岗位职责

序号	岗位职责	整体组塔			分解组塔		
		技工人数	普工人数	小计人数	技工人数	普工人数	小计人数
1	现场指挥	1		1	1		1

[1] 大跨越塔是指输电线路在跨越大河流、湖泊或海峡等使用的塔高在 100m 以上，设计需要特殊考虑的铁塔。大跨越塔有单、双回路之分；有角钢组合及钢管塔两大类别。

续表

序号	岗位职责	整体组塔			分解组塔		
		技工人数	普工人数	小计人数	技工人数	普工人数	小计人数
2	安全监护	1		1	1		1
3	现场准备	1	10	11	1	10	11
4	地面组装	3	20	23	2	15	17
5	吊车作业	1		1	1		1
6	吊点绑扎	2		2	2		2
7	高处作业	2		2	12		12
8	控制作业	4	8	12	4	8	12
合计		15	38	53	24	33	57

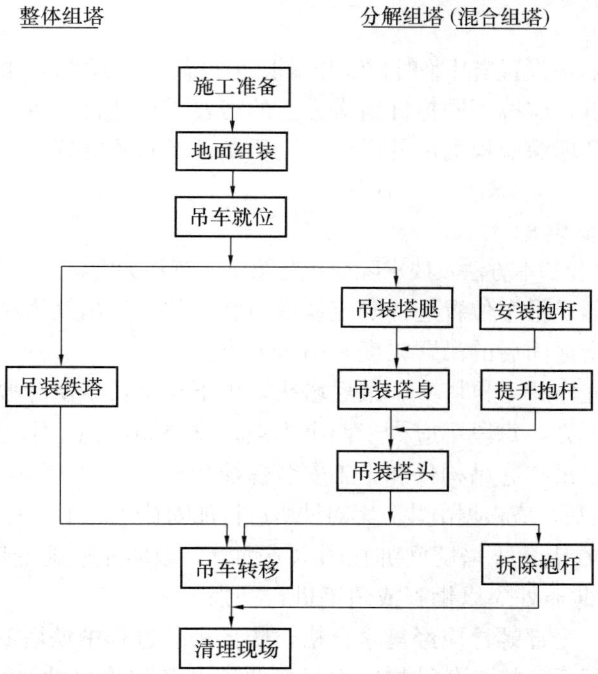

图 20-2-1　吊车组塔施工工艺流程图

对图 20-2-1 的说明：

（1）现场准备及地面组装应在吊车组塔之前完成，以提高施工效率。现场准备及地面组装中，仍应设立现场指挥及安全监护人。

（2）为了提高施工效率，分解组塔的高处作业人员应考虑一侧构件在紧螺丝，另一侧在安装构件，配置应到位，必要时，还应增加高空替补人员。

第三节　现场施工准备及地面组装

一、现场施工准备

吊车组塔的现场准备工作包括进场道路、场地平整、锚桩布置及塔片或塔架地面组装。

1. 进场道路

(1) 选择设计流动式起重机的进场线路。

(2) 对不符合要求的进场道路应进行修补、加固。

2. 场地平整

(1) 根据吊车组塔的平面布置设计，将构件组装场地及吊车就位场地进行场地平整。

(2) 场地平整前，应将其影响铁塔吊装的障碍物逐一清除或移位。

(3) 为保证吊车能连续作业，构件组装场地应能容纳全部构件在地面一次组装完毕。

(4) 吊车就位场地应满足吊车需要移位作业的需要。

(5) 对于坚土地面，地面应平整，以便构件或吊车能稳固地置于坚实场地上。对于泥沼或砂质土等松软地面，应采取垫碎石或铺设钢板等措施，以防构件或吊车下陷。

3. 锚桩布置

(1) 对于整体组塔，应设置铁塔临时拉线地锚和塔根部制动地锚。地锚位置应根据铁塔在地面的排列位置而定。

(2) 对于分解组塔,应设置塔片临时拉线和攀根绳地锚。地锚布置可根据塔片布置方位确定。

(3) 对于混合组塔，应按不同抱杆组塔方法的需要进行地锚布置。

(4) 锚桩的规格及埋深应根据吊件质量、土质条件及布置方式，经计算选择确定。

二、地面组装

1. 整体组塔的地面组装

整体组塔的地面组装基本方法及要求除应执行第十二章相关内容外，还应满足以下要求。

(1) 根据现场地形及吊车位置选择确定铁塔组装方位，定出铁塔结构中心线位置。塔脚的布置应满足铁塔吊离地面后的吊臂幅度和吊重要求。

(2) 组装顺序为先塔腿、再塔身、最后塔头，由下至上，依次分段连接。

(3) 组装构件的下方，每段不应少于四个支点，支垫物应稳定牢固。

(4) 组装方法应以吊车起吊构件和人工安装螺栓相结合。

(5) 铁塔整体组装后，应根据吊装方案对铁塔进行加固补强处理。主要加固补强点如下：

1) 塔腿部分，应在上、下塔腿间绑扎圆木或钢管，以防止塔腿变形。

2) 吊点处的结构薄弱处应以钢管或角钢进行补强。

(6) 铁塔组装后，全部螺栓应经复紧合格，防止吊装过程中铁塔变形。

(7) 铁塔螺栓紧固后，检查各结构段主材弯曲度及各部位尺寸（特别是塔脚根开），应符合设计及验收规范要求。

2. 分解组塔的地面组装

分解组塔的地面组装，应执行第十二章的相关要求。

构件组装后的重量及位置应符合吊车的额定起重量及幅度的规定。

第四节 起重机的基本参数

一、汽车起重机

汽车起重机由起吊、回转、变幅和支撑腿等机构组成，装在载重汽车的底盘上。它转移工作地点迅速（转移时的速度接近汽车的行驶速度），支腿固定简便，吊重效率较高，特别适用于野外杆塔组立的分散施工。在地形及运输道路合适的条件下，用汽车起重机组立铁塔是组立杆塔的优选方案。

汽车起重机有机械传动和液压传动两种，目前广泛使用的为液压传动。

1. 全液压汽车起重机

全液压汽车起重机全部采用液压传动来完成起吊、回转、变幅、吊臂伸缩及支撑腿收放等动作。它具有操作较灵活，起吊平稳，同时伸臂可带载荷调节长度，因而增加了起重工作的特性范围。

全液压汽车起重机常用的型号有 QY12B、QY16、QY25G 及 QY50G 等。QY50G 型全液压汽车起重机外形如图 20-4-1 所示，其起升高度曲线如图 20-4-2 所示。QY50G 型全液压汽车起重机额定起吊重量见表 20-4-1。其他各型液压起重机额定起吊重量等参数见附录 M。

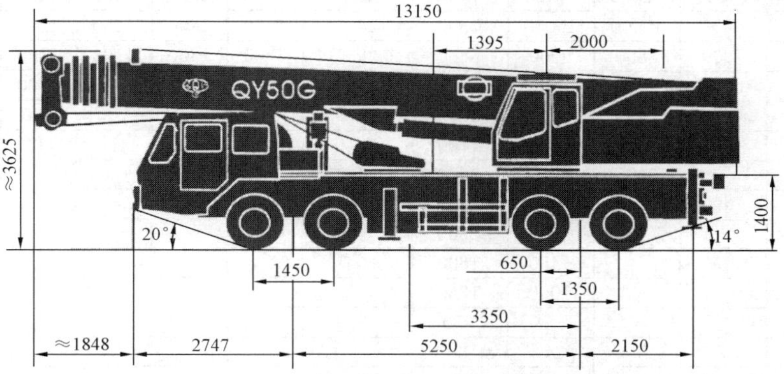

图 20-4-1　QY50G 型全液压汽车起重机外形图

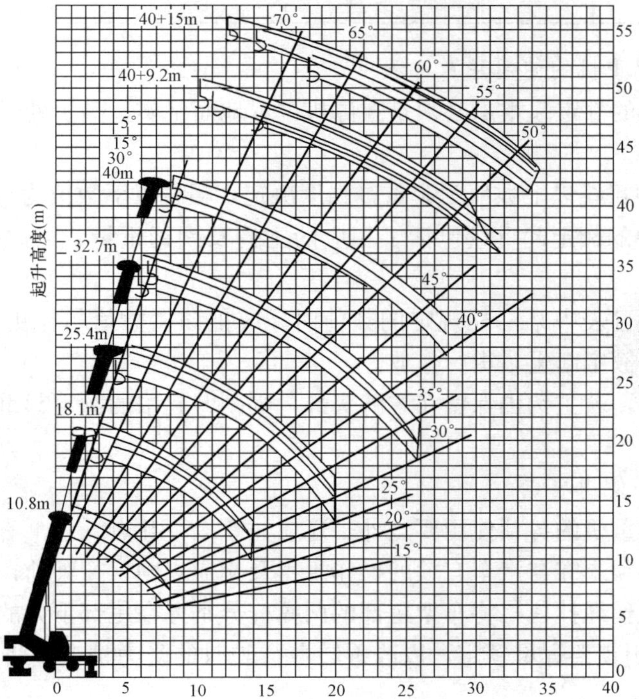

图 20-4-2　QY50G 型全液压汽车起重机起升高度曲线

表 20-4-1　　QY50G 型全液压起重机额定起吊重量　　(kg)

工作幅度(m)	支腿全伸，后方侧方作业(m)				
	10.8	18.1	25.4	32.7	40
3.0	50500				
3.5	42000				
4.0	37000				
5.0	30200	28000	18000		
6.0	24500	23500	18000	13000	
7.0	19900	19400	16800	13000	
8.0	16000	15000	14800	12300	7500
9.0		12000	12800	11000	7500
10.0		9600	10400	10000	7300
11.0		7900	8800	9000	6800
12.0		6550	7450	7700	6300
14.0		4550	5450	5900	5700
16.0			4000	4600	4700
18.0			3000	3550	3800
20.0			2100	2700	3000
22.0				2000	2300
24.0				1450	1800
26.0				1000	1350
28.0					950
倍率	12	7	5	4	3
主臂最小仰角(°)				28	40

工作幅度(m)	支腿全伸，后方侧方作业(m)					
	40+9.2			40+15		
	5°	15°	30°	5°	15°	30°
10.0	3500					
11.0	3200					
12.0	3000	2400		2400		
14.0	2700	2200	2000	2300	1500	
16.0	2500	2000	1800	2000	1400	
18.0	2200	1800	1700	1800	1300	1000
20.0	2000	1700	1600	1600	1200	1000
22.0	1800	2500	1400	1400	1100	900
24.0	1450	1400	1250	1200	1000	850
26.0	1200	1200	1100	1100	950	820
28.0	850	1000	900	1000	880	780
30.0	550	650	700	800	800	740
32.0			450	600	700	700
34.0					450	650
主臂最小仰角(°)	51			53		

2. 全液压汽车起重机的使用注意事项

(1) 起重机给定的额定起重量必须是在停机位置地面坚实、整机处于调平状态、支腿处于伸出情况。

(2) 表 20-4-1 中粗线以上数值为起重臂强度决定，粗线以下数值为整机稳定性决定。

(3) 表 20-4-1 中的额定起重量包括了相应的主钩及副钩重量，因此被吊构件重量应减去主钩或副钩的重量。

(4) 如果臂长超过表中某一栏规定的数值时，应把该栏数值与比更长一级的数值相比较，按照其中较小的额定起重量进行作业。

(5) 副臂吊载时，若主钩仍保留在主臂头部，则副臂起吊的额定起重量中，应减去主钩的重量。

3. 汽车起重机的使用要点

除了遵守履带起重机的各项使用要点外，还应注意以下几点。

(1) 吊车行驶必须遵守与汽车有关的操作规程及交通规则。行驶前，应将起重臂放在支架上，吊钩用专用钢丝绳挂住；将车架尾部的两撑杆分别撑在尾部下方的两支座内（使撑杆稍微受力即可），并用锁架螺母锁定，以改善转台行驶时的受力情况；将锁式制动器插入销孔，以防旋转。

(2) 作业场地应坚实平整。如遇松软地基或起伏不平的地面，各支腿处应平整坚实，并铺垫适宜的垫块，在确认安全后方可开始作业。

(3) 作业时，起重臂下严禁站人；下部车驾驶室不得坐人；重物不得超越驾驶室上方，不得在车前方起吊。

(4) 伸缩式起重臂伸缩时，应按规定顺序进行；在伸臂的同时要相应下降吊钩，当限位器发出警报时，需立即停止伸臂；起重臂缩回时，角度不得太小。

(5) 起重臂伸出后，若出现前节长度大于后节伸出长度时，必须调整正常后方可作业。

(6) 满负荷作业时，应注意检查起重臂的挠度。侧向作业时，要注意支腿情况。发现不正常情况时，应立即放下重物，检查调整正常后方能继续作业。

(7) 起重机停驻后整机倾斜度一般不得大于1.5°，底盘车的手制动器必须锁死。

(8) 吊重时不得扳动支腿操纵阀手柄。如需调整支腿时，必须将重物放至地面，起重臂放于正前方或正后方，方可调整。

(9) 对起重机的关键部件，如起重臂等，要定期检查是否有裂缝、变形以及连接螺栓的紧固情况。有任何不良情况都不能继续使用。

二、履带式起重机

1. 履带式起重机的结构及优点

履带式起重机由底盘、回转台、发动机、卷扬机、滑车组、起重臂、平衡重及履带等部件组成，外形示意如图20-4-3所示。

履带式起重机的优点是操作灵活、使用方便，车身可带负载向任意方向回转360°，在平整坚实的路面上，还可以带负载行走。该机行走速度较慢，一般适宜在较小范围内移动。该机因履带之间距离较小，供起重机的活动范围较小，它的稳定性也较小，因此应严格执行操作规定，不得超负载起吊。由于起重机空载时的重心偏向平衡重，而且在平衡重一侧履带对地面的局部压强超过满载时的局部压强，因此，空载行走时的履带对路面破坏较大。不应在公路上行走。

2. 常用的履带式起重机起重性能参数

常用的履带式起重机起重性能参数见附录N。

3. 履带式起重机的使用要点

(1) 驾驶员必须熟悉起重机的技术性能。启动发动机前必须按规定执行各项检查和保养。发动机启动后，应检查各仪表指示值和听视发动机工作情况，确认正常后再操纵起重机进行试运转，以检查各机构工作是否正常。特别是制动器是否可靠。雨雪后工作应先试吊。

(2) 起重机作业范围内不得有影响作业的障碍物。作业时起重臂下方不得有人停留或通过。严禁用起重机载运人员。

(3) 满载起吊时，起重机必须置于坚实的水平地面上，先将重物吊离地面20～30cm，

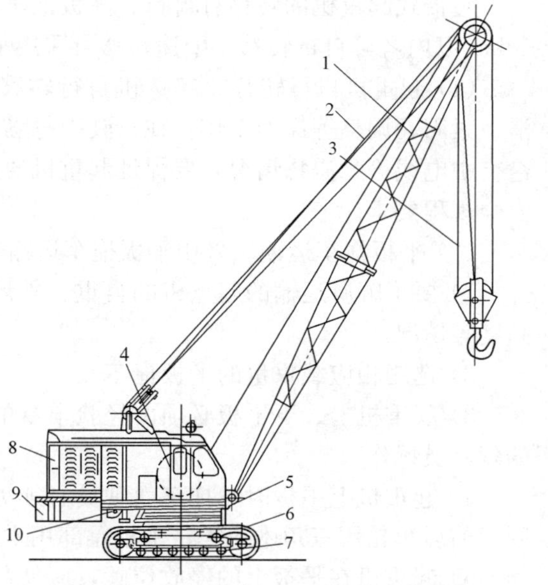

图20-4-3 履带式起重机外形示意图

1—伸臂；2—变幅绳滑车组；3—起重滑车组；4—起重卷扬机；5—底盘；6—履带；7—支重轮；8—机身；9—平衡重；10—变幅卷扬机

检查并确认起重机的稳定性、制动器的可靠性和绑扎的牢固性后，才能继续起吊。起吊时动作要平稳，并禁止同时进行两种动作。

(4) 起重机的变幅指示器、力矩限制器和行程开关等安全保护装置，不得随意调整和拆除。严禁用限位装置代替操纵。对无提升限定装置的起重机，起重臂最大仰角不得超过78°。

(5) 起重机必须按规定的起重性能作业。不得起吊重量不明的物体，严禁用起重钩斜拉、斜吊。一般不得超载，特殊情况下需超载吊装时，必须进行整机稳定性验算、起重臂强度验算并采取可靠的技术措施，作业前必须进行试吊。

(6) 双机抬吊构件时，构件的重量不得超过两台起重机所允许起重量总和的75%。绑扎时注意负荷的分配。每台起重机分担的负荷不得超过该机允许负荷的80%，以防任何一台负荷过大而造成事故。在起吊时必须对两机进行统一指挥，使两机动作协调，互相配合。在整个吊装过程中，两台起重机的吊钩滑车组都应基本保持垂直状态。

(7) 起重机负载行走时，起重臂应与履带平行，重物应拴控制摆动的拉绳。行走转弯时不可过急，路面凹凸不平处不得转弯。

(8) 起重机工作完毕后，应将起重机的发动机电门关闭，操纵杆推进空挡位置，制动杆推上制动位置；冬季应将水箱、水套中的水放尽，水门打开。锁住驾驶室门窗后，驾驶员方可离开。

(9) 起重机在坡道上无载行驶，上坡时应将起重臂的仰角放小一些，下坡时将起重臂仰角放大一些，以平衡起重机的重心。严禁下坡时空挡滑行。

(10) 如遇大风、大雪、大雨或大雾时，应停止起重作业，并将起重臂转至顺风方向。

4. 履带式起重机的转移

履带式起重机的转移有自行、平板拖车运输和铁路运输三种。对于普通路面，且运距在10km以内者可自行转移；中途转移可采用平板拖车运输；长途转移用铁路运输。

(1) 起重机自行转移。起重机自行转移，在行驶前应对行走机构进行检查，并做好润滑、紧固、调整等保养工作；在行驶中每隔1h应检查、润滑一次。自行转移前，要查看沿途空中电线等障碍物情况，要保证起重机通过时，其机体、起重臂与空中障碍物的距离符合安全规程要求。

(2) 平板拖车运输。采用平板拖车运输时应注意以下事项。

1) 要了解所运输的起重机的自重、外形尺寸、运输路线和桥梁的安全承载能力、桥洞高度等情况。

2) 选用相应载重量的平板拖车。

3) 起重机上、下平板必须由经验丰富的人指挥并由熟悉该起重机性能、操作技术良好的驾驶员操作。

4) 起重机上平板时，拖车驾驶员必须离开驾驶室。拖车和平板均必须将制动器制动牢固，前后车轮用三角木掩牢，平板尾部用木垫实（稍留一点空隙）。

5) 起重机在平板上的停放位置，应使起重机的重心大致在平板载重面的中心上，以使起重机的全部重量均匀地分布在平板的各个轮胎上。

6) 应将起重臂和配重拆下，并将回转制动器刹住，再将插销销牢，在履带两端加上垫木并用扒钉钉住，履带左右两面用钢丝绳或5～6股8号铁丝绑牢。如运距远、路面差，尚须用高凳或搭道木垛将尾部垫实。为了降低高度，可将起重机上部人字架放下。

（3）铁路运输。采用铁路运输时，必须注意将支垫起重臂的高凳或道木垛搭在起重机停放的同一个平板上，固定起重臂的绳索也绑在这个平板上。如起重臂长度超出装起重机的平板，必须另挂一个辅助平板。

第五节　吊车整体组立铁塔

一、吊车整体组立铁塔的施工设计

1. 确定计算的荷重条件

（1）铁塔的自身荷重以铁塔安装图为依据。铁塔塔型单线图中同时配置有铁塔各段的材料汇总表，使用前应复核汇总表上的重量与构件分段图上的材料表是否相符。

（2）应调查铁塔加工中型钢以大代小后的实际重量。如果无资料查明时，可按设计图的铁塔重量乘以材料增重系数，一般取 1.05。

（3）螺栓、垫圈等的重量分别计算在各段的重量内。

（4）对于变截面铁塔，每段结构平面之辅材均为对称布置，因此塔段结构的重心与其轮廓面积的形心视为重合。计算各塔段的塔面轮廓面积的形心高度，即为各塔段结构重心的高度。

2. 铁塔重心高度的计算

（1）铁塔塔段的平面形状大体分为矩形、正三角形、倒三角形、正梯形、倒梯形。现将这五种形状塔面形心高度的计算公式见表 20-5-1。

表 20-5-1　　　　**铁塔塔段形心高度（y）的计算公式**

序号	图形名称	图形	计算公式
1	矩形	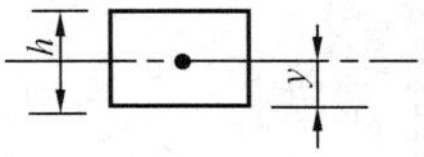	$y=\frac{1}{2}h$
2	正三角形	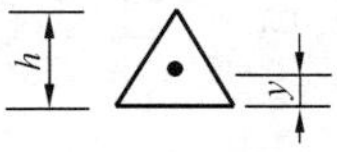	$y=\frac{1}{3}h$
3	倒三角形	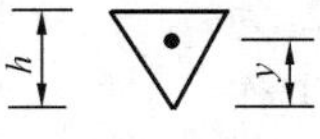	$y=\frac{2}{3}h$
4	正梯形	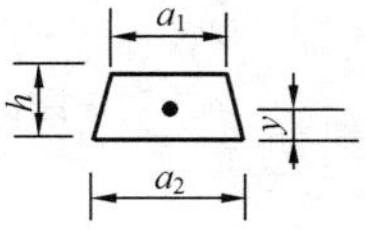	$y=\frac{h}{3}\times\frac{2a_1+a_2}{a_2+a_1}$
5	倒梯形	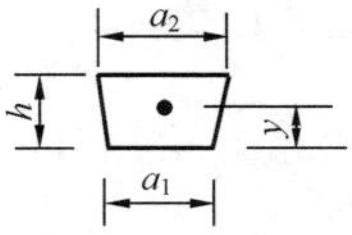	$y=\frac{h}{3}\times\frac{2a_2+a_1}{a_2+a_1}$

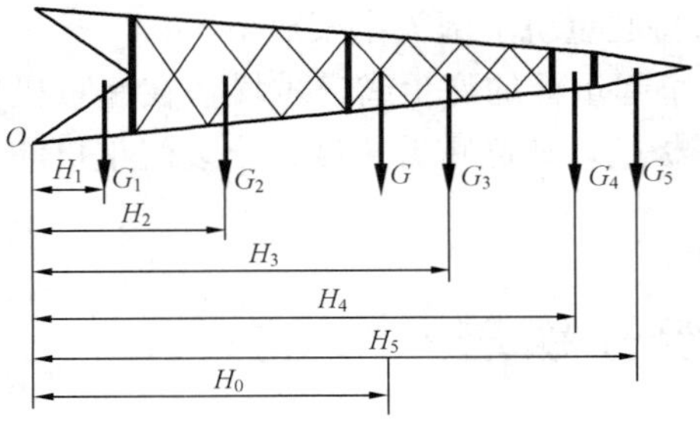

图 20-5-1　铁塔重心高度计算图

(2) 铁塔重心高度的计算。以变截面铁塔为例，铁塔重心高度计算时，假定每段的重量集中于塔面形心，其形心对塔脚支点 O 的高度为每段的重心高度。

铁塔重心高度计算如图 20-5-1 所示，根据平面力系的合力对于其平面上任一点的力矩等于各分力对同一点的力矩代数和的关系，得

$$H_0 = \frac{\sum M}{G} \quad (20\text{-}5\text{-}1)$$

其中

$$\sum M = G_1H_1 + G_2H_2 + G_3H_3 + G_4H_4 + G_5H_5 \quad (20\text{-}5\text{-}2)$$

式中　G——铁塔总重量，kN，$G = 9.807G_n$；

G_n——铁塔总质量，kg；

H_0——铁塔重心至支点 O 的距离（简称重心高度），m；

$\sum M$——各分段重力对支点 O 的力矩总和，kN·m；

G_1、G_2、G_3、G_4、G_5——各塔段的重力，kN；

H_1、H_2、H_3、H_4、H_5——各塔段形心至支点 O 的距离，m。

3. 吊点高度的选择

吊点高度的选择原则是吊点位置必须高于铁塔重心 3～5m。如果吊车额定起重量较大时，吊点应尽量高一些，以方便铁塔就位。吊点应不少于 4 点，以便铁塔吊离地面后，铁塔能基本呈竖直状态。

吊点应选在主材节点处，视构件结构进行补强处理。

4. 选择起重机型式

(1) 应根据铁塔起吊初始状态和最终状态的起吊重量及需要吊臂长度，工作幅度以确定起重机型式。

(2) 举例说明。例如 500kV 线路 ZB1-27 型铁塔，塔重为 10.35t，铁塔重心高度为 17.14m，铁塔正面根开为 6m，横向（侧面）根开为 4.96m。整体吊塔布置示意如图 20-5-2 所示。

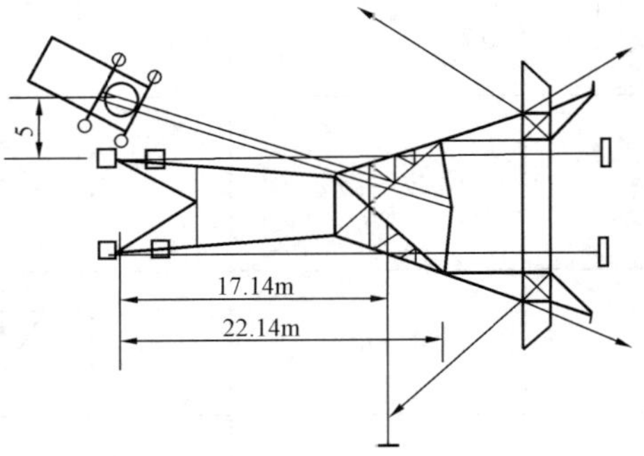

图 20-5-2　整体吊塔布置示意图

1) 起吊最终状态时，铁塔离开地面，吊重为 10.35t。选择吊点高出重心约 5m，则吊点高为 22.14m，吊绳长约 5m，要求吊臂长 28.4m，工作幅度约 8.0m。

2) 起吊开始状态，起吊重量为

$$G_0 = \frac{10.35 \times 17.14}{22.14} = 8.01(\text{t})$$

吊臂工作幅度约为 22m，要求吊臂伸出长度 L 为

$$L \geqslant \sqrt{11.0^2 + 22^2} = 24.6(\text{m})$$

3）选择起重机型号按起吊最终状态，选择 QY125G 型起重机可满足要求，其工作幅度为 8m（臂长用 24.6m），起重量为 39t。

按起吊开始状态，选择 QY125 型起重机，当工作幅度为 22m（臂长为 35m），起重量为 8.4t。可满足要求。

5. 选择起重机站位

正确的选择起重机站位，对于选择起重机机型十分重要。选择站位的基本原则：起吊开始及最终状态的吊臂工作幅度应尽量小，吊臂的额定起重量应大于构件重量；起吊过程中，吊臂不应阻碍构件的移位。

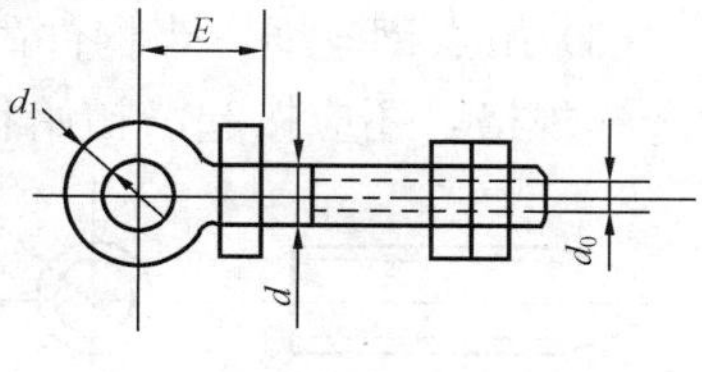

图 20-5-3　吊环外形示意图

6. 吊装工器具的选择

（1）吊环设备的选择。吊环也称吊点螺栓，即一头为螺栓丝扣部分，另一头为眼圈环，示意如图 20-5-3 所示。

吊装布置时应将吊环插入吊点处螺孔处，拧紧双螺母。

吊环强度验算如下。

1）吊环部分的强度应满足

$$\tau_1 = \frac{T}{F} \tag{20-5-3}$$

$$\tau_1 = \frac{1.273T}{d_1^2} \leqslant [\tau] \tag{20-5-4}$$

其中

$$F = \frac{\pi d_1^2}{4} \tag{20-5-5}$$

式中　τ_1——吊环计算剪应力，N/cm^2；

T——吊环承受的拉力，N；

F——吊环的有效截面面积，cm^2；

d_1——吊环的直径，cm。

2）吊环螺杆光面部分的强度应满足

$$\sigma = \frac{1.273T}{d^2} + \frac{T_S E}{W} \leqslant [\sigma] \tag{20-5-6}$$

式中　σ——吊环螺杆光面部分的计算应力，N/cm^2；

d——吊环螺杆光面部分的直径，cm；

T_S——吊环的水平分力，N；

E——吊环水平力的力臂，cm；

W——吊环螺杆光面部分的断面系数，cm^3，近似值为 $0.1d^3$。

3）吊环螺杆的丝扣部分的强度应满足

$$\sigma_0 = \frac{1.273T}{d_0^2} \leqslant [\sigma] \tag{20-5-7}$$

式中　σ_0——吊环螺杆丝扣部分的计算应力，N/cm^2。

d_0——吊环螺杆丝扣部分的底部直径，cm；d_0 参考值为：当 $d=2.0$cm 时，$d_0=$

1.729cm；d=2.2cm时，d_0=1.929cm；d=2.4cm时，d_0=2.075cm。

（2）吊装尼龙带。根据构件的重量选择满足起吊要求的AD型合成纤维吊带（参考JB/T 8521—2007《编织吊索 安全性》），吊装带可与角钢直接捆绑，但角钢内侧应用坚硬圆木衬垫，以防吊装带被角钢割断。

（3）吊点钢丝绳。当构件吊点处使用吊环时，通过吊环连接吊点绳。吊点绳应按最大张力选择规格，还应按起吊初始状态的不平衡受力情况进行验算。

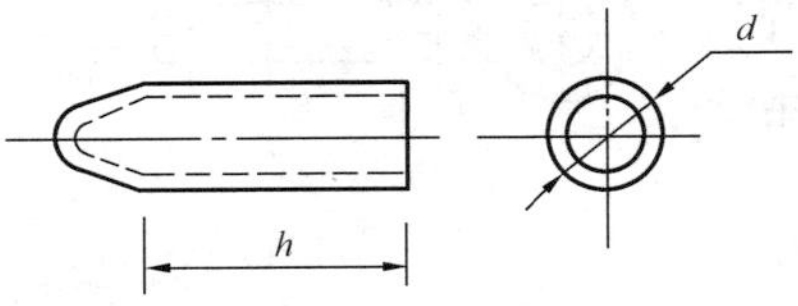

图20-5-4 地脚螺栓保护钢套示意图

（4）地脚螺栓保护套。为方便铁塔就位时塔脚底板顺利穿入地脚螺栓，同时也避免地脚螺栓被碰伤，应设置地脚螺栓保护钢套。地脚螺栓保护钢套为圆尖头，圆尖头的高度为保护钢套的直径，保护钢套内高度应略大于地脚螺栓露出基础混凝土面的高度，保护钢套内径应比地脚螺栓直径大1mm，外径应小于塔脚板的地脚螺栓孔径，形状示意如图20-5-4所示。

二、整体吊装铁塔的操作要点

（1）吊装前应对铁塔组装的质量、吊点绳绑扎、铁塔补强方式等进行全面检查，确认符合规范及施工设计规定方准起吊。塔脚处地面应坚硬平整，必要时应垫钢板。

（2）起重机应按施工设计规定布置到位，支腿应全部伸出，且支腿位置地面应坚硬平整并垫以方木。

（3）塔头吊离地面约0.5m时应暂停起吊，检查绑扎处是否可靠，铁耆有无变形，吊车支腿受力是否稳定，制动绳应适度收紧。

（4）吊装过程中，吊点绳合力线应基本保持与地面呈垂直状态，避免偏拉斜吊。

（5）指挥人与吊车司机应配合默契，司机应按指挥人的指挥进行作业。吊装过程中，无指挥人命令其他人员不得进入作业区。

（6）吊装过程中，应设专人监视塔脚变化情况，根据塔脚受力情况收紧制动绳。注意采取防止塔脚碰撞基础的措施。

（7）当铁塔吊至基础上方时，地面作业人员应使用撬杠顶住塔脚板配合铁塔就位。

（8）铁塔就位后应立即将地脚螺栓保护套取出，再安装垫板及地脚螺栓螺母。

（9）全部地脚螺栓螺母拧紧，接地线与铁塔连接后方准登塔拆除吊点绳及补强工具等。

（10）如果是两台吊车同时抬吊一基铁塔时，应执行履带吊的使用要点中（6）的规定。

三、起重机整体组立500kV线路铁塔实例简介❶

针对500kV线路的直线酒杯型和转角干字型铁塔，吉林送变电公司使用65t汽车起重机，分别采用单台吊车和双台吊车进行整体起吊铁塔94基，为吊车整体组塔积累了经验。

1. 塔型简介

（1）酒杯型塔为ZB1型，干字型铁塔为GJ1型和GJ3型。

❶ 程志勇．利用吊车整体组立500kV线路铁塔．超高压送变电施工技术信息网第十一届全网大会技术交流论文集，2005，10：13～19.

（2）各种塔型的技术参数见表 20-5-2。

表 20-5-2　各种塔型的技术参数

塔型	呼称高（m）	重心高（m）	全　重（t）	正面根开（m）	侧面根开（m）	备　注
ZB1	27	17.136	10.347	6	4.956	
	30	18.608	11.061	6.6	5.378	
	33	20.146	11.883	7.2	5.8	
	36	21.492	12.690	7.8	6.222	
	39	22.786	13.676	8.4	6.644	
ZB2	33	20.466	13.540	8.0	6.4	
	36	21.517	14.568	8.714	6.856	
	39	23.186	15.489	9.446	7.332	
GJ1	21		16.206	8.328	8.328	整体吊装时拆除了横担
	27		19.183	9.88	9.88	
GJ3	21		23.740	10.153	10.153	

2. 65t 吊车的额定起重量

65t 吊车的额定起重量见表 20-5-3。

表 20-5-3　65t 吊车的额定起重量

工作半径（m）	额定起重量（t）		
	主臂长 26.35m 时	主臂长 33.92m 时	主臂长 41.5m 时
5.5	20.5	14.5	
6.0	19.5	14.5	
6.5	19.0	14.5	
7.0	18.0	14.5	8.0
8.0	16.5	13.5	8.0

选用吊车起重量时，应留有足够的裕度和安全系数。在起吊较重的铁塔时应采用双吊车起吊方案。

3. 双吊车起吊方案

（1）吊点选择原则：①起吊过程中塔脚不离开地面且受力最小；②吊点的合力点应高于铁塔重心且应离塔脚最近；③起吊的全过程中（包括就位）铁塔重心始终位于吊点绳夹角之内；④4 个吊点选在 4 根主材上，且吊车对面侧吊点应高于吊车侧吊点。ZB1 型铁塔吊点位置示意如图 20-5-5 所示。图中，1 为上吊点，2 为下吊点。

（2）运用作椭圆图法确定吊点绳长度及立塔过程中起吊绳最高点高度。

（3）起吊过程中的钢绳（或吊装带）的最大受力及塔脚最大受力，经计算见表 20-5-4。

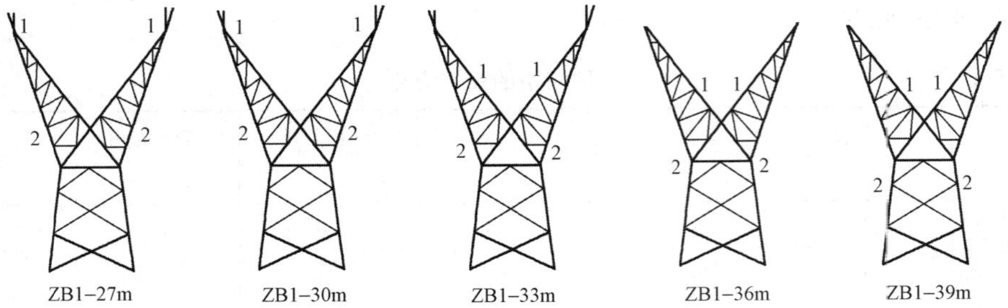

图 20-5-5　ZB1 型铁塔吊点位置示意图

表 20-5-4　　钢绳（或吊装带）和塔脚最大受力

塔　　型	呼称高（m）	单根吊点绳受力（kN）	单塔脚受力（kN）
ZB1	27	34.79	2.92
	30	40.00	4.23
	33	34.72	5.03
	36	32.22	7.80
	39	43.23	
ZB2	33	35.29	8.00
	36	38.94	13.58
	39	42.02	12.08

（4）转角塔起吊时，由于导线横担影响吊钩运转位置，需拆除部分横担。去掉横担后的塔重分别为：GJ1-21 型为 14.21t；GJ1-27 型为 17.09t；GJ3-21 型为 20.3t；重心高度分别为 15.457、18.054、14.819m。

（5）铁塔组装的平面布置。铁塔平面布置的基本原则是顺线路方向布置，铁塔结构中心线与线路中心线应重合，铁塔重心布置在基础中心附近。地面组装前，应用经纬仪测定铁塔组装位置的中心线及横担底平面位置线，用木桩标记；用钢尺量出主材位置线。现场平面布置示意如图 20-5-6 所示。ZB1 型铁塔的布置尺寸见表 20-5-5。

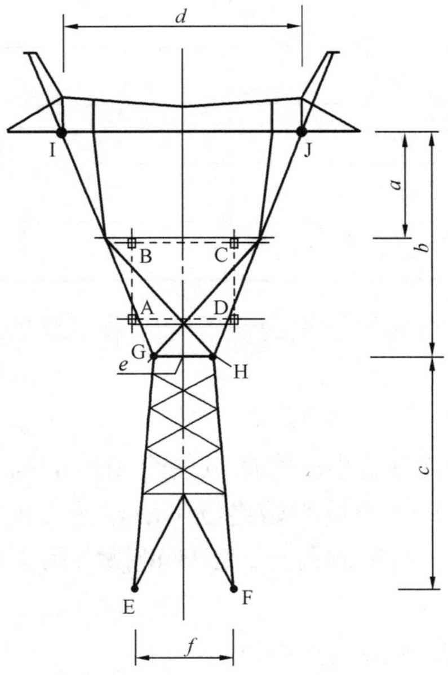

图 20-5-6　直线塔整立起吊施工现场平面布置示意图

表 20-5-5　　ZB1 型铁塔的布置尺寸

布置尺寸（m）/ 呼称高（m）	*a*	*b*	*c*	*d*	*e*	*f*
27	7.00	15.0	12.0	15.68	3.82	5.036
30	8.50	15.0	15.0	15.68	3.82	5.458
33	10.00	15.0	18.0	15.68	3.82	5.880
36	11.50	15.0	21.0	15.68	3.82	6.302
39	13.00	15.0	24.0	15.68	3.82	6.724

（6）吊装铁塔的平面布置。吊车横线路方向布置，吊车尾部与塔腿距离保持在 0.6～3.5m 之间，轴线布置在 A、D 腿轴线偏外侧 1m 以内。以 ZB1-39 型铁塔为例，吊车布置示意如图 20-5-7 所示，起吊接近就位状态示意如图 20-5-8 所示。

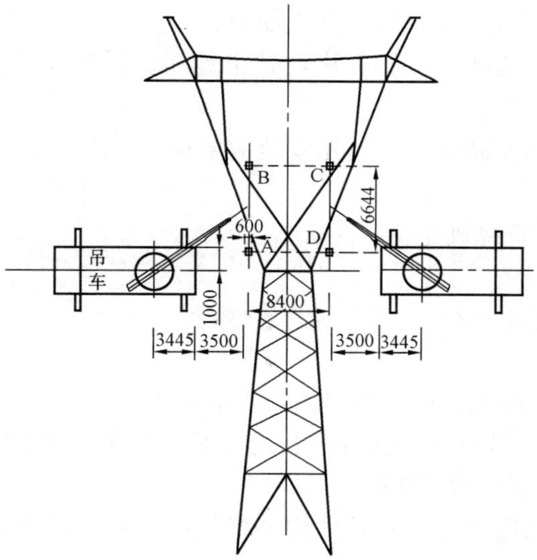

图 20-5-7　ZB1-39 型铁塔整体吊装吊车布置示意图

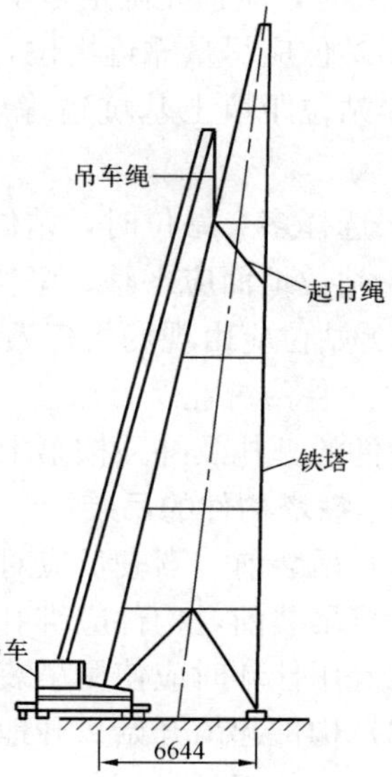

图 20-5-8　ZB1-39 型铁塔接近就位状态示意图

第六节　吊车分解组塔

一、分解组塔的准备工作

1. 构件的地面组装

构件的地面组装除执行第十二章相关要求外，还应执行以下要求。

（1）分析塔型结构，列出分解组塔每一吊构件的位置及重量。

（2）需要组装的构件应在吊装前全部组装完成，以利吊车连续作业，提高施工效率。

（3）计算每次吊装的吊臂长度及吊臂工作幅度，检查吊车性能参数能否满足要求。

（4）构件组装前应对构件尺寸及外观质量（含镀锌质量）进行全面检查，确认符合设计及相关技术标准后再组装。

（5）当构件需要立体堆放时，应是后吊装的构件先组装，先吊装的构件后组装，构件层间应垫方木，以保持稳定。

（6）根据每吊构件的重量，应注意使较重的构件尽量靠近基础附近，较轻的构件宜远于较重的构件。

（7）构件组装应由汽车起重机配合起吊，由人力对孔穿螺栓。起重机的操作应执行本章第四节的有关规定。

2. 汽车起重机站位的选择

(1) 汽车起重机站位的正确选择有利于吊装安全和提高施工效率。

(2) 站位选择应符合以下原则。

1) 尽量减少起重机的移动。对于根开较小的铁塔，以站位不变即可吊装完成全部构件；根开较大时，应预先确定多个站位，并明确站位顺序。

2) 站位应尽量靠近塔位，以减少吊臂工作幅度，发挥吊车起重能力。

3) 站位距填土基坑边缘应保持不小于基础坑深1/3的距离，软土地质应适当增大此距离。

4) 选择多个站位时，站位间的通道地质条件应满足吊车行走安全的要求。

5) 站位地面应平整、坚实、无积水。

(3) 站位应由现场指挥人和吊车驾驶员共同选择确定。

3. 构件的绑扎及补强

构件的绑扎及补强按第十七章第六节相关要求执行。

二、铁塔构件的吊装

(1) 吊装前，驾驶员应对构件的重量、吊装高度及就位位置做到心中有数。

(2) 吊装前，构件应绑扎控制绳及吊点绳。吊点绳与构件连接有挂环时应使用挂环连接；无专用挂环时应使用吊装带连接构件，避免损伤镀锌层。

(3) 构件起吊开始离开地面时，应注意监视构件是否有其他构件挂住，是否变形过大，各连接部位是否可靠等。

(4) 构件起吊或旋转吊臂过程中，高处作业人员应站在塔上安全位置，不应站在吊臂正下方。

(5) 构件就位时，驾驶员应听从塔上人员指挥，信号应统一明确，防止信号不明，指挥失误。

(6) 构件就位后，当全部连接螺栓装齐并拧紧后方准登上构件拆卸吊点绳。当主材构件需要安装临时拉线时，应安装临时拉线后再拆吊点绳。

(7) 塔腿主材吊装就位后，应立即连接接地引下线。

(8) 当需要安装组塔抱杆时，塔架安装至适当高度后应预留一个侧面暂不装辅材。在预留一个侧面的地面将抱杆组装完整，再用吊车将抱杆竖立在铁塔中心的地面，并在顶部打好四个方向的临时拉线。如果为带摇臂抱杆时，应先吊装主抱杆，再吊装桅杆，最后吊装摇臂及各部位滑车组等。

(9) 抱杆吊装完毕后，再吊装预留一个侧面的辅材，使塔架形成一个稳定结构。

三、履带起重机（简称履带吊）吊装大跨越塔实例简介❶

江苏省送变电公司在500kV江阴大跨越塔（塔高346.5m，塔重约4000t，根开68m×68m）组立施工中，0～55m高度内采用履带起重机吊装。

1. 跨越塔0～55m段简介

跨越塔0～55m段，塔段最高处高约64.5m，底部根开68m×68m，55m处根开为50.583m×50.583m，整段重约1080t。跨越塔0～55m段型式示意如图20-6-1所示。塔腿全长约66m，主材为4根用65mm厚钢板（钢材为SM570等级日本产钢材）焊接而成的十字

❶ 熊织明. 大型起重机吊装铁塔技术. 超高压送变电动态报导. 2004 (4): 5～10.

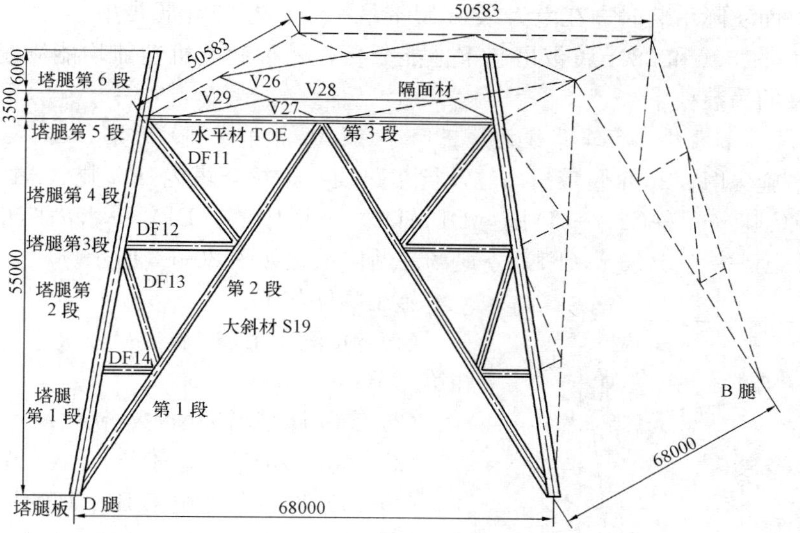

图 20-6-1 跨越塔 0～55m 段塔型图

形钢（肢宽 500mm）组成的箱形结构。塔腿结构断面 1200mm×1200mm，塔腿单位长度的质量约 2.6t/m，每根塔腿重约 172t。塔腿共有 8 节组成，底部为塔脚板，段与段的连接采用 32 块厚 45mm 长 1710mm 接头板连接，连接螺栓为 352 只 8.8 级 M30 螺栓。塔腿断面结构形式如图 20-6-2（a）所示。其他构件由 4 根角钢组成的箱形结构，如图 20-6-2（b）所示。

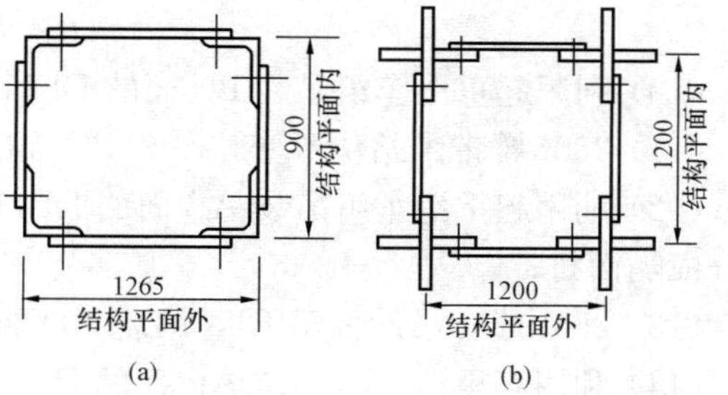

图 20-6-2 铁塔断面结构型式图

（a）塔腿断面；（b）塔身断面

2. 起重机选择

（1）根据塔腿的型式，每条腿的塔脚板是由 4 个单独的塔腿板通过钢板、螺栓连接而成，每个塔腿板高 7m，重约 8.2t。选用 50t 汽车吊进行单个塔腿板的吊装、就位。而实际吊装时江南选用的为 65t 履带吊，江北为 50t 汽车吊。

（2）塔腿的其他 6 段均采用组装成整段“笼子”进行吊装，其中第 1 段由 2 节塔腿组成，是整个 55m 段铁塔内吊重最重的一段，其他均为单节塔腿的吊装。最重件为第 1 段（长约 16.35m，重约 42.3t，吊件顶高度约 20.3m），最高件为第 6 段（长约 6m，重约 16t，吊件顶高度约 64.5m），其他几段长约 11m，重约 26t。根据最高件、最重件等情况选择用 250t 履带吊做主吊，用 50t 汽车吊进行配合。实际吊装时江南塔为 280t 履带吊做主吊，用 65t 履带吊进行配合；江北塔为 250t 履带吊做主吊，用 50t 汽车吊进行配合。

（3）吊装其他塔材时，最高、最近件为横隔面塔材 V25，该件长约 34.7m，重约 3t，吊件高度 55m，吊该件时采用 2 点吊，吊点绳高度 16m，距 E1 吊站约 17m。最高、最远件为水平材 T08，该件长约 49m，重约 9.1t，吊件高度 55.5m，吊该件时采用 2 点吊，吊点绳高度 16m，距 E1 吊站约 25m。根据最高件、最重件、最远件、最近件等情况选择用 250t 履带吊进行吊装。而实际吊装时，江南为280t履带吊，江北为250t履带吊。

(4) 通过对250t和280t履带吊起重性能分析，两种起重机性能均能满足最高、最重、最远、最近件的吊装要求。

3. 250t履带吊站位、行车路线及施工顺序（280t履吊带同）

大跨越塔施工时，250t履带吊站位及行车路线：进场→塔内→A腿（A1→A2）→B腿（B1→B2）→C腿（C1→C2）→D腿（D1→D2）→塔中心（E1）→塔内距塔中心14m处（E2）→塔外距塔中心34.3m（F1）→退场。站位示意如图20-6-3所示。

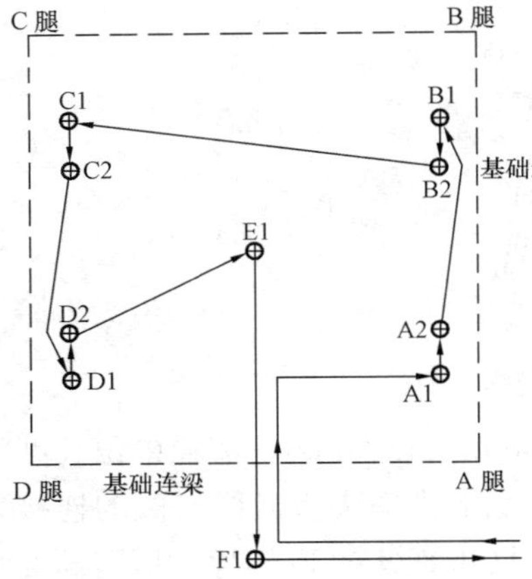

图20-6-3 组塔时250t/280t履带吊站位及行走路线图

施工顺序如下：

(1) 50t汽车吊/65履带吊依次吊装A、B、C、D腿第一节；

(2) 250t履带吊进场安装就位；

(3) 250t履带吊站位于A1、A2吊装A腿；

(4) 250t履带吊站位于B1、B2吊装B腿；

(5) 250t履带吊站位于C1、C2吊装C腿；

(6) 250t履带吊站位于D1、D2吊装D腿；

(7) 250t履带吊站位于E1、吊装CD面的水平材T8、大斜材S19；

(8) 利用起重滑车组吊装CD面的DF11、DF12、D13、DF14等腹材；

(9) 250t履带吊站位不变，吊装BC面的水平材T8、大斜材S19；

(10) 利用起重滑车组吊装BC面的DF11、DF12、D13、DF14等腹材；

(11) 250t履带吊站位不变，吊装BC面的水平材T8、大斜材S19；

(12) 利用起重滑车组吊装AB面的DF11、DF12、D13、DF14等腹材；吊装55m处的部分横隔面材；

(13) 250t履带吊站位于F1，吊装AD面的水平材T8、大斜材S19；

(14) 利用起重滑车组吊装AD面的DF11、DF12、D13、DF14等腹材；

(15) 拆运250t履带吊；

(16) 利用50t汽车吊/65t履带吊吊装抱杆及其提升架，双摇臂落地抱杆安装就位；

(17) 利用双摇臂抱杆吊装好55m平口上余下的横隔材。

4. 铁塔0～55m段的吊装方法

(1) 在实际施工时，江南跨越塔是用德国LIEBHERR 280t履带吊主吊，65t履带吊配合进行施工；江北跨越塔是用美国Manitowoc 250t履带吊主吊，50t汽车吊配合进行施工。从两种大型履带吊的性能及实际使用效果来看，LIEBHERR 280t履带吊的性能不如Manitowoc 250t履带吊的性能，如作用半径为16m时，250t履带吊能吊69.1t，而280t履带吊只能吊48.5t，只是250t履带吊吊装能力的70%。

Manitowoc 250t履带吊选用主臂长79.2m，无副臂工况。起重机总重约300t，要求道路及站位点地耐力达20t/m^2。选用150t级吊钩（吊钩重2t）。吊装作业期间风速极限：最大风速9m/s。

LIEBHERR 280t 履带吊选用主臂长 78.5m，无副臂工况。起重机总重约 300t，要求道路及站位点地耐力达 $20t/m^2$。选用 150t 级吊钩（吊钩重 2t）。吊装作业期间风速极限：最大风速 9m/s。

大型履带起重机在行走及站位吊装时，对地面的地耐力要求较高，而施工现场一般难以完全满足要求，因而起重机操作单位一般均配备有相应的路基箱，并严格要求移位及吊装时均必须在路基箱上进行。

(2) 组装。除塔腿（每腿 4 根十字柱及其间的缀条、联板）以外的塔材（水平材、斜材、腹材等）在塔外预组装场地分段组装好，按吊装次序分部运至现场，在现场进行二次组装，将塔件接长到吊件长度。塔腿部分全部从塔材加工厂运至现场，在大跨越塔环形路边进行组装，最后用 50t/65t 起重机移到 250t/280t 起重机工作范围内进行吊装。吊件布置在起重机工作幅度内。

(3) 塔腿板吊装。用 50t 汽车吊/65t 履带吊逐件用 10t 吊带进行吊装，逐根吊好后紧固好地脚螺栓。先吊内侧及侧面的 3 根塔腿板，最后吊最外侧的塔腿板。塔腿板要放入塔腿的基坑内，塔腿基坑深约 1m。吊装时应注意保持塔脚板的倾斜度，可以略微比设计倾斜度小，切不可过大，否则就位相当困难。吊装前应预先加工一些楔形铁块，在十字柱安装过程中以调整固定其位置。4 个十字柱安装连成一体后，顶部用拉线调正其正确位置，底部用楔形铁块塞牢。

(4) 塔腿吊装。

1) 250t/280t 履带吊站位于适当位置，吊装塔腿段。吊装时采用一点吊，在吊件离地时采用 50t 汽车吊/65t 履带吊进行配合。对第 1 段主吊点绳采用 50t 吊带进行吊装，绑扎点在保持塔腿倾斜度后的重心位置的外侧十字柱上；对其他段采用特殊连板，直接连接在塔腿顶部外侧十字柱上的专用吊板上。

2) 吊装时吊件的倾斜度一般应略微比设计倾斜度小，让吊件最外侧的十字柱先进行连接内板，后慢松吊点，吊件向内倾斜及下降使其就位。吊好一段后应在其顶部打上落地拉线（即 45°方向临时拉线及横、顺线路方向的临时拉线），以控制吊装好的塔腿的倾斜度符合要求。为了便于后面水平材的安装，塔腿的倾斜度应比设计值稍小一些，均不可过大。

3) 为了减少拉线的层数，每个塔腿吊完后只布置了 3 层共 7 根外拉线和 1 根内拉线。其中 3 根为上风拉线（18.3m、35m、55m 高处）布置在 45°方向，作为塔腿的主拉线，主要为防止塔腿向塔内倾覆；两层（35m、55m 高处）共 4 根侧拉线布置在横、顺线方向上，主要为控制 45°方向的两侧风偏，及在安装塔面上的大斜材与水平材就位时控制 55m 高处根开。在塔腿顶部设置 1 根 ϕ15mm 钢丝绳作为塔内侧的预拉线，为吊装就位时调整用。

4) 施工时应在横、顺线路方向各设置一台经纬仪，以监视塔腿的正直情况。每吊一段塔腿均需进行监控。塔腿就位、拉线固定后，塔腿段顶位置比设计位置向塔外侧约偏 5～6cm，确保塔腿段不内倾。

5) 由于 0～55m 段塔腿的倾斜度较大（水平倾角为 79°），且塔腿单位重量较大，长度较长，为保持其正确位置，其外拉线受力较大。为此，专门设计并浇制了现场重力式混凝土基础，基础可承受 60t 水平拉力，40t 上拔力，并设计了稳定控制塔腿的多层拉线，其 55m 处的拉线为 40t 滑车组，35m 处拉线为 25t 滑车组。

(5) 吊装其他塔材。

1）在利用 250t/280t 履带吊吊装三面的水平材 T08 时，T08 中部 K 节点处下接一小段斜材（即大斜材 S19 的第 3 段）。起重机站位于 E1 吊站进行吊装，起重机工作幅度为 25m。吊点绳采用 4 根钢丝绳组成 V 形吊点，吊点绳间夹角小于 90°，由于吊件就位时有一定的倾斜度（约 9°），因而 4 个吊点中内侧的 2 个吊点绳应略微加长，以达度设计的倾斜度，方便就位。吊好水平材后，为防止水平材向塔内挠曲，需在水平材中部设置向塔外侧的落地拉线，并在吊装 55m 处横隔面材就位时可用该拉线进行调节。

2）利用在塔腿上挂起重滑车组吊装大斜材最下面一段（由 2 节组成，整个 S19 大斜材共由 6 节组成，其最上方一根与水平材 T08 一道吊装，底部 2 节及中部 3 节分次吊装）。滑车组上端挂在塔腿 55m 高处。吊好后在塔腿的外侧方向打上落地临时拉线。

3）利用在塔腿上挂单根钢丝绳吊装辅材 DF14，钢丝绳上端的转向滑车挂在塔腿 40m 高处。也可采用 50t 汽车吊吊装（江北塔即是如此）。

5. *劳动组织*

劳动组织参考见表 20-6-1。

表 20-6-1 劳动组织

序号	岗位	技工人数	普工人数	小计人数	备注
1	总指挥	1		1	
2	安全监护	1		1	
3	电视监控	2		2	
4	塔上安全监护	1		1	
5	塔上作业	12		12	其中 1 人塔上指挥
6	塔腿拉线	2	6	8	机动绞磨操作工
7	控制绳	4	12	16	
8	组装	6	30	36	
9	测工	3		3	
10	电气、机械维护	1		1	
11	吊车司机	3		3	含地面组装地的吊车
12	汽车司机	2		2	平板及半挂
13	塔材搬运	4	4	8	含起重工 2 人
14	现场仓库	3	6	9	
合计		45	58	103	

附录 M 汽车起重机型号及性能

汽车起重机型号及性能见表 M.1～表 M.3。

表 M.1　　几种轻型汽车起重机主要技术性能

项　　目		单　位	型　　号		
			QY8	QY12	QY16
最大起重量		t	8	12	16
最大起重力矩		kN·m	240	417.5	588
工作速度	起升速度（单绳）	m/min	40	85	100
	臂杆伸缩（伸/缩）	s	12.5/14.5	70/24	75/35
	支脚收放（收/放）	s	7/6	20/18	15/15
行驶性能	最大行驶速度	km/h	60	68	68
	爬坡能力	%	28	26	22
	最小转弯半径	m	8	8.5	10
底盘	型号		EQ140		K202BL
	轴距	m	3.95	4.5	4.005
	前轮距	m	1.8	2.09	2.15
	后轮距	m	1.8	1.90	1.94
	支腿跨距（纵/横）	m	3.42/4	3.98/4.8	4.4/4.8
发动机	型号		Q6100-1		6D20W
	功率	kW	100		151
外形尺寸	长	m	8.35	10.2	12.09
	宽	m	2.4	2.5	2.56
	高	m	2.9	3.2	3.48
整机自重		t	9.43	15.7	24.3

表 M.2　　几种中型（20～40t）汽车起重机主要技术性能

项　　目		单　位	机　械　型　号			
			QY20	QY25A	QY32	QY40
最大起重量		t	20	25	32	40
最大起重力矩		kN·m	635	950	990	1560
工作速度	起升速度（单绳）	m/min	90/40	120	80	128
	臂杆伸缩（伸/缩）	s	85/36	115/50	163/130	84/50
	支腿收放（收/放）	s	22/34	20/25	20/25	11.9/27.2
行驶性能	最大行驶速度	km/h	63	70	64	65
	爬坡能力	%	25	23	30	
	最小转弯半径	m	10	10.5	10.5	12.5
底盘	型号					CQ40D
	轴距	m	4.05/1.3	4.33/1.35	4.94	5.225
	前轮距	m	2.09	2.09	2.05	
	后轮距	m	1.865	1.865	1.875	
	支腿跨距（纵/横）	m	4.72/5.4	5.07/5.4	5.33/5.9	5.18/6.1

续表

项目		单位	机械型号			
			QY20	QY25A	QY32	QY40
发动机	型号					NTC-290
	功率	kW				216.3
外形尺寸	长	m	12.31	12.25	12.45	13.7
	宽	m	2.5	2.5	2.5	2.5
	高	m	3.48	3.5	3.53	3.34
整机自重		t	25	29	32.5	40

表 M.3　　重型（50t 以上）汽车起重机主要技术性能

项目		单位	起重机型号			
			QY50	QY65	QY75	QY125
最大起重量		t	50	65	75	125
最大起重力矩		kN·m	1530		2400	4340
工作速度	起升速度（单绳）	m/min	70.8	48～60	55.4	106.5
	臂杆伸缩（伸/缩）	s	104/82	148/41	148/41	155/
	支脚收放（收/放）	s	19/28	23/44		
行驶性能	最大行驶速度	km/h	71	67	30	50
	爬坡能力	%	37	(14°)	(15°)	24.2
	最小转弯半径	m	13.7	13		14.96
底盘	型号		自制	自制	自制	KF·125·63/64
	前轮距	m	2.04	2.8		
	后轮距	m	2.055	2.5		
	支腿跨距（纵/横）	m	5.45/6.6	6.25/6.5	6.3/7	7.27/8
发动机	型号			上车 $6135Q_1$ 下车 6150Z	上车 $6135Q_1$ 下车 $F_{10}L413F$	上车 BF_6L913C 下车 $F_{12}L413$
	功率	kW		163/259	163/236	124/284
外形尺寸	长	m	13.655	15.8	15.5	17.53
	宽	m	2.75	3.4	3.2	2.99
	高	m	3.47	3.98	4.2	3.98
整机自重		t	38.91	70	67.85	92.22

附录 N　履带起重机型号及主要技术性能

履带起重机型号及主要技术性能见表 N.1～表 N.8。

表 N.1　　履带起重机型号分类及表示方法

类	组	型	代号	代号含义	主参数	
					名称	单位表示法
起重机型	履带起重机 Q、U（起，履）	机械式 液压式 Y（液） 电动式 D（电）	QU QUY QUD	机械式履带起重机 液压式履带起重机 电动式履带起重机	最大额定起重量	t

表 N.2　　国内生产的几种履带起重机主要技术性能

型　　号		W1-100	QU20	QU25	QU32A	QU40	QUY50	W200A	KH180-3
最大起重量（t）	主钩	15	20	25	36	40	50	50	50
	副钩	—	2.3	3	3	3		5	
最大起升高度（m）	主钩	19	11～27.6	28	29	31.5	9～50	12～36	9～50
	副钩	—		32.3	33	36.2		40	
臂长（m）	主钩	23	13～30	13～30	10～31	10～34	13～52	15；30；40	13～62
	副钩	—	5		4	6.2		6	6.1～15.3
起升速度（m/min）			23.4；46.8	50.8	7.95～23.8	6～23.9	35；70	2.74～30	35；70
行走速度（km/h）		1.5	1.5	1.1	1.26	1.26	1.1	0.36；1.5	1.5
最大爬坡度（%）		20	36	36	30	30	40	31	40
接地比压（MPa）		0.089	0.096	0.082	0.091	0.086	0.068	0.123	0.061
发动机	型号	6135	6135K-1	6135K-11	6135K-1	6135K-1	6135K-15	12V135D	PD604
	功率（kW）	88	88.24	1110	110	110	128	176	110
外形尺寸（mm）	长	5303	5348	6105	6073	6073	7000	7000	7000
	宽	3120	3488	2555	3875	4000	3300～4300	4000	3300～4300
	高	4170	4170	5327	3920	3554	3300	6300	3100
整机自重（t）		40.74	44.5	41.3	51.5	58	50	77	46.9

表 N.3　　国外几种履带起重机主要性能

项　号		日立建机（日）		神　钢（日）		石川岛（日）		蒂马克（德）
		KH300	KH700	60P	85P	IPD80	IPD90	CC-2000
最大起重量（t）		80×(3.7m)	150×(4.8m)	35×(3m)	40×(3.5m)	40×(3m)	50×(3.5m)	300×(6m)
主臂长（m）		13～52	18～81	9.14～39.61	12.19～42.66	10～46	13～52	12～90
副臂长（m）		9～15	13～31	6.10～12.19	6.10～12.19	6～15	6～15	18～54
最大长度（主臂＋副臂）（m）		43＋15	69＋31	33.53＋12.19	36.53＋12.19	40＋12 37＋15	42＋15 46＋9	78～54
最大起升速度（m/min）		60	60	47	46	45	54	90
行走速度（km/h）		1.1	1.0	1.6	0.68	1.2	1.2	1.4
爬坡能力（°）		22	17	16	16	22	22	12
接地比压（MPa）		0.072	0.086	0.068	0.06	0.059	0.59	0.087
发动机	型号	8MA1	8MA1	6DB10CK	6DB10CK	DK10A	DK10A	12L413F
	功率（kW）	184	184	70	77	110	117	334
外形尺寸（mm）	长	7760	9605	6030	6315	6852	6850	11 960
	宽	4755	6450	3960	3960	4220	4220	9524
	高	3510		3400	3430	3245	3245	
整机自重（t）		70.7	137	34.4	40.1	42.4	44.6	242

表 N.4　　**QU 系列履带起重机额定起重量**　　(t)

臂长 (m)	机型	工作幅度 (m)																			
		3.5	4	4.5	6	7	7.5	8	8.5	9	9.5	10	10.5	11	12	12.5	14	15	16	17	18
10	QU32	32		26.5	18	14.8	13.7	12.7	12	11.2	10.3	9.7									
	QU32A	36		30	19	15.5	14	13.3	12.5	11.6	11	10.2									
	QU40		40	33	20.7	16.3	14.5	13.3	11.8	11	10.3	9.5									
	QU50		50		24.8	19.8	17.9	16.6	15.1	14.1	13.1	12.5									
13	QU16			16	10		7.2					4.8				3.5					
	QU25			25	17.6	14.4	13	12	11.3	10.6	10	9.5	8.9	8.5	7.7	7.3					
	QU32			25	17	14.2	13	12	11	10.5	9.8	9.2	8.7	8.2	7.3						
	QU32A				18	14.8	13.8	12.7	11.6	10.7	10	9.3	8.8	8.4	7.5						
	QU40				20.5	16	14.5	13	11.8	10.9	10.2	9.3	8.6	10	6.9						
	QU50				24.6	19.4	17.8	16.2	15	13.9	13	12.2	11.6	10.9	9.6						
16	QU25				16.1	13.4	12.3	11.3	10.6	9.9	9.4	8.8	8.4	7.9	7.1	6.6	6	5.5			
	QU32			23.1	16.2	13.3	12.3	11.3	10.4	9.8	9.3	8.6	8.2	7.7	6.9	6.5	5.7				
	QU32A			25	17	14.2	13	12	11	10.6	9.4	9.0	8.3	7.8	6.7	6.8	6.5				
	QU40				20.4	16	14.5	12.9	11.8	10.8	9.8	9.1	8.3	7.8	6.7						
	QU50				24.5	19.3	17.7	16.1	15	13.7	12.8	12	11.4	10.8	9.5	8.7	7.8				
19	QU32				15.3	12.8	11.7	10.8	10	9.3	8.6	8.2	7.7	7.2	6.5	6.2	5.4	4.8	4.5		
	QU32A				16.2	13.3	12.4	11.4	10.5	9.9	9.3	8.7	8.2	7.7	6.6	6.3	5.5	5.3	4.9		
	QU40				20.3	15.9	14.4	12.8	11.7	10.6	9.8	9	8.1	7.2	6.6	6.0	5.1				
	QU50				24.4	19.2	17.6	15.9	14.8	13.6	12.7	11.9	11.2	10.6	9.4	8.6	7.8	7.2	6.6		
20	QU25			14.3	12.1	11.2	10.4	9.7	9.1	8.5	8	7.5	7.1	6.3	6.2	5.3	4.8	4.5	3.9		
22	QU32					14.4	11.8	11	10.2	9.4	8.8	8.2	7.7	7.3	6.8	6.1	5.7	5	4.5	4.2	3.5
	QU32A				15.4	12.9	11.8	10.9	10.1	9.4	8.7	8.3	7.8	7.3	6.5	6.2	5.4	4.9	4.6	3.9	3.4
	QU40					15.8	14	12.7	11.6	10.6	9.8	8.9	8.3	7.6	6.5	5.5	4.9				
	QU50				24.1	18.9	17.2	15.6	15	13.3	12.5	11.6	11	10.3	9.1	8.8	7.5	6.9	6.3	5.3	
23	QU16				9						4.6					3.0		2.2			
25	QU32							9.7	9	8.5	7.8	7.4	6.8	6.5	5.8	5.4	4.7	4.2	3.9	3.3	2.8
	QU32A							10.3	9.5	8.9	8.3	7.8	7.4	6.9	6.2	5.8	5.1	4.6	4.3	3.6	3.2
	QU40							12.4	11.4	10.4	9.5	8.8	8.1	7.6	6.6	6	5	4.4	3.9	3.1	
	QU50							15.4	14.3	13.1	12.3	11.4	10.9	10.2	8.9	8.6	7.3	6.8	6.1	5.2	4.5
28	QU25							8.3	7.8	7.3	6.8	6.4	6	5.7	5	4.7	4	3.6	3.2	2.7	2.3
	QU32							8.6	8	7.4	6.8	6.4	5.9	5.5	4.9	4.6	3.9	3.3	3.1	2.5	2.1
	QU32A							9.8	9.1	8.6	7.9	7.5	6.9	6.6	5.9	5.5	4.7	4.1	3.7	2.8	2.5
	QU40							12.3	11	10.3	9.4	8.7	7.9	7.5	6.5	5.9	4.9	4.3	3.8	3	
	QU50							15.3	14.2	13	12.3	11.3	10.8	10.2	8.8	8.1	7.2	6.7	6.0	5.1	4.4
31	QU32A									7.5	6.9	6.5	6	5.6	5	4.7	4	3.4	3.2	2.6	2.2
	QU40											8.5	7.8	7.2	6.3	5.8	4.8	4.2	3.7	2.9	
	QU50											11.2	10.6	9.9	8.7	8.4	7.1	6.5	5.9	5	4.3
34	QU40											8.4	7.6	7.1	6.1	5.6	4.6	3.9	3.5	2.7	2
	QU50											11.1	10.6	10	8.6	7.8	7	6.5	5.8	4.9	4.2
40	QU50													9	7.6	7.3	6	5.5	4.8	3.9	3.2
副臂	QU25、QU32、QU32A														3						
	QU40、QU50																3	2.9	2.8	2.6	2.5

附录O　起重机械的使用与管理

O.1　使用

(1) 安全操作一般要求。

1) 司机接班时，应对制动器、吊钩、钢丝绳和安全装置进行检查。发现性能不正常时，应在操作前排除。

2) 开车前，必须鸣铃或报警。操作中接近人时，也应给予断续铃声或报警。

3) 操作应按指挥信号进行。对紧急停车信号，不论何人发出，都应立即执行。

4) 当起重机上或其周围确认无人时，才可以闭合主电源。如电源路装置上加锁或有标牌时，应由有关人员除掉后才可闭合电源。

5) 闭合主电源前，应使所有的控制器手柄置于零位。

6) 工作中突然断电时，应将所有的控制器手柄扳回零位；在重新工作前，应检查起重机动作是否都正常。

7) 在轨道上露天作业的起重机，当工作结束时，应将起得机锚定住。当风力大于6级时，一般应停止工作，并将起得机锚定住。对于门座起重机等在沿海工作的起重机，当风力大于7级时，应停止工作，并将起重机锚定住。

8) 司机进行维护保养时，应切断主电源并挂上标志牌或加锁。如有未消除的故障，应通知接班司机。

(2) 安全技术要求。

1) 在下述情况之一时，司机不应进行操作。

a. 超载或物体重量不清。如吊拔起重量或拉力不清的埋置物体及斜拉斜吊等。

b. 结构或零部件有影响安全工作的缺陷或损伤。如制动器、安全装置失灵，吊钩螺母防松装置损坏、钢丝绳损伤到报废标准等。

c. 捆绑、吊挂不牢或不平衡而可能滑动，重物棱角处与钢丝绳之间未加衬垫等。

d. 被吊物体上有人或浮置物。

e. 工作场地昏暗，无法看清场地、被吊物情况和指挥信号等。

2) 司机操作时应遵守的要求。

a. 不得利用极限位置限制器停车。

b. 不得在有载荷的情况下调整起升、变幅机构的制动器。

c. 吊运时，不得从人的上空通过，吊臂下不得有人。

d. 起重机工作时不得进行检查和维修。

e. 所吊重物接近或达到额定起重能力时，吊运前应检查制动器，并用小高度、短行程试吊后，再平衡地吊运。

f. 无下降极限制位置器的起重机，吊钩的最低工作位置时，卷筒上的钢丝绳必须保持有设计规定的安全圈数。

g. 起重机工作时，臂架、吊具、辅具、钢丝绳、缆风绳及重物等，与输电线的最小距离不应小于DL 5009.2—2004《电力建设安全工作规程　第2部分：架空电力线路》中规定的值。

h. 流动式起重机，工作前应按说明书的要求平整停机场地、牢固可靠地打好支腿。

i. 对无反接制动性能的起重机，除特殊紧急情况外，不得利用打反车进行制动。

3）用两台或多台起重机吊运同一重物时，钢丝绳应保持垂直；各台起重机的升降、运行应保持同步；各台起重机所承受的载荷均不得超过各自的额定超重能力。

如达不到上述要求，应降低额定起重能力至80%；也可由总工程师根据实际情况降低额定起重能力作用。吊运时，总工程师应在场指导。

4）有主、副两套起升机构的起重机，主、副钩不应同时开动。对于设计允许同时使用的专用起重机除外。

（3）起重工一般安全要求。

1）指挥信号应明确，并符合规定。

2）吊挂时，吊挂绳之间的夹角宜小于120°，以免吊挂绳受力过大。

3）绳、链所经过的棱角处应加衬垫。

4）指挥物体翻转时，应使其重心平稳变化，不应产生指挥意图之外的动作。

5）进入悬吊重物下方时，应先与司机联系并设置支撑装置。

6）多人绑挂时，应由一人负责指挥。

O.2 管理

（1）对制造厂和自制、改造的要求。制造厂应对起重机的金属结构、零部件、外购件、安全防护装置等质量全面负责。产品质量应不低于专业标准和其他有关标准的规定。

1）对于自制或改造的起重机械，应先提出设计方案、图纸、计算书和所依据的标准、质量保证措施，报主管部门审批，同级劳动部门备案后。投入制造或改造。

2）起重机械制造的改造后，应按有关标准试验合格。

3）起重机的专业制造厂，必须具备保证产品质量所必要的设备、技术力量、检验条件和管理制度。起重机械产品应向劳动人事部委托的单位登记、检验并取得合格证。

4）起重机发生重大设备事故，如确属设计、制造原因引起的，制造厂应承担责任。对产品不能满足安全要求的制造厂应吊销合格证。

（2）对使用单位的要求。使用单位应根据所用起重机械的种类、复杂程度，以及使用的具体情况，建立必要的规章制度。如交接班制度、安全技术要求细则、操作规程细则、绑挂指挥规程、检修制度、培训制度、设备档案制度等。

1）购置。购置起重机时，应遵守以下要求。

a. 必须在指定的，并有劳动部门发给合格证的专业制造厂选购。

b. 起重机的安全、防护装置应齐全完善。并有产品合格证。

2）设备档案。单位必须对本单位的起重机械、重要的专用辅具建立设备档案。设备档案内容应包括以下内容。

a. 起重机出厂技术文件，如图纸、质量证明书、安装和使用说明书。

b. 安装后的位置、起用时间。

c. 日常使用、保养、维修、变更、检查和试验等记录。

d. 设备、人身事故记录。

e. 设备存在的问题和评价。

3）在起重机的明显位置应有清晰的金属标牌，标牌应有下述内容。

a. 起重机名称、型号。

b. 额定起重能力。

c. 制造厂名、出厂日期。

d. 其他所需的参数和内容。

4）起重机无论在停止或运行转动状态下与周围建筑物或固定设备等均应保持一定的间隙，凡有可能通行的间隙不得小于 400mm。

第二十一章 塔式起重机分解组塔

第一节 概 述

利用附着式塔式起重机（简称塔吊或塔机）分解组立大跨越铁塔，是大跨越塔组立的常用方法之一。该方法具有以下一些优点。

（1）塔机操作灵活、方便，施工效率高。

（2）减少高处作业工作量，安全性较好。

（3）构件可以垂直起吊，不需控制绳，因此，受地形条件限制较小。

（4）组塔机械化程度高，吊装速度快，减轻了施工人员的劳动强度。

它也有一定的缺点，设备较为笨重，安装及拆除均需要吊车配合作业。塔吊一次性投资大，而在普通线路施工中利用率不高。

塔吊分解组塔主要适用于铁塔全高为200m及以下，单个构件重量在5t左右的普通型及大型跨越塔[1]组立。

塔吊分解组塔的关键是选择适合塔型吊装需要的塔机型式，选择满足塔机稳定要求的附着方式。建筑施工塔机多为外附着式，铁塔组立有外附着和内附着两种方式，且多为内附着式。

为了避免塔机的一些不足之处，线路建设者们在总结塔机组塔经验的基础上进行了改进和创新，例如，山东送变电工程公司研制了可折叠双水平臂自升式起重机。

第二节 施工工艺流程及劳动组织

一、现场布置

由于塔吊选择的站位不同，其附着有两种方式。

（1）采用外附着塔吊，现场布置示意如图21-2-1（a）所示。外附着塔吊的站位为横线路方向的两基础柱连线的中心处，示意如图21-2-2（a）所示。

（2）采用内附着塔吊，现场布置示意如图21-2-1（b）所示。内附着塔吊的站位为铁塔基础的中心处，示意如图21-2-2（b）所示。

（3）附着式塔吊的工作范围示意如图21-2-2所示。

（4）由图21-2-2可以看出，外附着式要求起重臂较长，且必须安装刚性附着撑；内附着式要求起重臂较短，附着可以采用刚性或柔性撑，推荐用柔性附着。

---

[1] 大跨越塔是指送电线路在跨越大河流、湖泊或海峡等使用的塔高在100m以上，设计需要特殊考虑的铁塔。大跨越塔有单、双回路之分；有角钢组合及钢管塔两大类别。

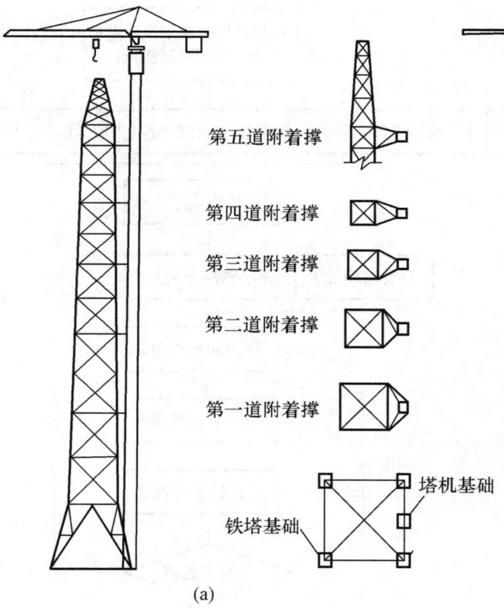

图 21-2-1　附着式塔吊现场布置示意图

（a）外附着式；（b）内附着式

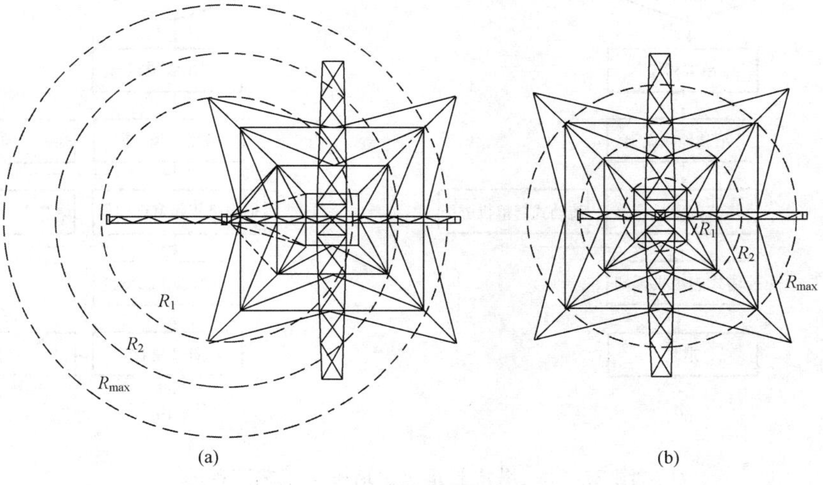

图 21-2-2　附着式塔式起重机现场工作范围示意图

（a）外附着式；（b）内附着式

塔吊分解组塔多用内附着式塔吊。

二、施工工艺流程

首先利用流动式起重机安装塔式起重机至最大自立高度；再利用塔式起重机进行铁塔构件的吊装；铁塔安装到一定高度后，塔式起重机在铁塔上附着，随铁塔的组立而提升；塔式起重机与铁塔交替安装，将地面的构件及组件尽量按照起重机相应工作幅度、最大起重量进行组合，吊装；铁塔吊装完毕，拆除塔吊。外附着塔式起重机组塔施工工艺流程如图 21-2-3（a）所示，内附着塔式起重机组塔施工工艺流程如图 21-2-3（b）所示。

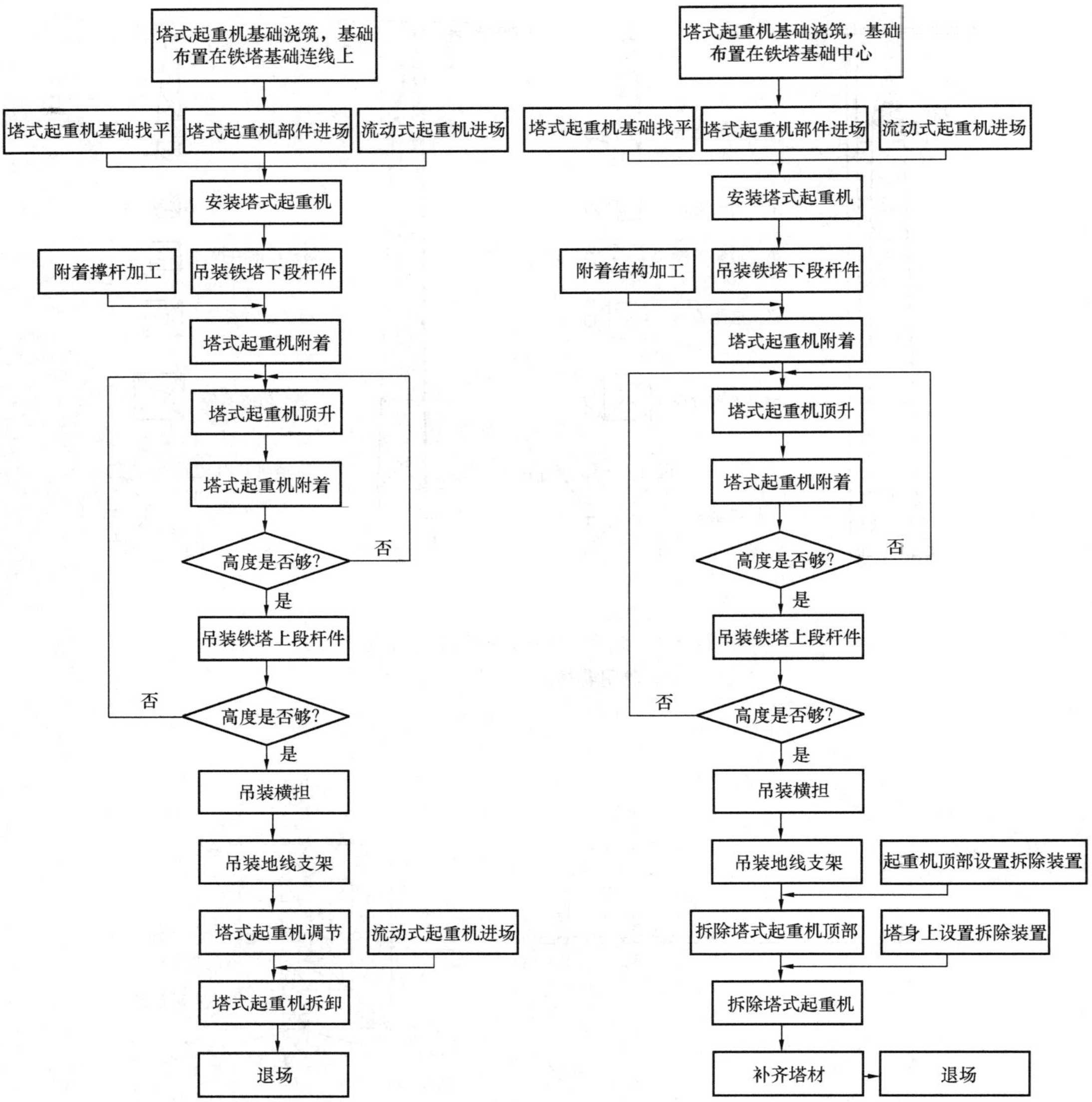

(a) (b)

图 21-2-3 塔式起重机组塔施工工艺流程图

(a) 外附着式；(b) 内附着式

三、劳动组织及岗位技能要求

对于内附着塔吊分解组塔推荐的劳动组织及岗位技能要求见表 21-2-1。

表 21-2-1　　劳动组织及岗位技能要求

序 号	岗 位	劳动组织		岗位技能要求
		技工人数	普工人数	
1	总指挥	1		由有高塔组立指挥经验，熟悉塔式起重机组装铁塔程序和操作要点的高级送电工担任
	副指挥	1		

续表

序　号	岗　　位	劳动组织		岗位技能要求
		技工人数	普工人数	
2	作业指挥	2		由有高空和地面组装铁塔作业经验，熟知塔式起重机组装铁塔程序和操作要点的高级送电工担任。塔上、下各一人
3	技术监督	1		由熟知塔式起重机组装铁塔技术，并具有高塔组立施工技术经验的专责工程师担任
4	安全监督	2		由熟知安全工作规程并熟悉塔式起重机组塔安全操作要点，有安全工作经验的高级送电工担任
5	塔式起重机司机	3		由经过专门培训并经考试合格的高级工操作，其中一人并能胜任塔式起重机安装及拆卸指挥工作，另两人为司机
6	质量监测	2	2	由熟知施工规范，并具有高塔质量检测经验的经考试合格的测工担任
7	塔上作业	12		由熟知塔式起重机组塔高空作业要点，有高空安全作业经验并经考试合格的中级送电工担任
8	地面作业	8	20	由熟知塔式起重机组塔地面作业要点和地面组装与构件吊装绑扎操作的送电工担任
9	自控监测	1		由熟知自动控制原理和布置的自控工程师担任
10	电气维修	1		由熟知供电和电气设备安装与维修的电工担任
11	机械维修	1		由熟知并掌握塔式起重机及现场机具维修技术的技工担任
12	气象监测	1		由了解当地气象台（站），并能应用风速测定仪的维修技工担任
合　　计		36	22	合计58人

注　1. 塔上作业为12人，必要时，可轮换作业。
2. 普工，由经过技术培训和安全教育的工人担任。
3. 副指挥，为总指挥助手，由主任工程师担任。
4. 安全监护，分为塔上作业监督和地面作业安全监督。

四、各岗位的主要职责

（1）总指挥岗。负责附着塔式起重机组装铁塔的全面指挥工作，对全体人员与设备的安全及施工质量负全面责任。

（2）作业指挥岗。分塔上作业指挥岗和塔下作业指挥岗。根据总指挥的指令，分别负责塔上及塔下吊装作业指挥工作，分别对塔上和塔下作业人员及设备的安全、施工质量负指挥责任。

（3）技术监督岗。负责附着式塔式起重机组装铁塔的全面技术指导及技术监督工作，对违反DL 5009.2—2004相关规定的作业有权提出制止。对施工中的安全和质量负技术指导及技术监督责任。

（4）安全监督岗。负责塔式起重机组塔的人员和设备的安全检查及安全监督工作，对违反安全工作规程的作业有权提出制止。对人员和设备的安全负安全监督责任。

(5) 塔式起重机司机岗。负责塔式起重机的安全运行、检查、维修、吊装和拆卸作业，贯彻执行塔式起重机操作规程和吊装作业规程，有权执行“十不吊”(见第二十三章第八节)的规定，对吊装作业人员和设备安全负直接责任。

(6) 质量监测岗。负责每次吊装的监视，每段吊完后均应用经纬仪检查其倾斜、弯曲和扭转，按施工规范进行质量监督。对施工质量负监测监督责任。

(7) 塔上作业岗。负责塔上构件、塔机标准件等安装作业，执行施工操作规程和安全规程，对高空作业安全和施工质量负直接责任。

(8) 地面作业岗。负责塔下构件组装，构件提升绑扎、水平转运及塔式起重机标准节的绑扎吊装。对其作业安全和质量负直接责任。

(9) 自控监测岗。负责全部自动控制装置的安装、调试、运行和监视，其结果应及时向总指挥报告。对监视结果负责。

(10) 电气维修岗。负责塔吊电气设备的安全、运行、维修、监督。对电力正常供应和运行安全负责。

(11) 机械维修岗。负责塔式起重机及其小型机械的维修，对其正常运行负责。

(12) 气象监测岗。负责与当地气象台（站）签订早晚专门预报和紧急性情况预报协议与联络，并在施工现场测定风速，随时向总指挥汇报，对预报结果负责。

第三节 塔式起重机简介

一、类型

塔吊是一种具有竖直塔身的全回转臂式起重机。

塔吊的类型很多，适合组立高塔的塔吊是上回转、快速拆装、轨道式塔吊和能够一机四用（轨道式、固定式、附着式和内爬式）的自升塔吊。

塔吊型号分类及表示方法见表 21-3-1。

表 21-3-1　　塔吊型号分类及表示方法

序号	型式	代号	代号含义	备注
1	轨道式	QT	上回转式塔吊	Q—起重
2	轨道式	QTZ	上回转自升式塔吊	T—塔式
3	轨道式	QTA	下回转式塔吊	
4	轨道式	QTK	快速安装式塔吊	
5	固定式 G	QTG	固定式塔吊	
6	内爬升式 P	QTP	内爬升式塔吊	
7	轮胎式 L	QTL	轮胎式塔吊	
8	汽车式 Q	QTQ	汽车式塔吊	
9	履带式 U	QTU	履带式塔吊	

二、上回转自升塔式起重机技术性能

上回转自升塔式起重机采用液压顶升、水平臂小车变幅，性能优越，使用范围广，通过更

换辅助装置可改成固定式、轨道行走式、附着式、内爬升式等，已广泛用于高层建筑施工中。

上回转自升塔式起重机的主要技术性能见表 21-3-2。

表 21-3-2　　上回转自升塔式起重机的主要技术性能

型　号		QTZ50	QTZ60	QTZ63	QT80A	QT80E
起重力矩（kN·m）		490	600	630	1000	800
最大幅度/起重载荷（m/kN）		45/10	45/11.2	48/11.9	50/15	451
最小幅度/起重载荷（m/kN）		12/50	12.25/60	12.76/60	12.5/80	10/80
起升高度（m）	附着式	90	100	101	120	100
	轨道行走式	36	—	—	45.5	45
	固定式	36	39.5	41	45.5	—
	内爬升式	—	160		140	140
工作速度（m/min）	起升（2 绳）	10～80	32.7～100	12～80	29.5～100	32～96
	（4 绳）	5～40	16.3～50	6～40	14.5～50	16～48
	变幅	24～36	30～60	22～44	22.5	30.5
	行走		—	—	18	22.4
电动机功率（kW）	起升	24	22	30	30	30
	变幅（小车）	4	4.4	4.5	3.5	3.7
	回转	4	4.4	5.5	3.7×2	2.2×2
	行走		—	—	7.5×2	5×2
	顶升	4	5.5	4	7.5	4
质　量（t）	平衡重	2.9～5.04	12.9	4～7	10.4	7.32
	压重	12	52	14	56	
	自重	23.5～24.5	33	31～32	49.5	44.9
	总重		97.9		115.9	
起重臂长（m）		45	35/40/45	48	50	45
平衡臂长（m）		13.5	9.5	14	11.9	
轴距×轨距（m×m）			—	—	5×5	

型　号		QTZ100	QTZ120	QTZ120	QTZ200	FO/23B	H3/36B
起重力矩（kN·m）		1000	1200	1200	2000	1450	2950
最大幅度/起重载荷（m/kN）		60/12	501	50/20	40/35	50/23	60/40
最小幅度/起重载荷（m/kN）		15/80	16/80	16.45/80	10/200	14.5/100	24.6/120
起升高度（m）	附着式	180	120	120	162	203.8	148
	轨道行走式	—	50	50	55	61.6	56.6
	固定式	50	—	—	55	—	—
	内爬升式		140	140	—	203.8	—
工作速度（m/min）	起升（2 绳）	10～100	30～120	30～120	6～80	100	100
	（4 绳）	5～50	15～60	15～60	3～40	50	50
	变幅	34～52	7.5～50	5.5～60	22.38	7.5～60	7.5～60
	行走	—	20	20	10.38	15～30	15～30

续表

型号		QTZ100	QTZ120	QTZ120	QTZ200	FO/23B	H3/36B
电动机功率（kW）	起升	30	30	30	45×2	51.5	51.5
	变幅（小车）	5.5	5	0.5～4.4	5	4.4	4.4
	回转	4×2	3.7×2	3.7×2	5×2	4.4×2	8.8×2
	行走	—	7.5×2	7.5×2	3.5×4	10	2.6/5.2×4
	顶升	7.5	7.5	7.5	—	10	—
质量（t）	平衡重	7.4～11.1	14.2	14.2	8	16.1	17.5
	压重	26			51.6	116.6	84
	自重	48～50	（行走）52.5	（行走）55.8	141	69	133
	总重				200.6	201.7	234.5
起重臂长（m）		60	50	50	40	50	61.9
平衡臂长（m）		17.01		13.5	20	11.9	21.2
轴距×轨距（m×m）		—	6×6	6×6	6.5×6.5	6×6	6×6

三、塔式起重机的性能及参数

塔式起重机的主要参数为额定起重力矩，单位为kN·m。

几种常用的塔式起重机的外形结构及性能参数见附录P。

四、可折叠双水平臂自升式起重机性能及特点

可折叠双水平臂自升式起重机是由山东送变电工程公司经多年研制并应用于线路铁塔组立的一种新型塔机，其性能及特点见附录P。

第四节 施 工 准 备

一、劳动组织准备

劳动组织除应符合表21-2-1要求外，还应满足以下要求。

（1）应根据组塔需要配置满足技能要求的足够数量的施工人员。施工人员配置特别是总指挥、副指挥、技术监督及作业指挥人员应经总公司生产副经理和总工程师审定。

（2）开工前完成组织施工人员体检，凡体检不合格者，不得选用。

（3）进行纪律教育。对施工人员应进行劳动、组织、技术三方面的纪律教育，并应经考试合格。

（4）进行技术练兵。应组织参加施工人员进行塔式起重机组塔技术演练操作，熟练掌握工艺技术，并进行考核。

二、施工技术准备

（1）编写施工技术设计及作业指导书。它的内容主要包括施工条件调查、塔式起重机的选择、塔式起重机稳定的计算、附着支撑件设计、施工程序和操作工艺、施工组织和统筹计划、每次吊装的构件及重量的明细表、自动控制设计、联络方式确定、保证安全和质量措施等。

（2）组织技术试点和试验。对于首次应用的新方法、新工艺、新机具、新材料等，均要进行试验或试点。试验或试点由公司技术部门提出及组织，并作出鉴定和总结。

（3）做好技术交底。技术交底由项目部经理组织，项目总工程师及技术部门负责人负责交底。技术交底后，应组织参加施工人员进行讨论，深入领会，达到真正弄懂弄通，再进行考试，并履行技术交底签证手续。

三、施工机具和工程材料准备

（1）根据施工技术设计对塔式起重机性能要求进行选购或租赁，并按计划运抵现场。

（2）根据施工技术设计，加工塔式起重机附着支撑件，按设计要求检查验收，并应如期运达现场。

（3）按塔式起重机组立装铁塔工器具表配置工器具，作业指挥和专责工程师等应逐件检查和验收。

（4）工程材料（塔材）应如期运到现场，作业指挥和地面组装人员应对照设计施工图进行检查和验收，并分类分段按编号放置在指定地点。

四、施工场地准备

（1）按塔式起重机布置要求，设置塔式起重机基础（一般为现浇混凝土）和塔式起重机行走轨道的铺设。

（2）按施工设计平面布置图，平整施工场地和组装场地。如为泥水地区应将积水排除后铺垫沙石，保持作业地面无泥泞、无积水。

（3）设置地面指挥台和铁塔监控站。

五、施工监护监控准备

（1）塔式起重机组装准直监测，应配置激光准直仪。

（2）为保证塔式起重机起重安全，应配置超载自动保护装置。

（3）为保证空中飞行物安全，应配置航空警戒标志。

（4）风速监测。除应与当地气象台（站）签订专门气象预报和紧急情况预报协议（主要是6级以上大风）外，还应配置野外风速测定仪和大风自动报警装置。

（5）高空作业安全监护和监测。除应配置个人安全用具之外，还应配备如下安全监护监测用品。

1）为防高空作业人员塔上作业或塔上水平行走意外坠落，应备有防护网和安全绳，并在作业人员的下方和水平行走位置装设。

2）为保证塔上作业人员上下塔的安全，宜备有载人吊笼，并应随着吊装升高而设置。

3）宜配备高空作业监视摄像头及配套设备，以供地面安全监督用。

4）塔上作业人员应编号，并应配备对讲机，以供随时与地面指挥联络。

第五节　塔式起重机安装

塔式起重机主要是内附着塔式起重机的安装，应按所选用的塔式起重机安装说明书和现场使用情况进行。基本分为基础设置、主体结构安装和附着支撑设置。

一、基础设置（以内附着式塔式起重机为例）

（1）塔式起重机基础，应根据不同工况和附着高度进行受力计算，取其最大值设计和设置塔式起重机基础。

（2）内附着塔式起重机基础，设置在铁塔中心位置，应为C15级钢筋混凝土基础。

（3）混凝土基础与台车应共同受力，使基础与塔式起重机身成为一个整体，要求在工作时不发生滑动、下沉或抬腿等情况，保证塔式起重机在工作状态或非工作状态稳定安全。

二、主体结构安装（以 QT80A 型塔式起重机的安装为例）

（1）QT80A 型塔式起重机，主体高度为 229.72m，起重臂长设为 25.0m，平衡臂长度为 13.5m。主体结构如图 21-5-1 所示。

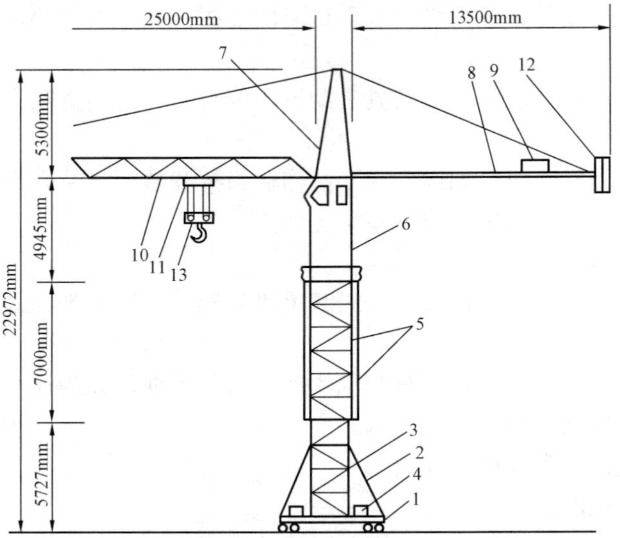

图 21-5-1　QT80A 型塔式起重机主体结构图（单位：mm）

1—台车；2—底架；3—底节塔式起重机身；4—压重铁；5—下塔式起重机身及爬升架；6—回转塔式起重机身（驾驶室）；7—塔式起重机帽；8—平衡臂；9—卷扬机；10—起重臂；11—调幅小车；12—平衡铁；13—吊钩及钢绳

（2）安装方法。塔式起重机主体安装，主要是利用汽车起重机或履带起重机，将塔式起重机主体及动力设备安装齐全，然后用本身的自升装置安装塔身中间节（也称标准节）。

1）利用汽车起重机安装塔吊的步骤示意如图 21-5-2 所示。

2）标准节（高约 2.5m）顶升接高作业步骤。自升式塔式起重机的顶升接高系统由顶升套架、引进轨道及小车、液压顶升机组三部分组成。

顶升接高的步骤示意如图 21-5-3 所示。

1）回转起重臂使其朝向与引进轨道一致并加以销定。吊运一个标准节到摆渡小车上，并将过渡节与塔身标准节相连的螺栓松开，准备顶升［见图 21-5-3（a）］。

2）开动液压千斤顶，将塔机上部结构包括顶升套架约上升到超过一个标准节的高度；然后用定位销将套架固定，于是塔式起重机上部结构的重量就通过定位销传递到塔身［见图 21-5-3（b）］。

3）液压千斤顶回缩，形成引进空间，此时将装有标准节的摆渡小车开到引进空间内［见图 21-5-3（c）］。

4）利用液压千斤顶稍微提起待接高的标准节，退出摆渡小车；然后将待接高的标准节平稳地落在下面的塔身上，并用螺栓连接［见图 21-5-3（d）］。

5）拔出定位销，下降过渡节，使之与已接高的塔身连成整体［见图 21-5-3（e）］。

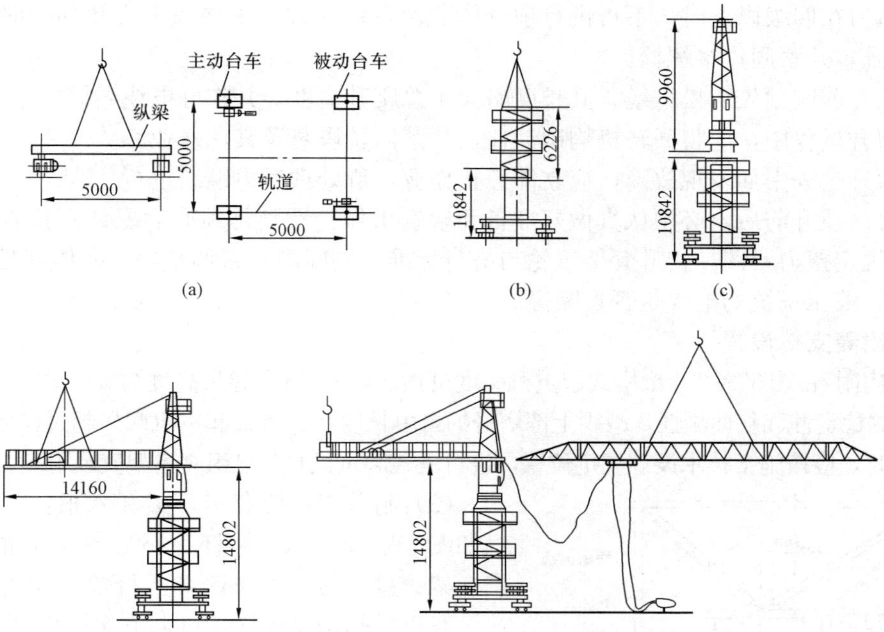

图 21-5-2　立装自升法安装塔式起重机的步骤（未包括塔身中间节）

（a）安装台车；（b）安装爬升架；（c）吊装塔架；（d）安装平衡臂；（e）安装起重臂

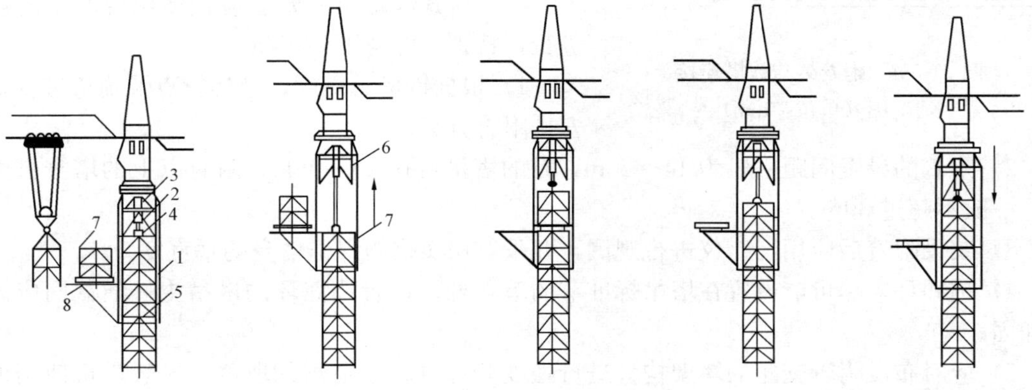

图 21-5-3　自升式塔式起重机的顶升接高的步骤

（a）准备状态；（b）顶升塔顶；（c）推入塔身标准节；（d）安装塔身标准节；（e）塔顶与塔身联成整体

1—顶升套架；2—液压千斤顶；3—承座；4—顶升横梁；5—定位销；6—过渡节；7—标准节；8—摆渡小车

（3）顶升作业注意事项。

1）在顶升作业过程中，必须有专人指挥，专人照看电源，专人操作液压系统，专人紧固螺栓。非操作人员不得登上爬升套架的操作平台，更不得启动液压系统的泵、阀开关或其他电气设备。

2）顶升作业应尽量在白天进行。特殊情况需在夜间作业时，必须备有充分的照明。

3）风力在四级以上时，不得进行顶升作业。在作业过程中如风力突然加大时，必须立即停止顶升，并紧固连接螺栓。

4）顶升前应预先放松电缆，其长度略大于总爬升高度，并作好电缆卷筒的紧固工作。

5）顶升过程中，应将回转机构制动住，严禁回转塔身及其他作业。

6）顶升过程中如发现故障，应立即停止作业，待处理后再继续进行。

7）每次顶升前后，必须认真做好准备和检查工作。特别是顶升后要认真检查各连接螺栓是否按规定扭力紧固，爬升套架滚轮与塔身标准节的间隙是否调整好，操作杆是否已回到中间位置，液压系统的电源是否切断等。

三、附着支撑设置

（1）内附着 QT80A-250 型塔式起重机高度可达 250m，最大起吊高度为 241.78m。为保证塔式起重机的稳定性和整体刚性，减少上部塔身的自由长度。当塔式起重机起吊超过额定起吊高度（43.5m）时，应按施工技术设计规定位置，进行塔式起重机身与已组立塔架安装附着。

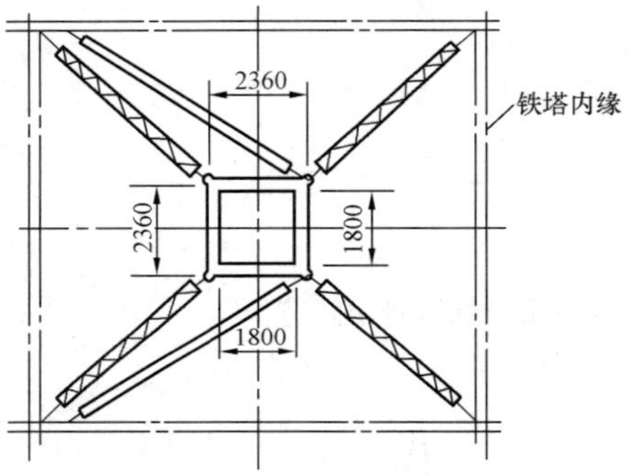

图 21-5-4　附着架与铁塔连接情况图（单位：mm）

（2）附着架由两套半环梁和六根撑杆组成，示意如图 21-5-4 所示。撑杆一端与塔式起重机身附着点框架铰接，另一端与铁塔主材铰接相连，撑杆两端设有正反扣调整螺栓，可调节支撑松紧程度。

（3）附着架与塔架支撑位置，均应设在有横材连接主材的节点处。附着后，要检测塔式起重机轴心线位置，其倾斜度应不超过其高度的 1‰ 。

（4）塔式起重机的附着应按使用说明书的规定进行，特别应注意下列事项。

1）根据铁塔总高度、结构特点及施工进度要求安排附着方案。

2）附着的设置间距一般为 14～20m，有的塔机可达 25～36m；附着以上的塔身自由高度，一般不超过 30m。

3）装设附着后应用经纬仪进行观测，并采取切实措施保证塔身的垂直度。

4）锚固环应尽可能设置在塔吊标准节的节点处。设置锚固环的塔吊主柱横截面应设斜撑加固。

5）应对布设附着支座的塔架构件进行强度验算（附着荷载的取值，一般塔机使用说明书均有规定），如强度不足，需采取加固措施。

6）在进行大型跨越铁塔施工中需设置多道附着装置时，各道附着装置的布设应符合使用说明书的有前规定。

7）施工过程中必须经常检查附着装置，发现有松动和异常情况时，起重机应立即停止工作，故障未经排除，不得继续工作。

8）在拆除起重机时，应随着降落塔吊主柱的进程拆除相应的附着装置，严禁在落塔之前先拆附着装置。

9）遇有六级以上大风时，禁止安装和拆除附着装置。

10）附着装置的安装、拆除、检查及调整均应有专人负责，工作时应遵守高空作业安全操作规程的有关规定。

第六节　吊装铁塔构件

一、地面组装

（1）组装构件必须符合施工技术设计和设计施工图的规定，按吊装顺序和每吊构件及质量进行分片或单片（带辅材）组装，不得超重、超起吊力矩。

（2）组装构件的质量应进行认真检查，不得有超过质量标准的变形弯曲和镀锌质量缺陷的，对于个别构件局部锌层脱处，应处理后才能组装。组装后构件单元的全部螺栓应牢固可靠，保证在吊装过程中不松散、不脱落。

（3）塔式起重机一次吊装构件质量较大时，为防止绑扎起吊钢绳套磨损构件镀锌层，宜用专用吊具连接，如无条件时亦应垫以衬垫物。

（4）地面组装的地点，宜在塔式起重机吊臂幅度覆盖范围之内（包括塔式起重机主体行走时的范围），以减少使用专门设备进行水平运输。

二、铁塔下部构件吊装

（1）由于施工条件或塔式起重机吊臂长度所限，塔式起重机吊臂幅度不能覆盖被吊装构件，可利用汽车式起重机或履带式起重机（置于铁塔基础附近）。分解吊装主材、斜材、辅材和水平材至塔机吊臂下方组装。

（2）如果塔式起重机吊臂幅度可以覆盖被吊构件，即用塔式起重机按施工技术设计规定的顺序、质量和容许力矩进行吊装。

（3）铁塔下部吊装高度，对于QT80A-250型塔式起重机可达额定起吊高度43.5m以下。

三、铁塔身部构件吊装

（1）塔身下部吊装完成后，即将塔式起重机固定在铁塔基础中心处，并按附着设计进行附着固定，然后利用塔式起重机自升装置，加装标准节，使塔式起重机升到满足下一段吊装需要。

（2）随着吊装升高，应按附着设计增加固定附着点（必要时应设置临时附着点，不要时拆除），直至下横担处塔身全部吊装完成。

四、铁塔头部及横担构件吊装

（1）大型双回路跨越铁塔的干字型导线横担，一般均较长、较重、较大，可分为两段或三段，每段分为前后2片进行吊装，应按塔机工作幅度及容许吊重确定。

（2）分段分片吊装横担的绑扎点，必须按施工技术设计计算确定位置。一般应在被吊件近塔式起重机侧绑扎控制大绳，控制大绳通过转向滑车经近塔式起重机身引下，由地面控制。

（3）塔头和横担的吊装，必须按施工技术设计的程序，交错按序进行，直至全部构件吊装完成。

五、塔式起重机的操作要点

（1）塔式起重机应有专职司机操作，司机必须受过专业训练。

（2）塔式起重机一般准许工作的气温为－20～40℃，风速小于六级。风速在六级及以上、雷雨天，禁止操作。

（3）塔式起重机在作业现场安装后，必须进行试验和试运转。

（4）起重机必须有可靠接地，所有电气设备外壳都应与机体妥善连接。

（5）起重机安装好后，应重新调节好各种安全保护装置和限位开关。如夜间作业必须有充足的照明。

（6）起重机行驶轨道不得有障碍或下沉现象。轨道面应水平，轨距公差不得超过3mm。直轨要平直，弯轨应符合弯道要求，轨道末端1m处必须设有止挡装置和限位器撞杆。

（7）工作前应检查各控制器的转动装置、制动器闸瓦、传动部分润滑油量、钢丝绳磨损情况及电源电压等，如有不符合要求，应及时修整。

（8）起重机工作时必须严格按照额定起重量起吊，不得超载，也不准吊运人员、斜拉重物、拔除地下埋物。

（9）司机必须得到指挥信号后，方得进行操作，操作前司机必须按电铃、发信号。

（10）吊物上升时，吊钩距起重臂端不得小于1m。

（11）工作休息或下班时，不得将重物悬挂在空中。

（12）起重机的变幅指示器、力矩限制器以及各种行程限位开关等安全保护装置，均必须齐全完整、灵敏可靠。

（13）作业后，尚需做到下列几点。

1）起重机开到轨道中间位置停放，臂杆转到顺风方向，并放松回转制动器。小车及平衡重应移到非工作状态位置。吊钩提升到离臂杆顶端2～3m处。

2）将每个控制开关拨至零位，依次断开各路开关，切断电源总开关，打开高空指示灯。

3）锁紧夹轨器，如有八级以上大风警报，应另拉临时拉线与地面地锚固定。

第七节　内附着塔式起重机拆卸

内附着塔式起重机拆卸是一项难度较大的工作，必须遵守塔式起重机使用拆卸说明书和施工技术设计有关塔式起重机拆卸程序及方法，还应遵守DL 5009.2—2004《电力建设安全工作规程　第2部分：架空电力线路》有关规定。

拆卸前必须根据计算得出两侧拆卸过程中的不平衡力矩，在满足塔吊设计要求的情况下，两侧交替拆除。

铁塔全部吊装完毕，塔式起重机被铁塔包围在其中间，先用爬升装置的逆程序，拆除标准节，将塔式起重机降低到起重臂靠近铁塔上横担的最低限度处，起重臂宜垂直横担，然后按序拆除。

内附着QT80A-250型塔式起重机拆卸一般程序和拆卸操作要点如下。

一、拆卸起重臂、平衡臂及臂上部件

（1）先拆平衡铁块（一般为两块，一块1.7t，另一块1.5t），用人字铝合金小抱杆坐在平衡臂特别插座上，利用塔式起重机的卷扬机、起吊绳，通过塔式起重机帽、抱杆、滑车拆除平衡铁块，如图21-7-1所示。

（2）拆除起重臂，先将起重臂上配件、设备，除调幅小车外，全部拆除放至地面，人字抱杆安置在调幅小车上，仍用塔式起重机的卷扬机、吊绳，通过塔式起重机帽、抱杆、滑车吊放，如图21-7-2所示。起重臂按结构分5段（每段5m）拆除，顺序是第Ⅴ、Ⅵ、Ⅲ、Ⅱ、Ⅰ段，在拆除吊杆前，需先在内段打以临时吊绳，第Ⅱ段拆完后，将人字抱杆移到塔式起重机帽连接专用座上，拆除调幅小车及第Ⅰ段起重臂。

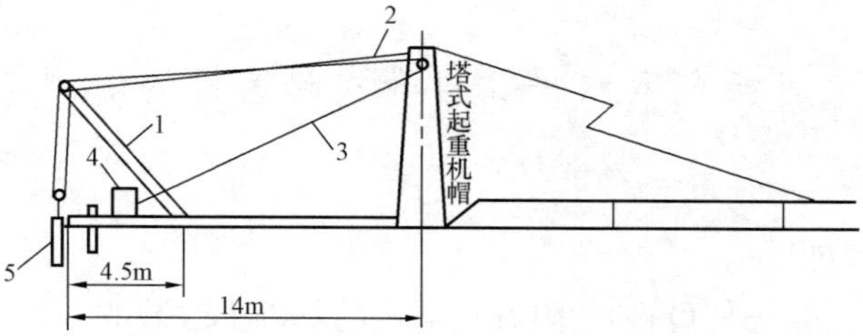

图 21-7-1　拆卸平衡铁块

1—小抱杆；2—抱杆拉线；3—起吊绳；4—塔式起重机的卷扬机；5—配重块

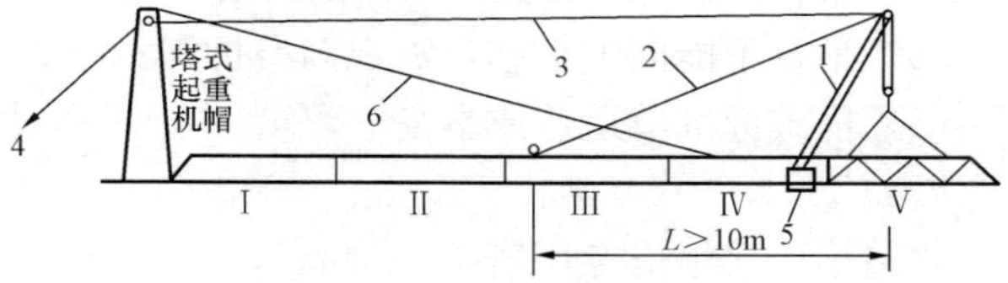

图 21-7-2　拆卸起重臂

1—小抱杆；2—抱杆拉线；3—起吊绳；4—塔式起重机卷扬机；5—调幅小车；6—吊杆；Ⅰ～Ⅴ—段号

（3）拆卸塔式起重机卷扬机：将塔式起重机卷扬机的钢绳，通过塔式起重机帽下放至地面，接入地面卷扬机，上端通过塔式起重机帽、抱杆、滑车进行吊卸。将塔式起重机卷扬机分解为滚筒、变速箱、电动机、底座四单元，进行吊卸。

（4）拆除平衡臂：平衡臂长13.5m，由两段组成，先将内段平衡臂打以临时拉线，将人字抱杆装在内段平衡臂端内1m处，用地面动力吊卸外段平衡臂，再将人字抱杆移动塔式起重机帽连接专用座上，吊卸内段平衡臂。

二、拆卸塔式起重机身部及底部

利用爬升装置，卸减标准节来进行。遇到附着架逐个拆除，直到标准节全部拆完。最后用地面起重机，拆卸塔式起重机帽、回转塔式起重机身、爬升架及底节塔式起重机身、底架、台车等。

三、检查及验收

由于使用附着塔式起重机组立铁塔，一般均系组立普通及大型大跨越铁塔。为减少再次登塔作业和吊装构件，有条件时宜在塔式起重机拆除之前进行专业检查及验收。塔上检查项目包括：塔材质量有无变形、对角线尺寸是否正确；所有螺栓是否都紧固并达到规范要求；以及在铁塔上有无遗留工具或其他无用物品等。塔下检查项目：包括铁塔整体根开、对角线尺寸；整体倾斜、弯曲、挠度和扭转；接地装置的连接情况；地脚螺栓是否紧固完双螺母，基础保护帽是否按规定浇制混凝土，达到整齐美观等。

所有检查结果均应填入检查记录。对于超差项目或不符合规定项目，应立即组织力量进行修整，并应彻底完成，不留任何后患。修整后自我评定出施工质量等级，并填入评定记录表，其质量评级标准及检查记录表见第二十二章第五节。

四、清理现场

专业检查及塔式起重机等机具拆卸完成之后，即应清理现场，其内容包括：所有施工机具、设备应分类分项整理包装或捆扎，并及时转运；恢复原地面地貌，应按环保要求及时处理。

附录P 可折叠双水平臂自升式起重机的研制与应用[1]

P.1 研制过程

P.1.1 第一代塔机

第一代组塔专用塔机是在QTZ80附着式塔机的基础上改装的。

塔机结构如图P.1所示。

施工中发现第一代塔机存在的不足之处如下。

(1) 吊臂只有4.5m长，工作范围较小；

(2) 吊臂不能向上扳起，需在高空拆卸；

(3) 框式标准节运输成本高。

P.1.2 第二代塔机

总结第一代组塔专用塔机经验的基础上，对其作了初步优化设计。

(1) 在QTZ63塔机基础上重新加工了一套塔机，去除了塔机外拉线。

(2) 加长了吊臂，且吊臂在施工完毕后能够完全向上扳起，使塔机可以从铁塔内部落至地面拆除。

(3) 第二代塔机起吊系统发明了“一绳双钩”对称吊装工艺，采用一根起吊钢丝绳经塔机回转机构下部的转向滑车，从塔机外侧经地面转向滑车引至动力装置。

第二代塔机结构如图P.2所示。

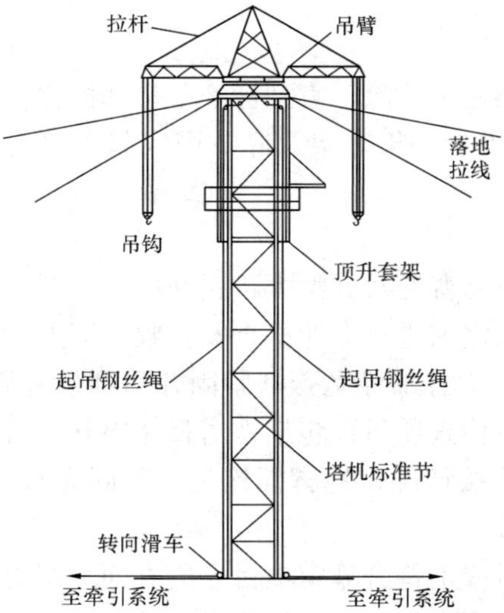

图P.1 第一代塔机结构总图

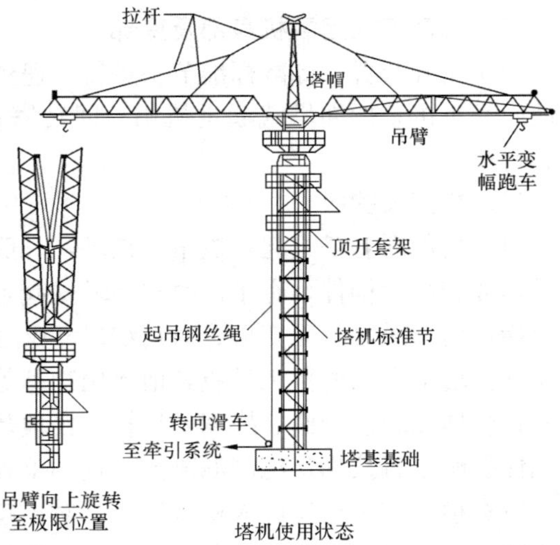

图P.2 第二代塔机结构总图

施工中发现第二代塔机的不足之处如下。

(1) 起重臂拉杆采用的是传统塔式起重机上的硬拉杆，在起重臂向上收起过程中，拆除拉杆比较繁琐。

---

[1] 王洪英，胡建宁. 可折叠双水平臂自升式起重机的研制与应用. 输变电施工技术，2008(5)：1～4.

（2）采用“一绳双钩”工艺吊装时，副吊钩需要固定在地面来保证两侧力矩平衡，限制了吊臂的旋转。

（3）随着塔机高度的增加，因起吊钢丝绳自重的影响，吊钩下落比较困难。

P. 1. 3　第三代塔机

2006～2007 年，在±500kV 三沪直流输电线路获港大跨越和 1000kV 晋东南—南阳—荆门特高压交流试验示范工程中，对第二套塔机进一步优化改装，使塔机的结构和功能趋于完善。

（1）对塔帽结构进行优化，使吊臂收起后尺寸更小。

（2）将传统塔机的起重臂拉杆由硬连接改为柔性连接。

（3）增加了活配重系统。

（4）对吊钩进行了优化，增加了快换装置，以便根据所组铁塔高度的不同增加吊钩重量，便于吊钩下落。

（5）为便于长途运输，塔机标准节由框式改为 1.8m×1.8m×4.0m 片式标准节，降低了运输成本。

（6）“一绳双钩”起吊技术的起吊钢丝绳改为从塔机内部经地面转向滑车至牵引装置。

（7）对塔机的保护系统进行了完善，增加了数字式操作安全装置，能够显示起吊重量、小车幅度、每个吊臂工作力矩等参数，方便操作人员快速、及时掌握塔机的工作状态。

第三代塔机结构如图 P. 3 所示。

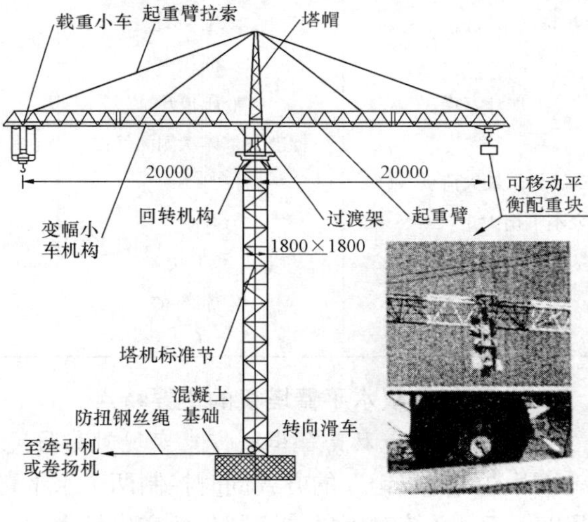

图 P. 3　第三代塔机结构总图

P. 2　可折叠双水平臂塔机简介

（1）液压顶升系统。顶升液压油缸在顶升套架中央，垂直受力均匀，特别适合双平臂塔机的顶升操作。

（2）工作臂提升系统。双工作臂可以向上折叠 90°并锁止，动力卷扬系统安装在塔机顶部。工作臂扳起后截面尺寸为 3.1m×1.9m，能够顺利在铁塔中心顶升和降落。

（3）回转支承系统。回转支撑部位平面尺寸为 2m×2m，保证塔机能从铁塔最小断面落下。最大不平衡力矩 500kN·m，回转角度 360°。

（4）跑车水平变幅系统。跑车水平变幅采用 2 台电动卷扬机进行控制，卷扬机固定在每个工作臂距根部 6m 处。

（5）配重系统。塔机配有活配重系统，质量为 2000kg。配重系统可以随跑车前后移动，以平衡起吊过程中的不平衡力矩。

（6）电气控制系统。电气控制系统包括电控联动台和数字式操作安全装置。地面电控联动台将常规塔机的回转、变幅等电气控制装置引至地面与牵引系统一起进行综合控制。

（7）附着系统。塔机采用柔性附着，第一道附着的安装高度不大于 25m，其余每两道附着间的距离不大于20m，附着安装间距根据铁塔的分段情况确定。

（8）起吊系统。起吊系统采用塔机轨道小车的滑轮组及吊钩。为保证起吊系统对称起吊，起吊钢丝绳采用“一绳双钩”的穿线方式，钢丝绳的一端固定在塔机平衡副臂的末端，另一端穿过塔机平衡副臂、平衡副吊钩、起吊主臂、起吊主吊钩和回转支承，从塔机塔身中间经塔机底部转向滑车引至动力装置，起吊动力装置采用液压牵引机或电动卷扬机。

（9）安全保护系统。为避免由于误操作或违章作业等带来的危险后果，塔机安装了起重限位器、力矩限位器、回转限位器、幅度限位器以及风速仪和指示灯等安全保护装置，充分保证施工安全。

P.3 三种塔机主要参数

三种塔机主要参数对比见表P.1。

表P.1 三种塔机主要参数对比

塔机参数	第一代塔机	第二代塔机	第三代塔机
最大作业高度（m）	137.5	120	250
吊臂有效工作范围（m）	2×4.5	2×15	2×20
塔机断面（m×m）	1.8×1.8	1.6×1.6	1.8×1.8
塔机标准节（m×m×m）	1.8×1.8×2.5	1.6×1.6×2.5	1.8×1.8×4.0
顶升方式	框式 液压顶升 标准节整体从侧面就位	框式 液压顶升 标准节整体从侧面就位	片式 液压顶升 标准节分片从四面就位
双侧起吊最大荷重（t）	2×8	2×10	2×10
最大不平衡力矩（kN·m）	800	300	500
旋转角度（°）	≤180	≤360	≤360
起吊方式	单侧/对称	对称	单侧/对称
活配重系统	无	无	有

P.4 可折叠双水平臂塔机的主要特点

P.4.1 “一绳双钩”串联方式实现对称吊装

采用“一绳双钩”的方式同时控制两个水平臂上的吊钩，实现同步负载的目的，避免了采用2套起吊系统时因操作不同步而产生较大的不平衡力矩，真正实现对称吊装，保证了整个起吊系统的安全。同时可以减少塔机不平衡力矩设计值，减小塔机设计尺寸。

P.4.2 活配重系统使起吊方式方便、灵活

在其中一个起重臂上安装了活配重系统，配重系统可以在起重臂1～20m范围内移动，以平衡起吊过程中产生的力矩。起吊方式可以根据塔材的重量选择单臂吊装、活平衡重吊装和对称吊装三种方式，方便、灵活。当起吊构件重量小于2500kg时，使用单臂吊装方式；当构件重量大于2500kg且小于4500kg时，使用活配重系统，采用单臂起吊；当构件重量超过4500kg时，采用一绳双钩对称起吊。

P.4.3 可折叠式双水平起重臂拆卸方便

两个水平起重臂能向上收起折叠至垂直位置，可以将整机从铁塔内部降到最低位置进行拆卸，避免了高空拆卸水平臂的危险性，减少了施工难度，并将传统塔机的起重臂拉杆由硬连接改为柔性连接，方便了起重臂的拆装。

P.4.4　起吊重量大，作业范围广

该起重机的最大起吊重量为 2×10t，大于抱杆等一般送电线路的组塔工具。

起重机每个起重臂长 20m，并且可 360°旋转，在任何方向都可以进行起吊，增加了施工过程的作业范围，施工中可以实现非就位侧旋转吊装，减少了上下层交叉作业所产生的安全隐患。

P.4.5　安全保护装置齐全

可折叠双水平臂自升式起重机改装自塔式起重机，设置了起升高度限位器、回转限位器、幅度限位器、起重力矩限制器、起重量限制器等安全控制系统，最大限度地保证施工安全。安装数字式操作安全装置，方便操作人员快速、及时掌握塔机的工作状态。

P.4.6　采用片式标准节，方便运输

起重机采用 1.8m×1.8m×4.0m 片式标准节，方便运输，降低了运输成本（比框式标准节降低约 75%）。

塔机标准节充分利用社会资源，减少了自行开发设计标准节的投入。片式标准节是各建筑机械厂标准型号产品，社会资源充足，在全国各大中型城市均可以租赁，能够满足多套塔机同时施工的需要。

P.4.7　施工现场需用的工器具少，工作效率高，劳动强度低

可折叠双水平臂自升式起重机施工占地相对较小，需要的工器具较少。并具有易于安装调试、施工中起吊速度快、单次起吊吊重大、起吊平稳、调速性能好、就位无冲击等特点，从而提高了施工效率，降低了劳动强度，体现了“以人为本”的理念。

P.5　应用情况

可折叠双水平臂自升式起重机组塔施工技术已经在 500kV 柳贺罗送电线路工程北江大跨越、500kV 台香线中山大跨越、±500kV 蔡白线荻港大跨越、1000kV 晋东南—南阳—荆门特高压交流试验示范工程的组塔施工中得到了成功的应用。几年来的工程应用证明，该技术特别适用于大跨越铁塔的组立施工。

第二十二章

铁塔组立的质量要求和检查评级

第一节　组装的质量要求及问题分析

一、组装质量要求

杆塔各构件的组装质量应符合第十二章第五节相关要求。

二、对组装质量问题的分析

1. 螺栓头与构件间产生空隙

分析：产生空隙的原因可能是以下几种。

（1）螺栓头与构件接触的平面加工不规则；

（2）构件平面不平整；

（3）连接板（两块或三块钢板）上的螺孔轴心错位；

（4）螺栓头或构件接触面残留锌渣；

（5）螺栓未拧紧等。

措施：应找出产生空隙的具体原因，然后逐一消除之，则空隙就可避免。

2. 螺杆需加垫圈

分析：螺杆需要加垫有以下三种情况。

（1）设计图纸中的螺杆有垫圈（例如两根交叉斜材间等）。这种情况必须加垫圈，而且应按设计垫圈厚度加垫。如果不加垫可能使构件变形，增大内应力。

（2）螺杆的光面长度大于构件连接处的厚度。如果不加垫，螺栓无法拧紧。此种情况必须加垫，但是，加垫后，应满足螺杆露出螺母（俗称螺帽）长度的规定。还应查明原因，防止用错螺栓。

（3）由于螺栓孔在构件的角落处，螺栓穿入孔内后，螺母无法拧紧。确系此种情况时应加垫处理，但只应是个别情况。

3. 螺栓的防卸、防松

（1）防松措施通常是螺杆上配置双螺母，应按设计图纸配置，严禁用单螺母螺栓代替双螺母螺栓。严禁漏装防松垫圈、扣紧螺母等。

（2）防卸螺栓是为了防止随意拆卸螺母而设置的特别螺栓。防卸螺栓的特点是螺母一旦拧紧后，用普通工具（例如扳手）无法拆掉螺母。其品种较多。安装位置应符合图纸规定。当设计无明确规定时，应在图纸会审时，经与设计、运行单位协商后作出明确规定，避免返工。

4. 螺栓穿向的说明

（1）螺栓穿向应按规定执行。其线路方向一般是送电侧到受电侧。如果出现受电侧不明确时，应在图纸会审时明确。

(2) 规定螺栓穿向统一的目的。

1) 为紧固螺栓提供操作方便；

2) 为质量检查提供观测的方便；

3) 为了达到统一、整齐、美观。

施工人员应养成螺栓按规定穿向的习惯，避免穿向返工。

5. 螺栓紧固的问题

(1) 杆塔螺栓应紧固是组装杆塔的基本质量要求，因为铁塔螺栓用量较大，而且目前主要靠人工紧固，工作环境（例如高空作业）恶劣，因此螺母紧固度达不到要求成为组装的主要质量问题。

(2) 解决螺母紧固度不足的难题，经多年施工实践积累的主要经验如下。

1) 紧固螺母应根据螺栓规格选用臂长不同的扳手，俗称加长扳手。正常情况下，一个人的扳力可达 200N，对于 M16、M20 螺栓，其扳手臂长应分别不小于 0.4m 及 0.5m。

2) 螺母紧固前，应对螺母与螺杆的组配进行检查，必要时应在螺母内的丝扣部分涂以适量黄油，以减少摩阻力。

3) 铁塔螺母由多人合作紧固，分工分区应明确，防止漏紧。

(3) 表 12-5-1 的扭矩标准值是经多次验证并参考了国外标准制定的最小扭矩值，也是完全可以达到的数值。但是，并不是扭矩值越大越好，某些地方采用了长臂扳手又用不适当的紧固方法导致螺栓拧断，这是应当避免的事故。

6. 构件组装困难及扩孔

(1) 构件组装困难的原因。

1) 螺孔间的尺寸加工误差超标或错误；

2) 使用的构件虽编号正确，但实际规格有误；

3) 构件安装方向与设计不符。

凡是构件安装有困难时，必须查明原因，方能解决难题。

(2) 强行组装会降低构件的承载能力或者使构件产生不应发生的变形。

(3) 如果发现构件上的孔位需要扩孔时严禁用气割扩孔。因为气割会造成扩孔过大和孔壁不规整，会损伤构件扩孔周边的镀锌层。

7. 塔材弯曲度

(1) GB/T 2694—2010《输电线路铁塔制造技术条件》是铁塔制造的技术标准，它对构件弯曲度的规定是：型钢边宽$b \leqslant 80$mm 时，允许弯曲 $1.3L/1000$（L 为型钢构件长度）；$b>80$mm 时，允许弯曲 $L/1000$；焊接构件的平面内弯曲度允许 $L/1000$。

(2) 运到现场的构件产生弯曲的原因。

1) 构件镀锌后弯曲，在工厂内未校直即发运；

2) 构件运输中未支垫稳固或支点不合理造成构件运输弯曲。

处理方法应是构件通过校直机矫正，合格后再使用。不得用大锤敲打的方法校直构件，以防损坏镀锌层。

8. 质量检查

(1) 构件在地面组装后，应进行全面检查的目的是防止构件或组装缺陷带上高空，处理难度会更大。

（2）地面发现问题应在地面处理后再转入下一道吊装程序。

（3）地面组装负责人应及时、正确地填写组装记录表，并向班（队）长进行汇报存在的质量问题。

（4）对组装中出现的质量问题，未处理前，班（队）长不应安排立塔作业。

第二节 铁塔组立的质量要求

一、铁塔组立的质量要求

（1）组立铁塔前必须具备的铁塔基础条件。

1）经中间检查验收合格。

2）分解组立铁塔时，混凝土的抗压强度应达到设计强度的70%（当采用普通水泥时一般需要7～10天，当采用矿渣水泥时，一般需要11～15天，具体要求视气温而定）。

3）整体立塔时，混凝土抗压强度应达到设计强度的100%；当立塔操作能采取有效防止基础承受水平推力的措施时，混凝土抗压强度允许不低于设计强度的70%。

（2）铁塔组立及架线后的允许偏差应不大于表22-2-1的规定。

表22-2-1 铁塔组立及架线后的允许偏差

偏差项目	线路电压等级（kV）					
	110	220～330	500	750	1000	高塔
直线杆塔结构倾斜（‰）	3	3	3	3	3	1.5
直线杆塔结构中心与中心桩间横线路方向位移（mm）	50	50	50	50	50	
转角杆塔结构中心与中心桩间横、顺线路方向位移（mm）	50	50	50	50	50	

（3）铁塔组立后，各相邻节点间主材弯曲不得超过对应长度的1/750（即1.33/1000）。

（4）铁塔组立后，塔脚板应与基础面接触良好，有空隙时应垫铁片，并应浇筑水泥砂浆。铁塔经检查合格后可随即浇筑混凝土保护帽；混凝土保护帽的尺寸应符合设计规定，与塔座接合应严密，且不得有裂缝。

（5）自立式转角塔、终端塔应组立在倾斜平面的基础上，立塔后应向受力反方向倾斜。架线挠曲后，塔顶端仍不应超过铅垂线而偏向受力侧。

（6）螺栓紧固的工序及次数应符合下列规定。

1）杆塔组立结束后必须全部紧固一次，检查扭矩合格后方准进行架线。

2）架线后，螺栓应复紧一遍。复紧后的螺栓应在下列范围内的全部单螺母螺栓的外露螺纹上涂以灰漆，以防螺母松动。塔顶部至下横担以下2m之间，基础混凝土顶面以上不小于3m范围内。使用防卸、防松螺栓时不再涂漆。如果设计另有规定时应按设计规定执行。

（7）铁塔组立后，应及时、正确地检测铁塔，正确、齐全地填写铁塔组立及评级记录并进行质量等级评定。

二、组立质量问题的分析

1. 基础中间验收问题

铁塔组立前应对基础进行中间检查验收是保证铁塔组立质量的前提条件。这是“铁塔工程”中一条强制性条文。虽然总体执行情况较好，但也曾发现一些问题，应引以为戒。例如，某线路的转角塔基础设计为向右转，施工分坑错误为左转，基础完工后，中间检查未发觉，直至立塔后才发现铁塔组立方位错误造成返工。又例如某线路直线塔基础根开与铁塔根开不一致，铁塔组立后发现主材弯曲，经调查是根开不一致惹的祸。事实说明：铁塔组立前必须进行基础的中间检查验收。

关于基础中间检查验收应按 DL/T 5168《110kV～500kV 架空电力线路工程施工质量及评定规程》逐项检查验收，不得漏项。

2. 铁塔主材节点间弯曲问题

主材节点间弯曲的规定是明确的。铁塔主材因为结构需要，中间有一些拐点，例如酒杯型塔的上下曲臂间主材坡度不一致，又例如干字型转角塔塔头段与塔身段主材坡度不一致等，这些拐点是设计结构的要求。用“节点间弯曲”就避免了对设计主材拐点弯曲的误解，对弯曲度的含义更加明确。

在铁塔组立中出现主材弯曲超标时有发生，分析原因如下。

(1) 铁塔加工试组装工序中，主材未垫平，或螺栓未紧固等原因导致加工后主材变形。

(2) 主材镀锌后一般均会有变形，在厂内未校直，现场也未校直就安装上。

(3) 主材吊装时由于对构件变形未进行验算也未采取措施，超长构件吊装中易产生弯曲。

(4) 铁塔组立中利用主材作为着力点（例如悬挂承托绳等），选择位置不当造成主材弯曲。

(5) 构件组装用料错误会使主材变形。

(6) 在极个别情况下，由于设计选材规格过小，节点间距离较长，主材也会产生弯曲变形。

如果发现主材弯曲度超标，应从铁塔放样、试组装、构件用料、吊装方法等逐一进行调查，找到原因方可对症进行处理。

3. 转角塔、终端塔的倾斜问题

自立式转角塔、终端塔的基础施工时，都对基础作了预偏处理，预偏值由设计规定（设计规程规定），它随线路转角度大小而不同，例如转角 30°以下的转角塔基础预偏 3‰，转角 30°～60°为 5‰，转角 60°以上为 7‰～8‰。一般情况下，进行了基础预偏后，铁塔组立后顶端不会向受力侧偏移。根据 DL/T 5092《110～500kV 架空送电线路设计技术规程》第 14.0.1 条规定：在荷载的长期效应组合作用下，转角及终端型自立式铁塔的计算挠度不应超过 $7h/1000$（h 为铁塔计算高度）。据此提出基础预偏要求是可以做到铁塔顶不会向受力侧偏移。如果出现铁塔顶端向受力侧偏移，分析原因如下。

(1) 设计单位或施工单位提出的预偏值偏小；

(2) 铁塔倾斜值的测量方法有误；

（3）铁塔设计刚度较低。

如果转角塔、终端塔顶端向受力侧偏移应会同设计单位共同分析并根据具体原因进行处理。

4. 浇筑混凝土保护帽

铁塔组立后，基础地脚螺栓露出处是否浇筑混凝土保护帽及浇筑混凝土强度等级尺寸均由设计确定。浇筑混凝土保护帽的目的如下。

（1）因为地脚螺栓及螺帽未镀锌防腐，浇筑混凝土保护帽可以对地脚螺栓进行防腐保护。

（2）地脚螺栓的螺母外露容易被拆卸，拆卸将导致倒塔事故，曾发生过此类案件。浇筑混凝土保护帽可以预防螺帽被拆除。

存在的问题是，一些线路的混凝土保护帽浇筑质量较差，甚至混凝土与铁塔主材间有缝隙，对地脚螺栓不能起到防腐保护作用。所以，要求混凝土保护帽“与塔座结合应严密，不得有裂缝”是针对保护帽质量问题作出的规定。

只要按混凝土基础施工作业指导书要求，认真浇筑混凝土保护帽，是完全可以达到 GB 50233《110～500kV 架空送电线路施工及验收规范》规定的。

第三节　保证铁塔组立质量的措施

保证铁塔组立质量应从制造、运输及组立三个环节上采取有力措施严把质量关。

一、从铁塔制造上把好质量关

（1）铁塔制造用的原材料应符合现行国家标准及设计图纸的要求。钢材、焊条等应有出厂试验报告及质量合格证明文件。

（2）钢材表面不得有裂缝、折叠、结疤、夹渣和重皮等缺陷；表面有锈蚀、麻点、划痕时，其深度不得大于钢材厚度允许负偏差的 1/2，且累计误差应在允许负偏差内。

（3）各种电焊条均应符合设计图纸要求；设计未明确的，其焊条性能应与焊接的母材相匹配。电焊条应具有产品出厂合格证明文件，并注明型号、规格、化学成分、机械性能及出厂日期。

（4）热浸镀锌的锌锭应有出厂合格证明文件，一般应采用 2 号或 3 号锌（锌含量≥99.9%）。

（5）塔材下料前必须经过放样，并应邀请设计代表参加。如果材料代用，或改变部件编号，应编写变更清单并提供给用户（即施工单位）。

（6）铁塔批量生产前应进行试组装。试组装不论是卧式或立式，均应满足各零部件能处于自由状态组装成符合设计图纸的结构尺寸，且螺丝达到紧固状态。铁塔试组装应邀请施工单位派员监督。

（7）铁塔出厂前，厂方应逐件进行质量检验并按图纸进行配基。厂方应提供铁塔出厂质量证明文件，加工质量应符合 GB/T 2694《输电线路铁塔制造技术条件》规定。

二、从铁塔运输上把好质量关

（1）角钢运输前应进行包装。包装应符合以下要求。

1）角钢的包装长度、捆扎道数及每捆重量应便于包装、装卸和标识。

2）有弯度的角钢及角钢组合焊件等不能进行包捆的，应用角钢框架或镀锌铁线包装。

3）包装捆扎的角钢框架、螺栓等应经防腐处理。

（2）连接板包装一律采用螺栓穿孔固定的办法。

（3）包装应牢固，保证在运输途中包捆不松动，避免部件间及部件与包装物间相互摩擦。

（4）钢管部件的包装，应保证在运输途中有可靠的稳定性，部件间应有防磨损和碰撞的措施。

（5）钢管、角钢部件装车（或船）时应自下而上分层放置，层间应垫方木及楔木，并应对支点位置进行设计，防止部件运输中出现变形。

（6）铁塔部件运输中应随时检查包装是否牢固，垫木是否稳固，确保运输中部件不致磨伤和变形。

（7）铁塔部件运输中应采取防止丢失的措施。

三、铁塔组立前的质量检查

（1）铁塔运到现场后，施工单位应会同监理及厂方代表清点数量及质量检查。

（2）质量检查除按规定抽检部分构件的尺寸外，重点检查角钢的变形度、构件的镀锌质量。

（3）铁塔镀锌外观检查，应满足下列要求。

1）镀锌层表面应连续完整，并具有实用性光滑；

2）镀锌层不得有过酸洗、漏镀、结瘤、积锌和锐点等使用上有害的缺陷；

3）镀锌表面颜色应呈灰色或暗灰色，基本均匀一致。

（4）铁塔运输不应出现构件表面锌层磨损及构件弯曲等缺陷。

（5）构件表面漏镀或者锌层损伤面积不应超过构件总表面积的0.5%。每个修复漏镀面积不应超过$10cm^2$。

四、铁塔组立质量的保证措施

（1）铁塔组立前应有完备的施工技术设计和作业指导书。铁塔组立施工技术设计应包括选择的组立方法，现场布置，各主要索具受力分析及索具规格选择，吊装方法对铁塔构件的影响验算等。

（2）组立铁塔的过程中，各种吊绳与铁塔连接处均应垫软物（如麻袋等），采取防止磨损构件的措施。

（3）应尽量使用纤维吊带捆绑构件进行吊装，以利保护构件不被磨伤。

（4）吊装构件的受力点宜预留施工孔，以保护构件不受损伤。无施工孔时，宜采用专用夹具固定构件。

（5）吊装构件的长度、重量及绑扎点补强方式均应执行组塔施工作业指导书的规定。

（6）铁塔组立过程中，检查其结构尺寸应与设计图纸一致，偏差应符合验收规范规定。若出现异常情况应查明原因后再继续组立。

（7）应根据以往工程铁塔组立中曾出现过的质量通病（例如主材弯曲超标，转角塔向受力侧偏斜，构件结合处出现缝隙，螺栓紧固率不满足要求等）制定预防措施，以保证组塔质量。

第四节 铁塔组立质量的检查方法

一、直线铁塔结构倾斜的检查方法

（1）铁塔结构倾斜是指整个塔结构中心与其结构中心铅垂线间的偏离。检查方法是先检查结构正面（即垂直于线路中心线），再检查结构侧面（即顺线路中心线）。最后按式（22-4-1）计算出该塔的结构倾斜值

$$C=\sqrt{X^2+Y^2} \tag{22-4-1}$$

式中 C——整塔的结构倾斜值，mm；

X——结构正面的倾斜值，mm；

Y——结构侧面的倾斜值，mm。

（2）正面倾斜的检查。

1）将经纬仪支于线路中心线且距离铁塔基础的两倍铁塔高度的地方。先以目测铁塔腿部上方水平材处，移动仪器，便能见腿部前后面水平材与相对应的斜材相交的交点，两交点应处于同一铅垂线上，如图 22-4-1 所示。

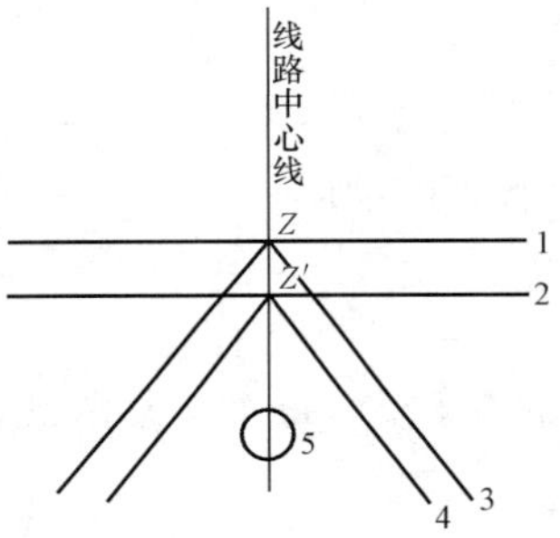

图 22-4-1 观测塔腿水平材
1、2—塔腿上部前后水平材；
3、4—前后斜材；5—经纬仪

调平仪器后用望远镜十字线对准 Z 点，如 Z' 也同时在十字线的纵线上，即说明支放仪器的位置正确。如稍有偏差，可打开三脚架与仪器固定处，将仪器左右移动，直至望远镜中观看 Z、Z' 都在十字线的纵线上，再将仪器固定。

2）找出塔腿根部的结构中心。用细铁线以 A、B、C、D 四腿主材角钢内圆弧中心为端点连两对角线的交点即铁塔结构中心 O，检查铁塔倾斜以 O 点为准。

3）将经纬仪十字线中心对准 O 点，再将仪器水平度盘固定，用望远镜在铁塔正面由下向上移动，依次对各断面水平材中点进行观测，看是否有结构倾斜并做记录。下面以一个断面为例说明。

如图 22-4-2 所示，A、B、C、D 为四根主材。在该断面处 X_1、X_2 两点为 BC 及 AD 面的实际中点。如经纬仪望远镜十字线与 BC 及 AD 面交于 X'_1 及 X'_2，则该断面的倾斜值 X 为

$$X=\frac{1}{2}(\overline{X_1X'_1}+\overline{X_2X'_2}) \tag{22-4-2}$$

4）以此法测出铁塔各个断面的倾斜值，此为正面倾斜值。记录中应写明倾斜方向（向左或向右）。

（3）侧面倾斜的检查。将经纬仪支于横线路方向，对准铁塔的侧面，用上述方法测得各断面的倾斜值。如图 22-4-2 所示，该断面的倾斜值 Y 为

$$Y=\frac{1}{2}(\overline{Y_1Y'_1}+\overline{Y_2Y'_2}) \tag{22-4-3}$$

铁塔结构的倾斜率为该塔结构倾斜值与该断面的塔身高度 h 之比，则

$$\Delta C=\frac{\sqrt{X^2+Y^2}}{h}\times 1000(‰) \qquad (22\text{-}4\text{-}4)$$

将铁塔结构的倾斜率 ΔC 与 GB 50233—2005 允许值相比，若 ΔC 小于允许值为合格，ΔC 大于允许值为不合格。出现不合格的情况，必须逐个断面进行复测，以查明原因并研究纠正倾斜的措施。

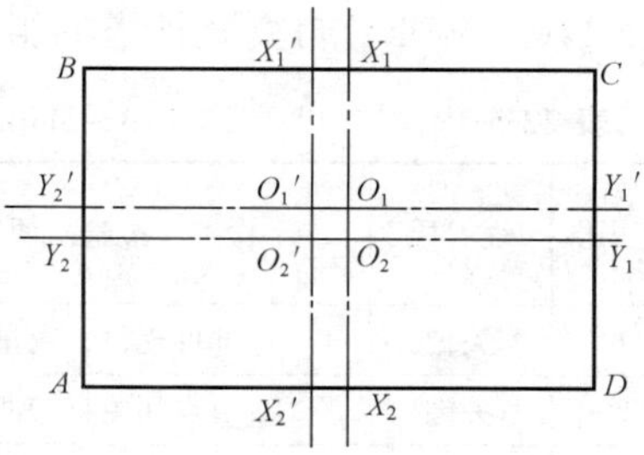

图 22-4-2　铁塔某断面的测量

二、等截面拉线铁塔立柱弯曲的检查方法

拉线塔立柱弯曲的检查一般应在立塔之前进行，以便发现问题在地面处理。如果立塔后目测弯曲也应复测。

拉线塔立柱弯曲的检查首先是检查人员站在立柱一端，由立柱主材外边缘向另一端瞄准，如有弯曲即可发现。然后再用拉弦线的办法测量最大弯曲处的弯曲值。弦线可选用质地坚韧的琴线或 20 号镀锌铁线且无挠曲、金钩等外伤。弦线接触的两点位置应根据立柱弯曲情况选定。局部弯曲时，弦线应接触在局部弯曲段的两端直线部位；整柱弯曲时，弦线由上自横担底面至塔柱根部，测量整根主柱的最大弯曲值。

测量出最大弯曲值 E 之后，还应量出弦线接触的两点间的距离 L，由此计算出立柱弯曲率 ΔE

$$\Delta E=\frac{E}{L}\times 1000(‰) \qquad (22\text{-}4\text{-}5)$$

将实测的 ΔE 值与 GB 50233—2005 允许值相比较，判定是否合格。不合格者，需查明原因后进行处理。

三、转角、终端塔受力后挠曲值的检查方法

为正确判断铁塔在受力后产生的挠曲值必须做两次检查：第一次在架线前，螺栓应全部紧固；第二次是架线后。两次对比即架线产生的挠曲值。为保证检查的精确度，前后两次检查，经纬仪应支于同一位置。

第一次检查的内容为受力前结构倾斜值，其测量方法与直线塔倾斜相同。

第二次检查的内容为受力后在受力方向结构的倾斜值。

将塔头位置的两次倾斜值相减，得塔身最大挠曲值。设第一次测量倾斜值为 D_1（由于向外角预倾斜，取为负值），第二次测量倾斜值力 D_2（可正可负），架线挠曲值 D_0 为

$$D_0=|D_1|\pm D_2 \qquad (22\text{-}4\text{-}6)$$

根据 GB 50233—2005 要求，受力后挠曲值只要求测量并做好记录。如果变形较大时应报告设计单位，研究是否处理。

第五节　铁塔组立的质量评级

铁塔组立完成后，应根据现场检查及铁塔组立检查记录，以基为单位评定铁塔组立的质量等级。评定等级由总公司质检科牵头，处、队质检员参加，还应邀请监理代表或业主代表等参加，以质量评级标准为准绳，公正合理评定质量等级。

质量等级分为优良、合格及不合格三个等级（详见 DL/T 5168《110kV～500kV 架空电力线路工程施工质量及评定规程》）。

110～500kV 自立式铁塔的组立质量等级评定标准见表 22-5-1。

表 22-5-1　　110～500kV 自立式铁塔的组立质量等级评定标准

序　号	性　质	检查（检验）项目		评级标准（允许偏差）		检查方法
				合　格	优　良	
1	关键	部件规格、数量		符合设计要求		与设计图纸核
2	关键	节点间主材弯曲		1/750	1/800	弦线、尺量
3	关键	转角、终端塔向受力反方向侧倾斜		大于 0，并符合设计要求	60°以下转角塔，3‰；60°以上转角塔及终端塔，5‰	经纬仪测量架线后检查
4	重要	直线塔结构倾斜（‰）	一般塔	3	2.4	经纬仪测量
			高　塔	1.5	1.2	
5	重要	螺栓与构件面接触及出扣情况		符合 GB 50233—2005 第 6.1.3 条	紧密一致	观　　察
6	重要	螺栓防松		符合设计和 GB 50233—2005	无遗漏	观　　察
7	重要	螺栓防盗		符合设计和 GB 50233—2005	无遗漏	观　　察
8	一般	螺栓紧固		符合设计和 GB 50233—2005	齐全紧固	观　　察
9	一般	螺栓紧固		符合 GB 50233—2005 第 6.1.6 条且紧固率：组塔后 95%；架线后 97%		扭矩扳手检查
10	一般	螺栓穿向		符合 GB 50233—2005 第 6.1.4 条	一致美观	观　　察
11	外观	保 护 帽		符合设计和 GB 50233—2005	平整美观	观　　察

第二十三章

安全及环保措施

第一节　地面组装的安全措施

一、一般规定

（1）参加地面组装的施工人员应经安全技术交底。

（2）现场作业人员应听从指挥人的指挥，坚守工作岗位，严禁违章作业。进入现场必须戴安全帽。

（3）使用的工具进场前应检查合格，不合格者不得使用。

（4）工作场地应设置明显标志，悬挂安全警示牌，非工作人员严禁入内。

（5）组装施工区域均应有专人值守。

二、搬运塔材的安全措施

（1）塔材不得直接用肩扛运，应使用工具由两人或多人抬运。

（2）两人抬运构件时，应用同侧肩抬，并做到同起同落。

（3）多人抬运构件时，应有人指挥，并做到步调一致。

（4）运输用的木杠、棕绳应牢固可靠，每次使用前应进行检查。

（5）搬运构件过程中应随时观察道路，有无沟沟坎坎，避免踩空、踩滑、跌倒。

（6）雨雪后抬运塔材，应有防滑措施，例如地面垫草垫等。

（7）斜坡上放置塔材应有防止突然向坡下方滑移的措施。

三、地面组装的安全措施

（1）地面组装前应清除影响地面组装的障碍物。

（2）观察组装场地的周围，如有陡坎应设置防护栏杆。

（3）组装过程中严禁用手指伸入孔内对孔。

（4）山坡地面组装时，塔材不得顺斜坡堆放。

（5）山坡地面组装塔片，垫木应稳固，且有防止滚动的措施。

（6）现场传递物件和小型工具及材料，严禁抛掷。

（7）尽量避免上下层同时作业。如果出现上下层作业，上层人员严禁物件坠落。

（8）用汽车起重机组装时，应执行汽车起重机的操作规定。

（9）在离地面 2m 以上高处组装时，人员上下应使用梯子。

四、汽车起重组装构件的安全措施

汽车起重组装构件的安全措施见第二十三章第七节相关内容。

第二节 内悬浮内拉线抱杆分解组塔的安全措施

一、通用的安全措施

（1）施工人员应熟悉作业区域内的环境。作业前应清除附近障碍物，并在作业区周围设置明显标志。

（2）施工人员应参加分解组塔技术交底，并明确分解组塔的安全措施。

（3）分解组塔应设现场指挥人和安全监护人。

（4）非施工人员不得进入作业区。作业区位于交通路口或过往行人密集地区，应设专人监护，非施工人员不得进入作业区。

（5）遇有雷雨、暴雨、浓雾、沙尘暴、六级及以上大风时，不得进行高处作业和杆塔组立作业。

二、高处作业的安全措施

（1）严格执行 DL/T 5009.2—2004 第 8 章有关高处作业及交叉作业的规定。

（2）登塔前必须对安全用具进行全面检查。必须正确佩戴安全帽、安全带或腰绳、防坠器等。

（3）登塔前必须确认铁塔地脚螺母已装齐且拧紧，接地装置与塔腿已可靠连接。

（4）安全带或腰绳必须拴在牢固的构件上，且不得低挂高用。作业过程中应随时检查安全带或腰绳是否拴牢，不得随意解开安全带或腰绳，必须坚持“解带不作业，作业不解带”的原则。

（5）高处作业应将小件工具及螺栓、垫圈等小件材料装入工具袋，严禁以衣、裤口袋代替工具袋，严禁小件机具、材料掉落地面。

（6）高处作业传递物件应使用绳索（例如尼龙绳等），严禁向下抛掷。

（7）高处作业人员中应指定一人为负责人，并负责与地面指挥人联系，保持高处与地面作业的协调配合。

（8）已组塔体上严禁搁置暂不用的辅材，不能立即安装的辅材或规格不适用的辅材必须送回地面。

三、吊装构件的安全措施

（1）吊装构件过程中，吊件下方严禁有人。

（2）在受力钢丝绳的内侧严禁有人。

（3）吊件的绑扎点应靠近构件的节点处，两吊点绳间夹角不应大于 120°。被吊塔片纵向长度应经验算确定，一般情况下不得大于 12m。构件的补强方案应符合作业指导书的要求。

（4）钢丝绳与构件绑扎处应垫麻布、方木等软垫。

（5）承托绳悬挂点的塔体断面应有大水平材（即两主材间直接连接的水平材），若无大水平材应验算塔体强度能否满足承托绳张力要求，必要时应采取补强措施。

（6）塔片吊离地面后应暂停牵引，检查各连接索具是否牢固及塔片有无变形，配装在工具袋的接头螺栓是否齐全。

（7）塔片起吊过程中，指挥人应在起吊方向的侧面，随时观测塔片与已组塔体的间距宜保持在 0.2～0.5m，严防塔片与已组塔体碰撞或挂住。

（8）塔片起吊过程中，攀根绳应根据指挥人的指令缓慢松出，不得拉得过紧过松。

（9）塔片起吊过程中，塔上作业人员应站在起吊构件反侧的安全位置，随时监视构件及内拉线、承托绳工作动态，发现异常情况及时报告指挥人。

（10）塔片起吊过程中，腰环应呈松弛状态，不得受力。

（11）塔片就位时应先低侧后高侧。主材和大斜材（连接同一平面的两根主材间的斜材为大斜材）未连接牢固前，不得在吊住的塔片上作业。

（12）拆除吊点绳时，应防止甩动伤人。

四、竖立抱杆的安全措施

（1）竖立抱杆的布置应符合作业指导书的规定。

（2）竖立抱杆前，抱杆的接头螺栓应拧紧；抱杆帽、抱杆底座及相应拉线应按规定配齐，规格符合要求。

（3）利用塔腿组立抱杆时，塔腿受力部位的连接螺栓应拧紧。

（4）利用人字抱杆组立抱杆时，人字抱杆的规格、布置应符合作业指导书要求。

（5）起立抱杆前，抱杆根部制动绳应收紧。

（6）起立抱杆作业，应设指挥人、安全监护人，其他作业人员均应明确分工，坚守岗位。

（7）应认真执行 DL 5009.2—2004 第 11 章 11.6 节“杆塔整体组立”的有关规定，严防倒抱杆事故。

五、提升和拆除抱杆的安全措施

（1）内拉线抱杆提升过程中应设置两道腰拉线，以保持抱杆基本处于竖直状态。

（2）内拉线抱杆提升前，装好两道腰拉线后，再将内拉线下端解开，且处于松弛状态，随着抱杆的提升，内拉线跟着松出。

（3）内拉线抱杆提升中应监视腰环是否有卡阻现象，如有卡阻应暂停提升，待处理后再继续提升。

（4）抱杆拆除前，起吊抱杆的滑车应挂在铁塔能够承力的节点处，节点附近螺栓应拧紧。

（5）抱杆拆除前，起吊抱杆的牵引绳收紧后，方准解开承托绳。

（6）抱杆落到塔头以下位置时，牵引绳应绑扎在抱杆顶端位置，但抱杆帽与抱杆必须用螺栓连接牢固。

（7）拆除抱杆的下方不得有人。

六、操作机动绞磨的安全措施

（1）机动绞磨放置应平稳，锚固必须可靠，受力前方不得有人。

（2）作业前应对机动绞磨进行全面检查并空载试运转。

（3）机动绞磨的机手应有操作合格证，不得由他人代为操作。

（4）拉磨尾绳不得少于 2 人，且应站于桩锚后面及绳圈外侧。

（5）牵引绳应从卷筒下方卷入，并排列整齐，缠绕不得少于 5 圈。

（6）机动绞磨的使用应执行 DL 5009.2—2004 第 14 章 14.3 节有关规定。

第三节 内悬浮外拉线抱杆分解组塔的安全措施

内悬浮内拉线抱杆分解组塔列出了通用、高处作业、吊装构件、竖立抱杆、提升和拆除抱杆、操作机动绞磨六个方面安全措施和环保措施。这些措施对于内悬浮外拉线抱杆分解组塔都是适用的。

本节针对外拉线的操作补充下列安全措施。

(1) 外拉线的规格及锚定装置应符合作业指示书的要求。

(2) 吊装构件过程中，外拉线必须有专人负责监视，随时观察拉线受力情况及地锚有无变化，发现异常应及时报告指挥人。

(3) 吊装构件过程中，如果需要调整拉线，机动绞磨必须暂停牵引，调节装置（如双钩等）必须设置保险钢绳。

(4) 抱杆提升过程中，外拉线应通过拉线控制器随时松出，四方拉线松出应均匀一致。

(5) 拉线作业人员应能看到指挥人的指挥信号，对指挥人的信号不明确时不得随意收紧或松出。

(6) 拆除抱杆的开始阶段，外拉线应随抱杆的下降而随之收紧。当抱杆头部落至上横担（酒杯型塔、猫头型塔为中横担）以下，牵引绳直接挂于抱杆头部后，方准拆除外拉线。

第四节 座地式四摇臂抱杆分解组塔安全措施

第二节中，针对内悬浮内拉线抱杆分解组塔已提出了六个方面的安全措施，同时适用于座地式摇臂抱杆分解组塔。本节针对座地式摇臂抱杆分解组塔提出补充的安全措施。

一、安装和提升摇臂抱杆的安全措施

(1) 抱杆组装应正直，连接螺栓规格必须符合设计规定，且应全部拧紧。

(2) 抱杆应坐落在平整、坚实、稳固的地基上，若为软地基应垫碎石、方木等，防此抱杆下沉。

(3) 倒装提升抱杆时，每提升一次，限接装抱杆一段。如果抱杆接续段小于 3m，需要一次接装 2 段时，该 2 段必须在地面先行组装成一段后再提升倒装。

(4) 提升、拆除抱杆及吊装构件过程中，抱杆上均不得有人。

(5) 提升抱杆不得少于两道腰拉线，固定腰环的 4 角钢丝绳应呈水平状态并收紧。两道腰环的垂直距离不得小于 4m。

(6) 提升和拆除抱杆过程中，应设专人在塔上监视，如发现抱杆被卡阻等异常现象，必须处理后再继续提升和拆除。

二、吊装构件的安全措施

(1) 一个摇臂起吊构件时，其余摇臂起平衡作用。

(2) 起吊构件前，抱杆应向起吊反侧预偏 200～300mm。试吊构件，若发现仍向起吊侧偏移时，应将构件放至地面增大预偏值，以保持在起吊过程中抱杆始终处于铅垂状态。

(3) 构件起吊过程中，应用经纬仪随时监视抱杆露出已组塔体部分的正直情况，并及时报告现场指挥人。若桅杆顶向吊件侧偏移超过 50mm 时，应调整调幅滑车组使抱杆保持正直。

（4）构件起吊过程中，应尽量松出攀根绳。构件就位困难时，应调整摇臂角度协助构件就位，不得强行收紧攀根绳协助就位。

（5）塔片就位尚未稳固前，不得登上塔片作业，也不得拆卸起吊索具。

（6）非起吊侧的摇臂均应平放，且保险钢丝绳应处于张紧状态。停工或过夜时，摇臂均应平放。不得悬挂构件在高空停留过夜。

（7）不得在摇臂的中间或非吊挂位置悬挂起吊滑车。

第五节　座地式双摇臂外拉线抱杆分解组塔的安全措施

除应执行第二十三章第三节及第四节相关安全措施外，对于双摇臂外拉线抱杆吊装塔片及提升抱杆尚应执行下列措施。

1. 提升及拆除抱杆

（1）悬挂提升抱杆的主材节点经验算，应满足提升抱杆的强度要求。

（2）当抱杆高度大于80m时，提升抱杆的提升绳与抱杆轴心夹角不应大于35°。

（3）提升接长抱杆和拆除抱杆时一次宜一段。

（4）提升及拆除抱杆时，抱杆上不得有人。

（5）接长抱杆时，抱杆旁边应搭设作业平台，平台应不妨碍抱杆的提升和拆除。

（6）提升抱杆时，外拉线应能顺利松出。

2. 吊装构件

（1）吊装构件前，各道腰拉线应收紧，抱杆外拉线同步调紧，使抱杆向受力反侧倾斜100～200mm。

（2）当被吊构件偏离摇臂下方，宜先行拖拉，待构件移至摇臂下方时再牵引起吊。

（3）当一侧摇臂吊装构件时，另一侧摇臂应悬挂钢丝绳与地锚或塔脚连接收紧，起平衡拉线作用。

（4）吊装构件可能需要穿越外拉线时，应在构件上增设控制绳，以便在需要时使构件偏移，严禁用调整或松出外拉线方法避让构件。

（5）吊装构件过程中，外拉线地锚及连接处应有专人监护，发现异常及时报告指挥人。

第六节　座地式双摇臂内拉线抱杆分解组塔的安全措施

一、施工准备阶段的安全措施

1. 人员方面

（1）各岗位作业人员施工前进行专项培训，熟练掌握其岗位要求和操作技能，特殊工种应持证上岗。

（2）施工前，施工人员均应参加技术交底，熟悉铁塔结构特点，熟悉铁塔吊装方法，熟悉机具性能，熟悉安全措施及质量要求。

（3）组织施工人员讨论铁塔组立中可能发生的问题及对策，制订应急预案。

2. 机具

（1）运到现场的机具、设备均应进行全面检查，不合格者不得使用。

(2) 起重工具规格均应符合作业指导书要求，严禁以小代大使用。

(3) 各种机械设备使用前均应空载试运转，无异常后再带负荷使用。机械设备应注意维护保养。

(4) 钢丝绳使用前应逐条逐段检查，环套插接长度应符合安全规程要求。

(5) 电动卷扬机采用电气控制系统集中控制，一人操作，一人监督。指挥台禁止非作业人员逗留。

(6) 塔上、塔下的通信采用无线电对讲机时，使用前应进行试用。

3. 方法

吊装构件顺序每天应在站班会上宣讲，让施工人员明确吊装顺序及绑扎方法。

4. 环境

(1) 现场应进行修整，规划组装场地及场内道路。

(2) 施工场地周围应设立围栏及警告标志，禁止非作业人员进入作业区。

(3) 与附近的居民取得联系，采取防扰民措施，争取附近居民的协助。

(4) 青赔、拆迁等工作应先办理手续，避免与民众产生纠纷。

二、高处作业

高处作业除应遵守本章第二节的有关规定外，尚应执行下列规定。

(1) 钢管主材上设置有防高空坠落自锁的导索，导索安装后应有专人检查，合格后方可使用。

(2) 登塔必须使用安全自锁器。塔上作业除系好航空安全带外，还应挂好两道防护绳。塔上长距离移动时必须使用速差自控器。在塔上的任一瞬间都不得失去保护。

(3) 塔上每道水平材上方约 1.5m 处应设置一条 GJ-50 型钢绞线收紧连接于相邻两主材之间，作为作业人员悬挂安全带及扶手，以便行走。

(4) 塔上作业工具均应拴一尾绳，操作时将尾绳系在构件上，防止工具坠落。

(5) 构件连接螺栓应装入工具袋，与构件起吊同时吊上。

(6) 严禁被吊构件未就位而悬吊在空中或浮搁在已组塔体上。

(7) 吊装小件物件时，所用吊绳应为循环绳，并有人在地面控制，防止物件较轻时在空中飞舞。

三、设置安全网

(1) 高塔组立一般不应少于两道安全网，最低一道网高度约为铁塔高度的 1/3 处，最高一道网应位于下横担的下方约 15m 处。

(2) 安全网的外周用 ϕ11mm 钢丝绳并用花篮螺丝收紧悬挂于钢管主材上。安全网的内周用 ϕ12mm 迪尼玛绳收紧。网格绳用尼龙绳制作，网格尺寸不应大于 200mm×200mm。

(3) 安全网仅设置于铁塔平隔面断面处，但不得影响提升抱杆或上下穿行的钢丝绳。

(4) 安全网的任一处容许承载力不小于 5kN，20m 高处坠落 100kg 单个非尖锐物件时不应破断。

四、地面组装和搬运

(1) 用 6t 侧叉车移运塔材时，运输路上宜垫钢板，避免下沉。装载钢管时，应找准钢管重心位置，避免钢管翻身。

(2) 用吊车作业应执行吊车操作规定（详见第九节）。

(3) 构件组装和搬运前应对构件进行外观检查，并与图纸尺寸进行核对，发现尺寸超标、弯曲变形者应报告现场指挥人。不合格者严禁使用。

(4) 易滚动的构件前方不得有人逗留。

五、施工电源

(1) 工地用电应配备经检验合格的配电盘。使用的电缆必须绝缘良好，敷设有序，不得乱拉乱搭。必须沿地面敷设的电缆应采取埋入地面或加套管等保护措施。

(2) 电动机械设备均应安装漏电保护装置及可靠接地。使用前均应检查。

(3) 抱杆上警航灯及转动支撑的电缆应固定在安全位置，引到地面时应留有预留长度，升抱杆时应同步放出。

(4) 施工电源应有专人（电工）负责维护、巡检，及时维修。

六、操作卷扬机

(1) 卷扬机应由经过培训并考核合格的专门人员操作。操作工对电气控制柜上的各个按钮对应的功能和控制的卷扬机应十分熟悉，启动时不得快速跳挡。

(2) 卷扬机操作工应在每日工作前试验和检查刹车是否可靠，检查钢丝绳运动方向上及进出口是否正常，检查过载保护是否有效，开机后不得离开岗位，不得他人代替操作。

(3) 卷扬机操作工必须得到指挥开机信号后才能启动卷扬机。接到任何人发出的停机信号时，必须立即停机。

(4) 卷扬机操作工当日工作结束后，应关闭电源，锁好配电箱。

(5) 卷扬机操作工必须按规定开启和关闭警航灯电源。

(6) 卷扬机在运转中制动失灵的情况下，应利其正转、反转来主动控制构件落地或做循环运动；不得切断主电源，使构件处失控状态；待问题处理好后方准正常操作。

(7) 发生电气火灾时，应立即切断主电源。

(8) 卷扬机运转中突然失电，卷扬机会自锁且停止转动，此时应立即启用备用电源，使构件缓慢落地。待失电问题消除再继续运转。

七、吊装构件

吊装构件除执行第二节有关安全措施外，尚应执行下列规定。

(1) 为防止吊装构件过程中起吊钢丝绳自重引起的吊钩不能正常下到地面，应给吊钩挂上配重（配重约400kg)。

(2) 吊装构件前应将抱杆调至垂直地面状态，摇臂宜平放以减少攀根绳受力。构件吊装过程中，攀根绳宜呈松弛状态，以使构件不触碰塔体为原则。

(3) 两侧构件垂力线的摆放位置与抱杆、摇臂中心线应基本重合，以避免摇臂承受侧向力。

(4) 在卷扬机与其地锚之间加装拉力传感器，以监视抱杆系统受力情况，并设定系统张力最大值。当牵引张力超过设定值时，电气控制系统将自动切除动力回路电源。

(5) 测量人员用经纬仪实时对抱杆变形、偏移等进行监测，及时向总指挥报告，配合总指挥与塔上指挥，做到平衡吊装。

(6) 有条件的情况下，应运用电视监控技术监督塔上安全状况。总指挥可通过抱杆上安装摄像头了解塔上作业情况。地面监视装置每天作业前应进行调试。

(7) 每天应有专人接听气象情况，并及时向总指挥报告记录结果。现场的风力风向仪应有专人保管和使用，每天至少监测3次，并及时向总指挥报告检测结果。

(8) 遇有安规规定的5种恶劣气象条件应停止塔上作业。

(9) 塔上与塔下通信联系阻断时应暂停吊装作业。

(10) 当天工作结束后应检查抱杆拉线固定情况；将摇臂调整至顺线路或横线路位置，吊钩应收起并固定好。机械设备应盖好，电源应切断。

八、文明施工及环境保护

(1) 现场机具、材料应分别摆放，摆放应整齐、有序、有标识，禁止乱堆乱放。

(2) 立塔现场应有醒目的警戒标志、安全警示牌。设置应牢固、规范。现场作业过程中应禁止抽烟。

(3) 应执行第九节有关环境保护的规定。

第七节 流动式起重机组立铁塔的安全措施

一、一般要求

(1) 起重机组立铁塔前施工人员必须做到四个明确，即明确塔片吊装顺序，明确每次吊装重量，明确吊点位置及补强方式。

(2) 起重作业与高处作业人员应密切配合。高处作业人员应站在已组塔架的侧面。

(3) 汽车起重机支腿必须支撑在坚实的地面上，并经过试吊证明支腿不会下沉。

(4) 起吊塔片的绑扎点应位于塔片重心的上方且绑扎牢固。钢丝绳与塔片绑扎时应垫软物或使用特制挂环。

(5) 非施工人员不得进入起重机1.2倍吊臂长度的作业范围区内。

二、起重机的操作安全措施

(1) 起重机使用前应对其性能进行检查，确认各部位良好后再投入作业。

(2) 吊装作业前，参加铁塔吊装的司机、起重工、技术人员及施工负责人应熟悉起重机性能及被吊塔片的技术参数，例如重量、高度、重心高度等。

(3) 指挥起重机作业时，信号必须统一、清楚、正确和及时。

(4) 起重机吊装塔片或塔段时，在吊臂回转范围内，吊件下方严禁有人通过，更不允许在塔片下方逗留。如果必须要在塔片下方工作时，应采取支顶措施，使吊件垫平放稳后方准工作。

(5) 禁止起重机在高压线下方和带电区域工作。如果必须在高压线下方工作时，起重机最高点与带电线路间必须保持一定的安全距离，见表23-7-1。

表23-7-1　　起重机与带电线路的最小安全距离

线路电压等级（kV）	<1	1～10	35～63	110	220	330	500
最小安全距离（m）	1.5	2.0	3.5	4.0	6.0	7.0	8.5

注 摘自DL 5009.2—2004《电力建设安全工作规程 第2部分：架空电力线路》。

(6) 起重机应停在水平位置面上工作，停妥后的允许倾斜度不得大于3°。

(7) 起重机伸臂与地平面的夹角应根据起重机的技术性能所规定的角度范围进行工作，不得盲目伸臂。

(8) 起重机在坑、沟、河边工作时，应与坑、沟、河边保持必要的安全距离，一般为其深度的1.1～1.2倍，以防塌方造成起重机倾倒。

(9) 严禁起重机偏拉斜吊，以防止钢丝绳卷出滑轮槽外而卡死或挤伤。

(10) 重量不明的塔片严禁起吊。起重机起吊塔片时应随着起升而旋转吊臂。

(11) 塔片上有人员时严禁起吊。

(12) 禁止起吊构件长时间在空中停留。午休或过夜时，起吊塔片必须置于地面，且吊钩应固定在牢固的物体上。

(13) 起重机的荷重在满负载时，应避免离地面太高。

(14) 起吊构件提升的速度要均匀平稳，不许忽快忽慢，忽上忽下，预防构件在空中摇晃。构件下落时应缓慢，密切注视作业人员指挥。

(15) 使用两台起重机抬吊同一段构件时，应遵守下列要求。

1) 两台起重机起重量不同时，吊件的绑扎位置应经过重量分配计算，避免起重机超载。

2) 两台起重机吊装的重量在考虑不平衡系数后均不应超过该机的额定起重量的80%。

3) 应设专人指挥，指挥员应站在两台起重机驾驶员均能看清的地方。

4) 每台起重机的起吊绳应保持与地平面垂直状态，严禁斜吊。

5) 两台起重机起吊构件过程中应互相协调，起升速度应基本一致，避免构件不应当的倾斜。

三、构件绑扎的要求

(1) 绑扎构件使用钢丝绳时，安全系数应不小于6。与构件连接处宜使用尼龙吊带，吊带的安全系数应不小于8。

(2) 绑扎塔片时应掌握塔片重心位置，绑扎点应高出重心3～5m。

1) 吊点钢丝绳长度应选取适当。构件垂直地面起吊时，两根吊点绳长度应相等，两绳间夹角应不大于120°。

2) 构件的下端应绑扎控制绳，起吊开始状态应适当收紧，构件悬空后控制绳不应受力，避免增大起重量。

四、起重机械的使用及管理

起重机械的使用及管理应执行GB 6067—2010《起重机械安全规程　第1部分：总则》有关规定（见附录O）。

第八节　塔式起重机分解组塔的安全措施

一、构件地面组装的安全措施

构件地面组装的安全措施见第二十三章第一节相关内容。

二、高处作业的安全措施

高处作业的安全措施见第二十三章第二节相关内容。

三、流动式起重机吊装构件的安全措施

流动式起重机吊装构件的安全措施见第二十三章第七节。

四、塔吊吊装构件应执行的要求

(1) 铁塔爬梯应与各塔段同时吊装，以供塔上作业人员上下塔使用。

（2）在塔式起重机起重力矩允许的情况下，每吊构件宜在地面尽可能全部组装好，以减少塔上作业工程量和作业时间。

（3）当起吊构件时，应按不同型号塔式起重机的起重和回转规定进行。塔式起重机起重小车应置于起吊臂端侧，使被吊构件垂直上升，避免碰撞铁塔本体。

（4）起吊绳应在上固定端串接一个旋转连接器，以控制吊绳绞扭。

（5）塔式起重机原配自控监测装置，在工作前应校正检查，并投入正常运行。如塔式起重机无原配自控监测装置（如超重、超力矩、超风速报警装置和激光准直仪、航空标示灯等），应按规定配备齐全。

（6）每吊升一段，即应设置一道防护网和水平护栏，拆除下层防护网和护栏。如铁塔未装爬梯应加装乘人吊笼，供高空作业人员上下塔使用。

（7）每吊装一段，随即一次找正检查，紧固所有被装配的螺栓，达到一次完成不再修理，并清除塔上浮置物。全部完成后紧固螺栓，作业人员进行自检，塔上作业组长进行互检。而后在专用岗位操作记录表中签字。

（8）每天吊装工作结束后，小车应停在规程规定位置；廻转塔身，置于自由回转位置，开启航空标志灯，以防大风袭击和航空器误碰。

（9）当风速在五级（相当于风速 10.7m/s）及以上不得进行吊装作业。

（10）对妨碍塔机安全工作的电力线应拆除或搭架防护，并在工作半径外 5m 范围设置警戒围栏。

（11）塔机应有良好的接地装置，接地电阻不得大于 4Ω。

五、塔式起重机安全操作措施

（1）塔式起重机在作业前必须认真检查各部件是否符合安全规定，各限位和保险装置是否灵敏、可靠，电路是否畅通。

（2）作业前，应将轨钳提起，清除轨上障碍物，拧好夹板螺栓。

（3）作业时，应将驾驶室窗子打开，注意观测或接听指挥信号，冬季驾驶室内取暖应有防火、防触电措施。

（4）起重机行走到接近轨限位开关的吊钩，其上止点距离臂杆顶端必须大于 1m。

（5）起重机不准超载、超负荷运转。明确联系信号，如发觉信号不明时不得盲目操作。严格执行“十不吊”，如下。

1）指挥信号不明不吊；

2）地下埋物不吊；

3）吊物上站人不吊；

4）吊臂下有人不吊；

5）零散物品没有容器不吊；

6）起重量不明不吊；

7）天气不满足吊装安全要求不吊；

8）严禁斜拉斜拽；

9）夜间照明不良不吊；

10）超载不吊。

（6）作业完毕后，塔式起重机应停机放在轨道中部，臂杆不应过高，应顺向风源，卡紧轨钳，切断电源。

（7）自升塔式起重机吊构件时，平衡重必须移动至规定位置。

（8）顶升时，必须有专人指挥，看管电源、操作液压系统和紧固螺栓。顶升时必须放松电缆，放松长度应略大于总的顶升高度，并固定好电缆卷筒。

（9）顶升时，应把起重小车和平衡重移近塔帽，并将旋转部分刹住，严禁塔帽旋转。

（10）使用和管理塔式起重机必须有专人负责，要按规定进行保养维修，搞好“清洁、润滑、紧固、调整、防腐”十字作业。

第九节　组立铁塔的环境保护措施

对环境可造成破坏的项目（如砍伐林木、挖土石方等）应与有关部门办理相关手续，签订有关协议。应积极争取当地政府和有关部门的配合和支持。

施工现场应合理堆放材料，合理进行现场布置，尽量避免占用农田和改变地貌现状。

对铁塔组立中可能造成的环境污染应采取相应的措施。

（1）噪声污染。污染源主要是运输机动车和牵引机械（如机动绞磨等），措施是保持机动车和施工机械的完好状态，减少噪声，合理安排机械使用，减少开机次数；在人口密集区，居住人员休息时尽量不开机。

（2）林木破坏。

1）有计划的必要的林木砍伐：对此要精细测量，凡是不影响杆塔组立和送电安全的林木一律不砍，严禁乱砍；

2）发生火灾造成林木破坏：对此必须严密重视，不得在林木地区使用明火，油料等易燃品严格保管防止渗漏。

（3）水土流失。污染源主要是开挖地锚。地锚坑的开挖应符合作业指导书的规定，挖出的土应保管好，组塔完后应将挖土原封回填，不得流失；地表属于坡地时应筑坡保护。

（4）废弃物乱丢。废弃物一律应回收，集中处理，例如油漆瓶、包装筒（袋）及金属和塑料制品，铁塔组立后地表不得残留废弃物。

（5）地表污染。污染源主要是机械油污。措施：施工机械应为合格产品，无泄漏缺陷；定期进行保养以保持机械的良好状态；设置专用容器回收废油。已漏油污应清理干净或进行深埋。

第四篇　张　力　架　线

第二十四章

张　力　放　线

第一节　概　　述

张力架线系指在架空输电线路架线工程中，用张力放线方法展放导线，以及与张力放线相配合的工艺方法进行紧线、挂线、附件安装等各项作业的整套架线施工方法。张力架线的基本特征如下：

（1）导线在架线施工全过程中处于架空状态；

（2）以施工段为架线施工单元工程，放线、紧线等作业在施工段内进行；

（3）施工段不受设计耐张段限制，可以直线塔作为施工段起止塔，在耐张塔上直通放线；

（4）可在直线塔上紧线并作直线塔锚线，凡直通放线的耐张塔也直通紧线；

（5）在直通紧线的耐张塔上作平衡挂线。

在充分体现上述特征的前提下，可根据工程具体条件选择张力架线的工艺流程、施工机械、施工组织及操作方法等。

本章所述内容为张力架线的导、地线展放工艺，其编制的主要依据为国内 110kV 及以上架空输电线路施工及验收规范和张力架线施工工艺导则，内容包括张力放线的施工准备、施工组织及岗位责任、放线施工等施工操作要点，不包括光纤复合架空地线（OPGW）张力放线施工和特殊张力放线施工。

第二节　施工工艺流程及劳动组织

一、施工工艺流程

张力放线施工工艺总流程见图 24-2-1。

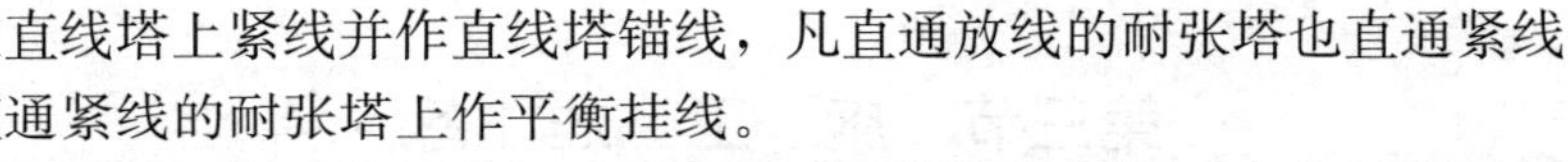

图 24-2-1　张力放线施工工艺总流程图

二、劳动组织及岗位责任

张力架线施工的劳动组织不仅与工程设计参数有关，而且与工程的具体环境及施工方法有关。因此，劳动组织应根据具体情况确定。一般情况下，张力放线劳动组织及岗位责任见表 24-2-1。

表 24-2-1　　张力放线劳动组织及岗位责任

序号	岗位	人数	岗位责任	备注
1	现场指挥	1	设在张力场，负责张力场及放线区段的总指挥	
2	现场副指挥	1	设在牵引场，负责牵引场的指挥	
3	牵引机手	1（2）	每人负责操作一台大牵引机和一台小张力机	人数一列中括号内为每人控制一台设备
4	张力机手	1（2）	负责操作大张力机和小牵引机	人数一列中括号内为每人控制一台设备
5	压接工	1（2）	负责导、地线压接	根据导线分裂数大于6时，配备2个
6	吊车司机	1	驾驶吊车、操控吊车	
7	安全负责人	1	负责放线区段的安全工作	
8	质量负责人	1	负责放线区段的质量工作	
9	技工	若干	负责架线操作	
10	普工	若干	负责架线操作的辅助工作	

注　本表为一个张力放线班组的劳动组织及岗位责任。

第三节　施工准备

本节内容主要是导线展放前的施工准备，其内容包含施工图审查、施工技术准备、施工人员准备、架线材料及器材准备、施工机具准备、放线滑车悬挂、跨越施工准备、场地布置等。

一、施工图审查

（1）为保证架线工程的施工质量，减少返工及差错，应对架线施工图进行仔细审查。

（2）架线施工图主要包括线路平断面图、电气部分的杆（塔）位明细表、机电安装图及相应的施工说明书。

（3）施工图的审查由工程项目技术负责人主持，由技术、供应、质检及施工队有关技术人员参加，审查发现的主要问题汇总后报送监理人员，再向设计单位提出。

（4）架线施工图审查的主要项目有：检查架线施工图的数量是否齐全，检查架线施工图与相关联的施工图是否一致。

（5）架线施工图数量的检查由工程项目技术负责人负责。检查内容包括全线路分段架线时，图纸能否满足需求。

（6）架线施工图的审查应与杆塔施工图相联系进行审查。

（7）架线工程施工图与相关的杆塔图审查的内容：

1）机电安装图中的换位图杆塔号与杆（塔）位明细表中的换位杆塔号是否相一致；

2）绝缘子串中的挂线金具与杆塔上相应的挂线孔是否相匹配；

3）机电安装图中的跳线与杆塔及拉线的间隙是否满足设计规程要求；

4）在大高差、大转角位置的杆塔，绝缘子串有无特殊连接措施，电气间隙能否满足设计规程要求。

(8) 对线路平断面图、杆（塔）位明细表应审查的内容：

1) 导线对地距离的危险点复测时检查设计资料是否正确，有无漏测点；

2) 绝缘子串应倒挂的杆塔号设计是否明确；

3) 对交叉跨越设计有无特殊要求（如被跨越物改造，导、地线接头等），施工中实施有无困难；

4) 电力线路下方有无设计未注明而需要搬迁的设施，对设计规定搬迁的设施能否用改线而不需搬迁的，经方案比较后向设计单位提出。

(9) 机电安装图应审查的内容：

1) 检查机电安装图中的材料表与图示内容是否相统一。

2) 对机电安装图中的金具型号、规格应核对是否属国家标准产品。对非标准金具，检查设计是否提供制造图及制造技术要求。

3) 核对设计对绝缘子订货有无特殊要求。特别是绝缘子的开口销，目前厂家有钢质和铜质两种，应明确用哪一种。

4) 核对导线换位图的相序变换是否正确，是否与相应的杆塔图一致。

5) 检查导线跳线安装图中的设计弧垂规定值是否满足设计规程要求。

6) 检查设计提供的导线及架空地线（简称导、地线，下同）安装应力曲线或百米弧垂曲线与特性曲线是否一致。

7) 检查进出变电站构架的孤立档架线弧垂设计有无特殊要求。

8) 检查订购的导、地线与设计安装曲线的导、地线型号、规格是否一致。

二、施工技术准备

1. 施工条件的调查及准备

(1) 对线路通道中的农田、青苗、果园、树木、古迹、房屋、护坡、旅游区等地物的调查，并制定及落实处理措施和协议。

(2) 详细调查被跨越的电力线、铁路、公路、通信线等障碍物，确定其施工跨越方案，并应提前完成及安排好，确保不影响架线作业计划的实施，如需停电作业，应提前上报停电作业计划。

(3) 调查平行或相邻的超高压电力线路情况，提出并落实防止电害措施。

(4) 调查并清楚掌握沿线的气象、汛情和地震等状况，落实施工队住地及生活安排，以及调度通信等工作。

2. 编制施工组织及施工技术设计

(1) 明确施工管理方式或岗位责任。

(2) 进行张力架线施工计算。

(3) 编写施工技术指导性文件，其中包括作业指导书、施工明细表、弧垂观测手册、金具安装手册、间隔棒安装手册、跳线安装手册等。

(4) 制定保证施工安全及施工质量措施。

3. 技术交底

组织对参加张力架线施工的全体人员进行技术交底。内容包括工程建设意义、施工方法、施工操作要点、施工安全和施工质量，以及宣布施工工作计划、岗位责任和施工纪律。

使每个岗位人员都弄懂交底内容，并履行技术交底签证制度。

4．技术试点

对首次作业的施工项目，应进行技术试点，统一方法，统一施工工艺，统一施工标准和施工机具。

5．工艺性试验

对有关工序项目，要进行必要的工艺性试验，如导线液压接续试验等，试验合格后方可批准施工。

6．整理技术资料

整理有关规程、规范及相关工程图纸及文件等技术资料，并发给各施工队长或相关人员。

三、施工人员准备

（1）确定劳动组织，明确岗位分工，定岗定员，配备作业人员，制定岗位责任制度。

（2）对不同岗位技术人员进行培训和考核，明确奖惩办法。

（3）组织全体施工人员，认真学习有关规程、规范、守则及施工技术文件，了解工程的概况、特点和技术标准与要求。

（4）加强劳动纪律教育，了解当地民族风俗习惯。

（5）根据架线施工方式，组织安排施工队伍及数量和特殊工种人员，编制施工劳动组织计划，确定劳动力需求计划。

四、架线材料及器材准备

（1）确保架线原材料及器材的质量和数量，并按供应计划如期供应到达工地材料站。

（2）供应到现场的原材料及器材，均应有出厂质量合格证明和试验报告，并对其进行外观、数量、规格等方面的检验。

（3）对于导线、架空地线要逐轴检查并做检查记录，内容包括制造厂家、编号、制造长度、单位、重量和加工质量等，并提供给技术部门。

（4）对于线路所用的全部金具材料，要进行试组装，并在材料站逐基分类装配、摆放整齐。

（5）对于复合绝缘子串要妥善保管，不得磨损与碰撞，防止被鼠咬伤。摆放场地平整，高度不宜超过5层。

五、施工机具准备

（1）根据工程结构特点编制机械设备及工器具需求计划，包括规格、数量。

（2）对运达现场的机械设备及工器具应进行外观检查，对机械设备应进行试运转，对工器具应进行试验，必须保证强度要求。

（3）检查到达现场的机械设备及工器具的数量，规格是否与计划一致。应对机械设备及工器具进行验收，并做好维护保养工作。

六、放线滑车悬挂

绝缘子串悬挂与放线滑车悬挂紧密相连。对于直线塔，一般放线滑车直接挂接在绝缘子串下面，所以绝缘子串同放线滑车一起悬挂；对于耐张转角塔，则采用钢绳套悬挂放线滑车，待放完线后紧、挂线过程中再将绝缘子串起吊安装。以上操作在后面文中均有详细叙述。因此，本节中内容以放线滑车悬挂为主，而不将绝缘子串悬挂做专题叙述。

1．放线滑车选定

放线滑车须满足如下要求：

（1）放线滑车轮槽数与牵放子导线的根数匹配，要与牵放方式一致。

（2）牵引板能顺利通过放线滑车，其几何尺寸与滑轮相符。

（3）放线滑车轮槽底径和槽形应符合 DL 685—1999《放线滑轮基本要求　检验规定及测试方法》的规定。

（4）放线滑车轮槽宽度能顺利通过直线接续管加保护钢甲及各种连接器。

（5）放线滑车轮槽接触导线部分应使用韧性材料，减轻导线与轮槽接触部分的挤压，提高导线防振性能。

（6）放线滑车导线轮的允许承载能力应满足工程需求，数量符合工程提出的需求计划要求，特殊情况下进行单独设计。

（7）放线滑车转动灵活，摩擦力系数小于 1.015。

2. 滑车悬挂方案

在滑车悬挂之前，应确定滑车的悬挂方案，其内容包含双滑车的使用条件、钢丝绳套规格长度、验算转角滑车与横担相碰条件的判定及处理方法、滑车悬挂方法等。

（1）双滑车使用条件。一相或一极导线在一基铁塔上一般用一个（组）滑车支承，存在下列情况之一时，必须挂双滑车，双滑车间用支撑杆间隔。

1）垂直于滑车轴方向的荷载超过滑车的承载能力时；

2）压接管或压接管加保护钢甲过滑车时的荷载超过其允许荷载（通过试验确定），可能造成压接管弯曲时；

3）放线张力正常后，导线在放线滑车上的包络角超过 30°时。

导线在放线滑车上的包络角按下式计算，即

$$\cos\varphi = \cos\alpha - [\cos\alpha + \cos(\alpha_A - \alpha_B)]\sin^2\frac{\theta'}{2} \qquad (24\text{-}3\text{-}1)$$

其中

$$\alpha = \alpha_A + \alpha_B$$

式中　φ——导线在滑车上的包络区间所对的圆心角，称为包络角，（°）；

α——放线滑车两侧导线的悬垂角之和，（°）；

α_A、α_B——放线滑车两侧导线的悬垂角，（°）；

θ'——滑车的水平转角。当挂单滑车时，滑车的水平转角为线路水平转角；当挂双滑车时，每个滑车的水平转角均为线路水平转角之半，（°）。

（2）放线滑车悬挂方式。

1）常规挂法：放线滑车悬挂在绝缘子串下；

2）高挂法：放线滑车通过挂具悬挂在横担上，挂具长度可根据对跨越物距离要求确定，挂具规格通过计算选择；

3）同相或同极放线滑车的悬挂必须等高，相邻放线滑车间的水平距离应不小于 1.5m（通常两滑车间相距横担桁架的一个或几个节间）。

（3）双滑车钢丝绳套长度确定。验算挂双滑车时，无论何种塔型，均应计算导线在两滑轮顶处的高度差 Δh 和挂具长度差 $\Delta\lambda$。若直线塔的 Δh、耐张塔的 $\Delta\lambda$ 大于 300mm 时，应使用不等长挂具悬挂双滑车，长挂具要挂在导线悬垂角度大的一侧，短挂具要挂在导线悬垂角度小的一侧，高度差和挂具长度差按下式计算

$$\Delta h = c\sin\eta_1 \tag{24-3-2}$$

$$\Delta\lambda = \frac{c\sin\eta_1}{\cos\eta_2\cos[\arctan(\tan\eta_1\cos\eta_2)]} \tag{24-3-3}$$

式中　Δh——双滑车悬挂高度差，m；

$\Delta\lambda$——双滑车挂具长度差，m；

c——两滑车间的支撑连杆长度，与横担的宽度相近，m；

η_1、η_2——导线合力线在顺线路、横线路平面内与铅垂线间的夹角，(°)。

$$\eta_1 = \frac{\alpha'_B - \alpha'_A}{2} \tag{24-3-4}$$

$$\eta_2 = \arctan\frac{H_\theta}{W + 2(G_H + G_\lambda)} \tag{24-3-5}$$

$$\alpha'_B = \arctan\frac{\tan\alpha_B}{\cos\frac{\theta}{2}} \tag{24-3-6}$$

$$\alpha'_A = \arctan\frac{\tan\alpha_A}{\cos\frac{\theta}{2}} \tag{24-3-7}$$

式中　α'_B——B滑车导线悬垂角α_B在铁塔侧面投影图中的投影，(°)；

α'_A——A滑车导线悬垂角α_A在铁塔侧面投影图中的投影，(°)；

θ——线路的水平转角，(°)；

W——滑车的垂直荷载，N；

G_H——滑车自重力，N；

G_λ——滑车挂具自重力，N；

H_θ——转角塔放线滑车在内角侧横线路方向承担的水平分力，N。

不等长挂具等高悬挂如图24-3-1所示的铁塔正面视图，两者在横担上的悬挂位置沿横线路方向应有一定的差距B'（B'即长挂具在横担上的挂点比短挂具在横担上的挂点向线路转角外侧位移一段距离），计算公式为

$$B' = c \cdot \sin\eta_1\tan\eta_2 \tag{24-3-8}$$

（4）验算转角塔放线滑车受力后是否与横担下平面相碰的判定。

1）图24-3-2所示是放线滑车受力后不与横担下平面相碰的临界状态。转角塔放线滑车与横担不碰的条件是

$$\arcsin\frac{H_\theta}{\sqrt{\left(W + G_H + \frac{1}{2}G_\lambda\right)^2 + H_\theta^2}} \leqslant 90° - \arctan\frac{a}{2\lambda} \tag{24-3-9}$$

式中　a——滑车轴向外轮廓宽度，m；

λ——滑车挂具长度，由横担挂点至滑车自身挂点，m。

2）悬挂滑车与横担下平面相碰时，必须采取以下措施：

a）加长挂具长度；

b）用压线滑车压线，即增加滑车的垂直荷载；

c）减小放线张力；

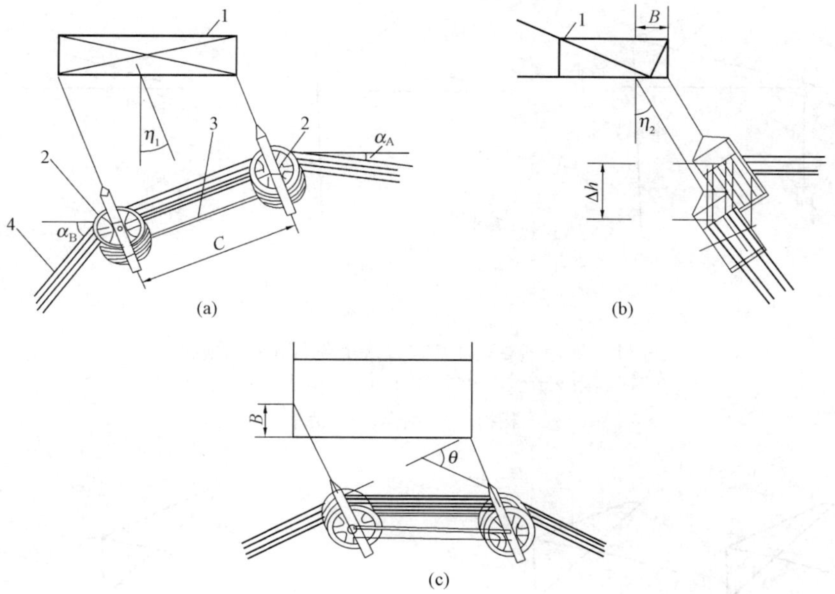

图 24-3-1　耐张塔不等长挂具等高悬挂双滑车
(a) 铁塔侧面视图；(b) 铁塔正面视图；(c) 俯视图
1—横担；2—滑车；3—滑车支撑连杆；4—导线

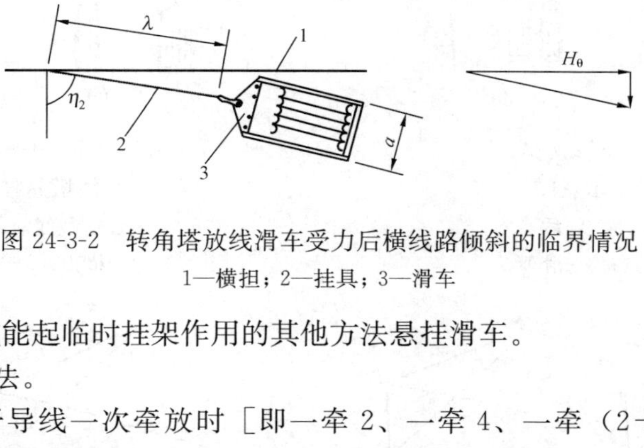

图 24-3-2　转角塔放线滑车受力后横线路倾斜的临界情况
1—横担；2—挂具；3—滑车

d) 以临时挂架或能起临时挂架作用的其他方法悬挂滑车。

(5) 滑车悬挂方法。

1) 同相或同极子导线一次牵放时［即一牵 2、一牵 4、一牵（2＋2）、一牵 6 或一牵（4＋2）］，直线塔悬挂滑车示意图见图 24-3-3。悬挂单放线滑车方法如下。

a) 直线塔：放线滑车直接挂在悬垂绝缘子串下。

b) 直线转角塔：放线滑车直接挂在绝缘子串下。

c) 耐张及耐张转角塔：用钢绳套等将放线滑车挂在横担的合适位置处。横担挂滑车的位置应具备如下条件（以下称为横担挂滑车条件）：

a. 该处可安全承受放、紧线荷载；

b. 紧线后导线距最终安装位置较近；

c. 作业方便；

d. 挂滑车钢绳套的安全系数应不小于 4。

2) 同相或同极子导线同步牵放时，各种展放方式下直线塔悬挂滑车示意图见图 24-3-4～图 24-3-7，悬挂单放线滑车方法如下：

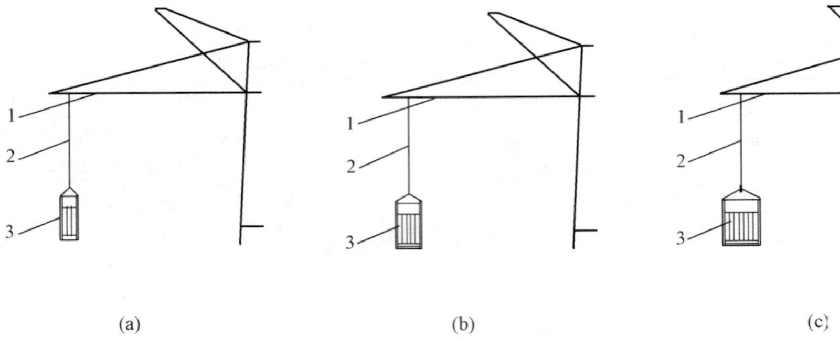

图 24-3-3 一次牵放方式直线塔悬挂滑车示意图
(a) 一牵 2 方式；(b) 一牵 4 方式；(c) 一牵 6 方式
1—横担；2—绳套；3—滑车

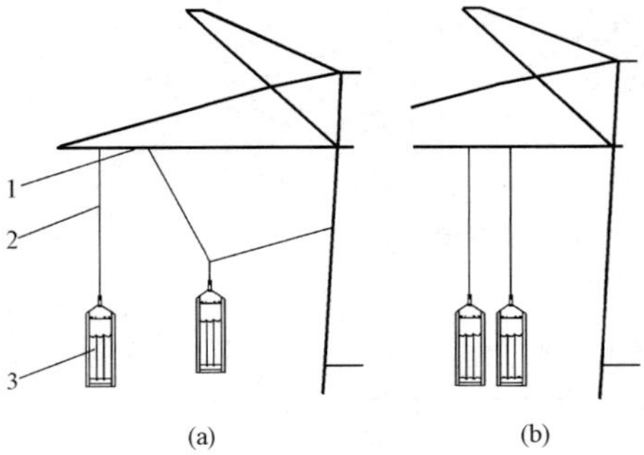

图 24-3-4 2×一牵 2 方式
直线塔悬挂滑车示意图
(a) 放线前；(b) 放线后
1—横担；2—挂具；3—滑车

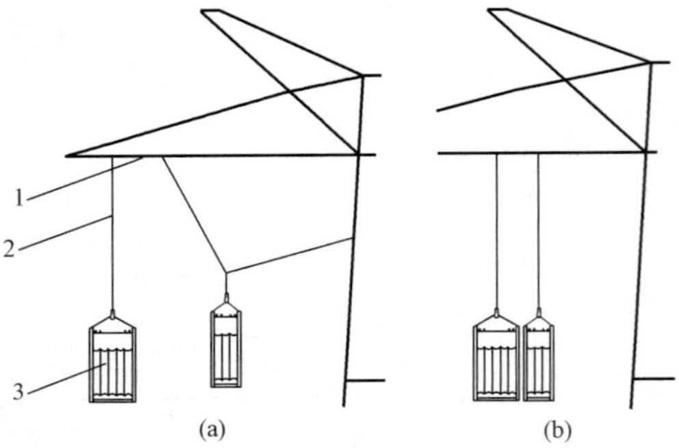

图 24-3-5 一牵 4＋一牵 2 方式
直线塔悬挂滑车示意图
(a) 放线前；(b) 放线后
1—横担；2—挂具；3—滑车

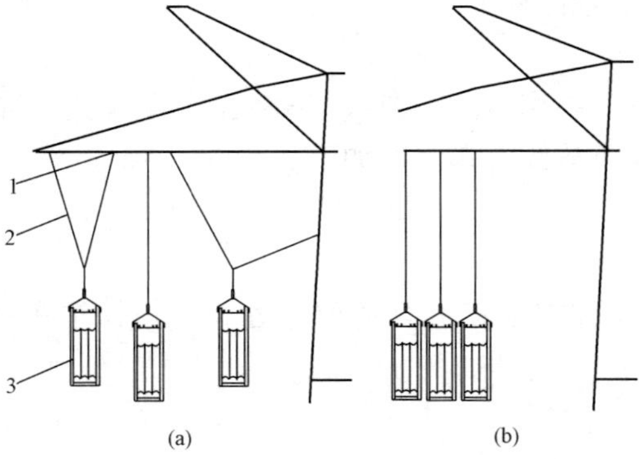

图 24-3-6 3×一牵 2 方式
直线塔悬挂滑车示意图
(a) 放线前；(b) 放线后
1—横担；2—挂具；3—滑车

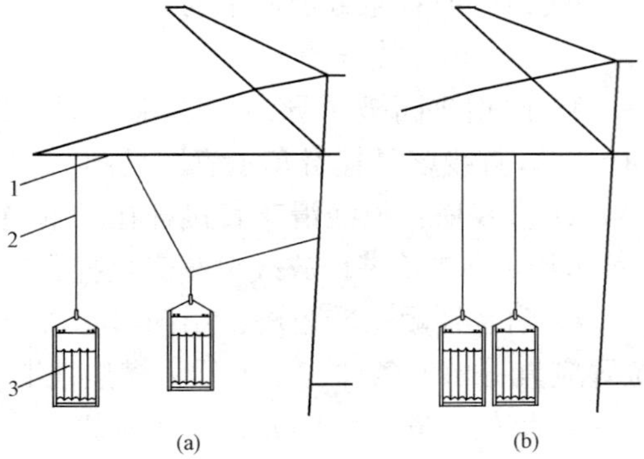

图 24-3-7 2×一牵 4 方式
直线塔悬挂滑车示意图
(a) 放线前；(b) 放线后
1—横担；2—挂具；3—滑车

a）同相或同极所有放线滑车悬挂后必须等高，通常滑车挂点间相距横担桁架的一个或几个节间，相邻两个放线滑车间的水平悬挂距离应不小于1.5m。

b）直线塔可用（也可不用）悬垂绝缘子串挂一个放线滑车，其余（或全部）放线滑车用钢绳套等挂在横担具备挂滑车条件处。

c）直线塔悬挂两个及以上放线滑车时，若滑车间距离不能满足要求，可用辅助绳索将其滑车拉开至合适的距离。待放线完成后，将其绳索松开，使放线滑车回位。必要时，将同相或同极的滑车横向固定在一起，以防紧线时各滑车前后摆动不一致形成“迈步”，致使子导线不平。

d）直线转角塔每相或每极用绝缘子串挂一个放线滑车，其余则用钢绳套等按如下方法悬挂：

a. 直线转角塔无挂架，与一般直线塔挂法相同；

b. 直线转角塔有挂架，挂法如图24-3-8所示。

e）耐张塔滑车均用钢绳套悬挂。

3）挂双放线滑车的施工方法。

a）如果悬垂绝缘子串下适合挂双滑车，可将一组双滑车挂在绝缘子串下；否则先不挂绝缘子串，而留出位置，先用钢绳套等挂滑车放、紧线，待附件安装时再挂绝缘子串。

b）一组双滑车中的两个滑车各挂在横担一片桁架的下主材具备挂滑车条件处，该处的横向位置与对应情况下挂单滑车的横向位置相同。

c）双滑车用支撑连杆连接，支撑连杆有效长度接近两滑车挂点间的距离，如图24-3-1中的滑车支撑连杆。

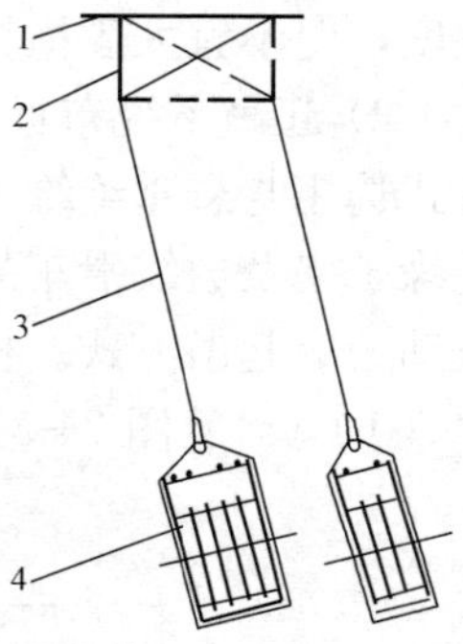

图24-3-8　有挂架直线转角塔的滑车悬挂示意图
1—横担；2—挂架；3—挂具；4—滑车

4）杆塔上应设计悬挂放线滑车所需的构件和挂孔（统称为滑车悬挂点），具体要求如下：

a）当同相或同极子导线采用同步牵放时，一相或一极需挂几组放线滑车，杆塔上必须设计与滑车相应的悬挂点。

b）滑车悬挂点的横向位置参见前述。其纵向位置既可设在横担中心线上，也可设在横担下平面任一侧的主材上，但需在杆塔设计中确定。

c）滑车悬挂点应能承受所悬挂放线滑车传递的牵放荷载，且各滑车悬挂点同时承受荷载。

3. 滑车悬挂操作工艺

（1）操作工艺流程。滑车悬挂操作工艺流程见图24-3-9。

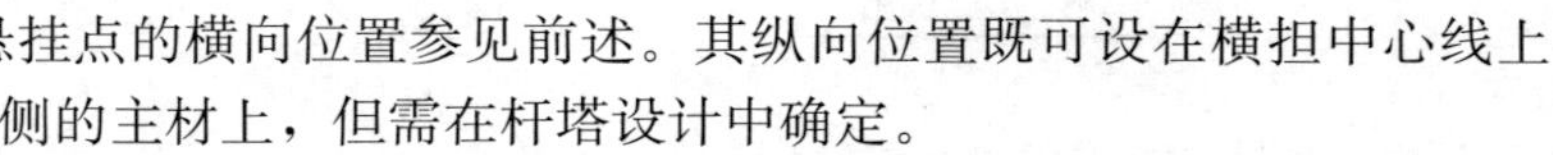

图24-3-9　滑车悬挂操作工艺流程图

（2）操作步骤。

1）吊装准备。

a）悬垂绝缘子串及放线滑车的吊装准备。吊装前对悬垂绝缘子串组件及放线滑车外观质量进行检查，然后进行组装。如果设计对绝缘子的颜色有特殊规定时，应按设计规定组装。放线滑车应尺寸统一、转动灵活、插销齐全、无损伤。

牵引钢丝绳与绝缘子串的连接应使用专用吊装卡具。横担上的起吊滑车应挂在距绝缘子串挂孔约 0.3m 处，以利绝缘子串就位。

悬垂绝缘子串及放线滑车的吊装一次可吊一串或一次同时吊同相双串。

b）耐张塔放线滑车吊装的准备。耐张塔的每相导线横担端部按施工设计的规定，悬挂一个或两个放线滑车。滑车连梁应连接挂具。挂具长度及双滑车的两挂具长度差应经计算确定。

双滑车之间用角钢或槽钢连成整体，连铁长度视横担宽度而定，允许略小于横担挂点间宽度，但不宜大于横担挂点间宽度。

2）起吊系统布置。放线滑车悬挂的起吊方式分为人力吊装和机动绞磨吊装两种。起吊方式选用与悬垂绝缘子串及放线滑车的单串质量有关，一般 220kV 以下线路工程由于悬垂绝缘子串及放线滑车的单串质量较小使用人力起吊方式，220kV 及以上线路工程中则使用机动绞磨起吊方式。机动绞磨吊装方式吊装玻璃或瓷绝缘子串的操作方法，其布置方式如图 24-3-10（a）、图 24-3-11 所示。

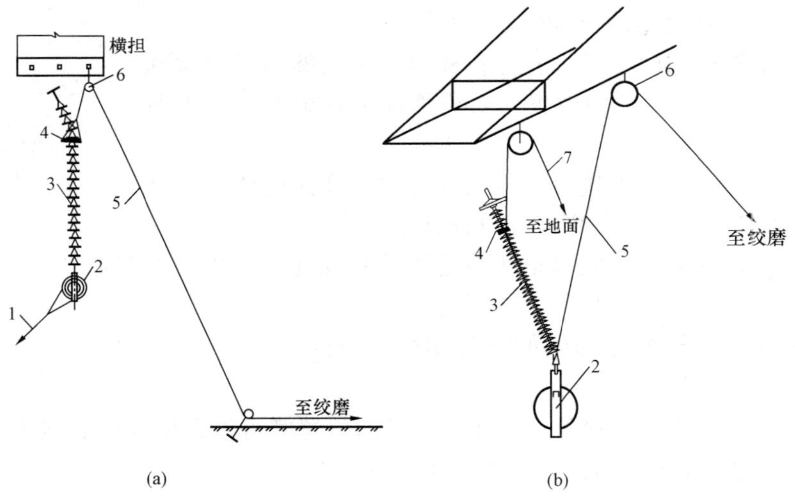

图 24-3-10　吊装悬垂绝缘子串及放线滑车布置示意图

（a）玻璃（瓷）绝缘子吊装；（b）复合绝缘子吊装

1—控制绳；2—放线滑车；3—绝缘子串；4—专用卡具（软布）；

5—钢丝绳；6—转向滑车；7—棕绳

复合绝缘子连同放线滑车一起起吊时，在地面先将复合绝缘子和放线滑车连好，放线滑车利用绞磨控制通过钢丝绳起吊，复合绝缘子则是把棕绳在它的头部垫软布绑好，用棕绳将其随放线滑车一起通过挂在适当位置的传递滑车用人力吊起。起吊到位后，把复合绝缘子在横担上连好，先松开起吊复合绝缘子的棕绳，然后再松开起吊放线滑车的钢丝绳，如图 24-3-10（b）所示。

地线放线滑车是通过传递绳和定滑轮以人工起吊方式进行的起吊。

3）滑车起吊。

a）悬垂绝缘子串及放线滑车吊装。收紧绞磨起吊钢丝绳，钢丝绳通过转向滑车和起吊滑车将悬垂绝缘子串及放线滑车吊起，当提升至横担处将绝缘子串与铁塔横担连接。

吊装过程中应注意：绝缘子串将要离开地面时，要将绝缘子串理顺，避免折弯碰撞。吊装过程中，注意不要让绝缘子串与塔身或横担相碰。绝缘子串提升越过下层横担时，用控制绳将绝缘子串拉离下层横担。

当直线塔的单相悬垂绝缘子串为双串悬挂方式，每串悬垂绝缘子串的下方悬吊一只放线滑车时，两串同时吊装就位后，应用木撑或铁撑隔开固定，一般每隔 7～8 片设一撑杆，以防放线中两串绝缘子互相碰撞。吊装好的双串绝缘子串如图24-3-12 所示。

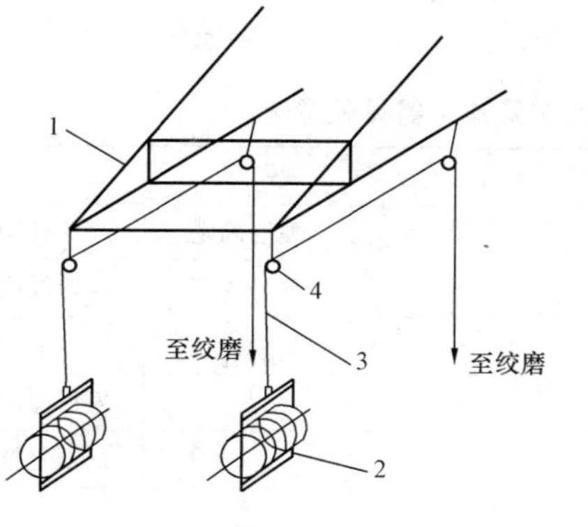

图 24-3-11　耐张塔双滑车吊装布置示意图
1—导线横担；2—放线滑车；
3—挂具；4—起吊滑车

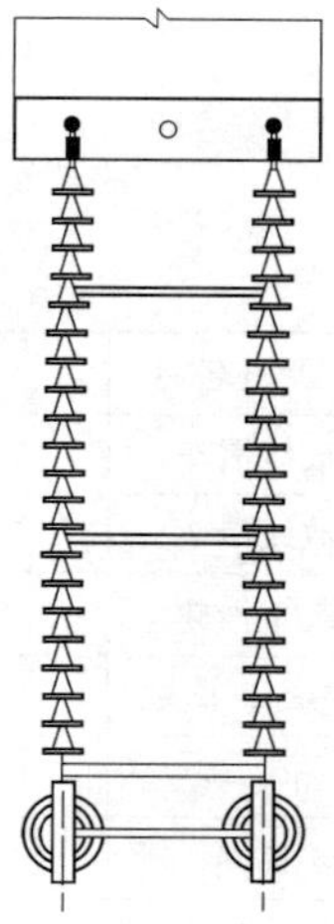

图 24-3-12　吊装双串悬垂
绝缘子串布置示意图

耐张塔放线滑车的吊装用绞磨收紧起吊钢丝绳，钢丝绳通过转向滑车和起吊滑车将放线滑车吊起，当提升至横担处将悬吊挂具与铁塔横担连接。

b）耐张塔放线滑车的吊装。如图 24-3-11 所示，用绞磨收紧起吊钢丝绳，钢丝绳通过转向滑车和起吊滑车将放线滑车吊起，当提升至横担处将悬吊挂具与铁塔横担连接。

转角塔的转角较大时，放线滑车受力后向内倾斜，滑车因自重造成滑车中心偏离受力方向，可能导致导线“跳槽”。放线滑车应采取预倾斜措施，并随时调整倾斜角度，使滑车的受力方向基本垂直于滑车轮轴。预倾斜的布置方式是在滑车尾端连接一条钢丝绳，该绳通过转向滑车引至地面与手扳葫芦相连接，收紧手扳葫芦使滑车尾端吊起一段高度，如图 24-3-13 所示。

4）拆除起吊系统。放线滑车悬挂完毕后将起吊系统（起重滑车、转向滑车及机动绞磨）拆除。

（3）工器具表。一个放线区段的放线滑车悬挂主要工器具见表 24-3-1。

（4）劳动组织及岗位责任。单基铁塔悬挂放线滑车劳动组织及岗位责任见表 24-3-2。

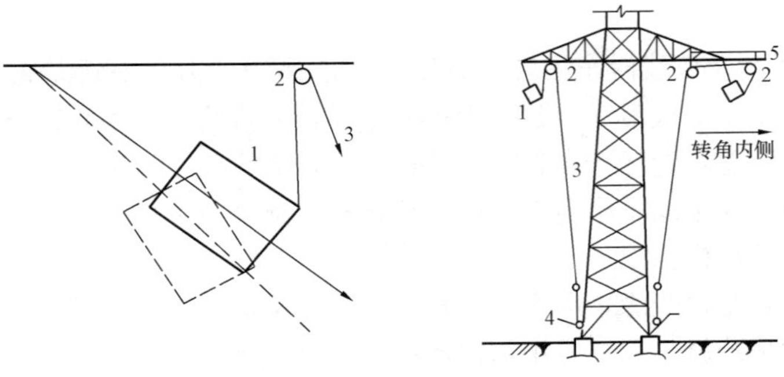

图 24-3-13 转角塔放线滑车预倾斜布置示意图
(a) 原理图；(b) 布置图
1—放线滑车；2—起吊滑车；3—钢丝绳；4—手扳葫芦；5—圆木

表 24-3-1　　一个放线区段的放线滑车悬挂工器具配置表

序 号	工器具名称	规 格	单 位	数 量	备 注
1	放线滑车	适用于导线	个	现场确定	放导线用
2	放线滑车	适用于地线	个	现场确定	放地线用
3	起重滑轮	30kN 单开口	个	10	
4	绝缘子卡具	根据吊装重量确定	副	5	根据需求配置
5	钢丝绳	ϕ11mm×150m	条	5	根据悬挂滑车方式配置
6	棕绳	ϕ16mm×150m	条	10	
7	钢丝绳套	ϕ12.5mm×2m	条	10	
8	角铁桩	L75mm×8mm×1.5m	根	10	
9	U 形挂环	M20mm	副	20	吊装绝缘子用
10	拉线棒	ϕ20mm×1000mm	根	24	转角塔配型
11	角钢	L63mm×5mm× (1～3) m	根	24	转角塔配置

表 24-3-2　　单基铁塔悬挂放线滑车劳动组织及岗位责任

序 号	岗 位	人数	岗 位 责 任
1	现场指挥	1	总指挥工作
2	绞磨机手	现场确定	负责开绞磨
3	安全负责人	1	负责安全工作
4	质量负责人	1	负责质量工作
5	技工	若干	负责安装工作
6	普工	若干	负责安装操作的辅助工作

七、跨越施工准备

在输电线路建设施工中，经常跨越各式各样的障碍物，其搭设跨越架方法有竹、木及钢管跨越架法，柱式结构护网跨越架法和悬吊式桥型跨越防护装置方法。为确保输电线路架设施工的顺利进行和被跨越物的完好无损，必须在跨越施工前根据被跨越物种类、规模、重要性及施工条件，选择跨越施工方法，并进行施工技术设计。

(一) 跨越架搭设的基本规定及施工技术设计

1. 基本规定

(1) 跨越架施工。

1) 跨越架的型式应根据被跨越物的大小和重要性确定。重要的跨越架及高度超过 15m 的跨越架应由施工技术部门提出搭设方案，经审批后实施。

2) 跨越架的中心应在线路中心线上，宽度应超出新建线路两边线各 2.0m，且架顶两侧应装设外伸羊角。

3) 跨越架必须使用绝缘材料进行封顶，并有足够的强度。

4) 搭设的跨越架能满足跨越施工冲击和抗压能力需要。

5) 使用迪尼玛绳必须有足够的机械强度，其安全系数应大于 6。绝缘固定控制绳、牵引绳的安全系数应大于 3.0，展放专用滑车的安全系数应大于 2.5。

6) 绝缘网的弛度应满足架空线的最小距离的要求。

7) 跨越架搭设完毕后经项目部组织验收合格方可使用，架体上应悬挂醒目的安全标志。

8) 搭设和拆除跨越架时应设安全监护人。

(2) 特殊跨越。有下列特点之一的跨越称为特殊跨越。

1) 跨越多排轨铁路、高速公路；

2) 跨越运行电力线架空地线（OPGW），跨越架高度大于 30m；

3) 跨越 220kV 及以上运行电力线；

4) 跨越运行电力线路其交叉角小于 30°或跨越宽度大于 70m；

5) 跨越大江、大河或通航河流及其他复杂地形。

特殊跨越必须编制施工技术方案或施工作业指导书，并按规定履行审批手续后报经相关方审核批准。跨越大江、大河或通航的河流时，在施工期间应请航监部门派人协助封航。凡参加特殊跨越的施工人员必须熟练掌握跨越施工方法并熟悉安全施工措施，经本单位组织培训和技术交底后方可参加跨越施工。

2. 跨越架的施工技术设计

跨越架的施工设计应认真执行 DL 5009.2《电力建设安全工作规程　第 2 部分：架空电力线路》和 DL/T 5106《跨越电力线路架线施工规程》的有关规定，慎重选择跨越施工方案，确保施工安全和被跨越物完好。

(1) 跨越架架顶宽度。跨越架架顶宽度应按下式计算，即

$$B \geqslant \frac{1}{\sin\gamma}[2(Z_x + 1.5) + b] \tag{24-3-10}$$

式中 B——跨越架架顶宽度，m；

Z_x——施工线路导线或地线等安装气象条件下在跨越点处的风偏距离，m；

b——跨越架所遮护的最外侧导、地线间在横线路方向的水平距离，m；

γ——跨越交叉角，(°)。

(2) 跨越架与被跨越导线间的距离。跨越架与被跨越电力线路导线的最小水平距离按下式计算，即

$$D = Z_x + D_{\min} \tag{24-3-11}$$

式中　D——跨越架架面距被跨越电力线路带电体的最小水平距离，m；

D_{min}——发生风偏后尚应保持的最小安全距离，m。

被跨越线路的导线风偏应按施工地区、施工季节的最大风速取值，其值参考GB 50009《建筑结构荷载规范》有关部分，具体查阅表格见附录Q。

（3）跨越架的高度。跨越架搭设的高度除满足被跨越物外，还应有一定的安全距离，具体详见表24-3-3、表24-3-4。

表24-3-3　跨越架对电力线路的最小安全距离　（m）

跨越架部位	被跨越电力线路电压等级（kV）					
	≤10	35	66～110	154～220	330	500
架面（或拉线）与导线水平距离（或垂直距离）	1.5	1.5	2.0	2.5	5.0	6.0
无地线时，封顶网（杆）与导线垂直距离	1.5	1.5	2.0	2.5	4.0	5.0
有地线时，封顶网（杆）与地线垂直距离	0.5	0.5	1.0	1.5	2.6	3.6

表24-3-4　跨越架与其他被跨越物的最小安全距离　（m）

距 离 说 明	被跨越物名称		
	铁　路	公　路	通信线
架面与被跨越物的水平距离	至路中心3.0	至路边0.6	0.6
封顶杆与被跨越物的垂直距离	至封顶7.0	至路面6.0	1.5

（4）跨越架的荷载。

1）架面风压。风压作用在距离地面2/3架高处，风压值按下式计算

$$P_{N}=9.81K\frac{v^{2}}{16}\Sigma F_{C} \tag{24-3-12}$$

式中　P_N——跨越架全架面风压，N；

K——风载体型系数，跨越架使用圆形杆件，$K=0.7$，使用在架面上为平面的杆件，$K=1.3$；

v——线路设计最大风速，m/s；

ΣF_C——架面杆件总投影面积，一般可取架面轮廓面积的30%～40%，m^2。

2）垂直压力。集中作用在架顶，作用点可沿架全宽移动（活荷载），其压力值按下式计算

$$W_{J}=l_{y}mw_{1} \tag{24-3-13}$$

式中　W_J——跨越架的垂直荷载，N；

l_y——假设导线落在跨越架上，跨越架的垂直档距，一般情况下，平地取200m，山区取计算值，但不小于200m；

m——同时牵放子导线的根数；

ω_1——单位长度导（地）线重力，N/m。

3）顺线路方向水平力。作用在垂直压力的作用点，水平力值按下式计算

$$F = \mu W_J \quad (24\text{-}3\text{-}14)$$

式中　F——跨越架顺施工线路方向的水平荷载，N；

μ——导线对跨越架架顶的摩擦系数，架顶为滚动横梁，$\mu=0.2\sim0.3$；架顶为非滚动横梁，横梁为非金属材料，可取 $\mu=0.7\sim1.0$；架顶为非滚动横梁，横梁为金属材料，可取 $\mu=0.4\sim0.5$。

（二）常用跨越架施工工艺

1. 竹、木及钢管跨越架法施工工艺

（1）概述。用木质、毛竹及钢管搭设跨越架是传统的架线跨越方法。一般可用于跨越各级公路、弱电线路，各类铁路和 220kV 及以下电力线路。当跨越架高度在 15m 以上时，应采取特殊加固措施，特别是架体高度在 30m 以上或在同一处跨越多条铁路、电力线路等障碍物时，应进行专项施工技术设计。

竹、木跨越架是由竹竿或木杆用铁线或竹篾绑扎而成，钢管跨越架由钢管通过扣件组成，根据被跨越物的不同要求，其基本构成型式，分为下列 5 种。

1）单侧单排，见图 24-3-14（a），使用于弱电线，380V 电力线及乡间公路。

2）双侧单排，见图 24-3-14（b），与单侧单排的适用范围相同。

3）单侧双排，见图 24-3-14（c），适用于 35kV 及以下电力线，重要一级弱电线及公路、铁路，其高度宜限制在 10m 以下。

4）双侧双排，见图 24-3-14（d），适用于各种被跨越物，其高度宜限制在 15m 以下。高度超过 15m 的毛竹跨越架宜为双排及更多排，应专门设计。

5）双侧多排，见图 24-3-14（e），根据需要由施工设计确定。

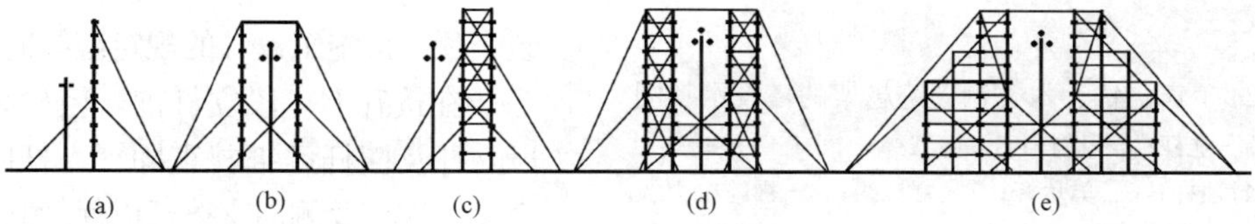

图 24-3-14　竹、木及钢管跨越架的型式
（a）单侧单排；（b）双侧单排；（c）单侧双排；
（d）双侧双排；（e）双侧多排

（2）操作流程。竹、木及钢管跨越架法跨越施工操作流程见图 24-3-15。

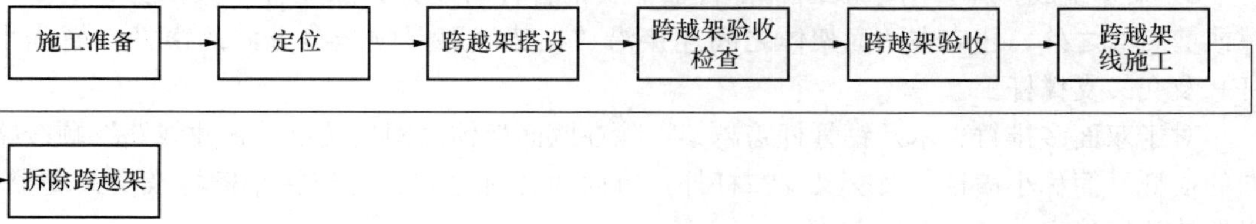

图 24-3-15　竹、木及钢管跨越架法跨越施工操作流程图

（3）操作步骤要点。

1）施工准备。

a）校核被跨越高度、宽度、导线对地的距离；

b）校核施工图纸；

c）材料的检查验收；

d）人员要求及工器具要求。

2）定位。根据施工线路导、地线展放位置、跨越物的位置及所占空间确定跨越架高度、宽度、类型及双侧间的距离（通称跨距），定出立杆和拉线地锚的具体位置。

3）跨越架搭设。

a）设置工作区标志，禁止非操作人员进入；

b）装设最下面一段立杆及支撑。

竹、木在主杆位置挖 0.5m 深的坑，且将坑底夯实后，竖立主杆。钢管杆搭设范围内的地基夯实处理和底座安装。

根据竹、木及钢管杆供应情况选配合适的长度，力争各根主杆绑扎后高度一致。跨越电力线路在地面竖立主杆前，必须丈量竹、木及钢管杆长度。如果长度大于电力线对地距离，则必须顺电力线方向竖立。竖杆时不得少于 2 人扶杆，竖起后采用棕绳拉线临时固定。每 1.2m 高度绑扎一层沿“在建线路”横线路方向的横杆（简称大横杆）。大横杆与主杆交点处相互绑扎，大横杆的装设操作由下至上进行。

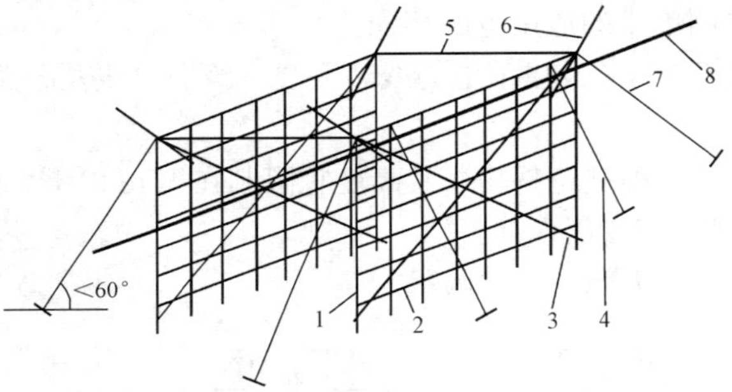

图 24-3-16　竹、木及钢管跨越架的搭设示意图

1—立杆；2—横杆；3—剪刀撑；4—临时拉线；
5—封顶杆；6—羊角杆；7—侧拉线；8—被跨电力线

大横杆搭设至 3 步以上时，即应绑设支撑、斜撑或剪刀撑等。最下一步斜撑或剪刀撑的底脚应距立杆根部 0.7m。侧向支撑埋入地下不小于 0.3m，对地夹角不宜大于 60°；搭设示意图见图 24-3-16。

c）装设上段立杆及支撑。立杆第一段装完后，按施工设计的规定继续向上接续。

在接升上一段立杆前，应确认下面一段立杆及横杆已绑扎牢固，立杆间已绑扎交叉支撑杆及侧向支撑杆以保持其稳定。

接长立杆的绑扎工作必须由两人操作，一人扶杆，一人绑线，禁止一人单独操作。

支撑、斜撑或剪刀撑的高度等也应随立杆向上增高。如跨越架宽度在 6m 及以下时，一般设一副交叉支杆（即剪刀撑），大于 6m 而小于 12m 时设两副支撑杆，以此类推。

到规定高度后，在立杆的适当位置（距电力线保持安全距离）打好前后侧拉线。

d）架体组成整体。对于双面单排竹、木及钢管杆跨越架，除立杆、大横杆、支撑、斜撑或剪刀撑之外，还应在两面架体之间连接沿“在建线路”顺线路方向的横杆（简称小横杆）及交叉支撑杆。

对于双面多排竹、木及钢管杆跨越架，除在两面架体之间连接沿“在建线路”顺线路方向的横杆（简称小横杆）及交叉支撑杆外，每面的各排之间也应连接小横杆及交叉支撑杆，以保持架体稳定。

跨越架高度应满足对跨越物安全距离的要求。

e）封顶。双面跨越架为保证架空线索不落入两面架体之间，需进行封顶。

a. 不封顶。当跨越架跨距极小时可不封顶。

跨越多排轨铁路，宽面公路等时，跨越架虽然跨距较大，有时由于条件限制也可不封顶。此时应适当加高跨越架架顶高度，以抵消张力展放的导引绳、导线、地线落在架上时在两侧架间产生的弧垂。

b. 用竹竿（木杆）封顶。当跨越架跨距较小时可用竹竿（木杆）封顶。

先用一定数量的竹竿（木杆）（简称顺顶杆），顺线路搭设，绑扎在跨越物两侧的架顶大横杆上，再在顺顶杆上横搭绑扎一定数量的竹竿（木杆）（简称横顶杆），构成方格式的封顶结构。也可不用横顶杆，而是在顺顶杆的上方用绝缘绳与其相交叉绑扎固定。

封顶时，应检查作为顺顶杆的竹竿（木杆）的长度能否满足跨距要求。竹竿（木杆）长度不得小于跨距的 1.1 倍。封顶用的竹竿（木杆）长度不够时不宜搭接使用。顺顶杆应垂直大横杆布置，其顺线路最大间距与立杆间距相同。

顺顶杆较长时，可由两人扶杆，将竹杆小头伸向对侧，进行送杆封顶。

顺顶杆较短时，可用在一头用绳拉杆，另一头送杆的办法封顶。其操作步骤是：先将 ϕ2mm～ϕ4mm 绝缘绳在一侧架顶固定，拴一重物（如 ϕ16mm 延长环或 ϕ6mm 元宝螺丝）越过架顶抛向另一侧。因绳很轻，绳将随重物坠地张紧，不会悬吊在电力线上。再利用绝缘绳牵拉一根 ϕ10mm 绝缘绳两侧拉紧，利用 ϕ4mm 绝缘绳拴好封顶杆小头套在 ϕ10mm 绝缘绳上，慢慢传送竹竿。一侧送杆，另一侧收紧绝缘绳拉杆，直到能抓住封顶杆为止。

c. 用绝缘网封顶。绝缘网封顶一般用于跨距较大的跨越架。

用射绳枪将 ϕ2mm 绝缘绳，由被跨电力线一侧射过电力线上方到另一侧的地面，将绝缘绳拉至架顶并带一定张力。用 ϕ2mm 绝缘绳牵放 ϕ6mm 绝缘绳，ϕ6mm 绝缘绳再牵放更粗满足需要强度的绝缘绳，在架顶两侧张紧固定形成滑道绳，然后将防护网铺设。

f）顶部设置羊角杆、架顶加固。封顶杆的两侧应各绑扎一根羊角状外伸支杆，外伸长度 4m，与大横杆夹角 45°。

对于使用木杆的跨越架，在封顶横杆上方绑一根梢径不小于 60mm 的竹竿，其长度不小于 6m，以减小导引绳拖牵时的摩阻力。

对于由验算确定，牵引绳牵放时将被磨到的跨越架，在封顶横杆上方绑一根 ϕ50mm 的钢管防磨。

g）打拉线。竹、木及钢管杆跨越架拉线与地锚的用料、规格与数量由施工设计计算确定。

所有拉线挂点应选择在架顶立杆与横杆绑扎点处。拉线绑点立杆视需要可增设数根，捆绑成束加强。

拉线方向应与大横杆方向垂直，跨越架前后的拉线位置前后对应，并通过索具（绝缘索具）或顺封杆相连。当架体较高时，为保持稳定，应增打与大横杆方向一致的拉线。

如需设置内侧拉线且被跨物为电力线时，其挂点高度应保证拉线对电力线的安全距离。

拉线对地面夹角由施工设计计算确定，一般应不大于 60°。

h）装设警告标志。跨越架搭设后应在显著位置牢固悬挂警告标志。

4）跨越架验收检查。跨越架搭设完毕，由架线队负责人和安全负责人等进行全面验收检查，检查的主要内容包括跨越架型式、方位、强度、稳定性等。在强风、暴雨过后，亦应对跨越架进行检查加固。拉线的锚固若为角铁桩时，应视情况加深或拔出重打。

5）跨越架线施工。按作业指导书的要求进行张力架线施工。在进行张力放线时，应派专人持通信工具对重要跨越处进行监护。

6）拆除跨越架。按施工设计规定的时段拆除跨越架。跨越架原则上应由原搭设人员拆除。拆除操作按搭设跨越架的逆程序由上而下进行。若拆除工作更换人员时，必须经过技术及安全交底并了解原搭设情况及安全规定才能上岗。拆除工作与搭设工作具有相同的危险性，必须同样执行施工技术设计及相关规程的规定。

7）拆除操作要点及注意事项。

a）设置工作区标志，禁止非操作人员进入；

b）严格遵守拆除顺序，即由上而下，后绑者先拆，先绑者后拆，一般是先拆封顶装置、剪刀撑、斜撑，而后小横杆、大横杆、拉线及立杆等；

c）统一指挥，上下呼应，动作协调，当解开与另一人有关的结扣时应先告知对方，以防坠落；

d）材料及工具要用滑轮和绳索运送，不得乱扔；

e）当在邻近带电体操作时，操作者和工具必须保持与带电体的安全距离。

（4）劳动组织及岗位责任。竹、木及钢管跨越架搭设的劳动组织及岗位责任见表24-3-5。

表 24-3-5　　竹、木及钢管跨越架搭设的劳动组织及岗位责任

序　号	岗　位	人数	岗位责任	备　　注
1	施工负责人	1	负责跨越架施工的组织与指挥	
2	安全员	1	负责跨越架施工的安全监护	持证上岗
3	测工	1	负责跨越架杆位、拉线地锚的定位	持证上岗
4	高处作业	4	跨越架搭设的高处作业	持证上岗
5	地面作业	6	跨越架搭设的地面辅助工作	

（5）工器具。竹、木及钢管跨越架搭设所需主要工器具见表 24-3-6。

表 24-3-6　　竹、木及钢管跨越架搭设所需主要工器具

序　号	名　称	规　格	单　位	数　量	备　　注
1	经纬仪		台	1	
2	花杆		根	2	测量用
3	铁锹		把	4	尖锹
4	十字镐		把	4	
5	铁钎	1.5m	根	4	挖坑辅助
6	铁勺		个	6	挖立杆坑掏土用
7	铁钎	0.36m	根	4	绑扎铁线用，特制
8	钳子	200mm	把	4	
9	三联工具袋		个	4	高处作业随身携带钳子、铁钎用
10	起重滑车	10kN	个	4	
11	棕绳	ϕ12mm×70m	根	4	
12	钢卷尺	50m	个	1	
13	大锤		把	1	
14	固定扳手		把	4	适用于扣件螺丝
15	梅花扳手		把	4	适用于扣件螺丝
16	扳手	80N·m	把		

2. 柱式结构护网跨越架施工工艺

（1）概述。柱式结构护网跨越架，按组件材料区分，有柱式钢结构护网跨越架和柱式铝合金结构护网跨越架两种类型。

两种类型的跨越架组成形式相同。在跨越物的两侧，各竖立一根“T”字形钢（或铝合金）结构立柱，柱顶塔头形如横担。柱身靠拉线保持稳定。然后在两塔头部之间布置两条高强度绝缘承载索（一般为迪尼玛绳），利用承载索在跨越物的上空张挂绝缘网（绝缘杆）进行跨越施工保护。柱式结构护网跨越架示意如图 24-3-17 所示。

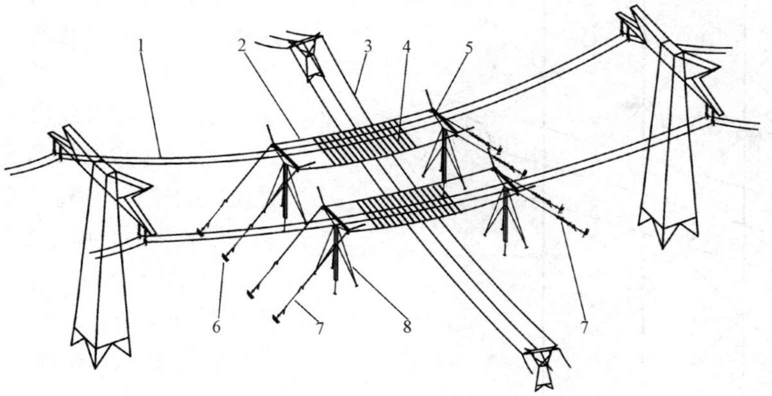

图 24-3-17　柱式结构护网跨越架示意图

1—在建线路线索；2—承载索；3—被跨线路；4—绝缘网（绝缘杆）；5—钢结构立柱；6—承载索地锚；7—手扳葫芦；8—立柱拉线系统

两种类型跨越架的构成、施工准备、架设，展放导、地线和拆除跨越架等作业基本相同，均可用于不停电跨越架线施工。

（2）操作流程。柱式结构护网跨越架法跨越架线施工操作流程见图 24-3-18。

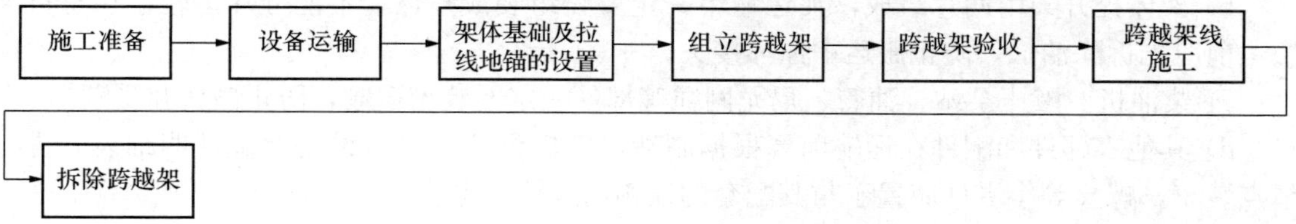

图 24-3-18　柱式结构护网跨越架法跨越架线施工操作流程图

（3）操作步骤要点。

1）施工准备。

a）首先对跨越地点进行实地勘察测绘，内容包括：地形、交叉跨越角度，被跨越电力线路导线、地线高度及间距等，并应调查了解被跨越电力线路的电压等级、两侧铁塔的型号、高度及铁塔编号等，以便进行跨越方案施工技术设计。应绘制架体基础平面布置施工图，其中应有基础位置、型式、埋设深度及尺寸等。

b）跨距和拉线坑位计算。被跨越线路两侧立柱之间的距离 L 叫做跨距。跨距计算公式如下

$$L=\frac{2\cos(\beta-45^\circ)[0.58(H+2L_2-h)-0.866L_2]+(1.732L_2+L_1)}{\sin\beta} \qquad (24\text{-}3\text{-}15)$$

注：本公式引自能源部电力建设研究所 1992 年版《张力架线不停电跨越架使用说明书》。

式中　β——在建线路与被跨线路交叉角，(°)；

H——跨越架上层拉线挂点到地面高度，m；

h——被跨越线路下导线到地面高度，m；

L_1——被跨越线路两边导线间的距离，m；

L_2——靠近被跨越线路的上层拉线与带电体的安全距离，m。

跨距计算时，被跨越线路应考虑施工季节最大风的影响。

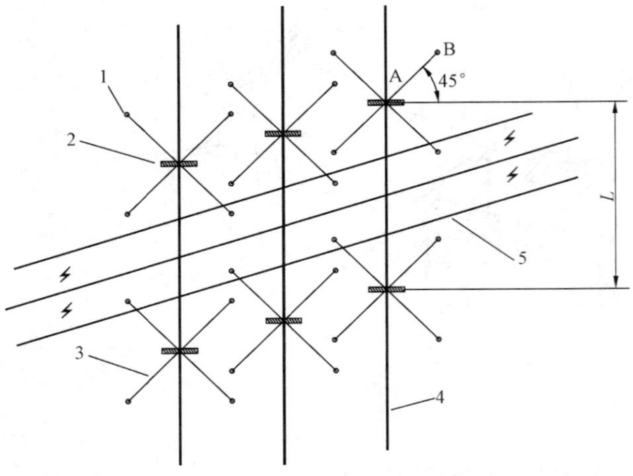

图 24-3-19 柱式结构护网跨越架立柱及地锚布置示意图

1—地锚；2—立柱；3—拉线投影；4—在建线路线索；5—被跨线路

柱式结构护网跨越架的立柱位置及地锚位置布置见图 24-3-19。考虑到组立施工时立柱可能出现的晃动，可适当加大被跨越线路两侧立柱跨距。

图 24-3-19 中 AB 是拉线坑位到立柱位置的计算距离。计算拉线地锚位置和拉线长度时，应考虑地形的影响。

2）设备运输。全套跨越架总重量 19t，体积 126m^3。转场时需汽车配合吊车进行装卸。当车辆不能进入跨越现场时，可用人工或小推车分段运进施工现场。运输及转场时应注意以下事项：

a）架体是焊接式框架结构，单件重量虽然不大，但体积较大。要求装车吊运中绑扎位置选择正确，防止局部变形。严禁以单材或水平材为吊点。同时因斜材、内包钢、挂胶滚筒、保护羊角、上下层拉线和紧线金具等部件较多，运输及转场中注意保管，防止丢失。

b）架体提升架由两片组成，在运输中一定要先组装成整体，不能分片运输。注意拆架搬运前应先拆除油缸，防止搬运中撞坏接头。

c）柴油机、液压泵站、油管、尼龙网绳等部件一定要装箱运输，防止碰伤和受潮。

d）其他零部件和配件在运输前要根据制造厂家提供的《机械设备及配件明细表》进行清点装车，螺栓等小零件应置于与其配套的铁箱内运输、保管。

3）架体基础及拉线地锚的设置。

a）在跨越现场，按照施工技术设计的现场布置，用经纬仪测出架体基础和拉线地锚的具体位置并设木桩标记。然后由施工负责人和技术负责人检查测量结果，确认无误后方可设置架体基础及拉线地锚。

b）架体基础是在地面上设置面积大于 1.2m×1.2m 的枕木。枕木上平面稍低于地平面即可，枕木四周间隙埋土夯实。然后将架体基础球铰置于枕木上并接地。在设置架体基础时，注意在各方位不能偏移木桩中心 100mm，否则在放线时架体将受到很大偏心载荷。

c）开挖地锚坑时，一定要保证深度及方位（由分坑图可查得），埋地锚时注意地锚及地锚钢丝绳套规格，连接是否牢固，若为水坑时应采取排水及加固措施。

4）组立跨越架。

a）组立“头三节”架体。在架体基础球铰旁将塔头和两节标准节组装在一起，称为“头三节”，用小型人字抱杆（ϕ89mm×5mm 钢管或梢径 ϕ120mm 长 6m 杉木杆）及滑车系统和机动绞磨整体立起。注意起立方向和塔头横担方向（按施工设计方法示意图），立起时“头三节”的根部要采取制动措施，塔头离开地面 0.8m 时，停止牵引进行全面检查，确认无误后继续起吊，当起立到与地面夹角约 70°时减速牵引，80°时停止牵引，用拉线调正与地面垂直，并临时锚定。起吊时所用的拉线就是架体的上层拉线，注意在起吊前先将玻璃拉杆串接到内侧上层拉线上（串接位置见施工设计规定）。其他组架体的“头三节”起立方法与此相同。“头三节”起立方法示意如图 24-3-20 所示。

b）组立提升架。利用已立起的“头三节”为抱杆，用起吊索具通过挂在架头上的滑车和提升架相连，以机动绞磨作为动力将提升架立起，提升架组立示意如图 24-3-21 所示。起立过程如下：

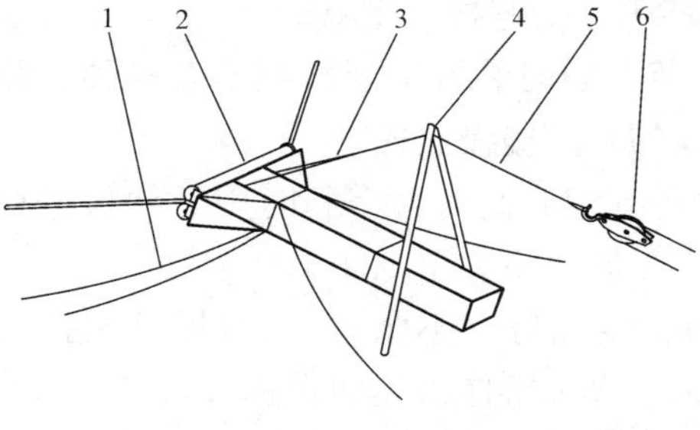

图 24-3-20　“头三节”起立方法示意图

1—拉线；2—“头三节”；3—起吊绳；4—人字抱杆；5—牵引绳；6—滑车组

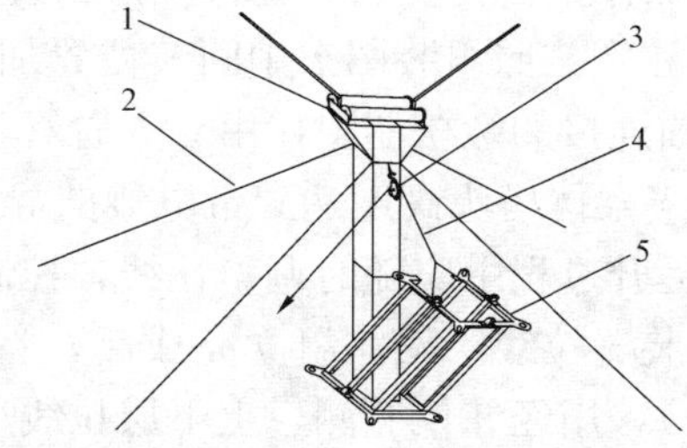

图 24-3-21　提升架组立示意图

1—“头三节”；2—临时拉线；3—起重滑车；4—起吊索具；5—提升架

a. 将提升架开口连接杆件拆下，开口向上，使其底脚一端朝向“头三节”下端根部（与“头三节”根部离开适当距离）平卧。

b. 在提升架头部如图 24-3-21 所示位置固定起吊绳，起吊绳连牵引绳，牵引绳通过挂在“头三节”颈部的起重滑车。在起立的反方向连接制动绳。

c. 以人力拉动牵引绳，将提升架起立。

d. 装好开口连接杆件和高处作业平台，装好牵引起吊绳、起吊绳平衡滑车、磨绳。

e. 在经纬仪监测下，打好提升架顶部拉线。最后将提升架底部四脚分别向锚点加四根水平拉线（绊脚绳）。

f. 将底部提升盘用螺栓装在“头三节”底部。底部提升盘的构造如图 24-3-22 所示，塔根底部左右各装一件。行走轮恰好位于提升架的行走轮滑轨内，提升环则用来连接起吊绳。

c）续接标准节及塔根。先将“头三节”临时拉线与地锚连接处拆开，拉线下端与地锚可控连接，开动提升绞磨，磨绳带动起吊绳使“头三节”上升，拉线上端随塔头上升，拉线下端随塔头上升适度徐徐松出。当“头三节”底面高度到达预定位置时停止提升，底部用固定销固定，“头三节”临时拉线锁住，拆下底部提升盘。将续接的下一标准节用人力置于提升架内“头三节”底面之下，“头三节”以下各节续接见图 24-3-23。

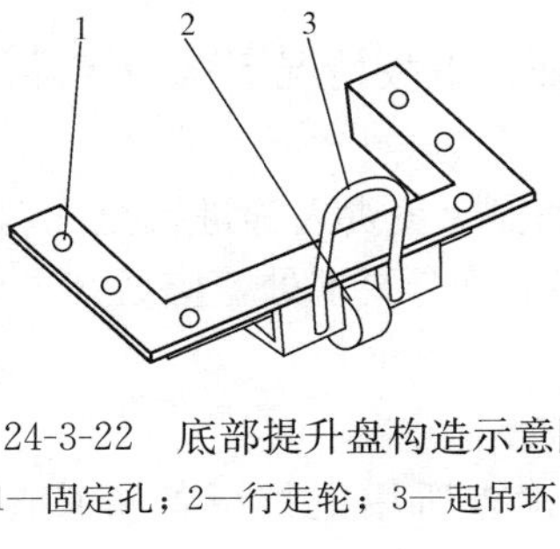

图 24-3-22　底部提升盘构造示意图

1—固定孔；2—行走轮；3—起吊环

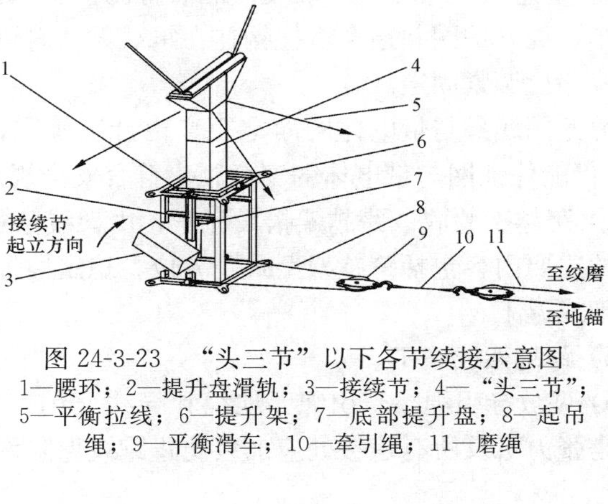

图 24-3-23　“头三节”以下各节续接示意图

1—腰环；2—提升盘滑轨；3—接续节；4—“头三节”；5—平衡拉线；6—提升架；7—底部提升盘；8—起吊绳；9—平衡滑车；10—牵引绳；11—磨绳

再将“头三节”用连接螺栓与标准节相连，将底部提升盘固定在续接的标准节底部。开动绞磨，将续接好的立柱提升至预定高度，停住，再按上述操作方法接续下一节。

以上的接续操作重复进行，直至达到预定高度，再将塔根加进，下座在基础球铰上。在组立架体过程中应注意以下几点：

a. 操作平台作业人员各自佩戴工具袋，不能丢、扔螺栓和工具。

b. 注意按照组装图上中间节位置加进中间节，同时装好下层拉线板及拉线；将拉线挂在与地锚连接的缓松器上，由专人看管，随架体的升高慢慢放松。

c. 当架体塔头高度达到带电线路导线高度后继续升高时，需随时用经纬仪进行双向监视，在提升过程中应随时调整拉线，控制塔头中心偏斜不大于 0.4m。

d）装置拉线。架体组立完成后，将上下层拉线锚好（不张紧）。待提升架拉线放松后（不拆掉），用经纬仪监测，上下层拉线边紧边调，直至架体与地面垂直且自身调直为止，再紧固所有临时拉线。为了更加安全起见，从各塔头横担点上，顺新架线路方向，向被跨空间外侧各打一条备用钢丝绳拉线（ϕ12.5mm），但张力要小，不影响架体受力。

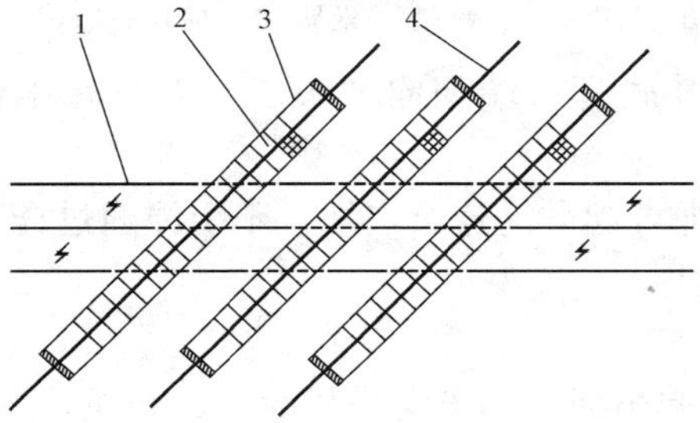

图 24-3-24　绝缘保护网布置示意图
1—被跨线路；2—绝缘网；
3—承载索；4—在建线路线索

e）拆除提升架。按照组立提升架的逆过程，拆除提升架。

f）敷设绝缘保护网。绝缘保护网的布置见图 24-3-24。

为了预防导线、地线在展放过程和紧线施工中坠落发生事故，除在塔头顶端设置挂胶滚筒和羊角外，同时敷设绝缘网加以保护。

a. 带电架设高强度绝缘承载索。承载索（又称承托绳或承网绳，一般使用迪尼玛绳，其规格及弛度调整经计算确定）。在跨越交叉点近处用射绳枪将 ϕ4mm 高强度绝缘绳射过带电线路的架空地线，用该绳做导引绳，通过分级绕牵法将 6 根承载索（规格一般为 ϕ12mm～ϕ16mm）分别紧固在相对应的 3 对跨越架横担边角上。绝缘绳牵引时不能接触带电导线，只能在架空地线上方牵引。

使用的绝缘绳应符合 DL 409《电业安全工作规程（电力线路部分）》的规定。

b. 带电敷设绝缘网。事先在地面将网上所有挂钩在叠网时分段安设好，在架体横担安设滑车，提升护网并逐个将挂钩挂在承载索（滑道绳）上，用 ϕ8mm 绝缘牵引绳牵引护网过带电线路后调紧固定。

尼龙网底部与带电体的净空距离由计算确定，应保证在事故情况下（一相导线落在网上），仍能保证网与带电体的安全距离符合安全规定。

g）跨越架验收。跨越架搭设完毕，由架线队负责人和安全负责人等进行全面验收检查，检查的主要内容包括跨越架型式、方位、稳定性等。如有不符合要求处，应通知搭设人员进行修理或返工。

5）跨越架线施工。

a）展放导引绳、牵引绳、地线和导线之前，应再次检查所用机具设备及其连接质量，特别是张力机及所有连接处应加装防止跑线保险设施。

b）展放导引绳。展放导引绳可选用人工展放和飞行器展放。

采用人工展放时，可用事先设置在保护网上的循环绝缘导引绳，以人力或小型牵引机械牵引。注意导引绳的尾端需以人力或机械施加一定的张力以免使保护网受磨。

c）采用飞行器展放方式，可先以飞行器铺放一条较细的纤维导引绳，再分级替换成导、地线所需的几条导引绳。

d）牵放地线和牵引绳。按作业指导书的要求，用地线的导引绳牵放地线，用导线的导引绳牵放牵引绳，并应派专人持通信工具在跨越处进行监护。

e）牵放导线。牵引绳牵放导线时，一定要均速平稳。在牵引走板及重锤距跨越架 15m 之前，应减慢牵引速度，控制在 10m/min 以内，并在地面由专人负责与牵引场联系，确保其安全顺利通过。

严格控制导线展放垂度，在牵引走板通过跨越架时，使其不接触绝缘网，如为控制挡时，其距离绝缘网高度不大于 3m。

6）拆除跨越架。放线、紧线、挂线及附件安装等全部架线作业完成之后，即可拆除保护网及跨越架，拆除顺序和方法是组立施工时的逆过程。拆卸作业具有与安装时同样的危险性；亦应严格遵守安全工作规程和施工技术设计的有关规定，绝对禁止用整体放倒的方法。

a）拆卸防护网。按安装时的逆程序一一拆卸各种防护网，并逐件整理捆扎装箱。

b）拆卸架体标准节。做好拆卸准备。即立好提升架，打好提升架拉线，连好提升系统，松开立柱下拉线，调松上拉线（但仍应保持架体稳定）。然后按起立的逆过程逐件拆卸标准节，并随时注意调整上层拉线。拆卸下来的较小部件应整理装箱，较大部件应整理分类捆扎，以便保管和运输。

c）拆除提升系统。立柱拆除至仅剩“头三节”后，即可拆除提升系统。拆卸提升架是组立提升架的逆过程。

d）拆卸“头三节”。再利用人字抱杆，将“头三节”整体放到地面。

（4）劳动组织及岗位责任。柱式钢结构护网跨越架搭设的劳动组织及岗位责任见表 24-3-7。

表 24-3-7　柱式钢结构护网跨越架搭设的劳动组织及岗位责任

序号	岗位	人数	岗位责任	备注
1	施工负责人	1	负责跨越架施工的组织与指挥	
2	安全员	1	负责跨越架施工的安全监护	持证上岗
3	测工	1	负责跨越架、拉线地锚的定位	持证上岗
4	小型机械工	1	小型牵引机械（机动绞磨）操纵	持证上岗
5	高处作业	4	跨越架搭设的高处作业	持证上岗
6	地面作业	12	跨越架搭设的地面辅助工作	

（5）工器具。柱式钢结构护网跨越架搭设需要准备的主要工器具见表 24-3-8。

表 24-3-8　　柱式钢结构护网跨越架搭设所需主要工器具表

序号	名称	规格	单位	数量	备注
1	提升架				机械式
2	机动绞磨	50kN	台	2	
3	人字抱杆	ϕ89mm×5mm 钢管或梢径 ϕ120mm×6m 杉木杆	副	1	
4	磨绳	ϕ13mm×150m	根	2	
5	钢丝绳	ϕ13mm×100m	根	8	架体起升临时拉线
6	钢板地锚	30kN	个	10	工具地锚，非构件用
7	拉线缓松器			8	
8	钢丝绳套	ϕ13mm×1.5m	根	30	
9	特制工具环	50kN	个	10	
10	特制工具环	30kN	个	30	
11	经纬仪		台	1	
12	花杆		根	2	测量用
13	铁锹		把	4	尖锹
14	十字镐		把	4	
15	铁钎	1.5m	根	4	
16	铁钎	0.36m	根	4	绑扎铁线用，特制
17	钳子	200mm	把	12	
18	扳手	300mm	把	12	
19	三联工具袋		个	4	高处作业携带钳子、铁钎用
20	起重滑车	10kN	个	4	
21	棕绳	ϕ12mm×70m	根	4	
22	钢卷尺	50m	个	1	

3. 悬吊式桥型跨越防护装置法跨越架施工工艺

(1) 概述。悬吊式桥型跨越防护装置（简称悬桥防护装置）是利用在建 500kV 输电线路跨越档两侧的铁塔，加装悬吊式临时横梁，架设高强度纤维承载索（一般采用迪尼玛绳），敷设桥型封网装置构成。其中封网装置又可选用绝缘杆结构或绝缘绳网结构。

1) 悬桥防护装置使用条件。悬桥防护装置适用于新建 500kV 输电线路跨越档档距 300m 左右，最大档距不超过 350m，其使用条件为：

a) 正常工况。悬桥防护装置已安装好，承载索为迪尼玛绳；空载，有风，风速 15m/s，风向为横向垂直于防护网。

b) 事故工况。即考虑张力放线时发生跑线情况。此时装置承受一相（极）导线下落的垂直荷载，以及跑线的残余张力（按垂直荷载的 40%）。承载索的安全系数取 6。

2) 悬桥防护装置总体布置。悬桥防护装置的基本构成，是在跨越物两侧的铁塔横担下适当位置悬挂临时横梁作为支撑装置，在两横梁间展放承载索，再在跨越物上方的承载索上安装悬桥防护装置（有带侧面遮护和不带侧面遮护两种）对跨越物进行保护。

根据跨越的现场条件，承载索的支撑装置也可在跨越的一侧使用铁塔横担下悬挂的横梁，另一侧使用在档中地面竖立的柱式钢结构跨越架的立柱，该型式是悬桥防护装置和柱式钢结构跨越架的组合。

其总体布置见图 24-3-25～图 24-3-27。

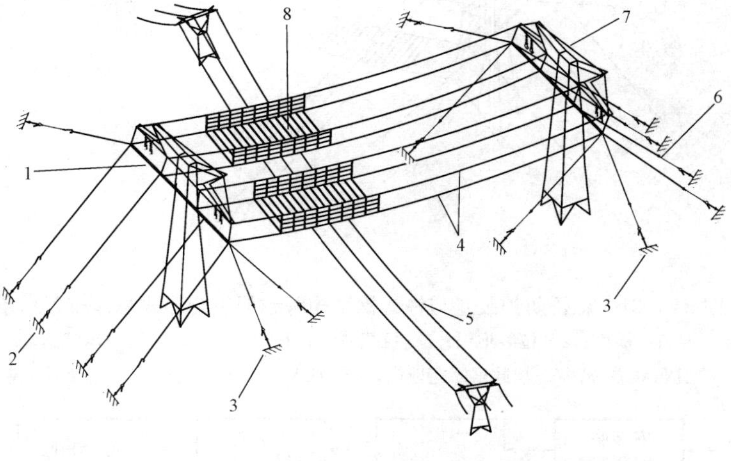

图 24-3-25　悬桥防护装置（带侧面遮护）总体布置示意图

1—横梁；2—承载索固定地锚；3—拉线地锚；4—承载索；
5—被跨越线路；6—拉线系统；7—补强系统；8—绝缘网（绝缘杆）

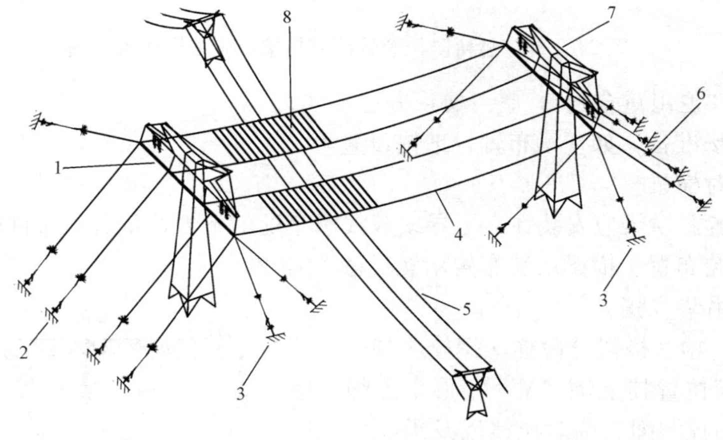

图 24-3-26　悬桥防护装置（不带侧面遮护）总体布置示意图

1—横梁；2—承载索固定地锚；3—拉线地锚；4—承载索；
5—被跨越线路；6—拉线系统；7—补强系统；8—绝缘网（绝缘杆）

（2）施工操作流程。悬桥防护装置法跨越架线施工操作流程见图 24-3-28。

（3）操作步骤要点。

1）施工前准备。

a）跨越档铁塔已经检查验收；

b）横梁及其附属器件经过试组装合格，所有使用设备及工器具均应准备好，并已进行检查与试验；

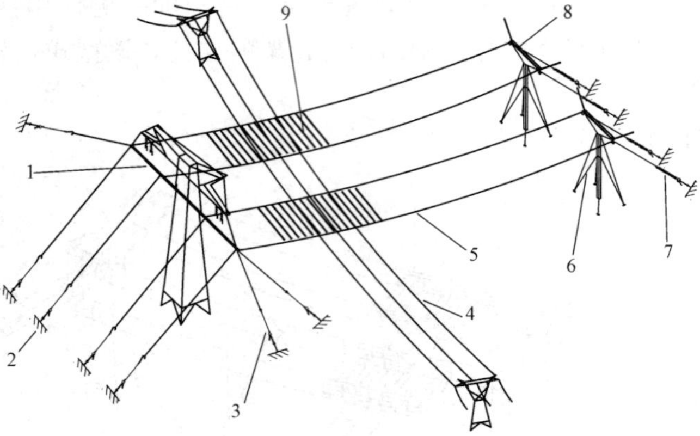

图 24-3-27 悬桥防护装置与柱式钢结构跨越架组合形式总体布置示意图

1—横梁；2—拉线地锚；3—拉线系统；4—被跨越线路；5—承载索；
6—立柱拉线系统；7—承载索固定地锚；8—钢结构跨越架立柱；9—绝缘网（绝缘杆）

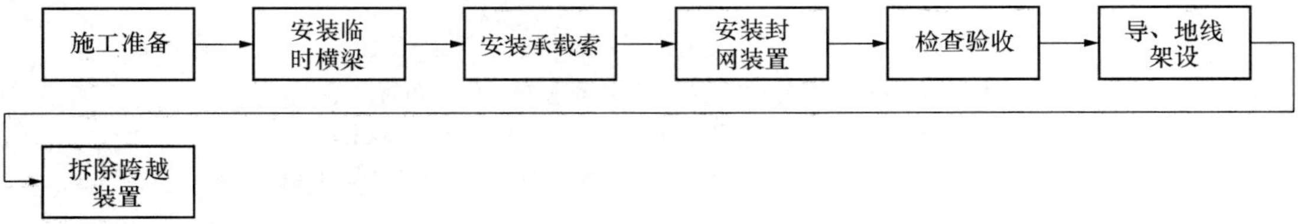

图 24-3-28 悬桥防护装置法跨越架线施工操作流程图

c）已申请“退出重合闸”，签订协议并已落实；

d）做好现场准备，如现场布置、地锚设置等。

2）安装临时横梁。

a）安装位置。横梁应安装在靠近导线放线滑车处的下方，依具体条件经计算确定。

b）横梁吊装布置。横梁吊装布置示意见图 24-3-29。

c）横梁的吊装步骤。

a. 吊装前，检查横梁分段连接螺栓应齐全、完好。在横梁规定位置挂上倒“V”字形吊点绳、横梁悬吊绳、起吊控制绳、临时拉线以及承载索、循环绳的端滑车等。

b. 横梁吊装至预定位置后，应将横梁悬吊绳挂至规定位置。

c. 放松牵引绳并拆除吊点绳和牵引绳、控制绳。

d. 安装并收紧调整横梁临时拉线。

3）安装承载索。

a）导引绳、索道绳及循环绳的展放。

a. 根据展放一级导引绳的机具选择引绳规格。

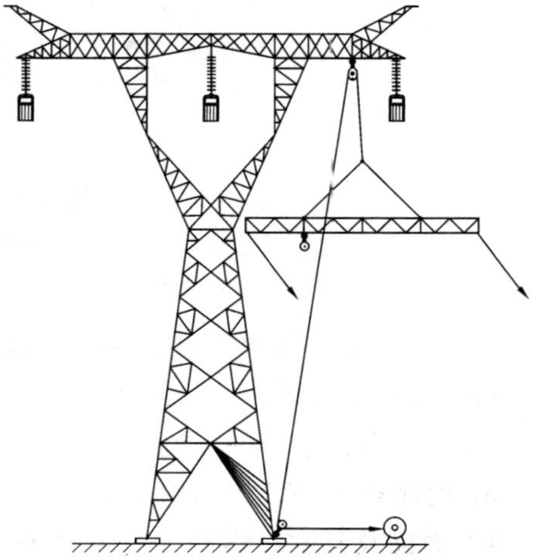

图 24-3-29 横梁吊装布置示意图

b. 一级导引绳展放布置。一级导引绳展放布置如图 24-3-30 所示。

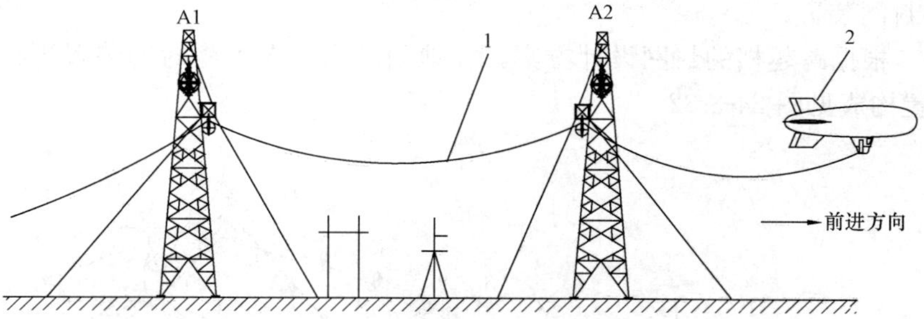

图 24-3-30 一级导引绳展放布置示意图

1—一级导引绳；2—飞行器

c. 由一级导引绳再牵引二级、三级等导引绳，直至完成索道绳、循环绳的展放。

d. 索道绳应通过跨越档两端横梁的悬挂滑车后，一端与手扳葫芦连接后挂于地锚，另一端固定于地锚。索道绳展放可以减小承载索展放时的张力，经计算当承载索展放张力不大时，也可不用索道绳。

e. 循环绳经过的地面应用木杠或毛竹垫起，避免循环绳与地面摩擦。

b）承载索的展放。

a. 承载索为迪尼玛绳时，利用尼龙绳牵引迪尼玛绳，承载索展放布置示意图见图 24-3-31。

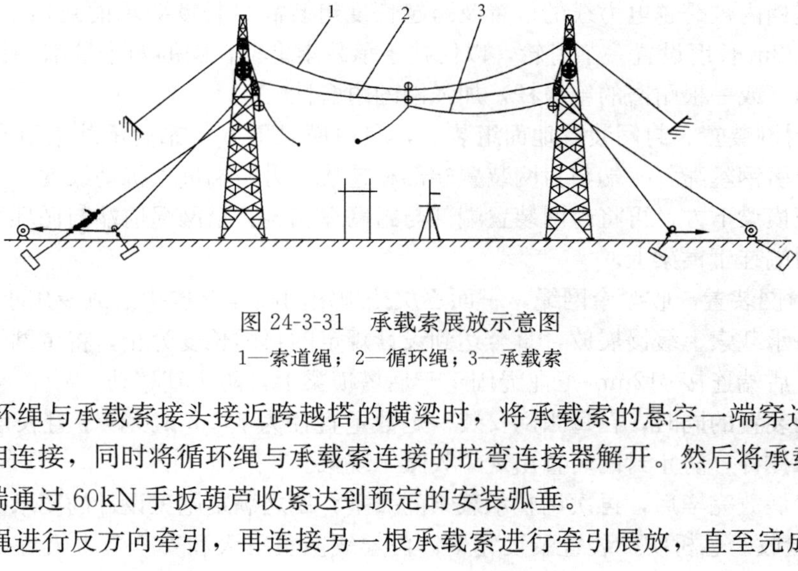

图 24-3-31 承载索展放示意图

1—索道绳；2—循环绳；3—承载索

b. 当循环绳与承载索接头接近跨越塔的横梁时，将承载索的悬空一端穿过滑车后与地面的钢丝绳相连接，同时将循环绳与承载索连接的抗弯连接器解开。然后将承载索端固定于地锚；另一端通过 60kN 手扳葫芦收紧达到预定的安装弧垂。

c. 循环绳进行反方向牵引，再连接另一根承载索进行牵引展放，直至完成全部的承载索架设。

c）牵网绳的展放。

a. 牵网绳强度除满足牵网的安全要求外，还必须满足导线断线后对网的冲击使牵网绳破断的要求，用尼龙绳时，其规格不宜小于 ϕ12mm，应经计算确定。牵网绳利用循环绳牵引展放，展放方式与承载索相似，每相导线展放 2 根。

b. 当循环绳与牵网绳接头接近跨越塔的横梁时，将循环绳与牵网绳的接头抗弯连接器解开。然后将牵网绳适当收紧，离开被跨越物至安全距离后，固定在横梁上。

4）安装封网装置。

a）准备。根据跨越档的封网设计方案，在地面的彩条布上将封网装置进行组装，组装后的封网装置构成见图 24-3-32。

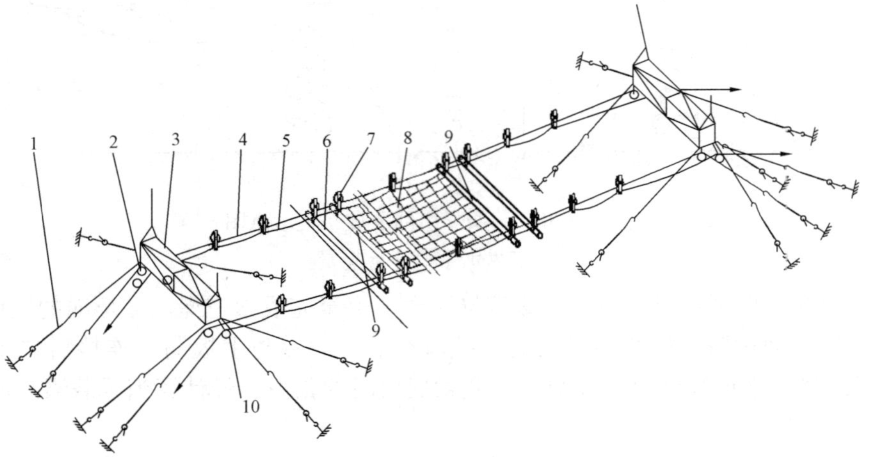

图 24-3-32　组装后的封网装置构成示意图

1—手扳葫芦；2—承载索滑车；3—横梁；4—承载索；5—牵网绳；6—网端加固杆；7—绝缘网悬挂滑车；8—绝缘网；9—绝缘网撑杆；10—牵网绳滑车

根据跨越档内被跨越电力线的位置及跨越长度组装满足长度要求的封顶绝缘网及网撑。在牵网绳上每 2m 长度设置一个滑轮，以便挂于承载索上。在网的两个端部各设置一条带绝缘套的钢丝绳（或一根耐磨的绝缘杆）加强网的耐磨性。

b）吊装封网装置。封网装置地面组装后，利用横梁下方（靠近承载索滑车处）的起重滑车，穿入牵引钢丝绳，一端与封网装置端部相连接，另一端进入机动绞磨。启动绞磨，将封网装置吊至横梁下方，再将封网装置端部与封网绳相连。牵网绳前端与循环绳连接，封网装置牵网绳后端挂于横梁上。

c）展放封网装置。收紧牵网绳，一面逐次按预定间隔挂上挂钩（或专用小滑车），一面使封网装置在承载索上缓慢展放，直至达到设计规定的封网长度为止，将牵网绳前端固定于前塔横梁上，后端连接 ϕ12mm 尼龙绳固定于后塔横梁上，防止其移动。

安装封网装置的同时，在每张网安装一定数量直径为 ϕ50mm 及以上且长度满足封网宽度要求的绝缘撑杆，防止封网装置出现“收腰”现象。

封网装置展放完毕后，再次调整承载索的弧垂，使之满足施工设计的要求。

5）检查验收。悬桥防护装置装设完毕，由架线队负责人和安全负责人等，进行全面验收检查。如有不符合要求处，应通知搭设人员进行修理或返工。

6）导、地线架设。导、地线架设时除应遵守一般张力架线施工操作工艺外，还应遵守以下几方面要求。

a）在跨越档两侧铁塔上的导线、地线放线滑车下方加装防脱落钢丝绳套，作为二道防线；

b）认真检查张力架线（包括放线、紧线、挂线及附件安装）所用机具，确保安全可靠，特别应认真检查张力机防止跑线措施是否良好，牵、张系统索具连接是否可靠，以及各种地锚布置与埋深（比正常使用时加深20%）是否合乎要求；

c）紧线、挂线时，应特别加设防止跑线的预防保护，并在所有用于连接的受力机具处采取双套配备。

7）拆除跨越装置。跨越区段导、地线架设全部完成并经检查验收合格后，即可拆除跨越装置，拆除程序是安装时的反程序。拆除工作与安装工作一样具有同等的危险性，必须统一指挥按部就班地一步一步拆卸。特别是靠近带电部位，务必遵照相关安全规程和作业规定。

（4）劳动组织。悬桥防护装置搭设的劳动组织及岗位责任见表24-3-9。

表24-3-9　　悬桥防护装置搭设的劳动组织及岗位责任

序号	岗　位	人数	岗位责任	备　注
1	施工负责人	1	负责跨越装置装设的组织与指挥	
2	安全员	1	负责跨越装置装设的安全监护	持证上岗
3	测工	1	负责拉线地锚的定位	持证上岗
4	小型机械工	2	小型牵引机械（机动绞磨）操纵	持证上岗
5	高处作业	8	跨越装置装设的高处作业	持证上岗
6	地面作业	16	跨越装置装设的地面工作	

（5）工器具。悬桥防护装置搭设所需主要工器具见表24-3-10。

表24-3-10　　悬桥防护装置搭设所需主要工器具表

序号	名　称	规　格	单位	数量	备　注
1	机动绞磨	50kN	台	2	
2	磨绳	ϕ13mm×150m	根	2	
3	特制工具环	50kN	个	20	
4	特制工具环	30kN	个	60	
5	牵网绳	ϕ8mm×200m	根	6	尼龙
6	牵网绳	ϕ8mm×330m	根	6	尼龙
7	引绳	ϕ（2～4）mm×200m	根	1	
8	引绳	ϕ8mm	根	1	尼龙，长度根据施工设计
9	经纬仪		台	1	
10	花杆		根	2	测量用
11	铁锹		把	4	尖锹
12	十字镐		把	4	
13	铁钎	1.5m	根	4	
14	钳子	200mm	把	12	
15	扳手	300mm	把	12	
16	三联工具袋		个	4	高处作业随身携带钳子、铁钎用
17	起重滑车	10kN	个	4	
18	棕绳	ϕ12mm×70m	根	4	
19	钢卷尺	50m	个	1	

八、放线施工区段及牵引场、张力场（简称牵、张场）的设置

（一）放线施工区段选择原则

影响和约束架线区段长度的主要因素有放线质量、线路条件、放线和紧线施工作业的可能性、合理性和难易度，架线工程的综合工效等。施工区段划分时应根据工程条件，综合考虑各种影响因素，经过经济技术分析比较后确定，并应在架线施工开始前作出分段规划。区段划分基本原则如下：

(1) 放线段长度宜控制在6～8km，且不宜超过20个放线滑车。当超过时，应采取相应的质量保证措施。

(2) 牵、张场地位置应便于牵、张设备和材料的运达及布置。牵、张场两侧杆塔是直线塔时允许作直线锚线。

(3) 优先选用全标段中各放线区段的放线滑车数量均符合标准规定，且全标段架线施工段总数量最少的方案。

(4) 选用放线区段长与数盘导线累计线长相近的方案，以减少接续管数量。

(5) 选用放线区段代表档距与所在耐张段或所在主要耐张段代表档距接近的方案，以便于紧线。

（二）牵、张场选择基本规定

(1) 符合下述条件可作牵、张场：

1) 牵引机、张力机（简称牵、张机）能直接运达，或道路桥梁稍加修整加固后即可运达。

2) 场地地形及面积满足设备、导线布置及施工操作要求。

3) 相邻直线塔允许作过轮临锚。作过轮临锚塔的条件是要符合设计和施工操作的要求：

a) 锚线角不大于设计规定值；

b) 锚线及压接导线作业无特殊困难。

(2) 下列情况不宜用作牵、张场：

1) 需以直线换位塔或直线转角塔作过轮临锚塔时；

2) 档内有重要交叉跨越或交叉跨越次数较多时；

3) 档内不允许有导、地线接头时；

4) 邻塔悬点与牵、张机进出口高差较大时；

5) 相邻铁塔不允许锚线时。

（三）牵、张场布置

1. 操作流程

牵、张场布置操作流程见图24-3-33。

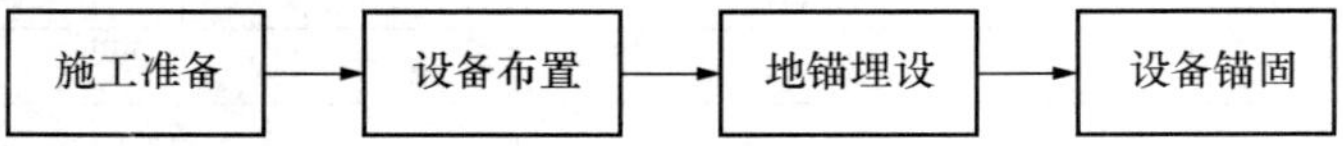

图24-3-33　牵、张场布置操作流程图

2. 操作步骤

(1) 施工准备。

1）道路整修。根据牵引机、张力机、导线运输车辆及吊车的外形几何尺寸及最优运载量，对进入牵、张场的道路进行修整加固，保证工程车辆顺利进出。

2）场地平整。牵、张场确定后，一般会对其进行场地平整工作。尤其张力场中需要进行导线的压接及更换线盘操作，对场地要求较高，因此更加重视场地平整工作。

（2）设备布置。牵、张机一般布置在线路中心线上。牵、张机进出口与邻塔悬点的高差角不宜超过15°，俯角不宜大于5°，小牵引机应布置在不影响牵放牵引绳和牵放导线同时作业的位置上。

导线线轴一般布置在大张力机后方约15m处，呈扇形分布；汽车吊车应布置在导线轴架的后方，其侧面为导线集放区。临锚架一般与大牵、张机间应保持约20m的距离，与邻塔导线挂点间仰角不得大于25°。

大张力机与线端临锚架间为导线压接场地，大张力机与导线线轴间为更换线轴操作场地。

受地形限制，牵引场选场困难而无法解决时，可通过转向滑车转向布场。转向滑车可设一个或几个。张力场不宜转向布场。牵引场转向布场应注意如下各点：

1）每一个转向滑车的荷载均不得超过所用滑车的允许承载能力。各转向滑车荷载应均衡，即转向角度应相等。

2）靠近邻塔的最后一个转向滑车应接近线路中心线。

3）靠近牵引机的第一个转向滑车应使牵引机受力方向正确。

4）转向滑车应使用允许连续高速运转的大轮槽专用滑车，每个转向滑车均应可靠锚定。

5）转向滑车围成的区域及其外侧为危险区，不得放置其他设备材料，工作人员不应进入，牵引机转向平面布置见图24-3-34。

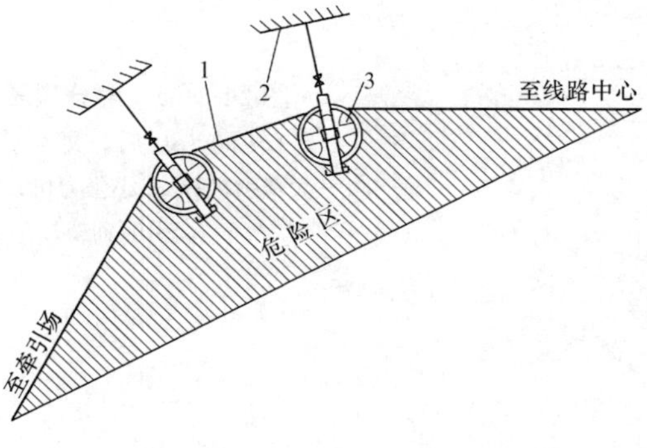

图24-3-34 牵引场转向平面布置示意图

1—牵引绳；2—转向滑车地锚；3—转向滑车

（3）地锚埋设。地锚一般分为埋入式地锚和桩式地锚两类，统称“地锚”，桩式地锚简称桩锚。地锚埋设应符合下列要求：

1）所有桩锚应使用角铁桩，根据地质条件，每处采用2根或3根，入土深度不应小于1.0m。锚桩周围不得有积水，锚桩不得打入软土或填土内。

2）所有地锚应使用钢管地锚或钢板地锚。地锚埋深：坚土不小于1.8m，次坚土不小于2.0m。

3）钢管地锚坑底部的受力侧应掏挖小槽，槽深不小于150mm，钢管应水平安置在小槽内。

4）地锚坑的受力侧应掏挖马道，使地锚的钢丝绳套落在马道内，马道对地平面夹角不应小于45°。

5）水田地带设置地锚时，其坑内积水应抽干后再回填上，严禁用烂泥、淤泥回填。坑内土质松软时，必须用钢板地锚。

（4）设备锚固。大小牵、张机就位后，应用枕木将机身垫平、支稳，并用地锚将机身固定。锚固的链（绳）对地夹角不大于45°。

（四）几种放线方式的牵、张场平面布置

1. 几种放线方式的牵、张场典型平面布置

(1) 两分裂子导线展放牵、张场的平面布置见图24-3-35、图24-3-36。

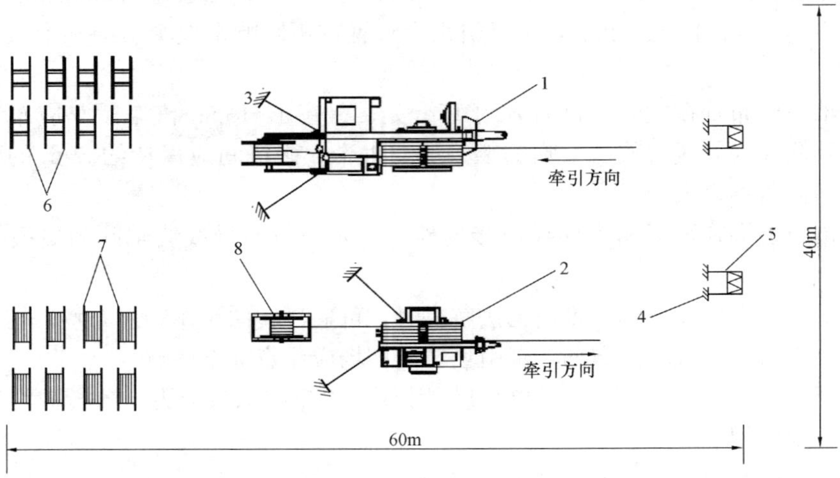

图24-3-35　两分裂子导线展放牵引场布置示意图

（转向180°后，即可作为另一个施工段的牵引场）

1—大牵引机；2—小张力机；3—地锚；4—锚线地锚；5—锚线架；
6—牵引绳轴架；7—牵引绳；8—小张力机尾车

图24-3-36　两分裂子导线展放张力场布置示意图

（转向180°后，即可作为另一个施工段的张力场）

1—张力机；2—小牵引机；3—地锚；4—锚线架；5—锚线地锚；6—牵引板；
7—张力机尾车；8—导线；9—导引绳

(2) 四分裂子导线展放牵、张场的平面布置。

1) 方式一："2×一牵 2"方式放线时牵、张场地布置见图 24-3-37 和图 24-3-38。

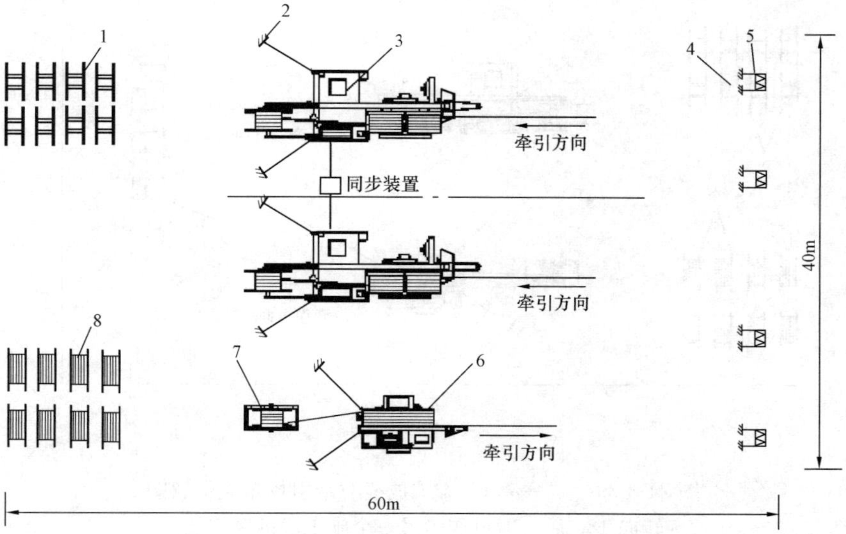

图 24-3-37　"2×一牵 2"方式放线时牵引场布置示意图
(转向 180°后，即可作为另一个施工段的牵引场)
1—牵引绳轴架；2—地锚；3—大牵引机；4—锚线地锚；5—锚线架
6—小张力机；7—小张力机尾车；8—牵引绳

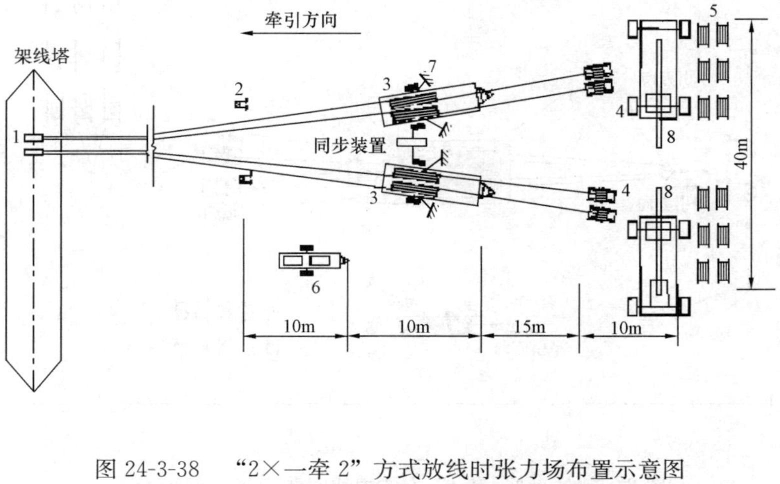

图 24-3-38　"2×一牵 2"方式放线时张力场布置示意图
(转向 180°后，即可作为另一个施工段的张力场)
1—放线滑车；2—锚线架；3—二线张力机；4—导线尾车；5—导线线轴；
6—小牵引机；7—地锚；8—吊车

2）方式二：“一牵4”方式放线时牵、张场地布置见图24-3-39和图24-3-40。

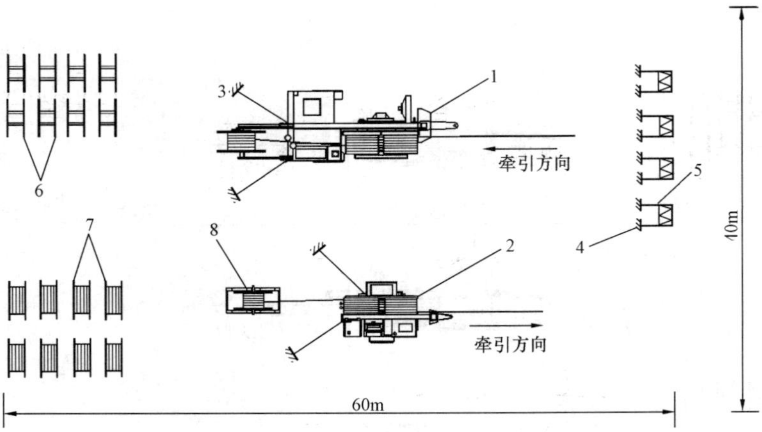

图24-3-39 “一牵4”方式放线时牵引场布置示意图
（转向180°后，即可作为另一个施工段的牵引场）
1—大牵引机；2—小张力机；3—地锚；4—锚线地锚；5—锚线架；
6—牵引绳轴架；7—牵引绳；8—小张力机尾车

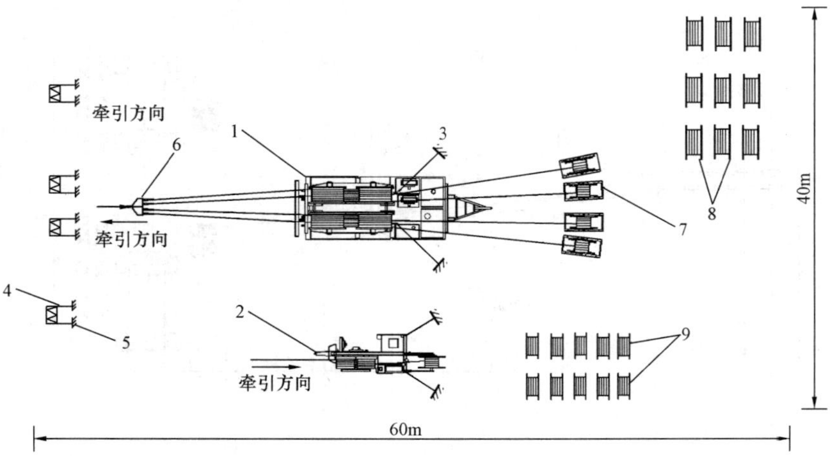

图24-3-40 “一牵4”方式放线时张力场布置示意图
（转向180°后，即可作为另一个施工段的张力场）
1—张力机；2—小牵引机；3—地锚；4—锚线架；5—锚线地锚；
6—牵引板；7—张力机尾车；8—导线；9—导引绳

3）方式三："一牵（2+2）"方式放线时牵、张场地布置见图 24-3-41 和图 24-3-42。

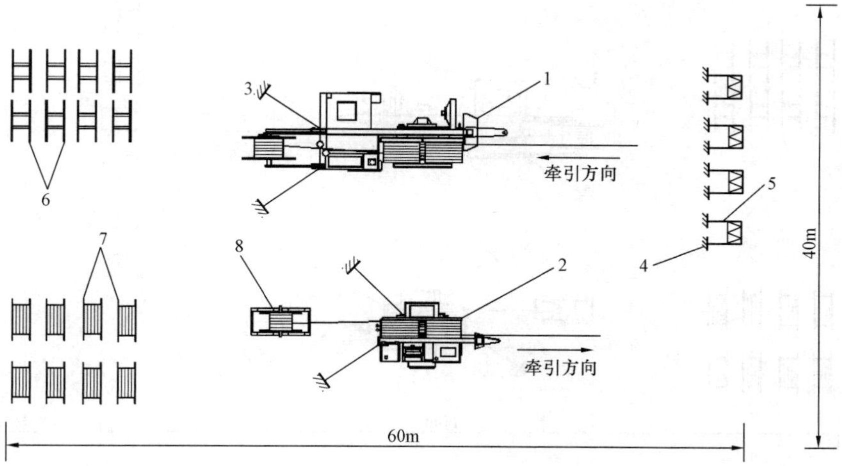

图 24-3-41 "一牵（2+2）"方式放线时牵引场布置示意图
（转向 180°后，即可作为另一个施工段的牵引场）
1—大牵引机；2—小张力机；3—地锚；4—锚线地锚；5—锚线架；
6—牵引绳轴架；7—牵引绳；8—小张力机尾车

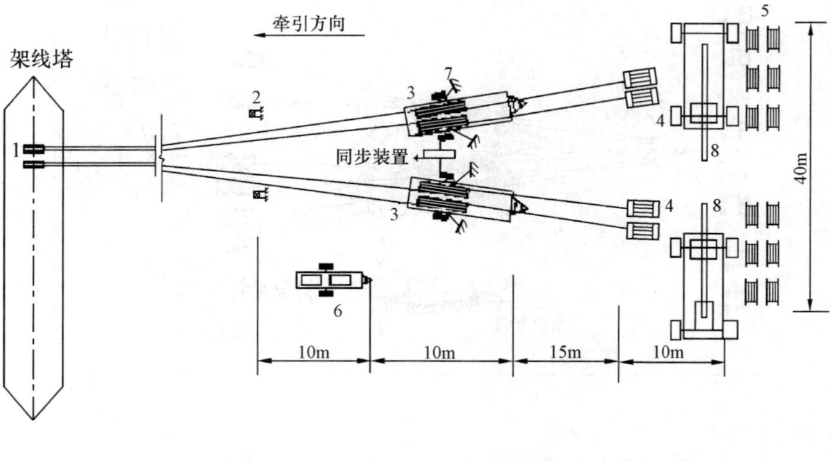

图 24-3-42 "一牵（2+2）"方式放线时张力场布置示意图
（转向 180°后，即可作为另一个施工段的张力场）
1—放线滑车；2—锚线架；3—二线张力机；4—导线尾车；
5—导线线轴；6—小牵引机；7—地锚；8—吊车

(3) 六分裂子导线展放牵、张场的平面布置。

1）"一牵 6"方式放线时牵、张场地布置见图 24-3-43 和图 24-3-44。

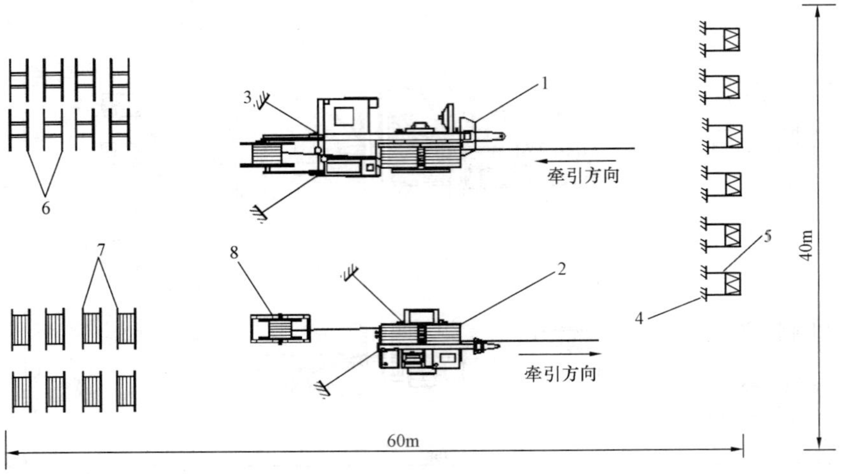

图 24-3-43 “一牵 6”方式放线时牵引场布置示意图
（转向 180°后，即可作为另一个施工段的牵引场）
1—大牵引机；2—小张力机；3—地锚；4—锚线地锚；5—锚线架；
6—牵引绳轴架；7—牵引绳；8—小张力机尾车

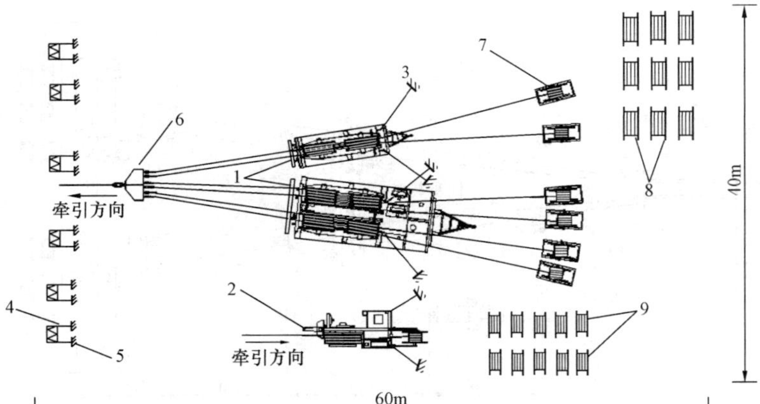

图 24-3-44 “一牵 6”方式放线时张力场布置示意图
（转向 180°后，即可作为另一个施工段的张力场）
1—张力机；2—小牵引机；3—地锚；4—锚线架；5—锚线地锚；
6—牵引板；7—张力机尾车；8—导线；9—导引绳

2）“3×（一牵 2）”方式放线时牵、张场地布置见图 24-3-45 和图 24-3-46。

3）“一牵 2＋一牵 4”方式放线时牵、张场地布置见图 24-3-47 和图 24-3-48。

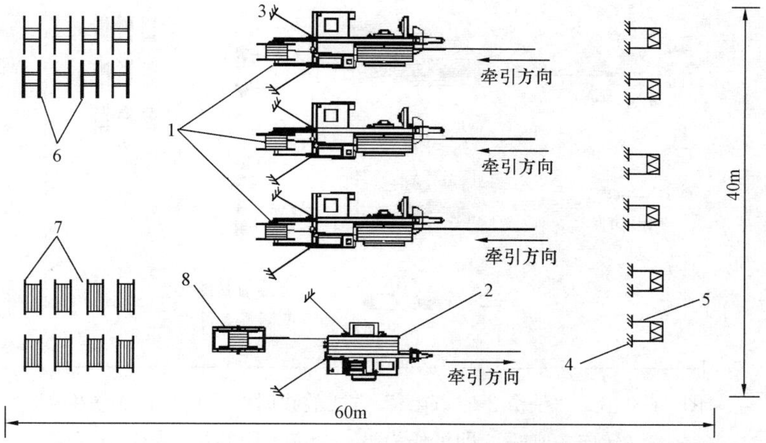

图 24-3-45　“3×（一牵 2）”方式放线时牵引场平面布置示意图
（转向 180°后，即可作为另一个施工段的牵引场）
1—大牵引机；2—小张力机；3—地锚；4—锚线地锚；5—锚线架；6—牵引绳轴架；7—牵引绳；8—小张力机尾车

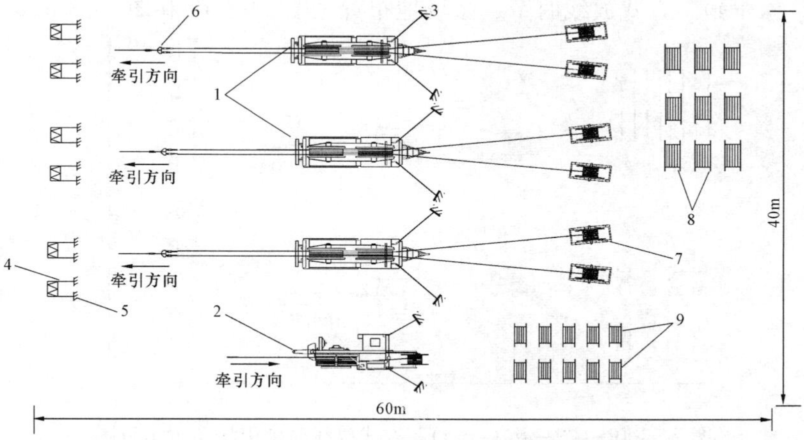

图 24-3-46　“3×（一牵 2）”方式放线时张力场平面布置图
（转向 180°后，即可作为另一个施工段的张力场）
1—张力机；2—小牵引机；3—地锚；4—锚线架；5—锚线地锚；6—牵引板；7—张力机尾车；8—导线；9—导引绳

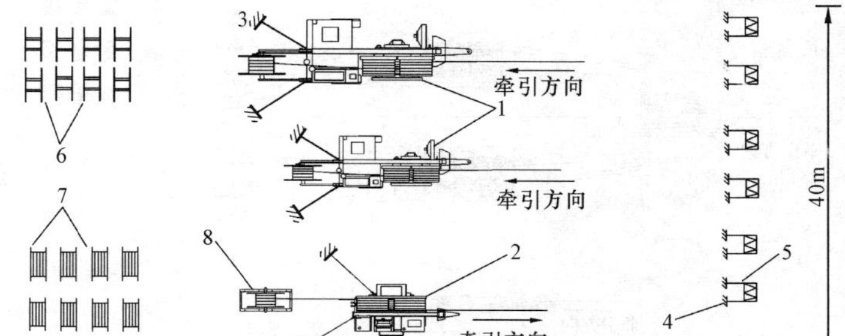

图 24-3-47　“一牵 2＋一牵 4”方式放线时牵引场平面布置示意图
（转向 180°后，即可作为另一个施工段的牵引场）
1—大牵引机；2—小张力机；3—地锚；4—锚线地锚；5—锚线架；6—牵引绳轴架；7—牵引绳；8—小张力机尾车

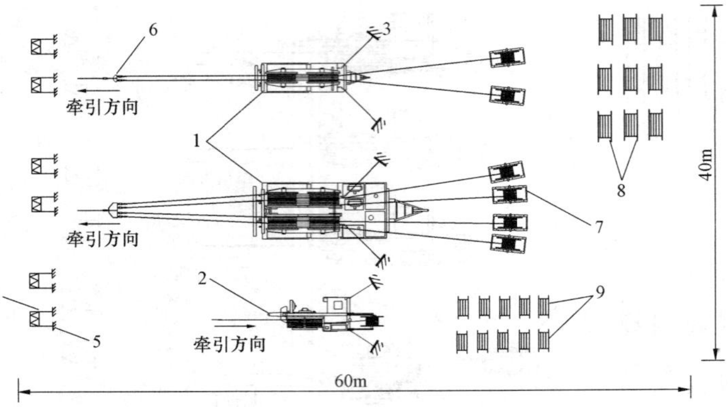

图 24-3-48 “一牵 2＋一牵 4”方式放线时张力场平面布置图

（转向 180°后，即可作为另一个施工段的张力场）

1—张力机；2—小牵引机；3—地锚；4—锚线架；5—锚线地锚；6—牵引板；7—张力机尾车；8—导线；9—导引绳

（4）八分裂子导线展放牵、张场的平面布置。

1）“一牵（4＋4）”方式放线时牵、张场地布置见图 24-3-49 和图 24-3-50。

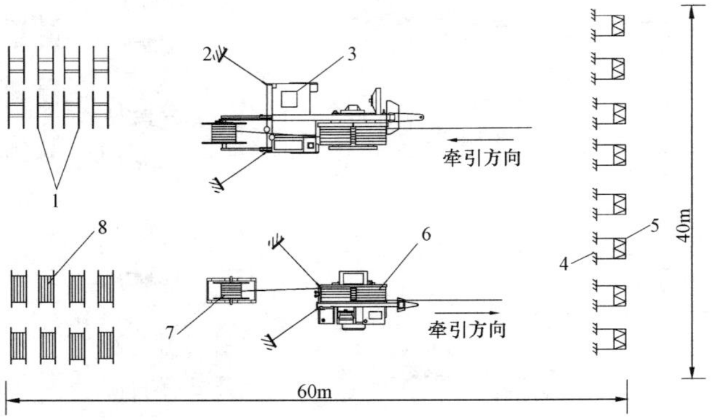

图 24-3-49 “一牵（4＋4）”方式放线时牵引场布置示意图

（转向 180°后，即可作为另一个施工段的牵引场）

1—牵引绳轴架；2—地锚；3—大牵引机；4—锚线地锚；5—锚线架；6—小张力机；7—小张力机尾车；8—牵引绳

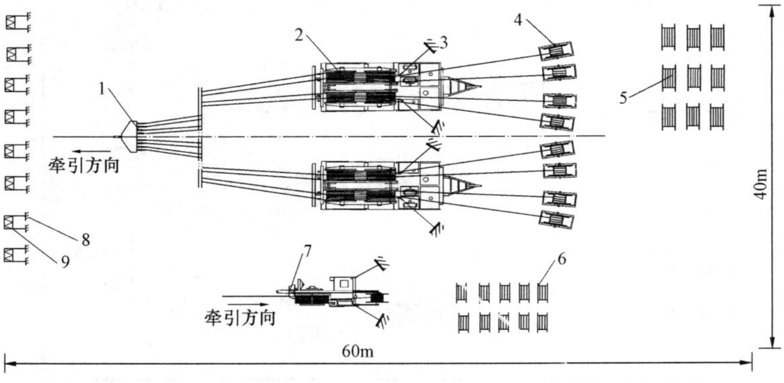

图 24-3-50 “一牵（4＋4）”方式放线时张力场布置示意图

（转向 180°后，即可作为另一个施工段的张力场）

1—牵引板；2—大张力机；3—地锚；4—大张力机尾车；5—导线；6—导引绳；7—小牵引机；8—锚线地锚；9—锚线架

2）“2×一牵 4”方式放线时牵、张场地布置见图 24-3-51 和图 24-3-52。

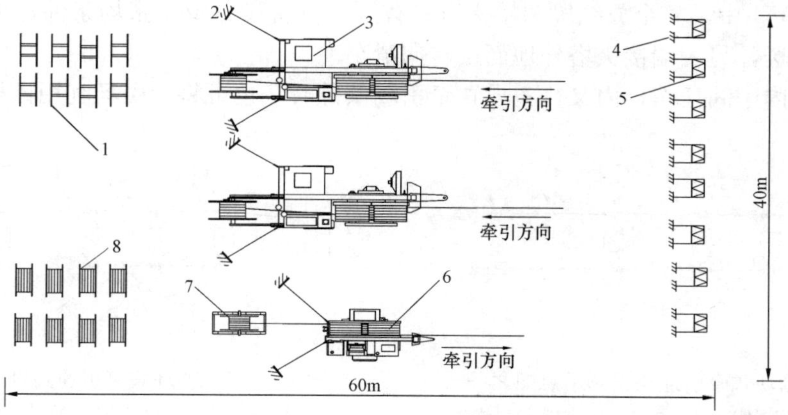

图 24-3-51 “2×一牵 4”方式放线时牵引场平面布置示意图
（转向 180°后，即可作为另一个施工段的牵引场）
1—牵引绳轴架；2—地锚；3—大牵引机；4—锚线地锚；5—锚线架；6—小张力机；7—小张力机尾车；8—牵引绳

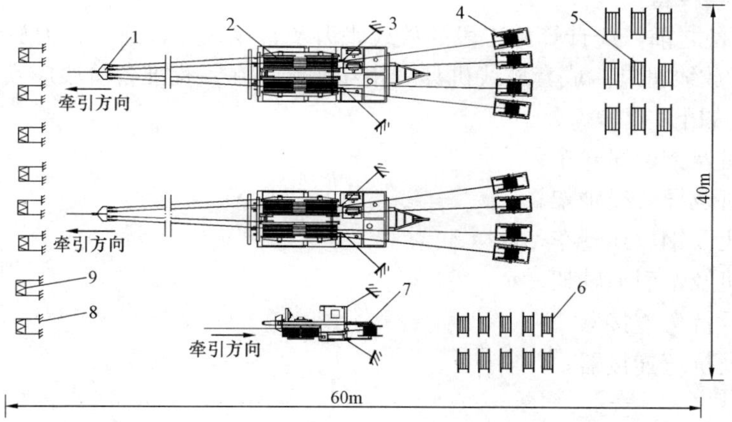

图 24-3-52 “2×一牵 4”方式放线时张力场平面布置示意图
（转向 180°后，即可作为另一个施工段的张力场）
1—牵引板；2—大张力机；3—地锚；4—大张力机尾车；5—导线；
6—导引绳；7—小牵引机；8—锚线地锚；9—锚线架

2. 几种特殊形式的牵、张场设置

(1) 沿线路顺延放线通路设场法。沿线路顺延放线通路设场法如图 24-3-53 所示。

在图 24-3-53 中，A、E 是放线段的接头塔，E、F 之间不具备设场条件，而 A、G 的外侧具备设场条件，可在 A 的外侧设置张力场，G 的外侧设置牵引场，导线牵至 E、F 之间时停止牵放，开始进行锚线、紧线、安装作业。反之将牵、张场反置也可。

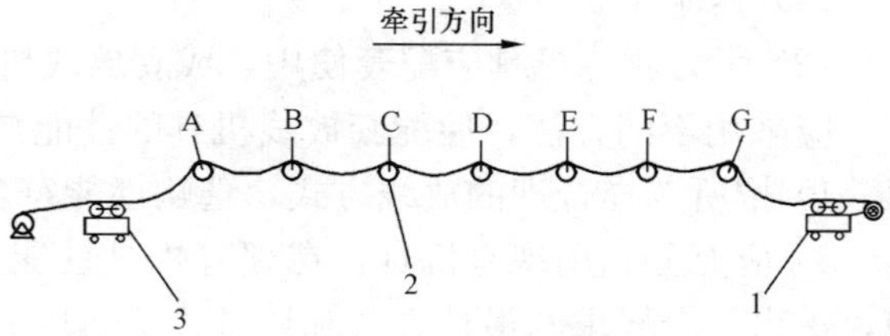

图 24-3-53 顺延放线通路设场法示意图
1—牵引机；2—塔上放线滑车；3—张力机

(2) 闭合式牵引通路设场法。闭合式

(即循环式) 牵引通路设场法见图 24-3-54 和图 24-3-55。

在图 24-3-54 中，一个放线段两接头塔只有一端具备设置牵、张场条件，可将牵引场和张力场同设一场，另一端接头塔外地面设转向滑车。

当放线段内中间任一档内又具备设置牵引场条件时，也可将牵引场利用该档设置，如图 24-3-55 所示。

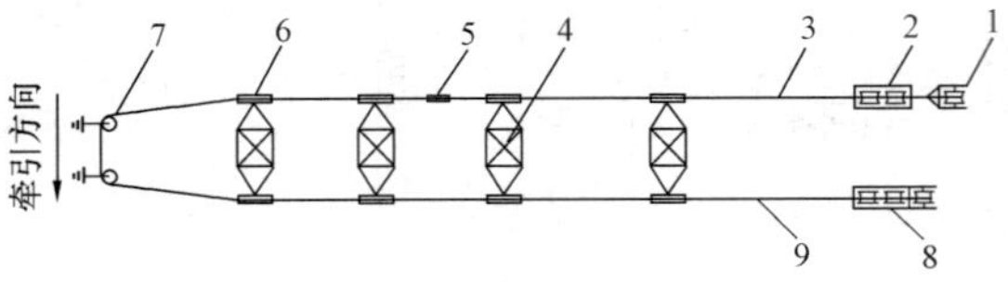

图 24-3-54　循环式牵引通路设场示意图之一

1—线盘轴架；2—张力机；3—导线；4—铁塔地线横担；5—防扭器；6—放线滑车；7—地面转向滑车；8—牵引机；9—牵引绳

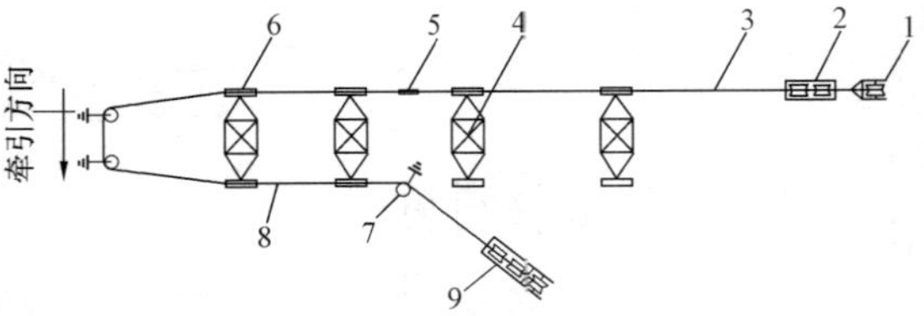

图 24-3-55　循环式牵引通路设场示意图之二

1—线盘轴架；2—张力机；3—导线；4—铁塔地线横担；5—防扭器；6—放线滑车；7—地面转向滑车；8—牵引绳；9—牵引机

九、施工机具准备

(1) 机具准备之前，应计算施工段的放线张力及紧线张力，确定张力放线方式。根据施工技术要求配备放线机具。成套放线机具应相互匹配。在工程准备阶段应安排落实张力放线的主要专用机具如下：

1) 主牵引机及钢丝绳卷车；

2) 主张力机及导线线轴架；

3) 小牵引机及钢丝绳卷车；

4) 小张力机及牵引绳轴架；

5) 导引绳及抗弯连接器；

6) 牵引绳及抗弯连接器；

7) 牵引板；

8) 旋转连接器；

9) 放线滑车、压线滑车、接地滑车；

10) 网套连接器；

11) 与导线、地线、牵引绳、导引绳配套的卡线器；

12) 导线接续管保护套；

13) 手扳葫芦；

14) 其他。

(2) 张力放线机具应配套使用，成套放线机具的各组成部分必须相互匹配。在不同情况下，应采用不同方法，使配套放线机具的性能与放线方式相适应：

1) 按所选择合理的放线方式，选购性能符合要求的放线机械；

2) 应充分利用现有机具，在现有机具性能范围内，列出所有可行放线方式，经优化比较，选出符合要求的最佳方式和该方式下适用的放线机具；

3) 在已经选定当前工程展放导线的放线机具而为具体施工段作技术准备时，应计算出施工段的放线张力和牵引力，再根据主机性能，尽可能选用工效最高的放线方式；

4）同一工程的不同施工段，可采用不同放线方式放线；

5）主要牵、张设备应根据具体线路放线区段划分、场的布置等因素影响，进行具体计算选择。

（3）主牵引机的额定牵引力可按下式选用

$$P \geqslant mK_P T_P \tag{24-3-16}$$

式中 P——主牵引机的额定牵引力，N；

m——同时牵放子导线的根数；

T_P——被牵放导线的保证计算拉断力，N；

K_P——选择主牵引机额定牵引力的系数：

电压等级为 500kV 时，K_P＝0.20～0.33；

电压等级为 750kV 时，K_P＝0.20～0.33；

电压等级为±800kV 时，展放钢芯铝绞线时，K_P＝0.20～0.30，展放钢芯铝合金绞线时 K_P＝0.14～0.20，根据具体的地形地貌条件选用相应的系数；

电压等级为 1000kV 时，K_P＝0.20～0.30，根据具体的地形地貌条件选用相应的系数。

主牵引机的卷筒槽底直径不应小于牵引绳直径的 25 倍。

（4）与主牵引机配套的钢丝绳卷车应符合如下要求：

1）驱动能源来自主牵引机，并由主牵引机司机集中操作和控制。

2）输送动力油源的高压软管接头采用密封良好的快速接头。

3）能与主牵引机同步运转，保证牵引绳不在主牵引机卷扬机构上打滑，即保持牵引绳尾部张力满足

$$2000 < P_W < 5000 \tag{24-3-17}$$

式中 P_W——牵引绳尾部张力，N。

4）具有良好的排绳机构，能使牵引绳整齐地排列在钢丝绳卷筒上。

5）具有平滑可调且允许连续工作的制动装置，在展放牵引绳时能有效控制钢丝绳线轴的惯性。

（5）在牵放导线过程中对导线施加放线张力的施工机械叫主张力机。主张力机单根导线额定制动张力可按下式选用

$$T = K_T T_P \tag{24-3-18}$$

式中 T——主张力机单导线额定制动张力，N；

K_T——选择主张力机单导线额定制动张力的系数；

电压等级为 500kV 时，K_T＝0.17～0.20；

电压等级为 750kV 时，K_T＝0.17～0.20；

电压等级为±800kV 时，展放钢芯铝绞线时 K_T＝0.12～0.18，展放钢芯铝合金绞线时 K_T＝0.09～0.125，根据具体的地形地貌条件选用相应的系数。

电压等级为 1000kV 时，K_T＝0.12～0.18，根据具体的地形地貌条件选用相应的系数。

主张力机的导线轮槽底直径应满足下式

$$D \geqslant 40d - 100 \tag{24-3-19}$$

式中 D——张力机的导线轮槽底直径，mm；

d——被牵放的导线直径，mm。

（6）支撑导线线轴并为张力机提供导线尾部张力的机具叫线轴车或线轴架。线轴车或线轴架均应具有制动装置，使制动张力即导线尾部张力保持满足

$$1000<T_W<2000 \tag{24-3-20}$$

式中 T_W——导线的尾部张力，N。

尾部张力不宜过大，以免导线在线轴上产生过大的层间挤压及在展放过程中产生剧烈振动；亦不宜过小，以免导线在主张力机导线轮上滑动及在线轴上松套。

（7）在牵放牵引绳过程中起牵引作用的施工机械叫小牵引机。小牵引机一般带可升降的导引绳回盘机构。小牵引机的额定牵引力可按下式选择

$$P' \geqslant \frac{1}{8}Q_P \tag{24-3-21}$$

式中 P'——小牵引机的额定牵引力，kN；

Q_P——牵引绳的综合破断力，kN。

（8）起控制放绳张力作用的机械叫小张力机。当钢丝绳卷车能起控制放绳张力作用时，也可不使用小张力机。小张力机的额定制动张力可按下式选择

$$t \geqslant \frac{1}{15}Q_P \tag{24-3-22}$$

式中 t——小张力机的额定制动张力，N。

地线张力放线时，一般以小牵引机、小张力机作地线张力放线机械（但应验算地线直径与小张力机张力轮的直径比），以导引绳作地线牵引绳。小牵引机、小张力机的选择应符合式（24-3-21）、式（24-3-22）的要求。

（9）牵放导线的绳索叫牵引绳。牵放牵引绳的绳索叫导引绳。导引绳由从小到大的一组绳索组成导引绳系。其中，最小的（用于飞行器展放或人工铺放的）叫初级导引绳，最大的（直接牵放牵引绳者）即叫导引绳，其余中间级叫二级导引绳、三级导引绳……。导引绳、牵引绳均应使用受拉后扭矩较小、不易产生金钩且通过工艺性试验确认可以使用的少扭或无扭结构钢丝绳。导引绳、牵引绳受力后的扭矩方向宜与被牵放体的扭矩方向一致，导引绳、牵引绳应按与主机配套选购和使用。牵引绳规格可按下式选择

$$Q_P \geqslant K_q m T_P \tag{24-3-23}$$

式中 K_q——牵引绳规格系数，当展放钢芯铝绞线时 $K_q=0.6$；当展放钢芯铝合金绞线时 $K_q=0.4$。

导引绳系中导引绳的规格可按下式选择

$$P_P \geqslant \frac{1}{4}Q_P \tag{24-3-24}$$

式中 P_P——导引绳综合破断力，N。

初级导引绳的规格按其导引绳展放方法、设备能力等选择，不同的展放方法使用不同的初级导引绳。其余各中间级的规格按牵放程序、方法、设备能力优化组合确定。

（10）张力架线其他特种受力工器具，如网套连接器、牵引板、平衡锤、抗弯连接器、旋转连接器、卡线器、手扳葫芦等，均按出厂允许承载能力选用，并注意与导线规格和主要机具相匹配。使用前应对所用工器具认真进行外观检查，并进行必要的试验。

（11）下面以JL/G3A-1000/45导线和LBGJ-150-20AC地线为例，示范主要工器具的选择，计算过程以“2×一牵2”展放方式为例。为节约篇幅，各个公式如包含需在规定范围取值的系数，则仅进行对该系数取最大值的计算。

1）导、地线物理参数见表24-3-11。

表24-3-11　导、地线物理参数表

型号		导线	地线
		JL/G3A-1000/45	LBGJ-150-20AC
结构（根数×直径）	铝	72×4.21mm	—
	钢	7×2.80mm	19×3.15
截面面积（mm²）	铝	1002.28	—
	钢	43.10	—
	总	1045.38	148.07
直径（mm）		42.08	15.75
弹性模量（N/mm²×10³）		60.8	139.5
热膨胀系数（1/℃×10⁻⁶）		21.4	12.6
单位质量（kg/km）		3100	989.5
计算拉断力（kN）		226.15	178.57
安全系数		2.5	3.3

2）计算过程见表24-3-12。

表24-3-12　“2×一牵2”展放方式施工方案工器具选择计算表

序号	名称	依据相关导则及规程的规定进行选择计算的结果	
		依据	结果
1	主牵引机	主牵引机的额定牵引力 P 应满足如下要求 $P \geqslant mK_P T_P = 2\times0.3\times226.15\times0.95 = 128.9$（kN） 式中 K_P—系数（0.20～0.30），考虑本工程重大交叉跨越较多，取0.30； T_P—导线的保证计算拉断力，为214.8425kN。 牵引绳的尾部张力应满足 $2000 < P_W < 5000$ 式中 P_W—牵引绳的尾部张力，N	$P \geqslant 128.9$kN
2	牵引绳及连接器	牵引绳的综合破断力应满足 $Q_P \geqslant 0.6mT_P = 0.6\times2\times226.15\times0.95 = 257.8$（kN） 依据DL/T 875—2004第8.6.2条、第8.8.1条、第8.8.3条： 抗弯连接器的安全系数不应小于3； 旋转连接器的安全系数不应小于3； 选择□24mm牵引绳，其综合破断力360kN，连接器负荷取牵引绳破断力的三分之一，不小于120kN	$Q_P \geqslant 257.8$kN

续表

序号	名称	依据相关导则及规程的规定进行选择计算的结果	
		依据	结果
3	主张力机及导线轴架	主张力机的额定制动张力可按下式计算 $T \geqslant K_T T_P = 0.18 \times 226.15 \times 0.95 = 38.67$ (kN) 式中 T—主张力机单导线额定制动张力，kN； K_T—系数（0.12～0.18），考虑本工程重大交叉跨越较多，取0.18。 主张力机的导线轮槽底直径满足 $D \geqslant 40d - 100 = 40 \times 42.08 - 100 = 1583.2$ (mm) 式中 D—导线轮槽底直径，mm； d—被牵放导线的直径，mm。 导线的尾部张力应满足 $1000 \leqslant T_W \leqslant 2000$ 式中 T_W—导线的尾部张力，N	$T \geqslant 38.67$kN $D \geqslant 1583.2$mm $1000 \leqslant T_W \leqslant 2000$
4	小牵引机及钢丝绳卷车	小牵引机的额定牵引力应满足 $P' \geqslant 0.125 Q_P = 0.125 \times 360 = 45$ (kN) 式中 P'—小牵引机的额定牵引力，kN； Q_P—牵引绳的综合破断力，kN。 张力展放地线时，地线、OPGW计算破断力均小于360kN，所以取 $P' \geqslant$ 45kN	$P' \geqslant 45$kN
5	小张力机及地线轴架	依据DL/T 875—2004第8.15条。 OPGW张力放线机主卷筒槽底直径应大于OPGW直径的70倍，且不得小于1.0m。 展放牵引绳小张力机的额定张力应满足 $t \geqslant 0.067 Q_P = 0.067 \times 360 = 24$ (kN) 张力展放地线、光缆的额定张力 t' 为 $t' \geqslant 0.067 Q_d = 0.067 \times 178.57 = 11.96$ (kN) 取 $t \geqslant 24$kN 地线直径为15.75mm，$D \geqslant 15.75 \times 40 - 100 = 530$ (mm)。 光缆直径为16mm，$D \geqslant 16 \times 40 - 100 = 540$ (mm)，且 $D \geqslant 16 \times 70 = 1120$ (mm) 地线制造盘长按2500m计算，盘重24.7kN	$t \geqslant 24$kN $D \geqslant 1120$mm
6	导引绳及连接器	导引绳的综合破断力应满足 $P_P = 0.25 Q_P = 0.25 \times 360 = 90$ (kN) 式中 P_P—导引绳的综合破断力，kN。 依据DL/T 875—2004第8.8.1条、第8.8.3条： 抗弯连接器的安全系数不应小于3； 旋转连接器的安全系数不应小于3； □13mm导引绳综合破断力110kN，连接器负荷取破断力的三分之一，为36.7kN	$P_P \geqslant 90$kN

续表

序号	名称	依据相关导则及规程的规定进行选择计算的结果	
		依据	结果
7	牵引板	依据 DL/T 875—2004 第 8.7.2 条。 牵引板破断载荷与额定载荷之比不小于 3； 展放导线用二线牵引板 $Q_B \geqslant \frac{Q_P}{3} = \frac{360}{3} = 120$（kN） 式中 Q_B—牵引板的额定荷载，kN	$Q_B \geqslant 120$kN
8	导线滑车	导线放线滑车的轮槽底径 D、轮槽倾斜角 β、轮槽底部半径 R、轮槽深度 S 等尺寸应满足 DL/T 685—1999《放线滑轮基本要求、检验规定及测试方法》的规定。 依据允许承载能力不应小于 1000m 垂直档距的导线垂直荷载，即 $F \geqslant 2 \times W_d \times 1000 = 2 \times 3.100 \times 10 \times 1000 = 62$（kN） $D \geqslant 20d = 20 \times 42.08 = 841.6$（mm） 式中 F—滑车允许承载力，kN； W_d—导线的计算单位质量，kg/m	$D \geqslant 842$mm $F \geqslant 62$kN
	地线滑车	依据允许承载能力不应小于 1000m 垂直档距的垂直荷载，即 $F \geqslant W_e \times 1000 = 989.5 \times 10 \times 1000 = 9.895$kN 滑车轮槽底径 $D \geqslant 20d = 20 \times 15.75 = 315$（mm）	$F \geqslant 9.9$kN $D \geqslant 315$mm
9	导线网套连接器	依据 DL/T 875—2004 第 8.8.2 条。 连接网套夹持导线部分长度不应小于直径的 30 倍；且连接网套安全系数不能小于 3。 JL/G3A-1000/45 型导线直径为 42.08mm	夹持长度不小于 1262.4mm
	地线网套连接器	依据 DL/T 875—2004 第 8.8.2 条。 连接网套夹持长度不应小于直径的 30 倍；且连接网套安全系数不能小于 3。 LBGJ-150-20AC 型地线直径为 15.75mm。 OPGW-150 光缆的直径为 16mm	地线夹持长度不小于 472.5mm
10	导线卡线器	依据 DL/T 875—2004 第 8.11 条。 卡线器选用原则： 卡线器安全系数应不小于 3； 卡线器的夹嘴长度应不小于 6.5d−20mm，d 为导线直径； 导线卡线器额定负荷 T_K 应大于 $T_K \geqslant \frac{T_P}{3} = \frac{226.15 \times 0.95}{3} = 71.61$（kN） 夹嘴长度为 $L \geqslant 6.5d - 20 = 6.5 \times 42.08 - 20 = 252.52$（mm）	$T_K \geqslant 71.61$kN $L \geqslant 252.52$mm

续表

<table>
<tr><th rowspan="2">序号</th><th rowspan="2">名称</th><th colspan="2">依据相关导则及规程的规定进行选择计算的结果</th></tr>
<tr><th>依据</th><th>结果</th></tr>
<tr><td rowspan="2">10</td><td>牵引绳卡线器</td><td>□24mm 牵引绳卡线器额定负荷 T_K
$T_K \geqslant \frac{Q_P}{3}=\frac{360}{3}=120\ (\text{kN})$
夹嘴长度
$L \geqslant 6.5d-20=6.5\times 24-20=136\ (\text{mm})$</td><td>$T_K \geqslant 120\text{kN}$
$L \geqslant 136\text{mm}$</td></tr>
<tr><td>导引绳卡线器</td><td>□13mm 导引绳卡线器额定负荷 T_K
$T_K \geqslant \frac{T_P}{3}=\frac{110}{3}=36.7\ (\text{kN})$
夹嘴长度
$L \geqslant 6.5d-20=6.5\times 13-20=64.5\ (\text{mm})$</td><td>$T_K \geqslant 36.7\text{kN}$
$L \geqslant 64.5\text{mm}$</td></tr>
<tr><td>11</td><td>导线接续管保护套</td><td>保护套的有效保护长度应大于接续管长度；
保护套使用高强度合金钢制造，保证在过滑车时不弯曲变形，具备足够的强度</td><td></td></tr>
</table>

十、张力展放导线的布线及主要施工计算

1. 设计原则

张力放线应作布线设计，其布线原则为：

(1) 有效控制直线压接管位置；

(2) 将直线压接管数量降至最少；

(3) 保证直线松锚后导线仍不落地；

(4) 节约导线，使放线中产生的不能继续使用的短线头最少；

(5) 转场时余线转运量较少。

2. 导线布线

(1) 张力放线前应确定导线的布线方法，一般有两种：

1) 逐相放空法。即选出整盘累计线长等于或接近于放线段所需的线长，做到每放完一相线时，线轴上导线正好放完或余线甚少，可由张力机将导线吐光。此法适用于导线定长供货，地形平坦，交叉跨越少，施工段选择恰与导线线轴长度成整数倍的情况。此法的优点是压接管数量少，张力场转场无需带有余线的线轴。

2) 连续布线法。即放线段内各相导线均按展放顺序的累计线长使用导线线轴；第一相放完后，将导线切断，余线接着使用于第二相，以此类推，直到放完各相，再将余线转入下一施工段。此法适用于山区地形，放线段选择无法等于导线线轴长度的整倍数的情况。此法优点是能将各种长度的导线使用于不同长度的放线段；基本上不需要切齐线头，能节约导线。

为此，当施工段长度与数盘导线累计线长不相近时，宜采用连续布线法布线，即施工段内各相导线均按展放顺序的累计线长使用导线线轴，第一相放完后，将导线切断，剩余导线接着使用于第二相，依此类推，直至放完，所剩导线转至下一施工段使用。

(2) 布线计算中常用线长计算的公式。

1）施工段内每一线档放线时所需线长为

$$L_i = \frac{l_i}{\cos\varphi_i} + \frac{w_1^2 l_i^3}{24H_1^2} \tag{24-3-25}$$

其中

$$\varphi_i = \arctan\frac{h_i}{l_i}$$

式中 L_i——线档放线所需线长，m；

l_i——线档档距，m；

φ_i——线档悬挂点高差角，(°)；

w_1——导线单位长度重力，N/m；

h_i——导线悬挂点高差，m；

H_1——导线放线水平张力，N。

2）施工段内每一线档紧线产生的余线为

$$\Delta L_i = \frac{w_1^2 l_i^3 (H_2^2 - H_1^2)}{24H_1^2 H_2^2} \tag{24-3-26}$$

式中 ΔL_i——线档紧线产生的余线，m；

H_2——导线紧线张力，N。

经计算检查压接管位置。检查时应注意相邻两施工段之间各段尾线的实际位置和上一施工段紧线余线总长度。

3）布线时宜将接续管位置控制在靠近紧线锚端的半档距内。

4）放线后，紧线前还应现场核对接续管的实际位置。

3. 牵放过程中导线与地面及被跨越物的距离

牵放过程中，导线与地面及被跨越物的距离应不小于：

(1) 一般区段，导线距离地面 3m；

(2) 通过行人及车辆较少的道路，施工时只需设岗监护而不需搭设跨越架者，导线距离路面 5m；

(3) 风沙较大区段，导线距离地面 5m；

(4) 平衡锤距离跨越架封顶网（杆）1m。

4. 模板比试法选择放线张力

施工段内各档档距比较均匀、悬挂点高差不大时，可用模板比试法选择放线张力。以一定张力间隔（例如可以 1500N 或 2000N 为张力间隔）刻制通用放线曲线模板［放线曲线方程见式（24-3-31）及式（24-3-32）］；用通用模板在设计断面图上比试，分别找出各档符合的水平放线张力，将其中的最大值选作张力机出口水平张力。

施工段内各档档距和悬点高差相差比较悬殊时，可用下列公式计算出与各档所需放线张力相对应的张力机出口张力，以其中的最大值作为施工段放线张力

$$T_{Hi} = \frac{H_i}{K_i} \tag{24-3-27}$$

$$K_i = 0.945\left[\varepsilon^{i-1} + \frac{6w_1}{T_P}(h_1\varepsilon^{i-1} + h_2\varepsilon^{i-2} + \cdots + h_i)\right] \tag{24-3-28}$$

$$T_{Hi\max} = T_H \tag{24-3-29}$$

上三式中 i——各档编号，张力机到邻塔 $i=1$，张力机邻塔到第二基塔 $i=2$，余类推，

牵引机到邻塔为施工段最后一个线档；

T_{Hi}——与第 i 档所需水平放线张力 H_i 相对应的张力机出口水平张力，N；

H_i——第 i 档所需放线水平张力，N；

ε——放线滑车综合阻力系数，此处可取 1.012～1.015；

T_P——导线的保证计算拉断力，N；

h_i——第 i 档悬点高差，牵引机端悬点高于张力机端，h_i 取正值，反之取负值，m；

T_H——选出的张力机出口水平张力（所有 T_{Hi} 中的最大值），N；

K_i——系数，称为线档张力系数，是线档放线水平张力与张力机出口水平张力的比值。

在张力机出口水平张力作用下，施工段内各线档的实际放线张力为

$$H'_i = K_i T_H \tag{24-3-30}$$

式中 H'_i——与张力机出口水平张力 T_H 相对应的各档水平张力，N。

牵放导线时，档内将出现两条放线曲线；牵引绳放线曲线和导线放线曲线。放线曲线的曲线方程可使用平抛物线方程表述，即

$$y = Kx^2 \tag{24-3-31}$$

$$K = \frac{w_1}{2H'_i} \tag{24-3-32}$$

上两式中 x，y——在以曲线最低点为坐标原点，顺线路水平方向为横轴的坐标系中，放线曲线上任意点的横坐标和纵坐标，m；

w_1——导线或牵引绳的单位长度重力，N/m；

K——放线曲线模板模数。

两条放线曲线均应以与线路设计纵断面图相同的比例尺绘制在纵断面图上。下述所有计算，均应对上述牵引绳放线曲线和导线放线曲线两种情况分别进行。

牵引机牵引力的水平分力按下式计算

$$P_H = m\left[T_H\varepsilon^n + w_1\left(h_1\varepsilon^n + h_2\varepsilon^{n-1} + \cdots + h_n\varepsilon + h_n\right)\right] \tag{24-3-33}$$

式中 P_H——牵引力的水平分力，若场地布置符合本标准要求，可近似地将水平分力当作牵引力，N；

ε——放线滑车综合阻力系数，计算牵引力时可取 1.012～1.015；

n——施工段内放线滑车总个数；

m——同时牵放的子导线根数。

注：式（24-3-33）是每基铁塔挂一个放线滑车的 P_H 计算公式，如果某基铁塔挂两个放线滑车，应考虑双滑车对 P_H 的影响。P_H 的最大值不一定出现在牵引板走到牵引机时，对不同的地形应通过多点计算比较后确定 P_H 最大值。

牵引机应按计算牵引力 P_H 确定牵引力过载保安定值。牵引力达到过载保安定值时，牵引机应自动熄火停车，或发出明显警报，以使操作人员立即停止牵引，防止诱发事故。过载保安定值不应大于杆塔允许单相纵向（顺线路方向）荷载，一般情况下可取

$$P_g = 1.1P_H \tag{24-3-34}$$

式中 P_g——牵引力过载保安定值，N。

牵引绳按计算牵引力验算安全系数。导引绳、牵引绳的安全系数均不得小于 3。当施工段内有重要不停电跨越时，安全系数应各增加 0.5。

5. 应校核牵放过程中滑车轮槽内的线绳是否上扬

校核上扬时可将牵引力作为各档水平放线张力，不再考虑其他因素。校核可采用下述任一种方法：

(1) 在放线滑车垂直档距内为同一种线绳时，计算放线滑车的垂直档距，若垂直档距小于或等于零，则该放线滑车轮槽内的线绳上扬。即若下式成立时，滑车里的线绳上扬

$$\frac{1}{2}\left(\frac{l_i}{\cos\beta_i}+\frac{l_{i+1}}{\cos\beta_{i+1}}\right)+\frac{1}{w_1}\left(\frac{h_i}{l_i}H'_i+\frac{h_{i+1}}{l_{i+1}}H'_{i+1}\right)\leqslant 0 \tag{24-3-35}$$

式中 l_i、l_{i+1}——被校核放线滑车两侧线档的档距，m；

h_i、h_{i+1}——两相邻滑车与被校核滑车的高差，邻塔滑车高于被校核滑车，高差取负值，反之取正值，m。

(2) 当放线滑车两侧线绳不一致时，应计算放线滑车的垂直荷载，校验线绳是否上扬。

(3) 移去被校核滑车，以与被校核滑车相邻的两放线滑车为悬点，将牵引力设定为线档水平放线张力作放线曲线，若所得曲线在被校核滑车上方通过，则该滑车轮槽内的线绳上扬，否则不上扬。

(4) 导引绳、牵引绳上扬用单轮压线滑车压绳消除。小转角及无转角耐张塔导线上扬，用倒挂放线滑车压线消除，图 24-3-56 所示为倒挂滑车拆掉滑车横梁板，使牵引板能直接通过。

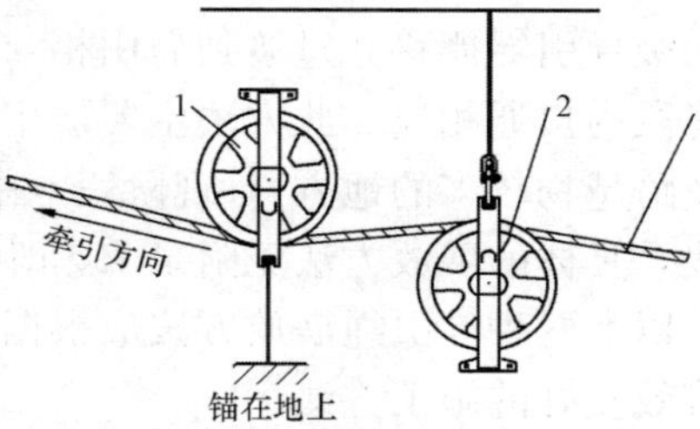

图 24-3-56 用倒挂放线滑车组解决导线上扬示意图

1—压线滑车（倒挂）；2—放线滑车；3—导线

(5) 垂直档距较小，以及当张力机侧放线曲线弧垂最低点接近滑车时，应作为上扬滑车，设置压线滑车。

第四节 导引绳展放

一、导引绳展放基本规定

(1) 导引绳系一般以 800～1200m 分段，两端做成插接式端环，盘装在特制的导引绳卷筒上。导引绳卷筒应与小牵引机的导引绳回盘机构和导引绳放绳支架相匹配。

(2) 除无扭矩导引绳外，施工段内同条同级导引绳宜使用同型号、同规格、同捻向的绳索。

(3) 同型号、同规格、同捻向的少扭结构导引绳使用抗弯连接器连接，也可用钢绳股结扣连接。不同型号、不同规格的导引绳，应采用旋转连接器连接。不同捻向的导引绳，不得连在一起使用。连接方式可作不同选择，但连接强度必须保证。

(4) 初级导引绳与二级导引绳及二级导引绳与三级导引绳间等、导引绳与牵引绳间，以及导引绳与地线间（用作地线牵引绳时），均应采用旋转连接器连接。

二、导引绳的展放方法

牵引牵引绳的绳索被称为导引绳。导引绳一般根据展放顺序会被称为初级导引绳、二级

导引绳……；导引绳的展放次数根据各级导引绳的强度及线路走廊中的跨越物高程来确定。

采用飞行器展放的绳索一般为初级导引绳，再用初级导引绳牵引下一级导引绳进行展放，导引绳也可采用人工展放。

1. 初级导引绳展放方法

(1) 地面铺放。人工沿线路铺放，称为地面铺放法。将成轴导引绳尽可能分散地运到施工段沿线指定地点，人工将成轴导引绳铺放开来，逐塔穿过放线滑车，与邻段导引绳相连，在牵引场或张力场或其他指定位置将导引绳锚住，在张力场或牵引场或其他另一指定位置收卷导引绳，使导引绳升空至一定高度，锚绳，移交给下道工序。此方法主要适用对环境无影响及障碍物较少的施工区段，该种方法经常用于导引绳的直接展放。

(2) 空中展放。利用直升机、飞艇、热气球、动力伞、航模或其他飞行器展放，或用发射方法展放，称为空中展放法。

按飞行器或发射器能力将线路分成展放段展放，将初级导引绳逐基落到塔的顶部，人工将初级导引绳挪移并过渡到需用相（极）的放线滑车内，将各段用抗弯连接器连接，使其在施工段内贯通相连。此方法主要适用于对环境有影响及受障碍物限制的场合（如树木、农作物及跨越物较多的地方）。现阶段空中展放的方法中应用成熟且推广面大的为动力伞和飞艇放线，具体的展放方法见附录 R 和附录 S。

以上两种导引绳展放方法应根据工程特点、现场条件，优先选用对环境影响最小、技术经济效益好的施工方法。

2. 中间级导引绳的展放方法

小规格导引绳牵放大规格导引绳。利用初级导引绳牵放二级导引绳，二级导引绳牵放三级导引绳，以此类推，逐级牵放，牵放方式为“一牵 1”，最终牵引出所需规格的导引绳。

3. 常见展放方法

导引绳牵放导引绳一般用“一牵 1”方式进行展放，也可用一根上一级导引绳牵放多根下一级导引绳，即利用空中展放法牵放的导引绳或利用地面铺放导引绳和该导引绳所在的多轮放线滑车，用与牵放导线相似的方法，同时牵放出多条导引绳。用一条导引绳允许一次同时牵放导引绳的条数应经过计算确定，通过多次牵放得到最终所需的条数。牵放出的导引绳，除留下一根外，其余均从第一根导引绳的放线滑车中挪移到相应的放线滑车中。

“一牵 3”“一牵 4”“一牵 5”展放导引绳施工工艺为现阶段施工较为常见的施工方法，但本书篇幅有限，仅以“一牵 5（绕牵法）”展放导引绳施工工艺为例进行说明，具体操作方法及过程见附录 T。

三、导引绳展放施工工艺

1. 施工工艺流程

导引绳展放施工工艺流程见图 24-4-1。

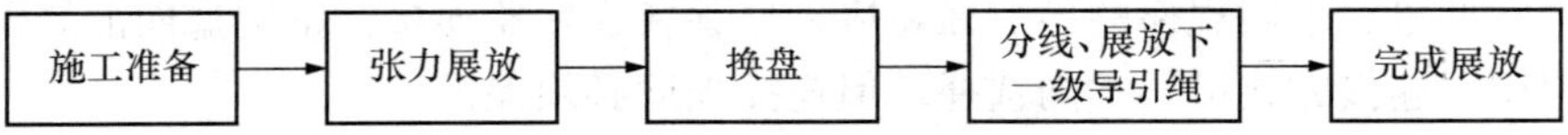

图 24-4-1　导引绳展放施工工艺流程图

2. 操作步骤

(1) 施工准备。

1）张力场的准备。由设在小张力机轴架上将待放的次级导引绳引出，在小张力机张力轮盘绕规定的圈数，从上方引出，用旋转连接器与上一级导引绳连接。

2）牵引场的准备。将导引绳前端从小牵引机上方引入牵引轮，盘绕规定的圈数，由上方引至导引绳卷车。

当导引绳为防扭钢丝绳时，在靠近小牵、张机前的防扭钢丝绳上安装接地滑车，做好保安接地。

3）护线人员的准备。各塔位、各重要跨越、张力控制点护线人员带必要的护线工具和通信器具各就各位，检查各自位置状况并向现场指挥员报告。

（2）张力展放。张、牵场准备工作完毕，各岗位工作人员应全面检查各部位情况并报告现场指挥员。指挥员确认各部位正常后，下达开始牵引的命令。

用小牵、张机展放导引绳，开始时应慢速牵引，待系统运转正常后，方可加速，其速度宜控制在40～70m/min。

（3）换盘。

1）小张力机侧换轴。

a）同一级导引绳换盘的操作。

a. 当小张力机轴架上的导引绳盘中剩余4～5圈时，应通知小牵引机暂停牵引。

b. 在小张力机前将导引绳锚线；倒出盘中余线，卸下空盘，换上新盘。换盘后将新旧导引绳在张力轮后用抗弯连接器连接。

c. 将张力轮后余线进新盘。小张力机前解除锚线。

b）不同级导引绳放线操作。

a. 当小张力机后轴架上的导引绳在盘中剩余4～5圈时，通知小牵引机暂停牵引。

b. 在小张力机前将导引绳锚线；倒出盘中余线，卸下空盘，换上新盘。换盘后将新旧导引绳在张力轮后用抗弯连接器（使用符合新盘上绳索直径的抗弯连接器）连接。

c. 将张力轮后余线缠绕进新盘。小张力机前解除锚线。

d. 缓慢牵引，待抗弯连接器被牵出张力机出口，将上一级导引绳在张力机前锚线，将抗弯连接器更换为旋转连接器。

2）小牵引机侧换轴。

a）同一级导引绳换盘操作。

a. 导引绳接头为抗弯连接器被牵引至接近小牵引机时，减速牵引，使接头缓慢通过小牵引机的牵引轮。当接头进入导引绳盘2～3圈后，暂停牵引。小牵引机前锚线。

b. 解开导引绳接头的抗弯连接器，卸下已缠满的导引绳盘，换上导引绳空盘。

c. 将导引绳头缠绕于空盘并收紧，启动小牵引机使其前面的锚线工具松弛，拆除，继续牵引。

b）不同级导引绳间的换盘操作。

a. 导引绳的接头为旋转连接器时，旋转连接器被牵引至接近小牵引机处，停止牵引，锚线。小牵引机倒车，使锚线索具受力，拆除旋转连接器。

b. 卸下已缠满的导引绳盘，换上导引绳空盘。

c. 用机动绞磨的磨绳替下锚线索具，在小牵引机前收取足够的导引绳余线，重新盘上小牵引机的牵引轮和小牵引机后的线盘。

d. 启动小牵引机受力后再次暂停，拆除绞磨，继续牵引。

（4）分线、展放下一级导引绳。

（5）完成展放。

重复以上步骤（2）和步骤（3），直至完成导引绳的展放。

3. 工器具表

（1）采用人工方式铺放一个放线区段的导引绳时主要工器具配置见表 24-4-1。

表 24-4-1　　采用人工方式铺放一个放线区段的导引绳时的主要工器具配置表

序号	工器具名称	规　格	单位	数量
1	导引绳	□13mm	km	25
2	导引绳	□18mm	km	75
3	线盘		个	100
4	走板	根据展放方式确定	个	2
5	接地滑车		个	2
6	旋转连接器		个	10
7	抗弯连接器		条	100
8	临锚绳	GJ-80mm　挂胶 3.5m	根	10
9	临锚绳	GJ-80mm　挂胶 15m	根	5
10	机动绞磨		台	1
11	接地线	铜线	m	30

（2）采用空中方式铺放一个放线区段的导引绳时主要工器具配置见表 24-4-2。

表 24-4-2　　采用空中铺放一个放线区段的导引绳时的主要工器具配置表

序号	工器具名称	规　格	单位	数量
1	导引绳	迪尼玛绳 ϕ2mm	km	25
2	导引绳	迪尼玛绳 ϕ4mm	km	25
3	导引绳	迪尼玛绳 ϕ8mm	km	25
4	导引绳	□13mm	km	75
5	导引绳	□18mm	km	75
6	线盘		个	100
7	走板	根据展放方式确定	个	2
8	接地滑车		个	2
9	旋转连接器		个	10
10	抗弯连接器		条	100
11	临锚绳	GJ-80mm　挂胶 3.5m	根	10
12	临锚绳	GJ-80mm　挂胶 15m	根	5
13	机动绞磨		台	1
14	接地线	铜线	m	30

4. 劳动组织及岗位责任

一个放线区段所需的劳动组织及岗位责任见表 24-4-3。

表 24-4-3　　**一个放线区段所需的劳动组织及岗位责任**

序号	岗　　位	人　数	岗位责任
1	现场指挥	1	总指挥工作
2	安全负责人	1	负责安全工作
3	质量负责人	1	负责质量工作
4	小牵引机手	1	
5	小张力机手	1	
6	绞磨机手	现场确定	负责开绞磨
7	技工	若干	负责安装工作
8	普工	若干	负责安装操作的辅助工作

第五节　牵引绳和地线展放

张力展放牵引绳及地线的顺序是：先展放地线，再展放各相或极牵引绳。由于地线展放张力较小，一般情况可用导引绳直接牵放。

张力展放牵引绳及地线均采用小牵引机及小张力机。

一、施工工艺流程

张力展放牵引绳及地线的施工工艺流程见图 24-5-1。

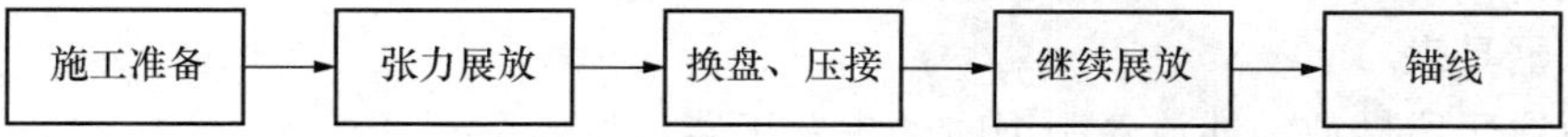

图 24-5-1　张力展放牵引绳及地线的施工工艺流程图

二、操作步骤

以牵引绳的展放为例进行说明。

1. 施工准备

(1) 张力场的准备。将导引绳从小牵引机上方引入牵引轮，盘绕规定的圈数，由上方引至导引绳卷车。

在靠近小牵引机前的防扭钢丝绳上安装接地滑车，做好保安接地。

(2) 牵引场的准备。将牵引绳轴架车上的牵引绳通过转向滑轮，由上方进入小张力机张力轮，在小张力机张力轮盘绕规定的圈数，从张力轮上方引出，用旋转连接器与导引绳连接。

在靠近小张力机前的防扭钢丝绳上安装接地滑车，做好保安接地。

(3) 护线准备。各塔位、重要跨越、张力控制点护线人员带必要的护线工具和通信器具各就各位，检查各自位置状况并向现场指挥员报告。

2. 张力展放

牵、张场准备工作完毕，各岗位工作人员应全面检查各部位情况并报告现场指挥员。指挥员确认各部位正常后，下达开始牵引的命令。

开始时应慢速牵引，待系统运转正常后，方可加速，其速度宜控制在 40～70m/min。

3．换盘、压接

（1）小张力机更换牵引绳线盘的操作。

1）当小张力机轴架上的牵引绳在盘中剩余 4～5 圈时，应通知小牵引机暂停牵引。

2）在小张力机前将牵引绳锚线；倒出盘中余线，卸下空盘，换上新盘。换盘后将新旧牵引绳在张力轮后用抗弯连接器连接。

3）使张力轮倒转，将张力轮后余线绕进新盘。小张力机前解除锚线。

（2）小牵引机后导引绳的换轴操作。

1）导引绳接头的抗弯连接器被牵引至接近小牵机时，减速牵引，使接头缓慢通过小牵引机的牵引轮，进入导引绳盘 2～3 圈后，暂停牵引。小牵机前锚线。

2）解开导引绳接头的抗弯连接器，卸下已缠满的导引绳盘，换上导引绳空盘。

3）将导引绳头缠绕于空盘并收紧，启动小牵引机使其前面的锚线工具松弛，拆除锚线工具，继续牵引。

4．继续展放

重复以上 2 和 3 的步骤，直至施工段内的导引绳全部替换成牵引绳。

5．锚线

当放线段内的牵引绳展放到位后，应停止牵引，用锚线索具将牵引绳前端锚固在大张力机前的地锚上。

拆开导引绳与牵引绳的连接。将该导引绳端部与下一相（极）的导引绳用旋转连接器相连，准备牵放下一相（极）导线的牵引绳。

当地线为钢绞线时，其展放操作过程与牵引绳相同，不再赘述。

三、工器具表

一个放线区段展放地线或牵引绳时的主要工器具见表 24-5-1。

表 24-5-1　　一个放线区段展放地线或牵引绳时的主要工器具配置表

序号	工器具名称	规　　格	单位	数量
1	导引绳	根据牵引绳（地线）直径确定	km	75
2	牵引绳	根据展放导线直径确定	km	15
3	线盘		个	100
4	接地滑车		个	2
5	旋转连接器		个	2
6	抗弯连接器		条	15
7	临锚绳	GJ-80mm　挂胶 3.5m	根	10
8	临锚绳	GJ-80mm　挂胶 15m	根	5
9	机动绞磨		台	1
10	接地线	铜线	m	30

四、劳动组织及岗位责任

一个放线区段展放地线或牵引绳时所需的劳动组织及岗位责任见表 24-5-2。

表 24-5-2　　　一个放线区段展放地线或牵引绳时所需的劳动组织及岗位责任

序号	岗　位	人　数	岗位责任
1	现场指挥	1	总指挥工作
2	安全负责人	1	负责安全工作
3	质量负责人	1	负责质量工作
4	小牵引机手	1	
5	小张力机手	1	
6	绞磨机手	现场确定	负责开绞磨
7	技工	若干	负责安装工作
8	普工	若干	负责安装操作的辅助工作

第六节　导 线 展 放

一、工艺流程

导线展放工艺流程见图 24-6-1。

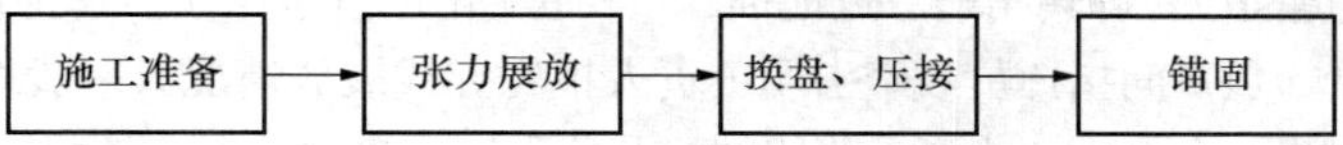

图 24-6-1　导线展放工艺流程图

二、操作步骤

1. 施工准备

(1) 牵引场的准备工作。

1) 检查牵引机方向，是否已对正牵引导线的方向。检查牵引机是否调平，是否固定。

2) 按要求调好牵引机牵引力的整定值。

3) 在大牵引机前用锚线索具将已放好的牵引绳锚线，反向转动牵引绳线盘，倒下足够的余线。

4) 把牵引绳余线按规定的旋向和圈数盘绕在牵引机的牵引轮。正向转动牵引绳线盘，收紧牵引机与线盘之间的牵引绳。

5) 启动牵引机，慢速牵引，使大牵引机前的锚线索具松弛上。拆除锚线索具，并在牵引机前的牵引绳上安装钢质接地滑车。

(2) 张力场的准备工作。

1) 检查张力机方向，是否已对正导线展放的方向。检查张力机是否调平，是否固定。

2) 将第一组导线吊上导线盘架，装上液压制动器。

3) 在张力机与各子导线对应的张力轮槽分别缠绕一根尼龙绳，缠绕方向与导线外层捻回方向一致，绳头的一端在张力机进线侧，另一端在出线侧。

4) 将第一组各子导线的线头分别拉出盘外，割除散股部分导线头后，将端头套入单头网套连接器并收紧；在距连接器开口端 20～50mm 处用镀锌铁线绑扎不少于 10 匝；在网套连接器的外表套上白布袋，用胶布贴牢。将网套连接器与张力机进线侧的尼龙绳头连接。

5) 启动张力机，以人力拉紧张力机出线侧的尼龙绳头，慢速牵引，使导线随尼龙绳通过张力机的张力轮，并拉出张力机 4～5m 后停机。四条导线头拉出长度应一致。

6）解下导线头的尼龙绳，将导线头的网套连接器与旋转连接器连接，再与牵引板连接。

7）待子导线都与牵引板连接后，启动张力机，让其慢慢倒车。收紧张力机前的导线，牵引板前的牵引绳也同时收紧，同时用人力同步倒转线盘，使余线盘于线盘上。待张力机前的锚线索具松弛后，将其拆除。

8）调整子导线的张力，将牵引板调平。在张力机出线口处的各子导线安装铝质接地滑车。

（3）做好几项检查和准备。

1）检查线盘架上的导线长度是否符合布线计划的要求。线盘架的位置和方向是否正确，线轴是否调平，线盘架的锚固是否牢靠。导线与张力轮缘及导线相互间是否有摩擦。

2）线盘架与张力机之间及张力机出口 20m 内的导线压接地面，用帆布或编织带布铺垫，防止导线触地损伤。锚固大牵、张机的绳索受力是否均匀适度。

3）放线段护线人员是否全部到位并做好准备工作，通信设备是否完好畅通。导线与其他物体不可避免的接触是否用耐磨的缓冲垫物隔离。

4）在张力场设立指挥台，配备小型电台一部，由指挥员专用，指挥和收听信息。在牵引场配小型电台一部，由牵引场负责人专用，负责与指挥员及关键岗位的护线人员联系。

5）放线段内关键岗位，即转角塔、近地档、重要跨越档、上扬点及个别制高点等的护线人员，应各配备对讲机一台，负责向指挥员或牵引场负责人报告导线展放情况。一般地段每基直线塔设护线员一人，配备对讲机一台。大、小牵、张机司机及负责换线盘的负责人各配对讲机一台。

2. 张力展放

（1）大张力机、大牵引机启动，先开张力机后开牵引机。

（2）调整各子导线张力，使牵引板调平。牵引机逐步增大牵引力和速度。牵引力的增值一次不宜大于 5kN，避免增幅过大引发冲击力。牵引速度开始时宜控制在 50m/min。当牵引板通过第一基杆塔并向第二基杆塔爬坡时，将张力调整到规定值。

（3）护线人员随时向指挥员报告导线对地及对跨越物的距离，指挥员根据跨越要求下达调整放线张力的命令。牵放导线过程中，导线与地面及被跨越物的距离应不小于：一般地段导线离地面 3m；人员及车辆较少通行的道路且不搭设跨越架时，导线离路面 5m；导线或平衡锤离跨越架顶面 1m。

（4）当牵引板牵引至距放线滑车 10～20m 时，应减慢牵引速度，使牵引板平缓通过放线滑车，减少冲击力。

（5）当牵引板接近转角塔的放线滑车时，应减缓牵引速度（应控制在 15m/min 之内），并注意按转角塔监视人员的要求，调整子导线放线张力，使牵引板的倾斜度与放线滑车倾斜度相同。牵引板通过滑车后，即可恢复正常牵引速度及正常放线张力。

3. 换盘、压接

（1）更换牵引绳盘。当牵引绳头（即抗弯连接器）进入牵引绳盘 3～4 圈后，停止牵引。在牵引机前用锚线索具锚固牵引绳；拆除牵引绳接头的抗弯连接器，卸下满盘，换上空盘。将牵引绳头缠固于新装的绳盘上，收紧牵引绳使锚线索具松弛，卸下锚线索具，报告指挥员准备继续牵引。

（2）更换导线盘。

1）当导线盘上的导线剩下最后一层时，应减慢牵引速度；当盘上导线剩下 6 圈时，应停止牵引。用棕绳在张力机后打背扣临时锚固导线。

2）倒出盘上余线。卸下空盘，装上新盘导线。预先将一布袋穿过任意一端导线头后，将前后两条导线头对接套入双头网套连接器，用铁线绑扎连接器开口端，移动白布袋使其包住网套连接器，用胶布缠牢布袋两端。倒转导线盘，将余线缠回线盘中。

3）装上线盘架气压制动器，拆除棕绳等临锚装置。

4）开启张力机，通知牵引机慢速牵引。当双头网套连接器引出张力机 3～5m 时停机。在张力机前锚线架用锚线索具将导线锚固，卸下铝质接地滑车。启动张力机，使张力机前方导线缓慢落在铺垫的帆布上，拆下双头网套连接器及白布袋，切除连接器接触过的导线尾段。

5）压接。按工艺要求进行导线直线接续管压接，压接完成后，在直线管外装设保护钢套。

6）连续展放。启动张力机，令其倒车，收紧导线，将锚固点至导线盘间的余线收至线盘上。拆除临时锚固装置。在张力机出口的导线上，重新装上铝质接地滑车，报告指挥员，准备继续牵放导线。

7）完成导线展放。重复以上所述 2、3 步骤，直至一相（极）导线放完。

4. 锚固

导线展放完毕后，放线段的两端导线必须临时收紧用锚线索具锚固在锚线架上。此锚线操作简称线端临锚。

线端临锚水平张力不得超过导线保证计算拉断力的 16%或以导线跨越物安全距离为准。线端临锚的调节装置应每条子导线单独设置。

线端临锚卡线器的位置应互相错开，以免松线时互相碰撞。卡线器的尾部导线上应套上胶管，防止卡线器及锚线碰伤导线。为了防止子导线间互相鞭击受伤，临锚时各子导线应有适当的张力差，使子导线互相错位排列。

当牵、张场邻塔为直线塔时，临锚导线对地夹角应不大于 25°。锚线后的各档导线距离地面不应小于 5m。

第七节　导、地线展放几种重要情况的处理

根据放线安全要求和放线区段的布置特点，放线中一般还有以下几种特殊滑车。

（1）安装接地滑车，释放感应电。在规定的位置安装接地滑车，将放线过程中线索产生的感应电及时导向大地，以保证人身及机械设备安全。接地滑车安装如图 24-7-1 所示。该种滑车的接地措施，有滑轮材料采用钢、铝或其他良导体，有在滑轮上加装导电滑块（轮）的特殊结构。

使用方法及注意事项：将滑车安装在牵、张设备出口导、地线或钢丝绳上，以及带电跨越档两端的跨越塔上，使该位置的导、地线或钢丝绳接地。

（2）安装压线滑车，防止放线过程中线索上扬。导引绳、牵引绳和钢绞线地线的压线滑车为单轮铁滑车，导线压线滑车是将被展放导线的放线滑车拆除提梁板倒挂使用。

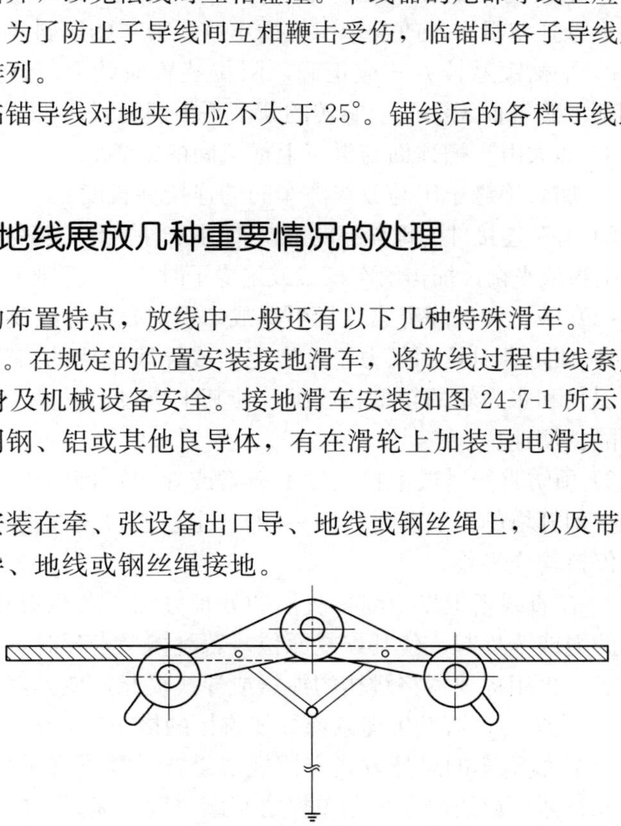

图 24-7-1　接地滑车安装示意图

使用方法及注意事项：

1）经计算在上扬塔靠近牵引侧安装压线滑车。

2）安装方法：被展放绳索上方安装压线滑车，用钢丝绳套将滑车锚在地上，展放开始前，应将被展放绳索放入滑车槽内。展放过程中随时有专人监控，防止发生跳槽现象。

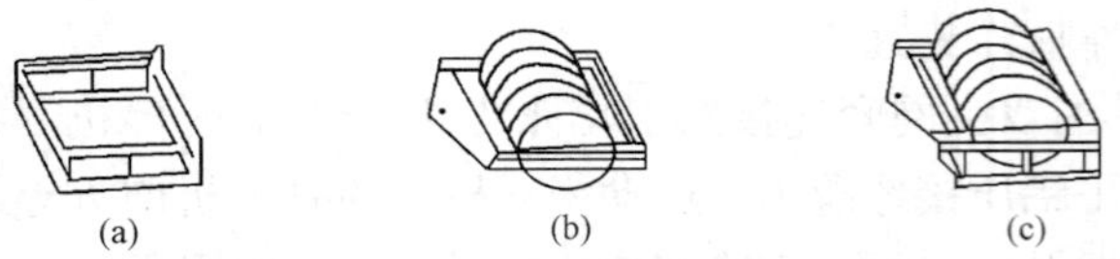

图 24-7-2 拖地滑车示意图

（a）特殊支架；（b）放线滑车；（c）拖地滑车组合

（3）设置拖地滑车，防止导线磨地。设置拖地滑车就是在导线展放过程中导线可能蹭地处，为防止导线磨损而在地面设置支架，布置导线放线滑车托起导线。拖地滑车示意图如图 24-7-2 所示。

使用方法及注意事项：

1）根据导线放线滑车框架的结构，设计制造与之相适应的支架，支架高度一般不大于1m，滑车在支架上朝天放置，支架四脚用拉线在地面固定。也可将拖地滑车置于柱顶，用于防止导线磨跨越架，柱顶式拖地滑车示意见图 24-7-3。

2）拖地滑车的使用条件：在导线的展放过程中，导线应持续对拖地滑车有一定的压力，不可时压时脱离，否则会磨伤导线。

（4）防止牵引板或平衡锤撞击滑车横梁或绝缘子。牵引板或平衡锤撞击滑车横梁及绝缘子的预防措施：

1）相邻杆塔的导线悬挂点高差过大时，应在低侧的铁塔上悬挂双滑车，改善牵引板进出放线滑车的倾斜角。

2）平衡锤悬挂方式应正确，限位装置应朝天。选用只能朝下旋转而无法向上旋转的新型平衡锤型式。

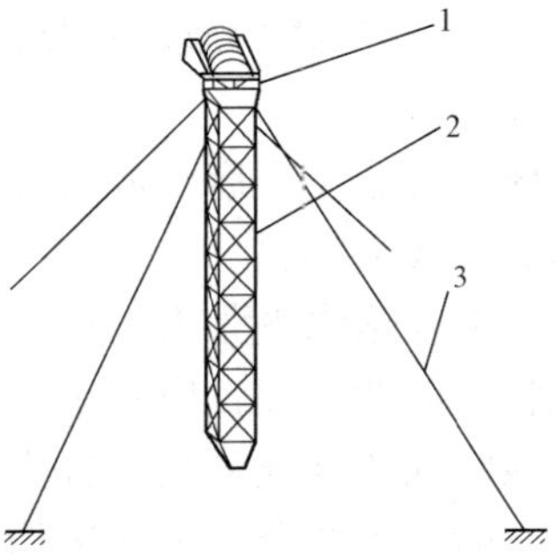

图 24-7-3 柱顶式拖地滑车示意图

1—滑车；2—立柱；3—拉线

3）加大滑车槽顶面与滑车上横梁间的距离。

4）加长绝缘子串与放线滑车间的连接件长度。

5）滑车连接件的螺栓穿向应与牵引方向一致，避免平衡锤通过滑车时敲击螺栓丝扣。发生牵引板或平衡锤撞击滑车横梁或绝缘子时，应查明原因，针对具体原因进行停机处理。

（5）防止和处理绳索（导引绳或牵引绳）或导线跳槽。

1）预防牵引轮和张力轮发生绳索或导线跳槽的措施。钢丝绳抗弯连接器应与牵、张机的牵引轮和张力轮的轮槽相匹配，使其平滑过渡，减少绳线波动。加速或减速应平稳升降，不得隔档调速。

2）预防直线塔或上扬处发生绳索或导线跳槽的措施。若上扬处的压线滑车必须挂在牵引侧（即杆塔的牵引前进方向一侧）。走板通过压线滑车时应降低牵引速度。牵、张机的启动或停机均应平稳。

3）在直线塔上发生绳索跳槽的处理办法。若只有跳槽并无卡死时，在塔上用提线器将跳槽的绳或线提起，使其恢复原位。若跳槽又卡死时，先令牵引机倒档，调整绝缘子串基本垂直后，再用提线器将跳槽的绳索或导线提起，使其恢复原位。

4）预防转角塔发生绳索或导线跳槽的措施。

a）放线滑车的悬挂方式应按规定悬挂，挂具宜采用刚性结构，前后两滑车用角钢或槽钢连成整体。放线滑车采用单根滑车倾角调节绳时，应使两滑车均衡受力，采用双根滑车倾角调节绳时，两滑车升降速度应一致。

b）加强牵引过程中绳索（导线）通过滑车的监视与滑车倾角调节绳的调整。注意滑车倾角应与线索张力相适应。

c）牵引板进入放线滑车前，调整牵引板的倾斜角与滑车倾斜角相一致。

d）牵引板平衡锤频繁搭在线上的塔位，牵引板靠近放线滑车时，令牵、张机停机，登塔用麻绳一端绑住平衡锤的尾部，另一端拉到横担上。收紧麻绳，使平衡锤悬空，再慢速牵引。牵引板及平衡锤穿过滑车后，停止牵引，解下麻绳，继续牵引作业。

e）在转角塔的放线滑车处发生绳索或导线跳槽时，一般应先停机，再登塔查明原因，提出处理方案，报告指挥员。根据不同原因，提出不同对策。基本方法是用双钩紧线器或手扳葫芦提起绳索（导线），使其复位。

f）开始牵引，放线张力很小时，导线在张力轮的槽口及牵引绳在卷扬轮的槽口发生频繁跳槽时。说明进（出）线方向和位置不正确，应查明原因进行调整。

g）绳（线）在张力轮、卷扬轮的所有槽位上都容易跳槽时，其处理办法是调整两个摩擦卷筒相互错开半槽距，并适当加大绳索（导线）尾部张力。

（6）预防跑线。跑线是指已建立的牵、张系统中的某个环节（或元件）滑移或断开而造成绳索或导线滑移后落地，这种现象是张力放线中最为严重的故障。预防跑线的主要措施：

1）放线前，牵、张系统中的各种连接工具，均应经拉力试验，合格后方准使用。

2）牵、张场的地锚设置及钢丝绳必须符合设计规定，并派人监视。钢丝绳断丝超过标准的应割断重新插接。

3）牵、张系统中最易发生断开的工具是卡线器、网套连接器及钢丝绳与连接器的连接弯环处。对这三处应做到安装正确，安装后有专人检查，方准投入使用。地线卡线器应安装备用保险卡具（即双重保险）。

4）张力放线的每一步操作都应做到判断正确，操作无误，指挥明确。牵引过程中，加强牵、张机液压系统的监视，保持压力正常，严防失压后刹车失灵。

（7）防止和处理导线散股导线鼓包是指导线外层铝股松散又鼓胀的现象，也是导线松股的一种严重表现，鼓包俗称“起灯笼”。

导线鼓包有两种情况：一种是在张力轮进口处发生鼓包，另一种是在进入张力轮后发生鼓包。导线鼓包使导线受损。此时产生的导线鼓包到达线档时大多可以消除，也有部分并不消除形成难以处理的缺陷。

1）导线鼓包的预防措施。

a）确保导线制造质量，保证节距正确，绞合紧密，这是防止发生导线鼓包的关键。

b）牵、张系统中的旋转连接器必须转动灵活，连接位置正确。

c）导线在张力轮上盘绕时，盘绕方向必须与外层铝股捻向相同。国产导线为右捻，因此导线进（出）张力轮的方向为上进上出。

d）在绳（线）满足对地及跨越物距离要求的前提下，应尽量降低导线展放张力，提高导线尾部（张力轮至盘架间）张力。

e）选择张力设备时，尽可能选择张力轮直径较大的张力机。

f）按张力机说明书的规定设定线轴刹车压力。

2）导线鼓包的处理。停机，查明鼓包原因，按预防措施中有关规定进行纠正以消除鼓包。出现的轻微鼓包可用麻绳按导线捻回方向缠绕2～3圈，同向扭转麻绳并用木棒轻敲导线，可消除鼓包。严重的鼓包，已无法修复，必须将鼓包的一段导线切除，按压接要求，以直线压接管连接导线。

（8）防止钢绳抗弯连接器通过牵引轮时，连接器断裂或钢绳在连接点附近断股。选用长度短、直径小、可挠性好的连接器，每次使用前必须严格检查。目前广泛使用的抗弯连接器为意式连接器，此种抗弯连接器适用的牵引轮为浅宽型。经常检查钢丝绳与连接器的连接处的断丝情况，超标准者应割断重新插接。连接器通过牵引轮时应减慢牵引速度。

（9）防止分裂导线的子导线在档中缠绞。为防止分裂导线的子导线在档中缠绞，一般导线展放过程中在档中加装导线分离器。导线分离器见图 24-7-4。

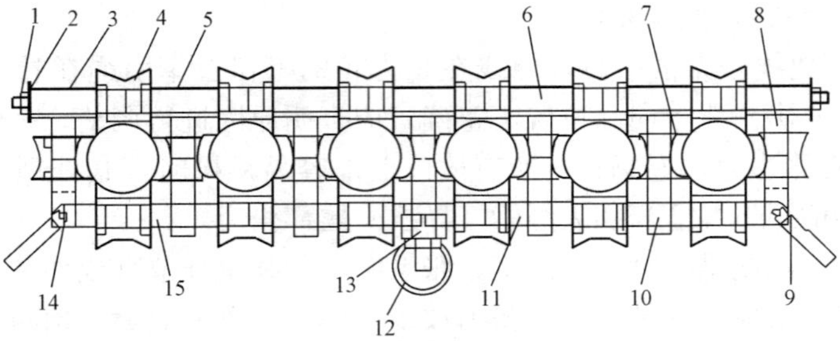

图 24-7-4　导线分离器

1—螺母 M24；2—垫片；3—边间隔套；4—横用轮；5—中间隔套；6—上横轴；7—竖用轮；8—边竖轴；9—边锚环；10—中竖轴；11—下横轴；12—中锚环；13—特制垫片；14—销轴；15—卡簧

附录Q　基本雪压和风压的确定方法

Q.1　基本雪压

Q.1.1　在确定雪压时，观察场地应具有代表性。场地的代表性是指下述内容：

（1）观察场地周围的地形为空旷平坦；

（2）积雪的分布保持均匀；

（3）设计项目地点应在观察场地的地形范围内，或它们具有相同的地形。

对于积雪局部变异特别大的地区，以及高原地形的山区，应予以专门调查和特殊处理。

Q.1.2　雪压是指单位水平面积上的雪重，单位以 kN/m^2 计。当气象台站有雪压记录时，应直接采用雪压数据计算基本雪压；当无雪压记录时，可间接采用积雪深度，按下式计算雪压

$$S=h\rho g \tag{Q.1}$$

式中　h——积雪深度，指从积雪表面到地面的垂直深度，m；

ρ——积雪密度，t/m^3；

g——重力加速度，$9.8m/s^2$。

雪密度随积雪深度、积雪时间和当地的地理气候条件等因素的变化有较大幅度的变异，对于无雪压直接记录的台站，可按地区的平均雪密度计算雪压。

基本雪压按 Q.3 中规定的方法计算。历年最大雪压数据按每年 7 月到次年 6 月间的最大雪压采用。

Q.2　基本风压

Q.2.1　在确定风压时，观察场地应具有代表性。场地的代表性是指下述内容：

（1）观测场地周围的地形为空旷平坦；

（2）能反映本地区较大范围内的气象特点，避免局部地形和环境的影响。

Q.2.2　风速观测数据资料应符合下述要求：

（1）应全部取自自记式风速仪的记录资料，对于以往非自记的定时观测资料，均应通过适当修正后加以采用。

（2）风速仪高度与标准高度10m相差过大时，可按下式换算到标准高度的风速

$$v=v_z\left(\frac{z}{10}\right)^{\alpha} \tag{Q.2}$$

式中　z——风速仪实际高度，m；

v_z——风速仪观测风速，m/s；

α——空旷平坦地区地面粗糙指数，取0.16。

使用风杯式测风仪时，必须考虑空气密度受温度、气压影响的修正，可按下述公式确定空气密度

$$\rho=\frac{0.001276}{1+0.00366t}\left(\frac{p-0.378e}{100000}\right)\ (\mathrm{t/m^3}) \tag{Q.3}$$

式中　t——空气温度，℃；

p——气压，Pa；

e——水气压，Pa。

也可根据所在地的海拔高度 z（m）按下述公式近似估算空气密度

$$\rho=0.00125\mathrm{e}^{-0.001z}\ (\mathrm{t/m^3}) \tag{Q.4}$$

选取年最大风速数据时，一般应有25年以上的资料；当无法满足时，至少也不宜少于10年的风速资料。

基本风压应按Q.3规定，在计算平均50年一遇的基本风速 v_0 后，按下式确定

$$\omega_0=\frac{1}{2}\rho v_0^2 \tag{Q.5}$$

Q.3　雪压和风速的统计计算

Q.3.1　对雪压和风速的年最大值 X 均采用极值Ⅰ型的概率分布，其分布函数为

$$F(X)=\exp\{-\exp[-a(X-u)]\} \tag{Q.6}$$

式中　u——分布的位置参数，即其分布的众值；

a——分布的尺度参数。

分布的参数与均值 μ 和标准差 σ 的关系按下式确定

$$a=\frac{1.28255}{\sigma} \tag{Q.7}$$

$$u=\mu-\frac{0.57722}{a} \tag{Q.8}$$

Q.3.2　当由有限样本的均值 $\bar{x}$ 和标准差 s 作为 μ 和 σ 的近似估计时，取

$$a=\frac{C_1}{s} \tag{Q.9}$$

$$\mu=\bar{x}-\frac{C_2}{a} \tag{Q.10}$$

式中系数 C_1 和 C_2 见表 Q.1。

表 Q.1　　系数 C_1 和 C_2

n	C_1	C_2	n	C_1	C_2
10	0.9497	0.4952	60	1.17465	0.55208
15	1.02057	0.5182	70	1118536	0.55477
20	1.06283	0.52355	80	1.19385	0.55688
25	1.09145	0.53086	90	1.20649	0.55860
30	1.11238	0.53622	100	1.20649	0.56002
35	1.12847	0.54034	250	1.24292	0.56878
40	1.14132	0.54362	500	1.25880	0.57240
45	1.15185	0.54630	1000	1.26851	0.57450
50	1.16066	0.54853	∞	1.28255	0.57722

Q.3.3 平均重现期为 R 的最大雪压和最大风速 x_R 可按下式确定

$$x_R=\mu-\frac{1}{a}\ln\left[\ln\left(\frac{R}{R-1}\right)\right] \tag{Q.11}$$

Q.3.4 全国各站台重现期为 10、50 年和 100 年的雪压和风压值见表 Q.2，其他重现期 R 的相应值可按下式确定

$$x_R=x_{10}+(x_{100}-x_{10})(\ln R/\ln 10-1) \tag{Q.12}$$

Q.4 全国各城市的雪压和风压值

全国各城市的雪压和风压值见表 Q.2。

表 Q.2　　全国各城市的 50 年一遇雪压和风压值

省、直辖市名称	县、市名称	海拔(m)	风压(kN/m²)			雪压(kN/m²)			雪荷载准永久值系数分区
			n=10	n=50	n=100	n=10	n=50	n=100	
北京		54.0	0.30	0.45	0.50	0.25	0.40	0.45	Ⅱ
天津	天津市	3.3	0.30	0.50	0.60	0.25	0.40	0.45	Ⅱ
	塘沽	3.2	0.40	0.55	0.60	0.20	0.35	0.40	Ⅱ
上海		2.8	0.40	0.55	0.60	0.10	0.20	0.25	Ⅲ
重庆		259.1	0.25	0.40	0.45				
河北	石家庄市	80.5	0.25	0.35	0.40	0.20	0.30	0.35	Ⅱ
	蔚县	909.5	0.20	0.30	0.35	0.20	0.30	0.35	Ⅱ
	邢台市	76.8	0.20	0.30	0.35	0.25	0.35	0.40	Ⅱ
	丰宁	659.7	0.30	0.40	0.45	0.15	0.25	0.30	Ⅱ
	围场	842.8	0.35	0.45	0.50	0.20	0.30	0.35	Ⅱ
	张家口市	724.2	0.35	0.55	0.60	0.15	0.25	0.30	Ⅱ
	怀来	536.8	0.25	0.35	0.40	0.15	0.20	0.25	Ⅱ
	承德市	377.2	0.30	0.40	0.45	0.20	0.30	0.35	Ⅱ
	遵化	54.9	0.30	0.40	0.45	0.25	0.40	0.50	Ⅱ
	青龙	227.2	0.25	0.30	0.35	0.25	0.40	0.45	Ⅱ

续表

省、直辖市名称	县、市名称	海拔（m）	风压（kN/m²）			雪压（kN/m²）			雪荷载准永久值系数分区
			$n=10$	$n=50$	$n=100$	$n=10$	$n=50$	$n=100$	
河北	秦皇岛市	2.1	0.35	0.45	0.50	0.15	0.25	0.30	Ⅱ
	霸县	9.0	0.25	0.40	0.45	0.20	0.30	0.35	Ⅱ
	唐山市	27.8	0.30	0.40	0.45	0.20	0.35	0.40	Ⅱ
	乐亭	10.5	0.30	0.40	0.45	0.25	0.40	0.45	Ⅱ
	保定市	17.2	0.30	0.40	0.45	0.20	0.35	0.40	Ⅱ
	饶阳	18.9	0.30	0.35	0.40	0.20	0.30	0.35	Ⅱ
	沧州市	9.6	0.30	0.40	0.45	0.20	0.30	0.35	Ⅱ
	黄骅	6.6	0.30	0.40	0.45	0.20	0.30	0.35	Ⅱ
	南宫市	27.4	0.25	0.35	0.40	0.15	0.25	0.30	Ⅱ
山西	太原市	778.3	0.30	0.40	0.45	0.25	0.35	0.40	Ⅱ
	右玉	1345.8				0.20	0.30	0.35	Ⅱ
	大同市	1067.2	0.35	0.55	0.65	0.15	0.25	0.30	Ⅱ
	河曲	861.5	0.30	0.50	0.60	0.20	0.30	0.35	Ⅱ
	五寨	1401.0	0.30	0.40	0.45	0.20	0.25	0.30	Ⅱ
	兴县	1012.6	0.25	0.45	0.55	0.20	0.25	0.30	Ⅱ
	原平	828.2	0.30	0.50	0.60	0.20	0.30	0.35	Ⅱ
	离石	950.8	0.30	0.45	0.50	0.20	0.30	0.35	Ⅱ
	阳泉市	741.9	0.30	0.40	0.45	0.20	0.35	0.40	Ⅱ
	榆社	1041.4	0.20	0.30	0.35	0.20	0.30	0.35	Ⅱ
	隰县	1052.7	0.25	0.35	0.40	0.20	0.30	0.35	Ⅱ
	介休	743.9	0.25	0.40	0.45	0.20	0.30	0.35	Ⅱ
	临汾市	449.5	0.25	0.40	0.45	0.15	0.25	0.30	Ⅱ
	长治县	991.8	0.30	0.50	0.60				
	运城市	376.0	0.30	0.40	0.45	0.15	0.25	0.30	Ⅱ
	阳城	659.5	0.30	0.45	0.50	0.20	0.30	0.35	Ⅱ
内蒙古	呼和浩特市	1063.0	0.35	0.55	0.60	0.25	0.40	0.45	Ⅱ
	额右旗拉布达林	581.4	0.35	0.50	0.60	0.35	0.45	0.50	Ⅰ
	牙克石市图里河	732.6	0.30	0.40	0.45	0.40	0.60	0.70	Ⅰ
	满洲里市	661.7	0.50	0.65	0.70	0.20	0.30	0.35	Ⅰ
	海拉尔市	610.2	0.45	0.65	0.75	0.35	0.45	0.50	Ⅰ
	鄂伦春小二沟	286.1	0.30	0.40	0.45	0.35	0.50	0.55	Ⅰ
	新巴尔虎右旗	554.2	0.45	0.60	0.65	0.25	0.40	0.45	Ⅰ
	新巴尔虎左旗阿木古朗	642.0	0.40	0.55	0.60	0.25	0.35	0.40	Ⅰ
	牙克石市博克图	739.7	0.40	0.55	0.60	0.35	0.55	0.65	Ⅰ
	扎兰屯市	306.5	0.30	0.40	0.45	0.35	0.55	0.65	Ⅰ
	科右翼前旗阿尔山	1027.4	0.35	0.50	0.55	0.45	0.60	0.70	Ⅰ
	科右翼前旗索伦	501.8	0.45	0.55	0.60	0.25	0.35	0.40	Ⅰ
	乌兰浩特市	274.7	0.40	0.55	0.60	0.20	0.30	0.35	Ⅰ
	东乌珠穆沁旗	838.7	0.35	0.55	0.65	0.20	0.30	0.35	Ⅰ
	额济纳旗	940.50	0.40	0.60	0.70	0.05	0.10	0.15	Ⅱ

续表

省、直辖市名称	县、市名称	海拔(m)	风压(kN/m²)			雪压(kN/m²)			雪荷载准永久值系数分区
			$n=10$	$n=50$	$n=100$	$n=10$	$n=50$	$n=100$	
内蒙古	顿济纳旗拐子湖	960.0	0.45	0.55	0.60	0.05	0.10	0.10	Ⅱ
	阿左旗巴彦毛道	1328.1	0.40	0.55	0.60	0.05	0.10	0.15	Ⅱ
	阿拉善右旗	1510.1	0.45	0.55	0.60	0.05	0.10	0.10	Ⅱ
	二连浩特市	964.7	0.55	0.65	0.70	0.15	0.25	0.30	Ⅱ
	那仁宝力格	1181.6	0.40	0.55	0.60	0.20	0.30	0.35	Ⅰ
	达茂旗满都拉	1225.2	0.50	0.75	0.85	0.15	0.20	0.25	Ⅱ
	阿巴嘎旗	1126.1	0.35	0.50	0.55	0.25	0.35	0.40	Ⅰ
	苏尼特左旗	1111.4	0.40	0.50	0.55	0.25	0.35	0.40	Ⅰ
	乌拉特后旗海力素	1509.6	0.45	0.50	0.55	0.10	0.15	0.20	Ⅱ
	苏尼特右旗朱日和	1150.8	0.50	0.65	0.75	0.15	0.20	0.25	Ⅱ
	乌拉特中旗海流图	1288.0	0.45	0.60	0.65	0.20	0.30	0.35	Ⅱ
	百灵庙	1376.6	0.50	0.75	0.85	0.25	0.35	0.40	Ⅱ
	四子王旗	1490.1	0.40	0.60	0.70	0.30	0.45	0.55	Ⅱ
	化德	1482.7	0.45	0.75	0.85	0.15	0.25	0.30	Ⅱ
	杭锦后旗陕坝	1056.7	0.30	0.45	0.50	0.15	0.20	0.25	Ⅱ
	包头市	1067.2	0.35	0.55	0.60	0.15	0.25	0.30	Ⅱ
	集宁市	1419.3	0.40	0.60	0.70	0.25	0.35	0.40	Ⅱ
	阿拉善左旗吉兰泰	1031.8	0.35	0.50	0.55	0.5	0.10	0.15	Ⅱ
	临河市	1039.3	0.30	0.50	0.60	0.15	0.25	0.30	Ⅱ
	鄂托克旗	1380.3	0.35	0.55	0.65	0.15	0.20	0.20	Ⅱ
	东胜市	1460.4	0.30	0.50	0.60	0.25	0.35	0.40	Ⅱ
	阿腾席连	1329.3	0.40	0.50	0.55	0.20	0.30	0.35	Ⅱ
	巴彦浩特	1561.4	0.40	0.60	0.70	0.15	0.20	0.25	Ⅱ
	西乌珠穆沁旗	995.9	0.45	0.55	0.60	0.30	0.40	0.45	Ⅰ
	扎鲁特鲁北	265.0	0.40	0.55	0.60	0.20	0.30	0.35	Ⅱ
	巴林左旗林东	484.4	0.40	0.55	0.60	0.20	0.30	0.35	Ⅱ
	锡林浩特市	989.5	0.40	0.55	0.60	0.25	0.40	0.45	Ⅰ
	林西	799.0	0.45	0.60	0.70	0.25	0.40	0.45	Ⅰ
	开鲁	241.0	0.40	0.55	0.60	0.20	0.30	0.35	Ⅱ
	通辽市	178.5	0.40	0.55	0.60	0.20	0.30	0.35	Ⅱ
	多伦	1245.4	0.40	0.55	0.60	0.20	0.30	0.35	Ⅰ
	翁牛特旗乌丹	631.8				0.20	0.30	0.35	Ⅱ
	赤峰市	571.1	0.30	0.55	0.65	0.20	0.30	0.35	Ⅱ
	敖汉旗宝国图	400.5	0.40	0.50	0.55	0.25	0.40	0.45	Ⅱ

续表

省、直辖市名称	县、市名称	海拔（m）	风压（kN/m²）			雪压（kN/m²）			雪荷载准永久值系数分区
			n=10	n=50	n=100	n=10	n=50	n=100	
辽宁	沈阳市	42.8	0.40	0.55	0.60	0.30	0.50	0.55	Ⅰ
	彰武	79.4	0.35	0.45	0.50	0.20	0.30	0.35	Ⅱ
	阜新市	144.0	0.40	0.60	0.70	0.25	0.40	0.45	Ⅱ
	开原	98.2	0.30	0.45	0.50	0.30	0.40	0.45	Ⅰ
	清原	234.1	0.25	0.40	0.45	0.35	0.50	0.60	Ⅰ
	朝阳市	169.2	0.40	0.55	0.60	0.30	0.45	0.55	Ⅱ
	建平县叶柏寿	421.7	0.30	0.35	0.40	0.25	0.35	0.40	Ⅱ
	黑山	37.5	0.45	0.65	0.75	0.30	0.45	0.50	Ⅱ
	锦州市	65.9	0.40	0.60	0.70	0.30	0.40	0.45	Ⅱ
	鞍山市	77.3	0.30	0.50	0.60	0.30	0.40	0.45	Ⅱ
	本溪市	185.2	0.35	0.45	0.50	0.40	0.55	0.60	Ⅰ
	抚顺市章党	118.5	0.30	0.45	0.50	0.35	0.45	0.50	Ⅰ
	桓仁	240.3	0.25	0.30	0.35	0.35	0.50	0.55	Ⅰ
	绥中	15.3	0.25	0.40	0.45	0.25	0.35	0.40	Ⅱ
	兴城市	8.8	0.35	0.45	0.50	0.20	0.30	0.35	Ⅱ
	营口市	3.3	0.40	0.60	0.70	0.30	0.40	0.45	Ⅱ
	盖县熊岳	20.4	0.30	0.40	0.45	0.25	0.40	0.45	Ⅱ
	本溪县草河口	233.4	0.25	0.45	0.55	0.35	0.55	0.60	Ⅰ
	岫岩	79.3	0.30	0.45	0.50	0.35	0.50	0.55	Ⅱ
	宽甸	260.1	0.30	0.50	0.60	0.40	0.60	0.70	
	丹东市	15.1	0.35	0.55	0.65	0.30	0.40	0.45	Ⅱ
	瓦房店市	29.3	0.35	0.50	0.55	0.20	0.30	0.35	Ⅱ
	新金县皮口	43.2	0.35	0.50	0.55	0.20	0.30	0.35	Ⅱ
	庄河	34.8	0.35	0.50	0.55	0.25	0.35	0.40	Ⅱ
	大连市	91.5	0.40	0.65	0.75	0.25	0.40	0.45	Ⅱ
吉林	长春市	236.8	0.45	0.65	0.75	0.25	0.35	0.40	Ⅰ
	白城市	155.4	0.45	0.65	0.75	0.15	0.20	0.25	Ⅱ
	乾安	146.3	0.35	0.45	0.50	0.15	0.20	0.25	Ⅱ
	前郭尔罗斯	134.7	0.30	0.45	0.50	0.15	0.25	0.30	Ⅱ
	通榆	149.5	0.35	0.50	0.55	0.15	0.20	0.25	Ⅱ
	长岭	189.3	0.30	0.45	0.50	0.15	0.20	0.25	Ⅱ
	扶余市三岔河	196.6	0.35	0.55	0.65	0.20	0.30	0.35	Ⅰ
	双辽	114.9	0.35	0.50	0.55	0.20	0.30	0.35	Ⅱ
	四平市	164.2	0.40	0.55	0.60	0.20	0.35	0.40	Ⅰ
	磐石县烟筒山	271.6	0.30	0.40	0.45	0.25	0.40	0.45	Ⅰ

续表

省、直辖市名称	县、市名称	海拔(m)	风压（kN/m²）			雪压（kN/m²）			雪荷载准永久值系数分区
			n=10	n=50	n=100	n=10	n=50	n=100	
吉林	吉林市	183.4	0.40	0.50	0.55	0.30	0.45	0.50	Ⅰ
	蛟河	295.0	0.30	0.45	0.50	0.40	0.65	0.75	Ⅰ
	敦化市	523.7	0.30	0.45	0.50	0.30	0.50	0.60	Ⅰ
	梅河口市	339.9	0.30	0.40	0.45	0.30	0.45	0.50	Ⅰ
	桦甸	263.8	0.30	0.40	0.45	0.40	0.65	0.75	Ⅰ
	靖宇	549.2	0.25	0.35	0.40	0.40	0.60	0.70	Ⅰ
	抚松县东岗	774.2	0.30	0.40	0.45	0.60	0.90	1.05	Ⅰ
	延吉市	176.8	0.35	0.50	0.55	0.35	0.55	0.65	Ⅰ
	通化市	402.9	0.30	0.50	0.60	0.50	0.80	0.90	Ⅰ
	浑江市临江	332.7	0.20	0.30	0.35	0.45	0.70	0.80	Ⅰ
	集安市	177.7	0.20	0.30	0.35	0.45	0.70	0.80	Ⅰ
	长白	1016.7	0.35	0.45	0.50	0.40	0.60	0.70	Ⅰ
黑龙江	哈尔滨市	142.3	0.35	0.55	0.65	0.30	0.45	0.50	Ⅰ
	漠河	296.0	0.25	0.35	0.40	0.50	0.65	0.70	Ⅰ
	塔河	357.4	0.25	0.30	0.35	0.45	0.60	0.65	Ⅰ
	新林	494.6	0.25	0.35	0.40	0.40	0.50	0.55	Ⅰ
	呼玛	177.4	0.30	0.50	0.60	0.35	0.45	0.50	Ⅰ
	加格达奇	371.7	0.25	0.35	0.40	0.40	0.55	0.60	Ⅰ
	黑河市	166.4	0.35	0.50	0.55	0.45	0.60	0.65	Ⅰ
	嫩江	242.2	0.40	0.55	0.60	0.40	0.55	0.60	Ⅰ
	孙吴	234.5	0.40	0.60	0.70	0.40	0.55	0.60	Ⅰ
	北安市	269.7	0.30	0.50	0.60	0.40	0.55	0.60	Ⅰ
	克山	234.6	0.30	0.45	0.50	0.30	0.50	0.55	Ⅰ
	富裕	162.4	0.30	0.40	0.45	0.25	0.35	0.40	Ⅰ
	齐齐哈尔市	145.9	0.35	0.45	0.50	0.25	0.40	0.45	Ⅰ
	海伦	239.2	0.35	0.55	0.65	0.30	0.40	0.45	Ⅰ
	明水	249.2	0.35	0.45	0.50	0.25	0.40	0.45	Ⅰ
	伊春市	240.9	0.25	0.35	0.40	0.45	0.60	0.65	Ⅰ
	鹤岗市	227.9	0.30	0.40	0.45	0.45	0.65	0.70	Ⅰ
	富锦	64.2	0.30	0.45	0.50	0.35	0.45	0.50	Ⅰ
	泰来	149.5	0.30	0.45	0.50	0.20	0.30	0.35	Ⅰ
	绥化市	179.6	0.35	0.55	0.65	0.35	0.50	0.60	Ⅰ
	安达市	149.3	0.35	0.55	0.65	0.20	0.30	0.35	Ⅰ
	铁力	210.5	0.25	0.35	0.40	0.50	0.75	0.85	Ⅰ
	佳木斯市	81.2	0.40	0.65	0.75	0.45	0.65	0.70	Ⅰ

续表

省、直辖市名称	县、市名称	海拔（m）	风压（kN/m²）			雪压（kN/m²）			雪荷载准永久值系数分区
			$n=10$	$n=50$	$n=100$	$n=10$	$n=50$	$n=100$	
黑龙江	依兰	100.1	0.45	0.65	0.75				
	宝清	83.0	0.30	0.40	0.45	0.35	0.50	0.55	Ⅰ
	通河	108.6	0.35	0.50	0.55	0.50	0.75	0.85	Ⅰ
	尚志	189.7	0.35	0.55	0.60	0.40	0.55	0.60	Ⅰ
	鸡西市	233.6	0.40	0.55	0.65	0.45	0.65	0.75	Ⅰ
	虎林	100.2	0.35	0.45	0.50	0.50	0.70	0.80	Ⅰ
	牡丹江市	241.4	0.35	0.50	0.55	0.40	0.60	0.65	Ⅰ
	绥芬河市	496.7	0.40	0.60	0.70	0.40	0.55	0.60	Ⅰ
山东	济南市	51.6	0.30	0.45	0.50	0.20	0.30	0.35	Ⅱ
	德州市	21.2	0.30	0.45	0.50	0.20	0.35	0.40	Ⅱ
	惠民	11.3	0.40	0.50	0.55	0.25	0.35	0.40	Ⅱ
	寿光县羊角沟	4.4	0.30	0.45	0.50	0.15	0.25	0.30	Ⅱ
	龙口市	4.8	0.45	0.60	0.65	0.25	0.35	0.40	Ⅱ
	烟台市	46.7	0.40	0.55	0.60	0.30	0.40	0.45	Ⅱ
	威海市	46.6	0.45	0.65	0.75	0.30	0.45	0.50	Ⅱ
	荣成市成山头	47.7	0.60	0.70	0.75	0.25	0.40	0.45	Ⅱ
	莘县朝城	42.7	0.35	0.45	0.50	0.25	0.35	0.40	Ⅱ
	泰安市泰山	1533.7	0.65	0.85	0.95	0.40	0.55	0.60	Ⅱ
	泰安市	128.8	0.30	0.40	0.45	0.20	0.35	0.40	Ⅱ
	淄博市张店	34.0	0.30	0.40	0.45	0.30	0.45	0.50	Ⅱ
	沂源	304.5	0.30	0.35	0.40	0.20	0.30	0.35	Ⅱ
	潍坊市	44.1	0.30	0.40	0.45	0.25	0.35	0.40	Ⅱ
	莱阳市	30.5	0.30	0.40	0.45	0.15	0.25	0.30	Ⅱ
	青岛市	76.0	0.45	0.60	0.70	0.15	0.20	0.25	Ⅱ
	海阳	65.2	0.40	0.55	0.60	0.10	0.15	0.15	Ⅱ
	荣城市石岛	33.7	0.40	0.55	0.65	0.10	0.15	0.15	Ⅱ
	菏泽市	49.7	0.25	0.40	0.45	0.20	0.30	0.35	Ⅱ
	兖州	51.7	0.25	0.40	0.45	0.25	0.35	0.45	Ⅱ
	莒县	107.4	0.25	0.35	0.40	0.20	0.35	0.40	Ⅱ
	临沂	87.9	0.30	0.40	0.45	0.25	0.40	0.45	Ⅱ
	日照市	16.1	0.30	0.40	0.45				
江苏	南京市	8.9	0.25	0.40	0.45	0.40	0.65	0.75	Ⅱ
	徐州市	41.0	0.25	0.35	0.40	0.25	0.35	0.40	Ⅱ
	赣榆	2.1	0.30	0.45	0.50	0.25	0.35	0.40	Ⅱ
	盱眙	34.5	0.25	0.35	0.40	0.20	0.30	0.35	Ⅱ

续表

省、直辖市名称	县、市名称	海拔(m)	风压(kN/m^2)			雪压(kN/m^2)			雪荷载准永久值系数分区
			n=10	n=50	n=100	n=10	n=50	n=100	
江苏	淮阴市	17.5	0.25	0.40	0.45	0.25	0.40	0.45	Ⅱ
	射阳	2.0	0.30	0.40	0.45	0.15	0.20	0.25	Ⅲ
	镇江	26.5	0.30	0.40	0.45	0.25	0.35	0.40	Ⅲ
	无锡	6.7	0.30	0.45	0.50	0.30	0.40	0.45	Ⅲ
	泰州	6.6	0.25	0.40	0.45	0.25	0.35	0.40	Ⅲ
	连云港	3.7	0.35	0.55	0.65	0.25	0.40	0.45	Ⅱ
	盐城	3.6	0.25	0.45	0.55	0.20	0.35	0.40	Ⅲ
	高邮	5.4	0.25	0.40	0.45	0.20	0.35	0.40	Ⅲ
	东台市	4.3	0.30	0.40	0.45	0.20	0.30	0.35	Ⅲ
	南通市	5.3	0.30	0.45	0.50	0.15	0.25	0.30	Ⅲ
	启东县吕泗	5.5	0.35	0.50	0.55	0.10	0.20	0.25	Ⅲ
	常州市	4.9	0.25	0.40	0.45	0.20	0.35	0.40	Ⅲ
	溧阳	7.2	0.25	0.40	0.45	0.30	0.50	0.55	Ⅲ
	吴县东山	17.5	0.30	0.45	0.50	0.25	0.40	0.45	Ⅲ
浙江	杭州市	41.7	0.30	0.45	0.50	0.30	0.45	0.50	Ⅲ
	临安县天目山	1505.9	0.55	0.70	0.80	0.10	0.16	0.185	Ⅱ
	平湖县乍浦	5.4	0.35	0.45	0.50	0.25	0.35	0.40	Ⅲ
	慈溪市	7.1	0.30	0.45	0.50	0.25	0.35	0.40	Ⅲ
	嵊泗	79.6	0.85	1.30	1.55				
	嵊泗县嵊山	124.6	0.95	1.50	1.75				
	舟山市	35.7	0.50	0.85	1.00	0.30	0.50	0.60	Ⅲ
	金华市	62.6	0.25	0.35	0.40	0.35	0.55	0.65	Ⅲ
	嵊县	104.3	0.25	0.40	0.50	0.35	0.55	0.65	Ⅲ
	宁波市	4.2	0.30	0.50	0.60	0.20	0.30	0.35	Ⅲ
	象山县石浦	128.4	0.75	1.20	1.40	0.20	0.30	0.35	Ⅲ
	衢州市	66.9	0.25	0.35	0.40	0.30	0.50	0.60	Ⅲ
	丽水市	60.8	0.20	0.30	0.35	0.30	0.45	0.50	Ⅲ
	龙泉	198.4	0.20	0.30	0.35	0.35	0.55	0.65	Ⅲ
	临海市括苍山	1383.1	0.60	0.90	1.05	0.40	0.60	0.70	Ⅲ
	温州市	6.0	0.35	0.60	0.70	0.25	0.35	0.40	Ⅲ
	椒江市洪家	1.3	0.35	0.55	0.65	0.20	0.30	0.35	Ⅲ
	椒江市下大陈	86.2	0.90	1.40	1.65	0.25	0.35	0.40	Ⅲ
	玉环县坎门	95.9	0.70	1.20	1.45	0.20	0.35	0.40	Ⅲ
	瑞安市北麂	42.3	0.95	1.60	1.90				

续表

省、直辖市名称	县、市名称	海拔(m)	风压(kN/m²)			雪压(kN/m²)			雪荷载准永久值系数分区
			$n=10$	$n=50$	$n=100$	$n=10$	$n=50$	$n=100$	
安徽	合肥市	27.9	0.25	0.35	0.40	0.40	0.60	0.70	Ⅱ
	砀山	43.2	0.25	0.35	0.40	0.25	0.40	0.45	Ⅱ
	亳州市	37.7	0.25	0.45	0.55	0.25	0.40	0.45	Ⅱ
	宿县	25.9	0.25	0.40	0.50	0.25	0.40	0.45	Ⅱ
	寿县	22.7	0.25	0.35	0.40	0.30	0.50	0.55	Ⅱ
	蚌埠市	18.7	0.25	0.35	0.40	0.30	0.45	0.55	Ⅱ
	滁县	25.3	0.25	0.35	0.40	0.25	0.40	0.45	Ⅱ
	六安市	60.5	0.20	0.35	0.40	0.35	0.55	0.60	Ⅱ
	霍山	68.1	0.20	0.35	0.40	0.40	0.60	0.65	Ⅱ
	巢县	22.4	0.25	0.35	0.40	0.30	0.45	0.50	Ⅱ
	安庆市	19.8	0.25	0.40	0.45	0.20	0.35	0.40	Ⅲ
	宁国	89.4	0.25	0.35	0.40	0.30	0.50	0.55	Ⅲ
	黄山	1840.4	0.50	0.70	0.80	0.35	0.45	0.50	Ⅲ
	黄山市	142.7	0.25	0.35	0.40	0.30	0.45	0.50	Ⅲ
	阜阳市	30.6				0.35	0.55	0.60	Ⅱ
江西	南昌市	46.7	0.30	0.45	0.55	0.30	0.45	0.50	Ⅲ
	修水	146.8	0.20	0.30	0.35	0.25	0.40	0.50	Ⅲ
	宜春市	131.3	0.20	0.30	0.35	0.25	0.40	0.45	Ⅲ
	吉安	76.4	0.25	0.30	0.35	0.25	0.35	0.45	Ⅲ
	宁冈	263.1	0.20	0.30	0.35	0.30	0.45	0.50	Ⅲ
	遂川	126.1	0.20	0.30	0.35	0.30	0.45	0.55	Ⅲ
	赣州市	123.8	0.20	0.30	0.35	0.20	0.35	0.40	Ⅲ
	九江	36.1	0.25	0.35	0.40	0.30	0.40	0.45	Ⅲ
	庐山	1164.5	0.40	0.55	0.60	0.55	0.75	0.85	Ⅲ
	波阳	40.1	0.25	0.40	0.45	0.35	0.60	0.70	Ⅲ
	景德镇市	61.5	0.25	0.35	0.40	0.25	0.35	0.40	Ⅲ
	樟树市	30.4	0.20	0.30	0.35	0.25	0.40	0.45	Ⅲ
	贵溪	51.2	0.20	0.30	0.35	0.35	0.50	0.60	Ⅲ
	玉山	116.3	0.20	0.30	0.35	0.35	0.55	0.65	Ⅲ
	南城	80.8	0.25	0.30	0.35	0.20	0.35	0.40	Ⅲ
	广昌	143.8	0.20	0.30	0.35	0.30	0.45	0.50	Ⅲ
	寻乌	303.9	0.25	0.30	0.35				
福建	福州市	83.8	0.40	0.70	0.85				
	邵武市	191.5	0.20	0.30	0.35	0.25	0.35	0.40	Ⅲ
	铅山县七仙山	1401.9	0.55	0.70	0.80	0.40	0.60	0.70	Ⅲ

续表

省、直辖市名称	县、市名称	海拔(m)	风压(kN/m²)			雪压(kN/m²)			雪荷载准永久值系数分区
			$n=10$	$n=50$	$n=100$	$n=10$	$n=50$	$n=100$	
福建	浦城	276.9	0.20	0.30	0.35	0.35	0.55	0.65	Ⅲ
	建阳	196.9	0.25	0.35	0.40	0.35	0.50	0.55	Ⅲ
	建瓯	154.9	0.25	0.35	0.40	0.25	0.35	0.40	Ⅲ
	福鼎	36.2	0.35	0.70	0.90				
	泰宁	342.9	0.20	0.30	0.35	0.30	0.50	0.60	Ⅲ
	南平市	125.6	0.20	0.35	0.45				
	福鼎县台山	106.6	0.75	1.00	1.10				
	长汀	310.0	0.20	0.35	0.40	0.15	0.25	0.30	Ⅲ
	上杭	197.9	0.25	0.30	0.35				
	永安市	206.0	0.25	0.40	0.45				
	龙岩市	342.3	0.20	0.35	0.45				
	德化县九仙山	1653.5	0.60	0.80	0.90	0.25	0.40	0.50	Ⅲ
	屏南	896.5	0.20	0.30	0.35	0.25	0.45	0.50	Ⅲ
	平潭	32.4	0.75	1.30	1.60				
	崇武	21.8	0.55	0.80	0.90				
	厦门市	139.4	0.50	0.80	0.95				
	东山	53.3	0.80	1.25	1.45				
陕西	西安市	397.5	0.25	0.35	0.40	0.20	0.25	0.30	Ⅱ
	榆林市	1057.5	0.25	0.40	0.45	0.20	0.25	0.30	Ⅱ
	吴旗	1272.6	0.25	0.40	0.50	0.15	0.20	0.20	Ⅱ
	横山	1111.0	0.30	0.40	0.45	0.15	0.25	0.30	Ⅱ
	绥德	929.7	0.30	0.40	0.45	0.20	0.35	0.40	Ⅱ
	延安市	957.8	0.25	0.35	0.40	0.15	0.25	0.30	Ⅱ
	长武	1206.5	0.20	0.30	0.35	0.20	0.30	0.35	Ⅱ
	洛川	1158.3	0.25	0.35	0.40	0.25	0.35	0.40	Ⅱ
	铜川市	978.9	0.20	0.35	0.40	0.15	0.20	0.25	Ⅱ
	宝鸡市	612.4	0.20	0.35	0.40	0.15	0.20	0.25	Ⅱ
	武功	447.8	0.20	0.35	0.40	0.20	0.25	0.30	Ⅱ
	华阴县华山	2064.9	0.40	0.50	0.55	0.50	0.70	0.75	Ⅱ
	略阳	794.2	0.25	0.35	0.40	0.10	0.15	0.15	Ⅲ
	汉中市	508.4	0.20	0.30	0.35	0.15	0.20	0.25	Ⅲ
	佛坪	1087.7	0.25	0.30	0.35	0.15	0.25	0.30	Ⅲ
	商州市	742.2	0.25	0.30	0.35	0.20	0.30	0.35	Ⅱ
	镇安	693.7	0.20	0.30	0.35	0.20	0.30	0.35	Ⅲ
	石泉	484.9	0.20	0.30	0.35	0.20	0.30	0.35	Ⅲ
	安康市	290.8	0.30	0.45	0.50	0.10	0.15	0.20	Ⅲ

续表

省、直辖市名称	县、市名称	海拔(m)	风压（kN/m²）			雪压（kN/m²）			雪荷载准永久值系数分区
			$n=10$	$n=50$	$n=100$	$n=10$	$n=50$	$n=100$	
甘肃	兰州市	1517.2	0.20	0.30	0.35	0.10	0.15	0.20	Ⅱ
	吉诃德	966.5	0.45	0.55	0.60				
	安西	1170.8	0.40	0.55	0.60	0.10	0.20	0.25	Ⅱ
	酒泉市	1477.2	0.40	0.55	0.60	0.20	0.30	0.35	Ⅱ
	张掖市	1482.7	0.30	0.50	0.60	0.05	0.10	0.15	Ⅱ
	武威市	1530.9	0.35	0.55	0.65	0.15	0.20	0.25	Ⅱ
	民勤	1367.0	0.40	0.50	0.55	0.05	0.10	0.10	Ⅱ
	乌鞘岭	3045.1	0.35	0.40	0.45	0.35	0.55	0.60	Ⅱ
	景泰	1630.5	0.25	0.40	0.45	0.10	0.15	0.20	Ⅱ
	靖远	1398.2	0.20	0.30	0.35	0.15	0.20	0.25	Ⅱ
	临夏市	1917.0	0.20	0.30	0.35	0.15	0.25	0.30	Ⅱ
	临洮	1886.6	0.20	0.30	0.35	0.30	0.50	0.55	Ⅱ
	华家岭	2450.6	0.30	0.40	0.45	0.25	0.40	0.45	Ⅱ
	环县	1255.6	0.20	0.30	0.35	0.15	0.25	0.30	Ⅱ
	平凉市	1346.6	0.25	0.30	0.35	0.15	0.25	0.30	Ⅱ
	西峰镇	1421.0	0.20	0.30	0.35	0.25	0.40	0.45	Ⅱ
	玛曲	3471.4	0.25	0.30	0.35	0.15	0.20	0.25	Ⅱ
	夏河县合作	2910.0	0.25	0.30	0.35	0.25	0.40	0.45	Ⅱ
	武都	1079.1	0.25	0.35	0.40	0.05	0.10	0.15	Ⅲ
	天水市	1141.7	0.20	0.35	0.40	0.15	0.20	0.25	Ⅱ
	马宗山	1962.7				0.10	0.15	0.20	Ⅱ
	敦煌	1139.0				0.10	0.15	0.20	Ⅱ
	玉门市	1526.0				0.15	0.20	0.25	Ⅱ
	金塔县鼎新	1177.4				0.05	0.10	0.15	Ⅱ
	高台	1332.2				0.05	0.10	0.15	Ⅱ
	山丹	1764.6				0.15	0.20	0.25	Ⅱ
	永昌	1976.1				0.10	0.15	0.20	Ⅱ
	榆中	1874.1				0.15	0.20	0.25	Ⅱ
	会宁	2012.2				0.20	0.30	0.35	Ⅱ
	岷县	2315.0				0.10	0.15	0.20	Ⅱ
宁夏	银川市	1111.4	0.40	0.65	0.75	0.15	0.20	0.25	Ⅱ
	惠农	1091.0	0.45	0.65	0.70	0.05	0.10	0.10	Ⅱ
	陶乐	1101.6				0.05	0.10	0.10	Ⅱ
	中卫	1225.7	0.30	0.45	0.50	0.05	0.10	0.15	Ⅱ
	中宁	1183.3	0.30	0.35	0.40	0.10	0.15	0.20	Ⅱ

续表

省、直辖市名称	县、市名称	海拔(m)	风压(kN/m²)			雪压(kN/m²)			雪荷载准永久值系数分区
			n=10	n=50	n=100	n=10	n=50	n=100	
宁夏	盐池	1347.8	0.30	0.40	0.45	0.20	0.30	0.35	Ⅱ
	海源	1854.2	0.25	0.30	0.35	0.25	0.40	0.45	Ⅱ
	同心	1343.9	0.20	0.30	0.35	0.10	0.10	0.15	Ⅱ
	固原	1753.0	0.25	0.35	0.40	0.30	0.40	0.45	Ⅱ
	西吉	1916.5	0.20	0.30	0.35	0.15	0.20	0.20	Ⅱ
青海	西宁市	2261.2	0.25	0.35	0.40	0.15	0.20	0.25	Ⅱ
	茫崖	3138.5	0.30	0.40	0.45	0.05	0.10	0.10	Ⅱ
	冷湖	2733.0	0.40	0.55	0.60	0.05	0.10	0.10	Ⅱ
	祁连县托勒	3367.0	0.30	0.40	0.45	0.20	0.25	0.30	Ⅱ
	祁连县野牛沟	3180.0	0.30	0.40	0.45	0.15	0.20	0.20	Ⅱ
	祁连	2787.4	0.30	0.35	0.40	0.10	0.15	0.15	Ⅱ
	格尔木市小灶火	2767.0	0.30	0.40	0.45	0.05	0.10	0.10	Ⅱ
	大柴旦	3173.2	0.30	0.40	0.45	0.10	0.15	0.15	Ⅱ
	德令哈市	2981.5	0.25	0.35	0.40	0.10	0.15	0.20	Ⅱ
	刚察	3301.5	0.25	0.35	0.40	0.20	0.25	0.30	Ⅱ
	门源	2850.0	0.25	0.35	0.40	0.15	0.25	0.30	Ⅱ
	格尔木市	2807.6	0.30	0.40	0.45	0.10	0.20	0.25	Ⅱ
	都兰县诺木洪	2790.4	0.35	0.50	0.60	0.05	0.10	0.10	Ⅱ
	都兰	3191.1	0.30	0.45	0.55	0.20	0.25	0.30	Ⅱ
	乌兰县茶卡	3087.6	0.25	0.35	0.40	0.15	0.20	0.25	Ⅱ
	共和县恰卜恰	2835.0	0.25	0.35	0.40	0.10	0.15	0.15	Ⅱ
	贵德	2237.1	0.25	0.30	0.35	0.05	0.10	0.10	Ⅱ
	民和	1813.9	0.20	0.30	0.35	0.10	0.10	0.15	Ⅱ
	唐古拉山五道梁	4612.2	0.35	0.45	0.50	0.20	0.25	0.30	Ⅰ
	兴海	3323.2	0.25	0.35	0.40	0.15	0.20	0.20	Ⅱ
	同德	3289.4	0.25	0.30	0.35	0.20	0.30	0.35	Ⅱ
	泽库	3662.8	0.25	0.30	0.35	0.30	0.40	0.45	Ⅱ
	格尔木市托托河	4533.1	0.40	0.50	0.55	0.25	0.35	0.40	Ⅰ
	治多	4179.0	0.25	0.30	0.35	0.15	0.20	0.25	Ⅰ
	杂多	4066.4	0.25	0.35	0.40	0.20	0.25	0.30	Ⅱ
	曲麻菜	4231.2	0.25	0.35	0.40	0.15	0.25	0.30	Ⅰ
	玉树	3681.2	0.20	0.30	0.35	0.15	0.20	0.25	Ⅱ
	玛多	4272.3	0.30	0.40	0.45	0.25	0.35	0.40	Ⅰ
	称多县清水河	4415.4	0.25	0.30	0.35	0.20	0.25	0.30	Ⅰ
	玛沁县仁峡姆	4211.1	0.30	0.35	0.40	0.15	0.25	0.30	Ⅰ

续表

省、直辖市名称	县、市名称	海拔(m)	风压(kN/m²)			雪压(kN/m²)			雪荷载准永久值系数分区
			n=10	n=50	n=100	n=10	n=50	n=100	
青海	达日县吉迈	3967.5	0.25	0.35	0.40	0.20	0.25	0.30	Ⅰ
	河南	3500.0	0.25	0.40	0.45	0.20	0.25	0.30	Ⅱ
	久治	3628.5	0.20	0.30	0.35	0.20	0.25	0.30	Ⅱ
	昂欠	3643.7	0.25	0.30	0.35	0.10	0.20	0.25	Ⅱ
	班玛	3750.0	0.20	0.30	0.35	0.15	0.20	0.25	Ⅱ
新疆	乌鲁木齐市	917.9	0.40	0.60	0.70	0.60	0.80	0.90	Ⅰ
	阿勒泰市	735.3	0.40	0.70	0.85	0.85	1.25	1.40	Ⅰ
	博乐市阿拉山口	284.8	0.95	1.35	1.55	0.20	0.25	0.25	Ⅰ
	克拉玛依市	427.3	0.65	0.90	1.00	0.20	0.30	0.35	Ⅰ
	伊宁市	662.5	0.40	0.60	0.70	0.70	1.00	1.15	Ⅰ
	昭苏	1851.0	0.25	0.40	0.45	0.55	0.75	0.85	Ⅰ
	乌鲁木齐县达坂城	1103.5	0.55	0.80	0.90	0.15	0.20	0.20	Ⅰ
	和静县巴音布鲁克	2458.0	0.25	0.35	0.40	0.45	0.65	0.75	Ⅰ
	吐鲁番市	34.5	0.50	0.85	1.00	0.15	0.20	0.25	Ⅱ
	阿克苏市	1103.8	0.30	0.45	0.50	0.15	0.25	0.30	Ⅱ
	库车	1099.0	0.35	0.50	0.60	0.15	0.25	0.30	Ⅱ
	库尔勒市	931.5	0.30	0.45	0.50	0.15	0.25	0.30	Ⅱ
	乌恰	2175.7	0.25	0.35	0.40	0.35	0.50	0.60	Ⅱ
	喀什市	1288.7	0.35	0.55	0.65	0.30	0.45	0.50	Ⅱ
	阿合奇	1984.9	0.25	0.35	0.40	0.25	0.35	0.40	Ⅱ
	皮山	1375.4	0.20	0.30	0.35	0.15	0.20	0.25	Ⅱ
	和田	1374.6	0.25	0.40	0.45	0.10	0.20	0.25	Ⅱ
	民丰	1409.3	0.20	0.30	0.35	0.10	0.15	0.15	Ⅱ
	民丰县安的河	1262.8	0.20	0.30	0.35	0.05	0.05	0.05	Ⅱ
	于田	1422.0	0.20	0.30	0.35	0.10	0.15	0.15	Ⅱ
	哈密	737.2	0.40	0.60	0.70	0.15	0.20	0.25	Ⅱ
	哈巴河	532.6				0.55	0.75	0.85	Ⅰ
	吉木乃	984.1				0.70	1.00	1.15	Ⅰ
	福海	500.9				0.30	0.45	0.50	Ⅰ
	富蕴	807.5				0.65	0.95	1.05	Ⅰ
	塔城	534.9				0.95	1.35	1.55	Ⅰ
	和布克赛尔	1291.6				0.25	0.40	0.5	Ⅰ
	青河	1218.2				0.55	0.80	0.90	Ⅰ
	托里	1077.8				0.55	0.75	0.85	Ⅰ
	北塔山	1653.7				0.55	0.65	0.70	Ⅰ

续表

省、直辖市名称	县、市名称	海拔（m）	风压（kN/m²）			雪压（kN/m²）			雪荷载准永久值系数分区
			n=10	n=50	n=100	n=10	n=50	n=100	
新疆	温泉	1354.6				0.35	0.45	0.50	Ⅰ
	精河	320.1				0.20	0.30	0.35	Ⅰ
	乌苏	478.7				0.40	0.55	0.60	Ⅰ
	石河子	442.9				0.50	0.70	0.80	Ⅰ
	蔡家镧	440.5				0.40	0.50	0.55	Ⅰ
	奇台	793.5				0.55	0.75	0.85	Ⅰ
	巴仑台	1752.5				0.20	0.30	0.35	Ⅱ
	七角井	873.2				0.05	0.10	0.15	Ⅱ
	库米什	922.4				0.05	0.10	0.10	Ⅱ
	焉耆	1055.8				0.15	0.20	0.25	Ⅱ
	拜城	1229.2				0.20	0.30	0.35	Ⅱ
	轮台	976.1				0.15	0.25	0.30	Ⅱ
	吐尔格特	3504.4				0.35	0.50	0.55	Ⅱ
	巴楚	1116.5				0.10	0.15	0.20	Ⅱ
	柯坪	1161.8				0.05	0.10	0.15	Ⅱ
	阿拉尔	1012.2				0.05	0.10	0.10	Ⅱ
	铁干里克	846.0				0.10	0.15	0.15	Ⅱ
	若羌	888.3				0.10	0.15	0.20	Ⅱ
	塔吉克	3090.9				0.15	0.25	0.30	Ⅱ
	莎车	1231.2				0.15	0.20	0.25	Ⅱ
	且末	1247.5				0.10	0.15	0.20	Ⅱ
	红柳河	1700.0				0.10	0.15	0.15	Ⅱ
河南	郑州市	110.4	0.30	0.45	0.50	0.25	0.40	0.45	Ⅱ
	安阳市	75.5	0.25	0.45	0.55	0.25	0.40	0.45	Ⅱ
	新乡市	72.7	0.30	0.40	0.45	0.20	0.30	0.35	Ⅱ
	三门峡市	410.1	0.25	0.40	0.45	0.15	0.20	0.25	Ⅱ
	卢氏	568.8	0.20	0.30	0.35	0.20	0.30	0.35	Ⅱ
	孟津	323.3	0.30	0.45	0.50	0.30	0.40	0.50	Ⅱ
	洛阳市	137.1	0.25	0.40	0.45	0.25	0.35	0.40	Ⅱ
	栾川	750.1	0.20	0.30	0.35	0.25	0.40	0.45	Ⅱ
	许昌市	66.8	0.30	0.40	0.45	0.25	0.40	0.45	Ⅱ
	开封市	72.5	0.30	0.45	0.50	0.20	0.30	0.35	Ⅱ
	西峡	250.3	0.25	0.35	0.40	0.20	0.30	0.35	Ⅱ
	南阳市	129.2	0.25	0.35	0.40	0.30	0.45	0.50	Ⅱ
	宝丰	136.4	0.25	0.35	0.40	0.20	0.30	0.35	Ⅱ

续表

省、直辖市名称	县、市名称	海拔(m)	风压(kN/m²)			雪压(kN/m²)			雪荷载准永久值系数分区
			$n=10$	$n=50$	$n=100$	$n=10$	$n=50$	$n=100$	
河南	西华	52.6	0.25	0.45	0.55	0.30	0.45	0.50	Ⅱ
	驻马店市	82.7	0.25	0.40	0.45	0.30	0.45	0.50	Ⅱ
	信阳市	114.5	0.25	0.35	0.40	0.35	0.55	0.65	Ⅱ
	商丘市	50.1	0.20	0.35	0.45	0.30	0.45	0.50	Ⅱ
	固始	57.1	0.20	0.35	0.40	0.35	0.50	0.60	Ⅱ
湖北	武汉市	23.3	0.25	0.35	0.40	0.30	0.50	0.60	Ⅱ
	郧县	201.9	0.20	0.30	0.35	0.25	0.40	0.45	Ⅱ
	房县	434.4	0.20	0.30	0.35	0.20	0.30	0.35	Ⅲ
	老河口市	90.0	0.20	0.30	0.35	0.25	0.35	0.40	Ⅱ
	枣阳市	125.5	0.25	0.40	0.45	0.25	0.40	0.45	Ⅱ
	巴东	294.5	0.15	0.30	0.35	0.15	0.20	0.25	Ⅲ
	钟祥	65.8	0.20	0.30	0.35	0.25	0.35	0.40	Ⅱ
	麻城市	59.3	0.20	0.35	0.45	0.35	0.55	0.65	Ⅱ
	恩施市	457.1	0.20	0.30	0.35	0.15	0.20	0.25	Ⅲ
	巴东县绿葱坡	1819.3	0.30	0.35	0.40	0.55	0.75	0.85	Ⅲ
	五峰县	908.4	0.20	0.30	0.35	0.25	0.35	0.40	Ⅲ
	宜昌市	133.1	0.20	0.30	0.35	0.20	0.30	0.35	Ⅲ
	江陵县荆州	32.6	0.20	0.30	0.35	0.25	0.40	0.45	Ⅱ
	天门市	34.1	0.20	0.30	0.35	0.25	0.35	0.45	Ⅱ
	来凤	459.5	0.20	0.30	0.35	0.15	0.20	0.25	Ⅲ
	嘉鱼	36.0	0.20	0.35	0.45	0.25	0.35	0.40	Ⅲ
	英山	123.8	0.20	0.30	0.35	0.25	0.40	0.45	Ⅲ
	黄石市	19.6	0.25	0.35	0.40	0.25	0.35	0.40	Ⅲ
湖南	长沙市	44.9	0.25	0.35	0.40	0.30	0.45	0.50	Ⅲ
	桑植	322.2	0.20	0.30	0.35	0.25	0.35	0.40	Ⅲ
	石门	116.9	0.25	0.30	0.35	0.25	0.35	0.40	Ⅲ
	南县	36.0	0.25	0.40	0.50	0.30	0.45	0.50	Ⅲ
	岳阳市	53.0	0.25	0.40	0.45	0.35	0.55	0.65	Ⅲ
	吉首市	206.6	0.20	0.30	0.35	0.20	0.30	0.35	Ⅲ
	沅陵	151.6	0.20	0.30	0.35	0.20	0.35	0.40	Ⅲ
	常德市	35.0	0.25	0.40	0.50	0.30	0.50	0.60	Ⅱ
	安化	128.3	0.20	0.30	0.35	0.30	0.45	0.50	Ⅱ
	沅江市	36.0	0.25	0.40	0.45	0.35	0.55	0.65	Ⅲ
	平江	106.3	0.20	0.30	0.35	0.25	0.40	0.45	Ⅲ
	芷江	272.2	0.20	0.30	0.35	0.25	0.35	0.45	Ⅲ

续表

省、直辖市名称	县、市名称	海拔(m)	风压（kN/m²）			雪压（kN/m²）			雪荷载准永久值系数分区
			n=10	n=50	n=100	n=10	n=50	n=100	
湖南	雪峰山	1404.9				0.50	0.75	0.85	Ⅱ
	邵阳市	248.6	0.20	0.30	0.35	0.20	0.30	0.35	Ⅲ
	双峰	100.0	0.20	0.30	0.35	0.25	0.40	0.45	Ⅲ
	南岳	1265.9	0.60	0.75	0.85	0.45	0.65	0.75	Ⅲ
	通道	397.5	0.25	0.30	0.35	0.15	0.25	0.30	Ⅲ
	武岗	341.0	0.20	0.30	0.35	0.20	0.30	0.35	Ⅲ
	零陵	172.6	0.25	0.40	0.45	0.15	0.25	0.30	Ⅲ
	衡阳市	103.2	0.25	0.40	0.45	0.20	0.35	0.40	Ⅲ
	道县	192.2	0.25	0.35	0.40	0.15	0.20	0.25	Ⅲ
	郴州市	184.9	0.20	0.30	0.35	0.20	0.30	0.35	Ⅲ
广东	广州市	6.6	0.30	0.50	0.60				
	南雄	133.8	0.20	0.30	0.35				
	连县	97.6	0.20	0.30	0.35				
	韶关	69.3	0.20	0.35	0.45				
	佛岗	67.8	0.20	0.30	0.35				
	连平	214.5	0.20	0.30	0.35				
	梅县	87.8	0.20	0.30	0.35				
	广宁	56.8	0.20	0.30	0.35				
	高要	7.1	0.30	0.50	0.60				
	河源	40.6	0.20	0.30	0.35				
	惠阳	22.4	0.35	0.55	0.60				
	五华	120.9	0.20	0.30	0.35				
	汕头市	1.1	0.50	0.80	0.95				
	惠来	12.9	0.45	0.75	0.90				
	南澳	7.2	0.50	0.80	0.95				
	信宜	84.6	0.35	0.60	0.70				
	罗定	53.3	0.20	0.30	0.35				
	台山	32.7	0.35	0.55	0.65				
	深圳市	18.2	0.45	0.75	0.90				
	汕尾	4.6	0.50	0.85	1.00				
	湛江市	25.3	0.50	0.80	0.95				
	阳江	23.3	0.45	0.70	0.80				
	电白	11.8	0.45	0.70	0.80				
	台山县上川岛	21.5	0.75	1.05	1.20				
	徐闻	67.9	0.45	0.75	0.90				

续表

省、直辖市名称	县、市名称	海拔 (m)	风压（kN/m²）			雪压（kN/m²）			雪荷载准永久值系数分区
			$n=10$	$n=50$	$n=100$	$n=10$	$n=50$	$n=100$	
广西	南宁市	73.1	0.25	0.35	0.40				
	桂林市	164.4	0.20	0.30	0.35				
	柳州市	96.8	0.20	0.30	0.35				
	蒙山	145.7	0.20	0.30	0.35				
	贺山	108.8	0.20	0.30	0.35				
	百色市	173.5	0.25	0.45	0.55				
	靖西	739.4	0.20	0.30	0.35				
	桂平	42.5	0.20	0.30	0.35				
	梧州市	114.8	0.20	0.30	0.35				
	龙州	128.8	0.20	0.30	0.35				
	灵山	66.0	0.20	0.30	0.35				
	玉林	81.8	0.20	0.30	0.35				
	东兴	18.2	0.45	0.75	0.90				
	北海市	15.3	0.45	0.75	0.90				
	涠洲岛	55.2	0.70	1.00	1.15				
海南	海口市	14.1	0.45	0.75	0.90				
	东方	8.4	0.55	0.85	1.00				
	儋县	168.7	0.40	0.70	0.85				
	琼中	250.9	0.30	0.45	0.55				
	琼海	24.0	0.50	0.85	1.05				
	三亚市	5.5	0.50	0.85	1.05				
	陵水	13.9	0.50	0.85	1.05				
	西沙岛	4.7	1.05	1.80	2.20				
	珊瑚岛	4.0	0.70	1.10	1.30				
四川	成都市	506.1	0.20	0.30	0.35	0.10	0.10	0.15	Ⅲ
	石渠	4200.0	0.25	0.30	0.35	0.30	0.45	0.50	Ⅱ
	若尔盖	3439.6	0.25	0.30	0.35	0.30	0.40	0.45	Ⅱ
	甘孜	3393.5	0.35	0.45	0.50	0.25	0.40	0.45	Ⅱ
	都江堰市	706.7	0.20	0.30	0.35	0.15	0.25	0.30	Ⅲ
	绵阳市	470.8	0.20	0.30	0.35				
	雅安市	627.6	0.20	0.30	0.35	0.10	0.20	0.20	Ⅲ
	资阳	357.0	0.20	0.30	0.35				
	康定	2615.7	0.30	0.35	0.40	0.30	0.50	0.55	Ⅱ
	汉源	795.9	0.20	0.30	0.35				
	九龙	2987.3	0.20	0.30	0.35	0.15	0.20	0.20	Ⅲ

续表

省、直辖市名称	县、市名称	海拔（m）	风压（kN/m²）			雪压（kN/m²）			雪荷载准永久值系数分区
			n=10	n=50	n=100	n=10	n=50	n=100	
四川	越西	1659.0	0.25	0.30	0.35	0.15	0.25	0.30	Ⅲ
	昭觉	2132.4	0.25	0.30	0.35	0.25	0.35	0.40	Ⅲ
	雷波	1474.9	0.20	0.30	0.35	0.20	0.30	0.35	Ⅲ
	宜宾市	340.8	0.20	0.30	0.35				
	盐源	2545.0	0.20	0.30	0.35	0.20	0.30	0.35	Ⅲ
	西昌市	1590.9	0.20	0.30	0.35	0.20	0.30	0.35	Ⅲ
	会理	1787.1	0.20	0.30	0.35				
	万源	674.0	0.20	0.30	0.35	0.50	0.10	0.15	Ⅲ
	阆中	382.6	0.20	0.30	0.35				
	巴中	358.9	0.20	0.30	0.35				
	达县市	310.4	0.20	0.35	0.45				
	奉节	607.3	0.25	0.35	0.40	0.20	0.35	0.40	Ⅲ
	遂宁市	278.2	0.20	0.30	0.35				
	南充市	309.3	0.20	0.30	0.35				
	梁平	454.6	0.20	0.30	0.35				
	万县市	186.7	0.15	0.30	0.35				
	内江市	347.1	0.25	0.40	0.50				
	涪陵市	273.5	0.20	0.30	0.35				
	泸州市	334.8	0.20	0.30	0.35				
	叙永	377.5	0.20	0.30	0.35				
	德格	3201.2				0.15	0.20	0.25	Ⅱ
	色达	3893.9				0.30	0.40	0.45	Ⅱ
	道孚	2957.2				0.15	0.20	0.25	Ⅱ
	阿坝	3275.1				0.25	0.40	0.45	Ⅱ
	马尔康	2664.4				0.15	0.25	0.30	Ⅱ
	红原	3491.6				0.25	0.40	0.45	Ⅱ
	小金	2369.2				0.10	0.15	0.15	Ⅱ
	松潘	2850.7				0.20	0.30	0.35	Ⅱ
	新龙	3000.0				0.10	0.15	0.15	Ⅱ
	理塘	3948.9				0.35	0.50	0.60	Ⅱ
	稻城	3727.7				0.20	0.30	0.35	Ⅲ
	峨眉山	3047.4				0.40	0.50	0.55	Ⅱ
	金佛山	1905.9				0.35	0.50	0.60	Ⅱ

续表

省、直辖市名称	县、市名称	海拔(m)	风压(kN/m²)			雪压(kN/m²)			雪荷载准永久值系数分区
			$n=10$	$n=50$	$n=100$	$n=10$	$n=50$	$n=100$	
贵州	贵阳市	1074.3	0.20	0.30	0.35	0.10	0.20	0.25	Ⅲ
	威宁	2237.5	0.25	0.35	0.40	0.25	0.35	0.40	Ⅲ
	盘县	1515.2	0.25	0.35	0.40	0.25	0.35	0.45	Ⅲ
	桐梓	972.0	0.20	0.30	0.35	0.10	0.15	0.20	Ⅲ
	习水	1180.2	0.20	0.30	0.35	0.15	0.20	0.25	Ⅲ
	毕节	1510.6	0.20	0.30	0.35	0.15	0.25	0.30	Ⅲ
	遵义市	843.9	0.20	0.30	0.35	0.10	0.15	0.20	Ⅲ
	湄潭	791.8				0.15	0.20	0.25	Ⅲ
	思南	416.3	0.20	0.30	0.35	0.10	0.20	0.25	Ⅲ
	铜仁	279.7	0.20	0.30	0.35	0.20	0.30	0.35	Ⅲ
	黔西	1251.8				0.15	0.20	0.25	Ⅲ
	安顺市	1392.9	0.20	0.30	0.35	0.20	0.30	0.35	Ⅲ
	凯里市	720.3	0.20	0.30	0.35	0.15	0.20	0.25	Ⅲ
	三穗	610.5				0.20	0.30	0.35	Ⅲ
	兴仁	1378.5	0.20	0.30	0.35	0.20	0.35	0.40	Ⅲ
	罗甸	440.3	0.20	0.30	0.35				
	独山	1013.3				0.20	0.30	0.35	Ⅲ
	榕江	285.7				0.10	0.15	0.20	Ⅲ
云南	昆明市	1891.4	0.20	0.30	0.35	0.20	0.30	0.35	Ⅲ
	德钦	3485.0	0.25	0.35	0.40	0.60	0.90	1.05	Ⅱ
	贡山	1591.3	0.20	0.30	0.35	0.50	0.85	1.00	Ⅱ
	中甸	3276.1	0.20	0.30	0.35	0.50	0.80	0.90	Ⅱ
	维西	2325.6	0.20	0.30	0.35	0.40	0.55	0.65	Ⅲ
	昭通市	1949.5	0.25	0.35	0.40	0.15	0.25	0.30	Ⅲ
	丽江	2393.2	0.25	0.30	0.35	0.20	0.30	0.35	Ⅲ
	华坪	1244.8	0.25	0.35	0.40				
	会泽	2109.5	0.25	0.35	0.40	0.25	0.35	0.40	Ⅲ
	腾冲	1654.6	0.20	0.30	0.35				
	泸水	1804.9	0.20	0.30	0.35				
	保山市	1653.5	0.20	0.30	0.35				
	大理市	1990.5	0.45	0.65	0.75				
	元谋	1120.2	0.25	0.35	0.40				
	楚雄市	1772.0	0.20	0.35	0.40				
	曲靖市沾益	1898.7	0.25	0.30	0.35	0.25	0.40	0.45	Ⅲ
	瑞丽	776.6	0.20	0.30	0.35				

续表

省、直辖市名称	县、市名称	海拔(m)	风压(kN/m²)			雪压(kN/m²)			雪荷载准永久值系数分区
			n=10	n=50	n=100	n=10	n=50	n=100	
云南	景东	1162.3	0.20	0.30	0.35				
	玉溪	1636.7	0.20	0.30	0.35				
	宜良	1532.1	0.25	0.40	0.50				
	泸西	1704.3	0.25	0.30	0.35				
	孟定	511.4	0.25	0.40	0.45				
	临沧	1502.4	0.20	0.30	0.35				
	澜沧	1054.8	0.20	0.30	0.35				
	景洪	552.7	0.20	0.40	0.50				
	思茅	1302.1	0.25	0.45	0.55				
	元江	400.9	0.25	0.30	0.35				
	勐腊	631.9	0.20	0.30	0.35				
	江城	1119.5	0.20	0.40	0.50				
	蒙自	1300.7	0.25	0.30	0.35				
	屏边	1414.1	0.20	0.30	0.35				
	文山	1271.6	0.20	0.30	0.35				
	广南	1249.6	0.25	0.35	0.40				
西藏	拉萨市	3658.0	0.20	0.30	0.35	0.10	0.15	0.20	Ⅲ
	班戈	4700.0	0.35	0.55	0.65	0.20	0.25	0.30	Ⅰ
	安多	4800.0	0.45	0.75	0.90	0.20	0.30	0.35	Ⅰ
	那曲	4507.0	0.30	0.45	0.50	0.30	0.40	0.45	1
	日喀则市	3836.0	0.20	0.30	0.35	0.10	0.15	0.15	Ⅲ
	乃东县泽当	3551.7	0.20	0.30	0.35	0.10	0.15	0.15	Ⅲ
	隆子	3860.0	0.30	0.45	0.50	0.10	0.15	0.20	Ⅲ
	索县	4022.8	0.25	0.40	0.45	0.20	0.25	0.30	Ⅰ
	昌都	3306.0	0.20	0.30	0.35	0.15	0.20	0.20	Ⅱ
	林芝	3000.0	0.25	0.35	0.40	0.10	0.15	0.15	Ⅲ
	葛尔	4278.0				0.10	0.15	0.15	Ⅰ
	改则	4414.9				0.20	0.30	0.35	Ⅰ
	普兰	3900.0				0.50	0.70	0.80	Ⅰ
	申扎	4672.0				0.15	0.20	0.20	Ⅰ
	当雄	4200.0				0.25	0.35	0.40	Ⅱ
	尼木	3809.4				0.15	0.20	0.25	Ⅲ
	聂拉木	3810.0				1.85	2.90	3.35	Ⅰ
	定日	4300.0				0.15	0.25	0.30	Ⅱ
	江孜	4040.0				0.10	0.10	0.15	Ⅲ

续表

省、直辖市名称	县、市名称	海拔（m）	风压（kN/m²）			雪压（kN/m²）			雪荷载准永久值系数分区
			$n=10$	$n=50$	$n=100$	$n=10$	$n=50$	$n=100$	
西藏	错那	4280.0				0.50	0.70	0.80	Ⅲ
	帕里	4300.0				0.60	0.90	1.05	Ⅱ
	丁青	3873.1				0.25	0.35	0.40	Ⅱ
	波密	2736.0				0.25	0.35	0.40	Ⅲ
	察隅	2327.6				0.35	0.55	0.65	Ⅲ
台湾	台北	8.0	0.40	0.70	0.85				
	新竹	8.0	0.50	0.80	0.95				
	宜兰	9.0	1.10	1.85	2.30				
	台中	78.0	0.50	0.80	0.90				
	花莲	14.0	0.40	0.70	0.85				
	嘉义	20.0	0.50	0.80	0.95				
	马公	22.0	0.85	1.30	1.55				
	台东	10.0	0.65	0.90	1.05				
	冈山	10.0	0.55	0.80	0.95				
	恒春	24.0	0.70	1.05	1.20				
	阿里山	2406.0	0.25	0.35	0.40				
	台南	14.0	0.60	0.85	1.00				
香港	香港	50.0	0.80	0.90	0.95				
	横澜岛	55.0	0.95	1.25	1.40				
澳门		57.0	0.75	0.85	0.90				

附录R 动力伞飞行跨越通航河流（高压线路、河网、泥沼、鱼塘）展放迪尼玛导引绳施工方案

R.1 工程简介

E-F±500kV 直流输电线路工程为三峡送出工程，是贯彻落实国家“西电东送”的战略决策，实现能源合理配置的一项重要工程。它的建设对发挥资源优势，优化能源结构，推进跨区域联网和跨区域送电等方面有着明显的经济效益和社会效益。

本工程线路途径经济发达，人口密集，青赔工作难度较大。跨越情况复杂，通航河流11条，沿线跨越500kV线路1条，220kV线路3条，高速公路3条，河网、泥沼，鱼塘众多，放线施工十分困难。

R.2 方案的选择

目前跨越江河放导引绳有使用船只拖拽和租用动力伞、氢气球等施工方案。根据船只租

用市场调查，船只租用费用较高，施工效率低；而动力伞跨江展放导引绳技术是一项较为成功也较有创新意义的施工方法，相对于租用船只费用较低、施工效率高、操作方便，可大大增强安全性。封航跨江放线的具体流程为：用动力伞飞行展放 ϕ3.5mm 迪尼玛绳，再以 ϕ3.5mm 迪尼玛绳作为导引绳张力展放 ϕ12mm 的迪尼玛导引绳；ϕ12mm 的迪尼玛导引绳作为导引绳张力展放□18mm 导引绳；□18mm 导引绳张力展放□28mm 牵引绳或地线；最后采取“一牵 4”的方式展放导线。

跨越河网、泥沼、鱼塘等展放导引绳时，常规施工存在导引绳油污污染环境的问题，赔偿量巨大。考虑到规模施工的优越性，以及进度、成本等方面的问题，选择性的采用常规施工和动力伞施工。

R.3 方案的主要内容

R.3.1 动力伞及配套设施的选择

（1）选择条件。施工时各种线绳弧垂控制表见表 R.1，各种线绳张力表见表 R.2。

表 R.1 **施工时各种线绳弧垂控制表** （m）

项　　目	线绳跳跃幅度	线绳贴水	线绳距水 10m	线绳距水 20m
ϕ12mm 迪尼玛导引绳弧垂	±10	100	80	60
ϕ3.5mm 迪尼玛导引绳弧垂	±10	100	80	60

依据式（R.1）初步计算各种线绳张力，设计档距 1000m。式（R.1）为

$$H = wl^2/8f \quad \text{(R.1)}$$

式中 H——架空线的水平张力，N；

w——架空线单位长度的自重力，N/m；

l——档距，m；

f——档距中电架空线的弧垂，m。

表 R.2 **施工时各种线绳张力表（单根计算）** （t）

项　　目	线绳单位质量（kg/m）	线绳贴水	线绳距水 10m	线绳距水 24m
ϕ12mm 迪尼玛导引绳	0.086	0.108	0.134	0.179
ϕ3.5mm 迪尼玛导引绳	0.012 6	0.016	0.020	0.026

（2）选择结果。根据展放 ϕ12mm 迪尼玛导引绳需要的牵引力，选择破断力为 1t 的 ϕ3.5mm 迪尼玛导引绳作为动力伞飞行展放的导引绳。根据被跨越江面情况及展放 ϕ3.5mm 迪尼玛导引绳所需要的牵引动力，选择动力伞的性能如表 R.3 所示。

R.3.2 施工操作流程

封航跨江放线的具体流程为：用动力伞飞行展放 ϕ3.5mm 迪尼玛绳，再以 ϕ3.5mm 迪尼玛绳作为导引绳张力展放 ϕ12mm 的迪尼玛导引绳；ϕ12mm 的迪尼玛导引绳作为导引绳张力展放□18mm 导引绳；□18mm 导引绳张力展放□28mm 牵引绳或地线；最后采取“一牵 4”的方式展放导线。

表 R.3 动力伞的性能表

项　目	参　数	单　位	项　目	参　数	单　位
最大起飞重量	370	kg	载人数量	2	人
最大航程	120	km	伞翼面积	4.5×12=54	m^2
最大升限	4000	m	动力伞自重	165	kg
发动机功率	66	hp	动力伞载重量	190	kg

R.4 施工注意事项

R.4.1 起降场地的选择

起降场地选择的原则：

（1）需要选择三处起降场地，即两端起降场地和备用起降场地。

（2）两端起降场地走向分别为顺线路方向和横线路方向。

（3）每个场地的面积最小为 100m×15m。

（4）起降场地周边净空 100m 内不得有高压线、通信线及其他障碍性设施。

（5）场地平整，无突起物或坑沟。

R.4.2 飞行前准备

（1）调试通信系统状态，使整个通信系统呼叫畅通，声音清晰。

（2）检查动力伞动力车各工作系统运行是否正常，一切正常后启动热车并调试。

（3）检查动力伞伞翼及绳索，看是否有破漏和磨损，如果有及时修补。

（4）加满燃油及冷却水。

（5）检查所用放线轮、轮轴及轴承看运转是否正常。

（6）起降场地及飞行经过的铁塔设立好标志物，如风向袋、标志旗等，清理跑道。

（7）测定风速、风向、能见度等，满足飞行要求才能起飞。

（8）协助飞行员试飞，并在地面观察飞行是否正常，及时向飞行员报告。

（9）试飞结束后，重新检查动力伞，做好正式飞行的准备。

（10）铁塔上配合人员就位，做好操作准备。

R.4.3 飞行展放迪尼玛绳

（1）协助飞行员进入飞行状态，铺好伞具。

（2）安排放绳操作手扣好安全带，待飞行一切就绪后，启动发动机，观察发动机有无异常情况。

（3）无异常情况，地面指挥示意起飞，飞行过程中向飞行员报告气象变化，提示飞行员按照航线飞行，并注意飞行高度。

（4）进入放线区段后，在第一基铁塔抛掷沙袋，前进飞行至第二基铁塔时将全部绳索展放完毕。

（5）动力伞共飞行 8 次，每次展放 1 根 2000m 的 ϕ3.5mm 迪尼玛绳。

附录 S 氦气飞艇展放导引绳施工工艺

S.1 概述

S.1.1 展放导引绳时用氦气飞艇作为牵引动力，称为氦气飞艇展放导引绳。该工艺由于是氦气飞艇在空中飞行进行牵引，因而极大地减小了地形、地物对于展放各工序的制约。

氦气飞艇展放导引绳分为“展放迪尼玛导引绳”和“迪尼玛导引绳领放钢导引绳”两大工序。

S.1.2 展放迪尼玛导引绳简述。

展放迪尼玛导引绳的目的是要展放出一条直径等于或大于 ϕ6mm 的迪尼玛导引绳，作为牵引钢导引绳之用。

但在一般情况下，飞艇提供的牵引力不足以使 ϕ6mm 迪尼玛导引绳腾空。

当地面被跨越物允许与迪尼玛导引绳接触时，可用飞艇直接展放直径 ϕ6mm 迪尼玛导引绳。

当地面被跨越物不允许与迪尼玛导引绳接触时，可先用飞艇架空展放 ϕ4.5mm 迪尼玛导引绳，再用 ϕ4.5mm 迪尼玛导引绳引渡 ϕ6mm 迪尼玛导引绳。

飞艇展放迪尼玛导引绳可分为牵放式和铺放式两种方式。

(1) 飞艇牵放式展放迪尼玛导引绳。

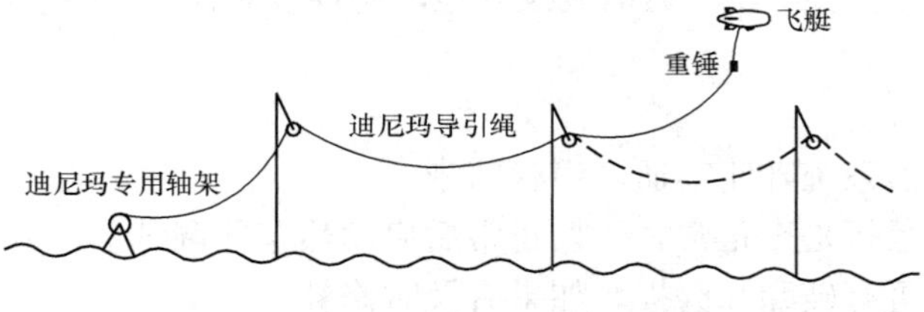

图 S.1 牵放式展放迪尼玛导引绳示意图

如图 S.1 所示。迪尼玛导引绳的卷轴被安放在地面的轴架上，其端头与氦气飞艇下面轴架上的重锤相连。用遥控器操纵飞艇起飞，牵引迪尼玛导引绳，使地面上的卷轴转动放出迪尼玛导引绳，同时轴架的刹车装置对迪尼玛导引绳施加一定的张力，使被放出的迪尼玛导引绳保持一定弧垂，而飞艇受地面操纵者控制保持一定的高度飞行。飞越铁塔时，在飞艇作减速、悬停等动作的配合下，塔上作业人员打开横担顶部的两个迪尼玛绳专用滑车门，把铺越过铁塔横担的迪尼玛导引绳置入滑车，然后地面的飞艇操纵者操纵飞艇继续飞行。每过一基铁塔就重复上述动作，直至放完整个展放段的迪尼玛导引绳。

这种展放方式，由于轴架的刹车装置的作用，可以使迪尼玛绳保持一定的张力，从而使放出的迪尼玛导引绳保持一定的弧垂。

(2) 铺放式展放迪尼玛导引绳。

如图 S.2 所示。迪尼玛导引绳的卷轴被安放在氦气飞艇下面的轴架上，飞艇起飞前，将迪尼玛导引绳的端头在地面锚固点锚好，飞艇起飞后，由于飞艇的牵引使氦气飞艇下的卷轴被动转动而放出迪尼玛导引绳，飞艇不断前飞，飞艇后面的迪尼玛导引绳就不断被铺放在线

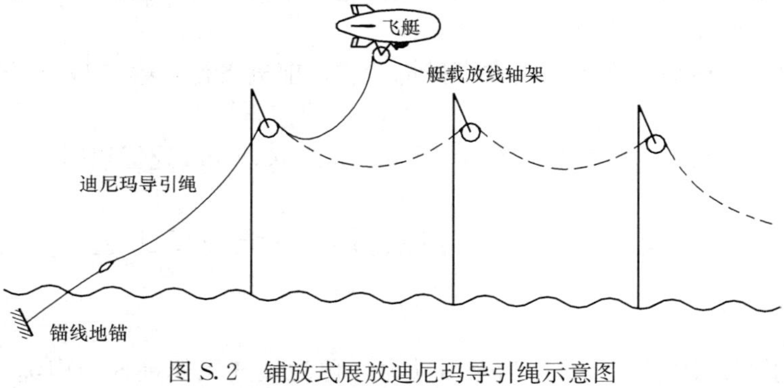

图 S.2 铺放式展放迪尼玛导引绳示意图

路上。飞艇飞行时保持一定的高度，飞越铁塔时，在飞艇作减速、悬停等动作的配合下，塔上作业人员打开横担顶部的两个迪尼玛绳专用滑车门，把铺越过铁塔横担的迪尼玛导引绳置入滑车。然后飞艇再继续前飞，每过一基铁塔就重复上述动作。

待一轴迪尼玛导引绳展放完，将迪尼玛导引绳的尾部端头掷落地面，飞艇飞至近处材料场重新装载另一轴迪尼玛导引绳，回到上一根迪尼玛导引绳的尾部端头上空，掷下新一轴迪尼玛导引绳首部端头，由地面人员将两端头对接，然后飞艇继续前飞展放，直至全段迪尼玛导引绳放完。

采用这种展放方式，由于迪尼玛导引绳在障碍物顶上铺放不需腾空，因而所需绳的张力较小。

S.1.3　ϕ4.5mm 迪尼玛导引绳引渡 ϕ6mm 及其以上直径迪尼玛导引绳。

在一相导线放线通路上，按上面所述方式之一用飞艇将一根 ϕ4.5mm 迪尼玛导引绳展放完毕，接着用小张力机、小牵引机配合，用这根迪尼玛导引绳领放一根 ϕ6mm 迪尼玛导引绳，使 ϕ6mm 迪尼玛导引绳在该相导线全段的滑车中代替 ϕ4.5mm 迪尼玛导引绳。

S.1.4　导引绳的领放和移位分配。

在一相导线放线通路将一根 ϕ6mm 或 ϕ6mm 以上直径迪尼玛导引绳展放完毕，接着：

（1）用小张力机、小牵引机配合，用一根迪尼玛导引绳领放一根钢导引绳，使钢导引绳在该相导线全段的滑车中代替迪尼玛导引绳。

（2）然后再用这根钢导引绳，用“一牵 3”或“一牵 2”方式，领放三根或两根钢导引绳，再配合采用一定的技术措施，使本相留一根钢导引绳，其余的两根或一根导引绳向其他相导线或地线的放线滑车转移。

（3）重复步骤（2）操作，直至各相导线和每根地线都有了自己的钢导引绳为止。

S.1.4.1　迪尼玛导引绳“一牵 1”领放钢导引绳。

领放的布置如图 S.3 所示。

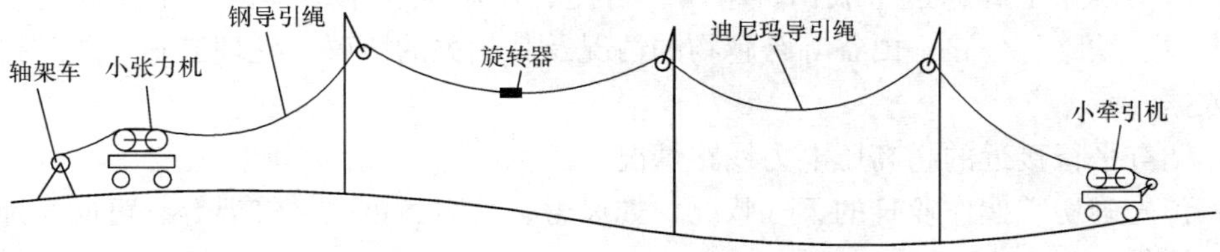

图 S.3　“一牵 1”领放钢导引绳示意图

S.1.4.2　“一牵 3”或“一牵 2”领放钢导引绳及移位分配。

利用一相导线放线滑车的一根钢导引绳进行“一牵 3”或“一牵 2”的领放如图 S.4 所示。

S.1.4.3　“一牵 3”或“一牵 2”后钢导引绳的移位分配。

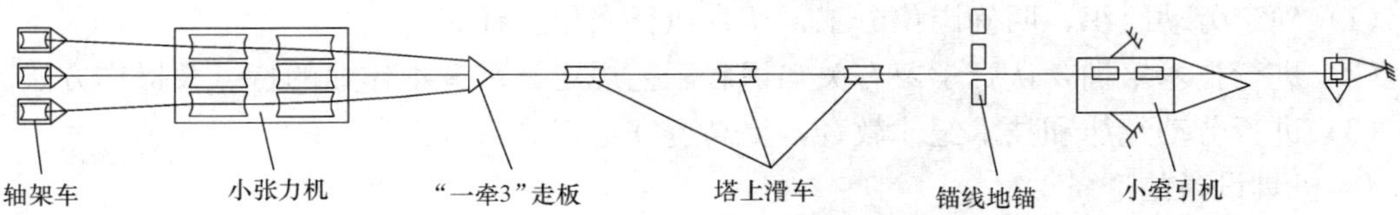

图 S.4　“一牵 3”或“一牵 2”领放钢导引绳示意图

“一牵 3”或“一牵 2”后钢导引绳的移位分配可以有如下几种顺序。

（1）第一种顺序。

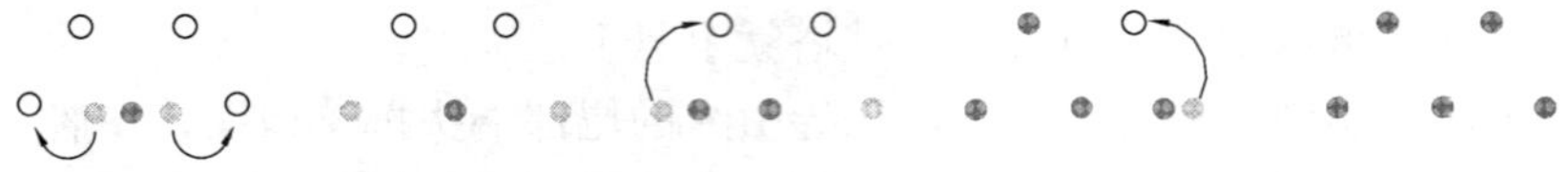

（2）第二种顺序。

（3）第三种顺序。

S.1.5 保护迪尼玛导引绳的特别注意事项。

迪尼玛导引绳尽管比较坚固耐磨，但因其价格昂贵，仍应注意保护以避免损失。

（1）迪尼玛绳应避免硬物刮、割。

（2）迪尼玛绳的接头、锚固只准使用端头预先制好的回头套与具有一定直径的棒状结构套接，不准另外打结。

（3）迪尼玛绳应避免在 50℃以上高温的环境中使用。

S.2 各项施工准备工作

S.2.1 现场准备

（1）对施工现场及其环境进行详细调查，清楚掌握现场的地形、地貌、道路、电磁波干扰等情况。

（2）落实线路走廊通道中农田、果园、房屋、旅游区、军事禁区、无线电发射塔、江河、电力线、铁路、公路、山谷等跨越物的情况及其相关的协议、处理措施，并掌握其详细的技术数据。

（3）调查平行接近的超高压电力线路情况。

（4）预先确切掌握作业日的天气状况，如风力、雨雪、雷电、气温等。可向当地气象部门咨询、搜集。

S.2.2 技术准备

（1）经过详细勘测调查、计算，制定作业技术方案和施工组织设计。

（2）正式作业前进行仿真试飞。

（3）组织全体施工人员，认真进行技术、工艺及安全交底，务必落实到人，不留死角。

S.2.3 人员准备

（1）确定劳动组织，明确岗位分工，认真执行岗位责任制。

（2）进行技术培训，认真学习有关知识和工艺规定，掌握本作业的特点及操作方法。

（3）进行劳动纪律和技术纪律教育，提高遵守纪律的自觉性。

S.2.4 机具设备的准备

（1）迪尼玛导引绳展放机具设备。

1）氦气飞艇。选用 LS-S1500 型的飞艇，其主要性能见表 S.1。

表 S.1　　LS-S1500 型飞艇主要性能

性能	最大航速(km/h)	巡航速度(km/h)	续航时间(h)	抗风能力(级)	作业抗风能力(级)	控制距离(km)
	72	2030	1.5	5	3	1～2.5
几何数据	全长(m)	全高(m)	气囊直径(m)	气囊体积(m^3)	副气囊最大容积(m^3)	
	15	5.5	4.0	130	30	
载重高度	海拔高度(m)	2500	2000	1500	500	
	载重能力(kg)	20	25	30	40	
	注　释	条件：15℃，氦气纯度 99.9%，副气囊充空气占总体积 5%				

2）迪尼玛导引绳。迪尼玛导引绳采用 DSM 公司生产的迪尼玛纤维绳编制，此绳是用超高分子质量聚乙烯由凝胶纺丝方法制成，具有密度低、强度高、延伸率低、耐腐蚀、耐紫外线照射、耐疲劳、耐磨、绝缘性能好等特点。

3）迪尼玛导引绳专用地面轴架。采用牵放式展放迪尼玛导引绳时，迪尼玛导引绳专用地面轴架用于地面固定迪尼玛导引绳卷轴，并对迪尼玛导引绳施加张力，其承载质量为 30kg，施加张力范围为 0～1500N。

4）迪尼玛导引绳专用艇下悬挂轴架。迪尼玛导引绳专用艇下悬挂轴架固定在飞艇下，上面装卷好迪尼玛导引绳的卷轴，在铺放式展放迪尼玛导引绳时用于固定迪尼玛导引绳的卷轴，并对迪尼玛导引绳施加张力。其承载质量为 30kg，施加张力范围为 0～200N，由轻质材料制成。

5）迪尼玛导引绳抗弯连接器。连接器共三种，分别适用于 ϕ4.5mm、ϕ7.7mm、ϕ12.2mm 三种迪尼玛导引绳的连接，均由铝镁合金制成，额定使用负荷分别为 8000、10 000N和15 000N。迪尼玛导引绳抗弯连接器应对迪尼玛导引绳展放专用滑车具有良好的通过性能。

6）专用卷轴。按用途分为两种规格。

其一是地面用，与 3）中所述迪尼玛导引绳专用地面轴架配套。

其二是飞艇上用，与 4）中所述迪尼玛导引绳专用艇上悬挂轴架配套，用轻质材料制成。

7）飞艇系留绳。地面固定飞艇用。

8）迪尼玛导引绳专用滑车。能对展放中的迪尼玛导引绳提供保护，按额定负荷分为 3000N 和 6000N 两种规格。

9）重锤。质量以 3kg 为宜，也可用砂袋代替。

用 30m 尼龙绳将重锤系于飞艇之下，再把迪尼玛导引绳端部和重锤连接。用重锤的重量克服迪尼玛导引绳受风作用产生横向飘动时就位的困难。

（2）迪尼玛导引绳领放钢导引绳的机具设备选择。

1）小牵引机。准备两种规格的小牵引机，用于两种不同施工场合。

第一种规格，额定牵引力 2t，收卷装置与迪尼玛导引绳专用卷轴配套，用于仅有几个线档的放线段牵放导引绳用。

第二种规格，即普通的小牵引机，最大牵引力 5t，用于较大放线段牵放导引绳。

2）小张力机。为“一牵3”轻型小张力机，张力轮直径0.4m，制张力范围0～1.5t。

3）“一牵3”走板。用于钢导引绳“一牵3”领放过程，额定负荷3.6t，对于五轮放线滑车通过性能良好，并应尽量减轻其重量。

4）导线五轮放线滑车。使用尼龙轮的五轮放线滑车，提梁上必须有过轮临锚工作孔。

S.2.5 其他配套工器具和器材的准备

除以上所列展放迪尼玛导引绳的专用机具外，尚应准备一定数量的导引绳短头（长度200m）、竹竿、尼龙吊装带、U型环、□13mm钢导引绳卡线器、手扳葫芦等配套工器具和材料。

S.2.6 工器具、机械设备的使用和保养

（1）作业前完善有关机械设备的操作规程。

（2）明确机械设备各岗人员分工，落实岗位责任制。

（3）施工前对所有工器具设备进行认真的检查，进行必要的试验和调试，所有工器具设备必须完好，所有实验数据合格。

（4）平时对机具设备进行规定的保养。

S.3 飞艇展放迪尼玛导引绳

S.3.1 展放步骤

飞艇展放迪尼玛导引绳的步骤如图S.5所示。

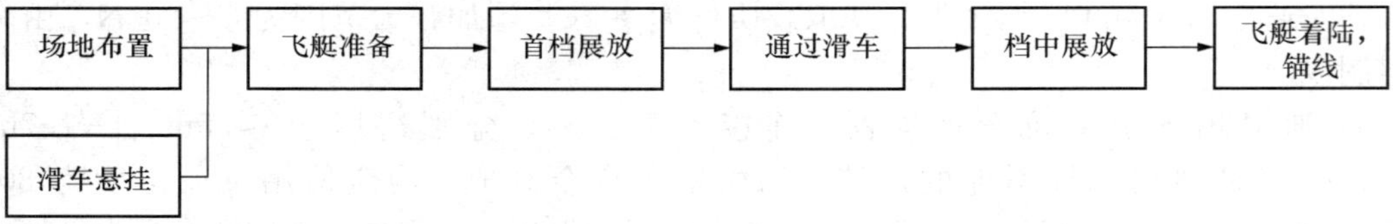

图S.5 迪尼玛导引绳展放步骤框图

S.3.2 场地布置

（1）始端飞艇升降场布置。放线段始端飞艇升降场布置应位于基本线路中心线上，一般不应偏出线路5m，场地前端为飞艇停泊处，后端布置迪尼玛专用轴架。如图S.6所示。

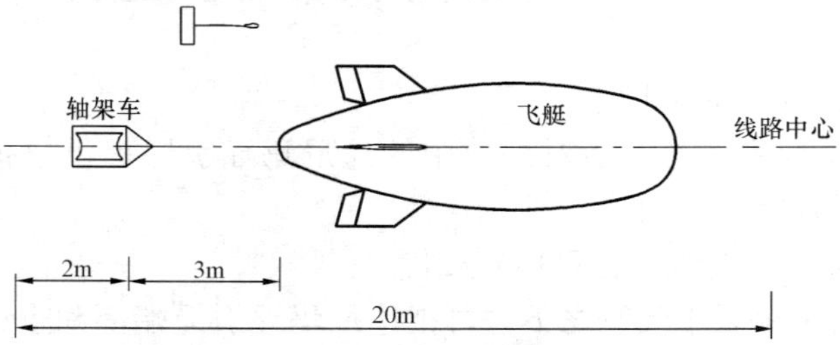

图S.6 张力场布置示意图

（2）终端飞艇升降场布置。放线端终端飞艇升降场应位于线路中心线上，一般不偏出线路5m。

场地中间为飞艇着陆场地，旁边为迪尼玛导引绳地面锚固地锚。如图S.7所示。

S.3.3 滑车悬挂

(1) 直线塔滑车悬挂。

1) 直线塔悬挂的导线放线滑车，中相导线滑车的提梁上按照施工设计悬挂一个或两个迪尼玛专用滑车。

2) 在靠近中相导线悬垂串挂点附近的中导线横担上方，在前后主材各安装一个迪尼玛专用滑车。为保护迪尼玛导引绳，在横担前后主材上表面应铺设竹竿，并设羊角杆导向，如图 S.8 所示。

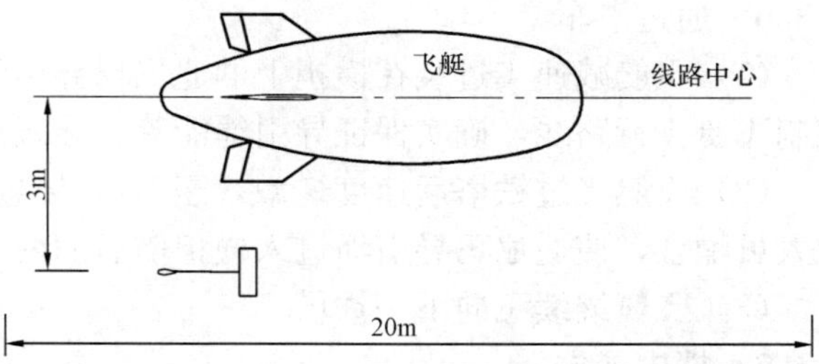

图 S.7 牵引场布置示意图

(2) 耐张塔滑车悬挂。

1) 在地线横担顶部前后主材按施工设计指定位置各安装一个迪尼玛专用滑车。为保护迪尼玛导引绳，在横担前后主材上表面应铺设竹竿，并设羊角杆导向。

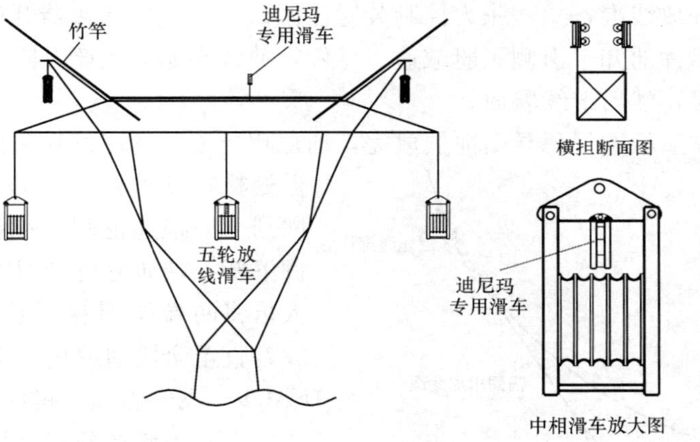

图 S.8 直线塔滑车悬挂示意图

2) 中相导线滑车的提梁上按照施工设计悬挂一个或两个迪尼玛专用滑车。将中导线的导线放线滑车按要求预偏，此时安装其上的迪尼玛专用滑车也呈同角度预偏状态。

S.3.4 飞艇准备

(1) 飞艇就位。

(2) 飞艇各部件，包括桨叶、发动机、卷轴、卷轴架试运转，务必使其处于最佳状态。

(3) 迪尼玛导引绳专用卷轴就位。

1) 如采用牵放方式，将卷轴装在地面的专用轴架上。

2) 如采用铺放方式，则将卷轴装在飞艇下部安装的专用轴架上。

(4) 连接好迪尼玛导引绳端头。

1) 如采用牵放方式，将迪尼玛导引绳端头从地面轴架上引出，与飞艇轴架上的重锤连好。

2) 如采用铺放方式，则将迪尼玛导引绳端头从飞艇下的轴架上引出，在地面锚固点上锚好。

S.3.5 首档展放

飞艇升空，按施工计算预定值控制迪尼玛绳的张力，使飞艇向第一基塔中相导线滑车的悬挂点上空飞行，此时迪尼玛导引绳在飞艇的牵引下徐徐在飞艇后展放。

S. 3. 6 通过滑车

(1) 飞艇减速飞过装在横担上的迪尼玛导引绳专用滑车上方，飞行高度高于塔顶 30m。控制飞艇飞行路线，确实保证导引绳能落在导线横担预定位置上。

(2) 飞艇飞过铁塔后速度递减，至 40m 处悬停，利用飞艇的减速和悬停动作和塔上作业人员配合，使迪尼玛导引绳进入横担前后的两个迪尼玛导引绳专用滑车。

(3) 飞艇继续飞向下一铁塔。

S. 3. 7 档中展放

(1) 按照现场风向调整飞艇航向，使飞艇飞向下一基铁塔。

(2) 按施工设计计算的要求控制好迪尼玛导引绳张力，必要时可适当提高飞艇高度，使迪尼玛导引绳能顺利通过地面障碍物上方。

S. 3. 8 展放过程中迪尼玛导引绳的换轴

(1) 牵放式。在放线端始端飞艇升降场并排布置的两个放线轴架，当一轴处于放线状态中时，一轴已做好放线准备——张力控制装置已调试好，抗弯连接器开口已打开。当上一轴展放完毕，现场指挥通知牵引侧飞艇减速、悬停，放线端始端飞艇升降场操作人员以最快的速度进行换轴连接，然后继续展放。

(2) 铺放式。一根迪尼玛导引绳展放完，迪尼玛导引绳的尾部端头掷落地面，飞艇飞至近处材料场重新装载另一轴迪尼玛导引绳，回到上一根迪尼玛导引绳的尾部端头上空，掷下新一轴迪尼玛导引绳首部端头，由地面人员将两端头对接，然后飞艇继续前飞展放，直至全段迪尼玛导引绳放完。

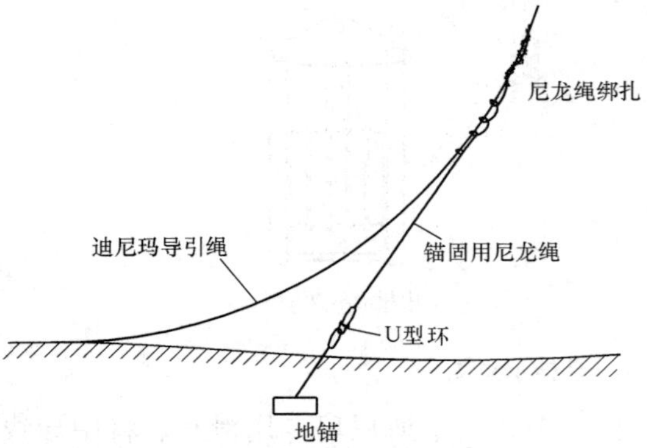

图 S.9 铺放式展放终端迪尼玛导引绳锚固方式示意图

S. 3. 9 飞艇着陆，锚线

(1) 飞艇在预定计划场地着陆，然后锚好迪尼玛导引绳端头。

(2) 锚固方式。

1) 牵放式可将迪尼玛导引绳端头套用 U 型环锚固。

2) 铺放式可按图 S. 9 所示方式锚固。

S. 4 钢导引绳的展放

S. 4. 1 展放步骤

钢导引绳的展放步骤如图 S. 10 所示。

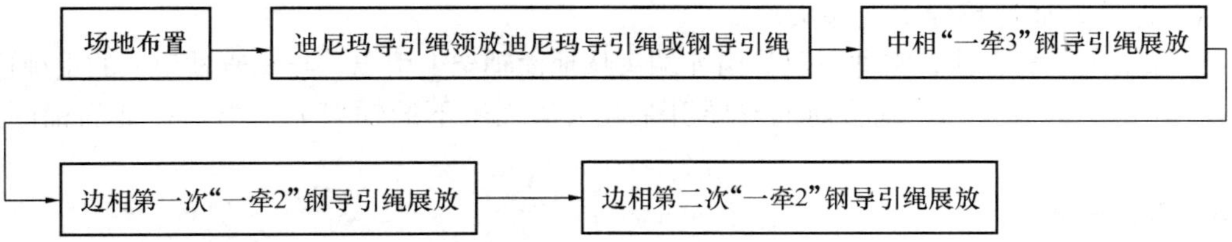

图 S. 10 钢导引绳的展放步骤框图

S. 4. 2　场地布置

导引绳的牵张场地，可布置在导线放线段的牵张场，也可根据现场情况另外布置。

（1）张力场布置。张力场的场地布置如图 S. 11 所示。

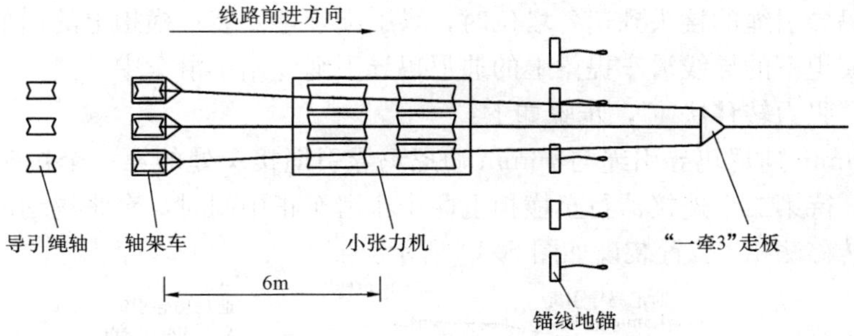

图 S. 11　张力场场地布置图

（2）牵引场场地布置。牵引场的场地布置如图 S. 12 所示。

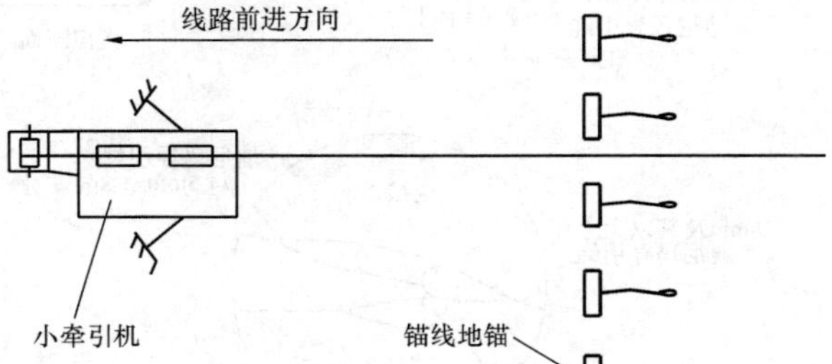

图 S. 12　牵引场场地布置图

S. 4. 3　迪尼玛导引绳领放迪尼玛导引绳或钢导引绳

S. 4. 3. 1　ϕ4. 5mm 迪尼玛导引绳领放 ϕ6mm 及其以上直径迪尼玛导引绳

（1）连接。在张力场的导引绳轴架前，整根 ϕ4. 5mm 迪尼玛导引绳端头用抗弯连接器连接一定数量的 1. 8m 长、0. 8m 长的 ϕ4. 5mm 迪尼玛导引绳短头（每个放线段短头的连接方式在施工设计时由图 S. 13 中选用一种），再与轴架上的 ϕ6mm 迪尼玛导引绳端头连接好。短头连接方法如图 S. 13 所示。

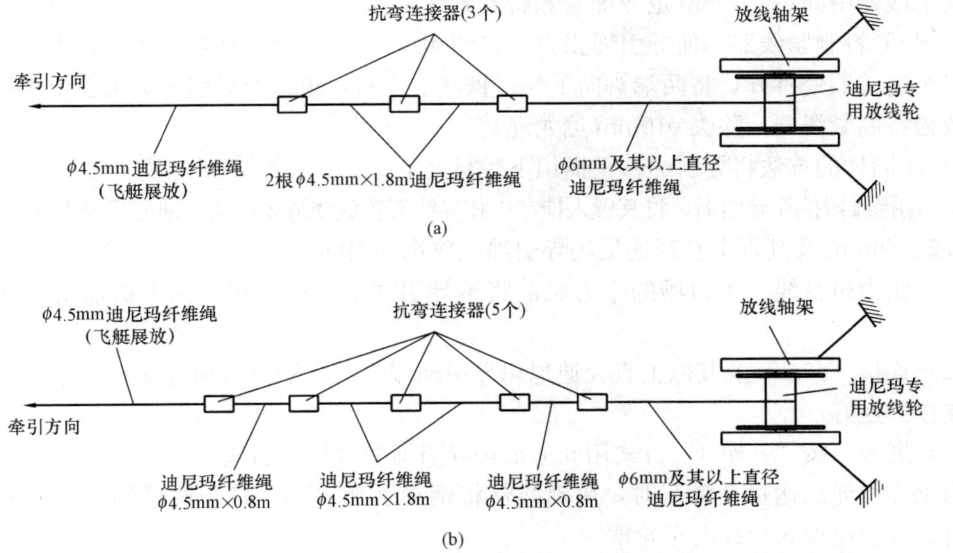

图 S. 13　ϕ4. 5mm 迪尼玛导引绳领放 ϕ6mm 及其以上直径迪尼玛导引绳短头连接方法示意图

（a）连接方式一；（b）连接方式二

（2）展放。按“一牵 1”方式将 ϕ6mm 及其以上直径的迪尼玛导引绳用各塔中相滑车构成的通道展放至全放线段，并在牵引场的小牵引机前的地锚上锚好。

（3）接头经过导线滑车进行移位的说明。本工序当 ϕ4.5mm 迪尼玛导引绳和 ϕ6mm 及其以上直径迪尼玛导引绳的接头到达各塔位时，导引绳须由安装在横担上的迪尼玛导引绳专用小滑车转移至横担下的导线滑车提梁上的迪尼玛导引绳专用小滑车中。

移位使用“张力转移法 1”，步骤如下：

1）使 ϕ4.5mm 迪尼玛导引绳与 ϕ6mm 迪尼玛导引绳接头处的第一个短头前面的抗弯连接器通过滑车，待第二个连接器行至横担上两个小滑车正中间时，牵张场均停车锚线。

2）“张力转移法 1”装置装设如图 S.14 所示。

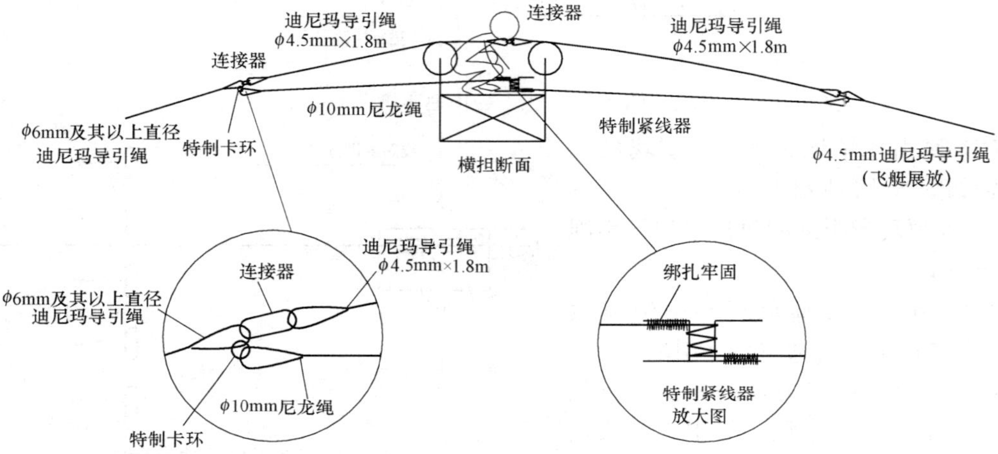

图 S.14　“张力转移法 1”装置装设图

在横担前后侧导引绳上的抗弯连接器远侧 ϕ4.5mm 迪尼玛导引绳套内各装一只特制卡环。两卡线器中间用 ϕ10mm 尼龙绳套和特制紧线器连好。

3）收紧特制紧线器，使导引绳张力转移到 ϕ10mm 尼龙绳套和特制紧线器上。将导引绳从第二个连接器处拆开，将两端头向下掏过铁塔上主材，再将两导引绳端头在上主材下面连好，放松特制紧线器，除去 ϕ10mm 尼龙绳套。

4）用同样的方法将导引绳移至横担下主材之下。

5）用提线器接住导引绳，将其置入挂在中相导线五轮放线滑车横梁的迪尼玛导引绳小滑车中。

S. 4. 3. 2　ϕ6mm 及其以上直径迪尼玛导引绳领放钢导引绳

（1）张力机盘线。张力场的张力机前将钢导引绳盘好张力机，张力机前留好导引绳的端头。

（2）连接。ϕ6mm 及其以上直径迪尼玛导引绳端头与此钢导引绳的端头在小张力机前用旋转连接器连好。

（3）展放。按“一牵 1”方式用此迪尼玛导引绳领放钢导引绳。

当钢导引绳到达每个滑车时，用提线器将钢导引绳提起，打开迪尼玛导引绳专用小滑车，将钢导引绳放入导线滑车轮槽。

使钢导引绳在全段的中相替换迪尼玛导引绳。

S. 4. 4　中相的“一牵 3”钢导引绳展放

S.4.4.1 张力机盘线

张力场的小张力机后布置 3 个钢导引绳轴架车，上面装好缠好整根钢导引绳的卷轴。每轴的钢导引绳端头用抗弯连接器接上一根 200m 长的钢导引绳短头，卷回卷轴，然后各短头再盘好张力机。

S.4.4.2 连接

在张力场将已展放好的一根钢导引绳端头通过“一牵 3”走板与张力机上盘好的 3 根钢导引绳短头连好。

S.4.4.3 展放

开动牵张机，在中相进行导引绳“一牵 3”的展放。除了走板通过滑车时要进行 3 根导引绳的移位分配外，展放的其他过程及处理方法与“一牵 4”导线展放一样，故下面仅叙述直线塔、耐张塔对 3 根导引绳的移位和分配，其他不赘述。

S.4.4.4 导引绳在直线塔的移位和分配

导引绳在直线塔的移位和分配步骤如下：

(1)“一牵 3”走板通过五轮放线滑车，前行 200m，待钢导引绳短头与整根导引绳的接头恰好行至滑车上时，牵张场均停车锚线。

(2) 再用如下所述的“张力转移法 2”将中相导线滑车中的靠边的导引绳移入边相导线五轮滑车钢轮中。步骤如下：

1)“张力转移法 2”装置装设如图 S.15 所示。在滑车前后侧钢导引绳上 1m 处各装一只卡线器。两卡线器中间用 ϕ13mm 钢丝绳套和 3t 手扳葫芦连好。

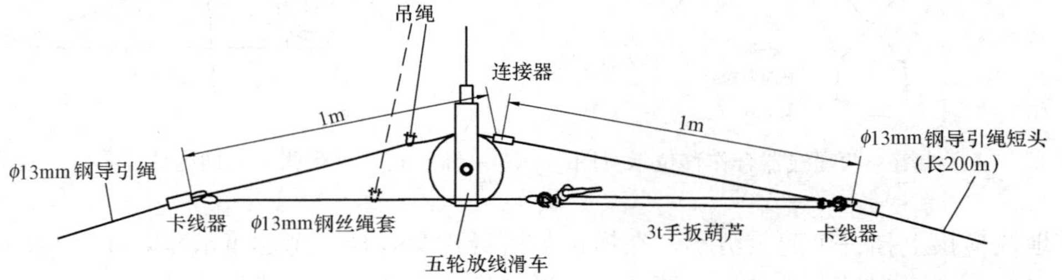

图 S.15 “张力转移法 2”装置装设图

2) 收紧手扳葫芦，使导引绳张力转移到 ϕ13mm 钢绳套和手扳葫芦上。将导引绳从连接器处拆开，在滑车外面连好，放松手扳葫芦，除去卡线器。

3) 钢导引绳移出塔窗（见图 S.16)。钢导引绳移出塔窗后再置入边导线五轮放线滑车中，这两个步骤也同样采用“张力转移法 2”。

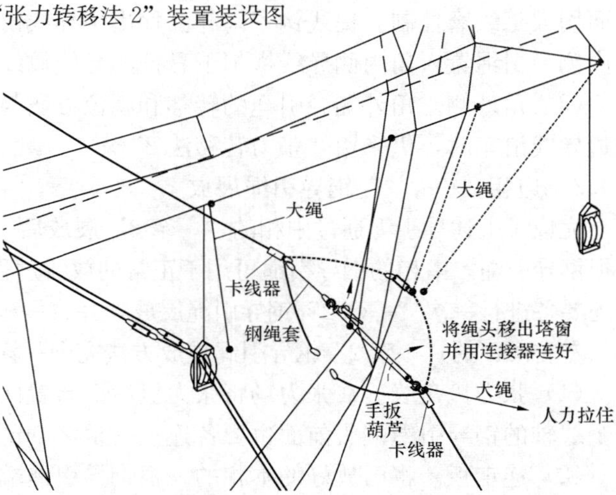

图 S.16 钢导引绳移出塔窗操作示意图

上述操作过程中应注意，在手扳葫芦、卡线器组成的收紧系统与连接器和导引绳的张力转移中，应始终使用吊绳提住收紧系统和导引绳二者之中的张力承担者，不可因空档使导引绳失控坠落。

在导引绳由中相向曲臂、由曲臂向边相移动时，可采取如图S.17所示接力的方式实现。

如图S.17所示，先利用B索具将已经移出滑车（或移出塔窗）处于A索具中的导引绳钩起，然后在大绳的控制下将B索具和导引绳拉至B′位置，完成移位操作。

S.4.4.5 中相导线滑车导引绳在耐张塔的移位分配

（1）角内侧。

1）停车锚线。“一牵3”走板通过导线五轮放线滑车后，前行200m，待钢导引绳短头与整根导引绳的接头恰好行至滑车上时停住，牵张场锚线。

2）导引绳移出滑车。将角内侧导引绳移出导线滑车仍然使用S.4.4.4（2）中所述的“张力转移法2”。应注意，在这个过程中应使用两组吊绳，分别承受导引绳和收紧装置向下和向角内侧的负荷。

3）导引绳向下导线滑车移位。（耐张塔）两提线器合作移位示意如图S.18所示。

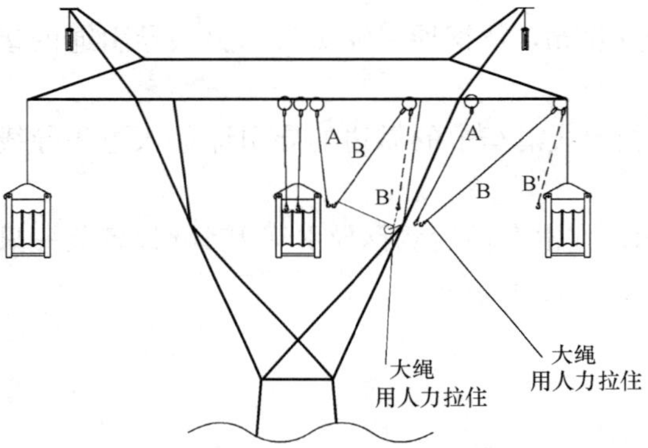

图S.17 （直线塔）两提线器合作移位示意图

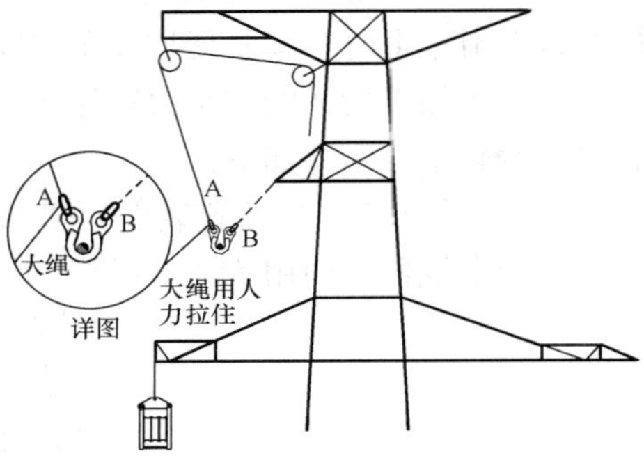

图S.18 （耐张塔）两提线器合作移位示意图

在地线横担上挂一个起重滑车，在横担与塔身相交处挂一个起重滑车，用一根磨绳穿过这两个滑车，磨绳穿过地线横担上所挂起重滑车的一头挂一个单线提线钩子，磨绳另一端在地面用人工绞磨控制。提线钩子勾起已移出中导线滑车的钢导引绳。再辅之以大绳协助，将角内侧导引绳置入角内侧导线横担下悬挂的导线放线滑车。

（2）角外侧。角外侧导引绳的转移和就位方法与角内侧类似。使导引绳横穿越塔身和进入边导线滑车时，仍采用“张力转移法2”。

S.4.5 边相“一牵2”钢导引绳展放

完成了上述导引绳通过中相的“一牵3”展放后，左、中、右三相导线放线滑车中都有了一根钢导引绳。中相的钢导引绳可用于正常的放线过程，但左右两相导线五轮滑车中的钢导引绳还要各进行一次“一牵2”钢导引绳展放，并将一根留在本滑车中，另一根移入地线放线滑车。左右两面的“一牵2”钢导引绳展放方法完全一样，下面对其施工步骤进行叙述。

（1）张力机盘线。在张力场将张力机后面布置两个导引绳轴架车，上面放置好线轴，将两个线轴的钢导引绳端头前面也要各连上一根200m短头，然后在张力机上盘好。

（2）连走板。将已放好的本相的一根钢导引绳端头，通过“一牵3”走板，与张力机前的两个钢导引绳端头连好（走板后面使用两边挂孔，中间挂孔闲置不用）。

（3）“一牵 2”钢导引绳展放。用“一牵 2”方式将全段钢导引绳放通，使本相全段的每基铁塔的导线滑车中都有两根钢导引绳。短头与整根的接头行至滑车时，需要将一根导引绳向地线滑车移位。

（4）移位。也采用上述的“张力转移法 2”，方法过程类似，不赘述。

至此，两根地线和三相导线都有了自己的钢导引绳。导引绳展放完毕。

附录 T “一牵 5（绕牵法）”展放导引绳施工工艺

T.1 “一牵 5（绕牵法）”放线施工工艺

先在铁塔某部位安装特制导引绳放线滑车，再铺放一根导引绳，再利用这一根牵换其他需要的导引绳，在牵引过程中，将需要绕过铁塔部件的导引绳，用方便的方法钻绕过，称为绕牵法。绕牵法适用于用铺牵法不能解决钻入（出）塔窗问题的线路，例如杯型塔、猫头塔、双柱拉线塔为主的交流线路。

T.2 施工工序

（1）在直线塔横担上平面安装专用五轮支撑放线滑车（紧凑型塔在横担临时吊架下安装七轮放线滑车），在耐张转角塔内侧中线挂线点上部安装专用五轮悬垂放线滑车，在直线兼角塔外角侧地线支架内侧安装五轮悬垂滑车（紧凑型塔直接悬挂七轮放线滑车）；在五轮导引绳放线滑车需绕铁塔部件的相应位置安装单（双）轮绕行滑车。

（2）在每基塔的专用五（七）轮放线滑车中，采用“铺放法”铺放一根导引绳。

（3）用铺放好的导引绳张力牵放 5 根导引绳（分别用做牵三相导线牵引绳和 2 根地线的导引绳）；走板过铁塔后，随时过渡需要绕行导引绳到横担下平面（或塔身外角）的悬垂滑车。

（4）放线段放通后，将五轮支撑放线滑车两边轮的导引绳分别绕过两地线支架和横担端头移至边导线的放线滑车的中轮；靠近中间的 2 根导引绳分别绕过两地线支架移至地线放线滑车（紧凑型塔在牵放过程中 2 根地线直接绕引到位）。

（5）用移到位的导引绳依次牵放地线和牵引绳，再以“一牵 4”或“一牵 6”方式牵放导线。

T.3 施工步骤

本工艺以单回路三相交流线路为例，进行“一牵 5”施工工艺叙述，其他类同。

T.3.1 专用导引绳放线滑车的安装

（1）常规杯型直线塔的滑车安装。

1）在铁塔横担上平面中部附近通过专用托铁，安装固定五轮朝天支撑滑车，如图 T.1 所示。

2）在铁塔横担下平面，中相挂线点旁边牵引场侧横线路的主材上利用专用夹具，安装固定悬垂防跳滑车，如图 T.1 所示。

（2）ZV1 直线塔的滑车安装。

1）在铁塔横担上平面靠近地支架附近的上曲臂内主材上部横担立铁顶面通过专用托铁，安装固定五轮朝天支撑滑车，如图 T.2 所示。

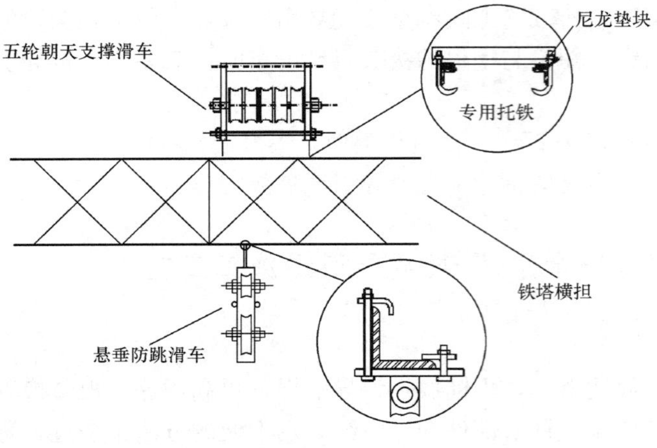

图 T.1 常规杯型直线塔专用滑车安装示意图

2）在五轮朝天支撑滑车安装点侧地线支架外侧的主材上绑挂两个单轮悬垂放线滑车，并用与横担连接的调节装置调节预偏，如图 T.2 所示。

3）在铁塔横担下平面，紧靠上曲臂与横担下平面连接的大板内沿（自上曲臂与横担下平面交点 向内顺主材约 315mm）牵引场侧横线路的主材上利用专用夹具，用 ϕ15mm×1.5m 的钢绳套（双折）和 30kN 级 U 型环安装固定悬垂防跳滑车，如图 T.2 所示。

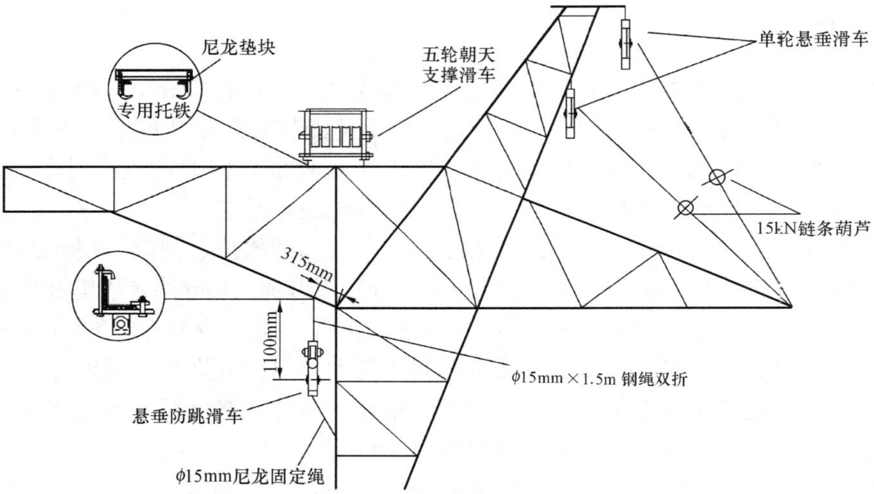

图 T.2 ZV1 直线塔专用滑车安装示意图

（3）紧凑型直线塔滑车安装。

按工程设计图纸，悬挂两上导线和两地线放线滑车，在吊架下挂线点用金具悬挂下（中）导 线七轮放线滑车，如图 T.3 所示。

（4）换位塔的滑车安装。换位塔的滑车安装在铁塔上导线横担下平面靠近塔身的第一个接点的牵引场侧主材上，用 ϕ15mm×1.5m 的钢绳套和 U-12 的金具环绑挂固定五轮悬垂放线滑车，在塔身另一侧的地线横担下平面用 ϕ15mm×1.5m 的钢绳套和 U-12 的金具环绑挂两个单轮悬垂滑车，如图 T.4 所示。

（5）常规干字转角塔的滑车安装。

1）在耐张塔转角内侧中线挂线架上部的塔身主材上用 ϕ15mm×1.5m 的钢绳套和 U-12 的金具环顺线路绑挂两个专用五轮悬垂放线滑车，如图 T.5 所示。

2）在铁塔外角侧地线支架下平面，用 ϕ15mm 的钢绳套和 30kN 级手链葫芦吊挂一个单

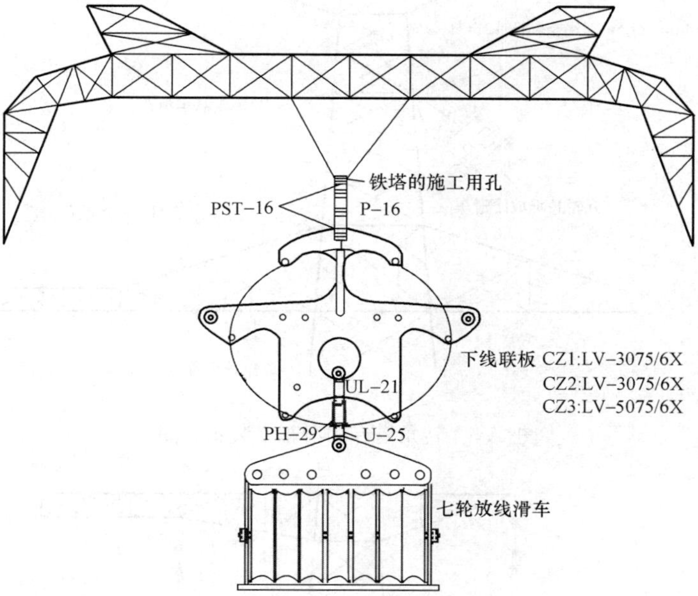

图 T.3 紧凑型直线塔放线滑车安装示意图

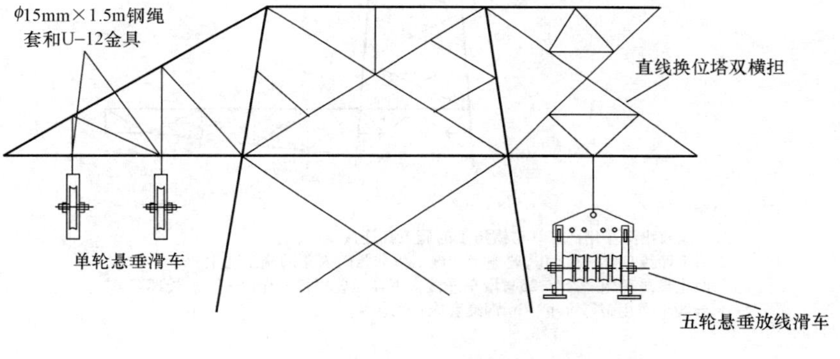

图 T.4 换位塔专用滑车安装示意图

轮悬垂滑车，用 7.5kN 级手链葫芦与导线横担端头相连，控制滑车不碰塔身，如图 T.3 所示。

3）在外角侧导线横担下平面，靠近塔身的第一个接点处绑挂一个单轮悬垂滑车，如图 T.5 所示。

（6）紧凑型转角塔的滑车安装。在铁塔内外角侧地线支架下平面，分别用 ϕ15mm 的钢绳套和 30kN 级手链葫芦吊挂一个地线放线滑车，外角侧的滑车用 7.5kN 级手链葫芦与导线横担端头相连，控制滑车不碰塔身，滑车高度在导线放线滑车的上部接近的位置，如图 T.6 所示。

（7）直线兼角塔的滑车安装。

1）在直线兼角塔外角侧地线支架内侧的主材上用 ϕ15mm 的钢绳套和专用支撑架绑挂专

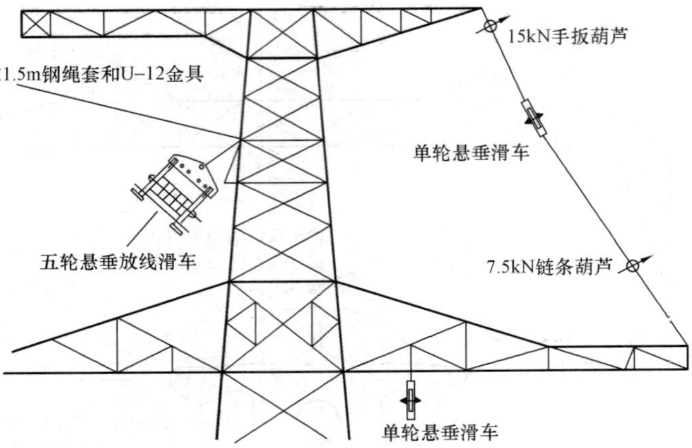

图 T.5　转角塔专用滑车安装示意图

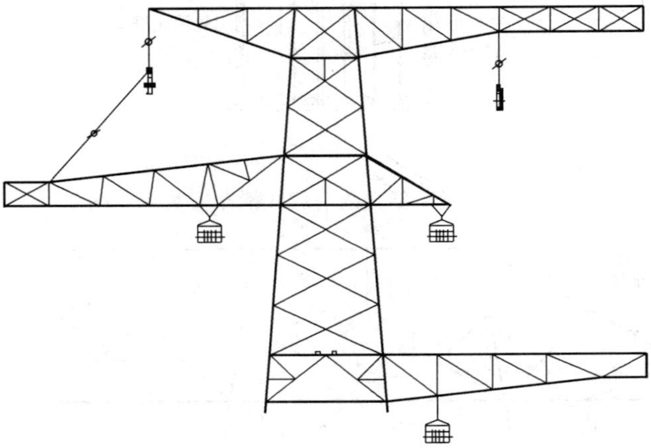

说明：

1.导线放线滑车用UL-21与横担上的施工孔连接。

2.两上导线有4个施工孔，要连接在施工板圆弧向内角的施工孔上。

3.两上导线只用一个U-25与滑车连接，下导线要再接一个PH-25延长环。

4.导线滑车用ϕ17.5mm×2m钢绳套成V型连接。

图 T.6　紧凑型转角塔地线放线滑车安装示意图

用五轮悬垂放线滑车，如图 T.7 所示。

2）在直线兼角塔外角侧地线支架外侧的主材上绑挂两个单轮悬垂放线滑车，并用与横担连接的调节装置调节预偏。如图 T.7 所示。

3）在铁塔横担中部下平面，中相挂架外角牵引场侧的主材上，利用 ϕ15mm×1.5m 的钢绳套和 U-12 的金具环悬挂单轮滑车，如图 T.7 所示。

（8）注意事项。

1）常规杯型塔五轮朝天支撑滑车应略偏于横担中心，其偏向应根据放线段内的线路转角方向（以牵引场为前进方向）确定，放线段中间左转角为主时，则偏左，否则应偏右；悬垂防跳滑车对应装在中线挂点的左侧（或右侧）。此要求应在放线区段施工设计中加以明确，以避免导引绳在牵引过 程中的跳槽。

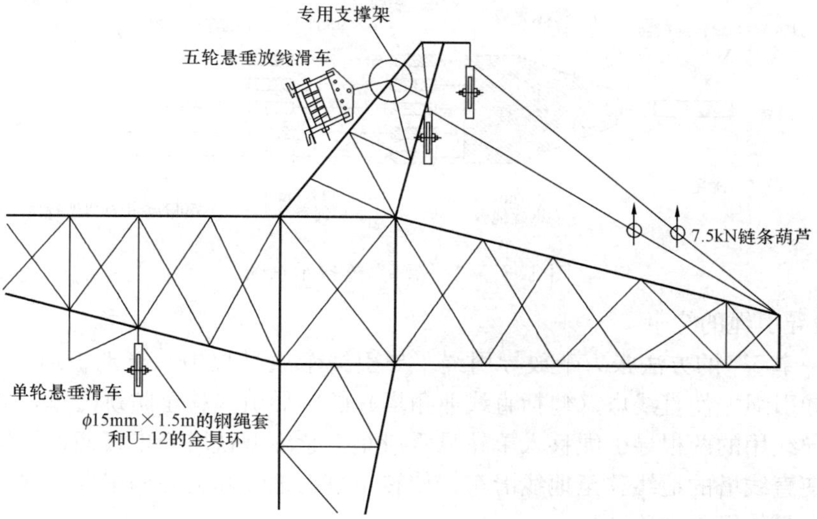

图 T.7 直线兼角塔专用滑车安装示意图

2）因 ZV1 塔横担顶面五轮支撑放线滑车，其悬挂点不在线路中心，因此如相邻的直线塔为杯型塔时，其上的五轮朝天滑车位置应考虑向左（右）移位固定，并支垫五轮朝天支撑滑车内角侧下部托铁使朝天滑车预偏；也可靠支垫五轮朝天支撑滑车内角侧下部托铁使朝天滑车预偏。同时相邻的 ZV1 同步采取支垫预偏措施。具体相邻杯型塔移位值根据设计图纸确定。

3）耐张转角塔和直线兼角塔采用悬垂五轮放线滑车（其中紧凑型转角塔和直线塔均为直接悬挂七轮放线滑车），其悬挂点不在线路中心，因此相邻的直线塔上的五轮朝天滑车位置应考虑向左（右）移位固定，并支垫五轮朝天支撑滑车内角侧下部托铁使朝天滑车预偏；小转角（5°以下）直线塔也靠支垫五轮朝天支撑滑车内角侧下部托铁使朝天滑车预偏。具体移位值和支垫高度，根据档距、转角大小和转角滑车的位置确定。

T.3.2 一级导引绳布线

平地及丘陵地带按 1.1～1.2 倍线路长度，山区按 1.2～1.3 倍线路长度布线，将成轴导引绳尽可能分散地运到施工段沿线指定地点。

T.3.3 一级导引绳铺放

人工将分布在沿线指定地点的成轴导引绳铺放开来，逐塔穿过专用五轮放线滑车的中间轮，与邻段导引绳相连接。其中对于紧凑型铁塔穿过直线塔下（中）导线放线滑车的中间轮和耐张塔内角侧的上导线放线滑车的中间轮，与邻段导引绳相连接。

T.3.4 一级导引绳升空锚固

在张力场将导引绳锚住，在牵引场收卷导引绳，使导引绳升空至一定高度后，两端临时锚固。

T.3.5 一、二级导引绳连接（见图 T.8）

一次绳（□15mm）→50kN 旋转连接器→50kN 级走板→5 个 30kN 旋转连接器→5 根钢绳套（ϕ11mm×2m）→5 个 30kN 旋转连接器→5 根导引绳套（□13mm×8m，其中紧凑型铁塔采用 15m）→5 个 30kN 专用抗弯连接器→5 根□13mm 导引绳，主张力机做 4 根边导引绳的张力机，一部小张力机作中间一根导引绳的张力机，主牵引机作牵引机。

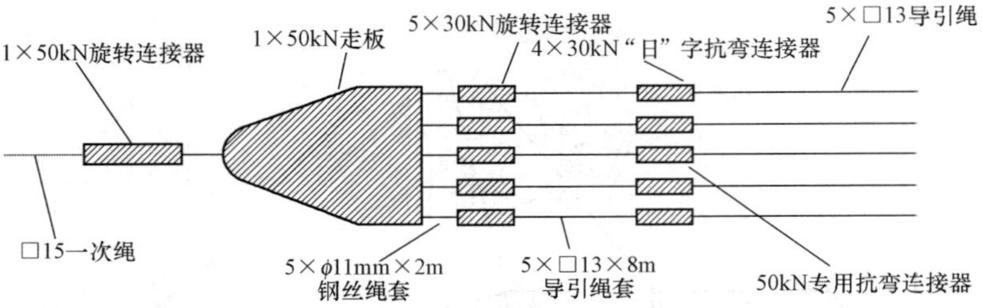

图 T.8 “一牵 5”连接示意图

T.3.6 二级导引绳的绕牵

利用“一牵 5”的方法张力牵放导引绳。导引绳牵放过程中，当走板通过常规铁塔时，应逐基过渡导引绳，使直线塔（包括直线兼角塔）的中导引绳移至防跳滑车，使转角塔的外角侧地线和导线用的两根导引绳移入单轮悬垂滑车。紧凑型铁塔当走板通过铁塔时，应逐基过渡地线，使直线塔的地线移至地线滑车，使转角塔的地线和另外两根导引绳分别移入各自的放线滑车，具体操作方法如下：

（1）常规直线塔中导线导引绳（见图 T.9）。

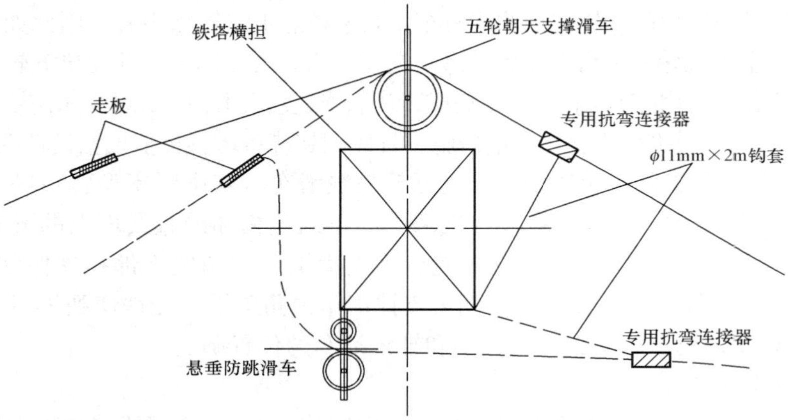

图 T.9 直线塔中导线导引绳绕塔示意图

1）走板过铁塔（约 9m）后，当第一个抗弯连接器距铁塔约 1m 时，停止牵引。

2）常规杯型直线塔用一端提前固定在铁塔主材上的 ϕ11mm×2m 的钩套，钩住与中导线导引绳连接的专用抗弯连接器。ZV1 塔用一端提前固定在铁塔主材上的 3 根 ϕ11mm×2m（中相为 ϕ11mm×2.2m）的钩套，分别钩住中导线和地支架外侧的边导线、地线导引绳绳套。

3）通知牵引场缓慢松磨，使钩套承力，继续松磨（当导引绳对地距离不能满足要求时，张力机应同步回卷），当走板距铁塔 1m 左右时，停止松磨。

4）将放松的导引绳与走板解断，中导线用绕过横担穿入悬垂防跳滑车的循环绳将导引绳绕引，再与走板连接。ZV1 塔安装五轮朝天滑车、侧边导线及地线分别连接□13mm×8m 导引绳套绕过横担或地线支架穿入单轮悬垂滑车，再与走板连接。

5）重新开始牵引，使钩套失效，脱离 ϕ11mm×2m 钢绳套的钩板，继续正常牵放。

（2）紧凑型铁塔地线（见图 T.10）。

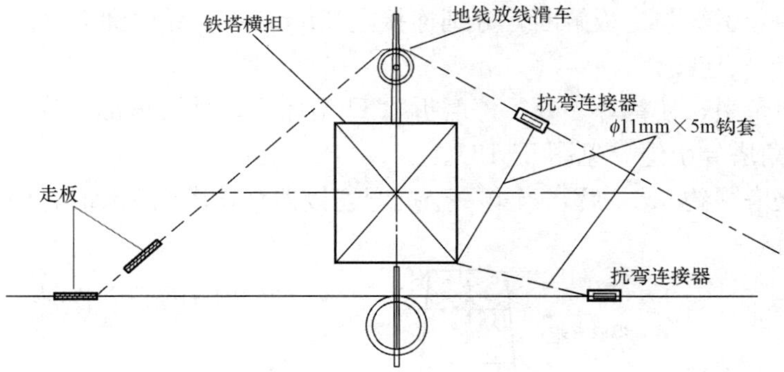

图 T.10　紧凑型直线塔地线绕塔示意图

1）走板过铁塔（约16m）后，当第一个抗弯连接器距铁塔约1m时，停止牵引。

2）用两套一端提前固定在铁塔横担下平面的上导线附件工作孔的 ϕ11mm×5m 的钩套，分别钩住与地线连接的导引绳套的抗弯连接器。

3）通知牵引场缓慢松磨，使钩套承力，继续松磨（当导引绳对地距离不能满足要求时，张力机应同步回卷），当走板距铁塔1m左右时，停止松磨。

4）将放松的导引绳套与走板后的钢绳套解开，用绕过横担穿入地线滑车的循环绳将导引绳套绕过地线滑车，再与走板连接。

5）重新开始牵引，使钩套失效，脱离 ϕ11mm×5m 钢绳套的钩板，继续正常牵放。

（3）耐张塔和换位塔导引绳（见图 T.11）。

1）走板过铁塔（约9m）后，当第一个抗弯连接器距铁塔约1m时，停止牵引。

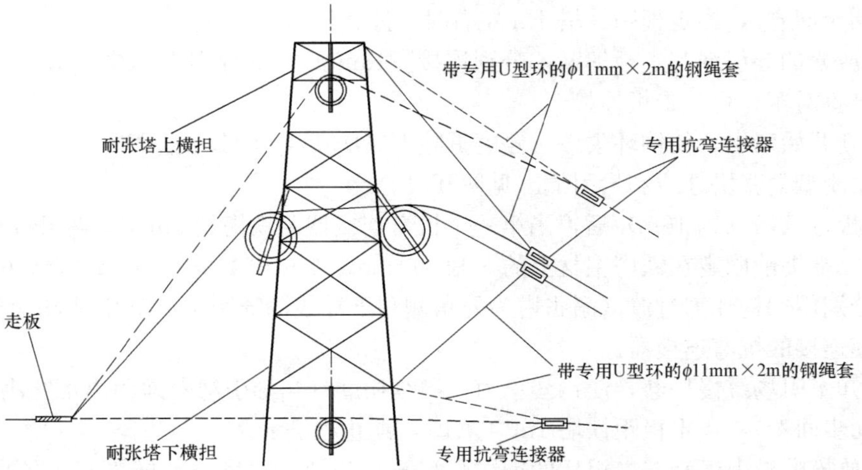

图 T.11　耐张塔和换位塔导引绳绕塔示意图

2）用一端提前固定在铁塔主材上并连接3t手扳葫芦的2根 ϕ11mm×2m 的钢绳套，分别用专用U型环锁住与需过渡（耐张塔为外角侧的导、地线导引绳，换位塔为单横侧的导地线导引绳）的2根导引绳连接的“目”字型抗弯连接器。

3）通知牵引场缓慢松磨，使锚绳承力，继续松磨（当导引绳对地距离不能满足要求时，张力机应同步回卷），当走板距铁塔1m左右时，停止松磨。

4）将放松的导引绳与走板解断，分别连接□13mm×8m 导引绳套，绕过塔身穿入单轮悬垂滑车，再与走板连接。

5）重新开始牵引，使钩环失效，停磨拆除 U 型环后，继续正常牵放。

（4）直线兼角塔导引绳（见图 T.12）。

1）走板过铁塔（约 9m）后，当第一个抗弯连接器距铁塔约 1m 时，停止牵引。

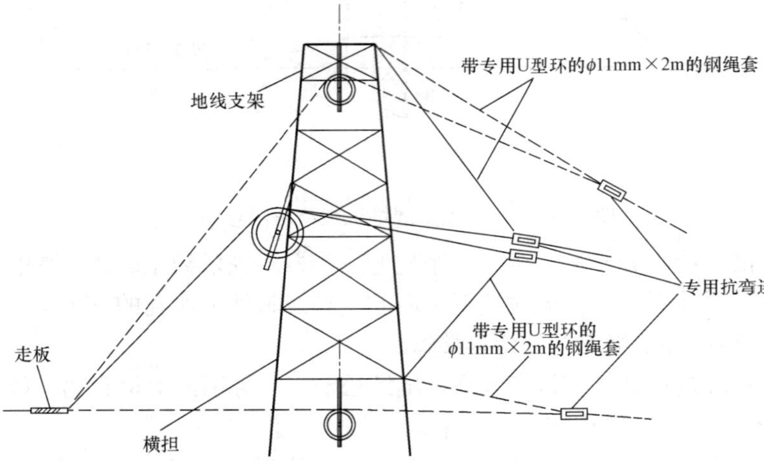

图 T.12 直线兼角塔导引绳绕塔示意图

2）用一端提前固定在铁塔主材上的 3 根 ϕ11mm×2m 钢绳套，分别用专用 U 型环锁住与中导线和外角侧的导、地线导引绳连接的“目”字型抗弯连接器。

3）通知牵引场缓慢松磨，使钩环承力，继续松磨（当导引绳对地距离不能满足要求时，张力机应同步回卷），当走板距铁塔 1m 左右时，停止松磨。

4）将放松的导引绳与走板解断，分别连接□13mm×8m 导引绳套绕过横担或地线支架穿入单轮悬垂滑车，再与走板连接。

5）重新开始牵引，使钩环失效，停磨拆除 U 型环后，继续正常牵放。

（5）紧凑型耐张塔地线和导引绳（见图 T.13）。

1）走板过铁塔（约 16m）后，当第一个抗弯连接器距铁塔约 1m 时，停止牵引。

2）用一端提前固定在铁塔主材上的 3 根 ϕ11mm×5m 和 1 根 ϕ11mm×7m（钩下导线）的钩套，分别用钩钩住需过渡（耐张塔为外角侧和下导线的导引绳）导引绳和两根地线的 4 根导引绳套连接的抗弯连接器。

3）通知牵引场缓慢松磨，使钩套承力，继续松磨（当导引绳对地距离不能满足要求时，张力机应同步回卷），当走板距铁塔 1m 左右时，停止松磨。

4）将放松的导引绳套与走板后的钢绳套解开，分别绕过塔身和横担穿入各自的放线滑车（当下导线的原有绳套不够长时，可先连接□13mm×8m 导引绳套绕过横担再穿入放线滑车），再与走板连接。

5）重新开始牵引，使钩套失效，继续正常牵放。注意事项如下：

a）为避免 ZV1 塔中相单轮悬垂滑车损伤 V 型串绝缘子，挂具较长，绕牵过程中原 ϕ11mm×2m 的钩套已不能满足要求，其长度应按实际计算确定。

b）ZV1 塔中相绕牵 ϕ11mm 钩套，固定点为其单轮防跳滑车悬挂点附近。地支架外侧

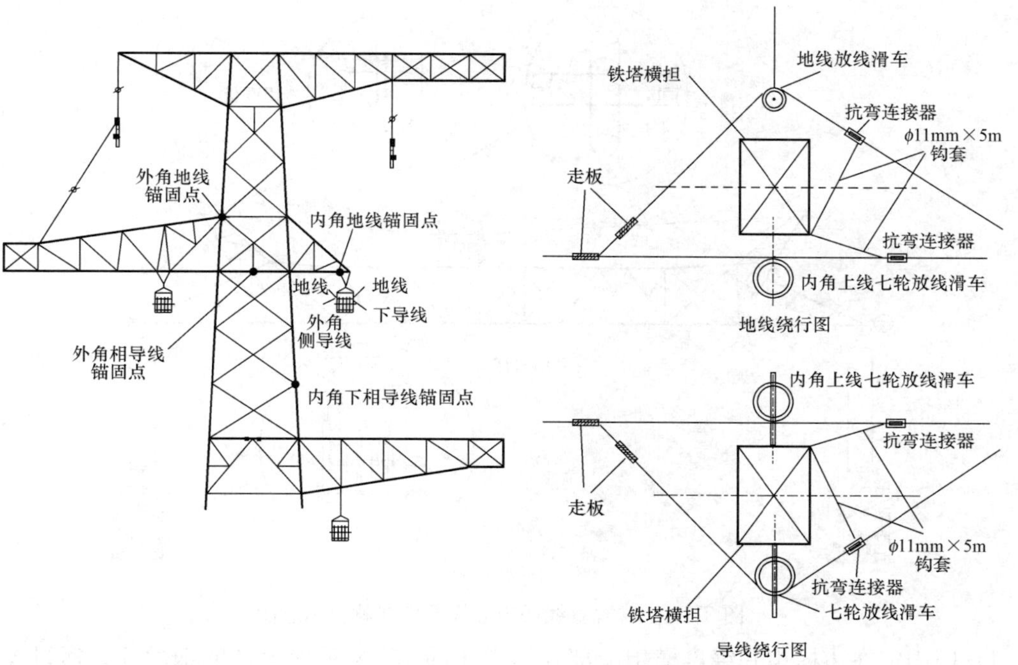

图 T.13　紧凑型耐张塔地线和导引绳绕塔示意图

边导线和地线绕牵 ϕ11mm 钩套，固定点为地线支架与横担上平面交叉点附近。

c）ZV1 塔地线支架外侧边导线导引绳和地线、耐张塔绕牵距离较远，□13mm×8m 钩套一般不够长，绕牵时应提前备上相应规格的短钢绳，与□13mm×8m 钩套相连后再与走板连接（此项应在放线区段设计时分别给出接套长度）。

d）ZV1 塔地线支架外侧边导线和地线、耐张塔绕牵时用的 ϕ11mm×2m 钢绳套后端需连接 15kN 链条葫芦，当绕引绳受力方向出现折角，不易拆除 ϕ11mm×2m 锚绳套时，应及时松开连接在 ϕ11mm×2m 钢绳套的链条葫芦。

T.3.7　二级导引绳锚固

5 根导引绳放通后，张牵场两端临时锚固。

T.3.8　二级导引绳挪移

常规直线塔：放通的 5 根导引绳，将五轮放线滑车两边轮的导引绳分别绕过两地线支架和横担端头移至边导线的放线滑车的中轮；靠近中间的两根导引绳分别绕过两地线支架移至地线放线滑车，中间一根移入中导线放线滑车的中轮，如图 T.14 及图 T.15 所示。

（1）常规直线塔边导线和地线导引绳就位（见图 T.14）。

1）在地线支架顶部外侧安装一个单轮支撑滚筒，两个地线支架顶部内侧分别安装专用联板，在横担端头安装一个外撑滑车。

2）将 15kN 级手链葫芦的一端用 30kN 级卸扣与固定好的专用联板相连，另一端钩住一根 ϕ9mm×15m 钢绳套，钢绳套的另一端从五轮朝天支撑滑车外侧滑轮上的两根导引绳下穿过后，用 30kN 抗弯连接器与另一侧地线支架的专用联板相连。

3）打开五轮朝天支撑滑车的上连杆，将十字行走滑车挤放在 2 根导引绳和钢丝绳“滑道”之间。收紧手链葫芦，利用钢绳套将两根导引绳稍微托起（离开滑车槽即可）。

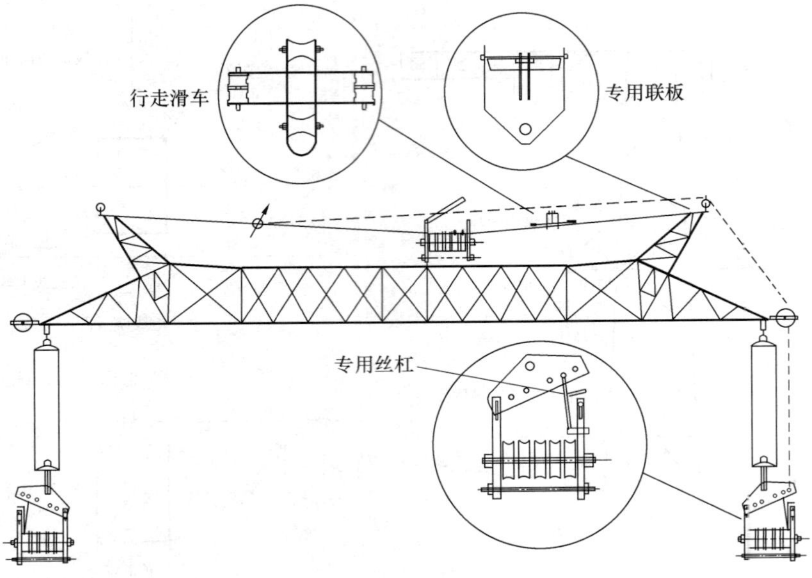

图 T. 14　常规直线塔边导线导引绳就位示意图

4）用固定在边横担并绕过横担端部外撑滑车的 15kN 手扳葫芦的钢丝绳，通过支撑滚筒与十字行走滑车相连，收紧手扳葫芦使十字行走滑车托着 2 根导引绳到地线支架的单轮支撑滚筒处。拆掉行走滑车。

5）将最外侧的一根导引绳与外侧的 15kN 手扳葫芦的钢丝绳相连，内侧通过制动器的溜绳与导引绳相连，一边收紧一边溜放，将导引绳先移过支撑滚筒，再绕过横担端头的外撑滑车，拆除溜放控制绳，继续放松，手扳葫芦控制导引绳移入开口的放线滑车内（事先用专用丝杠打开），连接滑车横梁。

6）将内侧一根导引绳用同样方法移过支撑滚筒，并放入地线放线滑车。

7）同样方法，使另两根导引绳就位。

（2）常规直线塔中导线导引绳就位（见图 T. 15）。

1）在导线放线滑车上安装专用小丝杠，稍收紧丝杠，拔出滑车锁销，使滑车横梁的一端打开。

2）用固定在横担上沿 15kN 级手扳葫芦的钢丝绳，通过 30kN 级 U 型环锁住悬垂防跳

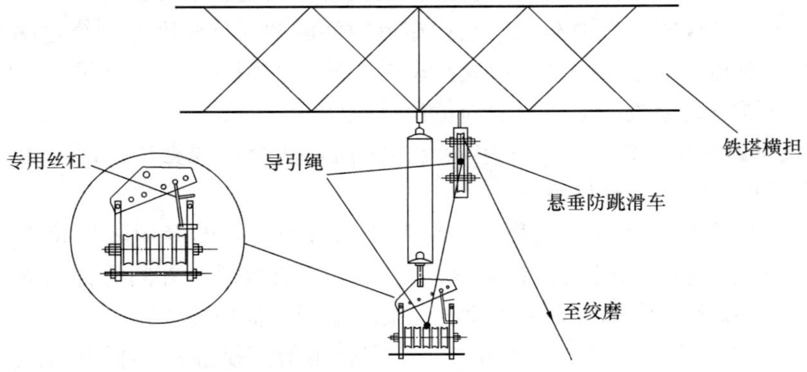

图 T. 15　直线塔中导线导引绳就位示意图

滑车下轮中的导引绳，收紧手扳葫芦，打开悬垂防跳滑车，使导引绳从滑轮中移出。

3）缓慢放松手扳葫芦，使导引绳到导线放线滑车附近，手拉导引绳到张口的放线滑车内。

4）收紧专用丝杠，插好放线滑车锁销，拆除丝杠，将导引绳放到滑车中轮。

5）拆除作业工具。

（3）ZV1 铁塔。将五轮放线滑车剩余的边导线导引绳绕过其侧的地线支架和横担端头移至边导线的放线滑车的中轮，另一根地线绕过其侧的地线支架移至地线放线滑车；展放过程中已绕引至横担下平面的中相导引绳移入 V 型串下方的五轮滑车中轮，过程已绕引至地线支架外侧的边导线导引绳绕过同侧横担端头移至边导线的放线滑车的中轮，如图 T.16 所示。

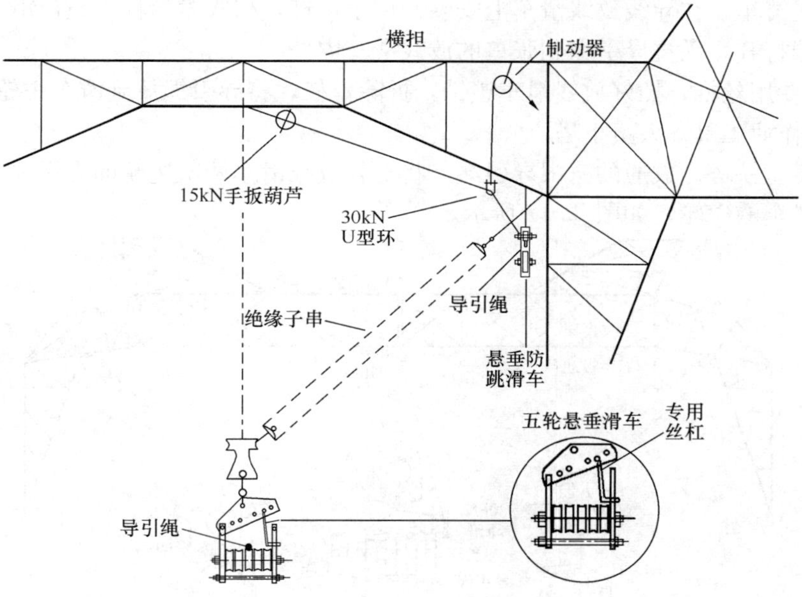

图 T.16　ZV1 塔中导线导引绳就位示意图

1）展放过程中五轮朝天支撑滑车中剩余的导引绳和地线挪移。

2）过程已经绕引至地线支架外侧另一根边导线导引绳挪移：在同侧地线支架顶部外侧安装一个单轮支撑滚筒，在横担端头安装一个外撑滑车。用固定在横担上沿并绕过地支架滚筒的 15kN 手扳葫芦钢丝绳，通过 30kN 级 U 型环锁住单轮滑车中的导引绳，收紧手扳葫芦，打开滑车，使导引绳从滑轮中移出。用固定在边横担并绕过横担端部外撑滑车的 15kN 手扳葫芦的钢丝绳连接导引绳。一边收紧一边溜放，将导引绳绕过横担端头的外撑滑车，拆除溜放控制绳（横担上沿的 15kN 手扳葫芦），继续放松，手扳葫芦控制导引绳移入开口的放线滑车内（事先用专用丝杠打开），连接滑车横梁。

（4）ZV1 中导线导引绳就位。

1）在单轮防跳滑车正上方的铁塔横担上固定制动器，制动器的溜绳（ϕ11mm×15m 钢丝绳）下端连接 30kN 级 U 型环，U 型环放置铁塔横担下平面。

2）在中导线五轮放线滑车上方的铁塔横担上固定 15kN 手扳葫芦，手扳葫芦钢丝绳穿过 30kN 级 U 型环至单轮防跳滑车后，通过 30kN 级 U 型环锁住单轮防跳滑车中的导引绳，收紧手扳葫芦，打开滑车，使导引绳从滑轮中移出。

注：在收紧手扳葫芦前要在导引绳上连接一根 ϕ15mm 尼龙绳在铁塔上下曲臂 K 点处通过人力控制，以平衡导引绳向内水平分力的作用，保护绝缘子。

在用 15kN 手扳葫芦提升导引绳时，如导引绳受向内水平力作用摩擦 V 型绝缘子串金具无法提升时，要将横担上制动器移到横担上平面与地支架交叉点处，或移到横担下平面主材与曲臂内主材交叉点处，确保导引绳顺利移出滑车。

3）通过固定在横担上的制动器缓慢溜放出钢丝绳，同时铁塔上下曲臂 K 点处尼龙绳控制导引绳对邻近 V 型绝缘子串的安全距离，将导引绳放至垂直状态后，再通过其上空的 15kN 手扳葫芦收紧或放松，将导引绳放至放线滑车附近。

4）在中相五轮放线滑车（V 型串下方）正上方的铁塔横担上安装软梯，操作人通过软梯至五轮放线滑车，在导线放线滑车上安装专用小丝杠，稍收紧丝杠，拔出滑车锁销，使滑车横梁的一端打开，手拉导引绳到张口的放线滑车内。

5）收紧专用丝杠，插好放线滑车锁销，拆除丝杠，将导引绳放到滑车中轮。

6）拆除作业工具，人员下塔。

（5）紧凑型铁塔。放通的三根导引绳，将七轮放线滑车两次边轮的导引绳分别移入两上导线的放线滑车的中轮，如图 T.17 所示。

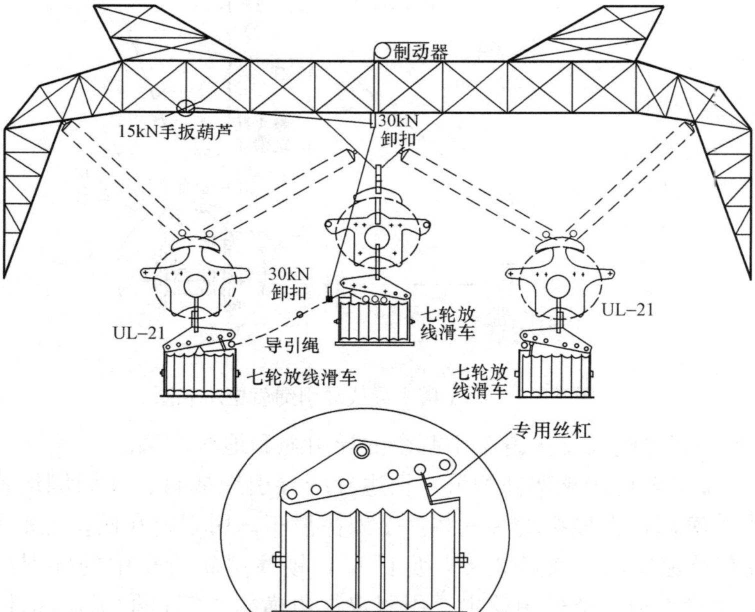

图 T.17 紧凑型直线塔上导线导引绳就位示意图

1）在中滑车上方横担一侧的上主材上固定制动器，制动绳（ϕ11mm×8m）的下端连接 30kN 级卸扣，卸扣放置在铁塔横担下平面。

2）用固定边导线滑车上方横担一侧下主材的 15kN 级手扳葫芦的钢丝绳，穿过由制动器控制的 30kN 级卸扣锁住一根导引绳，收紧手扳葫芦，打开七轮放线滑车，使导引绳从滑轮中移出。

3）通过制动器缓慢溜放制动绳，使15kN级手扳葫芦呈垂直受力状态。调节手扳葫芦，使导引绳接近边导线放线滑车的开口处。

4）在边导线放线滑车上安装专用小丝杠，稍收紧丝杠，拔出滑车锁销，使滑车横梁的一端打开。手拉导引绳到张口的放线滑车内。

5）收紧专用丝杠，插好放线滑车锁销，拆除丝杠，将导引绳放到滑车中轮。

6）同样的方法将另一侧的导引绳移入另一相上导线的放线滑车。

（6）紧凑型铁塔下（中）导线放线滑车就位（见图T.18）。

1）用4根ϕ20mm×100m尼龙绳通过固定在横担上的5kN级滑车，分别悬挂安装两串下（中）导线合成绝缘子串，使两串呈V型。

2）利用ϕ11mm×100m磨绳一端用专用挂钩钩住LV-2075/6X的中间大孔，另一端通过固定在横担上的20kN转向滑车与塔下的30kN机动绞磨相连。

3）收紧磨绳，拆除与吊架连接的螺栓，慢慢松磨。

4）当LV-2075/6X板到合适位置时，停止松磨，将事先挂好的两串下（中）导线合成绝缘子与LV-2075/6X板连接。

5）继续松磨，拆除作业工具和PST板等悬挂金具。

（7）放线段内每基塔的导引绳各就各位后，拆除专用滑车等工具，转入正常张力放线操作。

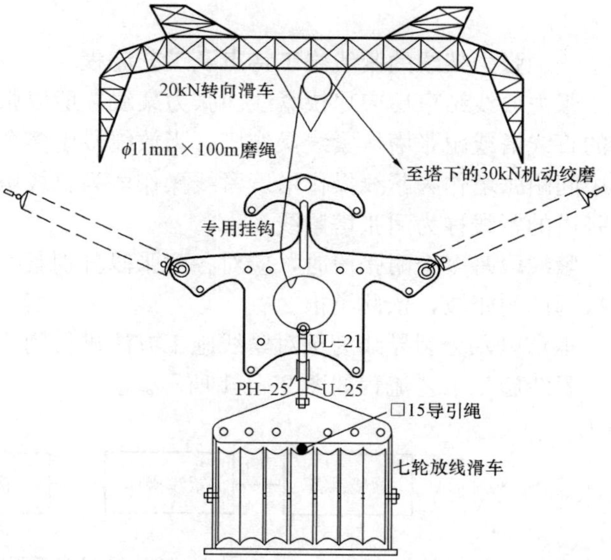

图T.18 紧凑型铁塔下（中）导线放线滑车就位示意图

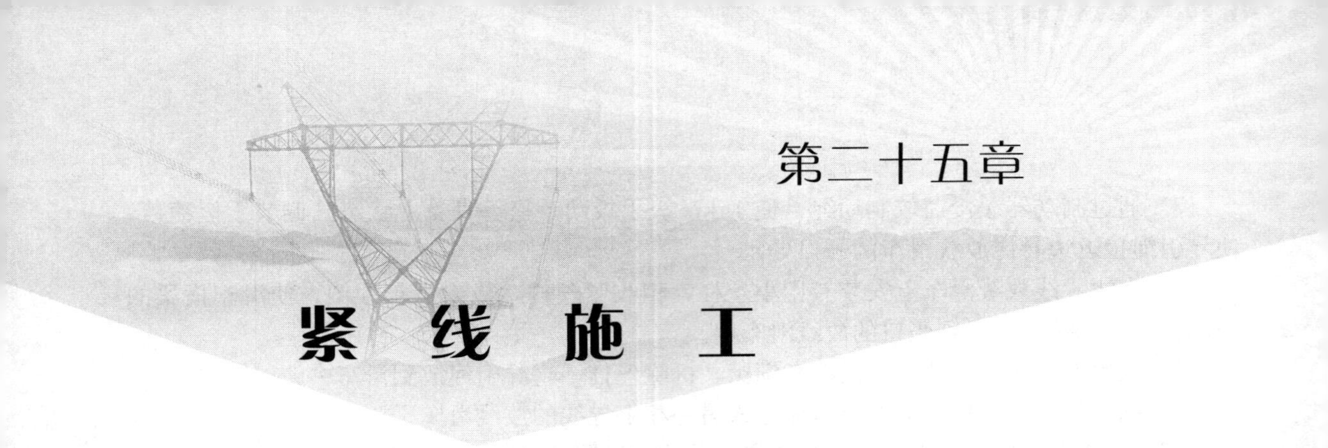

第二十五章

紧线施工

第一节 概　　述

一、张力架线的紧线施工特点及工艺流程

张力放线结束后应尽快紧线。张力架线一般以张力放线施工段作为紧线段，以牵张场相邻的直线塔或耐张塔作紧线操作塔。当放线段由多个耐张段组成时，根据施工需要，也可选择中间耐张塔作为紧线操作塔。紧线操作塔为直线塔的紧线称为直线塔紧线，紧线操作塔为耐张塔的紧线称为耐张塔紧线。

紧线段跨多个耐张段时，应对各耐张段分别紧线，先紧与紧线操作塔最远的耐张段，再紧次远的耐张段，依此类推。

本章以六分裂导线为例对紧线施工方法进行阐述。

紧线施工工艺流程如图 25-1-1 所示。

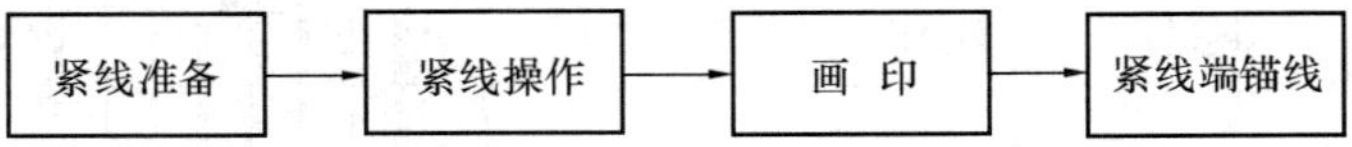

图 25-1-1　紧线施工工艺流程图

二、紧线施工劳动组织

紧线施工的劳动组织与工程设计特点、工程环境及施工组织有关，因此，劳动组织应根据具体情况确定。一般情况下，紧线劳动组织及岗位职责见表 25-1-1。

表 25-1-1　　紧线劳动组织及岗位职责

序号	岗　位	人　数	岗　位　职　责
1	现场指挥	1	负责紧线的总指挥工作
2	测工	根据观测档的数量确定	负责弛度观测
3	绞磨机手	根据现场布置确定	负责操作绞磨
4	技术负责人	1	负责紧线区段的技术工作
5	安全负责人	1	负责紧线区段的安全工作
6	质量负责人	1	负责紧线区段的质量工作
7	技工	10～15	包括压接、高空作业等工种
8	普工	15～25	负责紧线操作的辅助工作

注　本表为一个紧线施工班组的劳动组织及岗位职责。

第二节 紧 线 准 备

一、紧线前处置的主要事项

（1）杆塔检查和处理。

1）架线施工前，应对杆塔和基础工程逐基检查整修；

2）直线杆塔构件应齐全，所有螺栓应紧固；

3）直线杆塔应无倾斜情况；

4）紧线杆塔（耐张、转角、终端）构件必须齐全，无影响架线的重大缺陷；

5）基础回填土完好，基础混凝土强度已达到设计强度的100%。

（2）紧线施工前，应对紧线段内现场情况进行调查，全面掌握沿线的地形、交叉跨越、各种障碍物、交通运输等情况。如有妨碍架线的障碍物，应进行处理。

（3）检查各子导线在放线滑车中的位置，消除跳槽现象。

（4）检查子导线是否相互绞劲，如绞劲，需打开后再收紧导线进行处理。

（5）检查接续管位置，如不合适，应处理后再紧线。

（6）导线损伤应在紧线前按技术要求处理完毕。

（7）现场核对弛度观测档位置，复测观测档档距，设立观测标志。

（8）放线滑车在放线过程中设立的临时接地，紧线时仍应保留，并于紧线前检查是否仍接地良好。

（9）同步展放的导线紧线时，应采取消除直线塔同相（极）两个放线滑车“迈步”的措施。

（10）放线滑车采取高挂时，应向下移挂至最终高度。

（11）紧线前必须了解设计单位对耐张塔及直线塔紧线有无技术要求，并按设计要求执行，必要时对横担进行补强。

（12）若在放线过程中安装了分裂导线分离器，在紧线前应予以拆除。

（13）紧线耐张杆塔临时拉线设置。

紧线耐张杆塔的临时拉线是为增强杆塔的稳定性，平衡紧线时导、地线的一部分水平张力，以防杆塔发生倾斜。临时拉线的位置和数量，应符合以下要求：

1）挂线时是否设临时拉线依据挂线方式而定。如果其中一侧先挂，使横担承受不平衡张力时，则必须在另一侧装设临时拉线。

凡是耐张塔一侧的导、地线已紧线，另一侧再挂线前不必再设临时拉线。紧线段中间的耐张杆塔，紧线时不设临时拉线。

2）需要设置临时拉线的塔位，除干字型和桥型铁塔中导线因挂在塔身上，不需要打设临时拉线外，其他型式铁塔上的每一相导线和架空地线都应打设临时拉线。

3）临时拉线按设计条件的要求，在紧靠导、地线挂线点的主材节点附近装设。拉线布置在相应的导、地线的延长线上，每相导、地线各装置一组，其规格一般应平衡50%的紧线张力（具体平衡张力按照设计规定），下端应装有长度调节装置，对地夹角不大于45°。

二、弛度观测准备

1. 选择、确定观测档

以能全面、准确控制紧线段应力状态作为选择弛度观测档的条件，选择时兼顾以下几个方面：

(1) 观测档应档距较大，高差较小，且接近或大于代表档距。

(2) 观测档具有代表性。连续倾斜档的高处和低处、较高悬点前后侧、相邻紧线段的结合处、重要被跨物附近应设观测档。

(3) 宜选档距较大、悬点高差较小的线档作观测档。

(4) 宜选对邻近线档监测范围较大的塔号作观测档。

(5) 不宜选邻近转角塔的线档作为观测档。

(6) 选定观测档的水平档距及其高差的比值较大（$h>l\times10\%$）时，应用经纬仪进行塔位复测，按实测数值确定弛度观测值。

(7) 观测档数量的确定。紧线段在5档及以下时，靠中间选择一档；紧线段在6～10档时，靠近两端各选择一档；紧线段在10档以上时，靠近两端及中间各选泽一档。弛度观测档的数量可以根据现场条件适当增加，但不得减少。

(8) 观测弛度时应在观测档内实测气温，如果实际气温与设计弛度温度有出入时，应采用插入法进行换算。

(9) 跨耐张段紧线时，应按各耐张段代表档距分别计算观测档弛度。

2. 确定观测档弛度观测的方法

现场核对弛度观测档位置，复测观测档档距，设立观测标志。弛度观测和检查一般使用等长法、异长法和角度法，也可使用平视法，详细操作方法见第一篇第三章输电线路工程施工测量第七节架线施工测量。

3. 弛度观测的仪器、工器具准备

观测弛度可使用望远镜、塔上弛度观测仪或经纬仪，结合弛度板进行观测。

望远镜和塔上弛度观测仪用于在塔上结合弛度板来确定一相分裂导线的第一根子导线的弛度。经纬仪用于在塔下进行导线的不同相间、同相导线的子导线间的操平或用于角度法观测。

弛度板绑在观测档两端的塔身上，用以标识视点和测站。弛度板用无结疤、无弯曲及扭曲变形的木板制成，规格为150mm×15mm×2000mm，通体用油漆整齐地涂刷成红白相间的颜色。弛度板也可用宽15mm的红色胶带横粘在塔材上代替。

弛度板绑扎在塔材上（如果使用红色胶带，则采用粘贴方式），其位置用钢尺度量确定。度量时自导线悬挂点向下量，注意量取的距离应为垂直距离。

三、锚固端塔的准备

紧线段在紧线之前首先需要确定一端杆塔作为锚固端，并把导线在塔上固定，另一端则为紧线操作端。

锚固端的塔如果是直线塔，本紧线段紧线前，需要将本段端部直线塔与上段端部塔之间的导线压接连通，两塔的锚线松锚，使导线升空；如果是耐张塔就需要在该塔上完成挂线操作。

（一）锚固端是直线塔的直线松锚升空作业

1. 直线松锚升空作业对上一紧线段的要求

为使本施工段紧线操作不影响上一紧线段的弛度调整质量，包括弛度绝对值，子导线弛度差等，只有上一紧线段具备如下条件时，方可进行直线塔过轮临锚的松锚升空作业：

(1) 已装好过轮临锚和反向临锚；

(2) 除锚线塔外，其他杆塔上已装完线夹，距锚线塔最近的二基塔之间已安装完间隔棒。

2. 直线松锚升空操作方法及注意事项

(1) 松锚施工步骤。

1) 两紧线段之间导线压接;

2) 本紧线段锚线及上一紧线段导线自身临锚松锚;

3) 本紧线段紧线;

4) 本紧线段紧线时,靠近上一紧线段的弛度观测档的弛度接近并稍大于标准值时,松上一紧线段的过轮临锚;

5) 相邻两紧线段附件及间隔棒全部安装完毕后拆除反向临锚。

(2) 直线松锚的两种方式。

1) 方式一:同时松锚法。本方式适用于本紧线段紧线前的锚线张力与上一紧线段的紧线张力差距不大时,如图 25-2-1 所示。

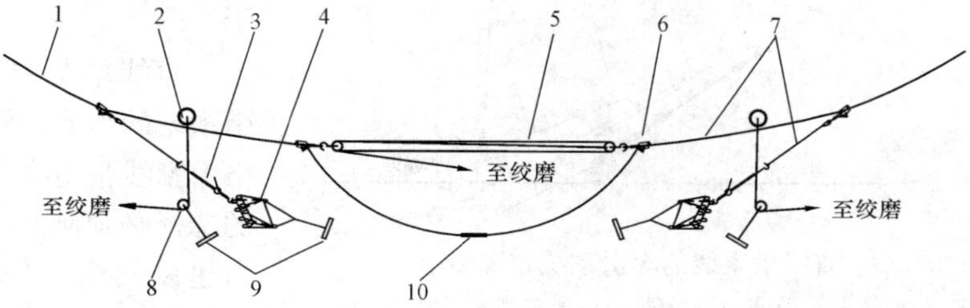

图 25-2-1 同时松锚示意图

1—导线;2—压线滑车;3—手扳葫芦;4—锚线架;5—滑轮组;6—卡线器;7—锚线钢绳;8—滑车;9—地锚;10—直线管

在上一紧线段的导线自身临锚前方及本紧线段放线临锚后方分别安装卡线器,接入牵引滑车组或其他牵引工具,拉紧滑车组或其他牵引工具,至上述两临锚受力方向均已转为顺导线方向或偏于向上时,用压线滑车压住导线,同时拆除两临锚,再缓松压线滑车使导线升空。

2) 方式二:分别松锚法。本方式适用于当上述两临锚相距较远或余线较多时。

可先松两个临锚中的一个,后松另一个,作业方法与同时松锚法相似。如图 25-2-2 所示。

(3) 直线松锚操作注意事项。

1) 同相(极)子导线应对称松锚,使放线滑车保持平衡;

2) 松锚时注意避免子导线相互驮线而造成绞劲;

3) 余线较多时,每一子导线不宜一次松完,应分几次交替放松各子导线。导线可能落地时,应配合本紧线段收紧余线,以保证导线架空。

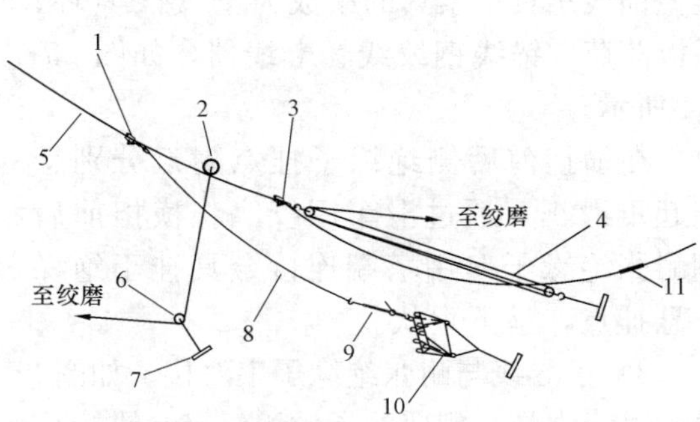

图 25-2-2 分别松锚示意图

1、3—卡线器;2—压线滑车;4—滑轮组;5—导线;6—滑车;7—地锚;8—锚线钢绳;9—手扳葫芦;10—锚线架;11—直线管

(二) 锚固端是耐张塔的挂线

施工操作方法参见第二十六章附件安装

第二节耐张塔挂线。

四、紧线牵引系统布置

直线塔紧线或耐张塔紧线一般采用一套紧线装置（含一套动力装置）的布置方式，也可以采取一根子导线用一套紧线装置（含一套动力装置）的布置方式，即每相导线同时布置与子导线数目相等套数的紧线装置。地线的紧线每根地线布置一套紧线装置。

（一）直线塔紧线的牵引系统布置

直线塔紧线的牵引系统布置见图 25-2-3。

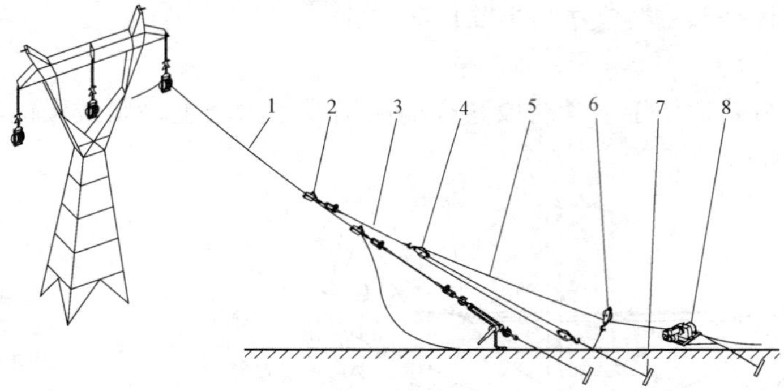

图 25-2-3 直线塔紧线的牵引系统布置图

1—导线；2—卡线器；3—总牵引钢丝绳；4—起重滑车；5—磨绳；6—压线滑车；7—地锚；8—机动绞磨

牵引系统沿线路方向布置，其布置方向与线路方向的夹角应不大于 5°，滑车组地锚与塔上放线滑车连线仰角不大于 25°。

直线塔导线、地线紧线牵引系统的组成相同，其机具的规格由紧线张力决定，其安全系数的选择必须满足 DL 5009.2《电力建设安全工作规程 第 2 部分：架空电力线路部分》的规定，工器具安全系数要求如下：

钢丝绳使用安全系数应为 4.5；滑轮组使用安全系数应不小于 3；磨绳使用安全系数为 4.5。

（二）耐张塔紧线的牵引系统布置

1. 耐张绝缘子串与导线锚接

（1）放线段中间耐张塔耐张绝缘子串与导线的锚接。

放线段中间耐张塔做紧线塔时，耐张绝缘子串与导线的锚接操作步骤如下：

1）悬挂绝缘子串。在横担前后侧地面分别组装耐张绝缘子串，绝缘子串的导线端连上锚线索具。索具的组成为 U 型工具环、手扳葫芦、锚线钢绞线、卡线器，如图 25-2-4 所示。

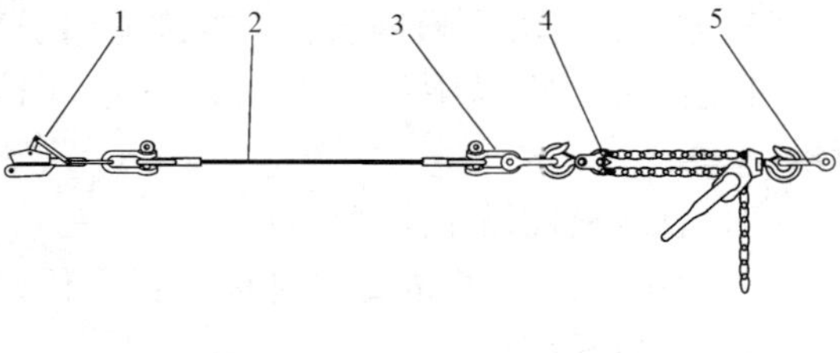

图 25-2-4 锚线索具的组成图

1—卡线器；2—锚线绳；3、5—U 型工具环；4—手扳葫芦

在横担前后侧绝缘子挂点附近分别悬挂起重滑车，通过滑车用绞磨将横担前后侧耐张绝缘子串用塔端连接金具挂于绝缘子悬挂点，呈下垂状。

2）子导线与耐张绝缘子串对接。如图 25-2-5 所示，借助于滑轮组和绞磨，将绝缘子串通过锚线索具与相应的子导线对接（锚接）。

锚接后将锚线索具对称收紧，使横担两侧导线调平。然后把每根子导线在靠近放线滑车位置处割断。

（2）端部耐张塔耐张绝缘子串与导线的锚接。耐张塔位于放线段端部做紧线塔，当导线锚在地面，且导线横担对侧已完成导线挂线（或尚未进行导线挂线但已打好平衡拉线）时，耐张绝缘子串与导线的锚接操作有两种方式。

1）第一种方式。此方式的锚接操作如图 25-2-6 所示。

a）悬挂绝缘子串。在地面组装耐张绝缘子串，绝缘子串的导线端连上锚线索具。

在横担绝缘子挂点附近悬挂起重滑车，通过滑车用绞磨将耐张绝缘子串用塔端连接金具挂于横担的绝缘子悬挂点，悬挂好的绝缘子串呈下垂状。

b）锚接。借助于图 25-2-6 中所示滑轮组和绞磨，将绝缘子串通过锚线索具与相应的子导线对接（锚接）。滑轮组的组成依导线的锚线张力确定。

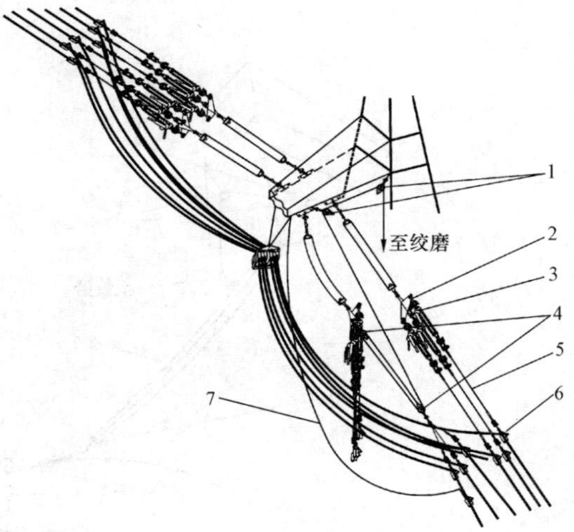

图 25-2-5　子导线与耐张绝缘子串对接(锚接)示意图
1—起重滑车；2—特制环；3—手扳葫芦；4—滑车组；5—锚线绳；6—卡线器；7—二道防线（6 根）

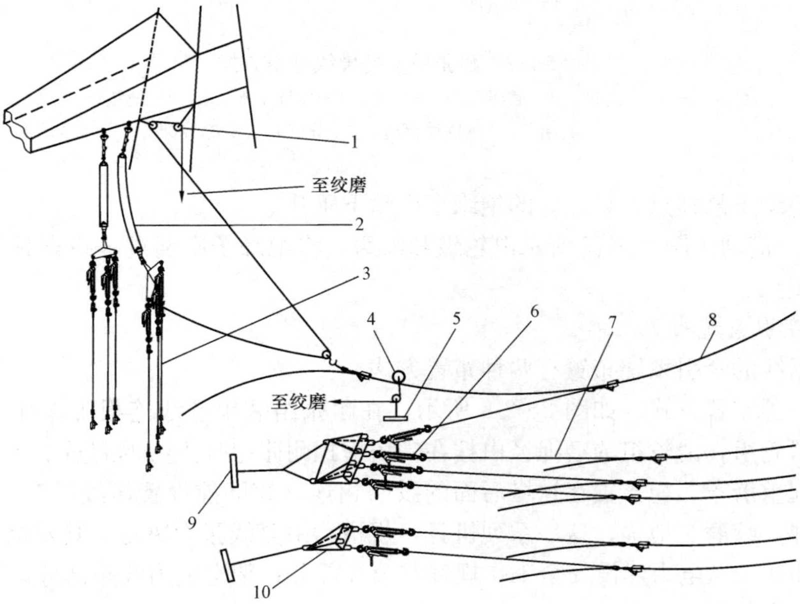

图 25-2-6　耐张塔前的导线升空方式一
1—起重滑车；2—耐张绝缘子串；3—锚线索具；4—压线滑车；5、9—地锚；6—手扳葫芦；7—锚线钢绳；8—导线；10—锚线架

2）第二种方式。此方式的锚接操作如图 25-2-7 所示。

a）锚线。利用图 25-2-7 中滑轮组将子导线逐根锚在导线横担的挂线工作孔上。

b）悬挂绝缘子串。在地面组装耐张绝缘子串，绝缘子串的导线端连上锚线索具。

在横担绝缘子挂点附近悬挂起重滑车，通过滑车用绞磨将耐张绝缘子串用塔端连接金具

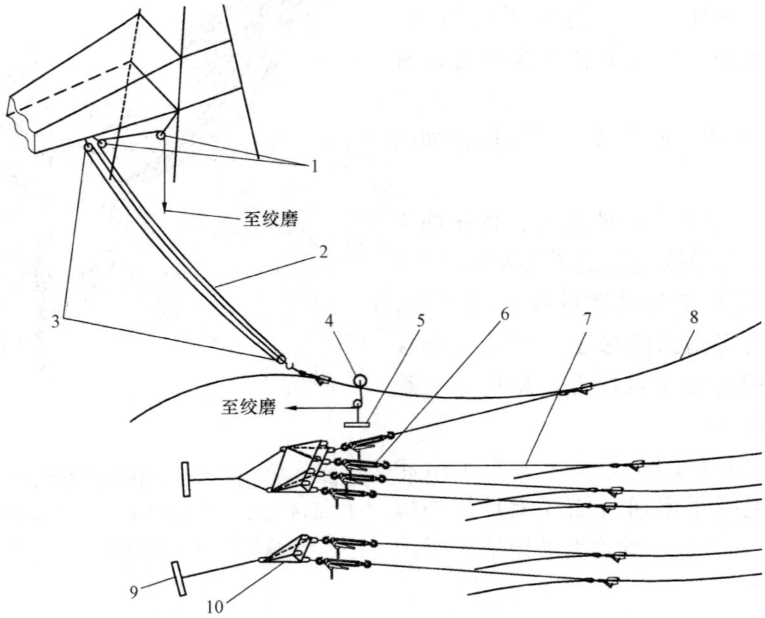

图 25-2-7 耐张塔前的导线升空方式二

1—起重滑车；2—磨绳；3—滑车组；4—压线滑车；5、9—地锚；6—手扳葫芦；7—锚线钢绳；8—导线；10—锚线架

挂于横担的绝缘子悬挂点，悬挂好的绝缘子串呈下垂状。

c）锚接。借助于图 25-2-7 所示滑轮组和绞磨，将绝缘子串通过锚线索具与相应的子导线对接（锚接）。

2. 紧线牵引系统布置

耐张塔紧线的牵引系统布置有两种布置方式。

(1) 第一种布置方式。如图 25-2-8 所示，在耐张组装串挂线连板工作孔和对应的子导线之间布置滑轮组，滑轮组的磨绳经由挂在铁塔横担耐张串挂点旁的起重滑车，再穿过横担对侧的另一起重滑车，与布置在铁塔后面的绞磨相连（绞磨前设置压线滑车）。滑车组、起重滑车、磨绳，绞磨、地锚，这一系列机具，规格均由紧线张力决定，其安全系数的选择必须满足 DL 5009.2《电力建设安全工作规程　第 2 部分：架空电力线路部分》的规定，工器具安全系数要求如下：

钢丝绳使用安全系数应为 4.5；滑轮组使用安全系数应不小于 3；磨绳使用安全系数为 4.5。

(2) 第二种布置方式。牵引系统在横担上的布置与第一种相同，不同的是其绞磨布置在塔下，用塔脚锚固，磨绳沿塔身布置，如图 25-2-9 所示。

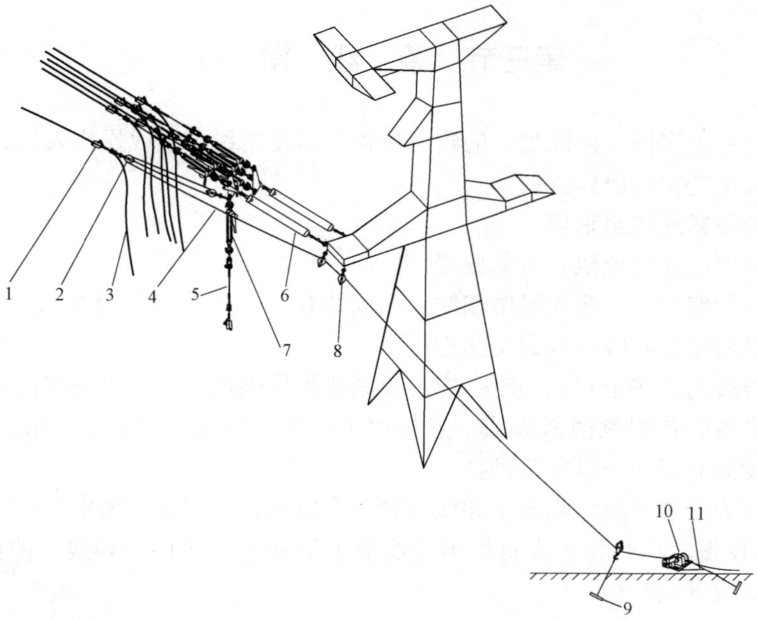

图 25-2-8 耐张塔紧线牵引系统第一种布置方式示意图

1—卡线器；2、8—起重滑车；3—导线；4—磨绳；5—锚线绳；6—耐张绝缘子串；7—手扳葫芦；9—地锚；10—机动绞磨；11—钢丝绳套

注：未在图中完整画出牵引系统，未画对侧的耐张串或临时拉线布置。

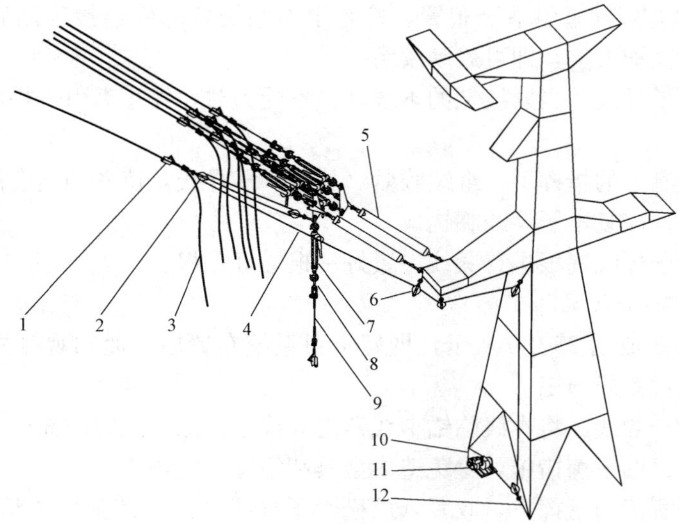

图 25-2-9 耐张塔紧线牵引系统第二种布置方式示意图

1—卡线器；2、6—起重滑车；3—导线；4—磨绳；5—耐张绝缘子串；7—手扳葫芦；8—U 型环；9—锚线绳；10—塔脚；11—机动绞磨；12—钢丝绳套

注：未在图中完整画出牵引系统，未画对侧的耐张串或临时拉线布置。

第三节 紧 线 操 作

紧线操作是一个多岗位协同配合的施工过程，需要紧线端紧线操作人员、观测档弛度观测人员和护线人员的密切协作。

一、导、地线紧线注意事项

（1）紧线顺序应先紧地线，后紧导线。

（2）若为单回路导线，应先紧中相线，后紧边相线；若为双回路导线，应先紧上相线，再紧中相线，最后紧下相线，双回交错进行。

（3）当紧线段内有多个观测档时，应由离紧线操作端最远的一个观测档开始观测，逐次向紧线操作端推进。各观测档紧线的一般规律是：第一档弛度为紧好，第二档弛度则为松好，第三档弛度为紧好……以此类推。

（4）导线若为分裂导线，则各子导线收紧次序应综合考虑如下因素：

1）应对称收紧，尽可能先收紧位于放线滑车最外边的两根子导线，使滑车保持平衡，避免滑车倾斜导致导线滚槽；

2）宜先收紧弧垂较小的子导线；

3）宜先收紧在线档中间搭在其他子导线之上的子导线；

4）考虑风向的作用，尽量避免在紧线过程中子导线因风吹造成相互驮线而绞劲；

5）同相各子导线应保持相同的紧线过程，且收紧速度不宜过快。

二、紧线端的操作

1. 直线塔紧线的紧线端施工操作

（1）按图 25-2-3 做好牵引系统布置，检查牵引系统各部件连接牢固后，通知观测档观测人员及紧线段内监护人员，即可启动绞磨。

（2）缓慢收紧子导线，当紧线端的本线临锚不受力时，停止牵引，将本线临锚由导线上拆除。

（3）在观测档测工的指挥下，继续收紧（放松）子导线，待各档弛度调整符合设计要求后，停止绞磨运转。恢复本子导线临锚。

（4）每相导线子导线逐根进行紧线，紧好一根锚好一根。

2. 耐张塔紧线的紧线端施工操作

（1）如图 25-2-8 或图 25-2-9 所示，做好牵引系统布置后，通知观测档观测人员及紧线段内监护人员，进行紧线施工。

（2）缓慢收紧子导线，将本线临锚卡线器由导线上拆除。此时应充分考虑耐张组装串的结构特点，采取可靠的平衡措施，避免造成金具和绝缘子的损伤。

（3）在观测档测工的指挥下，收紧（放松）子导线，待各档弛度调整符合设计要求后，停磨。恢复本子导线临锚。

（4）每相导线子导线逐根进行紧线，紧好一根锚好一根。

三、观测档弛度观测

1. 弛度观测注意事项

观测档做好相应准备，弛度观测人员接到操作端紧线指令后，开始进行弛度观测。弛度观测方法根据不同情况有等长法、异长法、角度法及平视法等几种。应注意以下几点：

（1）弛度观测气温的确定。以各观测档和紧线场气温的平均值作为观测气温。

（2）同一观测档同相子导线应同为收紧或同为放松调整，即同相导线每根子导线在各观测档应有相同的紧线经历，否则可能造成非观测档子导线弛度不平或紊乱。

（3）注意用经纬仪多检查一些非观测档的弛度的情况。

（4）各观测档弛度不能统一，调整发生困难时，应检查各档的档距值、高差值及弛度计算值的正确性；发生紊乱时，应放松导线，暂停一段时间后重新调整。

（5）对于连续上下山的放线段，为能直接使用设计给定的观测弛度、竣工弛度和移印距离等数据，应尽可能以耐张段为单位进行紧线操作，否则需要重新对紧线段的观测弛度和移印距离进行计算后方可进行施工作业。

（6）耐张转角塔邻档各相导线的档距不同，相间存在弛度差，弛度观测时应予注意。否则将造成其他直线塔间相间弛度不平。

2. 弛度观测操作

（1）档内第一相（极）导线第一根子导线弛度的观测。

1）异长法、等长法。测工登塔，用塔上弛度观测仪、望远镜观测，利用弛度板上缘确定相（极）导线第一根子导线的弛度。

2）角度法、平视法。测工在预定的测站用经纬仪控制观测角度，确定相（极）导线第一根子导线的弛度。

（2）相（极）导线第一根子导线以外各子导线弛度的观测。测工在观测的相（极）导线下方用经纬仪将各子导线的弛度与第一根子导线操平，此时应注意经纬仪视线与架空线的切点不应距离两悬挂点太近，应在1/4～3/4线档以内，否则容易造成观测误差。

（3）第一相（极）导线以外各相（极）导线弛度的观测。

1）后观测相（极）第一根导线。后观测相（极）导线与第一相（极）导线水平排列时，则按照已观测完毕的第一相（极）的弛度操平，方法是将测站设置在两相（极）导线下方的正中间位置，用经纬仪将后观测相（极）的第一根子导线与第一相（极）导线操平。

非水平排列时，各相（极）导线各自按前述第一（极）导线观测的方法观测。

2）后观测相（极）第一根子导线以外各子导线。采用与观测第一相（极）导线第一根子导线以外各子导线弛度的观测方法进行观测。

四、地线紧线

地线紧线的施工操作方法基本与导线紧线相同，可以参照导线的工艺执行。

五、导、地线护线

在紧线过程中，应做好以下导、地线护线措施。

（1）在紧线施工前对可能发生导（地）线上扬的耐张塔进行验算，如存在紧线上扬的塔位，应设置护线人员，并携带通信器材及必要的压线工具进行监护。上扬验算方法及消除上扬措施参见第二十四章张力放线　第三节施工准备十、张力展放导线的布线及主要施工计算5. 应校核牵放过程中滑车轮槽内的线绳是否上扬。

（2）在重要跨越处、耐张塔、大档距处设置护线人员，携带通信器材及必要的护线工具进行监护。

第四节 画　　印

各档弛度调整完毕后，恢复紧线操作端的本线临锚，拆除牵引系统的工具。用本线临锚的手扳葫芦细调子导线弛度，使之符合设计及规范要求后，在紧线段内各直线塔、耐张塔上同时画印。印记应准确、清晰。画印包括直线塔画印和耐张塔画印。

一、直线塔及无转角的耐张塔画印操作方法

（1）直线塔以及采用后联耐张绝缘子串挂线施工工艺的无转角耐张塔可用下述方法画印：用垂球将横担挂孔中心投影到任一子导线上，将直角三角板的一个直角边贴紧导线，另一直角边对准投影点，在子导线上画印，使诸印记点连成的直线垂直于导线，如图 25-4-1（a）所示。如果由于绝缘子或挂具妨碍垂球垂下，则可从横担挂孔中心沿顺线路方向平移距离 k，将垂球从该点垂下，在导线上画上临时印记，然后将临时印记移回距离 k 即为画印点，如图 25-4-1（b）所示。

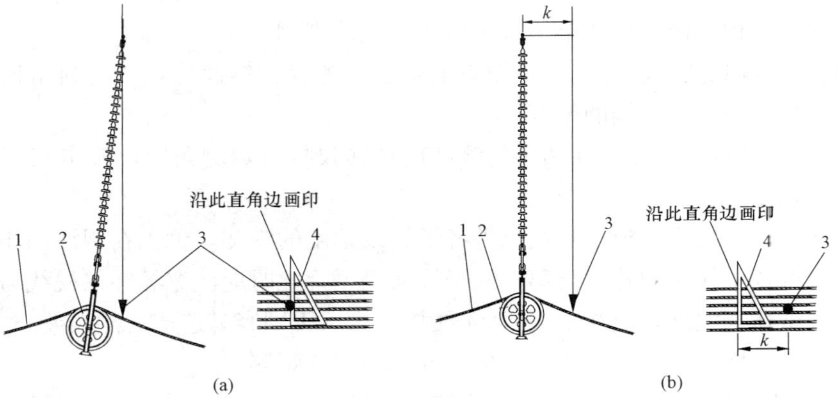

图 25-4-1　直线塔画印示意图

（a）正常画印；（b）返尺画印

1—导线；2—导线放线滑车；3—垂球；4—三角板

采用先联耐张绝缘子串挂线施工工艺的无转角耐张塔的画印参见本节中“二、耐张塔画印操作方法 2. 采用先联耐张串挂线施工工艺挂线耐张塔的画印操作方法”。

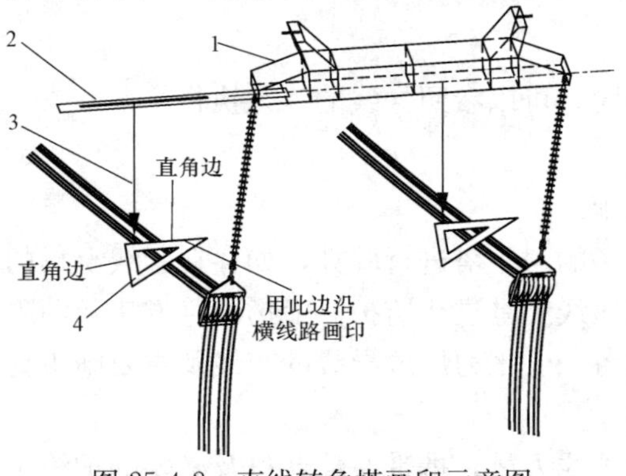

图 25-4-2　直线转角塔画印示意图

1—横担；2—画印尺；3—垂球；4—三角板

（2）直线转角塔：对于线路的平地段，取放线滑车滑轮顶点为画印点，用直角三角板在各子导线上画印。对于连续上下山施工段，用挂点延伸法画印。内角侧相（极）在横担上将画印尺对准横担挂孔中心连线，用垂球将延伸线准确地投影到子导线上，以三角板一边对准垂球沿横线路方向在各子导线上画印。外角侧相（极）、中相则在横担中心线上用垂球准确地垂到子导线上，以三角板一边对准垂球沿横线路方向在各子导线上画印。如图 25-4-2

所示。

(3) 对于线路的平地段，按以上方法画出的印记即为直线线夹安装印记。对于连续上下山施工段，尚应根据以上画出的印记，按设计给出的线夹安装调整距离移印，定出线夹安装印记。

二、耐张塔画印操作方法

耐张塔挂线采用后联耐张串挂线施工工艺还是采用先联耐张串挂线施工工艺，其画印方法并不相同，下面分别叙述。

1. 采用后联耐张串挂线施工工艺挂线耐张塔的画印操作方法

耐张转角塔的画印方法必须与割线尺寸计算方法相配合使用，常用方法有：

(1) 三角板垂球法。如图 25-4-3 所示，以具有一个长直角边的直角三角板和垂球作画印工具，将短直角边贴紧导线，长直角边对准横担挂孔中心或由挂孔中心垂下的垂球线，顺长直角边在各子导线上画印。

(2) 横担中心线延伸法。如图 25-4-4 所示，工具和方法同上，但长直角边不是对准挂孔中心，而是对准横担挂孔断面处的横担中心。杆塔挂双放线滑车时，用此法画印比较方便。

(3) 挂点延伸法。如图 25-4-5 所示，用画印尺对准横担挂孔中心，将挂孔中心连线准确地延伸到子导线上，以一直角边紧贴导线，沿另一直角边画印。

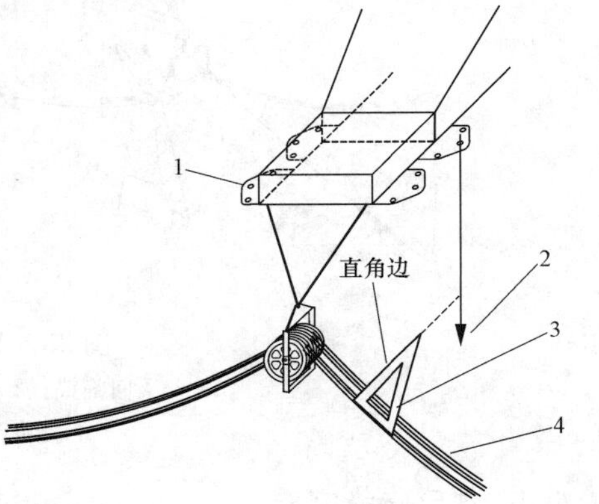

图 25-4-3　三角板垂球法画印示意图
1—横担挂线板；2—垂球；3—三角板；4—导线

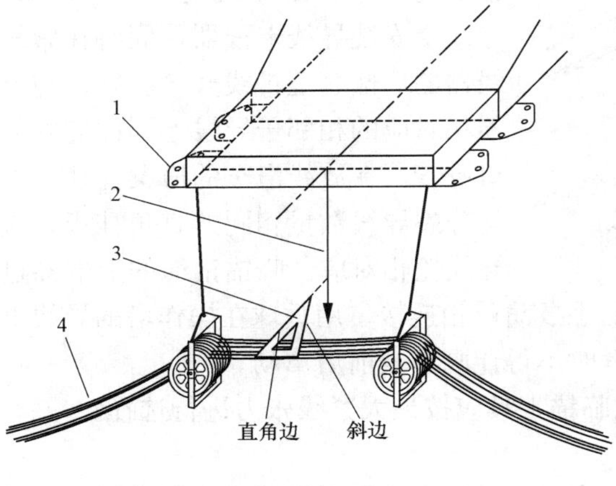

图 25-4-4　横担中心线延伸法画印示意图
1—横担挂线板；2—垂球；3—三角板；4—导线

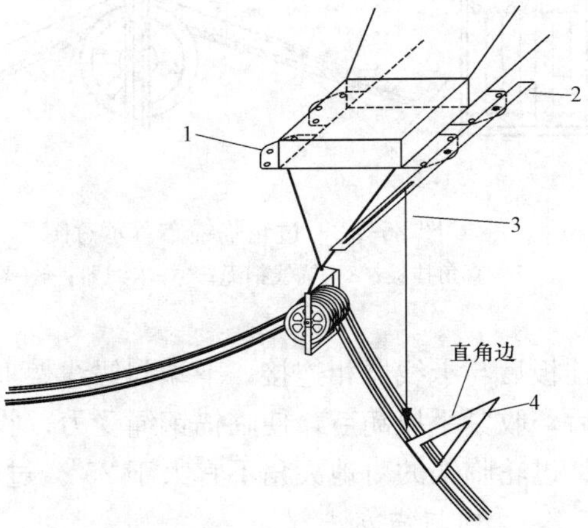

图 25-4-5　挂点延伸法画印示意图
1—横担挂线板；2—画印尺；3—垂球；4—三角板

2. 采用先联耐张串挂线施工工艺挂线耐张塔的画印操作方法

采用先联耐张串挂线施工工艺挂线的耐张塔，耐张组装串是通过手扳葫芦、锚线绳、卡线器等锚线工具直接与导线对接（锚接）的，画印时将导线线尾与耐张金具串拉直，直接比量画印即可，但在断线时要考虑预留导线钢芯插入钢锚中的长度。

第五节 紧线端锚线

一、直线塔紧线紧线端的锚线

对于直线塔紧线，完成画印作业后，应及时进行紧线端操作塔过轮临锚及相邻直线塔的反向临锚作业，锚线的布置如图 25-5-1 所示。

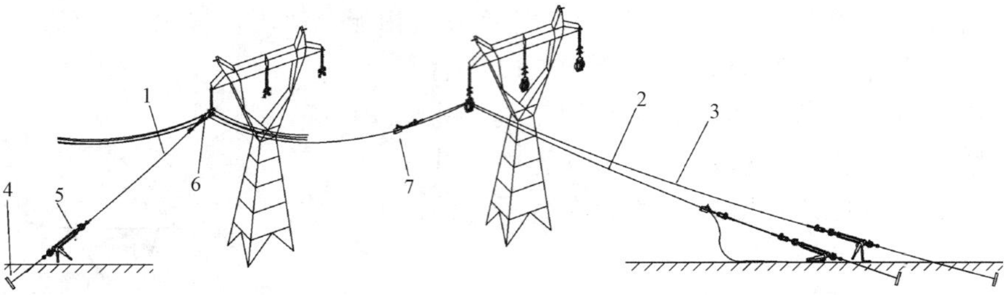

图 25-5-1 紧线端临锚布置示意图

1—反向临锚；2—本线临锚；3—过轮临锚；4—地锚；5—手扳葫芦；6—导线反锚器；7—卡线器

1. 过轮临锚方法

紧线段完成紧线后，紧线操作塔不得进行附件安装，相邻档不得安装间隔棒，以便在塔上进行过轮临锚。过轮临锚布置如图 25-5-2 所示。

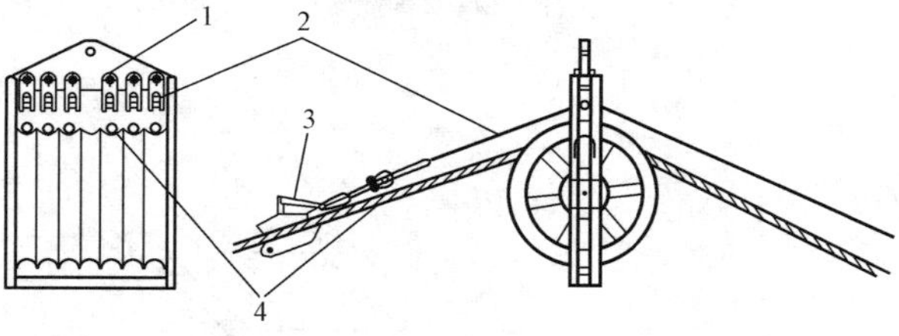

图 25-5-2 过轮临锚布置示意图

1—直角挂板；2—锚线钢绳；3—卡线器；4—导线

如图 25-5-2，过轮临锚由导线卡线器、钢丝绳、直角挂板、手扳葫芦及地锚等构成。在距放线滑车 1～1.5m 的导线上安装导线卡线器，同时在紧靠卡线器的后侧套上护线开口胶管，与卡线器相对应的相邻子导线上同样应安装开口胶管。在放线滑车的横梁挂孔上安装与分裂导线数量相同的直角挂板，应与导线轮相对应。临锚钢绳的上端穿过直角挂板后与卡线器相连接，下端与锚线架上的手扳葫芦相连接。用垂球在操作塔的导线上画印后，收紧手扳葫芦，使临锚钢绳受力，收紧时不得让画印点前后窜动。

过轮临锚的对地夹角不宜大于 25°。过轮临锚工具应按最大紧线张力进行选择。

2. 反向临锚方法

在紧线操作塔相邻的前一基直线塔安装完直线悬垂线夹后，对导线进行反向临锚，反向临锚见图 25-5-3。调整反向临锚钢丝绳张力，使直线悬垂串始终处于竖直状态。导线反向锚固器应尽量靠近直线线夹，两者之间相距 100mm 为宜。反向临锚对地夹角应小于 45°。

3. 锚线作业应注意的事项

（1）导线本线临锚和过轮临锚的临锚工器具按承受全部紧线张力选择，反向临锚按承受

1/4 紧线张力选择。

（2）锚线时不应使紧线操作塔上的印记位置移动过多。

（3）锚线方向应基本与线路方向一致。

（4）锚线布置应便于松锚作业，且应符合杆塔设计条件。

二、耐张塔紧线时紧线端的锚线

耐张塔紧线时紧线操作塔的锚线是各子导线在各档弛度调整符合设计要求后，恢复原本线临锚，同时完成画印。

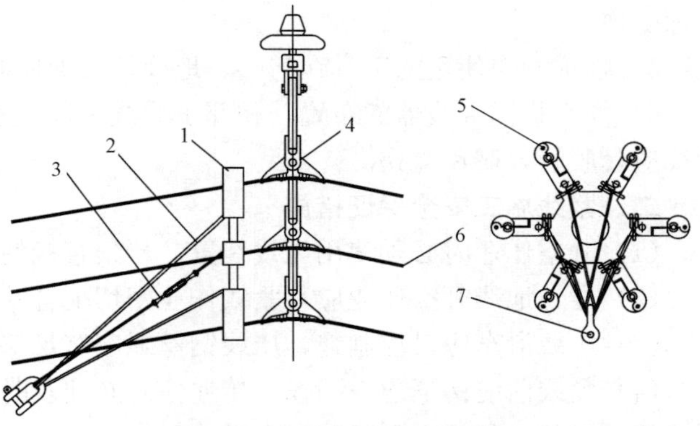

图 25-5-3　反向临锚布置示意图

1—六分裂导线反向锚固器；2—钢丝绳套；3—长度调整装置；4—直线线夹；5—橡胶垫；6—导线；7—U 型工具环

三、地线锚线

地线锚线的施工操作方法基本与导线锚线相同，可以参照导线工艺执行。

第六节　紧线安全、质量保证措施

一、紧线施工质量保证措施

紧线过程中的护线重点区在紧线场和锚线场。而在松锚、紧挂线及锚线等项作业中最易损伤导线，作业时应特别注意：

（1）卡线器应在导、地线上错开安装，并与滑车保持足够距离（1～1.5m 以上），避免卡线器顶滑车。

（2）避免将锚绳、紧线钢绳及其他工具搭在导、地线上拖动，必须接触导、地线时，接触部分应套胶管。

（3）妥善保管紧线余线。

（4）在子导线相互绞劲的情况下不得收紧导线，亦不得在导线跳槽情况下继续收紧导线。

（5）临锚、松锚、收紧等作业均不应动作过猛和速度过快，不应使张力发生急剧变化。

（6）限制导、地线在各种紧线滑车上的包络角，以防止导、地线内伤。

（7）临锚操作保护导、地线措施。

1）导、地线临锚绳宜选用旋转力小的锚绳，所有的导、地线临锚钢绳可能与导、地线接触的部位都应套上胶管，防止磨损导、地线。有条件的地方，可选用包胶处理的钢丝绳作临锚绳。

2）卡线器安装前应核对型号、检查强度，槽口槽体是否圆滑，必要时应进行磨光处理。

3）卡线器安装、拆除时不得使卡线器在导、地线上滑动、滚动，安装时应事先测量好位置，一次安装成功。安装完后应在卡线器后部的导、地线上安装护线胶管。

4）高空临锚时，卡线器以外的尾线应用软绳吊好，以免尾线下落时在卡线器处产生硬弯、松股现象。锚好的子导线的尾线应分开，不能紧挨，以免刮风时造成摇摆，使导线相互摩擦受损。

5）临锚操作使用的工具在与导、地线接触处应有隔离物。

6）高空临锚卡线器的布置，相邻子导线之间应相互错开，与临锚索具、卡线器靠近的导线应套胶管，避免磨伤。

二、紧线施工安全保证措施

(1) 升空作业时必须使用压线装置，严禁直接使用人力压线。

(2) 导、地线升空作业应与紧线作业密切配合并逐根进行。

(3) 压线滑车应设控制绳，压线钢丝绳应有足够长度，钢丝绳回松应缓慢。

(4) 紧线前应保证通信顺畅，传递信号必须及时、清晰；导地线跳槽应处理完毕、导线不得相互扭绞，各处交叉跨越安全措施可靠。

(5) 升空及紧线过程中，不得站在悬空导、地线的下方。

(6) 紧线用卡线器的规格必须与线材规格匹配，并应设置备用保护，防止跑线。

(7) 高空安装导、地线耐张线夹时，必须采取防止跑线的安全措施。

(8) 挂线时，当连接金具靠近挂线点时应停止牵引，然后作业人员方可从安全位置到挂线点操作。挂线后应缓慢回松牵引绳、监测平衡拉线，同时应观察耐张金具串和杆塔的受力变形情况。

(9) 紧线过程中预防电害的主要措施如下：

1）跨越电力线路时，两侧放线滑车均应接地；

2）耐张塔挂线前，用导体将耐张绝缘子串短接；

3）耐张段距离较长时，选适当的中间直线塔接地；

4）按静电感应情况，慎重使用有线通信工具；

5）雷电时停止紧线作业；

6）防止雷管电场自爆；

7）在静电感应特别严重的地区紧、挂线时，在操作点附近的导、地线上装接地线，接地线要能随导线地线运动而伸展。

第七节 紧线施工典型设备及工器具

以六分裂导线为例，典型直线塔紧线施工主要设备及工器具见表25-7-1。

表 25-7-1 紧线主要设备及工器具（按直线塔紧线方式，三相六分裂导线）

序号	机具名称	机具形式、规格	单位	数量	备注
1	紧线牵引机	按照导线紧线张力选择	台	2(6)	一般使用机动绞磨2台，若各子导线同步紧线时，采用6台（括号内数量，下同）
2	紧线牵引钢丝绳	按照导线紧线张力选择	条	2(6)	长度按照紧线场地条件及余线长度选择，一般为150m左右
3	磨绳	ϕ13mm	根	2(6)	长度按照紧线场地布置选择，一般为100～200m
4	钢丝绳套	按荷载选择	条	若干	与张力放线周转使用
5	临锚钢绳	按临锚荷载选定规格，长度按工艺确定	条	36	过轮临锚（挂胶钢绞线）

续表

序号	机具名称	机具形式、规格	单位	数量	备注
6	临锚钢绳	按临锚荷载选定规格，长度按工艺确定	条	18	反向临锚(挂胶钢绞线)
7		按临锚荷载选定规格，长度一般为5～20m	条	36	本线临锚(挂胶)
8	温度计	按施工期间的气温选择	支	10	
9	弛度板	150mm×15mm×2000mm	套	20	木质
10	塔上弛度观测仪		台	5	
11	经纬仪		台	5	
12	望远镜		台	5	带十字线
13	导线卡线器	按导线规格选用	个	24	与张力放线周转使用
14	地线卡线器	按地线规格选用	个	4	与张力放线周转使用
15	手扳葫芦	按导线紧线张力选用	个	若干	
16		按地线紧线张力选用	个	若干	
17	护线胶管	按导(地)线外径选用	个	20	与张力放线周转使用
18	各种起重滑车	按荷载选用	个	若干	
19	地锚	按荷载选用	个	20	与张力放线周转使用
20	画印三角板及垂球		副	20	
21	断线钳	按导(地)线规格选用	把	2	
22	液压机	一般为2000kN	套	2	
23	其他配套液压工具		套	2	包括锯、砂纸等
24	画印笔		个	若干	

以六分裂导线为例，典型耐张塔紧线主要设备及工器具见表25-7-2。

表25-7-2　　紧线主要设备及工器具（按耐张塔紧线方式，三相六分裂导线）

序号	机具名称	机具形式、规格	单位	数量	备注
1	紧线牵引机	按照导线紧线张力选择	台	2(6)	一般使用机动绞磨2台，若各子导线同步紧线时，采用6台(括号内数量，下同)
2	紧线牵引钢丝绳	按照导线紧线张力选择	条	2(6)	长度按照紧线场地条件及余线长度选择，一般为150m左右
3	磨绳	ϕ13mm	根	2(6)	长度按照紧线场地布置选择，一般为100～200m
4	钢丝绳套	按荷载选择	条	若干	与张力放线周转使用
5	高空压接操作平台		套	2	宜采用铝合金等轻质材料制作
6	临锚钢绳	按临锚荷载选定规格，长度按耐张串长度确定	条	36	塔上临锚钢绳(挂胶钢绞线)
7		按临锚荷载选定规格，长度一般为5～20m	条	36	本线临锚(挂胶)
8	温度计	按施工期间的气温选择	支	10	
9	弛度板	150mm×15mm×2000mm	套	20	木质

续表

序号	机具名称	机具形式、规格	单位	数量	备　注
10	塔上弛度观测仪		台	5	
11	经纬仪		台	5	
12	望远镜		台	5	带十字线
13	导线卡线器	按导线规格选用	个	24	与张力放线周转使用
14	地线卡线器	按地线规格选用	个	4	与张力放线周转使用
15	手扳葫芦	按导线紧线张力选用	个	若干	
16		按地线紧线张力选用	个	若干	
17	护线胶管	按导(地)线外径选用	个	20	与张力放线周转使用
18	各种起重滑车	按荷载选用	个	若干	
19	地锚	按荷载选用	个	20	与张力放线周转使用
20	画印三角板及垂球		副	20	
21	断线钳	按导(地)线规格选用	把	2	
22	液压机	一般为 2000kN	套	2	
23	其他配套液压工具		套	2	包括锯、砂纸等
24	画印笔		个	若干	

第二十六章 附件安装

附件安装系指架空导线、地线金具串安装、导线间隔棒、相间间隔棒安装、导线防振锤安装、跳线绝缘子串及跳线安装等。

第一节 一般要求

（1）紧线完毕后，一般情况下应在5天内进行耐张塔平衡挂线和直线线夹、防振金具及间隔棒安装，避免导线因在滑车中受振和在档距中相互鞭击而损伤。为此，应按放线和紧线施工速度确定附件安装工序的施工组织，保证及时完成附件安装工作。

（2）安装附件及间隔棒时，应对导线做全面检查，将导线上的所有遗留问题处理完毕，重点是：

1）修复导线上未处理的局部轻微损伤，并特别注意线夹两侧及锚线点；

2）安装补修管；

3）拆除直线压接管保护套；

4）拆除导线上的各种标志物、保护物及其他异物（保护性接地除外）。

（3）附件安装过程中采取如下措施预防电害：

1）保留紧线过程设置的接地，即保留耐张绝缘子串的短接接地、被跨越电力线路两侧杆塔上的滑车接地、耐张段较长时在选定的中间直线塔上所作的接地。

2）附件安装中的所有作业，均必须在两端设有临时接地的封闭区间内进行。

3）每一个附件安装工作点，均应在正式作业开始前首先设置好工作接地。工作接地可使用截面积不小于$16mm^2$的编织铜线作接地引线，工作完毕后拆除。

4）飞车越过电力线路，视为从带电体上飞越，必须保证对带电体的安全距离，飞越时应有专人监护。

5）附件（包括跳线）全部安装完毕后，按工程技术文件的规定，保留部分临时接地作半永久性接地，拆除其余临时接地。半永久性接地应做好记录，定期检查，保留至竣工验收后启动运行前拆除。

（4）附件安装过程中，不得出现有潜在危险的交叉作业，主要应注意：

1）正在进行平衡挂线作业的导线，不得同时在该相（极）其他部分进行其他作业；

2）相邻杆塔避免同时在同一相位吊装直线附件；

3）同塔避免同时在同一垂面上进行双层或多层作业。

第二节 耐张塔附件安装

导、地线紧线后在耐张塔上进行割线、安装耐张线夹、连接耐张绝缘子金具串和防振锤安装等作业，称为耐张塔附件安装。本节仅对耐张塔附件安装中的挂线工序进行介绍，附件安装的其他部分将在后面的各节详细说明。耐张塔挂线分为先联绝缘子串的耐张塔挂线和后联绝缘子串的耐张塔挂线两种。先联绝缘子串的耐张塔挂线是耐张塔紧线的配套工艺，而后联绝缘子串的耐张塔挂线是直线塔紧线的配套工艺。

一、先联绝缘子串的耐张塔挂线

（一）施工工艺流程

先联绝缘子串的耐张塔挂线施工工艺流程见图 26-2-1。

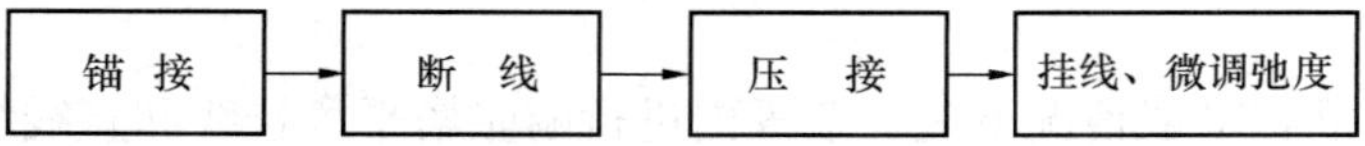

图 26-2-1 施工工艺流程图

（二）操作步骤

1. 锚接

（1）耐张绝缘子串悬挂。

1）组装耐张绝缘子串。在地面组装耐张绝缘子串，绝缘子串的导线端连上锚线索具。索具的组成为特制工具环、手扳葫芦、特制工具环、锚线钢绞线、特制工具环、卡线器。如图 26-2-2 所示。

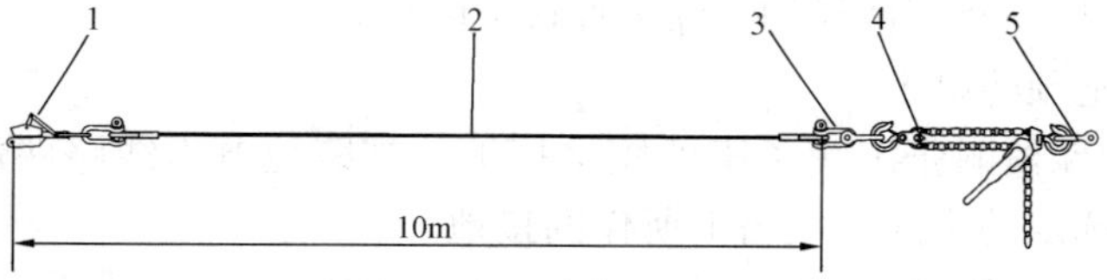

图 26-2-2 锚线索具的组成图

1—卡线器；2—锚线绳；3、5—U 型工具环；4—手扳葫芦

2）布置耐张绝缘子串起吊磨绳。连接耐张绝缘子串的磨绳经挂在铁塔横担耐张串挂点旁的起重滑车，穿过横担对侧的另一起重滑车，再通过转向滑车与布置在地面上的绞磨相连。绞磨在地面的布置有两种方式，如图 26-2-3 所示。起重滑车、磨绳，绞磨、地锚，这一系列机具，规格均由紧线张力决定，其安全系数的选择必须满足 DL 5009.2《电力建设安全工作规程 第 2 部分：架空电力线路部分》的规定。

3）起吊耐张绝缘子串。收紧绞磨吊起耐张绝缘子串，将与绝缘子串用塔端联结金具悬挂于绝缘子串悬挂点，悬挂好的绝缘子串呈下垂状。

（2）耐张绝缘子串与导线的锚接。

1）放线段中间耐张塔耐张绝缘子串与导线的锚接。如图 26-2-4 所示，借助于滑轮组和绞磨，将绝缘子串通过锚线索具与相应的子导线对接（锚接）。

收紧磨绳，将卡线器安装在子导线上，然后拆除滑轮组收紧系统，再通过手扳葫芦调整各锚线绳张力，使其平衡受力。

2）端部耐张塔耐张绝缘子串与导线的锚接。耐张塔位于放线段端部，当导线在地面锚线，且导线横担对侧已完成导线挂线（或尚未进行导线挂线但已打好平衡拉线）时，耐张绝缘子串与导线的锚接操作有两种方式。

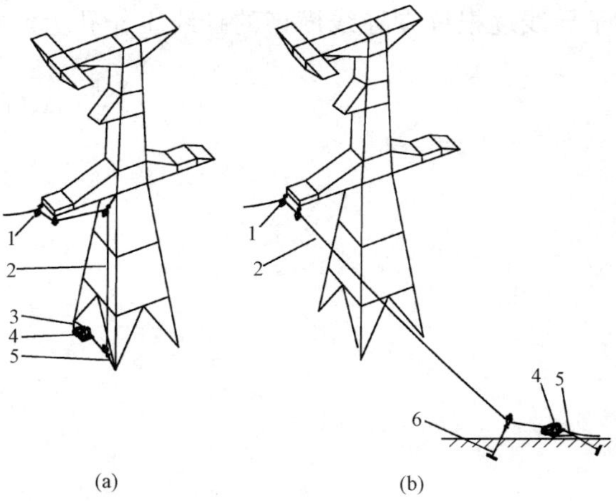

图 26-2-3 绞磨布置方式示意图

（a）绞磨布置于塔脚旁；（b）绞磨布置于塔后

1—起重滑车；2—磨绳；3—钢丝绳套；4—机动绞磨；5—钢丝绳套；6—地锚

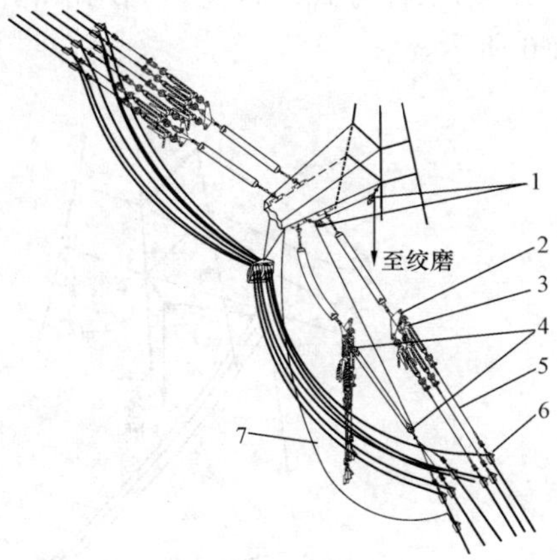

图 26-2-4 子导线与耐张绝缘子串对接（锚接）示意图

1—起重滑车；2—特制环；3—手扳葫芦；4—滑车组；5—锚线绳；6—卡线器；7—二道防线

a）第一种方式。如图 26-2-5 所示。

按照本节“一、先联绝缘子串的耐张塔挂线（二）操作步骤 1. 锚接（1）耐张绝缘子串悬挂”所述方法，将耐张绝缘子串及锚线索具安装就位。

借助于图 26-2-5 所示滑轮组和绞磨，将绝缘子串通过锚线索具与相应的子导线对接（锚接）。

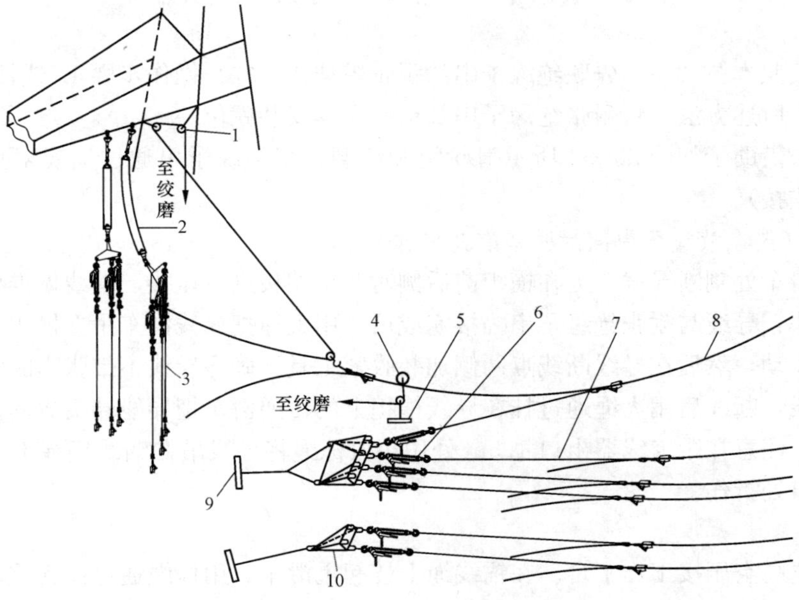

图 26-2-5 耐张塔前的导线升空方式一

1—起重滑车；2—耐张绝缘子串；3—锚线索具；4—压线滑车；5、9—地锚；6—手扳葫芦；7—锚线钢绳；8—导线；10—锚线架

b）第二种方式。首先，利用滑轮组将子导线逐根锚在导线横担的挂线工作孔上。如图26-2-6所示。

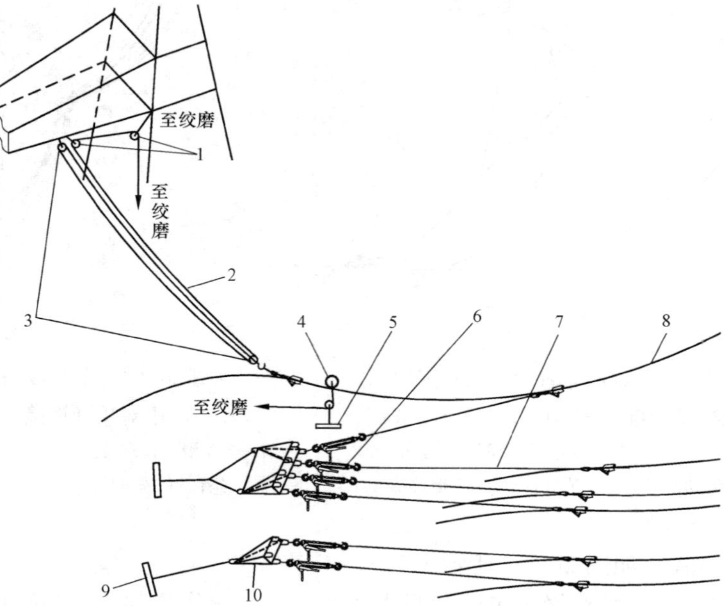

图 26-2-6 耐张塔前的导线升空方式二

1—起重滑车；2—磨绳；3—滑车组；4—压线滑车；5、9—地锚；
6—手扳葫芦；7—锚线钢绳；8—导线；10—锚线架

然后，按照本节“一、先联绝缘子串的耐张塔挂线（二）操作步骤 1. 锚接（1）耐张绝缘子串悬挂”所述方法，将耐张绝缘子串及锚线索具安装就位。

紧接着，借助于如图 26-2-4 所示滑轮组和绞磨，将绝缘子串通过锚线索具与相应的子导线对接（锚接）。

2. 断线（仅在放线段中间耐张塔有此操作）

在放线滑车处割断导线，为在横担前后侧对两个端头进行压接、挂线做准备。

操作方法：导线与耐张绝缘子串锚接完成后，用大绳把放线滑车吊在横担上，以防断线时放线滑车晃动，然后在导线断线点两侧加装收紧工具，确保导线不带张力断线。在放线滑车处切断导线，断线后用大绳通过挂在导线横担上的传递滑车把导线端头放落。

落线前，注意在距卡线器出口 1.5m 处用小段棕绳将导线吊在锚线钢绳上，以防止导线在卡线器出口处折伤。

3. 压接

（1）布置高空压接工作平台。在锚线绳上挂起重滑车，用棕绳通过该起重滑车将高空压接工作平台吊起，悬挂在卡线器附近，如图 26-2-7 所示。

（2）割线。在高空对接平台人工使导线线尾和金具串拉直，在两者间的对接点处画印，画印后完成割线工作。割线时应考虑预留导线钢芯插入钢锚中的长度。

（3）压接。在高空压接工作平台上完成导线耐张管压接工作，压接操作方法详见本篇第二十九章压接施工第六节液压操作要点。

4. 挂线、微调弛度

挂线：通过手扳葫芦，收紧锚线绳，完成导线耐张管与绝缘子串联结金具的连接。

微调弛度：导线挂线如果是在紧线后进行，完成后则需观测导线弛度，如实测弧垂不符合要求，可在耐张组装串导线联板的工作孔和子导线之间连上手扳葫芦、锚线绳和卡线器，通过调整绝缘子串上的联板调整孔和调整金具进行弧垂微调。

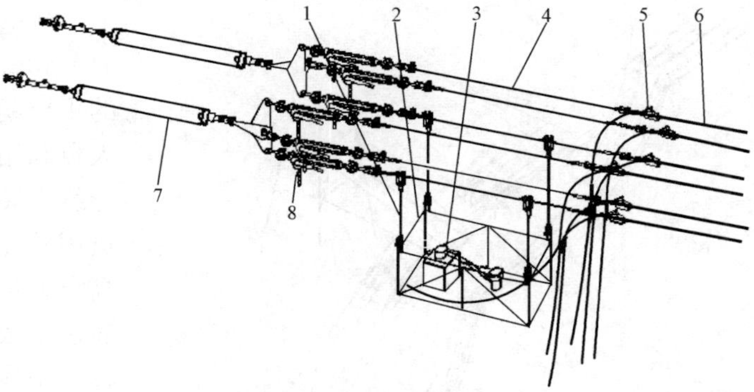

图 26-2-7 高空压接平台安装示意图

1—钢丝绳套；2—操作平台；3—液压机具；4—锚线绳；5—卡线器；6—导线；7—绝缘子串；8—手扳葫芦

二、后联绝缘子串的耐张塔挂线

（一）地面压接的耐张塔挂线

1. 施工工艺流程

此种方法的施工工艺流程见图 26-2-8。

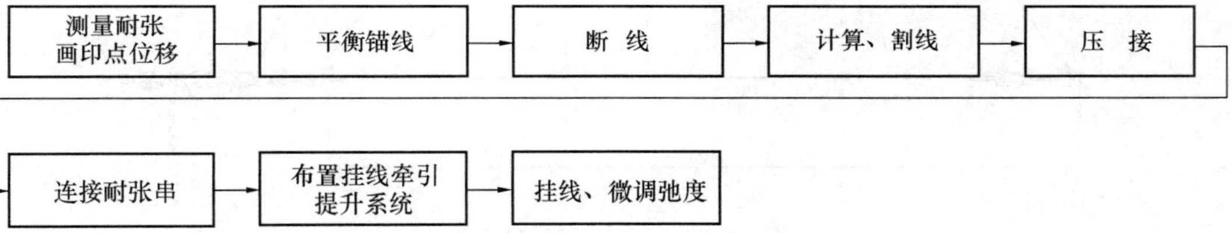

图 26-2-8 施工工艺流程图

2. 操作步骤

（1）测量耐张画印点位移。耐张转角塔上悬挂的放（紧）线滑车向线路转角内侧倾斜，使导线画印点较挂线点向内角侧有一个水平位移 x，并低于挂线点一段距离，即垂直位移 y。如本篇第二十五章紧线施工第四节画印二、耐张塔画印操作方法中所述，采用挂线点延伸画印法在耐张转角塔（即挂线操作塔）放（紧）线滑车上的导线上画印，由此测得每根子导线的画印点与挂线点之间的水平位移和垂直位移，以备压接割线长度计算使用，见图 26-2-9。

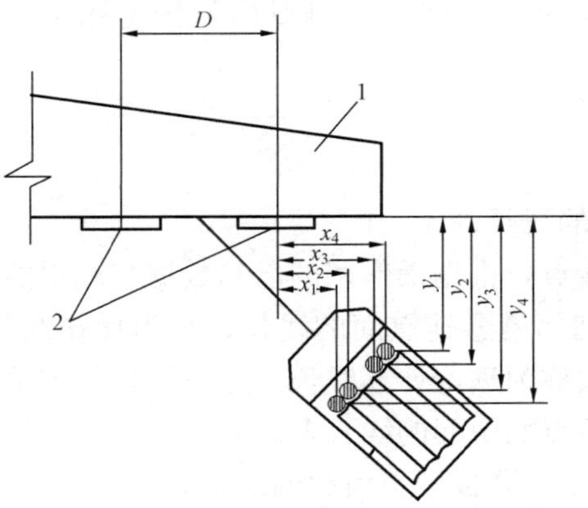

图 26-2-9 耐张转角塔画印量尺示意图

1—横担；2—挂线点

（2）平衡锚线。在导线横担前后用导线卡线器分别将子导线卡住，用手扳葫芦通过 40m 锚线绳将子导线逐一锚在耐张塔横担上，如图 26-2-10 所示。

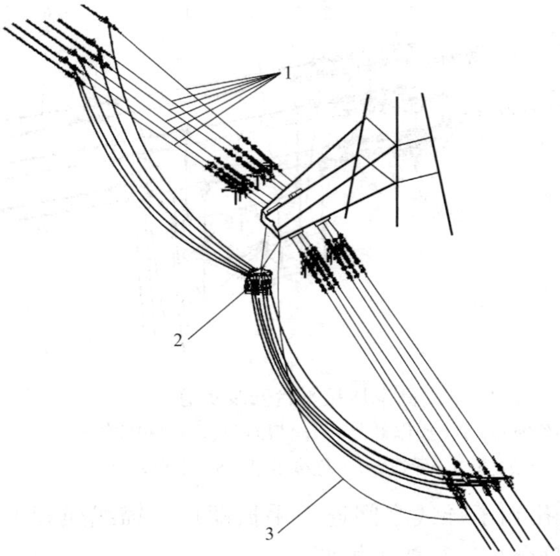

图 26-2-10 平衡锚线示意图

1—锚线绳；2—放线滑车；3—二道防线

40m 锚线绳的组成如图 26-2-11 所示。

40m 锚线绳的安装步骤：先将锚线绳的手扳葫芦挂在横担工作孔上，然后高空人员利用简易飞车或走线方式出线，在子导线安装卡线器位置挂起重滑车，地面人员用棕绳通过起重滑车尽量将锚线绳拉紧，高空人员再将卡线器安装在导线上。然后通过手扳葫芦收紧锚线绳，将导线张力转移到锚线绳上，锚好导线。

（3）断线。在放线滑车处割断导线，以便在横担前后侧对两个端头进行压接、挂线。

操作方法：导线平衡锚线完成后，用大绳把放线滑车吊在横担上，以防断线时放线滑车晃动，然后在导线断线点两侧加装收紧工具，确保导线不带张力断线。在放线滑车处切断导线，断线后用大绳通过挂在导线横担上的传递滑车把导线端头放落至地面。

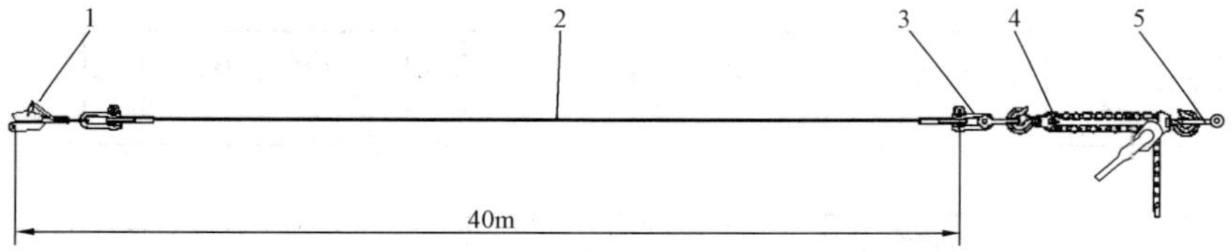

图 26-2-11 锚线绳组装示意图

1—卡线器；2—锚线绳；3、5—U 型环；4—手扳葫芦

落线前，应注意在距卡线器出口 1.5m 处用小段棕绳将导线吊在锚线绳上，以防止导线在卡线器出口处折伤。

（4）计算、割线。在地面组装好耐张绝缘子串，张拉，带张力测量出耐张绝缘子串长度，然后计算出割线长度。按照计算结果完成割线工作。

计算割线长度时，应考虑以下四种因素：

1）耐张绝缘子金具组装串实测长度。

2）紧线滑车在水平和垂直方向偏离挂点而引起的线长差。

将偏移后的导线画印点视为操作导线的临时挂线点，根据操作档的已知数据与测得的水平位移和垂直位移值，可计算出操作导线由画印点到邻塔悬挂点间的线长，称为操作线长。导线挂线后，其挂线操作档两端导线悬挂点间的线长称为理论计算线长。操作线长与理论计算线长的差值即为紧线滑车在水平和垂直方向偏离挂点而引起的线长差。

3）同连于一块竖直向二联板上的上线和下线，由二联板倾斜引起的线长差。

同连于一块竖向二联板上的上线和下线，由于竖直向二联板上下两挂孔连线不处于铅垂方向，而是弧垂曲线的法线方向，所以上下线间存在线长差，需在割线尺寸中加以调整，该线长差可通过计算求得。

4）后联耐张组装串引起的线长差。操作塔挂线时，在操作塔端导线端部加联耐张组装串，相当于操作塔端导线用均布自重荷载很大的耐张组装串去代替同长度的一段导线，因而使挂线后操作档内导线的水平张力增大。所以，需在操作塔挂线前调整其导线长度，以进行补偿，使挂线后的导线水平张力符合设计要求。后联耐张组装串引起的线长差可通过计算求得。

（5）压接。在地面完成导线耐张管压接工作，压接操作方法详见本篇第二十九章压接施工第六节液压操作要点。

（6）连接耐张串。将导线耐张管与耐张绝缘子串的金具连接。

（7）布置挂线牵引提升系统。挂线牵引提升系统的组成为牵引绳、滑轮组、磨绳、机动绞磨。

牵引绳的一端用特制工具环与耐张组装串头部的牵引板连接，另一端穿过挂在导线横担前后侧的起重滑车与滑轮组的一个滑车连接，滑轮组的另一个滑车锚在地面的地锚上，滑轮组的磨绳由地面的滑轮穿出，进入布置在滑车后面的机动绞磨；布置示意图如图 26-2-12 所示（此图为单侧示意图，平衡挂线是横担两侧为对称布置）。

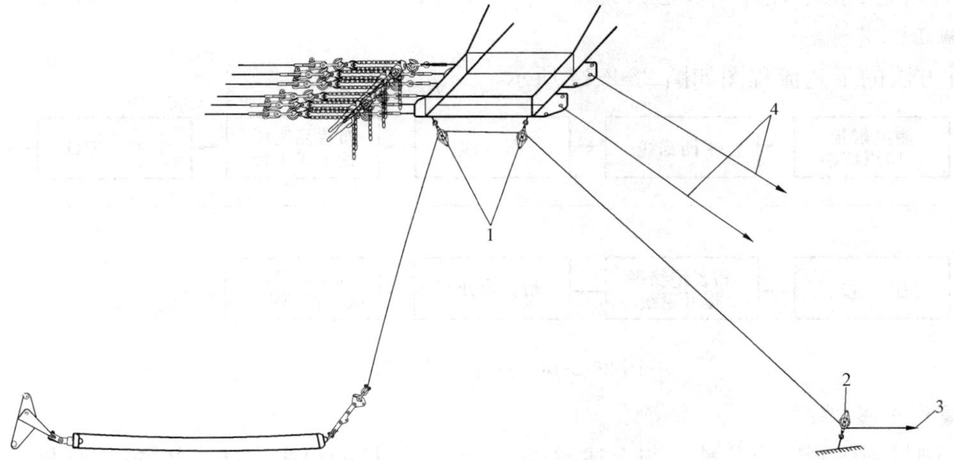

图 26-2-12　牵引系统布置示意图

1—起重滑车；2—滑轮组；3—至绞磨；4—铁塔反向拉线

滑轮组地锚与塔上滑车连线的仰角不大于 45°。

组成挂线牵引提升系统的工器具安全系数要求如下：

1）钢丝绳使用安全系数应为 4.5；

2）滑轮组使用安全系数应不小于 3；

3）磨绳使用安全系数为 4.5。

（8）挂线、微调弛度。

1）挂线：开动绞磨，收紧牵引绳，使耐张绝缘子串升空，完成其与铁塔挂线点的连接，挂线过程如下图 26-2-13（此图为单侧示意图，平衡挂线是横担两侧为对称布置）所示。

绝缘子串升空操作时，注意边升空边转好绝缘子大孔朝向，并在联板上绑木棍，下挂重锤，以控制联板方向和绝缘子开口的朝向，必要时还可在联板处绑棕绳，人在地面拉住进行控制。

2）微调弛度：导线挂线完成后观测导线弛度，如实测弧垂，若不符合要求，可在耐张组装串导线联板的工作孔和子导线之间连上手扳葫芦、短锚线绳和卡线器，通过调整绝缘子

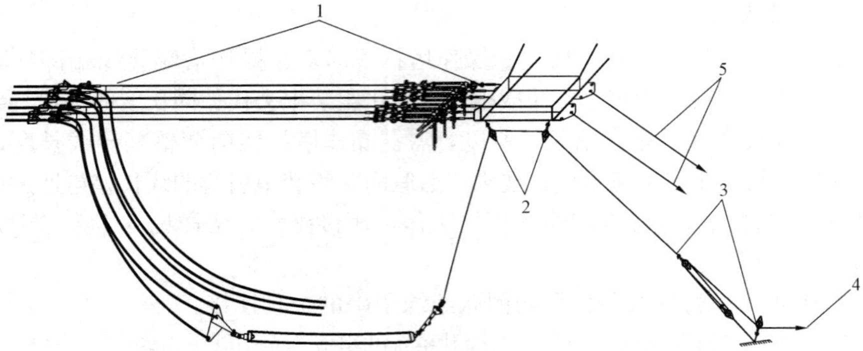

图 26-2-13　挂线过程示意图

1—锚线系统；2—起重滑车；3—起吊系统；4—至绞磨；5—铁塔反向拉线

串上的联板调整孔或挂线金具进行弧垂微调。

（二）高空压接、空中对接挂线

1. 施工工艺流程

此种方法的工艺流程图如图 26-2-14 所示。

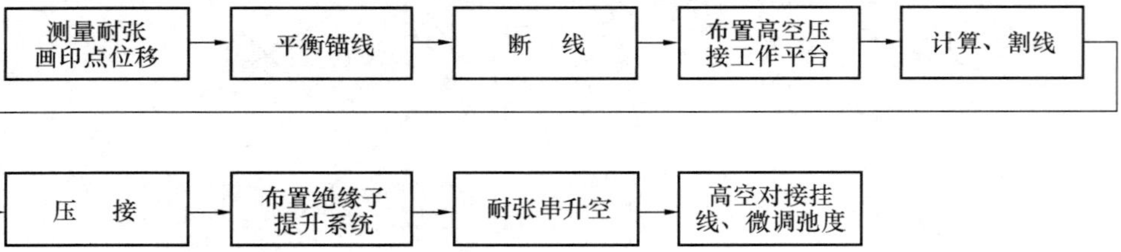

图 26-2-14　施工工艺流程图

2. 操作步骤

（1）测量耐张画印点位移。与上述“（一）地面压接的耐张塔挂线 2. 操作步骤（1）测量耐张画印点位移”相同。

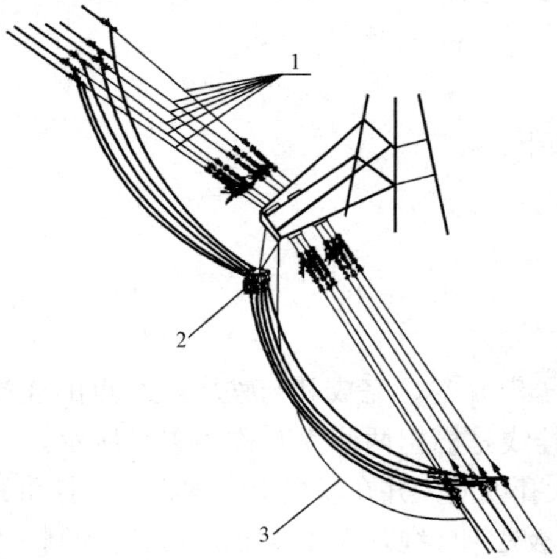

图 26-2-15　平衡锚线示意图

1—锚线绳；2—放线滑车；3—二道防线

（2）平衡锚线。在导线横担前后用导线卡线器分别将子导线卡住，用手扳葫芦通过 10m 锚线将子导线逐一锚在耐张塔横担上，如图 26-2-15 所示。

10m 锚线绳的组成见图 26-2-16。

10m 锚线绳的安装步骤：先将锚线绳的手扳葫芦挂在横担工作孔上，然后高空人员利用简易飞车或走线方式出线，在子导线安装卡线器位置挂起重滑车，地面人员用棕绳通过起重滑车尽量拉紧锚线绳，高空人员再将卡线器安装在导线上。然后通过手扳葫芦收紧锚线绳，将导线张力转移到锚线绳上，锚好导线。

（3）断线。与上述“（一）地面压接的耐张塔

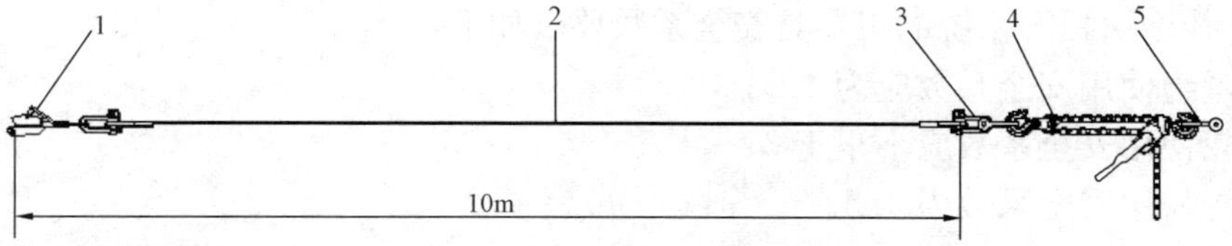

图 26-2-16 10m 锚线绳组装示意图

1—卡线器；2—锚线绳；3、5—U 型环；4—手扳葫芦

挂线 2. 操作步骤（3）断线”相同。

（4）布置高空压接工作平台。在锚线绳的卡线器附近悬挂起重滑车，用棕绳通过该起重滑车将高空压接工作平台吊起，悬挂在卡线器附近，如图 26-2-17 所示。

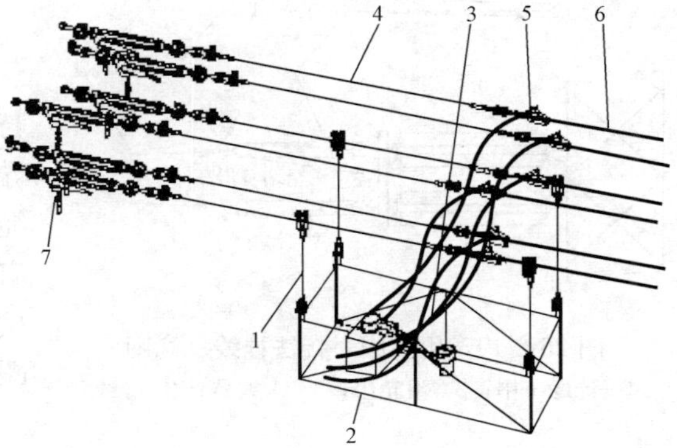

图 26-2-17 高空压接平台安装示意图

1—短绳套；2—高空压接平台；3—压接机；4—锚线绳；5—卡线器；6—导线；7—手扳葫芦

（5）计算、割线。在地面组装好耐张绝缘子串，张拉，带张力测量出耐张绝缘子串长度，然后计算出割线长度，按照计算结果在高空压接工作平台上完成割线工作。

计算割线长度的方法与上述“（一）地面压接的耐张塔挂线 2. 操作步骤（4）计算、割线”相同。

（6）压接。在高空压接工作平台上完成导线耐张管压接工作，压接操作方法详见本篇第二十九章压接施工第六节液压操作要点。

（7）布置绝缘子提升系统。绝缘子提升系统的组成为起重滑车、磨绳、机动绞磨。

磨绳的一端用特制工具环与耐张组装串头部的牵引板连接，另一端穿过挂在导线横担前后侧的起重滑车，进入布置在滑车后面的机动绞磨，如图 26-2-18 所示。

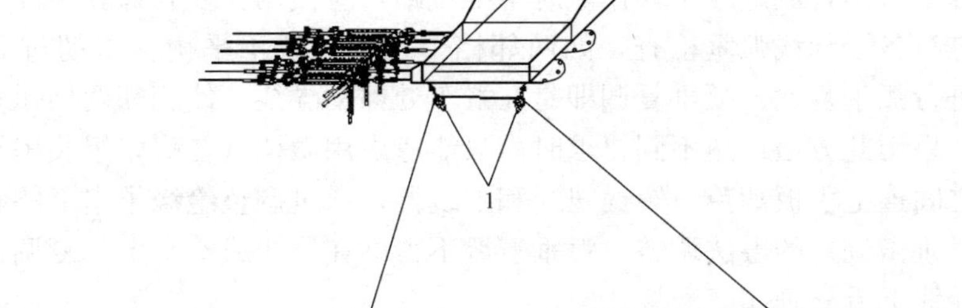

图 26-2-18 布置绝缘子串提升系统示意图

1—起重滑车；2—转向滑车；3—至绞磨

转向地锚与塔上滑车连线的仰角不大于 45°。

组成挂线牵引提升系统的工器具安全系数要求如下：

1）钢丝绳使用安全系数应为 4.5；

2）滑轮使用安全系数应不小于 3；

3）磨绳使用安全系数为 4.5。

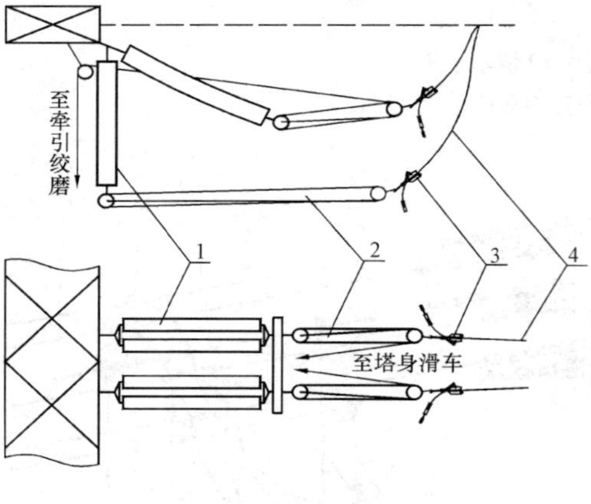

图 26-2-19 用空中对接法挂线示意图

1—绝缘子串；2—滑轮组；3—卡线器；4—导线

（8）耐张串升空。利用起吊系统将组装好的绝缘子串升空，把耐张绝缘子组装串与铁塔联结金具挂在铁塔横担挂线孔上。此时耐张绝缘子组装串呈自然下垂状态。

（9）高空对接挂线、微调弛度。

1）挂线：利用两套滑车组，定滑车分别与绝缘子串的两块调整板相连，动滑车与卡在导线距耐张线夹 1.5m 的卡线器相连，牵引磨绳分别通过横担上的导向滑车引入绞磨。同时启动绞磨即可完成耐张管与绝缘子串的空中对接，完成挂线。用空中对接法挂线示意见图26-2-19。

2）微调弛度：导线挂线完成后观测导线弛度，若实测弧垂不符合要求，可在耐张组装串导线联板的工作孔和子导线之间连上手扳葫芦、短锚线绳和卡线器，通过调整绝缘子串上的联板调整孔和挂线金具进行弧垂微调。

第三节 直线塔附件安装

一、一般技术规定

（1）金具附件安装操作前，应做好保护性工作接地，防止可能出现的电击伤害。

（2）下线前应在铁塔横担上，连接好速差器，并认真检查，保证其工作正常。

（3）在安装操作前，应先对导线加装由钢丝绳组成的二道防线。

（4）当绝缘子采用合成绝缘子，作业时不准蹬踏，应使用作业软梯。

（5）首先进行各子导线弧垂检查，如两邻档个别子导线不平衡偏差超过 50mm 时，应站在软梯上，进行弧垂复调。弧垂复调即是在滑车处撺动导线，使相邻两档弧垂偏差控制到最小值之内。如果用此方法仍达不到要求时，只能考虑用微调（在耐张组装串导线联板的工作孔和子导线之间连上手扳葫芦、短锚线绳和卡线器，通过调整绝缘子串上的联板调整孔和挂线金具进行弧垂微调）的方法调整，弧垂复调不得站在导线或滑车上，复调达到满意后应在放线滑车的导线上重新画印。

（6）直线塔金具附件安装完成后，随即按耐张段复查导线弧垂，若有弧垂值超出允许偏差者，应及时组织人力再调整。

二、附件安装作业中需使用的几种专用器具

1. 作业软梯

作业软梯是附件安装作业时攀登或下线的专用工具。使用时应对其可靠性进行检查，软梯上端应牢靠地锚在铁塔主材与辅材的节点处。该软梯易磨损，使用时不得与铁塔摩擦，用

后应妥善保管。

2. 提线器

提线器（提线索具）是线路直线塔悬垂绝缘子串及线夹安装的专用提线工具，根据线路直线串的结构特点，同时考虑到施工工具的灵活性和轻便性，两分裂、四分裂及八分裂导线直线塔附件一般采用两线提线器、四线提线器，三分裂及六分裂导线采用三线提线器。提线钩宽度应该满足导线直径的 2.5 倍，并挂胶。每套提线器由手扳葫芦、钢丝绳套、联板、特制小滑车、提线钩组成，详见图 26-3-1。

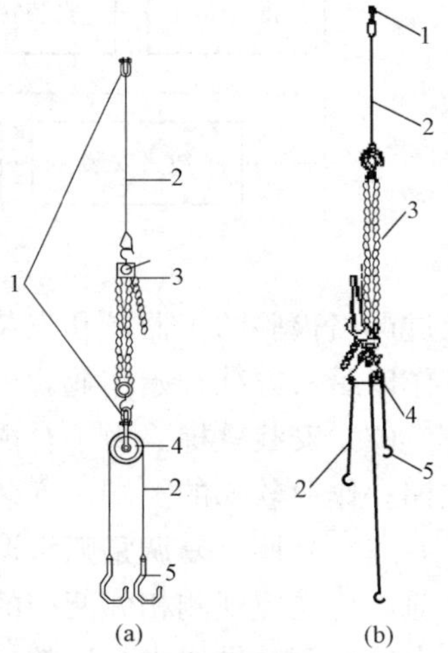

图 26-3-1　提线器结构型式示意图

（a）二线提线器；（b）三线提线器

1—特制卸扣；2—钢丝绳套；3—手扳葫芦；4—特制滑轮；5—提线钩

提线器应安装在横担挂线点附近的施工吊装孔上。提线器的安装间距应与分裂导线的结构相对应。

3. 次档距测距仪

次档距测距仪，是安装间隔棒时测量安装距离的专用仪器，使用前应认真阅读使用说明书，并应熟练掌握。

三、直线塔导线绝缘子串及线夹安装工艺

（一）一般规定

（1）当直线塔金具串均为合成绝缘子，故在放线滑车挂点位置附近，应预先装设作业软梯。

（2）子导线就位顺序。放线时，面向大号侧，每相从左到右子导线编号依次为：1 号线、2 号线、3 号线……。线夹安装时，根据导线分裂型式不同，就位方式也有所不同。八分裂导线各子导线编号及就位顺序如图 26-3-2 所示，直线塔导线提线如图 26-3-3 所示。

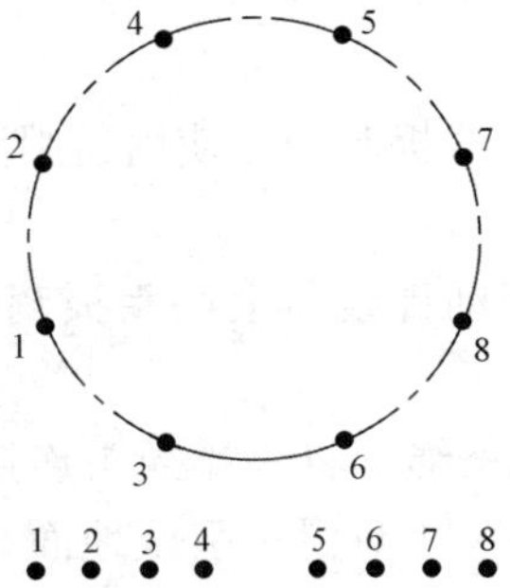

图 26-3-2　各子导线编号及就位顺序图

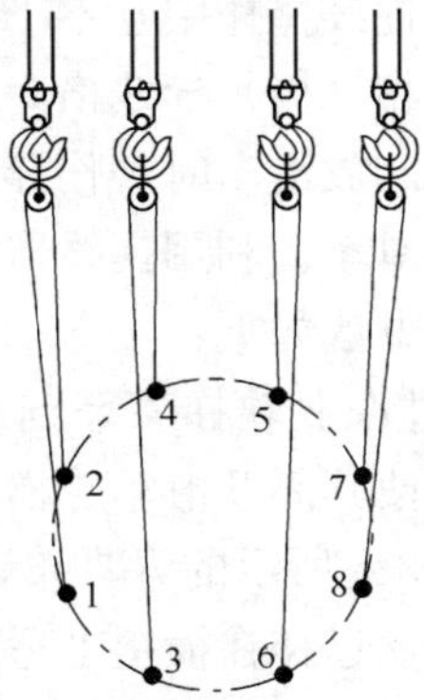

图 26-3-3　直线塔导线提线示意图

（二）线夹安装工艺

1. 施工工艺流程

施工工艺流程见图 26-3-4。

2. 操作步骤

（1）准备。接受任务之后，到现场作业之前的全部准备工作。首先施工作业人员必须认真学习有关规程规范、工程图纸、技术手册和施工守则，听取技术交底与安全交底，准备好

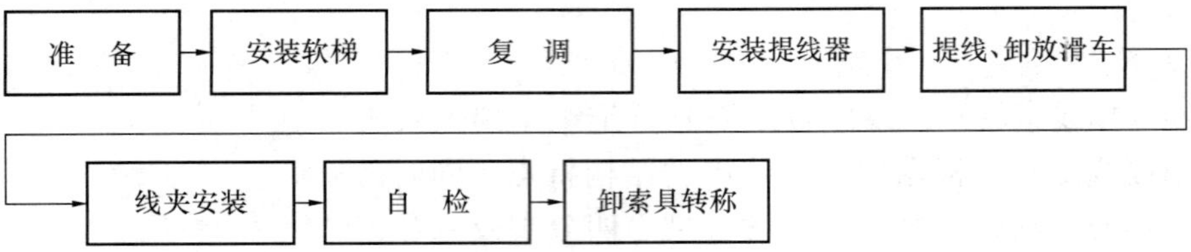

图 26-3-4 施工工艺流程图

经过严格检验的工器具和安装用的金具等材料部件，并检查验证已做好锚线和保护性接地线工作以后，方准开始作业。

（2）安装软梯。由于合成绝缘子串严禁蹬踏，在线夹安装作业之前，需首先安装好作业软梯。作业软梯的上端，安装固定在铁塔横担主材与辅材节点处。

（3）复调。复调是弧垂调整中粗调、细调、微调、复调的重要组成部分。即在上线作业之前，首先应观测相邻两档的导线弧垂平衡的情况，如超过子导线允许弧垂偏差时，则可用人力适当撺动导线进行调整，复调完成后，尚应在导线上重新划印。若弧垂偏差过大，用撺动导线方法不能达到满意的效果，则应停止本线作业，立即通知架线队处理。

（4）安装提线器。直线塔悬垂线夹安装需使用提线器提线。当分裂子导线分为左右两束提线时，如果负荷较小，左右每束可各使用一个提线器，但两个提线器应分别悬挂在导线横担的前后侧。当负荷较大时，则每束需各使用两个提线器提线，这两个提线器应在导线横担前后对称悬挂。提线器的使用数量，应通过导线垂直负荷计算确定。提线安装时提线工器具取动荷系数为 1.2。

子导线提线器均悬挂在子导线最终安装位置上方的导线横担主材上，左右提线器的安装间距应适当，使其在提线操作中互不干扰。

在横担上，当同相（极）导线横向悬挂两个或两个以上放线滑车时，不宜使用同一提线器跨滑车提线，以免卸放滑车时磨伤导线。

（5）提线、卸放滑车。利用提线器将滑车中的导线提起后，使用通用滑车卸放方法卸放滑车。通用滑车卸放方法如下：

1）作业人员通过作业软梯攀登到适当位置，搬动提线器上的手扳葫芦，利用提线钩，钩起滑车中的导线，使其离开滑车轮槽。

2）然后按图 26-3-5 所示的索具布置，用一根主吊绳，将一端绳头连接在滑车框架一侧吊环上，另一端绳头通过挂在横担上适当位置的 10kN 工具滑车引至地面；再用另一根辅助绳连接在对侧框架的吊环上，通过挂在横担适当位置的 30kN 工具滑车，引至地面拉住，两根绳同时向上提起滑车。

3）将滑车提梁板两端连接螺栓或销钉拔出，先不拆下滑车提梁板，用主、辅吊绳将滑车放落到地，然后再将滑车提梁用大绳放落至地面。

4）当滑车提梁只能在一端打开时，需要在滑车下方捆绑地面控制绳。打开滑车横梁，操纵主吊绳和辅助绳，使放线滑车下降并移出导线的空间范围，逐步将滑车全部重量转移到主吊绳上，解除辅助绳，用主吊绳将滑车徐徐放落，同时需要利用控制绳进行控制。在卸放时，必须对滑车内导线采取垫纸板或麻布等保护措施，防止滑车提梁意外落下砸伤导线。

考虑到双滑车悬挂用二联板易发生倾斜，要求在卸放其中一个滑车之前，将另一个滑车使用其自身卸放索具固定在塔上，待该滑车卸放完毕后，再卸放另一个。

(6) 线夹安装。若采用铝包带时，要求铝包带缠绕方向与导线外层同向缠绕、缠绕紧密、露头不超10mm。

调整提线器上的高位和低位手扳葫芦，先将子导线移动到适当位置，再把左右绝缘子串和导线联板组装到位，最后将导线装入线夹，拆除提线器。

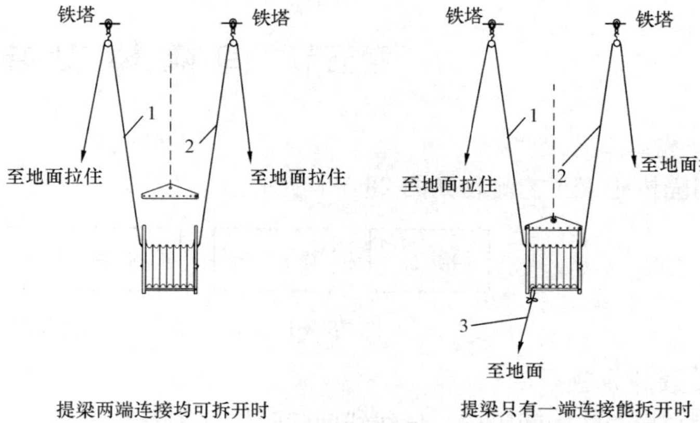

图 26-3-5 卸放滑车示意图

1—辅助绳；2—主吊绳；3—控制绳

直线线夹的安装位置，不需作调整时即为画印点，需作调整时应先按移印值移位以确定安装位置。

安装直线线夹时，应以横担上悬挂点附近的施工孔为提线安装承力点。横担上未设施工孔时，提线安装方法和承力点位置应经计算确定，未经验算的位置，不应作为提线安装承力点。

(7) 自检。该基直线塔金具附件的安装全部完成之后，应进行自我检查，检查零件是否齐全，螺栓穿向是否正确，是否紧固，开口销子是否已开口等。

直线转角塔安装线夹时，以棕绳将悬垂绝缘子串拢绑在吊具上，防止其因自重作用离开安装位置。角度较大的直线转角塔，应慎重选择提线安装方案。对如下项目做严格验算：

1) 吊装时的最大导、地线应力；

2) 提线工具的荷载。

(8) 卸索具转移。确认安装无误后，即可拆除塔上作业所用的全部机具和接地线，不得有任何遗漏。然后在地面整理好机具，转移到下一基作业。

第四节 防振锤安装

防振锤的安装数量、规格及位置应符合设计要求，其与导线及架空地线接触的夹槽内应按设计规定加衬垫，防振锤安装后应垂直地平面，不得扭斜。螺栓穿入方向，边线由内向外穿，中线由左向右穿（面向受电侧）；安装距离允许偏差为±30mm。

预绞式防振锤在线路中的运用日趋广泛，施工时与普通防振锤安装方式一致，预绞丝的缠绕方向要与导线缠绕方向一致。

除特殊规定外，防振锤安装一般应按下列程序和要求进行：

(1) 以线夹中心为起算点，根据设计要求尺寸沿导线或架空地线向外量测，找出安装位置并画好印记；

(2) 在安装位置处缠绕铝包带，其缠绕长度不超过外露夹板两端各10mm；

(3) 将防振锤的夹板夹在导线或架空地线的衬垫上，紧固螺栓；

(4) 检查与修整。

第五节 间隔棒安装

1. 施工工艺流程

间隔棒施工工艺流程如图 26-5-1 所示。

准备 → 线上安装 → 核查 → 转移

图 26-5-1 间隔棒施工工艺流程图

2. 操作步骤

（1）导线线间间隔棒。导线线间间隔棒即子导线间隔棒，安装在每相的子导线上，起固定支撑作用。其安装工艺要点如下：

1）准备。导线线间间隔棒安装作业之前，应进行技术交底和安全规程及验收规范的学习，并经过统一的安装试点，准备好安装所需的技术文件资料和设计图纸及施工技术手册，准备好至少一个工作日所用的安装设备、材料等；准备好次档距测距仪和飞车等，并要经过试验操作练习和检验。

2）线上安装。导线线间间隔棒上线之前，首先应在地面上将零部件配齐装好，以便减少高空安装工作量，随后可用 ϕ12mm 棕绳通过悬挂在导线（应加防护套）上的传递滑车，将导线间隔棒提升至安装处，驱动飞车进行线上安装，应保证导线间隔棒与导线垂直，各相安装位置应一致且在同一个断面内。

3）核查。导线线间间隔棒在线上安装完毕之后，要进行检查，是否有缺件、安装错误以及开口销是否开口，销钉、螺栓的穿向是否正确等。检查安装质量是否达到设计和规范要求，如三相导线线间间隔棒是否在同一个断面上，安装是否整齐、正直、美观等。

4）转移。

确认安装良好无误后，即可转移安装下一组或退出。

（2）导线相间间隔棒。近年来受到线路走廊的影响，全国建设了大量紧凑型线路，紧凑型线路中为减少线路的相间放电，采取了加装相间间隔棒的方式。导线相间间隔棒安装时应注意结构面与导线呈 90°，螺栓穿向与原有子导线间隔棒相互一致。安装时保证金具螺栓紧固、开口销齐全并开口。

3. 导线间隔棒安装注意事项

（1）导线间隔棒安装，在下线作业之前，应确认作业区段两端已经做好保护性接地，在可能出现高压感应电的作业点两侧再加装接地线，如不能确定作业点是否会出现高压感应电时，应用一根垂落式接地线（软铜线截面大于 25mm^2），一端先连接在横担上，使夹头一端垂落在导线上，确认接地线夹头与导线接触良好后方可下线工作。

（2）安装间隔棒采用专用飞车或人工走线方法，飞车支撑轮不得对导线造成磨损，人工走线时应穿软底鞋。

（3）间隔棒安装位置可用测绳高空测量定位、地面测量定位、计程器定位、次档距测距仪等方法测定。在跨越电力线路安装间隔棒时，应使用绝缘测绳或其他间接测量方法测量次档距，不得使用普通测绳。

（4）安装间隔棒人员必须绑扎安全带，安全带应绑在导线上。安装工具和材料均应用小绳拴在导线上，防止失手掉落。

（5）间隔棒平面应垂直于导线，导线间隔棒的安装位置应符合设计要求。

（6）飞车或人工走线跨越电力线路时，必须验算对带电体的净空距离，该距离不得小于最小安全距离，见表26-5-1。验算荷载时取实际荷载的1.2倍，并计算相邻一基悬垂绝缘子串在不平衡张力下产生的偏移。

表26-5-1　　**对被跨越电力线路的最小安全距离**

被跨越线路电压等级（kV）	≤10	35	63～110	220	330	500
最小安全距离（m）	2.0	3.5	4.0	5.0	6.0	7.0

第六节　跳　线　安　装

输电线路中常见的跳线型式有两种，一种为刚性跳线，即跳线中间采用长铝管作为跳线刚性部分，两端采用钢芯铝绞线做柔性部分，柔性部分一端通过线夹与刚性部分连接，另一端耐张金具与耐张串外侧的导线相连；另外一种为柔性跳线，即使用钢芯铝绞线作为跳线，其跳线两端分别与耐张塔两侧的导线相连。

一、刚性跳线安装

1. 刚性跳线安装方法简介

刚性跳线施工主要有两种方法：装配式安装法和量比模拟法，本节以量比模拟法为例介绍刚性跳线的安装。

2. 刚性跳线的结构特点

耐张塔刚性跳线的特点为跨越距离大，刚柔结合，柔性引流部分线束局部集中，安装工艺难度大。

以下以1000kV输电线路采用的TG1、TG2、TG3型三种刚性跳线型式为例，介绍刚性跳线的安装过程。TG1、TG2、TG3型三种刚性跳线如图26-6-1～图26-6-3所示。

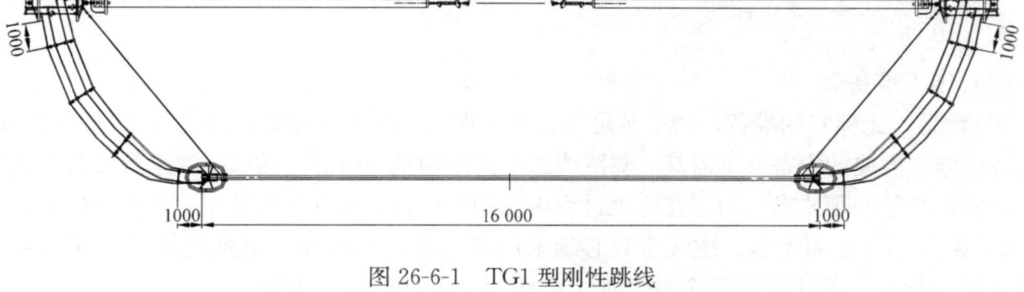

图26-6-1　TG1型刚性跳线

3. 刚性跳线施工方案

刚性跳线施工分两步进行，先安装刚性部分，后安装柔性部分。首先在地面组装刚性跳线部分，把两根管线垫平后进行对接，并按照设计尺寸安装好间隔棒和配重片，组装完成后，用2台绞磨同时进行起吊，把刚性跳线部分安装就位。对于不带跳线绝缘子串的TG1型跳线，在固定爬梯前要用经纬仪对管线进行操平，保证安装完成后管线平直。

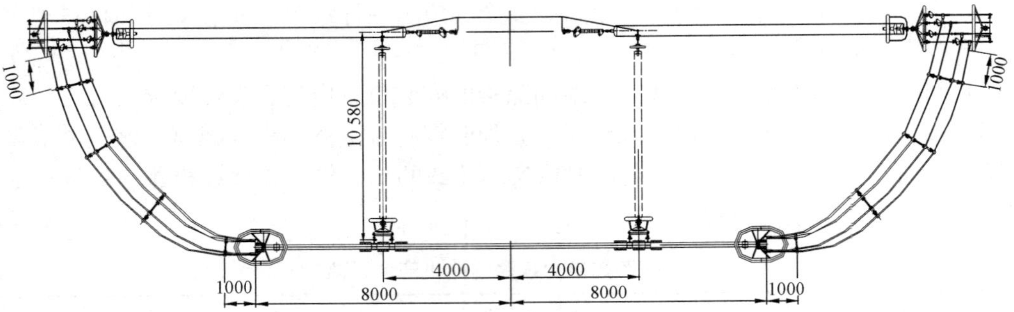

图 26-6-2 TG2 型刚性跳线

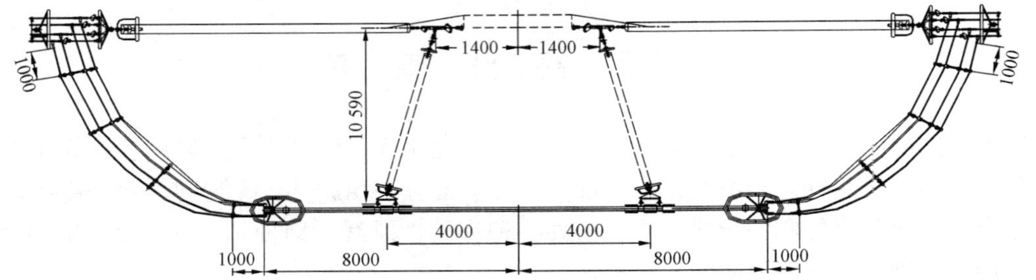

图 26-6-3 TG3 型刚性跳线

刚性跳线部分安装完成后，柔性跳线部分采用量比模拟法，先计算出柔性跳线压接长度，地面压接柔性跳线引流联板（即引流管），高空安装成型，最后安装柔性跳线部分的跳线间隔棒。

4. 刚性跳线施工工艺流程

刚性跳线施工工艺流程如图 26-6-4 所示。

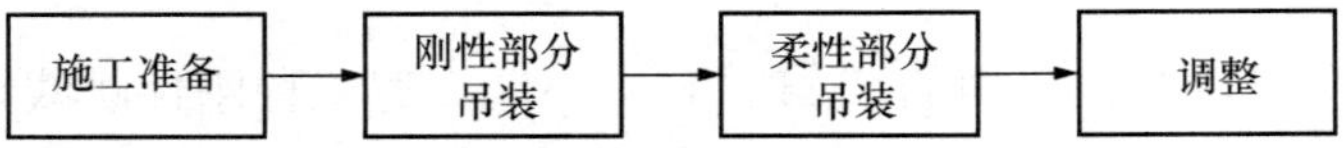

图 26-6-4 刚性跳线施工工艺流程图

5. 操作步骤

（1）施工准备。

1）设备、工器具的准备。为了满足特高压工程跳线施工的需要，现场每个班组配备能够满足跳线施工需要的设备及工器具，对跳线施工使用的机动绞磨、钻锚、滑车等设备均进行检验、试验，满足使用要求。为了在施工过程中保护好铝管，应准备彩条布、木板和垫墩。

2）刚性部分地面组装。跳线金具必须采用带包装进行运输，运抵现场后首先打开包装对外观进行检查，确认管母及金具外观无损伤后方可进行下一步施工。

组装现场应用软物进行铺垫，避免管线和金具与地面直接接触，损伤管线和金具。

安装时首先将每根管线用 2 块垫木在适当位置支撑，然后根据施工图安装尺寸将 2 根线管对接，对接时插入内置衬管。对接后将两组线管对齐并调平、调直，保证母线管对接头卡箍在同一圆周内，接头间隙不大于 3mm。在管型跳线的接头金具上和接头内衬管表面均匀地涂刷导电脂，保证接头处连接良好。

3）刚性部分金具的组装。

a）在2根刚性跳线的铝管中间安装间隔棒。

b）同时安装铝管接头金具，安装时保证接头金具的内卡槽与铝管卡槽对齐。

c）安装管型跳线8变2线夹固定金具，保证8变2线夹的朝向和角度正确，如图26-6-5所示。

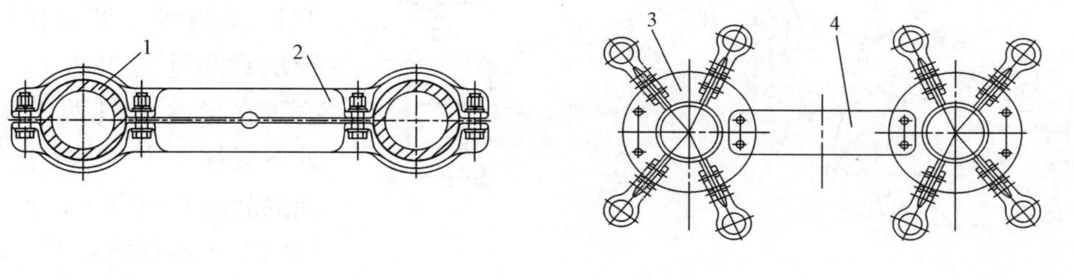

图 26-6-5 刚性管型跳线断面示意图

1—管型跳线；2—跳线间隔棒；3—8变2线夹；4—定位联板

d）安装管母线悬吊间隔棒。

e）在悬吊间隔棒两面均安装铝管配重片，其中每组最外两片为圆弧形。

f）将间隔棒分别固定在配重片外侧，与重锤螺栓连接，防止配重片下垂。

g）安装其余间隔棒，在空档处均匀安装。

h）安装内置配重片及内置封端盖，内置配重片每组10片，用螺栓与内置封端盖固定，内置封端盖与铝管固定。

i）利用2台机动绞磨将组装好的管线吊离地面约1m高度，对管线进行预拱处理。根据各型跳线的受力情况，需将TG1型跳线在节点处向上预拱，TG2型跳线在节点处向下预拱，预拱值在100～200mm。将管线节点间连接金具螺栓松开，按照预拱方向和预拱值将管线调好，重新将管线连接金具螺栓紧固，TG1型管线金具安装如图26-6-6所示。

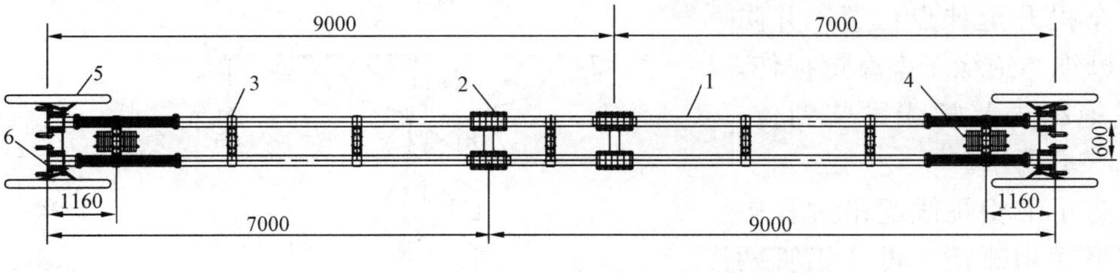

图 26-6-6 TG1型管线金具安装示意图

1—管线；2—接头间隔棒；3—间隔棒；4—配重片；5—屏蔽环；6—8变2线夹

j）预拱完成后，应再次对管母线进行检查，然后安装屏蔽环。调整屏蔽环支架，使屏蔽环环体要与管母线平行，并与地面垂直。

4）现场测量和柔性跳线长度的确定。刚性跳线安装完成后，开始进行柔性跳线的施工，首先在管型母线8变2线夹到耐张线夹引流板之间用一根小绳模拟导线，对柔性跳线进行比量，弧垂符合设计弧垂后，直接量取小绳的长度，即柔性跳线比量长度。

根据柔性跳线比量长度，并考虑插入引流联板（即引流管）的深度及上下子导线间调整值，确定柔性跳线下料长度（即压接长度）进行断线，压接耐张线夹引流管和8变2线夹。

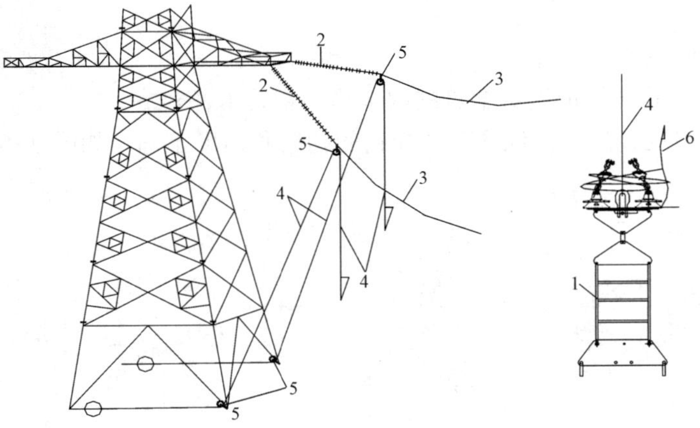

图 26-6-7 TG1 型跳线（带爬梯）起吊系统示意图
1—金具爬梯；2—耐张绝缘子串；3—八分裂导线；
4—磨绳；5—转向滑车；6—尼龙绳

（2）刚性部分吊装。

1）TG1 型刚性跳线的吊装。对于 TG1 型边相跳线施工，跳线爬梯在地面按照图纸长度组装完毕后，与铝管连接。TG1 型跳线（带爬梯）起吊系统示意图见图 26-6-7。

在导线金具两端爬梯挂点处各悬挂 1 个 30kN 滑车作为磨绳的起吊转向滑车，把磨绳通过转向滑车转到塔身下。使用 2 台 30kN 机动绞磨分别牵引两端爬梯联板位置，跳线爬梯用绳索固定于牵引磨绳上，并保证磨绳不会对爬梯造成磨损，牵引到位后，将爬梯安装到位，并应保证铝管中心距铁塔横担下平面垂直距离不小于设计要求距离，用经纬仪在横线路方向上距铁塔 30～40m 处对管线进行操平，如安装爬梯后，管线不能保证水平，通过绞磨调节管线至水平，并相应调整爬梯长度至适合。然后丈量柔性跳线长度进行柔性跳线部分安装。

2）TG2、TG3 型刚性跳线的吊装。对于 TG2、TG3 型跳线，按照设计图纸的要求，地面将跳线绝缘子及铝管连接完毕，同时带上相应金具。

对于中相跳线在地线横担跳线支架挂点（对于角外侧跳线在跳线绝缘子串横担挂点）工作孔连接 50kN 卸扣、30kN 滑车作为磨绳的起吊转向滑车，把磨绳转向到塔身下。使用 2 台 30kN 机动绞磨分别牵引跳线悬垂绝缘子下端金具联板，跳线绝缘子串上端用绳索固定，通过滑车提升至挂点位置，并防止起吊磨绳与绝缘子串摩擦损伤，将跳线绝缘子及管线吊装到位，如图 26-6-8 所示。

为防止中相跳线起吊过程中管线与下横担碰撞，可在铝管两端各绑扎一根控制大绳进行控制，以使管线不碰到铁塔下横担。吊装到位后用经纬仪在横线路检查管线是否平直。

（3）柔性部分吊装。软导线两端在地面压接完成后，放置在安装位置下方的地面上，地面要用苫布进行铺垫，防止软导线损伤。

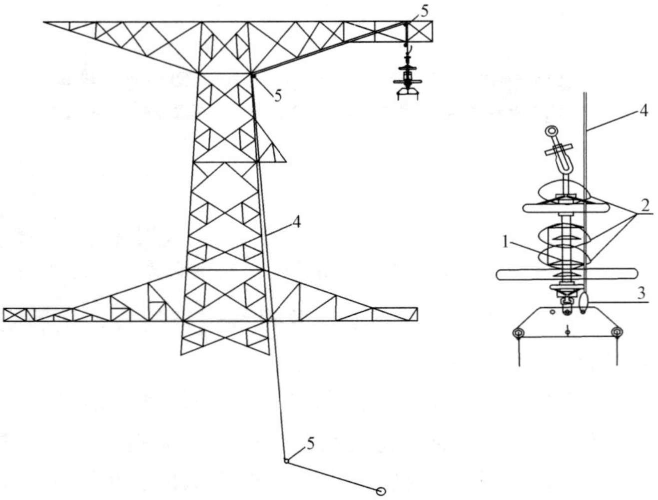

图 26-6-8 TG2 型跳线（带跳线绝缘子串）起吊系统示意图
1—跳线绝缘子串；2—尼龙绳套；3—卸扣；4—磨绳；5—转向滑车

在各耐张线夹上悬挂10kN提升滑车，分别用ϕ15mm尼龙绳经30kN滑车后连接导线卡线器，卡在各软导线设计安装部位稍下位置起吊。如图26-6-9所示。

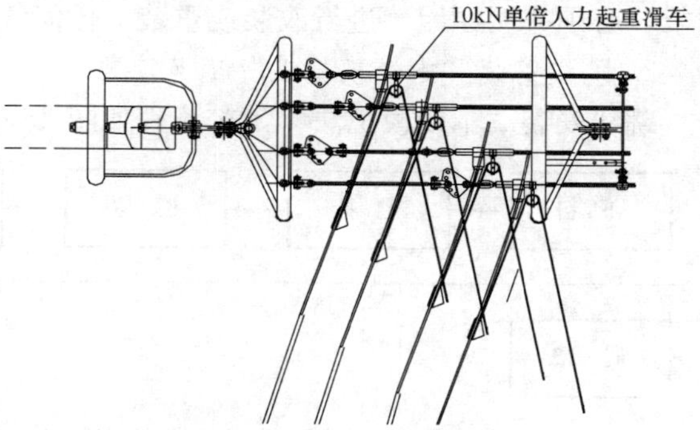

图26-6-9 刚性跳线软导线起吊示意图

在跳线安装整个过程中，使用软梯作为施工人员承力工具，软梯下端用控制绳调节与跳线绝缘子串及引流线的距离。

引流线全部安装完成后，安装间隔棒。先安装两头，再安装中间的两个。严禁人员直接攀爬在引流线上安装间隔棒。

（4）调整。根据柔性跳线对均压屏蔽环、耐张金具的距离，安装调距线夹，完成柔性跳线的安装。检查跳线弧垂和对塔的安全间隙，如果不能满足，可以进行相应的调整。同时还要保证跳线美观、松弛、顺畅。

6. 跳线施工安全质量保证措施

（1）对到货的跳线金具应进行复查，金具镀锌完好，表面光洁，不得有裂纹、生锈或砂眼。金具上所使用的开口销、弹簧销应符合相应的标准，销子的直径与孔径相配合，弹力适度。金具应进行试组装，检查螺栓、螺杆和螺母等各部分连接是否匹配。

（2）软导线应选用未受力变形、表面光洁的原轴导线，不能有磨损和毛刺。

（3）跳线安装时，刚性跳线的组装型式、各种螺栓穿向、绝缘子碗口朝向、调整板朝向等工艺必须统一。

（4）软导线不宜穿过均压屏蔽环。屏蔽环在安装时可能与导线相碰，应采用调距线夹支撑。

（5）重锤在安装前检查防腐漆是否有脱落现象，有防腐漆脱落的要做补修处理。

（6）跳线与杆塔构件间的最小距离必须大于设计值。

（7）引流板螺栓安装前，应将引流板与耐张线夹光面用汽油清洗，再用细钢丝刷清除表面的氧化膜，并均匀涂上一层电力脂。

（8）施工重要部位时要有专人操作，质检人员要现场进行监督并做好记录。

（9）机动绞磨、液压设备等均须由经过专业培训并取得合格证的员工进行操作。

（10）施工后要准确填写施工记录。

二、柔性跳线安装

柔性跳线即软跳线。柔性跳线安装一般宜采用“本线模拟法”工艺，方法简便，尺寸准确，造型美观。

1. 一般技术要求

（1）为使柔性跳线安装后，尽可能呈自然均匀整齐下垂的悬链线状态，跳线线体材料应选用未受过外力作用的导线。

（2）跳线线体材料的运输。跳线线体材料运输前，应使放线后剩余在线轴盘内的导线，保持其在线轴盘上缠绕的自然状态，并用麻布妥善包裹之后，再进行运输，在运输过程中不得发生变形和磨损。

（3）跳线引流管的压接。一端可在地面压接好，另一端在线上作业平台进行。跳线联板液压施工中要特别注意线体的自然弯曲方向及联板结合面方向。

(4) 跳线安装弧垂，应符合设计要求。跳线安装后，测量最小对塔距离，如不符合设计要求，必须查明原因，进行改装或重装。任何气象条件下，跳线均不得与金具相磨碰。

2. 跳线安装“本线模拟法”工艺流程

跳线安装“本线模拟法”工艺流程如图 26-6-10 所示。

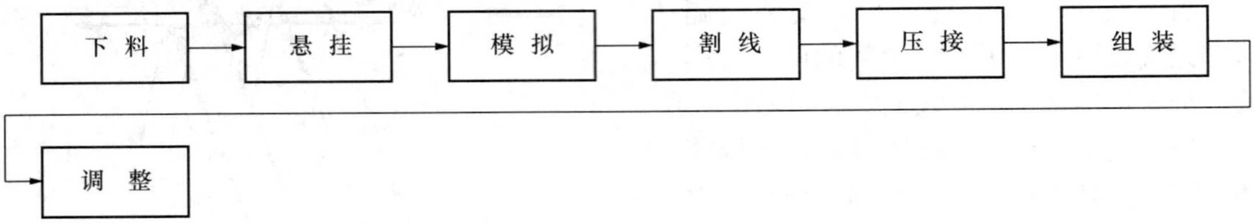

图 26-6-10 跳线安装“本线模拟法”工艺流程图

3. 跳线安装“本线模拟法”操作步骤要点

(1) 下料。在选择好跳线线体材料之后，即可统一下料，下料宜在安装塔号的地面进行，下料长度可按设计计算结构中心线长，适当增加 1～1.5m（根据实际安装经验，线长增加一定长度）。下料完成之后，即可将一端进行跳线联板（即引流管）压接，压接跳线联板时要选择好联板结合面方向和线体自然弯曲方向。

(2) 悬挂。将一端跳线联板已压接的线体用棕绳吊至铁塔一侧导线耐张线夹的联板处，将两个联板的光面上清理干净涂以导电脂，并连接固定好。依上述方法和要求，先后将一相子导线线体悬挂并连接好，但要注意应在四级风以下进行，保证悬挂着的线体不得鞭击或摩擦，也不得磨地或碰撞铁塔。

(3) 模拟。将悬挂着的跳线线体（本线），一根一根地在空中进行模拟，确定该跳线线体的割线位置画好印记，并标明跳线联板的压接方向。在模拟时操作人员要到该塔另一侧的耐张线夹处，悬挂一工具滑车，将一根棕绳的一端与被模拟的线体连接，另一端穿过工具滑车，而后徐徐牵引跳线线体，使跳线弧垂达到设计规定值，画印。如果需要通过跳线悬垂绝缘子串时，应分段模拟确定，并应考虑跳线悬垂绝缘子串在运行状态时自然倾斜的影响。

(4) 割线。将画好印记的线体线端，通过棕绳移至作业平台的适当位置，按印并考虑插入跳线联板的部分后割线。

(5) 压接。跳线联板的液压连接在作业平台进行，应特别注意跳线联板的方向，如跳线线体画印注明方位，必须按其所注的方位施工。液压工艺详见《架空输电线路导线及架空地线液压施工工艺规程》。

(6) 组装。组装作业内容有：跳线联板与耐张线夹联板的安装连接固定，跳线悬垂绝缘子串联板上的悬垂线夹和重锤的安装，以及跳线间隔棒的组装。在组装中应注意跳线联板光洁面与线夹联板的光洁面涂以导电脂，以及压接方位。

(7) 调整。调整是将组装后的跳线，进行最后的检查和修整。使其外型工艺整齐美观，再按规定逐一检查跳线弧垂实际值和电气间隙，并填入记录。拆除原保留的半永久接地线以外的所有施工用具。

第七节 附件安装典型机具表

一、耐张塔附件安装典型机具

耐张塔附件安装典型机具见表 26-7-1。

表 26-7-1 耐张塔附件安装典型机具表

序号	机具名称	需要数量		备注
		单位	数量	
1	手扳葫芦	个	24	根据导线相数及分裂数
2	换瓶器	个	2	用于更换个别绝缘子
3	空中临锚绳	条	24	长度按塔高确定
4	卡线器	个	24	与放、紧线周转使用
5	扭矩扳手	把	6	规格按金具螺栓确定
6	接地线	条	6	附件工作点的保护接地
7	液压机具	套	2	
8	高空压接平台	套	2	
9	绞磨	台	2	
10	磨绳	m		根据塔高确定
11	起吊牵引绳	m		根据塔高确定
12	特制工具环	个		根据导线相数及分裂数
13	护线胶皮套	m		根据现场情况确定
14	软梯	副	2	安装跳线
15	滑车(50kN)	个	6	
16	滑车(30kN)	个	6	
17	滑车(10kN)	个	3	传递滑车

二、直线塔附件安装典型机具

直线塔附件安装典型机具见表 26-7-2。

表 26-7-2 直线塔附件安装典型机具表（按照一基塔配置）

序号	机具名称	需要数量		备注
		单位	数量	
1	导线提线器	组	6	每副能完成一相提线作业
2	架空地线提线器	组	2	
3	手扳葫芦	个	6	
4	提线钢丝绳套	条	6	
5	吊瓶卡具	个	3	
6	换瓶器	个	1	用于更换个别绝缘子
7	扭矩扳手	把	3	规格按金具螺丝确定

续表

序 号	机 具 名 称	需要数量		备 注
		单 位	数 量	
8	接地线	条	3	附件工作点的保护接地
9	悬挂式爬梯	副	3	
10	传递绳	m		根据塔高确定
11	绞磨	台	2	
12	磨绳	m		根据塔高确定
13	起吊牵引绳	m		根据塔高确定
14	滑车(10kN)	个	3	传递滑车

三、间隔棒安装典型机具

间隔棒安装典型机具见表 26-7-3。

表 26-7-3　　间隔棒安装典型机具表

序 号	机 具 名 称	需要数量		备 注
		单 位	数 量	
1	间隔棒安装飞车	台	6	包括计程器
2	悬挂式爬梯	副	3	
3	传递绳	根	3	长度根据线高确定
4	测距仪	台	2	
5	间隔棒扳手	把	10	
6	滑车(10kN)	个	3	传递滑车

第八节　典型附件劳动组织及岗位责任

一、耐张塔附件劳动组织及岗位责任

耐张塔附件劳动组织及岗位责任见表 26-8-1。

表 26-8-1　　耐张塔附件劳动组织及岗位责任

序 号	岗 位	人 数	岗 位 责 任
1	现场指挥	1	总指挥工作
2	绞磨机手	现场确定	负责开绞磨
3	安全监护人	1	负责安全工作
4	质量员（兼）	1	负责质量工作
5	液压工	1	负责压接
6	技工	6	负责安装工作
7	普工	10	负责安装操作的辅助工作

二、直线塔附件劳动组织及岗位责任

直线塔附件劳动组织及岗位责任见表 26-8-2。

表 26-8-2　　直线塔附件劳动组织及岗位责任

序号	岗位	人数	岗位责任
1	现场指挥	1	总指挥工作
2	绞磨机手	现场确定	负责开绞磨
3	安全监护人	1	负责安全工作
4	质量员（兼）	1	负责质量工作
5	技工	2	负责安装工作
6	普工	6	负责安装操作的辅助工作

三、间隔棒安装劳动组织及岗位责任

间隔棒安装劳动组织及岗位责任见表 26-8-3。

表 26-8-3　　间隔棒安装劳动组织及岗位责任

序号	岗位	人数	岗位责任
1	现场指挥	1	总指挥工作
2	安全监护人	1	负责安全工作
3	质量员（兼）	1	负责质量工作
4	技工	3	负责安装工作
5	普工	7	负责安装操作的辅助工作

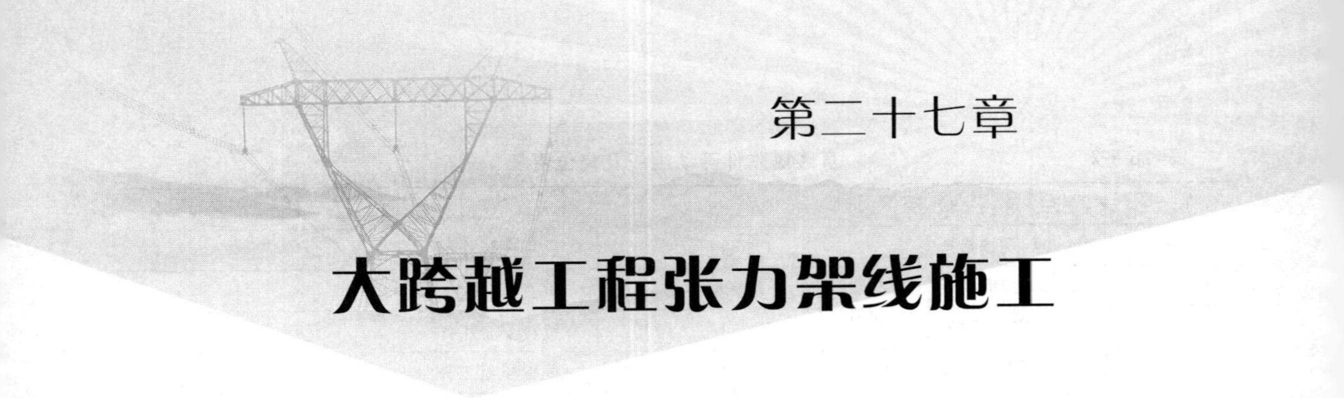

第二十七章 大跨越工程张力架线施工

第一节 概 述

输电线路大跨越工程，一般而言，跨距1000m以上，直线跨越塔塔高100m以上，多有跨越宽阔水面或有通航要求的河道，需特殊设计的输电线路称为大跨越输电线路工程。

大跨越工程具有杆塔高、档距大、高空风速大、覆冰厚度大、荷载条件大等设计特点。大跨越工程一般采用耐张塔—直线塔—直线塔—耐张塔跨越方式，跨越档档距一般在1000m以上，多为同塔双回路建设，导线型式以四分裂为主，1000kV交流特高压输电线路试验示范工程大跨越工程采用了六分裂的设计型式，导线一般采用ACSR铝合金导线。

其架线施工具有放线张力大、绝缘子串重、高空作业量大、附件安装工艺复杂、设备及工器具负荷大等特点。

第二节 施工工艺流程及劳动组织

一、施工工艺流程

大跨越工程张力架线施工工序与一般工程架线一致，所不同的是在大跨越工程中展放导引绳、牵放导线、紧挂线以及附件安装工艺都相对复杂，施工难度相对高很多，劳动组织则相对较简单。其张力架线施工工艺流程见图27-2-1。

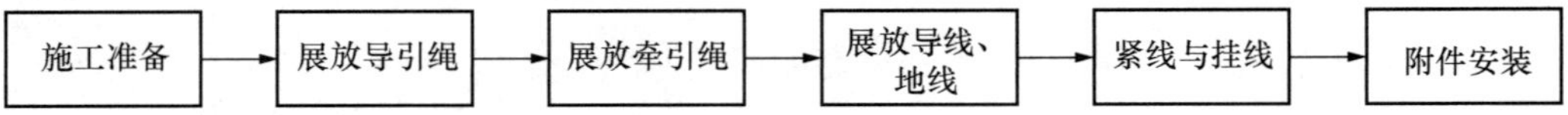

图27-2-1 大跨越工程张力架线流程

二、劳动组织

大跨越工程张力架线劳动组织见表27-2-1～表27-2-3。

表27-2-1 张力放线劳动组织及岗位责任

序号	工 种	人数	岗 位 责 任
1	现场指挥	1	设在张力场，负责张力场及放线区段的总指挥
2	现场副指挥	1	设在牵引场，负责牵引场的指挥
3	牵引机手	2	分别负责操作大牵引机和小张力机
4	张力机手	2	分别负责操作大张力机和小牵引机
5	压接工	1	负责导、地线压接
6	吊车司机	2	负责吊车驾驶和吊装

续表

序号	工　种	人数	岗　位　责　任
7	安全负责人	1	负责放线区段的安全工作
8	质量负责人	1	负责放线区段的质量工作
9	技工	若干	负责放线操作
10	普工	若干	负责放线操作的辅助工作
11	测工	1	负责监视放线期间导引绳、牵引绳、导线、地线的弧垂，确保其与通航河流间足够的净空距离
12	警戒人员	6	负责施工期间通航河流上来往船只的警戒工作

注　本表为一个张力放线班组的劳动组织及岗位责任。

表 27-2-2　　紧线与挂线劳动组织及岗位责任

序　号	工　种	人　数	岗　位　责　任
1	现场指挥	1	负责紧线与挂线的总指挥工作
2	测工	2 人以上	负责绑弛度板和观测弛度，设置于跨越档两端同时观测
3	压接工	1	负责耐张线夹及接续管的压接
4	绞磨机手	2 人以上	负责操纵绞磨，耐张串与导线对接时至少需 2 台绞磨
5	安全负责人	1	负责紧线区段的安全工作
6	质量负责人	1	负责紧线区段的质量工作
7	技工	若干	负责安装操作
8	普工	若干	负责安装操作的辅助工作

注　本表为一个紧线与挂线班组的劳动组织及岗位责任。

表 27-2-3　　附件安装劳动组织及岗位责任

序　号	工　种	人　数	岗　位　责　任
1	现场指挥	1	负责附件安装的总指挥工作
2	测工	1	负责弛度复测
3	绞磨机手	2	负责操纵绞磨
4	安全负责人	1	负责施工点的安全工作
5	质量负责人	1	负责施工点的质量工作
6	技工	若干	负责安装操作
7	普工	若干	负责安装操作的辅助工作

注　本表为一个附件安装班组的劳动组织及岗位责任。

飞行器腾空展放导引绳的劳动组织（以行业内较多使用的动力伞腾空展放导引绳施工示例），见表 27-2-4。

表 27-2-4　　动力伞腾空展放导引绳劳动组织及岗位职责

序　号	名　称	人　数	岗　位　职　责
1	现场指挥	1	负责动力伞的起降及空中联络和塔上人员的协调
2	安全负责人	1	负责施工安全管理及监察工作

续表

序号	名称	人数	岗位职责
3	飞行驾驶员	1	负责根据航线要求驾驶飞行器
4	飞行放线员	1	负责在动力伞上展放导引绳
5	动力伞地勤人员	4	负责接应动力伞起降、加油及其他事宜
6	高空作业人员	2人/塔	负责接应动力伞展放的导引绳，置入滑车；负责展放次级导引绳时塔上分线操作
7	牵张机手	2	负责操作牵张设备，张力展放次级导引绳
8	技工	4	负责张力展放次级导引绳作业
9	普工	8	负责配合张力展放次级导引绳作业
10	测工	1	负责监视张力展放导引绳作业期间导引绳的弧垂，确保其与通航河流间足够的净空距离

第三节 施工准备

一、施工准备要点

（1）取得被跨越物有关管理部门跨越施工许可，各种跨越方案通过审核、实施后已经验收合格。

（2）所有参与架线施工的人员经过架线施工专项培训。

（3）大型设备抵达现场时均具有合格证书和相关检验文件，使用前完成调试试车。特制设备应经过鉴定或试验，方可投入使用。

（4）进入塔位的道路需要提前修整加固，以满足大型设备进场要求，同时须与道路所属的行政部门或单位协商妥善；涉及堤防管理部门时，提前进行联系协商，取得施工许可。

二、牵张场布置

1. 一般原则

大跨越工程放线施工的牵、张场，视场地运输条件、交叉跨越情况，一般利用锚塔组立施工时的临时占地进行布场，既可以减少临时占地用量，又可以利用牵、张设备辅助进行导、地线紧挂线施工，提高施工效率。

由于大跨越工程跨越塔一般采取双回路设计，锚塔采用单回路设计，且锚塔间横线路方向有一定距离，所以需要两回路分别设场，牵、张设备在两回路间调用。某大跨越工程的牵张场布置如图27-3-1所示。

现场布置设备时，还应同时考虑与腾空展放导引绳方式相适用的牵、张设备，如三线张

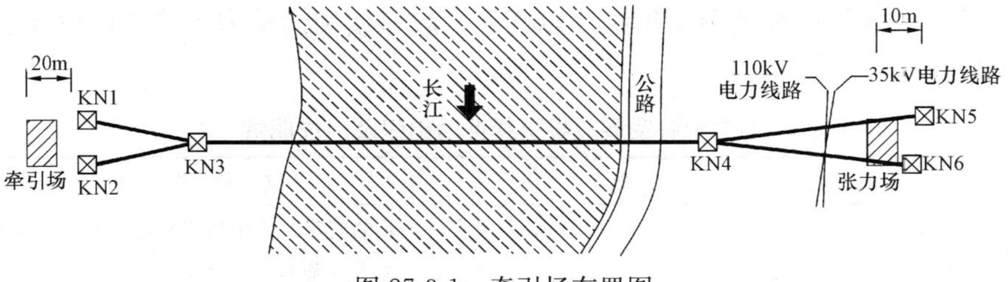

图27-3-1 牵引场布置图

力机等。

要求采取同步展放方式时，需要同时布置多套牵张设备。

分次展放方式下，牵、张场布置如图 27-3-2、图 27-3-3 所示。

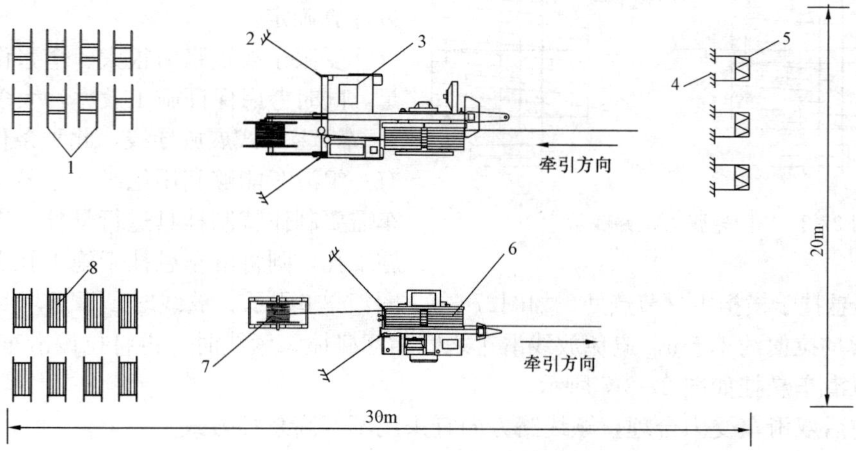

图 27-3-2　牵引场布置图

1—牵引绳轴架；2—地锚；3—大牵引机；4—锚线地锚；5—锚线架；6—小张力机；7—小张力机尾车；8—牵引绳

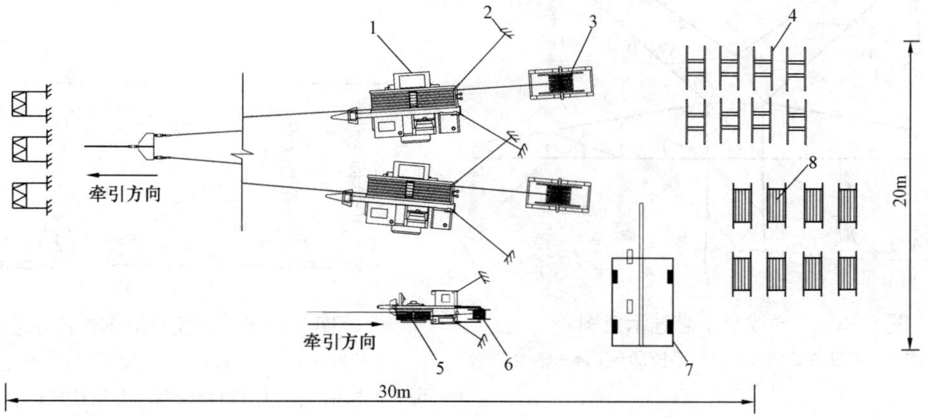

图 27-3-3　张力场布置图

1—张力机；2—地锚；3—导线尾车；4—导线；5—小牵引机；6—牵引绳轴；7—吊车；8—牵引绳轴

2. 张力机并轮机制

大跨越工程由于跨越档档距大，以及保证航道正常通航，施工时放线张力比常规线路工程大很多。现阶段业内主流牵引机、张力机出力不能满足一次展放多分裂导线的施工要求，多采用“一牵 2”分次展放方式，降低牵引力需求，同时将张力机张力轮并轮使用，使其相当于一个张力轮，增大张力机出口张力，如二线张力机二轮并轮当作一线张力机使用。

张力机并轮时，对传力销进行离、合操作，同时断开和并联张力轮的液压回路，使两个张力轮合为一体，如图 27-3-4 所示。

三、放线滑车悬挂

大跨越工程导、地线直径大，导线钢芯粗、比重大，对滑车下压力大，要求使用大轮

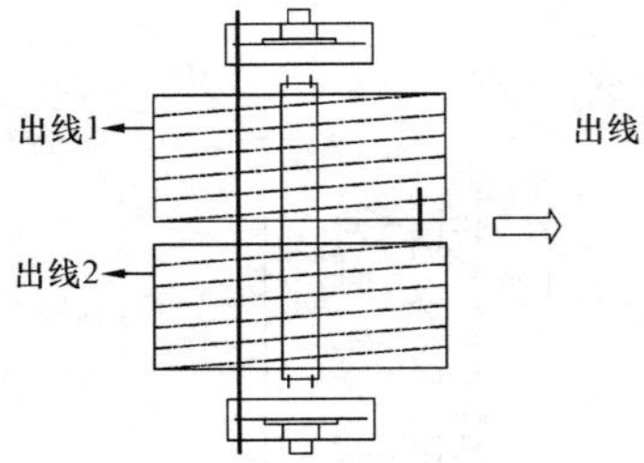

图 27-3-4 两轮张力机并联示意图

径、高承载力放线滑车。同时，跨江塔处导、地线包络角大，须悬挂双滑车。跨越塔和耐张塔滑车具体选型及悬挂方式应通过计算确定。

受限于放线张力很大、牵张设备出力不足，同时考虑保证施工效率，大多采取分次“一牵 2”方式展放导线，此种条件下，只能有一组滑车能够利用绝缘子串悬挂，其余滑车需要制作特制挂具进行悬挂。塔上如设有施工孔，则将滑车悬挂于施工孔上，如没有则加工抱箍悬挂于横担主材节点处，如图27-3-5、图27-3-6所示。放线时，靠近塔身侧的滑车需要使用索具拉偏约 1.5m，避免放线滑车之间相互碰撞，紧线时，再将拉偏滑车复位。

地线双滑车悬挂如图 27-3-7 所示。

为使前后双滑车受力合理，顺线路方向宜采用不等高悬挂方式。

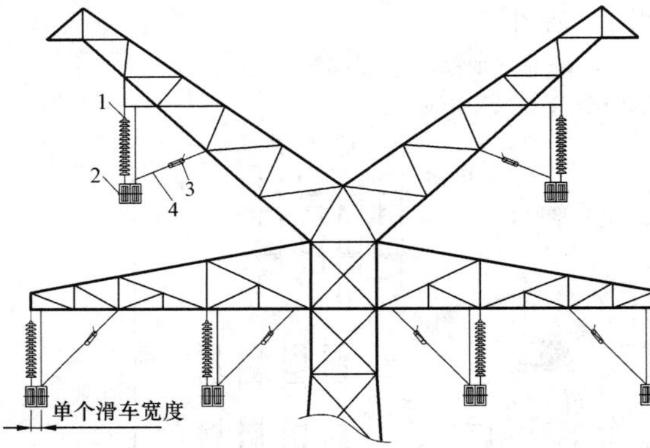

图 27-3-5 导线滑车悬挂示意图

1—绝缘子串；2—双三轮滑车；3—手扳葫芦；4—临时拉索

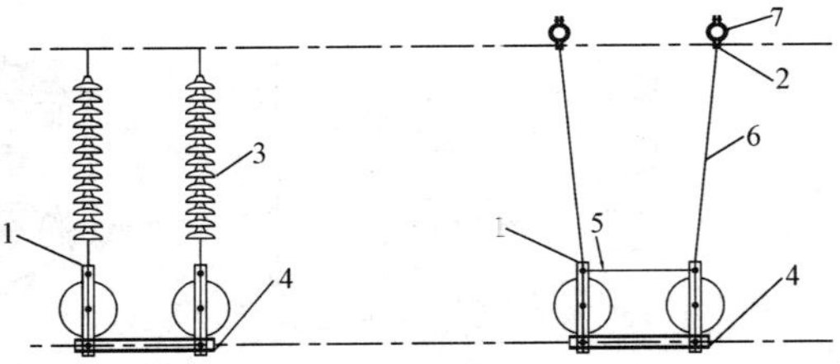

图 27-3-6 导线双滑车连接示意图

1—三轮滑车；2—抱箍；3—绝缘子串；4—连接两个三轮滑车的槽钢；5—限位拉杆；6—专用挂具；7—下横担主材

拉索及挂具示意如图 27-3-8 所示。

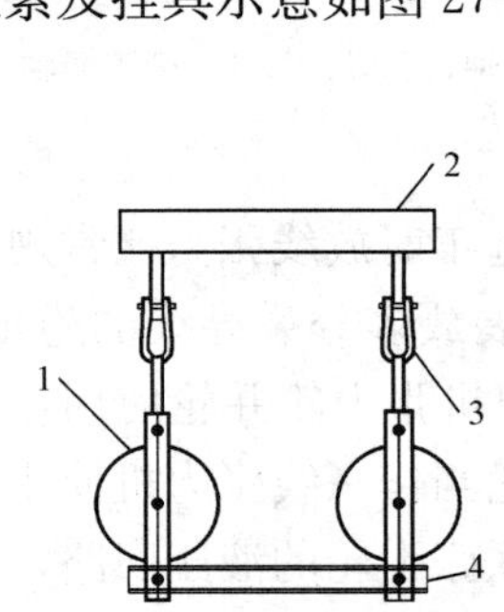

图 27-3-7 地线双滑车悬挂示意图

1—地线滑车；2—地线支架；3—U 型环；4—连接两个滑车的槽钢

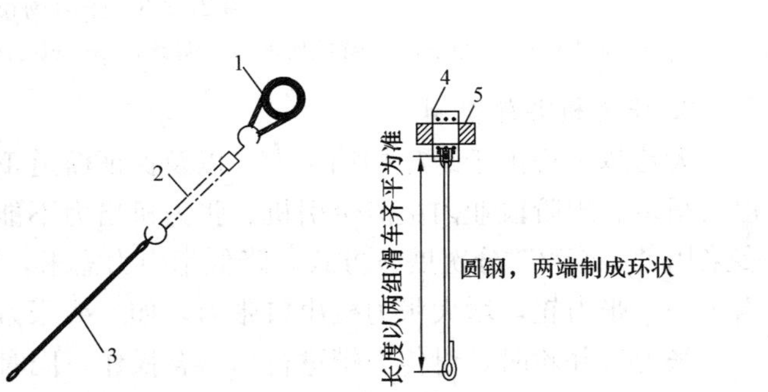

图 27-3-8 拉索及挂具示意图

1—抱箍及钢丝绳套（用于塔身）；2—手扳葫芦；3—钢丝绳套（以 U 型环连接滑车）；4—抱箍；5—横担主材

四、有关架线主要机具选取计算的基本公式

1. 跨越档放线水平张力

$$H=\frac{w_1 l^2}{8f} \tag{27-3-1}$$

式中　H——跨越档所需放线水平张力，N；

f——满足江面安全距离时的最大弧垂，m；

w_1——导线单位重力，N/m；

l——跨越档档距，m。

2. 张力机出口水平张力

$$T_{Hi}=\frac{H_i}{K_i} \tag{27-3-2}$$

$$K_i=0.945\left[\varepsilon^{i-1}+\frac{6\omega_1}{T_p}(h_1\varepsilon^{i-1}+h_2\varepsilon^{i-2}+\cdots+h_i)\right]$$

$$T_{Hi\max}=T_H$$

式中　i——各档编号，张力机到邻塔 $i=1$，张力机邻塔到第二基塔 $i=2$，其余类推，牵引机到邻塔为施工段最后一个线档；

T_{Hi}——与第 i 档所需水平放线张力 H_i 相对应的张力机出口水平张力，N；

H_i——为满足安全距离要求，第 i 档所需放线水平张力，N；

ε——放线滑车综合阻力系数，此处可取 $\varepsilon=1.012\sim1.015$；

T_P——导线的保证计算拉断力，N；

h_i——第 i 档悬点高差，牵引机端悬点高于张力机端，h_i 取正值，反之取负值，m；

T_H——选出的张力机出口水平张力（所有 T_{Hi} 中的最大值），N；

K_i——线档张力系数，是线档放线水平张力与张力机出口水平张力的比值。

3. 牵引机牵引力的水平分力

$$P_H=m[P_H\varepsilon^n+w_1(h_1\varepsilon^n+h_2\varepsilon^{n-1}+\cdots+h_n\varepsilon+h_n)] \tag{27-3-3}$$

式中　P_H——牵引力的水平分力，若场地布置符合标准要求，可近似地将水平分力当作牵引力，N；

ε——滑车综合阻力系数，计算牵引力时可取 1.012～1.015；

n——施工段内放线滑车总个数；

m——同时牵放的子导线根数。

4. 放线滑车的垂直档距

$$l_{ch}=\frac{l}{2}\left(\frac{l_i}{\cos\beta_i}+\frac{l_{i+1}}{\cos\beta_{i+1}}\right)+\frac{l}{w_1}\left(\frac{H_ih_i}{l_i}+\frac{H_{i+1}h_{i+1}}{l_{i+1}}\right) \tag{27-3-4}$$

$$\beta=\arctan\frac{h}{l}$$

式中　l_i、l_{i+1}——被校核放线滑车两侧线档的档距，m；

h_i、h_{i+1}——两相邻滑车与被校核滑车的高差，邻塔滑车高于被校核滑车，高差取负值，反之取正值，m；

β_i、β_{i+1}——被校核放线滑车两侧线档的高差角；

H_i、H_{i+1}——被校核放线滑车两侧线档的水平放线张力，N；

w_1——牵引绳或导线的单位长度重力，N/m。

5. 设备及工器具选型示例

(1) 工程概况。

1）跨越方式。某长江大跨越工程，跨越方式为耐张—直线—直线—耐张，其档距分别为706、1650、600m，耐张段长2956m。跨越塔为双回路铁塔，锚塔为单回路塔。

2）气象条件。最大风速30m/s，覆冰15mm（30mm验算），最高气温40℃，最低气温−20℃。

3）铁塔。直线跨越塔塔型相同，呼称高为168m，全高为182.8m；耐张塔呼称高为40m，全高为72m。

4）导、地线。导线采用四分裂AACSR/EST-500/230型特强钢芯高强铝合金绞线；地线一根为JLB20B-240型铝包钢绞线，另一根为OPGW-240型复合光缆。其特性参数如表27-3-1所示。

表27-3-1　导、地线特性参数表

数据　线型 项目	导　线	地　线	复合光缆
型号	AACSR/EST-500/230	JLB20B-240	OPGW-240
总截面面积(mm^2)	729.56mm^2	238.76	241.65
铝(合金)截面面积(mm^2)	501.73mm^2	59.69	
钢截面面积(mm^2)	227.83mm^2	179.07	
结构(股数/直径)	铝合金：42/3.9 钢：37/2.8	铝包钢：19/4.0	24芯
计算外径(mm)	35.2	20.0	20.4
单位质量(kg/km)	3188.3	1595.5	1686.5
综合弹性系数(MPa)	97158	147200	164500
综合膨胀系数(1/℃)	15.98×10^{-6}	13.0×10^{-6}	12.68×10^{-6}
计算综合拉断力(kN)	511.2	315.2(保证值)	329
破坏应力(MPa)	665.6	1254	
拉重比	16.36	19.76	
铝钢比	2.21	218/15.9	
20℃直流电阻	0.06730	0.3601	0.397

5）绝缘子串。导线悬垂串采用4联550kN或6联420kN绝缘子组装方式，导线耐张串采用6联550kN或8联420kN绝缘子组装方式。

6）张力放线施工条件。张力场设置在北岸锚塔塔下，高程为49.4m，北岸跨越塔呼称高处、地线挂点高程分别为204.7、228.6m，南岸跨越塔呼称高、地线挂点高程分别为205.2、229.1m，牵引场设置在南岸锚塔塔下，高程50.5m。

架线施工期间江面最高高程为40.5m。

(2) 主要施工机具选择。本例依照本节内容按工程实际需求进行详细计算，实际选择的机具见表27-3-2。

表 27-3-2　　施工机具选择表

序号	机具名称	规格型号	单位	数量	备注
1	牵引机	ARS-907/280kN	台	1	
2	张力机	FRQ800/4×50kN	台	1	
3	小张力机	PT-010，90kN	台	2	
4	小牵/张机	PU-035，90kN	套	2	
5	吊车	250kN	辆	1	
6	吊车	160kN	辆	1	
7	“一牵 2”走板	300kN	只	2	
8	复式三轮放线挂胶滑车	ϕ916mm 许用荷载 200kN	只	27	接地式(3 只备用)
9	三轮放线挂胶滑车	ϕ916mm	只	14	锚塔用(2 只备用)
10	复式单轮放线挂胶滑车	ϕ916mm 许用荷载 6kN	只	6	接地式，OPGW 用(2 只备用)
11	单轮放线挂胶滑车	ϕ916mm	只	5	锚塔用(1 只备用)
12	机动绞磨	30kN	台	10	
13	导线牵引管	破坏荷载 350kN	个	30	定制，代替网套连接器
14	地线牵引管	破坏荷载 200kN	个	5	定制，代替网套连接器
15	OPGW 牵引管	破坏荷载 200kN	个	5	定制，代替网套连接器
16	高空作业平台	2m×1.5m	副	4	
17	动力伞	双人	套	1	
18	迪尼玛绳	ϕ5mm	km	5	
19	迪尼玛绳	ϕ13mm	km	15	
20	导引绳	□18mm	km	10	破断力 210kN
21	牵引绳	六方 34mm	km	5	破断力 652kN
22	导线卡线器	许用荷载 120kN	只	36	
23	地线卡线器	60kN	只	6	
24	OPGW 卡线器	60kN	只	6	
25	导引绳卡线器	KQ70	只	10	
26	牵引绳卡线器	KQ220	只	10	
27	抗弯连接器	DHG-28	只	5	
28		DHG-5	只	15	
29	旋转连接器	SLX-28	只	12	
30		SLX-10	只	6	
31		SLX-5	只	10	

续表

序号	机具名称	规格型号	单位	数量	备 注
32	液压机	YQ2000	套	4	
33	导线压接钢模		套	4	
34	地线压接钢模		套	3	
35	链条葫芦	120kN	只	36	
36		80kN	只	24	
37	高空锚绳	ϕ21.5mm×55m	根	12	
38	钢丝绳、滑车	各级			按需配备
39	防扭鞭	200kN 破坏	只	2	1 只备用
40	悬挂式爬梯	16m	只	12	
41	弛度板	2m	块	6	
42	两线导线提线器	STS-10	套	24	
43	导线温度仪	−50～100℃	只	5	
44	地线提线器	STD-5	套	4	
45	望远镜	15 倍	只	4	
46	经纬仪	J2	台	3	

第四节 展放导引绳、牵引绳

大跨越工程施工中，展放导引绳是张力架线施工中的重要环节。由于跨越江河或宽阔水面，跨江展放导引绳有使用船只拖拽和使用飞行器腾空展放两种方案。船只拖拽方式效率低，需要将通航河流长时间封航。随着航空技术的进步，飞行器的使用成本逐渐降低，用于输电线路施工的技术也越来越成熟，近年来各施工单位多采用飞艇、动力伞、航模甚至直升机等飞行器跨江腾空展放初级导引绳。除使用直升机展放较大截面导引绳外，利用飞艇、动力伞、航模等飞行器展放初级导引绳一般采用 ϕ4mm 或 ϕ5mm 迪尼玛绳，初级导引绳展放完成后，采用“一牵 n”张力展放方式展放后续多级导引绳，过程中采用适合的导引绳高空移位方法，直至所有滑车中的导引绳或牵引绳满足张力放线所需要的规格。

动力伞腾空展放导引绳工艺典型施工方法见本篇第二十四章张力放线附录 R。

以动力伞展放 ϕ4mm 迪尼玛绳，大跨越工程采用双回路铁塔、四分裂导线情况为例，展放导引绳的施工流程如图 27-4-1 所示。用导引绳牵放牵引绳，其方法与常规方法相同，这里不再赘述。

展放导引绳、牵引绳，以及展放导、地线过程中，视航运管理部门要求或安全措施情况，采用不同的封航方法。作业点上下游一定范围内设置安全警戒船只以及鏑望船，展放过程中在顺线路方向须设置观测站，时刻监控导引绳的弧垂，确保足够的净空距离。

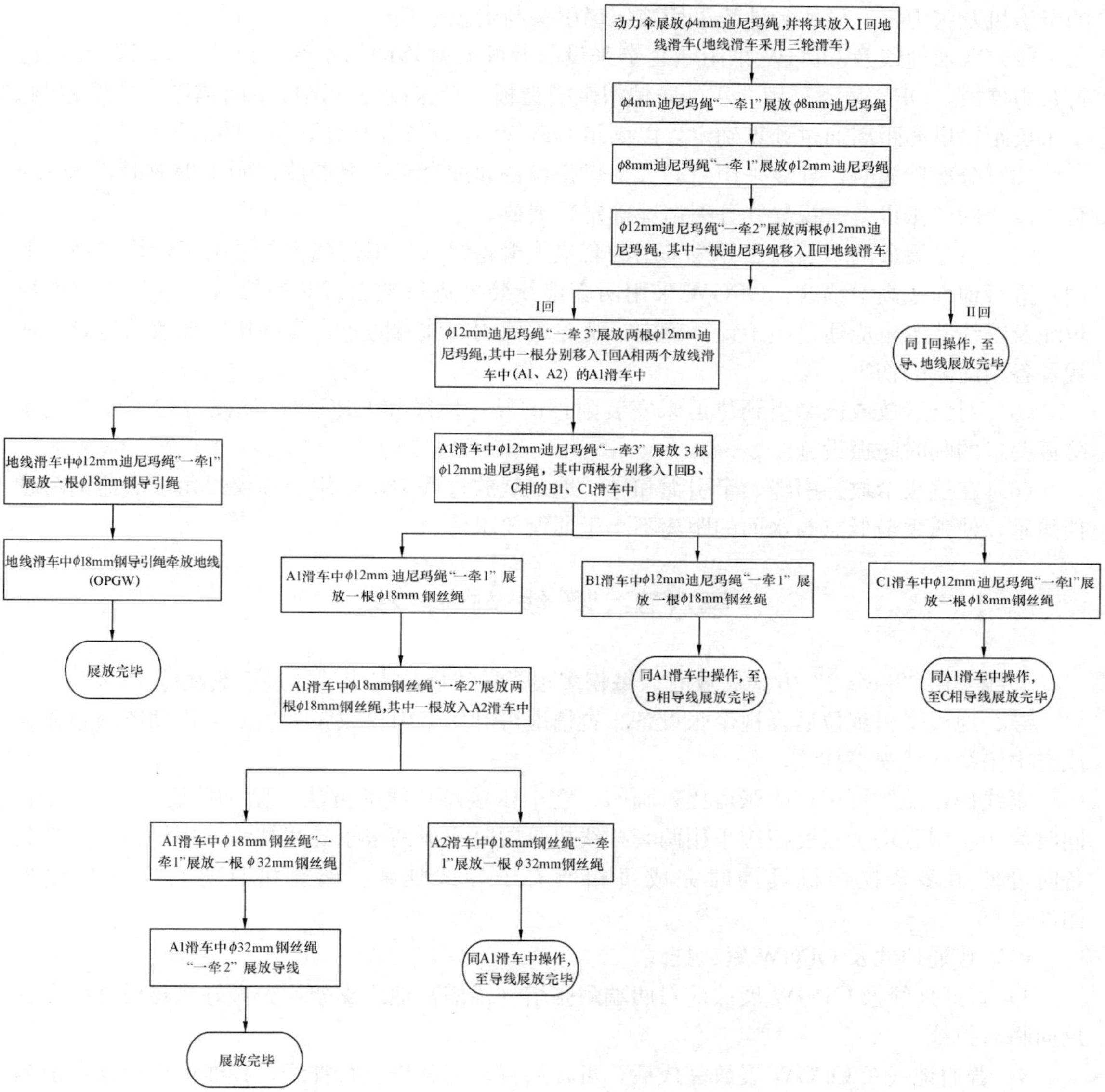

图 27-4-1　大跨越工程展放导引绳（直至展放导线完成）施工流程

第五节　展放导线、地线

牵引绳展放完毕后即可实施导线、地线展放作业，大跨越工程导线、地线展放的特点是单线张力大，所以导线展放一般采用“一牵 2”分次放线方式，如有同步放线要求时采用同步放线方式。同时，导线放线走板与导线连接一般采用液压牵引头方式连接，不再使用网套连接器，以确保放线过程安全；锚线架的额定荷载，需要根据具体工程计算设计加工；锚线装置需要使用滑轮组（如 2-2 滑轮组）；导线尾车需增加额定荷载及加大尺寸等。

（1）导线展放采用主牵引机及主张力机，普通地线、OPGW 展放采用符合牵张力要求的牵引机及张力机，导线和地线采用液压牵引头与走板连接。

（2）普通地线及OPGW采用一套牵张设备及配套规格的牵引绳，以“一牵1”方式进行张力展放，OPGW需采用专用的防偏扭牵引走板。牵张设备分别位于两锚塔一般线路侧，牵张机距锚塔的距离通过计算确定，以满足OPGW在耐张塔上引下和接续的长度要求。

（3）分次展放时，导线采用一套大型牵张设备和配套牵引绳展放；同步展放时，采用2套或以上的牵张设备（视导线分裂情况确定）展放。

（4）对已展放的牵引绳及导线采用两套锚线滑轮组（许用荷载应通过施工计算选择，下同）进行地面或高空锚线，OPGW采用两套锚线装置进行地面或高空锚线，钢丝绳或迪尼玛绳及锚线装置也应通过施工计算确定。滑轮组使用时注意防止自身的扭转导致的对导、地线及各型绳索的伤害。

（5）对已展放或已牵引到位但未安装附件的导、地线和OPGW，过夜时均须安装满足防振要求的临时防振设施。

（6）在逐级牵放导引绳、牵引绳和导、地线展放过程中，采用经纬仪以角度法监测跨越档弧垂，使弧垂最低点与水面的距离不小于通航要求值。

第六节 紧线与挂线

导线采用“一牵2”方式展放时，每相多根子导线展放完毕后即进行紧线施工。

导、地线牵引到位后，视牵张设备布置情况可利用牵引机或张力机配合机动绞磨直接完成空中锚线或后视端挂线。

紧线操作端，可采用耐张塔比量画印、空中压接及挂线的方法。紧、挂线使用滑轮组，同时为防止耐张塔金具受扭应采用两套挂线机具同时完成两根子导线挂线，现场机具条件具备时可使用多套挂线机具同时完成每相所有子导线挂线。两套机具进行空中挂线见图26-2-19。

（1）普通地线及OPGW紧、挂线。

1）普通地线及OPGW展放前对两端耐张塔（锚塔）地线支架预先做好满足设计要求的反向临时拉线。

2）普通地线及OPGW展放完成后，可在后视端耐张塔进行挂线，挂线前在地面完成耐张线夹压接。后视端可为张力机或牵引机，挂线时注意挂线滑轮组和牵张设备间以及牵引机和张力机之间的配合。挂线过程中时刻注意线体与被跨水面的高差。

3）后视端完成挂线后，紧线操作塔采用空中对接方式完成紧、挂线，耐张线夹在空中压接，紧、挂线过程中可使用牵张设备辅助。

（2）导线紧、挂线。

1）导线展放前对两岸的耐张塔导线横担，预先做好满足设计要求的反向临时拉线。

2）在耐张段两侧耐张塔上安装好导线耐张串后，在金具串导线端联板上安装紧、挂线滑车组。

3）导线牵引到位后，在后视端耐张塔进行挂线。其方法为：在后视端耐张塔处采用滑车组由牵张设备配合对子导线进行高空锚线。若后视端为牵引机，则完成耐张线夹地面压接后，松出高空锚线滑车组，由牵张设备配合完成挂线；若后视端为张力机，视牵张设备对耐张塔的距离情况，留出足够长度的导线断线完成地面压接，然后松出锚线滑车组完成挂线。

4）紧线操作塔一端，对导线进行紧线和挂线操作的方法为：使用耐张塔导线耐张串上的高空紧线滑车组，用紧线器（手扳葫芦、卡线器等）连接在导线上，对应后视端耐张塔完成挂线的一相导线，用高空紧线滑车组紧线，紧线弧垂符合设计要求后，在高空完成割线和耐张管的压接，最后采用紧线滑车组完成导线的挂线操作。

（3）在完成导线后视端挂线后，需注意同一相导线放线滑车的高度是否一致，不一致时调整后再进行弧垂观测。

（4）采用档端角度法观测紧线弧垂时，在两岸跨越塔的导、地线挂线点下方各设 4 个观测点，两岸观测点相互校核，确保弧垂观测的准确性。同时，在两侧耐张塔的下方也各设相应的观测点，观测导、地线的线间及相间误差。

（5）上述的操作过程中，牵引机、张力机及地面和高空的滑车组都要相互协调配合，同时经纬仪要密切观测跨越档的弧垂，确保线体与水面间的高差。

第七节　附　件　安　装

导线和地线紧、挂线完成后随即进行附件安装，不能及时安装附件时，对导、地线采取临时防振措施。

1. 跨越塔悬垂线夹的安装

（1）普通地线及 OPGW 在紧、挂线完成后，在跨越塔地线顶架两侧滑车悬挂点附近操作孔，用两副链条葫芦下连单线提线器将其从放线滑车中提出，安装上悬垂金具串后，将普通地线及 OPGW 安装入悬垂线夹，完成附件。

（2）导线在紧、挂线完成后，在跨越塔横担两侧滑车悬挂点附近操作孔安装多副单线提线器将子导线从放线滑车中提出，每根子导线用两副提线器，降下放线滑车，安装护线条后进行悬垂线夹安装。各子导线宜分两根为一次同步安装，防止联板偏转或倾斜。由于导线截面及跨越塔处导线包络角较大，提线钩需要较大宽度，可直接使用悬垂线夹提线。提线器在导线上的间距应足够大，以满足安装预绞丝的空间要求。

2. 导线、OPGW 防振设施及间隔棒的安装

（1）导线悬垂线夹安装完成后随即进行导线间隔棒和防振设施的安装。

（2）导线间隔棒安装时，安装人员和安装材料从跨越塔处利用飞车向耐张塔和跨越档中间处行进，边行进边测量安装尺寸并做好印记，先安装耐张塔处或跨越档中间处间隔棒，然后飞车返回时逐个向跨越塔处安装。

（3）阻尼线在地面根据施工图预先进行模拟安装，标记上安装印记后再运送至高空按标记进行安装，以确保阻尼线安装的准确性和美观。

3. 耐张塔刚性跳线安装

（1）耐张塔的跳线为刚性跳线，其主体为刚性结构，两端以软导线与耐张线夹的引流板相连。跳线器材运输和装卸要防止碰撞变形，运到安装现场安装前方可拆除包装。

（2）安装时，先在地面压上根据计算所得长度的引流线，引流线宜使用未经牵引过的原始状态导线制作，应使原弯曲方向与安装后的弯曲方向相一致，以利外形美观。然后将中间刚性铝管与引流线安装完成，最后吊起安装，将耐张线夹联板与跳线（引流线）联板安装

完成。

（3）在地面将刚性跳线与悬垂绝缘子串组装好，一并吊装在塔上。施工时应根据确定的柔性跳线长度，将其与刚性跳线引流板、耐张线夹引流板连接，再安装柔性跳线间隔棒，并进行外观整形。

（4）在塔下压接跳线线夹时，注意跳线联板与耐张线夹引流联板结合面的方向。跳线安装后，测量最小对塔距离，如不符合设计要求，必须查明原因，进行调整或重装。

第八节　安全措施及质量保证措施

一、安全措施

大跨越工程张力架线施工须注意的特殊安全措施主要包含以下内容。

（1）提前与航运管理部门联系办理有关手续，放线期间与港监部门一起做好航运警戒管理。

（2）展放过程中，对水面上牵引绳、导线、地线、光缆的牵放情况及江上过往船只情况进行监控。

（3）展放过程中时，使用经纬仪测控跨越档各线索及导线的弧垂点，确保其净空高度。

（4）放线期间严格按要求做好导、地线、光缆及牵引绳的临时防振措施。

（5）保持与海事部门的畅通联系，建立断航事故应急预案，如果发生张力架线施工中影响通航的事故，立即进行妥善处理。

（6）通信联络系统必须畅通无阻，不同工序（展放导地线、紧线和附件安装）的通信频率应分开使用，以免相互干扰。

（7）施工前检查用于施工的机械设备状况，确保运转状况良好。

（8）导引绳、牵引绳及抗弯、旋转连接器在使用前应严格检查，确保连接牢靠。

二、质量保证措施

大跨越工程张力架线施工须注意的特殊质量措施主要包含以下内容。

（1）导线在保存、运输期间严格避免磕碰，施工期间特别注意其防磨损措施的落实，不允许导线出现中度及以上损伤。

（2）导线临锚时，调整子导线弧垂呈扇形，避免子导线相互鞭击。

（3）做好放线施工计算，确定合理的弧垂观测方法。弧垂观测时，应同时采取弧垂校核的措施，确保弧垂观测准确。

第二十八章

OPGW 架设施工

第一节　概　　述

一、内容概要

电力通信光缆，可以分为三类：其一是光纤复合架空地线（OPGW，Optical Ground Wire），或称架空地线复合光缆（以下简称 OPGW 或复合光缆）；其二是全介质自承式光缆（ADSS，All Dielectrie Self-Suppor-tion Cable）；其三是地线缠绕光缆（GWWOP，Ground Wire Wrapped Optical Cable）。

本章仅叙述 OPGW 架设施工，其内容包括 OPGW 的运输、装卸和贮存、主要施工工具、架设方法和操作要点等。

二、适用范围

本章内容适用输电线路 OPGW 架设施工。

第二节　施工工艺流程及劳动组织

一、施工工艺流程

OPGW 架设施工艺流程如图 28-2-1 所示。

图 28-2-1　OPGW 架设施工工艺流程图

二、劳动组织与岗位责任

OPGW 架设施工劳动组织与岗位责任见表 28-2-1。

表 28-2-1　　OPGW 架设施工劳动组织与岗位责任

序号	岗　位	人数	岗 位 职 责
1	施工负责人	1	全面负责施工及人身、设备安全
2	技术负责人	1	全面负责施工技术及施工质量检查
3	测工	1	负责弛度观测
4	牵张机手	2	负责牵、张机操作
5	高空作业人员	10	负责紧线、附件安装等所有高空作业
6	地面作业人员	30	配合牵张场、护线及高空作业人员等地面工作

第三节 施工及验收的基本规定

在保存、运输、展放、安装过程中，必须建立临场检验制度，加强OPGW的管理。一般规定如下：

（1）OPGW均应采用机械装卸，轻吊轻放，对露出缆盘的OPGW在吊装时垫设方木，防止钢丝绳压伤OPGW，运输时将光缆加以固定，坚决杜绝侧面放置。

（2）OPGW必须经单盘测试合格后方准使用。

（3）OPGW在展放时，应由材料站运到现场当天展放，当天将线紧好，不宜在现场存放缆盘。

（4）OPGW紧线完毕应立即安装防振锤，OPGW在滑轮上停留时间最多不得超过48h。

（5）OPGW在施工过程中，一般最小弯曲半径不小于500mm。弯曲还必须满足供货厂家提供的最小弯曲半径要求。并不得与架好的导线、地线交叉摩擦。

（6）安装线夹、固定夹具、并沟线夹及防振锤等金具时必须使用计量合格的力矩扳手，并控制线夹对OPGW的压应力。防振锤的安装扭矩应符合厂家或设计要求，并沟线夹及固定夹具在OPGW夹线处的安装扭矩值，若厂商未给出具体数值时，可请施工督导或设计单位决定。

（7）OPGW金具一般备量有限，施工人员领取后必须妥善保管、使用。

（8）在放线过程中，所使用的网套连接器必须与OPGW固定牢固，不得出现跑线或滑移现象。

（9）严禁使用网套连接器进行紧线。

（10）OPGW展放时，一般用网套连接器将OPGW送出去，连接必须牢固可靠，并安装防扭鞭。一般在牵引侧的接头塔，OPGW需牵引过滑车，并确保余缆能够引到塔下方便接续，其长度为由塔顶挂点至地面距离再加适当长度余缆。张力场宜布置在接头塔外侧延长线上。

（11）紧完线后余缆应盘好（直径满足厂家或设计要求），并包以软质衬垫物，一般固定在塔顶平面上，做到防磨、防盗、防破坏。

（12）OPGW展放必须经过张力机进行张力放线，不得直接从缆盘上牵引。

（13）OPGW展放完毕后，多余的OPGW不得随意切断。

（14）接头引下线及进入接头盒的弯曲半径，应严格按要求施工，防止弯曲半径过小损坏光纤。

（15）OPGW展放过程中，必须派专人看护防扭鞭，并随时报告通过滑车情况。沿线跨越的监护人员应随时注意OPGW展放牵引情况，发现问题及时报告处理。

（16）OPGW外层铝合金线及铝包钢线损伤的处理规定：

1）铝合金线断一股，可用单铝丝缠绕。铝合金线磨损超过单股直径1/3时，按断股处理。

2）铝包钢线磨损露钢时，应先刷防锈漆，再用铝单丝缠绕，再刷防锈漆。

第四节　施　工　准　备

一、施工技术准备

OPGW 架设施工前，应对现场情况进行调查，结合线路本体张力架线情况，进行 OPGW 架设施工技术设计，并编制 OPGW 架设施工作业指导文件，内容应包括（但不局限于）：

（1）交叉跨越处理方案；

（2）OPGW 线轴编号与线（缆）长度及施工段对照；

（3）放线滑车的悬挂方式；

（4）张、牵场设置及张力架设具体实施方案；

（5）OPGW 附件安装要求；

（6）确保施工质量和确保施工安全的具体措施等。

二、施工人员准备

除应遵照线路本体张力架线施工对人员的要求之外，还应特别作好如下准备：

（1）进行专门的 OPGW 架设施工和确保施工质量及施工安全的技术交底，有关人员必须掌握其施工技术与工艺方法；

（2）熔接人员和测试人员，应进行专门的技术培训和实际操作训练，并经考试试验合格。

三、工程器材准备

OPGW 一般根据现场实际杆塔布置定长订货制造，因此，在放线前必须对下列项目进行检查：

（1）OPGW 的品种、型号、规格与设计是否相符。

（2）OPGW 的盘号与订货单是否相符。

（3）OPGW 传输衰耗值检测合格。

（4）OPGW 端头的防潮封口胶有无松脱现象。

（5）OPGW 金具：OPGW 金具除部分采用普通连接金具，如直角挂板、U 型环等外，其他一般多为专用配套金具，如有预绞丝耐张线夹、悬垂线夹、防振锤、并沟线夹及接线盒等。在验收检查时应注意，由于 OPGW 供货厂家不同，其提供的配套金具也有所不同。

几种典型金具结构及连接方式如下：

1. 耐张线夹

它是一种铝合金预绞丝缠绕式的耐张线夹，绞线内侧有一层金刚砂，当绞线缠在 OPGW 外层时可保证其握着力。该线夹组装示意如图 28-4-1 所示。它包括 3 个组成部分：

（1）外层铝合金预绞丝。由铝合金绞丝构成，内侧贴金刚砂。

（2）内层铝合金预绞丝即护线条。由铝合金绞丝构成，内外侧均贴金刚砂。

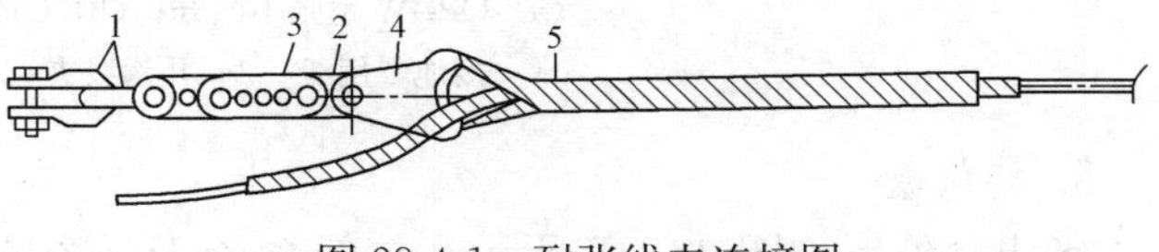

图 28-4-1　耐张线夹连接图

1—U 型环；2—单联板；3—调节板；4—拉环；5—耐张线夹

（3）外层铝合金预绞丝的挂线端套入特制拉环。拉环由铸钢制造，将铝绞丝耐张线夹与耐张挂线金具相连接。

这种线夹在施工时不用任何特殊工具，重量轻、省料、握着力大。安装时先装护线条，再装线夹。护线条能保证 OPGW 受到均匀的机械压力，使铝管等单元不会发生明显变形。

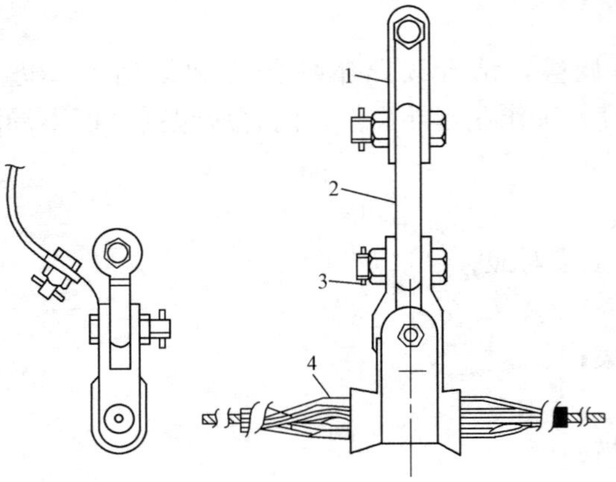

图 28-4-2　直线悬垂金具组装图

1—直角挂板；2—延长环；3—U 型环；4—悬垂线夹

2. 预绞丝悬垂线夹

它的结构和组装方式如图 28-4-2 所示。预绞丝悬垂线夹由 4 部分组成：

(1) 船体形的钢夹。装于线夹最外侧，与悬挂金具相连接。

(2) 外层预绞丝护线条。由多根护线条组成，它能增加线夹刚度和保护 OPGW 不会损伤。

(3) 圆筒形衬垫。由两个半圆形的胶套组合而成，置于内外层护线条之间。它能有效地减轻局部弯曲对铝管及光纤的影响，以及由于微风振动、舞动带来的损害。

(4) 内层预绞丝护线条。由多根护线条组成，紧贴 OPGW 缠绕。

3. 防振锤

防振锤为多频音叉式，其锤头较短，采用镀锌防护，对夹板的紧固要求严格，需用扭力扳手检验安装效果。防振锤安装如图 28-4-3 所示。

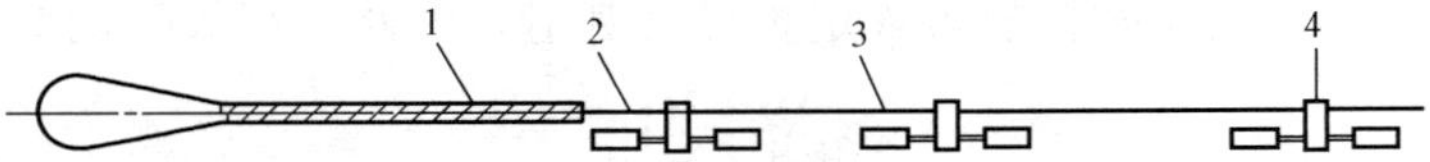

图 28-4-3　防振锤安装示意图

1—耐张线夹；2—线夹护线条；3—OPGW；4—防振锤

4. 并沟线夹、固定线夹及接地专用线

并沟线夹、固定线夹及接地专用线的安装如图 28-4-4 所示。

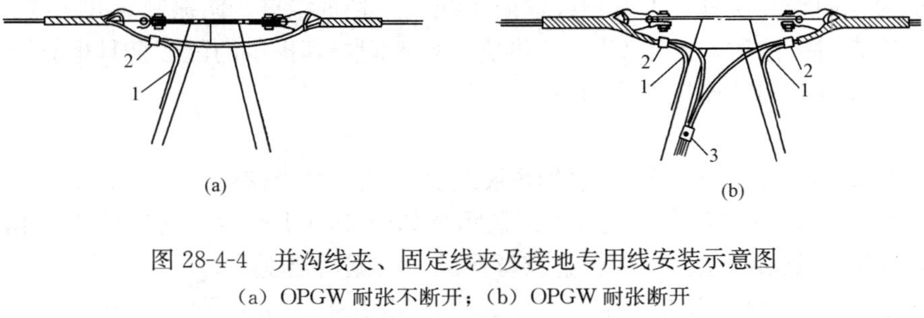

图 28-4-4　并沟线夹、固定线夹及接地专用线安装示意图

(a) OPGW 耐张不断开；(b) OPGW 耐张断开

1—接地专用线；2—并沟线夹；3—固定线夹

5. 接线盒

接线盒外形如图 28-4-5 所示，接线盒置于一个圆筒形罩内，不仅重量轻，易于接续操作，而且不易腐蚀，可以防止雨水进入接线盒内。接线盒分为接续盒和终端盒两种。接续盒

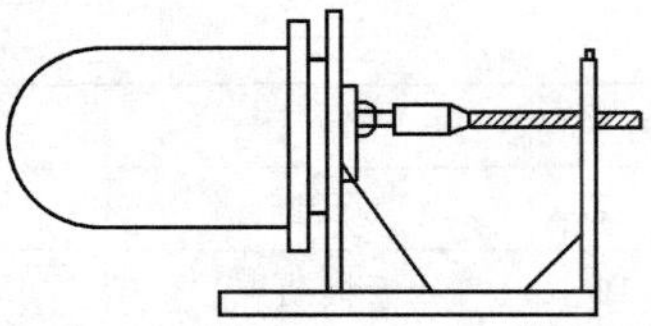

图 28-4-5　接线盒的外形图

装在线路中 OPGW 断开的杆塔上。终端盒一般装在变电站进出线门型架上，它用来将 OPGW 与普通光缆连接后置于盒内。

四、施工机具准备

OPGW 架设施工所用的工器具，分为两部分：一是 OPGW 专用工器具，一般在订货时约定由 OPGW 制造厂家提供（有条件时也可自筹）；二是普通工器具由施工单位自筹。但无论是厂家提供还是施工单位自筹的工器具均应对其型号、规格、性能和质量等进行认真检查及试验，合格者才能发至现场使用。

1. OPGW 专用机具

由厂家提供的专用机具，一般配置见表 28-4-1。

表 28-4-1　　OPGW 专用机具表

序号	名　称	规　　格	单位	数量	备注
1	紧线器	OPGW 专用	个	10	
2	放线滑轮	槽底直径不应小于 OPGW 直径的 40 倍，且不得小于 500mm	个	70	
3	防扭鞭	OPGW 专用	条	6	或自制
4	旋转连接器	OPGW 专用(30kN)	个	4	
5	网套连接器	2m 长，OPGW 专用	个	4	
6	扭力扳手	OPGW 专用	个	10	
7	熔接设备	OPGW 专用	套	1	
8	测试设备	OPGW 专用	套	1	

2. 普通机具

由施工单位自筹的架设 OPGW 施工用普通机具见表 28-4-2。

表 28-4-2　　架设 OPGW 施工用普通机具表

序号	名　称	规　　格	单位	数量	备注
1	牵引机	≥30kN 级	台	1	经计算确定
2	张力机	轮径不应小于光缆直径的 70 倍，且不得小于 1m	台	1	
3	OPGW 轴架车		个	2	
4	导引绳线盘	盘线 1000m	个	15	
5	抗弯连接器	30kN 级	个	15	经计算确定
6	导引绳展放架		个	3	
7	导引绳	1000m	轴	15	
8	卡线器	30kN 级	个	4	经计算确定
9	接地滑车	铝三轮	个	2	
10	接地线	100A，铜线	套	2	

续表

序号	名称	规格	单位	数量	备注
11	倒链	30kN 级	个	10	经计算确定
12	手扳葫芦	30kN 级	个	20	经计算确定
13	机动绞磨	30kN 级	台	2	经计算确定
14	传递滑车	10kN 级	个	10	
15	平衡挂线锚线绳	挂胶 GJ-70 钢绞线，长 20m	条	4	挂胶 10m
16	吊车	80kN 级	台	1	
17	对讲机		台	16	
18	地锚	30kN 级	个	10	经计算确定

五、施工现场准备

OPGW 展放前的现场准备项目包括青苗、树木、障碍物的处理，悬挂放线滑车，张、牵场地及 OPGW 线盘放置场地的设置与平整，OPGW 线盘运输与测试等。

1. 青苗、树木及交叉跨越处理

（1）首先应与走廊内有碍架设施工的青苗、树木的所属单位或个人，办理清除处理协议并按协议进行处理。

（2）按施工技术设计确定的交叉跨越处理方案进行处理，处理方法可参见本篇第二十四章张力放线第三节施工准备的有关规定。

2. 悬挂放线滑车

（1）放线滑车槽底直径应符合 OPGW 制造厂家规定，如果厂家未作规定，一般应不小于 OPGW 直径的 40 倍，且不得小于 500mm，滑车的摩阻系数不应大于 1.C15，滑车槽底应采用挂胶或其他韧性材料。

（2）在铁塔架设 OPGW 一侧（另一侧为架空地线）悬挂 OPGW 特制放线滑车。

（3）按施工技术设计，下列情况应在铁塔地线支架上悬挂双滑车，并应用刚性支架撑起(其他塔号可挂单滑车)。

1）施工段内的耐张转角塔及直线兼角塔；

2）展放 OPGW 线盘的起始塔及终止塔；

3）在相邻任一档的垂直档距大于 600m 处；

4）在重要交叉跨越两侧铁塔上的 OPGW 放线滑车应加设防坠落设施；

5）放线时包络角大于 60°时。

3. 牵、张场的设置和平整

（1）根据施工技术设计确定张、牵场设置位置，进行场地平整，对于积水或泥沼地带，应做排水或垫以砂石、木板和绝缘垫板等。

（2）运输牵、张机设备，并在平整好的场地上设置张、牵设备等。

（3）张、牵设备设置地点，一般均应距相邻杆塔高度 3 倍左右，即张、牵机出线对地夹角一般不宜大于 25°，并应在架设档 OPGW 中心延长线上，其水平偏角应小于 7°，否则应对放线时铁塔的负荷是否超过允许值进行验算，必要时对铁塔进行加固处理。

（4）张、牵机设置，一般按翻转式（或称跳跃式）布置，这样可以简化设置准备及简化运输与修路。

（5）牵、张场设置档应尽量避开被跨障碍物，特别是高压电力线、高速公路、一级通信线等。

（6）如果受场地限制，放线区段的延长线上不具备设置牵、张场的条件，可在其延长线上设转向滑车，然后再在具备条件处设置牵、张场。

1）循环式牵引通路设场法。如图 28-4-6 所示，一个放线段两接头塔只有一端具备设置牵、张场条件，可将牵引场和张力场同设一场，另一端接头塔外地面设转向滑车。

如图 28-4-7 所示，当放线段中间任一档内有具备设置牵引场条件时，也可将牵引场利用该档设置。

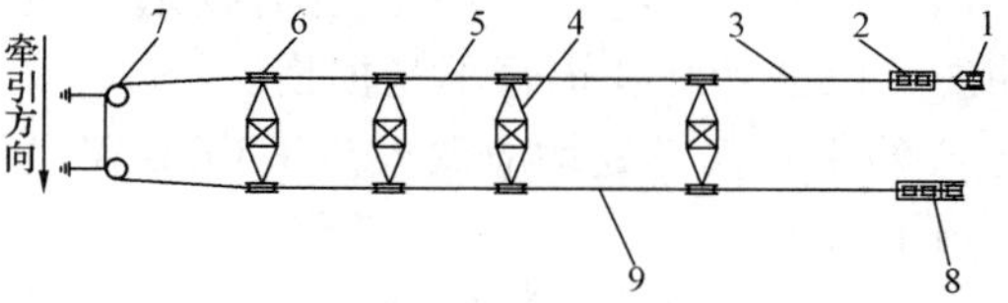

图 28-4-6　循环式牵引通路设场示意图一

1—线盘轴架；2—张力机；3—OPGW；4—铁塔地线横担；5—防扭器；6—放线滑车；7—地面转向滑车；8—牵引机；9—牵引绳

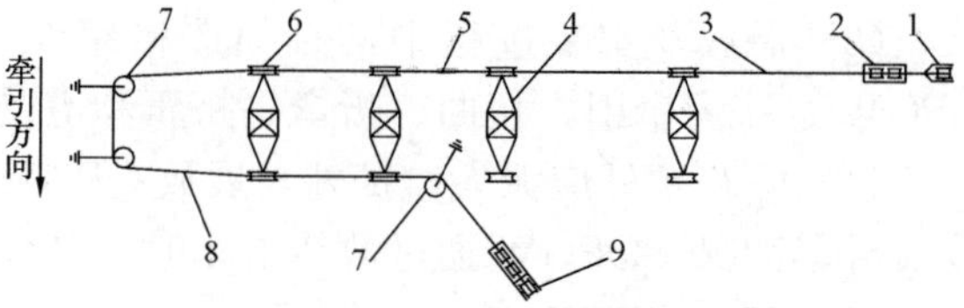

图 28-4-7　循环式牵引通路设场示意图二

1—线盘轴架；2—张力机；3—OPGW；4—铁塔地线横担；5—防扭器；6—放线滑车；7—地面转向滑车；8—牵引绳；9—牵引机

2）沿线路顺延放线通路设场法。如图 28-4-8 所示，A、E 是放线段的接头塔，E、F 之间不具备设场条件，而 A、G 的外侧具备设场条件，可在 A 的外侧设置张力场，G 的外侧设置牵引场，OPGW 牵至 E、F 之间时停止牵放，开始进行锚线、紧线、安装作业。反之将牵、张场反置也可。

4. OPGW 运输、存放及测试

（1）OPGW 运输应在展放当天进行，不得在展放现场过夜存放。

（2）运至现场的 OPGW 线盘，应立即对其测试光纤损耗衰减值，并逐盘做好记录，若实测光纤传输衰减值大于厂家提供数值，应立即报告给技术部门，以便确定该盘 OPGW 是否可以展放。测试后，必须把测试处封好。

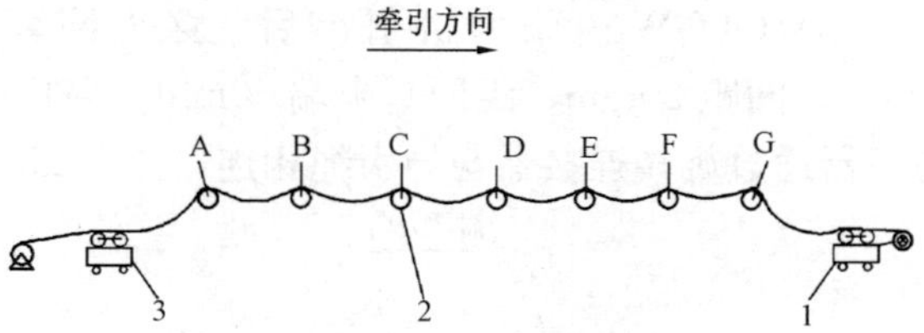

图 28-4-8　顺延放线通路设场法示意图

1—牵引机；2—塔上放线滑车；3—张力机

（3）OPGW 线盘的运输、装卸及存放应呈直立方位，在现场应放置在平坦干燥的地点；吊装线盘时应使用与线盘中心孔相适应的轴杠作吊点，禁止用钢丝绳穿孔吊装。

5. 展放导引绳

一般情况下，导引绳对牵放 OPGW 来说即是牵引绳。

（1）导引绳使用加强编织防捻钢丝绳，用抗弯连接器连接，人工穿入滑车。

（2）导引绳展放时和展放后，均不得与导线、地线相碰，避免与其交叉，以防磨损导线或 OPGW。

（3）导引绳升空时，应在越线架及重要跨越处，设专人监护。

第五节 OPGW 展 放

一、展放 OPGW 基本规定

（1）OPGW 展放前必须对其光纤传输衰减值经过测试；对其线盘及相应的金具和展放的机具及施工通信与安全设施进行全面检查；对架设 OPGW 的铁塔必须达到检查验收合格；并应做好全部施工准备。

（2）在恶劣条件下，如暴雨、雷雨、浓雾沙尘及六级风天气不得进行测试、熔接和架设。

（3）展放及安装过程中，必须严格组织管理，严守技术纪律，保证通信畅通；避免 OPGW 过张力牵引、扭曲、折弯、挤压和遭受冲击，保证光纤及铝管不受损伤。

（4）除跨越处应派人监护外，展放 OPGW 区段的每基铁塔处均应派人监护 OPGW 通过放线滑车情况。OPGW 通过放线滑车时，其包络角不得大于 60°。

（5）两轴 OPGW 连放。如图 28-4-8 所示，A、D、G 三塔是相邻的接头塔，中间的 D 塔旁边没有设场条件，可在 A 塔外面作为张力场，G 塔外面作牵引场，将应该布置在 AD 一段的 OPGW 和 DG 一段的 OPGW，在张力场连接成一根由 A 展放至 G。两根之间使用防扭器连接，此防扭器前面和后面的连接件均使用抗弯连接器。这种展放方式应征得督导和监理的同意。

二、展放 OPGW 操作要点

（1）首先将 OPGW 置于线盘轴架车上，OPGW 从线盘上方引向张力机，进入张力轮时，应上进上出，右进左出（即一般缠绕方向与 OPGW 外层线股捻回方向一致），并应绕满张力轮槽（张力轮槽数至少应有六道）。

（2）OPGW 由张力机引出后，穿入网套底部，用 12 号镀锌铁线绑扎三道，每道 80mm，间距 20mm，距网套末端 50mm。绑扎后用胶布缠绕铁线，然后网套与防扭器相连，防扭器通过旋转连接器与导引绳相连，如图 28-5-1 所示。

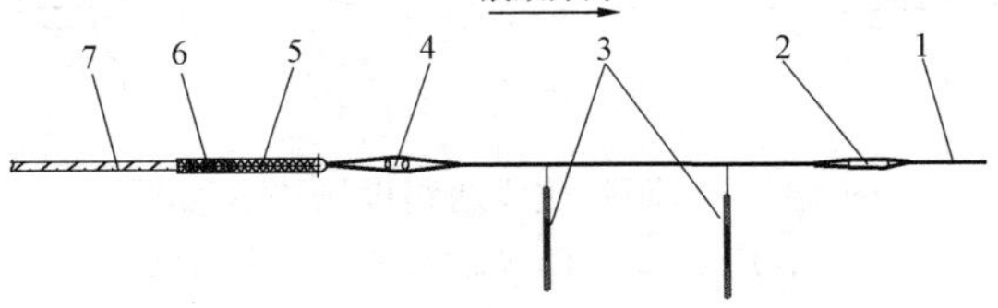

图 28-5-1 防扭器连接示意图

1—牵引绳；2—旋转连接器；3—防扭器；4—抗弯连接器；5—网套联集；6—网套绑扎线；7—OPGW

（3）防扭器一般由 OPGW 供应厂家提供，也可按该厂家要求由机具制造厂自行加工。

（4）所有连接及准备妥当之后，即可开始牵放 OPGW。开始牵放时以及连接金具（连接工具、防捻牵引板等）通过放线滑车时，均应放慢牵引速度。

（5）张力牵引过程中，初始速度应控制在 5m/min 以内，正常运转后牵引速度不宜超过 60m/min。

（6）线盘轴架车制动力，一般情况下不宜超过 800N。

（7）展放过程中，应始终监视 OPGW 是否发生扭转，如有发生应立即停止展放，查明原因进行处理，且应控制每百米旋转次数不得超过 5 次。

（8）张力机设定张力越小越好，以能使 OPGW 避开跨越架等障碍物和对地面 5m 以上为原则。张力机的设定张力一般宜为 OPGW 标称拉断力的 13%～15%。

(9) 牵引机牵引力最大不得超过 OPGW 标称拉断力的 18%。

(10) OPGW 通过转角塔的措施。在 OPGW 展放时，应分别对牵引绳、防扭器、OPGW 通过滑车的三种情况下滑车的倾斜角进行计算，并针对不同计算结果采取相应的措施：

1) 滑车倾角小于 30°。滑车可按自然下垂正常悬挂，但防扭器通过滑车时应减慢放线速度。

2) 滑车倾角大于 30°，但 OPGW 不碰横担。滑车可按自然下垂正常悬挂，但放线时应使用压线滑车，以防导引绳和 OPGW 跳槽，防扭器到达后解除。

3) 滑车倾角大于 30°，并且线索碰横担。牵引绳通过时应使用压线滑车，以防牵引绳跳槽，牵引绳通过后对滑车打拉线，打拉线的方法如图 28-5-2 所示。

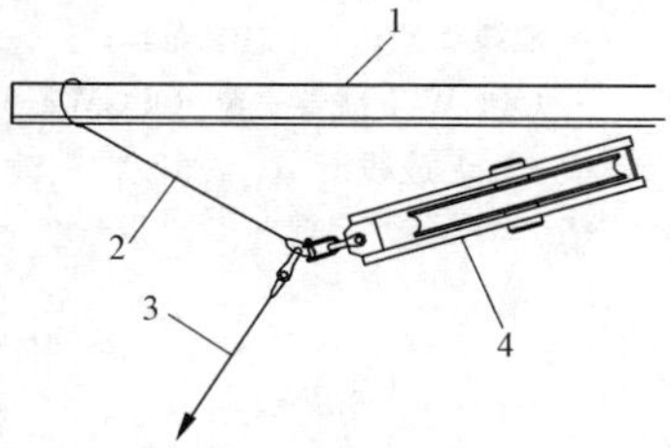

图 28-5-2　放线滑车打拉线预倾斜示意图

1—地线横担；2—钢丝绳套；3—拉线；4—放线滑车

应注意：OPGW 紧线张力大于放线张力，应对紧线时的滑车倾角另行验算。如上扬，则应对角内侧滑车采取打拉线、垫木块等措施，使 OPGW 不至于碰横担下平面而受伤。

(11) 张力场侧 OPGW 尾端的溜放。各放线段 OPGW 的制造长度一般裕度很小，且受张力机出口对邻塔悬点仰角的限制，张力机一般距塔较远，为使 OPGW 牵引端展放到位，张力场侧的 OPGW 尾端往往要用导引绳溜放送出，如果 OPGW 尾端用导引绳送出过程中需经过转向滑车，则 OPGW 尾端也应通过防扭器与导引绳相连后，再将 OPGW 展放到位。

(12) OPGW 展放至牵引侧接头塔后，应再牵引一段以预留尾线，预留尾线长度达到约为杆塔高度的 1.3 倍后，即可停机。尾线应盘好，盘绕直径应满足厂家或设计要求。然后，放置在塔顶平面处，用铁线绑扎牢靠，并在与塔材及绑扎接触处垫以软质衬垫物。

三、临锚及安装始端线夹

1. 临时锚线

一个放线段的 OPGW 展放完后，即应在始端及终端将 OPGW 临时锚固（简称临锚）。临锚张力为紧线张力的 50%，OPGW 端头余线（尾线）应保持为塔高的 1.3 倍以上，始端及终端塔侧的 OPGW 锚固卡具一般应使用由 OPGW 制造厂家提供的专用卡线器（或预绞式锚线器），以免 OPGW 内部铝管变形而损坏光纤。

2. 安装始端线夹

在临锚完成后，即可在始端塔安装预绞丝耐张线夹。按照始端塔耐张线夹的安装需要在线上画印，注意留够引下线的长度。

预绞丝的安装方法是：

由中间向两端有序地缠绕内层铝合金预绞丝，其缠绕方向与 OPGW 外层绞制方向相反，其位置按尾线控制长度确定，缠绕时必须一次缠紧缠好，与 OPGW 贴合紧密。

外层铝合金预绞丝缠绕前必须将其与内层预绞丝相应的画印记号对齐。然后由拉环出口处向线档中央方向的 OPGW 缠绕，一次缠紧。然后，将特制铸钢拉环套入外层预绞丝弯环内。

一人握住拉环，另一人缠绕另一半预绞丝，直至缠完为止，再安装锚线塔其他耐张连接金具。

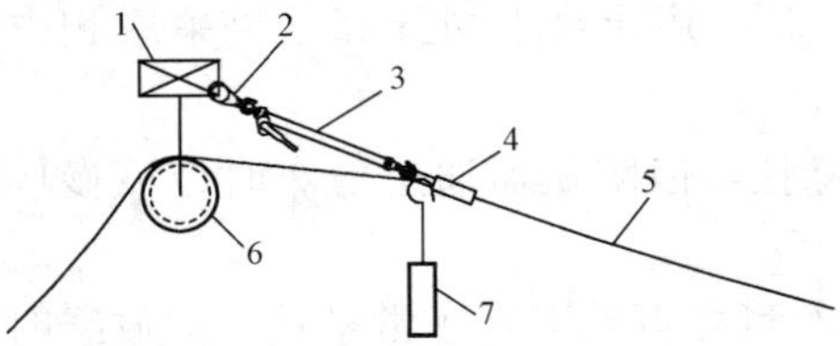

图 28-5-3 锚线塔挂线布置示意图

1—地线支架；2—钢丝绳套；3—手扳葫芦；4—OPGW 卡线器；5—OPGW；6—OPGW 放线滑车；7—刚性重锤

将预先准备好的吊装耐张线夹的钢丝绳用 U 型环与调节板连接，用绞磨及牵引钢丝绳将耐张线夹挂至地线横担挂孔为止。牵引过程中，为防止 OPGW 受扭，应在专用卡线器上挂一个 6～10kg 刚性重锤，如图 28-5-3 所示。且操作过程中的任何时候 OPGW 的弯曲半径都不得小于厂家规定，必要时要用小绳将专用卡线器后面至滑车间的 OPGW 吊在手扳葫芦链上，以保证专用卡线器尾部出口 OPGW 的弯曲半径符合厂家要求。

第六节 紧线与挂线

一、紧线

（1）OPGW 紧线弧垂观测档的选择，与一般导线、地线弧垂观测档选择要求基本相同，即紧线段在 5 档及以下时靠近中间选择一档；在 5～12 档时靠近两端各选一档等；但在选择观测档弧垂时，一定要查 OPGW 弧垂表，因为 OPGW 耐张段与一般导线、地线耐张段有可能不同，其代表档距和观测档距的弧垂也不同，应特别注意。

（2）弧垂观测方法，同导线、地线弧垂观测法，即可用等长法、异长法、角度法或平视法。

（3）OPGW 紧线方法，可以用牵引机直接牵引，也可以用手扳葫芦（或绞磨）在塔上紧线。

1）牵引机（或绞磨）牵引紧线。当始端塔处（张力机侧）已安装好预绞丝耐张线夹后，可利用牵引机通过专用卡线器或预绞丝耐张线夹缓缓牵引 OPGW，也可利用绞磨通过专用卡线器或预绞丝耐张线夹紧线，使其弧垂达到设计标准值，即在紧线塔和该紧线段所有直线塔放线滑车处画印。不能通过网套连接器紧线。

2）手扳葫芦紧线。即在紧线塔地线支架处打好反向平衡拉线，并安装手扳葫芦和专用卡线器等索具，调整手扳葫芦进行紧线操作，如图 28-6-1 所示，弧垂调整好之后，即按前述要求画印。

二、安装紧线侧耐张线夹及挂线

（1）紧线侧预绞丝耐张线夹安装与始端侧耐张线夹安装相同，但应注意根据画印位置进行精确量尺，并以此安装预绞丝耐张线夹，确保 OPGW 挂线后弧垂正确。

（2）挂线。紧线侧预绞丝耐张线夹安装完毕，即可进行挂线，挂线可利用手扳葫芦等索具（见图 28-6-1）、牵引机（或绞

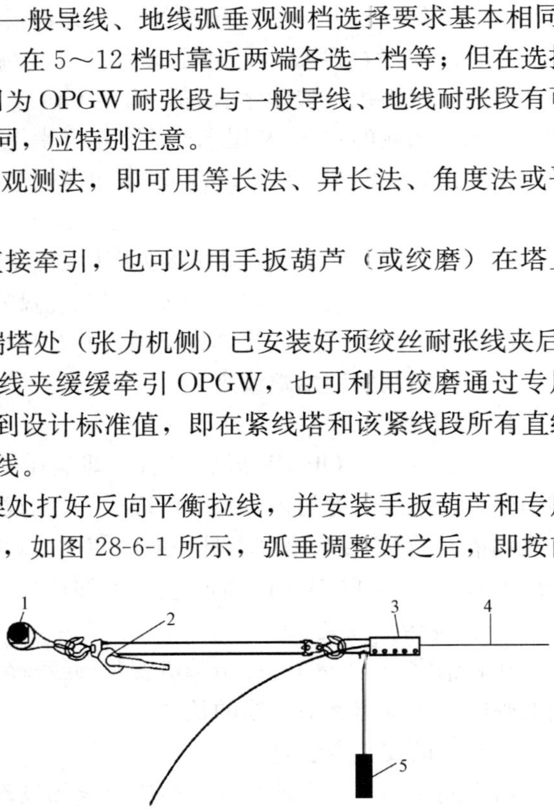

图 28-6-1 塔上手扳葫芦紧线索具连接示意图

1—地线横担主材；2—手扳葫芦；3—卡线器；4—OPGW；5—重锤

磨）进行。并应注意以下事项：

1）挂线后即进行弧垂复测。若弧垂超过允许误差时，应在耐张塔挂线塔处利用调整板孔位调整，若仍不能达到要求时，可增减U型环等金具并配合调整板孔位进行调整，也可采取解开预绞丝耐张线夹再重新安装的办法。

2）紧线弧垂达到规范允许值之后，应将OPGW的余线盘成小盘（直径符合厂家或设计要求），放置在铁塔横隔材平面处，并用绳线绑扎三处固定，但要注意与铁塔构件及铁线接触处应垫以软质衬垫物，严禁将余缆悬挂在塔腿上。

第七节　附　件　安　装

附件安装及熔接的工作内容，包括直线塔悬垂线夹的安装，直通式耐张线夹的安装，防振锤的安装，接地引流线安装，OPGW引下线安装，OPGW熔接和测试，接线盒的安装等。附件安装操作要点如下。

一、直线塔悬垂线夹的安装

（1）OPGW紧线完毕应立即进行附件安装，OPGW在滑轮上停留时间不得超过48h。

（2）全耐张段两端耐张塔挂线完成，弛度调整完后，利用垂球逐基画好各基直线塔直线线夹中心印记。对于连续上下山的耐张段，尚应注意按照设计图给定的移印尺寸画好各基直线塔直线线夹中心印记。

（3）安装直线悬垂串，有“卡线器轴向收紧安装法”和“临时支架安装法”两种，可以按照厂家的要求选用。

1）卡线器轴向收紧安装法如图28-7-1所示。用专用卡线器、手扳葫芦收紧OPGW。在横担的大小号侧都在线上装专用卡线器，两专用卡线器用一根钢丝绳套及一个手扳葫芦通过地线横担相连，适度收紧手扳葫芦使OPGW的张力转移到钢丝绳套和手扳葫芦上，卸下放线滑车。按事先画好的直线线夹中心印记画好护线条安装印记，安装护线条和线夹，按金具组装图完成安装。

2）临时支架安装法如图28-7-2所示。用轻质材料特制成一根小横梁，长度略长于预绞式护线条的长度，每端用适当长度的钢丝绳套牢固悬挂一个衬有软质衬垫物的OPGW专用提线钩。将此梁顺线路牢固地安置在地线横担头上。在地线横担头的适当位置悬挂一个起重滑车，收紧手扳葫芦先将OPGW放线滑车从地线横担挂点摘下，再用此手扳葫芦将此滑车连同滑车内的OPGW一起向下放，直到将OPGW放到挂在横梁的提线钩里，待OPGW放

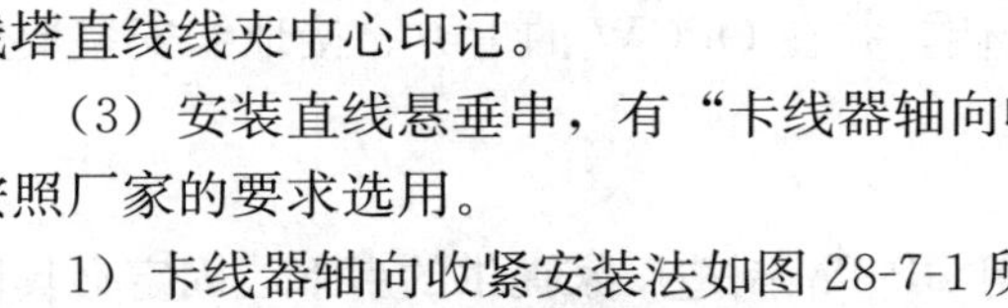

图28-7-1　卡线器轴向收紧安装法示意图

1—钢丝绳套；2—地线支架；3—手扳葫芦；4—OPGW卡线器；5—OPGW；6—刚性重锤；7—OPGW放线滑车

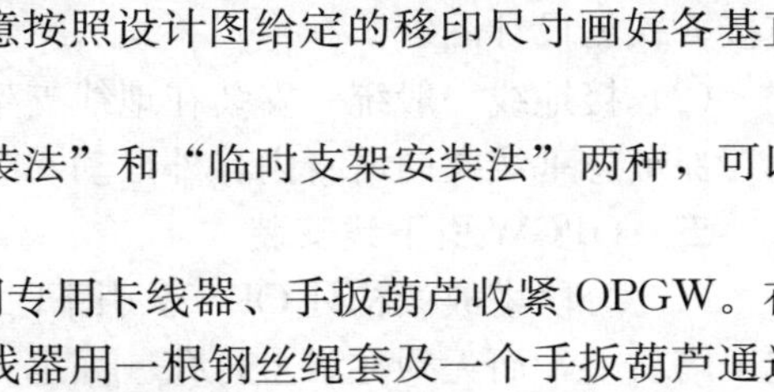

图28-7-2　临时支架安装法示意图

1—特制小横梁；2—地线支架；3—钢丝绳套；4—OPGW；5—OPGW提线钩

线滑车不受力后将滑车卸下。在OPGW上按事先画好的印记安装护线条和线夹。仍用前述手扳葫芦、钢丝绳套完成金具串安装。

二、直通式耐张线夹的安装

(1) 直通式(即OPGW不断引)的耐张线夹安装方法，与OPGW断引的安装方法相似，亦用手扳葫芦和专用卡线器等索具进行安装。

(2) 直通式耐张串的OPGW弧垂(即跳线弧垂)应符合设计值，并保证OPGW最小弯曲半径不得小于厂家或设计要求，且需用特制接地线夹将OPGW固定在杆塔上。

(3) 预绞丝耐张线夹安装受力后，重复使用不得超过规定的次数。

三、防振锤安装

(1) 防振锤的型号、规格及安装距离应按设计规定。

(2) 防振锤安装不得直接卡在OPGW上，应安装在缠绕好的护线条上。护线条及防振锤的安装，均应使用工作平台(可用ϕ60mm×3.5m竹竿或铝合金梯子作为工作平台)。

(3) 防振锤卡紧螺栓的扭矩值应符合设计或产品说明书的规定。

四、接地引流线的安装

(1) OPGW均应与全线铁塔逐基接地。专用接地引流线一般由OPGW制造厂家提供，专用接地引流线一端连接在OPGW的并沟线夹内，另一端连接至塔身接地夹具内。具体的连接方式见设计图纸。

(2) 接地线一般统一安装在地线支架的大号侧，并在OPGW的上方。接地线安装要松弛，保证悬垂线夹向塔身内、外摆动60°不受限。

五、OPGW引下线安装

(1) 分段塔或架构处OPGW引下时，一般用OPGW制造厂家提供的引下线固定夹具固定于塔材上，而无须在塔上打孔。固定夹具按设计要求间隔均匀安装，引下线自地线支架沿塔身主材引至铁塔下方接线盒，但多余的OPGW仍盘在接线盒上方的铁塔平面构件上，临时固定，不得切断。由熔接人员处理。

(2) 在操作过程中，OPGW的弯曲半径，均应保证满足厂家或设计要求，若OPGW到第一个夹子前，有可能与铁塔构件相摩擦时，应加缠护线条保护。

(3) 为了外观一致，引下线应统一布置在铁塔的一个指定塔腿上。

第八节 熔 接

一、接线盒及余缆的安装

(1) 接线盒应固定在塔身统一的主材上，其高度距铁塔基础面的距离满足设计要求。安装接线盒时螺栓应紧固，橡胶封条必须安装到位。

(2) OPGW对接后的多余长度(即余缆)按OPGW的允许弯曲直径盘成一捆，置放在接线盒的上方，并用8号镀锌铁线或专用线夹固定在塔身水平材上。OPGW绑扎的外层应垫以胶垫，且绑扎点不少于3处，确保余缆在风吹时不会晃动。

二、OPGW光纤的熔接与测试

(1) OPGW架设后在接头塔通常是断开的，必须通过光纤熔接实现两段光纤芯的连通，熔接好光纤的OPGW置于接线盒内，并在塔上固定。

(2) 光纤熔接是通过两金属电极电弧放电实现熔接。光纤熔接操作步骤是：先用砂轮锯锯开外层铝股及钢股，再用专用工具逐层剥开套管和光纤被覆，用无水酒精清洁光纤，然后用光纤专用刀切割光纤，最后将光纤放入熔接机的光纤固定座中，选择“寻找光纤”进行光纤端面检查，如光纤切口端面符合要求，则屏幕上显示端面与轴向相垂直且平整；如果端面品质不佳，则显示端面楔形或其他不规则形状，应将光纤重新切割。

(3) 光纤熔接是由熔接机自动进行的。熔接完毕，应进行光纤传输衰减值测试。每接好一条纤芯，应立即进行测试，以便立即检查接头熔接质量。测试的光纤传输衰减值符合要求时，将光纤由熔接机移出并固定。标准单模允许熔接传输损耗应小于0.03dB/处。

(4) 光纤线路的传输损耗包括光纤损耗和接头损耗。其损耗的测试方法有剪断法、插入法、背向散射法，剪断法和插入法使用的是光功率计，背向散射法常用的是光时域反射仪(OTDR)。目前，使用后一种方法较广泛，因为它获得的技术数据较多，便于建立档案资料及运行维护。

(5) 光纤的熔接操作应符合下列要求：

1) 光纤的熔接应由专业人员操作；

2) 剥离光纤的外层铝套管、塑料套管、骨架时不得损伤光纤；

3) 雨天、大风、沙尘或空气湿度过大时不应进行熔接作业。

第二十九章 压接施工

第一节 概　　述

导线及地线的接续是架空输电线路工程的关键施工工序，又是重要的隐蔽工序之一。导线及地线多采用液压接续施工，现结合部颁标准 SDJ 266《架空输电线路导线及避雷线液压施工工艺规程》，并根据实际施工经验，编写了以下导线及地线液压接续施工工艺。

本章内容包括液压接续的基本规定、液压设备、施工工艺流程及劳动组织、施工准备和液压操作要点。

第二节 基 本 规 定

(1) 液压施工是架空输电线路施工中的一项重要隐蔽工序，操作人员必须经过专业培训并考试合格，持有操作许可证方可进行操作。操作完成并自检合格后应在接续管上打上操作人员的姓名钢印。

(2) 液压施工时所使用的液压机必须有足够的与所用钢模相匹配的出力。

(3) 为确保液压接续施工质量，做到准确无误，在操作前应对操作人员及有关人员进行技术交底，操作人员必须备有该工程经过审批的施工指导文件（或技术措施）。至少应包括下列内容：

1) 导线及地线的具体规格及有关数据；

2) 所采用液压管的规格、外形与尺寸（包括偏差）；

3) 各种液压管压接前在导线与地线上的“定位印记”的量尺尺寸；

4) 耐张线夹钢锚 U 型环与铝管引流板相对方位的要求；

5) 液压钢模、压接管压后尺寸及质量要求；

6) 液压机型号、规格等参数的相关要求；

7) 对液压施工的其他有关特殊要求。

(4) 导线及地线的受压部分应平整完好，同时与管口距 15m 以内应不存在必须处理的缺陷。

(5) 液压的导线及地线的端部在割线前应先将线理直，并加防止松散的绑线，切割时切割方向应与轴线垂直。在钢芯铝绞线割断铝股时，严禁伤及钢芯。

(6) 量尺画印的定位印记，画好后应立即复查，以确保正确无误。

(7) 不同金属、不同规格、不同节距、不同绞制方向的导线或地线严禁在一个耐张段内连接。

(8) 在一个档距内每根导线或地线上只允许有一个接续管和三个补修管，当采用张力放线时不应超过两个补修管，并应满足下列规定：

1) 各类管与耐张线夹间的距离不应小于 15m；

2）接续管或补修管与悬垂线夹的距离不应小于5m；

3）接续管或补修管与间隔棒的距离不宜小于0.5m；

4）宜减少因操作而增加的接续管。

（9）压接时应有指定的质量检查人员在场检查，并应提前24小时通知监理人员在现场旁站监督。

第三节 液 压 设 备

液压设备主要是导、地线压接机。导、地线压接机分为手动压接机和机动压接机两类，在此以常用的机动压接机为例介绍。导、地线压接机由动力源、高压胶管、液压机三大部分组成。

一、超高压泵站

超高压泵站是机动压接机的动力源，由原动机、超高压机动液压泵及泵控制回路和油箱等组成。由于导线压接力较大，并要求体积小、重量轻、便于携带或搬运，一般都采用70×10^{6}Pa以上的超高压液压泵。部分超高压液压泵站的型号及参数可参考表29-3-1。

表29-3-1 部分超高压液压泵站型号及参数表

型 号	结构型式	动 力	额定油压（MPa）	流量（L/min）	功率（kW）	质量（kg）
YBG-94WC-A3	卧式	柴油机Z170F	75	1.5	2.94	101
YBG-94WD	卧式	电动机Y90L-4	75	1.5	1.5	68
YBG-94WQB	卧式	本田汽油机GX160	75	1.5	4.1	68
YBG-94WC	卧式	柴油机Z170F	75	1.5	2.94	110
YBG5	卧式	本田汽油机GX160	低压5.4	5.94	4.41	60
			高压70	0.41		
YBG63D	立式	电动机JW7134	低压6.3	2.8	0.75	20
			高压63	0.32		
YBG94LQA	立式	浦益斯汽油机60-XTS	低压6.3	6	2.7	50
			高压75	0.68		

二、液压机

液压机包括带靠模的液压缸、压接模具、单向阀、回油阀等。部分液压机的型号及参数可参考表29-3-2。

表29-3-2 导、地线液压机型号及参数表

型 号	最大压接力（kN）	最大油压（MPa）	适用导线或直径	行程（mm）	质量（kg）
QY-25	250	60	≤LGJ240	22	6
QY-35	350	70	≤LGJ240	25	12
QY-65	650	94	≤LGJ500	25	25
QY-125	1250	94	≤LGJ630	25	40
QY-200	2000	94	≤LGJ1440	25	85
QY-250	2500	94	铝管≤ϕ100mm 铝管≤ϕ50mm	35	126

压接模具模口外形主要有正六角形、扁平六角形和椭圆形，其中使用最普遍的是正六角型模具，它主要由对边距离 S 和有效长度 L 两个尺寸决定。

压接模具长度 L 的计算公式为

$$L=\frac{p}{\mathrm{HB}\cdot D} \tag{29-3-1}$$

式中　L——压接模具长度，mm；

p——压模承受的总正压力，N；

HB——被压体的布氏硬度，Pa；

D——压接管外径，mm。

压接模具的材料一般为合金工具钢，其布氏硬度不小于压接管布氏硬度的 1.9 倍，淬火后的表面硬度 HRC 不低于 55。正六角形压接模具的参数见表 29-3-3。

表 29-3-3　　**正六角形压接模具型号及参数表**　　(mm)

钢模型号	压接管外径 d	压口长 L	钢模型号	压接管外径 d	压口长 L
YMG-16	16	40±0.40	YMG-40	40	39.58
YMG-18	18	40±0.40	YMG-45	45	44.54
YMG-20	20	36±0.30	YMG-50	50	49.48
YMG-22	22	34±0.30	YMG-52	52	51.46
YMG-24	24	30±0.30	YMG-55	55	54.43
YMG-26	26	28±0.30	YMG-60	60	59.38
YMG-36	36	35.62	YMG-65	65	64.33
YMG-38	38	37.61	YMG-70	70	69.27

三、压接机的使用和维护

压接机在使用时，应注意以下几点：

(1) 压接机不宜在额定工作压力下连续工作，每模压完应马上使高压溢流阀处于卸荷状态，减少油液溢流时间，防止油温过高。

(2) 高压溢流阀的整定压力不得随意调高或调低，需要调整时应通过压力表监视。

(3) 液压油必须定期更换。

(4) 压接机泵站启动、换向阀手柄在工作位置后，若发现液压缸活塞未上移而压力表指示压力升高时，表明活塞卡死，应立刻停机检查。

(5) 压接完毕，卸下胶管两端，并使他们对接在一起，防止杂物进入胶管。

第四节　液压施工工艺流程及劳动组织

一、液压施工工艺流程

液压施工的工艺流程如图 29-4-1 所示。

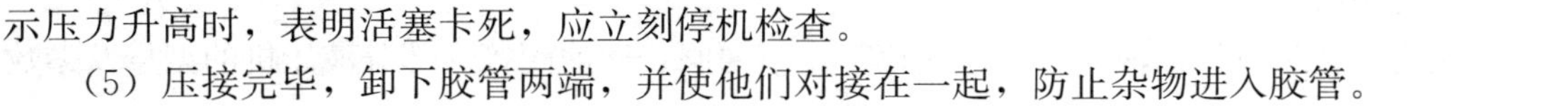

图 29-4-1　液压施工工艺流程

二、液压施工劳动组织

液压施工劳动组织见表 29-4-1。

表 29-4-1 液压施工劳动组织（一个小组）

序号	岗 位	技工人数	普工人数	小计人数	技 能 要 求
1	压接操作岗	1		1	经过液压培训并考试合格
2	压接配合岗	2		2	经技术交底和相应考核
3	质量监察岗	1		1	经技术交底并熟知液压质量要求
4	辅助岗		2	2	身体健康，能配合技工工作

第五节 施 工 准 备

一、机具准备

（1）液压泵站、液压机（又称液压钳）、高压胶管和各种钢模等，均应根据工程设计要求确定的规格、性能、数量选用或选购。此外，还应索取厂家生产资格证书（复印件）、产品质量合格证书和说明书。

（2）在使用液压设备之前，应做全面检查确认其完好程度，以保证正常操作。油压表必须定期核验，确认示值准确可靠。检查钢模规格是否与设计要求相符，其上下模合口尺寸应确保符合规定值。

二、材料检验

（1）对被接续的导线及地线，其结构及规格应认真进行检查，其规格应与工程设计和国家标准的各项规定相符。

（2）对所使用的各种接续管及耐张线夹，应用精度为 0.02mm 游标卡尺测量受压部分的内外径，外观检查应符合 GB/T 2314—2008《电力金具通用技术条件》的有关规定。用钢尺测量各部长度，其尺寸、偏差应符合国家标准要求。

（3）液压前在施工过程中使用过网套连接器（又称蛇皮套）的导线及地线应割断，一般不再使用，导线穿管部分不得有断股、缺股、锈蚀、凹痕等缺陷，如有上述情况，必须将其割掉，同时距管口 15m 以内也不应有必须要处理的缺陷。

（4）压接前还应检查线序号，确认线序无误后，方可摆好对接，进行下一工序作业。

三、清洗

（1）对使用的各种规格接续管及耐张线夹，应用洁净汽油清洗管内壁的油垢，并清除影响穿管的锌疤与焊渣。短期不使用时，清洗后应将管口临时封堵，并以塑料袋封装。

（2）镀锌钢绞线的液压部分穿管前应以棉纱擦去泥土。如有油垢应以汽油清洗。清洗长度应不短于穿管长度的 1.5 倍。

（3）钢芯铝绞线的液压部分，应以汽油清除其表面油垢，清除的长度对先套入铝管端应不短于铝管套入长度；对另一端应不短于半管长的 1.5 倍。

（4）对轻型防腐型钢芯铝绞线的清洗，应按下列规定进行：

1）对外层铝股应以棉纱蘸少量汽油（以用手攥不出油滴为适度），擦净表面油垢；

2）当将防腐型钢芯铝绞线割断铝股裸露钢芯后，用棉纱蘸汽油将钢芯上的防腐剂擦洗干净。

（5）清除铝包钢绞线、钢芯铝绞线、铝包钢芯铝绞线铝股表面氧化膜的操作程序如下：

1）清除铝股氧化膜的范围为铝股进入铝管部分；

2）按（3）规定将外层铝股用洁净汽油清洗并干燥。

（6）对已运行过的旧导线，应用钢丝刷将表面灰尘、黑色物质全部刷去，至显露出银白色铝为止，然后再按上述（5）规定操作。

（7）用补修管补修导线前，其覆盖部分的导线表面应用干净棉纱将泥土脏物擦干净（如有断股，在断股两侧涂少量导电脂），再套上补修管进行液压。

四、剥线

（1）钢芯铝绞线接续采用钢芯对接式接续管压接时剥铝股见图 29-5-1。

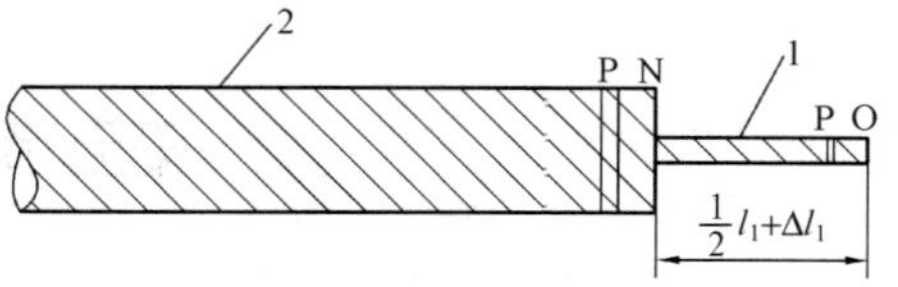

图 29-5-1　采用钢芯对接式接续管时剥线图
1—钢芯；2—铝线

1）如图 29-5-1 所示，事先量出钢接续管的长度 l_1，自钢芯铝绞线端头 O 向内量 $\frac{1}{2}l_1+\Delta l_1+$ 20mm 处以绑线 P 扎牢一道。

2）自 O 点（钢芯端头）向内量 $ON=\frac{1}{2}l_1+\Delta l_1$ 处画一割铝股印记 N。

3）松开原钢芯铝绞线端头的绑线 P。为了防止铝股剥开后钢芯散股，在松开绑线后先在端头打开一段铝股，将露出的钢芯端头用绑线扎牢。然后用切割器（或手锯）在印记 N 处切断外层及中层铝股。在切割内层铝股时，只割到每股直径的 3/4 处，然后将铝股逐股掰断。

注：Δl_1 为钢管液压时预留伸长值，它与钢管直径、壁厚、钢模对边距尺寸及模数都有关，其值应通过试压取得。在确定该值时，可比实测值大 3～5mm。

（2）钢芯铝绞线接续采用钢芯搭接式接续管压接时，剥铝股见图 29-5-2。

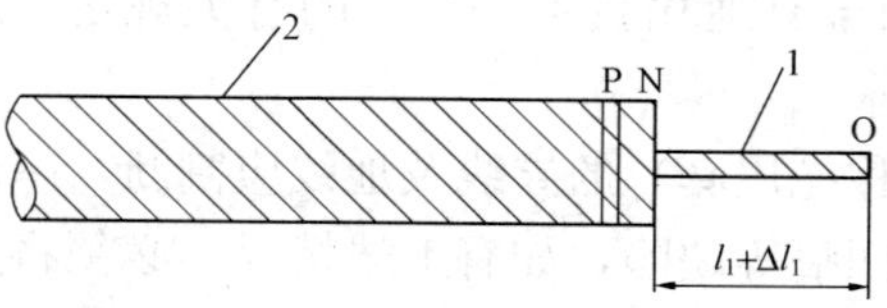

图 29-5-2　采用搭接式接续管时剥线图
1—钢芯；2—铝线

铝股割线长度为 $ON=l_1+\Delta l_1$。其他操作程序与上述（1）剥铝股相同，但剥铝段时，钢芯端头不用扎牢。

（3）钢芯铝绞线（见 GB 1179—1974）使用相应的耐张线夹压接时剥线见图 29-5-3。铝股割线长度为 $ON=l_1+\Delta l_1+5$mm，其他操作程序与前述（1）剥铝股相同。

（4）钢芯铝绞线（见 GB/T 1179—2008）使用耐张线夹（见 DL/T 757—2001）压接时的剥线见图 29-5-4。铝股割线长度为 $ON=l_1+\Delta l_1$，其他操作程序与前述（1）剥铝股相同。

五、穿管

（1）导线穿铝管时，导线连接部分外层铝股应薄薄地涂上一层导电脂。涂导电脂的操作程序如下：

1）涂导电脂的范围为铝股进入铝管部分；

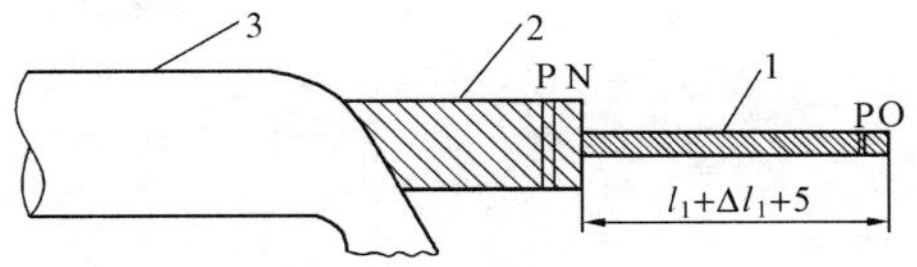

图 29-5-3 钢芯铝绞线（见 GB 1179—1974）使用相应的耐张线夹时剥线图
1—钢芯；2—铝线；3—耐张线夹

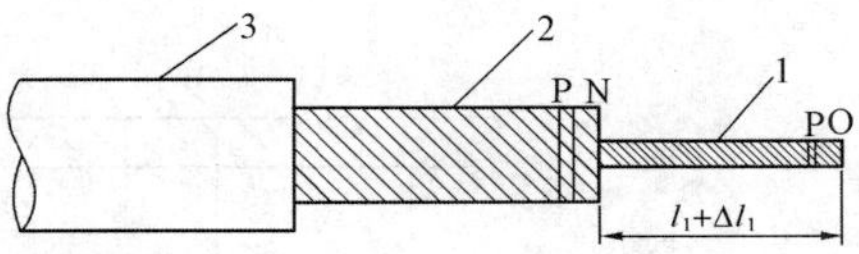

图 29-5-4 钢芯铝绞线（见 GB/T 1179—2008）使用耐张线夹时剥线图
1—钢芯；2—铝线；3—耐张线夹

2）将导电脂薄薄地均匀涂上一层，将外层铝股覆盖住；

3）用铜刷沿钢芯铝绞线轴线方向对已涂导电脂部分进行擦刷，将液压后能与铝管接触的铝股表面全部刷到。

（2）镀锌钢绞线接续管的穿管如图 29-5-5 所示。

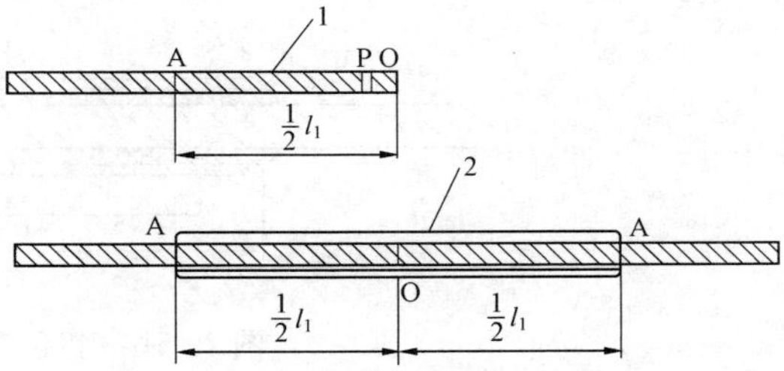

图 29-5-5 镀锌钢绞线接续管的穿管
1—镀锌钢绞线；2—对接钢接续管
O—镀锌钢绞线端头；P—绑线

1）用钢尺测量接续管的实长 l_1。

2）用钢尺在两镀锌钢绞线连接端头向内量 $OA=\frac{1}{2}l_1$ 处各画一印记 A。此 A 点命名为“定位印记”。

3）印记画好后将镀锌钢绞线两端分别自管口穿入，穿时顺绞线绞制方向旋转推入，直至两端头在接续管内中点相抵。两线上的 A 印记与管口重合。

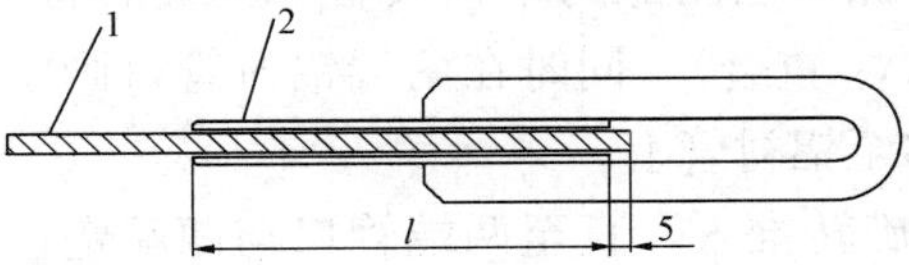

图 29-5-6 镀锌钢绞线耐张线夹的穿管
1—镀锌钢绞线；2—耐张线夹
l—钢管长度

（3）镀锌钢绞线耐张线夹的穿管如图 29-5-6 所示。将镀锌钢绞线端头自管口穿入，穿时应顺绞线绞制方向旋转推入。直至线端头露出管底 5mm 为止。

（4）铝包钢绞线接续管的穿管如图 29-5-7 所示。

1）画定位印记，如图 29-5-7（a）所示。

a）用钢尺测量钢接续管的实长 L_1 及导电铝接续管的实长 L_2。

b）用钢尺在铝包钢绞线端头向线内量 $OA=\frac{1}{2}L_1$ 处画一印记 A，命名为“钢接续管定位印记”。

2）穿管，如图 29-5-7（b）所示。

a）套铝接续管：将铝接续管自铝包钢绞线一端先套入。

b）套铝衬管：打开端部绑线，将导电用铝衬管分别自铝包钢绞线两端套入。

c）穿钢接续管：将被连接的铝包钢绞线两端分别向钢接续管口穿入，穿时顺绞线绞制方向旋转推入，直至两端头在钢接续管内中点相抵，两线上的定位印记 A 与管口重合。

3）穿铝接续管及铝衬管如图 29-5-7（c）所示。

a）当钢接续管压好后，在钢接续管的两个端口分别做定位印记 A_1、A'_1，用钢尺测量

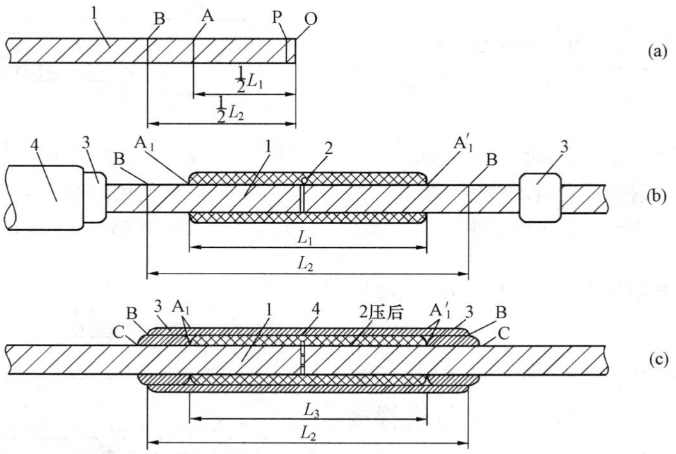

图 29-5-7 铝包钢绞线接续管穿管图

1—铝包钢绞线；2—钢接续管；3—铝衬管；4—铝接续管

P—绑线

$A_1A'_1=L_3$。

b）用钢尺在压好的钢管中心划一印记，按此印记向外量 $OB=\frac{1}{2}L_2$ 处画一印记 B，此 B 点命名为“铝接续管定位印记”。

c）将铝衬管顺铝包钢绞线绞制方向，分别自两侧向已压好的钢接续管方向旋转推入，直至其管口与钢接续管相抵（分别与定位印记 A_1、A'_1 重合），同时在两端铝衬管口画定位印记 C。若铝衬管压住定位印记 B，将定位印记 B 移至铝衬管上。

d）将铝接续管顺铝包钢绞线绞制方向，向一侧旋转推入，直至两端管口与两端定位印记 B 重合为止。

e）分别用钢尺自铝接续管的两个端口向内侧量 $BA_1(BA'_1)=\frac{1}{2}(L_2-L_3)$ 处画铝接续管压接定位印记 A_1、A'_1。

（5）铝包钢绞线耐张线夹的穿管如图 29-5-8 所示。

1）画定位印记：如图 29-5-8（a）所示。

a）用钢尺测量耐张线夹钢锚的压接部位实长 L；

b）用钢尺在镀锌钢绞线端头向线内量 $OA=L$ 处画一印记 A，此 A 点命名为“钢锚定位印记”。

2）穿管：如图 29-5-8（b）所示。

a）套耐张线夹铝管：将耐张线夹铝管自铝包钢绞线端口先套入；

b）套铝衬管：打开端部绑线，将导电用铝衬管自铝包钢绞线端口套入；

c）穿耐张线夹钢锚：将镀锌钢绞线自管口向管内穿入，穿时顺绞线绞制方向旋转推入，直至线端头穿至管底，管口与定位印记 A 重合为止。

3）穿耐张线夹铝管及铝衬管：如图 29-5-8（c）所示。

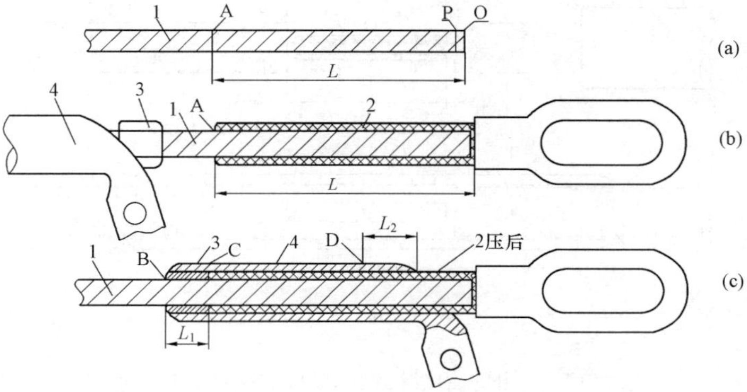

图 29-5-8 铝包钢绞线耐张线夹穿管图

1—铝包钢绞线；2—耐张线夹钢锚；3—铝衬管；4—耐张线夹铝管

a）当耐张线夹钢锚压好后，将铝衬管顺铝包钢绞线绞制方向，向已压接好的耐张线夹钢锚侧旋转推入，直至其管口与耐张线夹钢锚相抵，同时在铝包钢绞线侧铝衬管管口画定位印记 B。

b）将耐张线夹铝管顺铝包钢绞线绞制方向，向已压接好的耐张线夹钢锚侧旋转推入，直至其在铝包钢绞线侧的管口与定位印记 B 重合。

c）用钢尺从耐张线夹铝管出口（定位印记 B 处）向内量 $BC=L_1$ 处画一耐张线夹铝管压接定位印记 C。

d）用钢尺在图示处由管口向内量 L_2 约为 50mm（最终通过试验根据液压设备具体尺寸确定）处画一耐张线夹铝管压接定位印记 D。

4）耐张线夹钢锚环与铝管引流板的相对方位确定。

a）液压操作人员根据该工程的施工手册，确定耐张线夹钢锚环与铝管引流板的方向，在耐张线夹钢锚与铝管穿位完成后，分别转动耐张线夹钢锚和铝管至合适的方向。

b）耐张线夹钢锚环定位：用标记笔自铝包钢绞线，过钢锚管口至钢锚压接部位画一直线，压接时保持绞线与钢锚压接部位的标记线在一条直线上。

c）耐张线夹铝管定位：用标记笔自铝包钢绞线，过铝管管口至铝管上画一直线，压接时保持绞线与铝管上的标记线在一条直线上。

（6）钢芯铝绞线钢芯对接式接续管的穿管如图 29-5-9 所示。

1）套铝管：将铝管自钢芯铝绞线一端先套入。

2）穿钢管：将已剥露的钢芯（如剥露的钢芯已不呈原绞制状态，应先恢复其原绞制状态）向钢管端穿入。穿入时应顺绞线绞制方向旋转推入，直至钢芯两端头在钢管内中点相抵，两边预留长度相等即可，如图 29-5-9（a）所示。

3）穿铝管：如图 29-5-9（b）所示。

a）当钢管压好后，找出钢管压后的中点 O_1，自 O_1 向两端铝线上各量铝管全长之半，即 $\frac{1}{2}l$（l 为铝管实际长度），在该处画印记 A。在铝线上量尺画印工序，必须按前述涂导电脂并清除氧化膜之后进行。

b）两端印记画好后，将铝管顺铝线绞制方向，向另一侧旋转推入，直至两端管口与铝

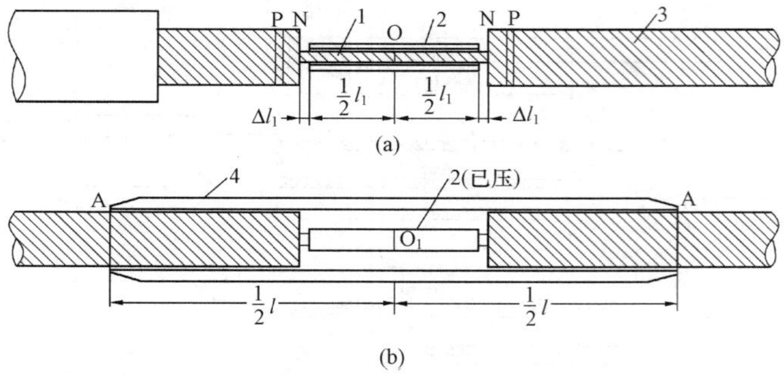

图 29-5-9 钢芯铝绞线钢芯对接式接续管的穿管

1—钢芯；2—钢管；3—铝线；4—铝管

线上两端定位印记 A 重合为止。

（7）钢芯铝绞线搭接式接续管的穿管如图 29-5-10 所示。

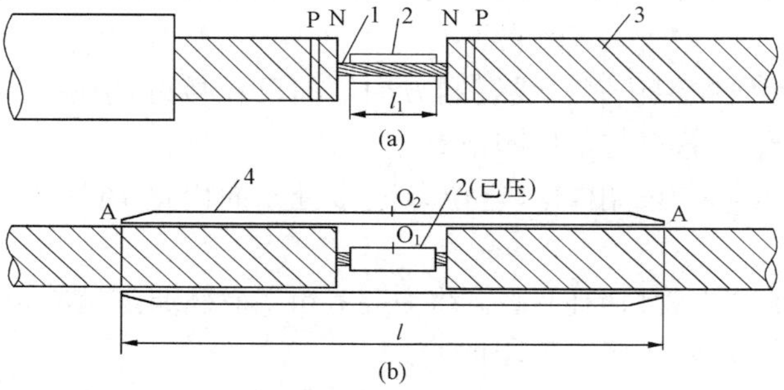

图 29-5-10 钢芯铝绞线钢芯搭接式接续管的穿管

1—钢芯；2—钢管；3—铝线；4—铝管

1）套铝管：将铝管自钢芯铝绞线一端先套入。

2）穿钢管：使钢芯呈散股扁圆形，一端先穿入钢管，置于钢管内的一侧；另一端钢芯也呈散股扁圆状，自钢管另一端与已穿入的钢芯相对搭接穿入（不是插接）。直穿到两端钢芯在钢管对面各露出 3～5mm 为止，见图 29-5-10（a）。

3）穿铝管：见图 29-5-10（b），其操作程序与上述（6）中的 3）穿铝管相同。

（8）钢芯铝绞线（见 GB 1179—1974）与相应的耐张线夹的穿管见图 29-5-11。

1）套铝管：将铝管自钢芯铝绞线一端先套入。

2）穿钢锚：将已剥露的钢芯（如钢芯已不呈原绞制状态，应先恢复其原绞制状态）自钢锚口穿入钢锚。穿时顺钢芯的绞制方向旋转推入，直至钢锚底口露出 5mm 钢芯为止，见图 29-5-11（a）。

3）穿铝管：见图 29-5-11（b）。钢锚压好后，自铝线端头 N 向内量 $NA = L_Y + f$（L_Y 为铝线液压长度，其值见表 29-6-1）。在 A 处画一个定位印记，画好印记后将铝管顺铝股绞制方向旋转推向钢锚侧，直至 A 印记与铝管管口重合为止。自铝管端口向内量 $L_Y + f$，在铝管上画另一个定位印记 N_1。穿铝管前应亦按本节前述的规定涂导电脂并清除氧化膜。

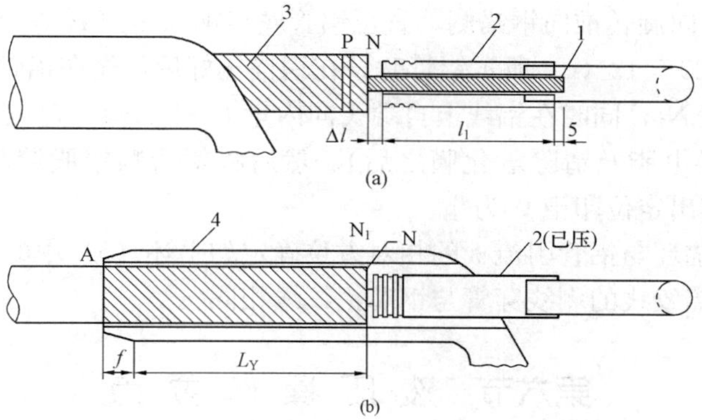

图 29-5-11 钢芯铝绞线（见 GB 1179—1974）与
相应的耐张线夹的穿管
1—钢芯；2—钢锚；3—铝线；4—铝管

4）耐张线夹钢锚环与铝管引流板的相对方位确定如上述（5）中的4）。

（9）钢芯铝绞线（见 GB/T 1179—2008）与耐张线夹（见 DL/T 757—2001）的穿管见图29-5-12。

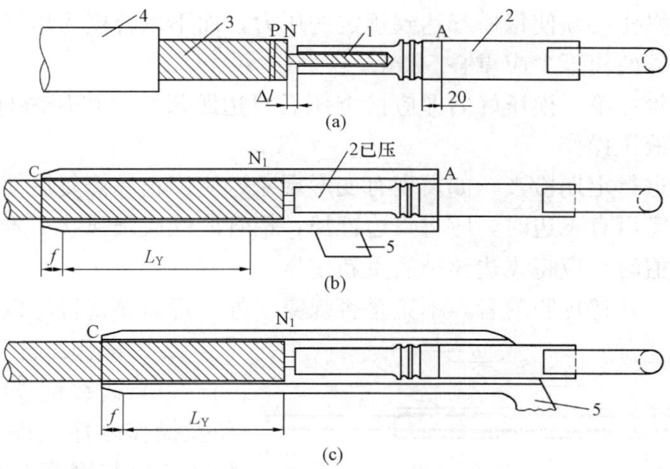

图 29-5-12 钢芯铝绞线（见 GB/T 1179—2008）耐张线夹的穿管
1—钢芯；2—钢锚；3—铝线；4—铝管；5—引流板

1）套铝管：将铝管自钢芯铝绞线一端先套入。

2）穿钢锚：将已剥露的钢芯自钢锚口穿入钢锚。穿时顺钢芯绞制方向旋转推入，保持原节距，直至钢芯端头触到钢锚底部，管口与铝股预留 Δl 长度相等为止，见图 29-5-12（a）。

3）穿铝管：如图 29-5-12（b）。

a）当钢锚压好后，自钢锚最后凹槽边向钢锚 U 型环端量 20mm 画一个定位印记 A，从 A 点向铝线侧测量至铝管全长 l 处画一印记 C。在铝管上自管口量 $L_Y + f$，在管上画好起压印记 N_1。

b）按本节前述规定对铝股表面（自印记 C 开始），进行涂导电脂及清除氧化膜。然后将铝管顺铝股绞制方向旋转推向钢锚侧，直至铝管底与钢锚印记A重合为止。

c）当采用如图29-5-12（c）所示铝管时，在钢锚压好后，先在铝管上自管口量L_Y+f，在管上画好起压印记N_1，同时在铝线上自端头向内量L_Y+f画一定位印记C（在铝线上画定位印记C应在涂导电脂及清除氧化膜之后）。然后将铝管顺铝股绞制方向旋转推向钢锚侧，直至铝管管口露出定位印记C为止。

4）耐张线夹钢锚环与铝管引流板的相对方位确定如上述（5）中的4）。

（10）铝包钢芯铝绞线的剥线穿管与钢芯铝绞线相同。

第六节 液压操作要点

一、一般规定

（1）液压所使用的钢模应与被压管相配套。凡上模与下模有固定方向时，则钢模上应有明显标记，不得错放。液压机的缸体应垂直地面，并放置平稳。

（2）被压管放入下钢模时，位置应正确，检查定位印记是否处于指定位置，双手把住管、线后合上模。此时应使两侧导线或地线与管保持水平状态，并与液压机轴心一致，以减少管子受压后可能产生弯曲。然后开动液压机。

（3）液压机的操作必须使每模都达到规定的压力，而不以合模为压好的标准。

（4）施工时相邻两模至少应重叠5mm。

（5）各种液压管在第一模压好后即应检查压后对边距尺寸（可用游标卡尺检查），符合标准后再继续进行液压操作。

（6）对钢模应进行定期检查，如发现有变形现象，应停止或修复后使用。

（7）当管子压完后有飞边时，应将飞边锉掉，铝管应锉成圆弧状。若因飞边过大而使对边距尺寸大于规定值时，应将飞边锉掉后重新施压。

（8）钢管压后，凡锌皮脱落者，不论是否裸露于外，皆需涂富锌漆以防生锈。

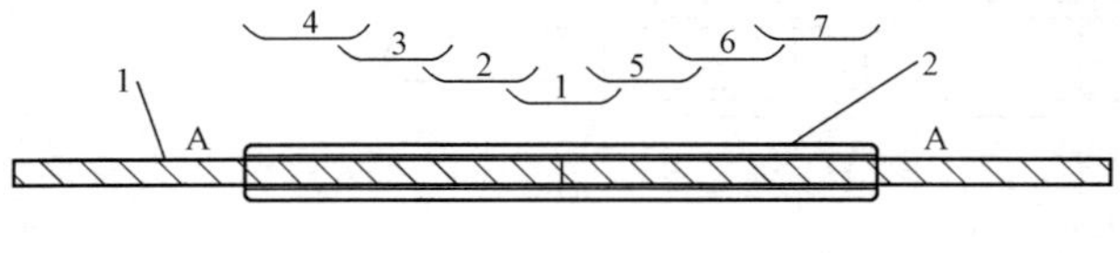

图29-6-1 镀锌钢绞线接续管的施压顺序

1—镀锌钢绞线；2—对接钢接续管

二、操作工艺

（1）镀锌钢绞线接续管的液压部位及操作顺序见图29-6-1。第一模压模中心应与钢管中心O重合，然后分别依次向管口端施压。

（2）镀锌钢绞线耐张线夹的液压部位及操作顺序见图29-6-2。第一模自U型环侧开始，依次向管口端施压。

（3）铝包钢绞线接续管的液压部位及操作顺序见图29-6-3、图29-6-4。

1）铝包钢绞线钢接续管的液压部位及操作顺序见图29-6-3：

a）首先检查钢接续管与铝包钢绞线上的定位印记A是否重合；

b）第一模压模中心应与钢接续管中心相重合，然后依次向管口端连续施压。

2）铝包钢绞线铝接续管及铝衬管的液压部位及操作顺序见图29-6-4：

a）首先检查两个铝衬管与铝包钢绞线上的定位印记C是否重合；

b）再检查铝接续管与定位印记B是否重合；

c）内有钢接续管部分（A_1A_1'处）的铝接续管为不压区，自铝接续管上的压接定位印

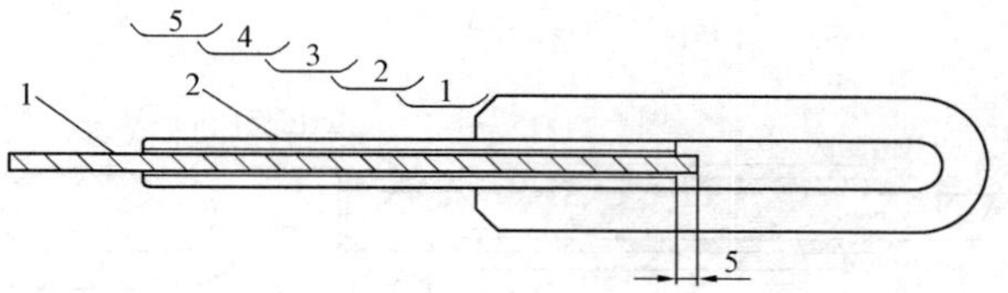

图 29-6-2　镀锌钢绞线耐张线夹的施压顺序

1—镀锌钢绞线；2—耐张线夹

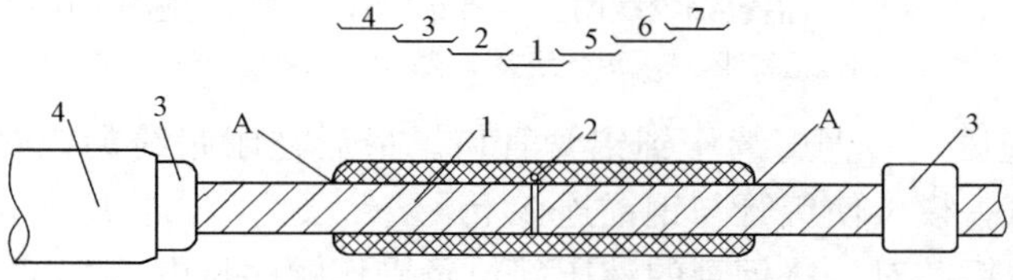

图 29-6-3　铝包钢绞线钢接续管的施压顺序

1—铝包钢绞线；2—钢接续管；3—铝衬管；4—铝接续管

记 A_1（A'_1）处开始施压，一侧连续压至管口后再压另一侧。

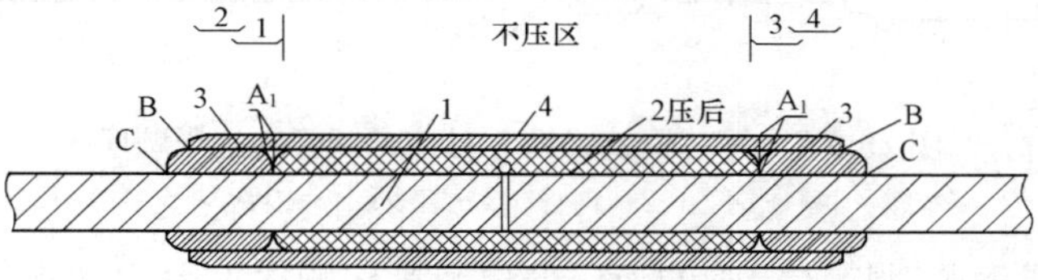

图 29-6-4　铝包钢绞线铝接续管及铝衬管的施压顺序

1—铝包钢绞线；2—钢接续管；3—铝衬管；4—铝接续管

（4）铝包钢绞线耐张线夹的液压部位及操作顺序见图 29-6-5、图 29-6-6。

1）铝包钢绞线耐张线夹钢锚液压部位及操作顺序见图 29-6-5。

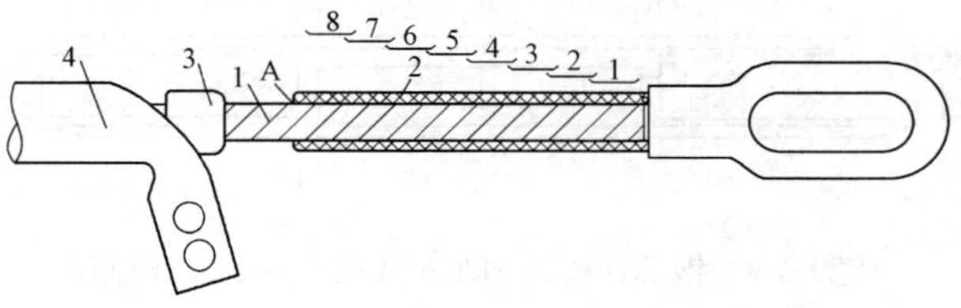

图 29-6-5　铝包钢绞线耐张线夹钢锚的施压顺序

1—铝包钢绞线；2—耐张线夹钢锚；3—铝衬管；4—铝管

a）首先检查耐张线夹钢锚压接部位与铝包钢绞线上的定位印记 A 是否重合；

b）检查耐张线夹钢锚环的方位确定线是否在一条直线上；

c）第一模自耐张线夹钢锚长圆环侧开始，依次向管口端施压。

2）铝包钢绞线耐张线夹铝管及铝衬管的液压部位及操作顺序见图 29-6-6。

a）首先检查耐张线夹铝管及铝衬管与铝包钢绞线上的定位印记 B 是否重合；

b）检查耐张线夹铝管的方位确定线是否在一条直线上；

c）自耐张线夹铝管上的压接定位印记 C 处开始，连续向铝管管口方向（绞线方向即定

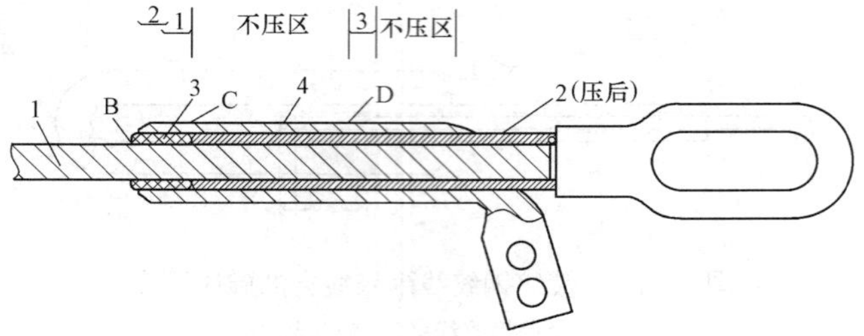

图 29-6-6 铝包钢绞线耐张线夹铝管及铝衬管的施压顺序

1—铝包钢绞线；2—耐张线夹钢锚；3—铝衬管；4—铝管

位印记 B 的方向）施压，一直连续压到铝管管口。最后在耐张线夹铝管尾端施压印记 D 处向钢锚长圆环方向压一模，使铝管与钢锚连接上。

（5）钢芯铝绞线钢芯对接式钢管的液压部位及操作顺序见图 29-6-7。第一模压模中心与钢管中心 O 重合，然后分别向管口端部依次施压。

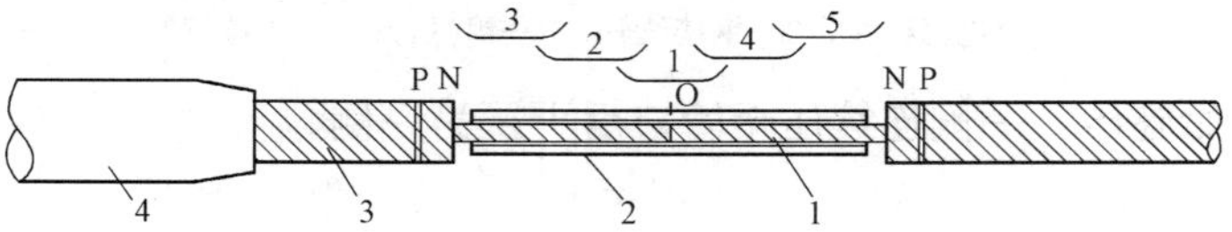

图 29-6-7 钢芯铝绞线钢芯对接式钢管的施压顺序

1—钢芯；2—钢管；3—铝线；4—铝管

（6）钢芯铝绞线钢芯对接式铝管的液压部位及操作顺序见图 29-6-8。首先检查铝管两端管口与定位印记 A 是否重合。内有钢管部分的铝管不压。自铝管上有 N_1 印记处开始施压，一侧压至管口后再压另一侧。如铝管上无起压印记 N_1 时，在钢管压后测量其铝线两端头的距离，在铝管上先画好起压印记 N_1。

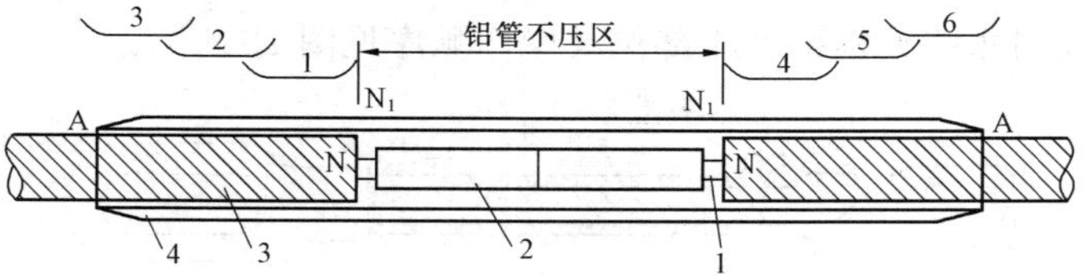

图 29-6-8 钢芯铝绞线钢芯对接式铝管的施压顺序

1—钢芯；2—已压钢管；3—铝线；4—铝管

（7）钢芯铝绞线钢芯搭接式钢管的液压部位及操作顺序见图 29-6-9。第一模压模中心压在钢管中心，然后分别向管口端部施压。一侧压至管口后再压另一侧。如因凑整模数，允许第一模稍偏离钢管中心。

对清除钢芯上防腐剂的钢管，压后应将管口及裸露于铝线外的钢芯都涂以富锌漆，以防生锈。

（8）钢芯铝绞线钢芯搭接式铝管的液压部位及操作顺序见图 29-6-10。首先检查铝管两端管口与定位印记 A 是否重合。第一模压模中心压在铝管中心。然后分别向管口端部施压，一侧压至管口后再压另一侧。但也允许对有钢管部分铝管不压的方式。

（9）钢芯铝绞线（见 GB 1179—1974）耐张线夹的液压操作见图 29-6-11。

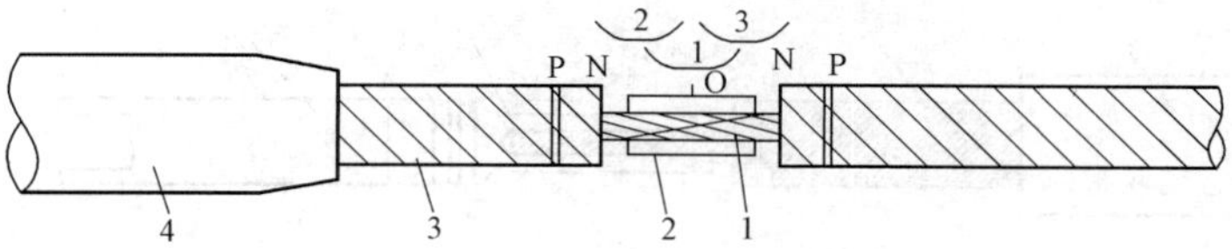

图 29-6-9　钢芯铝绞线钢芯搭接式钢管的施压顺序

1—钢芯；2—钢管；3—铝线；4—铝管

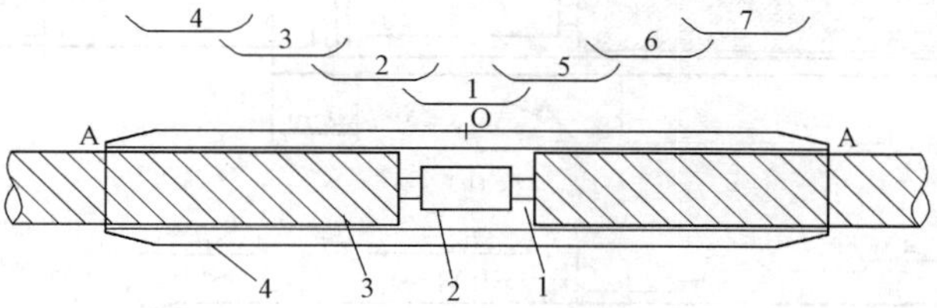

图 29-6-10　钢芯铝绞线钢芯搭接式铝管的施压顺序

1—钢芯；2—已压钢管；3—铝线；4—铝管

1）钢锚液压部位及操作顺序见图 29-6-11（a）。自 U 型环侧开始向管口连续施压，凸凹部分不压。

2）铝管液压部位及操作顺序见图 29-6-11（b）。首先检查铝管管口与印记 A 是否重合。第一模压在钢锚凹槽处，然后连续向管口施压。最后应在第一模反向引流板侧再压一模。

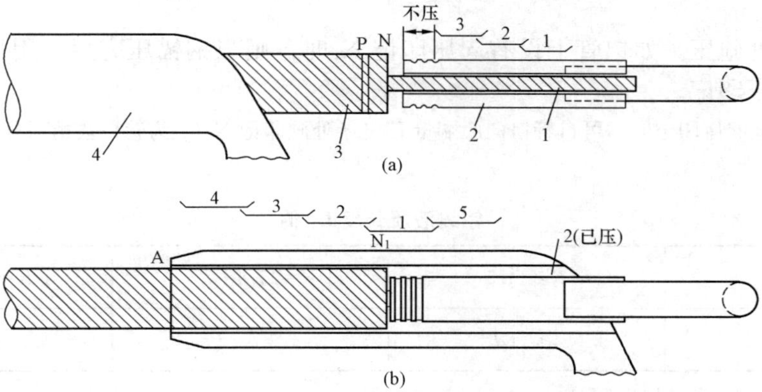

图 29-6-11　钢芯铝绞线（见 GB/T 1179—1974）耐张线夹的施压顺序

（a）钢锚液压部位及操作顺序；（b）铝管液压部位及操作顺序

1—钢芯；2—钢锚；3—铝线；4—铝管

（10）钢芯铝绞线（见 GB/T 1179—2008）耐张线夹的液压操作见图 29-6-12。

1）钢锚液压部位及操作顺序见图 29-6-12（a）。自凹槽前侧开始向管口端连续施压。

2）铝管分两种管型时，第一种液压部位及操作顺序见图 29-6-12（b）。首先检查右侧管口与钢锚上定位印记 A 是否重合；第一模自铝管上有起压印记 N_1 处开始，连续向左侧管口施压，然后自钢锚凹槽处反向施压。

第二种铝管的液压部位及操作顺序见图 29-6-12（c）。自铝线端头处向管口施压，然后

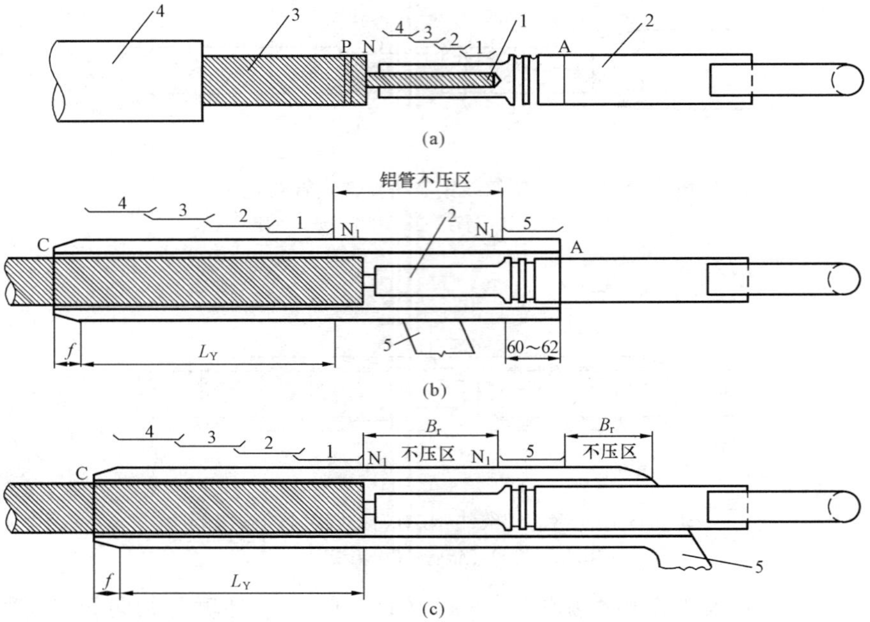

图 29-6-12 钢芯铝绞线（见 GB/T 1179—2008）耐张线夹的施压顺序

（a）钢锚液压部位及操作顺序；（b）第一种铝管的液压部位及操作顺序；

（c）第二种铝管的液压部位及操作顺序

1—钢芯；2—钢锚；3—铝线；4—铝管；5—引流板

返回在钢锚凹处施压。如铝管上设有起压印记 N_1 时，则当钢锚压完后，用尺量各部尺寸，在铝管画上起压印记。

注：铝管未画起压印记时，可自管口向底端量 L_Y+f 处画印记 N（f 为管口拔稍部分长度）。L_Y 值见表 29-6-1。

表 29-6-1　　铝线液压长度 L_Y 值

条　件	$K \geqslant 14.5$	$K=11.4 \sim 7.7$	$K=6.15 \sim 4.3$
L_Y 值	$\geqslant 7.5d$	$\geqslant 7.0d$	$\geqslant 6.5d$

注　K 为钢芯铝绞线铝、钢截面积比；d 为钢芯铝绞线外径，mm。

（11）铝包钢绞线、钢芯铝绞线耐张线夹铝管液压时，其引流联板与钢锚 U 型环的相对角度位置应符合所用工程施工手册或技术措施上的有关规定。

（12）与各种钢芯铝绞线耐张线夹连接的引流管的液压部位及操作顺序见图 29-6-13。其液压方向为自管底向管口连续施压。

（13）铝包钢芯铝绞线的液压操作与钢芯铝绞线相同。

三、质量检验

（1）工程进行的检验性试件应符合下列规定：

1）架线工程开工前应对该工程实际使用的导线、地线及相应的液压管、配套的钢模，按上述操作工艺制作检验性试件。每种型式的试件不得少于 3 根（允许接续管与耐张线夹做成一根试件）。试件的握着力均不应小于导线及地线保证计算拉断力的95%。

2）如果发现一根试件的握着力未达到要求，应查明原因，改进后做加倍的试件再试，直至全部合格。

3）相邻的不同工程，所使用的导线、地线、接续管、耐张线夹及钢模等完全没有变动时，可以免做重复性验证试验。但不同厂家及不同批次的产品不在此列。

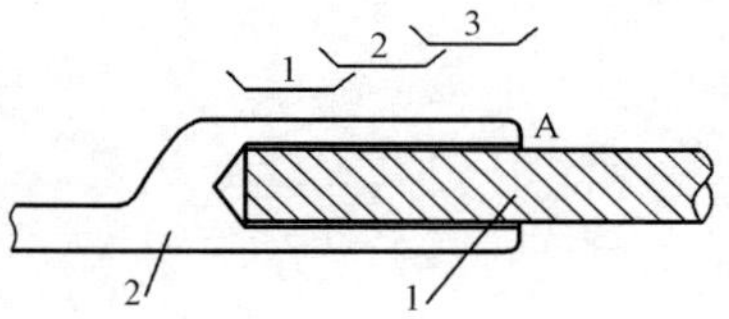

图 29-6-13　钢芯铝绞线耐张线夹引流管的施压顺序
1—铝线；2—引流管

（2）各种液压管压后对边距S尺寸的最大允许值为

$$S = 0.866 \times (0.993D) + 0.2\text{mm} \tag{29-6-1}$$

式中　D——液压管实际外径，mm；

S——对边距，mm。

但三个边距只允许有一个达到最大值，超过此规定时应更换钢模重压。

（3）液压管压后弯曲度不得大于2%，有明显弯曲时应校直，允许用压钳或木锤调直，但不得使用铁锤直接锤击。校直后不应出现裂纹。

（4）各液压管施压后，应认真填写记录。液压操作人员自检后，在管子指定部位打上自己姓名的钢印：导线耐张线夹打在铝管末端未压部位；地线耐张线夹打在钢管末端未压部位；接续管、补修管打在中间部位。质检人员检查合格后，在记录表上签名。

（5）地线钢管各部尺寸合格后，应采取刷涂富锌漆等防锈措施。在导线、地线的耐张线夹、接续管、补修管管口处应涂上红丹漆。

参 考 文 献

[1] 国家电网公司东北电力设计院. 电力工程高压送电线路设计手册(第二版). 北京: 中国电力出版社, 2003.
[2] 高压架空输电线路施工技术手册(起重运输部分). 北京: 水利电力出版社, 1979.
[3] 高压架空输电线路施工技术手册(杆塔组立计算部分)(第三版). 北京: 中国电力出版社, 2010.
[4] 高压架空输电线路施工技术手册(架线工程计算部分)(第三版). 北京: 中国电力出版社, 2010.
[5] 李博之. 高压架空输电线路架线施工计算原理(第二版). 北京: 中国电力出版社, 2008.
[6] 李博之. 500kV 输电线路施工技术. 北京: 中国电力出版社, 1999.
[7] 蔡生泉. 高压架空输电线路张力架线. 北京: 水利电力出版社, 1989.
[8] 李庆林. 架空输电线路施工手册. 北京: 中国电力出版社, 2002.
[9] 李庆林. 架空输电线路铁塔组立工程手册. 北京: 中国电力出版社, 2007.
[10] 尚大伟. 高压架空输电线路施工操作指南. 北京: 中国电力出版社, 2007.
[11] 蒋平海. 张力架线设备和应用. 北京: 中国电力出版社, 2004.
[12] 郭日彩. 电网建设新技术. 北京: 中国电力出版社, 2005.
[13] 江正荣. 建筑施工计算手册. 北京: 中国建筑工业出版社, 2001.
[14] 陈昌言, 阎善玺. 35～220kV 输电线路工程技术(上、下). 北京: 中国电力出版社, 2002.
[15] 唐云岩. 送电线路测量. 北京: 中国电力出版社, 2004.
[16] 国家建材工业局建筑材料科学研究院. 无声破碎剂应用技术, 1983.
[17] 张继春. 工程控制爆破. 成都: 西南交通大学出版社, 2001.
[18] 董吉谔. 电力金具手册(第三版). 北京: 中国电力出版社, 2010.
[19] 李克. 非电起爆系统及微差光面爆破在岩石掏挖基础爆破成孔中的应用. 电力建设, 1993 年第 14 卷第 5 期.